"十一五"国家重点图书出版规划项目

10000 个科学难题

10000 Selected Problems in Sciences

天文学卷
Astronomy

"10000 个科学难题"天文学编委会

科学出版社

北京

内容简介

本书是《10000个科学难题》系列丛书的天文学卷,是由我国工作在天文研究和教育第一线的天文学专家以及一些国外学者和研究生撰写的。本着"研究生愿选题,大学生能通读,高中生感兴趣"的原则,本书中的"难题"着重介绍其来龙去脉,主要从定性上阐明最新的研究进展和难点所在,并提供深入研究的可能思路,包含而又不囿于撰写人的工作和观点。

"难题"的内容基本上覆盖了天文学的主要领域,在相当程度上反映了这些领域国内外的前沿研究水平。"难题"的撰写在体现科学严谨性的同时,也注重图文并茂、深入浅出,以增加趣味性和可读性。

本书按八个天文学研究领域编排:太阳与日地科学;恒星与星际介质;星系与宇宙学;高能天体物理;行星系统与天体力学;天文仪器与技术;天体测量;古天文。

本书可供天文学及相关学科的本科生、研究生和专业研究人员参考,也可供对天文学感兴趣的中学生和天文爱好者阅读。

图书在版编目(CIP)数据

10000个科学难题·天文学卷/"10000个科学难题"天文学编委会.
—北京:科学出版社,2010
 ISBN 978-7-03-029518-7

Ⅰ.①1… Ⅱ.①1… Ⅲ.①自然科学-普及读物 ②天文学-普及读物
Ⅳ.①N49 ②P1-49

中国版本图书馆CIP数据核字(2010) 第221804号

责任编辑:钱 俊/责任校对:张小霞
责任印制:赵 博/封面设计:陈 敬

科学出版社 出版
北京东黄城根北街16号
邮政编码:100717
http://www.sciencep.com

北京建宏印刷有限公司印刷
科学出版社发行 各地新华书店经销

*

2010年12月第 一 版 开本:B5(720×1000)
2025年 2 月第三次印刷 印张:69
       字数:1 360 000
定价:369.00元
(如有印装质量问题,我社负责调换)

"10000个科学难题"征集活动领导小组名单

组　长　陈　希　　刘燕华　　李静海　　孙家广
副组长　倪维斗
成　员（以姓氏拼音为序）
　　　　冯记春　　韩　宇　　孟宪平　　马　扬　　王伟中　　谢焕忠
　　　　杨玉良　　叶玉江

"10000个科学难题"征集活动领导小组办公室名单

主　任　陈盈晖
成　员（以姓氏拼音为序）
　　　　马晋并　　吴晓东　　鄢德平　　朱蔚彤　　朱小萍

"10000个科学难题"征集活动专家指导委员会名单

主　任　倪维斗　　陈　希
副主任　李家洋　　赵忠贤　　孙鸿烈
委　员（以姓氏拼音为序）
　　　　白以龙　　陈洪渊　　陈佳洱　　程国栋　　崔尔杰　　冯守华　　冯宗炜
　　　　符淙斌　　葛墨林　　郝吉明　　贺福初　　贺贤土　　黄荣辉　　金鉴明
　　　　李　灿　　李培根　　林国强　　林其谁　　刘嘉麒　　马宗晋　　欧阳自远
　　　　强伯勤　　田中群　　汪品先　　王　浩　　王静康　　王占国　　王众托
　　　　吴常信　　吴良镛　　夏建白　　项海帆　　徐建中　　杨　乐　　张继平
　　　　张亚平　　张　泽　　郑南宁　　郑树森　　钟　掘　　周炳琨　　周秀骥
　　　　朱作言　　左铁镛

"10000个科学难题"天文学编委会名单

主　任　方　成
副主任　汲培文　卢炬甫　刘晓为
编　委　（以姓氏拼音为序）

卞毓麟	陈　力	崔向群	丁明德	董国轩
方　成	傅燕宁	甘为群	韩金林	韩占文
黄乘利	黄永锋	汲培文	姜碧沩	景益鹏
李向东	廖新浩	刘晓为	卢炬甫	马月华
彭　勃	孙小淳	谭宝林	王红池	汪景琇
吴学兵	徐伟彪	颜毅华	袁业飞	张双南
郑宪忠	周济林	周又元	朱　进	朱永田
朱宗宏	邹振隆			

"10000个科学难题"天文学撰写人名单

(以姓氏拼音为序)

David Pinfield	Richard Pokorny	艾国祥	白金明	毕少兰	毕效军
蔡荣根	曹 臻	曹新伍	常 进	陈 鼎	陈 力	陈 曦	陈 阳
陈 耀	陈鹏飞	陈松柏	陈学雷	陈雪飞	陈玉琴	褚耀泉	崔 伟
崔向群	戴智斌	戴子高	邓劲松	邓李才	邓元勇	丁明德	樊军辉
范一中	范祖辉	方 成	付建宁	傅燕宁	甘为群	高 健	高 亮
高 煜	高长军	高明飞	葛宏伟	宫雪非	龚云贵	巩 岩	顾秋生
顾盛宏	顾为民	郭汉英	郭建坡	韩金林	韩占文	郝彩娜	何家佳
何金华	侯金良	侯锡云	胡中为	胡中文	黄乘利	黄光力	黄天衣
黄永锋	季海生	季江徽	江治波	姜 冰	姜 杰	姜碧沩	姜云春
蒋世仰	金乘进	金春兰	金文敬	景益鹏	孔 旭	来小禹	雷振新
黎 辉	黎 健	黎 卓	李 波	李 刚	李爱根	李建斌	李金增
李可军	李力刚	李立芳	李立新	李墨萍	李向东	李晓卿	李新南
李宗伟	梁恩维	梁顺林	梁艳春	廖文萍	廖新浩	林 隽	林伟鹏
林元章	刘 畅	刘 亮	刘 林	刘 扬	刘 煜	刘碧芳	刘当波
刘富坤	刘门全	刘庆忠	刘晓为	卢方军	卢炬甫	陆 埮	陆由俊
吕国梁	马月华	毛瑞青	宁晓玉	彭 勃	彭青玉	彭秋和	朴云松
钱声帮	邱 炯	屈中权	任德清	单文磊	沈志强	施建荣	史生才
舒富文	宋 谦	孙 昭	孙小淳	孙晓辉	孙义燧	谭宝林	唐玉华
万晓生	汪定雄	汪景琇	汪毓明	王 博	王 陈	王 娜	王 歆
王海民	王红池	王华宁	王家骥	王建民	王婧颖	王俊杰	王俊贤

王蜀娟　王同江　王祥玉　韦大明　文中略　吴　宏　吴　桢　吴德金
吴锋泉　吴桂平　吴盛殷　吴学兵　吴雪峰　吴月芳　夏晓阳　向福元
萧　潇　谢　懿　谢志东　徐凤先　徐海光　徐仁新　徐伟彪　徐怡冬
闫慧荣　闫晓理　颜景志　颜毅华　杨　戟　杨　磊　杨书红　杨小虎
杨志良　姚骑均　尤峻汉　于清娟　余文飞　袁　峰　袁建平　袁祥岩
袁业飞　岳　斌　查　敏　张　冰　张　鸿　张　辉　张　捷　张　军
张　可　张　力　张　枚　张　鑫　张　杨　张　泳　张　勇　张承民
张恩鹏　张奉辉　张洪起　张华伟　张可可　张鹏杰　张双南　张同杰
张先飞　张新民　张宇宗　张曾华　赵　辉　赵成仕　赵海斌　赵君亮
赵俊伟　郑宪忠　周　鑫　周定一　周桂萍　周济林　周礼勇　周永宏
朱俐颖　朱文耀　朱永田　邹振隆　左营喜

《10000 个科学难题》序

爱因斯坦曾经说过"提出一个问题往往比解决一个问题更为重要"。在许多科学家眼里,科学难题正是科学进步的阶梯。1900 年 8 月德国著名数学家希尔伯特在巴黎召开的国际数学家大会上提出了 23 个数学难题。在过去的 100 多年里,希尔伯特的 23 个问题激发了众多数学家的热情,引导了数学研究的方向,对数学发展产生的影响难以估量。

其后,许多自然科学领域的科学家们陆续提出了各自学科的科学难题。2000 年初,美国克雷数学研究所选定了 7 个"千禧年大奖问题",并设立基金,推动解决这几个对数学发展具有重大意义的难题。几年前,中国科学院编辑出版了《21 世纪 100 个交叉科学难题》,在宇宙起源、物质结构、生命起源和智力起源四大探索方向上提出和整理了 100 个科学难题,吸引了不少人的关注。

科学发展的动力来自两个方面,一是社会发展的需求,另一个就是人类探索未知世界的激情。随着一个又一个科学难题的解决,科学技术不断登上新的台阶,人类社会发展也源源不断获得新的动力。与此同时,新的科学难题也如沐雨春笋,不断从新的土壤破土而出。一个公认的科学难题本身就是科学研究的结果,同时也是开启新未知大门的密码。

《国家中长期科学和技术发展规划纲要》提出建设创新型国家的战略目标,加强基础研究,鼓励原始创新是必由之路。为了引导科学家们从源头上解决科学问题,激励青年才俊立志基础科学研究,教育部、科学技术部、中国科学院和国家自然科学基金委员会决定联合开展"10000 个科学难题"征集活动,系统归纳、整理和汇集目前尚未解决的科学难题。根据活动的总体安排,首先在数学、物理学和化学三个学科试行,并根据试点阶段的情况和积累的经验,陆续启动天文、地球科学、基础生物学、农学、医学和信息科学等学科领域的难题征集活动。

征集活动成立了领导小组、领导小组办公室,以及由国内著名专家组成的专家指导委员会和编辑委员会。领导小组办公室公开面向高等学校、科研院所、学术机构以及全社会征集科学难题;编辑委员会认真讨论、组织提出和撰写骨干问题,并对征集到的科学问题严格遴选;领导小组和专家指导委员会最后进行审核并出版《10000 个科学难题》系列丛书。这些难题汇集了科学家们的知识和智慧,凝聚了参与编写的科技工作者的心血,也体现了他们的学术风尚和科学责任。

开展"10000 个科学难题"征集活动首先是一次大规模的科学问题梳理工作,把尚未解决的科学难题分学科整理汇集起来,有利于加强对基础科学研究的引导。

其次，这么多科学难题呈现在人们面前，有利于激发我国科技人员，特别是广大博士、硕士研究生探索未知、摘取科学明珠的激情，而这正是我国目前基础科学研究所需要的。此外，深入浅出地宣传这些科学难题的由来和已有过的解决尝试，也是一种科学普及活动，有利于引导我国青少年从小树立献身科学、做出重大科学贡献的理想。

分学科大规模开展"10000个科学难题"征集活动在我国还是第一次，难免存在疏漏和不足，希望广大科技工作者和社会各界继续支持这项工作，更希望我国专家学者，特别是青年科研人员持之以恒地解决这些科学难题，开启未知的大门，将这些科学明珠摘取到我国科学家手中。

2008 年 12 月

前　言

天文学研究宇宙中各种不同尺度的天体，包括太阳和太阳系内各种天体、恒星及其行星系统、星系和星系团，乃至整个宇宙的起源、结构和演化。众所周知，天文学的诞生可追溯到原始社会，农耕、游牧等基本的生产和生活都离不开时间的确定和天象的观测。航海和历法的需要以及对自然认识的不断深化，都推动着天文学的发展。19世纪中叶以来，随着观测技术的突飞猛进，天文学发生了革命性变革，激动人心的发现不断涌现，新认识、新理论层出不穷，天文学空前地活跃起来，成为自然科学中最活跃的前沿学科之一。

宇宙丰富多彩、充满魅力，自古以来就吸引了人类极大的兴趣和关注。尽管人类在探索宇宙奥秘的漫长道路上取得了辉煌的成就，但是人们对天体和宇宙的认识还不过是沧海之一粟，诸如宇宙是如何诞生的？为什么会产生恒星和星系？它们如何生生不息、不断演化？宇宙中暗能量、暗物质是什么？宇宙中有没有生命？有没有人类可居住的星球？小行星会不会撞击地球，造成毁灭性的灾害？太阳上为什么会有黑子？太阳风暴对地球有什么影响？等等，这些问题无一不使人们迷惑而又思绪万千。正是这些千万个兴趣无穷、又发人深思的问题，加上天文学研究中发展起来的探测技术、方法和新概念对技术进步巨大的推动作用，以及太阳等天文因素对人类居住的环境及国民经济和国防的重大影响，使天文学成为万众瞩目、影响广泛的基础学科和活跃的前沿领域。

教育部、科技部、中国科学院和国家自然科学基金委员会于2007年联合发起了"10000个科学难题"征集活动，旨在激励我国科技人员勇于探索、促进交叉，勇于献身科学，攻克科学难题，提高我国自主创新能力；普及科学知识，激发青少年热爱科学和探索未知世界的好奇心。继2008年完成数理化三卷的出版后，2009年又启动了天文、地学和生物卷的编写。四部门联合开展天文学领域的难题征集活动，对加强天文学研究的导向作用、激励青年科技工作人员攻克天文学难题、激发青少年热爱天文学的兴趣具有重要作用，也是"2009国际天文年"中极其有意义的一项工作。

经"10000个科学难题"征集活动领导小组批准，天文学卷编委会由37位专家学者组成，他们大多工作在天文科研和教学的第一线，在各自的研究领域都有较深的学术造诣，对各分支领域的发展状况和研究方向也有很好的把握。编委会委员在征集、撰写和审定天文选题和文稿上做出了很大的贡献。在编委会的领导和组织下，全国天文界有243位专家学者热心地参加了编写工作，在短短的半年多时间里共编写了271份"难题"。本着"研究生愿选题,大学生能通读,高中生有兴趣"的原则,每个"难题"着重介绍问题的来龙去脉,主要从定性上阐明最新的研究进展和难点所在。内容着眼于国内外的发展,而不囿于个人工作的介绍。尽管物理卷中已有23条天文的"难题",但为了较完整起见,天文卷仍包含了其中部分重要"难题"的内容。天文学研究的内容如此浩瀚广阔,本卷自然不可能包括全部的"难题",仅从作者们较为熟悉的领域中挑选出部分"难题"作些介绍,也许可作为"入门"吧。如果这些"难题"能对读者有所启迪,并进而激发起大家献身科学的满腔热情,并吸引一批优秀的年青人投身于天文事业中来,我们就足以感到欣慰了。

为了便于读者对天文学众多不同领域内的"难题"分别深入了解,本书按八个天文研究领域来编排:太阳与日地科学;恒星与星际介质;星系与宇宙学;高能天体物理;行星系统与天体力学;天文仪器与技术;天体测量;古天文。由于现代天文学科领域不断渗透和交叉,有些"难题"的内容不可避免地有一些交叉,请读者阅读时注意。

本书中有些"难题"的撰写除了阐明"难题"本身的科学内涵外,还介绍了作者的"一家之说",这有利于"百家争鸣",可起到抛砖引玉的作用;编委会希望引来更多的讨论,因为有讨论才会有创新,也才可能真正地解决"难题"。

编委会衷心感谢所有对"难题"的编写做出贡献的学者专家,也真诚地感谢教育部科技委、科学出版社和北京大学的大力支持。征集和编印过程中难免有疏漏,本书会择机修订或增补。

方成代表编委会谨识
2009年12月

目　录

《10000个科学难题》序
前言

太阳与日地科学

太阳物理概述	林元章	(3)
太阳中微子的变化	汪景琇　赵俊伟	(9)
太阳内部的自转与子午流结构	赵俊伟　周定一	(11)
太阳内部经圈环流	姜　杰	(15)
太阳较差剪切层的本质是什么	毕少兰	(18)
太阳发电机	杨志良	(21)
湍运动和湍流发电机	李晓卿　季海生	(23)
太阳黑子的内部结构、流场及磁场	赵俊伟　周定一	(26)
太阳磁场的测量	屈中权　闫晓理	(30)
太阳小尺度磁场	汪景琇	(34)
太阳极区磁场	汪景琇　金春兰	(38)
太阳色球磁场结构的诊断	张洪起	(41)
太阳闪耀偏振光谱测量和物理解释	屈中权	(47)
汉勒效应与湍动磁场	刘　煜	(51)
日冕磁场红外测量	刘　煜	(55)
日冕磁场的射电诊断	黄光力	(59)
日冕磁场外推	颜毅华　谭宝林	(64)
太阳色球的基本结构是什么	方　成	(68)
色球加热问题	黎　辉	(71)
太阳耀斑与磁场变化	刘　畅　王海民	(74)
太阳磁场的拓扑奇异性	赵　辉　汪景琇	(78)
磁螺度是控制太阳爆发的核心物理量吗	张　枚	(82)
太阳大气等离子体中的电流	杨志良	(86)
磁重联和电流片	林　隽	(89)

三维磁重联 ………………………………………………… 邱 炯 张 枚(95)
不同尺度太阳爆发现象中的磁重联过程 …………………………… 陈鹏飞(98)
太阳开放磁通量 ………………………………………… 姜 杰 汪景琇(103)
白光耀斑起源 ………………………………………………… 丁明德(106)
耀斑加速电子数目之谜 ……………………………………… 甘为群(109)
耀斑加速电子与加速质子作用之争 ………………………… 甘为群(112)
粒子加速机制 ………………………………………………… 吴桂平(115)
日珥的结构和手性 ……………………………………… 姜云春 邓元勇(121)
太阳暗条爆发和失败的爆发 ………………………………… 季海生(125)
太阳大气小尺度活动起源与结构 ………………………… 张 军 杨书红(129)
大尺度太阳活动 ………………………………………… 汪景琇 刘 扬(133)
中高纬度太阳活动 …………………………………………… 李可军(137)
长周期太阳活动 ……………………………………………… 李可军(140)
日冕加热 ………………………………………………………… 黎 辉(144)
冕震学、波和震荡在太阳大气中的产生、传播与证认 … 王同江 陈鹏飞(148)
太阳大气中的阿尔文波及其波-粒相互作用 ……………… 吴德金 杨 磊(154)
太阳射电辐射机制 …………………………………………… 黄光力(158)
太阳射电微波爆发精细结构之谜 ………………………… 王蜀娟 颜毅华(163)
日冕物质抛射的源区与初发 ……………………………… 周桂萍 张宇宗(169)
太阳耀斑与日冕物质抛射的关系 ………………………… 林 隽 张 捷(173)
日冕极紫外波揭示的日冕物质抛射的本质 ………………………… 陈鹏飞(177)
日冕物质抛射预报 …………………………………………… 王华宁(182)
日冕物质抛射与行星际磁云的关系 ………………………………… 汪毓明(185)
太阳风的起源 …………………………………………… 李 波 陈 耀(190)
太阳高能粒子在近日空间的加速和传播 …………………………… 李 刚(195)
地面宇宙线增强事件 ………………………………………… 唐玉华(200)

恒星与星际介质

恒星形成中的引力坍缩 ……………………………………… 吴月芳(209)
湍流是混沌吗?——星际介质与恒星形成中的湍流 ……………… 闫慧荣(212)

喷流和质量外流	王红池(216)
原行星盘	王红池(219)
大质量恒星形成	毛瑞青 李金增(222)
星团的形成	江治波(226)
星团质量分层的形成机制	赵君亮(230)
恒星初始质量函数的起源	李金增(233)
有磁场和转动效应的恒星模型	毕少兰(237)
恒星的 α 增丰问题	郭建坡(239)
恒星快速物质损失模型	葛宏伟 韩占文(243)
恒星的类太阳活动	顾盛宏(247)
AGB 星拱星图案之谜	何金华(250)
后 AGB 星双极喷流形成机制问题	何金华(254)
光致电离气体星云的元素丰度测量	张 泳 刘晓为(259)
奇妙的钻石星：白矮星的碳-氧结晶之谜	付建宁(262)
凤凰座 SX 变星的起源和脉动	蒋世仰(264)
双星演化	李立芳 韩占文(267)
激变变星的轨道周期间隙	李向东 钱声帮 戴智斌(274)
为什么红矮星双星不能相接	钱声帮 刘 亮 何家佳(277)
密近双星中的伴星天体	钱声帮 朱俐颖 廖文萍(280)
热亚矮星	张先飞 韩占文(282)
褐矮星：填充恒星与行星之间的鸿沟 … 张曾华　Richard Pokorny　David Pinfield(287)
星团中的蓝离散星	陈雪飞(292)
球状星团中水平分支星的第二参数问题	雷振新(297)
共生星：相互作用双星的实验室	吕国梁(301)
大质量 X 射线双星	刘庆忠(303)
Ia 型超新星的前身星问题	王 博 韩占文(308)
大质量恒星的超新星爆发	邓劲松(311)
神奇的中等质量黑洞探寻	钱声帮 朱俐颖(315)
脉冲星：难以理解的神奇天体	韩金林(318)
脉冲星高速运动的疑难	王 陈 韩金林(322)

难以确定的中子星内部结构	来小禹 徐仁新(326)
恒星表面磁场的研究	施建荣(329)
恒星和它的行星的磁相互作用	顾盛宏(332)
尚未探测清楚的磁化星际介质	孙晓辉 韩金林(335)
无处不在的磁场与星际介质动力学	闫慧荣(338)
星际弥散带的起源	张 泳(342)
星际空间的多环芳香烃	李墨萍 李爱根(347)
星际弥漫空间的硅酸盐尘埃	李墨萍 李爱根(352)
神秘的 21 微米尘埃特征	张 可 姜碧沄(355)
富碳恒星中的 30 微米尘埃特征	姜碧沄 张 可(358)
星际尘埃的红外辐射	李墨萍 李爱根(360)
银河系的红外消光律	高 健 姜碧沄 李爱根(364)
3.4 微米和 9.7 微米星际消光特征的区域性变化	高 健 姜碧沄 李爱根(369)
高红移天体中的尘埃	梁顺林 李爱根(373)
星际 2175 埃吸收峰	向福元(378)
天体脉泽及其抽运机制	陈 曦(381)
宇宙中重元素的核合成	刘门全 袁业飞 施建荣(384)
超高速恒星	于清娟(391)
银河系恒星晕结构	邓李才(394)
银河系子结构	邓李才(397)
银河系厚盘	张华伟(400)
银河系的并合历史	陈玉琴(403)

星系与宇宙学

宇宙学原理的检验	张鹏杰(407)
宇宙暴胀模型	朴云松(410)
宇宙原初扰动谱	朴云松(413)
宇宙原初扰动是非高斯性的吗	龚云贵(416)
物质密度功率谱及原初非高斯性的测量	陈学雷 巩 岩 吴锋泉(418)
宇宙残余引力波	张 杨(425)

宇宙原初黑洞	高长军	(429)
宇宙微波背景辐射的偏振	张鹏杰	(432)
宇宙微波背景辐射的引力透镜效应	范祖辉	(435)
积分 Sachs-Wolfe 效应	张鹏杰	(440)
Sunyaev-Zel'dovich 效应	张鹏杰	(443)
Sunyaev-Zel'dovich 效应宇宙学	张同杰	(446)
暗物质的属性	毕效军	(451)
暗物质的性质与成团特性	陈学雷	(454)
暗物质星	徐怡冬 陈学雷	(458)
MACHOs 和微引力透镜	张鹏杰	(462)
暗能量的物理本质是什么	张新民	(465)
暗能量的理论模型	蔡荣根	(467)
暗能量状态方程随时间的演化	范祖辉	(473)
暗能量及其观测	张 鑫	(478)
修改引力论及其实验检验	龚云贵 舒富文	(480)
暗物质和暗能量之间有相互作用吗	陈松柏	(483)
宇宙学数值模拟	景益鹏 林伟鹏	(486)
单个星系形成的数值模拟	高 亮	(489)
弱引力透镜宇宙学	张鹏杰	(492)
重子声波振荡和精密宇宙学	张鹏杰	(495)
宇宙磁场的起源	韩金林	(498)
宇宙的黑暗时期	陈学雷	(500)
宇宙再电离	陈学雷 徐怡冬	(504)
第一代恒星的形成与性质	岳 斌 陈学雷	(510)
第一代星系的形成	陈学雷 岳 斌	(516)
第一代恒星和星系的反馈作用	陆由俊	(522)
种子黑洞和第一代恒星及星系	于清娟	(525)
高红移类星体和 Gunn-Peterson 效应	王俊贤	(527)
高红移星系的搜寻	孔 旭	(531)
星系的相互作用与星系的活动性	吴 宏	(534)

星系相互作用与星系形态 ······ 邹振隆(537)
大质量早型星系的形成和干并合 ······ 夏晓阳(542)
超大质量黑洞和星系的共同演化 ······ 陆由俊 于清娟(545)
星系恒星形成与中心黑洞吸积的关联 ······ 郑宪忠(550)
星系团的质量函数 ······ 徐海光 王婧颖(553)
星系形成对宇宙结构形成的影响 ······ 林伟鹏(556)
星系形成与演化的降序模式 ······ 郑宪忠(559)
星系中的恒星形成定律 ······ 高 煜(563)
椭圆星系中的恒星形成 ······ 顾秋生(566)
河外星系中恒星形成率的测定 ······ 郝彩娜 夏晓阳(568)
演化星族合成 ······ 张奉辉 孔 旭(571)
是否存在普适的恒星初始质量函数 ······ 孔 旭(575)
认识尘埃遮蔽星系的真貌 ······ 郑宪忠(578)
星系际介质对星系形成的影响 ······ 杨小虎(581)
星系际介质的金属丰度和化学演化 ······ 侯金良(584)
星系的金属丰度 ······ 梁艳春(587)
致密天体并合产生的引力波 ······ 文中略(590)

高能天体物理

活动星系核的统一模型 ······ 张恩鹏 王建民(595)
类星体的形成与演化 ······ 王俊贤(602)
宇宙X射线背景 ······ 曹新伍(606)
活动星系核的光变本质 ······ 樊军辉(609)
什么是黑洞 ······ 卢炬甫(612)
"冻结星"疑难以及物理宇宙中的奇异性问题 ······ 张双南(619)
如何测量黑洞的自转 ······ 张双南(626)
如何测量黑洞的质量 ······ 吴学兵(631)
中等质量黑洞的形成 ······ 李向东(635)
黑洞系统中吸积与喷流的耦合 ······ 汪定雄(639)
大质量双黑洞的形成与黑洞并合 ······ 刘富坤(643)

| 目　录 |

微类星体 …………………………………………… 颜景志　刘庆忠(648)
恒星级黑洞的形成 ………………………………………… 李向东(653)
银河系中心黑洞的成像 …………………………………… 沈志强(657)
寻找黑洞视界的观测证据 ………………………………… 顾为民(660)
黑洞吸积理论：冷吸积盘模型及其存在的问题 ………… 袁　峰(663)
黑洞吸积理论：热吸积盘模型及其存在的问题 ………… 袁　峰(666)
喷流的产生机制 …………………………………………… 曹新伍(670)
黑洞吸积盘的蒸发 ………………………………………… 刘碧芳(673)
相对论喷流中的粒子加速 ………………………………… 白金明(676)
中子星磁场 ………………………………………………… 张承民(680)
什么是磁中子星 …………………………………………… 张双南(683)
脉冲星的高能辐射 ………………………………………… 张　力(689)
致密天体 X 射线辐射中的准周期振荡现象 …………… 余文飞(695)
寻找夸克星 ………………………………… 来小禹　徐仁新(699)
伽马射线暴的起源 ………………………………… 陆　埈　黄永锋(702)
伽马射线暴是喷流吗 ……………………………………… 王祥玉(711)
伽马射线暴宇宙学 ……………………… 梁恩维　戴子高　李立新(714)
伽马射线暴的高能光子辐射 ……………………………… 范一中(718)
伽马射线暴：余辉能告诉我们什么 …………… 黄永锋　陆　埈(722)
伽马射线暴的物质组分 ………………… 范一中　吴雪峰　张　冰(726)
伽马射线暴和极高能宇宙线 ……………………………… 黎　卓(729)
伽马射线暴和超新星：同一物理现象的两个方面 ……… 李立新(733)
伽马射线暴的分类 ……………… 韦大明　梁恩维　吴雪峰　张　冰(740)
超新星爆发理论的困境 …………………………………… 彭秋和(744)
超新星宇宙学 ……………………………………………… 李宗伟(752)
超新星遗迹的"失踪"问题 ……………………… 姜　冰　陈　阳(755)
年轻超新星遗迹的钛 44 问题 …………………… 陈　阳　周　鑫(760)
超新星遗迹与宇宙线的起源 ……………………… 萧　潇　陈　阳(763)
超高能宇宙线的起源 ……………………………… 查　敏　曹　臻(768)
中微子天文学 ……………………………………………… 袁业飞(773)

高能天体物理辐射机制中的几个问题 ………………… 刘当波 崔 伟 尤峻汉(777)

行星系统与天体力学

太阳系起源 ……………………………………………………………… 胡中为(785)
太阳系早期的短寿期放射性核素 ………………………………………… 徐伟彪(792)
巨行星形成机制：核吸积还是引力不稳定 …………………… 张 辉 周济林(795)
大气盘中的行星迁移 …………………………………………… 张 辉 周济林(800)
天体自转的起源 ………………………………………………… 邹振隆 郭汉英(803)
行星磁场的产生和维持 …………………………………………………… 张可可(808)
木星大气动力学与大红斑 ………………………………………………… 廖新浩(813)
行星和卫星的内部结构 …………………………………………………… 张 鸿(816)
行星重力场测量及内部物理结构反演 …………………………………… 黄乘利(820)
行星自由摆动的激发与维持 ……………………………………………… 周永宏(823)
非线性行星流体动力学研究中的数学问题 ……………………………… 李力刚(825)
太湖是否是陨石冲击坑 …………………………………………………… 谢志东(829)
苏梅克-利维9号彗星撞击木星 ………………………………………… 胡中为(832)
流星群的形成和演化 ……………………………………………………… 马月华(841)
彗星的起源、组成与探测 ………………………………………………… 马月华(844)
地球的不速之客——近地天体 …………………………………………… 季江徽(847)
小行星地面观测和空间探测 ……………………………………………… 赵海斌(851)
太阳系小天体的平运动共振 ……………………………………………… 周礼勇(857)
柯伊伯带的多卫星系统 …………………………………………………… 万晓生(860)
太阳系的边缘 …………………………………………………… 黎 健 孙义燧(863)
寻找另一个"地球" …………………………………………… 季江徽 孙 昭(867)
天体力学：一个苹果引发的故事 ……………………………… 周济林 孙义燧(872)
关于周期轨道的庞加莱猜想 ……………………………………………… 傅燕宁(877)
相对论 N 体问题 ………………………………………………………… 谢 懿(880)
多目标深空探测轨道设计 ………………………………………………… 王 歆(883)
行星际通道 ……………………………………………………… 侯锡云 刘 林(886)

天文仪器与技术

大天区面积多目标光纤光谱望远镜(LAMOST) ············· 崔向群 褚耀泉(891)
地球的耳朵：500米口径球面射电望远镜 FAST ·················· 彭 勃(900)
硬 X 射线调制望远镜(HXMT) ····································· 卢方军(908)
单镜面大射电望远镜 ·· 吴盛殷(916)
射电望远镜数字终端 ·· 金乘进(920)
射电望远镜的射频干扰消除 ······························· 李建斌 彭 勃(923)
太赫兹超导探测技术 ······························· 史生才 单文磊 姚骑均(927)
30米级太赫兹望远镜 ·· 左营喜 杨 戟(931)
地基亚毫米波天文观测的困难 ····································· 王俊杰(935)
批量大口径离轴非球面镜面磨制 ··································· 李新南(940)
南极内陆极端条件下的望远镜技术 ································ 宫雪非(943)
可见光波段共相拼接镜面主动光学 ································ 张 勇(947)
极大望远镜的自适应光学技术 ····································· 袁祥岩(952)
基于光干涉技术的高精度高分辨成像 ····························· 吴 桢(955)
太阳系外类地行星直接成像技术 ··································· 任德清(960)
超高精度天体视向速度的测定 ····································· 朱永田(964)
能分辨光子能量的图像探测器 ····································· 宋 谦(967)
极大光学/红外望远镜高分辨光谱技术 ···························· 胡中文(971)
太阳磁元的探测 ·· 邓元勇 艾国祥(975)
太阳高分辨率观测 ·· 张洪起(979)
暗物质粒子探测方法 ·· 常 进(982)

天 体 测 量

天球参考系 ··· 金文敬(987)
天体测量星表的编制 ·· 金文敬(992)
引力理论的天体测量检验 ··· 黄天衣(997)
高精度天体测量资料处理的相对论模型 ·························· 黄天衣(1001)
双星系统的运动学描述 ··· 傅燕宁(1004)

天体距离的几何测定 …………………………………………… 赵君亮(1008)

银河系内的距离尺度 …………………………………………… 王家骥(1012)

太阳银心距的绝对测定 ………………………………………… 赵君亮(1019)

移动星团视差的精确测定 ……………………………………… 陈　力(1022)

星团成员星的判别 ……………………………………………… 王家骥(1025)

恒星运动学参数的统计测定 …………………………………… 赵君亮(1029)

地球岁差-章动理论研究中的有关问题 ………………………… 黄乘利(1032)

地球参考框架原点和无整体旋转 ……………………………… 朱文耀(1035)

大行星位置成像测量中的系统误差 …………………………… 彭青玉(1041)

X射线脉冲星导航 ……………………………………… 王　娜　高明飞(1044)

脉冲星的自转不稳定性 ………………………………… 王　娜　袁建平(1048)

脉冲星时的建立和应用 ………………………… 陈　鼎　王　娜　赵成仕(1051)

古　天　文

中国古代天文学上的"地中"概念 ……………………………… 孙小淳(1057)

二十八宿的起源问题 …………………………………………… 孙小淳(1059)

二十四节气的起源 ……………………………………………… 徐凤先(1062)

经度之谜 ………………………………………………………… 宁晓玉(1065)

《尚书·尧典》"四仲中星"的困难 ……………………………… 宁晓玉(1068)

"荧惑守心"问题 ………………………………………………… 孙小淳(1071)

中国古代天象记录的现代应用 ………………………………… 孙小淳(1073)

中国古代有没有十月历 ………………………………………… 孙小淳(1077)

编后记 ……………………………………………………………… (1079)

10000个科学难题·天文学卷

太阳物理概述

Introduction of Solar Physics

在地球大气以外的所有天体中,与地球和人类关系最密切的就是太阳。正是太阳的光和热温暖着地球,提供人类生存以及地球上一切生命活动所必需的适当环境。地球上的重要自然现象,如昼夜交替、一年四季的寒来暑往、风云雨雪、植物生长等,无一不是太阳作用的结果。太阳又是地球上除了原子能以外的其他能源如石油、煤炭、水力、风力等的直接或间接创造者。由于太阳与人类的生活和生产活动有着密不可分的联系,人们自然会产生了解太阳本质的强烈愿望,人们除了想知道太阳有多大多远外,还想知道太阳到底是由什么物质构成的,它的内部结构如何?它的表面怎样?它为何会发光?太阳发射的功率有多大?它以现有的规模发射能量有多长时间了?还能维持多长时间?……为了探讨这类涉及太阳物理构造、内部和表面发生的物理过程以及太阳整体演化的问题,在天文学中形成了一个重要的分支学科,称为太阳物理学。太阳物理学家通过精心设计的各种望远镜和专门仪器,对太阳进行了各种各样的长期观测,再用物理学的方法对这些观测资料进行综合分析和理论推断,目前对上述这些基本问题可以说都能给予答复,然而还有许多重要问题至今还不清楚,或知之甚少,有待于进一步从观测和理论上进行深入探索。

研究太阳的动力当然不会局限于好奇心,而是至少有如下重要的理论意义和实用价值[1]:

(1) 理解太阳是理解宇宙的重要环节。宇宙主要是由星系构成,星系中的绝大多数物质是以恒星形式存在的,而恒星中最主要的成员是主序星。太阳就是一颗典型的主序星(光谱型为 G2),而且是离我们最近,从而可以对其进行区域分解观测和仔细研究的唯一恒星。从太阳的研究结果让我们对组成可见宇宙主要物质的存在形式及演化规律能有大致的了解。因此可以说理解太阳是理解宇宙的重要环节。实际上,关于恒星大气的辐射传输、内部构造和演化问题的研究,都是以太阳作为范例进行探讨和检验的。

(2) 促进了物理学某些分支的研究进展。对太阳特殊物理环境(如高温、高电离度、低密度、强磁场和大尺度等)中物质存在形式和运动状态的研究,扩展并促进了物理学某些分支学科的发展。历史上,对复杂的太阳光球、色球和高温日冕光谱的研究,曾在谱线证认、谱线加宽机制和高次电离原子光谱特征等方面促进了光谱学的发展。对太阳能源的探讨，以及对太阳中微子"亏缺"问题的长期探索，也在一定程度上促进了原子核物理学和粒子物理学的发展。关于太阳爆发机制、太阳磁场和太阳活动起源的研究，以及太阳大气动力学和行星际动力学现象的研究，则是推动等离子体物理和磁流体动力学发展的重要因素。

(3) 空间天气预报服务。地球实际上处在太阳全波段电磁辐射和粒子辐射(包括太阳风等离子体和太阳活动产生的高能粒子流等)当中。日地空间环境和地球高层大气定常结构在很大程度上取决于定常态的太阳电磁辐射和粒子辐射特征。太阳活动引起的电磁辐射和粒子辐射增强则将严重干扰这种定常状态，产生一系列重要的地球物理效应，如地球轨道附近的太阳质子事件、地球电离层突然骚扰、地磁暴、平流层升温等，影响到航天和航空飞行安全、人造卫星寿命估算、无线电通信、高纬度地区电网和管道系统、导航和物探以及气象和水文等国防和国民经济的诸多领域。因此，对太阳电磁辐射和粒子辐射中稳定成分和太阳活动引起的扰动成分的能谱进行研究，探讨太阳活动的规律性并对其进行预报，就成了空间天气预报服务中的关键课题。

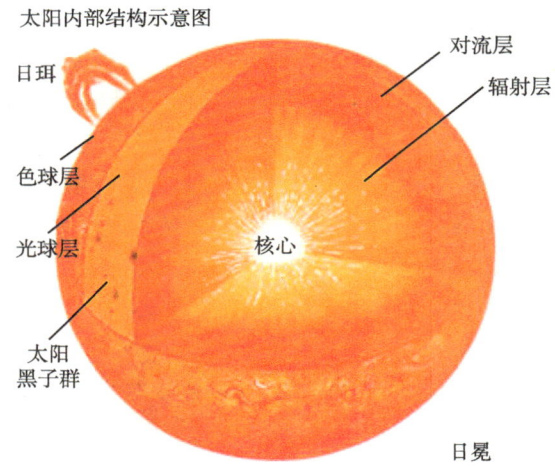

图 1 太阳内部圈层结构。

太阳实质上是一庞大的炽热气团，其半径为 $R = 6.96 \times 10^5$ km，质量为 1.989×10^{30} kg，表面温度约 6000K，中心温度达 15×10^6 K，平均密度为 1.41 g/cm^3，中心密度高达 160g/cm^3。太阳的基本成分为氢和氦，按质量计各占 71%和 27%，其余元素的含量仅占 2%，主要为碳、氮、氧和各种金属。通过观测和理论分析已能确定，整个太阳可以分成几个具有不同物理性质的层次(除核心区外的化学组成无多大区别)。从太阳中心至约 0.25R 处为日核，是通过氢核聚变成氦产生电磁辐射和中微子的产能区。自 0.25~0.86R 为中间层，也称辐射层，来自日核的 γ 射线通过与该层物质的无损失能量交换而向外传播,但光子波长逐渐增加,区域温度不断下降。大约从 0.86R 到太阳表面附近为对流层,主要通过热气团上升和冷气团下降的对流方式向外传输能量。对流层上方的光球层厚度不过 500km,是太阳向外发射电磁波中功率最大波段(可见光和红外光)的辐射源区。太阳半径和太阳表面均按光球的上边界定义。光球上方的色球层厚度约为 2000~10000km,其中 2000km 以上由细长的针状体组成。色球的亮度仅为光球的万分之一,远小于天空亮度,只有在日全食或借助专门设计的色球望远镜才能看到。色球的物质密度约从底部的 $10^{-7}g/cm^3$ 迅速下降到顶部的 $10^{-14}g/cm^3$ 量级,但温度却随高度从几千度蹿升到近百万度。色球上方的日冕比色球更暗,也更稀薄,但温度却在百万度以上。日全食时看到的日冕范围一般不超过 4~5R,而实际上它可以延伸到超过日地距离,并且在 5~6R 以外的日冕物质是向外膨胀的,形成太阳风,换句话说,太阳风是外围的动态日冕。日核、中间层和对流层的辐射不能直接到达地球,即使用仪器也是看不见的,关于它们的状态是通过建立数学物理方程组从理论上求解推测的。这种推测是以上层光球的观测结果为依据,因而是可信的。太阳的这三个看不见的圈层合称太阳内部,或称太阳本体。与此对应,光球、色球和日冕的辐射能量可以到达地面,可以用肉眼或者专门仪器看到它们,亦即通过接收它们的辐射直接进行分析来研究它们的性质,这三个看得见的外部圈层合称太阳大气。尽管太阳大气延伸非常遥远,但它们的质量只有 6×10^{20}kg,与太阳本体相比是可以忽略的。

太阳的另一个奇特物理性质就是较差自转。以太阳黑子作为示踪物测定的太阳表面自转速度随纬度增大而下降,称为纬向较差自转。日震学方法测得的太阳内部自转随日心距的变化称为径向较差自转,其情况更为复杂。不过其结果表明在包括对流层在内的太阳本体外部的自转与表面情况相似,与从太阳角动量转移和损失所期望的自转速度似应从表面向内增大不符。对于如此独特的太阳非刚性自转图像,迄今还不能给予合理的解释。鉴于目前用测定太阳振荡来探索太阳内部自转的日震学方法精度不高,因此还需从观测和理论两个方面进一步探索太阳内部的自转情况,并寻求适当的解释[2]。

太阳基本上是一个球对称和稳定的恒星。然而观测表明,太阳除了稳定均匀地向四面八方发出辐射外,在其大气中的一些局部区域,有时也会发生一些"事件",即所谓太阳活动现象。例如,在光球上成群出现的太阳黑子和光斑,在色球和日冕中出现的日珥和谱斑、有时还发生太阳耀斑和日冕物质抛射(CME)。太阳黑子是日面上的暗黑斑块,它们本质上是太阳表面的局部强磁场区,磁场强度为几千高斯,并且具有复杂的磁极性分布。但黑子区的温度比周围低,显得较暗。光斑和谱斑分别为光球层和色球层中的高温区。日珥是突出太阳表面的火焰状物质。耀斑则是太阳大气中大规模的能量突然释放过程,即太阳爆发,是剧烈的太阳活动现象。顾名思义，CME 即大规模的日冕物质向外抛射。黑子、光斑、谱斑和日珥等活动的空间尺度一般为几万到十几万千米，寿命为几天至十几天。CME 涉及的空间尺度更大，但持续时间较短。太阳耀斑的空间尺度一般为几千至几万千米，持续时间为几分钟到几十分钟。耀斑发生时，从耀斑发生区发射出很强的电磁波辐射(主要为 X 射线和紫外光)、高能粒子流(主要为质子和电子)，以及大规模的等离子体团的剧烈运动和抛射。一次耀斑事件释放出的总能量估计可达 10^{32} 尔格[①]量级，是各种太阳活动中对日地空间环境和地球影响最大的现象，其次为 CME。忽略太阳活动现象的理想太阳称为宁静太阳。

通过观测人们发现，各种太阳活动现象倾向于集中在以太阳黑子群为中心的局部区域中，称为太阳活动区。因而可以用黑子群和黑子数来表示太阳活动的强度，国际上通用黑子相对数 $R = 10g + f$ 表示每天太阳活动水平，其中 g 和 f 分别为当日太阳表面的黑子群数和黑子个数。长期观测又发现黑子相对数 R 的年平均值具有 11 年左右的周期性变化(图 2)。其中 R 年均值变化曲线中极小的年份意味着太阳活动较弱，称为太阳活动极小年。反之，R 年均值极大的年份则意味着太阳活动频繁和剧烈，称为太阳活动极大年。但这仅仅只是统计上的规律性，反常的情况也时有发生。例如，2003 年并非太阳活动极大年，但在当年 10~11 月间却发生了几次特大的太阳爆发事件，对地球造成严重的影响。两相邻太阳活动极小年之间称为一个太阳活动周，国际上规定 1755 年(极小年)为太阳活动第一周的开始，由观测到的太阳黑子情况判断，2009 年已经开始进入太阳活动第 24 周。

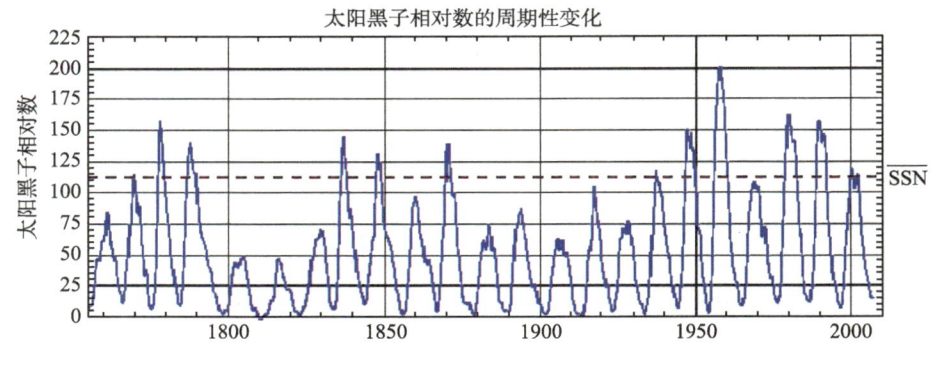

图 2 太阳黑子相对数的周期性变化。

必须指出，太阳活动虽然强烈，但它释放的附加能量(包括电磁波、高能粒子

---

① 1 尔格=10^{-7} 焦耳

和抛射的等离子体团)与太阳稳定的辐射能量相比,仍是微不足道的。例如,一次大的太阳耀斑释放的总能量估计为 4×10^{32} 尔格,假定其持续时间为一个小时,则平均功率为 10^{29} 尔格/秒,这与太阳稳定的总辐射功率 3.845×10^{33} 尔格/秒相比是可以忽略的。更何况太阳也非每时每刻都在发生耀斑活动。因此我们仍然可以把太阳看成一颗稳定的恒星。大功率的稳定辐射叠加上小功率的周期性太阳活动,这正是现阶段太阳的主要特征[1]。

太阳宏观物理构造中,最令人难以理解的就是太阳能源位于日核区,产生的辐射向外传播过程中,由于辐射流密度下降,区域温度理应随日心距减小,但实际情况却是太阳外层大气(色球和日冕)温度反而比内层的光球高得多,即太阳高层大气的反常加热问题,至今仍未获得合理解释。不过大多数学者认为,造成反常加热的额外非辐射能源,应当来自下面对流层中气团运动激发的机械能流(声波和重力波等)。一些研究表明声波或转换为激波后向外传播和耗散,似乎可以有效加热色球层。不过,日冕的加热则可能涉及磁流体动力学(MHD)过程。迄今已提出至少两种类型的模型,它们是 MHD 波耗散(主要是 Alfven 波)和电流耗散模型。前者可以通过日冕磁环中的共振吸收进行加热,后者如 Parker 提出的拓扑耗散或纤耀斑加热日冕。当然,还有一些其他类型的加热机制,例如,MHD 湍流加热等。另外,还有一个重要因素,即色球针状体和小纤维的本质及其在太阳高层大气能量传输中的作用尚未弄清,也使得太阳高层大气反常加热的研究更具复杂性和不确定性。太阳高层大气反常加热的文献浩如烟海,但要彻底弄清问题尚有相当长的距离,它是太阳物理中的老大难问题[3]。

太阳活动领域尚未搞清楚的问题更多。最主要的无疑是太阳活动的起源问题。观测表明各种太阳活动现象中最关键的因素是磁场。太阳活动区中最重要的现象太阳黑子,本质上就是太阳表面的强磁场区,换句话说,太阳活动区就是强磁场区。只要强磁场区存在,原则上各种活动现象都可以通过太阳等离子体与磁场相互作用给予解释。因此太阳活动起源问题,实际上就是太阳表面磁场起源及其规律性的解释问题。宏观上稳定的太阳为什么会出现太阳活动现象,一直是太阳物理学家的热门研究课题。目前认为维持周期性太阳活动过程的物理机制,是太阳等离子体自身运动感应产生的磁场所表现的周期性现象,这与运动导体通过感应产生磁场的自激发电机原理相似,故称为太阳发电机理论。太阳发电机理论的核心问题是利用磁流体力学方程组,在太阳较差自转和湍动对流条件下,寻求太阳极向磁场与环向磁场之间的周期性转换,即发电机解[2]。人们已经提出了多种太阳发电机模型,包括早期的运动学发电机、各种修正的运动学发电机、MHD 发电机、等离子体湍流发电机以及考虑混沌行为的 MHD 发电机等。近年来我国一些年轻学者也在这一领域进行了探索,并取得了进展。

太阳耀斑现象涉及许多复杂的物理过程,包括 10^{32} 尔格数量级的能量积累,等离子体不稳定性的触发,高能粒子的加速与传播方式,它们激发产生的从γ射线、X射线、紫外和可见光、直至射电波段辐射增强的机制,耀斑源区的大气动力学变化,以及物质运动和抛射现象,因此对它们的研究具有重要的理论意义。另一方面,耀斑期间引起的 X 射线辐射增强将破坏地球电离层的正常状态,耀斑的高能粒子流和低能等离子体云将造成地球轨道附近高能粒子污染并干扰地球磁层,这些扰动也会向下传播,导致地球低层大气(平流层和对流层)热力学状态和环流的变化。通过这些扰动,太阳耀斑对人类的航天活动、无线电通信以及天气和水文领域产生影响,因而掌握耀斑发生规律并进行预报将具有实际的应用价值。因此太阳耀斑研究是太阳物理中长盛不衰的课题[3]。

太阳活动研究的另一热门课题是日冕物质抛射(CME)。近年来的 CME 研究得到迅速推动,主要原因是空间观测技术的进步,使得对 CME 现象的观测获得了重要进展。同时,进一步的研究也揭示,CME 对日地空间和地球环境有非常重要的影响。

太阳射电非热成分,特别是与太阳耀斑有关的微波宽带射电频谱辐射,其中频谱精细结构与各种波粒相互作用的复杂物理过程有关,通过对它们的仔细观测和研究,可能为我们提供耀斑源区的磁场、等离子体温度和密度、粒子加速过程、等离子体不稳定性的触发机制等信息,不仅有助于研究耀斑起源,对于等离子体物理中某些基本问题(如不稳定性的触发机制及发生规律等)的研究有重要意义。因此,具有一定空间分辨率的太阳射电宽带频谱结构的研究,也是太阳物理中的重要课题。

还有一些问题如太阳表面小尺度磁场的起源和演化、日珥的物理构造和形成机制、冕洞的形成和高速太阳风的加速机制问题等,都是具有重要意义的研究课题,有待于人们进一步的深入探讨。

参 考 文 献

[1] 林元章. 太阳物理学导论. 北京: 科学出版社, 2000.
[2] Stix M. The Sun. Berlin: Springer-Verlag, 1989.
[3] Foukal P V. Solar Astrophysics. New York: John Wiley and Sons, Inc., 1990.

撰稿人:林元章
中国科学院国家天文台

太阳中微子的变化

Variations of Solar Neutrino Flux

电磁波，包括射电、红外、可见光、紫外和 X 射线等，是天文学家观测宇宙天体的主要媒介，而自从中微子被成功捕获以来，中微子也成为天文学家研究天体的一个工具，当然也成为粒子物理学家的一个主要研究对象。著名的太阳中微子失踪案已经被揭开神秘的面纱，而太阳中微子所呈现的周期性变化为人们了解太阳内部的结构和动力学提供了一个新的观测手段。

自从太阳中微子被成功地捕获以来，便出现了中微子失踪之谜：实测到的中微子数目仅为标准太阳模型预测的三分之一左右。这个问题曾长期困扰着科学界，人们不知道是粒子物理学家对中微子的理解出了问题，还是太阳物理学家对太阳模型的构建不准确。21 世纪初，这一著名的中微子失踪之谜初步解开。随着日本 Super-Kamiokande 的持续观测和观测精度的提高，以及加拿大 Sudbury Neutrino Observatory (SNO)新的观测结果的出现，人们开始知道中微子存在着三种味(flavor)，而这三种味的中微子可以相互转换。中微子在电子、μ和τ中微子三种味中互相转化的事实被发现，即中微子震荡得以证实[1]。由于较早的中微子观测设施只能探测到一种中微子，即电子中微子，而电子中微子在传播中转化为了其他的中微子，所以造成了中微子失踪的假象。这一科学难题的解决，是太阳物理学家与粒子物理学家合作解决基本物理问题一个成功的范例。中微子震荡表明，它们具有静止质量。Raymond Davis Jr. 在 2002 年与 Masatoshi Koshiba 分享了诺贝尔物理学奖，以表彰他在实验中探测到太阳中微子。

一般认为中微子基本不与物质相互作用。如果是这样，那么来自太阳的中微子就应该是一个常量，而不具有周期性的变化。斯坦福大学的 Peter Sturrock 及其合作者十余年的研究证明中微子的流量是有极其微弱的变化的。他们认为，从这些极其微弱的变化中可以探知太阳内部的信息。中微子流量在太阳活动周中的变化，可能证明中微子不但有静止质量，还具有极弱的磁矩。Sturrock 等太阳物理学家认为，中微子产生于日核区，由于中微子可能具有极弱的磁矩，从而在通过太阳的对流层或者光球层时与太阳磁场发生作用而被调制。因此，我们探测到的中微子很可能带有了自日核到辐射层，再到对流层的很多信息。这些作者利用 Super-Kamiokande, GALLEX, Homestake 的观测数据，发现中微子流量存在着多个周期性。他们得到最主要的周期，非常接近于太阳的自转周期，证明了中微子的确与太阳的磁场存在相互作用。他们同时还发现了其他跟太阳自转周期极为接近的周期，推测出中微子与磁场的作用很可能发生在太阳的速度剪切层（tachocline）。这个区域正是普遍认为的太阳磁场产生的地方，即太阳发电机的孕床。在速度剪切层具有非常强的磁场。由中微子流量的变化，还可推测出辐射层的自转速度，这一速度与目前由日震学方法所得到的速度接近。通过中微子流量变化的研究，他们还认为在日核与辐射层交界的地方可能存在另外一个 tachocline，这里可能会有另一个发电机，从而产生另一个太阳活动周，这一观点还需等待其他观测的检验[2]。中微子流量变化的频率，被认为对应于太阳的 r 模振荡，即源于太阳辐射层的震荡[3]。

关于中微子流量变化的扩展研究只是近 10 年才开始的。新的结果正在不断地出现，修改和影响着我们对太阳内部结构的认识，日益引起学术界的兴趣和重视。在中微子缺失的难题初步解决之后，中微子流量变化的困惑再次向我们走来，这正是科学的活力和魅力所在。

参 考 文 献

[1] Ahmad Q R, Allen R C, Andersen T C, et al. (168 authors), Measurement of the rate of $v_e + d > p + p + e^-$ interactions produced by ^8B solar neutrinos at the sudbury neutrino observatory, P R L, 2001, 87: 1301.

[2] Sturrock P A. Combined analysis of solar neutrino and solar irradiance data: further evidence for variability of the solar neutrino flux and its implications concerning the solar core. Solar Phys. 2009, 254, 227.

[3] Sturrock P A. Evidence for r-mode oscillations in super-kamiokande solar neutrino data, Solar Phys, 2008, 252, 221.

撰稿人：汪景琇[1]　赵俊伟[2]
1 中国科学院国家天文台　太阳活动重点实验室
2 W. W. Hansen Experimental Physics Laboratory, Stanford University, USA

太阳内部的自转与子午流结构

Rotational and Meridional Flow Profiles in the Solar Interior

1. 引言

太阳的光球层存在着周期大约为五分钟的震荡。这些周期性的震荡是由太阳内部剧烈湍动而引起的扰动传播至光球层而造成的。当然，由于太阳内部密度与压强的分层结构，这些扰动会沿着不同路径以不同的震动频率而传播，从而形成各种各样不同模式(modes)的声波。这些声波会经过不同深度的太阳内部，有些到达对流层，有些到达辐射层，有些甚至会到达日核，如果能量没有彻底耗尽的话会最终经折射返回到光球层。所以，太阳表面的五分钟震荡包含着极为丰富的太阳的内部信息。可以说，太阳的内部对电磁波观测是不透明的，但是对于它自己所产生的声波而言却是完全透明的。正如人们分析光谱可以得到太阳光球层以外不同高度的色球与日冕的性质一样，研究声波的频谱可以用来分析太阳光球层以内不同深度的性质，而这样的研究就称为日震学。

对太阳光球层进行长达数十小时甚至数十天的连续高时间分辨率观测，就可以对其声波的频谱进行分析，从而反演出其内部性质，诸如声速，元素丰度，密度与压强，自转速度，子午流速度，和局部地区的运动结构。图 1(a)展示了一幅利用 SOHO/MDI 观测所获得的太阳光球声波频谱图。利用全球日震学(global helioseismology)对于内部声速的研究已经达到非常精确的地步，所得的结果与标准太阳模型的差仅有 0.4%左右[1]，从而证明了目前我们对太阳模型的研究和对日震学的反演都已经到了非常完善的地步。也正是这方面的研究使得人们对太阳中微子数量的预测达到非常精确的地步，从而促进了粒子物理学家对中微子的重新认识，解决了长期以来困扰科学家的太阳中微子失踪之谜。

2. 太阳内部的较差自转

太阳的自转不是刚体运动，在太阳的光球层表现为不同纬度的自转速度是不同的，低纬地区一般比高纬地区的转动角速度要大，这称为太阳的较差自转。事实上，全球日震学的研究向我们揭示了太阳的较差自转不仅表现在不同的纬度上，还表现在不同的深度。太阳内部的非刚体转动使得声波谱线产生了分裂，而这些分裂会传播至光球层而被观测到，于是我们就可以利用这些分裂来推出太阳不同深度和不同纬度的转动速度来[1,2]。如图 1(b)所示，在自光球层至大约 0.05R 深处， 在各纬度均有一个速度加快的剪切层，在大约 0.70R 附近，也就是在太阳对流层的底部，几乎所有纬度都存在着很强的速度剪切。由于其巨大的速度剪切，这一区域被称为较差剪切层(tachocline)，并且被广泛地认为这里正是太阳磁场所产生的地方，也就是太阳发电机(solar dynamo)工作的地方。

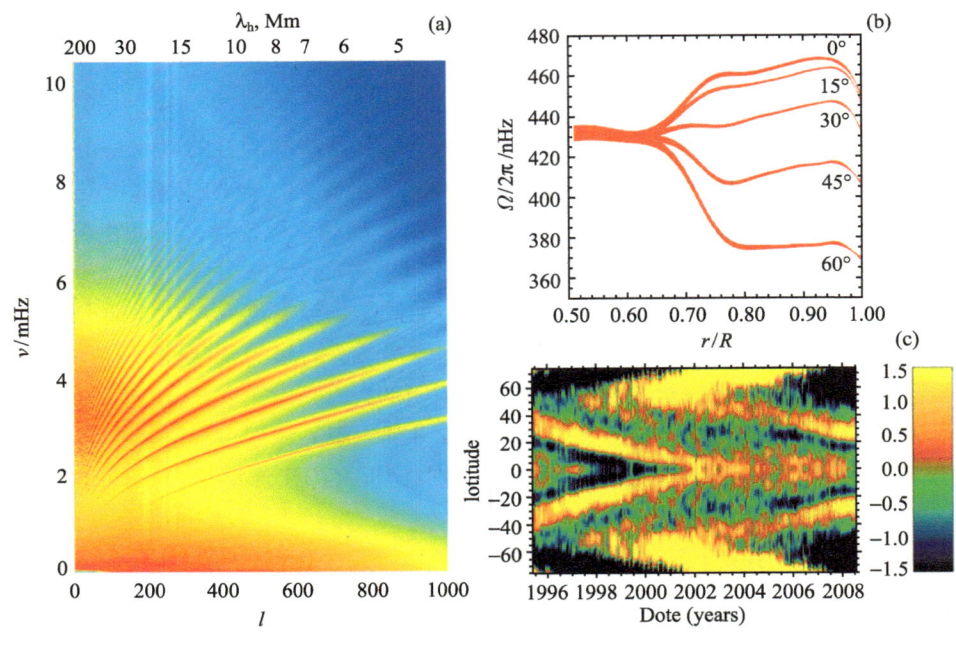

图 1

(a) 太阳光球层声波的频谱 l-ν 图；(b) 太阳内部较差自转；(c)太阳自转的扭转震荡
(感谢 SOHO/MDI 提供图(a)，Rachel Howe 提供图(b)和(c))

太阳的自转曲线并不是一成不变的，而是随着太阳周期的演化而变化。这种变化表现为，相对于太阳长时间的平均自转曲线，存在着一些相对转动较快和较慢的带状结构。这些带状结构与太阳的活动带(activity belt)总是相伴而生，并且一起随着周期的演化而向太阳赤道区迁移(见图 1(c))。这种快慢夹杂的带状结构称为扭转震荡(torsional oscillation),有证据表明，扭转震荡并非仅存在于太阳的光球层或者浅表地区，而是可以一直深入到太阳对流层底部的较差剪切层[3]。扭转震荡被广泛地认为与太阳发电机有某种联系，但是具体怎样的联系还不是很清楚。是由于这个地方存在着快速和慢速运动的等离子体而使得这里特别适合磁场的产生，还是由于活动带存在着较强的磁场而使得其两侧的等离子体一边的运动加快，而另一侧的运动减慢？这些问题还需要进一步的研究。

局部日震学(local helioseismology)对于太阳的较差自转也开展了研究，但是其能达到的深度仍然远远不及全球日震学。局部日震学作为另外一个独立的研究方法来探测较差自转检验全球日震学的结果，仍然是一个很重要的课题。

3. 太阳内部的子午流

相对于已经被广泛研究并且获得了巨大成功的太阳内部东西方向的自转速度而言，其内部南北方向的子午流循环(meridional circulation)研究则进展较小，并且仍然是目前的一个研究热点。

由于子午流的速度通常较小，即使在太阳浅表也只有大约 20~30m/s，它们在声波频谱上的效应是极难被精确地探测到的，当然，利用频谱分析以获取子午流速度的研究也有少量的开展。较为广泛应用的方法是局部日震学中的时距日震学方法(time-distance helioseismology)。目前已经比较清晰地探测到在太阳的南北半球，从光球层到约 30 兆米(megameter)深度，子午流的流动方向是从赤道向两极，速度约为 20m/s[4, 5]。有少数观测分析认为这种极向的子午流一直延伸至较差剪切层的上方，而仅在较差剪切层的附近区域存在着速度极为微小的流向赤道区的子午流，用以维持质量守恒(见图 2)。但是，这些分析还没有得到较为广泛的认可。

同太阳的内部自转一样，其内部子午流的速度与结构也不是一成不变的，而是同样随着太阳周期的演化而变化。在太阳浅表地区，相对于太阳活动极小期而言，在大约小于 10Mm 的深度范围内，物质是流向太阳活动带的[5]，而在更深的地区，物质则从活动带流走[6]。这样仿佛形成了一个额外的物质循环叠加于极向的子午流之上。跟扭转震荡一样，目前还不是很清楚这样一个额外的物质循环跟太阳发电机有什么联系。

图 2　太阳子午流示意图。值得注意的是在较深地区的指向赤道区的流场并未被实际观测到(感谢 SOHO/MDI 提供此图)。

4. 总结

利用日震学的方法来反推太阳内部的自转及子午流速度已经取得了很多的成果，极大地拓展了人们对太阳内部运动的认识，而这些在日震学出现以前都是不为人知的。

由于太阳的周期性磁场是产生于较差剪切层，而表面的磁场通常被认为是由子午流带入极区从而回到太阳的内部来形成下一个太阳活动周期，因此精确地测定太阳在各个深度的自转和子午流流速及流向从而更好地研究磁场的产生，其重要意义是不言而喻的。尤其是子午流，在太阳较深处其流动的结构甚至是流动的方向目前还存在着一些争议。

在太阳第 23 活动周结束后所出现的百年不遇的活动极小与过长的活动极小期，都是出乎太阳物理学家的预料的，这同时也告诉我们，我们对太阳内部的运动以及太阳内部磁场的产生机制的理解仍然是非常欠缺的。我们期待着更好的日震学观测资料，与更精确的分析来解开太阳给我们的谜团。

参 考 文 献

[1] Kosovichev A G, et al. Structure and rotation of the solar interior: initial results from the MDI medium-l program. Solar Physics, 1997, 170: 43–61.

[2] Thompson M J, et al. Differential rotation and dynamics of the solar interior. Science, 1996, 272(5266): 1300-1305.

[3] Vorontsov S V, et al. Helioseismic measurements of solar torsional oscillations. Science, 2002, 296(5565): 101–103.

[4] Giles P M, Duvall T L, Jr Scherrer P H, Bogart R S. A subsurface flow of material from the Sun's equator to its poles. Nature, 1997, 390(6655): 52–54.

[5] Zhao J, Kosovichev A G. Torsional oscillation, meridional flows, and vorticity inferred in the upper convection zone of the Sun by time-distance helioseismology. Astrophysical Journal, 2004, 603(2): 776–784.

[6] Chou D-Y, Dai D-C. Solar cycle variations of subsurface meridional flows in the Sun. Astrophysical Journal Letters, 2001, 559(2): L175–L178.

撰稿人：赵俊伟[1]　周定一[2]
1 斯坦福大学汉森试验物理实验室
2 台湾清华大学物理系

太阳内部经圈环流

Solar Meridional Circulation

1. 太阳子午环流的观测特征

太阳经圈环流是指沿着日面经度方向运动的太阳内部速度场,在太阳表面方向主要是从赤道向两极,速度大小约为 15m/s。既然物质不可能在太阳的两极区积聚,人们推测在太阳内部应该存在反方向的从极区向赤道的物质输运,形成环流,如图1所示。但目前还没有太阳内部赤道向经圈流的明确观测证据。

第一次太阳表面经圈环流的测量出现在 20 世纪 70 年代末[1],目前有两种基本方法来测量太阳表面的经圈环流:特征物跟踪和 Doppler 测量。特征物跟踪是指跟踪太阳表面的一些特征现象(如黑子、暗条或磁元等)的运动来反演出经圈流的信息。Doppler 测量的方法是指根据太阳光球层谱线的 Doppler 移动来反演经圈流。这两种方法所得的结果都有较大范围的变化幅度(10~20m/s),这是因为在太阳表面存在多种速度场。赤道附近的旋转速度可达 2km/s,小尺度对流速度大约 500m/s,声波振荡的速度大约 1km/s。这些强

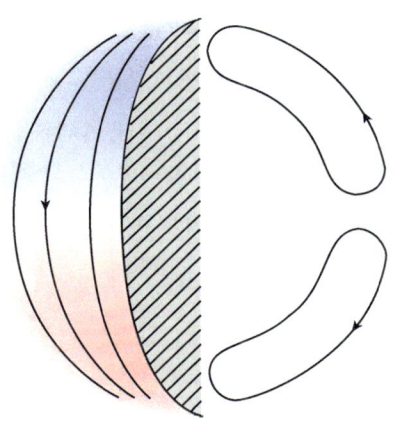

图 1 经圈环流的结构示意图①。

的速度场使得相对它们很微弱的经圈流的信号很难被准确测量。由于经圈环流会对太阳的 p 模振荡频率产生影响,因此太阳内部的经圈环流可以通过日震学方法而获得。第一次明确得出太阳表面下存在经圈环流的工作出现在 1997 年[2],他们通过测量南向和北向声波传播时间的差异,即时距日震学的方法得出经圈流延展到整个对流层($0.71R_\odot \sim 1.0R_\odot$)。在对流层底部存在赤道向经圈流,输运方向的转折点出现在 $0.8R_\odot$ 附近,速度大小约 3m/s [3]。

2. 太阳经圈环流的研究意义

虽然经圈流相对较弱,但它却在太阳对流层的动力学演化中起着重要作用,经

---

① http://solarscience.msfc.nasa.gov/images/mf.gif。

圈流不仅从一个纬度向另一个纬度输运物质,同时还有能量、角动量和磁场。它为许多太阳内部动力学模型和发电理论提供关键的约束。

在太阳内部角动量输运的平均场模型中,经圈流起着建立和维持较差自转(因太阳不同纬度和深度处的旋转速度不同而得名,是太阳上存在的另一种重要而显著的速度场)的作用[4]。经圈流也被认为对太阳的扭曲振荡(即太阳上不同纬度存在快慢相间的旋转速度,并且随时间的演化赤道向传播,存在大约 11 年周期)的产生有影响[5]。

太阳上黑子、极区磁场等磁现象的大约 11 年周期的演化需要发电机模型来解释,目前的通量输运型发电机模型能很好地解释太阳大尺度磁场的观测特征[6]。在该模型中,经圈流输运太阳黑子后随极性的磁场到极区,形成极区磁场;而后在流层底部强较差自转的作用下产生环向磁场。对流层底部的赤道向经圈流携带环向磁场赤道向迁移,产生黑子随时间演化的"蝴蝶图"。在该类模型中,经圈流决定着黑子活动的周期,是模型能持续工作的关键环节。

3. 太阳经圈环流的产生机制

其起源要归因于湍流热对流。光子的运动把太阳内部核聚变产生的能量从太阳内部向外传输,在大约 $0.7R_\odot$ 处太阳内部等离子体温度较低,光学厚度相对变大。

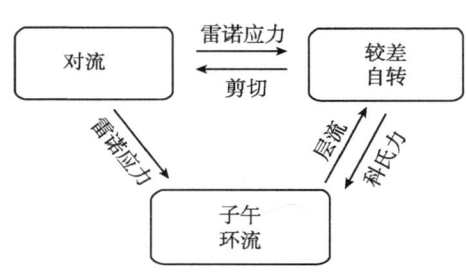

图 2 经圈环流和对流以及较差自转的关系。

这使得辐射能量输运能力较弱,从 $0.7R_\odot$ 到太阳表面对流成为能量输运的主要机制,它在太阳内部重新分布动量和能量,是太阳经圈环流和较差自转能够维持的根本原因,图 2 定性地给出了它们三者之间的关系。如果没有雷诺应力,由于角动量守恒经圈流会加速极区的运动,对流运动产生雷诺应力重新分布动量,建立经圈环流和较差自转。通过剪切对流元胞,较差自转会对对流提供反作用。原则上,经圈流也能提供这种反作用。然而实际上对流的运动学能量远超过经圈流所包括的能量,因此这种反作用可以忽略不计。较差自转在科里奥利(Coriolis)力的作用下能够产生经圈流。经圈流对角动量的层流输运帮助建立和维持较差自转。可见经圈流的产生过程是一个非常复杂的动力学过程[7]。

4. 未解决的科学问题

虽然过去的 30 年由于观测技术的不断提高,尤其是日震学的发展,使得人们对经圈流有了较深入认识,但由于其自身的复杂性,目前还有很多方面问题尚未解决。其中主要包括以下几个方面:

(1) 日震学对太阳较浅深度的研究表明经圈流随深度的变化幅度较小。理论支持在太阳内部存在赤道向经圈流,而日震学还不能给出经圈流方向反转出现的具体位置。该反转位置会为发电机模型提供重要的约束。

(2) 目前日震学技术的探测极限在太阳 60°纬度附近,在高纬度是否存在反向(表面赤道向,内部极向)经圈流原胞一直是大家所关心的问题。部分理论结果支持反向经圈流原胞的存在,如果它们存在会对太阳极区磁场的分布进而会对行星际磁场的分布产生影响[8]。

(3) 近年来太阳表面下第 23 活动周浅层经圈流的研究表明,经圈流的幅度会随活动强度的增强而减弱[9]。而且经圈流的总体幅度在各个活动周也会不同。但由于目前观测数据的积累较短,还不能给出具体结果。

(4) 虽然经圈流是全球尺度的速度场,但在活动区附近的经圈流却不同与宁静区。活动区的周围存在向其会聚的速度场,强度随活动区磁场强度的增加而增强[10]。这一速度变化会改变活动区的倾斜角,进而对太阳表面磁场分布产生影响,这一方面以及其产生的物理原因的研究刚开始起步。

参 考 文 献

[1] Duvall T L Jr. Large-scale solar velocity fields. Solar Physics, 1979, 63: 3–15.
[2] Giles P M, Duvall T L, Scherrer P H, Bogart R S. A subsurface flow of material from the Sun's equator to its poles. Nature, 1997, 390: 52–54.
[3] Giles P M. Time-Distance Measurements of Large-Scale Flows in the Solar Convection Zone. Ph.D. Thesis, Stanford University, Stanford, U.S.A.
[4] Durney B, Differential Rotation, Meridional Velocities, and Pole-Equator Difference in Temperature of a Rotating Convective Spherical Shell. A p J,1971, 163: 353–361.
[5] Snodgrass H B. Synoptic observations of large scale velocity patterns on the sun.ASP Conference Series, 1992, 27: 205–240.
[6] Chatterjee P, Nandy D, Choudhuri A R. Full-sphere simulations of a circulation-dominated solar dynamo: Exploring the parity issue. A&A, 2004, 427: 1019–1030.
[7] Miesch M S. Differential rotation and meridional circulation in global models of solar convection. Astro. Nachr., 2007, 328: 998–1001.
[8] Jiang J, Cameron R, Schmitt D, Schuessler M. Countercell meridional flow and latitudinal distribution of the solar polar magnetic field. ApJ. 2009, 693: L96–L99.
[9] Chou D Y, Dai D C. Solar cycle variations of subsurface meridional flows in the sun. ApJ, 2001, 559: L175–L178.
[10] González Hernández I, Kholikov S, Hill F, Howe R, Komm R. Subsurface meridional circulation in the active belts. Solar Physics, 2008, 252: 235–245.

撰稿人:姜 杰

Max Planck Institute for Solar System Research, Germany

太阳较差剪切层的本质是什么？

Solar Tachocline

日震学的迅速发展，导致了人们对太阳内部结构认识上的重大变革。在过去的二十多年里，日震学的研究使我们获得了大量关于太阳内部结构和动力学方面的知识，其中最重要的进展之一是在太阳辐射层和对流层边界附近发现了一个速度高度剪切的、厚度只有约 0.02~0.05 倍太阳半径的 Tachocline 层，也称太阳强剪切层或较差剪切层，这里是太阳内部自转速度随时间改变最大的地方。目前人们普遍认为太阳磁场和太阳活动的起源很可能就与太阳强剪切层密切相关，这里很可能就是太阳剧烈活动的孕床，因此受到太阳物理界和研究恒星活动的其他天体物理学家的高度重视。

标准太阳模型给出太阳的基本结构为：中心核（热核产能区）延伸到太阳半径 $R_\odot$ 的 20%，并包含大约 35%的太阳总质量；辐射区，它的半径达到 $0.7R_\odot$；对流区，它一直延伸到光球，占了太阳半径 $R_\odot$ 的 30%。迄今为止，日震学反演推断出辐射区和对流区在一个薄的边界层混合，也可以说是被这个薄边界层分开，这个薄边界层就是较差剪切层。在这个过渡层里，辐射内核的刚体转动跃迁到只随纬度方向变化的对流区的较差转动，如图 1 所示[1,2]。虽然日震的观测和理论分析结果显示较差剪切层的厚度、形状和位置具有不确定性，但是理论估计较差剪切层厚度的最大值不超过太阳半径的 5% ($0.05R_\odot$)[3,4]。图 2 显示了日震学反演的太阳较差剪切层的轮廓随纬度的变化[5]。

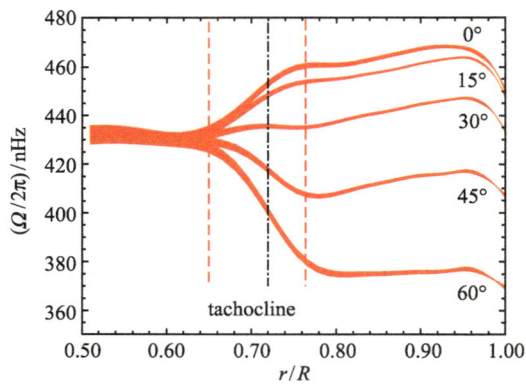

图 1 太阳的内部转动轮廓。

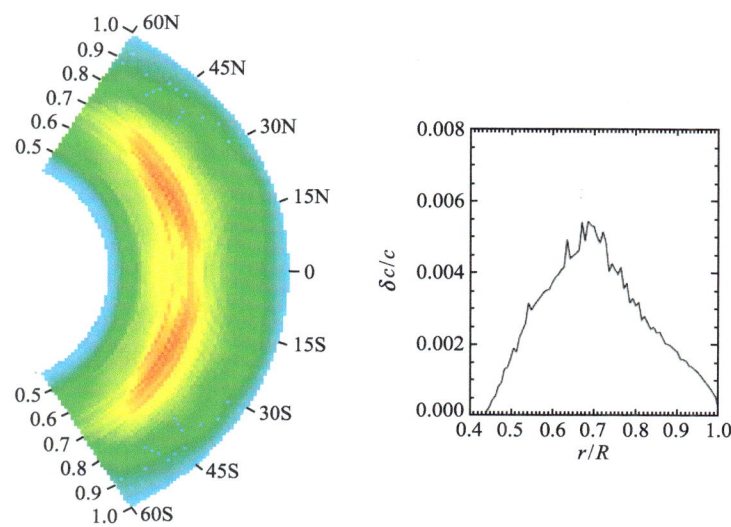

图 2　日震反演给出的太阳较差剪切层的结构分布。

表 1 给出了太阳较差剪切层中的各种基本物理变量：其中密度 ρ、压强 p、声速 c、重力加速度 g 等参数由日震和非日震限制的标准太阳模型给出，在模型中氢的质量相对丰度取为 $X=0.737$[6,7]。在 The Solar Tachocline 书里详细介绍和讨论了太阳较差剪切层的结构、位置和动力学性质[8]。

表 1　太阳较差剪切层的基本性质

密度	ρ	0.21	$g \cdot cm^{-3}$
压力	P	6.7×10^{13}	$g \cdot cm^{-2} s^{-2}$
温度	T	2.3×10^6	K
声速	C	2.3×10^7	$cm \cdot s^{-1}$
不透明度	κ	19	$g^{-1} \cdot cm^2$
引力加速度	G	5.4×10^4	$cm \cdot s^{-2}$
密度标高	H_ρ	$0.12 R_\odot$	
压力标高	H_p	$0.08 R_\odot$	
绝热指数	γ	1.665	
浮力频率	N	8×10^{-4}	s^{-1}

综上所述，我们可以注意到强剪切层的独特性质：因为它是一个边界层，所以它占据太阳内部微不足道的一部分；但是，正是因为它是边界层，它似乎又是理解太阳物理学问题的关键。从太阳对流区的较差转动、太阳在恒星演化时标上的自旋减慢、对流区底部的元素混合到太阳发电机的运作机制。目前太阳发电机主要起源

于较差剪切层已被普遍接受。"太阳发电机"是通常被称为发电机效应的磁流体动力学过程的总和——扭曲、加强磁场以维持它不被欧姆效应所衰减。并导致场的偶极分量的极性大约每11年反转一次[9,10]。

为了更好地理解太阳较差剪切层的本质是什么，我们需要回答一系列问题，例如，较差剪切层为什么存在？动力学性质如何？较差剪切层有多薄，它为什么这么薄？一种可能的解释是如果较差剪切层是一个薄的、稳定分层的结构，较差剪切层的位置处于紧靠对流区底部的对流超射区里，湍流随机运动和大尺度环流引起的角动量转移的联合作用导致了转动轮廓$\Omega(r,\theta)$在水平方向剪切$\Omega(\theta)$的减小和垂直方向剪切$\Omega(r)$的增加，形成了一个有垂直和水平湍流黏度系数的薄剪切层，称之为较差剪切层[11,12]。对于为什么太阳较差剪切层这么薄，其基本的物理问题是一系列复杂流体动力学机制会导致这个过渡层有一个增厚过程，这样的话，它的厚度应该很容易通过现代日震学测量出来。但是，测量得到的厚度的上界清楚地表明，无论这些机制中是否有实际起作用的，肯定还有一些其他过程限制这个剪切层的传播[13,14]。

参 考 文 献

[1] Brown T M, Christensen-Dalsgaard J, Dziembowski W A, Good P R. et al. Astrophys J, 1989, 343: 526–546.
[2] Good P R, Dziembowski W A, Korzennik S G, Rhodes E J. Astrophys J, 1991, 367: 649–657.
[3] Kosovichev A G. Astrophys J, 1996, 469: L61–L64.
[4] Basu S. Mon. Roy. Astron. Soc., 1997, 288: 572–584.
[5] Zhao J, Hartlep T, Kosovichev A, Mansour N N. Astrophys J, 2009, 702: 1150–1156.
[6] Basu S, Antia H M. Mon. Roy. Astron Soc, 2001, 324: 498–508.
[7] Yang W M, Bi S L. Astrophys J, 2007, 658: L67– L70.
[8] Hughes D, Rosner R,Weiss N. The Solar Tachocline. Cambridge University press, 2007.
[9] Gough D O, McIntyre M E. Nature, 1998, 394: 775–757.
[10] Weiss N O, Thomas J H, Brummell N H, Tobias S M. Astrophys J, 2004, 600: 1073–1090.
[11] Spiegel E A, Zahn J P. Astron. Astrophys, 1992, 265: 106–114.
[12] Dikpati M. Advances in Space Research, 2006, 38: 839–844.
[13] Christensen-Dalsgaard J. Rev Mod Phys, 2002, 74: 1073–1129.
[14] Miesch M S, Gilman P A. Sol Phys, 2004, 215: 17–30.

撰稿人：毕少兰

北京师范大学

太阳发电机

Solar Dynamo

太阳发电机是解释太阳及恒星磁场产生和维持的基本理论。

对太阳黑子通过望远镜的观测已经经历了几个世纪,包括 17 世纪望远镜的发明者 Galileo Galilei。在 19 世纪后期,Schwabe 发现太阳黑子呈现周期性变化,后来 Carrington 发现,在每个太阳循环周中,黑子首先出现在日面中高纬度区。1908 年,Hale 在太阳黑子中发现了磁场,因此太阳黑子的循环周期实际上是太阳磁场的循环。

1955 年,Parker 根据磁流体力学方程,提出了著名的 α 效应发电机理论[1, 2],开创了从理论上解释太阳磁场产生和太阳循环周期研究的先河。

太阳内部是由高度电离的气体(等离子体)组成的,描述等离子体系统的磁场行为的基本方程是磁场感应方程。在天体物理系统中,如太阳,等离子体有着极高的磁雷诺数,这是表征磁场与气体压力作用大小相比较的特征量。在这样的等离子体中,磁场冻结在流体中,磁场与等离子体的运动耦合在一起,使得在太阳对流层中的对流能量被拖曳而产生并放大磁场,这就是发电机机制的本质。

在应用到恒星(如太阳)的球对称近似下,磁场和速度场可以表示成两个分量——极向分量和环向分量。在速度场中,通常表示成较差转动和子午环流。因为太阳是较差自转的,任何原初存在的极向分量场都会在转动方向上被拉伸而形成环向分量。在太阳内部的水平环向磁流管由于磁浮力而浮现到太阳表面形成双极黑子对。这些双极黑子对在上升过程中经过对流层时,由于表面 Coriolis 力的作用产生一个倾角,因此产生了太阳活动区倾角的 Joy 定律分布。要完成太阳发电机的整个过程,磁场的环向分量必须能转化为极向分量。这需要有非轴对称机制,如非零的涡度。这个机制最初由 Parker 提出。Parker 提出了小尺度螺旋湍动可以将上升的环向磁流管扭曲到 $r\text{-}\theta$ 平面,因而重新产生极向磁场[2]。这个过程传统地被称为α效应发电机。这是太阳发电机模型的基本部分。

在过去的二十年中,对上升的(细)环向磁流管动力学模拟表明,在对流层底部这些磁流管的初始强度大约是 10^5Gs①,与太阳表面活动区所观测的性质相匹配。

---

① $1\text{Gs} = 10^{-4}\text{ T}$

但是，在对流层磁场的等分场强（在对流层中对流能量与磁场等分）为 10^4Gs。如果有环向磁流管形成的黑子的场强比等分场强大，那么螺旋对流将不可能扭曲黑子。

这个问题导致发电机研究者探寻另外的极向磁场产生的机制。在众多模型中，Babcock-Leighton(BL)机制最先进。在这个机制中，由 Babcock[3]和 Leighton[4]提出，倾斜的双极黑子对的耗散，由于表面的耗散过程、较差转动以及子午环流作用，这些次级(网络状)磁流管产生极向移动，产生并反转太阳极向场。虽然这个过程现在被称为 BL α效应，实际上这个过程与传统的α效应有很大区别。在传统α效应中，是对小尺度湍动进行平均，要求有第一级的平滑近似存在，而在 BL 机制中，并不需要这些。BL 机制对极向场的产生可以在太阳表面观测到，同时可以用表面磁流传输进行模拟。

虽然我们在过去 10 年左右，在理解太阳循环的很多方面似乎有很大的进步，这些进步同时也揭示了对发电机理论挑战的很多问题。其主要问题是在解释太阳活动周的问题上，还没有解决什么物理机制使活动区的产生停止，同时发电机如何从宁静状态开始恢复活动。到目前为止，还没有一个合适并被广泛接受的解释。另一个典型的问题是，发电机模型中湍动扩散系数的选择远远小于混合长理论所给出的数值，在发电机模型中这样选取的目的是为了保证在对流层中的磁流传输以平流为主[5]。在这些发电机模型中，如果使用较高的湍动扩散系数存在很多不利因素[6]。对这些参数的无约束的选择，很难将任何一个太阳循环模型称为"标准模型"[7]，换句话说，我们还没有找到对太阳磁场合理解释的解决办法。

参 考 文 献

[1] Babcock H W. ApJ, 1961, 133:572.
[2] Charbonneau P. Living Reviews in Solar Physics. 2005, 2: 2.
[3] Dikpati M. Charbonneau, P. ApJ, 1999, 518: 508.
[4] Leighton R B. ApJ, 1969, 156: 1.
[5] Nandy D, Choudhur A R. Science, 2002, 296: 1671.
[6] Parker E N. ApJ, 1955a, 121: 491.
[7] Parker E N. ApJ, 1955, 122: 293.

撰稿人：杨志良
北京师范大学天文系

湍运动和湍流发电机

Turbulence and Turbulence Dynamo

研究湍运动现象，也就是研究众多不同尺度运动之间的耦合相互作用，是许多物理分支的重要课题。通常，对于宏观流体模，术语"turbulence"被称之为湍流；对于等离子体模，它被称之为湍动。在流体动力学的定常解上叠加一个非定常的小扰动，如果线性色散方程允许有复频率 ω，那么 $\mathrm{Im}\omega > 0$ 的定常运动是不稳定的。不稳定的运动事实上不可能存在。然而，如果非定常运动——定常解加上随时间变化的小扰动——又变成不稳定，那么色散方程中第二个小扰动频率又将出现正虚部；这时就会出现两个周期的准周期运动，这一运动具有两重自由度。如此下去，将出现一系列串级的新周期，从大尺度运动传输到小尺度运动，最后达到具有相当大自由度的运动，呈现出混乱的运动特征。这就进入湍流运动状态[1]。

湍流和湍动现象是有实质的不同。前者的运动特征频率为零，因而众多湍流涡总"呆"在一块不远离，导致相当强的相互作用；这种强耦合的作用项是不可截断的，描述湍涡的动力方程不封闭，这便极大地限制了对湍流现象的分析处理。借用半经验方法可以分析研究湍流的某些特征，但这是非常粗略的。直到现在人们对湍流的发生、发展和特性缺乏较好的理解。据传，著名物理学家海森堡(Heisenberg)说过，他希望死后上帝能给他解释湍流运动。

然而，对于等离子体的湍动，情况就大为不同。宇宙包含了大量等离子体。在天体条件下，作为多粒子系统的等离子体，具有众多自由度和多种多样可能的集合运动；各种不稳定性都可以得到发展，波的振幅逐渐增大，以致非线性效应使这种集合运动彼此相互作用，类似于流体湍流中各种尺度运动之间的相互作用，在此情况下，等离子体就过渡到湍动状态。在湍动等离子体中，不同于湍涡，它们的特征频率不为零，具有确定的群速，各种波模会逐渐离开作用区域，呈现一种弱的相互作用，以使能找到可以借以展开的小等离子体参量 $\overline{w}$，完整建立描述强湍（然而 $\overline{w}$ 仍然很小于 1)等离激元非线性控制方程——萨哈罗夫(Zakharov)方程和自生间歇磁流方程。这种方程具有大的调制不稳定，不稳定的发展将导致朗谬尔激元坍缩，由大尺度波花样转移到小尺度的多自由度的波花样，这就是强朗谬尔湍动[2]。至此，我们应该在更广义的含义上来理解湍流(turbulence)这个概念：湍流是把最大尺度与耗散开始出现的小尺度相耦合的一种运动状态[3]。

大多数天体物理学家都接受这样一个事实：宇宙中磁场无所不在。不仅如此，宇宙天体的活动，如爆发、突变、喷流和不稳定性都和磁场息息相关。甚至吸积盘的反常黏滞问题，如果没有磁场，将会成为无法破解的悬案。可以说，如果没有磁场，太阳、恒星、脉冲星和星系核等将是一些宁静的沉寂的天体。太阳活动区经11年周期磁场极性反转一次以及磁变星磁场的不规则变化等观测现象表明，天体磁场的产生机制是急需要了解透彻的。就中子星而言，情况也是如此。与一个中子星有关的超新星残骸MSH-15-52，它的年龄约为一万年，而它作为一个脉冲星(磁场使它发出脉冲辐射)的年龄，可以从自转周期变慢的观测得到，约为1550年；这意味着这颗中子星本身在一万年前产生出来。但作为一颗脉冲星，或等效地说，开始产生足够强的磁场，则是1000年以前的事了。目前风行的湍流发电机(dynamo)理论提供了一种产生宏观磁场的可能机制：任意弱的然而有限的种子磁场与湍流体相互耦合时会放大这个场。在太阳对流区，等离子体元胞膨胀上升时，会因旋转而作缠绕运动，它使经向(toloidal)场(φ)产生纬向(poloidal)场(p)，p场产生率正比于φ场，这就是α项。当然，也同样发生元胞的下落运动，这时由于重力引起的分层效应，下落元胞是收缩的，而非膨胀。正是这种镜像不对称性，就最终出现产生磁场的净效应。这就是所谓放大磁场的α效应[4]。这实质是一种线性的运动发电机机制，即不考虑磁场对流体反作用，也不研究它和动量方程的耦合。但迄今还未建立更为符合实际的非线性dynamo机制。诚然，虽然有螺度的运动(镜像不对称性)在许多情况下对dynamo机制有效，但并非是必须的：已经表明，无螺度流在不少情况下也提供了产生磁场的源。

太阳耀斑期间观测到的微波尖峰爆具有精细结构。研究表明，这种精细结构的形成是依赖于甚小结构的非均匀磁场。按照[5]，产生这种精细结构的间歇磁流的特征尺度和强度，在太阳日冕活动区内，分别为0.02km和250Gs。类似地，地球极区千米波辐射也呈现一种频率精细结构：多窄带(≤1kHz)辐射的中心频率有快速变化。研究表明，这种频率漂移也取决于发射区中一种小尺度非均匀磁场，其特征尺度和场强分别为260km和0.01Gs (比发射区的背景磁场高出一个量级)[5]。对于天体物理吸积盘，研究指出，脉动小尺度磁场强于背景宏观磁场几个量级。不待言，这种磁流不会是演化过程残存下来的"化石"场。然而，这种高度间歇磁流是如何产生的?这个问题具有原则性意义。人们希望找到一种在甚小尺度上有效的低频自生磁场。这种小尺度，一般来说是远小于天体中电子和离子的碰撞自由程；对于太阳日冕以及活动星系核(AGN)盘，它分别给出1000km和0.01km。因此，在感兴趣的问题的特征尺度情况下，流体描述失效，动力系的描述是必要的。另一方面，在此小尺度上，系统确实可以免受天体物理吸积盘的开普勒(Keplerian)局部剪切作用。在此情况下，利用伏拉索夫(Vlasov)方程和麦克斯韦方程组来研究波-波和波-粒相互作用而导致的低频自生磁场是合适的。在具有高频横波等离子体中，这种激元与激元和激元与粒子非线性相互作用能产生甚低频电流，从而诱发出低频小尺度间歇磁场[6~9]。自生磁场理论预示，在日冕活动区可能存在高度间歇的磁流，其特征尺度约为 0.01km。就目前仪器水平，这种尺度是无法分辨的。在激光产生的等离子体中，出乎意料地出现了磁效应[10]。1996 年，首次报道了在强激光打靶的实验中，有一个强的磁场产生。随后，相继有一些实验观察到了在激光打靶过程中有千高斯到兆高斯量级的磁场产生[11]。这类实验的发现，必将促进发展和进一步完善自生小尺度磁场理论。

参 考 文 献

[1] Landau L D, Lifshitz L. Fluid mechanics. New York: Pergamon Press, 1975.
[2] Zakharov V E. Sov Phys JETP, 1972, 35: 908.
[3] Zahn J P//Bertoui C, et al.. (eds) Structure and emission properties of accretion disks, Singapore: Editions Frontieres, 1991.
[4] Parker E M. Cosmical Magnetic Fields. England: Oxford University Press, 1979.
[5] Mckean M E, Winglee RM and Dulk G A. Solar Physics, 1989, 122: 53.
[6] Li X Q and MaY H. A&A, 1993, 270: 534.
[7] Liu S Q and Li X Q. A&A, 2001, 364: 785.
[8] Li X Q and Zhang H. A&A, 2002, 390: 767.
[9] Li X Q and Zhang H. J. plasma Phys., 2002, 68: 149.
[10] Liu S Q and Li X Q. Phys.Plasmas, 2001, 8(2): 625.
[11] Li X Q, Liu S Q and Tao X Y. Contrib. Plasma Phys., 2008, 48(4): 361.

撰稿人：李晓卿[1]　季海生[2]
1 南京师范大学物理系
2 中国科学院紫金山天文台

太阳黑子的内部结构、流场及磁场

Subsurface Structure, Flow Fields, and Magnetic Field of Sunspots

1. 引言

日震学(helioseismology)是利用分析在太阳光球层或者色球层所观测到的震荡信号来分析太阳内部的构造与运动情况的科学。局部日震学(local helioseismology)是日震学的一个分支，主要是利用太阳局部范围的震荡观测来研究太阳浅表区域和较小面积内的结构与运动状况。在局部日震学中，时距日震学(time-distance helioseismology)[1]和声学成像(acoustic imaging，有时称为日震全息，helioseismic holography)[2]则是用来研究太阳活动区和黑子内部结构和动力学结构的比较活跃的重要工具。

简单而言，时距日震学是通过计算太阳表面两个不同地点的声波讯号的互相关函数，从而得到声波从一处到达另一处所需的传播时间。由于太阳内部的分层结构，声波其实是从一点沿着太阳内部的曲线再返回到太阳表面的另外一点的，因此携带着大量太阳内部的信息。一旦得到了声波的传播时间，就可以在太阳模型的基础上，利用反演的方法获得内部结构和流动场的信息。声学成像也利用大致相似的办法，通过表面观测的讯号重建太阳内部的波函数，波函数含振幅与相位的信息。

2. 研究现状

2.1 黑子的内部结构和流场

太阳黑子是光球层上最为显著的结构，也是太阳强磁场所聚集的地方，而且太阳光球层上方的一些爆发活动都与黑子有着紧密的关联。如果想更好地理解太阳黑子的产生，浮现，演化，爆发，以及消亡，那么就需要了解黑子的内部物理结构以及动力学结构，甚至是内部的磁场结构。这些都是研究太阳黑子的非常基础的问题。

时距日震学为研究黑子的内部性质提供了一个独特的重要的研究工具。在2000年，Kosovichev及其合作者首次反演出了黑子内部的声速结构[3]，他们发现在光球层以下直到三四兆米(megameter)的深度，声波速度低于太阳宁静区约7%~8%，而在5兆米至大约20兆米的深度，声速则大于宁静区，有时高达15%。这个反演结果与声学成像方法[4]得到的结果大体吻合。我们知道，声速是由多方面的因素造成的。一般认为，在浅表区域的低声速很可能是由于黑子下方的温度较低而造成；而在更深处，为什么声速较大则存在争议，因为这不大可能是因为黑子下

太阳黑子的内部结构、流场及磁场

方存在着大面积的高温区所造成的,但又不能全部排除温度的贡献。较快的声速很可能是温度与磁场的双重贡献,其中,磁场的贡献是由于磁声波与声波的耦合。但是,温度与磁场哪一个对最终的声速的增大起着更为关键的作用,或者二者所贡献的比例是多少,仍然是未知的。

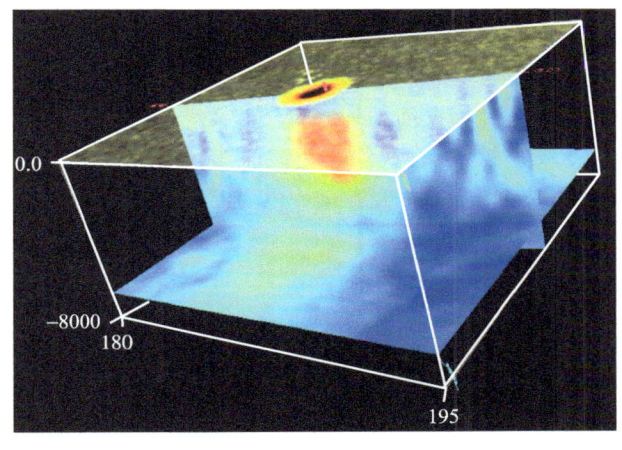
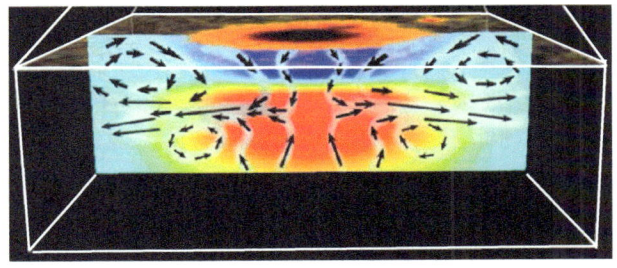

图 1　上图为太阳黑子内部的声速图,红色为声速高于宁静区,蓝色为低于宁静区。下图为太阳内部物质的流场示意图,背景颜色同上图。(感谢 SOHO/MDI 提供此图)。

黑子内部的流场也同样有着重要意义。1979 年,Parker 就曾提出,在黑子的下方应该存在着较强的方向向着黑子中心的汇聚流和方向向下的流动,正是这样的流场结构才能使得黑子克服强磁场所造成的解体趋势得以稳定存在[5]。尽管这个道理很简单,但是二十多年来,这种流场结构一直没有得到观测的证实。在 2001 年,Zhao 及其合作者反演出了黑子内部的流场结构[6]。他们发现了 Parker 所预言的动力学结构,成功地解释了黑子为什么可以长时间存在而没有因为巨大的磁力排斥而迅速解体。活动区内部的三维速度场的取得也为理解其内部的动力学螺度,活动区内部的运动与光球层以上区域的爆发活动的关系等重要研究课题开创了可能性。

2.2 黑子内部的磁场

黑子内部的磁场是单块巨石型结构(monolithic model)还是由多束磁流管束组成的束状结构(cluster model)，一直以来也存在着争议。Zhao等的研究发现有流体流经黑子的下方，证明黑子下方并不是单块结构，而很可能是由多束磁流管组成的束状结构。

当然，利用日震学的光球层观测来推测黑子内部的磁结构也是一件很有意义的课题。正如上面所述，反演出来的黑子内部声速相对于宁静区的变化主要是由于温度的变化与磁场的存在两种因素所造成。如果能够建立出较好的模型可以区分出温度与磁场对声速的不同贡献，那么我们就应该能够很好地推算出黑子内部的磁场强度。尽管这是一个非常有意义的研究方向，也具有很高的可行性，但是这方面的研究依然没有实质性的进展。

3. 未解决的难题

尽管利用局部日震学对黑子内部性质的研究已进行了多年，而且也取得了上述的一些成果，我们同时必须认识到在很多问题上，我们仍然存在着很大的困难，即便对已取得的结果也在一定范围内存在着争议。

(1) 目前的分析都是直接利用黑子区的震荡观测数据，并且假设观测的震荡真实地反映了黑子表面的震荡。我们并不是非常清楚这样的假设是否准确。因为有些学者认为磁场的存在，已经破坏了声波的传播，使得我们在黑子表面观测到的震荡其实已经有了额外的相移，而相移的具体大小却不是很清楚。

(2) 在太阳的内部，当声波从宁静区进入磁化区，声波将经历怎样的变化也不是非常清楚。有些学者认为，在这个界面处就已经发生了相移，或者，相当一部分的声波已经转化成为磁声波，另外一部分尽管仍是声波，但可能在不同模式(modes)间发生了转变，使得其后的声波已不再与发生相互作用之前的声波具有较强的相关性。也就是说，时距日震学中计算互相关函数就会存在一定的问题。

(3) 在做反演计算时，我们需要根据太阳模型建立反演核(inversion kernel)，而目前此类核的建立都是基于最简单的声波路径近似(ray-path approximation)，或者是稍为复杂些的玻恩近似(Born approximation)。这种近似或许在宁静区还可以，但在强磁场区，声波与磁场发生了相互作用，传播路径也可能稍有改变，这种近似则显得有些粗糙，而更好的模型是非常必要和有益的。

参 考 文 献

[1] Duvall T L Jr. Jeffereies S M, Harvey J W, Pomerantz M A. Time-distance helioseismology. Nature, 1993, 362(6419): 430–432.

[2] Chang H K, Chou D Y, Labonte B. Ambient acoustic imaging in helioseismology. Nature, 1997,

389(6653): 825—827.

[3] Kosovichev A G, Duvall T L Jr, Scherrer P H. Time-distance inversion methods and results-(invited review). Solar Physics, 2000, 192, 159—176.

[4] Sun M T, Chou D Y. The inversion problem of phase travel time perturbations in acoustic imaging. Solar Physics, 2002, 209, 5—20.

[5] Parker E N. Sunspots and the physics of magnetic flux tubes. I- the general nature of the sunspots. II-aerodynamic drag. Astrophysical Journal, 1979, 230, 905—923.

[6] Zhao J, Kosovichev A G, Duvall T L Jr. Investigation of Mass Flows beneath a sunspot by time-distance helioseismology. Astrophysical Journal, 2001, 557(1), 384—388.

撰稿人：赵俊伟[1]　周定一[2]
1 斯坦福大学汉森试验物理实验室
2 台湾清华大学物理系

太阳磁场的测量

Measurement of the Solar Magnetic Field

自从 Hale 1908 年在对黑子观测中采集到谱线分裂样本,并用 Zeeman 效应解释这一观测现象从而发现太阳存在强磁场[1]以来的 100 多年间,对太阳大气中磁场的测量取得了很多成果。总的说来,对太阳磁场的测量从最初的磁场强度大小测量,发展到矢量磁场测量;从最初的光球磁场测量,发展到对色球和日冕磁场进行测量;从最初的强场测量进化到对很弱的磁场(Hanle 效应起明显作用)进行测量(参见本书刘煜关于"Hanle 效应和日冕磁场测量"问题的阐述);观测基地从地面观测发展到空间观测。在观测手段方面,不仅拥有 Babcock 型磁象仪还有 Stokes 偏振光谱测量。目前,国际国内在太阳矢量磁场观测手段上的发展方向之一就是从二维偏振光谱的测量朝着实时三维偏振光谱观测方向发展。而在使用的观测波段上,不仅射电观测越来越被重视(特别在日冕磁场观测方面,参见本书黄光力关于"日冕磁场射电诊断"问题的阐述),而且也倾向于红外偏振光谱的测量(参见本书张洪起"色球磁场测量"问题的阐述)。

需要指出的是,迄今为止,在人类将高斯计直接送入太阳大气中进行测量之前,对太阳磁场的测量是一种间接的测量。我们只能根据接收到的辐射及其特征(如偏振、谱线分裂等)或日震图像来反演磁场的精确信息。当然,通过其他方式也能获得关于磁场的信息,如利用冻结效应等来判断太阳高层大气中环的磁场的走向等,但这些仅仅是一些辅助手段。按照采用的观测波段和反演方法,我们也可将反演分为光学薄和非光学薄的测量。前者多被应用于射电波段(参见本书黄光力"日冕磁场射电诊断"一文),而后者多应用于可见光和红外波段。两者最明显的区别在于,光学薄的测量不需要考虑偏振辐射转移,而自从 Unno 建立起偏振辐射转移方程组[2]后对处于非光学薄区域中矢量磁场的精确测量才成为可能(尤其是强场情形)。另一方面,日震学诊断不依偏振辐射转移,但该手段才刚刚起步且其着力点在于光球下的磁场测量(参见本书赵俊伟和周定一关于"黑子在太阳表面下磁场结构是什么?"问题的阐述)。目前,我们获得的精确的太阳矢量磁场测量均来自于非光学薄的测量。这种测量的特点是:我们分析的辐射特征是由束缚-束缚跃迁产生的谱线显现而非对连续谱进行分析。下面我们只讲述在非光学薄区域中测量矢量磁场面临的难题。

对处于太阳非光学薄区域的矢量磁场进行测量的第一个难点在于:从我们接收

到的偏振辐射光谱特征(如偏振强度,轮廓形状)不仅仅是太阳大气中粒子(原子、分子或离子)和磁场相互作用的结果,也产生于粒子和辐射场相互作用,如吸收,发射,再吸收和再发射以及散射等过程。不仅如此,这些特征还根据磁场对辐射场的影响而变化,如磁光效应,同时也必须考虑粒子相对于我们观测者运动对辐射的影响如 Doppler 效应等。在如此多的物理机制中,磁场和粒子以及辐射场相互作用占主导作用。它包括了:Hanle 效应、Zeeman 效应、磁光效应和 Paschen-Back 效应[3]。Hanle 效应出现在弱场或混合极性场中,当磁场弱到各能级分裂的裂距小于或与各子能级的宽度相当时产生量子干涉效应,其效果往往是减低偏振度。Zeeman 效应是线性效应,原子、离子或分子能级在磁场中发生分裂,分裂量正比于磁场强度大小,各子能级跃迁产生的辐射是偏振的。需要指出的是,由于太阳大气处于高温状态,谱线具有较大的宽度,只有当分裂量大于谱线多普勒宽度时,通过直接测量 Zeeman 裂距从而得出磁场强度大小的方法才能行之有效。因此运用这种方法需要考虑选取谱线的 Doppler 宽度、波长和谱线对磁场的敏感度(用 Landé 因子度量)。磁光效应存在于磁场和辐射场之间的相互作用,磁场使线偏振辐射的偏振面发生旋转(Faraday 效应),线偏振和圆偏振之间相互转化(Voigt 效应)。最后,Paschen-Back 效应是强磁场下的 Zeeman 效应。当 Zeeman 裂距大到和 LS 耦合产生的能级精细结构裂距相当时,LS 耦合破裂,电子自旋自由度可以忽略,这时反常 Zeeman 效应表现为正常 Zeeman 效应。需要指出的是,在未考虑到 Hanle 效应时,我们不能对极弱磁场进行准确的测量(参见本书刘煜"日冕磁场红外测量")。最后,在磁场和粒子相互作用中还存在一种效应:磁场对 Landé 因子不为零的原子、离子或分子能级占有数产生重要影响[4]。这一效应在考虑 non-LTE 反演时是不可忽略的。所有这些使得我们在测量太阳磁场时,必须正确选择以上机制来对观测轮廓进行解释。

历史上,日本太阳物理学家 Unno[2]首先建立起包括吸收,发射,再吸收和再发射以及 Zeeman 效应这些物理过程的 Stokes(偏振辐射)转移方程组,其后 Beckers 将磁光效应包括进来[5]。最后,Stenflo[3] 将 Hanle 效应和散射过程包括进转移方程组。如果将以上所有物理过程考虑进来的偏振辐射转移方程组是一组极其复杂的 Stokes 参量强耦合的偏微分-积分方程组[3]。因此,我们在从观测到的偏振光谱反演矢量磁场时,首先需要考虑到在需要反演的磁场区域,有哪些物理过程起主导作用,那些物理机制可以暂时不予考虑。比如说,在反演太阳光球较强磁场(300~3000Gs)区域时,必须考虑 Zeeman 效应,磁光效应,原子、离子或分子的吸收、发射,再吸收和再发射等物理过程,而不用考虑 Hanle 效应,Paschen-Back 效应以及散射过程。

对处于非光学薄的太阳矢量磁场测量的第二个难点在于:反演磁场需要得到偏振辐射转移方程组的解,而这些解并不是简单地将观测到的 Stokes 参量轮廓和待求的矢量磁场联系起来。为了得到可用于反演的解,我们需要作出关于磁场强弱的假定,或者做出关于磁场矢量、视向速度场和热力学参量等物理量随深度变化的假设,亦或两者。在所有这些解中,必然包括了描述辐射场和原子、离子或分子相互作用的谱线参量(如多普勒宽度、阻尼系数、谱线强度或源函数等)以及宏观视向速度。这就是说,一般情况下的反演,必然包括了大气模型的建立或将谱线参数也作为待求的自由参量。这极大地增加了我们反演的难度。

有两类常用方法可得到用于反演矢量磁场的解[3, 6]。一种是弱场近似及其推广,另外一种就是在关于物理量随深度变化做出假设后所得到的解。Jefferies 等[7]首先从偏振辐射转移方程组中得出弱场近似,而我们[8]将其推广到适合强场情形并将磁光效应包括进来。这类解只适用于 Stokes 轮廓中的线翼部分,而太阳非闪耀光谱谱线线翼形成于光球,故弱场近似或其推广只能应用于光球磁场的反演。此类解的特点是矢量磁场只和部分谱线参量有关(如与源函数无关)。另一方面,从假定各参量随深度变化的解析式而获得偏振转移方程组的解,既可运用于光球矢量磁场的反演,也可应用于推导出色球矢量磁场。两者反演手段的区别是,前者不需要迭代而作为快速反演的理论,而后者需要迭代或搜寻从而耗费更多的时间,且涉及的问题也较多(如初值的输入范围,迭代的收敛性等)[6]。

对处于非光学薄的太阳矢量磁场进行测量的第三个难点是:对某些处于特殊位置的磁场测量存在较大的困难。如在高纬度特别是极区,太阳矢量磁场的测量是一个难题(参见本书汪景琇关于"太阳极区磁场"问题的阐述)。在深度方向,目前我们根据偏振辐射转移理论和偏振光谱测量结合所能测量到矢量磁场的最深层次只能到达光球底部,而在通常认为磁场形成的对流层区域,只能借助日震学的测量,但这种测量还不成熟(参见本书赵俊伟和周定一"黑子在太阳表面下磁场结构是什么?")。另一方面,对处于光球以上磁场的测量如色球磁场的测量通常需要 non-LTE 计算,这极大地增加了测量的难度(参见本书张洪起关于"色球磁场测量"问题的阐述)。

对处于非光学薄的太阳矢量磁场测量的第四个难点在于反演方法的选取。即使我们测量到了形成于色球或低日冕的谱线偏振光谱,如果反演方法选择不当,如前所述使用弱场近似或其推广也不能得到色球或低日冕磁场的信息。很多时候,我们需要得到矢量磁场随深度的变化(如从光球层到色球层的变化)来解决以下所述的反演出的磁场方位角 180°不确定性,或进行电流横向分量和电流螺度的计算等。但是,直到现在,我们还未得到可靠而快捷的方法来反演色球磁敏谱线的偏振光谱从而获得色球磁场的信息,更别用说得到反演出的磁场所处高度的精确信息了(如定位精度小于光子平均自由程)[6]。

对处于非光学薄的太阳矢量磁场测量的第五个难点为:由于我们观测到的偏振采用 Stokes 参量,在得出矢量磁场的方位角时,存在 180°的不确定性。这一不确定性来源于 Stokes 参量的定义。在偏振辐射转移方程组中，方位角总是以其 2 倍角的形式出现在三角函数正弦(sine)和余弦(cosine)中。

对处于非光学薄的太阳矢量磁场测量的第六个难点在于观测仪器还未发展到满足我们在更深层次上对太阳磁场的本性认识。为了实现这种认识我们需要很高的空间和时间分辨率的观测，而目前我们拥有的仪器还达不到这一要求。如在考虑很多基本的物理过程时，我们需要知道是否存在"磁元"。这是一个在理论上预言的由千高斯磁场构成的，截面只有几十千米大小的磁通量管[3]。这需要极高的空间分辨率来进行观测，而最新的球载 SUNRISE（1m 口径）采集的偏振图像的分辨率为 0.13″，还未达到所需的分辨率。目前看来只有等到美国 ATST 等望远镜的成功研制和运行才有可能回答该问题。

所有以上的困难既需要理论的进一步发展，尤其是反演方法的完善，也需要观测仪器的改进，如望远镜既要具有高空间、高时间和高光谱分辨率偏振光谱测量功能，又要具有同时获得相同二维空间但形成于不同高度(光球、色球和低日冕区域)的多条磁敏谱线的偏振光谱的性能。

参 考 文 献

[1] Hale G E. On the probable existence of a magnetic field in sun-spots. ApJ, 1908, 28: 315.
[2] Unno W. Line formation of a Normal Zeeman Triplet, Publ. Astron.Soc. Japan, 1956, 8: 108.
[3] Stenflo J O. Solar Magnetic Fields, Polarized Radiation Diagnostics. Astrophysics and Space Science Library, Kluwer Academic Publishers. 1994: 189.
[4] Qu Z Q, Xu C L, Zhang X Y, Yan X L and Jin C L. On the influence of magnetic fields on level populations. MNRAS, 2006, 370: 1790.
[5] Beckers J M. The Profiles of Fraunhofer Lines in the presence of Zeeman Splitting. Sol.Phys. 1969, 9: 372.
[6] Bellot Rubio L R. Stokes inversion techniques: recent advances and new challenges. ASP Conference Series, 2006, 358: 177
[7] Jefferies J T. Lites B W and Skumanich A. Transfer of line radiation in a magnetic field. ApJ, 1989, 343: 920.
[8] Qu Zhong-Quan, Ding You-Ji, Xuan Jia-Yu and Ye Shi-hui. On the inference of magnetic field vectors from Stokes profiles: a generalization of the weak-field approximation, in The Magnetic and Velocity Fields of Solar Active Regions, ASP Conference Series, 1993, 46: 130.

撰稿人：屈中权　闫晓理

中国科学院云南天文台

太阳小尺度磁场

Small-Scale Magnetic Fields on the Sun

在天体物理学家中,可能很少有人知道一个事实:在太阳表面黑子和活动区之外到处覆盖着小尺度磁场。这里的"小尺度",通常是以远小于太阳超米粒尺度(约30~40 角秒)为判据的。每角秒相当日面上 725km 的距离。太阳小尺度磁场表现为分离和孤立的磁通量元,尺度从几角秒到现代太阳望远镜的分辨极限 0.1 角秒,像撒在太阳表面的"椒盐";它们无处不在,又如盖在太阳表面的一层"磁毯";与小尺度磁场相联系,小尺度活动现象频繁发生,太阳表面又是一个小尺度磁活动的"海洋"。

1. 太阳小尺度磁场的观测和分类

依据小尺度磁场相对于太阳超米粒元的位置分布、它们的磁通量密度和动力学特征,可将太阳小尺度磁场分为两类:网络磁场和网络内磁场。判断哪些磁元属于网络磁场,哪些是网络内磁场是不容易的。首先要由速度图样确定超米粒元的位置,那些位于超米粒边界的、尺度相对偏大、磁通量密度比较高的磁元属于网络磁场;而位于超米粒内部的尺度偏小、磁通量密度偏低并快速运动的是网络内磁元。

网络磁场按极性分布特征和磁通量密度大小又被区分为宁静网络 (quiet network)和增强网络 (enhanced network) 磁场两类。中低纬和极区冕洞(Coronal hole)通常被认为是增强网络磁场。网络磁场首先由 Sheely(1967)描述[1],网络内磁场最早为 Livingston 和 Harvey(1975)及 Smithson(1975)所发现[2, 3],都是依据物理学中的塞曼(Zeeman)效应进行测量的。与上述描述方法不同的一个概念是湍动磁场(turbulent field),指极性高度混合并快速变化的小尺度磁场。湍动磁场的测量与物理学中的汉勒(Hanle)效应相联系。

无论在超米粒边界还是在其内部,小尺度磁场主要以瞬现区(ephemeral region)的形式浮现到光球表面。"日出"卫星在网络内观测到的最小的瞬现区的磁通量只有 10^{16}Mx[①],两极的分离小于 1 个角秒(如图 1 绿线所示)。小尺度磁通量消失的主要方式是磁对消(magnetic flux cancellation),即正负两极磁通量元相互靠近并共同

---

① 1Mx = 10^{-8} Wb

消失的过程。图1中红色方格标注了一个很小的对消磁结构。瞬现区和对消磁结构在单一磁图中难以区别，只有在时间演化序列中它们才表现出不同的行为。

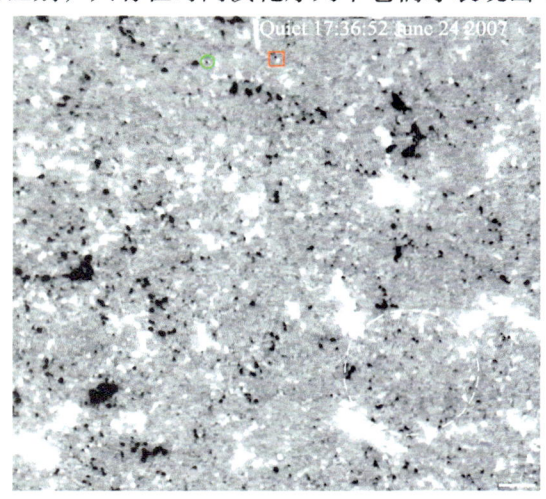

图1 2007年6月24日日面中心附近太阳宁静区磁强图，由"日出"(Hinode)卫星观测得到。图右下角白线段的长度代表10角秒。图中虚线圆圈标出太阳超米粒中典型的网络内磁场区域。

2. 小尺度磁场研究的重要性

小尺度磁场的复杂与"混乱"、不规则和难以琢磨让太阳物理学者困惑。有人甚至认为，它们像太阳表面的"垃圾"一样不必问津。然而一个不争的事实使人们不能不刮目相看：瞬现区的磁通量浮现速率比黑子和太阳活动区高两个数量级；网络内磁场的浮现速率又比瞬现区高两个量级(Zirin，1987[4])。这样，网络内磁场——太阳上尺度最小和场强最弱的磁场分量，却贡献了太阳表面最多的磁通量。它们在任何时候贡献了太阳表面至少 20%以上的磁通量，每天浮现到太阳表面的总磁通量是 10^{24}Mx[5]。太阳小尺度磁场在日冕加热和太阳风加速中的重要性越来越为太阳物理界重视。与小尺度磁场相联系的微耀斑过程是导致色球和日冕加热的一个主要过程之一。而与小尺度磁场相关的磁重联被认为在太阳风加速中起重要作用。例如，在涂传诒等(2005)提出的新的太阳风起源模型中，小尺度磁场与大尺度日冕开放磁结构(coronal funnel)的相互作用和磁重联成为一个最基本的要素[6]。对于与太阳类似的恒星，小尺度磁场同样会无所不在。认识小尺度磁场产生的物理机制，成为太阳和恒星磁学中必须解决的一个问题。

3. 未解决的主要科学问题

一个普遍的看法是，小尺度磁场的真实结构可能仍在目前运行中的太阳望远镜的分辨极限以下。有证据表明,在"日出"卫星的实际分辨率(0.3 角秒)内,磁元仍有内部结构。这使对小尺度磁场的观测成为向人类极限探测能力的挑战。在小尺度磁场研究中有许多未解决的科学问题,妨碍了对日冕加热等基本太阳物理过程的理解。为太阳物理学者普遍关心的问题有:

(1) 小尺度磁场的内禀性质,包括它们的内禀磁场强度、真实的物理尺度和内部结构和动力学。直到现在,无论磁象仪(magnetograph)还是斯托克斯偏振仪(Stokes polarimeter)所测量的,都是表观磁通量密度,即在可分辨象元内单位面积上的磁通量,而不是内禀磁场强度。网络磁场被认为属于强场范畴,即内禀场强大于一千高斯,主要由太阳活动区衰减和瞬现区浮现形成的;网络内磁场有多强,仍在争论中;普遍的看法是网络内磁元是弱场,百高斯量级或更弱。但在光学和红外波段,由斯托克斯偏振学测量的内禀场强不同,甚至同一象元磁场极性也不同,使天文学家更加困惑。在可分辨磁元内是否仍有精细结构,决定磁元的真实的磁能密度;然而由于分辨率的限制,对磁元的内部结构从观测上仍无法确定。

(2) 元磁流管或基本磁元证认。20 世纪 70 年代,在太阳物理中形成一个主导性的概念:太阳表面 90%以上的磁通量以千高斯强场方式存在,并由量子化的元磁流管或基本磁元组成(Stenflo, 1973[7]),基本磁元的尺度在 0.1 角秒左右。然而,迄今太阳元磁流管(或太阳基本磁元)仍未从观测上得到证实。基本磁元存在在与否,在观测和理论上都是一个挑战性的问题,是太阳和恒星物理中未解决的一个难题。

(3) 小尺度水平磁场的性质。网络内小尺度水平磁场最先由 Lites 描述[8],湍动水平磁场近年为 Harvey 等(2007, seething 水平磁场[9])描述。"日出"卫星发现,太阳宁静区水平磁通量密度远大于垂直磁通量密度,它们相对于米粒元的分布也不相同。是否有独立于纵向磁场的水平磁场存在,它们的性质如何,具有怎样的磁场拓扑,都成为令人困惑的问题。

(4) 小尺度磁场的太阳周变化。小尺度磁场既然贡献了太阳表面最多的磁通量,那么它们在以黑子多寡为标志的太阳活动周内如何变化,是否与太阳黑子同位相?如果答案是否定的,那么小尺度磁通量是否有自己的长周期变化,遵循怎样的磁通量活动周,为怎样的物理规律所控制?由于小尺度磁场观测在分辨率、灵敏度和长期系统性上的困难,上述问题今天还不可能被回答。

(5) 局地发电机和小尺度磁场的起源。近年得到扩展研究的,是接近太阳表面的局地的发电机过程,最早为 Cattaneo(1999[10])提出。在发电机的理论中,磁对流(magneto-covection)占有核心重要的地位。太阳总体发电机和局地小尺度发电机如何一起工作,演绎着太阳磁活动的"好戏",是太阳物理学中的最困难的问题之一。太阳磁场结构化的过程从最小空间尺度(10m)到最大的空间尺度(10^6km),涵盖 8 个数量级,使当今的理论计算无能为力。另一方面,磁通量消失的过程在发电机理论中还没有从物理上得到理解。相反极性磁通量的"数学的中和(neutralization)"掩盖了在磁扩散尺度下真实的磁场湮灭过程。

  为解决上述问题的努力可能成为未来 10 年太阳物理学研究的主旋律，需要突破当前的极限探测能力和极限理论计算与分析能力。

参 考 文 献

[1] Sheeley N R Jr. Observations of small-scale solar magnetic fields. Solar Phys, 1967, 1: 171.

[2] Livingston W C, Harvey J. A New Component of Solar Magnetism - The Inner Network Fields, BAAS, 1975, 7: 346.

[3] Smithson R C. Observations of weak solar magnetic fields with the lockheed diode array magnetograph, BAAS, 1975, 7: 346.

[4] Zirin H. Weak solar fields and their connection to the solar cycle, Solar Phys., 1987, 110: 101.

[5] Wang J, Wang H, Tang F, Lee J W, Zirin H. Flux distribution of solar intranetwork magnetic fields, Solar Phys., 1995, 160: 277.

[6] Tu C, Zhou C, Marsch E, Xia L D, Zhao L, Wang J, Wilhelm K. Solar wind origin in coronal funnels, Science, 2005, 308: 519.

[7] Stenflo J O. Magnetic-field structure of the photospheric network, Solar Phys, 1973, 32: 41.

[8] Lites B W, Leka K D, Skumanich A, Martinez Pillet V, Shimizu T. Small-scale horizontal magnetic fields in the solar photosphere, ApJ, 1996, 466: 537.

[9] Harvey J W, Branston D, Henney C J, Keller C U. Seething horizontal magnetic fields in the quiet solar photosphere, ApJ, 2007, 659: L177.

[10] Cattaneo F. On the origin of magnetic fields in the quiet photosphere, ApJ, 1999, 515: L39.

撰稿人：汪景琇
中国科学院国家天文台太阳活动重点实验室

太阳极区磁场

Solar Polar Magnetic Field

太阳极区磁场是太阳磁学中最重要的磁场分量,也是我们迄今了解最少的太阳磁场分量。

按照 E. N. Parker 经典的太阳 $\alpha\Omega$ 发电机理论,极区磁场表征太阳总体双极磁场,被称为太阳极向磁场(poloidal field)。由于较差自转(Ω)的作用,极向场被纽缠成环向场(toroidal field),形成太阳黑子和活动区。这一环向场又由于α效应、即小尺度对流涡漩的作用,再次生成极向场。由此循环往复,形成太阳活动周。后来,Leighton 把磁通量扩散引入发电机模型。按照这一模型,太阳活动区后随极性的磁通量向极区扩散,导致极区磁场极性反转。可见极区磁场是发电机理论中的一个最基本的要素,是太阳黑子和活动区产生的基础。极区又是影响地球环境的高速太阳风的源区。太阳风的加速机制本身就是未解决的科学难题。极区活动,如极区喷流(jets)、冕羽(plume)、巨针状体(macrospicule)等近年得到较多的研究,对理解太阳风加速、诊断日冕中阿尔文是否存在,都有重要的意义。

极区磁场从来没有正面对着地球上的观测者,总是把自己的真实面貌隐藏在太阳南北边缘的狭窄投影带内。在那里小尺度的正负极性磁场被挤在一起"互相抵消"。太阳的临边昏暗效应又大大降低了太阳偏振观测的灵敏度,使视场内只有少部分测点的 Stokes 轮廓具有能被可靠反演的精度。此外,极区观测时,谱线形成高度、光学厚度和辐射机制也与日面观测不尽相同,散射变得不可忽视。所有这些使极区磁场的可靠测量变得非常困难。对极区磁场知识的匮乏,在很大程度上限制和妨碍了太阳物理在一些关键科学问题上的进展,如太阳发电机是怎样工作的,太阳活动周是如何形成的,太阳风的加速机制是什么,为什么一些恒星的极区有黑子而太阳极区却没有?

太阳极区磁场,在 20 世纪 50 年代为 Babcock 父子首先观测 (Babcock & Babcock 1955)[1]。他们发现,在太阳两极区(绝对纬度大于 55°)存在微弱的磁场,南北极区的磁场极性相反。 极区磁场在黑子活动周的极大相会出现极性反转,为 Babcock 和 Livingston 首先发现(1958)[2]。这是太阳活动周一个最重要和最基本的观测特征。难以理解的是,太阳南北两极极性反转并不同时发生。在第十九个太阳活动周,南极在 1957 年中期发生极性反转;而北极磁场则比较复杂,于 1958 年下半年反转。在第二十太阳周,南极极性于 1969 年中期再一次首先发生极性反转,而北极则磁场较弱,直到 1971 年 8 月才发生极性反转,比南极极性反转整整延迟了两年。由于极区磁场每 11 年左右极性反转一次,只有经过 22 年,每极的磁场才能恢复到原来的极性,成为太阳 22 年磁周期的一个重要特征(Babcock 1961)[3]。

我国学者邓元勇、汪景琇和艾国祥(1999)[4]最先通过深积分视频磁图得到纬度 50°以上的向量磁场。他们得到极区磁场比日面网络磁场更倾斜。这一没有想到的结论正确与否,有待未来的检验。利用 Hinode Stokes 偏振仪的高空间分辨率和高偏振精度,Tsuneta 等(2008)[5]发现极区磁场以分离的强磁通量元形式出现,场强可高达 1 千高斯。他们第一次得到了极区向量磁场各类参数的几率分布特征。由于空间观测的推动,对极区磁场的观测和研究,正在成为一个活跃的前沿领域。

与太阳极区磁场相关的未解决的科学问题有很多。主要是:

(1) 极区磁场的磁通量分布和演化。太阳极区到底有多少磁通量,是如何演化的,应当是太阳发电机理论和太阳周研究最需要知道的物理量。邓元勇等(1999)给出的估计是,纬度 50°以上极区的磁通量为 10^{22} Mx 量级。Hinode 的结果是纬度 70°以上为 $(0.6~2.5) \times 10^{22}$ Mx。太阳的总体双极磁场到底有多少磁通量,这些磁通量通过怎样的放大过程才足以形成太阳极大相的黑子和活动区?准确测量极区的总磁通量及其变化,可能导致发电机理论的改进和对太阳活动峰期预报的改进。

(2) 极区磁场的内禀性质。极区不存在普遍磁场,如中低纬度宁静区磁场一样,极区磁场由孤立的磁通量元组成,已早被观测证实;这些磁元场强可高于 1 千高斯,又被 Hinode 观测。然而,极区磁场填充因子多大,极区向量磁场中水平磁场和垂直磁场分布有什么特征,主导极性和非主导极性磁通量比例有多大?极区是否有小尺度磁浮现过程?这都是不清楚的问题。如果有磁浮现过程,那么发电机理论怎么解释?如果极区磁场都是小尺度的,我们是否需要对太阳风加速重新思考?如果极区磁场是活动区后随极性磁通量扩散去的,为什么极区磁场会那么强?

(3) 极区磁场的极性反转。作为一个总体特征,极区磁场极性反变在南北两极不同时发生,甚至可相差两年多。这意味着在一段时间内太阳两极具有同样的极性。那么太阳发电机如何运作,怎样理解,是否有一个相应的理论能解释这种极区磁场极性反转的南北不对称性?这一不对称性是否和太阳中低纬度太阳活动的不对称性相关?

(4) 极区磁场和活动带磁场的相互作用。在太阳发电机理论中,发电机波表现为极向(极区)磁场和环向(黑子和活动区)磁场的转化。太阳较差自转,α效应,磁通量扩散,子午环流都是发电机理论中的不可缺少的要素。 在 Babcock(1961)关于太阳 22 年磁周期的讨论中,已经提到极向和环向磁场的相互作用 (见图 1)。极向和环向磁场的磁重联在太阳活动周运转中几乎是不可避免的。这种磁重联有哪些可观测特征,在发电机理论中如何体现,是否并怎样决定太阳周的特征,是非常有兴趣的课题。

(5) 恒星和太阳极区磁场的区别。太阳是一颗普通的恒星,在主序星中应当有代表性。对于与太阳类似的主序星磁场的测量,多年来有了很多进展。恒星与太阳黑子的一个重要区别,是恒星黑子面积占恒星表面 30%~80%,太阳黑子却只占约

1%~2%；另一个更值得思考的是，在一些恒星的极区发现有黑子。为什么恒星极区会有黑子，太阳却没有。在什么情况下，太阳极区会出现黑子？这其中的物理到底在什么地方？

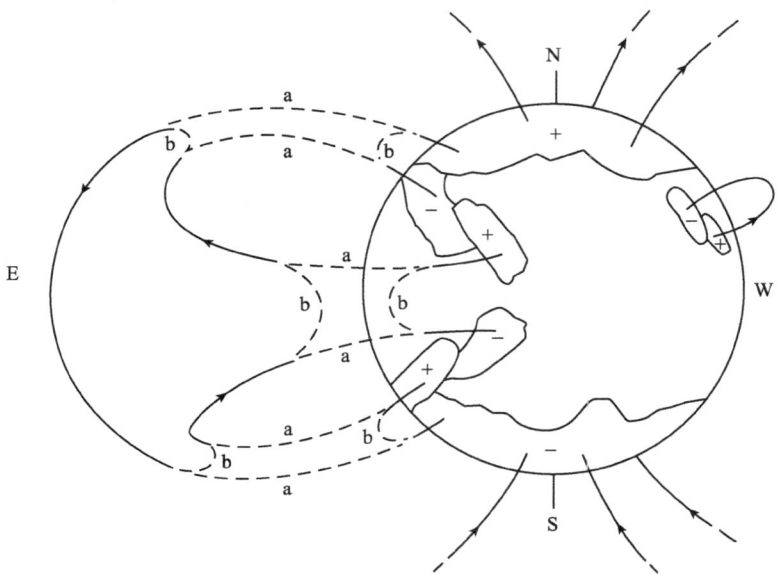

图 1　太阳极向和环向磁场的磁重联 (Babcock 1961)[3]。

可以预见，对太阳极区磁场观测研究上的任何进展，都有助于解决上述提到的物理问题，对太阳物理学科的发展都会有相应的推动。

参 考 文 献

[1] Babcock Horace W, Babcock Harold D. The Sun's magnetic field. 1952–1954, ApJ, 1955, 121: 349.

[2] Babcock H D, Livingston W C. Changes in the Sun's polar magnetic field. Science, 1958, 127: 1058.

[3] Babcock H W. The topology of the Sun's magnetic field and the 22-YEAR Cycle. ApJ, 1961, 133: 572.

[4] Deng Y, Wang J, Ai G. Vector magnetic field in solar polar region. Science in China (A), 1999, 42: 1096.

[5] Tsuneta S, Ichimoto K, Katsukawa Y, et al. The magnetic landscape of the Sun's polar region. ApJ, 2008, 688: 1374.

撰稿人：汪景琇[1]　金春兰[2]

1　中国科学院国家天文台
2　中国科学院太阳活动重点实验室(国家天文台)

太阳色球磁场结构的诊断

Diagnostic of Solar Chromisoheric Magnetic Field

1. 引言

本文我们将讨论太阳色球磁场测量,以及通过分析太阳光球和色球磁图中磁场的分布特征来确定太阳低层大气中磁场的空间结构。我们同时还将讨论这一领域研究中可能存在的问题。

大量研究表明,太阳活动现象与磁场之间存在密切联系。太阳磁场的观测研究是太阳物理学中的一个基本问题。太阳光球磁场的观测和研究提供了太阳磁活动现象的有力证据,例如太阳活动区的形成和演化、太阳耀斑与磁场的关系等。这些已为太阳物理学家所熟悉。通常的研究表明,太阳磁场可能在对流区底部产生,通过磁浮现过程到达光球表面,并向上扩展到日冕。

色球是研究太阳活动的重要层次。由于太阳大气中等离子体的磁冻结效应,人们通常认为色球纤维结构反映了色球磁场的走向[1]。色球磁场的观测通常是利用谱线的 Zemann 和 Hanle 效应来进行。前者主要用于日面磁场的测量,而后者为日面边缘日珥的磁场测量。这里我们主要讨论日面色球磁场的测量。

可用于太阳色球磁场观测的谱线较少并且往往具有较低的磁敏感度,所以以往的色球磁场观测主要集中于太阳强磁场聚集的黑子活动区。另外,由于日冕磁场的精确测量存在着大量的技术困难,在人们构造太阳磁场三维结构的过程中,太阳色球磁场的观测和研究对于我们推断太阳光球磁场向上的扩展形式具有重要价值。

太阳色球磁场的研究表明,活动区磁场呈现为伞盖状向外扩展的结构[2]。鉴于太阳大气的密度和温度等参数从太阳光球层向上发生明显的变化,人们通常利用光球磁场观测结果作为边界条件,推论出太阳伞盖磁场的普适空间模型[3],以求解释太阳宁静区磁场空间结构的分布特征[4]。这些研究进展丰富了人们对太阳磁场空间结构的认识和想象力。

自从中国科学院国家天文台怀柔太阳观测基地的太阳磁场望远镜和多通道望远镜运转以来,获得了大量太阳光球和色球磁场的高分辨率观测资料,在此方面开展了系列研究工作。在本文中,我们将讨论色球磁场研究结果和存在的问题。

2. 磁场精细结构观测研究

怀柔太阳多通道望远镜将 Hβ 谱线作为其工作谱线之一。该谱线的 g 因子约为

1，在宁静太阳大气中谱线的等值宽度是 4.2Å。谱线线心形成于色球层而远线翼形成于光球层。当在线心附近观测时，我们可以获得太阳色球磁场的信息[5]。

2.1 太阳色球磁场的非均匀性

怀柔太阳活动区色球磁场的观测表明，黑子磁场在色球层向外扩展呈现纤维状结构，并和色球 Hα 和 Hβ 单色像上的色球精细纤维结构的走向相一致[1]。它向我们提供了太阳活动区磁场从光球向上扩展的可能空间精细结构特征[6]。

在色球宁静区磁场的研究中，张枚等[7, 8]利用超深度积分的方法首先获得太阳 Hβ 色球宁静区的高分辨率磁图(图 1)。磁图中的磁元的分辨率约为 3~4″。发现色球宁静区磁场的分布与光球极为相似。这种相似性不仅包括网络边界磁场，而且包括内网络场。他们在分析太阳边缘附近的色球磁图时，未能发现色球宁静区磁场的较强的水平分量。这和以往人们所设想存在差异。以往的宁静区磁场模型是建立在太阳大气磁场静态平衡的假设下，认为宁静区磁场从网络边界向上扩展并向内网络延伸，形成太阳宁静区磁场伞盖。

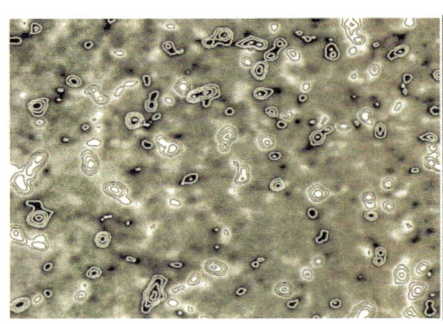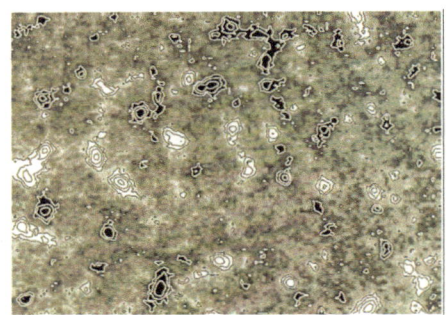

图 1 太阳日面中心附近同一局部区域光球(左)和色球(右)视向磁图。观测区域为 4.6′×3.4′。白为正极性和黑为负极性。等强度线分别为 15, 30, 60, 120 高斯磁场强度。

有人在研究了太阳磁场大气的光谱后推论，在滤掉填充因子的影响后，真实光球磁元的尺度可能小于 0.2″[9]。如果我们承认太阳光球宁静区磁场由小于 1″ 的细小磁流管组成，并难以解释它在太阳深层大气中的形成机理而承认它的存在，那么色球磁场的非均匀性向我们提出同样的课题，例如，它的磁流体力学条件又如何。在分析怀柔太阳光球和色球宁静区磁图时，我们应当承认这些磁图并未达到地面观测结果中的最佳分辨率情况，即小于 0.5″。这就是说，张枚等人的观测结果并不能完全确定光球宁静区光球精细磁元的磁场在色球层扩散与否，但是这种扩散的程度被限制在一个有限的尺度内。换句话说，太阳光球宁静区磁场基本上扩展到了色球层，而未在较低的层次返回光球或具有较强的水平分量。到现阶段，日冕磁场的精细结构还无法被获得。张枚等人的观测结果是和 TRACE 卫星 171Å 单色像的结果相一致[10]的。从 171Å 单色像的结构可以发现，171Å 单色像呈纤维状从光球磁元向上扩展，而并未完全弥散开。如果承认太阳磁场大气中的磁冻结条件，那么我们可以认为这些纤维状结构基本上反映了磁力线的走向。当然，日冕精细结构不能和磁场完全等同，一部分日冕磁场可能由于附近的等离子体未被激发而未能被推测到(图 2)。

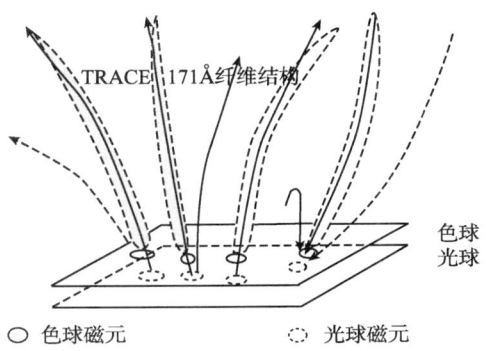

图 2　太阳磁场可能以非均匀(纤维状)的形式向上扩展。灰色区域为 TRACE 卫星观测到的 171Å 纤维结构。实线箭头标出沿 171Å 纤维方向的磁力线，虚线箭头标出可能存在的部分磁力线。

2.2 太阳色球磁场反变

当分析 Hβ 色球活动区磁图时，我们会发现在色球磁图上存在部分区域的磁场分量和光球层不一致。这可能是光球磁场向上延伸的结果[6]。陈济民等[11]首先指出在 Hβ-0.24Å 波长获得的活动区色球磁图中的强场区域附近，存在相对于光球磁场反号区域，并被称为 CAZJ 反转[12]。这一观测结果被较为系统研究，例如，李威等对这种 Hβ 色球磁图结构做了大量的资料分析[13]。

在分析了 Hβ 谱线形成特征之后，我们可以推论这种 Hβ 色球磁图上的结构产生的几种可能性：① 真实的太阳局部磁场扭曲结构；② Hβ 谱线轮廓在活动区中的局部区域反转造成 Stokes 参数 V 反号[12]；③ Hβ 谱线翼上的光球伴线的干扰[14]。应当指出，相对于光球层 Hβ 谱线线心的形成高度小于 2000km。当分析的色球反变磁结构的尺度远大于色球和光球层之间的高度差时，我们应当注意到两层之间磁场通量守恒[15]：

$$\oiint B \cdot dS = 0,$$

这里 B 为磁场强度，S 为在光球和色球磁图上磁通量通过的面积。如果这种扭曲磁结构相对稳定，它同样应粗略符合磁流体力学的静平衡条件[16]。另外，我们难于想象存在于黑子本影上空的色球反变磁结构,因为黑子光球本影磁场通常是垂直于日面。这样,如果存在真实的色球磁场反变结构,这种扭转磁力线的尺度应当受到一定限制,并在太阳光球层的矢量磁图上反映出来。正如 Alfven 和 Falthammer 指出的,缠绕磁绳磁能降低的条件是[17]:

$$\int_0^a B_\phi^2 r dr > 2 \int_0^a B_z^2 r dr,$$

这里 B_ϕ 为环向磁场,B_z 为轴向磁场,a 为磁绳的半径(图3)。这就是说,当环向场的磁能密度大于轴向场的磁能2倍时,磁通量管的结构变成不稳定的。

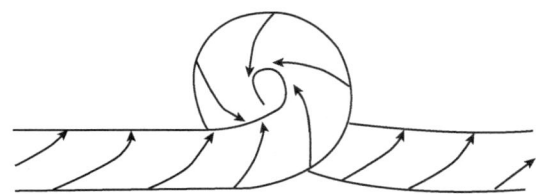

图 3　一种缠绕而打结的磁力线束状结构。轴向磁场为 B_z,环向磁场为 B_ϕ。

另外,进行不同波长观测的 Hβ 的 Stokes 单色像分析,也是诊断 Hβ 谱线翼上的光球伴线的干扰而在单一波长的 Hβ 磁图上产生符号反转的有效方法。

2.3　太阳色球磁场和活动现象

太阳的色球层是反映太阳活动现象的一个重要层次。在太阳耀斑活动区,由于磁力线的分布可能偏离势场而积聚触发耀斑的无力场磁能。扭曲的磁力线可能在色球磁图中显现出来[15]。另一个重要的研究课题是暗条的磁场结构。统计结果表明暗条爆发和日冕物质抛射之间存在密切的联系。包星明等[18]获得了宁静区域暗条附近的 Hβ 色球磁图和对应的光球磁图,以求研究暗条本身和附近区域磁力线的分布状态。它可能对我们研究暗条爆发和日冕物质抛射过程中磁场的初始分布特征具有一定的意义。

3. 磁场研究的困难和问题

在分析了 Hβ 色球磁场研究获得的结果时,我们应当看到可进行色球磁场测量的谱线并不多。Hβ 谱线亦非较强的磁敏线,Hβ 色球磁图往往具有较光球磁图更大的噪声水平。当使用超深度数据积分时,虽然可以使磁图的噪声水平降低,但磁图的分辨率也可能降低。这使我们在分辨磁场的精细结构方面存在一定的难度。应当指出 Hβ 谱线形成在一个较宽的深度范围内。另外,太阳色球层中的不同结构的形成高度亦可能不同,例如,暗条、黑子本影和黑子超半影纤维等,以至于在精确测定色球磁图中磁场的形成层次和太阳低层大气中磁场纵向梯度等方面存在一定的困难。另外,怀柔色球磁场的测量方法为视频磁象仪通常的方法,即在单一波长上获得 Stokes 参数 V 的数值。因此,有必要利用不同波长获得的磁图,进行综合分析[13]。这样可以弥补非 Stokes 参数仪所带来的不利因素。

同时,我们应当看到近年来国际上已经在红外波段进行色球磁场的观测和研究。另外,大量的太阳活动磁现象形成在日冕,仅仅依赖于光球和色球层的观测资料来研究太阳磁场的空间结构往往不够。结合光球、色球磁场以及日冕的形态进行综合性研究很有必要。

参 考 文 献

[1] Zirin H. Fine structure of solar magnetic field. Solar Phys., 1972, 22: 34–48.
[2] Geovanelli RG. An exploratory two-dimensional study of the coarse structure of network magnetic fields. Solar Physics, 1980, 68: 49–69.
[3] Geovanelli R G and Junes H P. The three-dimensional structure of atmospheric magnetic fields in two active regions. Solar Physics, 1982, 79: 267–278.
[4] Gabriel A H. A magnetic model of the chromosphere-corona transition region, in R.G. Athay (ed), Chromospheric Fine Structure, IAU Symp. 56,, D. Redel Publ. Company, 1974, 295–298.
[5] Zhang H Q and Zhang M. Similarities between chromospheric and photospheric quiet-sun magnetograms. Solar Physics, 2000, 196: 269–277.
[6] Zhang H Q, Ai G X, Sakurai T and Kurokawa H. Fine structures of chromospheric magnetic field in a solar active region. Solar Physics, 1991, 136: 269–293.
[7] Zhang M, Zhang H Q. A study of structures of small-scale magnetic flux tubes (I) solar disk center observation, Astrophys. Reports (Publ. Beijing Astron. Obs.), Special Issue, 1998, 4: 85–92.
[8] Zhang M, Zhang H Q. A comparison between photospheric and chromospheric quiet-sun magnetograms. Solar Physics, 2000, 194: 29–33.
[9] Stenflo J O. Solar magnetic fields. Kluwer Academic Publishers, 1994.
[10] Zhang M, Zhang H Q, Ai G and Wang H. Different spatial structures between network regions and active regions indicated by TRACE 171A observations. Solar Physics, 1999, 190: 79–90.
[11] Chen J, Ai G, Zhang H and Jiang S. Analysis of solar flare in relation to the magnetic fields on Jan.14, Publ. Yunnan Astron. Obs., Suppl., 1989, 108–112.
[12] Almeida J S. Chromospheric polarity reversal on sunspots – are they consistent with weak line emission? Astron. Astrophysics, 1997, 324: 763–769.
[13] Li W, Ai G X and Zhang H Q. Reversed-Polarity-structures of chromospheric magnetic field. Solar Physics., 1994, 151: 1–14.
[14] Zhang H Q. Solar chromospheric magnetic fields in active regions inferred by monochrometic images of the stokes parameter V. Solar Physics, 1993, 146: 75–92.
[15] Zhang H Q. Spatial configuration of highly sheared magnetic structures in active region (NOAA 6659) in 1991 June. Astrophys J, 1996, 471: 1049–1057.
[16] Zhang H Q. Possibility of chromospheric reversal magnetic structures in solar active regions,

Publ. Beijing Astron. Obs., 1995, 26: 13–20.
[17] Alfven H and Falthammer R C. Cosmical electrodynamics. Oxford University Press, 1963.
[18] Bao X M and Zhang H Q. It is submitted to the Proceedings of COSPAR Colloq. 2001, Beijing.

撰稿人：张洪起
中国科学院国家天文台
中国科学院太阳活动重点实验室(国家天文台)

太阳闪耀偏振光谱测量和物理解释

Physical Explanation of Linear Polarization Measurement of Flash Spectrum

  太阳物理研究中未解的难题之一是日冕物质加热问题。事实上，它也可称为色球和日冕物质加热问题。在如此大的尺度上，色球和日冕处于我们地球上无法模拟的一种热力学状态，既严重偏离热动平衡，又存在随高度急剧变化的温差。人们试图用 MHD 波的加热或微耀斑加热等机制解释这一难题，但迄今为止只获得部分成功。而测量色球和日冕的偏振度成为进一步了解这些区域的物理学状态从而提供加热问题的物理解释的一条途径。

  在没有剧烈活动的情况下，在可见光波段，太阳光球的辐射强度比色球和日冕的辐射强度高过 3 个量级。因此，我们要得到在色球和日冕中产生的偏振度，需要减去光球背景。事实上，关于发射谱线偏振的测量，至少早在 2003 年，Sheeley 和 Keller[1]在美国 Kitt Peak 天文台用 1.5mMcMath-Pierce 望远镜就给出了太阳边缘内(吸收)和太阳边缘外(发射)的多条谱线的测量，使用的偏振分析器为 ZIMPOL I。他们的观测结果表明，所有谱线的线偏振度都不超过 1%。难以解释的是，对显示出较强散射特征的 Na I λ 5889 D2 和 He I λ5876 D3 线，边缘内的偏振度高于边缘外的偏振度。由于偏振度直接和接收到的辐射强度相关，即使在很好的视宁度条件下，企图完全阻挡杂散光和天空散射背景也是不可能的。这是由于挡板离望远镜太近，望远镜所张立体角太大。因此，最理想的测量是在日全食发生时段。此时月球不仅阻挡了太阳光球直接进入望远镜的辐射(消除了杂散光)，而且是在很远处阻挡。此时比较日冕仪观测来，从月球处看望远镜的立体角很小，地球大气产生的散射光也小得多。因此无光球背景的色球和日冕偏振测量不是一种常规测量，而是在特定条件下的测量。这是难点之一。另一方面，全食时最长的延续时间也只有短短的几分钟，如何设定合适的曝光时间等也是难点问题。这更加增加了测量的难度。

  测量色球和日冕的偏振有两种方法，其一是成像观测，另外一种就是光谱观测。显然，光谱测量比成像测量要难。这是因为如果没有采用很好的监视措施，要将狭缝准确地放置于月面边缘与之相切是很困难的。这也是实现闪耀偏振光谱测量的另一个难点。因此在日全食条件下的偏振测量首先是由偏振成像方式实现的。

  早在 1878 年，Schuster[2]就报道了 Prazmowski (1860), Jansen (1871)和 Winter

(1871) 对日全食的白光观测结果：离开太阳边缘高度越大，偏振度越大，而 Wright 于 1878 年的结果与此相反。随后，有很多人进行了观测并给出了结果。这些结果反映了三个问题：1) 偏振度大小，包括谱线偏振和连续谱偏振；2) 偏振度随高度的变化；3) 偏振方向。

关于第一个问题，观测结果从 0.65%到 60%均有报道[3~9]。事实上，这一问题的答案随着所用滤光器中心波长大小和透过带宽度而变化；第二个问题的答案是：既有观测到偏振度随高度增加而减小的[4]，也有观测到随着高度增加而增大的[3]，更有观测到在 1.2 到 1.72 太阳半径范围内，连续谱偏振度随高度从 31%增加到 43%然后减少到 37%，谱线偏振度从 8%增加到 30%然后减少到 23%[5]。关于第三个问题的答案，即使是白光偏振的观测在偏振方向分布和偏振度上报告的结果也不一致[7]。需要指出的是，Badalyan 和 Sykora[8]在日冕绿线窄波段观测得到偏振度随高度从 0.5%到 31%变化的结果，而 Pinter 和 Rybansky[9]在 2001 年 6 月 21 日的日全食测量中采用同样的日冕绿线和 12Å 的透过带半宽得到了最高为 53%的偏振度。

显然，以上测量结果显示出：1) 不同谱线的偏振度存在很大的差异；2) 偏振度随高度变化；3) 不仅谱线而且连续谱也可能存在很强的偏振。但是，观测结果的差异除了测量误差不同外，与以下因素有直接关系：1) 白光观测还是滤光器观测；2) 滤光器透过带的半宽；3) 观测时间，即日食发生的时间不同。

人们可根据日冕形状(密度等的变化)随时间变化的事实很容易推断出在离太阳边缘确定的高度，任何一条谱线的偏振度必然随时间变化。

相对成像观测来讲，进行闪耀偏振光谱的观测可直接比较不同谱线偏振度的差异，更重要的是，通过这种观测毫无疑问地更能准确得到太阳高层大气物理状态的信息。然而，一般说来，其空间分辨率不如成像观测。

有资料记载的闪耀偏振光谱的测量尝试开始于 2006 年发生在埃及、利比亚和土耳其日全食的观测。这是由 Stenflo 小组实施的[10]。但是，由于以下原因，他们的实验归于失败：1) 采用的凹面光栅成像产生的像差和色差。从分(光)束器 (beam splitter)出来的两束正交(o, e)线偏振光产生了不同的像差和色差；2) 仪器内部元件太紧密，光栅前无狭缝产生的杂散光；3) 曝光时间过长，导致一些谱线如 H_α、H_β 和氦 D3 线等出现饱和；4) 企图在短时间内得到可见光全波段闪耀偏振光谱。然而，他们首先运用了监视器来保证狭缝与月面边缘相切的技术。

屈中权在与 Stenflo 等人讨论后，借鉴了他们的经验，带领其研究小组参加了由国家天文台组织的 2008 年 8 月 1 日甘肃金塔县的日全食观测，成功地得到了从 502.5nm 到 528.5nm 包括了几十条谱线的闪耀偏振光谱[11]。这是国际上第一次获得此类光谱。它具有如下和太阳第二光谱 (Stenflo, Gandorfer 等在日面边缘内 5 角秒左右处狭缝平行于日面边缘采集[12, 13]的宁静区线偏振光谱)相似的特点：1) 第二光谱比第一(普通的吸收)光谱具有更丰富的细节，而闪耀偏振光谱具有比对应的闪耀强度光谱本身更多的细节；2) 强吸收线的第二光谱偏振度不一定大，反之，弱吸收线的偏振度不一定小。强弱闪耀光谱线对应的线偏振度也是如此。但是，与第二太阳光谱不同的是：1) 高偏振度。第二太阳光谱最大偏振度为 4.5%，这一点发生在紫区，一般情形下小于 1%，而屈中权小组测量到的最高偏振度达到 35%，与 Badalyan 和 Sykora[8]等用最常见的日冕发射绿线 FeXIV 530.3nm 成像观测的结果基本一致(波段接近)；2) 不同的轮廓结构。如在测量到的光谱范围内，最大的偏振度产生于中性铁线、铜线等金属线和碳分子线，而相应谱线的第二光谱偏振度相对它们周围的谱线而言是比较低的。

需要指出的是，太阳闪耀光谱偏振测量还远远没有完成。有以下工作需要在将来完成：

1) 全波段的观测，特别是高光谱分辨率和高空间分辨率的观测；
2) 空间变化模式。不同高度、纬度和经度三维空间的定量变化需要进一步确定；
3) 时间变化。不同时间发生的日全食测量结果的比较；
4) 偏振方向的确定。是否所有空间点上偏振方向(电磁波中电矢量振动方向)平行于或垂直于太阳边缘。

最后，给出与观测结果相符合的物理解释将是一件更困难的事。目前的观测表明，单纯散射给出的上限为 Chandrasekhar 极限：11.7%[14]，只是屈中权等人观测到的最高偏振度的 1/3。显然，下列其他物理机制或有待发现的机制同样发挥了重要的作用：

1) 辐射场的各向异性；
2) 产生散射的原子或离子内在起偏振性；
3) 碰撞过程；
4) 谱线线吸收和连续吸收之比。

因此，未来的理论任务是如何将这些机制统一在一个理论框架内，定量地重现观测轮廓。

参 考 文 献

[1] Sheeley N R Jr, Keller C U. Linear polarization measurements of chromospheric emission lines. ApJ, 2003, 594: 1085.
[2] Schuster A. The sun's corona during the Eclipse of 1878. The Observatory, 1878, 2: 262.
[3] Blckwell D E, Petford A D. Observations of the 1963 July 20 Solar Eclipse. MNRAS, 1966, 131: 399.
[4] Ney E P, Huch W F, Kellogg P J, Stein W, Gillett F. Polarization and intensity studies of the eclipse of october 2, 1959. ApJ, 1961, 133: 616.
[5] Eddy J A, McKim Malville J. Obseervations of the emission lines of Fe XIII during the solar eclipse of May 30, 1965. ApJ, 1967, 150: 289.

[6] Hyder C L, Mauter H A, Shutt R L. Polarization of emission lines in astronomy. VI. Observations and interpretations of polarization in green and red coronal lines during 1965 and 1966 eclipses of the Sun. ApJ, 1968, 154: 1039.

[7] McDougal D S. Photometric intensity and polarization measurements of the solar corona. Sol. Phys., 1971, 21: 430.

[8] Badalyan O G, Sykora J. Polarization of the green-line corona on July 11, 1991 solar eclipse. A&A, 1997, 319: 664.

[9] Pinter T, Rybansky. Polarization of the 530.3nm Coronal Line. Proc. 10th European Solar Physics Meeting, 2002, 717.

[10] Feller A, Stenflo J O, Gisler D, Ramelli R. Eclipse instrument to record the polarization of the flash spectrum. International Symposium on Solar Physics and Solar Eclipses (SPSE), 2006.

[11] Qu Z Q, Zhang X Y, Xue Z K, Dun G T, Zhong S H, Liang H F, Yan X L, Xu C L. Linear polarization of flash spectrum observed from a total solar eclipse in 2008. ApJ, 2009, 695: L194.

[12] Stenflo J O. The new world of scattering physics seen by high-precision imaging polarimetry. Rev. Mod.Astron., 2004, 17: 269.

[13] Gandorfer A. The second solar spectrum, 2000, Vol.I: 4625 to 6995 ,ISBN No. 3 7281 27647 (Zurich:VdF).

[14] Stenflo J O. Polarization at the extreme limb of the sun and the role of eclipse observations. International Symposium on Solar Physics and Solar Eclipses (SPSE). 2006.

撰稿人：屈中权
中国科学院云南天文台

汉勒效应与湍动磁场

The Hanle Effect and the Turbulent Magnetic Field

1. 汉勒效应(Hanle effect)及其磁场测量重要意义

天文学家很早就注意到稀薄的太阳日冕等离子体物质对光球辐射的共振散射形成的线偏振具有平行于太阳边缘的倾向特征。偏振的含义是指电磁波电矢量振动具有一定的内在"偏爱"方向。偏振的产生是因为太阳大气离子在其光谱的波长上，向各个方向散射阳光，而它接受的光子主要来自它下面的光球辐射。虽然光球各点相对于该大气离子的辐射方向均不相同，即日面辐射在该点存在各向异性，但总体积分的效果导致该点散射光总是具有平行于局地太阳边缘的特性。

以上所述是在不考虑磁场存在的前提下，纯大气散射的偏振效果。理论研究指出，太阳大气中的磁场不仅普遍存在，而且广泛地影响其中的各种物理效应。其中之一就是磁场会造成日冕偏振散射光的退(消)偏振[1]。理由如下：处于高温太阳大气中的离子力图保持高速直线运动，但是在太阳磁力线的束缚下，它的轨迹会从直线弯曲成以磁力线为中心的螺旋线。想象有这样一个离子吸收了某条光球特征谱线中的光子，在它有机会再辐射或散射这个光子之前，它的螺旋运动将造成它的部分"失忆"，即它的偏振方向不再与原先入射光子保持一致，也就是说，磁场造成的回旋运动导致偏振的部分消除，包括偏振度和偏振面方向的改变。所以，这个离子在磁场的干扰下实际上已经失去了入射方向的记忆，因此它射向我们观测者的光将必然是退偏振的。这个物理过程就称为**汉勒效应**，它是以最早发现该规律的德国物理学家(Wilhelm Hanle，1901~1993)的名字命名的。图1是简要介绍汉勒效应在磁场存在条件下，对原子和离子散射偏振的物理调制[2]。

汉勒效应在测定太阳大气磁场的方向和强度上得到了广泛应用。例如，太阳边缘日珥磁场引起原子能级塞曼(Zeeman)分裂，汉勒效应将这些谱线部分消偏振(去偏振)和偏振面旋转，于是我们测定遗留下来的剩余偏振度和偏振方向，并结合日珥中的谱线辐射传输模型即可推算日珥中的大尺度磁场结构。另一方面，汉勒效应也可应用到太阳表面的磁元探测上，尤其是对微弱磁场的高精度测量。这些弱磁场极易受周围湍动流体的驱动而不断演化，所以它们的测量一直都是太阳物理实测领域的一个难点。

我们知道太阳表面强磁场(黑子和网络磁场等；千高斯量级)区域仅占有太阳0.2%的表面积，而强场外的弱场区域(网络内磁场，即不稳定的湍动磁场)却高达

99.8％！因此即使弱场区域估计的平均值只有数十高斯，但总的磁场通量与强场相比是处于同一个或更高数量级。可见，弱磁场虽然不易测量，但它们蕴含的总磁能量不可低估，它可能携带着比强磁场区域更多的磁流。所以，弱磁场总被人们形象地称为"难以发现的湍动磁流"(the hidden turbulent flux)，或"难以发现的磁性"(the hidden magnetism)。

科学家Stenflo在20世纪八九十年代曾经详细论述了汉勒效应作为一个物理工具在分辨和诊断湍动磁场通量方面的应用前景[3, 4]。他指出汉勒效应是了解湍动磁场的有效途径，但必须首先解决汉勒效应中的所有辐射转移问题，并且需要找到合适的谱线进行有效观测。在此基础上与塞曼效应综合考虑，建立一套合理的适用于不同量级磁场的诊断方法。在硬件上，我们还需要借助高时间、高空间、和高光谱精度的太阳观测仪器才能最终获得可靠的测量结果。因此，过去相对落后的测量方法和手段曾是制约湍动磁场测量发展的两个主要因素。

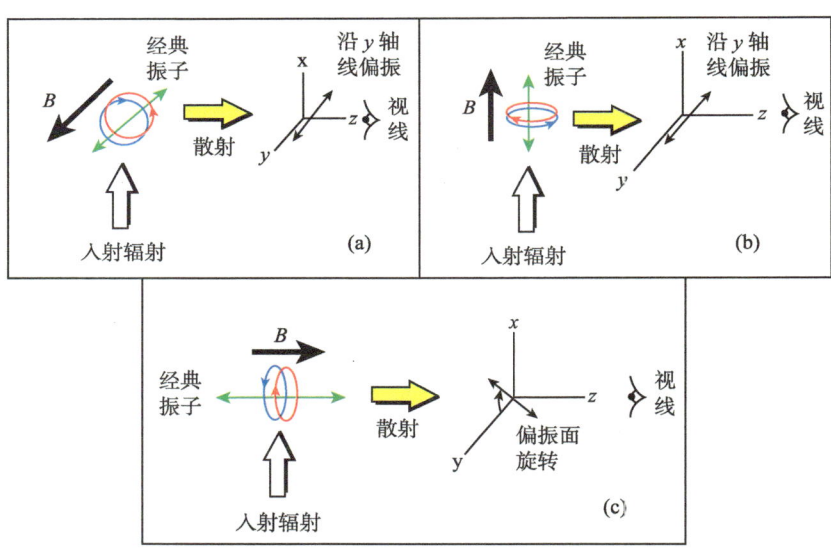

图1　汉勒效应基本示意图。
黑色粗箭头代表磁场矢量方向。

2. 湍动磁场测量的最新进展

随着2006年日本Hinode("日升")空间太阳望远镜(口径50cm)项目的成功实施，其上搭载的光谱偏振仪不仅证实了以前少数地面设备发现的网络内湍动磁场的视向成分[5]，也发现了令人惊讶的遍布宁静区的强水平磁场成分[6~8]。这些发现或许就是隐藏在宁静太阳表面的湍动磁流，我们很可能正处于揭开它的神秘面纱的时代。这些结果相当令人振奋，因为它们将有助于研究隐藏磁流与太阳色球和日冕加热的密切联系,也有助于搞清它们与太阳磁场周期活动的复杂关系。

这些最新的基于汉勒效应的观测结果证实了太阳表面的确存在强度量级至少为百高斯的普遍场,比以前利用高精度塞曼分裂原理的偏振分析器得到的结果高约近一个量级!这说明汉勒效应探测到了以前没有发现的很多微结构磁流。图 2 显示的是一幅宁静区米粒组织的矢量磁场观测图[7]。通过这些数据,人们不仅更加确信了这些湍动场的真实普遍存在,而且也意外地发现这些横场和纵场分量的二维分布特征是完全不同的,其中横场的强度(平均 55Gs)也显著地高于纵场分量(平均 10 高斯)。但是得到的湍动磁场分量间的比例关系仍与理论结果有显著差异。这可能说明,要么 Hinode 空间望远镜磁场空间分辨能力仍不够,要么就是现有理论有待重要修正。与观测是相符的是,最近的数值模拟也显示湍动磁场在 Hinode 观测的谱线处的横场应该比纵场分布更为延展[9, 10]。

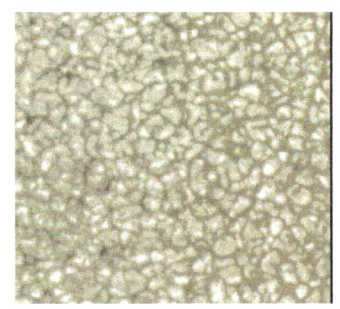 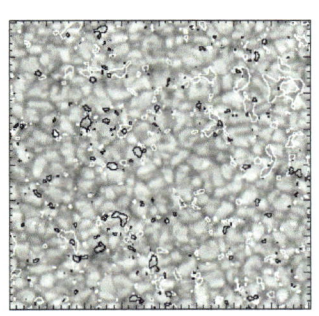

图 2 太阳米粒组织(左图)和矢量磁场分布(右图)。
右图中等高线是叠加在米粒组织上的磁场强度
白色等高线代表横向磁场分量
黑色等高线代表纵向磁场分量。

3. 湍动磁场测量中有待解决的关键问题

虽然 Hinode 卫星在太阳湍动磁场方面取得了令人瞩目的观测成果,但对于光谱线偏振的理解尚有待深入,需要进一步确定的是:(1) 水平磁场分量是否真的比磁流管足点处扩展很多;(2) 纵向场是否仍然存在没有被分辨出的超精细结构;(3) 水平磁场是否也存在没有被分辨出的超精细结构,若是的话,那么将可得到水平场与纵向场通量基本平衡的结论;(4) 如果纵向和横向网络内磁场都包含着相互平行但方向相反的磁力线束,那么纵向场分量的通量将被低估,而横向场分量仍保持不变,说明二者通量可能平衡;(5) 如何利用汉勒效应研究太阳更高层次色球的隐藏磁场(Hinode 主要观测的是太阳光球层次)?

显然,为解决这些关键问题,科学家需要在努力发展更大口径望远镜的基础上,不断发展新的观测手段和理论模拟方法。新的观测手段表现在寻找更多适合观测的不同谱线和发展更加合理的磁场反演技术。我们深信，随着这些新技术新设备的不断涌现，探测太阳湍动磁流的难题终将得到圆满解决。

参 考 文 献

[1] House L. The theory of the polarization of coronal forbidden lines. Publication of the Astronomical Society of Pacific, 1974, 86: 490–499

[2] Lites B. Remote sensing of solar magnetic fields. Reviews of Geophysics, 2000, 38: 1–36.

[3] Stenflo J. The Hanle effect and the diagnostics of turbulent magnetic fields in the solar atmosphere. Solar Physics, 1982, 80: 209–226.

[4] Stenflo J. Solar magnetic fields[M]. Netherlands: Kluwer Academic Publishers, 1994.

[5] Lites B. Small-scale horizontal magnetic fields in the solar photosphere. Astrophysical Journal, 1996, 460: 1019–1026.

[6] Harvey J, Branston D, Henney C, et al. Seething horizontal magnetic fields in the quiet solar photosphere. Astrophysical Journal Letter, 2007, 659: L77–L80.

[7] Lites B, Socas-Navarro H, Kubo M, et al. Hinode observations of horizontal quiet sun magnetic flux and the "hidden turbulent magnetic flux". Publication of the Astronomical Society of Japan, 2007, 59: S571–S576.

[8] Lites B, Kubo M, Socas-Navarro H, et al. The horizontal magnetic flux of the quiet-sun internetwork as observed with the Hinode spectro-polarimeter. Astrophysical Journal, 2008, 672: 1237–1253.

[9] Schussler M, Vogler A. Strong horizontal photospheric magnetic field in a surface dynamo simulation. Astronomy and Astrophysics, 2008, 481: L5–L8.

[10] Steiner O, Rezaei R, Schaffenberger W, et al. The horizontal internetwork magnetic field: numerical simulations in comparison to observations with Hinode. Astrophysical Journal Letter, 2008, 68: L85–L88.

撰稿人：刘　煜

中国科学院云南天文台

日冕磁场红外测量

Infrared Measurements of Coronal Magnetic Field

1. 日冕磁场测量的困难

作为太阳的最外层大气,日冕是对地球空间环境直接施加影响的物理领域。日冕磁场在太阳活动中起着举足轻重的作用,它们在中低层日冕中广泛存在并主导着各种演化现象,但是人们无法轻易直接测量到它们。这主要是由于日冕的特殊物理条件决定的。它的极低表面亮度(百万分之一日面亮度)、来自底部光球表面的强辐射干扰、超高温(百万度)以及本身磁场的微弱(十高斯量级)等因素,导致常规状态下利用可见光发射谱线(如,高次电离铁离子FeXIV的发射线5303Å)测量日冕磁场相当困难。很小的源自地球大气和仪器内部的杂散光就足以湮没日冕磁场信号。

相比较而言,利用发射谱线测量日冕的圆偏振信号也要比测量线偏振信号困难得多。这是因为日面边缘的日冕磁场视向分量强度比横向分量小了一至两个数量级。因此,如此弱的圆偏振信号常常因为观测技术条件的不足难以被探测到。

另一方面,虽然可以根据太阳耀斑爆发期间的日冕大气等离子体辐射的某些物理效应,采用射电技术的方法对强黑子附近日冕磁场进行量级估算。但这种方法得到的磁场强度一般存在较大误差,而且空间分辨能力有限。相比较而言,日冕禁发射线的测量不需要太阳爆发就可以对日冕磁场进行常规观测。

由于长期以来可供利用的日冕磁场资料很少,许多太阳物理学家都只好借助于光球磁场外推的数值方法对日冕磁场进行理论推算。从严格意义上讲,虽然它们能够在一定程度上方便了人们研究日冕磁场结构,但是这些理论或经验结果也许与真实的日冕磁场偏差很大[1]。

可见,日冕磁场的直接测量是一个充满挑战、不易逾越的科学难关。

2. 日冕磁场测量在红外波段的突破

自从太阳物理学家于20世纪60年代发现了日冕红外禁发射线(电离铁线FeXIII 10747Å和FeXIII 10798Å等)在日冕磁场测量中的潜在应用前景以来,人们对在可见光红区范围外的观测寄予厚望并且立即在实测中进行检验,期待利用这些谱线的塞曼效应和汉勒效应来获取类似光球磁场数据的日冕二维磁图。

日冕禁发射线相关的量子理论在20世纪70至80年代已基本发展成熟,为后来推动禁线日冕磁场的测量和反演工作奠定了必要的理论基础[2,3]。步入20世纪

90年代,随着美国和欧洲对红外太阳物理观测的重视和新型探测设备的应用,利用红外波段日冕禁发射线探测微弱的日冕磁场的前景逐渐变得明朗起来。

2000年以美国国立太阳天文台和高山天文台为核心的科学团组首次成功地利用10747Å这条谱线测得在日冕0.12和0.15个太阳半径高度处的两个点源的圆偏振斯托克斯分量,直接得到日冕磁场强度为10高斯量级的可靠结论,从而拉开了21世纪日冕磁场红外测量的序幕[4]。

在此基础上,四年后夏威夷团组夏威夷海拔3000m处建成了一架4.6m口径的日冕仪SOLARC(邻边活动区及日冕无散射光天文台),配置了一架先进的光纤光谱偏振分析仪,巧妙地将二维日冕局部区域转换成一维的光谱仪扫描狭缝,进一步成功地观测到了二维同时的圆偏振分量图[5]。图1显示的是2004年4月7日在夏威夷获取的国际首幅局部日冕矢量磁图。虽然仅取得有限数据,但是人们成功得到了日冕局部视向磁场分布资料,实现了天文学家长期的一个梦想。

随后,美国高山天文台和国立太阳天文台的太阳物理学家开展合作,在萨克峰天文台利用他们新研制的CoMP(日冕多通道偏振)设备首次发现日冕中大尺度阿尔

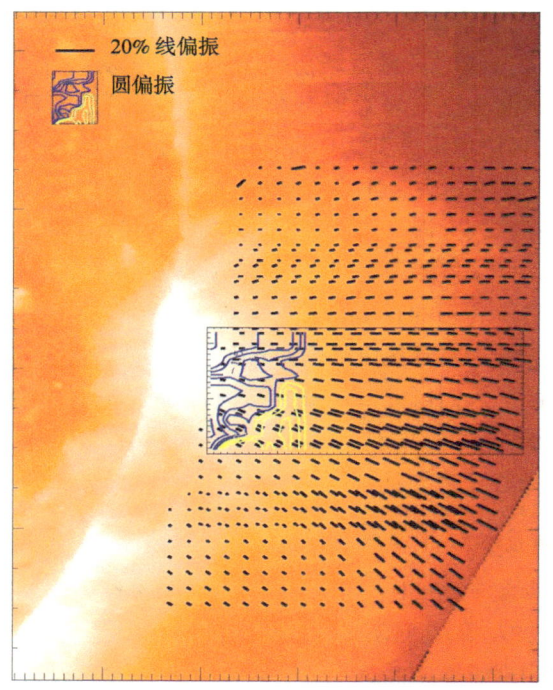

图1　日冕禁发射线10747Å的线偏振和圆偏振信号。
黑色横棒代表日冕磁场的横向分量,等高线轮廓代表日冕磁场的视向分量,蓝色与黄色等高线代表符号相反的视向磁场分量。

芬波存在的直接证据，为太阳日冕加热问题的解决提供了关键观测证据[6]。CoMP日冕仪还配置了前置滤光片和双折射里奥滤光器来进行宽视场窄波段成像，从而在有效光谱范围内使日冕观测的空间区域较之大为扩展。

3. 日冕磁场红外波段测量中未解决的关键问题

为充分利用大量日冕磁场偏振数据，人们已经意识到下一步的关键问题是如何解决日冕磁场红外数据的理论反演问题。日冕发射线的汉勒效应中包含着日冕磁场信息，但理论上的解决尚存在相当大的难度，至今也没有得到真正的突破。我们目前暂时可以直接从红外波段观测资料中提炼出来的是根据塞曼分裂原理得到的日冕视向磁场分量和根据汉勒效应得到的横向磁场方向等两个信息，而且横向分量的方向还存在 90° 和 180° 不确定性。所以我们还必须借助其他现有理论和观测资料来约束和分析这些观测结果，以便从另一角度研究日冕磁场反演问题。

图 2 展示的是日冕磁场的红外线偏振观测数据与基于光球磁场外推的理论线偏振的比较[7]。这些理论值是在靠近日面边缘黑子的上空有限日冕区域得到的，而且也是与观测值差异最小的区域层次。这说明如果参数设定合理，理论分析结果将对解决日冕磁场横向分量测量中的 90° 和 180° 不确定性起到帮助作用。

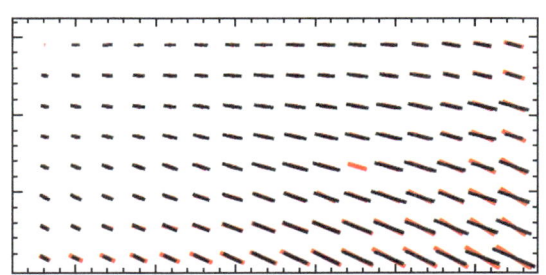

图 2　日冕禁发射线 10747Å 的线偏振信号观测与模拟的比较。
黑色横棒是观测得到的日冕磁场横向分量，红色横棒是理论计算得到的日冕磁场横向分量。

与日冕磁场反演问题伴随的另一个关键问题是如何得到日冕红外辐射源的空间位置分布，因为这涉及如何处理日冕红外辐射光学薄的问题。根据最新的观测与理论的比较结果，虽然在日冕一般区域，红外辐射源空间分布比较弥散，但在较强磁场区域，例如太阳黑子的上空，日冕红外辐射主要集中在离日面边缘较近的相对较薄的层次。这也说明针对黑子或日珥的日冕磁场测量不但是可能的，而且是可靠的。

日冕磁场测量的过程正沿着点→线→面→全冕的趋势迅速发展，尤其是以美国夏威夷大学天文研究所、美国国立太阳天文台和高山天文台等三个团组的发展最为典型。美国下一代超大型地面设备 ATST(高技术太阳望远镜)若顺利安装完毕，有望在日冕磁场红外测量上取得更为显著的成就，这也将为促进红外探测技术和设备在日冕物理学中的应用提供了极好的机遇。

参 考 文 献

[1] Sakurai T. Computation modeling of magnetic fields in solar active regions. Space Science Review, 1989, 51: 11–48.

[2] House L L. The theory of the polarization of coronal forbidden lines. Publication of the Astronomical Society of the Pacific, 1974, 86: 490–499.

[3] Sahal-Brechot S. Calculation of the polarization degree of the Infrared lines of FeXIII of the solar corona. Astrophysical Journal, 1977, 213:887–899.

[4] Lin H, Penn M, Tomczyk S. A new precise measurement of the coronal magnetic field strength. Astrophysical Journal, 2000, 541: L83–86.

[5] Lin H, Kuhn J R, Coulter R. Coronal magnetic field measurements. Astrophysical Journal, 2004, 613: L177–180.

[6] Tomczyk S, McIntosh S W, Keil S L, et al. Alfven waves in the solar corona. Science, 2007, 317: 1192–1196.

[7] Liu Y, Lin H. Observational test of coronal magnetic field models: I. comparison with potential field model. Astrophysical Journal, 2008, 680: 1496–1507.

撰稿人：刘　煜
中国科学院云南天文台

日冕磁场的射电诊断

Radio Diagnostics of Solar Coronal Magnetic Fields

1. 日冕磁场的测量是当代太阳物理亟待解决的问题

在北京召开的国际天文联合会第141次研讨会上,多位知名学者在展望未来的太阳物理发展前景时,不约而同地把日冕磁场的测量列为太阳物理发展所必须解决的关键性问题之一。众所周知,太阳活动的能量来源于太阳大气中的磁场,目前我们关于太阳磁场的知识则主要来源于太阳底层的大气-光球层的谱线测量。然而,太阳高层大气-日冕是包括耀斑、日冕物质抛射在内各种太阳爆发的主要起源地。随着日冕高度的增加,当地等离子体的密度逐渐变得稀薄,从而导致光学波段辐射的急剧减弱,使我们几乎不可能测量日冕层的光学谱线,从而无法用测量光球磁场的手段来测量日冕磁场。

未来的日冕磁场的测量手段大体有三个发展方向:其一是对光球测量的磁场结合相关的理论向日冕进行外推;其二是利用红外波段的谱线测量日冕磁场;这两个专题均有另文加以介绍,下面我们侧重介绍第三个方向,即日冕磁场的射电诊断的基本原理、需要解决的问题和面临的主要困难。必须指出:红外磁场测量仅适用于低日冕,而光球磁场外推的精度也随高度的增加而下降,因而,对于中高层日冕磁场的诊断,射电方法可能是唯一的手段。

我们知道,射电波段是唯一能在整个日冕的不同高度均能进行观测的重要窗口。在另一相关的太阳物理难题中,我们介绍了太阳射电的辐射和吸收机制;其中,回旋同步辐射、回旋脉泽辐射、回旋共振吸收等机制直接与辐射源区的磁场相关。换句话说,通过射电波段的观测和相应的物理机制,我们将有可能获取辐射源区磁场的重要信息。这原则上是一个数学物理中的反问题:所谓正问题是已知或假设有关的物理参数,然后用某种理论解释观测结果;所谓反问题则是用观测结果和相应的理论反过来求解一些未知的参数。反问题往往属于不适定的数学物理问题,从而导致解的不唯一性,因此和正问题相比具有更大的难度。

2. 用射电方法诊断日冕磁场的进展

采用不同类型的射电辐射和相应的理论反演日冕磁场曾有若干有益的尝试,著名的太阳射电天文学家 M. R. Kundu 在1990年[1]给出了当时日冕磁场射电诊断进展的评述,包括利用厘米波段偏振测量估算色球上方的活动区磁场强度;利用微波段的回旋共振辐射计算活动区上方的日冕磁场强度;还有一个有趣的想法是利用回旋谱线直接测量日冕磁场等。

基于 G. A. Dulk 等人于 1982 年对严格的回旋同步辐射的发射和吸收系数提出系列近似公式[2]，太阳射电学者 Zhou Ai-Hua(中国)和 M. Karlicky(捷克)合作，提出用回旋同步辐射的流量、谱指数和峰值频率计算微波爆发源区的磁场强度，及非热电子密度的解析表达式[3]。此后，Huang Guangli 又提出如果增加回旋同步辐射的偏振度的测量，可得到回旋同步辐射与背景磁场的夹角，即同时得到该磁场沿视线方向和垂直于视线方向的两个分量[4]。除此之外，还有一些新的想法，包括利用不均匀磁环中产生的回旋同步辐射诊断耀斑环中的磁场分布；利用射电精细结构及其理论模型估算其源区的磁场强度等。图1和图2分别给出了一个耀斑事件中的微波观测和计算得到的日冕磁场强度的总强度和两个分量，及其随时间的变化。

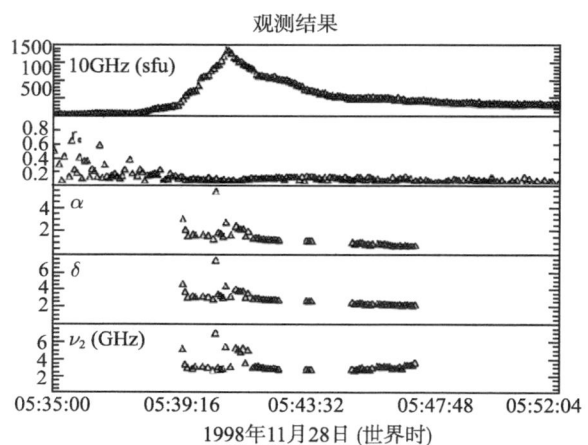

图 1 该事件中可观测量的演化。

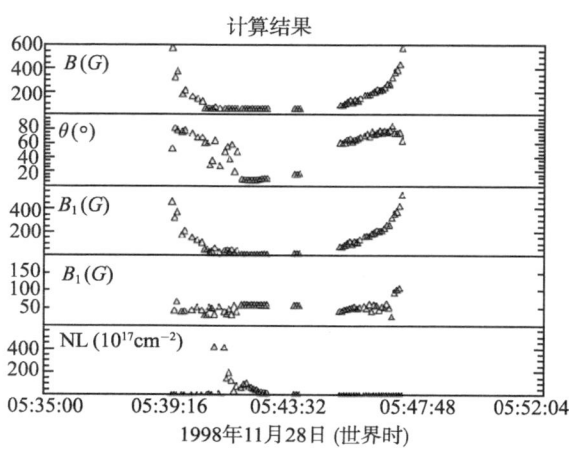

图 2 在同一事件中的反演结果。

需要说明的是：日冕磁场的射电诊断还依赖于观测设备的类型。一般来说，射电观测手段分为两类：动态频谱观测和成像观测。前者没有空间分辨的能力，却有较高的时间和频率分辨率，可以获取各种精细结构的信息。而且射电频率和日冕层的高度有某种对应的关系，可以用来估计射电辐射源的高度。由此可见，利用动态频谱观测可以诊断日冕磁场的大小和时间演化，及其随日冕高度的变化。用成像观测则可得到日冕磁场在日面的二维分布[5](参图3)。

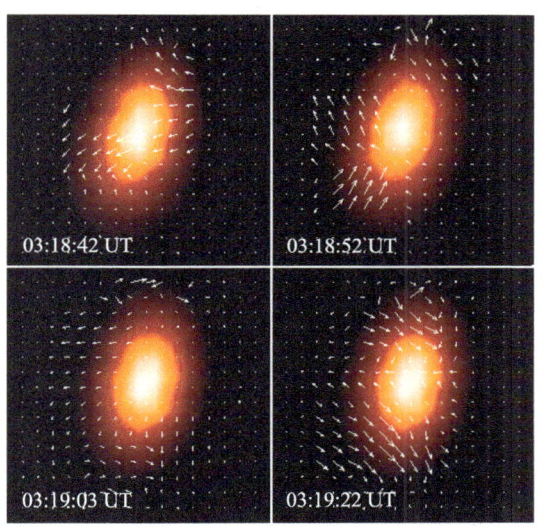

图 3　2004 年 1 月 1 日耀斑中的日冕磁场的二维分布。

3. 三维日冕磁场的射电重构

显然，新一代的射电观测设备势必要结合频谱和成像观测，向高空间、高时间和高频率分辨的方向发展，例如我国的射电频谱日象仪和美国的 FASR(频率可调的日象仪)等计划，其主要科学目标之一就是实现日冕磁场的三维重构，这不仅是太阳射电物理界，也是整个太阳物理界梦寐以求的目标。当然，在这些设备投入运行之前，我们必须从理论上做好三维日冕磁场射电重构方法的准备，这将是一项具有相当难度的工作。

另一项很重要然而尚未进行的工作是：如何把目前三种日冕磁场的诊断结果进行综合比较，以达到互相验证和取长补短的目的。在日冕磁场尚无十分完善的测量方法之际，这一工作的重要性也是不言而喻的。

4. 困难所在

综上所述，回旋同步辐射产生的微波连续谱的反演，是在未来能进行类似于太阳光球磁场测量那样，常规和连续的进行日冕磁场射电诊断的唯一手段。就日冕磁场的三维射电重构而言，仍然存在许多困难有待解决。

困难之一是：以上提及的，采用 G. A. Dulk 等人的回旋同步辐射的近似公式反演日冕磁场的工作受到其近似条件的限制[2]。比如均匀磁场的假设，因此只能适用于致密源；又如非热辐射的限制，因此只能适用于微波爆发的极大或者脉冲相；G. A. Dulk 等人的文章还给出其近似公式的谱指数、谐波系数、传播角、低能截止等一系列参数的适用范围，如果超出这些参数的范围，相对于严格理论将会产生较大的误差；实际上，Huang Guangli 的文章指出，即便是在这些参数的范围内，日冕磁场的数值解只是在更有限的范围内存在[4]。

困难之二是：从物理本质上，G. A. Dulk 等人的近似限定了非热电子的低能截止为较小的值[2]，而该值的变化将会对回旋同步辐射的性质，特别是电子谱和辐射谱的关系产生较大的影响。为了解决这一问题，我们必须采用严格的回旋同步辐射理论，才能彻底解决日冕磁场的射电重构的问题。尽管回旋同步辐射的奠基性工作已由英国著名物理学家 R. RAMATY(RHESSI 卫星首字母命名者)于 1969 年完成，但是从严格的回旋同步辐射理论出发，我们很难如同近似理论那样得到日冕磁场等物理参数的解析表达式，即使采用一般的拟合方法也需要更多的观测信息才能得到日冕磁场的唯一解。

困难之三是：要实现日冕磁场的三维重构，就必须严格确定射电频率和日冕高度的定标关系，其困难可能会远远超过以上两项困难。基于回旋同步辐射机制，射电频率和当地的磁场强度具有某种对应的关系；然而，我们无法知道日冕磁场随高度的变化规律，通常假设的偶极场近似和实际情况相去甚远。更大的困难在于，即使在均匀磁场中，回旋同步辐射理论也预期会产生不同频率的发射，所以说磁场和频率并不是一一对应的；或者说，我们观测到的某一频率的辐射是由不同高度(磁场)的区域辐射的综合贡献。以往我们假设的频率和高度之间的关系都是基于偶极磁场以及回旋同步辐射是电子回旋频率的某次(通常是二次)谐波产生，这样得到的关系只能是十分粗略的数量级的估计。

当然，正是因为日冕磁场的射电诊断存在这些无法回避的困难，才使其成为当代太阳物理界具有挑战性的问题。实际上，无论是从光球磁场外推日冕磁场，还是从红外谱线来诊断日冕磁场都存在诸多的困难以及各自的缺陷。所以，为了解决日冕磁场的诊断问题，我们应同时关注这三方面的进展，并不断尝试进行三者的比较或者互相验证。

参 考 文 献

[1] Kundu M R. Measurement of solar magnetic fields from radio observations. Societa Astronomica Italiana, Memorie. 1990, 61(2): 431–455.

[2] Dulk G A, Marsh K A, Simplified expressions for the gyrosynchrotron radiation from mildly relativistic. nonthermal and thermal electrons, ApJ, 1982, 259: 350–358.

[3] Zhou Ai-Hua, Karlicky M. Magnetic field estimation in microwave radio sources. Solar Physics, 1994, 153: 441–444.

[4] Huang Guangli. Calculations of coronal magnetic field parallel and perpendicular to line-of-sight in microwave bursts. Solar Physics, 2006, 237: 173–183.

[5] Huang Guangli, Ji Haisheng, Wu Guiping. The radio signature of magnetic reconnection for the M-class flare of 2004 november 1, ApJ, 2008, 672: L131–L134.

撰稿人：黄光力
中国科学院紫金山天文台

日冕磁场外推

Extrapolation of Coronal Magnetic Field

1. 引言

众所周知，在太阳上所发生的主要爆发活动，如太阳耀斑、日珥爆发、日冕物质抛射等现象的源区基本上都位于日冕大气中，在这里，磁场起着至关重要的作用，磁场决定了日冕大气的结构和几乎全部的动力学过程。然而，到目前为止，关于太阳磁场直接可靠的测量主要限于光球表面附近有限的几个层面，而日冕磁场的直接测量仍然是太阳物理，甚至是天体物理中的一个重要难题，其主要原因是因为日冕大气稀薄，日冕谱线暗弱，采用谱线的 Zeeman 效应测量非常困难。通常，我们获得日冕磁场信息的手段主要有如下三种：(1) 日冕磁场的红外测量；(2) 射电磁场诊断；(3) 日冕磁场的模型外推。此外，可以通过日冕结构的紫外/软 X 射线成像进行日冕磁场的形态分析。不过，到目前为止，日冕磁场的红外测量还主要局限于日面边沿区域和日冕低层；射电日冕磁场诊断依赖于一定的射电辐射机制与传播过程，而到目前为止太阳射电辐射机制本身就是一个很大的科学难题，在新一代射电频谱日象仪建成之前，还很难得到确定性的具有一定空间分辨率日冕磁场结果。因此，基于一定的太阳观测结果进行日冕磁场的模型外推，依然是我们获取日冕磁场信息的重要手段。

日冕磁场的理论外推不仅可以用于描述日冕磁场的静态结构，同时还可以用来研究太阳磁场的时空演化特征。即使当其他日冕磁场的实测手段取得显著进步以后，理论外推方法也仍然是我们研究太阳磁场结构与演化的不可替代的重要途径。

2. 日冕磁场外推的主要方法

日冕磁场外推的实质是将根据各种手段得到的太阳光球、色球甚至日冕局部磁场实测结果作为边界条件，再根据太阳物理有关理论建立理论模型，利用现代计算技术对模型进行求解，从而得到日冕磁场完整的信息。再结合太阳紫外、软 X 射线成像观测所得到的太阳大气结构特征进行反馈分析，不断改进和完善有关理论模型和求解方法。

在太阳色球和日冕磁化等离子体的磁流体静力学平衡方程中，磁压力远大于等离子体的热压力和重力，因此静力学平衡方程可近似为：$(\nabla \times B) \times B = 0$，这表明，电流与磁场近似平行，上式可以写成：$\nabla \times B = \alpha B$。这时，Lorenz 力也近似为零，称这样的场为无力场，其中 α 为无力场因子。

(1) 当 $\alpha = 0$ 时，$\nabla \times B = 0$，电流为零，即为势场；
(2) 当 $\alpha \neq 0$ 且为常数时，电流不等于零，为线性无力场；
(3) 当 $\alpha \neq 0$ 且不为常数时，为非线性无力场。

据此可将日冕磁场的外推方法分成三大类：

(1) 势场外推：势场外推是将太阳光球以上的磁场看成全部是由光球以下的电流系统产生的，在光球以上的太阳大气中的电流全部忽略。因此光球上方的磁场就被看作势场，需要求解的方程就是在一定边界条件下的 Laplace 方程：$\nabla^2 \phi = 0$。势场模型具有很好的数学特性，但它不能提供耀斑等活动所需要的自由能量。因此，势场外推模型一般仅用于研究变化缓慢的磁场如太阳宁静区，以及日冕磁场的宏观结构。

(2) 线性无力场外推：通常在太阳大气中，尤其是在太阳活动区上空电流是不为零的，这时无力场因子不为零，最简单的情形是假定无力场因子为常数，这时需要求解的方程是 Helmholtz 方程：$(\nabla^2 + \alpha^2)P = 0$，对该方程的不同解法，将导出关于磁场的不同表达式，常见的方法有 Nakagawa 法[1]、Chiu & Hilton 法[2]、Seehafer 法[3]、以及可以获得无力场的唯一解并满足半开放空间内能量有限的条件边界元方法(BEM)[4]等。线性无力场的缺陷是，在进行模型计算时，需要根据观测资料确定无力场因子，这往往具有一定的人为性，而且在某些场合是非常困难的。

(3) 非线性无力场外推：一般情况下，无力场因子不可能为常数，尤其是在活动区上空，情况更复杂，因此非线性无力场外推才更接近于实际情况。然而，由于所涉及的计算量巨大，方法也很复杂，人们从不同角度提出了许多求解方法。1979年日本学者 Sakurai 提出了首个实用的非线性无力场外推方法[5]，其他方法还有变分法、分布法、直接积分法、MHD 弛豫法、最优化方法等，但迄今为止，还没有令人满意的非线性无力场外推方法[6]。颜毅华等人将边界元方法(BEM)用于非线性无力场的计算，首次得到了具有有限能量的一般(非常α)无力磁场问题的边界积分方程，该方法可以改进数值稳定性问题，并且适于处理开放空间问题，从而可避免由于处理无限区域而引起的收敛性问题[7, 8]，成为计算日冕非线性无力磁场问题的基本方法之一。应用该方法首次得到基于观测数据重建、悬浮在太阳低层大气中的磁绳结构，对于理解日冕物质抛射过程具有重要作用[9]。图 1 为利用非线性无力场外推方法所得到的活动区上空的磁场结构图[10]。

3. 主要困难所在

非线性无力场方程形式看起来异常简单，但迄今为止，人们对于其解的一般性质仍然了解甚微，关于无力磁场的计算远非容易。

从物理问题建立数学模型通常包含三个步骤：建模、求解和结果解释。这些数学模型通常表现为偏微分方程的初边值问题。在研究边值问题时通常要考虑解的存在性、唯一性和稳定性问题。如果对这三个问题都有肯定答案，则称该数学模型的边值问题是适定的，否则为不适定的(或称病态的)。对于一般非线性无力场问题，即使不考虑解的存在性和唯一性，仍然存在着稳定性问题。如有些方法或含有发散分量、为不稳定的，收敛性差。即使上述数学方面的问题解决了，也还存在着物理方面的问题，如边界的稳定性，尤其是在太阳活动区，边界特征是不断演化的。因此，非线性无力场仍然是当前太阳物理中的一个重要方向。

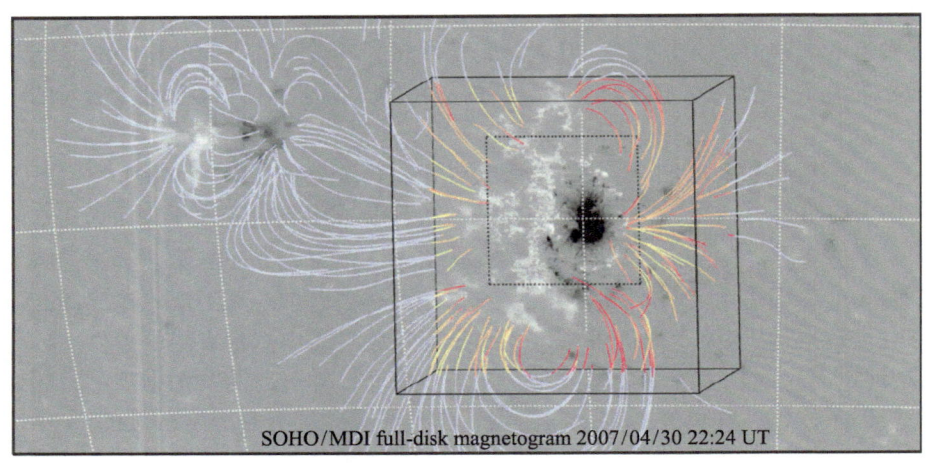

图 1　利用非线性无力场方法外推得到的 NOAA9077 活动区磁场分布[10]。

此外，无论是势场外推、线性无力场外推，还是非线性无力场外推，都只是对日冕磁场的某种近似。更接近实际的应该是非无力场外推，因为实质上太阳大气中任一点的磁场都是太阳内部的电流系统和太阳大气中的电流系统产生的磁场的叠加。因此，日冕磁场外推的最后目标必然是基于尽可能多的太阳磁场实测结果进行非无力场外推，人们在这方面做过一些尝试，但是离实际应用还有很大的差距，这是未来相当长时期内太阳物理中的重要研究方向[11]。

参 考 文 献

[1] Nakagawa Y, Raadu M A. On practical representation of magnetic field. Solar Phys., 1972, 25: 127.

[2] Chiu Y T, Hilton H H. Exact Green's function method of solar force-free magnetic-field computations with constant alpha. I-Theory and basic test cases. ApJ, 1977, 212: 873.

[3] Seehafer N. Determination of constant alpha force-free solar magnetic fields from magnetograph data. Solar Phys., 1978, 58: 215.

[4] Yan Y, Yu Q, Kang F. A solar magnetic field model and its 3-D boundary element method solution. Solar Phys., 1991, 136: 195.

[5] Sakurai T. A new approach to the force-free field and its application to the magnetic field of solar active regions, Pub. Astron. Soc. Japan, 1979, 31: 209.
[6] De Rosa M L, Schrijver C J, Barnes G, Leka K D, et al. A critical assessment of nonlinear force-free field modeling of the solar corona for active region 10953. ApJ, 2009, 696: 1780–1791.
[7] Yan Y, Sakurai T. Analysis of YOHKOH SXT coronal loops and calculated force-free magnetic field lines from vector magnetograms. Solar Phys., 1997, 311: 451.
[8] Yan Y, Li Z. Direct boundary integral formulation for solar non-constant-alpha force-free magnetic fields. ApJ, 2006, 638: 1162.
[9] Yan Y, Deng Y, Karlický M, et al. The magnetic rope structure and associated energetic processes in the 2000 July 14 solar flare. ApJ, 2001, 551: 115.
[10] DeRosa M L, Schrijver C J, Barnes G, et al. A critical assessment of nonlinear force free field modeling of the solar corona for active region 10953. ApJ, 2009, 696: 1780.
[11] Aschwanden M J. Physics of the solar corona-an introduction. Praxis Publishing Ltd., Chichester, UK, and Springer-Verlag Berlin, 2004.

撰稿人： *颜毅华* [1]　*谭宝林* [2]

1　中国科学院国家天文台
2　中国科学院太阳活动重点实验室(国家天文台)

太阳色球的基本结构是什么？

What is the Basic Structure of the Solar Chromosphere?

太阳的表层大气由光球、色球和日冕组成。目前广泛采用的宁静太阳大气模型是 20 世纪 80 年代初所给出的温度分布模型 VAL[1] (图 1)。图 1 中还注明了若干重要谱线的形成高度。由图可见，大部分谱线都是在光球上层形成的，但有些强线(例如，氢的 H_α 线和电离钙 CaII 的 K 线)的线心部分则来自色球，因为这些部分的吸收系数很大，只有来自色球的辐射才可以被观测到。这样，利用滤光器或光谱仪在色球谱线不同波长处对太阳进行观测，就可以得到色球不同层次的太阳结构图。特别是，利用对多条谱线的观测，采用非局部热动平衡的计算方法，通过谱线的理论计算轮廓和观测轮廓的对比和拟合，就可以得到色球大气的模型。

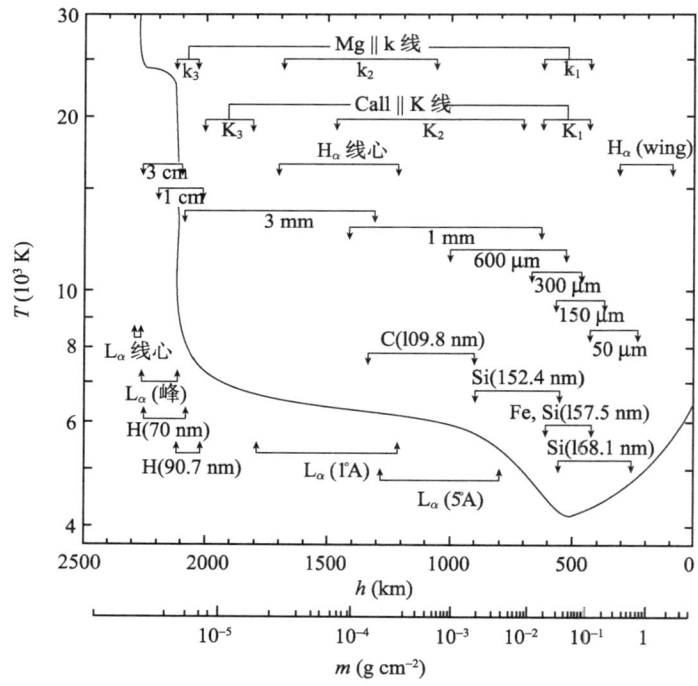

图 1　太阳外层大气温度分布图[1]。

通常定义波长 5000Å 处光学厚度为 1 的地方为光球底部。根据 VAL 模型，由光球底部向外，温度逐渐减小到 4170 K 的极小值。光球层厚约 500km，数密度的典型值为 $10^{22}/m^3$。再往外，就进入色球层。温度逐渐上升，通过温度急剧上升的过渡区，到达日冕的 1 百万度。色球层的厚度约 2000km，过渡区厚度则只有几十到上百千米。它们数密度的典型值分别为 10^{17}~$10^{18}/m^3$ 和 $10^{15}/m^3$。由于日冕的高温，等离子体不断向外膨胀而形成太阳风。光球之上，从色球层开始温度上升的原因至今未有圆满的解答。低色球可能由产生于对流区的声波向外传播时形成激波所耗散的能量而加热。较高层大气的加热可能由磁声波或其他与磁场有关的机制产生。

考虑到新的不透明度数据等因素，Avrett[2] 对温度极小区附近的温度分布作了改进，得到温度极小值为 4410 K 的结果。Fontenla 等[3]考虑了氢和氦扩散过程的影响，详细计算了氦的激发和电离，还考虑了日冕辐射对过渡区和色球的作用，利用能量平衡方程得到了过渡区的较好的大气模型，可以更好地符合观测的氢和氦谱线轮廓。

但是，必须强调指出，所有以上所得到的色球大气模型都是假定大气是静态的平面平行层，并采用一维计算的方法求得的。更重要的是，所利用的谱线轮廓大多是在空间和时间分辨率较低的情况下观测得到的。这也就是说，所得到的色球大气模型只是某种"平均"的结果。

近年来，随着观测的空间和时间分辨率的不断提高，对于色球的结构有更多、更好的观测结果，由此引发了对色球大气模型相当大的争论。色球 UV 辐射的存在表明色球中存在高温的区域，而 CO 分子吸收线的观测又要求色球中存在温度低于 3700 K 的区域。而且，较高空间和时间分辨率的 CO 分子谱线观测表明，在磁场很弱的色球网络内区内，在温度极小区之上温度似乎并没有上升。特别是，观测表明色球并非处于静态平衡之中，而是充满着动态的变化(例如，见 Wunnenberg et al.[4])。Carlsson 和 Stein[5, 6] 考虑到这些因素，计算得到了由压力驱动产生激波的动态色球大气模型。图 2 给出了它们的结果，其中细实线为动态色球大气的温度变化范围，粗实线为对时间求平均的色球大气温度分布。虚线为与动态计算的谱线强度符合最好的半经验静态平衡大气模型。由图可见，在对时间平均的色球大气中，气体温度从光球往外仍是下降的，并非像静力学平衡的大气半经验模型(如图 1)给出的温度在色球层要增加的情况。近年来的三维辐射动力学数值模拟(例如，Wedemeyer et al.[7])表明，在色球内可能同时存在着由激波加热产生的热的(纤维状)和冷的(气泡状)区域，平均而言，色球气体温度从光球往外的确是下降的。这个结果支持了 Carlsson 和 Stein 一维计算的结论。

总的来说，太阳色球的结构和加热这个重要的问题有待进一步从高分辨率的观测和更完善的理论两方面进行详细的研究。

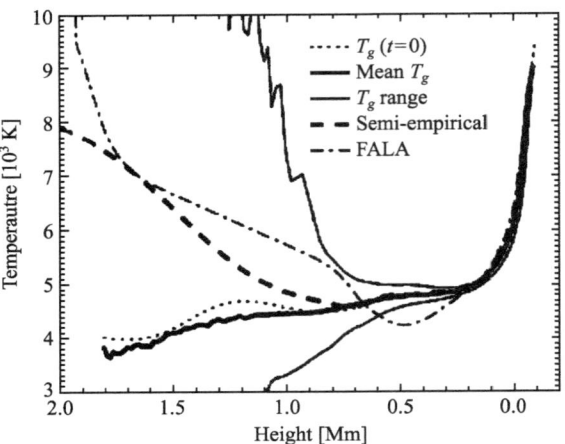

图 2 太阳色球层可能的动态大气模型[5]

参 考 文 献

[1] Vernazza J E, et al. Structure of the solar chromosphere. III-Models of the EUV brightness components of the quiet-sun. Astrophysical Journal, Suppl, 1981, 45: 635–725.

[2] Avrett E H, Machado M E, Kurucz R L. Chromospheric flare models. in Chromospheric Diagnostics and Modeling, ed. B. W. Lites, National Solar Observatory, Sunspot, NM, 1985, 216–281.

[3] Fontenla J M, Avrett E H, Loeser R. Energy balance in the solar transition region. III - Helium emission in hydrostatic, constant-abundance models with diffusion. Astrophysical Journal, 1993, 406: 319–345.

[4] Wunnenberg M, Kneer F, Hirzberger J. Evidence for short-period acoustic waves in the solar atmosphere. Astronomy and Astrophysics, 2002, 395: L51–L54.

[5] Carlsson M, Stein R F. Does a nonmagnetic solar chromosphere exist?. Astrophysical Journal, 1995, 440: L29–L32.

[6] Carlsson M, Stein R F. Formation of solar calcium H and K bright grains. Astrophysical Journal, 1997, 481: 500.

[7] Wedemeyer S, Freytag B, Steffen H, et al. Numerical simulation of the three-dimensional structure and dynamics of the non-magnetic solar chromospheres. Astronomy and Astrophysics, 2004, 414: 1121–1137.

撰稿人：方 成

南京大学天文系

色球加热问题

Problem of the Chromospheric Heating

1. 色球加热的来龙去脉

色球位于光球之上，厚度约 2000 千米。在色球的上面就是很薄的过渡区。色球和过渡区是等离子体参数迅速变化的区域。从色球底层到过渡区再到日冕，太阳大气的温度由约 4500K 增加到 10^4K 量级，再激增到 10^6K 量级。色球温度比光球表面高出许多。那么，色球等离子体是如何被加热到比光球高的温度的呢？这就是色球加热问题。

2. 色球加热的研究现状

一般认为色球因机械加热而存在。这里所说的机械加热包括所有将非辐射流体动力学或磁能转化成热能，即微观随机热运动能量的过程。观测显示色球发射与磁场密切相关，因此人们将色球加热过程细分为纯流体动力学加热机制和磁场加热机制[1]。它们都可以进一步细分成快、慢两种过程。磁场加热机制中的快速加热或波加热叫做交流(AC)加热机制，慢加热机制称为直流加热机制[2]。

机械加热机制包括能量载体的产生、机械能的传输和传输到色球的机械能的耗散等三个过程。现在已经提出的色球加热机制，包括流体动力学加热机制和磁场相关加热机制两大类。流体动力学机制包括周期 P 大于声波截止周期 P_A 的脉冲波以及 $P < P_A$ 的声波，它们将能量传到色球并通过激波耗散。磁场加热机制分为类声波的慢模 MHD 波、纵向磁流管波以及横向和扭转 Alfvén 波。后两个类波能量很难在色球中耗散，虽然已经研究了包括模耦合、共振加热、湍动加热等的许多耗散机制。另外，还存在表面磁声波，其能量通过模耦合、共振吸收及位相混合耗散。等离子体波以及磁重联在色球加热中也起着重要作用[3]。阿尔芬波也可能加热色球[4]。但由于观测的限制，很难从提出的各种机制中识别某种机制。一般认为，声波是加热非磁场性色球区域(宁静区)的基本机制,而纵向磁流管波则加热磁场性(活动区)色球区域。

声波加热机制的要点是太阳对流层的对流运动产生各种形式的声波，这些声波将对流区物质运动的机械能传递到色球并转化成热能。向上传播的声波在光球标高的短尺度(约 100km)内非线性地陡变成激波并在色球中耗散。周期为 40~60 秒的波在低色球中耗散，而长周期的波在高色球中耗散。最近几年 TRACE 和 Hinode 卫星的观测显示声波注入色球的能量比加热宁静色球所需的能量至少低一个量级[5~7]，因此声波加热宁静色球的观点遭到挑战。然而数值模拟则揭示声波的能量足以加热宁静色球[8]。

与磁重联相关的直流(DC)加热在色球之上的高度内起作用[2]。近年的研究表明，磁重联可以发生在低层太阳大气(色球、过渡区)中。色球谱线观测到的埃勒曼炸弹(Ellerman bomb)与低层大气磁重联相关；最近日本 Hinode 卫星观测到无处不在的小尺度色球海葵(anemone)状喷流(jet)[9]和半影微喷流(penumbral microjets)[10]也被认为是低层大气磁重联的结果，这就暗示色球中小尺度磁重联在不断地发生，同时预示着色球加热与这些小尺度的磁重联相关。在过渡层中观测到的湍动和爆发(explosive)事件也是由磁重联产生的；在远紫外(EUV)波段观测到的纳耀斑也很可能是发生在过渡区中磁重联的产物，由于其尺度小、磁环低，不能到达日冕，因此很多事件在 X 射线中观测不到对应物。

色球加热总体图像：声波加热模型对基本发射线的成功再现阐明色球中的基本加热过程是声波加热，它不依赖于太阳的旋转。太阳表面的磁场在光球层和亚光球层以磁流管的形式出现。磁流管外面湍动对流层中变化不停的气体流激发纵向、横向和扭转的 MHD 波。通过激波的形成，中低色球中的纵向 MHD 波加热磁流管。磁流管越多，产生的 MHD 波能量就越多。产生更有效的切向 MHD 波面临两个困难：严重的磁流管能量泄露和艰难的能量耗散。它很可能与高色球和过渡层的加热有关。色球和过渡区在可见光和远紫外的最新观测揭示，除波加热外，与磁重联过程相关的埃勒曼炸弹、(微)喷流、微耀斑等事件的加热增强了 Alfvén 波加热。它们是导致磁流管的缠绕和交织的慢速水平对流运动(也称足点运动)的结果。因此，对流层不仅是交流(AC)加热也是直流(DC)加热的源泉。产生效率更低的扭转 MHD 波很可能无耗散地穿过色球，在日冕和太阳风中起重要作用。

数值模拟可能在解决色球加热问题中发挥作用。将来有效的太阳对流层三维 MHD 数值模拟有可能完全解释色球现象，这种模拟只依赖于太阳内部的结构而无需恒星际空间的任何其他输入。

3. 色球加热的准确提法及必要说明

色球加热的准确提法是色球加热机制问题研究，研究能量如何传输到色球并在那里耗散，进而使色球温度升高，即加热色球。色球加热的核心问题是加热机制问题。目前虽然提出了多种加热机制，但色球加热的问题远没有解决。加热机制中关键问题则是传递到色球中的能量(机械能、磁能)如何转化成加热色球的热能，即能量的耗散问题。各种能量在色球中的耗散机制问题将是一个需要从观测和理论上进行长期研究课题。

4. 色球加热的难点所在

色球加热的核心和难点是机械能如何传输的色球，又如何在色球中转化成热能。声波加热机制曾经很是盛行，后来遭遇观测的挑战，因为观测到的声波能量比需要的能量低得太多。然而，近来的数值模拟显示声波的能量至少足以加热宁静色球。于是声波加热又成了一个有待进一步研究的问题。现在的观测无法确切告诉我们某一太阳表面区域是否存在小尺度磁场，同时也不能分辨直径为米量级的电流通道内的加热，因此，不能分辨色球加热到底是提出的众多加热机制中的哪一(几)种。

另外，现代的高分辨率观测证实小尺度的低层大气磁重联无处不在且时刻都在发生，它们的产物(纳耀斑、喷流等)到底能为色球加热提供多少能量还需要继续研究。从观测的角度来说，这有些难度，因为部分事件的尺度和释放的能量之小超出了现有仪器的观测范围。因此在诸如纳耀斑的频数分布中我们没有低能端的数据。因此，色球加热问题研究的另一难点是需要更高时空分辨率的观测。

参 考 文 献

[1] Narain J A, Ulmschneider P. Chromosperic and coronal heating mechanisms II. Space Science Review, 1996, 75: 453–509.

[2] Ulmschneider P. Chromosphere: heating mechanisms, encyclopedia of astronomy and astrophysics. Bristol: Institute of Physics Publishing, 2001, 326–329.

[3] Ulmschneider P, Musielak Z. Mechanisms of chromospheric and coronal heating. ASP Conference Series, 2003, 286: 363–376.

[4] Wu D, Fang C. Sunspot chromospheric heating by kinetic Alfvén waves. Astrophysical Journal, 2007, 659: L181–L184.

[5] Fossum A, Carlsson M. High-frequency acoustic waves are not sufficient to heat the solar chromosphere. Nature, 2005, 435: 919–921.

[6] Fossum A, Carlsson M. Determination of the acoustic wave flux in the Lower Solar Chromosphere. Astrophysical Journal, 2006, 646: 579–592.

[7] Carlsson M, Hansteen V H, De Pontieu B, McIntosh S, Tarbell T D, et al. Can high frequency acoustic waves heat the quiet sun chromosphere? Publication of the Astronomical Society of Japan, 2007, 59: S663–668.

[8] Wedemeyer-Böhm S, Steiner O, Bruls J, Rammacher W. What is heating the quiet-Sun chromosphere? ASP Conference Series, 2007, 368: 93–102.

[9] Shibata K, Nakamura T, Matsumoto T, Otsuji K, Okamoto T, et al. Chromospheric anemone jets as evidence of ubiquitous reconnection. Science, 2007, 318: 1591–1594.

[10] Katsukawa Y, Berger T E, Ichimoto K, Lites B W, Nagata S, et al. Small-scale jetlike features in penumbral chromospheres. Science, 2007, 318: 1594–1597.

撰稿人：黎　辉

中国科学院紫金山天文台

太阳耀斑与磁场变化

Solar Flares and Magnetic Field Changes

太阳耀斑是太阳系最大的爆发之一。目前普遍的看法是，耀斑活动与源于自转速度随地点而异的太阳发电机(solar dynamo)所产生的太阳磁场之间存在密切联系，而且耀斑所释放的能量最初一定储存在磁场之中。这个观点基于如下两个事实：(1) 耀斑基本上都是在所谓"活动区"中爆发，并且耀斑的频率和强度与相应的活动区大小和磁场复杂度有很好的相关性；(2) 其他可能的能量形式(如动能，热能，引力势能)并不足以提供耀斑所表征的能量密度。活动区中的黑子是太阳上最强烈磁场的源区。在这些区域中，磁力线从光球表面以伞盖状结构向上扩展到太阳的外层大气——日冕之中。现代耀斑物理[1]认为，耀斑主要是一个日冕行为，日冕中的磁流体力学(MHD)灾变直接导致了耀斑的发生，随之而来的磁场突发的重新排布(快速磁重联)释放出日冕磁场中的自由能，并在能量传播的过程中产生一系列覆盖整个电磁波段的耀斑现象。尽管20世纪90年代以来空间和地面观测技术的飞速进步极大推动了耀斑研究，对其能量积累以及释放的细致的物理过程仍然缺乏本质的理解。磁场在整个耀斑过程中的行为便是其中重要的科学问题。

1. 耀斑前相磁场的动态发展

一般认为日冕磁场相对势场状态的偏离储存了驱动耀斑所需的能量。这意味着大尺度电流存在于活动区剪切或扭转的磁场中。由于耀斑区非势场的产生源自低层光球边界条件的变化，光球磁场在耀斑前相的动态发展与耀斑发生的联系是当前太阳物理中的一个热点课题。

观测研究指出，磁流浮现(flux emergence)是导致耀斑的一个重要原因。自对流层浮出光球表面的磁流本身可能就具有高度剪切或扭转的磁场结构，并且在上升的过程中仍在不断变化。携带电流的新浮磁流能与背景磁场相互作用，从而激发磁重联和能量释放。一种特殊的情况是，磁流浮现发生在连接两个相反极性黑子的半影结构中而形成所谓的磁通道(magnetic channel)结构[2]：各个细长的磁通道具有相互交替的磁极性，并且在沿通道方向具有很强的横向磁场。利用日本日出(Hinode)天文台上窄带光谱仪(NFI)的高分辨率观测(见图 1)，王海民等(2008)详细研究了磁通道的强剪切特性以及相应的表面电流系统，指出磁通道的形成很可能是大耀斑发生的前兆之一[3]。

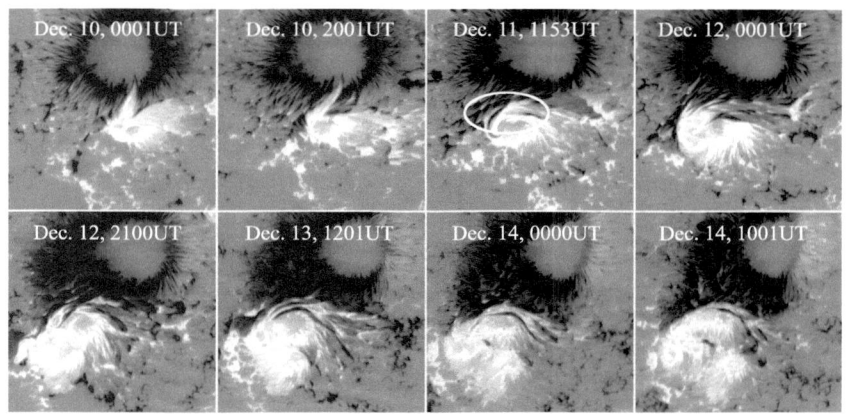

图 1 高分辨率 Hinode/NFI 光谱仪观测的太阳光球磁通道结构(椭圆形区域)的形成及演化[3]。所示视场面积仅为太阳投影面积的 0.2%。

黑子在活动区内的平面运动也可能会加强磁场的剪切或扭转而为耀斑爆发累积能量。例如，两个相反磁性黑子的横向碰撞过程能在磁场中性线附近产生强剪切的磁场位型。黑子的旋转以及相反磁流的对消(flux cancellation)则和磁场扭转的逐步建立有关。黑子群的平面运动还可以使磁拱之间相互作用而触发重联。值得注意的是，光球表面某些等离子体的流场运动(如剪切，汇聚)也会使局部磁场形态发生改变从而引发耀斑。

磁螺度的注入(helicity injection)是另一个近来受到关注的非势磁场发展的表征。磁螺度反映了磁流浮现以及平面运动两种磁场变化模式，通过它能进一步探索磁场变化和耀斑的关系。初步研究表明，大耀斑之前活动区的磁螺度一般都有显著的增强，并且平均磁螺度变化率与反应耀斑强弱的软 X 射线总流量存在一定的相关性[4]。

由于耀斑现象在其所释放的能量以加速粒子和极高温等离子体的形式出现以前较难被察觉，耀斑前相光球磁场的演化成为认识耀斑触发机制的重要线索，其更加深远的研究意义是能为耀斑预报提供判别依据。主要的困难在于，耀斑是一个极其复杂的物理过程，通常是多种机制联合作用的结果。所以虽然对于活动区磁场结构的属性和耀斑爆发之间的关系已经有大量具体事件的分析，但耀斑的发生仍然显示出不确定性[5]。目前对耀斑预报的研究工作主要集中在对活动区磁场结构的各种静态参数与耀斑发生之间的统计性研究。如何引入磁场随时空的演变以深化对耀斑活动本质的理解，成为太阳物理学者思考的一个重要问题。

2. 耀斑引起的磁场变化

耀斑理论的一个基本假设是，光球磁场不会在耀斑过程中发生显著变化。但是近 10 年来光球磁场的高时空分辨率观测使得准确跟踪光球磁场长时间的演化成为可能。越来越多确凿的证据表明,耀斑可以引起活动区黑子磁场快速且永久的改变。需要指出的是,太阳磁场是依据光谱线在磁场中分裂的塞曼效应(Zeeman effect)测量的。耀斑过程中,由于能量的快速释放谱线轮廓本身会发生扭曲。由此而引起的磁场瞬变(magnetic transient)并不代表所测量活动区内真正的磁场变化。

统计研究发现,活动区的纵向光球磁场仅在耀斑发生以后会有跳跃式改变。和耀斑前相比较,靠近日面边缘的磁极的磁通量能在 10~100 分钟内迅速增加约 10^{20}Mx,而靠近日面中心的磁极的磁通量则有所减少[6, 7]。这种变化在耀斑过后并不会恢复,足以说明是剧烈的耀斑过程造成了磁场结构的根本性变化。在不同的事件中,这种变化还可能在活动区内呈现不同的空间分布[8]。在整个活动区磁场的综合响应方面,相反极性的黑子显示出与发生在地球大陆板块之间的地震相类似的特征:它们的"重心"在沿着平行于磁场中性线方向上的距离会在耀斑发生后迅速减少 500~1200 km,意味着活动区内平均磁剪切的降低;与此同时,沿中性线的平均磁场梯度也会发生变化,其增大或减小与黑子"重心"沿着垂直磁场中性线方向上的聚合或分散运动有关[7]。有趣的是,由于黑子的白光形态结构直接反映了磁场的位型,对多个大耀斑中黑子白光像的演化研究也显示[9],位于黑子群外围边界处的半影会在耀斑后部分消失,而位于磁场中性线附近黑子结构的面积或黑度则有所增长(见图 2)。

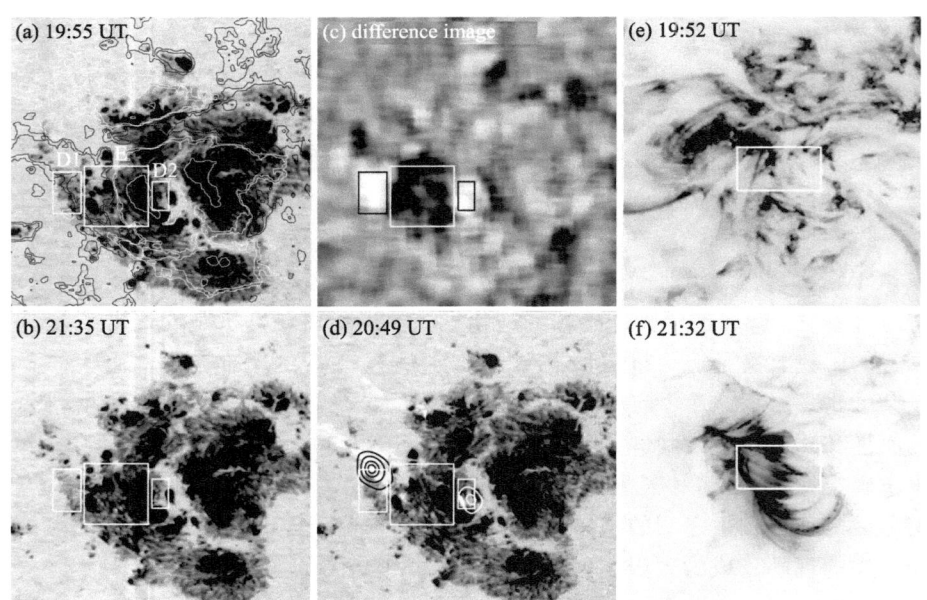

图 2 耀斑前后(a, b)的变化图(c)显示耀斑引起的黑子白光结构的变化。(d)中的轮廓线表示耀斑的高能辐射源区。(e, f)是耀斑前后反映日冕磁场结构的 195Å 图像[9]。

虽然耀斑引起活动区光球磁场快速且永久变化的观测事实已经被基本接受,但因为现有的耀斑理论尚未考虑这一因素,对于耀斑能量的来源及释放过程有必要作重新审视。同样重要的是,对于这一观测现象本身的解释也有待进一步探讨,比如黑子群纵向磁场的不对称性变化可能与重联后磁场的下沉或新磁流浮现有关[7],而黑子半影的局部消失可能意味着耀斑磁重联使半影磁场从高度倾斜变为趋于向上松弛的状态[8, 9]。显而易见,回答这些问题需要应用高时空分辨率的矢量磁场对更多耀斑事件进行系统性研究。利用多波段观测将光球磁场变化纳入活动区整体磁场的演化[10]以及数值模拟等方法更将揭示耀斑对活动区三维磁场结构造成的影响。

参 考 文 献

[1] Priest E R, Forbes T G. The magnetic nature of solar flares. The Astronomy and Astrophysics Review, 2002, 10: 313–377.

[2] Zirin H, Wang H. Narrow lanes of transverse field in sunspots. Nature, 1993, 363: 426–428.

[3] Wang H, Jing J, Tan C, Wiegelmann T, Kubo M. Study of magnetic channel structure in active region 10930. The Astrophysical Journal, 2008, 687: 658–667.

[4] Park S H, Lee J, Choe G S, Chae J, Jeong H, Yang G, Jing J, Wang H. The variation of relative magnetic helicity around major flares. The Astrophysical Journal, 2008, 686: 1397–1403.

[5] Leka K D, Barnes G. Photospheric magnetic field properties of flaring verus flare-quiet active regions. I. Data, general approach, and sample results. The Astrophysical Journal, 2003, 595: 1277–1295.

[6] Wang H, Spirock T J, Qiu J, Ji H, Yurchyshyn V, Moon Y-J, Denker C, Goode P. Rapid changes of magnetic fields associated with six X-class flares. The Astrophysical Journal, 2002, 576: 497–504.

[7] Wang H. Rapid changes of photospheric magnetic fields around flaring magnetic neutral lines. The Astrophysical Journal, 2006, 649: 490–497.

[8] Sudol J J, Harvey J W. Longitudinal magnetic field changes accompanying solar flares. The Astrophysical Journal, 2005, 635: 647–658.

[9] Liu C, Deng N, Liu Y, Falconer D, Goode P R, Denker C, Wang H. Rapid change of δ spot structure associated with seven major flares. The Astrophysical Journal, 2005, 622: 722–736.

[10] Wang J, Zhao M, Zhou G. Magnetic changes in the course of the X7.1 solar flare on 2005 January 20. The Astrophysical Journal, 2009, 690: 862–874.

撰稿人: 刘 畅 王海民

美国新泽西理工学院空间天气实验室

太阳磁场的拓扑奇异性

The Topology Singularity of Solar Magnetic Field

1. 研究磁场拓扑奇异性的意义

磁场重联在磁能爆发式释放中起着至关重要的作用，在太阳物理乃至空间科学、宇宙等离子体及磁控核聚变研究中都有着广泛应用。磁重联要求在磁冻结的等离子体中存在一个小的电阻性区域，这往往是一个磁场拓扑界面或具有拓扑奇异性的强电流凝聚区域。在这里，磁冻结被破坏，磁场湮灭，磁能转化为等离子体的动能和热能。

数学中的拓扑学旨在研究几何图形在连续变换下一些保持不变的整体特性，即拓扑性质。太阳大气中的磁力线，按其光球足点不同的联接性自然地划分为不同的磁胞(magnetic cell)。任何一条磁力线仅属于某一个磁胞，如果磁力线不断开或者黏连，这些磁胞的"拓扑结构"将保持不变，这样的磁胞称为太阳磁场中的一个拓扑。相邻拓扑之间的界面称为磁分隔面(separatrix)，磁分隔面的交线称为磁分隔线(separator)，磁分隔线联接着日冕中的磁场零点(magnetic null point)。磁场零点、磁分隔线和分隔面这些磁场奇异性结构是具有不同联接性质的磁力线束的边界。磁力线联接性质的改变或者说磁重联正是发生在这些拓扑边界上。

2. 基本概念

空间中存在一个连续的非平凡磁场，若磁场在某点处消失，但在其较小邻域内非零，则称此点为磁零点，数学上这样的零点为孤立奇异点(isolated singular point)。依照零点附近磁场的性质，磁零点可分为 A 型、B 型、A_S 型和 B_S 型四类。

以 A 型磁零点为例 (图 1)，过零点有一条脊线(spine，也称为 γ 线或奇异线)和一个扇面(fan，也称为 Σ 面或奇异面)。贴近扇面的磁力线从远处向零点汇聚，在零点附近聚成以脊线为中心的磁力线簇沿上下两个方向离开零点。扇面两边的磁力线互不相连，是两个具有不同联接性质的磁场拓扑的分隔面。

B 型磁零点的结构与 A 型相同，仅磁力线走向相反。A_S 型和 B_S 型磁零点附近的磁力线是绕零点旋转的，又称旋转型磁零点。

当空间中存在两个磁零点时，零点之间会具有拓扑联系。最简单的 A-B 型磁零点对结构，其各自扇面将交于以零点 A、B 为端点的一条线上，称为零-零线(null-null line)。若空间中有更多磁零点存在，它们彼此交裁的扇面将全空间分割成多个不同的磁场拓扑。因此，若能确定空间中磁零点的位置，便可以此为线索建构出整个空间中的磁场拓扑结构。

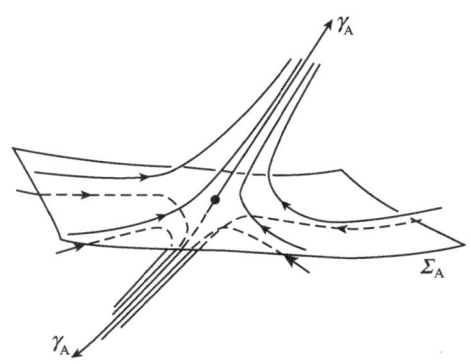

图 1　A 型磁零点的脊线、扇面及附近的磁场线走向。

3. 历史回顾

Sweet[1]首先认识到磁场拓扑结构在磁重联过程中的重要性，引入了磁零点、分隔线等一系列重要概念。Lau & Finn[2]总结了磁零点的分类及结构，并进一步揭示了三维情形下在 A-B 型零点连线上的重联过程。Parnell[3]对磁零点附近的结构则做出了更加深入的理论研究和分类。在实际应用中，主要有三种方法构建太阳磁场中的拓扑结构：磁荷拓扑法[4]、准界面层法[5]和基于三维磁零点的拓扑重构。

磁荷拓扑法和准界面层法多在势场假定下推得简化的磁场分布，重建的磁场拓扑结构非常明晰，但对于具有强扭缠和强剪切等非势特征的活动区不太适用，而后者正是太阳活动研究的重点。

目前，以高分辨率向量磁图为边界和可靠的理论外推为基础，重建太阳大气三维磁场的拓扑骨架已成为可能。在这个更加符合物理实际的拓扑骨架中究竟具有怎样的结构，这些拓扑奇异性结构怎样与太阳活动的时空特征相对应，磁场几何特征与活动区物理特征的比较研究能否揭示出更详细和更新的物理内容？

开展基于三维磁零点的拓扑重构工作的首要步骤是在一个实际或外推得到的磁场中确定三维磁零点的位置。从数学观点来看，由数值计算或观测得到的三维磁场中直接定位磁零点是不可能和不严格的。不过，微分拓扑上早已有一套严谨的方法，即由连续向量场中孤立奇异点的 Poincaré 指标确定磁零点。Greene(1992)[6]以拓扑度的形式将这一方法引入磁场奇异性的理论研究中。Wang & Wang(1996)[7]将 Poincaré 指标的二维形式引入到太阳磁场研究。Zhao et al.(2005)[8]进一步引入了三维奇异点指标，在活动区的外推磁场中直接确认了一个三维磁零点。基于 Cluster 卫星的局地测量数据，Xiao et al. (2006)[9]应用这一工具，首次在地球磁尾观测证认了磁零点的存在。

在高时间空间分辨率光球向量磁场观测的非线性外推的基础上，Zhao et al. (2008)[10]首次重构了一个太阳活动区的三维磁场拓扑骨架，首次在日冕磁场中证认了一个旋转型磁零点；发现在时间上与晕状日冕物质抛射和耀斑相吻合的两次拓扑剧变。对于太阳物理和空间科学中广泛使用的"磁绳"概念，这一工作给出了一类物理实体，即由旋转型磁零点为核心的螺旋磁力线结构。

4. 尚未解决的问题

磁荷拓扑法、准界面层法到基于三维磁零点的拓扑重构，在数学上都是清晰、精确和完备的，但在太阳物理的实际应用中遇到难以克服的困难，其中最主要的困难，是可靠的三维向量磁场观测还没有实现。

(1) 对单一活动区，我们需要在时间上能完全并连续涵盖其从浮现到衰亡的整个过程的精细向量磁场观测。对多个活动区相互作用及大尺度太阳活事件，要求我们在全日面尺度开展拓扑结构研究，需要可靠的全日面向量磁场观测。更重要的是，仅有太阳表面的向量磁场观测是不够的。只有得到太阳大气中各个层次的向量磁场，拓扑构架的重构才有可能。这在未来相当时间内还无法实现。

(2) 在太阳三维向量磁场被精确观测之前，我们固然可以由可靠的理论外推获得磁场拓扑的结构。然而，全日面无力磁场外推方法还没有确立。即使对有限区域，外推代码本身的有效性和运算速度使得这一工作在可信度及时间效率上遇到瓶颈。

可以预见，在观测、外推理论及运算速度上的长足发展，将使太阳磁场拓扑奇异性研究走出雾里看花的局面，丰富我们对太阳活动现象的认识和理解。

参 考 文 献

[1] Sweet P A. The neutral point theory of solar flares. IAU Symp., 1958, 6: 123–134.

[2] Lau Y T, Finn J M. Three-dimensional kinematic reconnection in the presence of field nulls and closed field lines. ApJ, 1990, 350: 672–691.

[3] Parnell C E, Smith J M, Neukirch T, Priest E R. The structure of three-dimensional magnetic neutral points. Physics of Plasmas, 1996, 3: 759–770.

[4] Longcope D W, Klapper I. A general theory of connectivity and current sheets in coronal magnetic fields anchored to discrete sources. ApJ, 2002, 579: 468–481.

[5] Démoulin P, Henoux J C, Priest E R, Mandrini C H. Quasi-separatrix layers in solar flares. I. Method. A&A, 1996, 308: 643–655.

[6] Greene J M. Locating three-dimensional roots by a bisection method. J. Comp. Phys., 1992, 98: 194–198.

[7] Wang H N, Wang J X. Two-dimensional magnetic singular points and flares in solar active regions. A&A, 1996, 313: 285–296.

[8] Zhao H, Wang J X, Zhang J, Xiao C J. A new method of identifying 3d null points in solar

vector magnetic fields. Chin. J. Astron. Astrophys., 2005, 5: 443–447.

[9] Xiao C J, Wang X G, Pu Z Y, Zhao H, Wang J X, Ma Z W, Fu S Y, Kivelson M G, Liu Z X, Zong Q G, Glassmeier K H, Balogh A, Korth A, Reme H, Escoubet C P. In situ evidence for the structure of the magnetic null in a 3D reconnection event in the Earth's magnetotail. Nature Physics, 2006, 2: 478–483.

[10] Zhao H, Wang J X, Zhang J, Xiao C J, Wang H M. Determination of the topology skeleton of magnetic fields in a solaractive region. Chin. J. Astron. Astrophys., 2008, 8: 133–145.

撰稿人：赵　辉[1]　汪景琇[2]

1 台湾清华大学
2 中国科学院国家天文台
中国科学院太阳活动重点实验室(国家天文台)

磁螺度是控制太阳爆发的核心物理量吗？

Does Magnetic Helicity Play a Key Role in Controlling Solar Eruptions?

1. 日冕物质抛射的观测性质和研究意义

日冕物质抛射是太阳大气中的一种剧烈活动现象，如果它发生时的方向正好对向地球，那么在十几小时或几天后，它的影响就有可能传播到地球外层空间。这些影响会通过骚扰地球电离层而形成地磁暴，严重时还会造成长距离输电网络破坏、短波通讯中断、卫星工作异常以致损坏以及危及太空中宇航员的生命等破坏性现象。

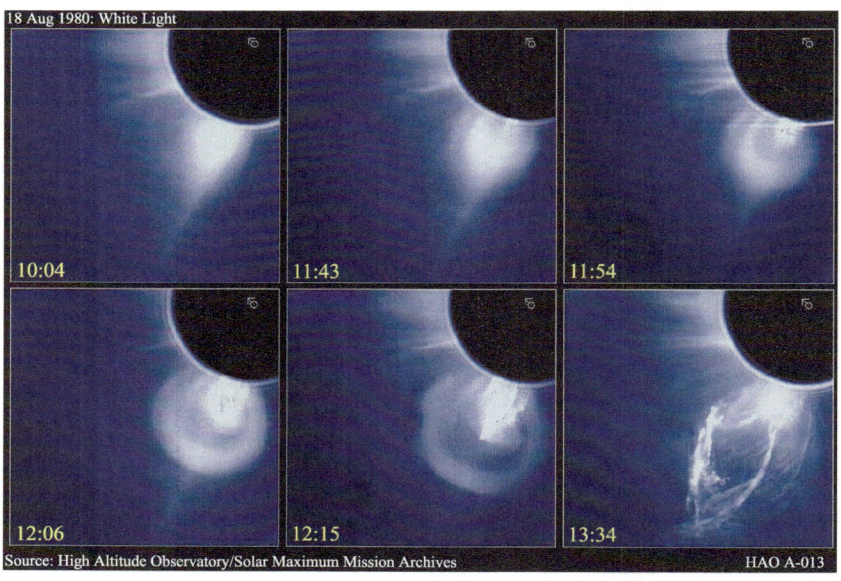

图 1 SMM (Solar maximum mission)卫星上的日冕仪观测到的一个 1980 年 8 月 18 号发生的日冕物质抛射[1]。

从观测上讲，日冕物质抛射就是大量(约 10^{15}~10^{16}g)的日冕(太阳表面以外的高温稀薄大气)中的物质以较高的速度(平均 450km/s，高的可超过 2000km/s) 被从接近日面的太阳低日冕中抛出。图 1 为一个早期通过 SMM (Solar maximum mission)

卫星上的日冕仪观测到的日冕物质抛射。图中所反映的是太阳边缘的一角在几小时内白光光度的变化。图中的黑色 1/4 球面就是我们平时所见到的太阳，但此时已被人为地遮挡起来，以便于我们能看到太阳边缘的光强更低的日冕结构。我们可以看到，在 10 点 04 分时，太阳边缘的这个位置还是一遍宁静，我们所看到的是在日冕中经常被观测到的冠状冕流结构(streamer)。但是到了 11 点 43 分，原本平静的冠状冕流开始"膨胀"起来，预示着一场爆发即将开始。到了 11 点 54 分，我们已经能清晰地看到日冕物质抛射的三分量结构[1]：一个外层的环状结构(loop)，一个内部的密集核(core)，以及两者之间的空腔(cavity)。这三个结构不断向外膨胀的结果是，我们在 13 点 34 分时，在 SMM 的视场范围内，就只能看到膨胀后的内核了。

2. 日冕物质抛射的磁流体力学模型

如果我们想要避免日冕物质抛射这样的太阳活动可能给人类带来的灾害，我们就要有预报日冕物质抛射发生的能力。准确的预报依赖于我们对日冕物质抛射现象的物理本质的深刻把握，即需要建立正确的日冕物质抛射的理论模型。

目前我们普遍认为，太阳磁场是产生日冕物质抛射的主导因素。

我们知道，万有引力的作用，使恒星和星系都注定要向其内部的引力中心坍缩。恒星原初物质坍缩的结果，是使核反应在恒星内部点燃。核反应产生的热能和光能，在向外传播的过程中产生辐射压，与恒星自身的引力坍缩达到暂时的平衡。那么，日冕物质抛射又是如何抵制了万有引力的束缚，而向着与坍缩方向相反的方向飞奔呢？

一个合理的猜测是，太阳磁场提供了驱使这些物质向外飞奔的能量。从磁流体力学的角度来讲，即磁场作用产生的洛伦兹力 $F = (\nabla \times B) \times B$，在一定的拓扑结构下，可以表现为与重力方向相反的向外的扩张力，从而驱使日冕物质的爆发。

那么，日冕中的磁场到底是否能够提供日冕物质抛射所需要的 $10^{31} \sim 10^{32}$ 尔格的能量呢？如果仅从总能量的角度来看，我们似乎可以很乐观，因为在太阳日冕中，磁场所产生的压强远大于物质密度所产生的压强，即太阳日冕中的 β (=气压/磁压 $= 8\pi P/B^2$) 值很低。但是，磁流体力学理论告诉我们，并不是所有的磁场能量都可以用来释放以驱动日冕物质抛射。从能量的角度来讲，由于磁场的无源性，我们不可能将磁场"完全消灭"，从而释放其全部能量。磁场存在的最低能态是与边条件相对应的势场，而我们只能"提取"势场磁能以上的自由能(自由能=总磁能-势场所具有的磁能)。从力学的角度来讲，只有那些方向与重力方向相反的洛伦兹力，才能驱动日冕物质的抛射。由于洛伦兹力的方向和大小与磁场的拓扑结构密切相关，因此，磁场的拓扑结构就显得尤为重要。

到目前为止，已有不少的作者对日冕物质抛射的起源给出了基于磁流体力学理论的模型。不同的模型往往假设了不同的磁场拓扑结构以及不同的动态演化过程。当然,这些模型多数都能在模型可调的参数范围内,解释日冕物质抛射所需的能量。一个普遍的演化过程是:在磁场的演化过程中,伴随着磁场从封闭状态向开放状态的演化,日冕物质被带离低日冕而向星际空间传播。对一些模型的描述可以在文献[2]中找到。

在欣赏不同作者对同一问题的不同解决路径时,我们不禁要问,这些不同的模型所描述的不同演化途径和不同储能方式是否有什么共同点,有没有一个核心的物理量来控制日冕物质抛射的爆发与否?本撰写者提出了一个观点,即磁螺度作为描述磁场拓扑结构的物理量,其在日冕中的不断积累,使日冕物质的抛射成为必然[3, 4];而不同的日冕物质抛射模型只是在用不同的方式描述磁螺度的积累和释放过程[2]。

3. 磁螺度与日冕物质抛射

磁螺度的定义是磁螺度密度 $h = A \cdot B$ 在所研究的空间内的积分($H = \int h\mathrm{d}v$)。其中,矢量 A 是磁场 B 的磁矢势($B = \nabla \times A$)。由于磁矢势在空间的变化($\nabla \times A$)反映了矢量磁场 B,因此磁矢势 A 以及由其计算而得的磁螺度 H 在一定程度上反映了磁场的拓扑结构。磁螺度的具体计算牵扯到较多的数学技巧和度规计算[5],在这里就不详细叙述了。

磁螺度为什么重要呢?首先,磁螺度之所以重要,在于它不仅是一个描述磁场拓扑结构的宏观物理量,而且它还是一个守恒量。磁螺度一旦存在于日冕中,就很难消失和被损耗,即使是在有大量热能释放的磁重联过程中[6]。其次,光球磁场的观测表明,磁螺度在被源源不断地输入到日冕中[7, 8],并且,在太阳的南半球,输入的螺度多为正号,在北半球则多为负号[9, 10]。将以上两项结合的结果,使我们自然地推出螺度将在太阳日冕的南、北两半球积聚起来的结论。这种磁螺度积累的结果,不仅使磁自由能在日冕中自然地被储存以供日冕物质抛射所用[2],而且还将使日冕物质的抛射成为磁螺度积累的必然结果[3, 4]。理论计算表明,与日冕状态相接近的磁场无力场状态可能存在一个螺度上限;当日冕中磁螺度的积累超过这一上限时,将不存在无力场平衡态,即爆发将成为必然[3, 4]。

4. 问题和应用

上述的工作和讨论为我们解决"日冕物质抛射起源"的科学难题提供了一个线索:日冕物质抛射可能是日冕中磁螺度积累的必然结果。

但是,这种模型或理解是否正确,还需要在太阳物理研究的实际应用上检验。当把这种模型应用于具体的太阳爆发事件和预报时,我们还需要解决以下具体问题:(1) 太阳磁螺度是以何种方式从光球向日冕传输的?磁螺度传输量在不同区域有什么不同？有没有随太阳活动周的变化？(2) 太阳磁螺度在日冕中的积累量与日冕物质爆发有无关系？是否螺度积累到一定上限就一定爆发？这一上限在不同区域是否不同？(3) 我们能否通过磁场外推和 MHD 模拟来找到磁螺度上限值？这一理论上限值与观测相比，准确度如何？能否用来预报？

解决这些问题还需要我们发展更好的磁场外推方法和更准确、更高分辨率的磁场观测。这些都是我们未来应发展的方向。

参 考 文 献

[1] Hundhausen A J. Coronal mass ejections: A summary of SMM observations from 1980 and 1984–1989, In: The Many Faces of the Sun, ed. K Strong, J Saba, B Haisch, J Schmelz, New York: Springer-Verlag, 1999.143.

[2] Zhang M, Low B C. The hydromagnetic nature of solar coronal mass ejections. Annual Reviews of Astronomy and Astrophysics, 2005, 43: 103–137.

[3] Zhang M, Flyer N, Low B C. Magnetic field confinement in the corona: The role of magnetic helicity accumulation. Astrophysical Journal, 2006, 644: 575–586.

[4] Zhang M, Flyer N. The dependence of the helicity bound of force-free magnetic fields on the boundary conditions. Astrophysical Journal, 2008, 683: 1160–1167.

[5] Berger M A, Field G B. The topological properties of magnetic helicity. Journal of Fluid Mechanics, 1984, 147: 133–148.

[6] Berger M A. Rigorous new limits on magnetic helicity dissipation in the solar corona. Geophysical and Astrophysical Fluid Dynamics, 1984, 30: 79–104

[7] Leka K D, Canfield R C, McClymont A N, van Driel-Gesztelyi L. Evidence for Current-carrying Emerging Flux. Astrophysical Journal, 1996, 462: 547–560.

[8] Demoulin P, Mandrini C H, van Driel-Gesztelyi L, et al. What is the source of the magnetic helicity shed by CMEs? The long-term helicity budget of AR 7978. Astronomy and Astrophysics, 2002, 382: 650–665.

[9] Pevtsov A A, Canfield R C, Metcalf T R. Latitudinal variation of helicity of photospheric magnetic fields. Astrophysical Journal, 1995, 440: L109–L112.

[10] Bao S D, Zhang H Q. Patterns of Current Helicity for the Twenty-second Solar Cycle. Astrophysical Journal, 1998, 496: L43–L46.

撰稿人：张　枚

中国科学院国家天文台

中国科学院太阳活动重点实验室(国家天文台)

太阳大气等离子体中的电流

The Electrical Current in Solar Atmosphere

天体物理和空间物理研究的主要对象是等离子体,在这些研究中通常称为宇宙等离子体。对宇宙等离子体的物理描述,主要利用磁流体动力学方法(Magnetohydrodynamics, 简写为 MHD)。MHD 是研究导电流体中磁场动力学的数学物理平台。对 MHD 理论贡献最大的应该是瑞典科学家阿尔芬(Hannes Alfven),在 1942 年提出了 Alfven 波和磁场冻结的概念[1],并因此获得了 1970 年的诺贝尔物理学奖。

等离子体中同时出现的多种耦合现象,给等离子体的描述带来非常复杂的关系。等离子体的流体描述是在满足德拜长度《离子的拉莫半径》等离子体的特征长度的情况下,用麦克斯韦传输方程进行描述的。对大尺度的空间等离子体,在过去的上百年中,有两类描述方法。一种是在各种假设条件下的等离子体方程,另一种是电流描述。

对于电流,通常的理解是电荷的流动现象或者是电荷量的流动速率。一般导体中是电子的运动,而在等离子体中,则包括电子和离子的运动。在介质中,除了传导电流,还包括由于电荷的分布而产生的位移电流。由于等离子体通常假定为准电中性的气体,一般情况下忽略等离子体位移电流的作用。

在大尺度磁化等离子体中,电流被传统地分为两个分量:在运动方程或者在等离子体平衡方程中的垂直于磁场的电流分量 $J_\perp$,和在这些方程中不出现的平行于磁场的电流分量 $J_{//}$。在空间物理问题中,平行于磁场的电流分量有着重大的意义,因为它能够解释很多观测现象。在地球磁层中平行电流的存在是由 Birkeland 提出的,后来称为 Birkeland 电流。而在垂直于磁场方向的电流,也包括两个部分。如果在等离子体中有电场存在,这个电场可以分为两个分量:平行于磁场方向 $E_{//}$ 和垂直磁场分量 $E_\perp$。平行于电场 $E_\perp$ 方向的电流称为 Pedersen 电流或 Hall 电流。理论上,等离子体中电流的产生可以通过多种物理过程得到,在宇宙等离子体的应用中,比较典型的有由于等离子体分布不均匀和温度不均匀产生的 Biermann 电池,以及在磁化无碰撞等离子体环中由于环截面上的压力不均匀性驱动的自举电流等。

由于宇宙等离子体的复杂性,空间物理和天体物理学家都希望能够比较简单地从理论上理解磁流体现象。根据麦克斯韦方程,我们知道磁场和电流的等效性。

因此，在宇宙等离子体研究中，出现了两种不同的近似方法：用磁场和速度场描述的 BV 方法和用电场和电流描述的 EJ 方法。BV 描述认为磁场和速度场是磁流体的主要物理量，而 EJ 描述则是可以推导得出的物理量，其代表人物有 E. N. Parker[2] 和 Vasyliunas[3]。而相对地，则认为 EJ 描述可以更加直观地得到磁流体中的物理过程，其代表人物是 Alfven 等[4]。而实际上，这两种描述方法的应用都有成就和局限性。

这两种描述方式在太阳大气的应用主要体现在对太阳耀斑的能量储存和释放的解释。从原理上看，磁场与电流观点是互补的，但是实际上却导致了相互独立甚至相互矛盾。从磁场的观点来看，能量的释放来自磁场湮灭，通常表现为电流片中的磁场重联，而且磁场模型主要使用了我们所熟悉的概念。而从电流的观点，通常类似于一个电流回路，能量释放是回路中的电阻对电流的耗散从而减少磁场能量，电流是理解能量耗散的物理本质。电流片仅仅是一个局部区域，而电流回路则在整个回路中对磁场能量进行耗散。实际上，两种观点都存在着缺点。对于电流模型来说，观测电流比磁场更加困难，虽然我们可以通过 $\mu_0 j = \nabla \times B$ 计算电流密度，但是根据一定的磁场分布来反演电流，其解往往不是唯一的，因此需要一定的边界条件。

有关等离子体电流和磁场描述的分歧，在物理上并不矛盾，其主要分歧是在太阳物理和空间物理中的应用，具体焦点在于等离子体中能量的释放过程，如耀斑爆发等。磁场描述的主要观点是这些能量的释放过程是磁场重联，电流描述的主要论点则是爆发过程来自于有一定电流回路的电流耗散，20世纪末 E. N. Parker[5]和 D. B. Melrose[6]在这个问题上出现了激烈的争论。实际上，磁场重联的等离子体能量释放模型一直受到怀疑，其物理基础源于等离子体中磁场冻结，磁场重联则是冻结在等离子体中的磁场能量的释放。虽然磁场冻结的概念是由 H. Alfven[1]在 1942 年提出的，但是 E. N. Parker[4]在后来却对磁场重联这一过程提出了强烈反对，认为磁场冻结仅仅适合于非常特殊的情况。尽管目前对太阳物理中能量爆发过程的解释主要采用磁场重联模型，但是这些有关理论问题并没有完全解决。

从电流的观点，等离子体的电流可以直接对一些爆发现象进行物理解释，同时对于粒子加速和等离子体的加热等问题具有直接的效果，也受到太阳物理学家和空间物理学家的高度重视，但是，由于缺乏直接的电流观测资料，在研究中受到很大局限。

参 考 文 献

[1] Alfven H. On Frozen-in Field Lines and Field-line Reconnection. J. Geophys. Res., 1976, 81(22): 4019–4021.

[2] Alfven H. Cosmic plasma. D. Reidel Publishing Company, 1981.

[3] Parker E N. The alternative paradigm for magnetospheric physics. J. Geophys. 1996, 101: 10.587–10.625.

[4] Parker E N. Comment on corrent paths in the corona and energy release in solar flares. ApJ., 1996, 471: 489–496.

[5] Vasyliunas V M. Tme evolution of electric fields and currents and the generalized Ohm's law. Annales Geophysicae, 2005, 23, 1347–1354.

[6] Melrose D B. Current paths in the corona and energy release in solar flares. ApJ, 1995, 451: 391–401.

撰稿人：杨志良

北京师范大学天文系

磁重联和电流片

Magnetic Reconnection and the Current Sheet

磁重联是宇宙等离子体中磁场能量转化为其他能量(动能和热能)的一种形式，是方向相反的磁场相互作用并发生湮灭，同时将磁能转化为等离子体动能和热能的重要过程。在这个过程中，方向相反的磁场相互接近和作用时，会在它们之间形成一个磁中性区，或中性点。磁中性点往往具有 X 形的结构，因此也被称为 X 点。在此区域中，磁场原有的联结方式被破坏，形成新的联结方式，磁场在这里发生耗散，并释放出能量。所以，磁重联区又叫耗散区(图 1)。形象上说，这是一个磁力

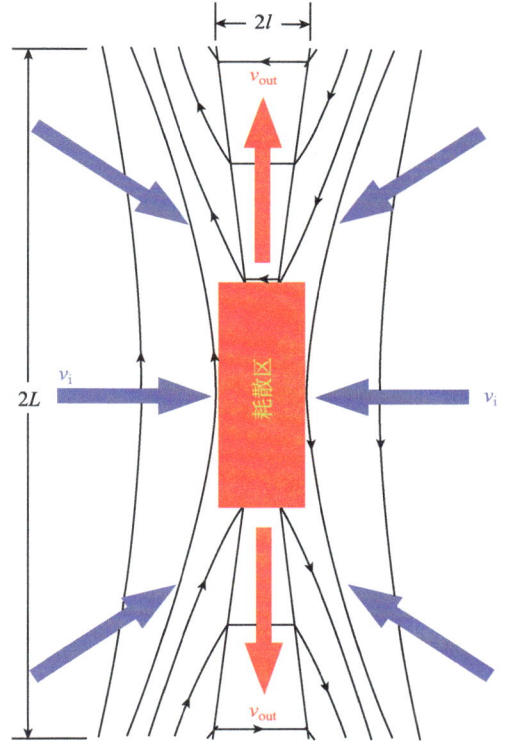

图 1　磁重联和电流片示意图。带有小箭头的连续曲线代表磁力线，中间的红色区域就是磁重联区或电流片；蓝色箭头代表将磁场和等离子体带入重联区的等离子体流，速度为 v_i；红色箭头表示经过磁重联后的等离子体和磁场离开重联区的方向，速度为 v_{out}；电流片的长度为 $2L$，厚度为 $2l$。

线断开再重新联结的过程，简称磁重联。有些时候这个磁中性区会有一定的延展，具有片状结构，因此又称磁重联电流片，或电流片。更多的有关磁重联、磁中性点、和电流片的讨论可参见文献[1]。

在太阳爆发过程，特别是在较大的爆发过程中，磁重联区一般以电流片的形式出现。与太阳爆发有关的磁重联电流片以及相关的磁场结构最早由 Carmichael 提出，随后发展成为著名的 Kopp-Pneuman 双带耀斑模型(见文献[2])。在这一模型中，能量在爆发前存储在一个闭合的拱状磁场结构中。由于不稳定性，这个闭合磁场向外爆发，形成一个包含中性电流片的完全开放的磁场结构，电流片将磁场分成两个极性相反的区域。然后这些开放的磁力线通过电流片中的磁重联回到初始状态(图2)。这一过程在观测上的印证即是日面上两个明亮、并相互分离的耀斑带和日冕中一个不断增大的耀斑环系统，一般被称为"双带耀斑"。

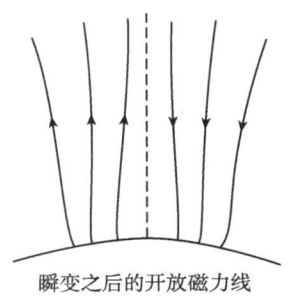 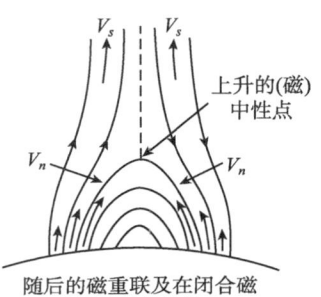

(a) 在爆发的起始阶段形成的开放磁场和相反磁场之间的电流片

(b) 通过发生在电流片中的磁重联，被拉伸的磁场又重新回到接近势场的松弛状态

图 2 著名的双带耀斑 Kopp-Pneuman 模型。取自文献[2]。

研究表明，Kopp-Pneuman 双带耀斑模型中的磁位型并不能在太阳低层大气中长期存在，产生双带耀斑的磁位型必须在一次爆发过程的早期阶段由闭合磁场快速向外延伸演化而来。这一过程，特别是电流片的形成和发展，在太阳爆发的磁通量绳灾变模型中得到了完整而自洽的描述。根据这一模型的基本物理内涵，Forbes 及其合作者深入研究了日冕闭合磁场演化为 Kopp-Pneuman 结构的物理过程(见文献[3]及其中的文献)。他们指出爆发之前的日冕磁场处于不停的演化之中，驱动其演化的能量来自于光球物质不断运动的动能。太阳大气中的高温(从光球层的六千度左右到日冕的一百万度)使得几乎所有物质处于电离状态，其中带正电的离子和带负电的电子的总数相同，在一定的空间尺度(称为迪拜半径)范围以外，这样的物质对外不显任何电性，是中性的。这样的物质被称为等离子体。由于带电粒子在磁场中的运动特性，使得等离子体和磁场结构之间不能有相对运动。此所谓"等离子体的磁冻结"效应，简称"磁冻结"。磁冻结的结果使得日冕磁场在光球中的足点和等离子体一起运动，牵动日冕磁场发生形变而积累能量。在这个过程当中，光球物质运动的动能转换为磁能储存在日冕磁场当中。当日冕磁场中的能量超过阈值以后，有关的磁结构就会失去平衡而产生爆发，并将日冕当中的一部分磁结构以及其中的等离子体迅速抛向行星际空间。在此过程中，原先闭合的磁结构由于其足点冻结在光球当中而被急剧拉伸，形成类似于图2(a)所示的磁结构。不同的是，磁结构的上半部分并没有被完全打开(见文献[3]的图2),中间的电流片也只有有限长度。 数值模拟也显示了当闭合磁场结构中的平衡状态被破坏导致整个结构被向外拉伸时,都会有有限长度的电流片形成(参见文献[4])。由于电流片中等离子体不稳定性引起的耗散，被拉伸的磁力线会通过电流片发生重联，并在这个结构的上部趋向无穷远之前使其恢复到初始的闭合状态(见图2b)，因此先前闭合的磁场并不一定要完全打开、形成开放场之后才能产生 CME 和耀斑。

  Lin & Forbes 在文献[3]的工作的基础上研究了电流片形成后，磁重联可以在电流片中自由发生的后果(见文献[5])。他们以解析的方式自洽地考察了磁重联以给定速率发生时，包括电流片在内的整个爆发磁结构的演化特征和有可能由观测证实的细节。他们的这项工作和随后的一系列相关研究成果被国际太阳物理界认知为太阳爆发的 Lin-Forbes 模型。

  Lin & Forbes 发现，在典型太阳爆发过程中电流片将太阳耀斑和 CME 有机地连成一体，而磁重联在爆发过程中发挥了多重作用(图3)。 首先，磁重联断开了那些越过通量绳顶部并以两端植根于光球层的磁场线，减弱了阻止通量绳逃离的磁张力。其次，磁重联将大量的磁通量、等离子体、和能量输送到太阳低层大气(如色球，甚至光球)，造成对低层大气的剧烈加热和色球物质蒸发，产生耀斑带和耀斑环。更重要的是，磁重联的非理想 MHD 性质解决了所谓的 Aly-Sturrock 佯谬，即在无力场结构中通过纯粹的理想 MHD 过程打开闭合磁力线并产生 CME 的困难，使我们在构造 CME 的理论模型的时候，不必太过于顾虑闭合磁场能否完全打开的问题(见文献[6]和[7])。最后，磁重联同时将相同数量的磁通量、几乎相同质量的等离子体、和大致相同的能量送到 CME 当中，使其体积和质量都在爆发过程中迅速增加，并将这些物质和磁通量都带到行星际空间当中(见文献[8]及其中的图 4, 6 和 8)。

  Lin & Forbes 进一步的研究发现爆发过程中的磁通量绳(CME)的运动特征、电流片以及周围的磁场是一个整体结构当中相互联系、相互制约的部分，当中某一部分的性质特征必然影响其他部分，通时也反过来受其他部分的影响。通量绳向上的快速运动帮助电流片发展，由于电流片发展而增加的磁张力又试图阻止通量绳的运动。但是电流片的发展又有利于其中等离子体不稳定性的发生，由不稳定性引发的等离子体湍流和耗散造成的磁力线重联又会很快减弱磁张力的作用，帮助通量绳迅速离开太阳而发展成为通常意义下的 CME。因此在这个闭合的正反馈关系环中，磁重联又是帮助电流片发展的间接因素。

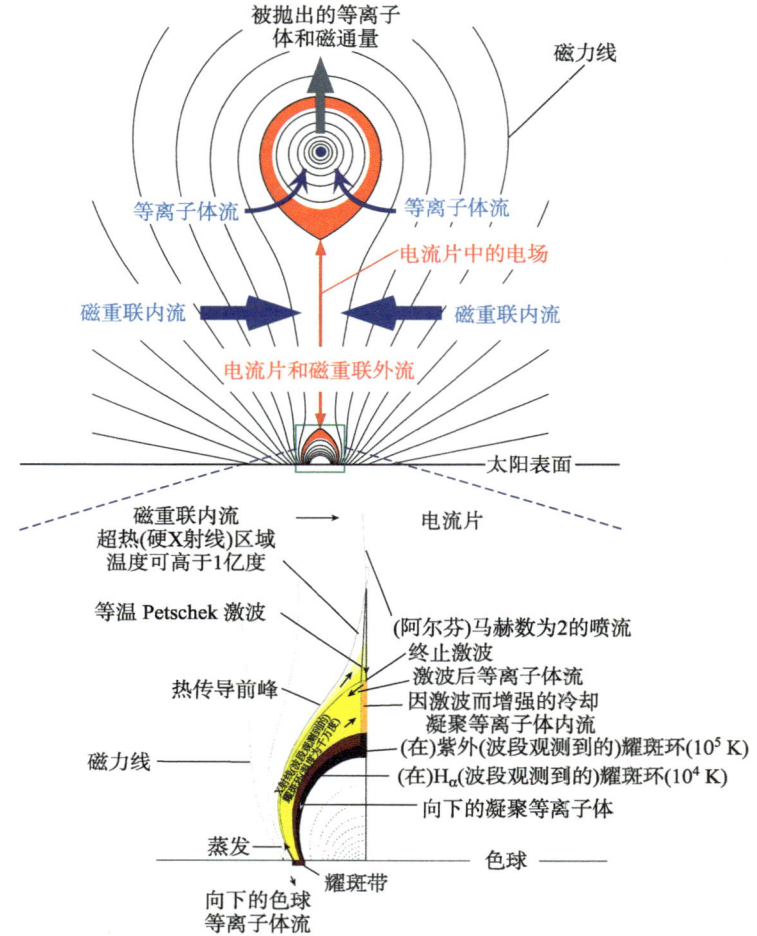

图 3　在爆发过程中形成的包含 CME、耀斑、和电流片的磁场结构。爆发初始阶段，磁结构失去平衡的过程使得闭合磁结构中的磁力线被剧烈拉伸而形成一个 Kopp-Penuman 式的位形。电流片既是能量转换的区域，又是连接 CME 和耀斑的中介。取自文献[9]。

目前，电流片的形成和发展已经为多个观测结果所证实(文献[9])。并且，观测也表明 CME 和电流片的动力学特征都取决于电流片当中磁重联速率的的快慢。一般有两种磁重联速率：绝对速率和相对速率。前者由电流片中的感应电场 E_z 描述，后者则是是磁重联电流片边沿附近磁重联内流速度与周围阿尔芬波速之比，称为磁重联的阿尔芬(Alfvén)马赫(Mach)数，用 M_A 表述。从本质上说，E_z 和 M_A 又都依赖于电流片的内部特征和结构，因此也是时间和空间的函数。

Priest & Forbes 总结和讨论了半个多世纪以来的有关磁重联的研究结果以及相关的在地球和空间物理、太阳物理领域内的运用，给出了许多有关 E_z 和 M_A 在不同磁场结构和不同电流片边界条件下的重要结果(文献[1])。但是这些工作的结果很难直接应用到实际的太阳爆发过程当中。特别是当我们试图利用这些结果来帮助我们理解在爆发过程中的电流片本身的演化特征时，我们找不到任何一项研究工作是关于在尺度迅速变化的电流片中的 E_z 和 M_A 演化特征。事实上，到目前为止也没有这方面的工作被报道过。而且，所有的这些理论和运用要么是针对静态、准静态的磁重联，要么是针对在业已存在的电流片中的磁重联动力学演化过程，或者干脆就是针对在 X 点而没有电流片的磁重联。因此当 Lin & Forbes 在构造一个包含磁通量绳(随后在爆发过程中演化为 CME 的核心)、电流片、和耀斑的动力学模型时发现，并没有一个大家普遍认可的理论能够解决由灾变引起的磁重联能进行得多快的问题(文献[5])。所以在他们的相关模型和计算当中，都假设电流片中的磁重联过程与其中的等离子体湍流有关，因此 M_A 对电流片尺度和其中电阻率的依赖就不明显，而通常将 M_A 取为常数。这显然是对这一问题的零级近似。

利用对电流片中等离子体物理过程过程的研究，可以帮助我们了解和回答 M_A 与电流片各个参数的联系的有关问题。但这样一来，我们就必需离开 MHD 的宏观问题而进入到等离子体物理的微观问题之中，再将两部分的结果有机、自洽地结合起来，才能完整解决我们上述的问题。然而，至少目前甚至在将来一段可以预见的时期内，这个问题还无法解决。这是一个需要长期努力才可能解决的问题。

当然，我们现阶段对这个问题也有一些基本的认识。比如，M_A 一定是和电流片中的等离子体不稳定性和湍流有关的。一般认为由撕裂模不稳定性引起的湍流起主要作用，其他不稳定性的作用相对要弱一些(见文献[10]及其中引用的文献)。但这只是在不稳定性线性发展的阶段如此，还有其他很多种类的湍流可以在磁重联电流片当中发展。它们的作用如何，在不稳定性非线性发展的阶段它们起什么样的作用，哪种湍流起主要作用，它们之间的相互作用、耦合又会产生什么样的结果，这都是在磁重联进行过程中，有可能发生在电流片中的在等离子体尺度上的情况，以及这些情况及其后果对我们目前的等离子体的有关知识提出的挑战；其次，在电流片本身的宏观尺度上，由于其长度和厚度都在随时间发生变化，特别是在刚刚形成并发展的初期，电流片的演化完全是以动力学的方式进行的。在这种情况下，宏观过程和微观过程如何相互作用，如何共同影响能量转换速率，即磁重联速率，一直是我们需要面对的挑战和需要解决的难题。

除了上述得到大家一致认可的研究进展和未解决的问题之外，还有一个最近刚刚出现的新问题：在如图 3 所示的 CME 和耀斑之间的电流片有多厚？在经典的磁重联电流片的图像中，其厚度只有不到一千米的量级。但在文献[10]及其与之有关的工作中，CME 和耀斑之间的电流片被发现有上万甚至上十万千米的厚度。这是不是 CME – 耀斑电流片的真实厚度？还是被观测的投影效应放大了的结果？有人认为电流片的真实厚度仍然只有几百米，观测到的非常大的厚度是投影效应的结果；也有人认为投影效应的确存在，但对电流片厚度观测的影响有限，观测厚度与真实厚度之间只有 4 倍左右的差别。目前，争论还在继续。国际上现在已经有几个研究组的科学家们在对这个问题进行深入研究和探讨。

由电流片的厚度问题进一步引申出来的另外一个问题是：如果 CME – 耀斑电流片的确有上万千米厚，那么，其中是否会包含有很多的小尺度结构？这些小尺度结构的特点是什么？是如何在电流片中演化的？它们的演化对电流片本身及其中的磁重联过程会有什么影响？

更进一步引申的问题是：目前所有的电流片中的带电粒子加速模型都是建立在假设电流片只有几百米的厚度的基础上的。如果 CME 耀斑电流片的厚度的确有上万千米，这些模型怎么修改？原来的结果是否仍然有意义？在厚电流片和薄电流片中带电粒子的加速是否会有本质的差别？

这些问题对我们现在的工作提出了挑战，当然也构成了我们将来研究工作的方向和目标。解决这些问题需要我们在提高观测技术和加深理论研究两方面的努力。

参 考 文 献

[1] Priest E R, Forbes T G. Magnetic reconnection : MHD theory and applications, NY: Cambridge University Press, 2000.
[2] Svestka Z, Cliver E W. In eruptive solar flares. Editors, Z Svestka, B V Jackson, M E Machado. NY: Springer-Verlag: 1, 1992.
[3] Forbes T G, Priest E R. The Astrophysical Journal, 1995, 446: 377.
[4] Linker J A, Mikic Z, Lionello R, Riley P. Physics of Plasmas, 2003, 10(5): 1971.
[5] Lin J, Forbes T G. Journal of Geophysical Research, 2000, 105: 2375.
[6] 林隽, Soon W, Baliunas S L. 科学通报. 2002, 47(21): 1601.
[7] Lin J, Soon W, Baliunas S L. New Astronomy Review, 2003, 47(2): 53.
[8] Lin J, Soon W. New Astronomy, 2004, 9(8): 611.
[9] Ko Y K, Raymond J C, Lin J, Lawrence G, Li J, Fludra A. The Astrophysical Journal, 2003, 594: 1068.
[10] Lin J, Li J, Forbes T G, Ko Y K, Raymond J C, Vourlidas A. The Astrophysical Journal, 2007, 658(2): L123.

撰稿人：林　隽

中国科学院云南天文台

三维磁重联

Three-dimensional Magnetic Reconnection

1. 磁力线的速度

磁重联[1]是天体物理、空间物理和核聚变物理的重要课题。空间环境里充斥着被称为等离子体的完全或部分电离的气体。绝大部分情形下,空间等离子体可以认为拥有无穷电导率或零电阻率。在这种情形下,等离子体被冻结在磁力线里,由此可以认为,磁力线(或者包含给定磁通量的磁流管)的垂直磁力线的位移速度,就是磁流管内等离子体的实际垂直位移速度。反之,在有限电导率或者非零电阻率的情形下,磁冻结不再成立,磁力线可能脱离等离子体"滑动",磁力线的速度和磁力线的连续连接性就失去了意义。磁力线的"滑动"可以改变磁力线的连接性,使磁场迅速松弛到低能状态,从而有效地释放磁场能量。磁力线速度是理解磁重联的重要概念。

2. 二维磁重联

在宇宙空间里经常观测到的快速能量释放,最典型的如太阳耀斑和地磁层的亚爆,可以相信是磁重联导致的。磁重联释放能量的本质是磁场通过局部打破磁冻结,例如通过局部有限电阻率(碰撞重联)或者广义欧姆定理中的其他效应如霍尔效应(非碰撞重联),而得以改变连接性和全局磁场结构,而不是一个全局耗散过程。

20 世纪 40~70 年代,物理学家建立了稳态和非稳态的二维磁重联模型,即磁力线和等离子体入流速度在一个平面上,研究局部有限电阻率和特定磁场位性通过磁重联而释放能量的效率。到了 70 年代,地面望远镜和卫星观测的诸多耀斑现象(特别是著名的双带耀斑现象)定性地吻合二维理论模型,即所谓的标准耀斑模型,因而磁重联释能机制被广泛接受。过去 30 年,太阳物理学家大多引用标准耀斑模型来解释观测现象。1989 年,Poletto & Kopp[2]首次在地面色球耀斑观测中应用二维近似模型和磁通量守恒的原则,测量了双带耀斑中的磁重联率。2000 年后,若干研究小组采用同样原理分析了卫星紫外波段观测的双带耀斑,更精确地测量了磁重联率[3~5]。在二维近似下,磁重联率等同于入流区感应电场或耗散区的有效欧姆电场(就耗散磁重联而言)。这是近十年来耀斑观测研究的热点之一。

3. 三维磁重联

三维磁重联的提出是很自然的,因为太阳大气的磁结构本身是三维的。日冕磁场的边界，即可以观测到的光球磁场，是非常不规则的。许多(双带耀斑)观测表明，沿着第三维方向，磁重联率、耀斑带亮度(或可解释为能量沉积率)、日冕后环上方的重联出流都是不均匀且非第三维对称的。在一些成像硬 X 射线观测中这些表现得尤其明显。换句话说，磁重联的基本构件是三维磁流管，而不是二维(或称 2.5 维)的连续磁拱。

理论上，三维磁重联的发展与磁拓扑模型紧密相关。磁拓扑模型研究实际边界条件下的磁场连接性。理论磁拓扑结构是一种理想结构，其出发点是磁场可以分解为有限个孤立磁单极，则连接同一对磁单极的所有磁力线组成一个磁空间，不同磁空间相交于磁分隔面[6]。磁分隔面也是电流所在。磁力线要改变连接性(即重联)，必须滑过非理想(非零电阻)的磁分隔面。在三维磁重联图像里，磁场矢量和入流速度矢量不在同一个平面上。根据不同的入流形态，Priet & Titov 1996 年[7]归纳了三维稳态磁重联的几类图像：脊型重联、扇形重联和分隔线重联。其中分隔线重联是二维重联在三维上的推广。

可是，太阳活动区磁场是连续分布的。这样，另外一种拓扑模型考虑了连续分布的情形，引入了准磁分隔面的概念，即放松对磁重联必须发生在严格分隔面的要求，而认为广义磁重联可以发生在准磁分隔面上。准磁分隔面是磁连接性变化梯度相对比较大的地方，因而电流较强，可能产生非零电阻而发生重联。

20 世纪 90 年代后，太阳物理学家试图从观测上验证三维重联的位型。至今为止，通过个别耀斑事件的观测验证基本上是间接和定性唯象的。他们发现在某些观测中，色球或光球耀斑带的位置大致和模型计算的磁分隔面或准磁分隔面在光球(色球)的截线(或类似拓扑结构)相对应 (参见 Demoulin, Mandrini 组的若干工作)。但是，三维磁重联还有重大问题需要解决，这些困难既是理论的困难，也是观测的困难。

4. 相关科学问题

(1) 定量或半定量观测测量与磁重联相关的物理量。日冕快磁重联发生的尺度(耗散区尺度)大概是几米到几千米。目前和在可预见的将来，太阳观测的空间分辨率是 100 千米，因而直接观测耗散区及其微观物理现象不现实。甚至直接测量宏观日冕磁场和速度场也很困难。实际测量和重联有关的物理量，比如磁重联率，入流速度等，需要使用间接手段和合理假设[8]。当前，几乎所有的观测分析都建立在二维模型或非均匀二维模型上。对三维的定量观测表述尚缺。

(2) 三维磁重联的能量释放和分配。能量释放和分配是太阳耀斑物理的传统课题。通过磁重联的能量释放率，以及释放的能量怎样分配，即热能(直接加热等离子体)、非热能(加速带电粒子)和等离子体动能以什么比例分配，目前的研究都只有粗浅的探讨，其中的机制和定量图像并不清楚。在观测上，通过多波段辐射现象反演能量释放和分配有很大(甚至于数量极)的不确定性。因而多波段观测光谱分析反演耀斑能量释放和分配，仍然是一个虽然传统但仍然重要的课题。

(3) 三维磁重联怎样改变磁螺度在磁结构中的重新分配。磁螺度是磁场复杂性的定量表述。太阳活动区的演化主要为光球下湍流驱动而积累磁场能量，这也可以表述为磁螺度的积累。而日冕是理想磁流体主导，只有通过重联改变磁连接性，才能改变磁螺度并释放磁能。在重联的时间尺度内，一般不能改变磁螺度总量[9]，而只是改变磁螺度在磁结构中的重新分配。二维磁重联假设无法探讨磁螺度的问题。探讨三维磁重联在磁螺度总量守恒的物理限制条件下怎样改变磁螺度分配，是磁重联研究中与磁场能量释放直接相关的重要课题。这个方面，Longcope et al (2007)[10]做了开创性的工作。

(4) 构建更符合实际的磁场拓扑结构。三维磁重联理论和观测的对照经常依赖磁场拓扑模型。原则上而言，磁拓扑模型可以确定与重联相关的重要拓扑结构，并与观测现象相比对，并可以重建耀斑前后的三维磁场，从而决定磁能量释放和磁螺度转移。可是当前的拓扑模型依赖于理想假设，比如磁势场或线性无力场或其他极小化假设。实际上，耀斑前甚至耀斑后的太阳活动区，绝不可能是势场，也很可能不是线性无力场甚至非线性无力场。寻找观测制约下的合理拓扑模型非常重要。

参 考 文 献

[1] Priest & Forbes. Magnetic Reconnection: MHD Theory and Applications. Cambridge University Press, 2000.
[2] Poletto G, Kopp R A. in The lower atmosphere of solar flares; Proceedings of the Solar Maximum Mission Symposium. Sunspot, NM, Aug. 1985, 20–24, (A87-26201 10-92). Sunspot NM. National Solar Observatory, 1986, 453–465.
[3] Fletcher L & Hudson H. Solar Physics, 2001, 204: 69.
[4] Isobe H, Yokoyama T, Shimojo M, Morimoto T, Kozu H, Eto S, Narukage N, Shibata K. Astrophysical Journal, 2002, 566: 528.
[5] Qiu J, Lee J, Wang H, Gary D E. Astrophysical Journal, 2002, 565: 1335.
[6] Gorbachev V S, Somov B V. Solar Physics, 1988, 117: 77.
[7] Priest E R & Titov V S. Philosophical Transactions of the Royal Society A: Mathematical. Physical and Engineering Sciences, 1996, 354(1721): 2951–2992.
[8] Qiu J. Karen Harvey Prize Lecture, American Astronomical Society Meeting #210. Solar Physics Division, Honolulu, Hawaii, 2007, 27–31.
[9] Taylor J B. Physics Review Letter, 1974, 33: 1139.
[10] Longcope D, Beveridge C, Qiu J, Ravindra B, Barnes G, Dasso S. Solar Physics, 2007, 244, 45.

撰稿人：邱 炯[1] 张 枚[2]

1 蒙大拿州立大学物理系
2 中国科学院国家天文台

不同尺度太阳爆发现象中的磁重联过程

Magnetic Reconnection in Solar Eruptive Phenomena with Various Scales

1. 引言

太阳表面之外的大气层分为 500 千米左右厚的光球层，2000 千米左右厚的色球层，然后，经过很薄的过渡区后便是一直往外延伸的日冕。在这些大气层中人们已经观测到各种尺度的爆发现象，如日冕中的日冕物质抛射、暗条抛射、耀斑、X 射线喷流、X 射线亮点等(如图 1 所示)；过渡区和色球层中的"过渡区爆发事件"及埃勒曼炸弹等。随着观测精度和分辨率的提高，会有更多的爆发现象被发现。这些爆发现象中，强烈如耀斑者，每次在几十分钟内释放出 10^{25} 焦耳的能量(相当于数十亿个早期原子弹爆炸所释放的能量)，而即便是微弱如色球层的埃勒曼炸弹者，每次也在几分钟内释放出相当于 10 万个原子弹的能量。太阳大气中如此剧烈的能量释放过程到底是如何产生的呢？它们是否也在其他恒星上发生？这些都是上百年来太阳物理工作者们期待解决的难题。

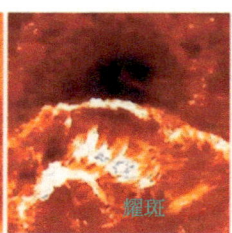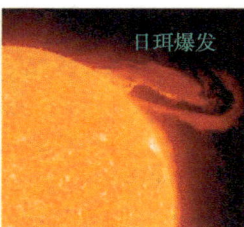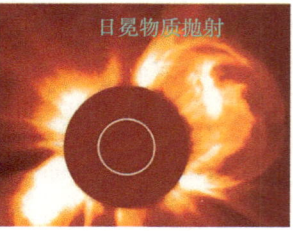

图 1　太阳大气中几种典型的爆发现象。

2. 太阳大气中不同尺度的爆发现象简介[1]

耀斑是太阳大气中最早被发现的爆发现象，它是由英国天文爱好者卡林顿和霍奇逊于 1859 年 9 月 1 日首次独立地观测到。其典型尺度是数万千米，持续的时间从几分钟到数小时不等。比耀斑尺度更大的爆发现象是日冕物质抛射，简称 CME，它经常伴随暗条(或称日珥)抛射。CME 是在 1971 年 12 月 14 日通过卫星上的日冕仪发现的。它们起始于活动区尺度(约数万千米)，但很快便增大到太阳的尺度，并在其抛向行星际空间的过程中发展到远大于太阳半径，它们是太阳系尺度最大的爆发现象。在日冕中，比耀斑尺度小的爆发现象包括微耀斑、X 射线喷流及 X 射线亮点,它们的尺度在数千至上万千米。

色球层及过渡区是太阳大气中最为频繁发生爆发现象的地方,虽然这些事件的空间尺度都比较小,每次爆发持续时间也仅 1~10 分钟左右。这一层次的爆发现象包括过渡区爆发事件、blinker(暂译为闪斑)、埃勒曼炸弹等。如即使在太阳活动极小年,在任何时刻太阳表面也出现超过 3 万个过渡区爆发事件。

光球层也会偶尔出现增亮现象,如白光耀斑。目前认为存在两类白光耀斑,一类和日冕中的耀斑具有很好的相关性,另外一类则没有[2]。

3. 能源及能量释放机制

爆发现象研究中的首要问题是爆发所需的能量从何而来。太阳大气在爆发前具有如下几种能量:(1) 因为亚表面对流区的存在,光球始终存在约 1 千米每秒的对流运动,它使得太阳大气一直处在运动之中。因此,太阳大气具有一定的动能;(2) 大气的温度在数千至百万度,因此具有一定的热能;(3) 太阳大气处在太阳的重力场中,因此具有一定的势能;(4) 太阳大气中充满了磁场,因此具有一定的磁能。下面以 CME 为例,我们来比较这些能量的大小。

CME 的能量主要表现为动能和势能,以及它伴随的耀斑的动能、热能及非热粒子能量(其中热能和非热能量会部分或全部转化为辐射能)。这些能量总共约 10^{22}~10^{25} 焦耳。取 CME 的体积的典型值为 10^{24} 立方米,这样 CME 的能量密度约为 10^{-2}~10 焦耳每立方米[3]。爆发前日冕大气的各种能源的能量密度的典型值如下,只有当候选的能源的能量密度大于 CME 的能量密度,候选的能源才可能为爆发提供足够的能量:(1) 动能 $(nm_pV^2/2)$ 为 8×10^{-4} 焦耳每立方米;(2) 热能 (nkT) 为 1×10^{-2} 焦耳每立方米;(3) 势能 (nm_pgh) 为 5×10^{-2} 焦耳每立方米;(4) 磁能 $(B^2/2\mu_0)$ 为 40 焦耳每立方米;其中各物理量取日冕中的典型值 $n=10^{15}$ m^{-3}, $V=1$ km s^{-1}, $T=10^6$ K, $h=10^5$ km, $B=10^{-2}$ T。由这些量级估计可知,除了一些很弱的 CME 事件可以由爆发前的热能和势能提供外,更让人关注的强 CME 事件的唯一可能的能源便是磁能。如果对其他爆发事件作类似的分析的话,我们可以得出相似的结论。

由于天体等离子体的电导率很高(即电阻很小),磁感线一般都冻结在等离子体中,两者一起运动。在电阻可忽略的情况下,磁化等离子体的运动由理想磁流体力学理论描述。在此情况下,处于平衡状态下的等离子体的磁能也可能经历某种无耗散的不稳定性而得到部分释放。最典型的不稳定性是螺旋磁场的扭曲不稳定性,其磁场就像拧了好多圈的毛巾一样容易弯曲变形。但在不少情况下,这种理想磁流体的不稳定性所释放的能量很少,且以动能为主,等离子体得不到有效的加热。而一旦在等离子体的局部区域电阻出现反常增大或由于其他原因使得磁感线在局部区域不再冻结在等离子体中,这时磁感线可以断开并重新组合连接。这个过程就叫磁重联。磁重联为磁场由高能状态转变到低能的状态提供了一个途径，所以说它是磁能释放的有效机制(但不唯一)。

4. 磁重联理论模型及观测证据

磁重联模型最早于 20 世纪 40 年代在耀斑的研究中提出，在五六十年代其理论框架基本成熟[4]。大致的图像是反平行(在三维空间中并不要求反平行)的磁感线随着入流靠近后在很小的耗散区断开，又重组连接。重新连接后的磁感线具有很强的洛仑兹力，该力将等离子体以入流区的阿尔芬速度往外抛出。在入流和出流的边界处形成慢激波，入流物质经过慢激波后得到加热，并被新连接的磁感线加速成为磁重联出流，如图 2 所示。由理论模型可知，磁重联具有以下元素：以阿尔芬速度的千分之一到百分之一的速度相向运动的重联入流、以入流区的阿尔芬速度反向抛出的重联出流、慢激波等。作为一个基于有限的观测而构建的理论模型，磁重联的存在需要在观测上寻找证据。

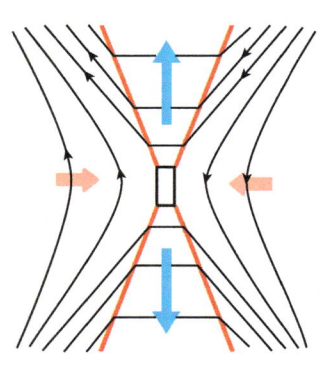

图 2 磁重联的理论模型，其中黑线为磁感线，红线表示慢激波，箭头代表物质运动方向。

随着 20 世纪八九十年代乃至近年卫星搭载的望远镜的观测的不断深入，耀斑中的一系列观测证据被发现，包括耀斑环的冷却、软 X 射线耀斑环的表观上升、重联入流、重联出流、慢激波、耀斑环顶硬 X 射线源等。这些观测为磁重联模型提供了有力的证据[5,6]。对色球和过渡区中的小尺度爆发现象而言，其磁重联模型的主要证据是双向重联出流以及在这些现象下方观测到的光球层正负极磁场对消。正如前面指出，磁重联理论的一个预言是重联出流是以入流区的阿尔芬速度反向抛出，这一点极大地区别于一般气体动力学过程，后者多以和声速相当的速度抛射。在日冕、色球和光球中，声速大致分别是 150 千米每秒、15 千米每秒和 10 千米每秒的量级，而在这三个层次，阿尔芬速度大致是 1000 千米每秒、100 千米每秒和几千米每秒的量级。而不同的大气层都对应其特定的谱线，因此，很容易根据光谱测量得出爆发现象的多普勒速度，进而判断其爆发机制。过渡区爆发事件的磁重联观测证据就是一个典型的例子[7]。

5. 不同大气层次中的磁重联：统一中的差异

磁重联产生的一个条件是电流片的形成。由于太阳表面不断浮现的新磁场以及太阳表面持续不断的湍动，电流片很容易在太阳大气中形成，因此磁重联是太阳大气中不可避免发生的过程。很可能从日冕到色球层各种纷繁复杂的爆发现象其实都是磁重联的结果，只是由于发生的高度及背景磁场的差异，才使得磁重联在不同高度表现出迥异的观测特征，如在日冕中，磁重联持续时间长，受热传导影响较大；在色球层，磁重联持续时间较短，重联过程受辐射及电离过程影响较大[8]，而且，色球层的磁重联易受太阳表面5分钟振动的调制而出现周期性[9]，如图3所示。不同现象中磁重联过程的特异性值得我们深入地研究，这样会对我们探索宇宙中其他爆发现象的机理提供非常大的借鉴和帮助。

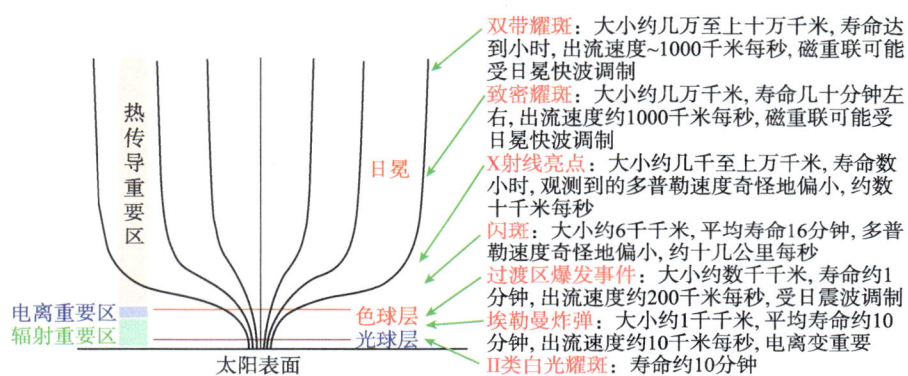

图3 太阳大气不同高度处磁重联所对应的不同特征，其中细实线代表磁力线。

6. 存在的问题

需要指出的是，上面提到的观测证据都是间接的，也许只有对重联区的磁场进行直接测量才会有直接证据。另外，理论上仍有很多问题值得探讨，如(1) 重联区的霍尔效应；(2) 在重联区，磁流体理论也许失效，需采用动力论；(3) 反常电阻如何被微观不稳定性激发及反常电阻大小；(4) 何种情况下出现快速的佩切克重联[7]；(5) 磁重联中磁能分配到动能、热能及高能粒子的能量比例。

参 考 文 献

[1] 方成, 丁明德, 陈鹏飞. 太阳活动区物理. 南京:南京大学出版社, 2008.
[2] Fang C, Ding M D. On the spectral characteristics and atmospheric models of two types of white-light flares. Astron & Astrophys Suppl, 1995, 110: 99.
[3] Forbes T G. A review on the genesis of coronal mass ejections. J Geophys Res, 2000, 105: 23153.
[4] 陈鹏飞. 磁能释放的有效机制——磁重联. 10000个科学难题物理学编委会主编. 10000个科学难题·物理卷. 北京:科学出版社，2009, 291.
[5] McKenzie D E. Signatures of reconnection in eruptive flares. Martens P C H. & Cauffman D. COSPAR Colloquia Series, 2002, 155.
[6] Sui L H, et al. Evidence for magnetic reconnection in three homologous solar flares observed by RHESSI. The Astrophys J, 2005, 612: 546.

[7] Innes D E, et al. Bi-directional plasma jets produced by magnetic reconnection on the Sun. Nature, 1997, 386: 811.
[8] Chen P F, et al. Ellerman bombs, type II white-light flares and magnetic reconnection in the solar lower atmosphere. Chin J Astron Astrophys, 2001, 1: 176.
[9] Chen P F and Priest E R. Transition-region explosive events: reconnection modulated by p-mode waves. Solar Phys, 2006, 238: 313.

撰稿人：陈鹏飞
南京大学天文系

太阳开放磁通量

The Sun's Open Magnetic Flux

1. 太阳开放磁通量的研究意义

太阳的开放磁通量是太阳全部磁通量的一部分,它们没有被束缚在闭合的磁环内,而是被延展到行星际空间,成为行星际磁场的源。太阳风携带太阳开放磁场到达地球,其中质子、电子以及分子等与地球高层大气相互作用,会产生极光等现象。太阳的开放磁通量的变化会对地磁活动有重要影响,它是连接太阳活动与地球气候的一个重要的潜在环节。它还会对宇宙射线同位素的成分有着直接的影响,因此对它的研究有着重要意义。近地黄道面径向行星际磁场强度的卫星观测开始于20世纪60年代,从1971年开始有连续的观测。图1中的虚线是近地卫星观测的近地径向行星际磁场的强度,实线是根据太阳表面磁场的观测数据所得的太阳开放磁通量在近地处的平均强度[1]。

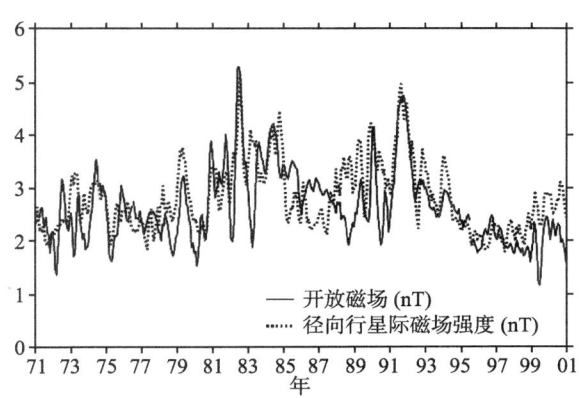

图 1 太阳开放磁通量随时间的演化。实线是由光球层磁场的观测所得的开放磁场在近地处的平均强度;虚线是近地黄道面卫星观测所得的径向行星际磁场强度[1]。

2. 太阳开放磁通量的特征和起源

太阳开放磁通量对应于观测的晕洞,其中一个重要特征是强度随太阳活动周的周期性变化,但相对于太阳表面全部磁通量,其变化幅度相对较小。表面全部磁通量在太阳活动极大和极小可以达到10倍的变化幅度,而开放磁通量的变化幅度仅在2倍左右。开放磁通量会在太阳活动极大后的2~3年达到峰值。在太阳活动极大年,它来源于太阳低纬度、面积较小、磁场强度较大的冕洞区域。在活动极小年,它来源于太阳高纬度、面积较大、磁场强度较弱的极区冕洞区域。这使得开放磁通量在活动极大和极小年的变化幅度较小。开放磁通量被太阳风携带到行星际空间形成行星际磁场,其强度分布不随纬度变化。

太阳开放磁通量的强度主要取决于偶极场的强度,其中包括轴对称偶极场(b_{10})和赤道偶极场(b_{11}),这是因为磁场强度随空间径向的变化与$r^{-(l+1)}$(l为磁场极子数)成正比,最低阶的偶极场衰减最慢。黑子浮现到太阳表面时其前导和后随部分的连线会与赤道的连线呈现一定的倾斜角,其偶极矩的方向决定了它会增加还是减少太阳的全部开放磁通量。因此太阳活动周强时,起所对应的开放磁通量并不一定大。

3. 未解决的科学问题

(1) 太阳极区磁场的确定

在太阳活动极小年,开放磁通量主要来自于高纬度的极区。然而由于极区磁场较弱以及投影效应等诸多原因,使得其测量非常困难。现在通常人们的做法是假设在极区,磁场强度随纬度的增加而增大。但新的理论研究[2]表明这种假设并不合理。目前存在的太阳表面磁通量输运型模型[3]把观测的黑子信息作为输入,得到太阳磁场在太阳表面的分布,虽然能避开极区磁场的观测局限,但该种模型又会受模型参数以及活动区倾斜角的限制。

(2) 长时间尺度演化的重构

通过对地磁指数的研究,人们发现在过去的一个世纪里行星际磁场的强度增加了一倍[4]。Wang等人[5]基于物理模型重构了过去300年左右的太阳开放磁通量,但其物理模型存在一些不尽合理的假设。建立更加合理、更长时间尺度的重构太阳开放磁通量方法,是一个非常重要而且较为困难的问题。

(3) 与太阳总体辐射的关系以及对地球气候的影响

近年来全球变暖问题是全球领域极其关注的问题。Solanki等人的结果[6]表明在过去的300年里太阳开放磁通量的变化趋势和全球温度的变化趋势一致。太阳开放磁通量以及人类活动(如碳化物的排放等)分别对全球气候影响的比重怎样?两者中谁的作用是主导的?太阳的总体辐射如何变化?这些都是具有深远现实意义的重要课题。

参 考 文 献

[1] Wang Y M, Sheeley Jr N R. Sunspot activity and the long-term variation of the Sun's open magnetic flux, J. Geophys. Res., 2001, 107: 1302–1316.

[2] Jiang J, Cameron R, Schmitt D, Schuessler M. Countercell meridional flow and latitudinal distribution of the solar polar magnetic field, ApJ, 2009, 693: L96–L99.

[3] Baumann I, Schmitt D, Schuessler M, Solanki S K. A&A, Evolution of the large-scale magnetic field on the solar surface: a parameter study, 2004, 426: 1075–1091.

[4] Lockwood M, Stamper R, Wild M N. A doubling of the Sun's coronal magnetic field during the past 100 years. Nature, 1999, 399: 437–439.

[5] Wang Y M, Lean J L, Sheeley N R Jr. Modeling the Sun's magnetic field and irradiance since 1713. ApJ, 2005, 625: 522–538.

[6] Solanki S K, Schuessler M, Fligge M. Evolution of the Sun's large-scale magnetic field since the Maunder minimum, Nature, 2000, 408: 445–447.

撰稿人：姜　杰[1]　汪景琇[2]

1 Max Planck Institute for Solar System Research, Germany

2 中科院国家天文台

白光耀斑起源

The Origin of Solar White-light Flares

白光耀斑指的是那些在连续谱波段有辐射增强的一类耀斑。自从第一个白光耀斑被 Carrington 于 1859 年观测到，至今文献记录中仅有百余个类似的白光耀斑事件。白光耀斑通常被认为是最强的耀斑事件，由于连续辐射比谱线起源于更低的层次，因此白光耀斑代表了耀斑能量传输和加热过程最极端的情况，对它的研究是构建耀斑整体图像的一个重要环节。

在空间观测之前，人们对于白光耀斑的了解基本上局限于对可见光连续谱和谱线的研究[1]。1991 年发射的 Yohkoh 卫星首次从空间探测到了白光耀斑[2]，此后，TRACE、RHESSI、Hinode 等卫星也相继对白光耀斑进行观测。另一方面，地面观测技术也日益提高。因此，对白光耀斑的探测已拓展到硬 X 射线、远紫外、近红外等波段。20 世纪 80 年代，人们按照白光耀斑的光谱特征，将它们分成两大类：第一类白光耀斑连续谱出现巴尔末跳跃且与硬 X 射线辐射密切相关；而第二类白光耀斑没有明显的巴尔末跳跃且与硬 X 射线辐射相关性不大[3]。观测上，大多数白光耀斑属于第一类。

近来，有关白光耀斑的观测取得了一些重要的进展。第一，除了传统的可见光波段，在近红外波段也陆续观测到了白光耀斑，特别是在 1.56 微米处探测到了连续辐射增强[4]。第二，通过分析白光耀斑的连续辐射和硬 X 射线辐射(或射电辐射)，发现两者在空间和时间上都有很好的对应关系，据此可以认为白光耀斑的产生和高能电子密切相关[5]。

但是，在观测中，我们还需澄清两个基本问题。第一，白光耀斑的连续谱究竟能增强到什么程度？当然，不同波段的增强程度是不一样的。在紫外波段，增强相对容易，在可见光波段则比较困难，而在近红外波段最困难。在观测手段上，通过滤光器观测和光谱观测获得的连续谱增强有较大差异，前者一般要大得多，其原因很可能是谱线发射的影响。另外，白光耀斑与它们所处的日面位置以及和在活动区中的位置密切相关。一般来说，白光耀斑容易出现在日面边缘和黑子中间。因此，不同观测者对不同事例得到的结果在定量上有很大差异。近来一个比较典型的事件是在 1.56 微米处观测到的白光耀斑，耀斑在峰值时刻的连续谱相对于宁静太阳的背景增加了 66%[4]。在这个波段得到这样大的辐射增强是令人吃惊的。第二，白光耀斑的产生频率究竟有多大？通常来说，白光耀斑一般是指能量较大的耀斑。但随着观测灵敏度的提高，在一些小耀斑中也经常发现白光辐射增强[6]。一些极高空间分辨率的观测显示耀斑区域出现尺度很小(1角秒左右)的亮点,对应白光辐射增强[7]。因此白光耀斑究竟是个别的事例,还是广泛分布于所有耀斑中(只是白光增强的程度不同),是一个有待探索的问题。

关于白光耀斑的产生机制集中在两个基本问题上:白光辐射究竟起源于哪个层次以及低层的大气是如何加热的?一般认为,白光辐射起源于太阳大气的色球低层或光球层大气,其辐射机制是氢的复合(自由-束缚跃迁)过程和负氢离子的辐射。关于加热机制,则面临一些困难。特别是最近探测到了1.56微米处的连续辐射增强,而该波段的连续谱具有最小的光学深度,形成于太阳大气的很低的层次(光球深层)。在这样低的层次,耀斑的能量是如何传输下来的是一个关键问题。如果加热途径来源于高能电子轰击的话,一般的电子在色球层就慢慢耗散,无法到达光球层。因此,目前认为光球层的加热可能通过两个步骤来实现:高能电子首先加热色球层,色球层产生增强的连续辐射(包括UV辐射和氢的巴尔末和帕邢连续区辐射);然后,通过辐射转移,这些辐射被光球层的负氢离子所吸收,导致光球层的加热。这个过程被称为辐射向下加热(backwarming)[8]。

最近,有人提出了阿尔芬波加热模型[9],主要观点是认为在耀斑爆发时,日冕区域可能产生较强的阿尔芬波,它往下传播到低层,在当地加速电子并耗散能量。这个模型能避免高能电子直接加热低层大气的效率不足的问题,但目前尚未得到他人的证实。此外,近年来也陆续提出了其他的一些白光耀斑的加热机制,包括色球压缩区的加热、焦耳耗散加热、高能电子束导致的返回电流不稳定性加热等[10]。

有关白光耀斑模型的研究始于20世纪80年代。当时的模型大多是半经验的,即假设一个温度分布,用它来解释白光辐射的增强;或者,考虑高能电子对中性原子的非热激发和非热电离效应,加上辐射向下加热的作用,可以解释大部分白光辐射增强。近来,出现了耀斑的辐射动力学模型,能自洽地将加热、电离、辐射、动力学等过程耦合在一起。用辐射动力学模型来解释白光耀斑的工作刚刚起步。

综上所述,对白光耀斑的研究尚存在一些难点和问题,需要在未来的观测和理论研究中进一步探索:(1) 除了连续谱以外,白光耀斑和普通耀斑在观测上有无明显的差别? (2) 激发白光耀斑的高能电子的能量或流量是否存在一个阈值? (3) 对少数与硬X射线源在空间上并不对应的白光耀斑,它们的加热途径是什么? (4) 白光耀斑的低层大气究竟是直接加热还是间接加热的? (5) 现有的理论模型能否解释最强的白光耀斑? 在未来几年,通过Hinode、SDO等空间卫星和地面大望远镜的观测,结合辐射动力学的数值模拟,对白光耀斑的研究有望取得重要进展。

参 考 文 献

[1] Neidig D F. The importance of solar white-light flares. Solar Phys., 1989, 121: 261–269.
[2] Hudson H S, Acton L W, Hirayama T, et al. White-light flares observed by YOHKOH. PASJ,

1992, 44: L77–L81.

[3] Fang C, Ding M D. On the spectral characteristics and atmospheric models of two types of white-light flares. A&AS, 1995, 110: 99–106.

[4] Xu Y, Cao W, Liu C, et al. High-resolution observations of multiwavelength emissions during two x-class white-light flares. ApJ, 2006, 641: 1210–1216.

[5] Chen Q R, Ding M D. On the relationship between the continuum enhancement and hard X-ray emission in a white-light flare. ApJ, 2005, 618: 537–542.

[6] Hudson H S, Wolfson C J, Metcalf T R. White-Light Flares: A TRACE/RHESSI overview. Solar Phys., 2006, 234: 79–93.

[7] Jess D B, Mathioudakis M, Crockett P J, et al. Do all flares have white-light emission?. ApJ, 2008, 688: L119–L122.

[8] Machado M E, Emslie A G, Avrett E H. Radiative backwarming in white-light flares. Solar Phys., 1989, 124: 303–317.

[9] Fletcher L, Hudson H S. Impulsive phase flare energy transport by large-scale Alfvén waves and the electron acceleration problem. ApJ, 2008, 675: 1645–1655.

[10] Gan W Q, Hénoux J C, Fang C. On the origin of solar white-light flares. A&A, 2000, 354, 691–696.

撰稿人：丁明德

南京大学天文系

耀斑加速电子数目之谜

A Puzzle of Total Number of Energetic Electrons in Solar Flares

1. 耀斑加速电子问题的重要性

目前比较广泛接受的耀斑"标准"图像是[1]：耀斑初始发生在日冕磁环的顶部，由于某种不稳定性触发磁重联，能量在环顶附近突然快速大规模地释放，释放的能量以热流和加速粒子的形式沿磁环向下传播,在环足点处由于密度陡然增加而沉积大量的能量，发射很强的硬 X 射线和 XUV 谱线，加热的物质向上膨胀形成色球蒸发，使软 X 射线发射大为增强，向下的能量传递(包括粒子直接加热、热传导、动能传输、辐射反加热等机制)同时使色球物质加热产生 H_α 耀斑。在这幅图像中，高能电子扮演着关键的角色，因为基于碰撞厚靶模型[2]所推求出的耀斑加速电子所携带的能量几乎与耀斑总能量相当，这意味着，耀斑首先加速电子，加速的电子然后产生耀斑过程的其他方面。表述耀斑热与非热关系的 Neupert 效应是耀斑"标准"图像的另一经典阐述。

2. 耀斑加速电子数目问题

耀斑硬 X 射线发射来源于耀斑加速电子与太阳大气作用所产生的非热韧致辐射。从观测到的耀斑硬 X 射线能谱，在厚靶模型假设下，可以推出加速电子的能谱。早先基于低能量分辨观测结果，一般用单幂律谱来拟合光子谱，所推出的电子谱也曾单幂律谱形式。为求得耀斑加速电子的总数目(或总能量)，需要电子幂律谱有一个低端截止能量，这一能量往往假设成 20KeV，对 X 级耀斑而言，计算出的加速电子速率平均在 10^{37}/s 的量级，如果耀斑持续 100s，则加速电子总数平均在 10^{39} 的量级，总能量的量级平均在 10^{31}erg。

然而，在典型的耀斑环参数下(面积 10^{18} cm^2，环长 10^9 cm， 密度 10^{10} cm^{-3})，包含在整个磁环中的电子总数只有 10^{37}， 这一数目甚至不足以提供一个 X 级别的耀斑 1 秒钟的硬 X 射线发射所需要的电子数。这就是所谓的耀斑加速电子数目问题，即厚靶模型所要求的产生耀斑硬 X 射线暴的非热电子数目比耀斑发生区域初始的所有电子数目多得多。

3. 有关耀斑加速电子数目问题的研究

由于耀斑加速电子数目问题涉及耀斑的本质,因而对该问题的研究具有重要意义。概括起来，目前提出如下几个可能的途径：

高能电子低端阈能(E_c)可能较高。过去在计算非热电子总数时，往往假设E_c等于20KeV，实际上这一假设缺乏有效的观测支持。Gan等人[3]提出了一个定量确定E_c的方法，并将其运用到BATSE/CGRO所观测到的耀斑，以后又对该方法进行了改进，得到E_c存在一个分布，E_c大于45KeV的平均值在60KeV左右，占样本数44%。如此高的E_c将大大降低发射硬X射线所需要的非热电子数目。但必须指出，以前的研究没有考虑非均匀电离、反向康普顿散射等因素，当含入这些因素并应用到高谱分辨的RHESSI观测结果时，Kontar等人[4]得到：如果E_c存在的话，应该小于12KeV。E_c究竟是多少，高、低谱分辨观测的差异是否真实，以及计算中所采用的近似等都有待深入研究。

非热复合[5]。通常认为耀斑硬X射线发射来自非热电子的韧致辐射，即自由-自由(f-f)跃迁，而忽略了自由-束缚(f-b)跃迁。[5]的研究显示，非热复合，尤其是非热电子与Fe的f-b作用在高温下非常显著，其对硬X射线产生的贡献在一定条件下可以超过f-f跃迁。在含入f-b跃迁贡献后，原先为产生观测硬X射线所要求的电子数可以下降一个数量级或更多。

当地再加速[6]。如果能够增加每个电子的光子产额，则产生观测硬X射线所需的电子总数目则可以减少，非热电子的当地再加速可以起到这样的作用。以随机受力磁环中的级联电流片为例，当地电场可以有效加速日冕中的电子和再加速注入色球的电子，即传统厚靶模型所要求的加速区和注入区在这里合而为一。

Alvfen波传输能量[7]。耀斑触发，能量释放，磁场重构，将产生大尺度Alvfen波脉动，它们从日冕向低层大气传输能量和磁场变化，其后果是，在日冕中通过电场加速电子；在色球中通过湍动加速电子。由于高能电子的加速不是在原先认为的一个有限的加速区产生后再注入大气的，这样就避开了厚靶模型下的所谓加速电子数目问题。

即便提出了一些新的模型，传统的厚靶模型本身由于能够解释许多观测现象，仍然值得进一步研究，例如，可以针对具体的耀斑，详细考察重联区的入流是否能够提供所需要的电子数目。耀斑加速电子数目这一看似简单的问题，却远远没有解决。

参 考 文 献

[1] 甘为群，王德焴. 太阳高能物理. 北京：科学出版社, 2002.
[2] Brown J C. The deduction of energy spectra of non-thermal electrons in flares from the observed dynamic spectra of hard X-ray bursts. Solar Phys, 1971, 18: 489-502.
[3] Gan W Q, Li Y P, Chang J. Energy shortage of nonthermal electrons in powering a solar flare. ApJ, 2001, 552: 858-862.

[4] Kontar E P, Dickson E, Kašparová J. Low-energy cutoffs in electron spectra of solar flares: statistical survey. Solar Phys, 2008, 252: 139−147.
[5] Brown J C, Mallik P C V. Non-thermal recombination-a neglected source of flare hard X-rays and fast electron diagnostic. A&A, 2008, 481: 507−518.
[6] Brown J C, Turkmani R, Kontar E P, MacKinnon A L, Vlahos L. Local re-acceleration and a modified thick target model of solar flare electrons. A&A, 2009, in press.
[7] Fletcher L, Hudson H S. Impulsive phase flare energy transport by large-scale Alfvén waves and the electron acceleration problem. ApJ, 2008, 675: 1645−1655.

撰稿人：甘为群
中国科学院紫金山天文台

耀斑加速电子与加速质子作用之争

A Debate of the Role between the Energetic Electrons and Protons in Solar Flares

目前在太阳物理中引起巨大争议的一个热点问题是：究竟是高能电子还是高能质子在耀斑中起主要作用。长期以来，人们一直认为高能电子在耀斑中占据主导地位，然而近年来对太阳伽马射线的观测研究显示，1MeV 以上高能质子所携带的能量可以大于电子所携带的能量，从而导致电子、质子作用之争。

1. 引言

一般认为，耀斑的初始能量释放首先是加速电子，加速了的高能电子在传输过程中与太阳大气作用产生陡升的非热韧致辐射，即脉冲硬 X 射线暴，同时，它还通过库仑碰撞加热大气，从而产生一系列的耀斑次级现象。

20 世纪 80 年代，有人曾提出耀斑中加速质子可能占优的观点[1]，但没有引起注意。1995 年，Ramaty 等人[2]通过分析耀斑伽马射线谱线，提出呈幂律分布的质子能谱可以延伸至大约 1MeV，这意味着耀斑加速质子可携带巨大的能量。美国地球物理会刊上，曾以科学中的重大争端为题，发表一组文章，辩论究竟是高能电子还是高能质子在耀斑中起主要作用。

2. 质子的作用为什么长期不占主导

耀斑过程中，在光学、射电、远紫外、软 X 射线、硬 X 射线、伽马射线等波段均有爆发性辐射产生，这些辐射可提供加速粒子的信息。为解释硬 X 射线暴，需要大量的非热电子；为解释伽马射线暴，需要有一定数量的大于 30MeV 的高能质子和离子。如果将大于 30MeV 的幂律质子谱简单地延伸至 1MeV 甚至更低，则质子所携带的能量可以超过非热电子。文献[1]分析一个具体耀斑，认为 0.2~1MeV 的质子构成耀斑能量主体，电子加速只不过是次级效应。问题是小于 1MeV 的质子不能产生通常意义上的可测辐射，低能质子的存在缺乏有效的观测支持[3]。原则上行星际探测可以检测低能质子，但由于存在星际激波加速，无法区分低能质子是来自耀斑直接加速还是产生于星际激波加速；理论计算预期低能质子可以产生 L_α 红移，但现有的观测中并没有找到低能质子导致红移的直接证据；H_α 线偏振被认为与低能质子有关，但目前观测上存在截然相反的观测结果[4,5]，且解释上也存在不确定性。低能质子不被重视的另一个原因是它不能直接解释硬 X 射线暴。如果硬

X 射线暴由质子产生,则需要大量大于 40MeV 的高能质子,这与观测严重不符。

3. 电子的作用为什么长期占主导

非热电子之所以在耀斑中占主导作用,原因之一是它的辐射正好在硬 X 射线波段。在厚靶模型下,非热轫致辐射损失的能量仅占电子束能量的 10^{-5},通过测硬 X 射线能谱,很容易估计非热电子所携带的能量,结果发现非热电子的能量足以提供整个耀斑的能量,这意味着,耀斑的初始能量释放大部分转化为电子的加速,加速的非热电子在传输过程中与太阳大气作用,一方面产生硬 X 射线发射,一方面通过库仑碰撞,加热大气,从而产生一系列耀斑次级现像,这正是目前广为接受的耀斑图像。一系列的研究均支持这一图像(见[3]),如:在半经验大气模型中的非热电子能量沉积可与色球辐射损失相比拟;耀斑环电子注入动力学模型所预期的温度、密度、速度、谱线特征等均与观测定性一致;H_α 宽线翼发射可用非热电子的注入所产生的热和非热效应加以解释;硬 X 射线的低能延迟与不同能量电子的飞行时间差相一致;硬 X 射线成像所显示的足点源、环顶源和日面源与标准图像基本一致[6];等。此外,诸如 Neupert 效应、耀斑大气动量平衡、耀斑动力学光谱等大量的研究均显示非热电子是耀斑能量的主体。

4. 耀斑加速电子与加速质子作用之争

文献[2]研究了 SMM 观测到的 19 个伽马射线耀斑,发现伽马射线产生区在日冕之下,为避免 Ne/O 丰度比过大,要求加速质子能谱幂律延伸至 1MeV,从而引起了在耀斑中究竟是高能电子还是高能质子起主导作用的争论。

文献[7]指出:"单凭高能质子具有较大的能量要改变电子的主导地位是证据不足的,这还要看它的能量分布是否能解释硬 X 射线暴,其能量沉积是否处在恰当的位置以解释软 X 射线增强"。他们通过计算证明,虽然截止能量为 1MeV 的高能质子束可以在色球顶部过渡区附近沉积相当的能量,但此时的质子速度远小于 20KeV 以上电子的速度,不能直接产生硬 X 射线暴,"很难想象,电子呆着不动,而比电子质量大得多得的质子却在大气中传播,且只有质子停下来之后,电子才被加速……"。

而文献[8]则认为,质子占主导地位的一个有利之处正是加速机制,因为除直流电场加速机制以外,大多数加速机制更能有效加速质子而不是电子,即使是直流电场,如要有效加速电子,需要复杂的日冕电流系统。他们进一步定性地解释电子加速的次级过程:质子和电子同时被加速,获得同样的速度,束呈电中性。当束到达过渡区时,电子受散射而停止,质子由于大动量而继续传播,因而出现电场;如束流量较低,色球中的电子可以补偿;反之,如果束流量较大,由于色球电阻大,色球不能快速地补充足够的电子,于是出现电势,从而加速电子。即认为发射硬 X

射线电子的加速是在色球中完成的。为此，文献[8]还列举的不少有利的观测证据。

总的来说，电子占优的定量证据多，质子占优的定性证据也不少。从总能量的角度而言，质子的作用似乎可以和高能电子相比拟。近年来，RHESSI 观测显示耀斑伽马射线像与硬 X 射线像在空间位置上并不重叠[9]，这说明高能电子和高能质子在加速和传输过程中存在差异，质子在驱动耀斑现象中是否占主导地位还有很大疑问。首先，1MeV 质子的存在性还需要更多的观测证实，包括研究新的诊断方法；其次，电子加速是质子加速次级效应的解释必须定量化，以能自恰地解释硬 X 射线暴；再者，众多的观测事实需要解释。我们期待下一代太阳高能探测卫星能够带来新的观测结果。无论如何，高能质子相对于高能电子在耀斑中的作用，是一个有待解决的重大课题。

参 考 文 献

[1] Simnet G M, Strong K T. The impulsive phase of a solar limb flare. ApJ, 1984, 284: 839–847.

[2] Ramaty R, Mandzhavidze N, Kozlovsky B, Murphy R J. Solar atmopheric abundances and energy content in flare accelerated ions from Gamma-ray spectroscopy. ApJ, 1995, 455L: 193–196.

[3] 甘为群. 耀斑中高能电子与高能质子作用之争. 天文学进展，1998, 16: 222–225.

[4] Bianda M, Benz A O, Stenflo J O, Küveler G, Ramelli R. Absence of linear polarization in $H\alpha$ emission of solar flares. ApJ, 2005, 434: 1183–1189.

[5] Xu Z, Henoux J C, Chambe G, Fang C. Multiwavelength analysis of the impact polarization of 2001 June 15 solar flare. ApJ, 2005, 631: 628–637.

[6] Krucker S, et al. Hard X-ray emission from the solar corona. A&ARv, 2008, 16: 155–208.

[7] Emslie A G, Henoux J C, Mariska J T, Newton E K. The viability of energetic protons as an agent for atmospheric heating during the impulsive phase of solar flares. ApJ, 1996, 470L: 131–134.

[8] Simnet G M. Protons in flares. SSRv, 1995, 73: 387–432.

[9] Hurford G J, Krucker S, Lin R P, Schwartz R A, Share G H, Smith D M. Gamma-ray imaging of the 2003 October/November solar flares. ApJ, 2006, 644L: 93–96.

撰稿人：甘为群
中国科学院紫金山天文台

粒子加速机制

Particle Acceleration Mechanisms

1. 粒子加速机制研究的重要性和困难

在太阳耀斑爆发和日冕物质抛射过程中，大量的带电粒子被加速，其中被加速的电子能量从几十 KeV 到约 MeV 量级，被加速的质子能量从几十 MeV 到约 GeV 量级。那么，这些粒子是如何被加速？什么样的物理条件有利于粒子被加速呢？加速区域具备这样的物理条件吗？

由于我们无法进行实地、主动和重复的实验；除了少数超热粒子沿开放磁力线到达地球附近被卫星直接观测到外，而绝大多数超热粒子只能通过观测其产生的不同波段的电磁辐射，来推测或反演这些超热粒子的物理特性。然后探讨粒子加速与这些爆发现象和磁场变化的内在联系，揭示这些爆发过程的物理规律。这对理解多波段的电磁辐射，磁场能量如何转化为加热和加速带电粒子，空间天气预报都具有非常重要的意义。

2. 基本的粒子加速机制

目前广泛接受的三类主要加速机制为[1~4]：电场直接加速、激波加速和等离子体湍动加速。

电场加速又分为亚 Drecier 场加速和超 Drecier 场加速二类，其中 Drecier 场是指当临界速度等于电子热速度时，电子-离子间的库仑力等于外加电场力，对应的电场就是 Drecier 场。此时，只有速度大于其热速度的电子才能被电场自由加速，而小于热速度的电子被加热。亚 Drecier 场加速对应于宏观大尺度的电流环系欧姆电场的加速，只有位于麦克斯韦速率分布尾部的少量粒子被有效加速。超 Drecier 场加速对应于磁重联过程中等离子体整体运动切割磁力线产生的感应场加速，由于感应场远大于 Drecier 场，所有带电粒子均处于加速区而被全部加速。

激波加速又分为垂直激波加速和平行激波加速二类(如图 1 所示)，前者对应于激波上、下游有垂直于激波表面法线方向的磁场分量，产生沿激波表面方向的感应电场，带电粒子在此感应场作用下运动被加速(图 1(a))，因此又称为激波漂移加速；后者对应于激波上、下游表面磁场平行于激波面的法线方向，高于激波传播速度的带电粒子在与激波相碰撞的过程中获得微小的能量增量，只有当带电粒子不断被散射，改变运动方向，多次穿越激波面时能量才会显著增加，故又被称为激波扩散加速(图 1(b))。

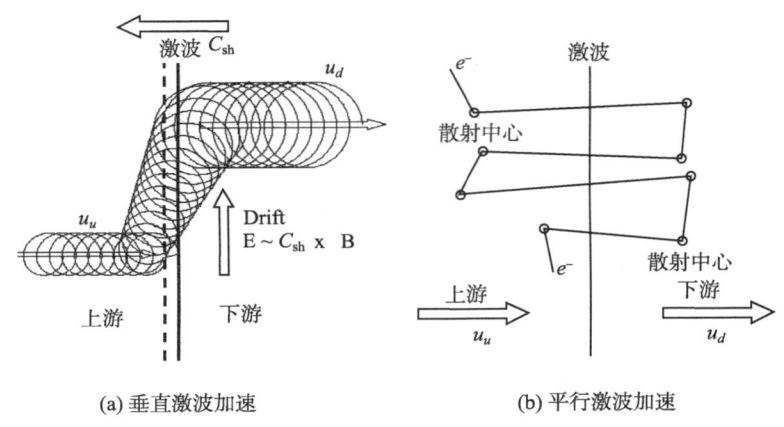

(a) 垂直激波加速　　　　(b) 平行激波加速

图 1

湍动加速是指由于在磁场重联过程中先激发各种大尺度的磁流体力学波,然后通过波-波非线性地相互作用后级联到小尺度波,形成湍动波谱分布,最后通过波粒共振相互作用后,粒子从波中不断吸收能量得到加速。

除了上述三种主要加速机制外,被加速的粒子由于偏移麦克斯韦速率公布,导致速度空间的不稳定性,激发等离子体波,再通过波粒共振相互作用被低能粒子吸收而加速;另外还有为解释极高能量的宇宙线而提出的费米加速[1, 2],一阶费米加速类似于扩散激波加速,二阶费米加速类似于湍动加速。

3. 观测对粒子加速机制的要求

从耀斑和日冕物质抛射过程中各种辐射现象和超热粒子的观测结果,提出对粒子加速机制有如下一些要求 [1, 4]:

(1) 许多观测已经证实在耀斑过程中电子和质子在 1 秒时间内,同时被加速,电子能量达到 100KeV 量级和质子能量达到 100MeV 量级;而且在数秒钟内,电子被加速到 10MeV 的能量,质子被加速到 1GeV 的能量。

(2) 超热粒子能够从原来的热等离子体中拉出来。对于一个大耀斑,加速至 20KeV 以上电子数可达每秒 2×10^{35} 个(对混合模型)或 10^{37} 个 (对非热模型),其持续时间可达 10~100s;对于一个大的日冕物质抛射,加速至 1MeV 以上质子数可达到每秒 10^{35} 个,加速至 30MeV 以上质子数每秒可达 3×10^{30} 个。

(3) 能说明电子加速和加热之间的关系,尤其是耀斑过程中,日冕等离子体加热和电子加速的演化过程。电子和质子的加速能谱满足观测到的硬 X 射线和 γ 射线发射的高时间分辨率能谱的演化。

(4) 在脉冲耀斑中，^{3}He，Mg，Fe 等同位素和元素的相对丰度有异常的增加。另外，在宇宙线的观测中，发现粒子能量至少达到 3×10^{20}eV；能量从约 GeV 到 3×10^{18}eV 的粒子具有幂律谱分布；要求 10s 内将电子加速到 1GeV 能量[8, 9]。

4. 加速机制研究进展和难点

1) 电场加速

(a) 亚 Drecier 场加速

当外加电场 $E < E_D$ (E_D 为 Drecier 场)，速度 $v > v_{cr} = \sqrt{E_D / E v_{Te}}$ (v_{Te} 为电子热速度)的电子将被自由加速[3, 4]，在典型的太阳日冕参数下，电子可以被加速到约 100KeV 的确能量。该机制能比较好的解释耀斑爆发过程中热和非热分量，硬 X 射线辐射的低能截止。

尚未解决的问题：如果要产生足够的非热电子，由安培环路定理计算出的这些电子产生的磁场满足小于观测磁场的上限，则要求有 10^4 个电流环同时存在，又同时加速。但这些电流环的形成机制、稳定性问题、同时加速问题，仍是一个谜。

(b) 超 Drecier 场加速

一阶近似的重联电流片磁位型如图 2 所示。图中 B_y 为垂直于电流片方向的磁场分量，它将导致电子离开电流片而不被加速；B_z 为平行于电流片方向的磁场分量，它将导致电子保留在电流片内而被继续加速。

在太阳物理研究领域，通常采用试验粒子方法研究带电粒子在电流片中的运动规律，即在给定的不随时间变化的电磁场中，认为被加速的带电粒子产生的电磁场对初始电磁场分布影响可以忽略不计，通过求解每一个粒子动量方程，当粒子离开电流片停止运算，由此获得带电粒子运动轨迹，离开电流片时的动能，它们与电流片电磁场分布的关系。主要结果为：(1) 当 $B_y \neq 0$，$B_z = 0$ 时，电子只在中性片扩散区作 Speiser 振荡，未得到加速；(2) 当 $B_y \neq 0$，B_z 足够大时，代入日冕等离子体的特征参数，则电子在 10^{-6} s

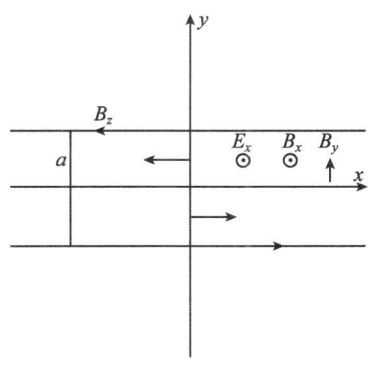

图 2 电流片内的电磁场分布。

时间内获得 100KeV 的能量，靠近中性点附近的电子在 10^{-4}s 会被加速到 30MeV 的能量，质子在 10^{-3}s 会被加速到 6MeV 的能量[5]；(3) 非热粒子随能量呈幂律谱分布，谱指数依赖于垂直场分量 B_y 与 x 的函数关系[5]。另外，许多学者还从磁流体力学方程出发求解自洽的包含类电流片的电磁场位型的解、假设电场随时间变化、或叠加湍动磁场分量研究粒子在磁重联过程中的加速行为，均获得了类似的结果,被加速粒子能谱仍为幂律谱。

到目前为止,虽然试验粒子方法可以解决带电粒子加速时标、效率、粒子轨迹与磁位型的关系,该方法又简单、易于计算。然而,不考虑粒子与电磁场的相互作用,对于实际问题而言是不合适的,因为感应场远大于经典 Drecier 场,带电粒子整体被加速,其产生的电磁场必将改变原有的场分布,从而改变粒子的加速特征[6]。

在地球磁尾磁重联过程粒子加速的研究中,自洽的考虑波粒作用的网格粒子模拟方法(Particle in cell, PIC)已被广泛使用。所谓等离子体 PIC 模拟是指通过跟踪大量带电粒子本身所激发的电磁场和外加电磁场共同作用下的运动来模拟等离子体的特性。但由于受到计算机容量和计算速度的限制,往往采用降低维数或约化质量(如取 m_p/m_e = 1, 25, 100 等)来研究。研究结果表明:相对论性的高能电子在电流片中性点附近电子惯性尺度范围内被加速,然后沿着磁分界面离开中性片。Wind 卫星的实测结果证明[7]:当其偶尔穿过中性片时,测到了 300KeV 能量的电子。

尚未解决的问题:虽然磁重联过程中的电场加速对耀斑脉冲相高能粒子产生比较有效,而且不存在阈值和预加热的问题。但自洽的将波与粒子相互作用考虑进去,需要三维模拟,将弗拉索夫方程和麦斯韦方程组联立求解,才能获得超热粒子的能谱、时标和超热粒子总数、热和非热成分之比、低能截止、波粒相互作用引起的反常电阻率。但由于不稳定性波发生在微观尺度上,包括更复杂的非线性波-粒子和波-波相互作用过程,而粒子加速和磁重联发生在宏观大尺度上,这就需要超大容量,极高速的电子计算机,因而很难实现。

2) 激波加速

随着对大量高能粒子事件(SEPs)观测分析以及与日冕物质抛射(CMEs)之间的相关性研究表明,大的缓变质子事件总是与 CME 驱动的快激波相关,激波加速产生超热粒子。宇宙线通常被认为是超星系爆炸形成的激波加速所致。

(a) 垂直激波加速

研究垂直激波加速一般采用无碰撞激波模型[1,3],电子比离子更易获得能量,一方面因为电子有较快的热速度,有更多的电子能被电场自由加速;另一方面电子回旋半径小于激波厚度,易于满足磁矩守恒条件而得到加速,而离子回旋半径与激波厚度相当,磁矩就不守恒而无法加速。在地球磁层受太阳风作用产生的弓形激波的垂直激波附近观测到的确实只有高能电子。这里我们必须注意到只有当磁场与激波法线方向几乎相互垂直时(1°~2°以内),加速才非常有效,且只有极少的电子(<<1%)被加速,一次穿越激波能量增量不超过入射能量的 13.93 倍[1]。

(b) 平行激波加速

一般而言,无碰撞激波波阵面的厚度为几个热离子回旋半径大小,只有回旋半径远大于波阵面厚度的粒子才易于多次来回穿越激波波阵面,而产生激波扩散加速。因此只有大于激波速度的离子和相对论性电子才能被平行激波加速。

平行激波加速机制的理论研究过程中常采用扩散近似,假设存在等离子体波将粒子束散射从各向异性分布变成各向同性分布,使带电粒子来回穿越激波而不断获得能量。通过假设能量扩散系数,解福克-普朗克方程,超热粒子呈幂律谱分布,CME驱动的快激波能够在数秒内将质子加速到 100 MeV 的能量。

尚未解决的问题:一是只有粒子初始速度大于激波速度,粒子才会被加速,即存在预热要求;二是散射中心问题,什么样的波(磁流体波,被加速粒子在上游激发的波,这些波的强度和波的谱分布如何)与粒子相互作用,使得等离子体从速度空间分布各向异性向各向同性分布转化,高能粒子反复穿越激波面,才能不断被加速;将波的演化和粒子加速联立求解,探讨超热粒子能谱变化与背景等离子体湍动和激波参数之间的关系。

3) 湍动加速

在湍动加速机制里,等离子体波和粒子加速总是相互耦合在一起,需将湍动波谱和粒子分布函数的演化方程联立求解,才能给出正确的解,获得粒子加速能谱。但由于方程组是非线性的,为了简单起见,绝大多数研究总是假设存在湍动过程和湍动波谱分布,并且在粒子加速过程中,粒子从波里吸收的能量只占波能量的极小部分,不影响波谱分布,同时还要假设具有很强的粒子散射机制存在,被加速的粒子处于各向同性分布,然后解一维的福克-普朗克方程,获得粒子加速能谱、加速时标与波谱的关系。低于离子回旋频率的波谱对离子加速,高于离子回旋频率和小于电子回旋频率波谱对电子加速。该机制被用于太阳耀斑爆发过程中的带电粒子和宇宙线的加速。

尚未解决的问题:(1) 大尺度的磁场扰动激发波动(长波)通过什么样的方式级联到短波(等离子体特征尺度),效率如何?能形成什么样的波谱?这些问题无论从理论还是观测均知之甚少;(2) 同样地,还存在预加热问题,只有粒子进入波粒共振区方可有效地从波区吸收能量;将波谱的级联过程与粒子加速过程联立求解,获得合理的粒子加速能谱。

综上所本述,由于太阳爆发过程含有多个空间尺度、多个时间尺度极为丰富的信息,等离子体动力学过程是微观的、非线性的,而太阳爆发过程是宏观大尺度,持续时间长,如何在宏观和微观之间架设桥梁,理解太阳爆发事件是最大的难题。对于一个具体的爆发过程而言,可以是多种加速机制共同作用或先后作用,对粒子加速过程尚未解决的问题很多、亦很难,等到物理本质完整理解还有很长的一段路要走。

参 考 文 献

[1] 甘为群, 王德焴. 太阳高能物理. 北京: 科学出版社, 2002.
[2] 许敖敖, 唐玉华. 宇宙电动力学. 北京: 高等教育出版社, 1987.

[3] Aschwanden M J. Physics of the Solar Corona, Praxis Publishing Ltd, Chichester, UK, 2009.
[4] Miller J A, et al. Critical issues for understanding particle acceleration in impulsive solar flares, JGR, 1997, 102: 14631−14659.
[5] Litvinenko Y E. Particle acceleration in reconnecting current sheets in impulsive electron- rich solar flares. Solar Phys., 2000, 194: 327−343.
[6] Wu G P, Huang G L. Electron acceleration in the turbulent reconnecting current sheets in solar flares. A & A., 2009, 502: 341−344.
[7] Oieroset M, Lin R P, Phan T D, Larson D E, Bale S D. Evidence for electron acceleration up to~300keV in the magnetic reconnection diffusion region of earth's magnetotail. Phys. Rev. Lett. 2002, 89: 195001−195004.
[8] Petrosian V, Bykov A M. Particle acceleration mechanisms. Space Science Reviews, 2008, 134: 207−227.
[9] Biermann P L. The origin of the highest energy cosmic rays. J. Phys. G: Nucl. Part. Phys., 1997, 23: 1−27.

撰稿人：吴桂平

东南大学物理系

日珥的结构和手性

Structure and Chirality of Prominence

1. 引言

太阳日珥(暗条)是高温稀薄日冕大气中的冷密长薄结构。它们在太阳边缘观测中被称为日珥，而在日面观测中，由于常表现为位于光球磁场极性反转边界上的暗长弯曲特征，则被称为暗条，故这两种称谓常交替使用。它们一般可分为两类：宁静日珥远离活动区，变化缓慢，寿命可达几个月；活动日珥位于活动区中或活动区边界上，尺度更小，变化更快，寿命更短。日珥本质上是与磁场结构相联系的，日珥自身和周围日冕环境的磁场位形对其形成、结构、维持和稳定性起决定性的作用。应用谱线的 Zeeman 和 Hanle 效应对日珥磁场的直接测量表明，宁静日珥的矢量磁场几乎平行于日珥长轴，而绝对磁场强度在 2~10G 之间。但活动日珥由于尺度较小高度较低，用这种方法进行磁场测量比较困难，但其下光、色球通道内的矢量磁场和色球纤维的观测表明它们的磁场是高度剪切的。因此，日珥的形成和维持涉及非势磁能的建立和储存，与光球磁场的演化密切相关。当新磁流在磁场极性反转边界附近浮现时，有可能驱动磁流汇聚运动和磁对消，导致日珥形成并最终使其产生不稳定性。由于日珥爆发与空间灾害性天气和其他太阳爆发活动，例如，日冕物质抛射、耀斑、莫尔顿波等现象有密切的关系，日珥结构的研究一直是太阳物理观测和理论研究的一个重要课题。对日珥的系统观测研究开始于二次世界大战后，并分别于 1957 年由 Kippenhahn 和 Schluter [1]、1974 年由 Kuperus 和 Raadu [2] 提出了两个著名的二维经典模型。20 世纪 70 年代以来，一系列空间太阳观测卫星的成功发射以及地面望远镜的发展，使日珥的高时空分辨率、大视场、多波段成像和光谱观测成为可能，并从观测和理论上对日珥的形成、结构和爆发进行了广泛研究[3]。

2. 日珥的结构

形态上，日珥由包含许多长薄精细纤维的主干(spine)和倒钩(barbs)构成。主干代表日珥中最高的水平轴向部分，而倒钩是连接主干和色球的柱状冷物质结构。在图 1 所示的太阳边缘观测及图 2 所示的日面高分辨 H_α 观测图像上，日珥和暗条的精细结构纤维清晰可见。由于日珥等离子体 β 值很小，一般认为这些精细纤维勾画了日珥的磁场位形。日珥的基本状态不是静止的而是运动的，在其精细纤维内有不停运动的亮节点(knots),因此场列的物质运动是日珥的一个基本特征。与主干和倒钩对应,这种运动也可分为沿日珥轴的水平运动和垂直于日珥轴的上、下运动。目前观测和理论上尚不能自洽解释的一个问题是[4]:日珥内垂直瞬变的精细结构是如何与水平稳定的主干磁场相联系的?这进一步引申出如下不太确定的问题:日珥内的水平运动和垂直运动的关系?主干水平流动和倒钩中的流动有何关系?倒钩中的物质流在光球和色球中的源和汇?日珥的外流物质如何被内流物质所平衡?回答这些问题的一个主要困难是对日珥结构持续的、多波段的高分辨单色像和多普勒观测及直接的磁场测量还比较缺乏。相信 Hinode、STEREO 和未来 SDO 卫星及国内 ONSET 的观测将极大促进对这一问题的研究。一个例子是 Hinode/SOT 的 H_α 观测已发现持久的水平运动会突然改变流动方向而成为垂直的,从而支撑宁静日珥中的垂直丝状物[5]。

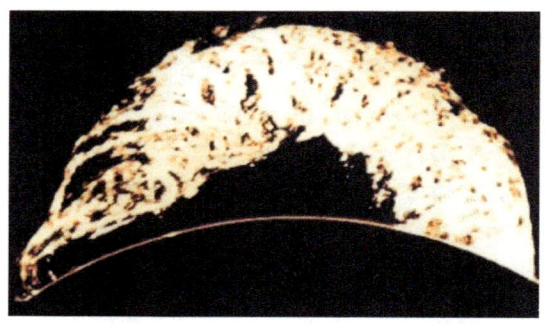

图 1 太阳边缘观测的日珥(HAO H_α)。

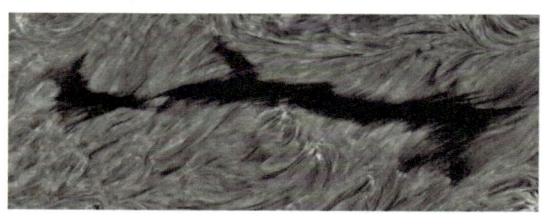

图 2 太阳日面观测的暗条 (High-resolution H_α image taken by DOT on La Palma)。

3. 日珥的手性

1994 年发现[6],如同熟知的黑子超半影纤维、活动区磁场螺度和大尺度日冕软 X 射线拱一样,日珥在两个半球也存在两类不同的手征性整体图案,即在南、北半球分别主要为左、右手(sinistral, dextral) 暗条。这种手性图案在暗条通道内的纤维结构、暗条倒钩的走向和暗条上的日冕环系的表现是相符的,而且与其他太阳特征的手性关系都是一一对应的。图 3 展示了北半球占主导的右手暗条的手征性图案[7]。发现日珥手性图案的一个重要性在于：由于日珥周围磁场环境的手性完全决定了日珥的手性，故对日珥和其上层冕拱的直接观测，有可能预言相关日冕物质抛射和行星际磁云的手性。但目前尚不清楚的一个问题是：爆发日珥和磁云中常观测到的螺旋磁场，是直接源于日珥自身内禀的螺旋场，还是在爆发过程中由日珥倒钩磁场重联所产生的？解决这一问题的一个有效途径是研究日珥倒钩的物理起源。最近高分辨 H_α 及 EUV304Å 的观测发现倒钩端点或日珥精细丝扎根于弱场而不是较强的网络场，或者扎根于少数极性(minority polarity)和多数极性(majority polarity)之间的中性线上，故日珥倒钩可能代表色球层磁重联形成的磁坑所支撑的冷物质[8~10]。这一结果与早期的观测是相悖的，有待进一步的观测证实。日珥手性图案的发现也使我们相信，各种太阳特征之间存在着内在的物理联系，它们代表的仅是整个太阳磁场系统相互关联的不同部分，而不是相互孤立的现象，而其手征性图案都可根据它们的磁场螺度进行解释。因此，有可能构建一个统一的理论模型来综合考虑它们之间的联系，并把所有手性系统连接到更大的统一框架内加以考察。其中涉及的一个关键问题是各种太阳手性特征的磁螺度符号是否相同，特别是日珥空腔上、下方的磁结构是否有符号相反的磁螺度？目前仅有少数观测对此问题进行了研究，全面的理解有待进一步的努力。

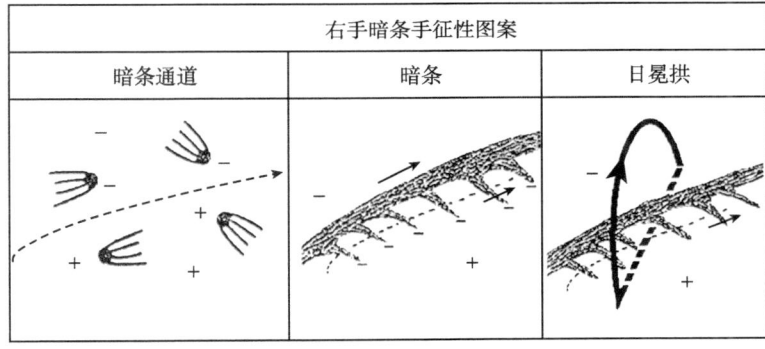

图 3　北半球占主导的右手暗条的手征性图案。

参 考 文 献

[1] Kippenhahn R, Schluter A. Eine Theorie der solaren Filamente [J]. Zeitschrift für Astrophysik, 1957, 43: 36–62.

[2] Kuperus M, Raadu M. The support of prominences formed in neutral sheets [J]. Astronomy & Astrophysics, 1974, 31: 189–193.

[3] Tandberg-Hanssen E. The nature of solar prominences [M]. Dordrecht, Netherlands: Kluwer Academic Publishers, 1995.

[4] Zirker J B. Quiescent prominences [J]. Solar Physics, 1989, 119: 341–356.

[5] Chae J, Ahn K, Lim E, Choe G S, Sakurai T. Persistent horizontal flows and magnetic support of vertical threads in a quiescent prominence [J]. The Astrophysical Journal, 2008, 689: L73–L76.

[6] Martin S F, Bilimoria R, Tracadas P W. Solar surface magnetism [M]. Dordrecht, Holland: Kluwer Academic Publishers, 1994, 303–328.

[7] Martin S F. Condition for formation and maintenance of filament [J]. Solar Physics, 1998, 182: 107–137.

[8] Wang Y M. On the relationship between he ii λ304 prominences and the photospheric magnetic field [J]. The Astrophysical Journal, 2001, 560: 456–465.

[9] Chae J, Moon Y J, Park Y D. The magnetic structure of filament barbs [J]. The Astrophysical Journal, 2005, 626: 574–578.

[10] Lin Y, Wiik J E, Engvold O, et al. Solar filaments and photospheric network [J]. Solar Physics, 2005, 227: 283–297.

撰稿人：姜云春　邓元勇
中国科学院国家天文台

太阳暗条爆发和失败的爆发

Eruption and Failed Eruption of Solar Filament

在上面"日珥结构和形成机制"中,我们已经知道暗条和日珥指的是日冕中的同一种现象。在太阳 H_α (6563埃)单色像上,暗条是最引人注目的现象之一(图1)。自法国科学家里奥发明窄带滤光器以来,人类已经能够很方便地利用氢 H_α 谱线线心左右的窄带(大致 0.25Å)常规观测研究太阳色球上空的暗条。因而,自20世纪40年代以来,全世界这方面的观测已经积累了大量的单色像资料,关于暗条的科学文章已经达到一千多篇。尽管如此,关于暗条的许多未解之谜仍然存在。

图1 太阳 H_α 单色像(美国大熊湖太阳天文台,2002年7月17日)。从图中首先可以看出,在太阳东北和西南半球分布有两条长达上百万千米的暗条,其中西南半球的暗条突出日面边缘(日珥),此类暗条一般为宁静暗条;在太阳活动区(发亮的区域),存在若干相对较小的暗条。随着能量的不断聚集,在太阳活动区的暗条很多会变成最终能爆发的活动暗条。

暗条粗略可分为宁静暗条、活动区暗条,宁静暗条有时可以在太阳上存在好几个太阳自转周期,其形态大致不变,且位于日冕较高的地方,而活动区暗条则寿命偏短,且位于日冕较低的高度。较多的暗条爆发与太阳耀斑一样发生于太阳活动区,如图2所示。太阳活动区所经常发生的活动包括耀斑、暗条(日珥)爆发和日冕物质抛射(CME)这三种活动。总体来说，尽管这三类活动在观测上呈现出不同的现象，它们是同一物理过程的不同表现，即这些活动是由于日冕磁场能量的突然释放或磁场的稳定遭到瓦解所引起的。事实上，在大规模爆发性事件中，可以同时观测到这三种活动现象。多数大耀斑均伴随着暗条或暗条通道的爆发；约三分之一的 CME 具有三分量结构，即由亮的外环、其下面的低密度暗腔，以及暗腔内高密度亮核组成，高密度亮核被认为是对应于爆发暗条。

图 2　TRACE 卫星于 2005 年 7 月 27 日在紫外波段(171Å)观测到的发生在太阳东边缘的一次大的暗条爆发，该暗条爆发导致了一个 CME。

在众多困扰太阳物理学家的问题之中，有一个就是所谓的太阳活动的触发问题，即磁场的能量聚集到一定程度以后，是什么物理机制触发了太阳活动的发生？一般认为，暗条的爆发驱动了耀斑和 CME 的发生和发展，从这一方面来讲，太阳活动的触发问题的核心是暗条爆发的触发机制。文献中有关暗条爆发的触发机制很多，以下简要概括几种流行的模型。

一般认为是光球的运动及磁场变化导致了位于光球之上的暗条的爆发。有很多的观测表明，CME 爆发开始前出现增强的磁剪切。理论和数值模拟表示，当磁力线的两个磁极足点发生剪切运动(沿着磁中性线方向的反平行运动)时，在双极位形之下，磁拱会上升逐渐变成开放场，而电阻的引入则导致其爆发[1]。在四极位形之下，磁拱的上升在上面的 X 型中心线附近触发磁场重联，导致磁绳的爆发(磁爆破模型 break-out model)[2]。当磁力线的两个磁极的发生汇聚运动(近似垂直于磁中性线的反平行运动)时，磁绳系统的演化会出现灾变性变化[3]。很多爆发暗条具有螺旋形的缠绕结构，这样的缠绕结构起源光球的运动或重联。螺旋形的磁流管会发生扭曲不稳定性(kink instability)，故早在 20 世纪 60 年代，Gold 和 Hoyle 就提出暗条的爆发与磁流管的某种不稳定性有关，Sakurai 数值分析了自由磁流管的扭曲不稳定性的发展[4]。随后的研究发现,当扭缠程度超过一定的阈值(1.25 圈)时,磁流管出现不稳定。

观测上发现 CME 与新浮磁流有很强的相关。为此,陈鹏飞和 Shibata 等基于二维磁流体力学数值模拟提出了一个新浮磁流触发 CME 的模型(新浮磁流模型)[5]:当新浮磁流出现在暗条通道内时,新浮磁流与磁绳下方的磁环发生重联引起磁压的降低,磁压的降低使得左右两侧反平行的磁力线在压力梯度的作用下靠近而形成电流片,磁绳也受到挤压而向上运动;当新浮磁流出现在暗条通道外侧时,新浮磁流与日冕大尺度磁场重联,导致磁力线重组,并触发磁绳向上运动。在陈鹏飞和 Shibata 的模型中,新浮磁流引起的磁场重联起了关键的作用。在磁缆截断模型(tether cutting model)[6]中,重联使得如缰绳般约束暗条的两股磁力线在暗条下方截断,导致暗条爆发和随后的耀斑、CME 事件。另外,背景磁场的衰退、环向磁场的增加和磁场螺度的不断积累最终会导致磁绳失去约束而爆发出去,这些均可以归类为所谓的磁绳灾变模型(catastraphe model)[7]。

以上所有的模型均能解释暗条的爆发,并都能得到部分观测的支持。然而,在所观测到的暗条爆发现象中,有一类属于所谓的"失败的爆发(failed eruption)"[8]。在图 3 所示的 2002 年 5 月 27 日的暗条爆发中,季海生等人发现,该暗条的爆发经过加速和减速过程,爆发物质全部落到日面,没有形成 CME,暗条减速时向下的加速度是太阳表面重力加速度的 10 倍左右,这说明暗条物质被外力-磁力线的张力拽回了日面。"失败的爆发"在观测上并不少见,因而,能否解释说明"失败的爆发"成了验证暗条爆发模型的一个判据。很可能是暗条上方的背景磁场随高度降低的快慢决定了一个已经触发上升的暗条能否抛射出去[9, 10]。暗条爆发包括触发在内

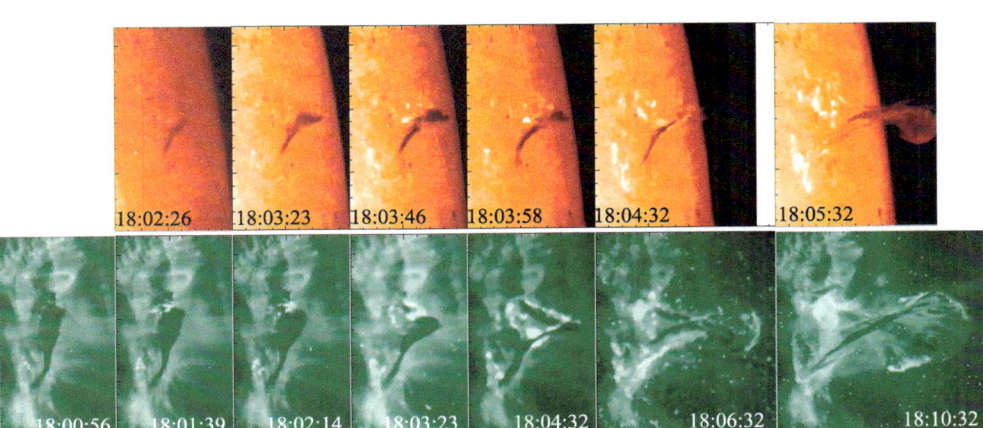

图 3　(下) TRACE 卫星于 2002 年 5 月 27 日在紫外波段(195 Å)观测到的发生在太阳西边缘的一次"失败的暗条爆发",(上)这次爆发在地面光学波段(H_α 蓝翼:6563-1.3Å)被同时观测到,该暗条爆发没有导致 CME。

有着复杂的物理过程，对这一物理过程远没有达到充分的认识。该领域主要存在的问题是：1) 缺乏覆盖全波段的高时空分辨率的观测；2) 缺乏能解释所有观测现象的理论或数值模型；3) 缺乏能预言暗条爆发的理论模型。

参 考 文 献

[1] Mikic Z & Linker J A. ApJ, 1994, 430: 898.
[2] Antiochos S K, DeVore C R & Klimchuk J A. ApJ, 1999, 510: 485.
[3] Lin J & Forbes T G. JGR, 2000, 105/A2: 2375.
[4] Sakurai T. PASJ, 1976, 28(2): 177.
[5] Chen P F & Shibata K. ApJ, 2000, 545: 524.
[6] Moore R L & LaBonte B. IAU Symp., 1980, 91 : 207.
[7] Hu Y Q. Solar Physics, 2001, 200: 115.
[8] Ji H, Wang H, Schmahl E J, Moon Y J, Jiang Y. ApJ, 2003, 595 : L135.
[9] Török T, Kliem B. ApJ, 2005, 630: L97.
[10] Liu Y. ApJ, 2007, 654: L171.

撰稿人：季海生
中国科学院紫金山天文台

太阳大气小尺度活动起源与结构

The Origins and Structures of Small-Scale Solar Activities

太阳日核温度高达千万度,光球层的温度也近六千度。如果太阳大气中的能量只是辐射传能,那么太阳大气中的温度将从光球层向外逐渐下降。然而观测到的色球和日冕的温度反而超过了下面的光球温度,特别是日冕层次的温度竟高达百万度。那么高层大气的加热机制会是什么呢?这一直是一个热烈争议的话题。

任何一种日冕加热模型都应该能够解释以下问题:(1) 宁静太阳和活动区的能量损失问题;(2) 日冕温度随着太阳活动周的变化问题;(3) 冕环结构的加热、X射线亮点的形成以及冕洞的出现[1]。随着观测的进步,人们早已发现日冕的辐射区在空间上对应强磁场的区域,太阳磁场对日冕加热起了极其重要的作用,但理论和观测都还不能确切无疑的解决日冕加热机制这一争论。太阳中的小尺度活动也将在一定程度上为上层大气提供能量。

太阳大气中存在多种小尺度的活动现象,大致可以分为以下几类:(1) 喷流:包括针状体,巨针状体[2],H_α 喷流,EUV 喷流和 X 射线喷流;(2) 亮(暗)点结构:例如网络亮点,X 射线亮点,微波亮点和 He 10830 暗点;(3) 爆发现象:例如过渡区爆发,微暗条爆发;(4) 瞬现增亮和 EUV 闪耀;(5) 微耀斑和纳耀斑等。

1. 喷流

针状体:针状体是太阳上的小尺度突出物,舌状火焰形状。其形成高度大约在光球层之上 3000 千米,直径 400~1500 千米,高度约 10000 千米,寿命 5~20 分钟。

巨针状体:巨针状体是延伸到日冕层的柱状冷物质。其长度在 4000~50000 千米之间,宽 3000~20000 千米,寿命 5~40 分钟。

H_α 喷流:用 H_α 谱线也可以观测到太阳上的喷流,其产生率为 19 ± 3 个每秒,寿命 2 ± 1 分钟。

EUV 喷流:EUV 喷流为用远紫外线在过渡区和日冕层所观测到的喷流。其速度约 400 千米每秒,长度 4000~16000 千米,寿命约 2 分钟。

X 射线喷流:X 射线喷流是短时间的 X 射线辐射增强,长度在几万到几十万千米之间,宽度 5000~100000 千米,平均速度 200 千米每秒,寿命几分钟至数小时。其形成普遍认为是浮现磁力线与日冕中已经存在的反向平行磁力线之间重联导致的。

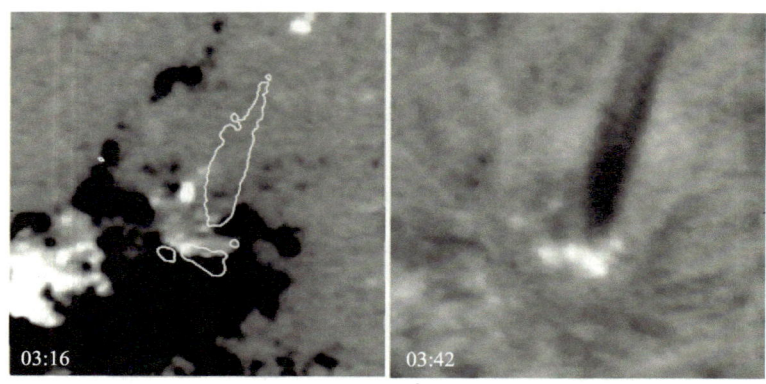

图 1　怀柔太阳观测站观测的巨针状体。

2. 亮(暗)点结构

网络亮点：网络亮点是用光球层谱线线心或 Ca 谱线线翼所观测到的光球上的亚角秒结构。一般说来，网络亮点的尺度小于 300 千米。

X 射线亮点：X 射线亮点呈现为直径约 20000 千米的中心带有亮核的弥散云团状。其平均寿命约为 8 小时。

微波亮点：微波亮点最早由 Kundu 等人[3](1988)用 6 厘米和 20 厘米的微波波段所观测。其直径 3000~10000 千米，寿命 5~20 分钟。

He 10830 暗点：He 10830 线在日面圆盘上表现为吸收线，在圆盘之外表现为发射线。He 线在活动区之上吸收增强，在冕洞区之上吸收减弱。He 线暗点直径从 2000~20000 千米不等，大多介于 4000~10000 千米之间，与全日面的亮度对比可达 40%。

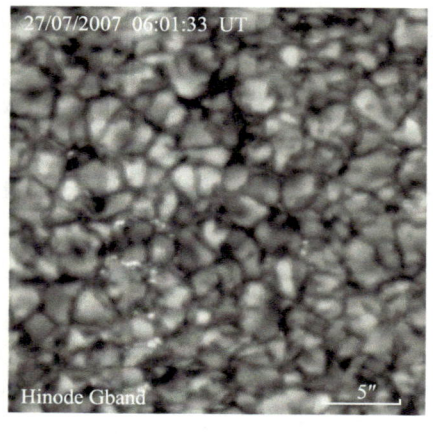

图 2　日本 Hinode 卫星观测的网络亮点。　图 3　日本 Hinode 卫星观测的 X 射线亮点。

3. 爆发现象

过渡区爆发：过渡区爆发是在过渡区发现的高速事件，其最大速度 110 千米每秒，寿命一分钟，质量 6×10^8 克，能量 6×10^{22} 尔格。

微暗条爆发：根据 Wang 等人[4](2000)给出的定义，微暗条是用 Hα 中心线观测到的存在于宁静太阳上的拱状或圆状暗结构，长度小于或相当于超米粒元胞的直径。微暗条的爆发是宁静太阳上的多种小尺度活动现象之一。微暗条的长度为 23.0 ± 8.0 兆米，宽度 2.2 ± 0.7 兆米，爆发速度 13 ± 11 千米每秒，爆发持续时间 28 ± 25 分钟。

4. 瞬现增亮和 EUV 闪耀

瞬现增亮：瞬现增亮是发生在小的磁双极位置的脉冲式加热事件，尺度 2000~4000 千米。部分增亮事件持续时间为数分钟到一小时，但是普遍为短时存在（约 100 秒）。大而强的双极会产生持续不断的增亮。

EUV 闪耀：EUV 闪耀是一类过渡区小斑点的亚耀斑增亮现象，通常位于网络元胞的交界处，持续时间几分钟至半小时，平均时间 13 分钟，面积大约 6000×6000 平方千米，每个闪耀事件释放的能量约为 4.4×10^{25} 尔格。

5. 微耀斑和纳耀斑

微耀斑：当硬 X 射线观测中小的硬 X 射线峰值流量被发现时，微耀斑的概念便被提了出来，之后微耀斑的 Hα 和软 X 射线对应部分也相继被观测到。微耀斑的大小约为 10^5~10^6 平方千米，持续时间约 1 分钟。

纳耀斑：利用高空分辨率的 X 射线观测发现，小的磁双极位置的辐射是间断的、脉冲式的。Parker[5]认为这种基本的脉冲式能量是由"纳耀斑"释放的。每个纳耀斑释放的能量约为 10^{24} 尔格。

我们已经认识了太阳大气中的各种活动现象，根据一直以来的研究，这些活动现象也都被认为与小尺度的磁场有关。那么这些小尺度活动的具体起源、详细结构及演化过程是怎样的呢？虽然人们对此有了一些基本的认识，但研究工作仍然不够。特别是这些小尺度的活动现象是怎样加热上层大气的呢？对大气加热的贡献有多少？尚待回答。

在此，另一个与上次大气加热并行的难题也应被提出，那就是太阳风加速问题。早期便已有多种太阳风加速模型被提出，但这些模型都缺乏对加热和加速的定量解释。后来的观测发现，高速太阳风与巨针状体结构有关。高速太阳风起源不是极羽结构，更像是在极羽之间，这与一些模型计算一致。研究表明，太阳风加速也与太阳小尺度磁场及其所引起的各种小尺度活动现象密切联系在一起。

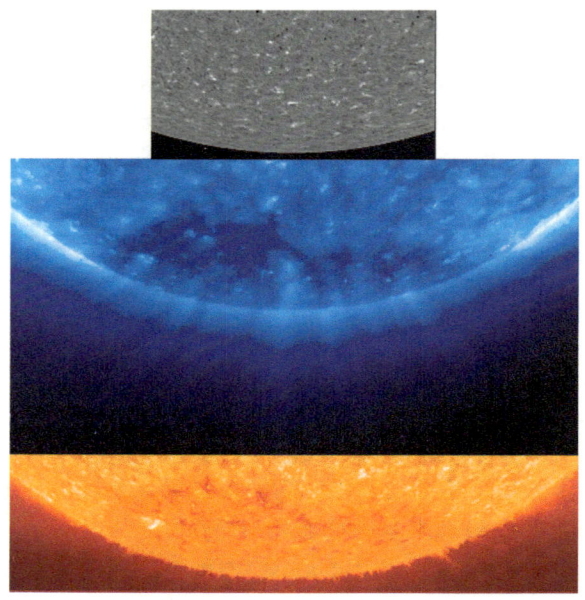

图 4 美国 SOHO 卫星观测的极区冕洞——高速太阳风的源区。

要想回答本文所提出的难题，观测手段的提高是关键。小尺度活动现象的一大特点就是尺度上的"小"，要想得知它们的真面目就需要有高精度的观测仪器、先进的观测技术和切实可靠的数据分析方法。目前在小尺度观测方面表现比较优秀的仪器是日本的 Hinode (日出号)太空望远镜，其观测到的 X 射线喷流[6]、微耀斑[7]、瞬现增亮[8]等质量较高。一米口径的太空望远镜及四到五米口径的地面望远镜将是太阳物理届下一步发展的目标。更高性能仪器的装备将使太阳小尺度活动的起源与结构及其对上层大气加热作用机制的研究取得突破性进展。

参 考 文 献

[1] 林元章. 太阳物理导论, 北京: 科学出版社, 2000.
[2] Filippov B, et al. Solar Physics, 2009, 254: 259.
[3] Milligan R O, et al. The Astrophysical Journal, 2008, 680: L157.
[4] Brooks D H, et al. The Astrophysical Journal, 2008, 689: L77.
[5] Kundu M R, et al. The Astrophysical Journal, 1988, 325: 905.
[6] Parker E N. The Astrophysical Journal, 1988, 330: 474.
[7] Zhang J, et al. Solar Physics, 2000, 194: 59.
[8] Wang J X, et al. The Astrophysical Journal, 2000, 530: 1071.

撰稿人：张 军[1] 杨书红[2]

1 中国科学院国家天文台
2 中国科学院太阳活动重点实验室(国家天文台)

大尺度太阳活动

Large-Scale Solar Activity

1. 大尺度太阳活动研究的由来

Zirin(1985)曾这样建议，太阳活动发生在不同的等级上，相应的其所发生的磁场也在不同的尺度[1]。太阳物理学家最先观测到黑子和耀斑。它们是活动区尺度的现象。从20世纪60年代，仪器设备的改进又把小尺度磁场和磁活动现象带入了人们的视野。小尺度太阳活动已为人们逐渐认识。那么，在远远超出活动区的尺度，是否存在另一层次的活动现象和更大尺度的磁场结构呢？

历史上有两类大尺度磁场图样(或结构)为太阳物理学家所描述：一是太阳"活动穴(active nests)"，或被称为"复杂活动集合体(activity complex)"，或早期更宽泛的概念"活动经度(active longitude)"。在其中，同时或相继出现多个新浮现的活动区和持续的剧烈活动现象；一是"冕洞(coronal hole)"，在磁场分布上总体表现为大尺度单极区。尽管我们知道前者(活动穴)总是以一系列重大太阳活动为特征，然而这些活动却常常被个别和孤立地研究。尽管我们知道后者(冕洞)总是与高速太阳风相联系，但我们却不知道它们如何影响太阳开放磁通量的演化，并以怎样的方式影响太阳活动。可见，我们对这两类大尺度磁场结构所对应的太阳活动和表现，还没有清晰的思考。

Yohkoh(Solar-A)的X射线全日面观测和太阳和日球天文台(SOHO)的紫外望远镜(EIT)、日冕仪(Lasco)和磁场速度场(MDI)观测提供了长期不间断的、具有适当时间分辨率的全日面太阳活动的监测。SOHO投入工作以来，大尺度甚至全球尺度的日冕波和日冕暗化成为最重要发现的发现之一；全球尺度晕状日冕物质抛射及其在行星际的表现成为太阳和空间物理中的最重要的课题之一，为大尺度太阳活动研究提供了重要的机遇。

2. 大尺度太阳活动存在的可能证据

大尺度太阳背景磁场对日冕物质抛射动力学的影响为刘扬所研究(2007[2])；日冕物质抛射的太阳大尺度源区磁场分类为周桂萍等给出(Zhou et al. 2006[3])；全球尺度日冕物质抛射的概念为Zhukov等(2007[4])建议；日冕物质抛射中大尺度EUV暗化中的磁场连接性被张宇宗等证认(2007[5])；大尺度跨赤道太阳活动被汪景琇等详细描述(2007[6])；太阳南北半球磁通量的准同时性浮现被周桂萍等发现[7]；在重

大耀斑/日冕物质抛射中非热射电爆发源的大范围分布为温亚媛等给出(2006[8]);大尺度磁结构的相互作用为姜云春等(2007[9])描述。图 1 中是 2003 年 10 月 28 日由活动区 10486 中初发的耀斑和日冕物质抛射中的大尺度磁场连接性和全球尺度的远紫外暗化和增亮(图 1 左)和在太阳南北半球同时出现的 8 各新浮现磁通量区(见图 1 右粗红线)。这些新浮磁通量区位于关键磁拓扑连接性的足点。值得注意的是在大尺度磁拱下巨双带(类)耀斑增亮,其中一耀斑带甚至伸入南极冕洞。图 2 中是一个跨赤道环形成、发展和耀发过程及其光度变化与两个 M 级耀斑光度变化的比较。从跨赤道环的形成到跨赤道环两段出现类耀斑增亮,整整 12 个小时,到跨赤道环光度降到 EUV 背景之下接近 20 小时。相应的全球尺度的日冕物质抛射持续被加速。大尺度与长寿命成为这类活动现象的最重要特征。

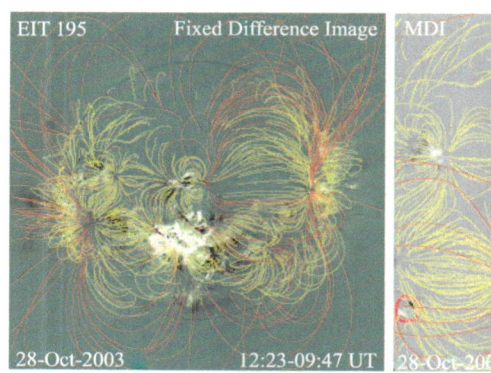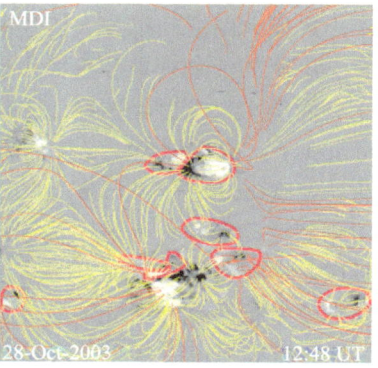

图 1　2003 年 10 月 28 日耀斑/日冕物质抛射中的磁场拓扑连接性和南北半球 8 个同时浮现的新浮现磁通量区。

这些研究暗示,在超过太阳活动区的尺度,有某类更大尺度甚至全球尺度的太阳活动存在。在这一研究领域有两类不同的思考和探索,中国学者的工作代表了其中一类努力(参见文献[10])。

3. 未解决的科学问题

(1) 对大尺度太阳活动我们所知甚少,还没有清晰的概念和可能的分类。是否存在大尺度太阳活动仍有争论。我们所观测到的一些日冕物质抛射所表现的大尺度行为,是否是本质的,还是由依次发生、互相联系的小尺度或活动区尺度的活动现象组成的[10],都是探讨中的问题。

(2) 如果有大尺度太阳活动,它们与活动区尺度太阳活动和小尺度太阳活动有何联系,它们在物理上有什么相同和不同的地方?人们普遍认为,绝大多数太阳活动源自磁场,同时直到太阳活动区在内的各层次的磁结构具有相似性的分布特征。那么,不同尺度的太阳活动应当是由同样的物理机制产生的,并通过磁场互相连接的。甚至不能排除，小尺度和活动区尺度的太阳活动是大尺度太阳活动的一个内在的组成部分。

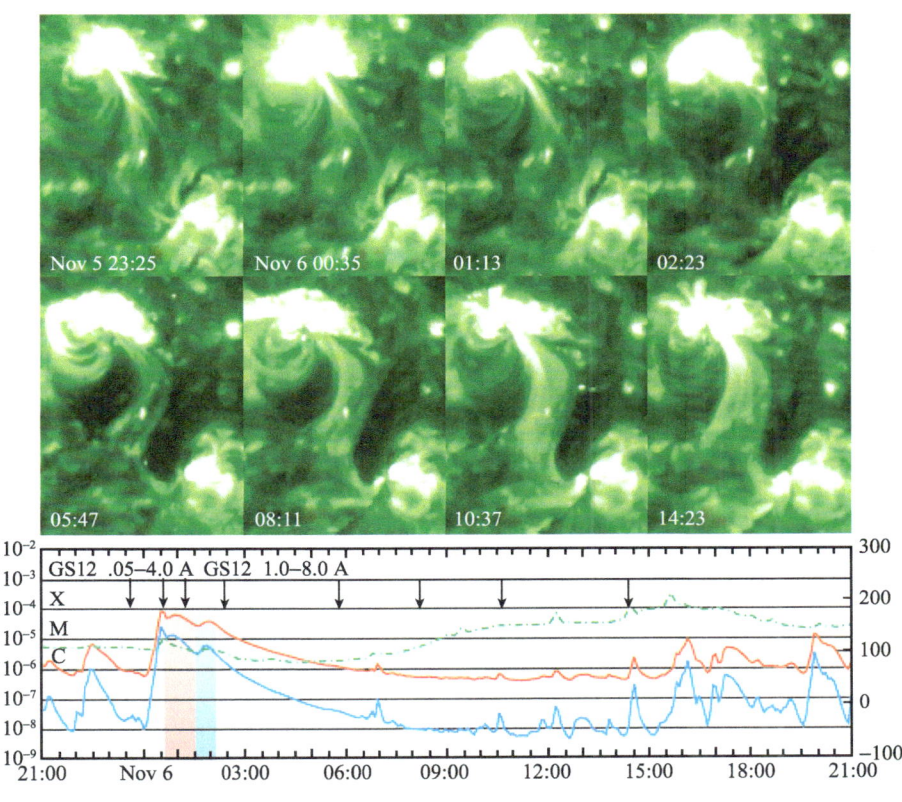

图 2　一个跨赤道环形成、增长和耀发过程。由虚线所表征的光变曲线代表跨赤道环光度变化。

(3) 大尺度太阳活动的能量释放的速率要比活动区的太阳耀斑小得多，但持续的时间却是后者的几十到几百倍。那么，这些如此长寿命的大尺度过程是否有显著的日地物理效应，它们是否像活动区耀斑和暗条爆发一样值得研究？

(4) 在大尺度太阳活动背后是否有值得重视的新的物理过程？一个尚未被太阳物理学者普遍认知的事实是，对任何多极磁通量系统，由于电磁相互作用的特殊性，一个复杂的拓扑骨架将在多重磁通量系统中产生，包括磁零点、"脊线"和"扇面"。这一拓扑骨架把整个系统联系起来，于是多重磁流体力学灾变和多重电流片上的磁重联会相继或同时发生，导致在不同尺度的磁活动现象。按照这一理解，由拓扑构架联结起来的整个磁通量系统对光球磁场演化的响应是几乎同时性的。这也许是太阳磁活动现象的一个新的值得重视的规律。

参 考 文 献

[1] Zirin H. Evolution of weak solar magnetic fields. Aust J. Phys., 1985, 38: 961–969.
[2] Liu Y. Halo coronal mass ejections and configuration of the ambient magnetic fields. ApJ, 2007, 654: L171–L174.
[3] Zhou G, Wang J and Zhang J. Large-scale source regions of earth-directed coronal mass ejections. A&A, 2006, 445: 1133–1141.
[4] Zhukov A N & Veselovsky I S. Global coronal mass ejections. ApJL, 2007, 664: 131–134.
[5] Zhang Y, Wang J, Attrill G D R, Harra L K, Yang Z, He X. Coronal Magnetic Connectivity and EUV dimmings. Solar Phys., 2007, 241: 329–349.
[6] Wang J X, Zhang Y Z, Zhou G P, Harra L, Williams D, Jiang Y C. Solar trans-equatorial activity. Solar Phys., 2007, 244: 75–94.
[7] Zhou G P, Wang J X, Wang Y M, Zhang Y Z. Quasi-simultaneous flux emergence in the events of october november 2003. Solar Phys., 2007, 244: 13–24.
[8] Wen Y, Wang J, Maia D J F, Zhang Y, Zhao H, Zhou G. Spatial and temporal scales of coronal magnetic restructuring in the development of coronal mass ejections. Solar Phys., 2006, 239: 257–276.
[9] Jiang Y, Shen Y, Yi B, Yang J, Wang J. Magnetic interaction: a transequatorial jet and interconnecting loops. ApJ, 2008, 677: 699.
[10] van Driel-Gesztelyi L, Attrill1 G D R, Demoulin P, Mandrini C H & Harra L K. Why are CMEs large-scale coronal events: nature or nurture? Ann. Geophys., 2008, 26: 3077C3088.

撰稿人：汪景琇[1]　刘　扬[2]

1 中国科学院国家天文台
2 太阳活动重点实验室
W.W. Hansen Experimental Physics Laboratory, Stanford University

中高纬度太阳活动

Solar Activity at Mid-and High-Latitudes

目前,随着太阳观测设备的发展,大量的高时间和空间分辨率的太阳活动事件的取得,使得对太阳活动事件的个例分析研究已开展得相当广泛。在此基础上,对太阳活动的整体中长期行为的研究也进行得相当深入,如发现了约 11 年的 Schwabe-Wolf 周期,世纪长度的 Gleissberg 周期,Maunder 蝴蝶图,黑子群的 Spores 纬度迁移规律,Hale 磁周的规律,双极黑子轴日面分布的 Joy 定律,黑子相对数活动周的 Gnevyshev-Ohl 效应和 Waldmeier 效应,现代黑子周的长周期周和短周期周的分类规律等,也认识到了太阳活动空间分布的不均匀性和不对称性等。然而,这些太阳物理方面的研究,无论是太阳活动的个例分析研究,还是太阳活动的整体长期行为的统计研究,都主要集中在对中低纬度太阳活动的分析研究上,对中高纬度太阳活动的分析研究进行得很少,这主要是因为高纬度太阳活动不是很剧烈以及日球的投影效应导致观测上的困难所致。

正如人类活动从地球中低纬度走向两极一样,太阳活动的研究势必向太阳极区进发,因为无论是地球的两极,还是太阳的两极,对人类来说,都是具有吸引力的且知之甚少的领域。目前,太阳高纬度活动现象越来越受到人们的重视,观测与理论研究太阳高纬度活动的科学家越来越多[1, 2]。根据太阳发电机理论,太阳活动实际上是磁场演化的产物,较强的中低纬度磁场很可能是由太阳活动周开始时出现在极区或高纬度区域的弱磁场演化过来的,太阳活动周极大期的太阳活动的剧烈程度与早期的高纬度活动有关。要做太阳活动中长期预报,有一些前兆因子预报方法一般是对每个太阳活动周极小期附近的高纬度太阳活动现象进行观测研究。同时,像 Babcock-Leighton 太阳发电机理论所涉及的太阳活动的最高纬度也只达约 55°,而实际上,高纬度的太阳活动可以到达极区,因此,研究中高纬度太阳活动的整体中长期行为,为将太阳发电机理论推广到整个日面提供观测研究基础。

我们知道,新活动周开始的黑子,在太阳黑子极小期之前就已出现,一直持续 12 年或更长的时间,结束在下一个极小期之后,这个黑子持续出现的特殊活动周期就称之为太阳黑子活动延伸周[3]。这种活动周的观点是基于磁场活动的发生,以及活动在空间和时间上连续分布的性质所提出的。太阳活动延伸周就是考虑了太阳高纬度活动的新概念。目前,对太阳活动延伸周的观测分析研究表明,高纬度活动开始的时间比通常人们认为的时间要早得多。例如,高纬度(大于 30°)黑子群出现于黑子周开始前 3~33 个月,平均为 18 个月。而低纬度黑子则在太阳活动周结束后仍然出现 1~2 年。有太阳物理学家认为,与极区光斑有联系的那些磁场双极区作为下一个太阳周的活动区是合适的,他们推测在极性反转后立即出现的极光斑是延伸周活动的第一个高纬成分。由于极区光斑相对容易观测,中高纬度太阳活动的研究往往集中在对极区光斑的研究上。通过对极区光斑的研究,一般定义低纬度为日面纬度 0~50° 的范围,大于 60° 则为高纬度。研究发现极区光斑和低纬度黑子一样,也表现出 Schwabe 周期,但与低纬度黑子活动反相位,且高纬度太阳活动领先低纬度太阳活动,这和太阳发电机理论的思想是一致的。在 50~60°,高低纬度成分混合导致太阳活动周特征的消失。基于全日面暗条活动,有人提出了全日面活动周的概念。全日面活动周将低纬度和高纬度太阳活动结合起来了,将太阳活动延伸周和 Hale 磁周合并起来了[3]。

高纬度太阳活动周期发现有如下几类特征[4]:(1) 有两种彼此反相位的周期行为同时存在。高纬度磁流,代表高纬度活动的强度和中低纬度太阳活动(黑子)完全反相位;然而高纬度暗条活动,代表高纬度活动的复杂性和高纬度磁流反相位。(2) 有两种彼此反方向的太阳活动漂移现象存在于一个太阳黑子活动周中。从中纬度向太阳两极的漂移发生在黑子活动周的上升相,从太阳两极向中纬度的漂移发生在黑子活动周的下降相。目前发电机理论忽略了从太阳两极向中纬度的漂移。(3) 极区光斑,可能和高纬度活动的强度的关系比之活动的复杂性而言更密切,它们和高纬度磁流同相位。(4) 高纬度耀斑,主要发生在高纬度活动的强度和高纬度活动的复杂性的极大时期,和高纬度磁流及高纬度暗条活动都不同相。

低纬度太阳活动表现出南北半球不对称性。对于高纬度太阳活动,也表现太阳活动日面分布的南北半球不对称性[4]。对于和低纬度同相位的高纬度活动,如高纬度暗条活动,高低纬度活动具有相同的不对称性;对于和低纬度反相位的高纬度活动,如极区光斑和极区磁场活动,高低纬度活动不对称性无关联;对于主要发生在高低纬度活动的极值时期的高纬度活动,如极区耀斑活动,高低纬度活动不对称性无关联。高纬度暗条反映太阳低纬度磁场的漂移量和太阳内部浮现磁通量——两种互反极性磁场的分界面。太阳低纬度磁场的漂移量在太阳黑子活动周极大时达到极大,因而高纬度暗条与黑子活动周同相,高纬度暗条带有低纬度活动周的信息。观测的高纬度磁场可能来自太阳低纬度磁场的漂移量和太阳内部磁通量的浮现。二者相互作用的结果,高纬度磁场与低纬度活动周反相。极区光斑与极区磁场相关联。极区耀斑主要与极区暗条有关。

和低纬度太阳活动一样,高纬度南北半球上的太阳活动受一个低维混沌吸引子的控制,表现出非线性特征[5]。然而两个半球上的最大 Lyaponuv 指数显著不同,表征其可预测时间不同。高纬度南北半球活动,和低纬度一样,也表现出相位不同步。研究发现:相位移动会造成南北半球活动不同步;主周期随时间的变化会造成南北半球活动不同步；高频相位的混杂会造成南北半球活动不同步。

由于高纬度观测资料较少，目前对高纬度太阳活动的研究还处于起步阶段，还有非常多的问题亟待解决。如发电机理论认为这种向极区的漂移是中低纬度磁活动向极区扩散的结果(这种漂移导致复杂的高纬度太阳磁活动，因而增加了研究高纬度太阳活动的必要性)，真的是这样吗？高纬度浮现磁活动是怎样的？我们观测的磁活动、中低纬度磁活动向极区扩散的成分、高纬度浮现磁活动三者在太阳活动周尺度上是怎样相关联的？高纬度太阳内部流场如何演化？极区磁场极性是如何反变的？剧烈高纬度太阳活动(日冕物质抛射，耀斑等)是如何发生的？高纬度太阳活动的非线性特征如何？取得可靠的高纬度太阳活动的观测资料，以及资料的积累是目前首先要解决的问题。SDO的发射有望对高纬度太阳活动的认识有很大的提高。

参 考 文 献

[1] Makarov V I, Tlatov A G, Callebaut D K. Long-term changes of polar activity of the Sun. Solar Phys., 2005, 224：49–59.

[2] Minarovjech M, Rusin V and Saniga M. Time-latitudinal dynamics of magnetic fields and the green corona over three solar cycles. Solar Phys., 2007, 241: 263–268.

[3] Li K J, Li Q X, Gao P X, et al. Cyclic behavior of solar full-disk activity. Journal of Geophysical Research, 2008, 113(A11108), doi:10.1029/2007JA012846.

[4] Li K J, Mu J and Li Q X. On long-term solar activity at high latitudes. 2007, Mon. Not. R. Astron. Soc. 376: L39–L42.

[5] Li Q X, Li K J. Low-dimensional chaos of high-latitude solar activity. 2007, PASJ 59: 983–987.

撰稿人：李可军

中国科学院国家天文台云南天文台

长周期太阳活动

Long-term Solar Activity

18世纪70年代，太阳黑子活动的周期变化，由丹麦天文学家Christian Horrebow最早注意到，但没引起重视。1843年，Schwabe提出太阳黑子存在着大约10年左右的周期，该周期被称为Schwabe周期，并规定从1755年太阳活动极小算起为第1活动周。黑子的Schwabe周期长度并不规则，平均周期为11.1年，最短为9.0年，最长为13.6年。Schwabe周期广泛存在于太阳活动、日球活动、地磁活动、空间天气、气候变化中[1]。有时，太阳活动的规则演化被一些称为巨极小期的活动中断。最近的一个巨极小期(也是直接的太阳观测)是Maunder极小期 (1645~1717年)[2]。

太阳活动除了明显存在Schwabe周期外，是否存在其他更长的周期，一直是太阳物理和日地关系物理学者探讨的问题。

1862年，Wolf根据当时可供利用的黑子记录，提出太阳活动可能存在由7个太阳活动周组成的78年周期。1971年，Gleissberg发现，如果把公元1700年以来的太阳活动周中黑子相对数年均值的极大值按相邻4个活动周滑动平均，得到的均滑值似乎存在长度约为80年的周期，一般称为世纪周期或Gleissberg周期。Garcia和Mouradian用同样的方法对每个活动周极小年的平均黑子数做平滑，也得到了显著的世纪周期。对每个活动周的年均黑子数总和进行类似处理，也发现存在着约为百年的世纪周期。已有的分析显示世纪周期的长度在80~120年范围内变化[1]。

由于望远镜对黑子的观测取得的数据记录的长度只有300多年，太阳活动的超长期变化周期，并不能由直接的太阳观测资料给出，这是目前研究超长期太阳活动变化的最主要的难题，因此，要探讨太阳活动的超长期变化，只能借助其他途径，主要是分析太阳活动的重构系列。目前从太阳活动的重构系列中发现的太阳活动的超长期变化周期主要有：205~210年的Vries或Suess周期，600~700年、1000~1200年、2000~2400年的Hallstatt周期等[2]。

探讨太阳活动的超长期变化，主要有如下几种。

a) 目视黑子记录

在黑子的望远镜观测前，在一些古文献中，存在大量的太阳黑子目视观测记录。云南天文台的太阳物理研究学者从中国史书上收集和整理出了112条从公元前43年至1638年的黑子目视记录。利用这些资料得到了2000多年来的太阳活动变化情况[1]。

b) 极光出现频数

极光是一种可在高纬度地区用肉眼看到的醒目天象,它是由太阳活动产生的高能粒子轰击地球大气后,引起大气原子和分子激发产生的。地球上每年极光发生频数与黑子相对数年均值存在强相关。许多国家都有大量的极光记载。由极光出现频数资料分析,发现1000多年来,太阳活动除了Schwabe周期外,似乎还存在长度约为200年的双世纪周期;Gleissberg周期可能是一种弥散较大的准周期。

c) 超长期变化的太阳活动时间序列重构

变化的太阳磁活动产生的非直接的日地效应信号,例如,在地球大气,月球岩石,陨石中的宇宙射线引起的核效应(由宇宙同位素方法确定)或化学效应(硝酸盐方法确定)生产的信号,存在于自然界中,可用来重构太阳活动时间序列。最一般的太阳活动序列重构是用宇宙射线放射性核素(^{10}Be 和 ^{14}C)资料确定,其次是地质与古地磁时间重构(不是很可靠)[4, 5]。重构序列的可靠性一般由已知的太阳直接观测资料、古气候资料和月球资料来验证。

近11000年来,太阳活动水平不是平稳和均匀变化的,而是经历过一系列的巨极大期和巨极小期(见表1和表2),有约3/4的时间处于中等太阳磁活动水平,约1/6的时间处于巨极小水平,约1/5~1/10的时间处于巨极大水平;但它们的分布看不出明显的规律性。目前的太阳活动正处在大约从1920年开始的"现代极大期"。已知的19个巨极大期,大约有75%不长于50年,因此"现代极大期"再持续下去的概率不高,从Gleissberg周期看,未来几个太阳活动周处于Gleissberg周期的低谷期,可以预言未来太阳活动处于低水平[2]。

表 1 在重构的太阳活动时间序列中的 27 个巨极小期的近似时间

次序	中间日期(正值:公元年,负值:公元前)	持续时间(年)
1	1680	80
2	1470	160
3	1305	70
4	1040	60
5	685	70
6	−360	60
7	−765	90
8	−1390	40
9	−2860	60
10	−3335	70
11	−3500	40
12	−3625	50
13	−3940	60

续表

次序	中间日期(正值：公元年，负值：公元前)	持续时间(年)
14	−4225	30
15	−4325	50
16	−5260	140
17	−5460	60
18	−5620	40
19	−5710	20
20	−5985	30
21	−6215	30
22	−6400	80
23	−7035	50
24	−7305	30
25	−7515	150
26	−8215	110
27	−9165	150

表2　在重构的太阳活动时间序列中的19个巨极大期的近似时间

次序	中间日期(正值：公元年，负值：公元前)	持续时间(年)
1	1960	80
2	−445	40
3	−1790	20
4	−2070	40
5	−2240	20
6	−2520	20
7	−3145	30
8	−6125	20
9	−6530	20
10	−6740	100
11	−6865	50
12	−7215	30
13	−7660	80
14	−7780	20
15	−7850	20
16	−8030	50
17	−8350	70
18	−8915	190
19	−9375	130

巨极小与巨极大期并不是超长期周期变化的结果，可能是由随机/混沌过程决定的。太阳活动巨极小期，被认为对应于太阳发电机的特殊状态，对太阳活动发电机理论提出了挑战。例如，Maunder极小期可由太阳直接观测确定存在。太阳活动进入Maunder极小期是突然、无征兆的，走出Maunder极小期却是渐进的；在Maunder极小期，太阳活动的22年周期比11年周期要明显得多。对太阳活动巨极小(大)期如何解释，目前仍是一个开放的问题[2]。

太阳活动除了周期性变化外，是否还有其他不规则变化？太阳活动的Schwabe周期是否长期以来总是如此，或仅仅是太阳在某个阶段的特征？太阳活动是一个确定性的发展过程，还是无规(随机或混沌)过程占主导？Gleissberg周期的未来再认证，也是一个待研究的课题。

超长期变化的太阳活动时间序列重构往往与古气候资料是相互印证的，它对于当前研究全球气候变暖是十分重要的[5]。古气候变化的时间序列重建，太阳活动时间序列重构的物理基础，如宇宙射线放射性核素(^{10}Be和^{14}C)在自然界中演化的完整图像、时间序列重构的物理模型等，都有待改进与完善，这是研究太阳活动超长期变化的最基本的问题。

参 考 文 献

[1] 林元章. 太阳物理导论, 1版, 北京: 科学出版社, 2000: 418-424.
[2] Usoskin I G. A History of solar activity over millennia. Living Reviews in Solar Physics, 2008, 5: 3-86.
[3] 于革, 刘健, 薛滨. 1版, 北京: 高等教育出版社, 2007: 119-153.
[4] Haigh J D. The sun and the earth's climate. Living Reviews in Solar Physics, 2007, 4: 2-64.
[5] Vasiliev S S, Dergachev V A. The 2400-year cycle in atmospheric radiocarbon concentration: bispectrum of ^{14}C data over the last 8000 years. Ann. Geophys., 2002, 20: 115-120.

撰稿人：李可军

中国科学院国家天文台云南天文台

日 冕 加 热

Coronal Heating

1. 日冕加热的来龙去脉

日冕光谱中没有夫琅和费(Fraunhofer)线是因为光子遭到高温自由电子散射时其多普勒位移超过了谱线的宽度。少数在 1869 年日全食期间观测到的谱线被证实来自日冕等离子体中多次电离的重离子，如 9 次电离的铁和 14 次电离的钙。在日冕中观测到这些形成于百万度左右的谱线说明日冕温度为百万度甚至更高。现代空间仪器观测到高次电离重原子的紫外谱线发射和高温电子产生 X 射线轫致辐射。那么，日冕是如何被加热到百万度的高温的呢？这就是日冕加热问题。

2. 日冕加热的研究现状

日冕加热的能量需求　一些特殊的加热机制使得日冕气体保持比光球高得多的温度。观测和研究表明，需要解释的日冕加热能流为宁静区 10^6 erg cm^{-2} s^{-1} 和活动区 10^7 erg cm^{-2} s^{-1} [1~3]。这些数值在某些区域，特别是活动区，可能存在几倍的变化。

日冕加热机制　多数日冕加热机制都是多步骤加热。加热过程从概念上可以将分成八步：(1) 初始能量的机械驱动；(2) 电磁耦合；(3) 能量储存；(4) 不稳定性和平衡破坏；(5) 能量传输；(6) 等离子体加热；(7) 过压驱动等离子体流；(8) 等离子体捕获。

太阳物理学家提出了多种日冕加热的理论模型。根据其主要的内在过程或物理过程大致可以分成五大类[3]：(1) 直流挤压和重联模型；(2) 交流波加热模型；(3) 声学加热：声波加热；(4) 色球磁重联；(5) 速度筛选。习惯上人们将日冕加热机制分成直流和交流两大组。当光球驱动改变边界条件的时标比阿尔芬沿冕环传播时标大得多时，日冕中的电流几乎是不随时间变化的直流电流。相反，则日冕中出现的将是随时间变化的交流电流，即以波的形式。

日冕不是声波加热　早期曾提出太阳外层大气的加热源于太阳对流层发出的噪声的耗散，最近的 TRACE 卫星也观测到了光球声波向上传到冕环的证据[4]。声波的能量比日冕的能量损失要小 100~1000 倍[5,6]。于是人们开始寻找磁场性质的加热机制，日冕加热问题演变成了日冕电流的焦耳(欧姆)耗散或 MHD 波的黏滞耗散等问题。

日冕中的电流 日冕为磁压远大于气压的磁结构化介质,布满了扎根于太阳表面的磁力线,其足点存在复杂运动。由于冻结效应,日冕磁场相应的发展成维持电流的复杂结构[2]。日冕以变化或准静态的方式响应磁力线足点运动从而分散光球运动产生的巨大能量。

供给日冕的能量基本上是穿越其下表面的玻印廷(Poynting)矢量,虽然其他形式也会提供能量。在磁流冻结条件下,玻印廷矢量能提供约 $10^7\,\mathrm{erg\,cm^{-2}\,s^{-1}}$ 的垂直能流。如果该能流能真正耗散,就足以提供日冕所需的能量。

直流的耗散 电流的耗散需要很小的尺度。如果携带电流区域的填充因子在 10^{-8} 量级,则平均加热率就与观测值在同一量级。这样,电流纤维的直径应该在 500m 的量级或更小。如果电流密度过大,就可能触发等离子体的微(观)不稳定性。

磁场编织是产生高电流密度的过程之一[7]。光球中的磁力线足点进行随机运动使日冕中磁力线的缠绕随时间不断增加,电流积聚的厚度不断减小。当日冕电流在垂直于磁场方向的尺度变到足够小时就会进入耗散模式,其中最小尺度的结构将经历耗散过程。

使电流聚集在小尺度结构中的另一途径是不同磁场系统的相互挤压而自然形成电流片。与太阳表面磁连接不连续的磁力线的剪切运动也可以形成薄的电流层。X 射线增亮源于与这些电流片最终重联相关的耗散。多数日冕加热可能源于低日冕中超米粒边界附近不断发生的小尺度缠绕和重联事件。一个重要的观测事实是宁静区混合极性的小尺度磁流在大约 40 小时的时间内由于上述活动而被完全取代。

MHD 波的衰减 日冕在垂直磁场的方向的各向异性在波的传播中可以产生相混合和共振行为,两者都有利于波在一定时标内耗散和衰减振动,该时标为波的周期乘以雷诺数的三分之一次方的量级。这对振动在冕环的寿命时间内进入耗散模式已经足够短了。

垂直于边界的方向布满均匀磁场的等离子体薄片内激发的剪切阿尔芬波,耗散很小时,每根磁力线将从激发噪声中挑拣与其阿尔芬频率共振的频率及其谐波。不同的磁力线上的振动的位相差将变得越来越大:系统相混合。最后耗散引起震动的衰减。如果维持边界处的激发,进入等离子体薄片的能流通过相混合流中的耗散平稳地转化。

不均匀介质层中共振运动在均匀磁表面的分量也渐近地出现相混合,最终导致耗散。共振与连续谱中非正态本征模的耦合构成了大尺度波运动的吸能源。后者通过向共振表面传递的波累积泵入的能量[8]。任何小量的耗散处理高度相混合流,将累积的能量转化为热量。

动力学阿尔文波及其波-粒耗散理论,成功地解决了长期困扰日冕加热问题的波能耗散困难,使这一问题的研究取得了重要的突破性进展[9,10]。

色球磁重联 当随机运动的相反极性的光球磁结构发生碰撞时可能在光球之

上几百千米的色球中产生磁重联,从而产生观测到的过渡区爆发事件和 X 射线亮点。色球重联产生的磁声激波或向上运动的加热的等离子体流可能对日冕加热作出贡献。

3. 冕加热的准确提法及必要说明

日冕加热的准确提法是日冕加热机制问题研究。研究能量如何传输到日冕并在那里耗散,进而使日冕温度升高并保持在百万度量级。日冕加热的核心问题是加热机制问题。目前虽然提出了多种加热机制,但没有一种机制包含前面提到的八个过程。加热机制中关键问题则是传递到日冕中的能量如何转化成加热日冕的热能。

4. 日冕加热的难点所在

一个完善的加热机制应该包含并很好地解释日冕加热的八个过程。只有包含了第八个过程的模型才能用观测来验证。一个包含这八个过程的机制涉及从发电机理论到外层大气物理的许多物理过程,是一个系统性工程。目前还没有一个模型包含上面所列的全部过程。日冕加热的首要问题是加热机制问题,这也是日冕加热中最困难和最关键的问题。

现在的观测能力也限制了对日冕加热机制的确定。比如,我们观测到的 X 射线亮点每天向日冕注入约 8×10^{31} erg 的能量,而日冕每天的能量消耗大约是 10^{33} erg。现代仪器无法观测到低强度的 X 射线亮点。我们需要灵敏度更高、动态范围更大的观测仪器来对低强度、小尺度的 X 射线亮点进行观测,从而判断与之相关的小尺度磁重联在日冕加热中的作用。

参 考 文 献

[1] Jordan C. The structure and energy balance of solar active regions. Philosophical Transactions, Series A, 1976, 281: 391–404.

[2] Heyvaerts J. Coronal heating mechanisms, encyclopedia of astronomy and astrophysics. Bristol: Institute of Physics Publishing, 2001, 490–496.

[3] Aschwanden M. Physics of the Solar Corona. 2nd ed. Chichester: Praxis; Berlin: Springer, 2005: Chap 9, 355–406.

[4] De Moortel I, Ireland J, Walsh R W. Observation of oscillations in coronal loops. Astronomy & Astrophysics, 2000, 355: L23–26.

[5] Athay R, White O. Chromospheric and coronal heating by sound waves. Astrophysical Journal, 1978, 226: 1135–1139.

[6] Mein N, Schmieder B. Mechanical flux in the solar chromosphere. III - Variation of the mechanical flux. A&A, 1981, 97: 310–316.

[7] Parker E. Magnetic neutral sheets in evolving fields - part two - formation of the solar corona. Astrophysical Journal, 1983, 264: 642–647.

[8] Lee M, Roberts B. On the behavior of hydromagnetic surface waves. Astrophysical Journal, 1986, 301: 430–439.

[9] Wu D J, Fang C. Two-fluid motion of plasma in Alfven waves and heating of solar coronal loops. Astrophysical Journal, 1999, 511: 958–964.

[10] Wu D J, Fang C. Coronal plume heating and kinetic dissipation of kinetic Alfven waves. Astrophysical Journal, 2003, 596: 656–662.

撰稿人：黎　辉

中国科学院紫金山天文台

冕震学、波和震荡在太阳大气中的产生、传播与证认

Coronal Seismology, Excitation, Propagation and Identification of Oscillations and Waves in Solar Atmosphere

1. 冕震学研究的意义

日冕是太阳大气的最外层,温度超过百万度,密度非常稀薄,等离子体几乎完全电离并辐射出远紫外线(EUV)和X射线。发亮的环状结构是日冕在 EUV 和 X 射线波段最显著的特征。一般认为日冕的高温特征(或是加热机制)与太阳大气中的磁场分布内在相关。磁场支配着日冕等离子体的运动并使其结构化为环状。图1显示的是美国航空航天局(NASA)发射的太阳过渡区和日冕探测卫星(TRACE)在 EUV 波段拍摄的一个活动区的环系像。太阳大气中最剧烈的活动现象如耀斑和日冕物质抛射都与这些磁环的部分爆发相关联。洞察日冕中的各种物理过程对理解日冕加热、太阳风加速以及日地空间环境的关系(空间天气)至关重要。然而,日冕的观测研究并非一件易事。一些重要的物理参数如日冕磁场、能量输运系数和非均匀特征尺度等无法或很难通过直接观测来得到。这正是冕震学产生的动机。日冕中存在着大量的波动现象。类似于地震学通过分析和模拟地震波来推断地球内部构造,利用

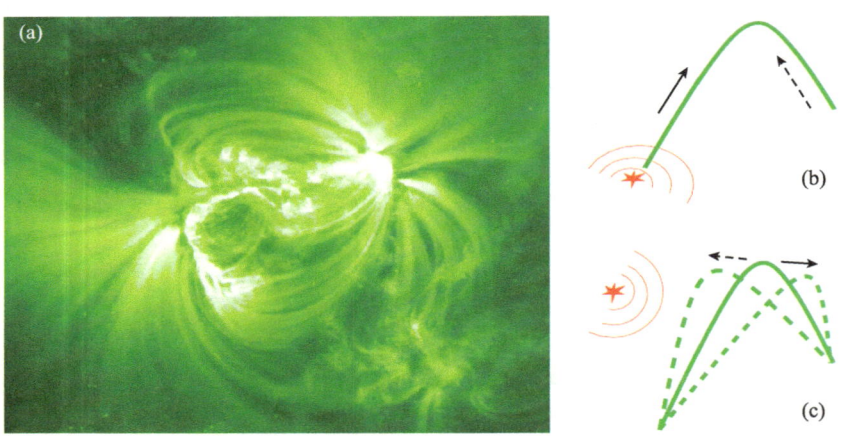

图1

(a) TRACE 卫星在 EUV 波段观测到的温度约为一百万度左右的活动区日冕环系,(b) 微耀斑激发慢磁声驻波的示意图,(c) 强耀斑激发冕环横向扭曲振动的示意图。

日冕中存在的各种波动现象来确定难以直接测量的日冕大气结构参数,这就是冕震学[1]。冕震学是太阳物理的一个新兴分支。根据所研究的波动现象传播范围不同,可分为局部冕震学和大尺度冕震学。前者研究沿着冕环传播的局部波动,而后者研究可能传播至整个日面的全球波动。

2. 日冕大气中的磁流体波和振动的探测

(1) 局部冕环振动

局部冕震学是 20 世纪 80 年代基于磁环波动理论提出的[2]。在标准模型中,一个冕环被简化为一根笔直均匀的磁柱体。磁环内部的等离子体密度比外部高,因此形成一个能束缚波动的共振腔。磁化等离子体中的波动非常复杂。磁力和热压力相互作用形成一种同时具有磁力和声波特性的波动现象被称为磁流体波。理论预言冕环中可以存在四种主要类型的磁流体振动。一种叫慢磁声模(slow magnetoacoustic mode)。冕环中的慢磁声波很像吹箫时产生的声波振动,波在环中传播引起等离子体沿环来回振动(图 1b)。还有一种叫快扭曲模(fast kink mode),它使冕环左右摇摆,有点像被弹拨的琴弦(图 1c)。第三种叫快腊肠模(fast sausage mode),它使磁环产生周期性的脉动,犹如一根香肠不断地收缩和膨胀。最后一种叫扭转阿尔芬模(torsional Alfvén mode),它引起等离子体围绕环轴交替地正向和反向旋转。扭转阿尔芬波被认为是由光球向日冕输运能量最有效的波形式,在日冕加热的波机制中扮演重要角色,因而也是研究人员最期待发现的一种。观测上除了利用以上提到的物理特性来区分这四种磁流体模外,还常常利用共振周期来证认它们。冕环的共振周期由环长和波沿环传播的速度决定。不同的波类型具有不同的特征波速。在冕环里,慢磁声波以近于声速(几百千米/秒)传播,扭转阿尔芬波以阿尔芬速度(正比于磁场强度反比于等离子体密度的平方根;几千千米/秒)传播,而快扭曲波和快腊肠波以更快的波速传播。对典型的活动区冕环(长度约几十万千米),理论估计慢磁声模的基频周期为几十分钟的量级,扭转阿尔芬模和快扭曲模的基频周期为几分钟的量级,而快腊肠模因为低频泄漏通常不存在基频模而是以高次谐波的形式存在,周期为几秒钟的量级。

20 世纪七八十年代,冕环振动的证据大多来自太阳射电时间序列观测。由于缺乏冕环几何参数和其他物理量的可靠测量,局部冕震学一直处于萌芽阶段,直到九十年代美欧合作的空间太阳和日球天文台(Solar and Heliospheric Observatory, SOHO)和 TRACE 卫星发射上天,利用具有高时空分辨率的 EUV 成像仪和光谱仪才第一次明确证认了冕环快扭曲模和慢磁声模振动,大大促进了相关波动理论的发展,也使局部冕震学真正成为现实。

冕环快扭曲模振动是 TRACE 卫星的瞩目发现[3]。发生在图 1(a)所示活动区中部的一个强耀斑使周围许多冕环产生了周期约为几分钟的整体横向摆动,可能是由耀斑爆炸激波激发的。利用冕环振动周期与磁场强度的关系，学者们推断出环内磁场约为几十高斯。尽管测量精度还很低，但这个事例展示了局部冕震学的诱人应用前景，因为目前还没有其他技术可以直接测量温度高达百万度的日冕等离子体中的微弱磁场。观测上这类冕环振动事件非常罕见，而且振动激发似乎具有选择性，即一组冕环中常常只有一小部分发生振动，其中的原因尚不清楚。快扭曲模振动的快速衰减机制是目前研究最关注的焦点，也是备受争议的问题。比较接受的理论有与非均匀内部结构相关的共振吸收机制和与环弯曲相关的侧向波泄漏机制。也有人认为可能是由窄带观测的温度选择效应造成的。因此要解决这些问题，一方面需要发展温度覆盖范围更宽的多波带高分辨成像观测，另一方面需要发展更接近现实条件的三维理论模型。

与微耀斑相关的热冕环纵向振动是 SOHO 上的 EUV 成像光谱仪(SUMER)的意外重大发现[4]。周期为 10~30 分钟左右的多普勒速度振动在形成温度高达 600 万度的铁离子(Fe XIX)谱线中被观测到(图 2)。结合从日本阳光卫星(Yohkoh)上的软 X 射线望远镜(SXT)所获得的冕环图像观测，这些振动被证认为慢磁声驻波振动。热环振动的衰减非常快，通常只能观测到 2~3 个周期，这主要是由起主导作用的热传导耗散造成的。目前慢模共振研究的主要难题有：① 它是如何被快速激发的？② 它的激发是否具有温度依赖性？尽管一些证据表明慢模共振是由冕环足点附近的小(或微)耀斑激发的，但这一结论仍需观测进一步证实。目前理论上尚不能满意解释慢模共振为何能在不到一个周期的短时间内形成。最新的二维和三维数值模拟显示伴随耀斑产生的快磁声波可能对慢模共振的快速激发起一定作用。慢模共振

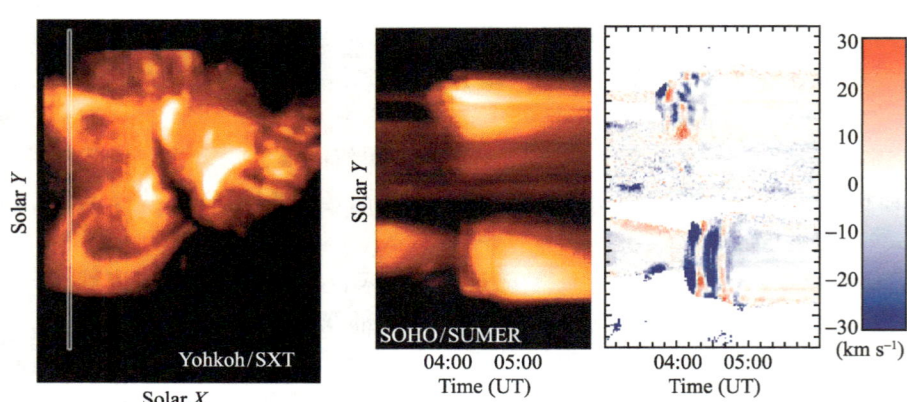

图 2 日冕环中的声波共振观测。左图为 YOHKOH/SXT 软 X 射线望远镜观测到的日冕热环。中图和右图为 SOHO/SUMER 远紫外光谱仪观测到的形成温度超过 600 万度的铁离子谱线强度和多普勒速度时间演化像。冕环声波共振可以清楚地在多普勒速度图中被看到。左图中的白色竖线为光谱仪狭缝所在位置。

目前只在 600 万~1000 万度的高温环中被观测到。这有些出乎意料,因为理论上并没有这样的限制。尚不清楚没有在低温冕环中观测到慢模共振是否是跟幅度太弱有关。

除了慢模驻波,还发现日冕环中存在慢磁声行波。SOHO 卫星上的远紫外成像望远镜(EIT)最先在活动区边缘的扇形冕环中观测到向外传播的准周期性强度扰动,这一现象随后被 TRACE 卫星证认[5]。这些强度扰动的传播速度大约为 100~150 千米/秒,接近日冕中的声速。这些波衰减很快,只能在靠近冕环足点附近被看见。这些波的源被认为是来自太阳内部的震动(例如,太阳的五分钟震荡),然而它们的衰减机制却直接跟冕环结构有关。因此利用冕震学方法或许有希望获得有关冕环足底的结构参量,对揭开维持冕环发亮的加热机制有重要意义。目前关于慢磁声行波研究的难点有:(1) 它是如何产生的?(2) 如何利用它对温度的依赖性反演冕环内部的精细结构?(3) 它和冕环中的持续等离子体出流有何关系?通常来自太阳内部的声波震荡绝大部分在光球和过渡区被反射回去。然而当存在磁场时,太阳表面声模震荡(p-mode)有可能通过隧道效应到达日冕。这能解释周期为 3 分钟和 5 分钟的行波来源,但却无法解释最近发现的周期为 12 分钟和 25 分钟的谐波如何产生,因为这些低频波的周期远大于声波在太阳表面的截止周期(约为 3 分钟)。

快腊肠模和扭转阿尔芬模在观测上还没有得到明确证认。在耀斑开始的几分钟经常在射电和硬 X 射线波段出现快速强度脉动,这可能是由快腊肠波造成的。能量在冕环中突然释放可以触发这种振动,然而所引起的环径向变化太小尚不能被目前的观测直接分辨,我们所看见的强度扰动是由环截面的周期性变化产生的等离子体密度扰动和磁通量扰动导致的。扭转阿尔芬波是最难被探测的。它是一种不可压缩波,因此不会引起冕环的任何强度变化,另外它也不会使冕环产生任何空间位置变化。唯一手段是利用光谱方法探测沿环的径向分布的多普勒速度变化。扭转阿尔芬波使等离子体围绕环轴做周期性旋转,因此环轴两侧的多普勒速度应当反向,并且每半个周期反转一次符号。目前冕环的 EUV 成像光谱观测尚远不能达到所需的要求(采样速度<1 幅/分钟)。

(2) 日冕大尺度波动

最早诊断到日冕激波的观测特征是射电 II 型暴,它表现为暴源以 1000 千米每秒的速度在日冕中向上传播,被解释为日冕快磁声波。由于 20 世纪 70 年代以前人们尚不知日冕物质抛射现象,因此这种快磁声波被解释为由耀斑的压力脉冲产生。待日冕物质抛射现象被深入研究后,先后有人分别从观测和理论上提出这种快磁声波可能是由日冕物质抛射驱动。

20 世纪 60 年代初,美国同行发现大耀斑发生后,经常可以在 Hα 线翼波段观测到一个窄的波前远离耀斑区,速度在 500~2000 千米每秒的范围。这种波动现象被后人称为莫尔顿波(Moreton wave)。但是,这个在色球层观测到的波动现象却不能由色球磁声波解释，因此困惑了太阳物理界数年。至 60 年代末才被成功地解释为耀斑爆发产生的磁声波在日冕中传播，其足点扫过色球层，产生在 Hα 线翼波段观测到的莫尔顿波。该理论预言存在耀斑产生的日冕磁声波，而且该波会锐化形成激波，产生 II 型射电暴。然而，X 射线和紫外望远镜上天后几十年内并未发现这个波。因此，相关的研究相对比较沉寂。1997 年，SOHO 卫星搭载的 EIT 望远镜在日冕物质抛射暨耀斑爆发后发现在日冕出现的大尺度波动现象。该波动现象通常称为日冕 EIT 波[6]。这种波动现象也可以由色球的氦 10830 埃单色像观测到。目前，国际上较大部分同行认为它就是色球莫尔顿波对应的日冕磁声波，而且相当一部分同行认为该波动是由耀斑的压力脉冲产生的。然而，EIT 波的很多观测特征无法用这一理论来解释。为此，国内外同行提出一些新的机制来解释 EIT 波，如磁环逐渐拉升模型及磁重联模型等[7]。但仍然众说纷纭，国内外同行正在就此课题进行激烈的争论。在如下几个方面有望在未来的几年里取得突破性的进展：(1) 射电 II 型暴(尤其是米波 II 型暴)是由耀斑产生的还是日冕物质抛射驱动的？(2) 莫尔顿波是由耀斑产生的还是日冕物质抛射驱动的？(3) 日冕 EIT 波的物理本质：是快磁声波还是表观传播？(4) 日冕 EIT 波和日冕物质抛射、耀斑及 II 型射电暴的关系；(5) 如何将日冕 EIT 波的观测应用到全球冕震学中。

3. 冕震学的前景展望

现在日冕环的快扭曲模振动和慢磁声驻模振动都已被应用于推断冕环磁场，尽管精度还非常低，但它有赖于观测精度的提高和相关理论的完善。此外，利用一次谐波和基模的周期比相对于均匀媒介条件下的偏差可以推出冕环的压力标高。最近，日美合作发射的日出卫星(Hinode)上的 EUV 成像光谱仪(EIS)同时观测到慢磁声行波的强度和速度扰动，利用这一观测可以推断冕环温度和磁场倾角等物理参数。冕震学现已成为太阳物理学中最热门的分支之一。相信美国航空航天局最新发射的太阳动态天文台(SDO)上的太阳大气成像集成望远镜(AIA)以其前所唯有的高时空分辨率和宽温度动态范围将为冕震学的成熟发展提供新的历史机遇。

参考文献

[1] Nakariakov V M, Verwichte E. Coronal waves and oscillations. Living Reviews in Solar Physics, 2005, 2: 3, (http://www.livingreviews.org/lrsp-2005-3).

[2] Roberts B, Edwin P M, Benz A O. On coronal oscillations. ApJ, 1984, 279: 857–865.

[3] Aschwanden M J, Fletcher L, Schrijver C J, Alexander D. Coronal loop oscillations observed with the transition region and coronal explorer. ApJ, 1999, 520: 880–894.

[4] Wang T J, Solanki S K, Curdt W, et al. Hot coronal loop oscillations observed with SUMER: Examples and statistics. A&A, 2003, 406: 1105–1121.

[5] De Moortel I, Ireland J, Walsh R W, Hood A W. Longitudinal intensity oscillations in coronal

loops observed with TRACE I. Overview of measured parameters. Solar Phys, 2002,209: 61–88.

[6] Thompson B J, Plunkett S P, Gurman J B, et al. SOHO/EIT observations of an Earth-directed coronal mass ejection on May 12, 1997. GRL, 1998, 25: 2473–2476.

[7] Chen P F,Fang C,Shibata K. A full view of EIT waves. ApJ, 2005,622: 1202–1210.

撰稿人：王同江[1]　陈鹏飞[2]

1 美国天主教大学和美国国家航空航天局戈达德飞行中心

2 南京大学天文系

太阳大气中的阿尔文波及其波-粒相互作用

Alfven Wave and Wave-Particle Interaction in the Solar Atmosphere

太阳是离我们最近,因而能进行高分辨率观测和详细研究的普通恒星,其表面大气层可分为以中性气体为主的光球层(导电磁流体)、处于部分电离状态的色球层和完全电离的日冕层。这些具有不同电磁特性的大气层通常为太阳磁场贯穿并发生电动力学耦合。而其中的等离子体波、特别是阿尔文波及其波-粒相互作用在太阳大气的能量传输和转化、日冕加热、结构形成等动力学现象中起着重要作用。不过,由于天文观测条件的限制,长期以来太阳大气中阿尔文波的研究几乎都局限于理论上的探讨,而缺乏直接的观测证据。这样的局面直到最近才有了较大的改变。

1. 太阳大气中阿尔文波和动力学阿尔文波的观测

瑞典物理学家阿尔文教授(H. Alfven)于 1942 年发现在导电流体中磁力线的横向振荡将引起一种能沿磁力线有效输运能量的基本波动模式(后称之为阿尔文波)[1],并在此基础上进一步发展和建立了现在被广泛应用于各类宇宙等离子体现象研究的磁流体力学理论,而阿尔文教授也因此于 1970 获得诺贝尔物理学奖。尽管阿尔文波在太阳大气、特别是日冕加热问题的研究中一直受到广泛关注,但是它们在太阳大气中的观测证认直到最近才取得重要进展。2006 年发射的 Hinode 卫星的高分辨率观测分析显示了太阳大气中普遍存在阿尔文波的直接观测证据。如 De Pontieu 等发现色球层存在速度振幅为 10~25 km/s 的强阿尔文波扰动,它所携带的能量通量足以满足日冕加热和太阳风加速的能量需求[2];Okamoto 等分析发现日珥精细结构的横向振荡与阿尔文波模式有关[3];Cirtain 等发现 X 射线喷流的横向振荡也是由阿尔文波扰动引起的[4]。这些周期为几分钟的低频阿尔文波由于具有沿磁场输运能量的显著特征而在太阳大气的能量传输现象中起重要作用。

另外,利用我国宽频带太阳射电频谱仪高分辨观测资料的分析,Wu 等对太阳微波漂移脉冲事件物理特征的分析显示,它们可能来自动力学阿尔文波捕获电子的回旋脉泽辐射[5]。与通常磁流体力学理论下非色散的阿尔文波不同,这些周期仅几十毫秒的动力学阿尔文波是波长接近微观粒子动力学特征尺度的短波长色散阿尔文波[6]。它们最显著的特征之一是具有平行于背景磁场的扰动电场,因而其波-粒相互作用能在日冕加热和粒子加速等能量转化现象中起重要作用。

2. 太阳大气中动力学阿尔文波的波-粒相互作用

近十年来,随着分辨率的不断提高(如 Yohkoh, SOHO, TRACE, Hinode 等卫星和地面太阳射电频谱仪),观测分析显示太阳磁等离子体大气呈现越来越复杂、越来越精细的动力学结构和演化特征。特别是进一步的分析研究表明,伴随这些精细结构及其动力学演化过程的小尺度色散等离子体波及其波-粒相互作用与日冕磁等离子体的非均匀加热和瞬变增亮现象有着密切联系。日冕加热现象的长期观测分析和理论研究也认为,低频阿尔文波是能量传递到日冕等离子体区的最有效和最适当的输运方式之一,其关键困难在于阿尔文波在日冕等离子体中缺乏有效的耗散机制,以及这一能量耗散机制与日冕非均匀磁化等离子体精细结构及其动力学演化间的相互联系。

作为短波长色散阿尔文波的动力学阿尔文波可以提供波-粒能量转移的有效机制。这一事实已为空间等离子体、特别是极光等离子体的卫星实地探测研究所证实。近年来,人们已经开始注意到太阳光球-色球-日冕的大气结构与地球极区热层-电离层-磁层结构间在磁等离子体动力学特征上的类似性,并对太阳大气,特别是日冕等离子体的动力学阿尔文波加热机制进行了一系列的探索、研究。例如,Voitenko 等的研究发现耀斑磁重联产生的高能离子束能直接激发动力学阿尔文波[7],而高能电子束激发的 Langmuir 波也能通过波-波耦合导致动力学阿尔文波的非线性激发[8]。同时,他们也指出这些动力学阿尔文波在太阳耀斑和高层大气等离子体的加热过程中具有重要作用。

针对日冕等离子体加热高度结构化的非均匀特征,Wu & Fang 在一系列研究[9]中详细研究了动力学阿尔文波在太阳大气磁等离子体中的经典和反常耗散机制,发现动力学阿尔文波在冕环、冕羽等稀薄、高温的太阳磁化等离子体结构中由于 Landau 阻尼的反常耗散机制不仅能有效加热等离子体,而且其加热机制对局部磁等离子体参数的依赖性也能很好地解释这些结构亮度分布的观测特征。同时,他们的研究也指出在密度和温度较低的色球层,动力学阿尔文波的经典欧姆耗散在黑子上色球层反常增亮的加热现象中也可能起重要作用。

延伸日冕是太阳风加热和加速的重要起源区域,SOHO 卫星上紫外分光日冕仪(UVCS)的观测发现自 1.5 至几个太阳半径的延伸日冕中重离子成分具有"反常"能化行为,不仅重离子的垂直温度远大于平行温度,而且离子能量随其质量显著增大。这一反常的能化行为自 1997 年被报道以来引起了太阳物理学研究的广泛关注,一直是近十年来的研究热点,被视为 SOHO 卫星最重要的科学发现之一。Wu & Yang 系统研究了动力学阿尔文波与重离子成分的相互作用,发现动力学阿尔文波能导致少量重离子的各向异性和质-荷依赖性能化机制,并很好地解释了这一反常加热现象及其径向分布特征[10]。

上述这些研究工作不仅为解决长期困扰日冕加热问题的波能耗散困难提供了重要的理论依据，而且对其他天体磁大气加热问题(如吸积盘冕、星系热晕等)的研究也具有普遍的科学价值。

3. 发展趋势和前沿问题

当然，太阳大气中的阿尔文波无论在观测分析方面还是在理论研究方面，都还有许多重要的问题尚待解决。例如：(1) 太阳大气中阿尔文波的观测还需进一步详细研究，三维的等离子体波传播图像和精确的等离子体环境参数是明确证认阿尔文波，特别是动力学阿尔文波的重要条件；(2) 动力学阿尔文波的激发机制、传播模型和反射现象等都是需要进一步深入研究的关键理论课题；(3) 不同尺度阿尔文波间的波-波耦合和动力学阿尔文波的波-粒相互作用机制；(4) 此外，磁场重联过程尽管已经被广泛接受为最有效的磁能释放机制，但是其中磁场能量如何向粒子能量转化的关键问题仍然有待进一步的深入研究，而动力学阿尔文波的激发与波-粒耗散也是值得关注的焦点之一。这些问题不仅与各种太阳大气磁等离子体精细结构及其非均匀加热现象有密切联系，而且也是认识近地空间环境和空间天气现象物理规律最核心的理论问题。

上述问题的解决需要以下三方面的努力：(1) 高时空分辨率的太阳观测卫星的联合观测(如 Hinode 和 STEREO)将为阿尔文波的相关理论研究提供更好的观测参数和限制条件；(2) 数值模拟研究：数值模拟是一种非常有力的研究工具，能直观地展现波-粒相互作用以及波能耗散的物理图像，有助于更好地理解日冕加热、高能粒子加速以及爆发活动等现象的微观物理机制；(3) 实验室模拟研究：对太阳等离子体活动现象和精细结构进行深入细致的实验研究，如美国加州大学洛杉矶分校的等离子体物理实验室利用自建的等离子体实验装置对阿尔文波、特别是动力学阿尔文波的激发与传播、反常耗散和无碰撞阻尼、以及非线性相互作用等过程进行了一系列的实验研究。

参 考 文 献

[1] Alfven H. Existence of electromagnetic-hydrodynamic waves. Nature. 1942, 150: 405.
[2] De Pontieu B, McIntosh S, Carlsson M, et al. Chromospheric Alfvénic waves strong enough to power the solar wind. Science, 2007, 318: 1574.
[3] Okamoto T, Tsuneta S, Berger T, et al. Coronal transverse magnetohydrodynamic waves in a solar prominence. Science, 2007, 318: 1577.
[4] Cirtain J, Golub L, Lundquist L, et al. Evidence for Alfvén waves in solar X-ray jets. Science, 2007, 318: 1580.
[5] Wu D, Huang J, Tang J, Yan Y. Solar microwave drifting spikes and solitary kinetic Alfvén

- [6] Hasegawa A, Chen L. kinetic process of plasma heating due to Alfvén wave excitation. Phys. Rev. Lett., 1975, 35: 370.
- [7] Voitenko Y. Excitation of kinetic Alfvén waves in a flaring loop. Sol. Phys., 1998, 182: 411.
- [8] Voitenko Y, Goossens M, Sirenko O, Chian A. Nonlinear excitation of kinetic Alfvén waves and whistler waves by electron beam-driven Langmuir waves in the solar corona. A&A, 2003, 409: 331.
- [9] Wu D, Fang C. Two-fluid motion of plasma in Alfvén waves and heating of solar coronal loops, ApJ, 1999, 511: 958; Coronal plume heating and kinetic dissipation of kinetic Alfvén waves, ApJ, 2003, 596: 656; Sunspot chromospheric heating by kinetic Alfvén waves. ApJ, 2007, 659: L181.
- [10] Wu D, Yang L. Nonlinear interaction of minor heavy ions with kinetic Alfvén waves and their anisotropic energization in coronal holes. ApJ, 2007, 659:1693.

撰稿人：吴德金　杨　磊
中国科学院紫金山天文台

太阳射电辐射机制

Solar Radio Emission Mechanisms

1. 太阳射电辐射机制的重要性

人类进行天文观测的主要乃至全部信息均来源于不同天体产生的射电、红外、可见光、紫外、X 射线、γ 射线等不同波段的电磁辐射。天文学作为一门实验科学，却不同于其他物理实验的是：除少数近地天体之外，我们几乎无法对绝大多数天体进行实地、主动和重复的实验；只能从观测到的不同波段的电磁辐射来推测或反演所在天体的物理特性。在此过程中，我们首先需要清楚地了解产生不同波段的电磁辐射的物理机制。由此可见，天体辐射机制始终是天文学基础的重中之重。

对于太阳物理而言，尤其是对人类近地环境可能产生巨大威胁的太阳爆发，射电波段的观测具有特殊的重要性。比如对人类近地环境威胁最大的日冕物质抛射经由日冕传播至地球，而不同波长的射电辐射是对其进行全程监测的唯一可能的信息来源。

研究太阳射电辐射机制的重要性还在于其复杂性。不同波长的射电辐射可能来自于完全不同的物理过程，例如，轫致辐射、回旋同步辐射、等离子体辐射、回旋脉泽辐射等；即使在同一波长也可能存在多种辐射机制(图 1)。与此同时，太阳射电辐射还受到多种吸收机制的限制，包括自由-自由吸收、自吸收、回旋共振吸收、Razin 效应等。上述辐射和吸收过程的理论框架原则上在电动力学基础教材中已经奠定；然而，求解麦克斯韦方程的前提是电流和电荷的分布为已知。实际情况是：产生射电辐射的日冕为高度电离的等离子体，射电辐射和带电粒子相互作用且耦合为一体。因此，我们无法预知等离子体电流和电荷的分布，必需联立求解电动力学和统计力学方程，即等离子体动力学方程组，其复杂程度达到了经典物理之最。

太阳射电辐射是由日冕中的热或非热带电粒子通过不同的物理机制所产生，这些带电粒子的性质和起源(加热或加速过程)是太阳物理研究的极其重要的科学目标。比如我们通过射电辐射在时间-频率两维平面上的显示(即"动态频谱")，可能直接获取产生射电辐射的带电粒子的运动速率。通常的情况是：在满足理论对观测的完整和自洽解释的基础上，我们可把观测数据代入理论模型以反演带电粒子的性质。由于存在各种可能的机制对带电粒子进行加热或加速，比如，某些低频等离子体波动可能作为磁场能量转化为带电粒子热能和动能的媒介或传递，而对这些等离子体波动我们同样也是无法直接测量的，只能通过电磁辐射信号的调制和等离子体波动理论来进行推测。

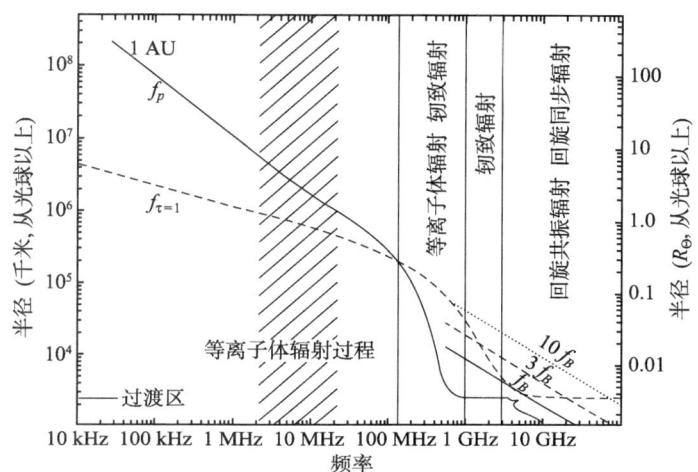

图1 不同日冕高度产生的射电辐射频率和对应辐射机制的示意图。曲线表示射电辐射的各特征频率随高度的变化;其中,实线表示等离子体频率 f_p,由等离子体密度的标准模型所得;虚线表示自由-自由辐射的光学厚度为 $1(f_{\tau=1})$,是从等离子体密度和温度模型所得;图右下角的电子回旋频率 f_B 及其谐波随高度的变化曲线则是从低日冕的磁场模型所得。

2. 基本的理论框架

我们可以把太阳射电辐射(吸收)机制的基本理论框架大体分为两类:

(1) 经典电动力学

基于电动力学的理论框架,假定电磁辐射的能量只占带电粒子能量的很小一部分,从而可以忽略电磁辐射对带电粒子的反作用。对于给定的热或非热带电粒子的能量分布及辐射介质的环境参数,我们可直接求解麦克斯韦方程组,得到电磁场的时空变化规律;还可通过时间的傅里叶变换得到电磁场的谱。我们进一步假设电磁场的发射和吸收满足辐射平衡条件,以及带电粒子与环境介质满足热动平衡条件,可用基尔霍夫定律求出电磁场的发射和吸收系数;进而求出电磁场在介质中的吸收长度(通常称之为光学厚度)。

按照上述理论框架,我们原则上可以处理回旋同步辐射、轫致辐射、回旋共振吸收和自由-自由吸收等机制。英国著名的物理学家 R. Ramaty(RHESSI 卫星首字母命名者)于1969年完成了太阳微波辐射的主要机制——回旋同步辐射的奠基性工作[1],以该论文的理论公式编写的程序至今仍在太阳物理软件(SSW)中广泛使用。与此同时,日本学者 T. Takakura 也对上述理论进行了系统地研究[2]。这里需要说明的是:回旋同步辐射是由几十到几百电子伏特的中等相对论电子在背景磁场中作回旋运动时所产生;弱相对论电子(热电子)在磁场中的辐射机制被称为回旋共振辐射或"磁"轫致辐射；极端相对论电子在磁场中的辐射则被称为同步辐射。

此后还有大量科学家对回旋同步辐射理论做出补充和完善，这里要提及的是，G. A. Dulk 等于 1982 年从严格的回旋同步辐射的发射和吸收系数提出系列的近似公式，使后人能够较方便的理解和使用该理论，因而得到了广泛地应用。在 1985 年天体物理年评的期刊中，G. A. Dulk 系统归纳了由热和非热电子产生的回旋共振辐射、回旋同步辐射、同步辐射、轫致辐射等机制的近似公式[3]。当然，该近似必须在一定条件下才能使用，对此我们在另一专题"日冕磁场的射电诊断"中进行了详细讨论。

(2) 等离子体动力学

正如著名的俄国学者 V. L. Ginzburg 的著作"电磁波在等离子体中的传播"指出：采用上面的电动力学理论框架处理太阳射电辐射时用到的辐射平衡和热动平衡等近似只能适用于稳态或准稳态的辐射(吸收)过程；对于太阳耀斑和日冕物质抛射这样剧烈变化的天体辐射显然不能使用上述假定，必须代之以麦克斯韦方程和统计力学方程的联立，即等离子体动力学的理论框架。用经典电动力学处理的辐射(吸收)机制属于非相干的范畴，即多个带电粒子的辐射(吸收)等于单个带电粒子的辐射(吸收)的简单代数求和。对等离子体动力学的情形，由于波和粒子的相互作用的计入，从而包含了相干辐射(吸收)的成分，导致等离子体能量或动量具有广义的形式，不再等于单个带电粒子的能量或动量的简单代数求和。

用等离子体理论框架处理太阳射电辐射的一个典型例子是所谓等离子体辐射，其基本思想是由俄国学者 V. L. Ginzburg 和 V. V. Zheleznyakov 首先提出来的。由于等离子体中的朗缪尔波是很容易被非热电子所激发，其频率由当地等离子体密度决定。然而朗缪尔波是一种静电波，必须经过某种波-粒子或波-波相互作用才能转化为天文仪器能够观测到的电磁波。这一辐射机制是经典电动力学所无法预期的，比较成功地解释了米波和分米波段的各类太阳射电爆发；许多地球轨道附近的空间卫星直接证实了太阳耀斑或日冕物质抛射加速的非热电子、当地的等离子体频率附近的郎缪尔波，和各类射电爆发之间的共生关系。著名的澳大利亚等离子体物理学家，D. B. Melrose 在 1990 年的天体物理年评中对等离子体辐射机制给出了综述性的总结。还有一本值得推荐的书籍是 D. J. Mclean 等编著的"太阳射电物理"，在该书中对米波段的各类射电爆发的观测特征和理论模型给出了比较全面的介绍[4]。

用等离子体理论框架处理太阳射电辐射的另一个成功的例子是所谓电子回旋脉泽辐射机制。美国马里兰大学的著名等离子体物理学家吴京生教授用该理论解释了地球极光区的千米波辐射，其核心思想是考虑波-粒子共振相互作用，并且在共振条件中计入了相对论效应，极大地提高了等离子体不稳定性放大电磁波的效率。后人又把该理论应用于太阳射电波段的毫秒级尖峰辐射。有关该理论的详细情况可参考吴京生 1985 年撰写的空间科学评述的总结文章，也可参考吴京生教授和陆全康教授合著的"电子回旋激射不稳定性：一种射电机制"一书[5]。同样，等离子体理论框架也可用来处理某些很强的吸收机制，如回旋共振吸收、Razin 效应等。前者实际上就是电子回旋脉泽辐射的逆过程，后者则是考虑等离子体色散关系对于回旋同步辐射的影响。

3. 尚未解决的问题

经典的回旋同步辐射等机制看起来已经建立了完整的理论体系，但实际上仍有许多需要完善之处。比如：辐射源区的环境参数(特别是背景磁场)的不均匀性，目前已有一些偶极磁场的近似处理，但与实际情况仍然相去甚远。一个更具挑战性的工作是：如何从经典辐射理论和太阳射电的观测反演那些我们感兴趣却又无法直接测量的物理参数。如环境参数，其中最重要的莫过于辐射源区的磁场，对此我们将在另一个专题中讲述；此外有产生辐射的带电粒子的性质，以及这些粒子被加热(速)的机制；其中一个有兴趣的工作是采用太阳微波和硬 X 射线数据的联合诊断，因为两者来源于共同的非热电子的贡献，然而，两者之间存在几个数量级的粒子数差异。

在等离子体理论方面也有大量需要进行的工作：即便等离子体辐射机制已经被广泛用于太阳射电辐射，但该机制仍然有许多不清楚的地方。近期曾有人采用粒子模拟的方法对各种静电和电磁等离子体波的因果关系进行了细致的研究，到目前为止，关于电磁波的基波辐射机制仍然存在较大的疑问。另外一个大的问题是，观测到的郎缪尔波的强度往往不足以解释对应的射电辐射，或者需要很高的波-波转换效率；近期的 ULYSSES 卫星还发现射电辐射频率远远高于当地的郎缪尔波的频率，因此，射电辐射和郎缪尔波之间的因果关系受到了质疑。

受电子回旋脉泽机制的启发，一个很自然的想法是：是否可以带电粒子直接放大电磁波解释各类太阳射电爆发？对此，包括吴京生教授在内的国内外学者进行了有益的尝试。除此之外，一些非线性等离子体机制，如非线性的波调制、孤子波等也有可能对太阳射电辐射产生影响。

4. 上述问题的难点之所在

难点之一：和其他辐射机制相比，太阳射电辐射机制的多样性使其涉及更多的物理参数，如：等离子体环境参数(磁场、密度和温度)；带电粒子参数(速度或者动能、密度和投射角)；电磁辐射参数(频率、波长和传播方向)。无论是用理论解释观测，还是用观测反演未知的参数都会遇到多个自由参数产生的不确定性困难，必须通过细致的分析减少自由参数的个数或者增加观测的信息量，才能保证上述结果的唯一性。

难点之二：和其他辐射机制相比，太阳射电辐射更多地涉及微观的等离子体物理过程，必须采用等离子体动力学来处理，包括上面提到的等离子体辐射、电子回旋脉泽辐射，以及有待研究的更复杂的非线性波-粒子和波-波相互作用过程，从而对太阳射电辐射机制的研究带来较大的困难。

参 考 文 献

[1] Takakura T. Theory of solar bursts. Solar Physics, 1967, 1, 304-353.
[2] Ramaty R. Gyrosynchrotron emission and absorption in a magnetoactive plasma. ApJ, 1969, 158, 753-770.
[3] Dulk G A. Radio emission from the sun and stars. ARA&A, 1985, 23, 169-224.
[4] McLean D J, et al. Solar radiophysics. London: Cambridge University Press, 1985.
[5] 吴京生，陆全康. 电子回旋激射不稳定性：一种射电机制，上海：上海交通大学出版社，1991.

撰稿人：黄光力
中国科学院紫金山天文台

太阳射电微波爆发精细结构之谜

Enigma of Microwave Fine Structures In Solar Radio Bursts

1. 引言

太阳射电辐射包括三类性质迥然不同的成分,即宁静太阳射电辐射、太阳缓变射电辐射和太阳射电爆发[1, 2]。其中,太阳射电爆发是当太阳大气受到强烈扰动时(例如,耀斑时)所产生的强度急剧增加的射电辐射,是太阳射电辐射中变化剧烈、频繁短促的成分,爆发的亮温度一般为 $10^7 \sim 10^{12}$ K,有时甚至超过 10^{13} K。

太阳大耀斑引起的射电爆发可从微波爆发延伸至分米波、米波段,观测到的射电频谱包含 II 型、III 型和 IV 型爆发等类型(参见图 1)。从图中可以看到,来自越低层太阳大气(R 越小)的射电辐射,波长越短。其中,微波爆发主要来自于低日冕区。同时,观测发现,太阳微波爆发中存在丰富的快速精细结构[3],其持续时间短、变化快、频谱型态非常复杂,可能反映着磁重联过程的复杂磁场结构、高能粒子加速等特征,受到太阳物理学家们的密切关注。近年来对微波爆发精细结构的特征提取及辐射机制的研究得到了迅速发展。

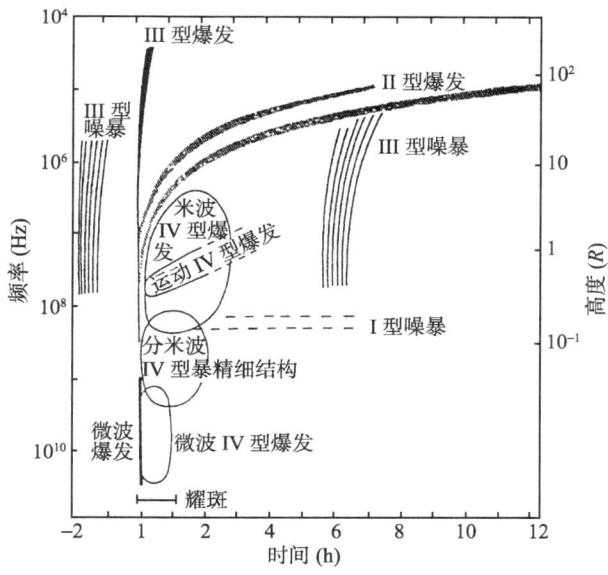

图 1 与耀斑有关的太阳射电爆发分类。

2. 丰富奇妙的频谱型态特征

20世纪90年代以来,人们在微波爆发的频谱观测中发现了许多精细结构。2001年,Jiřička等人在对1992~2000年期间在0.8~2.0GHz频段观测到的微波爆发进行频谱分析时,发现了许多新的爆发型态及精细结构[4],他们发现Isliker和Benz于1994年提出[5]的微波爆发分类已经不能用来对他们的观测结果进行恰当的划分,于是Jiřička等人先对微波爆发的频谱型态进行了补充的唯象分类,然后将观测到的微波爆发与相关太阳活动进行比较,发现某些类型可能起源于相同的辐射机制。新世纪以来,随着高分辨率频谱仪的投入观测,获得了大量高时间分辨率、高频率分辨率、高灵敏度的微波爆发数据,发现了更丰富的爆发精细结构型态。2003年,Fu等人总结[6]中国国家天文台的太阳宽带射电频谱仪(SBRS)近4年的观测发现的一些新的爆发型态和时标更短的精细结构,对微波爆发及其精细结构的频谱型态给出了一种新的分类。表1给出了2003年以前观测的太阳射电微波爆发精细结构的分类研究概况。

表1 太阳射电微波爆发精细结构的分类

类型	特征	说明
微波III型爆发	$\frac{\Delta f}{\Delta t}$~40MHz s^{-1}-20GHz s^{-1} f~几十 MHz 到 >1GHz	低日冕区高能电子束的标志,包括III型爆发对、U型爆发、M型爆发及N型爆发等亚类型,有时以链状形式出现,反映低日冕区高能电子束的复杂运动
脉动结构	$\Delta f \geqslant$ 200MHz 的脉冲群,群整体时间 >10s,单个脉冲参量值相类似	脉冲之间间隔0.1~1s,具有准周期性,可出现在发射过程或吸收过程中,包括漂移脉动结构*、毫秒级准周期脉动等亚类型。
漂移脉动结构	具有很慢的整体频率漂移,整体频漂率量级为几十 MHz s^{-1}	可能是动态磁重联引起的等离子体团运动的标志,与CME联系密切。
尖峰辐射	Δt~几十 ms,频带宽很窄,高偏振,在时-频域中具有无序性	存在谐波结构,常叠加在宽带连续谱上,还发现有类似微波III型爆发对的微波尖峰辐射对。
纤维结构	$\frac{\Delta f}{\Delta t}$~100MHz s^{-1},规律重复的爆发群	具有相似的中等频漂率,有些出现在吸收过程中,与米波的同类爆发特征不同。
斑马纹(平行漂移带)	彼此之间保持规律距离的辐射线	目前有经典斑马纹和叠加在纤维结构上的斑马纹两种亚类型,与米波的同类爆发特征不同。
孤立宽带脉冲	Δf>200MHz 的脉冲群,群整体时间 ≤10s,单个脉冲参量值不相同	
微波斑块	无明确定义,目前的例子Δt约1~几十秒,弱偏振	可能来自等离子体辐射或脉泽辐射,而不是回旋同步加速辐射。
花边纹	频率快速正向或负向变化,外形像花边	十分罕见,高频末端截至非常突然。

从2004年10月起,国家天文台怀柔射电频谱仪增加了新的超高分辨率观测模

式：在 1.10~1.34 GHz 频带其时间分辨率为 1.25 ms，频率分辨率为 4 MHz，更多的微波爆发精细结构被观测发现，其结构型态更丰富细致。近几年伴随着一些大的太阳耀斑事件，又有新的爆发型态被观测到。图 2 给出了几个微波爆发精细结构事件的例子。

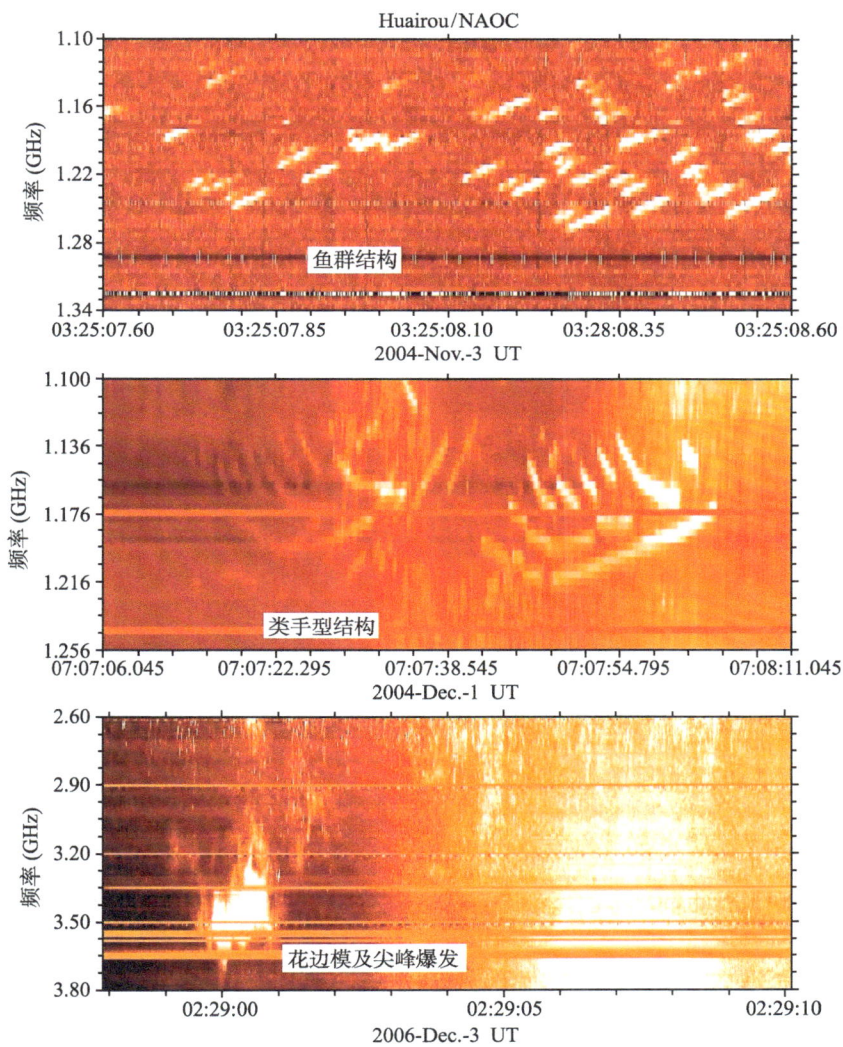

图 2　微波爆发精细结构举例。

3. 多种复杂的爆发辐射机制

太阳射电微波爆发被认为与能量释放的磁场重联、高能电子加速及辐射过程密切相关，而其精细结构可能携带着重联过程复杂的磁场结构、高能电子运动和相干辐射等许多特征信息。迄今为止，人们已经就典型的微波精细结构展开了爆发机制的研究，其中包括对漂移脉动结构、尖峰辐射、纤维结构和斑马纹等精细结构的辐射机制研究。

漂移脉动结构是爆发辐射整体地呈现出缓慢向低频漂移的趋势，它被认为是由准周期的粒子加速事件引起，而这些准周期的粒子加速事件又是由一个大尺度电流片中的动态磁重联所致。进一步，Kliem 等和 Karlicky 等在 2000 年[7]和 2001 年[8]先后报道了一种缓慢的负漂移脉动结构，并把它解释为动态磁重联的标志。漂移脉动结构的整体缓慢负漂移是由整个重联区域的等离子粒团向上运动到等离子体密度较低的一个位置所引起的。中国的太阳射电天文学家用 SBRS 观测到了许多更具细节的漂移脉动结构，发现频漂率为 -3MHz/s 和 -60MHz/s 的漂移脉动结构。

尖峰辐射是射电微波爆发中一种典型的精细结构，其辐射机制的理论模型目前主要有两大类：(1) 等离子体辐射和加速过程；(2) 电子回旋脉泽辐射(ECM)。具体的机制有多种，例如，朗缪尔波的波-波相互耦合；快电子的电磁不稳定性；磁俘获的磁流体力学振荡等。关于引发尖峰辐射的辐射源也存在争论：有认为从磁重联区向外层喷射的等离子体产生的 MHD 级联波引起电子加速，这种加速电子可能产生尖峰辐射；也有认为尖峰辐射可能是主耀斑能量释放引起的裂化；还有认为磁重联引起足够强的磁场非均匀性，可能产生尖峰辐射，尖峰辐射可能反映磁场的非均匀性等等。中国的太阳射电天文学家仔细提取尖峰辐射的观测特征参量，模型诊断出尖峰辐射源的尺度可到约 200km、源区磁场强度约 500 Gs。

纤维结构表现为规律性重复出现的具有相似中等频漂率的爆发群。它的源区可能位于耀斑环的顶部：当磁重联产生的加速电子沿着磁力线向下运动至耀斑环足时，可能引起啸声波不稳定性，形成稳定的包络形孤子，孤子沿磁场减小的方向上行至环顶周围，与高频静电波产生非线性相互作用，就可能引发纤维结构的辐射。对纤维结构的观测特征参量利用阿尔芬孤子模型，诊断出耀斑环中的磁场强度在几百高斯量级。

斑马纹结构呈现出辐射条带之间彼此保持有规律的间距。关于斑马纹结构的辐射机制非常复杂，目前已有十多种不同的理论模型，大都涉及双等离子体共振下的静电等离子体辐射。近年来，在我们的观测中多次发现斑马纹与纤维结构共生的事件，为此，Chernov 等提出[9]如果出现啸声波对快电子的散射现象，将引起电子速度的分布函数发生形变，就会出现等离子体静电波与啸声波发生相互作用的情况，从而引发斑马纹和纤维结构辐射。

总之，太阳射电微波爆发的精细结构是理解太阳日冕等离子体过程的一个关键，它是诊断太阳日冕和验证实验室等离子体实验中波-波和波-粒相互作用的可靠手段，对于理解和诊断太阳爆发活动能量初始释放过程中的磁场等物理参数具有重要作用。同时，我们也看到微波精细结的辐射机制非常复杂，存在许多困难与亟待解决的科学问题。

4. 待解决的科学问题

首先，对于太阳微波爆发精细结构的观测和研究而言，由于爆发所处的频段较高，而微波精细结构的强度随频率的增大而减小，这就导致了观测的最终极限。为了从弱强度的数据中提取到新的信息，就十分强调数学工具和数据处理技术的运用，例如，小波分析等。将这类数学方法运用到对观测数据的分析和处理过程中是十分必要的。

其次，目前对微波爆发精细结构的分类研究主要是依据其频谱型态特征，这显然与对其辐射机制还没有完全弄清楚有关。理论研究将是今后太阳微波爆发观测和研究工作的重点，随着对各类精细结构理论研究的深入，根据辐射机制对微波爆发精细结构进行分类研究，将具有更重要的意义。

再次，太阳射电频谱仪是观测太阳射电爆发的直接工具，它的性能指标直接影响最终的观测结果和后续的数据处理，分辨率越高，记录的频谱图越清晰，获得的关于爆发和精细结构的细节信息就越多，对于爆发频谱型态和物理本质的研究就越有帮助。因此，进一步提高射电频谱仪的分辨率和灵敏度也是今后努力的方向。

最后，太阳射电观测最大的不足就是缺乏空间分辨率。我国太阳射电宽带频谱仪(SBRS)发现了许多型态极为复杂、甚至到了令人费解程度的微波爆发精细结构频谱。根据观测频率我们知道这些辐射源主要位于耀斑活动区的致密核心区。因此，如果我们能够正确理解它们，或许能够直接了解耀斑动力学。但这需要一个新的仪器，它是具有真正成像能力的射电频谱仪，在所有参数上都具有高分辨率，这样才可能对能量初始释放区进行如"CT"一样的多层成像，这正是我国正在研制的新一代厘米-分米波射电日象仪的科学目标[10]。

参 考 文 献

[1] 赵仁扬, 金声震, 傅其骏. 太阳射电微波爆发. 北京: 科学出版社, 1997.
[2] 林元章. 太阳物理导论. 北京: 科学出版社, 2000.
[3] 李舒浩, 王蜀娟, 钟晓春. 太阳射电微波爆发及其精细结构研究进展. 天文学进展. 2005, 23(4): 331–345.
[4] Jiřička K, Karlický M, Mészárosová H, Snížek V, Global statistics of 0.8-2.0 GHz radio bursts and fine structures observed during 1992-2000 by the Ondřejov radiospectrograph. A&A, 2001, 375: 243.
[5] Isliker H, Benz A O. Catalogue of 1-3 GHz solar flare radio emission. A&AS, 1994, 104: 145.
[6] Fu Q J, Yan Y H, Liu Y Y, Wang M, Wang S J. A new catalogue of fine structures superimposed on solar microwave bursts. CHJAA, 2004, 4(2): 176.

[7] Kliem B, Karlický M, Benz A O. Solar flare radio pulsations as a signature of dynamic magnetic reconnection. A&A, 2000, 360: 715.

[8] Karlický M, Yan Y, Fu Q, Wang S, Jiřička K, Mészárosová H, Liu Y. Drifting radio bursts and fine structures in the 0.8-7.6 GHz frequency range observed in the NOAA 9077 AR (July 10-14, 2000) solar flares. A&A, 2001, 369: 1104.

[9] Chernov G P. Fine structure of large flare radioemission. Solar System Research, 2008, 42(5): 434.

[10] Yan Y, Zhang J, Wang W, Liu F, Chen Z, Ji G. The chinese spectral radioheliograph—CSRH. Earth Moon Planet, 2009, 104, 97.

撰稿人：王蜀娟[1]　颜毅华[2]
1　中国科学院国家天文台
2　中国科学院太阳活动重点实验室(国家天文台)

日冕物质抛射的源区与初发

The Source Regions and Initiations of Coronal Mass Ejections

1. 日冕物质抛射源区与初发概述

太阳最外层大气称为日冕。1971 年 12 月 14 日，通过空间轨道太阳天文台(OSO-7)，人类第一次观测到的太阳日冕中的物质瞬时向外膨胀或向外喷射的现象，即日冕物质抛射(CME)。Gosling(1993)发表"耀斑的神话"(The Solar flare myth)重要论文后[1]，CME 作为影响行星际和地球环境的最重要的事件被认识，从此对 CME 的研究成为太阳物理和空间物理中一个最活跃的领域，其中 CME 源区和初发过程，是 CME 研究中最关键问题之一。CME 源区是 CME 所携带的物质和磁通量来源，即 CME 源区提供了 CME 中的物质和磁通量。CME 源区不是 CME 初发的位置，CME 通常由小尺度复杂磁相互作用而触发。

CME 在观测上定义为由白光日冕仪在天空投影平面内日冕仪遮光板外所观测到的向外传播的日冕亮结构，日冕仪记录的是日冕电子所散射的太阳光球的辐射。更物理地讲，CME 是由低日冕到行星际的大尺度物质和磁通量抛射的过程[2]，是太阳引力和电磁相互作用下日冕等离子体抛射过程。白光日冕仪的遮光板观测中挡住了日面部分，CME 源区不能被直接观测，同时，白光的汤姆逊(Thompson)散射只反映被散射物质的密度变化，而理解 CME 源区，至少应知道源区等离子体较宽的温度变化范围。目前对太阳其他表面活动具有多种非日冕仪观测，包括物质的温度、密度和磁场等的变化。研究表明 CME 与这些太阳表面活动如活动区、耀斑、暗条爆发和日冕暗化等具有紧密相关性，因此 CME 的源区和初发经常通过其成协太阳表面磁活动(如图 1)而被研究。最近发展的一种观点认为 CME 应有大尺度源区磁拓扑系统，四类大尺度磁结构被证认为(可能)是产生 CME 的原初源区磁结构[3]，CME 源区磁场拓扑非常复杂[4]。

2. CME 源区和初发的观测和理论研究

各种空基和地基的对 CME 的非日冕仪观测表明，CME 源区与其他太阳表面(和低日冕)磁活动，如活动区、活动区磁非势性、耀斑、日珥/暗条、射电微波爆发、亚毫米波爆发、日冕暗化(或日冕波 EUV Dimming/Wave)紧密联系。例如，统计表明 90%以上的对地晕状 CME 与耀斑有关，耀斑和 CME 可能是同一磁过程在不同尺度磁结构中的反映。

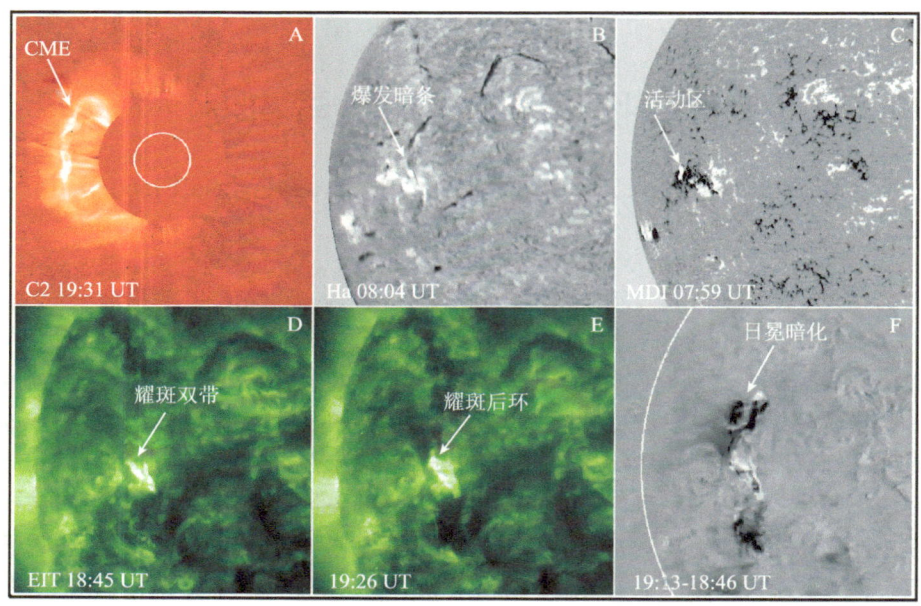

图 1 2001 年 1 月 20 日一向东传播的对地晕状 CME(见 A，大视场日冕仪/C2 较差图像)，及其源区成协太阳表面磁活动：Hα 爆发暗条(B)、MDI 磁图上活动区(C)、远紫外 195 Å 图像中耀斑双带(D)和后环(E)以及远紫外较差图中日冕暗化(F)。

CME 初发过程被认为与新浮现磁通量、新浮磁流区、运动磁结构、磁对消、相反螺度符号的浮现和反螺度磁通量的对消、黑子运动、"S"形(sigmoid)和尖端状(cusp)结构等紧密联系。CME 和磁螺度的关系被重点提出和研究。封闭系统的磁螺度是一个拓扑不变量，反映磁场的复杂性。南北半球的磁螺度符号相反，且不随太阳周变化。CME 的发生被认为是由于磁螺度过度积累，并被带走的方式。大量的理论和观测工作试图回答活动区是否能积累足够的 CME 所需的磁螺度，但结果是否定的。CME 成协活动区中新浮现磁通量被证实引入相反符号的磁螺度，不支持螺度上载(helicity loading)的建议[5]。目前新浮磁流触发 CME[6]以及 CME 与新浮磁流的总体性质[7]的关系在理论上得到发展。

随着 CME 作为空间灾害的主要驱动源，关于它的理论模型也得到不断发展。目前较为普遍认同的模型有磁爆裂模型[8] (magnetic breakout)，引入多重磁拓扑磁通量系统，强调磁重联，更多考虑观测约束。多极磁场拓扑系统的引进，对于磁能的存储具有重要的内涵，它说明了一种不受 Aly 猜想约束的重要途径，即只是多极磁场的中央双极波瓣被打开，而并非整个磁场都打开。以日冕磁绳灾变理论基础新进展的"双电流片"模型[9]，将水平和垂直电流片引入了 CME 的源区，分析四极场中的日冕磁绳灾变结果，并得到类似三分量 CME 的磁结构。这些结果被认为对前面的"磁爆裂模型"很好的补充和肯定。对于 CME 三维理论和数值模拟，基于非线形无力场的假设已得到一些初步的结果，低位剪切磁结构和磁重联的重要性也引入 CME 的理论模型中，具有一定代表性。

3. CME 源区和初发的关键问题

1) 活动区及活动区尺度的现象是否能称为 CME 的源区？如果 CME 的源区就是与之紧密相关的活动区或活动区尺度的活动现象，如耀斑或暗条爆发，那么为什么同样级别的耀斑会引起不同的 CME？活动区尺度的过程无所不在，为什么不总与 CME 相关？CME 作为一种大尺度的爆发现象，其源区是否也应该是大尺度磁场结构？不同的大尺度源区磁场结构，其相关 CME 性质之间的区别是什么？

2) CME 初发的物理机制以及特征是什么？哪些物理参数决定 CME 发生的时间、地点和速度？CME 是怎样被加速的？CME 和长期磁场演化的关系？ CME 和耀斑紧密联系，那么谁是因谁是果，还是同一物理过程的不同现象？其中物理过程的载体，观测的直接证据是什么？与耀斑相关的 CME 的触发机制是否有别于耀斑无关的 CME 的触发机制？

3) 磁重联与 CME 初发的关系是什么，是决定着 CME 的初发，还是仅是 CME 发生之后的一种效应？如果说磁重联对 CME 的初发起重要作用，那么磁重联发生的时间、地点以及它在决定 CME 整个磁场拓扑结构中的作用是什么？活动区磁螺度在 CME 中的作用是什么，是否应该从不同的角度去理解它们之间的关系？

4) CME 与高能粒子事件的关系是什么？ 为什么大质子事件都与 CME 相联系？CME 和 CME 驱动的激波中粒子是怎样被加速的？ 什么物理参数决定了 CME 能否产生高能粒子事件和粒子流量的多少？如何根据 CME 日面观测特征，判断其能否引起高能粒子事件？

5) 围绕 CME 的形成机制，有多种 CME 的理论模型提出，但是一个成功的 CME 模型应该能对 CME 速度、加速度、质量、能量及粒子加速等问题都能做出解释。目前的模型都远不足以解释观测到的所有现象。许多 CME 模型中都提到"磁绳"的概念，那么磁绳在观测上的依据是什么，暗条/日珥是否为磁绳结构？这些需要观测上有新的突破，为理论提供新依据和出发点。

参 考 文 献

[1] Gosling J T. The solar flare myth. J. Geophys. Res., 1993, 98: 18937–18950.
[2] Forbes T G. A review on the genesis of coronal mass ejections. J. Geophys. Res., 2000, 105(10): 23153–23166.
[3] Zhou G P, Wang J, Zhang J. The large-scale source regions of coronal mass ejections. Astron. & Astrophys., 2006, 445(3): 1133–1141.
[4] Zhang Y Z, Wang J X, Attrill G D R, Harra L K, Yang Z L, He X T. Coronal magnetic

connectivity and EUV dimmings. Solar Physics, 2007, 241(2): 329–349.
[5] Wang J X, Zhou G P, Zhang J. Helicity patterns of coronal mass ejection-associated active regions. The Astrophysical Journal, 2004, 615(2): 1021–1028.
[6] Antiochos S K, DeVore C R, Klimchuk J A. A model for solar coronal mass ejections. The Astrophysical Journal, 510(1): 485–493.
[7] Chen P F, Shibata K. An emerging flux trigger mechanism for coronal mass ejections. The Astrophysical Journal, 2000, 545(1): 524–531.
[8] Zhang M, Low B C. Magnetic Flux Emergence into the Solar Corona. I. Its Role for the Reversal of Global Coronal Magnetic Fields. The Astrophysical Journal, 2001, 561(1): 406–419.
[9] Zhang Y Z, Wang J X, Hu Y Q. Two-current-sheet reconnection model of interdependent flare and coronal mass ejection. The Astrophysical Journal, 2006, 641(1): 572–576.

撰稿人：周桂萍　张宇宗
中国科学院太阳活动重点实验室(国家天文台)

太阳耀斑与日冕物质抛射的关系

Relationship between Solar Flares and Coronal Mass Ejections

太阳耀斑、爆发日珥和日冕物质抛射(简称 CME)是太阳大气中磁场能量快速释放、并转化为热能和动能而产生的最为壮观的爆发现象。其中，太阳耀斑是爆发过程当中磁场能量转化为热能而使太阳大气受到加热而突然发亮的现象。它主要出现在色球(主要在 Balmer 线系的 $H\alpha$ 波段观测)和日冕(可在紫外、远紫外、和软 X 射线波段观测)当中。如果驱动爆发的磁场能量足够多、爆发足够猛烈，那么位于太阳大气最低层的光球也会受到加热而发亮(在白光观测)。爆发日珥和 CME 都是在爆发过程中磁能转化为动能出现的等离子体物质和磁场结构的抛射现象；前者是在爆发过程早期在各种波段(比如传统的 $H\alpha$ 波段以及现代的紫外、远紫外波段)观测到的、离太阳表面还比较近的物质抛射，而后者则是在稍微晚一些的时候用白光日冕仪观测到的、离太阳表面已经较远的物质抛射。

作为具体实例，图1给出了上述各种现象的照片：(a) 用白光日冕仪观测到的 CME。右上角用白线画的小圈表示太阳，挡住太阳的圆片是日冕仪上的挡板，用以挡住来自光球的强光，让我们能看清日冕中的各种结构(光球的亮度是日冕亮度的一百万倍)；(b) 在 $H\alpha$ 波段观测到的太阳边缘的爆发日珥。下面的黑色圆盘是太阳；(c) 在 $H\alpha$ 波段观测到的太阳耀斑在色球中的表象；(d) 在软 X 射线波段拍摄到的耀斑在日冕当中的表象。这幅图取自文献[1]。

现在，我们已经知道驱动爆发的能量事先储存在日冕磁场中，当储存的能量超过极限，而且相应的磁场结构受到扰动失去平衡时，这些储存的能量就会被释放出来而出现以上述几种现象为特征的爆发过程。爆发的剧烈程度一方面取决于爆发前的能量储备，另一方面取决于这些储备的能量能以多快的速率释放出来。在太阳大气的环境中，磁能向动能和热能转换主要通过相反方向的磁场的相互对消(或称为磁重联)来实现。因此耀斑和 CME 的光学和动力学特征在很大程度上依赖于磁重联过程的快慢以及爆发前总的自由能(磁结构爆发前储存的总能量和相应势场能量之差)储备。所以，耀斑和 CME 的许多重要的观测特征应该具有内在的、物理本质上的联系(参见文献[2]的讨论)。

耀斑和 CME 之间存在联系是在 20 世纪 70 年代根据美国天空实验室(Skylab)的观测结果提出来的。对此问题的研究随后就一直在进行，没有中断过(参看文献[2]当中的讨论)。张捷等人指出 CME 早期的脉冲加速阶段和与其关联的 X 射线耀斑的上升段一致，并且 CME 速度的增加总是与 SXR 流量的增加一致。涉及这一相关性的是 CME 的分级和各种被观测到的 CME 产生的机制。人们习惯于用速度来区分两种不同的 CME：慢速(缓变的)CME 和快速(脉冲的)CME。慢速 CME 通常以低于 500 km/s 的速度平缓并持续地传播，其加速度的最大值不到 100 m/s^2，属于中低能过程，并且，与耀斑的关系不是太明显；快速 CME 则通常表现为速度超过 500 km/s、加速度最大值超过 100 m/s^2 的高能过程，与耀斑有明显的相关关系。而速度达到 2000 km/s、加速度最大值达到 1000 m/s^2 以上的 CME 也时常被观测到(参见文献[3])。

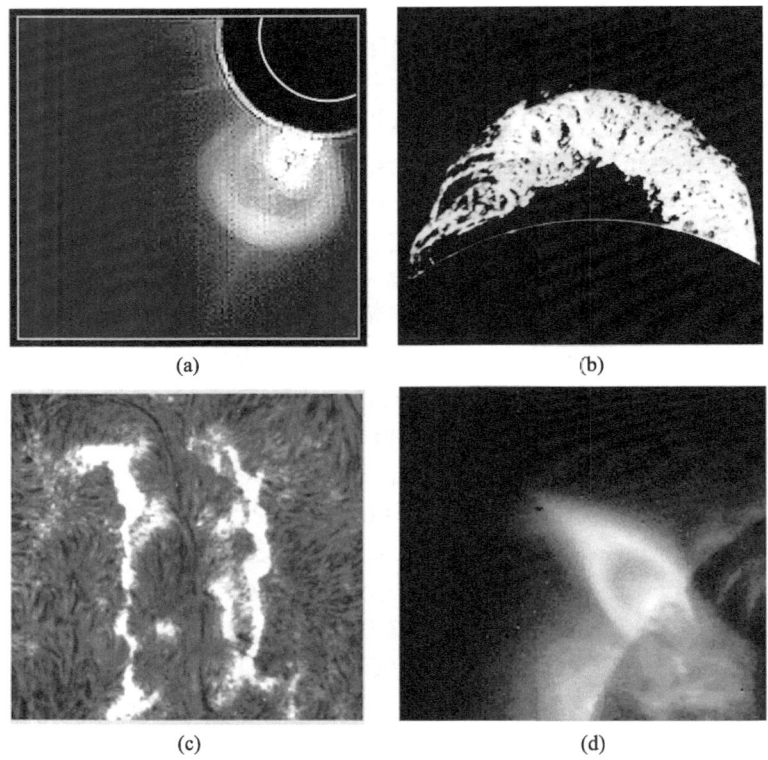

图 1　太阳爆发过程中出现的几种典型表象：(a) 用白光日冕仪观测到的 CME。右上角用白线画的小圈表示太阳，挡住太阳的圆片是日冕仪上的挡板，用以挡住来自光球的强光，让我们能看清日冕中的各种结构(光球的亮度是日冕亮度的一百万倍)；(b) 在 Hα 波段观测到的太阳边缘的爆发日珥。下面的黑色圆盘是太阳；(c) 在 Hα 波段观测到的太阳耀斑在色球中的表象；(d) 在软 X 射线波段拍摄到的耀斑在日冕当中的表象。取自文献[1]。

于是，许多人试图寻找并讨论和耀斑相关的 CME 及不和耀斑相关的 CME 之间的区别和相同之处。但是，Svestka 指出在这两种情况下导致 CME 的原因都是一样的，唯一不同的是产生爆发的区域内的磁场强度不同，并且耀斑和 CME 之间的相关性也会持续地随着相应的磁场强度而变化，同时在好的相关性和差的相关性之间也没有清晰的界限(参看文献[4])。Goff 等人观测到的事件清晰有力地证明了这一观点。这一事件被许多仪器观测到,包括 SOHO 上的 CDS 和 LASCO,以及 TRACE 和 RHESSI。在这一事件中包含有一个速度大约为 130 km/s 的慢速 CME,和一个不断增长的耀斑环系统,并有一个上升的 HXR 源位于该耀斑环系统的顶端(参看文献[5])。

Vrsnak 等人的工作进一步支持了 Svestka 的观点。经过分析 545 个伴随耀斑的 CME 和 104 个没有耀斑的 CME 之后,Vrsnak 等人发现这两类数据都具有非常相似的特点,这些结果不支持存在两种性质截然不同(有/无耀斑)的 CME 的观点。他们注意到,平均而言,伴随着大耀斑的 CME 通常比没有耀斑的或伴随小耀斑的 CME 要更快更宽,并可以确立 CME 速度和耀斑强度的明确的相关性。由无耀斑的 CME 显示出的许多特性都被发现和伴随着 B 级或 C 级 X 射线耀斑的 CME 很相似,这暗示了爆发事件在这个问题上实际上是以"连续谱"而非"分立谱"的形式分布的(参看文献[6])。

张枚等人第一次根据耀斑极大值的时间随相关联的 CME 速度的变化定量地研究了 CME 和耀斑之间的相关性。通过分析 TRACE 所观测到的耀斑、LASCO 所观测的 CME,以及利用 GOES 的 X 射线流量的数据来确定耀斑最大值的时间。他们发现 CME 越快,相关联的耀斑越早达到其极大值,并且相比于慢速 CME,快速 CME 和其耀斑的相关性更好更明显。在他们所选的样本中,大多数的 X 级耀斑 (13 个中有 12 个)和快速 CME 一起出现,超过一半的 (30 个中有 18 个)快速 CME 伴随有 M 级耀斑,而只有一个 X 级耀斑伴随着慢速 CME (参见文献[7])。

在另一项类似的研究中,Moon 等人发现在 3217 个 CME 中伴随耀斑的 CME 的数量随着速度的增加趋向于增多:只有不足 5%的慢速(< 200 km/s)CME 伴随有耀斑,而这一比例随着 CME 的速度达到 1000 km/s 而接近 15%。但是这个比例只可作为下限来看待,因为 Moon 等人在筛选他们的样本的时候过于严格,将那些同时伴随有耀斑和爆发日珥的 CME 给排除了。不过他们以另一种方式重复了张枚等的结论。 以上关于相关性的结论同样适合于那些发生于太阳活动极小年的爆发:慢速 CME 和太阳表面的其他活动几乎没有关系,总是伴随有日面活动的 CME 的平均速度明显比没有相关活动相伴的 CME 的速度要高(参见文献[8])。

在 CME 灾变模型的基础上,林隽研究了 CME 和相关的耀斑之间的关系,发现了伴随着快速 CME 的耀斑比伴随着慢速 CME 的耀斑更快达到极大值。这一结果和张枚等人由观测推断出来的结果一致。并且,这种相关性是由相应磁结构当中的磁场强度决定的:磁场越强,相关性越好。这与 Svestka 的推断完全一致(参见文献[2])。

因此从本质上来说,太阳耀斑和 CME 之间的联系由爆发前的磁结构当中储存的自由能的多少来决定。但是在一个具体的爆发过程中,有多少能量用于加热太阳大气,产生耀斑,又有多少能量用于加速 CME 中的等离子体,则一直是一个没有解决的问题。观测的结果表明能量的分配可以有三种情况:① 二者能量相当,② 供给 CME 的能量多于供给耀斑的能量,③ 供给 CME 的能量少于供给耀斑的能量。是什么因素决定了能量的分配？又是以什么方式决定的？也是大家一直想解决的问题。

正确回答这些问题，面临理论和观测两方面的困难。首先，在理论上，我们缺乏对相关磁结构爆发前状态的完整而真实的描述。有的理论模型给出了对磁结构的比较接近真实情况的描述，但是无法考察这样的结构如何能进一步演化直到爆发(参看文献[9])；有的模型则只关注于某个结构爆发前后的特征，但并不关心这样的结构是如何形成的(参看文献[2])。其次，即使磁结构在爆发前的这些细节都可以得到全面考虑和完整描述，在爆发中对能量转换起关键作用的磁重联过程也还有许多的细节属于未知数(我们会在其他章节详细讨论这个问题)，这些问题不解决，上面那些问题的正确答案就不可能找到；其三，在观测上，以目前的观测技术水平，我们无法保证来自耀斑的辐射能量能被完整探测和估算，而且CME的速度和质量的完整信息也难以顺利获得(参看文献[10])。这对我们研究和了解爆发过程中热能和动能的分配细节是一个很大的障碍。

这些问题对我们现在的工作提出了挑战，当然也构成了我们将来研究工作的方向和目标。解决这些问题需要我们在提高观测技术和加深理论研究两方面做出努力。

参 考 文 献

[1] Forbes T G. Journal of Geophysical Research. 2000, 105: 23153.
[2] Lin J. Solar Physics. 2004, 219: 169.
[3] Zhang J, Dere K P, Howard R A, Kundu M R, White S M. The Astrophysical Journal. 2001, 559: 452.
[4] Svestka Z. in The Lower Atmosphere of Solar Flares, D F Neidig (ed.), NSO/SacPeak Publication: 1986, 332.
[5] Goff C P, van Driel-Gesztelyi L, Harra L K, Matthews S A, Mandrini C H. Astronomy & Astrophysics, 2005, 434: 761.
[6] Vrsnak B, Sudar D, Ruzdjak D. Astronomy & Astrophysics, 2005, 435: 1149.
[7] Zhang M, Golub L, DeLuca E, Burkepile J. the Astrophysical Journal, 2001, 574: L97.
[8] Moon Y J, Choe G S, Wang H, Park Y D, Gopalswamy N, Yang G, Yashiro S. the Astrophysical Journal, 2002, 581: 694.
[9] MacKay D H, van Ballegooijen A A. the Astrophysical Journal, 2006, 233: 577.
[10] Webb D F, Cheng C C, Dulk G A, Martin S F, McKenna-Lawlor S, McLean D J, Edberg S J. in Solar Flares: A Monograph from Skylab Solar Workshop II. Sturrock P A, ed. Colo. Assoc. Univ. Press, Boulder: 1980, 471.

撰稿人：林 隽[1] 张 捷[2]

1 中国科学院云南天文台
2 美国乔治·梅森大学

日冕极紫外波揭示的日冕物质抛射的本质

Nature of Coronal Mass Ejections Revealed by Coronal EIT Waves

1. 日冕物质抛射的观测特征及物理模型的难题

日冕物质抛射是太阳大气中最大尺度的爆发现象，其典型质量在 $10^{11}\sim10^{13}$kg 之间，速度在 20~3000km/s 之间。除一些抛射是以束流状出现并被称为窄日冕物质抛射外，典型的日冕物质抛射是以环状出现，如图 1 所示。由于和其他很多太阳爆发现象(太阳耀斑、日珥爆发等)关联，并可能对地球空间环境产生剧烈扰动(如地磁暴等)，这类日冕物质抛射引起了广泛兴趣。如图 1 所示，日冕物质抛射的典型结构包括三个成分，即亮环、亮环所包围的暗腔及暗腔中间的亮核。在这种由日冕仪拍摄的白光像中，亮的结构代表日冕中该处(准确点讲，应该是沿着视线方向的积分)的物质密度比较高，而暗淡的地方代表该处密度比较低。通常说的日冕物质抛射的速度是指亮环的径向速度，其下方的亮核则以较低的速度抛射。这么一个研究了近 40 年的现象，我们依然不清楚它的亮环结构是怎么形成的。

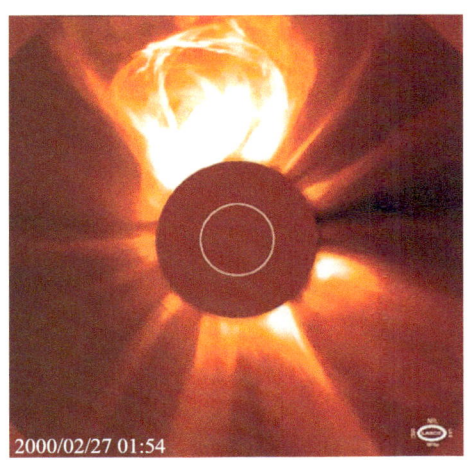

图 1 2000 年 2 月 27 日由 SOHO 卫星上的 LASCO 日冕仪拍摄的日冕白光像，其中中心的白圈代表太阳。该图显示日面被挡板遮掩之后的日冕像。

对于观测到的日冕物质抛射的运动，大家通常都无意识地视之为物质运动。但其实成像观测中看到的移动可能有三种情况：物质运动、波动及表观运动。通常要结合光谱观测才能判断其真正的过程,因为光谱观测可以测量真正的物质运动速度。

日冕物质抛射的亮核被证实为抛射的日珥(或称为暗条),即冻结在磁感线上的低温高密度物质。因此,它的径向抛射是一种物质运动。而亮环的本质却并不那么清楚。在20世纪70年代,人们认为亮环是太阳耀斑中的巨大压力激发的快模磁流体波[1],但这个模型后来被否认,一者有的亮环出现在耀斑之前,二者亮环在2个太阳半径高度之后几乎保持不变的日心张角,这些特点与该模型矛盾。后来有人认为亮环对应磁流管或是磁绳[2,3],由于磁流管和磁绳的足点均固结在太阳表面,因此可以解释亮环在2个太阳半径高度之后几乎保持不变的张角的观测特征。但是观测也表明在2个太阳半径高度以下,该张角不断增大。更为致命的是,光谱观测表明日冕物质抛射亮环的多普勒速度(即物质运动速度)比成像观测中的速度小很多,这也表明亮环的传播不太可能是冻结在磁感线上的等离子体的物质运动[4]。

在一项针对日冕物质抛射和日冕极紫外波(有时称为EIT波)的关系的研究中,我们发现日冕极紫外波和日冕物质抛射的亮环重合[5]。

2. 极紫外波的观测与模型

SOHO卫星于1995年底发射上天后,其搭载的12个望远镜带来了很多新的结果。美国和法国学者在处理极紫外成像望远镜(EIT)对1997年5月12日的日冕物质抛射事件的观测资料(波长为195Å)时,采用了相邻时刻的图像相减的方法,结果发现一种预料之外的波动现象[6],如图2所示。由于是被EIT望远镜观测到的,因此通常把它称为EIT波或极紫外波。在其往外传播的过程中,紧随其后的是不断扩展的极紫外暗区。在传播到冕洞边界或磁分隔面处时,EIT波通常会停下来。EIT波的典型速度在170~350km/s,也可低至几十、高至470km/s。

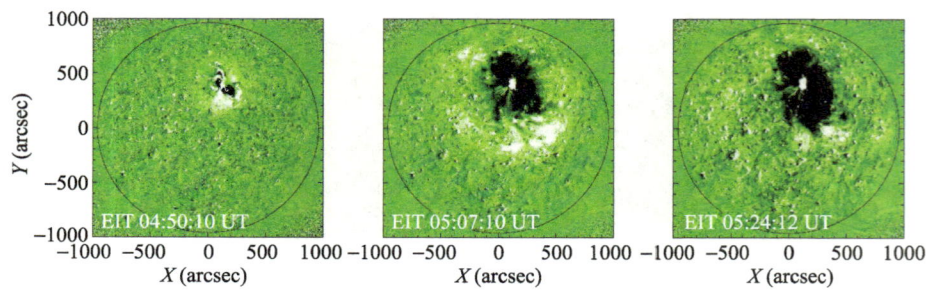

图2 1997年5月12日由SOHO卫星上的EIT望远镜拍摄的日面195埃像,其中每幅图都减掉了爆发前时刻的亮度。

EIT波经常被解释为日冕快模磁声波,然而该快波模型无法解释EIT波的如下特点：(1) EIT 波的速度仅有莫尔顿波速度的三分之一左右，而后者被广泛接受为日冕的快波；(2) EIT 波速度与 II 型射电暴的传播速度无任何相关性，后者也被确认为日冕快波；(3) EIT 波会突然停在磁分隔面处；(4) EIT 波速度有时小于 100km/s，而快波速度必须大于日冕的声速(约 150km/s)。因此，EIT 波的快波模型遭到了怀疑[7]。

通过数值模拟，我们提出了 EIT 波的一种新的机制[8,9]，即 EIT 波并不是日冕快波，而是由闭合磁感线在日冕物质抛射过程中拉升而产生的一种表观传播。磁感线的拉升会压缩外侧的等离子体，产生 EIT 波的增亮，而同时由于闭合磁感线所张的体积增大，密度减小，从而导致 EIT 波后面的极紫外暗区。该模型预言在 EIT 波的前方应该存在另外一个快波。此外，该模型指出 EIT 波不是由耀斑的压力产生，而是由日冕物质抛射产生[10]。

3. 日冕物质抛射亮环的形成机制

为了研究 EIT 波和日冕物质抛射的空间关系，我们选择了 1997 年 9 月 9 日的一个边缘爆发事件[5]。结果发现日冕物质抛射的亮环和 EIT 波几乎重合。

这两者的重合的意义是双重的。对 EIT 波而言，其极紫外谱线增亮可能是源于等离子体密度升高，也可能源于等离子体温度变化。而极紫外增亮与日冕物质抛射的亮环重合则表明极紫外增亮的主要原因是物质密度升高，因为白光增亮只与密度升高有关。对日冕物质抛射而言，这种重合则意味着 EIT 波的模型可以借鉴用来解释亮环的形成与传播。

为此，我们将 EIT 波的机制推广来解释日冕物质抛射亮环的形成[5]：如图 3 所示，暗条(圆圈所示)被触发后往外抛射后，就像火箭发射一样，势必产生一个弓激波(粉红色线)，为快模磁流体激波。与此同时，暗条也势必将跨越在其上方的闭合磁感线逐个拉升直至行星际空间，每根磁感线的拉升都是由顶部开始，然后传播到足点，即暗条首先往外推第一根磁感线，在 t_1 时刻，仅 A 处被拉升，作为一种扰动，这种拉升沿着第一根磁感线以阿尔芬速度 v_A 往下传，到 t_2 时刻传到 D 点，这样整个第一根磁感线被拉升；与此同时，A 点处的扰动继续往上以快波速度 $v_f = \sqrt{v_A^2 + v_S^2}$ 传到第二根磁感线的顶部 B 点，其中 v_S 为声速。同样道理，这种拉升由 B 点沿着第二根磁感线以阿尔芬速度 v_A 往下传到其足点 E 处。依此类推，暗条上方的闭合磁感线就这样被逐步拉升，这种变形导致压缩磁感线外侧的等离子体形成局部密度升高。任何一个时刻所有的压缩区便组成了环状压缩带，如图 3 中的绿线所示，而这便是日冕物质抛射的亮环。在亮环之后，由于闭合磁感线不断拉升，所围的体积不断增大，因此出现不断扩展的暗区。

根据这个模型[5]，日冕物质抛射的亮环的顶部往外传播的速度应该是日冕中

的快模磁声波 $v_f = \sqrt{v_A^2 + v_S^2}$，可以想见其真正的物质运动速度(受抛射的暗条驱使)比该波动速度小很多。这就意味着，我们经常看到以 1000 或是 2000km/s 的速度往外传播的日冕物质抛射，其实并不是同一团物质在以这么大的速度抛射，这个速度仅反映了日冕的快模磁声波速度，而真正的物质抛射速度也许只有 500km/s。

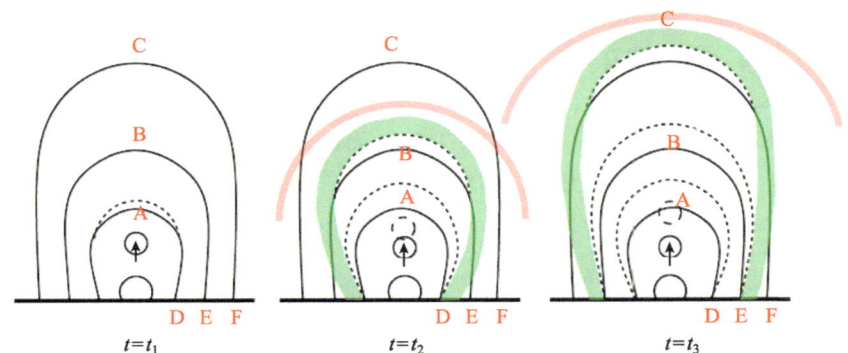

图 3 我们提出的日冕物质抛射亮环的形成机制，其中黑实线为初始的磁感线，虚线为拉升之后的磁感线，粉红线代表日冕物质抛射驱动的激波，而绿线则代表日冕物质抛射的亮环[5]。

如果这个模型被证实是正确的，这将意味着以往对日冕物质抛射很多方面的理解需要修改。

4. 存在的问题

需要指出的是，观测也确实表明有一些日冕物质抛射以缓慢的速度往外抛射。很可能这些事件是冕环在某种原因(如太阳风)的拖曳作用下的抛射，这些事件的传播才可能是真正的物质运动。而这有待于进一步的研究。

参 考 文 献

[1] Nakagawa Y, et al. Dynamic response of an isothermal static corona to finite amplitude disturbances. Solar Phys, 1975, 41: 387.

[2] Low B C. Equilibrium and dynamics of coronal magnetic fields. Ann Rev Astron Astrophys, 1990, 28: 491.

[3] Mouschovias T C, Poland A I. Expansion and broadening of coronal loop transients. The Astrophys J, 1978, 220: 675.

[4] Ciaravella A, et al. Ultraviolet properties of halo coronal mass ejections. The Astrophys J, 2006, 652: 774.

[5] Chen P F. The relation between EIT waves and coronal mass ejections. The Astrophys J, 2009, 698: L112.

[6]   Thompson B J, et al. SOHO/EIT observations of an Earth-directed coronal mass ejection on May 12, 1997. Geophys Res Lett, 25: 2465.
[7]   Delannee C. Another view of the EIT wave phenomenon. The Astrophys J, 2000, 545: 512.
[8]   Chen P F, et al. Evidence of EIT and Moreton waves in numerical simulations. The Astrophys J, 2002, 572: L99.
[9]   Chen P F, et al. A full view of EIT waves. The Astrophys J, 2005, 622: 1202.
[10] Chen P F. The relation between EIT waves and solar flares. The Astrophys J, 2006, 641: L153.

撰稿人：陈鹏飞
南京大学天文系

日冕物质抛射预报

Corona Mess Ejection Prediction

日冕物质抛射(coronal mass ejection，CME)是巨大的、携带磁力线的等离子体从太阳抛射出来的过程。表现为在几分钟至几小时内从太阳向外抛射约几十亿到几百亿吨的日冕物质(速度一般从每秒几十千米到超过每秒 1000 千米)，使很大范围的日冕受到扰动，从而剧烈地改变了日冕的宏观形态和磁场位形。日冕物质抛射是日冕大尺度磁场平衡遭到破坏的产物，抛射出来的高速带电粒子流与太阳风相互作用形成行星际激波。当此激波与地球磁场相遇时，会引起强烈的地磁扰动(磁暴)，进一步影响地球的高层大气和电离层，引发短波通信中断、空间飞行器载荷和宇航员受辐射伤害、卫星偏离轨道甚至陨落、卫星定位精度显著下降、电网和输油管道受到破坏等诸多灾害性事件。最早的日冕物质抛射现象是由空间轨道天文台(OSO-7)观测到的[1]。随后人们研制了专门的仪器用于地面和空间日冕物质抛射观测。美欧合作发射的空间太阳和日球天文台(Solar and Heliospheric Observatory, SOHO)上的大视场分光日冕仪(LASCO)把对日冕物质抛射的观测扩展到了 30 个太阳半径的外日冕。自 1996 年运行以来，已有一万多日冕物质抛射事件被观测到，并有相关记录。图 1 是 SOHO/LASCO 日冕仪观测到的日冕物质抛射的形态。

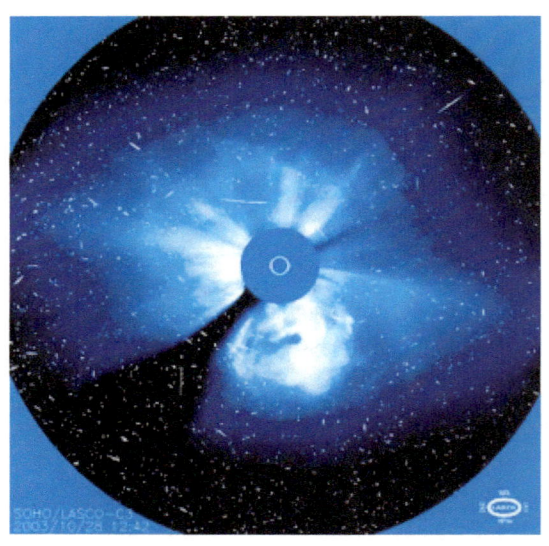

图 1　SOHO/LASCO 日冕仪观测的日冕物质抛射的形态。

由于日冕物质抛射对于地球临近空间环境有着巨大影响,日冕物质抛射预报成为空间天气预报的重要内容之一。日冕物质抛射预报主要包括两方面的内容:一方面是日冕物质抛射形成预报;另一方面是日冕物质抛射对地影响预报。

1. 日冕物质抛射形成预报

日冕物质抛射形成预报着眼于寻求日冕物质抛射产生的先兆条件或现象。通过分析这些先兆条件或现象预测给定时间内产生日冕物质抛射的可能性。先兆条件基于日冕物质抛射的物理机制研究。到目前为止,已经有相当数量的关于日冕物质抛射产生机制的物理模型[2~5]。这些模型提出了多种导致日冕物质抛射的先兆条件。然而所有这些模型依然不能直接用于日冕物质抛射预报。原因是这些模型给出的先兆条件不是导致日冕物质抛射的唯一条件,而且太阳大气中能够直接测定的物理参数非常有限。先兆现象的归纳基于日冕物质抛射源区的统计特性研究。已有大量的研究论文涉及此类研究工作[6~8]。这些统计特性主要包括源区磁场拓扑结构特征和演化特征、多波段成像观测特征和动态演化特征。所有的统计结果都表明日冕物质抛射源区的自由能存储具有明显的标志,如非势磁场形态(强梯度、强剪切);有利于磁重联发生的拓扑结构和运动(磁零点、磁流管扭曲、新磁通量浮现、磁通量对消)等。依据这些特征可以提前数十小时给出优于60%的预测,但很难预测日冕物质抛射发生的准确时刻。其主要原因是这些特征不能描述日冕物质抛射发生的具体物理过程。

2. 日冕物质抛射对地影响预报

在拥有实时监测的条件下,预测已经发生的日冕物质抛射对地球临近空间是否产生影响是空间天气预报更加重要的任务。预测日冕物质抛射的对地有效性需要考虑多方面的因素。首先是日冕物质抛射的形态特征。一般而言,晕状日冕物质抛射对地产生影响的可能性较大,但需要考虑到投影效应[9]。其次是日冕物质抛射通过行星际空间到达地球临近空间的时间及其对地球磁场的扰动。通常这类预测不仅需要考虑日冕物质抛射的初始速度,还要考虑日冕物质抛射在行星际空间的传播情况,也就是所谓行星际日冕物质抛射(interplanetary coronal mass ejection, ICME)与太阳风和磁层的相互作用[10]。

考虑日冕物质抛射的特殊性,需要对其发生频次、初发、传播和对地有效性做出预报。但是目前国内外尚未形成常规日冕物质抛射预报业务,详细的日冕物质抛射预报种类划分需要通过预报实践归纳出来。这本身就是一道难题。

参 考 文 献

[1] Eddy J A. A new sun: the solar results from skylab. NASA, SP-402, Washington, DC. 1979.

[2] Forbes T G, Priest E R. Photospheric magnetic field evolution and eruptive flares. ApJ, 1995, 446: 377.
[3] Antiochos S K, DeVore C R, Klimchuk J A. A model for solar coronal mass ejections. ApJ, 1999, 510: 485–493.
[4] Chen P F, Shibata K. An emerging flux trigger mechanism for coronal mass ejections. ApJ, 2000, 545: 524.
[5] Zhang M and Low B C. The hydromagnetic nature of solar coronal mass ejections. ARAA, 2005, 43: 1037.
[6] Falconer D A, Moore R L, Gary G A. A measure from line-of-sight magnetograms for prediction of coronal mass ejections. JGR, 2003, 108, A10: 1380.
[7] Zhou G P, Wang J X, Zhang J. Large-scale source regions of earth-directed coronal mass ejections. A&A, 2006, 445: 1133.
[8] Qahwaji R, Colak T, Al-Omari M, Ipson S. Automated prediction of CMEs using machine learning of CME– flare associations. Solar Phys, 2008, 248: 471.
[9] Michalek G, Gopalswamy N, Yashiro S. Prediction of space weather using an asymmetric cone model for Halo CMEs. Solar Phys. 2007, 246: 399.
[10] Owens M, Cargill P. Predictions of the arrival time of Coronal Mass Ejections at 1AU: an analysis of the causes of errors. Annales Geophysicae, 2004, 22: 661.

撰稿人：王华宁
中国科学院国家天文台
中国科学院太阳活动重点实验室(国家天文台)

日冕物质抛射与行星际磁云的关系

Connection between CMEs and Magnetic Clouds

1. 日冕物质抛射是太阳上的爆发现象，磁云是它传播到行星际空间中的一类特殊结构

日冕物质抛射(coronal mass ejection, CME)是太阳大气中频繁发生的最为猛烈的大尺度爆发现象之一，它将大量的能量、质量和磁通量抛入行星际空间[1]。一次典型的 CME 携带 10^9 吨等离子体和 10^{23} Maxwell 磁通量，它的能量高达 10^{25} J，相当于同时发生 2 万个 9 级大地震。当 CME 传播到行星际空间时，称之为行星际CME(ICME)。它们中的一部分呈现出规则的磁场结构和特殊的等离子体特征，这类 ICME 就是磁云[2]。在局地的观测数据中(图 1)，典型的磁云具有如下三个显著特点：(1) 磁场强度明显高于太阳风中的磁场强度，(2) 磁场方向有着大而平滑的旋转，(3) 较低的质子温度和等离子体 β 值。此外还具有双向超热电子流、不寻常的电离状态、持续下降的速度等特点。根据这些特点，人们普遍认为磁云是一个具有螺旋形磁场的磁通量管(flux rope)结构(图 2)[3]。

2. 它们都是大尺度现象，是地球空间灾害性天气事件的主要驱动源

CME 和磁云都是大尺度结构。平均来说，CME(或磁云)从太阳传播到地球需要 3~4 天。由于不停的膨胀，磁云在 1AU 处横截面的平均直径约 0.28AU，经过地球的持续时间约需 24 小时。如此大尺度的扰动会引起空间环境的剧烈变化。它们对背景太阳风的挤压，可以在其周围形成磁场压缩区，产生各种湍流、波动甚至激波。激波和湍动的存在都是有效的加速高能带电粒子的必要条件。强烈的地磁暴往往是由磁云引起的。不同的磁云造成的磁暴强度会有所不同，主要依赖于它们的磁场强度、轴的方向、尺寸大小、传播方向和速度等，这些参数在 CME 形成演化的初期就已基本确定。探索 CME 与行星际磁云的关系是一个多学科交叉的课题，它涉及太阳物理、行星际物理、磁层物理和基本等离子体物理。这方面的研究，不仅可以加深对现象本身的形成和演化规律的理解，对空间灾害性天气事件的预报也是有着极其重要的意义。

3. 然而我们并不清楚日冕物质抛射是如何演变成磁云的，也不清楚它们的最终命运如何

我们对 CME 的观测大部分是遥感手段，得到的是太阳附近的成像信息；对磁云的探测是局地的时间序列数据,大部分是地球轨道附近的信息。而对 CME 在行星际空间中传播和演化这一在时间上可达数天、在空间上可达 1AU 的过程,我们知之甚少。观测数据的局限给我们带来了一系列科学上的难题。

(1) 为什么不是所有的 CME 都能演变成为磁云?磁云的形成条件是什么?

不是所有的 ICME 都是磁云,非磁云的 ICME 具有杂乱无章的内部磁场。1996~2003 年期间地球附近观测到的 ICME 统计情况显示,在太阳活动低年,几乎所有的 ICME 是磁云,但在太阳活动高年,只有约 15% 的 ICME 是磁云[4]。为什么有些 CME 不能形成磁云?这方面的研究甚少。

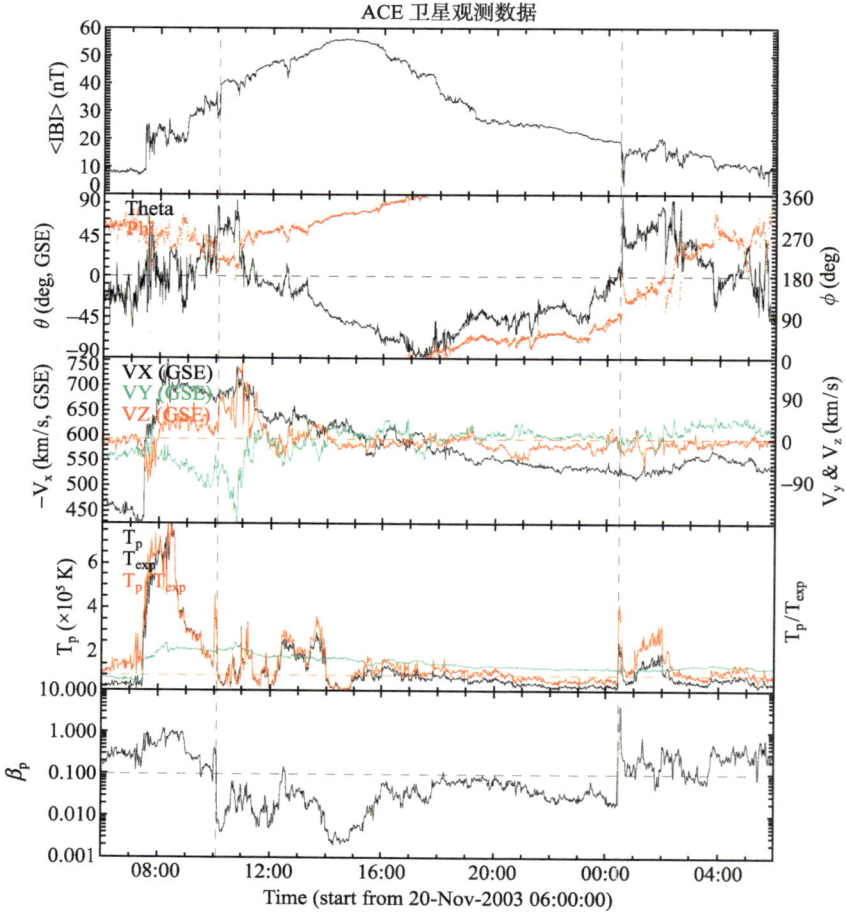

图 1 卫星记录到的磁云的局地观测数据。竖的虚线之间为磁云区域,具有增强的磁场、大而平滑的磁场旋转、低的质子温度和等离子体 β 值等特点。

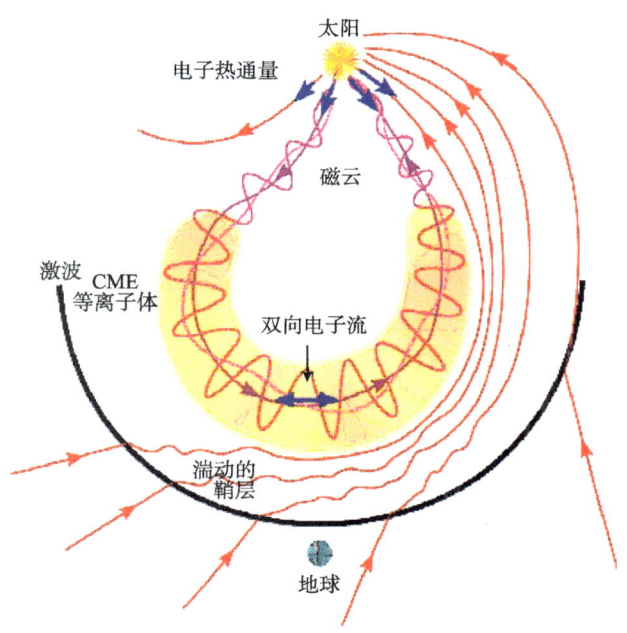

图 2　磁云的磁通量管结构示意图(取自参考文献[3])。

(2) CME 或磁云在行星际空间传播过程中，内部能量是如何转化的？

CME 在行星际空间中的传播时，内部的磁场能量基本以 r^{-2} 速率耗散 (r 为距离太阳的距离)，内部的热力学过程属于膨胀吸热过程，且质子和电子的行为很不一样，质子的多方指数约 1.3，而电子则很可能小于 1.0[5, 6]。耗散的磁能可以转化为动能甚至热能，但具体的百分比并不清楚。磁能-热能的转化需要有效的机制，如果有的话，具体怎么转化？如果没有的话，CME 吸取的热能从哪里来？而且在不同的阶段是否有着不同的热源？

(3) 磁云磁场的全局拓扑结构是什么样的？它们与太阳的相通性如何？

磁云内部双向超热电子流的存在间接的证明了,磁云是两个足点连接在太阳表面的巨大的弯曲的 flux rope (图2)[7]。然而不是所有的磁云，同时也不是磁云经过的所有时间段我们都能探测到双向超热电子流[8]。对于这种间断性的发生，目前合理的解释是它们与太阳的连通性不是 100%的，有时会由于某种原因而中断，而这里所暗示的一个重要的物理过程就是磁场重联,它能使局部地区的磁能耗散引起大尺度磁场拓扑结构的改变。磁云与太阳的连通性的变化很有可能会影响磁云的许多特性，比如会改变磁云内部磁场结构；会影响磁云等离子体与太阳风等离子体的交换行为；会改变磁云在行星际空间传播过程中的受力情况；会改变磁云内部的供热速率，从而影响热力学参量等。

(4) CME 或磁云的最终命运如何？它们在更远的地方以什么形式存在？

Voyager 飞船的观测表明，CME 至少在 15AU 的地方仍在持续膨胀，但膨胀速率随离太阳的距离越远而逐渐减小[9]，理论模型也表明 CME 不会无休止的加速膨胀[6]。但它们是否能传得更远？我们没有确切的观测数据可以用来分析。另一方面，磁云是否还能维持两个足点连接在太阳表面的磁绳结构呢？如果磁云能很好地维持这种磁绳结构，每产生一个磁云，必然会增加整个日球层的磁通量。然而通过卫星数据估算表明，随时间的变化日球层磁通量基本是不变的。因此，磁云应该会慢慢地消失在某个地方。事实是否如此，需要更多的观测数据来检验。

(5) 还有很多科学问题值得我们研究

如何通过日冕仪成像图来准确的反演 CME 的三维结构，又如何通过局地一点或数点的观测数据来反演磁云的三维结构？

如何根据 CME 和太阳表面源区的观测来确定磁云的几何参数，尤其是轴向这一关系地磁暴强度的重要参数？

对于多重磁云的形成条件是什么，相互作用期间发生着哪些物理过程？为什么有些多重日冕物质抛射并没有演化成多重磁云。

磁云与周围太阳风等离子体是如何相互作用的？磁云边界层中发生着什么样的物理过程？如何物理的描述太阳风对 CME(磁云)运动的拖拽效应？

小尺度 flux rope 是否也属于磁云？它们是如何形成的？等等。

4. 我们需要多点多时空尺度的观测来真正理解日冕物质抛射与行星际磁云

正由于 CME 和磁云都是大尺度结构，单颗卫星的观测使我们只能管中窥豹，很多现有的图像和结论都只是建立在一定的假设和理论模型基础之上。对同一个磁云进行的多点同时观测研究也有过，但很少；更多的是不同磁云、不同时间、不同地点的统计研究，这能给出集体的平均特征，但无法反映出个体的情况。只有发展新的观测技术、实现多点多时空尺度的观测，才能使我们获得更多的信息，深入和确切的了解 CME 和行星际磁云。计划中的 solar probe 和 solar sentinels 等空间卫星项目将会在一定程度上弥补这些缺陷。在不久的将来，我们对 CME 和行星际磁云乃至太阳大气和日球层的认识一定会是质的飞跃。

参 考 文 献

[1] Hudson H S, Bougeret J L, Burkepile J. Coronal mass ejections: overview of observations. Space Science Reviews, 2006, 123: 13–30.

[2] Wimmer-Schweingruber R F, et al. Understanding interplanetary coronal mass ejection signatures. Space Science Reviews, 2006, 123: 177–216.

[3] Zurbuchen T H and Richardson I G. In-situ solar wind and magnetic field signatures of interplanetary coronal mass ejections. Space Science Reviews, 2006, 123: 31–43.

- [4] Richardson I G, Cane H V, The fraction of interplanetary coronal mass ejections that are magnetic clouds: Evidence for a solar cycle variation. Geophysical Research Letters, 2004, 31: 18804.
- [5] Liu Y, et al. Thermodynamic structure of collision-dominated expanding plasma: Heating of interplanetary coronal mass ejections. Journal of Geophysical Research-Space Physics, 2006, 111: A01102.
- [6] Wang Y, Zhang J and Shen C. An analytical model probing the internal state of coronal mass ejections based on observations of their expansions and propagations. Journal of Geophysical Research-Space Physics, 2009, 114: A10104.
- [7] Larson D E, Lepping R P, et al. Tracking the topology of the October 18–20, 1995, magnetic cloud with 0.1-10^2 keV electrons. Geophysical Research Letters, 1997, 24: 1911–1914.
- [8] Shodhan S, et al. Counterstreaming electrons in magnetic clouds. Journal of Geophysical Research-Space Physics, 2000, 105: 27261–27268.
- [9] Wang C and Richardson J D. Interplanetary coronal mass ejections observed by Voyager 2 between 1 and 30 AU. Journal of Geophysical Research-Space Physics, 2004, 109: A06104.

撰稿人：汪毓明
中国科学技术大学地球和空间科学学院
中国科学院基础等离子体物理重点实验室

太阳风的起源

Genesis of the Solar Wind

太阳风是弥漫于整个日球(heliosphere)的高速带电粒子流,它和它携带的磁场是太阳与整个日球联系的纽带,并通过与星际介质的相互作用决定着日球的形状和尺寸。此外,由近日区向行星际空间传播的过程中,太阳高能粒子以及日冕物质抛射等可能危及地球空间环境的爆发事件会受到背景太阳风的可观影响。因而了解太阳风的性质不仅具有天文学上的一般重要性,而且对于准确地预报有灾害性影响的空间天气事件也具有重要价值。在太阳风的研究中,太阳风的起源问题(包括源区的认证以及初生太阳风由约 10km/s 加速至数百 km/s 的机制)占据着核心的地位,同时也是空间物理领域最重要却悬而未决的课题之一。

1958 年 Parker 做出太阳风的理论预言时,相关观测手段还相当有限,因而 Parker 并未指明太阳风会与何种日冕结构相关。20 世纪 60 年代初,太阳风的存在为飞船所证实,同时探空火箭的使用也使得日冕的紫外和 X 线观测成为可能,太阳风源区的认证研究就开始了。当时发展并沿用至今的一个主要方法是利用光球磁图并基于某些假设来构造日冕磁场模型,而后将太阳风的局地测量数据映射到日冕某高度,并由该高度沿开放磁力线向日面寻找太阳风的源区(图 1 示范的是此方法的现代应用)。利用这一思路,有早期研究将 Vela 和 Pioneer 等飞船的太阳风数据与日面软 X 线图像做了比对,确认了延伸至赤道附近的大冕洞[①]是重现性高速流(速度高于 600 千米每秒的太阳风)的源头所在,事实上这也是迄今最具说服力的太阳风源区认证研究。人们随即发现地球轨道处太阳风的来源不局限于冕洞,活动区附近的开放场区也有贡献,而且太阳风速度与它所在磁力管截面积的增长(可用膨胀因子来衡量)之间存在负相关[2]。20 世纪 80 年代末利用 1967 年起长达 22 年的数据的一项统计研究表明该经验关系相当普遍地成立,因而成为太阳风加速机制的一个重要约束[3]。

1990 年前研究者倾向于视太阳风为沿永久开放磁力线的稳态流动,高速流来自高纬冕洞,低速流则源于冕流亮度边界附近磁力线在日面的足点。基于这一源头观,在物理机制方面,人们最初并不关心开放区日冕何以取得百万度高温这一点,而把笼统定义的冕底当作底边界来考察太阳风的加速问题,通过电子由该高温边界

---

① 这里我们仿效 Cranmer[5]基于观测来定义冕洞为日面上或者日面边缘之外紫外或 X 线辐射强度较低的部分。

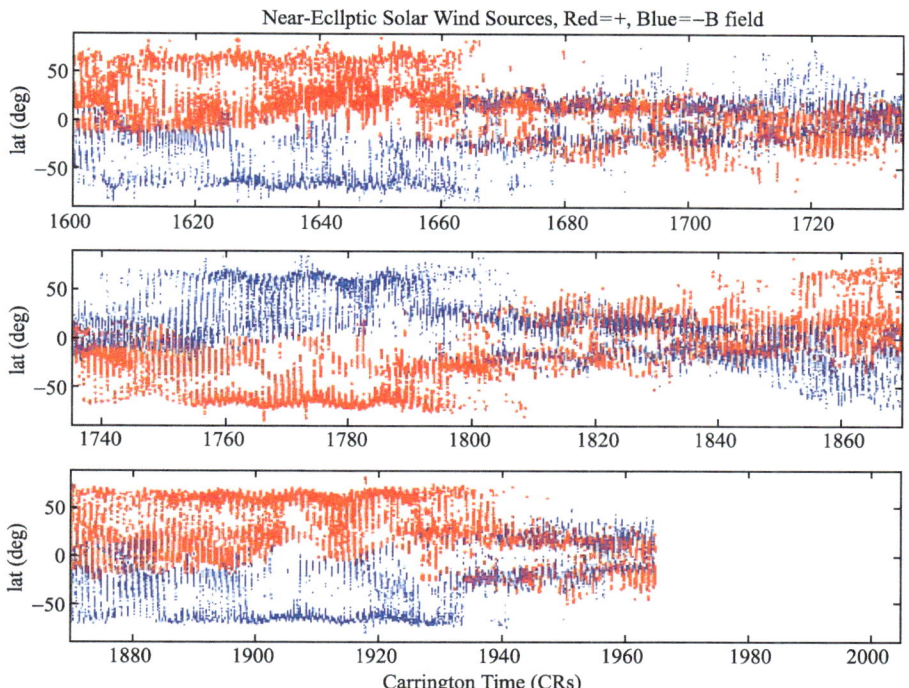

图 1 Carrington 周 1600 至 1965(对应于 1973 年 4 月至 2000 年 8 月)低纬太阳风在光球上的源区。这是 Luhmann 等人利用 Mt Wilson 天文台的光球磁图历史数据，基于势场假设重构了这 27 年间日冕磁场位形之后，通过磁力线追踪技术找到的日心纬度低于 20 度的开放力线在光球的足点。图中蓝色(红色)表征光球磁场指向内(外)。由图中可以看到，有相当长的时间内低纬太阳风源自低纬处混合极性区域，这对应于太阳活动上升期及极大期[1]。

向外的热传导来为太阳风供能。但这一电子驱动的理论无法解释高速流的性质。进而人们认识到太阳风的流动应被看做开放区日冕加热的一个自然后果：亚光球层次的对流运动将机械能以磁流体波或其他形式注入磁流管，波通过湍动耗散等机制来将物质加热到日冕温度，此高温相应的向外的压强梯度自然地提供太阳风的起始加速。为产生高速流，该理论要求至少在初始加速阶段，质子而非电子应得到优势加热。不过该质子驱动的理论预言质子在内冕区温度可高达数百万度，这与当时的探空火箭所得的结果不符，因而陷入困境[4]。

20 世纪 90 年代之后，随着以 Ulysses、SOHO 为代表的一系列飞船的升空，太阳风的起源研究得到了长足的进步。一方面太阳风的局地数据中，除了质子与 alpha 离子外，痕量元素如氧、铁、硅等的测量也成为常规。由于痕量元素在太阳风高速流与低速流中的性质有很大区别，寻找这种区别在日冕中的对应就成为太阳风源区认证的一个新的出发点。另一方面，随着日面的紫外和 X 线的成像及谱观测精度的提高，寻找太阳风在过渡区乃至色球层次的源头成为可能；不仅如此，日心距离约 1.5 太阳半径之外延伸日冕的白光和紫外测量还为新生太阳风在这一关键区域的加速提供了重要信息。

Ulysses 的观测表明，在太阳活动低年，太阳风参数对日心纬度的依赖关系相当规则：一个宽约 30°的变化显著的低速流(速度约 400km/s)嵌在南北两股均匀的高速流之间。此时太阳的位形也相当简单，最显著的特征是冕仪图像中赤道附近亮的冕流带。研究发现，绝大部分的高速流来自太阳两极的冕洞，其下超米粒组织边界处紫外谱线的蓝移则是初生高速流的表征，而该蓝移位于日面之上 5000~20000km 处的磁漏斗结构中[6]。另一方面，研究者普遍认为低速流和冕流结构有关，少量低速流来自冕流尖点处磁闭合区域物质的间歇式释放，其余则来自冕流亮度边界相应的开放区。这部分低速流可能源于冕洞的周边区域，或者活动区闭合磁环体系附近具有单一极性的磁开放区，且与高速流类似，在紫外图像中也呈现为网络组织边界上的蓝移[7]。2006 年发射的 Hinode 飞船的观测表明，在日面的软 X 线图像中，源于活动区的低速流呈现为相当平稳的流动，它占总的低速流的比例可高达 1/4[8]。在物理机制方面，延伸日冕观测显得尤为重要。观测表明冕洞之上的延伸日冕中质子温度高于电子值，少数离子的温度又高于质子值(二者比值超过离子的质量数)且其垂直温度高于平行温度，这些观测特征使得人们重新拾起质子驱动太阳风的理论观点。不仅冕洞如此，冕流边界处测量结果也被发现有类似特征。因而现在的共识是对于离子优势加热的那些机制(如离子回旋共振)不仅对高速流来说至关重要，而且可能也适用于部分低速流[5]。

在太阳活动高年，太阳风与太阳的位形都非常复杂。Ulysses 的测量结果中，太阳风呈现为一串串相继出现的变化剧烈的中、低速流。而相应时段的日面上极区冕洞缩小甚至消失，中低纬度则出现大量的小冕洞。基于势场的磁场外推模型表明，在活动峰年向行星际开放的磁通多数来自这些小冕洞，但活动区边缘及内部的贡献也可达 30~50%。这使得研究者公认活动区周边区域对太阳风会有可观的贡献，但对其具体源头则很有争议。目前被接受的可能的源区有活动区内部及边界的开放场、活动区附近的小冕洞以及极区冕洞的内边界等[9]。

上述讨论中都假定太阳风主要来自单极性的开放场区。然而 SOHO 飞船的日面紫外成像观测发现，无论高年或低年，日面都充斥着各种尺度的环状闭合结构，即便是冕洞这样以开放场为主的区域也不例外，只不过冕洞内的环尺寸较小(高度低于 15000km)、温度较低(低于 80 万度)，而冕洞之外环的尺寸较大(高约 4 万~40 万千米)、温度较高(约 150 万度)。环状结构的无处不在导致了一个全新的太阳风起源说即开闭磁场耦合说。在这一理论中，开放磁场与闭合磁环的重联释放出环内物质并为之提供能量，环内物质沿新形成的开放力线的流动即为太阳风。它可解释太阳风局地测量中氧电荷态与速度的相关关系，也可以通过磁环在浮现后到与开放力线重联前集聚物质的过程长短来为低电离势的痕量元素丰度对太阳风速度的依赖提供定性说明。目前这一起源说正越来越受关注[10]。

太阳风起源研究的主要困难来自源区认证以及加速机制两方面。在源区认证方面，由于日冕磁场直接测量的困难，所有通过磁联系来寻找源区的工作都依赖于日冕磁场模型，而这类模型又极大依赖于若干无法通过观测约束的参数。在加速机制方面，基于波动或者湍流的理论最大的问题在于人们至今对磁流体湍流仍知之甚少，而对湍流在高频或者高波数区的动力学耗散的描述尤为困难。不过令人欣慰的是，在日冕这类低热压磁压比的等离子体中磁流体湍流的研究正取得进步，相应的太阳风模型计算结果已可以接受观测检验[5]。另一方面，开闭磁场耦合起源说的理论还远谈不上完善，它的各个要素基本上都还停留在定性描述阶段。就磁环对物质的储存过程而言，人们还不了解物质是如何集聚的以及集聚的物质中元素丰度依赖于哪些因素。就磁环与开放力线的重联而言，人们对物质释放的具体过程、重联所释放的能量在粒子动能、热能及电磁能间的分配都不了解。就重联所形成的初生太阳风的进一步加热加速来说，重联过程所激发的高频或低频、平行或斜传波动等的贡献都还缺乏细致研究。至于太阳风的单极开放场起源说与开闭磁场耦合起源说是否同时成立、其各自的相对贡献又如何等则尚无定论。

对太阳风起源的更深入了解是未来若干卫星的主要科学目标。我国规划的"夸父"卫星将是 2015 年后第一 Lagrange 点处太阳风数据的主要来源，不仅如此，它对内日冕的连续的可见光和紫外成像观测将极大促进人们对太阳风初始加速区的了解。而计划于 2015 年发射的 Solar Orbiter 飞船的近日点为 48 太阳半径，在纬向则可到达日心纬度 30°的区域。它将提供内日球层太阳风中粒子和磁场的信息，并将能分辨太阳大气在约 200km 尺度上的动力学演化，从而帮助人们了解太阳风物质和能量的输运过程。另一尚处于预研阶段的 Solar Probe Plus 飞船将贴近黄道面飞行，但其近日点将为日心距离 9.5 太阳半径处。之所以要到这一前所未闻的近距离来观测太阳，是因为 Solar Probe Plus 首要的科学目标就是确定太阳风源区磁场的结构和动力学，追踪用以加热日冕和加速太阳风的能量的流动并明晰其热力学。可以预见，这些项目的实施将大大增进人们对太阳风起源的认识，并可能对太阳风的加热加速机制做出革命性的贡献。

参 考 文 献

[1] Luhmann J G, Li Y, Arge C N, et al. Solar cycle changes in coronal holes and space weather cycles, J. Geophys. Res., 2002(107), A08, 1154, 10.1029/2001JA007550.

[2] Zirker J B (ed.) Coronal holes and high speed wind streams: a monograph from Skylab solar workshop, Boulder: Colorado Associated University Press, 1977.

[3] Wang Y M and Sheeley Jr N R. Solar wind speed and coronal flux-tube expansion, ApJ, 1990,

(355): 726−732.
[4] Hollweg J V. Drivers of the solar wind: then and now, Phil. Trans. R. Soc. A, 2006, (364): 505−527.
[5] Cranmer S R. Coronal holes. Living Rev. Solar Phys. 2009, (6): 3 http://www.livingreviews.org/ lrsp-2009-3.
[6] Tu C Y, Zhou C, Marsch E, Xia L D, Zhao L, Wang J X and Wilhelm K. Solar wind origin in coronal funnels. Science, 2005, (308): 519−523.
[7] Marsch E, Wiegelmann T and Xia L D. Coronal plasma flows and magnetic fields in solar active regions. Combined observations from SOHO and NSO/Kitt Peak, A&A, 2004, (428): 629−645.
[8] Sakao T, Kano R, Narukage N, et al. Continuous plasma outflows from the edge of a solar active region as a possible source of solar wind. Science, 2007, (318): 1585−1588.
[9] Kohl J L, Noci G, Cranmer S R, Raymond J C. Ultraviolet spectroscopy of the extended solar corona. Astron. Astrophys. Rev., 2006, (13): 31−157.
[10] Feldman U, Landi E, Schwadron N A. On the sources of fast and slow solar wind. J. Geophys. Res., 2005, (110): A07109,doi:10.1029/2004JA010918.

撰稿人：李 波 陈 耀
山东大学威海分校空间科学与物理学院

太阳高能粒子在近日空间的加速和传播

Acceleration and Propagation of Solar Energetic Particles in the Inner Heliosphere

1 太阳高能粒子的观测

太阳高能粒子事件是指那些在地球附近观测到的来源太阳的高能粒子。历史上这些高能粒子事件被分为两类：爆发性(impulsive)和渐进性(gradual)事件。这两个术语最初是指太阳表面软 X 射线信号时间持续的长短。但是后来在 Reames 等人的推动下，被用来作为区分"耀斑加速"和"日冕物质抛射(CME)驱动激波加速"两种过程[1]。图 1 是两种过程的示意图。作为太阳表面两种最激烈的活动，耀斑和日冕物质抛射都具备在很短的时间内将粒子加速到很高能量的能力。事实上，在这两种过程里，有大约 10^{31}~10^{32} 尔格的能量被释放出来，而且单个粒子能够被加速到大于 GeV 的能量。这两种机制相比较，通常太阳耀斑发生在活动区，而且没有很大的空间扩展；与此相反，日冕物质抛射在空间上扩展很大，平均角宽度有 50 度[2]。另外，很多观测也表明，日冕物质抛射和耀斑经常同时发生[3]。

一般说来，对太阳高能粒子事件的观测分为两种。第一种称为遥感观测(remote-sensing)，这些观测主要是各种波长的电磁波，例如从伽马射线到 X 射线，到厘米射电波等。这些观测反映了爆发时太阳表面的物理性质。另外一种观测称为实地观测(in-situ)，这种观测主要是行星际空间里的带电粒子，包括电子、质子和各种离子。因为太阳风中 Parker 磁场的存在，这些带电粒子在从太阳传播到地球的过程中，会受到磁场洛伦兹力的作用，经历所谓调制过程，主要包括绝热冷却，以及湍流(或者波)和粒子的相互作用。所以近地的高能粒子观测不仅携带了粒子在太阳附近加速的信息，还携带了在内日球空间(<1AU)太阳风的湍流信息。特别的，湍流能量谱随空间的变化特征。

在耀斑现象中，经常能观测到硬 X 射线；有时还可以观测到伽马射线。硬 X 射线是由高能电子和太阳表面大气碰撞产生的。由硬 X 射线谱，可以反推得到加速的电子能谱[4]。这让我们可以很好的研究电子加速机制。类似的，当高能质子(高能离子)和太阳大气里的离子(质子和氦离子)碰撞，我们就能得到相应的窄(宽)伽马射线。研究这些伽马射线谱，可以了解离子的加速机制。2002 年，NASA 发射了 Ramaty High Energy Solar Spectroscopic Imager (RHESSI)卫星。它的主要工作就是研究耀斑硬 X 射线和伽马射线。

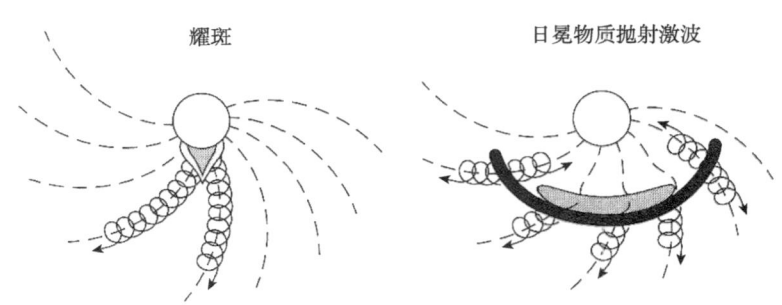

图1 高能粒子的"两来源"分类：耀斑加速和日冕物质抛射激波加速[1]。

耀斑作为高效的粒子加速器，很早就被人们所接受。不过CME和高能粒子之间的关系远不是一目了然。曾经，耀斑被认为是爆发性(impulsive)和渐进性(gradual)太阳高能粒子现象的唯一起因。后来人们发现在很多渐进型太阳高能粒子事件中，观测到的离子电荷相当于温度为 2×10^6 K 的日冕物质，而不是耀斑的 2×10^7 K 的温度。这使人们相信，CME，特别是由它产生的激波是个很理想的加速场所。也由此，Reames 等人推动了两种加速机制—— "耀斑加速"和"日冕抛射(CME)驱动激波加速"。不过过去十几年来，从ACE卫星的观测，人们发现这个分类并不准确。利用ACE上的高能谱-高元素-高电荷观测，梅森[5]等人认识到，在很多太阳高能粒子事件中，高能量(几十兆电子伏以上)和低能量粒子很可能来自不同的种子粒子；它们的加速机制也可能不尽相同。在随后的一个研究中[6]，Cane 等人研究了29个激烈的太阳高能粒事件，并发现有4个事件同时具有耀斑和CME激波加速的特点。理论计算[7]表明，如果在这些事件中日冕物质抛射和耀斑出现的时间上接近，且耀斑以及激波都和地球有很好的磁力线相联系，那么一些太阳耀斑加速粒子将重新被激波加速。

2. 太阳高能粒子的加速机制

太阳高能粒子在耀斑中的加速机制目前还不明朗。但是磁重联作为触发机制是没有疑义的。流行的理论有：直流电场加速(特别的 Super Dreicer 电场加速)，带电粒子在电流片中的磁岛(由撕裂模不稳定性产生)里的加速以及随机加速。这几种加速机制都可以加速粒子到100兆电子伏，甚至1GeV。然而，每种机制都需要一些假定(比如 Super Dreicer 电场加速需要假定一个大尺度的强电场的存在，随机加速需要预先假定一个的湍流能谱)。而这些假定，利用目前的观测手段往往还是不能够得到验证的。所以很难评价不同机制的优劣。另外，对电场加速机制来说，一个非常棘手的问题是怎样得到一个幂指数的高能粒子谱。

和耀斑比较而言，太阳高能粒子在CME激波的加速相对简单。当一个带电粒子通过和上下游中的湍流相互作用多次穿越激波时，它的能量会迅速增加。在这个过程里，如果忽略激波的结构，不同的离子会得到相同的能谱，而且这个能谱近似是一个幂指数。它的幂只和激波的压缩比相关。观测上，不同离子的加速能谱确实很相似，但存在细小的差异。这一方面说明激波加速确实是相应的加速机制，另一方面也说明在考虑具体事件时，我们需要考虑激波的结构。在考虑激波的加速时，一个重要的问题是带电粒子是如何在激波的上下游穿越的。Lee[8]对这个问题做了详尽的分析，他发现当粒子从激波的上游逃离激波的时候，由于 streaming 不稳定性，这些粒子会激发和放大阿尔芬波。这些被放大的阿尔芬波又可以进一步通过波和粒子的相互作用散射粒子使它们从上游回到下游，得到进一步加速。这个阿尔芬波的放大以及粒子的加速的过程，是一个自恰的过程。在得到粒子能谱的同时，激波上游的波的能谱也能得到。

3. 太阳高能粒子在行星际空间的传播

高能带电粒子在加速后，要通过在行星际空间的传播才能到达地球。由于行星际空间湍流的存在，这些带电粒子的运动将受到调制。这个调制通常用一个被称为聚焦的输运方程(focused transport equation)来描述。在这个方程里，粒子在相空间的运动被近似成一个在投掷角上的扩散过程。过去的四十年里，研究人员用这个方程对很多个体事例作了大量的分析。经过和观测的比较，得到了离子以及电子粒子的自由程。这些自由程，根据事件的不同，往往相差很大。这意味着行星际空间湍流能谱随时间的涨落还是很大的。另外，太阳风存在有各种结构。最近的一些研究表明，一种最常见的结构是大尺度的电流片。这些电流片的存在是和太阳风 MHD 湍流的阵发特性密切相关的。这些电流片随着太阳风向外传播，由于高能带电粒子的速度远大于太阳风的速度，在这些粒子传播的过程中它们就会遇到这些电流片。利用一个简单的太阳风的蜂窝模型，Qin and Li[9]研究了电流片对高能粒子传播的作用。他们发现，这些电流片很好地保证了粒子在垂直于磁场方向上的运动也是扩散运动。这个研究的重要性在于它保证了利用扩散理论来研究太阳高能粒子的普适性。

4. 当前的研究重点和近期的研究方向

目前太阳高能粒子事件的研究主要集中在下面两个方面。

1) 加速的种子粒子以及粒子的加速机制。高能粒子的来源是哪里？是耀斑还是日冕物质，或者主要是太阳风？它们又是通过什么过程(耀斑或激波)加速的？如果加速是在耀斑附近，那么加速的粒子和那些产生硬 X 射线和伽马射线的高能粒子是不是同一种？如果是日冕物质抛射冲击波加速，那么冲击波的位型是什么样的？这方面的研究主要是利用 ACE 卫星的观测来做关于 composition 的分析。最近 STEREO 卫星的发射对这个问题将会有很大帮助。通过对一个高能粒子从不同的经度做观测,我们将能够更准确的了解是否在单个高能粒子事件中存在混合加速以及加速的粒子是不是相对有更多的重粒子等问题。如图 2 所示,通过对时间强度曲线以及粒子能谱的观测,我们会得到更进一步的关于太阳高能粒子事件的图像。

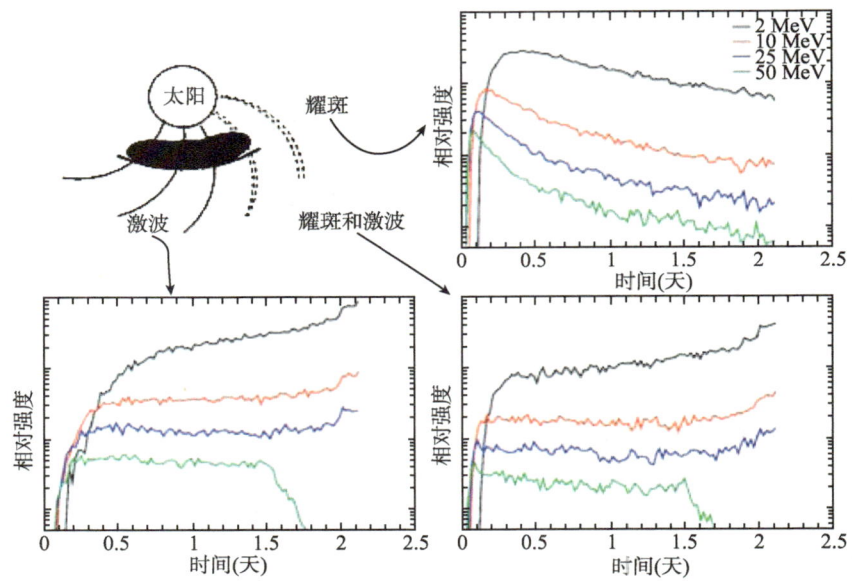

图 2　太阳高能粒子随经度变化的示意图。根据加速机制的不同,在不同经度看到的粒子时间强度将有很大不同[7]。

2) 怎样刻画传播中受到的太阳风 MHD 扰动的影响,以及这个影响的对日距离的关系。为了明确的回答这个问题,近日的观测是必不可少的。最近美国的 NASA 和欧洲的 ESA 在积极推动两个卫星项目:Solar Orbiter and Solar Probe。这两个项目的成功发射将使我们拥有多个近日卫星,而最近的近日距离将会有 20 个太阳半径。这将使这个问题得到圆满解答。

最后,我们要特别指出,由于太阳高能粒子事件的复杂性,对某一个特定的高能粒子事件的详细了解需要我们作详尽的观测和细致的理论模型计算。这个工作由于对空间天气学有着的重大意义,它也越来越受到全世界各地空间物理学家的重视。

参 考 文 献

[1]　Reames D V. Space Sci. Rev., 1999, 90: 413.
[2]　Burkepile J T, et al. J. Geophys. Res. 2004, 109: A03103.
[3]　Cliver E W, Kahler S W, Reames D V. Astrophys. J. 2004, 605: 902.

[4] Johns C, Lin R P. Sol. Pys. 1992, 137: 121.
[5] Mason G M, et al. Geophys. Res. Lett., 1999, 26: 141.
[6] Cane H V, et al. Geophys. Res. Lett., 2003, 30: 8017.
[7] Li G and Zank G P. Geophys. Res. Lett., 2005, 32: 02101.
[8] Lee M A. J. Geophys. Res., 1983, 88: 6109.
[9] Qin G, Li G. Astrophys. J. Lett., 2008, 682: 129.

撰稿人：李　刚

美国阿拉巴马大学物理系

(Department of Physics and CSPAR, The University of Alabama in Huntsville, USA)

地面宇宙线增强事件

Ground Level Enhancement Events

1. 引言

太阳宇宙线(solar cosmic ray, 简称 SCR)是指来自太阳的高能粒子(solar energetic particles, 简称 SEPs), 其主要成分是质子(约 90%), 其次是电子(约 9%)和重离子的核(约 1%), 质子的能量范围从大于 1MeV 到大于 10GeV. 太阳宇宙线观测开始于 1942 年, 当 1942 年 2 月 28 日大耀斑爆发时, 地面宇宙线探测器首次发现接收到了与该耀斑相联系的相对论高能质子(质子的动能 $E_p>500\text{MeV}$), 这种引起地面宇宙线流量瞬时增强的相对论高能质子事件称为地面宇宙线增强事件(ground level enhancement events, 简称 GLE 事件)。从 1942 年起到 2009 年, 世界地面宇宙线监测站网共观测到 70 个 GLE 事件, 最强的 GLE 事件在太阳附近可加速到 20GeV 以上。

太阳高能粒子的加速与传输是空间天气研究领域的最重要的研究课题之一。不同种类的高能粒子的加速和传输机制不同, 对同一种高能粒子不同能量范围的粒子加速和传输机制也不相同。总的说来, 能量越高的粒子散射效应的影响越小, 所以GLE 事件是研究太阳高能粒子事件加速机制的最有利的事件。同时由于相对论太阳高能粒子的能量高, 穿透力强, 对卫星和宇航员的安全构成极大的威胁, 因此, 相对论太阳高能粒子事件的研究不仅具有科学意义, 而且在卫星抗辐射加固, 宇航员的安全和卫星的屏蔽设计方面都有很强的指导意义。正因为如此, 地面宇宙线增强(GLE)事件的研究受到空前的重视。

太阳粒子的传播与电磁辐射传播的图像完全不同。因为粒子(电子, 质子, 重离子)是带电的, 带电粒子在行星际磁场中是围绕行星际磁力线作回旋运动, 行星际磁力线的磁位形决定于太阳风的流速和太阳自转角速度, 当假定太阳风速度和太阳自转角速度近似为常数时, 行星际磁力线可用阿基米得螺旋线来表示[1](见图 1)。

2. 研究现状

2.1 GLE 事件的能谱

太阳高能粒子事件最初按照与脉冲和缓变两类耀斑相关的 SEPs 具有不同的质子电子比, 将其分类为脉冲和缓变事件两类。随着对日冕物质抛射和太阳高能粒

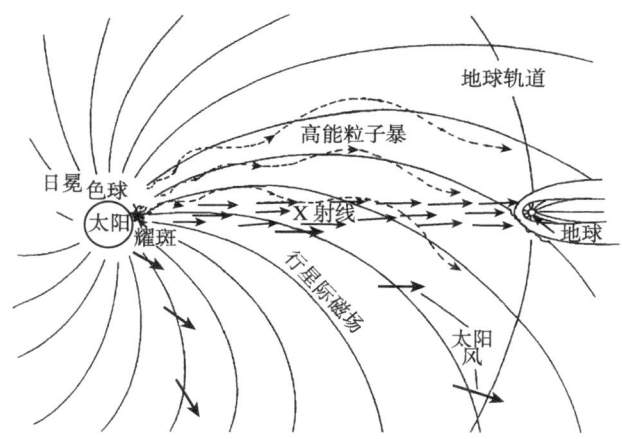

图 1 太阳高能粒子传播(虚线)示意图。

子元素丰度研究的深入，Reames[4]依据高能粒子的电荷态，元素丰度和强度时间轮廓等，完善了太阳高能粒子的分类，给出了脉冲和缓变两类事件的特性，并普遍认为脉冲事件是由耀斑加速形成，而缓变事件是日冕物质抛射所驱动的激波所加速。然而，随着空间观测资料分析研究的深入，不少学者发现在大的缓变事件中往往包含脉冲加速的成分，于是 Cliver[5]扩展了 Reames 的分类系统，即在两类的基础上加入了脉冲与渐变的混合事件。近年来的观测证据证明对于大的 GLE 事件，大部分观测到的强度曲线都同时具有脉冲和缓变分量。由图 2 可见，GLE 事件的强度曲线通常包括"即时"成分 (prompt component, PC)，和"缓变"成分(delay component, DC)。研究表明 PC 成分的能谱通常可用指数谱来拟合，而 DC 成分的能谱可用幂律谱来拟合，图 3 给出了两个地面宇宙线台站(McMurdo, Apatity)中子监测器观测到的 2005 年 1 月 20 日的强度时间曲线(a)，和利用地球同步环境监测卫星(GOES)，地面中子监测器和气球资料求得的能谱，(b)为双对数谱，(c)为单对数谱，实线(1)为 PC 谱，虚线(2)为 DC 谱。Miroshnichenko(2008)[2]综合了多位作者的工作给出了 1956—2006 期间大 GLE 事件的能谱参数(PC 谱和 DC 谱)。对大渐变事件元素电荷态的研究表明 Fe/O 比不是区分两类 SEP 事件的合适的量，而 Fe 的电荷态是表示源区温度的最灵敏的指示器。Tylka 等指出大 SEP 事件中粒子初期的分布至少有两种成分：来自太阳风的超热尾粒子，和来自前次耀斑活动的超热粒子。Mason 等也指出高能粒子(几十 MeV)和低能粒子也许来自不同的种子场分布和不同的加速机制。研究还表明在耀斑里 Fe/O 和 ^{3}He/^{4}He 的增强不是互相关联的，这是否意味着它们是不同的机制产生的；而富铁 SEP 事件，和高能段的 Fe/O 增强与 GLE 事件相关性均较好。

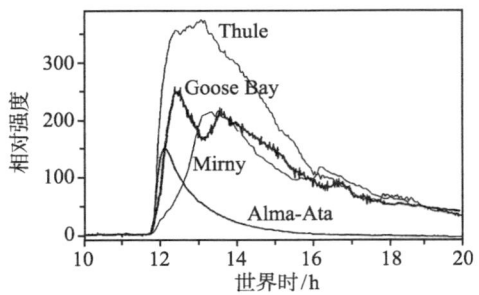

图2 4个地面宇宙线台站中子监测器观测的1989年9月29日事件的强度时间曲线(图1和图2均取自参考文献[1])。

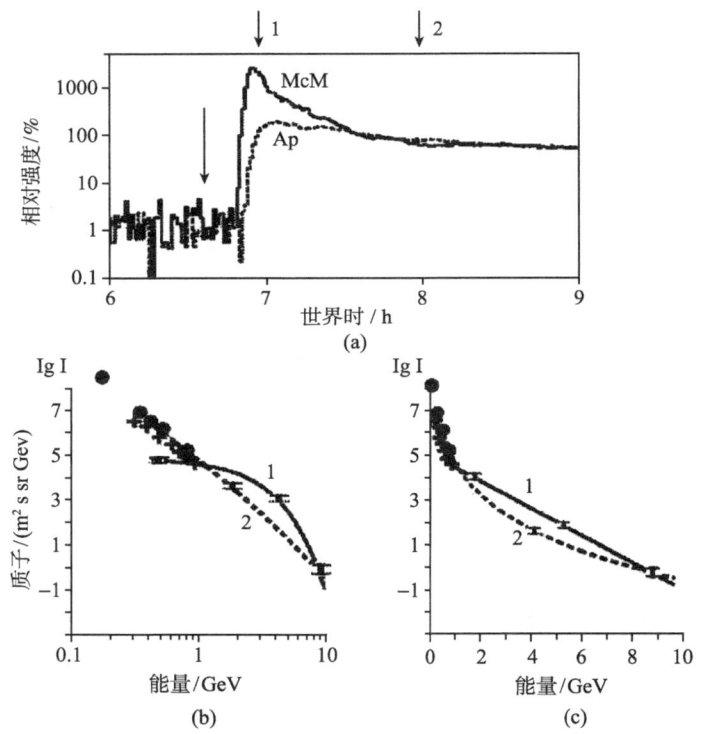

图3 两个地面宇宙线台站(McMurdo, Apatity)中子监测器观测的2005年1月20日GLE事件的强度时间曲线(a),图中箭头1,2分别表示PC能谱和DC能谱的时刻,(b)和(c)是根据观测资料拟合的对数能谱(取自参考文献[3])。

2.2 GLE事件加速机制和传输机制

由于GLE事件比较罕见,拥有完整观测资料的事件更是凤毛麟角。目前比较公认对 GLE 有效的加速机制主要有日冕物质抛射驱动的激波加速和与太阳暴源磁重联区中的电场加速和随机加速。下面分别对这三种加速理论的现状作一简单的介绍。

2.2.1 激波加速

无碰撞激波被认为是天体物理中许多高能现象的加速源,很多学者对它进行了深入的研究和讨论。简单讲激波加速可分为准平行激波加速和准垂直激波加速。准平行激波指的是激波波前法向与背景磁场方向平行,原理为在波前波后两个散射中心来回往返的一阶费米加速;准垂直激波则是波前法向与磁场垂直,这样会在激波的上下游产生垂直于磁场的感应电场,带电粒子会在沿电场方向的漂移过程中被加速。近年来,激波加速赞成者认为快日冕物质抛射驱动的激波开始是垂直激波加速,以后逐渐变为平行激波加速,激波加速前次太阳活动残余超热粒子成为 SEP 中的高能段的粒子,加速太阳风超热粒子的就生成低能段的粒子。Gang Li 等(2003[6], 2005[7])用 Monte-Carlo 法数值研究了在日冕物质抛射驱动的激波处高能粒子和重离子的加速和传输,他们采用扩散激波加速,开始时考虑湍动的强扩散,到一定距离后,散射变弱,采用考虑投掷角散射的玻尔兹曼方程,研究了在传播激波上高能粒子随时间的传输,得到了高能粒子在距太阳不同距离处的强度轮廓,角分布,粒子的各向异性。激波加速是大缓变型 SEP 事件加速的主流模型,目前对激波加速的主要质疑为:对无散射漂移激波加速,主要是加速效率低,因为一次穿越激波波前粒子能量仅能增加 2.5 倍,而漂移激波加速在激波波前只反射一次;对于扩散激波加速,需要确认它在低日冕加速的有效性和湍动散射的能量密度水平,及对高能段加速的有效性,同时激波加速至今无法解释 PC 分量。

2.2.2 直流电场加速

太阳爆发时暴源区磁重联过程中产生的感应电场可达到 10V/cm,如果仅仅考虑横向磁场和磁重联感应电场,可得到质子获得的典型能量为 20MeV,远远低于相对论质子的能量(约 500MeV),于是 Litvinenko & Somov (1995)[8]引入横向电场(由于质子电子回旋半径不同造成的电荷分离引起的),取适当的特征值,质子可以在小于 0.1 秒的时间内被加速到 GeV 的量级。所以可以解释 PC 分量。对直流电场加速的主要质疑是反常电阻的产生和加速粒子从电流片的逃逸概率。

2.2.3 随机共振加速

随机加速定义为在湍动的等离子体重离子与运动的散射中心发生随机碰撞,从而在很短的时间内获得能量,最重要的一个方式就是波粒共振相互作用。当绕磁力线旋转的粒子回旋频率与等离子体波的固有频率发生共振时,粒子就可以从波中获得能量。有效的加速应该发生在粒子与一个宽频的波谱之间的相互作用,这样粒子可以随机的从一个共振态跃迁到另一个共振态,最终获得一个与波谱相匹配的能量增益。Miller & Roberts (1995)[9]提出了阿尔芬波的级联效应,即波幅很大的阿尔芬长波通过级联形成波幅逐渐变小,频率逐次变高的宽频波谱。这样大大提高了质子的加速效率,可以在很短的时间内将质子加速到 GeV 的量级。此外,随机共振加速还可以有选择地对等离子体中满足共振条件的粒子进行加速,这样可以很好地解释脉冲事件中 ^{3}He 和重离子成分的丰富。Bombardieri 等(2006)[10]用随机加速模和激波加速模计算了 2000 年 7 月 14 日 GLE 事件的理论曲线,计算结果表明,用随机加速得到的理论曲线,与观测曲线比较,无论是上升相,强度的峰值和下降相都比激波模的结果符合得更好。但随机加速面临的主要问题是对太阳暴源中的湍动水平至今没有任何可观测的直接证据。

现在对 GLE 事件的加速机制和传输机制仍在争论之中,到底是激波加速(一源模),还是两源模(如:重联区的直流电场和随机加速,Miller et al., 1997),目前的观测似乎支持两源模。然而没有任何一个模型能够对不同事件的观测事实均做出合理解释。例如在回答粒子谱随时间的变化的问题上,都遇到了很大的困难。

3. 难题的困难所在

由于太阳高能粒子的观测是在地面和地面附近,而粒子的加速在太阳日冕的某一高度的太阳暴源区,和/或日冕物质抛射驱动的日冕激波和行星际激波附近,或太阳大气的某处?而紧靠太阳附近的物理条件无论是从观测和理论都是不清楚的;除考虑加速机制外,还要考虑粒子的传输效应,各类粒子如何传输的,也是不清楚的,通常用求解传输方程来研究,但在解传输方程时,粒子的平均自由程,投掷角以及行星际磁场的大尺度扰动,这些量如何选取?实地观测至今还无法给出。 同时加速机制与传输效应是混在一起的,至今无法区分。虽然近几十年是我们对日球高能粒子加速的了解快速深化的时期,我们已经从太阳高能粒子事件的粒子加速和传输的传统看法中走了出来,我们认识到不能仅用"缓变"和"脉冲"就可以区分其物理机制, 但由于 GLE 事件的加速和传输的复杂性,目前对到底是哪些加速机制(磁重联?激波?随机加速?等)起作用,是一种还是几种同时起作用?不同能量和不同种类的高能粒子在那儿获得加速的(磁重联的源区?冕环?CME 驱动的日冕激波?ICME 驱动的行星际激波?等),加速效率如何?能加速的最高能量是多少?它们又是如何同时考虑加速质子,电子和重离子的?等,无论从理论上还是观测上这些问题还远没有解决.

4. 展望

美国航空航天局(NASA)预计将于 2012 年发射"哨兵"卫星(Solar Sentinels),"太阳哨兵"是由六颗卫星组成的多卫星系统,其中四颗在距太阳 0.25 AU 的绕日轨道上，另外两颗分别为近地点的太阳同步卫星和远地点的深空绕日卫星。通过近日的四颗卫星，可以近距离地探测高能粒子的源区和释放过程，精确测定粒子在太阳上的释放时间，而不需考虑传输效应中的行星际散射效应，而且通过四颗卫星多角度的观测，可以了解高能粒子释放时的各向异性，并可得到粒子能谱，从而了解粒子的加速机制。两颗远日的卫星可以对 CME 和行星际激波进行观测。再配合行星际空间卫星和地面观测，太阳高能粒子的研究将迎来光明的未来。

参 考 文 献

[1] Leonty I. Miroshnichenko, "Solar Cosmic Ray", Kluwer Academic Publishers, 2001.
[2] Miroshnichenko L I. Astrophysical aspects in the studies of solar cosmic rays. International Journal of modern physics A, 2008, 23/1, 1.
[3] Vashenyuk E V, Balabin Yu V, Perez-Peraza J, Gallegos-Cruz A, Miroshnichenko L I. Some features of the sources of relativistic particles at the Sun in the solar cycles 21–23. Advances in Space Research 2006, 38: 411.
[4] Reames D V. Energetic particles from solar flares and coronal mass ejections, In: High Energe Solar Physics, Eds. : Ramaty R, Mandzhavidze N, Hua X M. AIP Conferencs Proceedings, AIP: New York, 1996, 374: 35.
[5] Cliver E W. Solar flare gamma-ray emission and energetic particles in space, In: High Energy Solar Physics, Eds.: Ramaty R, Mandzhavidze N, Hua X M. AIP Conference Proceedings, AIP: New York, 1996, 374: 45.
[6] Litvinenko Yu E, Somov B V. Solar Phyics, 1995, 158: 317.
[7] Li Gang and Zank G P, Rice W K M. Energetic particle acceleration and transport at coronal mass ejection-driven shocks. Journal of Geophysical Research, 2003, 108(A2): 1082.
[8] Li Gang and Zank G P, Rice W K M. Acceleration and transport of heavy ions at coronal mass ejection-driven shocks. Journal of Geophysical Research, 2005: 110/A06104.
[9] Miller J A & Roberts D A. Astrophysics Journal, 1995, 452 : 912.
[10] Bombardieri D J, Duldig M I, Michael K J, Humble J E. Astrophysics Journal , 2006, 643 : 565.

撰稿人：唐玉华
南京大学天文系

10000个科学难题·天文学卷

恒星与星际介质

恒星形成中的引力坍缩

Gravitational Collapse in Star Formation

恒星在分子云中诞生。从平均数密度约 $10^4/cm^3$ 的分子云形成恒星，密度需增大 20 个量级，坍缩就是首要的基本过程。因此在 20 世纪 70 年代初分子云一经发现，天文学家便开始寻找坍缩运动，但却屡屡失败，主要原因是：第一，当时还未意识到坍缩运动的观测特征，由于分子云温度低(一般 10~20K)热运动造成的谱线宽度小，因而认为测到的 CO 谱线宽度(几 km/s)由坍缩导致[1]；第二，推测分子云可能整体处于坍缩之中，并用大速度梯度模型进行分析。有学者指出，如此坍缩将导致银河系内恒星形成率远远超过观测结果，湍动才是谱线的致宽机制。当时所用的分子探针为最容易激发的稀有分子 CO J=1-0 谱线，这也是失败原因之一。稍后，有几个源，例如 Mon R2 中，测到了红移的吸收特征。这一特征是由坍缩还是膨胀或其他运动造成，由于巨分子云的复杂性，争论又起，未有定论。因此直到 80 年代中，在恒星形成过程中坍缩之后产生的外向流被意外发现，并很快在一批恒星形成区测到，但天文学家仍然在艰苦地搜寻坍缩运动的观测特征。

吸取了早期的经验，天文学家开始在小质量恒星形成区寻找坍缩特征，当时已有 IRAS 源可作为搜寻线索，并且开始用稠密分子谱线作为探针。1986 年在蛇夫座的 IRAS 16293-2422 源中测到了 CS J=5-4 谱线的不对称轮廓[2]，并认为是从里向外的坍缩运动引起的[3]。20 世纪 90 年代初，模拟了在稠密云中从里向外坍缩模型，坍缩特征随即在小质量星形成区 B335 中测到[4]：即相对于速度分布 $V \propto (1/r)^{1/2}$ 和中心温度较高的云核，足够光厚的谱线将产生蓝峰较强的双峰，而光薄谱线的单峰则位于光厚谱线的双峰之间，这就是所谓的蓝色轮廓(blue profile)。B335 中的这一坍缩特征得到多个巡天结果的证实，分子云核中的坍缩观测特征从此在小质量恒星形成区确立了。

在大质量恒星形成区的坍缩特征更难观测。除了坍缩容易与旋转、外向流等运动混淆外，高度的消光和星团环境均增加观测和证认的难度。在 20 世纪 90 年代末了解坍缩的存在与否对大质量恒星形成的理论研究更为迫切。当时对大质量星的形成模式开始了激烈的辩论。有学者提出，当形成星体质量达到 10 $M_\odot$ 时辐射压将阻挡物质球形下落。到底更大质量的星是由质量较小的星体碰撞-合并还是仍然经吸积盘、外流形成，天文学家各持其见[5,6]。坍缩的观测特征是区分这两者的关键依据。技术的发展，特别是热辐射探测计阵列(bolometric array)和干涉仪的应用为坍缩的研究带来新的突破。2003 年，在与水脉泽成协的大质量稠密云核中，测到 HCN J=3-2 谱线的蓝色轮廓[7]。后来对不同形成阶段的大质量恒星形成区的多个巡测相继完成，证实了蓝色轮廓在大质量形星成区的存在。成图研究[8]包括巡天和典型源的观测随即证实了蓝色轮廓起因于引力坍缩，可能与外向流成协；如果有一个完整的成图，只要一条光厚谱线，就可以证认出蓝色轮廓。

分子云核的坍缩还有一类观测特征，即天鹅座反 P 型轮廓(inverse P Cygni profile)。这类特征需要有亮的连续背景才能产生，在大质量恒星形成区较容易探测到。第一个毫米波段的天鹅座反 P 型轮廓是在 W49 中发现的[9]，新近亚毫米波干涉阵(SMA)成为探测坍缩的最有力工具，在 W51 北区、Sgr B2 和 G19.61+0.23 以及典型的小质量星形成区 NCC1333 和 B335 中测到了此类特征。天文学家在厘米波段用甚大阵(VLA)观测 NH_3 谱线，也发现了 G10.6-0.4、W51、G45.47+0.05 和 G24.78+0.08 等恒星形成区的天鹅座反 P 型轮廓。这类轮廓比蓝色轮廓更能反映分子云内核的物质下落状况。

至今坍缩特征的观测表明，HCN、HCO^+、CS、H_2CO、CN 等分子均有谱线是有效的坍缩探针。用 CO 和其同位素 ^{13}CO 的较高跃迁谱线在高分辨率观测中也获得了蓝色轮廓以及天鹅座反 P 型轮廓。

在这个研究领域，目前需要解决的问题有：

(1) 坍缩运动的空间分布：理论分析表明坍缩要在恒星形成全过程中起作用，这必须借助盘或者"火炬"效应来实现。就要求坍缩必须是非各向同性的。目前单天线测到的蓝色轮廓的分布难以给出确切的坍缩形态，干涉仪观测也尚未绘出直接的图像。

(2) 在年轻星团的环境中，要获取坍缩的速度、坍缩区域的位置和尺度以及与星源的关系来确定吸积是单调的还是有竞争性的，并考察吸积方式对原恒星质量分布的影响。

(3) 探索大、小质量恒星形成中坍缩产生率随时间的变化。蓝色色超 E(blue excess)可以表征蓝色轮廓探测率。对于小质量星的三个不同形成阶段 Class -I, 0 和 I 用 HCN J=3-2 谱线探测的 E 分别为 0.31，0.30，0.30，基本一样，而对大质量星形成中的两个阶段即原恒星阶段和致密电离氢区(UC HII)阶段，HCO^+ J=1-0 的 E 有差别，分别为 0.17 和 0.58。需要解决的问题是：为什么小质量星形成过程中 E 基本不变，而大质量星形成过程中 UC HII 的 E 远远大于处在较早形成期的原恒星的 E。UC HII 的辐射压比较发达，大质量星形成过程中 E 的变化是和理论相悖的（见上文）。

(4) 目前观测到的蓝色轮廓都发生在靠近谱线的中心，而快速坍缩物质的辐射应该出现在线翼上，如何区分坍缩与双极外向流也就成了难题。利用即将建成的 Atacama 大毫米波阵(ALMA)，进行高分辨率和高灵敏度的观测，有望解决这个问题。

(5) 支撑分子云的动力学因素除了正在形成的星体自身的反馈外,还有湍动和磁场,它们怎样抗衡坍缩、何者为主是长期争论、至今悬而未决的问题。这个难题需要理论、数值模拟及谱线和偏振观测协同破解。

(6) 恒星形成过程中坍缩的模型分析:目前使用较多的是两层均匀的物质彼此靠近的模型[10],拟合省时,但比较简单。目前天文学家还在对该模型进行改进。如何建立一个既包括外向流和旋转等因素又运行快速的坍缩模型,也迫在眉睫。

参 考 文 献

[1] Goldreich P, Kwan J. Molecular clouds. ApJ, 1974, 189: 441–453.

[2] Walker C K, Lada C J, Young, E T, et al. Spectroscopic evidence for infall around an extraordinary IRAS source in Ophiuchus. ApJ, 1986, 309: l47–L51.

[3] Shu F H. Self-similar collapse of isothermal spheres and star formation. ApJ, 1977, 214: 798–808.

[4] Zhou S, Evans N J II, Koempe C, et al. Evidence for protostellar collapse in B335. ApJ, 1993, 404: 232–246.

[5] Wolfire M G, Cassinelli J P. Conditions for the formation of massive stars. ApJ, 1987, 319: 850–867.

[6] Bonnell I A, Bate M R, Zinnecker H. On the formation of massive stars. MNRAS, 1998, 298: 93–102.

[7] Wu J, Evans N J II. Indications of inflow motions in regions forming massive stars. ApJ, 2003, 592: L79–L82.

[8] Wu Y F, Henkel C, Xue R, et al. Signatures of inflow motion in cores of massive star formation: potential collapse candidates. ApJ, 2007, 669: L37–39.

[9] Welch W, Dreher J, et al. Star formation in W49A - Gravitational collapse of the molecular cloud core toward a ring of massive stars. Science, 1987, 238: 1550–1553.

[10] Myers P C, Mardones D, et al. A simple model of spectral-line profiles from contracting clouds. ApJ, 1996, 465: L133–136.

撰稿人:吴月芳

北京大学天文学系

湍流是混沌吗？
——星际介质与恒星形成中的湍流

Interstellar Turbulence and Star Formation

1951年，Von Weizsaker首次提出星际介质中存在超音速湍流形式[1]，湍流源于星系较差转动，并最终在小尺度上耗散掉。同年，Von Hoerner注意到猎户座星云中发射线线宽所反映的速度扰动与尺度间成幂率谱关系[2]，谱指数介于0.25~0.5，于是提出那里的气体中有Kolmogorov湍流，谱指数为0.33。

由于缺乏足够的观测和理论支持，这些早期工作在很长一段时间内被忽略了。直到20世纪70年代末还是很少有人赞同湍流模型。1981年，由于Larson发现的分子云的长度与线宽的幂率关系及其随后的工作[3]，大家开始相信在分子云尺度上可能存在湍流。更大的突破是在1984年，IRAS观测到了星际卷云[4]。之后更多的观测使人们逐渐意识到湍流在分子云及恒星形成中的普遍性与重要性。

可以说，近二十多年来，恒星形成领域中最重要的进展就是湍流成为恒星形成宏观理论中的核心元素之一。一方面，全波段，多尺度的观测越来越丰富；另一方面，理论研究通过数值模拟也获得长足进展。数值模拟延伸了物理实验的参数空间，使我们能够去探测实际实验无法覆盖的范围。

1. 什么是湍流？

湍流是在大范围相关尺度上被激发的非线性流体运动。在星际空间，它的尺度覆盖范围可以从几千米到几十个秒差距(见图1)。湍动级联过程所覆盖的极宽的尺度范围意味着湍流参与并调节星际空间的多种过程。当流体伸展，折叠和膨胀时，非线性的水平对流会造成速度场的严重扭曲，这时就会出现流体力学所描述的湍流。当黏性扩散与平流时标的比值，(即雷诺数 $Re \equiv LV/\nu$, L 是特征长度，V 是特征速度) 很大时，就会出现湍流。另一个类似的参数，磁雷诺数 Rm ($\equiv LV/\eta$, η 是磁扩散率)是磁扩散时标与平流时标的比值。$Re<100$ 的流体被称为层流；随着 Re 和 Rm 的增加，混乱程度开始增加。对天体物理中的系统，Re 和 Rm 都非常大，这是因为天文学中的尺度都非常大。只考虑纯流体力学的湍流意义不大，因为在很多环境中磁能与动能相当，因此，磁场对动力学来说也很重要(见本书同一作者所著关于磁场的章节)。

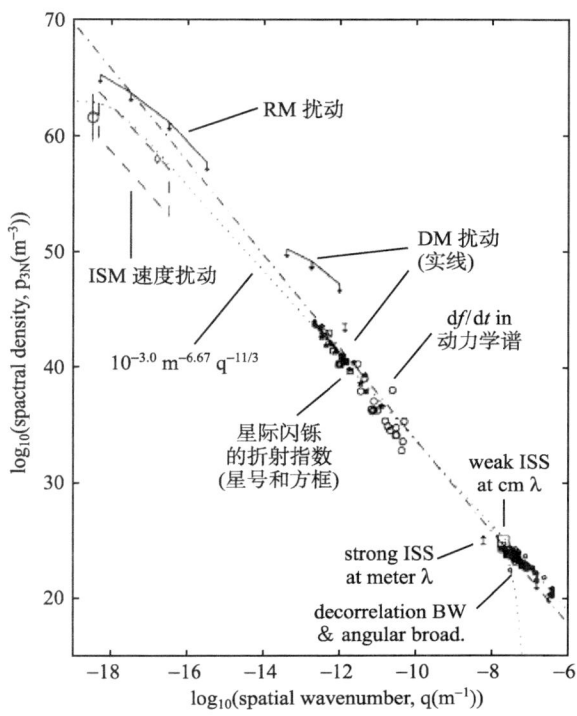

图 1 Armstrong，Rickett 和 Spangler(1995)观测到的覆盖十几个量级的幂率谱（"Big Power Law"）。其中，横轴是以 1/米 为单位的波数，纵轴是以 1/米^3 为单位的电子谱密度 [5]。

恒星形成过程的每一步都会受到湍流的控制，从分子云的形成到磁通量的去除，以及能量的转移和传输。湍流和磁场一起控制恒星形成的速度、效率、空间聚集程度、多样性和初始质量函数。除此而外，对大质量恒星形成很重要的星团中的恒星形成，环境的反馈也是非常重要的。因其还要受到外流、星风和喷流中的湍流和磁场的影响。迄今为止，湍流在恒星形成中的作用，天文界还在继续探索。

湍流也决定了吸积盘和行星形成的动力学。磁流体动力学(MHD)的湍动影响尘埃动力学，从而影响到行星的形成[6]。吸积盘的动力学受到电离程度的影响。比方说，原恒星盘中"平静区(dead zone)"的出现就可能是由于电离度不足而造成的。而原恒星盘内部的电离主要是由磁流体动力学(MHD)的湍流中宇宙射线的传输来决定的[7]。

既然恒星形成中很多没有解决的问题取决于湍流及其很多还不清楚的物理特性，那我们就必须更深入地去研究这些基本的物理过程。只有理解这些物理过程，我们才能决定在什么条件下现在的数值模拟是可以信赖的。例如，如果磁重联很慢，现在的 MHD 模拟就不能代表实际的情况(见本书同一作者所著关于磁场的章节)。因为这种情况下磁场会因湍流的搅动而完全缠绕交织在一起。正是因为在湍流中快速磁重联是可能的[8],所以我们才可以依赖现在的数值模拟。

天体物理中的湍流是一个非常复杂而前沿的领域,有很多问题尚待继续研究。因而几乎不可能像其他较为成熟的领域一样列出所有待解决的难题。这里,我只介绍几个与恒星形成关系最大,并有可能在近期得到解决的几个问题。

长期以来,仅限于在均匀和不可压缩这两种状态下对湍流进行研究。对不可压缩状态下湍流的研究,这些年来已取得长足地进展。比如,Goldreich & Sridhar 1995 模型已被基本确认为是对强阿尔文湍流的一个很好地描述[9]。问题是实际天体环境都是可压缩的。对恒星形成理论来讲,对可压缩湍流的认识尤为重要。但是对可压缩湍流的研究,尤其是对超音速湍流的研究,目前仅处于起步阶段。在超音速的湍流中,激波的影响有多大,它怎样影响湍流的层叠与耗散,可压缩模式与其他模式的耦合等,还都不是很清楚。而且,实际天体环境是复杂多样的,湍流因而有种种不同的状态,比方说,流体中的磁场可强可弱。依照磁压力与气体压力的相对大小以及磁能与流体动能的可比性,湍流的统计性质都会随之变化。 湍流还可以是非平衡的,即一个方向的波比相反方向的波要强。这种情况其实在星际空间相当普遍,因为多数天体环境中的扰动都是有源的。比方说,从恒星发出的星风必然比反射回来的波动要强,这种情况下,湍流就是不平衡的,其统计性质与平衡情况下有很大区别。还有,部分电离的湍流其性质与恒星形成密切相关, 因为分子云都是部分电离的。

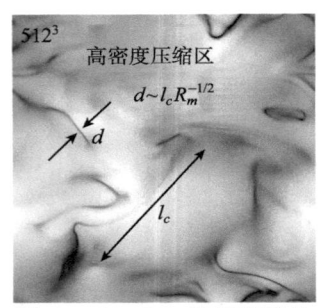

图 2 在 MHD 湍流的黏性阻尼尺度下,由磁场压缩气体产生的密度扰动场。暗区代表密度较大的区域[9]。

一般认为,中性粒子引起的黏性耗散会在一定尺度上阻断湍动的级联。 然而,最近的研究显示[10],尽管在速度空间,湍动的级联被截断了,磁场的扰动会继续延伸到更小的尺度,相应的磁压会引起气体的压缩(见图 2),这有可能是在天文单位尺度上所发现的小的电离和中性结构 (SINS,见 Heiles 1997[11])的成因。

2. 怎样从观测上研究湍流?

随着观测技术的进步,尤其是大量光谱巡天资料的累积,让我们有可能去更好地从天文观测上去研究湍流。目前在湍流与恒星形成这个领域,有一种趋势,那就是好像通过越来越大规模和越来越复杂的数值模拟,所有的问题都可以解决。但实际上,数值模拟由于其有限的数值分辨率 (实验室与天文环境中的雷诺数 Re 差六个数量级以上),并不能真正替代实际观测研究。

一方面,我们需要直接的观测去验证数值的结果; 更重要的是,观测可以回答数值模拟无法解决的问题,比方说,湍流的激发与耗散。一般认为,星际空间的湍流主要是在几十甚至上百个天文秒差距上通过超新星爆发、星风及喷流等被激发的；而耗散是由在小尺度上热离子的回旋共振（不可压缩模式），黏性以及无碰撞阻尼(可压缩模式)等过程而引起的。而随着湍流的耗散，其能量转化为热能，加热或(通过无碰撞等离子体作用)加速粒子。

湍流谱是测量湍流的一个统计量，可以用来将观测与数值模拟和理论预测进行比较。数理统计方法的巨大优势在于可以揭示隐藏在随机数据中的规律。由于天体物理中大部分的湍流都是磁主导的，湍流的统计同时包含了对速度场和磁场的扰动统计。密度的扰动统计是一个导出量，它取决于速度和磁场的波动。在这里我们将主要讨论速度波动的统计，本书另外一章将对磁场进行讨论。

最近十几年，出现了基于位置速度数据（PPV）的速度频道分析（VCA）和速度坐标谱线分析（VCS）技术(见 Lazarian 2009 和那里的文献[12])。这些技术基于可靠的理论计算和数值测试，可以应用到不同的谱线（发射线和吸收线，光学薄和光学厚的谱线）并适用于多个波段谱线（包括射电波段的谱线，例如 HI 21cm 和 CO，以及光学和紫外的谱线)。随着湍流理论的发展，我们将面临更多复杂的问题，例如，更多维度的速度相关性。 这对我们理解与星际介质非均匀分布相关的物理过程非常重要，例如加热过程和化学丰度等。

致谢：特别感谢云南天文台姜登凯博士帮助翻译和整理本文稿，感谢国家天文台韩金林教授的审阅和批注。

参 考 文 献

[1] Von Weisacker C F. Astrophys. J., 1951, 114：165.
[2] Von Hoerner S. Z Astrophys. 1951, 30：17.
[3] Larson R B. MNRAS, 1981, 194：809.
[4] Low F J, Young E, Beintema D A, Gautier T N & Beichman C A, et al. Astrophys. J., 1984, 278：L19.
[5] Armstrong J W, Rickett B J & Spangler S R. Astrophys. J., 1995, 443：209.
[6] Yan H & Lazarian A. Astrophys. J., 2003, 592：L33.
[7] Yan H & Lazarian A. Astrophys. J., 2004, 614：757.
[8] Lazarian A & Vishniac E. Astrophys. J., 1999, 517：700.
[9] Goldreich P & Sridhar S. Astrophys. J., 1995, 438：763.
[10] Goldreich P & Sridhar S. Astrophys. J., 1995, 438：763.
[11] Heiles C. Astrophys. J., 1997, 481：193.
[12] Heiles C. Astrophys. J., 1997, 481：193.

撰稿人：闫慧荣

北京大学科维理天体物理研究所

喷流和质量外流

Jets and Mass Outflows

1. 什么是喷流和质量外流？

恒星是体积庞大(半径约为太阳半径的 2×10^6 倍)但密度稀薄(平均密度约比太阳平均密度低 20 个量级)的星际分子云核坍缩而形成的，因此人们很自然地期待在搜索原恒星(正在从周围环境吸积物质但还未完全形成的恒星)的过程中，首先探测到气体向原恒星的下落。出乎人们意料的是，首先探测到的是高速向外运动的气体，即年轻星的喷流和质量外流现象。喷流是指高速(速度为 100~300kms^{-1})并且高准直的向外运动的气体，它们大多在光学或近红外波段被观测到，最典型的例子是光学波段探测到的 HH111 喷流[1]和近红外波段探测到的 HH212 喷流[2]。质量外流一般是指在毫米波段探测到的 CO 分子外流，其典型速度为 10kms^{-1}，呈现双极形态，准直度比喷流低。质量外流也常常泛指年轻星驱动的所有形式的高速向外运动物质，包括喷流等。

赫比格和阿罗在寻找 Hα 发射线星的过程中分别于 1951 和 1952 年发现一类具有 Hα 发射的星云状天体，即后来以他们名字命名的赫比格-阿罗天体。人们最初认为这类天体是原恒星，但 Schwartz 在 1978 年发现它们的光谱与超新星遗迹光谱非常相似，从而确定它们不是原恒星而是受到激波作用的致密气体团块[3]。赫比格-阿罗天体的温度约为 8000K，典型电子密度为 10^2~10^3cm^{-3}，空间速度为 100~300kms^{-1}。20 世纪 80 年代初首次发现由年轻星驱动的高准直喷流[4]。巨型赫比格-阿罗天体的天空投影长度可达 12 pc，有些呈现出以中心星为对称点的 S 形对称，表明外流轴线存在进动。许多喷流明显地显示了中心星间歇性质量抛射[5]。受到激波作用、温度为 2000K 左右的气体有较强的近红外谱线发射，如氢分子的 2.122 微米和[FeII] 1.644 微米发射。自从 1980 年首次在原恒星 L1551 IRS5 的周围探测到高速双极 CO 外流，至今共探测到年轻天体所驱动的 CO 外流超过 400 个。统计分析表明，在中心星光度从 1 个太阳光度到 10^6 个太阳光度的范围内，CO 外流的质量、动量和能量与中心星光度之间均存在很好的相关关系，同时统计也发现大质量恒星的 CO 外流的准直度相对较低[6]。

2. 为什么会有喷流和质量外流？

虽然年轻星喷流和质量外流的发现出乎人们的意料，但理论研究表明它们是恒星形成过程中的一个必要组分。如前所述，恒星起源于庞大而稀薄的星际分子云。

星际分子云由于存在转动,大部分气体在坍缩形成恒星的过程中不能直接下落到中心天体而是在中心天体周围形成一个扁平结构 —— 星周盘。年轻星质量外流目前普遍接受的加速和准直机制是磁离心加速和准直[7]。如果星周盘的磁场方向与星周盘的夹角小于一定角度(理论分析为 60°),在靠近旋转轴的地方磁场强度较强,磁场可以迫使物质作刚体旋转,磁力管中物质就如同是串在刚性铁丝上的珠子,在离心力的作用下珠子沿角向向外加速。当物质运动到离星周盘旋转轴一定距离即阿尔文半径(物质的角向运动速度达到阿尔文速度)时,磁场强度相对较弱,不再能够迫使物质作刚体旋转。当物质进一步向外运动时其旋转角速度由于角动量守恒而不断减小,这引起磁场在环向上的缠绕。环向磁场对物质施以指向星周盘旋转轴的力,这使质量外流准直。具体的加速和准直过程与所采用的磁场位形密切相关。

3. 尚未解决的问题

(1) 质量外流起源于盘中何处 —— 盘风或 X 风?

年轻星质量外流的磁离心加速和准直目前主要有两种模型:盘风[8]和 X 风[9]。在盘风模型中,外流起源于盘一定的半径范围内(0.1~20AU),因而预言高速的外流成分靠近盘的旋转轴,低速成分在高速成分的外部,这与在一些喷流,例如 DG Tau 中观测到的结果吻合。X 风模型认为外流仅仅起源于盘中旋转角速度与中心星相同的地方,所预言的外流速度范围较小。盘风模型面临的问题是,在距离中心星 0.1~20AU 的地方来自中心星的电离辐射较弱,盘的电离度较低,盘能否维持足够的磁场强度仍然是个问题。另外,当质量外流起源于离中心星距离较远时,外流能够携带的能量有限,这与观测到的外流能量占盘吸积能量主要部分的观测事实也不一致。在 X 风模型中,外流起源于盘中非常靠近中心星的地方,因此没有上述问题。在观测上,如果能够在远离中心星引力势阱的地方(例如 100AU)测量到外流的角向和环向速度,就可以推算外流起源处的旋转角速度,若知道中心星的质量则可以推算外流起源处的半径。目前对星风与星周盘交界处的物理条件,特别是其热结构和电离结构,还缺乏足够了解。考虑到星风、中心星磁层和星周盘相互作用的详细模型,也许可以将盘风模型和 X 风模型统一起来。

(2) 星周盘中磁场的起源和位形

年轻星质量外流的磁离心加速和准直模型严重依赖于盘的磁场强度和位形。盘中磁场是物质在分子云坍缩时携带进的还是由盘中物质湍动所产生的?星周盘上的磁场强度有多大?其位形怎样?目前对这些重要问题还缺乏基本了解。ALMA 具有前所未有的空间分辨率和探测灵敏度,其对星周盘的偏振观测将有助于这些问题的解决。

(3) 喷流时变的起源

普遍观测到喷流中不同幅度的时变,它们是由什么引起的目前还很不清楚。吸积盘中的不稳定性或双星系统中伴星的影响可能是产生喷流时变的原因。

(4) 分子外流的驱动机制

对分子外流的驱动有多种解释，例如喷流弓激波驱动、大角度星风驱动、喷流所产生的湍流驱动、分子外流是受到中心星偏转作用的下落气体等。ALMA 等设备对分子外流形态和运动学的细致观测和数值模拟计算的改进，例如气体冷却和化学反应的细致过程、辐射转移和磁场的影响等，将有助于确定何种机制起作用。

参 考 文 献

[1] Reipurth B, Hartigan P, Heathcote S, et al. Hubble space telescope images of the HH 111 jet. The Astronomical Journal, 1997, 114: 757−780.
[2] Zinnecker H, McCaughrean M J, Rayner J T. A symmetrically pulsed jet of gas from an invisible protostar in Orion. Nature, 1998, 394: 862−865.
[3] Schwartz R D. A shocked cloudlet model for Herbig-Haro objects. The Astrophysical Journal, 1978, 223: 884−900.
[4] Mundt R, Fried J W. Jets from young stars. The Astrophysical Journal, 1983, 274: L83−L86.
[5] Reipurth B, Bally J. Herbig-Haro flows: Probes of early stellar evolution. Annual Review of Astronomy and Astrophysics, 2001, 39: 403−455.
[6] Wu Y, Wei Y, Zhao M, et al. A study of high velocity molecular outflows with an up-to-date sample. Astronomy and Astrophysics, 2004, 426: 503−515.
[7] Blandford R D, Payne D G. Hydromagnetic flows from accretion discs and the production of radio jets. Monthly Notices of the Royal Astronomical Society, 1982, 199: 883−903.
[8] Pudritz R E, Ouyed R, Fendt C, et al. Disk winds, jets, and outflows: theoretical and computational foundations. 2007, in Protostars and Planets V, ed. B. Reipurth, D. Jewitt, & K. Keil (Tucson, AZ: Univ. Arizona Press), 277−294.
[9] Shang H, Li Z-Y, Hirano. Jets and outflows from young stars: theory and observational tests. 2007, in Protostars and Planets V, ed. B. Reipurth, D. Jewitt, & K. Keil (Tucson, AZ: Univ. Arizona Press), 261−276.

撰稿人：王红池
中国科学院紫金山天文台

原 行 星 盘

Protoplanetary Disks

1. 原行星盘的发现

20 世纪 60 年代天文学家探测到年轻星的红外超,并认识到如果年轻星周围存在盘状结构-星周盘,则可以产生观测到的红外超。20 世纪 70 年代在年轻星周围观测到偏振光和脉泽发射的轨道运动,并且认为这些现象与星周盘有关。80 年代对年轻星红外波段的丰富观测更加确立了年轻星星周盘的存在。Lada[1]在分析年轻星红外能谱分布的基础上将年轻星分为 I、II 和 III 三型。其后人们认识到它们的演化序列与星周盘质量之间的联系:从 I 型到 III 型年轻星,年龄分别为 10^5、10^6、10^7 年,星周盘的质量从 $0.1M_\odot$ 减少到 $0.003M_\odot$。1993 年探测到更年轻的恒星-0 型原恒星,它们是星周物质质量大于中心星质量的原恒星,其年龄仅为 10^4 年。年轻星星周盘的最直接证据来自于成像观测。哈勃望远镜观测到猎户星云亮的背景下星周盘的暗轮廓[2],其后使用毫米波干涉仪和 CO 谱线在一批经典 T Tauri 星(年龄约为 10^6 年)周围探测到运动速度符合开普勒运动规律的气体盘,在年轻大质量恒星周围探测到偏振盘和尘埃发射盘,在年轻的褐矮星周围也探测到星周盘。年轻星周围的星周盘被普遍认为是行星形成场所,行星在原恒星形成后的一千万年之内形成,因此从原恒星的极早期到行星已经形成的这段时期的星周盘又被称为原行星盘。

主序阶段恒星的星周盘也被大量发现。1984 年在 β Pictoris 周围探测到星周盘。Spitzer MIPS(斯必泽空间望远镜多波段成像光度计)观测表明约 15%的主序星存在远红外超,表明其周围星周盘的存在。这类盘的质量比原行星盘的质量小两个量级以上,其主要成分是尘埃,盘中尘埃是由小行星和彗星碰撞产生的,因此这类盘被称为残骸盘(debris disk)。观测发现从原行星盘转化为残骸盘的时标非常短,因此处在原行星盘和残骸盘之间阶段的星周盘被称为过渡盘(transition disk)。

2. 原行星盘的结构和演化

由于现有观测设备对原行星盘的空间结构的分辨能力十分有限,观测年轻星的能谱分布并结合原行星盘模型计算是目前了解原行星盘结构的主要手段。观测发现经典 T Tauri 型星从近红外到毫米波段的能谱分布通常为幂律形式:$\nu F_\nu \propto \nu^\alpha$,大部分源的谱指数 α 小于 3/4。计算得到的受到中心星照射表面平坦的盘的谱指数 α 为 4/3,明显大于观测值。当考虑盘在垂直方向上的流体静力学平衡条件时,随着与中心星距离的增加,盘的标高会增大,盘的表面就不会是平坦的而是喇叭形。喇叭形的盘可以更多地吸收中心星辐射,从而比平坦盘有更多的红外超[3]。这一模型(CG97模型)成功的拟合了大多数经典T Tauri型星的能谱分布,但在解释中等质量年轻星的能谱分布时遇到了困难。观测发现:中等质量年轻星的能谱分布在近红外约3微米处出现凸起,CG97模型不能解释这一现象。Dullemond[4]等认为,在接近中心星的地方,盘中气体对中心星的辐射是光学薄的,尘埃因高温而升华,直到离中心星一定的距离尘埃才能够凝结,在那里形成一个面对中心星的垂直的内边缘(inner rim)。高温的内边缘对近红外波段的辐射贡献最大,因而可以说明能谱分布在近红外的凸起。盘在内边缘的后面有一个阴影区,该区域被内边缘遮挡而不能被中心星照射,因而温度较低,致使盘逐渐收缩,直到距离中心星一定距离盘才恢复到CG97模型中的喇叭形状。这一模型还在不断的发展中,例如:内边缘形状为竖直的假设过于简单,弧形可能更为合理;内边缘以内,尺度较大的尘埃有可能会存在[5]。

盘的加热机制主要是中心星照射和吸积物质引力能的黏滞耗散。盘的热结构与盘的吸积率和形态有关,温度在径向和垂直方向都有分布。一般趋势是:在垂直方向上,从盘中心面向外温度降低,在一定高度处温度达到最低,随后升高;喇叭形状的盘的温度比平坦盘的温度高,吸积率大的盘的内部温度比吸积率小的盘的内部温度高。要彻底了解盘的热结构还需要更多的观测和理论分析。

盘的半径可以通过不同波段的成图观测得到,结果为10~800AU。盘的质量一般是通过测量盘中尘埃在(亚)毫米波段的发射而推算出来的。经典T Tauri型星的盘的质量范围为10^{-3}~$10^{-1}M_\odot$。盘质量的计算依赖于尘埃质量吸收系数的确定。目前尘埃在(亚)毫米波段的质量吸收系数还很不确定,所得出的盘的质量因此也有很大的不确定性。盘的吸积率可以通过吸积产生的紫外超或光学发射线而估计。经典T Tauri型星的吸积率的典型值为$10^{-8}M_\odot$/yr,I型原恒星的吸积率要比经典T Tauri型星高一个量级。盘的寿命可以通过不同年龄的星团中盘出现的频率来估计。Haisch等[6]对年龄为0.3百万~30百万年的6个星团进行了近红外JHKL波段测光,发现随着星团年龄的增加盘出现的频率逐渐减少,盘的寿命约为6百万年。盘中物质消失的可能机制有:吸积到中心星、被星风吹散、在中心星照射下被蒸发、形成行星等。伴星或邻近恒星的碰撞也会瓦解盘。究竟是什么机制导致原行星盘中物质的快速消散,目前还很不清楚。

理论预言盘中尘埃经过不断的碰撞、黏结而生长,尺度从微米量级生长到米级大约需要一万年。这些固体颗粒在随后的一万年内又逐渐形成星子。星子的引力使星子相互吸引,从而碰撞和黏结,大约经过几百万年形成行星或巨行星的核,行星吸积周围气体使盘中出现裂缝(gap)[7]。根据这一理论我们应该可以发现盘中尘埃生长的证据。星际尘埃(亚)毫米波段的质量吸收系数$K_\nu \propto \nu^\beta$,β约为1.7。尘埃的生

长会使 β 值逐渐变小，从而使能谱指数 α 变小。Andrews 等[8]测量了 24 个原行星盘的亚毫米波段的能谱，得到 β 的平均值约为 1，表明原行星盘中的尘埃已经生长。Spitzer IRS(斯必泽空间望远镜红外光谱仪)对原行星盘的中红外光谱的研究发现了尘埃尺度已经增长 10 倍以上的证据[9]。行星在吸积周围气体产生裂缝的同时会在原行星盘中产生旋涡状密度结构。ALMA 和 JWST 的空间分辨率和探测灵敏度相对现有设备都有大幅度提高，有可能直接观测到原行星盘中的裂缝和旋涡状密度结构，并对更多样本进行细致研究，揭示多种环境下原行星盘形成和演化的普遍规律，从而填补太阳系起源和演化的许多空白。

参 考 文 献

[1] Lada C J. Star formation - from OB associations to protostars. 1987, in IAU Symp. 115, Star Forming Regions, ed. M. Peimbert & J. Jugaku (Dordrecht: Reidel), 1–17.

[2] McCaughrean M J, O'Dell C R. Direct imaging of circumstellar disks in the Orion Nebula. The Astronomical Journal. 1996, 111: 1977–1986.

[3] Chiang E I, Goldreich P. Spectral energy distributions of T Tauri stars with passive circumstellar disks. The Astrophysical Journal, 1997, 490: 368–376.

[4] Dullemond C P, Dominik C, Natta A. Passive irradiated circumstellar disks with an inner hole. The Astrophysical Journal, 2001, 560: 957–969.

[5] Pontoppidan K M, Dullemond C P, Blake G A, et al. Modeling Spitzer observations of VV Ser. I. The circumstellar disk of a UX Orionis star. The Astrophysical Journal, 2007, 656: 980–990.

[6] Haisch K E Jr, Lada E A, Lada C J. Disk frequencies and lifetimes in young clusters. The Astrophysical Journal, 2001, 553: L153–L156.

[7] Beckwith S V W, Henning Th, Nakagawa Y. 2000, in Protostars and Planets IV, ed. V. Mannings, A. P. Boss, & S. S. Russell (Tucson: Univ. Arizona Press), 533–558.

[8] Andrews S M, Williams J P. High-resolution submillimeter constraints on circumstellar disk structure. The Astrophysical Journal, 2007, 659: 705–728.

[9] Bouwman J, Henning Th, Hillenbrand L A, et al. The formation and evolution of planetary systems: grain growth and chemical processing of dust in T Tauri systems. The Astrophysical Journal, 2008, 683: 479–498.

撰稿人：王红池

中国科学院紫金山天文台

大质量恒星形成

Massive Star Formation

大质量($>10M_\odot$)恒星在星系乃至宇宙的演化中扮演着至关重要的角色。尽管只占恒星总数很少的份额,大质量恒星的高光度使它们成为我们观测遥远的星系时能够看到的唯一一类年轻星。它们是宇宙中重元素的主要制造者,同时为星际介质提供主要能源。然而,大质量恒星究竟是怎样从分子云中形成的问题一直是天体物理学研究亟待解决的一个基本问题,也是长期困扰着天体物理学家的一个未解之谜。

一、问题的由来

目前我们关于恒星形成具体过程的认识主要来自对于小质量恒星形成的研究,也就是基于坍缩和吸积的所谓"标准模型"[1]。简而言之,即分子云核通过坍缩形成原恒星及星周盘,原恒星通过星周盘继续吸积物质,同时在原恒星的转轴方向形成双极外向流,最后形成光学可见的年轻星,并伴随着一个残存的星周盘。然而这一理论在解释大质量恒星形成时却遇到了问题,因为一颗大约$10M_\odot$的恒星所产生的辐射压足以使吸积过程停止,从而无法形成实际存在的更大质量的恒星。这是否意味着大质量恒星有可能是通过一种与小质量恒星截然不同的方式形成的呢?

二、问题的困难所在

与小质量恒星相比,大质量恒星形成的条件是比较苛刻的。因为大多数正在形成恒星的分子云更趋于碎裂形成大约 $1M_\odot$ 或更低质量的恒星。理论计算表明分子云团块需要至少大约 1g cm^{-2} 的气体临界柱密度以阻止碎裂并形成大质量恒星[2]。这和目前对于大质量恒星形成区的观测研究结果一致。大质量恒星形成的研究存在如下困难:①大质量恒星数量稀少,而且距离普遍较远(约10^3pc)。如此遥远距离的分子云核中的个体原恒星利用现有观测设备是很难分辨的,因此对大质量原恒星星周物质的运动学等性质的深入研究是非常困难的。②大质量恒星演化到零龄主序所需的时间(约 10^4年)要比小质量恒星短得多,大质量 OB 星甚至在进入主序后仍有一段时间嵌埋于其母体云中并有可能还在吸积周围介质。这一方面造成了观测样本的缺乏,另一方面使得从观测上区分各个演化阶段变得更加困难。③大质量恒星的形成往往会破坏其周围环境的物理条件、结构以及化学特性,给研究其形成分子云环境和初始状态带来许多困难。

三、研究现状

1. 观测研究方面

最近十多年在大质量恒星形成观测方面的一些重要进展包括:可能表征处于大质量恒星形成最早期阶段的红外暗云(infrared dark cloud 或 IRDC)①的发现,大质量分子气体外向流普遍存在证据的发现,气体内落(infall)观测证据的发现,以及一些 B 型星和晚型 O 型星存在星周盘及高准直外向流的证据的发现,但至今尚未找到更大质量的 O 型星存在星周盘和高准直外向流的实测证据[3,4]。

目前对大质量恒星形成的观测研究最关心的是其早期阶段的物理与化学特性。大质量 OB 型星在进入主序阶段后仍有相当长的时间(相当于其寿命的大约 15%)处于嵌埋相[5]。大量的观测表明大质量恒星形成过程中的嵌埋相可以大致分为以下几个阶段:①代表大质量恒星形成初始条件的大质量无星核或红外暗云(IRDC)。②大质量原恒星,大质量的包层物质和向中心方向增加的温度梯度是这一阶段的观测特征。③热核(hot core,气体动能温度大于 100 K,半径约 0.1pc,气体密度约 $10^7 cm^{-3}$)。随着原恒星内部温度明显增高,复杂的有机分子从尘粒幔中蒸发出来而使丰度大增。由于此时中央原恒星尚未演化到主序或者即使已经到了主序但强大吸积流阻碍了 HII 区的形成,应该没有可以探测的自由-自由发射。④极超致密电离氢区(hyper-compact HII 或者 HCHII,半径约 0.01pc,电子密度约 $10^6 cm^{-3}$)。热核形成不久,大质量恒星进入主序阶段但仍然在不断吸积,此时 UV 光子会电离并形成一个引力束缚的 HCHII 区,并维持相当长的时间。⑤超致密电离氢区(ultra-compact HII 或者 UCHII,半径约 0.1pc,电子密度约 $10^5 cm^{-3}$),随着中央恒星的质量越来越大,电离光子越来越多,HCHII 中的辐射压超过引力的束缚,开始不断膨胀,并在恒星周围形成一个 UCHII 区,并最终快速膨胀成经典 HII 区。

2. 理论研究方面

大质量恒星形成的理论模型目前主要有三种[6]:①孤立云核的整体坍缩加盘吸积;②原恒星在星团环境下的竞争吸积;③极高密度系统中(原)恒星的碰撞与并合。

整体坍缩加盘吸积的模型和原恒星星团环境下竞争吸积模型的最基本的不同在于:整体坍缩加盘吸积模型中质量积累在恒星形成过程真正开始之前已基本完成,而竞争吸积模型中的质量积累是在恒星形成的过程中不断进行的。整体坍缩加盘吸积的模型下较为孤立的大质量星前核(prestellar core)可以存在较长的时间,这需要观测证据的支持。整体坍缩和盘的吸积模型还需要解决上面提到的辐射压的问题。在考虑非球对称的坍缩和吸积,并考虑到强大的外向流可以带走很大一部分辐射[7,8],辐射压的问题不再那么严重。这样可以使星周包层保持相对较冷,核的坍

---

① 红外天文卫星 MSX 巡天所观测到的一类亮红外背景的暗云结构。尘埃连续谱和分子谱线的观测表明它们较冷但质量很大(约 $10^3 M_\odot$)

缩也就更容易，从而使更大质量的恒星得以通过坍缩吸积形成。

原恒星在星团环境下依靠竞争吸积形成模型则认为大质量恒星在形成过程中将近 90%的质量并非来自其初始云核或包层中，而是通过原始星团团块或星团引力势对分子云团块中较远处物质的不断竞争吸积获得的。竞争吸积使星团中的大质量原恒星有足够的物质可以吸积，而作为竞争吸积的结果，大质量恒星最终形成于星团的中央[9]。

引入碰撞并合这一模型的原因之一是考虑到上面提到的竞争吸积会使星团中央的恒星密度越来越高，以致恒星之间的碰撞和并合不能忽略[10]。数值模拟结果显示，虽然(原)恒星之间真正的碰撞很少发生，但它们的相互作用还是很常见的。这种相互作用足以截断或破坏吸积盘而使吸积和外向流过程终止。尽管目前有越来越多观测事实(如盘和高准直外向流)支持坍缩吸积的观点，但对于更大质量的恒星(如中型或早型 O 型星)仍不能排除其通过并合形成的可能性。

大质量恒星的形成很可能是多模式的，即上述三种形成方式可能都存在，只是要看形成时母体分子云的初始条件以及所处的环境。从观测的角度来看，分子气体的内流运动是分子云团块坍缩的证据，星周盘和高准直外向流是盘吸积的必然结果，但是目前找到的几例大质量原恒星星周盘证据和高准直外向流还都局限于 B 型星或晚型 O 型星。将来的观测研究应该致力于寻找中型或早型 O 型原恒星的盘和高准直外向流证据以及大量较为孤立的大质量恒星存在的证据。

四、研究展望

目前利用 Caltech Submillimeter Observatory (CSO)–10 米和 Atacama Pathfinder Experiment (APEX)–12 米两架亚毫米波望远镜上的辐射热计阵列(bolometer array)开展的银道面无偏(unbiased)亚毫米波连续谱巡天已经给出了数以万计的大质量冷云核候选天体。James Clerk Maxwell Telescope (JCMT)–15 米亚毫米波望远镜上即将完成的超大规模阵列辐射计 SCUBA2 投入运行之后将会产生更多的这类候选天体。这些巡天结果结合 Spitzer 空间望远镜的中远红外资料有望找到一批较为孤立的大质量原恒星。建设中的位于智利 Atacama 高原的大型毫米波亚毫米波阵 Atacama Large Millimeter/submillimeter Array(ALMA)完成之后，对一个较大样本的连续谱以及多谱线多跃迁的高分辨率和高灵敏度观测，可以对这些大质量恒星形成区中原恒星周围的高速气体、星团成员星性质、星团气体尘埃物理环境和化学组成等有一个全面的了解，从而有可能给出大质量恒星形成过程中外向流的演化图景，同时有望真正找到质量为 $20M_\odot$ 左右的 O 型星周围存在开普勒运动的盘的证据。吸积理论所预言的 HCHII 阶段可能存在电离物质内流也有望通过 ALMA 对电离气体的观测得以验证，从而可以成为区分大质量恒星不同形成机制的有力工具。ALMA 和即将开始常规观测的 Herschel 红外空间天文台的有机结合可以在空间上分辨"热核"并研究其中几百个天文单位(AU)尺度上的分子气体分布，可以区分导致"热核"化学活跃的主要机制是热蒸发还是激波作用下的冰幔释放过程。多分子多跃迁的细致观测以及多波段的深度无偏分子谱线巡测可以把激发效应和化学丰度效应区分开来，从而精确给出嵌埋阶段大质量"热核"及恒星盘的化学特征。Herschel 红外空间天文台还有望在继 Spitzer 空间望远镜之后搜寻到一批更加深埋的大质量原恒星，证认一批处于大质量恒星形成最早期的云核，并给出它们的物理和化学特征。这将为大质量恒星的样本积累和形成过程的确立等奠定基础。另外，30~40 米级口径的 Thirty Meter Telescope(TMT)和 Extremely Large Telescope (ELT)等下一代地面大型光学/红外望远镜和 James Webb Space Telescope(JWST)等空间望远镜的强大近、中红外观测能力将有望分辨紧密的嵌埋星团并直接观测大质量恒星的光球。可以预期，强大的观测设备加之不断改进的高分辨率三维数值模拟的跟进，大质量恒星形成这一天体物理基本问题的研究有望在未来 10~20 年间取得突破性的进展。

参 考 文 献

[1] Shu F H, Adams F C, Lizano S. Star formation in molecular clouds - Observation and theory. Annu. Rev. Astron. Astrophys. 1987, 25:23–81.

[2] Krumholz M R, Mckee C F. A minimum column density of 1gcm^{-2} for massive star formation. Nature, 2007, 451:1082–1084.

[3] Beuther H, Churchwell E, McKee C F, Tan J C. The formation of massive stars. Reipurth B, Jewitt D, Keil K, ed. Protostars and Planets V. Tucson: Univ. Ariz. Press, 2007: 165–180.

[4] Cesaroni R, Galli D, Lodato G, et al. Disks Around Young O-B (Proto)Stars: Observations and Theory. Reipurth B, Jewitt D, Keil K, ed. Protostars and Planets V. Tucson: Univ. Ariz. Press, 2007: 197–212.

[5] Churchwell E. Ultra-compact HII regions and massive star formation. Annu. Rev. Astron. Astrophys. 2002, 40:27–62.

[6] Zinneker H & York H W, Toward understanding massive star formation. Annu. Rev. Astron. Astrophys. 2007, 45:481–563.

[7] Krumholz M R, McKee C F, Klein R I. How protostellar outflows help massive stars form. Astrophs. J. 2005, 618:L33–L36.

[8] McKee CF, Ostriker E C. Theory of star formation. Annu. Rev. Astron. Astrophys. 2007, 45:565–687.

[9] Bonnell I A, Bate M R. Star formation through gravitational collapse and competitive accretion. Mon. Not. R. Astron. Soc., 2006, 370:488–494.

[10] Bonnell I A., Bate, M R. Accretion in stellar clusters and the collisional formation of massive stars. Mon. Not. R. Astron. Soc., 2002, 336:659–669.

撰稿人：毛瑞青[1]　李金增[2]
1 中国科学院紫金山天文台
2 中国科学院国家天文台

星团的形成

The Formation of Star Clusters

银河系星团一般认为有两类，即球状星团(globular cluster)和疏散星团(open cluster)。球状星团包含了成千上万颗年老的恒星，它们分布在银河系的晕中，在自身引力作用下成为一个整体。由于它们形成于数十亿年前，在现今的银河系中再无球状星团的生成，因此对它们形成过程的观测研究已无可能。另一方面，疏散星团是有几十至几千颗年轻恒星组成的松散聚合体，分布在银河系的盘上，虽然它们现在可能是引力束缚的，但在今后的岁月里可能由于恒星的运动及银河系的潮汐力而解体。

因为星团中的多数恒星起源于同一个母体分子云中，具有相同的初始物理条件和化学组成，星团被认为是研究恒星形成和演化的重要实验室。星团的形成过程在过去很长一段时间里是一个谜[1]，这是因为它们形成于稠密的分子云中，在最初的岁月里它们被分子云遮蔽，人们用传统的光学观测不能深入到星团形成的场所。20世纪90年代前后，随着大阵列近红外探测器件的出现，情况有了很大的改观。红外波段的光线较可见光波段更容易穿透稠密气体，因此利用红外观测能更为有效地观测到新近形成的星团[2]。而红外空间望远镜 Spitzer 的投入使用，使人们能看到分子云中更深的场所，从而能观测到更为年轻的星团。随着这些红外设备的使用一大批新的星团被发现，它们被深深埋在母体分子云中，因此被称为嵌埋星团(embedded cluster)，又因为这些星团的成员星有许多是处于襁褓阶段的年轻星天体(young stellar object)，也被称为年轻星星团(young stellar cluster)。这些星团位于银盘的巨分子云中，一般认为是疏散星团的前身。

目前已经发现的嵌埋星团约有三百个[1,3]，这与理论估计值(约几万个)相差甚远，探测的主要困难在于多数星团在距银心不远处，由于背景星场密度也很高，很难将星团与背景星区分开来。不过，通过对已经发现嵌埋星团的样本研究，在星团形成方面已取得相当重要的结果。研究表明，银河系中绝大多数恒星是成团形成的，而超过 $10M_\odot$ 的大质量恒星全部形成于星团之中。嵌埋星团的成员星部分或全部埋在分子云中，表现出活跃的恒星形成现象，例如吸积盘、质量外流和脉泽发射等，表明其中有恒星正在形成中。星团中的成员星数从几十至几千不等，数密度从每立方秒差距几十至几万颗恒星；恒星质量从百分之一至一百个太阳质量，质量范围跨越了四个数量级，为什么在如此小范围内形成质量反差如此大的恒星是一个十分有趣的问题，对此问题的回答可能涉及星团中恒星形成的最基本的物理本质。

研究嵌埋星团的最根本问题是研究恒星在星团环境下是怎样形成的。虽然在孤立情形下恒星形成的研究有了很大的进展，人们对孤立恒星的形成图像已经相当清楚，但成团的恒星怎样形成的细节还不十分清楚，例如，原恒星质量增长模式是孤立吸积还是竞争吸积[4]，是否所有原恒星都通过物质外流向外转移多余的角动量，双星的形成，以及大质量星的形成等。另外，由于成员星在同一个分子云中、在几乎同一时期形成，具有同样的初始条件和化学组成，它们为研究恒星形成过程及早期演化提供了大量的样本。所以研究嵌埋星团是非常重要的，同时，研究星团形成还与如下问题紧密相关。

初始质量函数。自从 Salpeter 提出初始质量函数概念以来[5]，天文学家对它进行了较深入地研究，然而，这一问题仍然不十分清楚，例如，初始质量函数是否是统一的，如果是，这意味着宇宙中有一个最基本的规律在调制星团中的恒星形成，而这一规律是什么，还是一个谜。而嵌埋星团是刚刚或正在形成的星团，其成员星的质量代表了真正的"初始质量"，因此嵌埋星团为解决这一问题提供了最好的研究条件。(参见李金增的章节"恒星初始质量函数的起源")

恒星形成效率。恒星形成效率的定义是分子云中物质有多少最终成为恒星。根据小质量恒星形成理论，由于角动量守恒，不可能所有物质都会进入恒星内部，而是有一部分被抛射出去。目前的观测表明，银河系星团中恒星形成效率约为 3%~30%。是什么因素最终决定星团中的恒星形成效率，以及什么因素最终终止了恒星形成活动，目前仍然不清楚。

大质量恒星形成及质量分层。大质量恒星由于其光度大、寿命短，是宇宙演化最重要的推动因素，但是由于样本少、距离远，目前的研究还相对滞后。大质量恒星形成与星团有十分密切的关系，目前看到的所有大质量恒星都与星团成协，这为我们研究大质量星形成提供了基本思路，通过对星团中大质量恒星的观测，我们可以大致限定大质量星形成的初始条件。

观测表明，在一部分嵌埋星团之中，大质量恒星相对于较小质量的恒星有向中心区域集中的趋势，这一现象被称为质量分层(mass segregation)。虽然在多体的动力学系统中，质量大的质点会将动能传递给质量小的质点，并最终沉入中心地带，但这一过程需要一个相当长的动力学弛豫时间。嵌埋星团的年龄为几百万年，远小于星团的动力学弛豫时标(约几千万年)，因此利用动力学弛豫解释嵌埋星团的质量分层是不现实的。这直接导致一个这样的推论，质量分层发生于星团形成的初期，即原初性质量分层[6]。但还存在这样的可能性，即由于星团成员星的运动，在某一时刻出现短暂的质量分层现象，称为暂态质量分层。这两种对质量分层的解释，可能影响到大质量恒星形成的基本问题，即什么样的环境更有利于大质量恒星的形成。(参见毛瑞青和李金增的章节"大质量恒星形成")

双星及多星系统。观测表明，在一个原始的星团中，双星的发生率非常高，最高可达90%,这意味着双星系统在多数情形下是原初形成的。目前有一些证据表明双星的形成过程像单星一样,通过质量抛射向外转移角动量,但这是否为一种普遍规律还很不清楚。由于星团提供了大量研究样本,研究星团中的双星将有助于解决双星形成问题。遗憾的是,目前观测仪器的空间分辨率还不能分辨大多数星团中的双星,这有待于下一代超大型观测设备的研发。

行星系统的形成。天文学的终极目的之一是发现一个像地球一样适宜居住的行星,而研究行星系统的形成是达到这一目的重要步骤。近红外观测表明,嵌埋星团中拱星盘或原始星盘所占的比例非常高,随着星团的演化其比例会逐渐降低。原始星盘是行星形成的场所,这样的样本研究对理解原始星盘的演化及原始行星的形成非常重要,它可以限定原始星盘的存在时间[8],从而限定行星形成的时间。可以预期,嵌埋星团中原始行星系统的样本是非常多的,但由于多数星团距离地球较远,要对这些样本进行更深入的研究,也有赖于更高空间分辨率的观测设备。(参见王红池的文章"原行星盘")

图1 星团和大质量恒星的形成场所——M17。图片是通过位于南非天文台的红外望远镜IRSF对M17进行的近红外三色成像(波长为1.25μm,1.65μm和2.2μm)的合成图[7]。

参 考 文 献

[1] Lada C J, Lada E A. The embedded cluster in the molecular cloud. Annual Review of Astron. and Astrophys., 2003, 41:57–115.

[2] Hodapp K. A K' imaging survey of molecular outflow sources. Astrophys. J. Supp. Series, 1994, 94:615–649.

[3] Bica E, et al. A Catalogue of infrared star clusters and stellar groups. Astron. and Astrophys.,

2003, 397: 177–180.
[4] Bonnell I A, et al. Accretion in stellar clusters and the initial mass function. Monthly Notice of Royal Astron. Soc., 2001, 324: 573–579.
[5] Salpeter E E. The luminosity function and stellar evolution. Astrophys. J.,1955, 121: 161–167.
[6] Chen L, et al. Mass segregation in very young open clusters: a case study of NGC 2244 and NGC 6530. Astron. J., 2007, 134:1368–1379.
[7] Jiang Z, et al. Deep near-infrared survey toward the M17 Region. Astrophys. J., 2002, 577: 245–259.
[8] Haisch K E, et al. Disk frequencies and lifetimes in young clusters. Astrophys. J. Letters, 2001, 553: L153–156.

撰稿人：江治波
中国科学院紫金山天文台

星团质量分层的形成机制

Formation of the Mass Segregation in Stellar Clusters

所谓星团质量分层,是指团内不同质量恒星在位置和速度空间中表现出有不同的分布。具体说来就是存在质量-团心距关系和质量-速度弥散度关系,分别称为空间(质量)分层和速度(质量)分层。人们已经在各类星团(疏散星团、球状星团和超星团)中发现存在质量分层效应[1~3]。

恒星集团的质量分层是一种观测现象,对于研究星团的形成和动力学演化等问题有着重要意义。星团的质量分层效应可以表现为两个方面,即空间分层和速度分层。它们的观测表象是,对星团中的成员星来说,空间质量分层表现为大质量恒星较多地向团中心集聚,小质量恒星更多地分布在星团的外围区域,而速度质量分层则表现为大质量恒星的速度弥散度小,而小质量恒星的速度弥散度大。

图1 著名的疏散星团——昴星团。

通常认为星团是从巨分子云形成的,它们经历了一定时间的动力学演化,最终成为今天所观测到的状态。目前的星团是否会表现出某种分层效应,以及这种效应的明显程度如何,必然取决于星团形成时的初始状态和嗣后的动力学演化。因此,关于质量分层效应的起源,存在两种可能的、而又完全不同的机制,即动力学质量分层和原初质量分层。

所谓动力学机制,是指在星团的动力学演化过程中,由于星团内部运动引起的团星间的两体交会,团星与团星之间会出现能量交换,小质量恒星从大质量恒星获得动能,运动速度逐渐增大,大质量恒星因损失动能运动速度渐而减小;如有足够的演化时间,星团最终会达到所谓能均分状态。这一过程的可观测现象是大质量恒星更多地向团中心区内落,其中心聚度比小质量恒星来得大,表现出空间分层;同时,小质量恒星的速度弥散度比大质量恒

图2 武仙座球状星团。

星来得大，成员星又表现为速度分层。

除了上述星团内部的动力学演化效应外，来自外部的引力作用也会影响到星团的动力学演化。外部动力学效应可以有银河系潮汐力场的影响，星团穿越银盘过程中的盘冲击作用，以及星团与分子云的交会等。这种外部作用对团中心区的恒星来说也许并不重要，但会提高恒星脱离星团的逃逸率，结果使整个团的质量-速度弥散度关系变得比较平坦，而由能均分得出的简单理论关系 $\sigma^2 \propto M^{-1}$ 往往不可能从观测上得以明确的验证。

图 3　银河系超星团。

研究表明，对于一些年轻星团来说，由恒星演化状态所确定的星团的真实年龄，远小于因标准两体弛豫过程(即动力学演化)产生能观测到的质量分层所需要的时间短得多，但在这些星团中，也观测到了明显的质量分层现象，这就不能用动力学分层机制来加以解释。

与动力学分层不同的另一种机制是原初质量分层，这种机制可以是恒星演化理论的自然结果：因为原星团中央区的密度较高，相应的在那儿有更大的可能性形成更多的大质量恒星。或者说，在不同的恒星形成区，所形成恒星的质量谱是不一样的[4]。大质量恒星可以更多地在恒星形成区的中心附近形成，这一点已经为不少观测和理论研究所证实，说明一些星团在诞生之时已存在质量分层。

在团内恒星形成之初，质量分层现象的出现可以有两条途径：① 质量分层是通过原恒星之间的相互作用出现的，因为随着密度的增高，原恒星之间发生碰撞的可能性就增大；② 原恒星的质量越大，对周围物质的吸积率也越大，并由此造成团星的质量分层，而较低质量恒星可以在整个星团区域中形成。这两种因素的综合结果是越靠近星团的中心，越容易形成较大质量的恒星，从而产生原初质量分层。理论研究表明，在若干倍穿越时标内，星团就可以表现出某种程度的质量分层，而且这一效应与星团是否位力化、星团的外形和径向面密度轮廓没有什么关系。

对于星团来说，质量分层是一种较为普遍的现象。分层效应可以是初始的，也可以是演化引起的，更可能是两者兼而有之，具体情况则取决于团的内禀性质和运动轨道。特别是对于一些中等年龄的星团来说，目前所观测到的质量分层，很可能是初始恒星形成条件和动力学弛豫过程两者的联合效应。这就是所谓"遗传和环境"问题："遗传"指的是星团形成时的物理状态，它可能在一定程度上保留到现在而被观测到，是造成分层效应的"先天"因素；"环境"是指在团形成后的漫长时间内，成员星在不同的内外部环境下经历各自的演化过程而表现为目前所观测到的状态,这是星团呈现分层效应的"后天"条件。

不过,至少就目前来看,很难估计在所观测到的质量分层效应中,有多少是初始的,又有多少缘自演化因素。未来在这个问题上的进展,无疑取决于能否获得更多、精度更高的观测资料和深入的理论研究这两方面的工作。

参 考 文 献

[1] McNamara B J, Sekiguchi K. Astrophysical Journal, 1986, 310: 613.
[2] Andreuzzi G, Buonanno R, Fusi Pecci F, et al. Astronomy and Astrophysics, 2000, 353: 944.
[3] Brandl B, Sams B J, Bertoldi F, et al. Astrophysical Journal, 1996, 466: 254.
[4] Larson R B. Monthly Notice of the Royal Astronomical Society, 1982, 200:159.
[5] Bonnell I A, Davies M B. Monthly Notice of the Royal Astronomical Society, 1998, 295: 691.

撰稿人:赵君亮
中国科学院上海天文台

恒星初始质量函数的起源

The Origin of the Stellar Initial Mass Function

分子云是恒星形成的摇篮,恒星的初始质量是其一生演化轨迹和演化特性的首要决定因素,那么恒星的初始质量又是由什么决定的呢?是形成恒星的原初云核的质量还是后续的运动学效应?恒星初始质量的分布是遵从一定的普适规律,还是会随着分子云中恒星形成的环境因素(化学丰度、压力、温度)以及空间和时间而变化?这就是恒星的初始质量函数(initial mass function)难题。恒星初始质量函数的起源是当代天体物理学研究最重要的前沿问题之一,它与天体物理中的许多重要问题密切相关。它不仅是全面理解恒星如何从分子云中形成的关键问题,也是研究恒星和星系演化包括星族合成、星暴星系和高红移类星体等在内的众多天体物理前沿课题的重要基础。

Salpeter 于 1955 年对太阳系附近的低质量恒星进行了统计观测,结果发现单位质量间隔的恒星数目与恒星质量之间存在一个幂律关系,也就是通常所说的初始质量分布函数[1],其幂指数是–2.35。后续的大量观测表明,初始质量函数在空间和时间演化上具有一定的普适性。这种普适性质量分布的物理本质在过去的 50 多年里一直困扰着天体物理学家。而且,实测得到的初始质量函数在小样本观测统计所带来的起伏以外也存在着一些明显的、不可忽视的不一致。变化的根源在于复杂而难解的恒星形成过程,还远未解决的难题包括与恒星形成过程密切相关的分子云核是如何形成的?又是如何演化的?是哪些因素主导了分子云核向致密云核的演化,并最终导致了云核的蹋缩和原恒星的形成?致密云核坍缩的原初条件和诱发机制又是什么?另外,在恒星形成领域,大质量星($>10M_\odot$)以及褐矮星质量以下星体的形成机制还很不清楚,在实测研究上也受到小样本、空间分辨本领和探测灵敏度等多方面的制约。这些问题的进一步明确将是深入理解恒星初始质量函数本质的根本基础。

1. 实测上的难题

观测表明,银河系的大部分低质量恒星形成区、星团、OB 星协、年老的球状星团、晕族恒星以及核球恒星的初始质量函数均有着大致相似的幂律分布,在河外星系的研究中也表现出一定的一致性,因此恒星的初始质量函数无论在空间位置还是时间演化上都具有一定的普适性[2]。这些初始质量分布的幂指数在 $0.05\sim0.5M_\odot$ 之间一般为–1.35,而在 $0.5\sim50M_\odot$ 之间为–2.35。恒星质量的峰值分布则集中在 0.5~

$5M_\odot$之间的范围，两个幂率谱相交的点即定义为恒星初始质量函数的特征质量。而且，不可忽视地，在不同区域通过实测得到的初始质量函数在幂指数和特征质量上并不是常量。这些差异可能只是小样本观测所带来的随机性统计起伏，但也有可能是环境因素的变化造成的。在星暴星系、处于暴发阶段的椭圆星系以及星系团的研究上就发现了一些明显的幂律分布变平(flattening)的趋势，而低亮度星系星系盘的实测初始质量函数则变得更陡(steepening)。天文学家对于特征质量本质的理解还不透彻，也无从把握其变化趋势和决定因素。通常认为，初始质量函数的特征质量与分子云的金斯质量(Jeans mass)密切相关。然而，由于不同的分子云核密度和压力不同，即使是在致密云核内部压力也不是常量。因此金斯质量本身就是一个无法精确确定的量。而且，内部压力很大的大质量致密星团和压力较低的恒星形成区可以有着相同的特征质量。问题在于这是由于大质量成员星的动力学反馈(feedback)影响了大质量致密星团内气体的温度和压力呢，还是另有缘由?

此外，在初始质量函数的低质量端，对于褐矮星质量以下的星体，其形成机制是否与低质量恒星一致还是未解之谜。在特定区域或特定条件下，金斯质量是否会大幅变小，以及能形成星体的最低质量是否随区域的改变而不同也都还有待进一步深入考察和研究。这些问题的存在使得初始质量函数本质的研究更加扑朔迷离。

2. 理论上的困境

前面提到，恒星在分子云中的孕育和形成是一个极其复杂的过程。任何恒星形成理论都必须首先能重建恒星的初始质量函数，并解释其本质。半个多世纪以来，陆续建立了大量理论模型[3]。尽管绝大多数现有模型都能重建始质量函数。但是，由于不同的模型基于不同的假设和输入条件，对于初始质量函数的本质还无法达成统一的认识，迄今为止还远不能构建出一个标准模型。一个成功的理论模型必须能全面解释包括恒星成团形成、质量分层(mass segregation)和双星比率等在内的众多观测特性，并解析出与分子云碎裂(fragmentation)和云核形成过程及其演化密切相关的决定初始质量函数特征质量的关键因素(引力、磁场、湍动和热力学效应等)。理论模型需要着重解决包括大质量星形成和褐矮星形成机制的问题，同时也要面对星风、外流等动力学过程以及磁场对于初始质量函数可能带来的影响。只有理解了初始质量函数的本质和决定因素，才有可能进一步了解初始质量函数怎样随环境因素(尤其是极端恒星形成环境比如早期宇宙以及银河系中心)而变化。

3. 前景

不同的恒星形成理论预测了不同的初始质量分布[4]，因此，对恒星形成区原初分子云的观测将为恒星初始质量函数起源的研究提供关键的线索。近年来，世界范围内的天体物理学家对众多恒星形成区进行了毫米/亚毫米波连续谱的探测研究。观测结果表明，和低质量恒星成协的分子云云核的质量谱和低质量恒星的初始质量函数有着相似的幂律分布[5,6]。这表明，低质量恒星的初始质量很可能取决于形成恒星的原初分子云核质量。然而，相关研究在探测灵敏度上的限制，使得这些观测样本缺少质量界于 $0.01\sim 0.1M_\odot$ 之间的云核，因此观测到的云核质量谱丢掉了低质量端的重要信息。

另一方面，大质量恒星形成区的云核质量谱的幂指数存在着较大的迷散，不同的区域往往有着不同的幂律分布[7]。部分原因在于大质量恒星形成区强的运动学效应(电离星风、外向流)对恒星形成过程带来的强烈影响。另外，坍缩分子云核在毫米/亚毫米波段的光度主要是吸积光度的贡献，同时伴有非热辐射的成分。

在远红外波段，云核的连续谱辐射主要源于与其成协的星体环境中尘埃的再发射，直接反映了分子云核的原初物理环境，从而避开了吸积光度的影响，因此在远红外波段导出的云核质量谱最能体现真实的初始质量分布。然而，由于地球大气的严重吸收对于地面远红外探测的局限，在该波段云核质量谱的确定迄今依然是个空白。令人期待的是，不管是形成恒星的致密分子云核还是年轻的原恒星，其能谱发射的峰值都位于 $80\sim 400\mu m$ 的范围内，也就是即将开始常规观测的Herschel(赫歇尔：欧空局主导研发的大型远红外和亚毫米波空间天文台)的两大重要设备 SPIRE (Spectral and Photometric Imaging Receiver)和PACS (Photodetector Array Camera and Spectrometer)的联合探测波段。据估计，在 500 秒差距以内，赫歇尔将可以探测到质量相当于 $0.01\sim 0.1$ 太阳质量的原恒星。因此，可以预见 Herschel 对于恒星初始质量函数的观测研究可能带来创新性变革。另外，即将于2012年建成并投入使用的地面大型毫米/亚毫米波干涉阵列 ALMA(the atacama large millimeter/submillime- ter array)则将在致密云核性质和云核坍缩原初条件的研究上取得重要进展。天文学家相信，Herschel 红外空间天文台和 ALMA 必将为进一步明晰致密分子云核如何从迷漫星际介质中形成，并最终解决恒星初始质量函数起源的问题带来曙光。

参 考 文 献

[1] Salpeter E. The Luminosity Function and Stellar Evolution Astrophys. J., 1955, 121: 161–167.

[2] Elmegreen B G. From Darkness to Light, T. Montmerle and Ph. Andre (eds.), ASP Conference Series, 2001, 243: 255–278.

[3] Bonnell I A, Larson R B, Zinnecker H. The Origin of the Initial Mass Function, Protostars and Planets V, B. Reipurth, D. Jewitt, and K. Keil (eds.), University of Arizona Press, Tucson, 2007, 951: 149–164.

[4] Bonnell I A, Bate M R, Clarke C J, Pringle J E. Competitive accretion in embedded stellar clusters. Mon. Not. R. Astron. Soc. 2001, 323: 785–794.

[5] Motte F & Andre P. The circumstellar environment of low-mass protostars: A millimeter continuum mapping survey. Astron. Astrophys., 2001, 365: 440–464.

[6] Johnstone D, Wilson C D, Moriarty-Schieven G, et al. Large-area mapping at 850 microns. II. analysis of the clump distribution in the ρ ophiuchi molecular cloud. Astrophys. J., 2000, 545: 327-339.
[7] Beuther H & Schilke P. Fragmentation in massive star formation. Science, 2004, 303: 1167-1169.

撰稿人：李金增
中国科学院国家天文台

有磁场和转动效应的恒星模型

Stellar Evolution Models Including Rotation Magnetic Fields

1. 有磁场、转动恒星演化理论的必要性

在恒星世界中,光谱型为 F-G-K-M 型的晚型小质量恒星约占 80%以上。以往的恒星物理研究多集中于对大质量恒星和中等质量恒星的观测和理论研究。而较少地对质量大约为一个太阳质量或更小质量的恒星进行研究。小质量恒星的观测现象与大质量及中等质量的恒星有显著的不同。首先,它们有强烈的磁活动现象,如太阳和类太阳恒星的表面出现周期性的大规模的黑子、耀斑和爆发等现象。其次,可以观测它们有周期性、短时标的振动现象。例如,太阳有最著名的 5 分钟振动现象。借助于日震学方法,我们可以知道太阳内部存在着较差自转等。因此,对于小质量恒星,磁场、转动和振动是它们特殊的重要观测现象[1~2]。

近年来高精度、高分辨率的地面望远镜和空间卫星的联测,例如,太阳振动的全球联合观测网 GONG 和 SOHO 卫星;观测多类脉动变星的 WIRE 卫星、MOST 卫星、COROT 卫星和 Kepler 卫星,将会提供成千上万颗恒星的高精度、高时间覆盖率的观测数据,其中包含不同质量和演化状态、不同金属丰度的恒星数据。它们携带着关于这些天体内部结构、转动和磁场的最为直接的信息,从而成为研究这些天体内部结构与动力学性质的强大保证。这将极大地推动恒星演化和恒星振动理论的发展。然而最大的挑战是,必须发展和完善恒星理论模型,同时也利用与观测结果的比较对模型进行限制。

2. 国内外研究现状

虽然 Spruit(2002)和 Maeder(2004)等人研究了恒星内磁场产生的机理;研究了有磁场和转动效应的单星演化[3~6],可以解释观测到的大质量恒星在主序阶段表面 He, N 元素超丰和 C,O 元素丰度异常等问题。但是他们仅研究了球对称情况下有磁场和转动效应的单星的演化:

(1) 没有考虑磁场对物态方程和热力学量的影响;
(2) 没有研究有磁场和转动效应的双星的演化;
(3) 没有研究磁场和转动效应对恒星振动性质的影响。

3. 有磁场、转动的恒星演化理论的难点

当研究有剧烈表面活动现象的晚型小质量恒星和研究其振动性质时;当研究有

转动的恒星时，其几何形状严重偏离球对称结构，不仅要考虑磁场和转动的影响，而且需要采用二维模型[7]。

要建立有磁场、转动的二维恒星结构和演化模型，有一系列理论难题需要研究和克服：

(1) 恒星内部的磁场起源和分布问题；

(2) 磁场对物态方程、热力学量、对流，以及恒星结构方程的影响问题；

(3) 磁场对振动的性质和激发的影响问题；

(4) 转动引起的恒星内部的复杂物理过程，如子午环流、物质迁移、角动量转移；

(5) 磁场效应与转动效应之间的相互影响等问题。

4. 重要意义

建立新的有磁场和转动效应的恒星结构、演化和振动理论模型，揭示新的物理规律势在必行。只有建立这样的模型，才能够真实了解恒星内部的结构和物理过程，以及恒星的演化；才能够解释各类恒星的一些特殊现象。这也是恒星结构和演化理论的重要发展。

参 考 文 献

[1] Gough D O, McIntyre M E. Nature, 1998, 394, 755–757.

[2] Christensen-Dalsgaard J, Di Mauro M P, Schlattl H & Weiss A. Monthly Notices of the Royal Astronomical Society, 356, 587–595.

[3] Spruit P. Astron. Astrophys., 2002, 381, 923–932.

[4] Maeder A & Meynet G. Astron. Astrophys., 2004, 422, 225–237.

[5] Pinsonneault M H, Kawaler S D, Sofia S & Demarque P. Astrophysical Journal, 1989, 338, 424–452.

[6] Yang W M & Bi S L. Astron. Astrophys., 2006, 449, 1161–1168.

[7] Li L H, Sofia S & Paolo V, et al. Astrophysical Journal Supplement, 2009, 182, 584–607.

撰稿人：毕少兰

北京师范大学

恒星的 α 增丰问题

Problems of Stellar α-Enhancement

1. α 增丰现象

20 世纪 90 年代以前,当人们研究恒星、星团和星系的演化时,都采用太阳的金属元素混合模型。然而人们后来发现,金属元素的混合模型在银河系的不同区域内是不相同的,在不同的星系中也是不同的;于是,有很多天文学家都来研究这个问题。现在,人们普遍用 α 增丰量[α/Fe]来区分不同的金属元素混合模型。

在[α/Fe]中,α 代表 α 元素,包括氧、氖、镁、硅、硫、氩、钙和钛;Fe 不仅仅代表铁元素,而是代表整个铁峰元素,包括铬、锰、铁、钴、镍、铜和锌。人们通常把标准太阳金属元素混合模型(标准太阳模型)的 α 增丰量[α/Fe]定为零;如果[α/Fe]大于零,那就属于 α 增丰金属元素混合模型(α 增丰模型)。

2. α 增丰的研究意义

以前,很多天文学家在计算恒星、星团和星系的金属丰度时,通常都只用一种元素(最常用的就是铁元素,因为铁元素的谱线很明显)来当作所有金属元素的指示剂,进而求出金属丰度的值。这种方法比较简单,但是前提条件是所有恒星、星团和星系的金属元素混合模型都与太阳的一样。可是观测表明,银河系的核球和银晕中的恒星,普遍存在 α 增丰现象[1];在椭圆星系特别是巨椭圆星系中,也普遍存在 α 增丰现象[2]。因此,用那种方法得出的金属丰度值往往是错误的。

α 元素主要是在 II 型超新星爆炸之前的 α 俘获过程中产生的,而铁峰元素主要是在 Ia 型超新星爆炸过程中产生的,[α/Fe]显示了这两种核合成对整个星系金属丰度的贡献程度。如果一个星系是 α 增丰的,这就说明在这个星系的演化过程中,II 型超新星对星系金属丰度的贡献要相对多一些。而 II 型超新星的前身星都是大质量恒星,这就进一步说明在这个星系的演化过程中,大质量恒星要相对多一些。所以,α 增丰可以用来研究星系的演化历史和恒星质量分布。

以前人们普遍认为,只要是氢和氦主导了恒星大气而且丰度确定,那么各种金属元素的相对丰度的改变对恒星演化的影响是微不足道的。而事实上,α 增丰可以使恒星的不透明度明显变小;导致恒星的有效温度升高、光度变大、演化时间缩短。由于星团和星系都是由大量恒星组成的,所以 α 增丰也可以使星团和星系变得更蓝、更亮、演化的更快。因此,α 增丰可以用来更好地研究恒星、星团和星系的演化。

一般而言,星团和星系的金属丰度越低,颜色越蓝;年龄越小,颜色越蓝。这样一来，当我们用演化星族合成方法来确定某个星团(或星系)的金属丰度与年龄时，就会遇到金属丰度与年龄简并的问题。也就是说，我们既可以认为某个星团是一个低金属丰度的年老星团，也可以认为它是一个高金属丰度的年轻星团。由于 α 增丰对星团和星系的影响与金属丰度对星团和星系的影响不同，如果考虑到 α 增丰，就可以部分地解除星团和星系的金属丰度与年龄简并的问题。

3. α 增丰对恒星演化的影响

我们使用 Eggleton's 恒星演化程序来计算恒星演化，恒星的质量是 0.5~80.0 个太阳质量，金属丰度是 0.0001~0.1。我们采用 OPAL 的高温不透明度表[6]和 Wich ita State 新低温不透明度表[7]，构建了与 Eggleton's 恒星演化程序相匹配的不透明度表。为了比较 α 增丰对恒星演化的影响[5]，我们采用了两种不同的金属元素混合模型，即 GS98(Grevesse & Sauval 1998)标准太阳模型[3]和 SW98(Salaris & Weiss 1998) α 增丰模型[4](见表1)。

表1　GS98 标准太阳模型和 SW98 α 增丰模型的金属元素相对丰度

金属元素	GS98 模型数丰度	GS98 模型质量丰度	SW98 模型数丰度	SW98 模型质量丰度
C	0.246023	0.172062	0.108345	0.076535
N	0.061798	0.050417	0.028507	0.023483
O	0.502315	0.468017	0.715919	0.673656
Ne	0.089326	0.104970	0.069963	0.083031
Na	0.001552	0.002078	0.000653	0.000883
Mg	0.028247	0.039988	0.029170	0.041697
Al	0.002296	0.003607	0.001001	0.001589
Si	0.026976	0.044126	0.021623	0.035717
P	0.000270	0.000487	0.000086	0.000157
S	0.011775	0.021991	0.010592	0.019972
Cl	0.000142	0.000292	0.000096	0.000201
Ar	0.001866	0.004342	0.001011	0.002375
K	0.000100	0.000228	0.000040	0.000093
Ca	0.001663	0.003882	0.002212	0.005215
Ti	0.000065	0.000181	0.000136	0.000384
Cr	0.000364	0.001102	0.000143	0.000437
Mn	0.000252	0.000805	0.000075	0.000242
Fe	0.023495	0.076413	0.009882	0.032459
Ni	0.001321	0.004517	0.000543	0.001874

α增丰可以使恒星的有效温度升高、光度变大、演化时间缩短。这主要是因为α增丰可以使不透明度变小，从而使恒星壳层的温度梯度变小，有效温度升高。而有效温度升高意味着半径缩小，核心密度变大，进一步导致核心温度升高，产能率升高，最后导致光度变大。而光度变大意味着核燃料消耗的更快，从而导致演化时间缩短。

对于相同质量和金属丰度的两颗恒星(只是金属元素混合模型不同，一颗是标准太阳模型，另一颗是α增丰模型)，金属丰度越大，α增丰效应越明显(见图1)。这是因为α元素和铁峰元素构成了金属元素的主要部分；金属丰度越大，标准太阳模型和α增丰模型的差别越大，所以α增丰效应也就越明显。

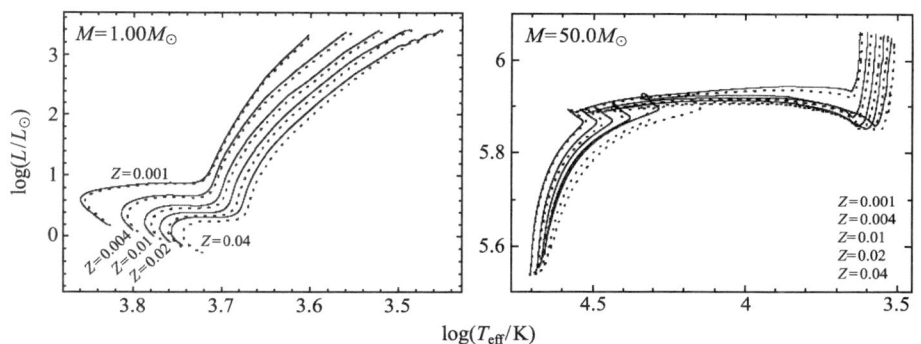

图1　α增丰对5种不同金属丰度的恒星演化的影响[5]。图中的虚线代表GS98标准太阳模型的恒星的演化曲线，实线代表SW98 α增丰模型的恒星的演化曲线，图2也是这样。

对于质量小于0.4个太阳质量的恒星，由于核心温度太低，α增丰效应并不明显。对于类太阳恒星，当有效温度达到最大值时，α增丰效应最明显。对于中等质量恒星，α增丰可以使恒星在水平支阶段的有效温度明显地升高。对于大质量恒星，α增丰效应主要是在主序阶段比较明显(见图2)。

4. 需要解决的问题

目前，α增丰对特殊恒星演化的影响，还很少有人研究。例如，热亚矮星是一种核心质量约为0.5太阳质量，壳层质量小于0.02太阳质量的极端水平分支星，可以成功地解释椭圆星系的紫外反转现象[8]。所以，研究α增丰对热亚矮星的影响很有必要，而且还可以更好的研究星团的极端水平分支星。另外，某些星团和星系在赫-罗图上的形态有些异常，如果考虑到α增丰效应，可以解释其中的一部分现象。以前，人们只研究α增丰对单星演化的影响；而在银河系内，有一半以上的恒星处于双星系统中。所以，α增丰对各种不同双星的演化会产生什么样的影响，也是一个迫切需要解决的问题。

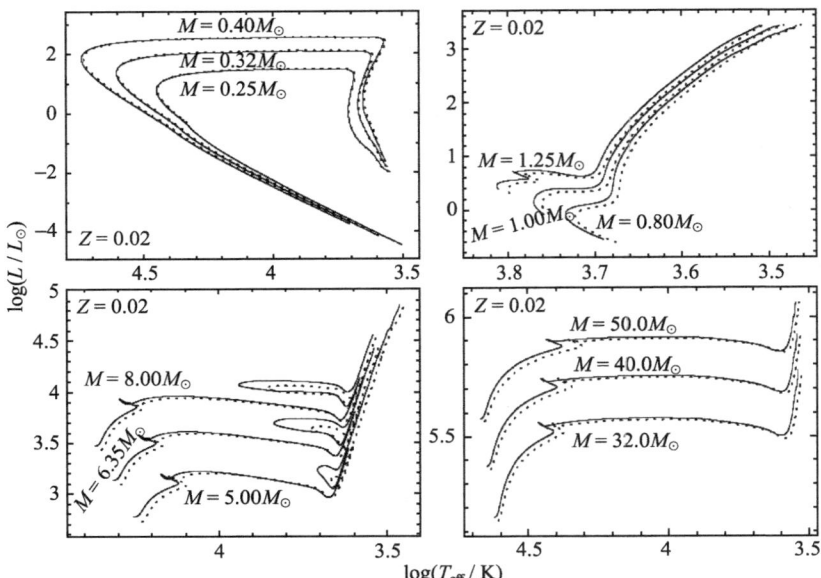

图 2 α 增丰对 12 种不同质量的恒星(金属丰度都是 0.02)演化的影响[5]。

参 考 文 献

[1] Maraston C, Greggio L, Renzini A, et al. Integrated spectroscopy of bulge globular clusters and fields II. Implications for population synthesis models and elliptical galaxies [J]. Astronomy & Astrophysics, 2003, 400: 823–840.

[2] Pipino A, Puzia T H, Matteucci F. The formation of globular cluster systems in massive elliptical galaxies: Globular cluster multimodality from radial variation of stellar populations [J]. Astrophysical Journal, 2007, 665: 295–305.

[3] Grevesse N, Sauval A J. Standard solar composition [J]. Space Science Reviews, 1998, 85: 161–174.

[4] Salaris M, Weiss A. Metal-rich globular clusters in the galactic disk: New age determinations and the relation to halo clusters [J]. Astronomy & Astrophysics, 1998, 335: 943–953.

[5] Guo J P, Zhang F H, Chen X F, Han Z W. Effects of α-enhancement on stellar evolution [J]. Chinese Journal of Astronomy and Astrophysics, 2008, 8 (3): 262–268.

[6] Iglesias C A, Rogers F J. Updated OPAL opacities [J]. Astrophysical Journal, 1996, 464: 943–953.

[7] Ferguson J W, Alexander D R, Allard F, et al. Low-temperature opacities [J]. Astrophysical Journal, 2005, 623: 585–596.

[8] Han Z W, Podsiadlowski Ph, Lynas-Gray A E. A binary model for the UV-upturn of elliptical galaxies [J]. Monthly Notices of the Royal Astronomical Society, 2007, 380: 1098–1118.

撰稿人：郭建坡

中国科学院云南天文台

恒星快速物质损失模型

Stellar Rapid Mass Loss Model

1. 恒星物质损失简介

在浩瀚的宇宙海洋中存在着无数个星系,而每个星系中又包含着无数的恒星。早在20世纪五六十年代,天文学家们就发现了很多间接的统计证据和理论证据,证明恒星不论是在主序、红巨星(RGB)阶段还是白矮星阶段,都存在着物质损失现象。而早期的分光观测也表明:各类早型星和晚型星都存在着物质损失过程。

伴随着观测手段和观测设备的发展,天文学家可以从射电波段到红外、可见光、紫外线等多波段对恒星物质损失进行观测研究。相应的恒星演化理论到现在也不断完善,人们对于恒星物质损失过程也认识得越来越清晰。对于中小质量恒星,物质损失过程在主序演化结束到渐进巨星分支(AGB)阶段相当重要,主要物理机制包括:类太阳物质损失、尘埃物质损失和脉动型物质损失[1]。对于大质量恒星,包括OB矮星、巨星、超巨星、亮蓝变星、WR星以及行星状星云中心恒星,物质损失过程也相当重要[2]。

银河系中大约一半的恒星处于双星系统,由于引力波辐射或者磁滞星风导致双星轨道角动量损失,或者由于恒星自身演化膨胀,当一颗星开始充满其洛希瓣时,就会从内拉格朗日点进行物质转移,称之为洛希瓣超流(Roche-lobe overflow)。研究密近双星系统中的物质交流过程对于完善双星演化理论至关重要,而该过程会引起双星系统轨道周期的剧烈变化,这也是双星演化不同于单星演化的主要特点之一。

恒星物质损失在恒星演化过程中相当重要。对于中小质量恒星[1],物质损失限定了演化到AGB阶段的最大光度,而这些阶段的恒星对应星族中年龄在一亿到一百亿年的最亮的恒星;物质损失限定了白矮星的质量分布,进而影响它们的冷却时间;物质损失限定了行星状星云中心恒星的质量,从而限定了行星状星云的光度函数;物质损失限定了恒星能达到的最大半径,从而影响恒星周围行星系统的最终命运;物质损失也与超新星前身星相关,从而影响星系的化学演化和对其距离的预测。对于大质量恒星[2],了解第一代恒星的物质损失有助于研究早期星系和宇宙演化;研究大质量恒星物质损失有助于了解长伽马射线暴过程,因为这可能对应贫金属大质量恒星的最终坍缩。

2. 恒星物质损失的分类和重要性

一般来讲,我们可以按照恒星物质损失(转移)速率的快慢来做如下划分:

(1) 核时标物质损失

在此情况下，恒星物质损失过程相当缓慢，引起的变化也相当微小。在统计上来说这种情况在相互作用双星系统中占主导地位。由于恒星依然满足热力学平衡，该情况我们一般通过改变恒星表面边界条件就可以很容易地研究。

(2) 热时标物质损失

恒星表面物质损失较快，热能重新分布达到新的平衡。在恒星演化到 RGB 阶段或者 AGB 阶段，表面物质受某种机制驱动，又由于表面引力束缚能很小，物质很容易损失掉。同时对于密近双星系统来说，激变变星或者大陵型双星都属于这种情况。

(3) 动力学时标物质损失

如果恒星表面物质损失足够快，恒星表面能量来不及重新分布，但恒星仍然能达到流体静力学平衡，该情况对应动力学时标的物质损失。人们对这种情况了解很少，而它对于了解相互作用双星中的公共包层演化过程，完善双星演化理论非常重要。对于超新星残留伴星性质的了解也与该过程密切相关。

在本文中，所谓的恒星快速物质损失就是指物质损失速率比热时标要快但比动力学时标要慢；也就是说恒星表面不满足热力学平衡条件，可以认为热量来不及交换，也可以说是绝热物质损失。

恒星快速物质损失过程与观测上的天体的轨道角动量或者质量急剧损失过程密切相关。具体包括：激变变星系统(白矮星从主序星或者红巨星吸积物质)、行星状星云(拥有两个核)、小质量 X 射线双星和 X 射线暂现源(中子星或者黑洞从小质量主序矮星吸积物质)，双白矮星和双中子星等等。可见，研究恒星快速物质损失不仅有助于研究洛希瓣物质交流过程和公共包层演化，完善双星演化理论，而且对于我们进一步了解 X 射线天文学、超新星理论、引力波理论也具有重要意义[3~4]。

3. 恒星快速物质损失的研究现状

Hjellming 和 Webbink 在 1987 年利用数值方法详细研究了恒星的绝热物质损失模型[5]。他们分析的模型分别适用于具有对流包层的恒星和具有简并核心的恒星，并利用其结果得到了双星物质交流的动力学不稳定性判据，其结果在大样本恒星演化中相当重要。不过由于多方模型本身的局限性，它并没有包括恒星的非理想气体效应、核反应过程、元素成分变化、恒星的超绝热现象等等，因此我们迫切需要对真实的恒星的快速物质损失过程进行详细研究。而很多观测和理论计算也表明多方模型得到的动力学稳定性判据值得商榷，包括：Podsiadlowski 等人在 1992 年研究 X 射线双星的文章[6]，韩占文等人在 2002 和 2007 年利用双星大样本恒星演化程序给出热亚矮星形成渠道和解释椭圆星系紫外反转现象的工作[7~8]。

由于恒星在快速物质损失时，其表面热力学平衡不再满足，这样我们就不能像处理普通星风那样通过改变恒星表面边界条件来研究。因为，一方面物质损失速率非常大时，恒星演化程序变得很难收敛，另一方面恒星不再满足热力学平衡假设，而普通的恒星结构与演化程序显然是解决满足热力学平衡的情况的。所以最好的方法就是重新建立起恒星在快速物质损失情况下的结构和演化方程组，通过求解新的方程组来详细研究该难题。

4. 恒星快速物质损失模型

综上所述，恒星快速物质损失问题的研究是天体物理学中的一个基础性难题。要解决该问题，最好是建立新的恒星结构方程组，用数值方法求解，并将结果应用到研究洛希瓣物质交流、公共包层演化、大样本恒星演化的动力学稳定性判据和其他可能情况中。

在恒星快速物质损失过程中，人们可以假设损失物质的恒星内部的能量来不及重新分布，也就是说该恒星的熵，随着质量的分布轮廓不变，而恒星仍然满足流体静力学平衡[9]。为使问题简化，可以假设恒星内部的元素成分分布轮廓也不变，这个假设在快速(绝热)物质损失过程中显然是合理的。这样通过保留质量分布方程和流体静力学平衡方程，由绝热假设替代能量守恒方程和能量传递方程，就可以建立起新的恒星结构方程组。通过建立恒星快速物质损失的程序来求解新的方程组，详细计算不同金属丰度、不同初始质量的恒星，在各个重要演化阶段的情况，就可以仔细研究恒星包括在零龄主序、主序结束、赫氏空隙、RGB、AGB 等阶段的快速物质损失特性。这个难题的解决，显然会对我们研究洛希瓣物质交流过程和公共包层演化，完善双星演化理论，进一步了解 X 射线天文学、超新星理论、引力波理论都会具有重要的促进作用。

参 考 文 献

[1] Willson L A. Mass loss from cool stars: Impact on the evolution of stars and stellar populations [J]. Annual Review of Astronomy and Astrophysics, 2000, 38:573–611.

[2] Puls J, Vink J S, Najarro F. Mass loss from hot massive stars [J]. Astronomy and Astrophysics Review, 2008, 16:209–325.

[3] Taam R E, Sandquist E L. Common envelope evolution of massive binary stars [J]. Annual Review of Astronomy and Astrophysics, 2008, 38:113–141.

[4] Postnov K A, Yungelson L R. The evolution of compact binary stars systems [J]. Living Reviews in Relativity [J], 2006, 9(6):1–108.

[5] Hjellming M S, Webbink R F. Thresholds for rapid mass transfer in binary systems. I. Polytropic models [J]. The Astrophysical Journal, 1987, 318:794–808.

[6] Podsiadlowski P, Rappaport S, Pfahl D. Evolutionary sequences for low-and intermediate-mass X-ray binaries [J]. The Astrophysical Journal, 2002, 565:1107–1133.

[7] Han Z, Podsiadlowski P, Maxted P F L, et al. The origin of subdwarf B stars-I. The formation

channels [J]. Monthly Notices of the Royal Astronomical Society, 2002, 336:449–466.
[8] Han Z, Podsiadlowski P, Lynas-Gray A E. A binary model for the UV-upturn of elliptical galaxies [J]. Monthly Notices of the Royal Astronomical Society, 2007, 380:1098–1118.
[9] Ge H, Webbink, R F, Han Z. A model for adiabatic mass-loss [J]. The Art of Modeling Stars in the 21st Century, Proceedings of the International Astronomical Union, IAU Symposium, 252:419–420.

撰稿人：葛宏伟 韩占文
中国科学院云南天文台

恒星的类太阳活动

Solar-like Activities of Stars

恒星物理研究领域的实测工作表明,部分晚型恒星的活动现象与我们在太阳上观测到的现象非常相似。从 X 射线到射电的全波段观测,从研究恒星表面的某个空间层面(如光球、色球或冕)到研究其表面活动区的三维结构,多年来的观测研究积累已经让我们意识到在部分晚型恒星上存在着像太阳一样的磁场活动现象。此外,在一些晚型恒星中还存在着类似于太阳的磁活动周。这些观测研究结果暗示在晚型恒星的对流区内存在与太阳类似的发电机行为,磁场是这些类太阳活动的主角,它将这些不同种类的活动联系起来,从而导致了恒星上的类太阳磁场活动现象:恒星黑子、耀斑、谱斑、磁活动周等。因此,我们也将恒星的类太阳活动称为恒星的磁活动。

通过对恒星磁活动的观测研究,可以帮助我们建立正确的恒星发电机模型,从而探讨恒星基本参数(年龄、质量、自转速度、对流区的深度等)的差异对发电机机制的影响。反过来,这样的研究工作可以帮助我们理解太阳发电机机制的演化进程。

在这一领域,研究工作的难点是:由于目标恒星离我们通常很远,不可能像研究太阳活动一样去直接观测它们的表面结构和变化;此外,太阳会每天升起,即便在同一观测台站也可以每天观测研究它,而天上的磁活动星有着不同的空间分布,在同一观测台站对一颗样本恒星一年内只能观测几个月,时间采样率比较低,很难对它们进行长时间的系统监测。这些限制条件给我们研究恒星类太阳活动带来了很大困难。这里,我们以观测研究恒星光球表面黑子活动为例子来具体说明这一难题及其进展情况。

早在 1950 年,Kron[1]正式提出了恒星黑子这一术语,这个想法源自于他和 Olin Wilson 有一次偶然在街上用肉眼看到了大尺度的太阳黑子。1952 年,Kron[2]在研究食双星 YY Gem 时用这样一个恒星黑子的想法解释了该系统的测光光变曲线上的扰动,这就是恒星黑子研究工作的开端。后来,人们利用测光光变曲线方法得到了一些样本恒星的黑子活动信息。不过,用这种方法观测研究恒星黑子不能够给出可以分辨的黑子结构以及纬度方向上的信息。20 世纪 80 年代,人们几经努力找到了用高色散谱线轮廓的时间序列来重构恒星表面黑子结构的方法,这就是著名的多普勒成像技术[3],图 1 为应用多普勒成像技术获得恒星黑子分布图的一个例子。多普勒成像是一个对快速自转恒星进行表面成像的方法,它是对解析恒星点源像的一个挑战。

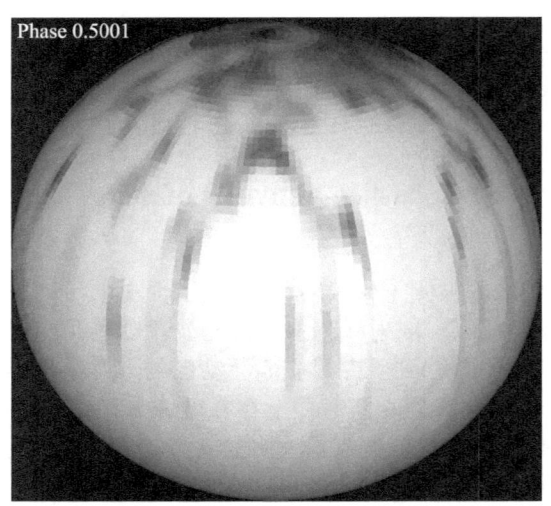

图 1　年轻星 Speedy Mic 光球黑子结构的多普勒成像[4]。

自从有了多普勒成像技术，对恒星黑子活动的研究取得了很大地进步。它使得我们有可能像研究太阳黑子一样来研究恒星黑子的活动和演化，即通过获得活动恒星的多普勒成像的时间序列来分析研究其黑子活动的特征和演化规律，进而得到其磁活动周，建立正确的恒星发电机模型。但是，现实的实测天体物理条件却使得实现这样的想法并不容易。现阶段，对于恒星黑子多普勒成像的观测研究，通常能做到的是在单一台站利用单一望远镜对磁活动恒星进行时间上比较松散的多普勒成像采样观测，一般来说时间分辨率很低，平均一年对一颗活动恒星能够得到几个多普勒图像。用这样的资料只能推测有关其磁活动周的情况，对发电机模型的构造仅能给予一些初步的限定。

近年来，这个研究领域的情况有所好转，德国的波茨坦天体物理研究所为了更好地对恒星黑子活动进行多普勒成像研究，专门建立了 STELLA(恒星活动)天文台[5]，其中的 STELLA-II 望远镜口径为 1.2 米，配备了光纤引导的高色散恒星阶梯光栅摄谱仪 SES。他们计划对不同演化阶段的活动恒星进行长时间不间断的高色散分光观测，以期得到样本恒星的高时间分辨率的多普勒成像序列。利用这样的观测设备虽然能够得到比以前更高的多普勒成像采样率，但是单一台站的采样时间只能覆盖几个月，每年仍然有很大的时间空缺。

要想得到好的时间覆盖，唯一可行的办法是建立全球均匀分布的专用望远镜网络。目前，由丹麦 Aarhus 大学提出的 SONG 项目[6](恒星观测网络组)或许是解决这一难题的希望。这个项目计划在全球均匀放置 8 个 1 米望远镜，南北半球各 4 个，每个望远镜拟配备一个高色散摄谱仪。这个项目的主要科学目标是星振学和太阳系外行星研究，不过恒星黑子活动的多普勒成像研究有望作为附加的科学项目成为这个全球联测网络的科研课题之一。利用 SONG 观测网络,我们将会得到目标恒星的不间断的长时间(长达几年至十几年)覆盖的多普勒成像信息,借助这样的观测资料我们可以研究恒星表面磁活动区的子午环流、恒星黑子活动的蝴蝶图等以前无法观测到的现象,还可以得到准确的磁活动周。更为重要的是,上述这些研究结果可以为构造恒星发电机模型提供完善的观测基础和限制。

参 考 文 献

[1] Kron G E. Star Spots? Astronomical Society of the Pacific Leaflets, 1950, 6: 52–58.
[2] Kron G E. A Photoelectric Study of the Dwarf M Eclipsing Variable YY Geminorum. Astrophysical Journal, 1952, 115: 301–319.
[3] Vogt S S, Penrod G D, & Hatzes A P. Doppler images of rotating stars using maximum entropy image reconstruction. Astrophysical Journal, 1987, 321: 496–515.
[4] Barnes J R. The highly spotted photosphere of the young rapid rotator Speedy Mic. Monthly Notices of the Royal Astronomical Society, 2005, 364: 137–145.
[5] Strassmeier K G, Granzer T, Weber M et al. The STELLA robotic observatory. Astronomische Nachrichten, 2004, 325: 527–532.
[6] Grundahl F, Christensen-Dalsgaard J, Kjeldsen H et al. SONG Stellar Observations Network Group. International Astronomical Union Symposium, 2008, 252: 465–466.

撰稿人:顾盛宏

中国科学院云南天文台

AGB 星拱星图案之谜

The Enigma of Circumstellar Patterns Around AGB Stars

1. AGB 拱星图案的发现

恒星在经历了一生的耀眼辉煌之后，它们的晚年也同样多姿多彩。AGB(Asymptotic Giant Branch,渐进巨星支)星就正是为数众多的质量大约为 2~8 倍太阳质量的恒星们多姿的晚年时期。它们是恒星中心区域的氢和氦元素都已燃尽后，只留下一个主要由碳元素和氧元素构成的中心核球及其外面的两个壳层状热核反应区(由内向外依次为氦燃烧和氢燃烧壳层)的天体。在观测天文学家们惯常使用的所谓赫罗图(即恒星的光度-有效温度关系图)上,AGB 星的分布区域与巨星分支(Giant Branch)很靠近，并因此而得名。由于 AGB 星庞大的个头，很低的表面温度(2000~3000K)，以及表层的强大对流活动，它们往往都能够经过一系列复杂而又自然的方式吹出大量的恒星气体物质(即超星风)，形成浓密的拱星包层。拱星包层中也会有大量的尘埃物质出现，它们是所吹出的气体物质冷却降温之后以难熔元素为核心凝结形成的。很多恒星在这个 AGB 阶段的末期，还会产生美丽的电离星云，称为行星状星云。

大约二十年前，在天文学们还不能对拱星包层进行高空间分辨率成像观测的时候，人们心目中的 AGB 拱星包层是一个由各向同性稳定星风形成的完美的球状结构。但是，自从 1990 年美国宇航局发射升空的威力巨大的哈勃太空望远镜打开了人类的千里眼以来，拱星包层的秘密开始逐步被揭示。其中最著名的例子要数距离我们最近的一个富碳 AGB 星 CW Leo。哈勃望远镜所获得的可见光波段图像显示它的拱星包层并不是球对称的平滑结构。随后人们发展了地面光学望远镜的高空间分辨率成像观测技术，比如光斑干涉、自适应光学、主动光学、光学望远镜阵列干涉成像等技术。这些技术革新使得地面大口径光学望远镜的高灵敏度、高空间分辨成像本领逐步赶上甚至超过了哈勃太空望远镜。其中一个漂亮的例子就是，欧洲南方天文台的 VLT(甚大望远镜)在自适应光学技术辅助下拍摄到的同一个碳星 CW Leo 的图像清楚地揭示了其拱星包层中的一些半规则弧形结构(见图1)。这些清晰结构既不是严格的同心圆弧，也不是螺旋形。它们的成因至今仍然是一个未解之谜。另一个同样令人惊叹的例子是碳星 CRL 3068 的拱星包层中的阿基米得螺旋图案(见图2)。这个图案是哈勃太空望远镜拍摄到的拱星尘埃对星际辐射的散射所形成的图像。这个在拱星包层尺度(约 1 千亿千米)上自然形成的巨大螺旋结构被怀疑很可能是双星轨道运动的杰作。

AGB 星拱星图案之谜

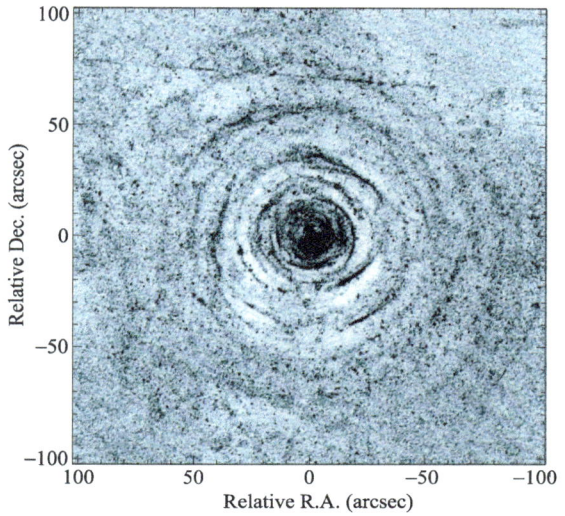

图 1　拱星包层中的弧形结构。

由位于南美洲智利的欧洲南方天文台甚大望远镜阵观测得到的著名碳星 CW Leo 的 V 波段图像。该图中已经将一个平滑的球对称的背景图形减除，以便更清楚地显示拱星包层中的不规则结构[1]。

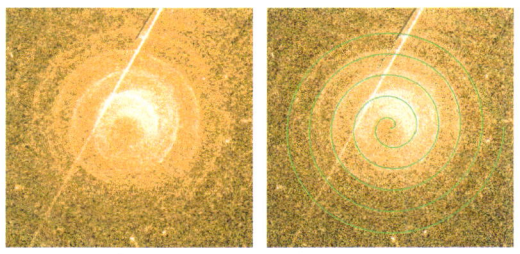

图 2　拱星包层中的螺旋结构。

由哈勃太空望远镜拍摄的碳星 AFGL 3068 的 V 波段图像(左图)。这个巨大的图案可以用一个阿基米得螺旋很好地拟合(右图)。图中长长的直线结构是来自附近一个很强天体的散射光(仪器造成的假图像)[2]。

　　随着毫米波和射电观测技术的发展，人们开始使用射电干涉成像技术，通过射电望远镜阵列来对冷暗的天体结构进行成像观测。于是一批分离壳层、双极结构等非平滑球对称的拱星包层结构在气体分子发射谱线成像观测中被发现。其中最为杰出的例子要算碳星 TT Cyg 拱星包层中的非常几何薄的 CO 球壳结构(如图3)。这种与众不同的结构很可能是由某个短促而又剧烈的动力学过程造成的局部气体密度和温度的升高。比如，由于 AGB 星内部氦元素热核燃烧过程在一个壳层区域内以爆发方式进行所引起的所谓"氦闪耀"或者"热脉冲"过程，就可能是这一结构的缔造者。

　　目前发现的拱星包层中的非平滑球对称结构除了上面提到的不连续弧形结构、阿基米得螺旋和薄球壳结构外，还包括双极喷流、双极喷流伴随的不连续弧形结构、

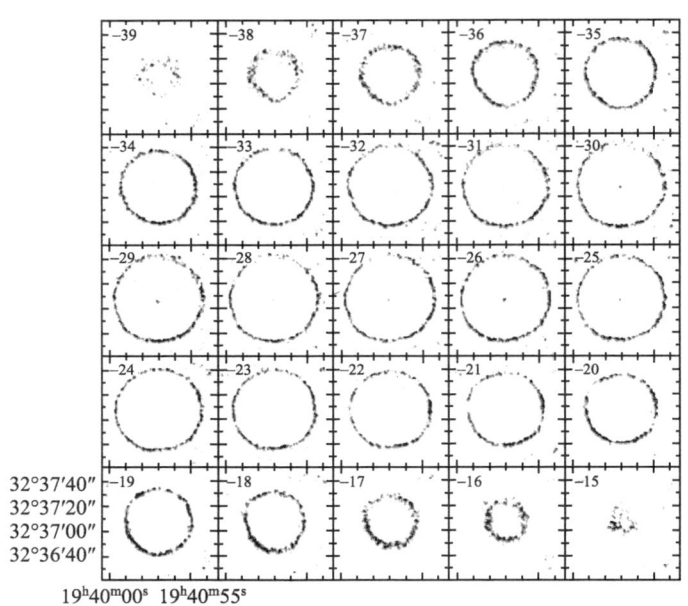

图 3　拱星包层中的 CO 薄球壳结构。

由法国的射电与毫米波天文研究所(IRAM)所拥有的位于 Plateau de Bure 的毫米波干涉望远镜阵列(6 个天线)观测得到的碳星 TT Cyg 的 CO 2-1 谱线视向速度通道图(视向速度值标注在各个子图的左上角,单位 km/s)。因为拱星包层是沿径向高速膨胀的,所以不同的速度通道,从较蓝的通道(较小的速度数值)到较红的通道(较大的速度数值),大致分别对应于拱星包层中离我们较近和较远的部分。因此上面的多速度通道图展示了一个完美的高速膨胀的几何薄的三维球壳状 CO 分子谱线发射区域[3]。

盘状结构、分离厚壳层结构、不规则结构等。这些特殊的结构到底是怎么形成的呢？他们与拱星包层中心被浓密尘埃气体包裹着的恒星或者恒星系统之间有着怎样的联系呢？这是当前 AGB 星观测和理论研究中的关键问题之一。

2. 探索现状

在观测领域,人们正在使用现有的毫米波和红外干涉望远镜阵列对一些距离较近的 AGB 星的拱星包层进行高空间分辨率分子谱线成像观测,去发现更多关于这些特殊拱星包层结构的信息。另外,人们也使用毫米波分子频谱观测,来揭示拱星包层中的一些较为显著的特殊结构特征的存在。比如,在一些 AGB 星中观测到的 CO "合成谱",即由一个弱而宽的谱线成分和一个强而窄的谱线成分叠加构成的频谱轮廓,就暗示该 AGB 星可能有高速的外向流和正常 AGB 星风过程并存,因此其拱星包层结构一定也与单一稳定星风形成的光滑球对称拱星包层不同。将来欧洲的赫歇尔红外空间望远镜以及南美洲智利的 ALMA 大型亚毫米波望远镜阵的高灵敏度和/或高空间分辨率还将帮助人们发现更多这样的特殊拱星包层结构。

在理论领域,科学家们一方面在不断探讨星风中的各种动力学过程在尘埃和气体相互作用下如何产生拱星包层中所见到的大尺度结构的问题,并使用流体动力学模型进行数值模拟。另一方面,人们相信镶嵌在这些超音速膨胀着的拱星包层中的特殊结构一定是中心恒星的某种活动驱动形成的,因此也在不遗余力地在原本已经有了相当程度了解的恒星结构与演化模型图景下,探索加入一些动力学过程和磁场作用是否能够产生我们所观测到的现象的问题。

但是到目前为止,无论是观测方面还是理论方面,人们对这些拱星包层特殊结构的真正形成原因都还缺乏系统深入的认识。虽然有些推测的产生机制,比如双星轨道运动、热脉动、磁场、局部物质抛射等,但是要确切无疑地证实这些机制的真实性仍然是件十分困难的事情。

3. 难题的正式表述

在一些AGB星的拱星包层中观测到的特殊结构,如双极喷流、弧形结构、螺旋结构、薄球壳结构等等是如何产生的?

4. 主要困难

从观测方面解决这个问题的主要困难在于,作为产生这些特殊拱星包层结构的发动机的中心恒星被深深埋藏在浓密的拱星尘埃气体包层中,很难被直接观测到。另外,以目前望远镜观测的空间分辨能力和灵敏度看,只有距离太阳较近的一些AGB星的拱星包层能够被清楚地成像观测。因此由于这些特殊结构的观测样本有限,人们对这些具有特殊拱星包层结构的AGB星还缺乏一个整体认识。

从理论方面解决这个问题的难点在于,首先拱星包层涉及很大的空间尺度跨度(1000倍以上),复杂的尘埃和气体形成过程,及其与辐射场相互作用的过程等,这给拱星包层的动力学模拟研究带来困难。此外,恒星内部磁场如何与恒星自转、对流运动、热核反应等相互耦合,是一个十分复杂的磁流体动力学过程,弄清这些复杂过程尚需时日。

参 考 文 献

[1] Leao I C, de Laverny P, Mekarnia D, de Medeiros J R, Vandame D. The circumstellar envelope of IRC+10216 from milli-arcsecond to arcmin scales. Astronomy & Astrophysics, 2006, 455(1): 187–194.

[2] Mauron N, Huggins P J. Imaging the circumstellar envelopes of AGB stars. Astronomy & Astrophysic, 2006, 452(1): 257–268.

[3] Locus L, Guelin M. Millimeter-wave Interferometry of Circumstellar Envelopes. IAU Symposium, 1999, 191: 305.

撰稿人:何金华
中国科学院云南天文台

后 AGB 星双极喷流形成机制问题

The Unknown Launching Mechanism of Bipolar Jets from post-AGB Stars

1. 后 AGB 星中双极喷流的发现

双极喷流是在恒星诞生过程中很常见的一种现象(虽然其产生原因还并不确切知道),但是在恒星演化到最后的阶段也出现双极喷流则是大出人们意料的事情。这种令人意外的双极喷流是在一小批由中小质量恒星演化到晚期阶段时被称为 AGB 星(asymptotic giant Branch stars)的天体中发现的。第一次发现它们是在大约 20 多年前,当时 Likkel & Morris 于 1998 年[1]通过对一个富氧 AGB 星 IRAS 16342-3814 的 OH 和 H_2O 脉泽的观测发现了异常现象(脉泽就是天体在微波波段产生的激光现象)。一般说来,在这种富氧 AGB 星的拱星包层内可以同时出现三种脉泽,它们均产生于具备相应脉泽激发条件的同心球壳形区域中;沿拱星包层半径由内向外它们依次为 SiO(一氧化硅)、H_2O(水)和 OH(羟基)脉泽。一般 H_2O 脉泽区域的膨胀速度要略低于 OH 脉泽区域,因为拱星包层膨胀是沿径向向外加速的,而且两者都大约在 10~15km/s 左右。但是在 IRAS 16342-3814 这个很可能是处于 AGB 演化阶段末期的恒星中,OH 脉泽区域的膨胀速度却超过了 50km/s,而更奇异的是,其 H_2O 脉泽区域的膨胀速度却更加反常地大大超出了 OH 脉泽,达到了约 130km/s!这两位研究人员结合该天体的其他特征,提出了其高速 H_2O 脉泽很可能是出现在由高速喷流所形成的双极结构中,而不是通常的球壳状结构中的假说,并因此给了这种天体一个有趣的名字——水喷泉星。后来的哈勃太空望远镜在光学波段的成像观测,以及甚大望远镜阵(VLA)和甚长基线干涉阵(VLBA)对 OH 和 H_2O 脉泽的干涉成像观测,都有力地证实了这种双极喷流结构的猜想(见图 1)。

对 AGB 星特别是后 AGB 星候选体的 OH 或 H_2O 脉泽频谱轮廓中高速成分的搜寻,是发现这类水喷泉星的主要方法。在随后的若干 AGB 星脉泽观测项目中,人们陆续发现了大约十多个类似的水喷泉星。这些水喷泉星具有一些共同的特点:是恒星表面富氧的 AGB 星(C/O<1),位于银道面附近,距离比较远(最近的距离也在 2 个千秒差距以上)。

人们还不知道富碳的 AGB 星中是否也会出现这种高速双极喷流现象。但是,富碳 AGB 星的拱星包层中很可能因为缺少足够的氧元素而没有大量水分子和羟基分子来形成能够观测得到的 H_2O 和 OH 脉泽辐射,而且它们中也没有被观测到过任何强脉泽谱线发射。因此,即便富碳 AGB 星也能产生高速双极喷流,怎样利用

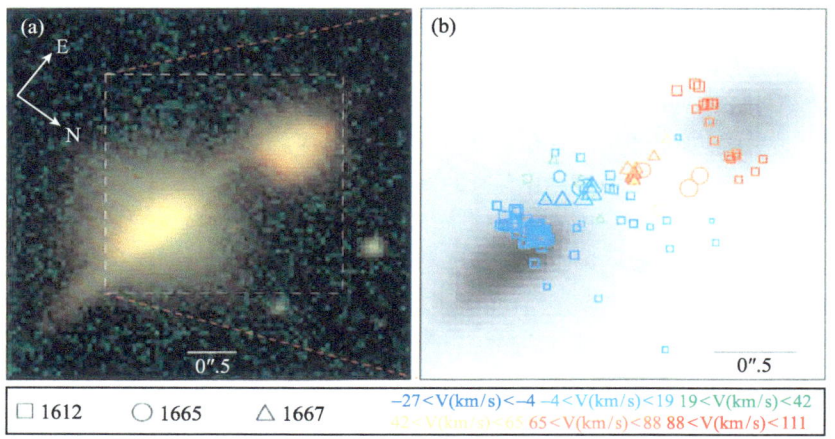

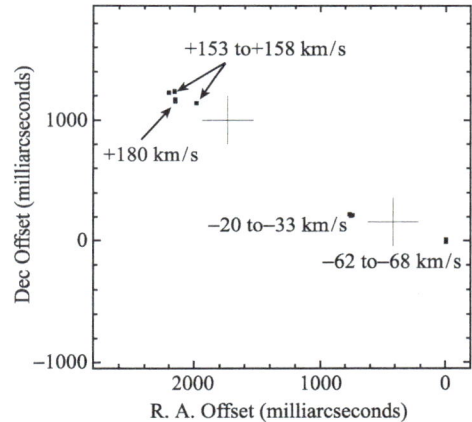

图 1 水喷泉星中的高速双极喷流结构。

上图来自 Sahai 等 1999 年的论文[2],左边是哈勃太空望远镜拍摄到的来自 IRAS 16342-3814 双极空壳的散射光(注意北方朝向右下角);右边是重叠在与左图相同的黑白灰度图上的甚大望远镜阵(VLA)观测得到的 OH 1662, 1665, 1667 MHz 脉泽源斑的空间分布图。下图来自 Morris 等 2003 年的论文[3],是由甚长基线干涉阵(VLBA)观测得到的同一天体中高速 H_2O 脉泽源斑的双极外流空间分布图。下图中的两"+"号对应上图中两个可见光波段双极结构的亮度中心。

普遍使用的射电频谱观测方法去发现它们仍是一个需要解决的问题。

水喷泉星很接近银道面的现象表明,它们很可能是一批质量较大的 AGB 星(比如,其初始质量可能接近甚至大于 4 倍太阳质量)。而且由于银道面是星际尘埃和分子云密集的地方,很强的星际分子和尘埃辐射会对观测造成很大的干扰,这就使得对这些水喷泉星拱星包层的毫米波观测变得相当困难。再加上他们距离遥远,因此辐射微弱,到目前为止,仅有前面提到的第一个水喷泉星 IRAS 16342-3814 的拱星包层中的 CO 谱线辐射于近一两年才被探测到[4]。

AGB 星具有很大的恒星半径(可达几百个天文单位(日地距离)以上)，很低的表面温度(2000~3000K)，向外高速膨胀的拱星包层。根据目前比较公认的恒星形成区中形成双极喷流的"吸积盘+磁场"模型，要有快速自转的恒星与吸积盘之间很强的磁场相互作用才可能产生高速的高度准直的双极喷流。因此体积庞大且通常没有吸积盘结构的 AGB 星如何产生出高速的双极喷流确实是一个令人费解的问题。

不过，如果我们换个角度来看这个问题，在 AGB 演化阶段末期出现喷流现象似乎又是期望之中的事情。我们知道著名的行星状星云就是一些中小质量恒星走过了 AGB 演化阶段之后，在其死亡前在天空中的最后绚烂表演。Sahai & Trauger 1998 年[5]通过对哈勃太空望远镜所获得的一批较为年轻的行星状星云的高分辨率图像中的 Hα 发射区域形状(电离气体)进行比较分析后发现，它们大多数都具有中心点对称而不是球对称的结构特点。特别是有些行星状星云中还有双极突出结构或者高度准直的径向结构。这暗示在形成行星状星云之前，即在 AGB 阶段或者在向行星状星云过渡的"后 AGB"演化阶段，拱星包层里面可能就已经出现了喷流现象，而且正是这些喷流塑造了千姿百态的行星状星云。图 2 就是一个具有点对称和双极结构的行星状星云的例子。

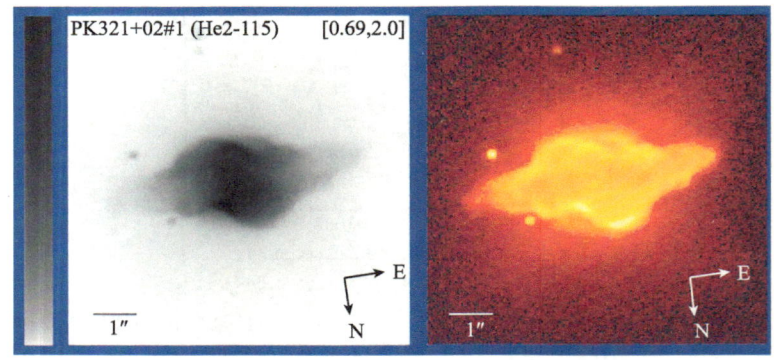

图 2　年轻行星状星云中的点对称结构。

由哈勃太空望远镜拍摄的年轻行星状星云的 Hα 发射(电离气体)图像。左图是线性灰度图；右图是对数灰度假彩色图，便于查看较弱的结构。大致点对称的星云结构，加上一个显著的双极突出部分，似乎暗示着这个结构是由某种高速喷流雕刻出来的[5]。

由此可见，探索 AGB 星或"后 AGB"星中喷流产生的特点和机制，对理解多姿多彩的行星状星云的形成机制，对理解产生恒星喷流的一般原理，都有着重要的意义。

2. 探索现状

在观测领域，人们正在使用现有的毫米波望远镜探索这些水喷泉星的拱星分子热谱线辐射。分子热谱线辐射可以给我们提供拱星包层双极喷流的质量、温度分布、动力学、几何构型等方面的丰富信息。但是由于这些水喷泉星大多距离遥远而且位于受星际分子辐射严重干扰的银道面附近，单射电天线观测比较困难。因此，这还有待于将来有更灵敏且空间分辨率更高的观测设备(如正在南美智利兴建的 ALMA 干涉阵列望远镜)对它们进行进一步探测。

在理论领域，科学家们主要是在考虑磁场效应。与年轻恒星与其周围的吸积盘的磁场相互作用产生喷流有所不同的是，这里主要考虑的是 AGB 星内部对流区、核反应区、中心由碳和氧元素构成的致密核等结构之间在三维空间中的复杂磁相互作用。不过目前还没有一个成熟的理论可以解释所观测到的后 AGB 星双极喷流现象。另一个较有希望的探索方向是双星系统。当 AGB 星的伴星是白矮星时，白矮星就有可能较容易地吸积物质产生喷流。但是白矮星如何产生喷流的机制还并不清楚。这种困难状况与恒星形成区中年轻恒星如何产生双极喷流的机制难题有几分相似。

3. 难题的正式表述

在一些被称为水喷泉星的富氧"后 AGB 星"的拱星包层中观测到的高速双极喷流现象是如何产生的？富碳"后 AGB 星"中是否也有这样的喷流？这些喷流在美丽的行星状星云的形成过程中扮演什么角色？

4. 主要困难

从观测方面解决这个问题的主要困难在于，这些水喷泉星距离较远，且处于星际辐射干扰很强的银道面附近，使得常规的分子频谱观测变得很困难。从理论方面解决这个问题的难点在于，AGB 星强大对流区与核反应区和中心碳氧核之间的磁场相互作用是个十分复杂的磁流体动力学过程，弄清这些复杂活动还需要一个相当长的过程。而双星系统中白矮星如何吸积产生喷流的理论机制也尚未解决。

参 考 文 献

[1] Likkel Lauren, Morris Mark. The circumstellar water fountains of IRAS 16342-3814 - A very high velocity bipolar outflow. Astrophysical Journal, 1988, 329(1): 914–919.

[2] Sahai Raghvendra, Te Lintel Hekkert Peter, Morris Mark, Zijlstra Albert, Likkel Lauren. The "Water-Fountain Nebula" IRAS 16342-3814: Hubble Space Telescope/Very Large Array Study of a Bipolar Protoplanetary Nebula. Astrophysical Journal, 1999, 514(2): L115–L119.

[3] Morris M R, Sahai R, Claussen M. Dynamics of the Molecular Jets in the Archetypical Preplanetary Nebula, IRAS 16342-3814. Revista Mexicana de Astronomíay Astrofísica (RMxAC), 2003, 15: 20–22.

[4] He J H, Imai H, Hasegawa T I, Campbell S W, Nakashima J. First detection of CO lines in a water fountain star. Astronomy & Astrophysics, 2008, 488(2): L21–L24.

[5] Sahai Raghvendra, Trauger J T. Multipolar Bubbles and Jets in Low-Excitation Planetary

Nebulae: Toward a New Understanding of the Formation and Shaping of Planetary Nebulae. Astronomical Journal, 1998, 116(3): 1357–1366.

撰稿人：何金华
中国科学院云南天文台

光致电离气体星云的元素丰度测量

Determination of Elemental Abundances in Photoionized Gaseous Nebulae

  光致电离气体星云是指宇宙空间中的气体被紫外辐射电离、加热而发出明亮发射线的一类天体,其种类包括行星状星云、电离氢区、星暴星系、活动星系核的发射区等。精确测量和分析光致电离气体星云的元素丰度是天文学研究的一个重要领域。以行星状星云为例,中、低质量恒星在演化晚期会将内部经核合成过程污染过的物质挖掘到表面并连同表面气体一起抛射到星际空间,与此同时中心星坍塌形成炽热的白矮星并发射出强劲的紫外辐射将周围气壳电离形成行星状星云。因此,通过对行星状星云的元素丰度测量,我们能够检验恒星内部核合成理论及星际介质的化学增丰过程。然而,在光致电离气体星云的元素丰度测量中,天文学家面临着一个困惑:由两类不同激发机制的发射线,即碰撞激发线和复合线,分别导出的结果不一致,碰撞发射线给出的重元素(天文学家将除氢、氦以外的所有元素均称为重元素或金属元素)相对于氢的丰度通常比复合线得到的值更低,在极端情况下[1],差异甚至高达 72 倍!如果不能彻底解决这个问题(以下简称丰度问题),现有的星云元素丰度测量结果(基本上基于碰撞激发线分析),以及基于这些结果建立起来的恒星和星系化学演化理论及宇宙大爆炸核合成理论均面临严峻的不确定性。

  认识这两类发射线的特性是解决丰度问题的基础。光致电离气体星云中充满了自由电子和各种离子。自由电子与重元素离子发生非弹性碰撞,重元素离子基态电子组态特有的一些低激发亚稳态能级被激发,随后通过自发跃迁回到基态,发射出碰撞激发线。电子温度越高,激发态能级的布居越大,碰撞激发线就越强。复合线则是由离子俘获自由电子,然后逐级向下跃迁直至基态而形成。此外,电子由自由态复合到束缚态形成复合连续谱。复合线及复合连续谱强度对温度的依赖较碰撞激发线弱。不难想象,温度越低,电子越容易被俘获,复合线就越强。除了温度,另一个影响谱线发射率的物理量是电子密度。对碰撞激发线而言,当密度大到一定程度时,碰撞退激发速率会超过自发辐射跃迁,从而降低其辐射强度。相比之下,复合线发射率与电子密度几乎无关。测定化学丰度需要首先通过谱线强度比定出电子温度和密度。虽然复合线导出的元素丰度对电子温度和密度不敏感,但重元素复合线强度比碰撞激发线弱很多,难以观测,所以传统分析大多使用碰撞激发线,而对复合线的普遍关注则主要得益于近年来观测技术的提高。

  丰度问题最早可以追溯到 1942 年。这一年美国利克天文台的年轻天文学家怀斯[2]发表了十个明亮行星状星云的深度光谱,并注意到由复合线测得的二次电离氧丰度比碰撞激发线得到的结果高数十甚至上百倍。然而,随后的研究发现,由于照相底片的非线性,暗弱复合线的强度可能被严重高估,所以丰度问题在当时并没有引起足够重视。直到 1967 年,著名星云天体物理学专家佩勃特在他的一篇经典论文[3]中提出:理论上,如果星云的电子温度存在局部较大幅度的起伏,那么由碰撞激发线强度比给出的温度将被高估,而采用这个高估了的温度将导致由碰撞激发线导出的元素丰度被低估。随后佩勃特[4]提出支持其温度起伏理论的观测证据,他发现用碰撞激发线强度比导出的温度相对于由氢复合谱测得的值系统偏高。但是佩勃特的结果在当时受到很大争议,原因是暗弱氢复合谱的精确测量非常困难,而理论上又没有一种物理机制能解释星云中为什么会存在如此巨大的温度起伏。

丰度问题真正成为星云研究中的热点问题是在 20 世纪 80 年代末。随着线性电子耦合探测器(CCD)在天文观测中的应用,天文学家得以首次精确地测量暗弱星云连续谱和重元素复合线的强度。与此同时,理论和计算机技术的发展使得复合线分析所需的原子数据日趋完备和准确。1993 年,我国天文学家刘晓为与合作者[5]利用 CCD 探测器精确测定了一批行星状星云的氢复合谱,发现由重元素碰撞激发线强度比和氢复合谱分别导出的温度确实存在差异。随后,刘晓为领导的研究小组基于高质量深度光谱开展的一系列工作(参见综述文献[6])表明丰度问题确实在行星状星云和电离氢区中普遍存在:由复合线导出的碳、氮、氧、氖等重元素相对于氢的丰度比碰撞激发线得到的值系统偏高。典型差异约为两倍,但对少数情形,差异高达数十倍,且偏差的大小与由碰撞激发线和复合谱分别导出的温度间的差异存在正相关。

那么何种谱线导出的丰度是正确的呢?按照佩勃特的观点,丰度问题源于温度起伏,因此对温度不敏感的复合线给出的丰度应更可信。然而,进一步的观测分析表明,对温度不敏感的远红外碰撞激发线也给出与光学和紫外碰撞激发线相一致的较低的丰度值,与佩勃特的理论相左。此外,使用哈勃空间望远镜对行星状星云进行高分辨率成像观测并未发现星云具有可观的温度起伏[7]。也有天文学家提出星云电子密度分布的不均匀性可能造成丰度问题[8],但这一假说同样难以解释红外碰撞激发线观测[6]。

刘晓为等[9]提出了不同的观点,他们认为在星云中可能存在少量的贫氢、富金属的冷等离子体团块。由于温度低、重元素含量高,这些团块主导了星云的重元素复合线辐射,但基本不发射碰撞激发线。按照这种观点,碰撞激发线探测到的才是弥散星云物质的丰度,而复合线导出的丰度则受到了贫氢团块的污染。该双成分模型能很好地解释多波段的观测。最新的发现,包括极低的氦、氧复合线平均辐射温度以及复合线和碰撞激发线的轮廓差异等,均为这一假说提供了支持。然而这些假想的团块含量极低,难以通过成像观测直接探测到,并且如何解释这些团块的来源也是这个模型面临的一个重要问题。一个有趣的假说是，这些团块可能来自于星云中被紫外辐射蒸发的冰质星子物质[6]，但这一假说目前还缺乏足够的观测证据，有待进一步的研究。

对丰度问题的争论还远未平息，我们对星云内部物理、化学环境的认识还远远不够。要解开这一谜团，需要天文学家在观测、原子参数计算及星云数值模拟等多方面的持续努力。对星云暗弱发射线的精确研究才刚刚开始。可以预期，伴随着这一难题的解决，星云深度分光研究将进入一个崭新的时代。

参 考 文 献

[1] Liu X -W, Barlow M J, Zhang Y, Bastin R J, Storey P J. Chemical abundances for Hf 2-2, a planetary nebula with the strongest-known heavy-element recombination lines. Mon. Not. R. astr. Soc., 2006, 368: 1959–1970.

[2] Wyse A B. The spectra of ten gaseous nebulae. Astrophys. J., 1942, 95: 356–385.

[3] Peimbert M. Temperature determinations of H II regions. Astrophys. J., 1976，150：825–834.

[4] Peimbert M. Planetary nebulae II. Electron temperatures and electron densities. Bol. Obs. Ton. Tac., 1971, 6: 29–37.

[5] Liu X -W, Danziger J. Electron temperature determination from nebular continuum emission in planetary nebulae and the important of temperature fluctuations. Mon. Not. R. astr. Soc., 1993, 263: 256–266.

[6] Liu X-W. Optical recombination lines as probes of conditions in planetary nebulae: their evolution and role in the universe, Proc. IAU Symp. #209. Eds. S. Kwok, M. Dopita and R. Sutherland. PASP, 2003, 339–346.

[7] Rubin R H, et al. Temperature variations from HST imagery and spectroscopy of NGC 7009. Mon. Not. R. astr. Soc., 2002, 334: 777–786.

[8] Viegas S M, Clegg R E S. Density condensations in planetary nebula and electron temperature. Mon. Not. R. astr. Soc., 1994, 271: 993–998.

[9] Liu X-W, et al. NGC 6153: a super-metal-rich planetary nebula? Mon. Not. R. astr. Soc., 2000, 312: 585–628.

撰稿人：张　泳[1]　刘晓为[2]
1 香港大学物理系
2 北京大学科维理天文与天体物理研究所，北京大学物理学院天文学系

奇妙的钻石星：白矮星的碳-氧结晶之谜

The Peculiar Star of Diamond: Puzzle of Carbon-Oxygen Crystallization of White Dwarf Stars

自从1926年艾丁顿的《恒星内部结构》一书出版以来[1]，天文学家们研究发现，太阳一类的恒星在几十亿年漫长的时间里燃烧氢、氦而制造出碳和氧。当能量耗尽的时候，它会抛射失去其气体外壳，仅留下中间的白色热核，成为一颗白矮星。

白矮星作为小型恒星演化末期的产物，其核心是密度极高的碳和氧，外部覆盖一层氦气与氢气。近40年以来，天文学家一直认为白矮星随着温度降低，其核心碳-氧会结晶化[2]，即形成所谓的钻石星，但确实证据始终难以观测。

核心结晶问题对白矮星的冷却研究非常重要。Winget 等人指出我们可以利用白矮星的冷却来测量恒星尤其是银河系的年龄，而这个年龄值提供了宇宙年龄的低限值[3]。如果结晶确实发生，白矮星的计算冷却时间将增加大约10亿年。此外，根据恒星演化理论的预测，太阳在大约50亿年后，将演化成为一颗白矮星。

2004年，Metcalfe 等人利用 Kanaan 等人于1998—1999年间使用位于全球多个国家的多台天文望远镜，联合观测白矮星 BPM 37093 获得的光度脉动数据的分析结果[4]，并结合其理论数值模型的推算，认为该星的核心已经结晶，是第一颗被发现的钻石星[5]。该星位于半人马座，距离地球约54光年，其直径约为4000千米，重量相当于 10^{34} 克拉(示意图见图1)[6]。

然而，Fontaine 等人使用他们的理论数值模型结合已探测到的 BPM 37093 的脉动数据进行了分析，认为由于核心的化学成分不确定，该星核心已结晶的结论并不是完全确定的[7]。

此中的难题为：是否有白矮星在演化晚期经历其碳-氧核心结晶阶段？

现有理论计算表明，只有大质量白矮星才有可能经历核心结晶阶段。然而，探测包括白矮星在内的任何恒星的内部结构都是非常困难的，这主要是因为恒星内部处于恒星大气的包裹之下因而无法被直接观测。目前唯一的探测手段是利用恒星脉动引起的光度和视向速度随时间的变化，得到恒星的脉动频率，从而反演恒星内部结构，称为星震学。

由于演化晚期白矮星非常暗弱，而其脉动具有周期短、振幅小、频率个数多的特点，因而通过白矮星的星震学观测对其核心结晶问题进行研究具有很大的难度，而且观测到的演化晚期大质量脉动白矮星的数目稀少，致使可研究的样本很少，也是该难题的主要困难之一。

图 1 钻石星 BPM 37093 内部结构示意图[6]。

参 考 文 献

[1] Eddington A S. The internal constitution of the stars[M]. Cambridge: Cambridge University Press, 1926.
[2] Salpeter E E. Energy and pressure of a zero-temperature plasma[J]. The Astrophysical Journal. 1961, 134(3): 669–682.
[3] Winget D E, Hansen C J, Liebert J, et al. An independent method for determining the age of the universe[J]. The Astrophysical Journal. 1987, 315, L77–L81.
[4] Kanaan A, Nitta A, Winget D E, et al. Whole earth telescope observations of BPM 37093: A seismological test of crystallization theory in white dwarfs[J]. Astronomy and Astrophysics. 2005, 432(1): 219–224.
[5] Metcalfe T S, Montgomery M H, Kanaan A. Testing white dwarf crystallization theory with asteroseismology of the massive pulsating DA star BPM 37093[J]. The Astrophysical Journal. 2004, 605: L133–L136.
[6] http://jumk.de/astronomie/special-stars/bpm-37093.shtml, November 24, 2009.
[7] Fontaine G, Brassard P. Asteroseismology of the Crystallized ZZ Ceti Star BPM 37093: A Different View[J]. ASP Conference Series. 2005, 334: 565–568.

撰稿人：付建宁
北京师范大学

凤凰座 SX 变星的起源和脉动

The Origin and Pulsation of SX Phoenix Type Variables

1. 分类特性

凤凰座 SX 型变星是星族 II 的光谱型介于 A2 至 F5 的短周期脉动变星。她们的光度在 1~2 小时中会有约 0.1 到 0.7 等的变化。单周期或双周期。自转速度小于 50 千米/秒。且光变幅度与自转速度成反比。凤凰座 SX 就是一个这样的变星，并被用来命名这类变星。重要的成员有：BL Cam、SX Phe、KZ Hya、CY Aqr、DY Peg 和 XX Cyg 等。 许多球状星团中存在这类变星。如在 NGC 5053 中发现 5 个；在 NGC5466 中发现 6 个；在半人马ω内发现 11 个；在 M68 中发现 2 个；在 NGC4372 中发现 8 个；在 NGC499 中发现 1 个；在 NGC288 中发现 4 个；在 NGC6397 中发现 2 个；在 NGC5897 中发现 1 个；在 M3 中发现 1 个；在 Ruprecht 106 中发现 3 个。实际上的数目肯定更多。

早期人们把 V 波段光变幅度大于 0.3 等的盾牌座德尔塔型变星叫做矮造父变星或大变幅盾牌座德尔塔型变星(HADS)。早期也有人把它们叫做船帆座 AI 型变星。研究表明它们的径向脉动基频服从造父变星周光关系在短周期方向的外延。它们的一阶谐频，也服从一个平行的周光关系，只是绝对星等移动了-0.36mag。因此支持矮造父变星这个名称。近年来有人提议把变幅降低到 0.1mag。迄今共发现了 200 多个这类变星。它们大多为单周期，一部分是双周期或三周期。它们的光变幅度与投影自转速度之间存在很好的逆相关性：自转越快光度变化幅幅越小。它们之中的一部分金属含量较低，空间速度较大，属于星族 II，有人将它们叫做凤凰 SX 型变星。它们的脉动质量与太阳十分接近，而根据凤凰 SX 本身的视差确定的它们在赫罗图上的位置是在主序下方少许。在球状星团中的这类变星为蓝离散星。目前人们对这类变星的看法主要有两种：Breger 等大多数研究者认为与盾牌座德尔塔型变星无区别，但是仍然把其中的一小部分星族 II 变星当作凤凰 SX 型变星而加以特殊处理。另外 McNamara 等少数研究者认为矮造父变星应当是一组独立的变星。彼此间既存在密切联系又存在差异。

它们的绝对星等如下：

$$M_V = -3.725 \lg P_F - 1.933$$

或

$$M_V = -3.29 \lg P_{H1} - 1.74$$

其中 P_F 为基频，P_{H1} 为一阶谐频。

2. 起源

根据球状星团中蓝离散星的位置，人们猜测它们可能是由双星演化而来。由于它们具有古老的年龄，估计其中的一个子星很可能是白矮星。比如 KZ Hya 和 BL Cam。

按照演化理论，在球状星团的主序蓝端延长线上的所有恒星均应当离开了主序。但是那里却常常有一些恒星。人们把它们叫做蓝离散星。目前大多数人认为它们原本是双星，其中的质量较大的主星已经演化离开了主序并且把部分质量转移到了原来的小质量伴星上而形成一个新的主序星。另一种可能是在恒星较为密集的区域，有些小质量恒星彼此碰撞而融合成一个新的主序星。例如在 M3 中，在其外围部分共找到 52 颗蓝离散星，且总数可能达到 200 颗。在 IC4499 中发现 64 颗；在 47Tuc 中发现 45 颗。目前共已发现 625 颗这类天体。它们之中不少是凤凰 SX 型变星。

3. 没有解决的难题

光谱型为 A2~F5 的主序附近恒星，质量应当在 1.5~3 倍太阳质量之间。而根据观测到的脉动特性，推导出来的质量却很小，早期有人认为它们的质量只有太阳的 0.3 倍左右。McNamara 在 1997 年给出的质量接近太阳质量。这就需要一定的特殊理论解释。一种可能是他们的元素含量与普通恒星不同。应当有较高的氦含量。这些多余的氦或许来源于吸积红巨星阶段的伴星的物质。

由于它们的较大光变幅度和较短脉动周期与简单性，很适宜使用观测确定光度极大时刻，然后利用(O—C)方法来研究它们的脉动周期变化。但是观测结果与恒星演化理论的预期常大相径庭。理论预言大部分这类变星的周期应当以 10^{-8}/年的速率而增加，而观测到的则是增加与减少的概率几乎相当，而且大多数情况下，变化率远大于理论预期。这也是需要研究解释的另一个难题。

参 考 文 献

[1] Stock J, Tapia S. Photometric observations of SX Phoenicis. Astronomy and Astrophysics Supplement Series, 1971, 3, 253–324.

[2] Breger M. Delta Scuti and related stars. Publications of the Astronomical Society of Pacific, 1979, 91, 5–26.

[3] Rodriguez E, Lopez-Gonzalez M J, Lopez de Coca P. A Revised catalogue of delta Sct Stars. Astronomy and Astrophysics Supplement Series, 2000, 144, 469.

[4] Rodriguez E, Breger M. delta Scuti and related stars: Analysis of the R00 Catalogue.

Astronomy and Astrophysics, 2001, 366, 178–196.
[5] Rodriguez E, Lopez-Gonzalez M J. SX Phe stars in globular clusters. Astronomy and Astrophysics, 2000, 359, 597.
[6] McNamara D H. Luminosities of SX Phoenicis, Large-Amplitude Delta Scuti, and RR Lyrae Stars. Publications of the Astronomical Society of Pacific, 1997, 109, 1221–1232.
[7] Petersen J O, Hog E. Hipparcos parallaxes and period-luminosity relations of high-amplitude delta Scuti stars. Astronomy and Astrophysics, 1998, 331, 989–994.
[8] Jiang S Y. A list of Newly Discovered delta Scuti Variables. ASP Conference Series, 2000, 210, 572–582.
[9] 蒋世仰. delta Scuti 变星和相关天体. 天文学进展, 2002, 20, 246–255.

撰稿人：蒋世仰
中科院国家天文台

双星演化

Binary Evolution

1. 引言

双星是指两颗恒星在相互引力作用下绕公共质心做闭合轨道运动的系统。在每个无云的无月夜，我们翘首仰望天空，映入我们眼帘的是无数璀璨的星星。在这些星星中，大约有一半属于双星或多星系统，只是其中的绝大多数双星我们无法用肉眼发现而已。如果双星的两颗子星相距很远，彼此间的相互作用极弱，子星演化与单星演化没有区别。在非常多的双星系统中，两子星相距较近，受伴星的引力或辐射的影响较大，这样的双星通常称为相互作用双星。根据洛希模型，相互作用双星可分为：(1) 分离双星(两颗子星均未充满洛希瓣)；(2) 半接双星(两子星中只有一颗充满洛希瓣)；(3) 相接双星(两子星均已充满洛希瓣而在两子星的周围形成一个公共包层)。相互作用双星的两子星之间存在相互作用，如物质转移、能量转移和潮汐相互作用等等，使子星呈现出与同质量单星完全不同的演化。这使宇宙世界更加丰富多彩。自20世纪60年代开始，人们已开始系统地研究双星的理论模型。通过几十年的努力，在双星演化理论方面虽然取得了一些重要的研究成果，如Algol佯谬的解决等。然而，在双星演化理论方面还存在一些重要却尚未解决的难题，如相接双星的演化(相接双星的能量转移和演化状态等)、公共包层演化、短周期密近双星(如激变双星和X射线双星)的形成和Ia型超新星的前身星等。

2. 双星中的物质转移

我们的宇宙存在形形色色的双星系统，这些双星通常具有不同的初始质量、初始质量比和初始轨道周期。双星如果最初以分离双星的形式出现。随着两子星的演化，两子星的半径随时间增大。同时，由于双星系统在演化过程中因轨道角动量损失导致两子星间的距离以及子星的洛希瓣减小。质量大的子星，由于它的演化时标短，首先充满洛希瓣时，双星系统就开始从主星向次星有物质转移。双星初始结构将影响到双星开始发生物质转移时主星所处的演化阶段。物质转移出现时的主星的不同演化阶段分为三种不同情况：

(1) 物质转移发生在主星的中心氢燃烧阶段；(2) 物质转移发生在主星的壳层氢燃烧阶段；(3) 物质转移发生在主星的中心氦燃烧阶段[1]。这些不同的演化情况将导致双星系统不同的演化结局。

恒星半径对质量损失的绝热响应主要取决于其壳层的性质,如壳层是对流平衡的,还是辐射平衡的。详细演化计算表明:有对流壳层的恒星在损失物质时趋向于膨胀或几乎保持一个常数半径;相反,有辐射壳层的恒星损失质量时快速收缩。恒星平衡半径对质量损失的响应与恒星的演化阶段有关。它将影响到双星的物质转移率,而物质转移率又会影响到物质转移的稳定性。于是有三种不同的物质转移:(1) 稳定物质转移。物质损失星处于热平衡状态,物质转移持续进行的原因是损失物质星的核演化或角动量损失引起的轨道收缩。物质转移以核时标或双星系统的角动量损失时标进行。(2) 热时标的物质转移。物质转移是动力学稳定的,但物质转移的原因是质量损失星的热调整。开始时,物质转移率增大。然后,物质转移几乎趋于一个由质量损失星的热时标决定的速率($\dot{M}_d = M_d/\tau_{KH,d}$)。这种情况有时被称作非热稳定物质转移。但这是一个误导的说法,因为在这种情况下质量损失星处于热平衡状态,物质转移是稳定的和自我调整的。(3) 动力学不稳定物质转移物质。质量损失星对物质损失的绝热响应不但不能使它回到洛希瓣内,反而导致一个不断增加的物质转移率. 这种物质转移几乎是一种不稳定的失控的状态。理论计算表明,这种物质转移最终以一个处在动力学时标和热时标之间的一个时标进行,可能导致公共包层的形成,对双星演化有显著地影响。

相同的双星系统,在演化过程中如果发生不同的物质转移,它们最终的演化结果会千差万别。如图 1 所示:一个初始分离的双星系统,在主星演化到红巨星(RG)阶段开始充满洛希瓣而发生物质转移。如果洛希瓣物质转移是稳定的,红巨星经稳

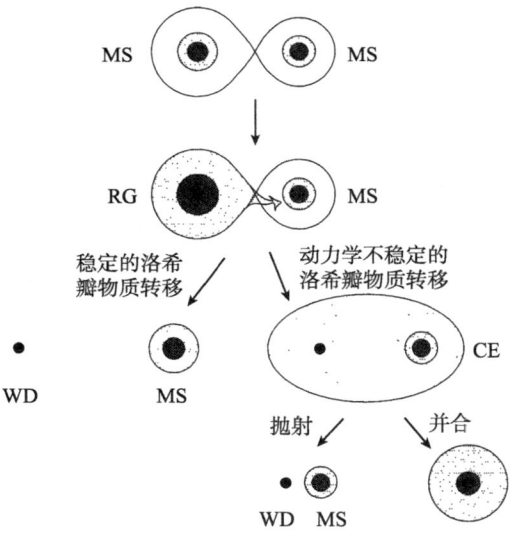

图 1　一个典型的双星演化流程图,MS 代表主序星,RG 代表红巨星,WD 代表白矮星,CE 代表公共包层,RLOF 代表洛希瓣物质转移[2]。

定的洛希瓣物质转移损失掉外壳而演化成一颗白矮星,双星系统变成一颗由白矮星加主序星组成的双星系统;如果洛希瓣物质转移是动力学不稳定的,质量小的主序星就会很快旋进红巨星的外壳内而形成一个公共包层(CE)。这个系统可能有两种不同的演化结局:(1) 由于较差自转或其他原因主星将外壳抛射掉,损失系统大量的轨道能量和角动量,最后留下一颗由白矮星(WD)加主序星组成的短周期双星系统;(2) 在不能完全抛射掉外壳的情况下,双星的两颗子星可能并合成一颗快速自转的单星(FK Com 型巨星)。

3. 双星演化的多样性

宇宙双星系统形形色色,千差万别,具有不同的质量、质量比和轨道周期。这些不同的初始结构决定了双星在演化过程中子星间的物质转移发生的时间,从而造成双星丰富多彩的演化结果。

短轨道周期双星在主星处在主序演化阶段就开始发生洛希瓣物质转移,这种情况 A 演化存在两种不同的演化结果:(1) 如果洛希瓣物质转移是稳定的,双星就会演化到质量比反转而变成 Algol 型双星系统;(2) 如果双星经历不稳定的洛希瓣物质转移,双星将会演化成带公共包层的相接双星(W UMa 型双星)。由于相接双星的壳层束缚能非常大,壳层一般不能完全被抛射掉。它们最终并合成快速自转的单星(如蓝离散星或 FK Com 型巨型)。

轨道周期为几天到 100 天左右的中等质量和大质量双星系统在主星演化到赫兹空隙时发生洛希瓣物质转移。这种早期情况 B 演化在很多方面与情况 A 演化类似,不过,这时质量损失星的外壳是辐射平衡的,物质转移是以热时标快速进行的。在物质转移过程中会发生质量比反转而演化成 Algol 型双星。但与情况 A 演化的主要区别是:这种演化的主星膨胀得更厉害,热时标更短,物质转移率较高。如果物质转移是不稳定的,双星也可能演化成相接双星。另外,在情况 A 和 B 两种演化情况下产生的质量比反转双星系统,即使质量较大子星还没有充满洛希瓣,但因其演化膨胀或轨道角动量损失最终可能会充满洛希瓣,因此也可能演化成相接双星。

轨道周期非常长的双星系统存在更为复杂的演化链,如图 2 所示。如果两子星之间的距离相当远,以致双星在整个演化过程中主星都没法充满洛希瓣发生洛希瓣物质转移。一种可能的演化结果是形成行星状星云,再变成一个长周期的白矮星双星,然后经钡星演化成行星状星云或直接演化成行星状星云。另一种演化过程可能是发生 II 型超新星爆炸,主星变成一颗中子星(NS)或黑洞(BH)。如果在超新星爆炸过程中如果次星不能被束缚在系统中,双星系统就瓦解;如果次星仍然被束缚在双星系统中就成了一颗含中子星或黑洞的致密双星系统。如果双星的两子星相距不是非常远,主星在演化到红巨星或渐进巨星支阶段就发生洛希瓣物质转移,即双星系统经历情况 C 演化。在稳定物质转移情况下,一种可能是演化到质量比反转变成 Algol 型双星;另一种可能是发生 II 型超新星爆炸。且其后续演化与上面提到的

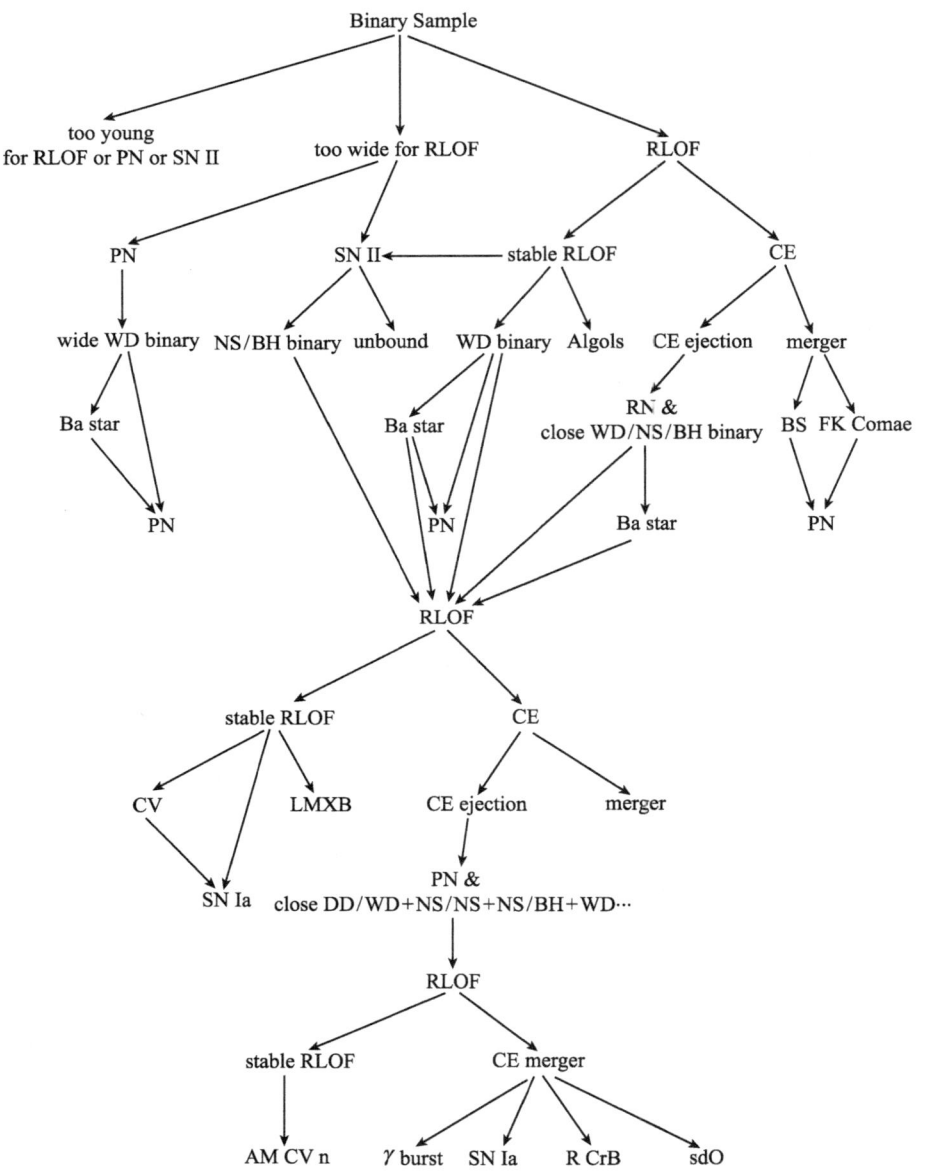

图 2 一个典型的双星演化流程图。其中 WD 代表白矮星, NS 代表中子星; BH 代表黑洞; CE 代表公共包层, RLOF 代表洛希瓣物质转移, PN 代表行星状星云, Ba 代表钡星, CV 代表激变双星; LMXB 代表低质量 X 射线双星; BS 代表蓝离散星, DD 代表双简并星; AM CVn 代表 AM CVn 型星; R CrB 代表 R CrB 型星; SdO 代表 O 型亚矮星[2]。

Ⅱ型超新星爆炸后的演化类似;还有一种演化可能是演化成白矮星双星系统。如果双星经历动力学不稳定的物质转移,双星系将进入公共包层演化情况。它们的后续演化也可分为两种：一是并合成快速自转单星(如蓝离散星或FK Com型巨星)，然后演化成行星状星云。另一种可能是经公共包层抛射留下行星状星云和短周期白矮星、中子星或黑洞双星系统。所有过程形成的含白矮星、中子星或黑洞双星系统的轨道周期相对于其前身星而言要短得多。因为它们在形成过程中要么经历了II型超新星爆炸，要么经历了公共包层抛射。这两个过程常常伴随着双星系统重要的物质、轨道能量和轨道角动量损失。短周期致密双星系统的后续演化也还是非常复杂的，因为它们的次星(注意：主星是致密天体)能再次充满其洛希瓣而发生物质转移。如果这时的物质转移是稳定的，白矮星双星系统可能演化成激变双星，有的激变双星的白矮星可从伴星持续吸积物质而质量增加，当白矮星的质量可增加到钱德拉桑卡质量极限时，就发生Ia型超新星爆炸，双星系统随之瓦解。中子星和黑洞双星系统在这种情况下演化成为X射线双星；如果这时的物质转移是动力学不稳定的，双星系统会再次经历公共包层演化。之后一种可能是并合。另一种后续演化是经公共包层抛射后形成行星状星云和各种双星简并星。以后有的双白矮星系统演化到一颗白矮星充满洛希瓣而发生物质转移而变成AM CVn型双星。有的双简并星在经历不稳定物质转移时并合。这种并合可能导致γ射线爆、Ia型超新星爆发，或变成R CrB型星以及B和O型亚矮星等。

4. 双星演化研究现状

自20世纪60年代，研究者就开始系统地研究双星的结构和演化模型,已取得了非常丰硕的成果。例如："Algol佯谬"的解决。人们观测到一类Algol型双星，这类双星中质量较小的子星比质量较大的子星演化得更厉害且充满洛希瓣。因此，在这类双星中质量小的子星似乎比质量大的子星演化快。这是正常恒星演化理论无法解释的。当时被称为"Algol佯谬"。经过双星的理论模型研究后发现，这只不过是双星经洛希瓣物质转移发生质量比反转的结果。这些双星中质量小的子星在它的演化早期其实是质量较大的子星。人们建立了相接双星的热平衡模型和非热平衡(热弛豫震荡)模型[3,4]，解释了相接双星的一些基本观测事实。研究发现相接双星的两子星表面有效温度几乎相等是由于两子星通过公共包层转移能量的结果，相接双星的能量转移可能发生在公共包层的辐射平衡区域[4]。

特殊恒星双星演化形成通道的研究也取得了重要进展。比如，韩占文研究员根据2/3左右的热亚矮星处于双星中的观测事实提出了热亚矮星的双星演化形成通道[5,6]，解释了热亚矮星的主要观测现象，如重力加速度-有效温度(色指数)关系等。目前这已成为热亚矮星形成渠道研究方面的主流模型，文献中通常称为"韩模型"。将热亚矮星模型应用到演化星族合成模型中可以很好地解释椭圆系统的一个基本性质，即"紫外超"现象[7]。蓝离散星的双星演化形成渠道研究也取得了重要进展。相接双星的并合形成蓝离散星模型预测了双星在并合过程中伴随着重要的物质损失[8]。目前，Ia 型超新星的前身星研究是国际上一个非常热点的研究课题。多数研究者采用碳氧白矮星加主序星或碳氧白矮星加红巨星演化通道产生 Ia 型超新星，结果发现Ia 型超新星的诞生率比观测值低，并且得到 Ia 型超新星的延迟时间较长。若采用碳氧白矮星加氦星渠道产生 Ia 型超新星，很好地解决了 Ia 型超新星的延迟时标问题[9]。

短周期密近双星(激变双星和 X 射线双星)的形成和演化研究方面也取得了重要的研究进展。理论研究发现这些双星的形成通常伴随一个公共包层演化阶段或 II 型超新星爆炸阶段。需要损失大量的物质、轨道能量和轨道角动量[10,11]。其中的 X 射线辐射能量来源于吸积物质的引力能释放。大样本双星演化表明：在一个质量为 $10M_\odot$ 的黑洞与不同质量的次星组成的 X 射线双星中，次星质量增大到 $7\,M_\odot$ 会导致黑洞吸积达到爱丁顿吸积极限，这时黑洞还能适当从次星吸积物质，非常有效加速黑洞的自转[10]。短周期小质量黑洞 X 射线双星也许起源于初始具有中等质量的次星的双星系统。只是由于不对称的 II 型超新星爆炸剥离了部分次星质量而形成小质量次星的 X 射线双星。这样的模型能很好地解决次星有效温度比观测系统高的问题[11]。观测发现了一些超亮 X 射线源，如果是吸积物质引力能释放产生 X 射线，理论上就要求双星中的吸积率是超爱丁顿吸积的。但现在还不知道 X 射线能量是引力能释放，还是有其他的产能方式存在。

5. 前景

在双星演化研究方面，国内外虽然已进行半个多世纪的系统研究，在研究中也取得了丰硕的成果，但要真正解决双星演化中的难题必须考虑更加精细的物理过程，还有很多工作有待解决。如自转和磁场对恒星结构和演化的影响，因为自转和磁场对双星的能量传递和动力学演化等都有重要影响，并使双星子星间的物质转移提前[12]。双星的动力学模拟对认识双星的关键物理过程有重要作用，因此双星的动力学模拟也是双星演化研究中的一个重要研究方向。Ia 型超新星的前身星研究、公共包层演化研究和短周期密近双星的形成和演化研究都是双星演化研究领域中主要的热点研究领域。将双星演化结果应用到演化星族合成研究，能更好解释星族的演化性质，这也是一个重要的研究方向。

致谢　非常感谢韩金林研究员提供了有益的修改建议。

参 考 文 献

[1] 黄润乾. 恒星物理，1 版.北京:科学出版社,1998:406.
[2] Han Z. Binary evolution-problems and applications. ASP Conf. Ser., 2003，289: 413–420.
[3] Robertson J A, Eggleton P P. The evolution of W Ursae Majoris systems. MNRAS, 1977, 179(2): 359–375.
[4] Li L, Han Z, Zhang F. Structure and evolution of low-mass W UMa systems. MNRAS, 2004,

351(1): 137–146.

[5] Han Z, Podsiadlowski Ph, et al. The origin of subdwarf B stars-I. The formation channels. MNRAS, 2002, 336(2): 449–466.

[6] Han Z, Podsiadlowski Ph, et al. The origin of subdwarf B stars-II. MNRAS, 2003, 341(2): 669–691.

[7] Han Z, Podsiadlowski Ph, Lynas-Gray A E. A binary model for the UV-upturn of elliptical galaxies. MNRAS, 2007, 380(3): 1098–1118.

[8] Chen X, Han Z. Binary coalescence from case A evolution: mergers and blue stragglers. MNRAS, 2008, 384(4): 1263–1276.

[9] Wang B, Chen X, Meng X, Han Z. Evolving to type Ia supernovae with short dely times. ApJ, 2009，701(2): 1540–1546.

[10] Podsiadlowski Ph, Rappaport S, Han Z. On the formation and evolution of black hole binaries. MNRAS, 2003，341(2): 385–404.

[11] Li X D. Aspherical supernova explosions and formation of compact black hole low-mass X-ray binaries. MNRAS, 2008, 384(1): L16–18.

[12] Huang R Q. Evolution of rotating binary stars. A&A, 2004, 422(3): 981–986.

撰稿人：李立芳　韩占文
中科院云南天文台

激变变星的轨道周期间隙

The Period Gap in Cataclysmic Variables

白矮星是一类特殊的高密、高温恒星，它们是小质量和中等质量恒星演化后的产物。一颗质量与太阳相当的白矮星体积只有地球大小。在白矮星内部不再有热核反应，因此星体内部没有能源，主要靠冷却过程产生辐射。更重要的是，由于没有热压力和辐射压力来抗衡重力，白矮星内部的电子处于简并状态，它的极高密的物质由电子简并压力来支撑。

激变变星是包含一颗白矮星和一颗小质量主序星伴星的半相接密近双星系统[1]如图 1 所示。它们往往存在剧烈亮度变化，在中国史书中称为"客星"。已充满其洛希瓣的主序星向白矮星传输物质，白矮星的物质吸积过程产生主要在紫外和 X 射线波段的辐射。在观测上激变变星分为新星、再发新星、类新星变星和矮新星等。

图 1　激变变星示意图，取自 http://images.google.cn.。

虽然人们对激变双星内部复杂的物理结构和演化有了越来越清晰的了解，但是随之而来的是越来越多新的问题也在不断涌现，其中最著名的问题就是激变双星轨道周期间隙。激变变星的轨道周期分布在 80 分钟到 16 小时之间，其中大约一半的激变变星的轨道周期在 3 小时到 16 小时，另一半在 80 分钟到 2 小时之间。在 2 到 3 小时仅有很少量的激变变星，这称为激变变星的轨道周期间隙[2]。对激变变星为什么存在周期间隙已经有近三十年的研究，但迄今还没有令人满意的解释。

由于白矮星的伴星还未演化到巨星阶段，造成激变变星中物质交流的主要原因是双星轨道角动量损失导致的轨道收缩。通常认为激变变星中轨道角动量损失的机制主要包括引力辐射和磁制动两种，但前者的效应仅在轨道周期短于 3 小时时才比较明显。因此对大部分激变变星而言，磁制动是驱动物质交流的一种更为重要的机制[3,4]。

根据磁制动理论，小质量主序星由于具有辐射核和对流包层，其较差转动能够通过发电机过程产生磁场，电离的星风物质在离开恒星时被冻结在磁力线上向外运动，并与恒星共转，直到星风物质的动能超过磁能时才脱离磁力线的约束向外自由运动。此时星风物质距离恒星通常有100倍太阳半径，因而具有较大的角动量，可以有效地提取恒星自转角动量。在密近双星中，恒星之间的潮汐力会导致恒星的自转与公转同步，因此磁星风实际上间接地提取了双星的轨道角动量。

激变变星轨道周期的16小时上限不难理解。小质量主序星的质量通常与半径成正比，由此可以证明当恒星充满洛希瓣时，其质量与轨道周期大小大约也成正比关系。而发生稳定的物质交流要求伴星质量不能超过白矮星质量(其上限约为1.4个太阳质量)，即轨道周期的大小不超过约16小时。轨道周期80分钟下限的原因是，主序星存在0.08太阳质量的质量下限。低于此质量的星体称为褐矮星，它们的中心温度达不到核反应的点火温度，物质处于简并状态，质量越小，半径反而越大。因此在物质交流导致恒星质量持续减小的过程中，0.08太阳质量的主序星对应恒星在演化过程中经历的最小的半径，其相应的轨道周期大小约为80分钟。

相对而言，对轨道周期间隙的解释有比较大的争议。目前比较流行的是"中断的磁制动"模型[5,6]：当轨道周期大于3小时时，激变变星中物质交流主要由伴星的磁制动和引力辐射联合驱动。随着伴星质量减小，伴星内部的辐射核越来越小，对流区越来越大。当伴星质量达到一个临界质量时，伴星内部变成完全对流(此时对应的轨道周期为3小时)，于是产生磁场的发电机效应不再起作用，伴星的磁场完全消失或强度显著减小，磁制动开始失效，这导致由轨道角动量损失引起的轨道收缩赶不上伴星由质量损失引起的半径减小程度，于是伴星脱离了洛希瓣，物质传输几乎完全停止，双星由半相接状态进入不相接状态。在引力辐射的作用下双星轨道仍然在持续减小，当轨道周期达到2小时时，伴星再次充满洛希瓣产生物质交流。由于在激变变星2到3小时轨道周期内物质传输速率很小，因此很难观测到它们。

上述磁制动模型虽然取得了一定程度的成功，也面临着较大的困难。首先，磁制动效应依赖于一个重要假设，即发电机机制仅在同时具有辐射核和对流包层的小质量恒星中起作用。目前在理论上还没有细致的研究来支持这一观点，但在观测上却存在一些反例，例如在对一些完全对流恒星的观测中确实发现了磁活动的现象[7]。

其次，磁制动效应提取角动量的效率还很不确定。理论上，由磁制动导致的轨道角动量损失率可以预言物质传输速率与轨道周期的相关关系，但观测发现具有相同轨道周期的激变变星的物质传输速率往往覆盖一个相当大的范围。更为严峻的是，由对年轻恒星自转的观测得到的角动量损失率比经典的磁制动理论预言要小1到2个数量级，说明磁制动的影响可能被显著高估了，或者存在其他未知的角动量损失机制[8]。

考虑到上述问题,人们陆续提出了一些新的方案来解释激变变星的周期间隙问题,如考虑白矮星高能辐射对伴星和吸积盘的辐照影响、引入环绕双星盘的提取角动量方式等。但这些模型还很不成熟,往往只能解释激变变星的部分观测特征,其弱点和困难甚至还多于磁制动模型。因此,寻找一种合理的轨道角动量提取机制,不仅对激变变星,而且对小质量 X 射线双星、大陵型双星等演化的研究有重要影响。

总之,激变双星轨道周期间隙的解释关系到人们对激变双星结构和演化以及爆发现象等重要问题的认识和了解,同时又与晚型矮星的基本性质息息相关。虽然目前所有针对周期空缺的理论解释都无法成为令人信服的自洽理论,但是最新的激变双星观测研究表明,几乎所有激变双星的轨道周期都是变化的。人们期待着激变双星的轨道周期变化规律能为周期空缺问题的解决提供丰富的信息,从而为激变双星的演化理论甚至当前的恒星结构和演化理论提供一个新的发展契机。

参 考 文 献

[1] Warner B. Cataclysmic variable stars. Cambridge University Press, Cambridge, 1995.
[2] Ritter H, Kolb U. Catalogue of cataclysmic binaries, low-mass X-ray binaries and related objects (Seventh edition). Astronomy and Astrophysics, 2003, 404: 301–303.
[3] Smith R C. Cataclysmic variables. Contemporary Physics, 2006, 47: 363–386.
[4] Ritter H. Formation and evolution of cataclysmic variables, to appear in mem. Soc. Astron. Italiana, Proceedings of the School of Astrophysics "Francesco Lucchin", 2008 (astro-ph/0809.1800).
[5] Rappaport S, Verbunt F, Joss P C. A new technique for calculations of binary stellar evolution with application to magnetic braking. Astrophysical Journal, 1983, 275: 713–731.
[6] Spruit H C, Ritter H. Stellar activity and the period gap in cataclysmic variables. Astronomy and Astrophysics, 1983, 124: 267–272.
[7] Reiners A, Basri G. The first direct measurements of surface magnetic fields on very low mass stars. Astrophysical Journal, 2007, 656: 1121–1135.
[8] Andronov N, Pinsonneault M, Sills A. Cataclysmic variables: an empirical angular momentum loss prescription from open cluster data. Astrophysical Journal, 2003, 582: 358–368.

撰稿人:李向东[1]　钱声帮[2]　戴智斌[2]
1 南京大学天文学系
2 中国科学院云南天文台

为什么红矮星双星不能相接

Why Red-Dwarf Binaries Can Not Be in Contact?

夜晚，用望远镜巡视星空，你会发现很多星星靠得很近，就像双胞胎姐妹那样形影不离。这种星星之间如果存在引力关联，那么它们会像地球和月亮那样相互绕转，成为天文学中定义的双星，其中的每一颗恒星叫做双星的子星。子星间的距离有近有远。近的就像两人手拉手，关系紧密；远的就像两个人在地球两端，关系极其疏远。我们在这里讨论的就是这种子星间结合最为紧密的双星。它的两子星靠得非常近，相互接触并共享着一个气体包层，其形状像一个哑铃形。这就是天文学家口中的相接双星(如图 1 所示)。从 20 世纪六、七十年代以来，其形成和演化一直是天文学家关心的重要问题！

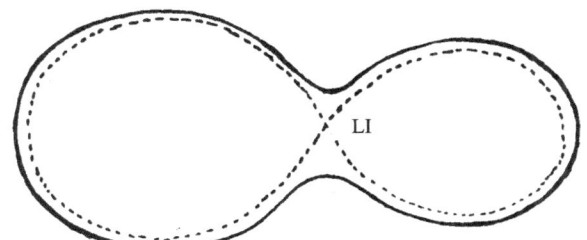

图 1 相接双星几何结构示意图，其中实线表示相接的表面，实线和虚线之间的部分表示相接双星的公共气体包层。

相接双星有很多奇特的性质。例如，组成它的两颗子星质量相差很大[1]，但是观测发现它们的表面有效温度却非常接近，相差不到 300K，这一点曾令天文学家相当费解。后来，人们意识到由于这类双星存在公共气体包层，能量在这个包层内重新分布使两子星表面温度趋向一致[2]。但是，这个大气包层如何形成以及如何传递热量的问题仍然没完全弄清楚。早在 20 世纪 70 年代人们就发现晚型单星的转动逐渐变慢，这揭示了晚型星在演化过程中存在由星风在磁场的作用下引起的大量角动量损失，使其自转变慢[3]。然而，当晚型星是双星的成员时，情形就不一样了。当晚型子星由于角动量损失使其自转变慢时，两子星间的强潮汐作用会使两子星趋于同步自转，轨道角动量向自转角动量的转移会把转慢的子星拉快。这样就会表现出：子星的自转不是变慢而是变快了，另一方面系统的轨道角动量在长期减小，双星的轨道在长期收缩。由此天文学家猜测晚型的相接双星可能是由分离双星通过长期的轨道角动量损失和子星间的物质交换演化而来的[4]，并最终并合成快速自转的单星[5, 6]。

目前天文学家已经发现的相接双星成百上千——从很亮很蓝的OB星到较红较暗的K型星,唯独没有发现M型的红矮星相接双星[7, 8]。为什么红矮星双星不能相接,共享一个公共的气体包层呢?天文学家猜想这可能是由于红矮星半径比太阳小得多(见图2),他们之间的距离必须足够近时,才能形成相接双星,而此时它们的绕转速度将会非常快,强大的离心力会把它们抛开。但是,目前精确测定质量、半径和光度等基本物理参量的红矮星的数目非常少,我们需要精确测定一批晚K型和早M型恒星的参量。另外,由于红矮星质量小,与GK型类太阳型星相比,它们的星风物质损失率可能较小,磁场强度也可能较弱,磁星风带走的角动量很有限。这些损失的角动量不足以使红矮星双星的轨道收缩至形成相接双星的尺度,因此红矮星双星不能相接。然而,我们对红矮星的物质损失和磁场特性等的了解知之甚少。总之,红矮星双星为什么不能相接这一难题的解决有助于人们研究相接双星这一特殊类型天体的形成和演化进程,了解红矮星的基本性质。期待着大家的努力!

图2 红矮星(左)和太阳(右)的比较图。太阳的半径超过红矮星的7倍。

参 考 文 献

[1] Qian S B, Zhu L Y, Soonthornthum B, et al. Deep, Low Mass Ratio Overcontact Binary Systems. V. The Lowest Mass Ratio Binary V857 Herculis. The Astronomical Journal, 2005, 130(3): 1206–1211.

[2] Lucy L B. The Structure of Contact Binaries. The Astrophysical Journal, 1968, 151(1): 1123–1135.

[3] Skumanich A. Time Scales for CA II Emission Decay, Rotational Braking, and Lithium Depletion. The Astrophysical Journal, 1972, 171(1): 565–567.

[4] Bradsstreet D H, Guinan E F. Stellar Mergers and Acquisitions: The Formation and Evolution of W Ursae Majoris Binaries. Astronomical Society of the Pacific Conference Series, 1994, 56: 228–243.

[5] Qian S B, Liu L, Soonthornthum B, et al. Deep, Low Mass Ratio Overcontact Binary Systems.

VI. AH Cancri in the Old Open Cluster M67. The Astronomical Journal, 2006, 131(6): 3028–3039.

[6] Qian, S B, He J J, Soonthornthum B, et al. High Fill-Out, Extreme Mass Ratio Overcontact Binary Systems. VIII. EM Piscium. Astronomical Journal, 2008, 136(5): 1940–1946.

[7] Rucinski S M. Can full convection explain the observed short-period limit of the W UMa-type binaries? The Astronomical Journal, 1992, 103(3): 960–966.

[8] Rucinski S M. The short-period end of the contact binary period distribution based on the All-Sky Automated Survey. Monthly Notices of the Royal Astronomical Society, 2007, 382(1): 393–396.

撰稿人：钱声帮　刘　亮　何家佳
中国科学院云南天文台

密近双星中的伴星天体

Companion Objects in Close binary Stars

双星是两颗恒星(称为子星)在相互引力作用下绕公共质心作闭合轨道运动的恒星系统。按照两子星间距离的远近,双星可分为目视双星和密近双星。目视双星中两颗恒星的距离较远,用望远镜可以直接分辨出两子星;而在密近双星中两子星的距离较近,用望远镜不能直接分辨出来,且一颗子星要影响到另一颗子星的演化。随着观测设备的不断发展和新方法的不断使用,近几年来天文学家发现越来越多的密近双星系统中存在额外的伴星天体。双星伴星天体环境的观测研究能为恒星结构演化和恒星相互作用提供丰富的信息和给出各种重要的限制,成为天体物理中一个重要的研究领域!

密近双星的伴星可以是大质量系外行星,类似于我们太阳系的木星;可以是联系恒星和行星的特殊天体:褐矮星[1];可以是恒星,类似于我们的太阳;甚至是宇宙中最为神秘的天体:黑洞[2]。如大质量双星船尾座 V 这个密近双星系统中可能存在一个看不见的伴星天体,其质量大于 10.4 个太阳质量,极有可能是一个恒星级黑洞。另外,密近双星中还有可能存在不止一个伴星天体。比如光谱型为 O 型的两颗大质量相接双星天鹅座 V382 和苍蝇座 TU,除了存在目视伴星以外,还存在一个看不见的伴星天体[3];相接双星武仙座 V899 和天秤座 VZ 的伴星天体可能是另外一对密近双星[4],因而整个系统是由两个密近双星对组成的四星系统;仙女座 GZ 是七颗星组成的聚星系统中的密近双星等。

密近双星中这些各式各样的特殊伴星天体的发现不仅使得密近双星系统更加丰富多彩,同时还为天文学提出了新的研究课题。以系外行星的研究为例,在过去近 30 年的时间里,人类已经在太阳系外找到了 300 多颗行星,丰富了人们对行星形成和演化以及生命起源等的认识。然而,所有发现的这些行星都是在围绕单个的母星天体转动[5, 6]。绕密近双星转动的系外行星的形成和演化应该与这些围绕单个母星天体转动的行星的截然不同[7]。绕密近双星转动的系外行星确定存在吗?如何行之有效地发现它们?它们是如何形成和演化的?针对这些问题,国际上已经开始了利用空间卫星和地面大望远镜对密近双星行星伴星的系统搜寻和研究工作[8]。另外,20 多个恒星级黑洞候选体都是作为双星的一员在 X 射线双星中发现的,大都经历过公共包层演化。发现密近双星外较远距离的黑洞能对大质量单星的演化和大质量单个黑洞的形成理论研究提供必要的限制。

参 考 文 献

[1] Qian S B, Zhu L Y, Zola S, et al. Detection of a Tertiary Brown Dwarf Companion in the sdB-Type Eclipsing Binary HS 0705+6700. The Astrophysical Journal Letter, 2009, 695(2): 163–165.

[2] Qian S B, Liao W P, Fernández L E. Evidence of a Massive Black Hole Companion in the Massive Eclipsing Binary V Puppis. The Astrophysical Journal, 2008, 687(1): 466–470.

[3] Qian S B, Yuan J Z, Liu L, et al. Evolutionary states of the two shortest period O-type overcontact binaries V382 Cyg and TU Mus. Monthly Notices of the Royal Astronomical Society, 2007, 380(4): 1599–1607.

[4] Qian S B, Liao W P, Liu L, et al. VZ Librae: A truly unsolved quadruple system containing double close binaries. New Astronomy, 2008, 13(2): 98–102.

[5] Silvotti R, Schuh S, Janulis, R et al. A giant planet orbiting the extreme horizontal branch' star V391 Pegasi. Nature, 2007, 449(7159): 189–191.

[6] Hellier C, Anderson D R, Cameron A, et al. An orbital period of 0.94days for the hot-Jupiter planet WASP-18b. Nature, 2009, 460(7259): 1098–1100.

[7] Pierens A, Nelson R P. On the formation and migration of giant planets in circumbinary discs. Astronomy and Astrophysics, 2008, 483(2): 633–642.

[8] Konacki M, Muterspaugh M W, Kulkarni S R, et al. The Radial Velocity Tatooine Search for Circumbinary Planets: Planet Detection Limits for a Sample of Double-Lined Binary Stars—Initial Results from Keck I/Hires, Shane/CAT/Hamspec, and TNG/Sarg Observations. The Astrophysical Journal, 2009, 704(1): 513–521.

撰稿人：钱声帮 朱俐颖 廖文萍

中国科学院云南天文台

热亚矮星

Hot Subdwarfs

1. 热亚矮星的基本性质

热亚矮星是部分小质量恒星演化到主序以后损失较大外壳质量的产物,一般认为,它是由一个燃烧的中心氦核和很薄的外壳组成[1]。观测研究表明,热亚矮星具有较高的有效温度(热,20,000~80,000K)和较大的重力加速度(亚矮,log(g) 在 4.5~6.5,cgs 单位制)。因此,在赫罗图上,热亚矮星通常位于水平分支的蓝端,即所谓的极端水平分支,所以也被称为极端水平分支星(EHB,extreme horizontal branch,如图 1 所示)。根据光谱的不同,热亚矮星一般分为 O 型热亚矮星(subdwarf O,sdO)和 B 型热亚矮星(subdwarf B,sdB)。

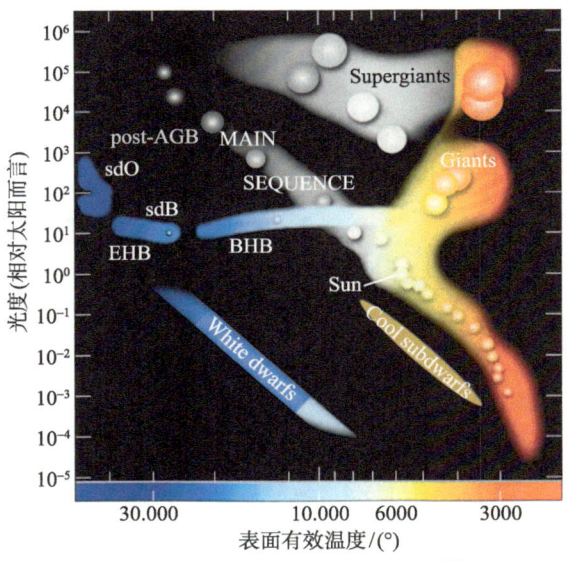

图 1 热亚矮星在赫罗图上的位置[2]。

2. 研究热亚矮星的意义

热亚矮星的研究始于 20 世纪 40 年代对星等在 11~17 的,暗蓝色天体的观测[3]。由于其理论和观测上的重要性,一直以来被天文学家持续关注和研究。特别是近几年,随着观测样本的增加,热亚矮星的研究显得更加重要。研究热亚矮星的意义主要表现在如下几个方面：

(1) 恒星演化理论的重要补充

热亚矮星是小质量恒星在主序以后演化所形成的一类特殊天体，外壳很薄，一般小于其质量的1%，对大多数热亚矮星而言通常不超过 $0.02M_\odot$。值得指出的是，处于极端水平分支的热亚矮星与水平分支在状态上有很大的区别。对于水平分支星，其外壳氢燃烧产生的光度通常大于或等于中心氦燃烧的光度，而热亚矮星的光度主要由中心氦燃烧产生，这一过程更加接近于氦星的演化。另外，当中心氦耗尽后，热亚矮星的演化不是进入渐进巨星支阶段(AGB, asymptotic giant branch)而是进入 AGB-manque 或 P-EAGB 阶段[4]，如图2所示。因此，通过对热亚矮星形成渠道和演化的研究，有助于加深我们对恒星演化多样性和恒星演化过程中物质损失规律的理解。

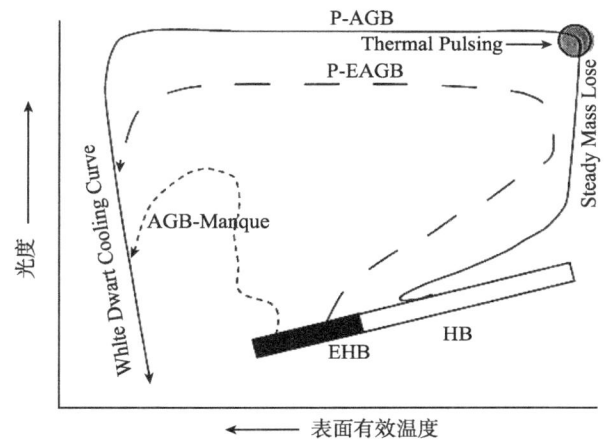

图 2　水平支星与热亚矮星的演化[4]。

(2) 帮助我们更加深入地理解星系的形成和演化

星系是宇宙中最重要最壮丽的天体，它们是由恒星，气体和尘埃组成的庞大系统。星系在宇宙大尺度结构中具有核心作用，因此在任何关于宇宙的讨论中都把星系作为序篇。椭圆星系是宇宙中较为古老的星系，它的形成和演化的历史包含着宇宙演化的信息，从而具有相当重要的研究价值。一直以来，人们认为椭圆星系中只有年老的冷星，因此椭圆星系在紫外端(912~2000Å)的流量应当非常小。然而，1969年OAO-2空间望远镜发现椭圆星系存在显著的紫外端流量，随波长减小而增加，即现在人们熟知的紫外反转现象(UV upturn)。从此，紫外反转成为椭圆星系的基本性质之一，同时也是未解之谜。现在我们已经知道，紫外反转主要来自于热亚矮星[5]。Brown 等人[6]首次探测了椭圆星系(M32的核)中的热亚矮星，这也为热亚矮星是紫外反转的主要起源提供了直接证据。

20世纪90年代的研究表明,紫外反转可能是椭圆星系年龄的指示器,人们可以通过它来估算椭圆星系的年龄[7]。由于热亚矮星是紫外反转的主要来源,因此,热亚矮星的形成和演化和椭圆星系的演化就紧密相关。但最近的研究显示,椭圆星系中的紫外反转现象主要由双星演化产生的热亚矮星所引起[8]。Han 等人[8]的研究表明,紫外反转在所有早型星系中都存在(从矮椭圆星系到巨椭圆星系),而不是像以前认为的那样只存在于巨椭圆星系中;同时,与从前的观点相反,色指数(1550-V)、(FUV-r)不依赖于金属丰度和红移,因此紫外反转不能再用做年龄指示器。Lisker 和 Han[9]将这一研究运用于 Virgo Cluster 椭圆星系研究中,发现矮椭圆星系中的星族更年轻,解决了"矮椭圆星系与巨椭圆星系中的恒星为两类星族"的矛盾,从而支持了目前的星系形成模型。

总之,作为紫外反转主要来源的热亚矮星对于我们研究星系的形成和演化有着重要的作用。

(3) 获取球状星团形成和演化的信息

球状星团基本上呈球形,分布在整个银河系和其他星系中。从银心附近到外晕的不同位置都有球状星团分布。球状星团在宇宙探索史上曾经起过关键的作用,Shapley 对球状星团分布的研究曾引起了银河系结构研究史上的一次革命[10]。直到今天,球状星团仍然肩负着回答宇宙年龄和银河系形成方式等基本问题的重任。很多观测表明,球状星团中也含有热亚矮星,但球状星团中热亚矮星性质与场星中的不同,其双星比例极低。球状星团中的热亚矮星与场星中的形成机制不同吗? 早期的观点认为,这很可能和球状星团的动力学演化相关。Han[11]指出,将双星模型推广到球状星团中,发现这一差别来自球状星团中的恒星均为年老恒星,随着球状星团年龄的增加,热亚矮星双星系统周期变长,在 10Gyr 星团中周期小于五天的热亚矮星双星系统不足 2.5%,于是从观测上而言我们看到的热亚矮星双星系统就变得非常少。因此,通过对球状星团中的热亚矮星研究有助于我们理解球状星团演化过程中双星演化的作用。另外,水平分支对于球状星团的演化和相关参数的确定有着极其重要的作用,而处于极端水平分支的热亚矮星更有助于我们深入的理解球状星团的演化性质和规律,从而进一步探讨银河系的结构和宇宙演化的历史。

(4) 探讨小质量恒星与伴星的相互作用

从恒星初始质量函数(IMF)我们可以知道,小质量恒星在整个宇宙中占有很大的比例,同时双星在宇宙中也占有极高的比例,对于小质量星与其伴星相互作用的研究有着极大的必要性和重要性。热亚矮星是部分小质量恒星在演化过程中一个特殊阶段的产物,其伴星包含了从黑洞到行星的各类天体,是研究小质量恒星与伴星相互作用非常理想的研究样本。同时,最近的研究表明[12],热亚矮星与行星的相互作用是理解我们太阳系未来的重要参考,有助于回答在太阳演化后期外壳膨胀是否会吞没我们的地球这样的问题。

(5) 加深对恒星演化过程中伴随的物理机制的理解

热亚矮星在形成和演化过程中伴随着一些值得我们探讨的物理现象, 如(1) 物质损失过程, 这包括热亚矮星在形成过程中物质通过双星相互作用或其他过程损失掉绝大多数外壳质量, 以及在演化后期的星风物质损失; (2) 脉动现象, 目前所发现的热亚矮星样本中脉动热亚矮星占有可观的数目, 这对我们研究脉动现象是很好的补充, 同时, 这部分样本还可以用于距离的测量; (3) 磁场, 对热亚矮星的观测研究证实, 少量的热亚矮星表面存在高达几千高斯的磁场, 它的起因还待进一步的探究。

3. 尚待解决的问题

热亚矮星的研究对于我们理解天体物理学上的一些重要现象有着广阔而深远的意义, 随着近年来观测和理论研究的深入, 对很多方面进行了详细的探讨, 如热亚矮星的诞生渠道、演化特征、紫外反转的研究等, 但仍然有很多问题值得我们对其进一步的研究和探索, 如:

(1) 现有的理论不能很好的解释观测到的热亚矮星的金属丰度, 特别是对于富氢 O 型热亚矮星的诞生渠道仍需进一步研究。

(2) 现有的脉动热亚矮星模型只能部分的解释观测到的脉动热亚矮星的长周期, 短周期和混合周期现象, 需要观测和理论的进一步研究。

(3) 搜索热亚矮星的大质量伴星, 如黑洞和中子星。

(4) 超高速热亚矮星的搜索以及诞生渠道研究。

参 考 文 献

[1] Heber U, Hunger K, Jonas G, Kudritzki R P. The atmosphere of subluminous B stars. Astronomy and Astrophysics, 1984, 130: 119–130.

[2] Heber U. Hot subdwarf stars. Annual Review of Astronomy & Astrophysics, 2009, 47: 211–251.

[3] Humason M L, Zwicky F. A Search for Faint Blue Stars. Astrophysical Journal, 1947, 105: 85–91.

[4] Dorman B, Rood R T, O'Connell R W. Ultraviolet Radiation from Evolved Stellar Populations. I. Models, Astrophysical Journal, 1993, 419: 596–614.

[5] Dorman B, O'Connell R W, Rood R T. Ultraviolet radiation from evolved stellar populations.2: The ultraviolet upturn phenomenon in elliptical galaxies, Astrophysical Journal, 1995,422: 105–141.

[6] Brown T M, Ferguson H C, Davidsen A F, Dorman B. A Far-Ultraviolet Analysis of the Stellar Populations in Six Elliptical and S0 Galaxies. Astrophysical Journal, 1997, 482: 685–707.

[7] Bressan A, Chiosi C, Tantalo R. Probing the age of elliptical galaxies. Astronomy and Astrophysics, 1996, 311: 425–445.

[8] Han Z, Podsiadlowski Ph, Lynas-Gray A E. A binary model for the UV-upturn of elliptical galaxies. Monthly Notices of the Royal Astronomical Society, 2007, 380: 1098–1118.

[9] Lisker T, Han Z. Stellar Age versus Mass of Early-Type Galaxies in the Virgo Cluster. Astrophysical Journal, 2008, 680: 1042–1048.

[10] Shapley H. Globular Clusters and the Structure of the Galactic System. Publications of the Astronomical Society of the Pacific, 1918, 30: 42–54.

[11] Han Z. A possible solution for the lack of EHB binaries in globular clusters. Astronomy and Astrophysics, 2008, 484: 31–34.

[12] Silvotti R, Schuh S, Janulis R. A giant planet orbiting the extreme horizontal branch' star V391 Pegasi. Nature, 2007, 449: 189–191.

撰稿人：张先飞　韩占文

中国科学院云南天文台

褐矮星：填充恒星与行星之间的鸿沟

Brown Dwarfs: Filling the Gap Between Stars and Planets

1. 引言

质量介于恒星和行星之间的天体存在的可能性早在20世纪60年代就已经从理论上提出。标准恒星形成理论认为恒星由散布于星系间的分子气体及尘埃的引力收缩以及碎裂形成的。当气体云收缩时，引力势能转变成辐射能和热能。这个过程提升了收缩中的天体的核心温度，当温度达到大约三百万度时，将会开始氢转变为氦的核反应。氢聚变的能量以辐射的形式从恒星表面辐射出来，而核反应产生的辐射压则平衡了引力的收缩压。这样就建立了流体动力学平衡与热平衡，并开始了普通恒星漫长的生命。对于质量小于大约0.1个太阳质量的恒星，核心温度变得非常高的时候，自由电子进入低能费米态，核心等离子体变为电子简并状态。处于最高动能态的简并电子产生的简并压抵抗引力收缩压，并将天体直径维持在大约一个木星直径以上。对于质量低于大约0.07个太阳质量的天体，在其核心温度达到稳定氢核反应所需的最低温度前，其电子简并压就使得引力坍缩停止进行。对于质量大于大约0.013个太阳质量的天体，其由引力坍缩达到的核心温度可以点燃氘的核反应。但因氘含量非常少，这个反应很快停止，而进入漫长的冷却阶段。质量介于大约0.013~0.07个太阳质量间的天体，只能建立流体动力学平衡，而不能建立热力学平衡，这类"失败的恒星"就是褐矮星。

2. 褐矮星的观测

对褐矮星探测从理论提出之后就开始了，但是直到1995年才确认发现第一颗褐矮星(Gliese 229B)[1]。从理论提出到观测证认褐矮星的存在用了三十多年，不是因为它们在银河系中数量很少，而是因为它们的辐射主要集中在红外波段(0.75~$15\mu m$)。要探测它们需要使用红外探测器，而这种技术到了20世纪80年代后期才成熟。最年轻最大质量的褐矮星表面有效温度可以高至约3000K，而最小质量且最年老的褐矮星表面有效温度的理论值为200~300K。因为褐矮星表面温度比普通恒星低，因此它的光学–近红外色指数通常比较红。色指数是我们从海量巡天数据库中发现褐矮星的主要方法。褐矮星按照光谱型分为四种类型：晚型M，L，T和Y型。我们通常把光谱型晚于M7型的低质量矮星及褐矮星称为极冷矮星。M，L和T型矮星已经有了明确的定义。经历了短暂的氘核反应后，褐矮星进入漫长的冷却过程，其光谱型也会从早型到晚型演化(M7-L-T)。只有较大质量的年轻褐矮星在年轻的时候才会是晚型 M 型。M 型褐矮星表面有效温度为 3000~2400K，光谱中主要吸收线为氧化钛、氧化钒等。L 型矮[2]星表面有效温度为 2400~1300K，光谱中的主要吸收线是钠、钾、氢化铁、氢化铬等吸收线。T 型矮星[3]表面有效温度为 1300~600K 左右，目前已经发现温度低于 600K 褐矮星(Wolf 940B)[4]。图 1 为 Wolf 940B(T8.5)和木星的近红外光谱。而 Y 型褐矮星还未被发现，其表面有效温度理论值大约在 600~200K 之间，因此其大气云层中可以有液态水的存在。目前较为确定的褐矮星主要是 L 和 T 型。图 2 是截至 2009 年 8 月 2 日已公布的 753 颗(DwarfArchives.org)L 和 T 型矮星，以及新发现的 35 颗 L 型矮星[5]的光谱型分布。从图中可以看出，发现的低温晚型 T 型矮星比较少，因为它们更难被探测到。L-T

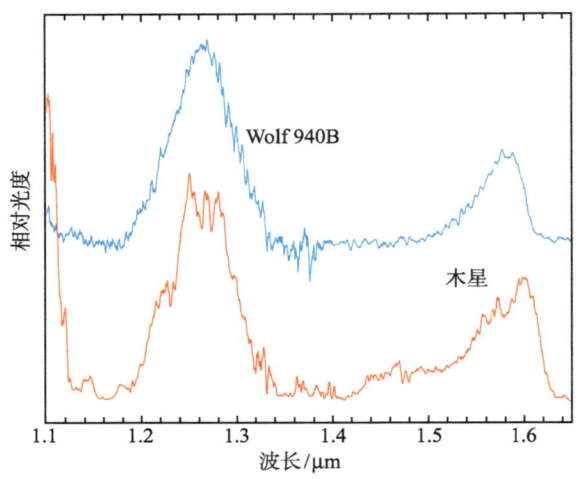

图 1　褐矮星 Wolf 940B(T8.5)与木星近红外光谱的比较[4]。

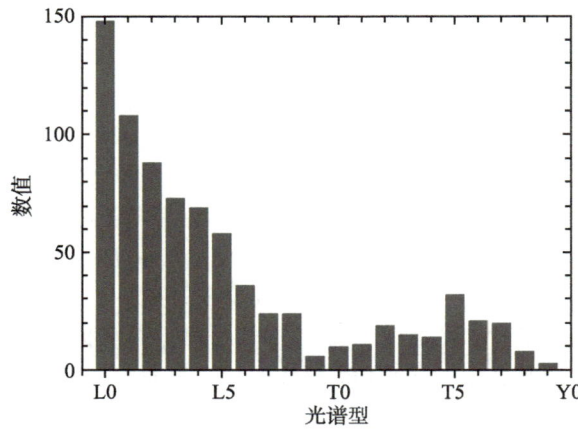

图 2　788 颗已发现的 L 和 T 型矮星按光谱型的分布(制图：张曾华)。

过渡阶段类型的褐矮星数目也相对较少,这个光谱型范围内不可分辨的双星系统的比重比其他光谱型大。美国的两微米波段全天巡天(2MASS)和斯隆数字巡天(SDSS)在褐矮星特别是L、T型矮星探测方面成果丰硕,而英国红外望远镜近红外深场巡天巡天在T型矮星探测方面显示出更强的优势。

3. 褐矮星的大气模型

褐矮星和太阳系外行星都具有低温大气,低温大气有非常复杂的分子谱线。褐矮星非常暗,这使褐矮星证认和物理参量准确测定都很困难。目前对均衡和非均衡大气压强温度轮廓的理解存在分歧,褐矮星与太阳系外行星领域内的观测和理论天文学家都在积极的对此进行研究[6]。利用发现的褐矮星,我们可以把从木星到褐矮星温度范围内的大气理论模型与观测进行对比,从而校正模型。褐矮星和气态行星大气中一个很重要而又对其了解甚少的问题是凝结云的形成和演化。当前的模型不能模拟云层大尺度结构和相关的测光和光谱的变化,不能再现L-T型过渡阶段褐矮星云层的快速减少,也不能解释云层变化的物理基础。目前我们对凝结云形成过程和大气动力学缺乏了解,这影响我们对冷褐矮星的研究和太阳系外行星的直接探测。

4. 基准褐矮星

要更细致地研究褐矮星的演化及其大气结构和演化,我们首先必须发现更多的褐矮星,特别是基准褐矮星。作为基准褐矮星[7],它必须具有一项或多项特征量(如:年龄、质量、距离、金属丰度等)是相对独立于模型而观测得到的。基准星的有用程度还取决于其特征量的精确程度,以及它们对模型的独立程度。基准星可以是巨星、亚巨星、白矮星以及主序星的伴星,或者疏散星团、移动星群的成员星。这些双星系统或星团被认为是同时诞生,具有同样的距离和化学组成。巨星或亚巨星远距离分离的褐矮星伴星是最理想的基准星,因为可以从主星得到较为准确的年龄范围。然而这类双星系统非常罕见,目前只有一个此类系统被发现(Eta Cancri AB)[5]。作为白矮星伴星的褐矮星也是很好的基准星,因为可以从白矮星冷却时标以及其主序阶段的寿命得到其年龄。而疏散星团和移动星群内通常只有年轻的褐矮星(0.1亿~10亿年)。

5. 褐矮星的形成

最初加热恒星核心的能量来源于引力势能的释放,而引力势能本身取决于恒星的质量以及其收缩程度。因此更小质量的天体就需要有更高的密度来让其核心达到氢核反应所需要的温度。褐矮星形成的主要困难是形成褐矮星所需要的金斯质量要小,因而要求气体云的密度要远高于平均水平[8]。第一种解决这个难题的方案是抛射机制,引力坍缩的大质量气体云核心区域可以达到形成褐矮星所需要的高密度,而形成一些小质量天体胚胎。而这些天体胚胎在长成恒星前就因多天体相互作用而被抛射出去成为褐矮星。第二种机制是湍流盘的碎裂,分子云中超音速湍流的扰动造成密度起伏而形成了高密度区域。引力团块的质量分布由湍流速度分布决定,大的团块形成恒星,而小的团块形成褐矮星。此外,也有人提出原星盘碰撞相互作用机制来解决这个问题。但是所有这些形成机制的预测结果都不能很好地符合当前观测的褐矮星数目以及双星比例。

6. 初始质量函数

银河系中单位质量区间恒星与褐矮星的数目是质量的一个函数,即初始质量函数。邻近冷褐矮星的数目可以对这个银河系初始质量函数的低质量边界进行限定。对最年轻天体形成区,褐矮星质量范围的初始质量函数已经很好的被限定,但是它是否对整个银河系星族适用却很不清楚。我们对冷褐矮星的初始质量函数还很不清楚,因为早型光谱型的褐矮星不能很好的对初始质量函数极低质量端的形式进行限定。不同的初始质量函数预测的温度低于约 500K 的天体的数目有很大的差别[9],因此对这类天体的探测将会极大的改善初始质量函数的统计测量,并能帮助我们了解银河系亚矮星天体形成的最小质量边界。

7. 极冷亚矮星

极冷亚矮星[10]是最近发现的贫金属低质量矮星及褐矮星,它与极冷矮星拥有相同的光谱范围,分为晚型 M、L、T 型。这类天体首先是在大天区测光巡天与自行巡天中被发现,它们的颜色与极冷矮星相比偏蓝。目前已知的极冷亚矮星数目比较少,光谱型主要为晚型 M 型。与属于盘星族的极冷矮星不同,极冷亚矮星属于晕星族,具有很低的金属丰度。它们质量低,具有极长的演化年龄,在星系形成的早期形成,因此就可以利用它们来追踪银河系结构和化学增丰过程。我们目前对它的了解还很不完善,比如大气化学和光谱模型、温度或光度尺度、自转、在银河系中的轨迹、亚矮星天体的质量边界以及极冷亚矮星与球状星团星族的关系。要研究这些问题首先需要发现更多此类天体,并对这些天体进行精密的光谱、测光观测以及距离的测量。

8. 前景与挑战

今后在褐矮星领域的主要科学目标有:证认 Y 型褐矮星以及最低温度(约 300K)的褐矮星;银盘、银晕以及年老星团中褐矮星的探测,特别是 L-T 过渡阶段褐矮星(约 1000K)的探测;具有年龄、质量或金属丰度等直接观测量的基准褐矮星的探测。所有这些不仅仅对研究褐矮星初始质量函数有重要意义,而且对于极低质量褐矮星和气态行星的大气层有重要意义。而这些科学目标的实现需要使用高灵敏度的红外探测器以及大口径、大视场和高灵敏度的地面和空间望远镜,如英国红外望远镜深场巡天(UKIDSS),天文光学和红外巡天望远镜(VISTA),全景巡天望远镜和快速反应系统(Pan-STARRS),宽场近红外巡天空间探测器(WISE),赫歇尔空间望远镜,韦伯空间望远镜,欧洲极大望远镜(E-ELT)等。另外我们还需要改进褐矮星的冷大气模型,这些需要有更高级的数值模拟以及更详细的实验和理论研究。我国新建成的大天区面积多目标光纤光谱天文望远镜(LAMOST),在证认银盘、银晕以及星团中的极冷矮星方面将会有用武之地。我国如果要在褐矮星领域占有一席之地,需要建设大型红外望远镜以及参与国际大型望远镜建设项目。

参 考 文 献

[1] Nakajima T, Oppenheimer B R, Kulkarni S R, et al., Discovery of a cool brown dwarf. Nature, 1995, 378: 463–465.

[2] Kirkpatrick D J, Reid I N, Liebert J, et al., Dwarfs Cooler than "M": The Definition of Spectral Type "L" Using Discoveries from the 2 Micron All-Sky Survey (2MASS).The Astrophysics Journal, 1999, 519: 802–833.

[3] Burgasser A J, Kirkpatrick J D, Brown M E, et al., The Spectra of T dwarfs. I. Near-infrared Data and Spectral Classification. The Astrophysical Journal, 2002, 564: 421–451.

[4] Burningham B, Pinfield D J, Leggett S K, et al., The discovery of an M4+T8.5 binary system. Mon. Not. R. Astron. Soc., 2009, 395(3): 1237–1248.

[5] Zhang Z H, Pinfield D J, Day-Jones A C, et al., Discovery of the first wide L dwarf + giant binary system and eight other ultra-cool dwarfs in wide binaries. Mon. Not. R. Astron. Soc., 2010, 404(4): 1817–1834.

[6] Allard F, Hauschildt P H, Alexander D R, The limiting effects of dust in brown dwarf model atmospheres. The Astrophysical Journal, 2001, 556: 357–372.

[7] Pinfield D J, Jones H R A, Lucas P W, et al., Finding benchmark brown dwarfs to probe the substellar initial mass function as a function of time. Mon. Not. R. Astron. Soc., 2006, 368(3): 1281–1295.

[8] Pinfield D J, Burningham B, Tamura M, et al., Fifteen new T dwarfs discovered in the UKIDSS Large Area Survey. Mon. Not. R. Astron. Soc., 2008, 390(1): 304–322.

[9] Deacon N R, Hambly N C. The possiblity of detection of ultracool dwarfs with the UKIRT Infrared Deep Sky Survey. Mon. Not. R. Astron. Soc., 2006, 371(4): 1722–1730.

[10] Burgasser A J, Lepine S, Lodieu N, et al., Ultracool Subdwarfs: The Halo Population Down to the Substellar Limit. Proceedings of the 15th Cambridge Workshop on Cool Stars, 2009, 1094: 242–249.

撰稿人:张曾华[1]　Richard Pokorny[2]　David Pinfield[1]

1 英国赫特福德大学
2 中国科学院云南天文台

星团中的蓝离散星

Blue Stragglers in Star Clusters

1. 星团的颜色-星等图与蓝离散星

赫罗图是目前发现的恒星性质之间最重要的关系，它对推进我们对恒星演化的理解具有极度重要的意义，既可以对恒星演化理论进行最严格的检验，又是研究银河系整个历史的一个最有力的工具。赫罗图有不同的变体，以适用于不同研究的需要。从理论观点，最方便的赫罗图形式是有效温度与光度的关系曲线；在观测上，赫罗图最有用的形式是颜色-星等图，它是一个颜色与星等的关系曲线。图1给出了典型的球状星团和疏散星团的颜色-星等图。

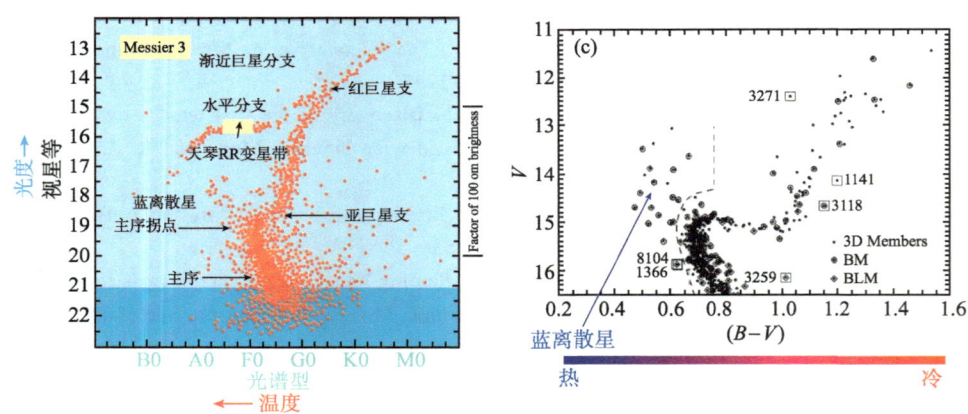

图1　星团的颜色-星等图。左图：球状星团 M3(图片来自 http://personal.tcu.edu/~mfanelli/imastro/imastro_star_clusters.html)；右图：疏散星团 NGC 188。
(图片来自 Geller, Mathieu, Harris, McClure, 2008, AJ, 135, 2264)

观测上，疏散星团和球状星团表现出两类：一类在颜色星等图上没有恒星位于主序转折点的上方；另一类则有这类星存在。Sandage 在 1953[1]年首先注意到了球状星团 M3 中这类奇怪的星体；Johnson 和 Sandage 1955[2]年在疏散星图 M67 中也发现了这类星体。1958 年，Burbridge 和 Sandage[3]首先用"straggler"来表示疏散星团 NGC 7789 中的这类星体。这类星体即我们现在所指的蓝离散星(blue straggler)。

2. 蓝离散星的重要意义

最初人们认为，NGC 7789 中的蓝离散星可能是位于银河系旋臂的场星(即它们不属于这个星团),或者是已经演化到水平分支而正处于水平分支和主序的交界带。但是蓝离散星的表面重力加速度和有效温度表明它们是还没有演化的主序星(质量大于星团拐点的质量)。同时自行研究表明大多数蓝离散星是星团成员。一颗正常恒星可以通过恒星演化理论知道其在主序停留的时标,其所属星团的年龄可以通过星团拐点恒星的质量来确定。恒星质量越大,在主序停留的时标越短。很明显,蓝离散星与标准恒星演化理论不符,绝大多数星团的星都演化离开了主序,蓝离散星却由于某种原因保留了下来。

因此,从恒星演化的领域来说,蓝离散星的存在表征着对恒星演化以及星团中的恒星形成的理解不完全。如果蓝离散星是单个恒星演化的结果,我们则需要对恒星的产能区作进一步深入研究;如果蓝离散星如大量证据显示,是双星相互作用的结果,将会对目前的双星演化理论提供限制或验证。最近观测发现,蓝离散星还和一些特殊星,如 Be 星,X 射线源相关,这同样值得研究。

因为蓝离散星比其他正常主序星具有更高的有效温度和光度,因此对整个星团的积分光谱的蓝端和紫外产生重要影响(图 2)。所以目前世界上星族合成领域的研究都在尝试加入蓝离散星成分。

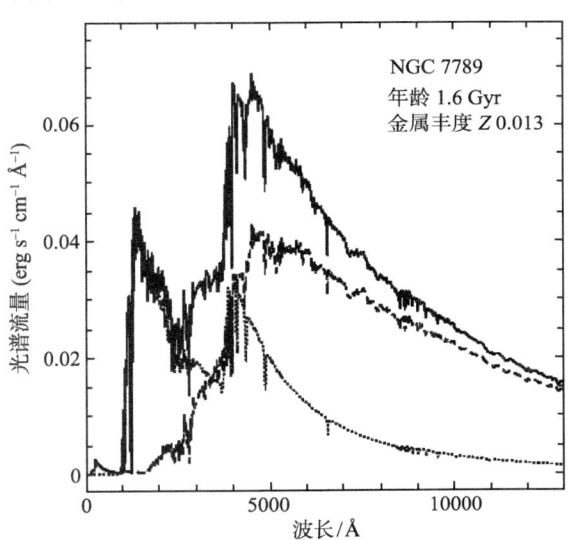

图 2　NGC 7789 的积分光谱能量分布。虚线(---):标准的简单单星族合成;点线(…):蓝离散星;实线(—):简单单星族+蓝离散星。

(图片摘自 Xin Y. 博士后研究报告)

蓝离散星的研究还可以对星团其他方面的研究给出限制,如星团的环境、动力学演化等。

3. 蓝离散星的形成

自从 Sandage(1953)[1]发现 M3 中的蓝离散星以来,有很多理论都试图来解释这类特殊天体，其中一些理论更经得住观测的检验。但是，到目前为止，没有一种理论可以单独解释所有蓝离散星的特性。最近的观测研究结果更倾向于多种形成机制在同一星团中共同作用，双星相互作用成为一个不可忽视的部分[4]。下面我们讨论蓝离散星的形成时，我们认为蓝离散星是星团的成员星，并还没有演化离开主序。

3.1 单星理论

(1) 蓝离散星的形成时间。星团中是否存在多次恒星形成，而蓝离散星是一些较为年轻的星？这种情况是可能的。一些年轻星团的蓝离散星是由于这种原因产生的。Eggen & Iben (1988)[5]在讨论超团内非常年轻的盘星族恒星形成时总结说，在年轻星族和星团中，蓝离散星现象至少有两种不同的物理机制，即延迟的恒星形成暴和密近双星中延迟的演化效应。在非常年轻的盘星族和星团中，绝大多数蓝离散星是通过前者形成的，因为双星的延迟演化效应体现需要一定的时间。

(2) 蓝离散星的演化方式。① 类均匀演化：蓝离散星的内部可能存在一种非热压，该非热压诱导恒星内部发生更大的混合而发生类均匀演化(与恒星形成前的演化类似，除了最表面的区域外，整个恒星内部各种物质分布是均匀的，因此有氢不断地被卷入核反应区)，从而延长其在主序的寿命；或者存在一种非热源，如快速旋转或磁压，可以降低恒星的温度和光度，从而延长中心氢燃烧的时间。但这只是一个想法，因为其中有太多不清楚问题，如为什么只有蓝离散星存在非热压(源)、混合机制是什么等，而没有进一步的研究。② 物质损失：Willson，Bowen 和 Struck-Marcell(1987)[6]认为，位于不稳定带延伸区的质量为 1-3 太阳质量的主序星可能会经历物质损失而沿主序带向下演化，另一些星却没有向下演化而被观测为蓝离散星。这样形成的蓝离散星应该位于不稳定带之外，具有较低的旋转速度和正常的锂丰度。但由于蓝离散星的表面没有观测到正常的锂丰度，这种方式在此后也鲜为人提及。

(3) 单星-单星碰撞并合。这种形成蓝离散星的方式在 20 世纪 90 年代得到了很大的发展。从最初的碰撞到最终的并合大致要经过以下几个阶段(如图 3 所示)：小质量星发生碰撞；两颗星相互旋转、并合，并有物质抛出；被抛出的物质分散开去，留下一个并合的、热的、快速旋转的新生星；新生星膨胀成一颗红巨星，该阶段的磁活动可使其旋转变慢；恒星最终收缩成一颗蓝离散星。星团中两颗孤立的恒星发生碰撞的几率还是很少的，因此这种机制在高密度环境下才可能变得非常重要。

3.2 双星理论

(1) 物质交换。密近双星在演化到物质交换时，如果吸积星还处在主序阶段，由于吸积物质，这颗星将会沿着主序带向上演化，同时有富氢物质混入核反应区。它在主序停留的时标也比相应质量的主序星要长。有一些蓝离散星是通过这种渠道形成的。

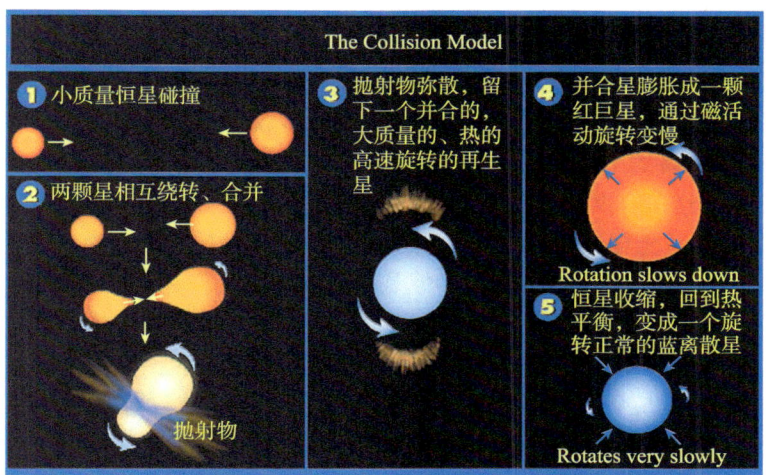

图 3　单星–单星碰撞并合形成蓝离散星的简单图像。
(http://imgsrc.hubblesite.org/hu/db/images/hs-1997-35-d-pdf.pdf)

(2) 双星并合。这里的并合是指双星的两个子星在演化过程中形成公共包层(如相接双星、动力学非稳定的物质交换)，最终并合成一颗单星。年老星团中的蓝离散星可能是通过这种方式形成的，但前提是我们应该在星团中观测到一定比例的双星系统。在中等年龄和年老的疏散星团和球状星团已经仔细研究过的蓝离散星中，观测到的密近双星数目和并合理论预测的结果一致。同时，观测上的 FK Comae 星被认为是双星并合的直接证据。

图 4　相接双星并合形成蓝离散星的图像。
(http://imgsrc.hubblesite.org/hu/db/images/hs-1997-35-d-pdf.pdf)

(3) 双星–单星或双星–双星碰撞。低密度星团中的双星–双星碰撞会导致恒星相互作用。如果两个主序星接触，它们将并合并丢失很少的物质。因此，如果低密度星团存在原初双星，由于比较大的双星碰撞截面，它们将很容易产生蓝离散星。在稠密星团中，如果考虑动力学相互作用，结合不够紧密的双星系统可能会被破坏，密近双星系统则有可能并合产生蓝离散星。一部分被破坏的双星也可能自身发生碰撞而形成蓝离散星。我们注意到，这种碰撞形成的蓝离散星的性质和结构有可能与单星–单星碰撞的产物类似，也有可能与相接双星并合的产物类似。

4. 蓝离散星的未解问题

虽然对蓝离散星的研究已经有半个多世纪,但其中还有许多问题没有解决。在此简单地举几个例子:(1) 非常亮的蓝离散星的形成。我们在一些星团中观测到了一些非常亮的蓝离散星,如 M67 中的 F81。按照其光度,其质量应该是拐点质量的 3 倍左右。这样的蓝离散星将会主导其所属星团蓝端和紫外的积分光谱能量分布。目前的双星演化理论无法解释该星团中形成如此大质量的蓝离散星。有理论认为 F81 是一个三星系统并合的结果,但是否真的如此我们还不清楚。(2) 相接双星并合形成蓝离散星,最终的角动量损失机制。刚刚并合的蓝离散星应该有一个比较高的旋转速度。但 M67 中,蓝离散星的旋转速度比我们期望值低。很显然有角动量损失了。磁滞效应不可能是角动量丢失的原因,因为 M67 中的蓝离散星谱型太早而使得这种机制无效。那么角动量是如何损失掉的,我们还不清楚。(3) 蓝离散星的比诞生率。一般我们认为,在疏散星团和场中,原初双星演化是形成蓝离散星的主要渠道。但是 Chen & Han(2009)[7]年的研究暗示,原初双星演化效应只能产生观测上 20%左右的蓝离散星。虽然他们在文中对这一结果进行了讨论,但我们实际上并不清楚真正的原因是什么。(4) 蓝离散星和特殊星之间的关系。近几年,有观测发现,蓝离散星和一些特殊星如 Be 星,X 射线源之间有一定的联系,但还没有人对这方面进行研究。(5) 演化星族合成如何从理论上简单、有效的加入蓝离散星成分。这是目前国际上正在积极做的一件事情。

参 考 文 献

[1] Sandage A R, The color-magnitude diagram for the globular cluster M3. AJ, 1953, 58, 61.
[2] Johnson H L, Sandage A R, The galactic cluster M67 and its significance for stellar evolution. ApJ, 1955, 121, 616.
[3] Burbidge E, Sandage A R, The Color-Magnitude Diagram for the Galactic NGC 7789. ApJ, 1958, 128, 174.
[4] Davies M B, Piotto G, Angeli F D, Blue straggler production in globular clusters. MNRAS, 2004, 349, 129.
[5] Eggen O J, Iben Jr I, Starbursts, binary stars, and blue stragglers in local superclusters and groups. I - The very young disk and young disk populations. AJ, 1988, 96, 635.
[6] Willson L A, Bowen G, Struck-Marcell C J, Mass loss on the main sequence. Comm. Astrophys. C., 1987, 12, 17.
[7] Chen X, Han Z, Primordial binary evolution and blue stragglers. MNRAS, 2009, 395, 1822.

撰稿人:陈雪飞
中国科学院云南天文台

球状星团中水平分支星的第二参数问题

The Second Parameter Problem of Horizontal Branch Stars in Globular Cluster

1. 球状星团和水平分支星

我们的银河系内有几千亿颗恒星,当一群恒星受到成员星的引力束缚而聚集称为一个恒星群,这个恒星群就组成一个星团。星团分为疏散星团和球状星团两类。疏散星团大约由 10^3 颗恒星组成,形状不规则,成员星为年轻的星族 I 恒星。球状星团大约由 10^6 颗恒星组成,呈球状或扁球状,成员星为年老的星族 II 恒星。球状星团一般会有下列演化分支:主序(main sequence, MS),红巨星分支(red gaint branch,RGB),水平分支(horizontal branch,HB),渐近巨星分支(asymptotic gaint branch, AGB)。处于水平分支演化阶段的恒星正在进行中心氦燃烧,外面有富氢壳层。

2. 研究意义

球状星团是星系中已知最老的成员,它们的运动学和化学性质以及空间分布对银河系的结构和演化有重要意义;一般认为,球状星团的成员星是同时形成的,具有相同的初始化学丰度,我们可以利用它去研究小质量恒星和星族 II 恒星的演化;我们可以用水平分支星来估算球状星团的年龄[1],从而限制宇宙年龄下限;对水平分支星的研究可以增进我们对恒星结构和演化的理解;对热的水平分支星以及它们后续演化的研究,将有助于我们认识椭圆星系中紫外超现象[2]。

3. 水平分支的各个部分

(1) 水平分支的红端(Red HB)

红端水平分支星(图 1)一般出现在金属丰度较高,年轻的球状星团中。然而在少数的低金属丰度,年龄比较大的球状星团中也可以出现。这种情况下的红端水平分支星可能是由于恒星在红巨星阶段丢掉了很少质量的物质外壳而形成,或者这些星原来是蓝端水平分支星(Blue HB),现在已经演化到颜色星等图的右边,它们在水平分支阶段的演化已经接近尾声,马上要进入渐近巨星支的演化。还有一种说法认为红端水平分支星可能是由蓝离散星(blue strange star, BSS)演化而成[3]。

(2) 水平分支的蓝端(Blue HB)

在球状星团的颜色星等图上,水平分支的蓝端(图 1)落在 RR Lyrae 不稳定带的蓝端。根据温度的不同,蓝端水平分支星还可以细分,温度低于 12000K 的称为 A

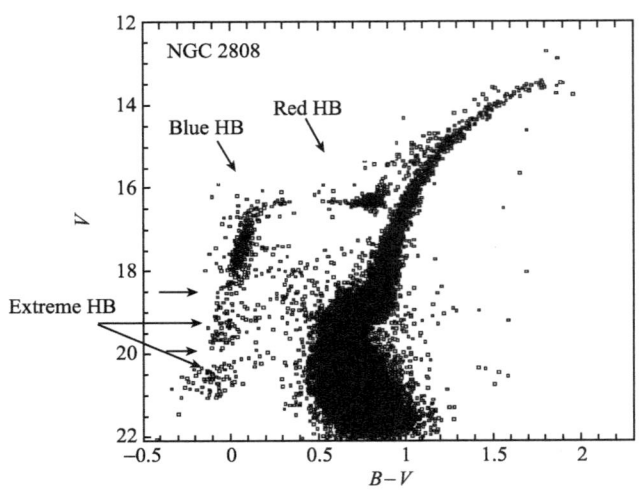

图 1 球状星团 NGC 2808 的颜色星等图[4]。

型水平分支,温度在 12000~20000K 之间的称为 B 型水平分支,而温度高于 20000K 的称为极端水平分支(Extreme HB)。在一些球状星团的颜色星等图上,蓝端水平分支除了包含一个水平的部分,还有一个垂直的部分,人们把它叫做蓝尾(Blue tail),但并不是所有的球状星团都有蓝尾。有些球状星团的蓝端水平分支的某些区域恒星的数目很少,甚至没有,出现了所谓的"裂缝"(gap)[5],到目前为止,对于 gap 没有很好的解释。

(3) 极端水平分支(Extreme HB)

极端水平分支星(图 1)的温度很高,一般认为在 20000K 以上,壳层的质量非常小,一般小于 $0.02M_\odot$。由于外壳质量非常小,它们的演化轨迹也和一般的水平分支星不同,有些极端水平分支星在中心 He 燃烧结束后不经过 AGB 阶段就直接演化为白矮星,还有一些在演化到早期 AGB 阶段时就离开了 AGB 演化为白矮星。

4. 第二参数问题

(1) 第一参数

人们把水平分支星在球状星团颜色星等图上的分布叫做水平分支的形状,不同的球状星团,它们的水平分支的形状各不相同,水平分支的形状是由球状星团的性质决定的。早在 1960 年,Sandage 和 Wallerstein 经研究发现,金属丰度是影响水平分支形状的主要因素[6]。对于银河系内大部分球状星团来说,金属丰度越高,则水平分支越红(即该星团的水平分支星主要集中在红端),金属丰度越低,则水平分支越蓝(即水平分支星主要集中在蓝端)。人们把金属丰度称为第一参数。

(2) 第二参数

随着观测技术的不断发展,人们发现金属丰度并不是影响水平分支形状的唯一参数。有少数球状星团,它们的金属丰度很高,但却出现了蓝端水平分支,甚至极端水平分支。反之,在一些金属丰度很低的球状星团中,反而只有水平分支的红端。还有一些球状星团,它们的金属丰度相同或者相差不大,但水平分支的形状却截然不同(如 M3 和 M13,见图 2)。这些观测证据表明,在金属丰度之外肯定还存在其他能够影响水平分支形状的因素,我们把这些因素称为第二参数。

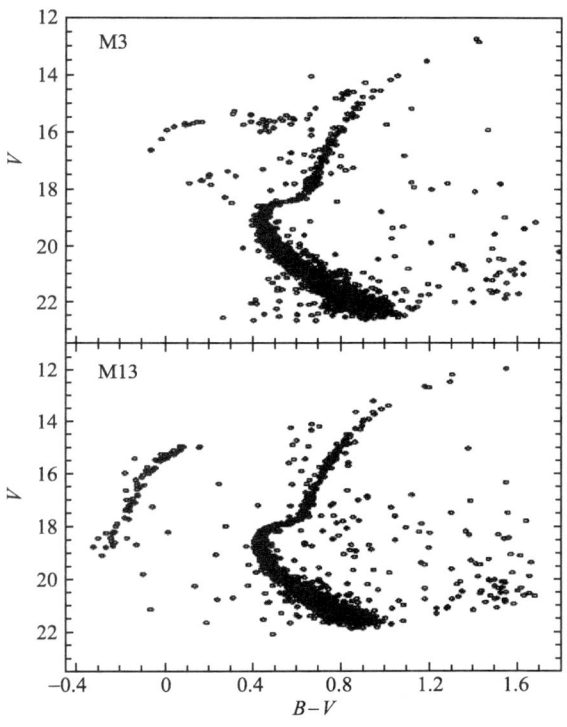

图 2　M3 和 M13 球状星团的颜色星等图[7]。

5. 研究现状

从 20 世纪 60 年代开始,人们就一直在努力寻找神秘的第二参数。最开始,有人认为年龄是第二参数[8],他们认为年龄可以解释有着相同金属丰度但水平分支形状完全不同的球状星团,如 M13 和 M3 等。但它不能解释有着双峰分布(既有红端,又有蓝端)球状星团的水平分支形状。此外,人们还相继提出了一些可能的第二参数,如:He 的增丰[9],星团的扁率,行星系统,星团的中心密度,星团的质量等。有些人则认为水平分支的形状是由这些因素共同作用的结果,只是在不同的球状星团中,各个因素的作用大小不同。但是,这些参数各自存在自己的缺陷,都没能成为大家公认的第二参数。

参 考 文 献

[1] Eterson B, Stetson, et al. The relative age of Glactic Globular Cluster. Publications of Astronomical Society of the Pacific, 1996, 108: 560–574.
[2] Han Z, Podsiadlowski Ph, et al. A binary model for the UV-upturn of elliptical galaxies. Monthly Notices of the Royal Astronomical Society, 2007, 380: 1098–1118.
[3] Fusi Pecci F, Ferraro F R, et al. On the blue straggers and horizontal branch morphology in Galactic Globular Cluster: some speculations and a new working scenario. The Astronomical Journal, 1992, 104: 1831.
[4] Bedin L R, Piotto G, et al. The anomalous Galactic globular cluster NGC 2808. Astronomy & Astrophysics, 2000, 363: 159.
[5] Catelan M, Borissova J, et al. Bimodality and gaps on Globular Cluster horizontal Branchs. II The cases of NGC 6299, NGC 1851, NGC 2808. Astrophysical Journal, 1998, 494: 265–284.
[6] Allen Sandage, George Wallerstein. Color-magnitude diagram for the disk Globular Cluster NGC 6356 compared with halo clusters. Astrophysical Journal, 1960, 131:598.
[7] Soo-Chang Rey, Suk-Jin Yoon, Young-Wook Lee, et al. CCD Photometry of the classic second-parameter Globular Clusters M3 and M13. The Astronomical Journal. 2001, 122: 3219–3230.
[8] Young-Wook Lee, Pierre Demarque, et al. The horizontal-branch in Globular Clustes, II. The second parameter phnomenon. Astrophysical Journal, 1994, 423:248.
[9] D'Atona F, Caloi V, et al. Helium variation due to self-pollution among Globular Cluster stars: Consequences on the horizontal branch morphology. Astronomy & Astrophysics, 2002, 395: 69.

撰稿人：雷振新
中国科学院云南天文台

共生星：相互作用双星的实验室

Symbiotic Stars: A Laboratory of Interacting Binaries

在当今的天文学领域，科学家对相互作用双星有着特别的兴趣，因为相互作用双星对星团、星系的形成和演化起着至关重要的影响。共生星是相互作用双星系统，因其壮观的光谱和光变一直备受关注。它们包含一颗冷伴星(红巨星)、一颗热伴星(通常是白矮星、亚矮星、中子星或吸积的低质量主序星)和一个 HⅡ 电离区。它们之间复杂的相互作用一直是天文学中的难题，同时也为恒星演化理论和相互作用双星的研究提供了激动人心的实验室。

(1) Ia 型超新星前身星的实验室。由于 Ia 型超新星是可以用来测量宇宙距离的标准烛光，Riess 等用它们来测量宇宙的加速膨胀[1,2]。Ia 型超新星的前身星系统仍然是一个未解难题。依据经典的双星演化理论，共生星系统对 Ia 型超新星的贡献率不足百分之一[3]。然而观测表明 SN 2006X 和 2007on 的前身星都可能是共生星系统[4,5]。特别是，2006 年二月共生星再发新星 RS Oph 的爆发为人类认识 Ia 型超新星前身星提供了宝贵的机会。O'Brien 等发现在 RS Oph 2006 年的爆发中红巨星的星风是非球对称的[6]。Lu 等人提出了红巨星非球对称的星风模型，使得共生星系统对 Ia 型超新星的贡献率提高到每年 0.001 颗，并解释了 SN 2002ic 的观测特性[7]。随着对共生星的更多、更细致的观测，将为人类认识 Ia 型超新星前身星提供宝贵的资料和启示。

(2) X 射线双星的实验室。X 射线双星通常包含一颗中子星或黑洞。其中，中子星旋转周期和磁场的演化一直是天文学中亟待解决的问题。如果中子星的伴星是一颗红巨星，则此 X 射线双星被称作共生 X 射线双星。迄今为止，尽管只有六颗共生 X 射线双星被观测到，然而它们却有着极其显著的特点：① 共生 X 射线双星中的中子星都有较长的自转周期。通常，吸积中子星的自转周期都是几秒到几毫秒。而共生 X 射线双星中的中子星的自转周期都很长。从 Sct X-1 的 111 秒的自转周期[8]到 4U 1054+31 的 18720 秒的自转周期[9]。其中，后者是迄今为止发现的自转周期最长的吸积中子星。② 共生 X 射线双星的轨道周期都较长。通常，X 射线双星的轨道周期在几分钟到一年不等，大多数的轨道周期都小于 10 天。在 6 颗共生 X 射线双星中，已知的轨道周期都比较长。GX 1+4 的轨道周期为 1161 天[8]，4U 1700+24 的轨道周期为 404 天[9]，它们是已知的 187 颗低质量 X 射线双星中轨道周期最长的。以上两个特点，使得共生 X 射线双星在 X 射线双星中占据着重要的位置。因而，共生 X 射线双星为天文学家全面理解 X 射线双星提供了极佳的特例。

此外,在共生星系统中也观测到了诸如喷流、星风碰撞、软 X 射线发射等有趣并且急需解释的天文现象。共生星是一个复杂的相互作用双星系统。对它的研究将为揭开天文学中一个又一个难题做出重要的贡献。

参 考 文 献

[1] Riess A G, Filippenko A V, Challis P, et al. Observational Evidence from Supernovae for an Accelerating Universe and a Cosmological Constant. The Astronomical Journal, 1998, 116: 1009−1038.

[2] Perlmutter S, Aldering G, Goldhaber G, et al. Measurements of Omega and Lambda from 42 High-Redshift Supernovae. The Astrophysical Journal, 1999, 517: 565−586.

[3] Han Z, Podsiadlowski Ph, The single-degenerate channel for the progenitors of Type Ia supernovae. Monthly Notices of the Royal Astronomical Society, 2004, 350: 1301−1309.

[4] Patat F, Chandra P, Chevalier R, Justham S, et al. Detection of Circumstellar Material in a Normal Type Ia Supernova. Science, 2007, 317: 924−926.

[5] Voss R, Nelemans G, Discovery of the progenitor of the type Ia supernova 2007on. Nature, 2008, 451: 802−804.

[6] O'Brien T J, Bode M F, Porcas R W, et al. An asymmetric shock wave in the 2006 outburst of the recurrent nova RS Ophiuchi. Nature, 2006, 442: 279−281.

[7] Lü G L, Zhu C H, Wang Z J, et al. An alternative symbiotic channel to Type Ia supernovae. Monthly Notices of the Royal Astronomical Society, 2009, 396: 1086−1095.

[8] Kaplan D L, Levine A M, Chakrabarty D, et al. Lost and Found: A New Position and Infrared Counterpart for the X-Ray Binary Scutum X-1. The Astrophysical Journal, 2007, 661: 437−446.

[9] Corbet R H D, Sokoloski J L, Mukai K, et al. A Comparison of the Variability of the Symbiotic X-Ray Binaries GX 1+4, 4U 1954+31, and 4U 1700+24 from Swift BAT and RXTE ASM Observations. The Astrophysical Journal, 2008, 675: 1424−1435.

撰稿人:吕国梁
新疆大学物理科学与技术学院

大质量 X 射线双星

High-mass X-ray Binaries

1. 引言

由于天体的 X 射线受到地球大气的严重吸收，因此需要在地球大气外进行探测。早在 1962 年 6 月 18 日，意大利裔美国天文学家里卡尔多·贾科尼等人利用火箭升至 150 千米的高空，在 X 射线波段开始了全天范围内的扫描观测。这次试验在天蝎座发现了一个很强的 X 射线源，命名为天蝎座 X-1[1]。后来证实为来自银河系中心的 X 射线辐射。天蝎座 X-1 是人类发现的除太阳以外的第一个宇宙 X 射线源，这次观测被认为是 X 射线天文学的开端。贾科尼也因他开创性的贡献获得 2002 年的诺贝尔物理学奖。

虽然 X 射线的探测始于 20 世纪 40 年代，但是成为一门学科，则是 1970 年 12 月美国的乌呼鲁(Uhuru)人造卫星上天以后的事。最早证认的 X 射线双星是半人马座 X-3 和武仙座 X-1。乌呼鲁卫星观测到了它们具有 X 射线脉冲，并且经历数天的周期性变化。X 射线脉冲星发现后，提出了密近双星的模型解释这种现象，脉冲的周期性变化是由于双星相互掩食而产生的。乌呼鲁卫星还发现了第一个黑洞候选天体——天鹅座 X-1。

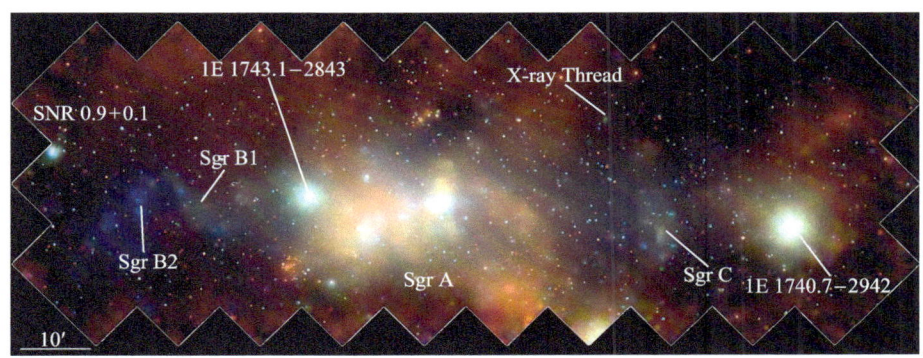

图 1　钱德拉卫星的 X 射线星空[2]。

X 射线双星是一类发出明亮 X 射线辐射的双星，双星系统中有一颗为中子星或黑洞[3]。它们的典型光度在 $10^{33} \sim 10^{38}$ 尔格/秒之间。根据伴星的质量，X 射线双星大体上可以分为大质量 X 射线双星和小质量 X 射线双星两类。

大质量 X 射线双星的伴星是中子星或者黑洞(所以不包括激变变星)，主星为大质量恒星(高于 10 倍太阳质量)，光谱型多为 O、B 型，通常为 Be 星或超巨星。这类双星的 X 射线辐射是由于主星吹出的星风被伴星所俘获，并下落到伴星表面而发出的。大质量 X 射线双星在可见光波段的光度通常大于 X 射线光度，光学光度主要是由主星贡献的，而 X 射线辐射则主要由伴星所贡献。其 X 射线谱的特点是较硬，时变特性变现为正常的 X 射线脉冲，没有 X 射线暴。它们的空间分布沿银盘方向比较集中，属于年龄小于 10^7 年的年轻星族。

大质量 X 射线双星大致又可分为两类：超巨星大质量 X 射线双星和 Be/X 射线双星。超巨星 X 射线双星的显著特点是具有球对称的星风；而 Be/X 射线双星的星风呈盘状，而且会呈现周期性的爆发，通常为暂现源。

2. 大质量 X 射线双星研究的意义

X 射线双星是当今天体物理中最前沿、最活跃的研究领域之一，也是 X 射线天文学最重要的研究内容之一。截至 2009 年 10 月，天文学家已探测到已经在银河系内发现了超过 140 个大质量 X 射线双星，在麦哲伦星云中发现 100 多个[4]。钱德拉 X 射线天文台还在其他河外星系中发现了大质量 X 射线双星。大质量 X 射线双星的辐射几乎覆盖整个波段，在射电、红外、光学、紫外、X 射线直到伽马射线波段上都探测到较强的辐射，为研究这类天体现象提供了特别丰富的信息。特别是近十几年来，众多高性能的高能天文卫星(如 XTE、BeppoSAX、Chandra、XMM、INTEGRAL、Suzaku 和 Swift 等)在轨工作，促进了 X 射线双星的研究。研究有物质交流的双星系统，对双星演化、吸积过程和吸积盘结构研究都有重要意义。对它们的研究将会大大加深我们对 X 射线双星性质的理解及双星的起源和演化的认识。

3. 未解决科学问题

大质量 X 射线双星是一个相对年轻的研究领域，有太多的难题没有解决，这些难题涉及来源、机制、演化以及恒星本身的性质。我们相信随着观测手段的提高，以及人们对大质量 X 射线双星的理解，这些难题将逐个得到解决。

(1) 大质量恒星的演化结果

一般认为，质量超过 8 倍太阳质量的恒星最终将演化为中子星或者黑洞。只要前身星的质量超过某个极限，恒星最终就会坍缩成为黑洞。越来越多的证据如核坍缩模拟和核种合成限制表明，单颗星演化成黑洞的质量极限略小于 25 个太阳质量。恒星演化模型研究表明，初始质量小于 22 倍太阳质量的恒星将最终演化成中子星。但质量大于 45 倍太阳质量的恒星，因为有很大的质量损失率，不一定最后都演化为黑洞[5]。

举一个例子说明大质量恒星的演化，由 LS I+61° 303 的自行可以推出它可能是 200 万年前由超新星爆发从邻近的恒星形成区 IC 1805 弹出的天体。由于 IC 1805 中目前仍存在质量为 80 倍太阳质量的恒星，说明 LS I+61° 303 的前身星的质量应该大于 80 倍太阳质量。但 LS I+61° 303 致密星的质量小于 4 个太阳质量，可能是一颗中子星或者是由于物质回流形成的小质量黑洞，这说明大质量前身星在超新星爆发前起码失去了 90% 的质量。这是初始质量大的恒星并不一定就直接坍缩成黑洞的观测证据[6]。

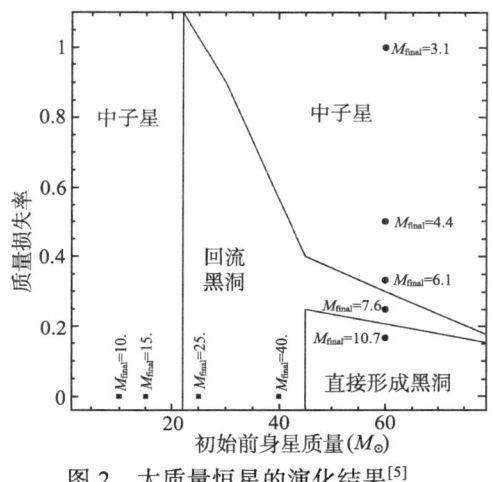

图 2　大质量恒星的演化结果[5]。

(2) 恒星级大质量黑洞的形成

用径向速度方法观测可以推断出 X 射线双星系统中黑洞的质量。一般来说，现有的恒星演化模型很难预测密近双星中产生超过 10 倍太阳质量的黑洞，这和现在发现的恒星级大质量黑洞都在 10 倍太阳质量左右一致，如小质量 X 射线双星 GRS 1915+105 中的黑洞为 14.0±4.4 太阳质量，仍在演化模型预报的误差范围内。2007 年，Orosz 等人[7]在临近的旋涡星系 M 33 中发现一个轨道周期为 3.45 天的交食大质量 X 射线双星，M 33 X-7。它是一个质量为 15.65±1.45 太阳质量的黑洞。要产生质量这么大的黑洞，它的前身必须保留它较多的包层直到核心的氦聚变完成。由于这个大质量 X 射线双星的轨道周期为 3.45 天，双星演化一定要经过共同包层阶段，并在共同包层阶段损失很大一部分质量。前身星在演化过程中质量损失应该比大质量恒星的演化模型假设的数值小一个量级，否则 M 33 X-7 不可能经过共同包层阶段。这对恒星演化模型提出了新的挑战。

(3) 黑洞 Be/X 射线双星的存在

在银河系里有 60 多颗 Be/X 射线双星，其中有 42 颗致密星确定是中子星，但至今为止没有发现黑洞 Be/X 射线双星。在麦哲伦星云中也发现了很多 Be/X 射线双星,同样也没有发现黑洞 Be/X 射线双星。除了天鹅座 X-1 外,在银河系内也没有发现黑洞大质量 X 射线双星。但理论上似乎没有什么机制可以阻止黑洞 Be/X 射线双星的形成。张帆等人[8]发现在密近双星系统中 Be 星的星周盘可以很有效地被截断。另外,星族合成表明大部分黑洞都产生在轨道周期小于 30 天的系统中,所以黑洞 Be/X 射线双星可能是很长时间都处在宁静态,不易被探测到。理论上,产生 Be/X 射线双星的演化模型所预报的形成中子星 Be/X 射线双星的概率比形成黑洞 Be/X 射线双星的概率要高得多[9],大概是 50 倍,起码也在 10 倍以上。现在确认的 Be/X 射线双星是 42 颗,所以期望的黑洞 Be/X 射线双星的数目大概是一个左右,与观测事实一致。

(4) 超巨星快速 X 射线暂现源的辐射机制

以前发现的大部分超巨星 X 射线双星是稳态源,但 INTEGRAL 卫星发现了超巨星快速 X 射线暂现源(supergiant fast X-ray transients)。它是大质量 X 射线双星的一个子类,但它们的爆发机制还在争论中。现有的模型有两类:一类是与超巨星的星风结构有关,这个结构可以是球对称外流成团的星风形式[10],或者和 Be/X 射线双星类似,在超巨星的赤道上有一个密度增长的星风区域,而且和中子星的轨道有一定的夹角[11]。另外的一类主要利用各种禁止吸积机制之间的过渡,譬如由于恒星星风的变化导致的离心力禁止吸积和磁禁止吸积之间的过渡,来解释在这些系统中观测到的大的 X 射线光度变化[12]。

另外,由于 INTEGRAL 的工作波段在硬 X 射线到软伽马波段,它们可以研究吸收比较强的银道面,INTEGRAL 发现的星风吸积大质量 X 射线双星的数目是原来的三倍。但它们的数目是否仍然与演化合成模型估计的数目一致?这个数目的变化在大质量 X 射线双星演化能起什么作用?这还是有待解释的问题。

(5) 超巨星 X 射线双星和 Be/X 射线双星的演化联系

当 Be/X 射线双星中的 Be 星演化为超巨星后,吸积再次开始。观测上可能很难将它们和从主序星和中子星系统直接演化来的超巨星 X 射线双星分开。最新的研究发现[13],超巨星 X 射线双星的位置在 Corbet 图上更靠近 Be/X 射线双星所在的区域。但这个问题还需要进一步的研究。

(6) 麦哲伦星云中的大质量 X 射线双星高产出

研究表明银河系、大麦哲伦云和小麦哲伦云的质量比大约是 1:0.1:0.01,而在这三个星系里发现的大质量 X 射线双星的数目是 140:32:96,在麦哲伦云中大质量 X 射线双星的数目可能还有几百个。很显然,质量归一化后麦哲伦云特别是小麦哲伦云中的大质量 X 射线双星的数目比银河系要多很多。在小麦哲伦云里面没有小质量 X 射线双星,也没有黑洞 X 射线双星,而在银河系里差不多有 200 个小质量

X 射线双星以及 40 多个黑洞 X 射线双星。

因为大质量 X 射线双星可以作为恒星形成率的指标，这样高密度的大质量 X 射线双星数目提供了麦哲伦星云中恒星形成率的线索。麦哲伦云中这样高的 Be/X 射线双星密度，可能与麦哲伦星云的金属丰度有关，而且麦哲伦星云曾经和银河系碰撞一致，星系碰撞可能触发恒星形成的爆发。

参 考 文 献

[1] Giacconi R, Gursky H, Waters J R. Two Sources of Cosmic X-rays in Scorpius and Sagittarius. Nature, 1964, 204: 981–982.
[2] Wang Q D, Gotthelf E V, Lang C C. A faint discrete source origin for the highly ionized iron emission from the Galactic Centre region, Nature, 2002, 415: 148–150.
[3] Lewin W H G, van der Klis M. eds. 2006, Compact stellar X-ray sources, Cambridge University Press.
[4] Liu Q Z, van Paradijs J, van den Heuvel E P J. Catalogue of high-mass X-ray binaries in the Galaxy. A&A, 2006, 455: 1165–1168.
[5] Fryer C L, Heger A, Langer N, et al. The Limiting Stellar Initial Mass for Black Hole Formation in Close Binary Systems. ApJ, 2002, 578: 335–347.
[6] Mirabel I F, Rodrigues I, Liu Q Z. A microquasar shot out from its birth place. A&A, 2004, 422, L29–32.
[7] Orosz J A, McClintock J E, Narayan R, et al. A 15.65-solar-mass black hole in an eclipsing binary in the nearby spiral galaxy M 33. Nature, 2007, 449: 872–875.
[8] Zhang F, Li X D, Wang Z R. Where Are the Be/Black Hole Binaries? 2004, ApJ, 603: 663–668.
[9] Belczynski K, Ziolkowski J. On the Apparent Lack of Be X-ray Binaries with Black Holes. arXiv 200907.4990.
[10] In't Zand J J M. Chandra observation of the fast X-ray transient IGR J17544-2619: evidence for a neutron star? A&A, 2005, 441: L1–4.
[11] Sidoli L, Romano P, Mereghetti S, et al. An alternative hypothesis for the outburst mechanism in SFXTs: the case of IGR J11215-5952. A&A, 2007, 476: 1307–1315.
[12] Bozzo E, Falanga M, Stella L. Are There Magnetars in High-Mass X-Ray Binaries? The Case of Supergiant Fast X-Ray Transients. ApJ, 2008, 683: 1031–1044.
[13] Liu Q Z, Chaty S, Yan J Z. Be/X-ray binaries as progenitors of SFXTs. ApJ, 2009, submitted.

撰稿人：刘庆忠

中国科学院紫金山天文台

Ia 型超新星的前身星问题

The Progenitors of Type Ia Supernovae

1. 引言

超新星是恒星演化到晚期的一种极为壮观的高能爆发现象。我国古代天文学家在超新星的观测方面就有许多成就。(1) 东汉中平二年乙丑，我国天文学家观测到超新星 185，这是人类历史上发现的第一颗超新星。该超新星在夜空中肉眼可见八个月。《后汉书·天文志》记载为："中平二年(185 年)十月癸亥，客星出南门中，大如半筵，五色喜怒，稍小，至后年六月消"。(2) 在宋朝，司天监周克明等人记录了超新星 1006，又称周伯星。这颗超新星可能是人类有史以来记录的视亮度最高的超新星。《宋史·天文志》记载为："景德三年四月戊寅，周伯星见，出氐南，骑官西一度，状如半月，有芒角，煌煌然可以鉴物，历库楼东。八月，随天轮入浊。十一月复见在氐。自是，常以十一月辰见东方，八月西南入浊"。(3) 同样是在宋朝，我国天文学家详细记录了产生蟹状星云的一次超新星爆发，即著名的超新星 1054，又称天关客星。《宋会要》记载为："至和元年五月，晨出东方，守天关。昼如太白，芒角四出，色赤白，凡见二十三日"。

Ia 型超新星是超新星的一个子类。它具有可校准的光度，可当作标准烛光，用来测定宇宙学距离，从而探索宇宙的形状[1]。20 世纪末，Ia 型超新星测距研究使人们认识到宇宙在加速膨胀，从而推论出暗能量的存在。这不仅是天文学，更是物理学的巨大突破。Ia 型超新星因其在宇宙学中的特殊地位被美国《新千年天文学和天体物理学》列为近十年内恒星研究的主要对象之一。

2. Ia 型超新星前身星的研究意义

Ia 型超新星的前身星仍不清楚，对其本质的认识在当代天体物理研究中具有重要的意义。(1) 将 Ia 型超新星作为标准烛光测量哈勃常数以及宇宙学参数时，需要我们对 Ia 型超新星光度以及诞生率随红移的演化有很好的了解，而所有这些都和 Ia 型超新星的前身星究竟是什么有关。(2) 星系的化学演化需要 Ia 型超新星的核合成产物、抛射物动能以及辐射作为物理输入，同时依赖于其诞生率随时间的演化。而 Ia 型超新星的诞生率与其前身星模型有关。(3) 对于 Ia 型超新星爆炸的模拟和理解，需要知道爆炸发生时的初始条件和爆炸发生的环境，这些与 Ia 型超新星的前身星有关。(4) 对 Ia 型超新星前身星的认证，有助于对双星演化理论提供合理的限制。

3. Ia 型超新星前身星的研究现状

20 世纪 60 年代,科学家提出恒星的电子简并核可以通过热核燃烧激发热核爆炸,并将整个天体炸碎。经过近 50 年的发展,科学家已普遍接受了如下图景,即 Ia 型超新星来源于双星系统中碳氧白矮星的热核爆炸[2,3]。碳氧白矮星从其伴星吸积物质从而增加自身质量,当其质量增加到其最大稳定质量极限时,其中心会激发不稳定的热核燃烧,放出的能量将整个碳氧白矮星炸碎,并生成大量的放射性元素镍,镍及其放射性子核的放射性衰变的能量注入抛射物中将其加热,从而使 Ia 型超新星看起来如此的明亮。

当前流行的 Ia 型超新星前身星模型主要有两种,一种是碳氧白矮星的吸积模型[4,5],另一种是碳氧白矮星的并合模型[6]。对于碳氧白矮星的吸积模型,它是指一颗碳氧白矮星从一颗主序星、亚巨星、红巨星或者是氦星吸积物质,被吸积的物质在碳氧白矮星表面稳定的燃烧,逐渐增加白矮星质量,当白矮星的质量达到其最大稳定质量极限时,白矮星中心的碳被点燃,释放出的核能瞬间将白矮星炸碎,从而产生 Ia 型超新星现象[7~10]。对于碳氧白矮星的并合模型,它是指一颗碳氧白矮星与另一颗碳氧白矮星或者氦白矮星相互绕转,由于引力波辐射提取双星系统的轨道角动量,使双星之间的距离相互靠近,最终并合成一颗新的碳氧白矮星,如果这颗碳氧白矮星的总质量超过其最大稳定质量极限,它也会发生类似于碳氧白矮星吸积模型那样的热核爆炸。

4. 未解决的科学难题

对于 Ia 型超新星,我们仅仅知道它来自于双星系统中碳氧白矮星的热核爆炸。在 Ia 型超新星前身星研究领域,目前有很多问题仍不清楚。(1) 在其前身星模型中,碳氧白矮星的爆炸质量是多少,即 Ia 型超新星是来自于钱德拉塞卡质量还是亚钱德拉塞卡质量的白矮星热核爆炸,目前仍不清楚。(2) 由碳氧白矮星的并合模型得到的 Ia 型超新星诞生率以及延迟时标(从双星系统的形成到发生 Ia 型超新星爆炸的时间间隔)与观测符合得好,但是这个并合模型是否导致 Ia 型超新星爆炸目前还存在争议。(3) 当前受理论支持的是碳氧白矮星的吸积模型,但是由该模型得到的 Ia 型超新星诞生率仍然低于观测值。(4) 在 Ia 型超新星前身星系统的搜寻方面,仍然没有令人振奋的结果,需要对一些 Ia 型超新星前身星候选体做进一步证认。(5) 碳氧白矮星的吸积模型在发生 Ia 型超新星爆炸后会剩下一颗残留伴星,但是目前仍没找到其残留伴星。(6) 观测发现 Ia 型超新星的爆炸具有多样性,这会对 Ia 型超新星的前身星模型有什么暗示,目前仍不清楚。(7) Ia 型超新星前身星的性质随红移的演化仍不清楚,这将直接影响由其得到的宇宙学结果的可靠性。(8) 在不同星系类型中,Ia 型超新星前身星有什么不同仍不清楚。以上难题的解决,将对认识 Ia 型超新星前身星的本质具有非常重要的科学意义。

参 考 文 献

[1] 王晓峰, 李宗伟. Ia 超新星在宇宙学中的应用. 天文学进展, 2000, 18(2): 159–171.
[2] Meng X, Chen X, Han Z. A single-degenerate channel for the progenitors of Type Ia supernovae with different metallicities: 2009, Mon. Not. Roy. Astron. Soc., 395, 2103–2116.
[3] Wang B, Chen X, Meng X, Han Z. Evolving to Type Ia Supernovae with Short Delay Times: 2009, Astrophys. J., 701, 1540–1547.
[4] Lü G, Zhu C, Wang Z, et al. An alternative symbiotic channel to Type Ia supernovae: 2009, Mon. Not. Roy. Astron. Soc., 396, 1086–1095.
[5] Chen W C, Li X D. Evolving to Type Ia Supernovae with Long Delay Times: 2007, Astrophys. J., 658, L51–L54.
[6] Han Z. The formation of double degenerates and related objects: 1998, Mon. Not. Roy. Astron. Soc., 296, 1019–1040.
[7] Li X D, van den Heuvel E P J. Evolution of white dwarf binaries: supersoft X-ray sources and progenitors of Type Ia supernovae. 1997, Astro. Astrophys., 322, L9–L12.
[8] Han Z, Podsiadlowski P. The single-degenerate channel for the progenitors of Type Ia supernovae: 2004, Mon. Not. Roy. Astron. Soc., 350, 1301–1309.
[9] Han Z, Podsiadlowski P. A single-degenerate model for the progenitor of the Type Ia supernova 2002ic: 2006, Mon. Not. Roy. Astron. Soc., 368, 1095–1100.
[10] Wang B, Meng X, Chen X, Han Z. The helium star donor channel for the progenitors of Type Ia supernovae: 2009, Mon. Not. Roy. Astron. Soc., 395, 847–854.

撰稿人：王　博　韩占文
中国科学院云南天文台

大质量恒星的超新星爆发

Supernova Explosions of Massive Stars

镶嵌在夜空中璀璨无比的恒星,看似在永恒发光,却也逃不出万物皆有身老病死的宿命。像太阳这样的普通恒星,在经历几千万到几十亿年的漫长演化之后,热核反应停止,外层物质将逐渐消散,只留下作为核心的白矮星在缓慢冷却并黯淡下去。质量大得多的恒星则大不一样,它们将在一种极端的壮丽天象中终结其相对短暂的一生 —— 整颗恒星在瞬间爆炸,亮度飞升数万倍不等,热核反应所合成的各种元素被高速抛入星际空间,成为下一代恒星乃至行星和生命形成的原料。这就是大质量恒星的超新星爆发,是初始质量大于太阳约 8~10 倍的恒星的演化结局,我国北宋观测到的 1054 年"天关客星"就是一个著名的事例。爆炸后往往会在中心残存一颗中子星,也有可能是黑洞,甚至可能什么都不留下来。

1. 基本图像和难题的产生

大质量恒星的超新星爆发假说最早是 1934 年由 Baade 和 Zwicky 提出的,目前对它的典型物理图像已经有了初步共识。在大质量恒星的演化终点,中心形成不再有核聚变释能的铁核,当铁核增长到质量超过钱德拉塞卡极限时,引力坍缩被触发。由于高密度、高温下重原子核的电子俘获、β衰变和光致裂解,坍缩进一步加速,内核区片刻间超过核物质密度,核斥力导致一个向外传播的反弹激波。数值模拟否决了早年基于反弹激波的"瞬发爆炸"(prompt explosion)假说 —— 激波在光致裂解和中微子过程中损失掉大部分能量,仅传播数毫秒就在外核区滞留下来。但进一步的研究发现,核区新生的原中子星会以中微子的方式在瞬间释放出 10^{53} 尔格量级的能量,这带来了新的希望,只要能用上这部分能量的约 1%,就足以使停滞的激波复活、最终将整颗恒星炸开,这就是"中微子延缓爆炸"(neutrino-driven delayed explosion)假说。

但是难题出现了,研究人员进行了几十年的艰苦尝试,却顶多是徘徊在成功的边缘,总无法在计算机数值模拟中令人信服地实现大质量恒星的超新星爆发——它依然只是一个理论假说,在可望而不可即的地方"嘲笑"着人类的本事!中微子延缓爆炸就物理图像而言很有吸引力,也确实在超新星 1987A 的爆发瞬间探测到了理论所预言的中微子(小柴昌俊因此观测而获得了诺贝尔奖),那么是数值计算的能力还不够强大、还是什么关键的物理被遗漏了呢?而与此相关的一个问题是,中微子延缓爆炸是否就是大质量恒星超新星爆发的唯一机制呢?

2. 延缓爆炸的难点、进展和替代机制

大质量恒星的超新星爆发是人类正在攻关的最复杂的数值计算难题之一，需要将核物理和粒子物理过程、极端物态方程、广义相对论效应、相对论流体力学、中微子输运等一一包罗进去，作为输入的恒星内部结构复杂，计算的时间和空间尺度跨越多个量级、要求极高的分辨率。我们知道，中微子与物质的作用截面微乎其微，因此难点在于是否能使中微子流在逃逸之前沉积下尽可能多的能量、用以推动激波克服下落恒星物质的巨大冲击压。

近年来开发出了高度完善的中微子输运程序，能可靠模拟从核坍缩到"爆发"全程复杂的中微子反应和输运过程。研究中还发现，中微子流加热所导致的夹在新生中子星和吸积激波之间的热泡区是强对流的，爆发的心脏区域在流体力学上高度不稳定；这一方面增加了中微子流的能量沉积，也能降低激波克服下落物质的难度，而另一方面要求数值模拟至少是二维、最好是三维的，大大增大了计算量和算法的复杂度。新近的进展是引入了吸积激波的平流声学不稳定机制，计算结果中出现大尺度的不对称现象，这带来了一线突破的理论曙光，也暗合脉冲星反踢和超新星及遗迹的一些观测事实。但是，受到计算能力的限制，还无法同时进行高可靠度的中微子输运模拟和高分辨率的三维流体力学模拟，对微观物理的理解也还在不断加深中，因此目前的任何计算结果都远未具有足够的说服力。

一些研究小组另辟蹊径，试图从其他物理现象上取得突破。如在数值模拟中给新生中子星加上快速的较差自转和极向磁场，如此便会有环向磁场生成、且强度成非线性增长(磁转动不稳定性)，有可能借此提取出转动能来实现爆发，但该机制所要求的初始条件与现有的恒星晚期演化理论不甚符合。也有研究者发现，超新星的爆发能量或许可以经由新生中子星的声学振荡来提供。

3. 更小和更大质量的恒星？

超新星的理论研究集中在初始质量约 11~25 倍太阳之间的恒星，但是该范围之外的大质量恒星也会超新星爆发吗？近年来对这一问题有了更多的关注。

初始约 8~10 倍太阳质量的恒星，将演化成超渐近巨星分支星，中心形成的氧氖镁核可能因电子俘获而引发坍缩。氧氖镁核最外区的密度梯度陡，且恒星的外包层所受束缚松散，利于激波向外传播。新近的数值模拟实现了"电子俘获超新星"(electron-capture supernova)的中微子延缓爆炸！但爆发能量很小，抛出的放射性能源镍 56 也极少。令人鼓舞的是，近两年观测到几例奇特的暗超新星，有可能就是电子俘获超新星，甚至导致蟹状星云的"天关客星"也可能与之相关。

初始约 25 倍太阳质量以上的恒星，它们的最终命运受恒星演化计算中不确定因素的影响很大，比如只能用半经验公式描述的星风损失和双星演化中的共同包层相。如果在演化过程中物质损失较多，仍然会形成中子星并导致超新星爆发；但如

果恒星包层的物质损失不大,则生成的铁核质量较大、将直接坍缩成黑洞,那么此时是否还会发生超新星爆发呢?遗憾的是,由于超新星绝大部分发生在河外,极少有超新星的前身恒星能被探测到从而能推算出初始质量。

银河系最大质量的恒星初始质量约60~120倍太阳,它们应在一个亮蓝变星阶段中间歇性抛掉外包层物质、演化成沃尔夫-拉叶星,最终可能坍缩成黑洞。但对两颗超新星的前身恒星的观测表明,它们爆发前可能正处在亮蓝变星阶段,这与目前的恒星演化和超新星理论严重冲突!

4. "极超新星"(hypernova)与伽马暴

伽马暴作为极端天象可与超新星媲美,是持续数秒的强大的伽马射线流,来自非常遥远的星系(宇宙学红移多在1以上),物理上可用以极端相对论速度运动的喷流物质来解释。大量观测证据表明,多数伽马暴即长暴也源自大质量恒星的死亡事件;特别是,最邻近的几个长暴被观测到伴随有超新星现象。研究发现,这些超新星的爆发能量比普通超新星要大上约1个量级,中微子延缓爆炸机制显然是无力驱动这些"极超新星"的。

在伽马暴长暴起源流行的"坍缩星"(collapsar)假说中,假设某些大质量恒星(初始约25倍太阳质量以上)演化到终点时核区有较大的自转角动量,于是铁核坍缩成自转黑洞、而盘旋下落的恒星物质形成吸积盘,这样就有可能从黑洞的转动或吸积盘中提取能量、沿自转轴产生相对论喷流。这一物理图像被广泛接受,也开展了大量的数值模拟工作。然而,相对论喷流是能冲破恒星以产生伽马暴,从能量传递的角度看却显然不是让整颗恒星爆炸的有效机制,为此又提出用吸积盘的热盘风来作为补充。而对观测现象的解释表明,极超新星的前身恒星已经在前期演化中损失掉大部分外包层,这也是相对论喷流能冲破恒星的重要条件,但外包层物质损失反过来又会通过磁制动机制来显著拖慢核区的自转——恒星的演化理论被置于两难的境地!

5. 是否有"对不稳定超新星"(pair-instability supernova)?

宇宙早期存在着大量约140~260倍太阳质量的超大质量恒星,由于金属丰度极低,它们几乎不遭受星风损失,因此将演化出非常大质量的氦核。氦燃烧终结后,高温下生成的大量正负电子对将破坏恒星的结构稳定性,导致恒星坍缩,而氧燃烧产生的能量足以使坍缩反弹,造成能量极大、亮度极高的恒星爆炸,即"对不稳定超新星"。这种现象长期以来只是一种理论预言,被认为不大可能在现阶段早已显著金属增丰的宇宙中存在。然而最近却捕捉到了一颗极亮的超新星,它的观测性质与对不稳定超新星相当吻合。这是又一个例证,在向我们显示着,在大质量恒星的超新星爆发这一世纪难题中,还将会有多少的大小谜团等着我们去解开,有多少的惊奇等着我们去发现。

参 考 文 献

[1] Bethe H A. Supernova mechanisms [J]. Rev. Mod. Phys., 1990, 62 (4): 801−866.

[2] 黄润乾. 恒星物理[M]. 北京: 科学出版社, 1998: 300−352.

[3] Woosley S E, Heger A, Weaver T A. The evolution and explosion of massive stars [J]. Rev. Mod. Phys., 2002, 74 (4): 1015−1071.

[4] 王贻仁, 张锁春, 谢佐恒, 汪惟中. 超新星爆发机制和数值模拟[M]. 北京: 科学出版社. 2003: 97−278.

[5] Kotake K, Sato K, Takahashi K. Explosion mechanism, neutrino burst, and gravitational wave in core-collapse supernovae [J]. Rep. Prog. Phys., 2006, 69 (4): 971−1143.

[6] Woosley S E, Bloom J S. The supernova-gamma-ray burst connection [J]。 Ann. Rev. Astron. Astrophys., 2006, 44: 507−556.

[7] Janka H T, Langanke K, Marek A, et al. Theory of core-collapse supernovae [J]. Phys. Rep., 2007, 442 (1-6): 38−74.

[8] Smartt S J. Progenitors of core-collapse supernovae [J]. Ann. Rev. Astron. Astrophys., 2009, 47: 63−106.

撰稿人：邓劲松
中国科学院国家天文台

神奇的中等质量黑洞探寻

Exploration of Magically Intermediate-Mass Black Hole

黑洞是广义相对论预言的一种特别致密的天体，它有一个被称为"视界"的封闭边界。黑洞中隐匿着巨大的引力场，以至于包括光子在内的任何物质进入黑洞的视界后无法逃脱。黑洞的这种特殊性质使得到目前为止我们只能在双星、聚星、星团和星系等天体系统中通过引力效应、辐射效应和密度效应等方法找到它们存在的证据。

迄今为止，宇宙中被天文学家证实存在和普遍接受的黑洞有两类。一类是恒星级黑洞，质量为 3~20 倍太阳质量[1]，极少数几个黑洞候选体的质量为太阳质量的几十倍[2]，它们是由 30~100 个太阳质量左右的大质量恒星演化到晚期，耗尽其核燃料"死亡"后，中心引力过大引起周围物质坍缩的产物。据估计，像银河系这样的星系中可能有 1 千万个这样的黑洞，但绝大多数无法看见，目前发现的这类黑洞有 20 多个，且全部存在于由两颗恒星组成的双星中。当黑洞吸积来自伴星的物质时就会产生 X 射线辐射从而被发现，这样的双星被称为 X 射线双星。另一类是处于星系中心的超大质量黑洞，其质量可达上百万到几十亿个太阳质量，它们通过吸积周围的物质而不断长大[3]。长期以来科学家一直猜测介于两者之间质量为太阳质量几百倍到几十万倍之间的中等质量黑洞可能存在，但是有关这种中等质量黑洞是否存在，一直是个具有争论的话题。虽然已经给出很多候选对象[4]，但是至今被人们普遍认可的样本极少。所以，中等质量黑洞的探寻是当今天体物理研究领域未解决的难题！

近几年来，天文学家在临近星系发现了一些超亮的 X 射线源，其 X 射线光度比正常的 X 射线双星要高得多，产生这种超亮 X 射线辐射的一个最可能的解释是：这样的天体系统中存在中等质量黑洞[5]。比如 2009 年 7 月 1 日《自然》杂志报道法国空间辐射研究所(CESR)对星系 ESO 243-49 中一个 X 射线源的研究结果，给出了一个质量大于 500 倍太阳质量的中等质量黑洞存在的证据[6]。然而，对超亮 X 射线源的解释也有其他可能，如正常恒星级黑洞的超爱丁顿吸积等。目前能找到中等质量黑洞最可能的场所是球状星团的中心，天文学家们已经给出了许多可能存在中等质量黑洞的球状星团。邻近星系 M31 中的球状星团 G1 就是一个最有可能的候选体。通过使用哈勃望远镜等的观测资料，这是目前为止唯一通过动力学方法确定出中心黑洞质量的球状星团[7]。另外，该星团中心的 X 射线发射尤其是同时存在的射电发射给出了中等质量黑洞存在的进一步证据[8, 9]。但是由于定位精度较低，其 X 射线和射电发射是否来源于同一个对象有待证实。

目前关于中等质量黑洞的形成已经提出了三种可能的物理机制来解释。一是小型黑洞的并合；二是球状星团中恒星碰撞和并合等强烈相互作用形成的大质量恒星演化产生的[10]；三是来源于宇宙第一代大质量恒星的演化。宇宙的首批恒星主要由原初的氢和氦两种元素组成，大量的数值计算和模拟表明，这样的首批恒星可以形成质量非常大的个体，有些可达太阳质量的1000倍，甚至更大，部分大质量的恒星坍缩成为早期中等质量黑洞[11]。然而，以上每种可能都有其说服力和局限性。天文学家越来越感觉到这些不易发现的物体比任何人想象的都要神奇，中等质量的黑洞如何形成还是个谜。

研究人员推测，超大质量黑洞可能是由很多较小的黑洞相继合并在一起形成的，所以中等质量黑洞的发现是检验这种黑洞形成理论的关键。不仅如此，中等质量黑洞的探寻将填补黑洞质量的空白，为恒星和星系的形成和演化、星团中恒星的相互作用和黑洞物理等的研究提供重要的信息和线索。但是，中等质量黑洞是普遍存在的吗？如何找到更为行之有效的方法发现它们？它们是如何形成的？这些仍然是未解的难题。随着观测设备的不断发展和新方法的不断使用，不久的将来天文学家们将会在这一研究方向上取得丰硕的研究成果！

参 考 文 献

[1] Orosz J A, McClintock, J E, Narayan R, et al. A 15.65-solar-mass black hole in an eclipsing binary in the nearby spiral galaxy M 33. Nature, 2007, 449(7164): 872–875.

[2] Silverman J M, Filippenko A V. On IC 10 X-1, the Most Massive Known Stellar-Mass Black Hole. The Astrophysical Journal Letter, 2008, 678(1): 17–20.

[3] Cattaneo A, Faber S M, Binney J, et al. The role of black holes in galaxy formation and evolution. Nature, 2009, 460(7252): 213–219.

[4] Fiorito R, Titarchuk L. Is M82 X-1 Really an Intermediate-Mass Black Hole? X-Ray Spectral and Timing Evidence. The Astrophysical Journal Letter, 2004, 614(2): 113–116.

[5] Miller J M, Fabian A C, Miller M C. A Comparison of Intermediate-Mass Black Hole Candidate Ultraluminous X-Ray Sources and Stellar-Mass Black Holes. The Astrophysical Journal Letter, 2004, 614(2): 117–120.

[6] Farrell S A, Webb N A, Barret D, et al. An intermediate-mass black hole of over 500 solar masses in the galaxy ESO243-49. Nature, 2009, 460(7251): 73–75.

[7] Gebhardt K, Rich R M, Ho L C. An Intermediate-Mass Black Hole in the Globular Cluster G1: Improved Significance from New Keck and Hubble Space Telescope Observations. The Astrophysical Journal, 2005, 634(2): 1093–1102.

[8] Ulvestad J S, Greene J E, Ho L C. Radio Emission from the Intermediate-Mass Black Hole in the Globular Cluster G1. The Astrophysical Journal Letter, 2007, 661(2): 151–154.

[9] Kong A K H. X-Ray Localization of the Globular Cluster G1 with XMM-Newton. The Astrophysical Journal, 2007, 661(2): 875–878.

[10] Ibata R, Bellazzini M, Chapman S C, et al. Density and Kinematic Cusps in M54 at the Heart

of the Sagittarius Dwarf Galaxy: Evidence for A 10^4 M_{sun} Black Hole? The Astrophysical Journal Letter, 2009, 699(2): 169–173.

[11] Ohkubo T, Umeda H, Maeda K, et al. Core-Collapse Very Massive Stars: Evolution, Explosion, and Nucleosynthesis of Population III 500-1000 Msolar Stars. The Astrophysical Journal, 2006, 645(2): 1352–1372.

撰稿人：钱声帮　朱俐颖

中国科学院云南天文台

脉冲星：难以理解的神奇天体

Pulsars: Fantastic Objects But Difficult to Understand

脉冲星是宇宙中最神奇的天体。它的物理本质、磁层结构、辐射机制和辐射过程等都是几十年来没有解决的问题。利用脉冲星探测星际介质和引力波辐射分别是脉冲星天文学应用于天体物理研究和基本物理研究的前沿领域。

脉冲星是天空中发射周期脉冲的天体[1]。发射波段通常在无线电波段。通常认为，脉冲星是高速旋转的具有强磁场(10^4~10^8特斯拉)的中子星。大部分脉冲星的周期在几十毫秒到几秒，它们是普通脉冲星。它们因为快速转动而辐射电磁波和甩出大量高能粒子，自转逐步变慢，周期变长。普通脉冲星周期变化率为每年1微秒到每年1毫微秒。周期变化率大的脉冲星是比较年轻的脉冲星。有一部分脉冲星转动特别快，周期短于几十毫秒，甚至达到1.3毫秒，但周期变化率特别小，每年1毫微秒以下甚至只有0.1皮秒，这些脉冲星被称为毫秒脉冲星。它们的年龄特别大，多半与白矮星、中子星或其他种类的天体组成双星系统。近年在γ射线和X射线波段也探测到几十颗脉冲星。有些脉冲星的周期特别长，几秒到十几秒，周期变化率特别大，磁场特别强(10^9特斯拉)，它们被称为磁星[2]。

中子星是大质量恒星(8~30个太阳质量)演化终结后通过超新星爆炸过程中产生的。已经发现一批年轻脉冲星与超新星爆炸后的遗迹仍然在一起[3]。我国宋代(公元1054年)记录的超新星爆炸就产生了我们现在看到的蟹状星云超新星遗迹及其中心的脉冲星。中子星是原先恒星的核心部分。爆炸后，物质状态发生剧变，所有中子聚集简并在一起，构成了一个巨大的原子核，半径只有10~15千米，质量有1.4个太阳那么重，密度高达每立方厘米10^{14}克。在宇宙已知的各类天体中，中子星的密度最高，磁场最强，转动最快。1967年，Jocelyn Bell和Tony Hewish发现了脉冲星[4]，并很快证认出它们是旋转的中子星。这不仅揭示了宇宙中这种最极端的物态，还为大质量恒星演化的物理图像给出了非常明确的终结限制，Hewish因此获得了1974年的诺贝尔奖。

实际上，超新星爆炸产生中子星的详细物理过程目前还没有研究清楚。天文学家观测到脉冲星在超新星爆炸后得到了极高的速度，每秒几百千米到几千千米，比起它们的前身恒星几千米到几十千米而言，高出太多了。不难想象，中子星诞生过程中有一种物理过程使得中子星被有力地"踢出"。在超新星爆炸过程中，核心区域坍缩形成的是由中子构成的中子星还是由夸克物质组成的奇异夸克星，目前也没有办法判别。目前能够侦测脉冲星内部物质的办法主要是通过观测年轻脉冲星自转速度突变,这被认为是中子星内部超流体与中子星壳层之间应力变化的体现。

由于银河系中有大量的恒星在双星甚至三星系统中。双星系统中的大质量星演化形成中子星之后,吸积伴星物质使其自转周期加速到毫秒量级,成为毫秒脉冲星。毫秒脉冲星的磁场较弱,自转周期极为稳定,有些比地球上原子钟还要稳定,它们没有任何自转跳变,可能成为宇宙中最为精确的时钟。

中子星转动时,在它偶极磁场的磁极区域有高能粒子向外流动。这些粒子不仅在几十千米的上空辐射无线电波(称为射电),还在比较远的磁层区域辐射高能光子,如伽马射线。令人遗憾的是,科学家目前仍然没有理解这些粒子如何被加速到非常高的能量,它们又是如何辐射出无线电波和高能光子的。中子星详细的磁层结构及其中发生的各种辐射过程至今还是一团迷雾。光学和 X 射线的图像表明,脉冲星的高速运动也会导致中子星磁层的形变。目前能够帮助理解磁层和辐射物理的基本线索是脉冲星轮廓及其偏振、脉冲星单个脉冲表现行为(如漂移的子脉冲,脉冲模式的变化,间隙性地辐射脉冲等)等观测资料。

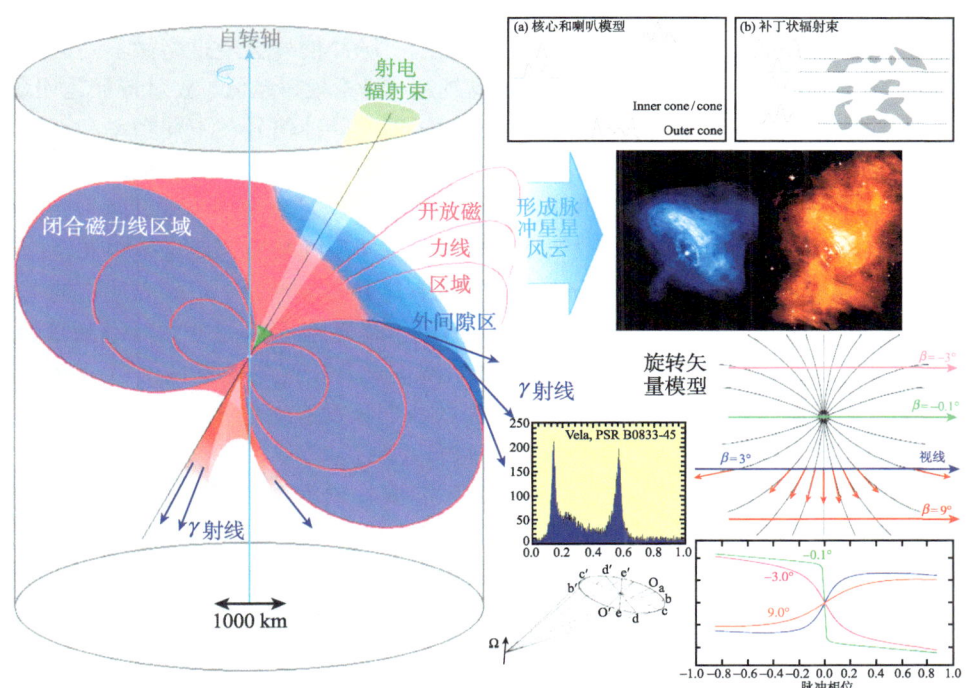

图 1 脉冲星的磁层结构和可能的粒子加速区(左),脉冲星射电辐射束的形状和射电轮廓形态(右上),脉冲星高能粒子外流引起的脉冲星风云(右中),脉冲星的高能辐射轮廓和射电脉冲的线偏振位置角的变化曲线(右下)。本图由作者综合各种资料合成。

每颗脉冲星的脉冲轮廓都各有特色,有的脉冲星一个脉冲周期内有一个脉冲峰,有的有两个、三个、四个或五个峰。个别脉冲星一个周期内甚至有十几个脉冲峰。有的脉冲星脉冲辐射有非常强的线偏振,在一些旋转相位上甚至整个脉冲线偏振可以高达100%。有少量脉冲星的个别脉冲成分也表现出非常高的圆偏振(60%)。这些偏振特征是宇宙中其他任何天体所无法比拟的。从已经观测的脉冲星偏振轮廓可以推断,脉冲星的偏振辐射与中子星的磁力线位形有直接关系,中子星辐射脉冲的窗口与自转周期有关。有些脉冲星在一个周期内表现出两个形态不同的脉冲,相隔半个周期。这两个脉冲显然来自中子星的两个磁极。

脉冲星转动辐射信号的强度表现为脉冲,辐射频率非常宽,从几十兆赫兹到几十吉赫兹,并且所有频率的信号几乎是同时发出的。射电脉冲与高能脉冲常常有些相位延迟。这种延迟是因为辐射区域不同引起的。

不同频率的射电辐射进入星际介质之后,星际介质对脉冲信号产生几个方面的作用。第一是色散(或称为频散),即脉冲信号的群速度在低频波段比高频波段慢,使低频波段的脉冲相对滞后到达。我们可以利用这个特征判断脉冲信号来自天体而非地球上的人为干扰,还可以利用它来研究星际气体介质的电子密度分布。第二是散射,因为星际介质的密度不均匀及折射率变化,脉冲信号会经过略微不同的途径到达我们,表现出指数拖尾。脉冲星的距离越远,观测频率越低,散射特征越明显。第三是闪烁效应,即脉冲星与星际介质的相对运动时脉冲信号在不同频率和不同观测时间表现出强度的变化。利用这种效应可以探测星际介质的团块特征尺度和相对运动速度。第四是法拉第效应,即脉冲星的偏振辐射经过星际介质时,因为介质中有磁场和热电子使辐射的偏振面发生旋转。利用脉冲星的法拉第旋转效应和色散效应,可以探测星际介质中的磁场分布。如果没有脉冲星做探针,星际介质中的电子密度分布和磁场分布和星际介质中的气体团块的(湍流)特征都是非常难以测量的。目前仅仅利用了一些强的脉冲星对银河系太阳附近几千光年范围内的星际介质做了一些测量。对银河系更大范围内的星际介质我们还没有其他太好的办法,需要利用大型射电望远镜对更多弱一些的脉冲星进行观测。

两颗大质量恒星组成的双星系统最后可能演化成为白矮星-中子星双星系统或双中子星系统。Hulse 和 Taylor 在 1974 年发现的第一例脉冲星双星系统 PSR B1913+16 就是由两颗中子星组成的[5]。它为双星系统的恒星演化提供了新的终结状态。通过测量脉冲星的脉冲到达时间的变化,Taylor 精确推算出两颗中子星的质量。因为中子星的引力场特别强,当两颗中子星靠得非常近,它们的各种引力效应都会特别明显。比如,广义相对论预言,引力场的扰动会产生引力波,双中子星系统的轨道会因为这种引力波辐射而逐步变小。多年的观测表明,PSR B1913+16 的轨道确实在变小,首次间接说明了引力波的存在,确认爱因斯坦的广义相对论是描写强引力相互作用的理论。为此,Hulse 和 Taylor 在 1993 年获得了诺贝尔物理奖。最近发现的双脉冲星系统[6],PSR J0737-3039,比 B1913+16 的引力效应还要强几倍,几年的观测就可以非常精确地(99.95%)测定多个后开普勒参数,多角度检验相对论引力理论[7]。双脉冲星系统还为探测脉冲星磁层提供了契机。

毫秒脉冲星自转的超常稳定性使它成为宇宙中最为精确的时钟。测量多颗毫秒脉冲星的脉冲到达时刻及其变化可以解算出脉冲星与地球之间的相对位移。地球和脉冲星感受到宇宙中各种引力波产生这种微小但可测量的相对移动。目前国际上有几个小组(澳大利亚、美国、欧洲)都在利用这种原理企图直接测量星系超大质量黑洞并合产生的引力波[8],冲击诺贝尔奖。

脉冲星研究带给我们的惊喜是如此之多,也是其他天体物理领域无法比拟的,这主要是因为中子星是极端的天体物理实验室。如果现在一定要总结一下,你会发现,我们除了知道脉冲星的一些基本观测事实之外,我们几乎对所有的"为什么(Why)"和"如何(How)"都无法回答。比如,我们不清楚中子星诞生的物理过程,不清楚它们如何具有高速度,如何具备了极强的磁场,不清楚其内部结构和组成,不清楚为什么年轻脉冲星会发生自转跳变,不清楚它们的外围磁层结构和粒子加速过程和辐射过程。利用脉冲星进行星际介质的探测和引力波的探测也不断刷新我们的物理疆域。因为有如此多未知谜团等待解开,神奇的脉冲星还会给我们带来更多惊喜!

参 考 文 献

[1] Lyne A G & Graham-Smith F. Pulsar Astronomy, 3rd Ed. Cambridge University Press, 2006.

[2] Mereghetti S. The strongest cosmic magnets: soft gamma-ray repeaters and anomalous X-ray pulsars. A&AR, 2008, 15(4): 225–287.

[3] Kaspi V M. Neutron Star/Supernova Remnant Associations. In: Pulsar Astronomy - 2000 and Beyond, ASP Conf.S. Vol. 202, 485.

[4] Hewish A, Bell S J, et al., Observation of a Rapidly Pulsating Radio Source, Nature, 1968, 217(5130): 709–713.

[5] Hulse R A, & Taylor J H. Discovery of a pulsar in a binary system. ApJ, 1975, 195: L51.

[6] Lyne A G, Burgay M, et al. A Double-Pulsar System: A Rare Laboratory for Relativistic Gravity and Plasma Physics. Science, 2004, 303(5661): 1153–1157.

[7] Kramer M, Stairs I H, et al. Tests of General Relativity from Timing the Double Pulsar. Science, 2006, 314(5796): 97–102.

[8] Manchester R N. The Parkes Pulsar Timing Array. Chinese Journal of Astronomy and Astrophysics, 2006, Vol.6(supp.): 139–147.

撰稿人:韩金林

中国科学院国家天文台

脉冲星高速运动的疑难

The Puzzle of the High Velocity of Pulsars

天文学家可以通过各种办法测量天体的运动速度。一般恒星(指处在核心氢燃烧的主序阶段恒星)的平均速度约为每秒 30 千米。自 1969 年脉冲星发现以后,天文学家非常惊讶地发现脉冲星的速度非常之高,大部分都在每秒几百千米左右[1,2],个别脉冲星的速度甚至超过每秒 1000 千米。比如,著名的吉他星云中的脉冲星 B2224 + 65[3],极高的速度在周围的星际气体中激起弓形激波,就像快艇在水面上飞掠过后的水波。如图 1 所示,2001 年时脉冲星顶端的激波相比于 1994 年明显往前推进了很多[4],由此测到脉冲星 B2224 + 65 的速度为每秒 1640 千米。

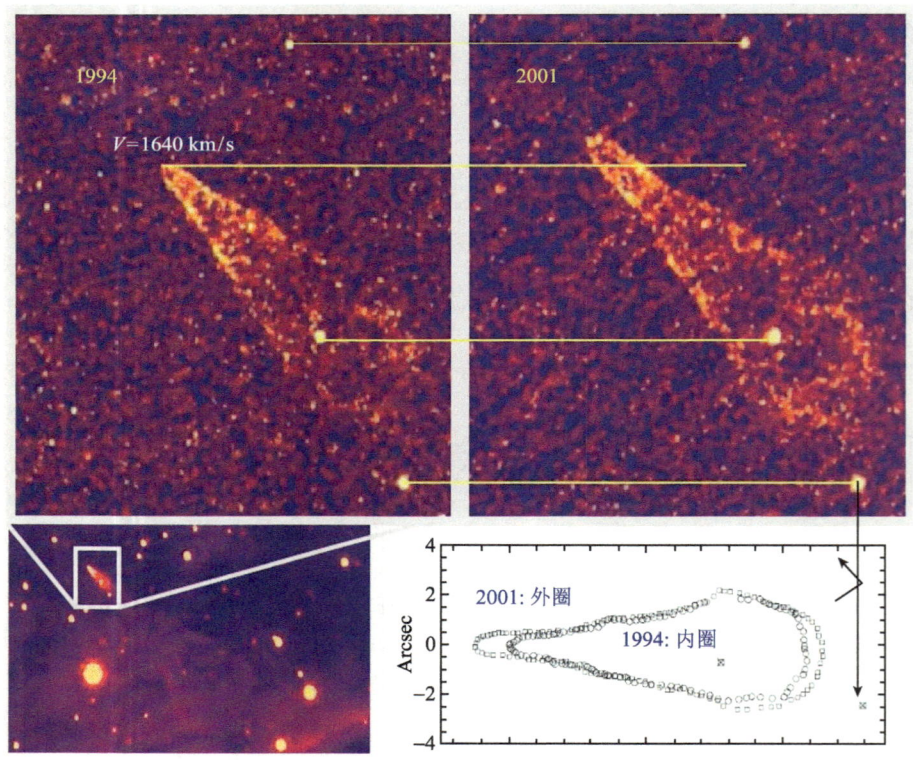

图 1　吉他星云中的脉冲星 B2224 + 65 的高速运动[4]。

脉冲星是大质量主序恒星死亡后核心部分坍缩后的产物。如果没有其他作用,脉冲星速度应该与它的前身主序星一样，而不是我们实际看到的这么快。问题是为什么脉冲星的速度比主序星快那么多？有什么机制能将脉冲星加速到每秒几百千米甚至上千千米的高速度？

最初天文学家认为双星中的脉冲星在诞生时，可能会被甩出去，即轨道破裂可能给脉冲星一个较高的速度。但计算表明，双星轨道破裂导致的速度一般不大于每秒100千米。近年来的观测证据表明脉冲星的高速度来源于其诞生时不对称的超新星爆炸。如果爆炸在某个方向上物质或辐射抛射的多一些，那么处于核心的中子星会获得一个反方向的反冲力而得到加速，就像足球被踢飞一样。这个踢出速度可以很大，达到每秒上千千米。比如前面提到的吉他星云，除了脉冲星和弓形激波外，其右下方还有一个超新星遗迹。这个超新星遗迹是超新星爆炸时抛射的物质，在天空背景中的速度一般很小。脉冲星 B2224+65 诞生时的位置在该超新星遗迹的中心，但因为不对称爆炸获得每秒1640千米的踢出速度，诞生后跑出了超新星遗迹。即使脉冲星双星系统的很多观测事实也要用中子星诞生时的踢出过程来解释，比如，一些脉冲星或其伴星的自转轴与双星轨道角动量方向不一致，某些双星系统有很大的偏心率等。它们都要求脉冲星诞生时有较大的踢出速度。很多近的超新星及其遗迹的直接观测也显示出超新星爆炸的不对称，与脉冲星踢出的观测证据相当吻合。

虽然脉冲星高速度踢出的证据是确凿无疑的，但踢出的物理起源却仍然不清楚。理论上可能的踢出机制有如下几种[5]：1) 流体动力学驱动机制[6]。坍缩的超新星核中流体动力学不稳定性使得核内质量分布不对称，从而在超新星爆炸时产生不对称的物质抛射，使中子星获得反冲的踢出速度。这种机制作用时标估计应该比较短，约100毫秒，也就是说在100毫秒内不对称物质抛射就结束了。目前我们还不太清楚其内部具体物理作用过程。 2) 磁场-中微子驱动机制[7]。大质量恒星核心在坍缩过程中释放的引力能99%都转化为中微子辐射出去。如果中子星有不对称的超强磁场，就会导致不对称中微子辐射，从而使中子星获得踢出速度。这种踢出机制要求中子星初始磁场强于 10^{15} 高斯。有些特殊的脉冲星，比如磁星，可以具备这种磁场强度。一般脉冲星的初始磁场能不能有这么强目前并不清楚。这种机制的作用时标约为1秒。3) 中子星诞生后的电磁驱动机制[6,8]。如果脉冲星的磁偶极子是偏心的，当其旋转时，磁偶极辐射会带走动量，从而对脉冲星有反冲作用，产生踢出速度。这种机制要求中子星初始周期小于1毫秒。正常脉冲星初始周期一般都大于10毫秒，但我们并不清楚中子星在诞生时是否有一个自转快速减慢的过程。这种机制作用时标较长，约 10^7 秒。显然，不同的机制作用时标不同，并与脉冲星的基本物理参数有关，如初始自转周期和初始磁场。我们目前并不清楚脉冲星的踢出时标，也不知道脉冲星的初始自转周期和初始磁场，因此很难判定哪种机制对脉冲星的高速度起主导作用。如果通过某种方法确定了踢出机制，我们就可以限制脉冲星的初始周期和磁场，以及超新星爆炸的具体过程。这对超新星爆炸和中子星形成的研究有重要的帮助。

最近的研究揭示了脉冲星踢出速度与自转轴方向之间的关系。自转轴与踢出速度方向的一致性取决于初始自转周期与踢出时标之间的比值。如果踢出时标远大于初始周期，踢出过程中垂直于自转轴方向的反冲力会在中子星自转中被平均掉，最终的踢出速度就与自转轴方向一致；反之则不一致。一些年轻脉冲星星风云(从脉冲星抛射出来的粒子与周围星际介质相互作用的产物)呈现围绕自转轴的环状对称分布。对这些星风云的高精度X射线成像观测(如蟹状星云Crab和船帆座星云Vela，见图2)可以定出年轻脉冲星的自转轴方向[9]。一些年轻脉冲星的自转轴与踢出速度方向大概一致。简单计算可以推断这些年轻脉冲星的初始周期一般小于100毫秒。一些脉冲星双星系统的轨道参数也可以用于限制自转踢出关系。计算表明一些长周期(几秒)脉冲星的自转踢出方向不一致。这些观测事实表明踢出时标应该在几百毫秒到1秒左右[10]，与流体动力学机制或磁场中微子机制基本符合。

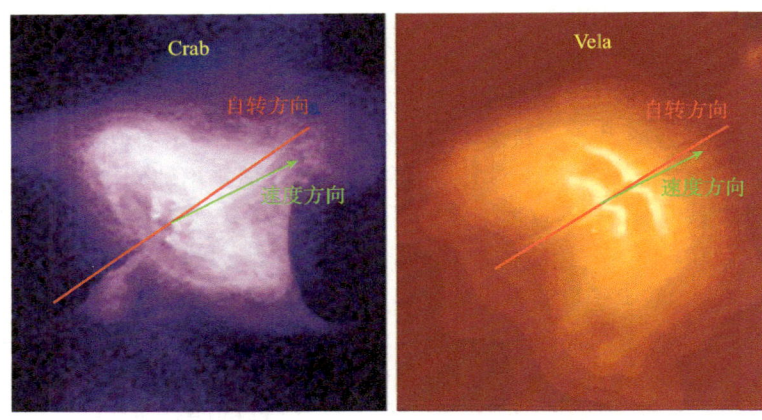

图2 Chandra X射线望远镜对年轻脉冲星星风云的观测[9]。左图是蟹状星云Crab，右图是船帆座星云Vela。

脉冲星高速运动的踢出物理机制研究远远没有结束。目前的大量研究集中于超新星爆炸过程细致的模拟计算。这是一个极其复杂的磁流体动力学问题，模拟的计算量非常巨大。对不同踢出机制在爆炸过程中的作用进行模拟可以研究踢出速度具体依赖于哪些初始参量，从而检验踢出机制物理上的合理性。

参 考 文 献

[1] LORIMER D R, BAILES M, HARRISON P A. Pulsar statistics – IV. Pulsar velocities. Monthly Notices of the Royal Astronomical Society, 1997, 289: 592.

[2] HOBBS G, LORIMER D R, LYNE A G. A statistical study of 233 pulsar proper motions. Monthly Notices of the Royal Astronomical Society, 2005, 360: 974.

[3] CORDES J M, ROMANI R W, LUNDGREN S C. The Guitar nebula - A bow shock from a

slow-spin, high-velocity neutron star. NATURE, 1993, 362: 133.

[4] CHATTERJEE S, CORDES J M. Smashing the Guitar: An Evolving Neutron Star Bow Shock. Astrophysical Journal, 2004, 600: 51.

[5] LAI D, CHERNOFF D F, CORDES J M. Pulsar jets: Implication for neutron star kicks and initial spins. Astrophysical Journal, 2001, 549: 1111.

[6] SCHECK L, PLEWA T, JANKA H T, KIFONIDIS K, MUELLER E. Pulsar recoil by large-scale anisotropies in supernova explosions. Physical Review Letter, 2004, 92: 1103.

[7] DOROFEEV O F, RODIONOV V N, TERNOV I M. Anisotropic neutrino emission from beta-decays in a strong magnetic field. SOVIET ASTR. LETT., 1985, 11: 123.

[8] HARRISON E R, TADEMARU E. Acceleration of pulsars by asymmetric radiation. Astrophysical Journal, 1975, 201: 447.

[9] ROMANI R W, NG C Y. The pulsar wind nebula torus of PSR J0538+2817 and the origin of pulsar velocities. Astrophysical Journal, 2003, 585: 41.

[10] WANG C, LAI D, HAN J L. Neutron star kicks in isolated and binary pulsars: Observational constraints and implications for kick mechanisms. Astrophysical Journal, 2006, 639: 1007.

撰稿人：王 陈 韩金林
中国科学院国家天文台

难以确定的中子星内部结构

The Internal Structure of Neutron Stars

中子星是一种密度比原子核还高的天体；其质量一般和太阳质量相当，但半径却只有十千米左右。通常认为，中子星是恒星演化至晚期而留下的一种可能的遗骸。当大质量的恒星将内部的燃料用尽之后，会通过超新星爆发结束自己作为主序恒星的生命历程，成为中子星或者黑洞。到目前为止，人们总共探测到了近两千颗中子星，观测到了丰富的中子星表现和特性。然而，中子星的内部结构却一直是困扰着天体物理和理论物理学者的难题[1]。目前人们关于中子星内部结构的推测各种各样，总结在图 1 中；大体上可以分为常规中子星和夸克星两大类。

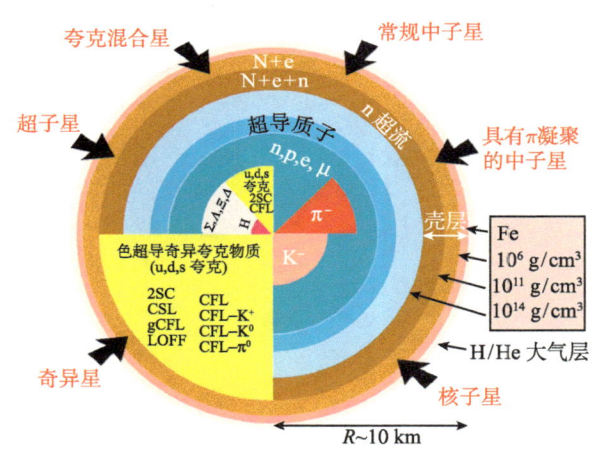

图 1　人们目前猜测的中子星内部结构[2]。

中子星的理论研究是早于观测的，然而对中子星结构的认识至今却没有停止过。20 世纪 30 年代已经提出了中子星概念了；认为中子星是一类密度与原子核密度相当的天体，主要成分为自由中子。1967 年第一颗射电脉冲星被发现之后，当时人们就意识到："脉冲星就是理论上早就预言的中子星"。可见，中子星研究是理论与观测很好结合的例子。随着观测资料的不断丰富，人们对中子星的内部结构有了更多的了解。中子星从表面往下，大致可以分为大气层、外壳层、内壳层、中子物质区和内核。大气层所占的质量相比于整个中子星质量来说可以忽略，但却决定了中子星表面的热光子辐射谱特性。壳层主要由原子核构成，其中内壳层含有超流中子。中子物质区只有相对少量的质子和电子，中子也以超流体的形式存在，而质子可能处于超导态。内核因其密度已经超过了原子核的密度，可能大量出现了带奇异数的超子，也可能出现解禁的夸克。

由以上结构所描述的中子星俗称"常规中子星"；不过，这一图像也存在些问题。比如说，脉冲星有一个重要的观测性质，就是自转周期突跳现象(glitch)，也就是说脉冲星在某些时刻自转会突然加快，然后马上又逐步恢复。开始的时候，人们认为这可以用中子星内壳层中的超流中子和普通物质之间耦合导致的角动量转移来解释，但后来又发现一类所谓的自转周期的"慢突跳"现象却很难在此框架中理解。此外，观测到的某些中子星的长周期进动现象也难以用这种常规中子星模型解释。再比如说，脉冲星磁层的射电辐射模型中，较流行是所谓的"真空间隙"模型，因为它能使人们很自然地理解脉冲星射电辐射中观测到的一种特殊现象——漂移子脉冲。然而，真空间隙的存在却要求星体表面的粒子的束缚能要足够高，但常规中子星表面的电子或离子却无法达到这么高的束缚能。这些问题使人们意识到，中子星的内部结构可能比我们先前的推测更复杂。事实上，在几倍核物质密度状态下，强子之间如何作用？密度大于原子核密度的中子星内核的组成究竟是什么？这至今尚无定论，需要进一步研究。

与中子星结构问题紧密相关的另一个方面是关于基本粒子性质的研究。20世纪60年代逐步建立起来的粒子物理标准模型认为：轻子和夸克是基本费米粒子，它们之间通过交换规范玻色子而产生相互作用。在80年代，人们在强子夸克模型的基础上研究了夸克物质(即以夸克为主要成分而构成的物质)的性质，意识到由u(上)、d(下)和s(奇异)三味夸克组成的奇异夸克物质可能比 ^{56}Fe 原子核更稳定。如果这一猜想是正确的，那么几乎全部由奇异夸克物质组成的天体——奇异夸克星(简称奇异星，或夸克星)就可能比主要由强子构成的常规中子星更稳定。值得一提的是，由于夸克星在观测上能够表现为脉冲星，区别于常规中子星的夸克星也就成为脉冲星的另一种可能的物理模型。

有必要指出的是，将脉冲星看作常规中子星这一流行观点的形成是有一定的历史原因的。中子星的理论研究开始的时候，质子和中子被认为是基本粒子，因而脉冲星一经发现就被认为是中子星；而夸克星的理论却发展较晚。即便如今，不少学者已经习惯于将脉冲星类天体统称为中子星。但当涉及中子星内部的细节结构时，学者们又依据物态的不同将中子星模型细分为两大类，即：常规中子星和夸克星。

夸克星可以具有和常规中子星相近的极限质量，也同样可以是超新星爆发的产物，并且可以解释很多常规中子星模型所难以解释的现象。比如，在有可能的参数范围内，利用固态夸克星的星震可以很自然地解释脉冲星的自转周期突跳和巨大能量的同时释放；夸克星表面的夸克受到强作用束缚，且电子受到非常强的电磁束缚，它们都有足够高的束缚能形成"真空间隙"；夸克星表面很可能不存在普通物质(这样的裸夸克星表面就不会有原子谱线产生)，而迄今为止确实没有可信的证据显示观测到脉冲星类天体的原子谱线。不过，由于人们还无法根据第一性原理严格给出在几倍原子核密度范围内夸克物质的性质,所以夸克星的研究不可避免地需要引入对其物态的一定程度上地假设,以及在这些假设下的一些待定参数。

如前所述,不管作为常规中子星还是夸克星,中子星内部结构如何都还是没有根本解决的疑难问题。我们至今还不能排除所有中子星都是夸克星的可能性。关于未来的研究,一方面,我们对基本强相互作用还需要有更深入的实验和理论研究,另一方面,我们也要努力通过更灵敏的观测手段得到脉冲星更丰富的观测现象。

最后值得强调的是,中子星内部结构的问题依赖于人们未来对于 QCD(量子色动力学)相图的认识(如图 2),而后者因 QCD 低能严重的非微扰效应而至今仍是挑战粒子物理学家的难题。反过来讲,将中子星作为一类极端的天体实验室,势必将丰富我们对基本强作用的理解。夸克物质的物态也是当今人们关心的热点话题。研究发现,类似于低温金属中电子配对的超导态,夸克物质中的夸克也可能配对形成超导态;这类超导态称为色超导。不过,由于夸克星内部夸克之间的相互作用可能比原先推测的强得多,不利于形成色超导态,所以还有一种看法认为:夸克之间强的耦合可能使夸克在位形空间凝聚成团、且在低温时呈现固态[1]。

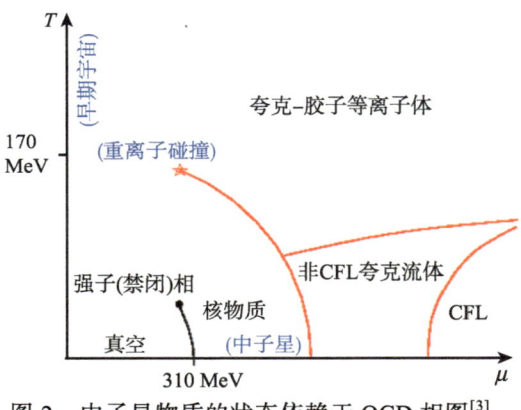

图 2　中子星物质的状态依赖于 QCD 相图[3]。

参 考 文 献

[1] 岳友岭 等.夸克物质与夸克星.天文学进展,2008,26: 214–231.
[2] Weber F. Strange quark matter and compact stars. Progress in Particle and Nuclear Physics, 2005, 54: 193–288.
[3] Alford M G, Schmitt A, Rajagopal K, Schafer T. Color superconductivity in dense quark matter. Reviews of Modern Physics, 2008, 80, 1455.

撰稿人:来小禹　徐仁新
北京大学物理学院天文系

恒星表面磁场的研究

The Study of the Magnetic Fields on Stars

大家知道，太阳上有黑子、耀斑和磁暴等磁活动现象，那么在其他恒星上是不是也会有类似的现象发生呢？

1946年，美国天文学家 H. W. Babcook 首次用大望远镜的折轴摄谱仪测出了室女座78星的磁场强度约为1 500高斯。这是除太阳外第一次测得的恒星磁场。从此以后，天文工作者对恒星磁场进行了大量的观测和研究，发现了很多磁场强度高达几千乃至几万高斯的恒星，而我们知道太阳表面的普遍磁场强度仅约1～2高斯。表面具有强磁场的那些恒星被称为磁星，而其中磁场有变化的叫做磁变星。理论预言，所有恒星表面都应存在磁场，但是大多数恒星视亮度太暗，表面场强又太小，很难精确测定。

对晚星恒星而言，其表面的活动性，如黑子、耀斑以及星冕的 X 射线辐射等都是由其表面磁场决定的。正是由于磁场对恒星大气外层的加热，才使其具有活动性的辐射特征。对于大质量的 OB 星，也是由于其表面磁场的存在，我们才有可能观测到它们不寻常的 X 射线辐射；同时，表面磁场的存在也是解释主序前恒星形成的关键。

1. 恒星表面磁场的测量

为了深入研究恒星表面磁场的特性，我们需要测定不同质量恒星表面的磁场。恒星表面磁场强度的测量主要有塞曼致宽和偏振这两种方法。即根据恒星光谱中谱线的塞曼分裂(塞曼效应)，和谱线或一定波段内连续谱的圆偏振程度来测定恒星表面的磁场强度。用圆偏振方法测到的是恒星表面的纵向磁场强度[1]。此外，我们还可以用塞曼多普勒成像的方法来确定恒星表面的磁场分布和演化[2]。

对于晚星恒星表面的磁场，我们通常用原子谱线(特别是红外谱线)的塞曼效应来测量，到目前为止已经测定了一批晚星恒星的表面磁场，观测结果显示，这些恒星表面的磁场强度一般为 kG 量级[3]。对于非常晚型的恒星，如褐矮星等，由于缺少原子谱线，主要采用分子谱线的塞曼致宽来测量。图1 展示了对晚星恒星 EV Lac 的观测结果，其塞曼致宽效应很明显。而对早型恒星，特别是 O 和 B 型星，由于其表面可观测谱线数目很少，而且这些谱线通常很宽且混有发射线成分，而使谱线轮廓变形，其表面的磁场都用圆偏振方法来测量。最近几年，Hubrig 等人[4]利用 ESO 的 VLT 望远镜的 FORS1 偏振仪测量了一批早型星表面的磁场强度。但是，采用更高分辨率的偏振光谱仪，Silvester 等人[5]却没有在这批恒星上探测到很强的磁场。因此，对早型恒星表面磁场测量方法的可靠性还有待于进一步的研究。

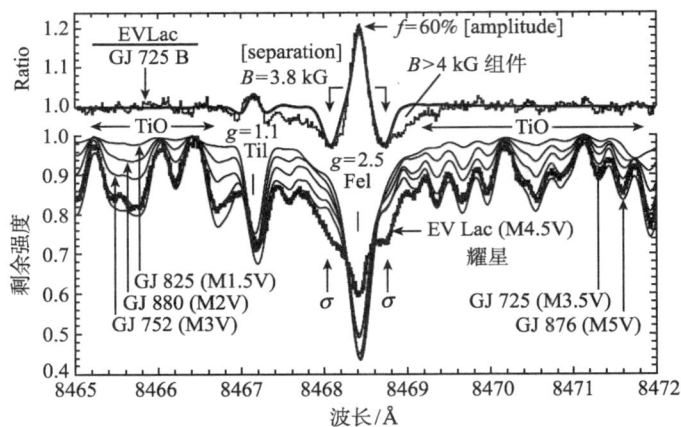

图 1 恒星 EV Lac 中的塞曼致宽现象，以及与其他温度比较接近的不活动恒星的光谱比较[1]。

2. 磁场的产生机制

在过去的几十年里，我们在所有光谱型的恒星表面都测到了强磁场，对这些恒星表面磁场存在的解释通常有两种模型[6]：

(1) 发电机模型：认为磁场是由恒星的发电机机制产生的，且这一过程通常发生在恒星表面的对流区域；或由较差自传引起的强剪切效应产生磁场。

(2) 化石(fossil)模型：认为恒星表面的磁场是在主序前的演化过程中由发电机产生的；或者是在恒星形成过程中，星际物质的磁场被冻结并保留了下来。此模型必须假定这些磁场在恒星各种结构演化过程中能生存下来；同时，一般还假定，在一定程度上，磁通量是守恒的。

尽管发电机理论能重现晚型主序和巨星表面的磁场观测特征，但是不能解释大质量恒星表面的强磁场来源，因为这些大质量恒星的表面是以辐射为主的。有模型提出，在这些恒星的表面小的对流区可能有发电机存在，但是这些模型遇到的最大困难是不能重现观测到的磁场特征，早型星表面简单的磁场结构以及不存在强的质量-磁场强度，或者周期-磁场强度的相关性的观测事实不支持发电机模型。对于质量小于 $0.35M_\odot$ 的恒星，其表面是完全对流的，一般认为它像刚体一样转动，因此，不可能有类太阳的发电机产生。而观测表明，这些恒星的活动性非常强，且在其表面观测到了很强的磁场，所以有理论指出这些表面完全对流的冷星的磁场可能是由非类太阳的发电机产生。

Ap/Bp 恒星的表面有 KG 的强磁场，有理论认为这些磁场可能是在恒星形成时，由于磁场被冻结而保留下来的。这一假设目前得到了观测证实。最近，人们在这些恒星的前身星(Herbig Ae/Be 星)的表面也测到了强度相似的磁场,从定性的角度看,两者的磁场特性完全相同。同时,理论研究还表明,白矮星表面磁场的范围、结构和强度,至少从定性的角度看,与从有磁场的主序 A 和 B 型恒星演化而来是一致的,这表明白矮星表面的磁场也可能是化石起源[6]。如果把这一假设推广到更大质量的 O 和早 B 光谱型恒星,它们也具有辐射的表面,我们期望能观测到更多的恒星有表面磁场。由于这些大质量恒星通常最后演化到超新星爆发,形成中子星或黑洞。如果中子星表面的磁场也是化石起源,那么这些恒星表面磁场的相关信息,将有助于我们进一步了解中子星表面的磁场,以及磁星和强磁场的射电脉冲星在物理上,有何本质区别这个热点问题。

总之,尽管近年来在了解恒星表面磁场和演化方面取得了很大进展,但还存在很多问题,如不同光谱型恒星表面磁场的产生机制之间有何本质的差别,磁场在恒星的形成和演化过程中起何重要作用等,需要进一步的观测和理论研究。

参 考 文 献

[1] Johns-Krull C M, ASP Conference Series, Observations of Magnetic Fields on Late-type Stars and Brown Dwarfs. 2009, 405 eds. Berdyugina S V, Nagendra K N and Ramelli R. 485.
[2] Semel M. Zeeman-Doppler imaging of active stars. I-Basic principles. Astronomy and Astrophysics, 1989, 225, 456.
[3] Valenti J A, Marcy G W, Basri G. Infrared Zeeman analysis of epsilon Eridani. *Astrophys. J.*, 1995, 439, 939.
[4] Hubrig S, Schöller M, Schnerr R S, González J F, Ignace R, Henrichs H F. Magnetic field measurements of O stars with FORS 1 at the VLT. Astronomy and Astrophysics, 2008, 490, 793.
[5] Silvester J, Neiner C, Henrichs H F, Wade G A, Petit V, Alecian E, Huat A L, Martayan C, Power J, Thizy O, On the incidence of magnetic fields in slowly pulsating B, β Cephei and B-type emission-line stars. Mon. Not. R. Astron. Soc., 2009, 398, 1505.
[6] Petit V, Wade G A, Drissen L, Montmerle T, Alecian E. Discovery of two magnetic massive stars in the Orion Nebula Cluster: a clue to the origin of neutron star magnetic fields?. Mon. Not. R. Astron. Soc., 2008, 387, L23.

撰稿人:施建荣
中国科学院国家天文台

恒星和它的行星的磁相互作用

The Magnetic Interaction Between a Star and Its Planets

自从第一颗太阳系外行星 51 Peg b 被发现以来[1],世界各国的天文研究机构对这个新兴的研究领域投入了大量的人力和物力,使得这一领域在十几年的时间里得到了迅速地发展。目前,在太阳系外行星研究领域,很多新的研究分支正在逐渐成长,尽管它们还面临着许多困难。恒星和它的行星的磁相互作用就是这样一个新的研究课题,对于那些离宿主恒星比较近的热类木行星(0.1 天文单位以内),它们基本处在宿主恒星的阿尔芬半径内,这样的条件允许行星的磁球与恒星表面的磁场发生直接的磁相互作用。不过,这样的活动现象是不容易被探测到的。首先,这种磁相互作用可能很弱;其次,这种磁相互作用和恒星本身的磁场活动纠缠在一起。所以,这项工作势必是太阳系外行星研究领域的一个难题。

研究恒星和行星的磁相互作用可以帮助我们了解热类木行星的形成、迁移和演化,同时,它还为我们发现和测定行星的磁场提供了一条间接的途径,这使得我们有机会来探索行星的内部结构和理解行星大气的流体动力学行为。

在 2000 年,Cuntz 等人[2]对恒星和它的行星的相互作用进行了初步的理论研究,揭开了这项研究工作的序幕。他们的结果表明,恒星和离它很近的热类木行星之间的磁场相互作用可以增强恒星本身外层大气的磁活动,他们还估计了这种相互作用的强度。到了 2003 年,Shkolnik 等人[3]发表了对这种磁相互作用的第一次观测和结果。他们利用高色散分光方法(分辨率 $R=110000$)监测了几个密近的太阳系外行星系统的色球活动指标 CaII(电离钙)HK 线的线心发射情况,发现其中一颗样本星 HD179949 的 CaII HK 线的线心发射流量随着行星的轨道周期(3.1 天)发生周期性的变化,而且这个变化持续了 100 多个轨道周期(参见图 1)。这种变化是恒星和行星发生磁相互作用而导致恒星色球加热的有力证据。不过,当时他们并没有完全排除这是恒星本身磁活动的自转调制现象,所以,需要进一步的观测验证。后来,这个科研小组对更多的太阳系外行星系统进行了后续观测[4],他们发现除了 HD179949 以外,在 υ And 上也发现了随行星轨道周期变化的恒星色球活动。这是又一个有关恒星和行星磁相互作用的有力证据。到了 2008 年,他们又有了新的结果[5]。对于 HD179949,共有六个观测历元,在其中四个观测历元发现了 CaII HK 线心发射与行星轨道周期同步变化,而在剩余的两个观测历元,他们发现 CaII HK 线心发射与恒星的自转周期(7 天)同步变化。对于 υ And,也观测到了同样的现象。

这些研究结果表明，他们在 2003 年第一次发现的恒星色球活动随着行星轨道周期变化确实是由恒星和它的行星之间的磁相互作用引起的。同时，这也表明恒星和其行星的磁相互作用有时处在"开"的状态，而有时又处在"关"的状态，这样的结果很可能是由恒星的磁场结构在整个恒星的磁活动周中发生了变化所导致的。

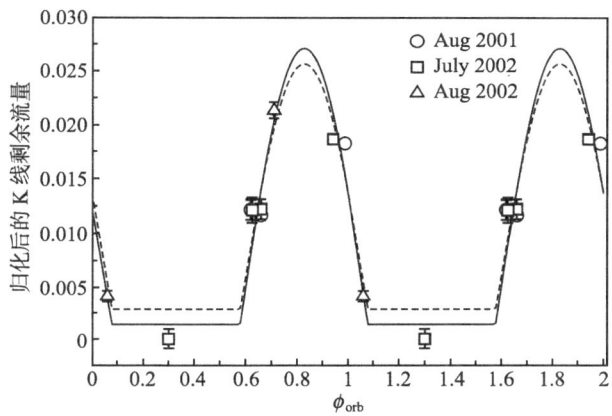

图 1 太阳系外行星系统 HD179949 的恒星与行星的磁相互作用在恒星色球活动上的体现。在图中，横轴代表轨道位相，纵轴代表归化后的 K 线剩余流量。

除了恒星色球层以外，近年来，有关这项课题的观测研究已经扩展到了恒星冕区和光球层。2008 年，Saar 等人[6]利用 Chandra 空间望远镜在 HD 179949 上探测到了第一个由于和行星相互作用而造成的恒星 X 射线活动，进一步证实了前文中 Shkolnik 等人在色球层探测到的磁相互作用信号。他们发现在 CaII HK 线心发射增强的位相处 X 射线流量增强了 30%，这表明恒星和行星的磁相互作用也会引起星冕活动的变化。2009 年，Pagano 等人[7]利用 CoRoT(对流、自转和行星凌食)空间望远镜的长时间覆盖(112 天)的高精度测光资料对 CoRoT-2 的黑子活动进行了细致的分析研究，他们发现恒星的流量有一个位相调制的变化，而这个变化的周期恰好是行星的轨道周期。这个结果说明在恒星光球上也可能存在恒星和行星的磁相互作用现象。

从上面取得的成果来看，在密近的太阳系外行星系统中，确实存在恒星和热类木行星的磁相互作用。但是，要想透彻理解恒星和行星磁相互作用的过程，推测行星磁球的特性，我们还有很长的路要走。首先，这类研究需要一流的观测设备来支持。对光球层恒星黑子活动的观测，需要极高的测光精度，这一般得使用空间光学望远镜来实现；对色球层活动增强现象的观测，要求很高的光谱分辨率，这需要使用大的望远镜和昂贵的高色散摄谱仪；对冕层加热现象的观测，也得使用空间的 X 射线望远镜。其次，每次观测必须得覆盖完整的轨道周期，而且，只有观测多个历元后才能肯定是否观测到了恒星和行星的磁相互作用，因为恒星磁活动的自转调制往往与恒星和行星的磁相互作用混杂在一起,我们需要多个观测历元才能清晰地区分这两种活动现象。这就需要对每一个单一目标星进行长时间的观测。以上两点表明,从事恒星和行星的磁相互作用的观测研究工作是长期的并且昂贵的实验课题。相信在未来,随着更多天文观测设备的投入,我们会获得大量的有关恒星和行星的磁相互作用的资料,从而可以正确理解热类木行星的形成、迁移和演化,以及这类行星磁场的性质。

参 考 文 献

[1] Mayor M, Queloz D. A Jupiter-mass companion to a solar-type star. Nature, 1995, 378(6555): 355–359.

[2] Cuntz M, Saar S H & Musielak Z E. On Stellar Activity Enhancement Due to Interactions with Extrasolar Giant Planets. Astrophysical Journal, 2000, 533(2): L151–L154.

[3] Shkolnik E, Walker G A H & Bohlender D A. Evidence for Planet-induced Chromospheric Activity on HD 179949. Astrophysical Journal, 2003, 597(2): 1092–1096.

[4] Shkolnik E, Walker G A H, Bohlender D A, et al. Hot Jupiters and Hot Spots: The Short- and Long-Term Chromospheric Activity on Stars with Giant Planets. Astrophysical Journal, 2005, 622(2): 1075–1090.

[5] Shkolnik E, Bohlender D A, Walker G A H et al. The On/Off Nature of Star-Planet Interactions. Astrophysical Journal, 2008, 676(1): 628–638.

[6] Saar S H, Cuntz M, Kashyap V L, et al. First observation of planet-induced X-ray emission: The system HD 179949. International Astronomical Union Symposium, 2008, 249: 79–81.

[7] Pagano I, Lanza A F, Leto G, et al. CoRoT-2a Magnetic Activity: Hints for Possible Star–Planet Interaction. Earth, Moon, and Planets, 2009, 105(2-4): 373–378.

撰稿人:顾盛宏

中国科学院云南天文台

尚未探测清楚的磁化星际介质

Magnetized Interstellar Medium

星际介质是不均匀地分布于星际空间的气体成分，非常稀薄，自由电子密度约为每立方厘米 0.01 个，温度最高可达 8000K[1]。星际介质中浸透了磁场。磁场与部分电离的星际介质"冻结"在一起，成为磁化的星际介质。星际介质气体冷却收缩可以形成分子云，收缩过程中密度增加，磁场强度也随之增强。星际空间还有一些自由电子密度高或者磁场强度大的电离气体云团，如大质量恒星周围的电离氢区（HII 区）。相对论电子在银河系磁化星际介质中运动产生很强的同步辐射。最近宇宙微波背景偏振观测发现，银河系的同步辐射和自由电子的韧致辐射是观测数据中最主要的前景污染。因此，理解银河系的磁化星际介质不仅对理解银河系的各种物理过程有重要意义，而且对宇宙学有非常大的帮助。另外，高能宇宙线在银河系磁场中传播时被银河系磁场偏转，要理解宇宙线粒子的起源和传播，银河系星际介质中的磁场是不可缺少的基本知识。

磁化星际介质有两种主要的观测方法，一是测量大量射电源的法拉第旋率[2]，二是在多个频率上测量弥漫射电辐射的偏振[3]。目前，虽然人们对磁化星际介质已经有一定的认识，但仍有很多问题需要将来进一步观测研究。

偏振电磁波在磁化介质中传播时，可以被分解成左旋圆偏振波和右旋圆偏振波。两种偏振波传播的相速度不同，因此穿过介质后二者之间形成了相位差，输出重新合成后表现出线偏振面的偏转，即法拉第旋转。偏振面旋转角度的大小与法拉第旋率成正比，与电磁波波长的平方成正比。这里的法拉第旋率是沿着视线方向的磁场强度和电子密度的乘积在整个路径上的积分值。视线方向的规则磁场越强，电子密度越大，路径距离越长，法拉第旋率越大。波长越长，发生偏转的幅度越大。将射电源在多个频率观测到的偏振角与波长的平方进行线性拟合，可测出该射电源的法拉第旋率。如果能够通过其他办法得到电子密度分布的信息，那么就可以推出视线方向的磁场。将很多方向上的测量综合起来，有可能构造出弥漫磁化星际介质中大尺度磁场的模型。

银河系弥漫介质中的磁场可以分解为相干尺度约为几千光年的规则磁场和小尺度的不规则磁场或者随机磁场。目前银河系大尺度的规则磁场仅仅测量了三分之一银盘，整个银河系盘中的大尺度磁场仍需要一个模型描述[2]。由于缺乏观测限制，模型还需要进一步完善。通过大量脉冲星和河外射电源的多频率偏振观测，人们原则上可以得到银河系大尺度规则磁场的结构。目前有两个主要问题需要解决：

(1) 能够观测的射电源的数目太少，空间覆盖率不高；(2) 银河系电子密度分布很不清楚。解决第一个问题，需要更高灵敏度更高分辨率的望远镜来探测到更多的偏振源。未来的平方千米射电阵(由多个天线构成的阵列，有效接收面积约为 1 平方千米，简称 SKA)可以观测到大量脉冲星和河外偏振射电源，所以第一个问题基本可以克服。第二个问题非常困难，构造一个能准确反映银河系弥漫电离气体复杂分布的模型是现在很多科学家研究的目标[3]。

通过研究脉冲星和河外射电源法拉第旋率的结构函数可以得出随机磁场的湍流性质[4]。但是由于法拉第旋率与磁场和电子密度都有关，现在的研究一般假定二者之间没有耦合，互相独立，这样可以得出磁场的性质。随机磁场的能谱特征以及能量注入尺度还没有在较大的范围内(几千光年)测量清楚。湍流磁场的能量注入尺度究竟多大，是几百光年还是几光年？湍流由超新星爆发引起还是致密电离氢区引起？可以通过其他手段(如斯托克斯参量观测统计)来研究湍流性质吗？未来的 SKA 以及现在发展起来的频谱偏振计和现在正在发展的法拉第旋率综合方法可能会有助于人们进一步理解磁场的湍流性质。

多个频率上测量弥漫射电辐射的偏振是研究银河系磁化星际介质的另一种办法。由于不同辐射区磁场结构不同，弥漫辐射具有不同的内秉偏振状态。在任何一个天空方向观测的弥漫辐射是从太阳到银河系边缘路径上各处辐射的总和。来自不同距离的偏振辐射会因为传播路径上的磁介质被不同程度地旋转，叠加后导致消偏振。因为法拉第旋转和消偏振效应，在低频段只能观测到银河系中本地附近的弥漫射电辐射的偏振。高频段的观测可以看得更远一些。

最近对银河系盘面弥漫射电辐射的偏振观测还发现了法拉第屏(Faraday screen)[5]。法拉第屏是磁化的星际介质团块。它们在射电总功率辐射图上几乎无法看清，但它们将弥漫辐射的偏振方向改变了很多。沿着法拉第屏的方向，弥漫辐射的偏振强度表现出局部变强或者变弱，偏振位置角相对于周围背景有系统性的偏离。弥漫的偏振辐射可以是法拉第屏的前景和背景，是来自比法拉第屏更近和更远的星际介质所产生的辐射。法拉第屏本身不贡献偏振辐射。观测到的偏振是前景叠加上经过法拉第屏旋转过的背景。如果前景和背景本来的偏振位置角基本相同，因为法拉第屏的旋转会使观测的偏振比周围没有法拉第屏作用的区域弱一些。研究观测到的偏振强度和偏振位置角，可以估算出前景和背景的强度以及法拉第屏本身产生的法拉第旋率。但是，磁场和自由电子之间如何耦合，法拉第屏的详细物理参数等，还需要进一步深入的研究。

我们在中德银道面 6 厘米偏振巡天过程中发现了几个法拉第屏[6]。通过观测灵敏度极限估计出电子密度的上限约为每立方厘米 0.8 个，而视线方向规则磁场的下限约为 6 微高斯，磁场总强度要更大些。注意到，分子云磁场强度正比于电子密度的 0.5 次方[7]，典型的电离氢区电子密度为每立方厘米 1 个，磁场为几个微高斯。

法拉第屏的电子密度如此之小，为什么磁场反而更强？法拉第屏统计上讲应该有类似强度的垂直视线方向磁场，即使相对论电子密度很小，也应该产生同步辐射，但为什么没有观测到？法拉第屏是如何维持动力学平衡的？磁场在其中起着怎样的作用？法拉第屏在银河系中的分布是怎样的？到目前为止，人们仅仅发现了十几个法拉第屏，还远远不能解答所有这样的疑问。目前进行的各种银道面的偏振巡天预计应该发现更多的法拉第屏，可以加深人们对磁化星际介质的理解。

参 考 文 献

[1] Ferriere K M. The interstellar environment of our galaxy. Reviews of Modern Physics, 2001, 73(4): 1031−1066.
[2] Han J L, Manchester R N, Lyne A G, et al. Pulsar Rotation Measures and the Large-Scale Structure of the Galactic Magnetic Field. Astrophys. J, 2006, 642(2): 868−881.
[3] Sun X H, Reich W, Waelkens A W, et al. Radio observational constraints on Galactic 3D-emission models. Astronomy & Astrophysics, 2008, 477(2): 573−592.
[4] Haverkorn M, Gaensler B M, Brown J C, et al. Enhanced Small-Scale Faraday Rotation in the Galactic Spiral Arms. Astrophys. J, 2006, 637(1): L33−L35.
[5] Wolleben M, Reich W. Faraday screens associated with local molecular clouds. Astronomy & Astrophysics, 2004, 427: 537−548.
[6] Sun X H, Han J L, Reich W, et al. A Sino-German λ6 cm polarization survey of the Galactic plane. I. Survey strategy and results for the first survey region, Astronomy & Astrophysics, 2006, 463(3): 993−1007.
[7] Crutcher R M. Magnetic Fields in Molecular Clouds: Observations Confront Theory. Astrophys. J, 1999, 520(2): 706−713.

撰稿人：孙晓辉　韩金林
中国科学院国家天文台

无处不在的磁场与星际介质动力学

Ubiquitous Magnetic Fields and Interstellar Dynamics

磁场在星际空间中可以说是无处不在,广泛影响着各种天体无力现象。从恒星形成,宇宙射线的加速与传播,太阳耀斑的生成,伽马射线的爆炸,吸积盘的发生,到各种传输过程等。很难找到一个领域与磁场是不相关的。即使一些传统很少触及磁场的领域,比方说,最近研究显示,谱线强度以及化学丰度,磁场的影响也不可小觑[1,2]。星际介质中磁场的存在引出很多新的问题,比如,宇宙中相干磁场最大尺度有多大?磁场是如何并以多快的速度产生的?磁场是如何在几十个秒差距到数百千米的尺度上影响星际动力学的?磁能是如何转移给粒子并加热粒子的?

与磁流体动力学相关的问题

要想了解磁场,最关键的三个基本问题是:湍流中的磁场动力学(磁湍流);磁场的放大机制(发电机理论);以及磁场的拓扑变换(磁重联)。这三个问题是实际上密切相关的。在最近几年中,发电机理论的主要进展是与湍流相关的。关键问题是:发电机理论的准确数学表述式是什么?速度和磁场的相关性对磁场的产生有什么作用?

另外,磁场的放大过程中必然需要拓扑变换。长期以来,磁重联研究中一个主要难题就是理论模型所预期的磁重联速率与实际需要相差太远。传统 Sweet-Parker 模型中,相反方向的磁力线相互接近的速度 V_R 取决于欧姆扩散率 η,即 $V_R=\eta/\Delta$。这里 Δ 为相互靠近的反向磁力线建的距离(见图 1)。考虑到质量守恒,磁力线间的物质必须被喷离出去,意味着 $V_R L=V_A \Delta$。由此可以得出 Sweet-Parker 模型下的磁重联速率为 $V_R=V_A/\sqrt{R_L}$。因为在天体环境中 R_L 通常很大(银河系中为 10^{20}),Sweet-Parker 模型下的磁重联速率小到可以忽略不计。一种提高磁重联速率的可能就是尽量减少 L_x,比方说,Petscheck (1964) 的 X 磁重联[5],可是这种模型只适用于无碰撞情形,意味着其对应尺度远远小于天文尺度。而天文环境中需要的是大尺度上的快速磁重联。直到 1999 年,Lazarian & Vishniac 发现在湍动的磁场中[6],磁重联的速率不再受限于欧姆扩散率这个微观量,而取决于磁场的随机游走。而磁场随机游走的统计性质则由湍动的统计性质而决定。并且,在三维的磁场中,许多磁力线可以同时接近而重联(见图 1)。为了更好地理解湍流区的磁重联,人们正在朝数值模拟和实验室研究两方面努力。

这些基本问题的回答与从分子云的碎裂到原恒星以及吸积盘的形成,整个恒星形成过程中的一系列问题密切相关。恒星形成中的一个重要问题就是如何除去

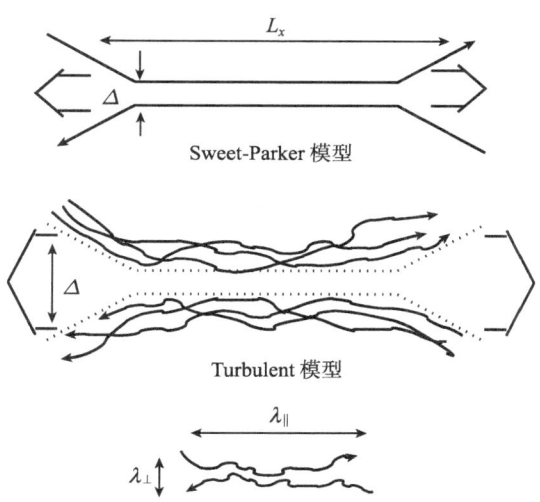

图 1 上)在 Sweet-Parker 的磁重联模型中，磁重联区的外向流限于欧姆扩散率决定的窄域，因而大大限制了磁重联的速率；中) 3D 湍流中，多组磁力线可以同时重联；下)湍动模型中，外向流取决于磁场的随机游走(Lazarian & Vishniac 1999)。

磁场。星际介质一般都是高度磁化的，一般认为其磁压强大于气体压强。在恒星形成理论中，衡量磁场作用的一个重要参数是磁临界质量：$M_\phi \equiv c_\phi \phi / \sqrt{G}$。其中，$\phi$ 是磁通量，c_ϕ 取决于密度与磁场的分布，是一个数值系数。在冷中性介质中(CNM)，$\mu_\phi \equiv M/M_\phi < 0.16$[7]，而分子云的坍缩需要 $\mu_\phi > 1$，这显然意味着大部分磁场需要从分子云中被耗散掉。而大量研究显示，在恒星形成区的磁通量耗散速度要比经典的双极扩散所允许的要快很多。Shu et al. (2007) 提出超电阻率下双极扩散的概念其核心实际是快速磁重联[8]。总而言之，要想解决恒星形成中的理论问题了解磁重联，磁湍流，双极扩散这些过程及其相互作用是关键。如何从观测上确定磁场？

显而易见，很多问题的不确定性是源于我们对实际天体环境的磁场知之甚少，因为我们目前现有的探测磁场的手段确实非常有限。而且每种方法都有其局限性。塞曼效应测定法受限于谱线的多普勒展宽，因而只适用于致密暗云；法拉第旋转测量的是视线方向磁场强度与电子密度的乘积，但是电子密度分布存在很大的不确定性；还有就是基于尘埃在磁场中有序排列谓之有序尘埃测定法。塞曼效应测定法和法拉第旋转测量都只能给我们视线方向磁场的信息；而有序尘埃测定法测到的是天体中磁场的二维投影。这些年来在尘埃有序排列理论方面已有了长足进展，已成为普遍接受的一种星际磁场探测手段。

1949 年，Hall 和 Hiltner 分别通过星光的偏振观测发现星际尘埃的排列是有序的[9,10]。没过多久，人们就意识到尘埃的长轴是垂直于磁场排列的。之后，尽

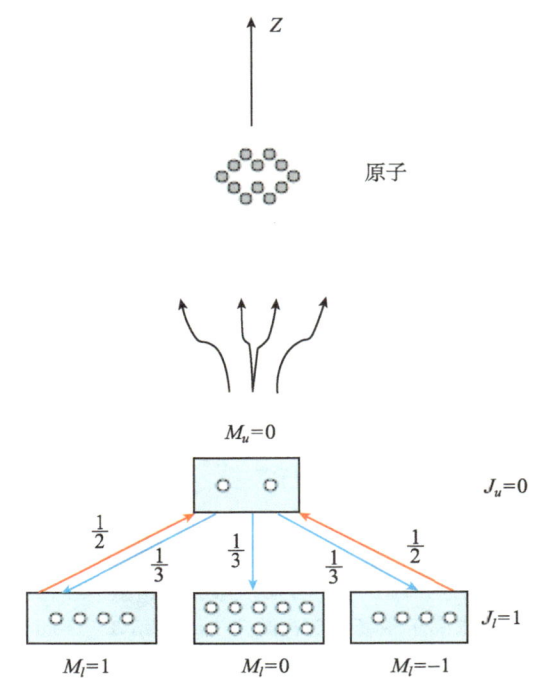

图2 示意图给出在 – 光束照射下，两能级的粒子其基态排列是如何变为有序的。变量 M 是角动量沿磁场方向的投影。当光束沿着磁场方向入射时，辐射光会有效减少亚态 $M = \pm 1$ 上的粒子，增加亚态 $M = 0$ 上的粒子，导致系统出现垂直磁场方向的净角动量。

管经过一些像 L. Spitzer, E. Purcell 这样的天体物理大师尝试，因为其涉及的物理过程的复杂，相应的理论发展还是长期滞后。直到最近，对尘埃有序排列的理解才渐渐清晰。有兴趣的读者可以参见一些近期的综述，如 Lazarian 2009 和那里的文献[11]。尽管现在对尘埃有序化已有深入的认识，可是由于尘埃组成、结构及其环境的不确定性，尘埃有序化排列与磁场指向并不是简单的一一对应关系。一个关键的问题是要证明尘埃是否超顺磁的并且总是有序排列的。例如，由尘埃表面 H_2 形成所引起的 Purcell's pinwheel torques[12] 的影响有多强？为了回答这个问题，需要比较由有序排列的尘埃给出的磁图与其他方法得到的磁图。因此，发展探测弥散介质中磁场的新方法非常重要。作为本章的结尾，我将在下面简要地介绍我们最近发展的一种新技术，并给出这种技术的优势和还须解决的问题。

微观粒子(原子以及离子，分子，以下为简化统称粒子)有序排列是研究弥散星际介质磁场的一种新技术，例如，星际和星系际气体/等离子体的磁场。

这项技术基于粒子在基态或亚稳态的角动量有序排列(Yan & Lazarian 2008b 和那里的文献)[2]。由于粒子在这些状态的寿命非常长，各向异性辐射引起的非热分布会受到弱磁场($1G < B < 0.1\mu G$)的影响。粒子角动量有序排列(以下简称有序排列)

在观测上表现为发射线和吸收线的偏振。很多基态或亚稳态存在精细或超精细结构的粒子都会产生有序的排列，引起的偏振度在某些情况下超过 20%。对吸收线，偏振的方向平行或垂直于磁场在天球上的二维投影，而对发射线则要复杂得多。我们的工作揭示可以通过分光偏振观测来研究磁场，而这项技术可以运用到从可见光和紫外波段到红外/射电波段。这项技术的独特之处是它可以给出磁场在三维空间中的指向。适用的对象相当广泛，可以是行星际磁场，也可以是星周磁场，以及星际的和星系际的磁场。这是个新兴的研究领域，我们预期它在不久的将来会迅速发展起来。目前，研究仅限于简单光学薄的情况。辐射转移是否会完全平均掉出射偏振？如果碰撞不能忽略时会怎样？能否将其影响定量化？可以将这个技术扩展到更多的谱线吗？例如，分子谱线和其他波段，如 X 射线波段的谱线？这些都是将来理论研究需要解决的问题。现阶段主要需要观测来带动这一领域的进展。先对容易的目标进行测试性的观测(例如，彗星和木卫一)，然后把该领域带到星际介质磁场研究的最前沿。这方面的研究极其重要而又长期滞后。因而其进展可以激励天体物理学家对星际磁场研究方向的努力。

　　致谢　感谢云南天文台姜登凯博士帮助翻译和整理本文稿，感谢国家天文台韩金林教授的审阅和批注。

参 考 文 献

[1] Yan H, Lazarian A. Astrophys. J., 2008a, 677, 1401.
[2] Yan H, Lazarian A. RevMexAA, 2008b, 36, 97.
[3] Sweet P A. Electromagnetic Phenomena in Cosmical Plasma, ed. B. Lehnert (New York: Camridge Univ. Press) 1958, in IAU Symp. 6, 123.
[4] Parker E N. J. Geophys. Res. 1957,62, 509.
[5] Petschek H E. The Physics of Solar Flares, AAS-NASA Symposium, NASA SP-50 (ed. W.H. Hess), Greenbelt, Maryland, 1964, 425.
[6] Lazarian A & Vishniac E. Astrophys. J., 1999, 517, 700.
[7] Mckee C F & Ostriker E C. ARA&A, 2007, 45, 565.
[8] Shu F H, Galli D, Lizano S, Glassgold A E & Diamond P H. Astrophys. J., 2007, 665, 535.
[9] Hall J S. Science, 1949, 109, 166.
[10] Hall J S. Science, 1949, 109, 166.
[11] Lazarian A. in Cosmic Dust-Near and Far, Th. Hennning, E. Grun, & J. Steinacker (eds.) 2009,
[12] Purcell E. Astrophys. J., 1979, 231, 417.

撰稿人：闫慧荣

北京大学科维理天体物理研究所

星际弥散带的起源

The Origin of Diffuse Interstellar Bands

1. 引言

弥散星际带(diffuse interstellar bands；简称 DIB)的起源是天文学分光研究中长期悬而未决的难题之一。早在 20 世纪初，美国女天文学家黑格尔[1]首次在恒星光谱的 5780 和 5797 埃处观测到了两条明显的宽吸收带($1Å=10^{-10}m$)。随后的一系列研究表明这些吸收带的波长与目标源的视向速度无关，而强度则与背景目标源连续谱的红化量及距离正相关，因此可推断它们来自于星际空间而不是恒星本身。这些吸收带比通常的恒星吸收线宽且边界弥散，因此被称为弥散星际带。随着观测技术的不断提高，天文学家探测到越来越多的弥散星际带。迄今为止，已经发现了接近四百条，它们的光谱特性多样。一个普遍接受的观点是这些吸收带来自于星际空间某些含碳的复杂分子。如果该观点被证实，弥散星际带是人类获得的星际空间中存在分子的最早观测证据。

不难想象，如此众多的弥散星际带蕴含了何等丰富的天体物理学信息。成功破解这些弥散星际带的载体是何种物质，必将对人类认识星际介质的成分、物理环境及其经历的化学过程产生重大、深远的影响。然而，尽管弥散星际带发现已将近一个世纪，期间开展了大量的研究[2,3]，但天文学家依然沮丧地发现他们甚至还不能确切地认证其中任何一条。随着红外和射电天文学的发展，越来越多的星际分子被探测到，但是没有一种分子能够完美地解释弥散星际带的观测特性。"是什么物质产生弥散星际带？"成为天文学极富挑战性的世纪难题之一。

2. 弥散星际带的观测特性

多年来对不同目标源弥散星际带的搜寻工作[4,5]已经积累了大量的观测资料，使得我们对其光谱特性有了一个比较清晰的认识。弥散星际带分布在从近紫外到近红外一个宽广的波长范围内(4 000~13 000Å)，宽度从 $2cm^{-1}$ 到 $100cm^{-1}$ 不等，其中最强的一条位于 4430Å 处。研究弥散星际带的本征轮廓是认证其载体的必要步骤，然而这并不是一件轻松的工作。原因是目标光谱可能穿过视线方向上多个不同视向速度、不同物理环境的云气，而且一条弥散星际带可能由一种或者多种分子的众多波长相近的精细结构谱线吸收混合而成，这使得弥散星际带轮廓的分析异常复杂。开展弥散星际带的轮廓分析需高分辨率、高信噪比的光谱，并且必须首先分析其中的 K I、Na D 星际吸收线的多普勒成分以排查视线方向上可能产生吸收的云气的数目。1975年，美国天文学家赫比格在他的经典论文[6]中首次对弥散星际带的轮廓进行了分析，随后大量的研究表明弥散星际带是非对称的，有着非常延展的线翼，其中某些还存在子结构。此外，本征轮廓和相对强度随着目标源的不同而可能有所变化。

弥散星际带可以看做是消光曲线上的精细结构，它的一个重要特征是等值宽度与色余成正相关。对不同的弥散星际带，该相关性并不完全等同。值得一提的是，这个正相关关系并不十分严格，有少数天体甚至严重偏离这个关系，其中可能蕴含的重要天体物理信息还有待进一步的研究。另外，弥散星际带的强度还与一些中性气体如 H I、Na I、C I、K I 的柱密度成正相关而与氢分子柱密度无关。部分研究者还调查了弥散星际带强度与紫外 2175Å 消光特性及红外发射带的相关性，但未获得明确的结论。

随着观测数据的增多，天文学家还研究了弥散星际带的统计性质。他们根据谱带轮廓与强度以及强度与红化间的相关关系对弥散星际带进行了分类。这些统计分类有助于了解弥散星际带载体的多样性。

有天文学家把注意力投向搜寻银河系外的弥散星际带。这项工作的困难在于河外的弥散星际带通常都很弱，而且需要想办法扣除前景银河系的污染。利用现有观测设备，人们已经在大小麦哲伦星云、M 31、M 33、NGC 5128 等河外星系中探测到了一些较强的弥散星际带，并且发现在这些河外星系中，单位红化的弥散星际带强度与银河系存在差异，这表明弥散星际带载体的形成和演化与所处的天文、物理、化学环境(如尘气比、紫外辐射场等)有关。

也有天文学者尝试在一些富含分子的星周包层中搜寻弥散星际带。如果成功，弥散星际带在不同物理环境下展现的光谱特征将对其认证提供重要线索。但至今为止，结果却令人沮丧。在主序前星、碳星和行星状星云中至今未确切探测到弥散星际带。然而，在红矩形星云(the red rectangle nebula)光学光谱中发现的几条位于光学红端强发射线引起了研究者的注意。虽然这些发射线和弥散星际带一样还未得到认证，但有趣的是它们的峰值波长与几条强弥散星际带非常接近。它们是否来自于同一载体？这还是个未解之谜。

3. 弥散星际带的可能载体

很早人们就发现弥散星际带在几乎所有方向上都观测到，并且不同的弥散星际带有着不同的光谱特性。这表明它们的载体在化学上是稳定的并且不止一种。由于弥散星际带强度与红化正相关，天文学家曾普遍认为固态尘埃是弥散星际带的载体，如早期一个比较流行的观点是弥散星际带源于星际颗粒中的杂质(如 Ca 和 Na 原子)。然而随后观测研究发现该相关关系与红化率(取决于尘埃的成分)无关，而且没有观测到弥散星际带的偏振。这些结果表明导致星际消光的尘埃颗粒不太可能是弥散星际带的直接载体。

分子作为可能载体的观点可以追溯到20世纪30年代弥散星际带刚发现不久。当时人们还没有意识到星际空间中分子的多样性，只提出一些简单的气态分子作为候选体，包括CO_2、Na_2、NaK、NH_4、负氢离子等。这些提议都没有很强的依据(通常仅仅基于某条弥散星际带的波长和某种分子跃迁的实验室波长相近)，很快就被后续的研究所否定。因此在此后很长一段时间都是固态尘埃颗粒起源的观点占主导。然而随着20世纪70年代射电天文学的飞速发展，天文学家探测到了大批星际分子并意识到星际空间中各种化学过程能够有效地合成多种分子，这促使天文学家在探寻弥散星际带的可能载体时把注意力转移到复杂的气态分子。这些分子很可能富含碳元素，因为含碳分子能解释弥散星际带的广泛性，而弥散星际带轮廓中的子结构可能部分来源于碳同位素^{13}C造成的波长偏移。

近年来天文学家普遍认为最有可能产生弥散星际带的分子包括碳链分子、富勒烯(fullerenes)、多环芳香烃(polycyclic aromatic hydrocarbons；简称PAHs)。加拿大天文学家道格拉斯[7]首先指出线性碳链分子$C_n(5 \leq n \leq 15)$能够产生波长大于4428Å的吸收带。随后的实验和理论研究表明，某些长链分子，如$C_nH_m^-$、HC_nCN^+、$HC_{2n+1}N^+$、$HC_{2n}N^+$，能够在多条弥散星际带波长处产生吸收，因此可能是其载体。但目前还没有直接证据显示这些长碳链分子在星际空间存在而且数目充裕。此外，众多碳链分子发射线的确切波长还有待实验室测量。1985年，美国科学家克罗托领导的小组[8]发现了C_{60}(富勒烯的一种)，并因此获得诺贝尔化学奖。由于C_{60}非常稳定，克罗托等大胆猜测它可能广布于宇宙中并产生所谓的弥散星际带。然而实验发现C_{60}在光学波段的吸收极弱，因此不可能是弥散星际带的载体。另一方面，由于C_{60}的电离能很低，其在宇宙中更可能以离子的形式广泛存在。研究表明C_{60}^+可能是9577和9632Å处两条弥散星际带的载体。问题是至今天文上还未探测到C_{60}^+的其他吸收特性。也有科学家提出$C_{60}H_m$(m可能高达30)作为弥散星际带的可能载体，但目前对这些分子的光谱特性并不清楚。PAHs是由多个苯环组成的化合物。20世纪70年代天文学家在红外波段探测到一些宽发射特性，并认为是来自于PAHs。这些发射带在星际介质中被广泛观测到，由此多个研究小组猜测气态的PAHs是弥散星际带的可能载体[2,3]。此外，在红矩形星云的红外光谱中也探测到很强的PAHs发射，这使得天文学家联想到其在光学波段红端探测到的与弥散星际带波长相近的发射带可能也来自于PAHs。然而由于实验室数据的缺乏，确定究竟是哪种PAHs是真正的载体还是一个未解的谜。由于中性PAHs的谱线主要在紫外和近紫外波段，因而不太可能是弥散星际带载体。目前的研究主要集中于PAHs阳离子(比如$C_{10}H_8^+$)。理论计算发现一些PAHs阳离子确实能在与某些弥散星际带相近的波长处产生吸收，但是这些结论仍需要气态PAHs阳离子实验室数据的检验。

也有科学家提出"另类"的观点。IBM研究部激光专家、染料激光发明人索罗金和合作者[9]认为弥散星际带源自于热星周围氢分子的双光子吸收(即弥散星际带的产生需要先吸收一个热星紫外光子将氢分子激发)。他们的理论能正确预言多条弥散星际带的观测波长。但以上观点并未得到天文界主流的认同,原因是双光子吸收发生的条件比较苛刻,而且观测发现在紫外发射弱的冷星光谱也同样观测到弥散星际带,与该理论相左。尽管如此,他们的观点为解决弥散星际带的起源问题提供了一个新的思路。

4. 前景

弥散星际带的起源已经困扰了天文学家近一个世纪。这一问题的最终解决,将依赖于观测、理论、实验的发展,以及天文、物理、化学等多个学科的交叉合作。尽管只在光学和近红外波段探测到弥散星际带,对其起源的研究却要在从紫外到射电多波段的整个电磁波谱中去寻找线索。可以预期,随着未来更大口径望远镜的建设和投入使用,天文学家将得以获取更暗弱天体的更高质量的光谱,从而能够更准确地测量更多弥散星际带的强度和轮廓,研究其与所处物理、化学环境的关系。同时,日趋完善的原子分子理论和实验室技术使我们能够更深入地研究天文环境下各类复杂分子的性质。这些日趋精密的理论和实验数据以及高质量的天文光谱资料是认证弥散星际带载体的基础。星际分子的研究是一个相对新兴的学科,远未达到成熟阶段,解决弥散星际带起源这个问题的前景目前还不是十分明朗,其复杂性可能比我们现今认识到的还要大得多。无论如何,对这个经典难题的探究极大地,也必将继续刺激多个学科领域的发展,丰富人类对星际空间的认识,值得天文、物理、化学研究者的进一步努力。

参 考 文 献

[1] Heger M L. Further study of the sodium lines in class B stars, The spectra of certain class B stars in the regions 5630Å-6680Å and 3280Å-3380Å; Note on the spectrum of [gamma] Cassiopeiae between 5860Å and 6600Å. Lick Obs Bull, 1922, 10: 141-148.

[2] Herbig G H. The diffuse interstellar bands, Annu Rev Astron Astrophys, 1995, 33: 19-74.

[3] Sarre P J. The diffuse interstellar bands: A major problem in astronomy spectroscopy. Mol Spec, 2006, 238: 1-10.

[4] Jenniskens P, Désert F X. A survey of diffuse interstellar bands (3800-8680 Å), Astron. Astrophys. Sup., 1994, 106: 39-78.

[5] Hobbs L M, et al. A catalog of diffuse interstellar bands the spectrum of HD 204827, Astrophys. J., 2008, 680: 1256-1270.

[6] Herbig G H. The diffuse interstellar bands. IV. The region 4400-6850 Å, Astrophys. J., 1975, 196: 129-160.

[7] Douglas A E. Origin of diffuse interstellar lines. Nature, 1977, 269: 130-132.

[8] Kroto H W, et al. C_{60}: Buckminsterfullerene. Nature 1985, 318: 162-163.

[9] Sorokin P P, Glownia H. A theory attributing optical diffuse interstellar absorption bands,

"unidentified infrared" emission bands, and cloud reddening to H_2 nonlinear absorption, Astrophys. J., 1996, 473: 900–920.

撰稿人：张　泳
香港大学物理系

星际空间的多环芳香烃

Polycyclic Aromatic Hydrocarbon in Interstellar Space

1. 什么是 PAH？

在许多发射星云(行星状星云、HⅡ区)和反射星云中观测到在波长范围 3～15μm 有很强的发射谱带，比半径 $a \geqslant 100$Å 的所谓"经典"尘埃(classical dust)在辐射场加热后的热平衡辐射强得多。大多数这种发射集中在 5 个波长：3.3，6.2，7.7，8.6 和 11.3μm。这些谱线首次在反射星云 NGC 7027 和 BD+30°3639 中被观测到，一度被称为"unidentified infrared" (UIR) bands(未被证认的红外谱带)。20 世纪 80 年代天文学家初步证认了这些发射线，认为是由多环芳香烃分子(Polycyclic Aromatic Hydrocarbon, 简写作 PAH)的分子振动引起[1,2]。氢原子附着在苯环外，C—H 和 C—C 之间的拉伸(stretching)和扭曲(bending)振动模式可以产生上述一系列特征线：C—H 拉伸模式(3.3μm)；C—C 拉伸模式(6.2 和 7.7μm)；C—H 平面内扭曲模式(8.6μm)；C—H 平面外扭曲模式(11.3μm)。这些发射特征的相对强度和准确波长取决于 PAH 分子的尺寸和电离态，而其电离态由所在天体环境的辐射场强度、电子密度和气体温度决定[3~5]。

PAH 分子由一系列苯环构成(图 1)[6]，它是银河系与其他星系星际介质的重要组成成分。在银河系弥漫星际介质中，包含 45ppm 左右碳元素(相对氢来说)的 PAH 分子被紫外/可见光子随机加热(因为 PAH 分子尺寸很小，因而热容很小，单个光子与其随机碰撞造成随机加热瞬时升温至>1000K)，这可以解释银河系弥散星际介质中星际尘埃发射总功率的 20%[3,5]。需要说明的是，不仅紫外(UV)光子可以激发 PAH，长波段(红端和远红端)光子也可以将 PAH 加热至高温，从而使其在这些"未证认"的红外(UIR)波段有效地发射能量。

PAH 可以被许多物理过程(包括与中性原子和离子碰撞、等离子体拖拉、光子的吸收)激发。这些过程也可以使 PAH 快速转动，其转动速率可达到十几 GHz。这些旋转的 PAH 分子的转动的电偶极子发射可以产生很强的微波发射[7]。另外，迄今为止观测上没有发现 PAH 发射特征线显示偏振。

ISO (infrared space observatories)和 Spitzer 红外空间望远镜的观测结果也显示大量河外星系有 PAH 特征谱带。最新的研究结果发现在许多天体物理环境中都有 PAH 的发射特征。在红移 z 约为 0.1~2 的亮红外星系，红移 z 约为 2 的极亮红外星系，红移 z 约为 2.8 的亮亚毫米星系，以及红移 z 约为 2.56 的 QSO 和椭圆星系中

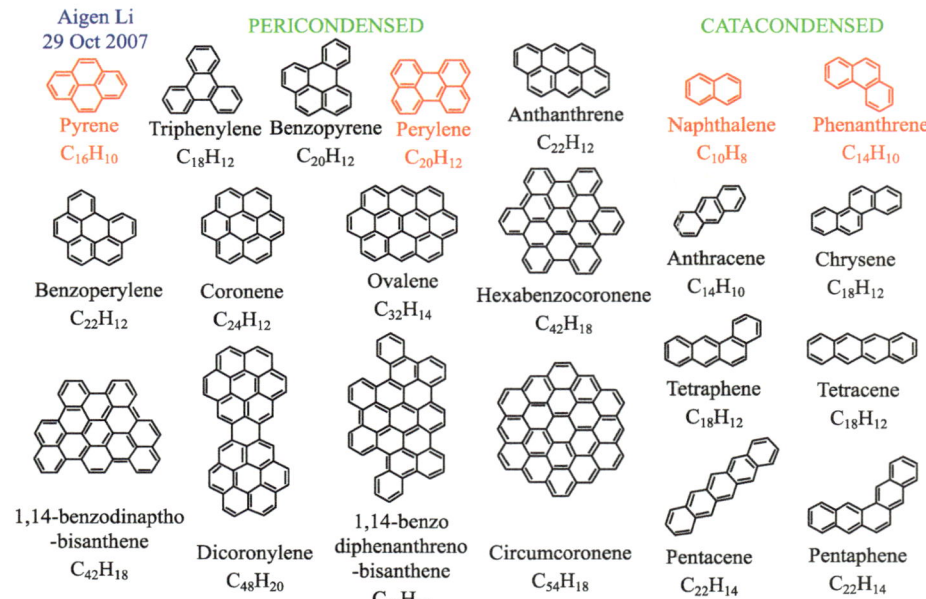

图 1[6]　21 种 PAH 分子的结构示意图，其中 pyrene, perylene, naphthalene 和 phenanthrene 在彗星尘埃中已被探测到。

都存在 PAH 分子。如图 2 所示，这些天体物理环境的发射谱在 5~20 μm 波段范围都出现了一系列 PAH 的特征谱线[6]。在年轻恒星的星周尘埃盘(例如中等质量的主序前 Herbig Ae/Be 星和低质量的 T Tauri 星，以及主序星周的碎片盘)中也发现了 PAH。另外，在由"星尘"(stardust)飞船取回的彗星尘埃样本中也找到了 PAH[6]。PAH 在宇宙中无处不在，它是星际尘埃的重要成分，研究 PAH 的特性能使我们更清楚地了解恒星与星系的化学、物理性质以及演化历史[5]。但在物理环境比较极端的活动星系核(AGN)中却很难找到 PAH 的特征线，这可能是因为 AGN 中能量很高的紫外和 X 射线光子将 PAH 分子破坏了。

2. 围绕 PAH 的未解之谜

(1) PAH 是 2175Å 消光驼峰(extinction bump)的载体吗？

2175Å 消光驼峰是最为显著的星际消光光谱特征，距离其首次被发现已有 40 多年。最初人们指出小石墨颗粒可能是产生此吸收峰的物质。后来的研究表明，虽然石墨是理想的候选体，但它不能解释该驼峰半高全宽(FWHM)随环境改变而中心波长几乎不变的观测事实。而 PAH 分子在 2000~2500Å 范围有较强的吸收带。因此对于产生 2175Å 消光峰的物质，自 20 世纪 90 年代起人们的视野开始从石墨过渡到 PAH 分子。现在人们普遍认为这类物质是某种芳香的含碳物质(aromatic carbon)，类似 PAH 分子的混合物[3]。但关于产生 2175Å 消光驼峰的载体至今尚未

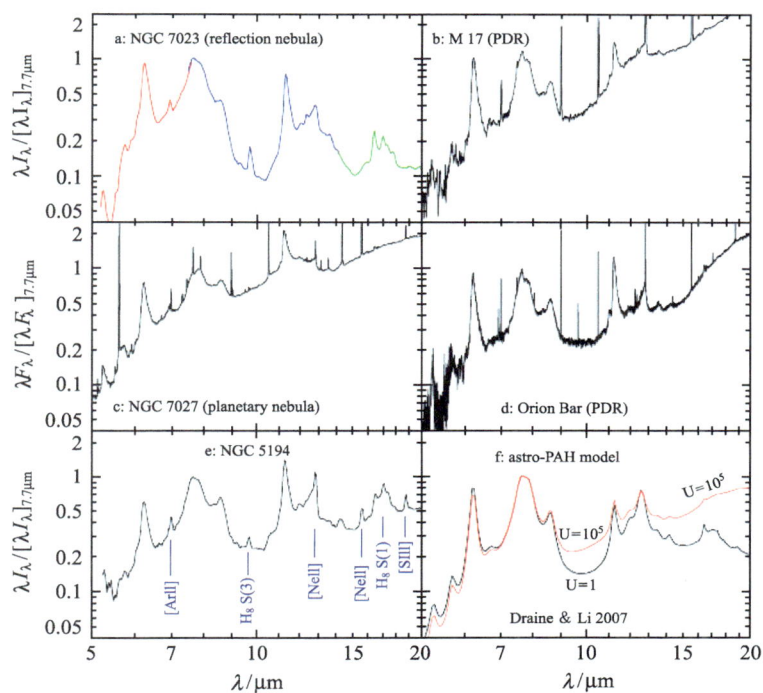

图 2[6] 各种天体物理环境中的 PAH 特征,波长范围 5~20μm:(a)反射星云 NGC 7023;(b)M17 光电离区(PDR);(c) 行星状星云 NGC 7027;(d) 猎户座光电离区;(e) Seyfert 星系 NGC 5194;(f)由 PAH 尘埃理论模型计算得到的理论发射谱,辐射强度分别为银河系星际辐射场的 1 倍和 10^5 倍[5]。

得到明确证认,仍是星际介质领域的未解之谜。今后需要实验室准确测量 PAH 分子的 UV 吸收,与天文观测到的星际消光谱进行比对,从而找到 2175Å 消光驼峰的载体。

(2) 弥散星际吸收带(diffuse interstellar bands,DIBs)的证认

观测到的消光曲线上除了已证认的由原子、离子和小分子产生的较窄的吸收特征线,还有许多较宽的吸收特征,这些较宽的吸收线被称为弥散星际吸收带。从 20 世纪 20 年代首次发现弥散星际带到现在,人们探测到大约 300 条 DIBs,令人难以置信的是 80 多年来这么多的弥散星际吸收带居然没有一条得到确认[8]。

根据高分辨率光谱的观察我们可以推断可能一部分弥散星际带是由于大分子或极小尺寸尘粒的吸收产生。为解释星际红外发射谱,星际空间中必须包含大量 PAH 分子,因此可以自然地推想这些 PAH 分子也可以产生许多 DIBs。目前,用实验室测量的气态 PAH 吸收光谱与观测得到的 DIBs 光谱进行比较显得非常必要,只有在实验室测定气态 PAH 吸收特征的精确波长和谱形,才能准确证认 DIBs。

(3) PAH 分子产生 UIR 发射?

如前文所述,在一些天体环境中发现在 3.3,6.2,7.7,8.6 和 11.3μm 有一系列发射特征,这些"未证认"的红外特征线 (UIR)是否真的由 PAH 分子的振动模式产生需要进一步的研究。特别是在星际空间尚没有一种真正的 PAH 分子被证认,当前的 PAH 模型都是基于多种 PAH 混合体的理想模型,称为"astro-PAH"似乎更为合适[3,5]。

(4) PAH 的生成

尽管目前的研究都表明 PAH 分子是银河系和河外星系星际介质的重要组成部分,但关于 PAH 分子的产生和演化我们却知之甚少;特别是 PAH 起源于演化晚期碳星还是星际空间尚是一个不解之谜。今后随着观测设备的改善和提高,我们可以通过观察不同天体区域 PAH 丰度的变化,以及其光谱的变化来对此问题进行深入探讨。

(5) 星际尘埃模型的进展

在 PAH 是星际介质的组成成分提出后,Draine、Li 和其他一些天文学家极大地改进了原有的尘埃理论模型,即在硅酸盐和石墨尘粒的基础上加入 PAH 分子,(the silicate-graphite-pAH model),其星际尘埃由无定形硅酸盐尘粒和碳化物尘粒组成,PAH 成分作为碳化物的小尺寸尘粒用以解释 UIR 发射特征线,即碳化物在大尺寸时表现为石墨颗粒,在小尺寸时表现为 PAH 分子。这个模型是目前与各种观测证据符合最好的模型。

(6) 彗星尘埃中的 PAH

彗星 PAH 确实源自星际空间吗?如果是的话,为什么在彗星尘埃中探测到了如 pyrene、perylene、naphthalene 和 phenanthrene 等具体 PAH 分子,而在星际空间至今未能探测到呢?

(7) 活动星系核中的 PAH

活动星系核的尘埃环中为什么没有 PAH?远紫外、X 射线光子对 PAH 的光解作用尚有待深入研究。

参 考 文 献

[1] Leger A, Puget J L. Identification of the "Unidentified" IR Emission Features of Interstellar Dust? Astronomy & Astrophysics, 1984, 137: L5.

[2] Allamandola L J, Tielens A G G M, Barker J R. Polycyclic Aromatic Hydrocarbons and the Unidentified Infrared Emission Bands-Auto Exhaust Along the Milky Way. Astrophysical Journal, 1985, 290: 25.

[3] Li A, Draine B T. Infrared Emission from Interstellar Dust. II. The Diffuse Interstellar Medium. Astrophysical Journal, 2001, 554: 778.

[4] Draine B T, Li A. Infrared Emission from Interstellar Dust. I. Stochastic Heating of Small

Grains. Astrophysical Journal, 2001, 551: 807.
[5] Draine B T, Li A. Infrared Emission from Interstellar Dust. IV. The Silicate-Graphite-PAH Model in the Post-Spitzer Era. Astrophysical Journal, 2007, 657: 810.
[6] Li A. PAHs in Comets: An Overview in: Deep Impact as a World Observatory Event–Synergies in Space, Time, and Wavelength, ESO Astrophys. Symp. 2008, 161–175.
[7] Draine B T, Lazarian A. Diffuse Galactic Emission from Spinning Dust Grains, Astrophysical Jouranl, 1998, 494: 19.
[8] 向福元，梁顺林，李爱根. 星际弥散吸收带. 中国科学，2009，39(4): 481–493.

撰稿人：李墨萍[1] 李爱根[2]
1 湘潭大学材料与光电物理学院
2 美国密苏里大学物理与天文学系

星际弥漫空间的硅酸盐尘埃

Silicate Dust in the Diffuse Interstellar Medium

1. 硅酸盐尘埃的重要性

硅酸盐(silicate)尘粒是宇宙尘埃的主要组成部分，它普遍存在于各种天体环境中。观测结果显示在星际空间、演化晚期恒星的星周尘埃包层、年轻恒星周围的原行星盘、绕主序星的碎片盘(debris disk)、HII 区、彗星和行星际空间都有硅酸盐尘粒的存在。通过研究硅酸盐尘粒的光谱学，人们可以对这些天体环境的物理化学性质和演化历史有更深刻的理解。

在天体环境中观测到两条很强的典型硅酸盐红外特征线，中心波长分别在 9.7 和 18μm，现在普遍认为它们分别由硅酸盐的 Si—O 拉伸振动模式(stretching mode)和 O—Si—O 扭曲振动模式(bending mode)引起。宇宙丰度学研究表明硅酸盐中主要的金属离子是 Mg^{2+}、Fe^{2+} 或两者皆有。天体环境中的硅酸盐尘埃有两种结构形态(图 1)[1]：在有序的(结晶)晶格结构中，硅酸根离子可以与其他硅酸根离子共用其氧原子，形成不同化学分类的硅酸盐，这类结晶硅酸盐在中红外波段有一系列尖锐的谱线特征；在无序(非结晶)结构中，被共享的氧原子的数目对每个硅酸根离子都不同，无定形(即非结晶)硅酸盐尘埃在中红外的光谱呈现光滑且很宽的光谱特征带。

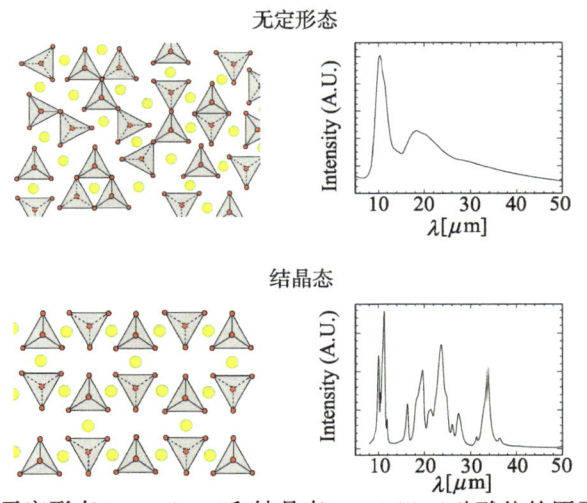

图 1　无定形态(amorphous)和结晶态(crystalline)硅酸盐的原子结构以及它们典型的红外发射光谱[1]。

结晶硅酸盐有两种基本的化学分类：Mg-Fe 辉石(pyroxene) $Mg_xFe_{1-x}SiO_3$(其中 $0 \leq x \leq 1$)，包括两种极端物质顽辉石(enstatite) $MgSiO_3$ 和铁辉石(ferrosilite) $FeSiO_3$；橄榄石(olivine) $Mg_{2x}Fe_{2-2x}SiO_4$(其中 $0 \leq x \leq 1$)，包括镁橄榄石(forsterite) Mg_2SiO_4 和铁橄榄石(fayalite) Fe_2SiO_4。

硅酸盐和其他一些含碳的尘埃(carbonaceous dust)是星际空间物质的基本成分。从其形成过程来看，硅酸盐尘粒会经历一系列不同物理、化学条件的天体环境，这个过程可能导致其本身性质的改变。和所有其他的宇宙尘埃一样，硅酸盐参加星际介质的演化循环，经历了从演化晚期红巨星的星周包层到星际弥散云(diffuse interstellar clouds)和致密云(dense clouds)，再到恒星形成区分子云的过程。因此，硅酸盐尘粒在其演化过程中的物理化学变化对整个星系的化学演化起到重要作用，研究硅酸盐的矿物学组成是了解天体环境的物理、化学性质和演化过程的重要手段。

2. 星际空间中结晶硅酸盐的缺失

在星际空间中观测到的硅酸盐带较宽且比较光滑(无子结构)。实验室测量得出，结晶硅酸盐在 10μm 光谱上有几条尖锐且很窄的特征线(如 11.3μm 特征)，而无定形硅酸盐的谱形很宽且光滑。这说明星际空间的硅酸盐大部分是无定形结构。到目前为止，人们在演化晚期恒星的星周包层、绕年轻恒星(主序前和主序星)的尘埃盘、彗星和行星际尘埃中探测到可观数量的结晶硅酸盐。当尘埃达到约 1000K 的高温才能形成结晶硅酸盐，它是研究天体环境中高能过程的探针。尘埃的循环演化理论认为，演化晚期恒星通过红巨星、超巨星的星风质量流失或者新星和超新星爆发等方式提供了星际尘埃的大部分质量，为什么这些结晶硅酸盐进入星际空间后就变成无定形态呢？应当承认现在人们仍无法解释星际介质中超低结晶硅酸盐含量的观测现象。弥散星际介质中结晶硅酸盐含量的研究显得尤为重要。

Li 和 Draine[2]基于红外辐射估算弥散星际介质中尘埃尺寸 $a<0.1\mu m$ 的结晶硅酸盐的质量百分比最多不会超过宇宙硅丰度的 5%；Kemper 等人(2006)[3]得出更为苛刻的条件，他们通过分析银心方向 Sgr A*的消光谱，认为弥散星际介质中结晶硅酸盐的上限为 2.2%。但我们必须指出，许多观测都表明银心方向不仅包括弥散星际云，也存在许多致密星际云。Kemper 等人假设得到的光谱都是弥散星际介质的贡献，这可能导致 Kemper 等人低估了弥散星际云中结晶硅酸盐含量[4]。另一方面，Bowey 和 Adamson(2002)[5]通过叠加由 8 种不同种类的结晶硅酸盐组成的混合物的吸收谱，以此很好地拟合沿 Cyg OB2-12 方向的 10μm 吸收谱形，因而他们认为星际硅酸盐其实大部分是结晶态的，这对主流理论所认为的星际硅酸盐主要由无定形态构成提出了挑战。他们的结论具体可以通过拟合其在其他天区的发射谱验证——除非这 8 种结晶硅酸盐具有相同的温度，否则它们发射谱的叠加肯定不能解释普遍观测到的 10μm 光滑发射谱，但这 8 种不同化学组分的硅酸盐由于紫外/可见光的吸收能力不

同，在红外的发射也不同，不可能具有相同的温度。因此，虽然这 8 种不同种类的结晶硅酸盐组成的混合物可以拟合沿 Cyg OB2-12 方向的 10μm 吸收谱，却肯定不能拟合在其他天区观测到的 10μm 硅酸盐发射谱。

星际硅酸盐低结晶度与演化晚期恒星星周包层发现的基本上 10%~20%（最高可达到 75%）的结晶物质的比例形成鲜明对比。研究认为星际尘埃的大部分质量来自演化晚期恒星，为什么在演化晚期恒星星周包层发现的结晶硅酸盐进入星际空间后就变成无定形态呢？在弥散星际介质中没有找到结晶硅酸盐存在的确切证据，这不能合理地解释观测所证实的在尘埃演化的前身(演化后恒星的星周尘埃包层)和后身(彗星、行星际尘埃等)均有可观数量的结晶硅酸盐，而在中间态——弥散星际介质中，至今未找到结晶硅酸盐。这一未解决的难题突出了结晶态硅酸盐在天体物理研究中的重要意义。近十年来，随着实验条件的提高和几个红外观测设备的成功运行，星际尘埃的研究成为当今天文学领域的前沿课题。Spitzer 红外空间望远镜的成功运行为我们研究弥漫星际空间中的硅酸盐尘埃提供了高质量的数据，而在下一阶段 Herschel 空间望远镜将承担起这个使命为星际尘埃的研究发展创造良好的契机。今后，随着各种观测设备的出现、实验室条件的改进和对固体物质的物理化学性质理论的完善，这些未解决的问题将被逐步攻克。

参 考 文 献

[1] Molster F, Kemper F. Crystalline silicates. Space Science Reviews, 2005, 119: 3.
[2] Li A, Draine B T. On Ultrasmall Silicate Grains in the Diffuse Interstellar Medium. Astrophysical Journal, 2001, 550: L213.
[3] Kemper F, Vriend W J, Tielens A G G M. The Absence of Crystalline Silicates in the Diffuse Interstellar Medium. Astrophysical Jouranl, 2004, 609: 826.
[4] Li M P, Zhao G, Li A. On the Crystallinity of Silicate Dust in the Interstellar Medium. Monthly Notices of Royal Astronomical Society, 2007, 382: L26.
[5] Bowey J E, Adamson A J. A Mineralogy of Extrasolar Silicate Dust from 10-μm Spectra. Monthly Notices of Royal Astronomical Society, 2002, 334: 94.

撰稿人：李墨萍[1]　李爱根[2]
1 湘潭大学材料与光电物理学院
2 美国密苏里大学物理与天文学系

神秘的 21 微米尘埃特征

The Mysterious 21 Micron Dust Feature

1. 引言

50 亿年后,我们的太阳将结束它稳定的壮年阶段,进入老年时期,成为天文学家所说的演化晚期恒星。类似太阳这样中小质量(小于 8 个太阳质量)的恒星,会在演化过程中抛射大部分物质,在恒星周围形成浓厚的气体和尘埃包层。之后,中心星温度升高,包层消散,最后中心星演化成白矮星,包层则可能变成行星状星云。我们把从恒星停止物质抛射到星周包层逐渐稀薄、中心星显露的阶段称为后渐近巨星支阶段(post-AGB),这个演化阶段持续的时间非常短,只有数千年,但却是演化晚期恒星形态改变的转折点。由于它的演化时标非常短,变化又剧烈,现在对这个过程的理解还相当模糊。 不过,随着红外和射电观测技术的发展,我们对 post-AGB 星的了解越来越深入,虽然也伴随着一些新的问题,比如演化晚期恒星中的 21 微米尘埃特征。

2. 21 微米特征

1989 年,著名华裔天文学家 Sun Kwok 等人在研究红外天文卫星(IRAS, infrared astronomical satellite)的低分辨率光谱数据时,发现 4 个 post-AGB 星在 21 微米附近显现出一个未知的强发射特征[1],它们就是第一批 21 微米发射源。自那以后,通过地面和空间望远镜又陆续发现了一些新的这类源,不过,截止 2009 年,在银河系内一共也只找到了 16 个这样的 21 微米发射源,可谓"珍稀"。这些发射源有如下的共同特点:处在 post-AGB 阶段;是 F 或 G 型巨星;能谱清晰地显现出由中心星和尘埃包层分别贡献的两个峰值,表明尘埃包层已经足够稀薄使得中心星的星光能透射出来。同时,它们还具有鲜明的丰度特征:富碳(即碳氧丰度比 C/O 高于太阳大气的值),贫金属,丰富的慢中子过程元素。更令人惊讶的是,21 微米特征的轮廓在不同的源中都显现出了高度一致的本征轮廓(中心峰值位于 20.1 微米,半宽 2.2~2.3 微米,无细节特征)[2],这意味着所有的 21 微米特征都来源于同一种固体物质。综合考虑所有这些证据,可以推断,21 微米特征的载体,很可能在 post-AGB 阶段的某个时期大量产生,又在其后由于物理环境的变化而衰减甚至完全破坏了。这种载体物质的诞生和死亡,都在 post-AGB 阶段的短短数千年发生。

3. 21 微米特征的载体证认

如何确定 21 微米特征的载体呢?最直接的方法就是实验室检查某些可能载体

的光谱，察看是否在 21 微米附近显现出光谱特征。在过去的 20 年间，人们已经做了大量关于 21 微米特征载体的讨论，提出了十几种候选物质。它们主要可以分为 3 类：(1) 有机分子和单质晶体，包括氢化足球烯、多环芳香烃(PAH)、氢化无定形碳(HAC)、纳米金刚石颗粒、合成含碳大分子、中心含 Ti 原子的足球烯和氨基化合物；(2) 铁的氧化物，Fe_2O_3、Fe_3O_4 和 FeO；(3) 碳和硅的化合物，包括纳米 TiC 团簇、SiS_2、掺杂的 SiC 颗粒、表面覆盖 SiO_2 幔的 SiC 颗粒和 C，Si 混合物。

但是，真正的 21 微米特征载体不能仅具有 21 微米附近的振动特征而已，它还需要满足更多的限制条件。2009 年，Zhang 等[3]提出了两个重要判据，并据此对 9 种 21 微米特征载体进行了考察。

首先，载体物质中的元素的丰度能否解释观测到的 21 微米特征强度？ 因为 21 微米特征是一个强发射特征，在最强的源中，这个特征辐射的能量占源的全部红外辐射能量的约 7%，因此要求构成载体物质的元素满足一定的丰度要求。计算结果表明，5 种载体物质(纳米 TiC 团簇、含 Ti 原子的足球烯、SiS_2、掺杂的 SiC 和表面覆盖 SiO_2 幔的 SiC 颗粒)缺乏足够的 Ti 元素或者 Si 元素来解释观测到的 21 微米特征强度，因此不能作为合适的载体。

其次，该物质在红外波段有没有显出与观测不符的其他特征？在合理的尘埃包层温度范围内，Fe_2O_3、Fe_3O_4 和 C 与 Si 的混合物除了产生 21 微米特征以外，都显示出位于其他波长的、观测中不出现或者较弱的第二特征，因此，它们也不是合适的载体。

在我们检验的 9 种候选物质(第 2 类和第 3 类)中，只有 FeO 能满足上述两个条件，不过，FeO 是一种氧化物，它能否在富碳环境下大量存在是值得讨论的问题。幸运的是，初步的计算表明，由于氧的高丰度，即使对于富碳的源，在最强的 21 微米特征源 HD56126 中仍然具有足够的氧原子来形成 FeO。 而且，FeO 是一种中间价态的氧化物，它可以被进一步氧化为高价的氧化物，也可以被还原为 Fe 原子，因此能生存的物理和化学环境是很严格的，这一点正好可以解释 21 微米特征源的稀少。

目前的计算主要是针对无机物载体的。在有机物载体方面，最受关注的是 PAH，因为一部分 21 微米源同时具有 3.3 和 6.2 微米两处 PAH 特征。但是，PAH 无法解释那些没有 PAH 特征的源，而且 PAH 的典型特征比 21 微米特征要窄得多。因此，PAH 看起来不是合适的载体。至于其他的有机分子，如足球烯、含碳大分子和尿素，它们的光谱轮廓与观测的差异比较大，并非合适的载体。

所以，基于目前的讨论，虽然我们比较认可 FeO，但还不能完全确定 21 微米特征的载体物质。

4. 搜寻新的 21 微米源

到目前为止，所有得到广泛认可的 21 微米特征源都是 post-AGB 恒星，但是，有人提出，一些渐近巨星支(AGB)恒星和行星状星云可能也有 21 微米特征。因此，搜寻更多的 21 微米特征源成为进一步确认 21 微米特征的基础。Jiang 等人(2009)利用斯必泽(Spitzer)红外卫星对银盘中与已知 21 微米源具有类似色指数的演化晚期恒星进行了搜寻，没有找到新的 21 微米特征源；而 Hrivank 等人(2009)[4]在富碳源中找到了 3 个新的 21 微米特征源，从而将样本数扩大到了 16 个源。

5. 结论

到目前为止，演化晚期的 post-AGB 星的 21 微米特征载体的证认工作已经取得了很大的进展。但是最终的确定，还需要更多的实验室数据和理论研究。搜寻更多的 21 微米特征源的工作也在进行中。我们相信，在不久的将来，21 微米之谜将被完全揭开。

参 考 文 献

[1] Kwok S, Volk K, et al. A 21 micron emission feature in four proto-planetary nebulae. The Astrophysical Journal, 1989, 354: 51.
[2] Kwok S, Volk K, et al. On the Origin of the 21 Micron Feature in Post-AGB Stars. International Astronomical Union Symposium, 1999, 191: 297.
[3] Zhang K, Jiang B W, et al. On the carriers of the 21μm emission feature in post-asymptotic giant branch stars. Monthly Notices of Royal Astronomical Society, 2009, 396: 1247.
[4] Jiang B, Zhang K, et al. The 21μm and 30μm circumstellar dust features in evolved C-rich objects, Earth, Planets and Stars, 2009, in press.
[5] Hrivnak B, Volk K, et al. A Spitzer Study of 21 and 30μm Emission in Several Galactic Carbon-Rich Protoplanetary Nebulae. The Astrophysical Journal, 2009, 694: 1147.

撰稿人：张　可[1]　姜碧沩[2]
1 美国加州理工学院天文系
2 北京师范大学天文系

富碳恒星中的 30 微米尘埃特征

The 30 Micron Dust Feature in The C-Rich Stars

中心波长在 30 微米附近的光谱特征是一个很宽、很强的尘埃特征,大约从 24 微米延展到 45 微米,有时占天体红外辐射流量的 30%,它最早于 1981 年通过库伊柏机载天文台的观测被发现[1](Forrest 等人,1981)。空间红外天文台 ISO 和斯必泽(Spitzer)的观测发现了多个具有 30 微米特征的天体,包括 63 个银河系内的和 25 个分属于大小麦哲伦云的,它们都是富碳的、处于恒星演化晚期的渐近巨星支星、后渐近巨星支恒星和行星状星云。30 微米特征的高强度以及向星际空间扩散的可能性使得我们必须重视它,对于它的载体的证认因此非常重要。

30 微米特征广泛地分布在演化晚期恒星的各个时期,从渐进巨星支、后渐进巨星支到行星状星云,历经不同的辐射环境和温度,说明它的载体生存能力较强。此外,30 微米特征的轮廓在不同的源中变化很大,中心波长和特征宽度都很不一致。研究发现,30 微米特征轮廓有随着演化的进行朝长波方向移动的趋势,中心波长的移动可以达到 10 微米之多。这与演化晚期恒星星周包层温度下降的趋势是一致的,但仅靠温度下降不能解释特征宽度的变化。由于此特征非常宽,有人提出 30 微米特征是由 2 个特征构成的。不过,根据 Spitzer 卫星的更多发现和更高的谱分辨率,人们基本赞同 30 微米特征是由单一尘埃特征构成的。值得一提的是,目前发现的 16 个 21 微米源都有 30 微米特征,这可能暗示着这两个特征的载体物质具有高度的相关性。

在 30 微米特征发现之初,人们提出硫化镁是其载体,因为硫化镁的实验室光谱和观测天体的谱形状相像,而且,在富碳环境里的凝聚化学平衡预言了硫化镁的产生。一直以来,天文学家都假设硫化镁是 30 微米特征的载体,通过调节硫化镁尘埃颗粒的形状(圆形或者连续椭圆分布)或者温度等参数,几乎总能获得与观测吻合的轮廓[2](Hony et al. 2002)。但是,在这些计算中,一般假设所有的硫原子和镁原子都全部聚集在硫化镁颗粒上,温度也是按要求给定的或者取尘埃的平均温度。实际上,在富碳的演化晚期天体中,硫原子会和其他原子结合,比如在富碳渐近巨星支恒星 IRC+10216(具有 30 微米特征)中发现有气体分子硫化硅和硫化碳,他们消耗掉相当一部分硫原子,据估计可能高达 50%的硫原子。同时,硫化镁尘埃颗粒的温度也不能随意假定。考虑到斯特藩-玻尔兹曼定律,尘埃的辐射强度与温度的四次方成正比,温度对于辐射总流量的影响是非常显著的,所以,精确地量度硫化镁尘埃颗粒的温度非常重要。一般来说,尘埃的温度是由热平衡(尘埃辐射的能量与吸收的能量相等)决定的,只要了解尘埃所处的辐射场强度和尘埃的全波段光学常数就可以计算。遗憾的是,实验室对硫化镁光学常数的测定局限于中远红外波段,缺乏较短波长处的数据,因而不能准确计算硫化镁尘埃颗粒吸收的能量,也就不能获得准确的尘埃温度。为此,Zhang等人[4](2009)根据常见的几种宇宙尘埃(诸如硅酸盐、无定形碳颗粒)的特点,合理地构建了硫化镁在近红外和光学波段的光学常数。利用构建的全波段硫化镁光学常数,他们准确地计算了硫化镁在星周包层的温度结构,从而得到实际的温度结构所要求的硫的丰度。他们发现,无论是球形的还是连续椭球分布的硫化镁颗粒,在合理的尘埃大小的范围内,都没有足够的硫元素来产生观测到的30微米特征强度。因此,他们认为,硫化镁不可能是30微米特征的载体。

曾经得到最广泛认可的硫化镁如今受到了严重的质疑,那么,30微米特征的载体究竟是什么呢?由于30微米特征只在富碳的源中观测到,人们很自然地想到含碳的分子是可能的载体,于是,Grishko[3](2001)曾提出含氢的无定形碳(hydrogenate amorphous carbon, HAC)为载体,不过,HAC除了30微米特征外,还有其他的并未在30微米源中观测到的第二特征,从这一点来看,它不是一个合适的载体。相对30微米特征显著的强度来说,对于它的研究显得非常不足,目前并没有很多的实验来研究它的载体,看起来,我们只有期待更多的实验和更多的关注,以确定30微米特征的正确载体。

参 考 文 献

[1] Forrest W J, Houck J R, et al. A far-infrared emission feature in carbon-rich stars and planetary nebulae. The Astrophysical Journal, 1981, 248: 195.

[2] Hony S, Waters LBFM, et al. The carrier of the 30 micron emission feature in evolved stars. Astronomy and Astrophysics, 2002, 390: 533.

[3] Grishko V, Tereszchuk K, et al. The Far-Infrared Spectrum of Hydrogenated Amorphous Carbon and the 21, 27, and 33 Micron Features in Carbon-rich Proto-Planetary Nebulae. The Astrophysical Journal, 2001, 558: 129.

[4] Zhang K, Jiang B W, et al. On magnesium sulfide as the carrier of the 30 micron emission feature in evolved stars. The Astrophysical Journal, 2009, 702: 680.

撰稿人:姜碧沩[1] 张 可[2]

1 北京师范大学天文系
2 美国加州理工学院天文系

星际尘埃的红外辐射

Infrared Radiation from Interstellar Dust

由于星际尘埃存在的广泛性及其在恒星与行星系统的形成、星系以及整个宇宙演化中的重要作用,星际尘埃的研究成为当今天体物理领域的热点前沿课题。它与电磁辐射场相互作用,吸收、散射、发射和偏振星光;在恒星演化晚期,通过红巨星星风质量损失和超新星爆发的方式影响恒星的质量流失;是恒星与行星系统形成的重要参与者;它的表面为氢分子、其他简单分子和导致生命起源的复杂有机分子提供形成场所;影响星际气体的热动力学过程,是星际气体的光电加热源;它吸收短波段的能量,在红外波段发射,决定了尘埃系统(原恒星、年轻恒星天体、晚期演化恒星和星系)的能谱分布。虽然星际尘埃的质量仅占银河系星际介质(气体和尘埃)总质量的 1%,但宇宙中电磁辐射总能量至少有 30% 是由星际尘埃发射的。

星际尘埃能吸收紫外/可见波段星光,产生红外辐射。由于纳米尺寸的尘埃颗粒吸收星光光子是随机的,因此其温度是随时间变化的。如图 1 所示为 4 种尺寸的尘埃被星际辐射场加热,然后在一天的时间之内在红外波段辐射能量,其最后的"平衡"温度随时间的变化规律。由图 1 可见,尘埃尺寸 $a>200\text{Å}$ 的尘埃具有平衡温度;

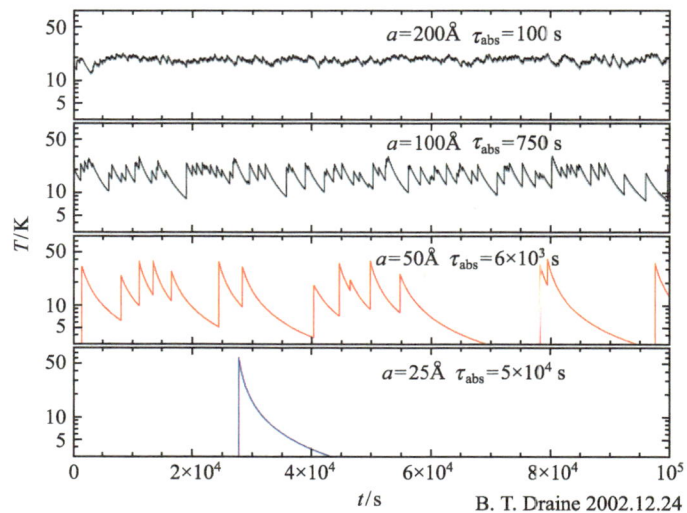

图 1　4 种含碳尘埃被星际辐射场加热后的温度随时间的变化,
τ_{abs} 是两次光子吸收之间的平均时间[7]。

而尺寸 $a<50Å$ 的小尘埃其温度变化起伏很大，所以平衡温度这个概念对这类小尺寸尘埃不适用[1]。这类尘埃的辐射发生在两次光子加热之间，当温度接近最高温度时绝大部分能量在红外辐射出来。Draine 和 Li (2001) 创建的纳米颗粒单光子加热"量子统计"模型很好地描述了这类小尺寸尘埃的热辐射过程[1,2]。在此模型中，大约 20%的星光能量在波长短于 12μm 由 PAH 发射出来[3]。此模型也可以很好的解释反射星云和小麦哲伦云(SMC)以及众多河外星系的红外发射谱[4~6]。

银河系弥散星际介质的红外发射光谱已由 IRAS (infrared astronomical satellite) 12，25，60 和 100μm 宽波段的测光，DIRBE-COBE (diffuse infrared background experiment-cosmic background explorer) 2.2，3.5，4.9，12，25，60，100，140 和 240μm 宽波段测光，FIRAS-COBE (far infrared absolute spectrophotometer-cosmic background explorer)110μm<λ<3000μm 光谱测量观测到。在波长范围 80μm≤λ≤1000μm, 星际红外辐射总体上可用峰值在 130μm 左右的黑体谱 $\lambda^{-1.7}B_\lambda(T=19.5K)$ 近似表示。但在 λ≤60μm 需要附加强度远远高于 $T≈20K$ 的尘埃在此波段的黑体辐射的流量，也就是说，$T≈20K$ 的经典尘埃无法解释在 λ≤60μm 观测到的星际辐射。另外，IRTS (infrared telescope in space)和 ISO (infrared space observatory)的光谱观测更是清楚地探测到了弥散星际介质在 3.3，6.2，7.7，8.6 和 11.3μm 的 PAH 发射谱带。图 2 所示为弥散星际介质红外辐射能谱分布的各种观测结果[7]。

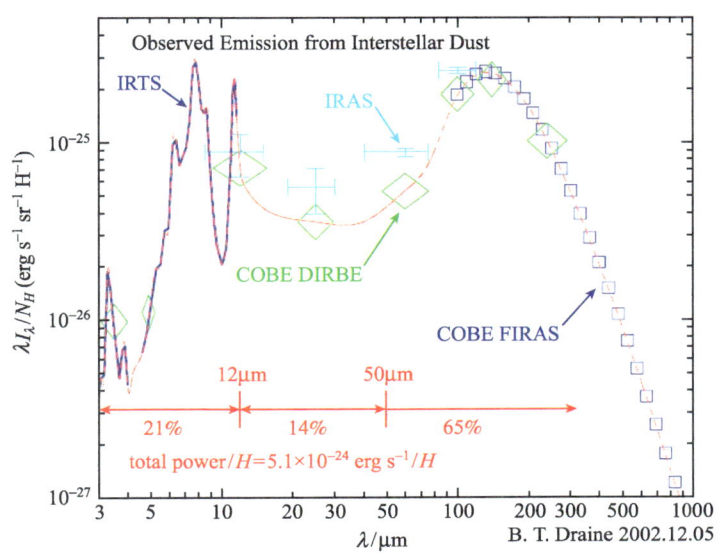

图 2 弥散星际介质中红外辐射能谱分布[7]。

λ≥60μm 的发射约占总发射功率的 65%。这说明尘埃中存在尺寸 $a>250Å$ 的冷尘埃。因为此类尘埃尺寸较大，它们和周围辐射场达到热平衡，一般具有

15~25K 的平衡温度，然后在波长较大的远红外波段辐射能量，达到冷却[3]。

$\lambda \leqslant 60\mu m$ 的发射约占总发射功率的 35%，这说明尘埃中存在尺寸 $a < 250\text{Å}$ 的热尘埃。由于这些尘埃的尺寸和热容都较小，如果单个光子与其随机碰撞，得到的能量足以把这个小尺寸尘粒加热至很高的温度($T \gg 20K$)。然后在近红外和中红外发射能量，温度迅速下降，达到冷却。"热尘埃"的温度会剧烈起伏，不能与周围辐射场达到热平衡，因此不存在平衡温度。大约三分之一的辐射能量是来自尺寸 $a < 50\text{Å}$ 的小尺寸尘埃，这类尘埃吸收单个光子的能量然后冷却，由此我们可以推断出星际尘埃中这类小尺寸尘埃的数量一定很多，这样才能解释其比重很大的辐射能力[1,2]。另外，弥散星际介质中一定含有很多 PAH 分子，这样才能合理解释弥散星际介质 3~12μm 的发射谱。

最后，还有一个与星际尘埃的红外辐射相关的未解之谜——是否存在温度低于微波背景辐射的冷尘埃($T<3K$)。到目前为止已在星系尺度上的一些目标源探测到温度极低的尘埃($T<10K$)。温度在 4~7K 的冷尘埃也在银河系中发现，这类冷尘埃总是与温度在 16~21K 的尘埃相伴存在。尘埃温度到底能低至多少？是否有低于微波背景辐射温度的尘埃存在($T<2.7K$)？尘埃是怎样达到这么低的温度呢？这些问题引起了天文学家的兴趣[8]。纳米尺寸的小尘埃在连续吸收两个光子之间的时间间隔，其温度处于起伏状态，天文学家认为这些尘埃的温度可以低于微波背景辐射温度，因此通过他们在微波背景辐射的基础上产生吸收而被探测到。但是 Draine 和 Li (2009)详细模拟了这类尘埃的激发和退激发过程，发现虽然这类尘埃处于振动能级的基态，但宇宙微波背景辐射的亮温度小于 9K，仍不能将这类尘埃激发而产生发射[9]。

参 考 文 献

[1] Draine B T, Li A. Infrared Emission from Interstellar Dust. I. Stochastic Heating of Small Grains. Astrophysical Journal, 2001, 551: 807.

[2] Li A. Interaction of Nanoparticles with Radiation. ASPC, 2004, 309: 417.

[3] Li A, Draine B T. Infrared Emission from Interstellar Dust. II. The Diffuse Interstellar Medium. Astrophysical Journal, 2001, 554: 778.

[4] Li A, Draine B T. Do the Infrared Emission Features Need Ultraviolet Excitation? The Polycyclic Aromatic Hydrocarbon Model in UV-poor Reflection Nebulae. Astrophysical Journal, 2002, 572: 232.

[5] Li A, Draine B T. Infrared Emission from Interstellar Dust. III. The Small Magellanic Cloud. Astrophysical Journal, 2002, 576: 762.

[6] Draine B T, Li A. Infrared Emission from Interstellar Dust. IV. The Silicate-Graphite-PAH Model in the Post-Spitzer Era. Astrophysical Journal, 2007, 657: 810.

[7] Draine B T. Interstellar Dust Grains. Annual Review of Astronomy &Astrophysics, 2004, 41:241.

[8] Li, A. The Warm, Cold and Very Cold Dusty Universe. Springer, 2004, 535–559.
[9] Draine B T, Li A. On Infrared Absorption by Very Small Grains in the Interstellar Medium. 2009, In preparation.

撰稿人：李墨萍[1]　李爱根[2]
1 湘潭大学材料与光电物理学院
2 美国密苏里大学物理与天文学系

银河系的红外消光律

Infrared Extinction Law of the Milk Way

1. 引言

遥远天体发出的电磁辐射被星际尘埃吸收和散射，使得星光强度减弱，这便是我们所熟知的星际消光。星际尘埃对星光的吸收和散射随波长的变化而有明显的不同，在蓝(短)波段的消光比红(长)波段的强，从而导致星际红化。消光的大小一般以在某个波长处的消光星等来表示，如 A_V 表示在 V 波段的消光值，也可以用星际红化值(即天体消光后的色指数与消光前的色指数之差)，如 $E(B-V)$ 表示色指数 $B-V$ 的红化值，也叫色余。消光规律是指星际消光随波长的变化，它有着非常重要的意义。只有了解了消光规律才能够正确地还原天体真实的能谱分布或者测光结果，从消光的研究中能够得到有关星际尘埃的尺寸分布、化学成分、几何结构等信息，并促进星际尘埃颗粒模型的建立和检验[1, 2]。

Cardelli 等人[3]在 1989 年的研究表明，紫外到近红外的消光随环境的变化可以用单参量 $R_V[R_V\equiv A_V/E(B-V)]$ 的函数来表征。不同的 R_V 值，代表着不同的星际介质分布情况，大尺寸粒子的比重越多，R_V 的值就越大。致密分子云一般有着比较大的 R_V 值，弥漫星际介质区域的 R_V 较小，银河系中弥漫星际介质区域的 R_V 平均值约为 3.1。相对紫外和可见光波段而言，红外波段的消光规律还不是很清晰。这主要是因为红外波段的消光比紫外和可见光波段要弱得多，而且红外观测还受到地面红外窗口及空间红外探测器观测波段的限制。因此，红外消光研究中的难题和争论较多，难点主要集中在：是否存在普适的近红外消光规律；红外消光规律如何随视线方向(不同的星际环境)变化；远红外波段的消光规律是怎样的；什么样的星际尘埃模型能够解释这些消光规律。

2. 银河系红外消光律

红外波段的消光规律在不同的波段范围内表现形式不一样，根据波长和形式可以分成四个部分：0.7~5μm，5~8μm，8~30μm 和 30μm 以上范围。

2.1 $0.7\mu m \leqslant \lambda \leqslant 5\mu m$

在此波段范围内，消光主要源于连续谱消光，按照幂律谱形式随波长下降，即 $A_\lambda \propto \lambda^{-\beta}$。在很长一段时间内，人们得到的谱指数 β 在 1.6~1.8 之间，因而认为在 0.7μm $\leqslant\lambda\leqslant$ 5μm 范围内的消光律是普适的，不随星际环境改变。但最近的研究表明，近红外消光的 β 指数也会随星际环境改变。比如，Nishiyama 等人[4]发现银心方向上的消光可以很好地用谱指数为 1.99 的幂律函数来拟合。Fitzpatrick 和 Massa[5]在 2009 年的研究中，提出了新的双参数模型，除了 Cardelli 等人[3]用到过的参量 R_V 外，还加入了一个与谱指数 β 相关的参数。近红外消光律的普适性开始受到挑战，但仍需更多的观测来验证。

2.2　$5\mu m \leqslant \lambda \leqslant 8\mu m$

对于这个波段范围内的消光律，争论非常热烈。Draine[6]在 1989 年认为，该范围内的消光延续前一个波段范围内的趋势，随波长的增加按照 $A_\lambda \approx \lambda^{-1.75}$ 的规律减小，直到受硅酸盐吸收特征影响的 $7\mu m$ 附近。但 Lutz 等人[7]在 1996 年仔细分析了红外空间天文台 (infrared space observatory)在银心附近的光谱观测后，发现银心方向上 $3\sim 8\mu m$ 波段范围内的消光并不像 Draine 模型期望的那样随波长按 $A_\lambda \approx \lambda^{-1.75}$ 的规律减少，而是显得较为平坦(见图 1)，并且他们的结果与以 $R_V=3.1$ 的理论消光曲线代表的银河系平均消光不一致，却与致密分子云区域对应的 $R_V = 5.5$ 的理论消光曲线比较吻合。在这之后虽然也有其他人的观测结果与 Draine 的理论比较吻合，但更多的观测却与 Lutz 等人的结果相近。2005 年，GLIMPSE (galactic legacy infraredmid-plane survey extraordinaire) 巡天项目利用 Spitzer 红外空间望远镜对银道面天区进行了观测，Indebetouw 等人[8]利用其数据得到的 $3\sim 8\mu m$ 范围内的消光与 Lutz 等人的结果一致(见图 1)。而利用 ISOGAL(ISO 的一个重点项目)和近红外巡天 2MASS 的相关数据，Jiang 等人[9]得到了 129 个银道面天区在 $7\mu m$ 附近的消光结果，发现 $7\mu m$ 与近红外 Ks 波段消光的比值 $A_{7\mu m}/A_{Ks}$ 不是常数，而呈现出高斯分布，其峰值与 Lutz 等人的结果比较吻合；同时 $A_{7\mu m}/A_{Ks}$ 在不同的视线方向呈现出变化，意味着这个波段的消光律很有可能随视线方向而变化。近年来更多的研究表明，$5\mu m \leqslant \lambda \leqslant 8\mu m$ 范围内的消光要比 Draine 预测的平坦得多，而且随星际环

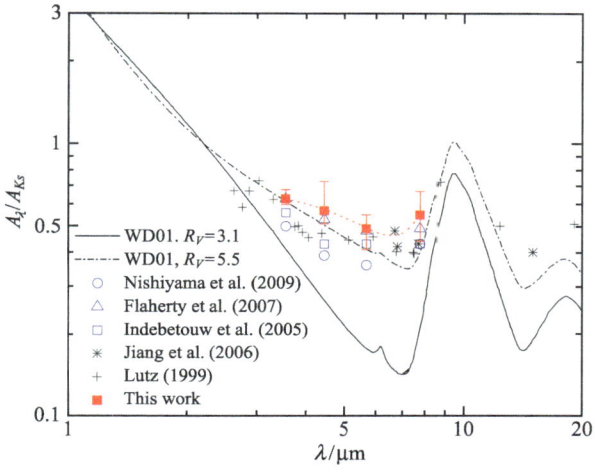

图 1　红外波段消光曲线。

境会发生变化。

2009年，同样是利用GLIMPSE的数据，Gao等人[10]得到了131个银道天区在3.6μm、4.5μm、5.8μm和8.0μm等四个波段的消光，发现这四个波段相对于Ks波段的消光A_λ/A_{Ks}沿银经方向呈现有规律的变化，其低谷和银河系的旋臂结构以及星际尘埃的红外发射峰值有着明显的相关性。由于旋臂与旋臂间的星际尘埃分布和成分是不均匀的，这意味着红外消光是随星际环境的不同而变化的。

虽然对于$5\mu m \leqslant \lambda \leqslant 8\mu m$范围内的消光律还没有完整的认识，但现在可以基本明确的是红外消光是随视线方向而变化的，而引起中红外消光的星际尘埃的尺寸分布和成分也是不均匀的。

2.3　$8\mu m \leqslant \lambda \leqslant 30\mu m$

在8~30μm的波段范围内，连续消光进一步减弱，但是特征谱消光却很强，主要是中心波长在9.7μm和18μm的两处特征。一般认为这两个谱特征是由于硅酸盐的吸收造成的，9.7μm特征是由Si—O键的伸缩振动(stretching vibration)引起的，18μm特征是由O—Si—O键的弯曲振动(bending vibration)引起的[1]。

9.7μm消光特征轮廓宽而没有精细特征，表明星际空间中的硅酸盐大多是以非结晶的形式存在的。不同的星际环境或者不同的视线方向上，9.7μm特征轮廓的半高全宽(full width at half maximum, FWHM)有所不同。一般来说，弥漫星际介质区域中的9.7μm特征比致密分子云区域的要窄一些，但也有例外情况，这表明硅酸盐吸收特征的轮廓随环境的变化规律是不清楚的。9.7μm消光特征的强度也随视线方向而变化。观测表明：在银心附近和太阳邻近弥漫星云(diffuse clouds)方向上，光学波段的消光与9.7μm处的光学厚度(与消光大小成正比)的比率($A_V/\tau_{9.7\mu m}$)相差了近2倍。

对18μm消光特征的研究主要是基于对银心的消光观测和尘埃的红外发射观测。18μm特征相对较弱，很难从连续背景中凸现出来，因此测定相对比较困难。

2.4　$\lambda \geqslant 30\mu m$

在$\lambda \geqslant 30\mu m$的远红外波段，通常由于消光值太小而无法直接测量得到，而且星际尘埃自身红外辐射的峰值也在这个波段内，因此难以通过观测来研究这部分的消光律。目前的研究基本上是利用不同温度的星际尘埃的红外发射来估计星际介质在这个波段内的光学厚度，由此推出相应的消光律。这样的研究方法同尘埃模型的建立密切相关，而现在提出的星际尘埃颗粒模型却还不能统一，因此对于$\lambda \geqslant 30\mu m$的消光律仍不明确。

2.5　其他红外消光谱特征

星际红外消光中除了9.7μm和18μm两个非常显著的硅酸盐谱特征外，还有其他谱特征：由水冰中O—H键的伸缩振动引起的3.1μm特征；由脂肪族碳氢化合物

C—H 键的伸缩振动引起的 3.4μm 特征等。

冰水中 O—H 键的伸缩振动引起的 3.1μm 特征一般只在致密分子云方向上出现，并且经常伴有 H_2O 引起的一些其他较弱的特征，也可能会伴有 CO_2、NH_3、CO、CH_4、CH_3OH 等引起的吸收特征。和 3.1μm 特征相反，由脂肪族碳氢化合物 C—H 键的伸缩振动引起的 3.4μm 处的特征一般只在弥漫星际介质中出现。另外值得一提的是，3.4μm 消光特征与硅酸盐引起的 9.7μm 消光特征类似，在不同的视线方向上也有着不同的强度，$A_V/\tau_{3.4\mu m}$ 在银心方向和太阳邻近弥漫星云方向的比值也相差了近 2 倍。这是当前红外消光研究中的一个重要难题。

3. 红外消光研究展望

红外探测技术和红外空间天文的发展使红外波段观测资料迅速增加，从 Spitzer 空间红外望远镜、AKARI 红外卫星到 Herschel 空间天文台，都是其中的成功典范。更多的观测将有利于人们得到连续的、完整的红外消光曲线，进一步确定近红外到中红外的消光律；红外消光中的谱特征研究将为星际尘埃的研究提供更多的信息，促进了解银河系中星际介质的分布，完善星际尘埃模型；丰富的 $\lambda \geqslant 30\mu m$ 的观测提供了正确认识星际尘埃红外发射的机会，从而真正认识这部分波段的星际消光，完善星际尘埃模型。

参 考 文 献

[1] 高健, 姜碧沩. 星际红外消光律. 天文学进展, 2007, 25(3): 226–235.

[2] 李墨萍, 赵刚, 李爱根. 星际尘埃研究现状与进展. 天文学进展, 2006, 24(3): 260–276.

[3] Cardelli J A, Glayton G C, Mathis J S. The relationship between infrared, optical, and ultraviolet extinction. Astrophysical Journal, 1989, 345: 245–256.

[4] Nishiyama S, Tamura M, Hatano H, et al. Interstellar extinction law toward the galactic center III: J, H, K_S bands in the 2MASS and the MKO systems, and 3.6, 4.5, 5.8, 8.0 μm in the Spitzer/IRAC system. Astrophysical Journal, 2009, 696: 1407–1417.

[5] Fitzpatrick E L, Massa D. An analysis of the shapes of interstellar extinction curves. VI. The near-IR extinction law. Astrophysical Journal, 2009, 699: 1209–1222.

[6] Draine B T. Interstellar extinction in the infrared. in: Infrared spectroscopy in astronomy, Pro. 22nd Eslab Symposium. Kaldeic1h B H ed. Noordwijk: European Space Agency, 1989: 93–98.

[7] Lutz D, Feuchtgruber H, Genzel R, et al. SWS observations of the Galactic center. Astronomy & Astrophysics, 1996, 315: L269–L272.

[8] Indebetouw R, Mathis J S, Babler B L, et al. The wavelength dependence of interstellar extinction from 1.25 to 8.0 m using GLIMPSE data. Astrophysical Journal, 2005, 619: 931–938.

[9] Jiang B W, Gao J, Omont A, et al. Extinction at 7 m and 15 m from the ISOGAL survey. Astronomy & Astrophysics, 2006, 446: 551–560.

[10] Gao J, Jiang B W, Li A. Mid-Infrared extinction and its variation with Galactic longitude.

Astrophysical Journal, 2009, 707: 89–101.

撰稿人：高　健[1]　姜碧沩[1]　李爱根[2]
1 北京师范大学天文系
2 美国密苏里大学物理与天文学系

3.4微米和9.7微米星际消光特征的区域性变化

Regional Variations of the 3.4μm and 9.7μm Interstellar Extinction Features

1. 引言

星际尘埃在星系的演化、恒星和行星系统的形成,甚至是生命起源的过程中都起着重要的作用,星际消光的普遍规律及消光特征提供了建立和检验星际尘埃颗粒模型的直接观测证据[1]。基于消光曲线中 2175 埃(Å)的紫外消光驼峰(extinction bump)、3.4 微米(μm)处的 C—H 特征、9.7μm 处的 Si—O 特征、18μm 处的 O—Si—O 特征以及其他消光特征[2],人们已经普遍认识到星际尘埃主要是由含碳组分(carbonaceous dust)和非结晶硅酸盐组分(silicate dust)构成的。但是,人们对星际尘埃中含碳组分和硅酸盐组分的关系以及星际尘埃的几何结构和排列所知甚少,迄今为止还没有能完美地解释各种观测现象的"理想的星际尘埃模型"[1]。其中最难解释的观测现象之一便是脂肪族碳氢化合物(aliphatic hydrocarbon)中 C-H 键伸缩振动(stretching vibration)引起的 3.4μm 消光特征和硅酸盐化合物中 Si—O 键伸缩振动引起的 9.7μm 消光特征的区域性变化。当前被广泛接受的星际尘埃模型有三种:硅酸盐+石墨模型、硅酸盐核+碳壳层模型和多孔疏松(porous)模型,它们都不能很好的解释这种区域性变化[3]。3.4μm 和 9.7μm 消光特征的区域性变化为改进这些星际尘埃模型提供了强有力的观测限制,解决这个难题将完善人们对星际尘埃的成分、尺寸和几何结构的认识,建立更为理想的星际尘埃模型。

2. 9.7μm 消光特征的区域性变化及初步解释

谈起 3.4μm 和 9.7μm 消光特征的区域性变化,首要从 9.7μm 消光特征说起。9.7μm 消光特征是 8~30μm 红外波段范围内最为显著的星际尘埃消光特征。早在 20 世纪 70 年代,人们就已经认识到 9.7μm 消光特征是由硅酸盐尘埃颗粒的吸收造成的,并进一步证认是 Si—O 键的伸缩振动引起的。9.7μm 消光特征的轮廓宽而没有精细结构,表明星际空间中的硅酸盐大多是以非结晶的形式存在的。有意思的是,不同的星际环境或者不同的视线方向上,9.7μm 消光特征的轮廓宽度有所不同。一般来说,弥漫星际介质区域中的 9.7μm 特征比致密分子云区域的要窄一些,但也有例外的情况,说明硅酸盐吸收特征的轮廓的变化不仅仅取决于星际介质的密度,还与其他因素有关,具体的原因不甚明了[4]。

除轮廓外，最让研究者感兴趣的是 9.7μm 消光特征强度随视线方向的变化。在银心方向和太阳邻近弥漫星云(diffuse clouds)方向上，光学波段的消光 A_V 与 9.7μm 特征的光学厚度 $\tau_{9.7\mu m}$ 的比率($A_V/\tau_{9.7\mu m}$)相差了近 2 倍(见表 1)。$A_V/\tau_{9.7\mu m}$ 的变化表明应该将硅酸盐同其他引起可见光波段消光的尘埃成分区别开来。最初，Roche 和 Aitken[5]认为这是由于银心附近富碳恒星(产生富碳颗粒)较少而富氧恒星(产生硅酸盐颗粒)较多引起的。但是在此之后，研究者发现脂肪族碳氢化合物中的 C—H 键伸缩振动引起的 3.4μm 消光特征也有这样的观测现象(见表 1)，因此以银心方向上富碳恒星减少来解释 $A_V/\tau_{9.7\mu m}$ 的变化就变得值得商榷了。但不管原因是什么，这样的观测现象意味着硅酸盐颗粒在弥漫星际介质中的分布可能是不均匀的。

表 1 不同方向上 $A_V/\tau_{9.7\mu m}$ 和 $A_V/\tau_{3.4\mu m}$ 的平均值[2]

	$A_V/\tau_{9.7\mu m}$	$A_V/\tau_{3.4\mu m}$
银心方向的平均值	8.4	146
太阳附近弥漫星云的平均值	18.2	274

3. 3.4μm 消光特征的区域性变化及进一步解释

同样，早在 20 世纪 70 年代，人们也在银心方向的红外光谱中发现了 3.4μm 的吸收特征。观测表明 3.4μm 消光特征一般只在弥漫星际介质方向上出现，而在致密分子云(dense molecular clouds)方向上没有发现过。一般认为 3.4μm 消光特征是由脂肪族碳氢化合物 C—H 键的伸缩振动而引起的，但 C—H 键的确切载体仍无定论，短饱和脂肪族链、含 H_2O、CO、CH_4、NH_3 等的"脏冰"(dirty ice)混合物受紫外线光照而产生的含碳有机物、或者含氢的无定形碳(hydrogenated amorphous carbon; HAC)都是候选的载体[1,6]。近年来的光谱观测发现 3.4μm 消光特征还包括 3.38μm、3.42μm、3.48μm 等几处子特征，实验室研究表明前两个特征来源于对称的 C—H 键伸缩振动，后者来源于不对称的 C—H 键伸缩振动[7]。

3.4μm 消光特征与硅酸盐 Si—O 键的伸缩振动引起的 9.7μm 消光特征有相似之处，即，在不同的视线方向上有不同的强度，$A_V/\tau_{3.4\mu m}$ 在银心方向和太阳邻近弥漫星云方向上的比值也相差了近 2 倍(见表 1)。3.4μm 消光特征与 9.7μm 消光特征随视线方向类似的变化规律以及它们在银心方向上与可见光波段消光 A_V 比率的增加，说明需要区别考虑引起可见光波段消光的成分和 C—H 键、Si—O 键载体的成分。Sandford 等人[7]认为，$\tau_{3.4\mu m}$ 在银心方向的增强表明了银心方向 C—H 键载体物质的丰度是逐渐增加的，$A_V/\tau_{9.7\mu m}$ 变化并不一定是银心附近富氧恒星多而富碳恒星少的缘故[5]。他们同时指出，$A_V/\tau_{3.4\mu m}$ 和 $A_V/\tau_{9.7\mu m}$ 类似的变化规律说明二者很可能是相关的,硅酸盐成份和脂肪族碳成份很可能是以硅酸盐核+有机难熔分子(organic refractory)幔的形式结合在一起的。但这样的观点随后就受到了挑战：对于硅酸盐核+有机难熔分子幔模型,如果 9.7μm 消光特征具有偏振性,那么 3.4μm 消光特征也应该有偏振性。Adamson 等人[8]观测了银心方向上的红外源 IRS7,发现只有 9.7μm 特征有偏振,而 3.4μm 特征没有偏振。硅酸盐核+有机分子幔的尘埃模型因此遭到质疑[3]。

同时,Sandford 等人[7]的解释需要将硅酸盐和脂肪族碳氢化合物两种成分和引起可见光波段消光的成分分开,如果引入可以引起可见光波段消光的成分(比如不会产生 3.4μm 消光特征却有很强的可见光波段消光的石墨),那么我们又将面临碳元素的丰度问题。另外,在富碳的原行星状星云 CRL618 的光谱中发现类似 3.4μm 消光特征的吸收特征[1],Pendleton 和 Allamandola[6]在 2002 年的研究中也指出演化晚期富碳恒星的物质外流区域是引起 3.4μm 消光特征的成分的来源地之一,这说明 C—H 键的载体物质和引起可见光波段消光的含碳成分有着密切的关系。

4. 难题的解决前景

迄今为止,3.4μm 和 9.7μm 消光特征在太阳邻近弥漫星云方向和银心方向上的区域性变化还没得到令人满意的解释。当前流行的星际尘埃模型都不能很好的解释该观测现象,只能从尘埃成分的丰度分布来勉强解释。本文作者及合作者对星际尘埃的深入研究发现,考虑多孔疏松的尘埃模型,或者尘埃尺寸分布的区域性变化,该难题能够取得突破:

(1) 由于银心方向上有较多的致密分子云区域,尘埃的凝聚(coagulation)生长很可能导致多孔疏松的结构。如果银心方向上的弥漫星际介质中尘埃颗粒也是多孔疏松的,则 $A_V/\tau_{3.4\mu m}$ 和 $A_V/\tau_{9.7\mu m}$ 在银心方向的减小能够得到解释[9]。

(2) 如果 C—H 和 Si—O 的载体在银河系中的分布是近似均匀的,而 A_V 在银心附近的增加速度(ΔA_V/pc)减小,那么 $A_V/\tau_{3.4\mu m}$ 和 $A_V/\tau_{9.7\mu m}$ 在银心方向上变小也能得到解释。固体微粒对波长与其尺寸相当的电磁波散射和吸收最为显著,如果银心附近的尘埃比太阳系附近弥漫星云中的尘埃有更多的大尺寸粒子,ΔA_V/pc 在银心附近就将减小,从而能够解释 $A_V/\tau_{3.4\mu m}$ 和 $A_V/\tau_{9.7\mu m}$ 类似的变化规律。

参考文献

[1] 李墨萍,赵刚,李爱根. 星际尘埃研究现状与进展. 天文学进展, 2006, 24(3): 260–276.
[2] 高健,姜碧沩. 星际红外消光律. 天文学进展, 2007, 25(3): 226–235.
[3] Li A, Greenberg J M. Mid-Infrared spectropolarimetric constraints on the core-mantle interstellar dust model. Astrophysical Journal, 2002, 577: 789–794.
[4] 李墨萍,赵刚,李爱根. 天体物理环境中的硅酸盐尘粒. 天文学进展, 2007, 25(2): 132–146.
[5] Roche P F, Aitken D K. An investigation of the interstellar extinction. II. Towards the mid-IR sources in the Galactic centre. Monthly Notices of the Royal Astronomical Society, 1985, 215:

425-435.

[6] Pendleton Y J, Allamandola L J. The organic refractory material in the diffuse interstellar medium: mid-infrared spectroscopic constraints. Astrophysical Journal Supplement Series, 2002, 238: 75-98.

[7] Sandford S A, Pendleton Y J, Allamandola L J. The Galactic distribution of aliphatic hydrocarbons in the diffuse interstellar medium. Astrophysical Journal, 1995, 440: 697-705.

[8] Adamson A J, Whittet D C B, Chrysostomou A, et al. Spectropolarimetric constraints on the nature of the 3.4 m absorber in the ISM. Astrophysical Journal, 1999, 512：224-229.

[9] Gao J, Jiang B W, Li A. Toward understanding the 3.4µm and 9.7µm extinction feature variations from the local diffuse interstellar medium to the Galactic center. Earth, Planets and Space, 2009, in press.

撰稿人：高　健[1]　姜碧沩[1]　李爱根[2]
1 北京师范大学天文系
2 美国密苏里大学物理与天文学系

高红移天体中的尘埃

Dust in High Redshift Objects

1. 引言

我们生活在一个充满尘埃的宇宙里。根据宇宙大爆炸理论(现今宇宙的年龄约为13.7 Gyr),在宇宙大爆炸700万年后($z \approx 30$),宇宙尘埃(cosmic dust)开始形成于第一代星系里。通过对近邻宇宙的研究，天文学家获得了丰富的观测证据并得出被广泛认可的结论：近邻宇宙的尘埃主要产生于年老的(大于1Gyr)、低质量(约1个太阳质量)的恒星(大多为AGB星)的壳层抛射物(如图1所示, Habing & Olofsson 2003); 而且AGB星要在1Gyr 年后才开始生成绝大部分的尘埃。由于这个时标的限制(大于 1 Gyr)，在早期宇宙里(小于 1Gyr; $z>6$)，尘埃不大可能由AGB星生成，因而早期宇宙的尘埃是怎样生成的这个课题引起了天文学家们的强烈兴趣。

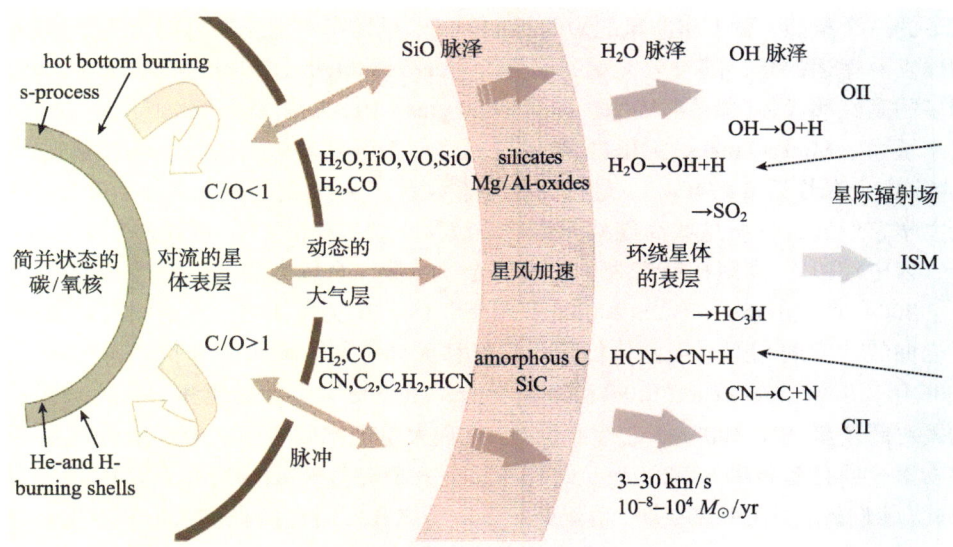

图 1　AGB 星生成尘埃的过程。
(Habing & Olofsson, 2003, Asymptotic Giant Branch Stars, Springer)

2. 尘埃特征与重要性

宇宙中的尘埃主要包含两种成分：硅酸盐和某种含碳的固体物质。其中含碳颗粒可能是石墨或非晶形碳； 含硅颗粒包括镁-铁-氧-硅化合物。尘埃颗粒的典型尺寸为 0.1 微米。宇宙中尘埃的质量约占星际介质质量的 1% (气体部分约占 99%)。目前关于尘埃颗粒结构的理论有三种：(a) 石墨–硅酸盐–多环芳香烃模型(Li & Draine 2001)；(b) 硅核–碳幔模型(Li & Greenberg 1997)；(c) 碳–硅混合模型(Mathis 1996)。

虽然尘埃只占宇宙中重子物质的很小的一部分，可是它对于天体物理学却有十分重大的作用。尘埃普遍存在于广泛的天体物理环境里：从环绕在冷红巨星的包层到超新星的喷射物；从弥漫、致密星际云、恒星形成区到主序星的残骸盘；从彗星、行星际空间到遥远的星系和类星体。尘埃对星际云的热平衡、化学反应、星际云坍塌形成恒星的过程以及行星的形成都有很重要的作用。从天文观测上，尘埃阻挡(吸收、散射)了从星系里恒星形成区、致密星吸积盘发射出来的光学和紫外辐射，然后尘埃自身发出红外波段的辐射。因此，从天文观测上，为了还原观测天体的光谱，我们必须修正尘埃的消光效应。

3. 高红移尘埃来自哪里？

长期以来，天文学家一般认为尘埃来自于两个地方：(1) 像太阳一样年老(约十亿年)的恒星的抛射物，(2) 星际空间分子云的慢速凝结。但这两种机制需要的长时标(大于 1Gyr)并不能解释早期宇宙(高红移)尘埃。面对这个难题，天文学家提出了以下的一个猜想：源于超新星的短时标的寿命，早期宇宙的尘埃可能产生于超新星的爆发。幸运的是，随着天文观测仪器(Spitzer/Hubble/Swift/Gemini)的进步，越来越多的高红移天体(伽马射线暴、类星体、Lyman-Break 星系、极红天体、亚毫米/毫米星系、Micro-Jansky 射电源)被发现，目前观测到的最远的类星体红移在 $z \approx 6.4$(宇宙大爆炸后 0.874Gyr)，最远的伽马射线暴在 $z \approx 8.2$(宇宙大爆炸后 0.63Gyr)。天文学家们通过分析这些高红移天体的多波段光谱数据(光学、近红外、亚毫米/毫米、射电波段)，利用特征谱线、尘埃消光、偏振、金属丰度来研究早期尘埃。

2004 年，Maiolino et al.(2004) 发现高红移($z>6$)类星体的消光曲线与超新星的消光曲线非常的相似，因此他们认为高红移天体中的尘埃可能来自超新星爆发。2006 年，Sugerman et al.(2006)利用 Spitzer、Hubble 太空望远镜和 Gemini 地面望远镜对超新星 SN 2003gd 进行了观测，发现大量尘埃确实存在于超新星爆发的残留物里，而且超新星 SN 2003gd 的前身星是一个寿命很短(大约几百万年)的恒星，因此，他们提出，在宇宙早期，超新星的爆发可以在短时标内提供大量的尘埃。2008 年，Rho et al.(2008)也观测到大量的尘埃生成于超新星(Cassiopeia A)爆发的喷流里(如图 2 所示)。但是，由于超新星爆发时产生的强辐射，超新星爆发破坏的尘埃数量可能比它们产生的还要多。因此，还需要更多的观测证据来确认超新星爆发出产尘埃的效率。

2009 年，Sloan et al.(2009)通过观测一个邻近的星系，发现尘埃产生于一颗正在死亡的碳星(carbon star)，其主序质量比太阳大很多。通过对碳元素和其他重金

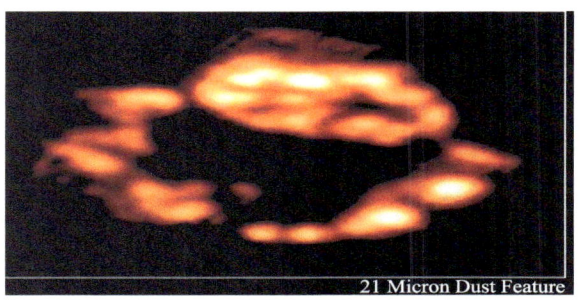

图 2 21 微米波段尘埃特征，图中的红色为被超新星 Cassiopeia A 爆发激波加热的尘埃物质(Rho et al. 2008)。

属元素丰度的分析，Sloan 等认为碳星有可能在第一代星系形成时产生尘埃，这个发现为早期尘埃的形成提供了另外一种可能。

4. 高红移伽马射线暴宿主星系的尘埃

伽马射线暴，源于它们辐射出巨大的能量(约为 10^{53}erg)，使得在红移 $z>10$ 的伽马暴也可以被观测。特别是，观测已经证明长时标(大于 2 秒)的伽马暴与大质量恒星相关联，因而也与充满尘埃的大质量恒星形成区相关；并且呈幂律分布的余晖辐射能谱使得伽马射线暴成为高红移尘埃研究的理想天体。最近，Li et al.(2008) 提出 "Drude" 模型，通过拟合余晖辐射能谱以研究伽马射线暴的宿主星系里尘埃的性质(消光、成分、丰度、颗粒尺寸)。图 3 选取了四个不同红移区间的伽马射线暴(Liang & Li 2009)，通过 Levenberg-Marquardt 最小化拟合方法，得出 GRB 070802 ($z\approx 2.45$)、GRB 060526 ($z\approx 3.221$)、GRB 080129 ($z\approx 4.349$)、GRB 050904 ($z\approx 6.29$)的尘埃消光曲线。它们和人们经常选取的模板消光曲线如大麦哲伦云(LMC)、小麦哲伦云(SMC)以及银河系(MW)并不一样。另外，通过硅酸盐-石墨尘埃模型能很好地拟合四个伽马射线暴宿主星系里尘埃的消光曲线，并且可以得到硅酸盐和石墨颗粒的尺寸分布和相对丰度。初步研究表明，这些特性和红移似乎没有关系(Liang & Li 2009)。

5. 面临的难题

虽然近年来的观测数据和理论使我们对高红移尘埃有了更多的了解，可是要想解开它的真正本源，我们需要先解决以下几个难题。

(a) 高红移尘埃从哪里来，如何产生？
(b) 假设超新星是一种可能，那它产尘埃的效率如何？
(c) 高红移尘埃如何在激波与恒星周围的致密壳层相互碰撞下形成？
(d) 高红移尘埃的性质会随红移而变化吗？

我们相信，随着天文仪器技术的快速发展，在不久的将来，高红移天体中尘埃起源和演化的难题将会被解开，这为研究早期宇宙、第一代星系和恒星的形成将会有重要的意义。

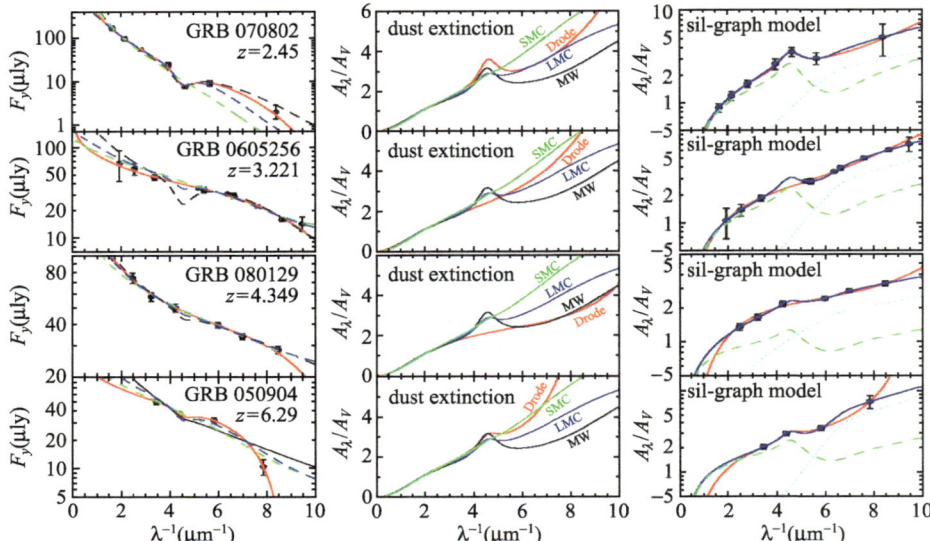

图3 左图为伽马射线暴余晖的辐射能谱拟合、横坐标为(1/波长)，纵坐标为辐射流量；中图为尘埃消光曲线，纵坐标为归一化(V 波段)的消光量；右图用硅酸盐-石墨尘埃模型来拟合尘埃消光曲线(Liang & Li 2009)。图中：GRB(Gamma-ray Burst, 伽马射线暴)、dust extionction(尘埃消光)，sil-graph model(硅酸盐-石墨尘埃模型)，z 为红移。

参 考 文 献

[1] Habing H J, Olofsson H. Asymptotic Giant Branch Stars. Springer, 2003.
[2] Li A, Draine B T. Infrared emission from interstellar dust. II. the diffuse interstellar medium. The Astrophysical Journal, 2001, 554: 778–802.
[3] Li A, Greenberg J M. A unified model of interstellar dust, Astronomy and Astrophysics. 1997, 323: 566–584.
[4] Li A, Liang S L, et al. On dust extinction of gamma-ray burst host galaxies. The Astrophysical Journal, 2008, 685: 1046–1051.
[5] Liang S L, Li A. Probing cosmic dust of the early universe through high-redshift gamma-ray bursts. The Astrophysical Journal Letters, 2009, 690: 56–60.
[6] Maiolino R, Schneider R, et al. A supernova origin for dust in a high-redshift quasar. Nature, 2004, 431: 533–535.
[7] Mathis J S. Dust models with tight abundance constraints. The Astrophysical Journal, 1996, 472: 643–655.
[8] Rho J, Kozasa T, et al. Freshly formed dust in the Cassiopeia A supernova remnant as revealed by the Spizter space telescope. The Astrophysical Journal, 2008, 673: 271–282.
[9] Sloan G C, Matsuura M, et al. Dust formation in a galaxy with primitive abundances. Science, 2009, 323: 353–355.

[10] Sugerman E K, Ercolano B, et al. Massive-star supernovae as major dust factories. Science, 2006, 313: 196–200.

撰稿人：梁顺林　李爱根
美国密苏里大学物理与天文学系

星际 2175 埃吸收峰

The Interstellar 2175 Å Absorption Bump

星际弥散带(diffuse interstellar bands, DIBs),是来自星际介质的从紫外至红外波长范围内的较宽的吸收带,首先由 Heger 于 1921 年在 Lick 天文台观测发现,并于 1922 年进行了报道[1]。1934 年,Merrill[2]观测到了 5780、5797、6284 和 6614Å 四条 DIBs,通过分析,证明它们源自星际空间而不是恒星。到目前为止,人们探测到的 DIBs 已达 380 条, 它们的半峰全宽在 0.8~30Å。遗憾的是,还没有一条 DIB 的载体被完全证认。

星际弥散带的证认一直是天文光谱研究中具有挑战性的课题。在星际弥散带被发现不久,一些著名天文学家(如 Russell 1935, Swings 1937)就推测是由星际介质中的气相分子产生的。由于当时人们普遍认为星际空间的物质是由固态尘埃颗粒构成的,对星际介质中形成气相分子的物理化学机制不清楚,就质疑气相分子存在的可能性,因而又有一些人提出了星际介质中固态尘埃粒子是 DIBs 载体的假设。

过去几十年的研究中,天文学家采用了大量的先进科学技术手段,其中包括射电和红外技术,在星际云中探测到了大量的疑似星际弥散带载体分子;与此同时,理论和地面实验研究也在同步进行,一些先进的物理化学理论被应用到星际弥散带的研究中。近年来,人们对星际弥散带及其起源的研究与日俱增,在星际介质中普遍观测到 4000~13000Å 的星际弥散带。随着功能强大的望远镜和性能完备的探测系统的问世,探测目标已由银河系延伸到河外星系的暗弱天体。通过对 DIBs 的广泛观测与地面实验测量,获得了 DIBs 可能载体的构成机理以及与其他观测资料相关联的一系列理论,现今普遍认为含有复杂碳结构的气相分子如富勒烯、碳链分子和多环芳香烃 (PAHs)是 DIBs 的可能载体。

2175Å 吸收峰是与 DIBs 紧密相关的一个特征。1965 年,Stecher[3]发现在星际消光曲线的紫外端 2175Å 附近存在一条很强的宽吸收峰,称其为 2175Å 驼峰。Fitzpatrick 和 Massa[4](1986)利用 IUE 数据构造了星际消光曲线,发现在 0.1~0.3μm 范围内,紫外消光曲线可以用一个由三部分构成的解析函数描述。

自从 2175Å 驼峰被发现后,其载体性质一直是科学家们所关注的课题。Stecher 和 Donn[5](1965)指出, 2175Å 吸收峰可能是由细微石墨颗粒产生的,但它不能解释 2175Å 吸收峰的半高全宽(FWHM)随环境改变而中心波长几乎不变的观测事实。Mennella 等人[6](1998)提出 2175Å 吸收峰来自氢化无定形碳(hydrogenated amorphous carbon, HAC)分子,而实验中却没有从氢化无定形碳中测到与 2175Å 吸收峰很类似的吸收谱带。Wada 等人[7](1999)提出超富勒苯(hyperfullerene)洋葱状碳粒子,它们的吸收峰接近 2200Å, 但其谱线较星际谱线轮廓宽。Joblin 等人[8](1992)和 Li & Draine[9](2001)指出,多环芳香烃分子(PAHs)与石墨片相似,具有与石墨片相似的电子波函数,在 2000~2500Å 范围具有很强的吸收,因此,他们认为 PAHs 分子、离子、自由基的混合物最有可能是 2175Å 吸收驼峰的载体。

Iglesias-Groth (2007)采用计算化学方法计算了富勒烯 C_{80}、C_{320} 和 C_{540} 的电子跃迁谱,不但在 4430Å 附近得到了很强的吸收,还在 2175Å 附近得到了强吸收,意味着富勒烯有可能是 4430Å DIB 和 2175Å 驼峰的共同载体。

2175Å 驼峰在形式上与 DIBs 相同,是叠加在消光曲线上的星际吸收带。2175Å 驼峰起源于细小的碳质尘粒子或 PAHs (Draine 1989, Li & Draine 2001),同时,人们揭示 DIBs 也可能起源于碳基分子,这就自然引发人们研究二者之间的相关性。20 世纪 80 年代前后,一些作者包括 Wu、York 和 Snow (1981)和 Sneden 等(1978)研究了 DIBs 与 2175Å 驼峰之间的相关性质,结果显示 4430Å DIB 与 2175Å 驼峰之间有较好的相关性;Seab 和 Snow (1984)利用 50 颗恒星的 4430、5780、6284Å DIB 和 2175Å 驼峰强度的观测数据,分析发现 2175Å 驼峰强度与 4430Å 强度之间确实具有很好的相关性,但与 5780Å 和 6284Å DIBs 强度之间不存在相关性。

Benvenuti 和 Porceddu(1989)对 26 个银河系目标星进行观测,研究了 5780、5797、6196、6203、6270 和 6284Å DIBs 的强度和等值宽度与 2175Å 驼峰的强度之间的关系,结果发现它们之间也没有相关性。

Désert 等(1995)用 Fitzpatrick 和 Massa 给出的方法拟合了一系列实测星际消光曲线,获得了 2175Å 驼峰的中心高度,发现 DIBs 的等值宽度与 2175Å 驼峰的中心高度存在一定的相关性。

对河外星系的观测分析揭示,大多数河外星际消光具有明显的 2175Å 驼峰,而小麦哲伦云和星暴星系星际消光曲线没有 2175Å 驼峰。最近,Cox 等(2007)研究了小麦哲伦云中星际消光曲线形状与 DIBs 以及星际介质中的物理化学环境之间的联系,发现在没有(或很弱)紫外消光 2175Å 驼峰视线方向也不存在(或很弱) DIBs,反之,在具有很强的紫外消光 2175Å 驼峰视线方向存在很强的 DIBs。他们指出引起 DIBs 和紫外消光 2175Å 驼峰消失或减损的原因可能有两种: (1) 因小麦哲伦云中的尘埃颗粒的瓦解或毁灭,导致消光曲线形状和气体/尘埃比例系数的改变,特别是含碳 2175Å 驼峰载体物质,在强烈紫外辐射场穿透弥散气体介质,或在弥散介质受激震荡时,会加速毁灭 DIBs 的载体; (2) 某种星际环境抑制 2175Å 驼峰和 DIB 载体的形成。

发现星际弥散带和 2175Å 驼峰至今已有几十年历史,在几十年的研究中积累了丰富的观测资料,但是星际弥散带和 2175Å 驼峰依旧没有得到证认,DIBs 扩展谱特性、中心波长与观测方向无关的事实,引发了一些有趣的问题: 是什么产生了 DIBs?它们是怎样构成的?它们怎样具有足够的丰度在星际空间产生如此多的 DIBs 谱线?

DIBs 和 2175Å 驼峰是否存在相关?二者是否具有共同的载体?它们的载体是什么?

随着科学技术的进步,大型空间望远镜、先进的探测系统和图像处理系统的发展和应用,并结合先进的物理化学理论和地面实验,人们最终将会揭开星际弥散带和 2175Å 驼峰这一谜团。

参 考 文 献

[1] Heger M L. Further study of the sodium lines in class B stars ; The spectra of certain class B stars in the regions 5630Å-6680Å and 3280Å-3380Å ; Note on the spectrum of [gamma] Cassiopeiae between 5860Å and 6600Å. Lick Obs. Bull, 1922, 10: 141–148.

[2] Merrill P W. Unidentified Interstellar Lines. Publ astron Soc Pac., 1934, 46: 206–207.

[3] Stecher T P. Interstellar extinction in the ultraviolet. Astrophys.J., 1965, 142: 1684–1684.

[4] Fitzpatrick E L, Massa D. An analysis on the shapes of ultraviolet extinction curves. I - The 2175Å bump. Astrophys.J., 1986, 307: 286–294.

[5] Stecher T P, Donn B. On graphite and interstellar extinction. Astrophys.J., 1965, 142: 1681–1683.

[6] Mennella V, Colangeli L, Bussoletti E, et al. A new approach to the puzzle of the ultraviolet interstellar extinction bump. Astrophys.J., 1998, 507: L177–L180.

[7] Wada S, Kaito C, Kimura S. Carbonaceous onion-like particles as a component of interstellar dust. Astron Astrophys., 1999, 345: 259–264.

[8] Joblin C, Leger A, Martin P. Contribution of polycyclic aromatic hydrocarbon molecules to the interstellar extinction curve. Astrophys.J., 1992, 393: L79–L82.

[9] Li A G, Draine B T. Infrared emission from interstellar dust. II. The diffuse interstellar medium. Astrophys.J., 2001, 554: 778–802.

撰稿人: 向福元

湘潭大学材料与光电物理学院

天体脉泽及其抽运机制

Astronomical Maser and Its Pumping Mechanism

天体脉泽自1965年被发现以来,它已经成为天体物理学中的一个重要的研究分支。脉泽谱线具有超强和窄的谱线特征,一般认为它们是由微波受激放大机制引起的。到目前为止,在恒星形成区或晚型星的大气包层中已观测到了几千(大于3000)个脉泽源,主要为OH、H_2O、SiO和CH_3OH等4种星际分子脉泽。脉泽作为一种极端的非热平衡现象,为我们研究一些特殊的天文环境,特别是小尺度环境的物理,磁场和动力学条件提供了最好的工具。天体脉泽大多呈亮斑结构——脉泽斑,单个脉泽斑非常致密,其大小通常为1个天文单位,并具有很高的亮温度(大于10^9 K),因此可以通过VLBI技术对其进行高分辨率观测,来精确研究其所在区域分子气体的运动学和物理环境。目前通过高分辨率VLBI观测已对天体脉泽取得了如下方面认识:

在晚型星(如AGB星,红超巨星)拱星包层中,脉泽(主要是SiO、H_2O、OH脉泽)分布于不同的区域:最靠近恒星的是SiO脉泽(2~4个恒星半径处),然后是H_2O脉泽(大于10个恒星半径),最外层的是OH脉泽(大于50个恒星半径)。这表明这三种脉泽具有不同的激发条件。SiO脉泽产生的环境通常要求氢密度为$10^9 cm^{-3}$,温度为1500K,它是研究离恒星表面最近的复杂、高密度区域的有力工具。H_2O和OH脉泽则示踪了星风加速区,所在区域的温度与密度也随远离恒星而降低(典型为500~800 K,10^7~$10^8 cm^{-3}$)。

脉泽对研究从AGB星快速演化到行星状星云这个过渡时期的天体——原行星状星云(或后AGB星)也起着非常重要的作用。AGB星拱星包层是球状结构并且有一个相对慢的膨胀速度(大约为10~20km s^{-1}),但当它向行星状星云演化时,球状的包层结构将出现不对称性,并且逐步演化成高速(大于100 km s^{-1})的准直喷流。通常这个过程十分短暂(小于1000年),人们对这个过程的认识还不是很清楚。脉泽观测表明在原行星状星云中存在着类似于吸积盘的拱星盘和带有磁场的高速准直喷流现象[1]。这为研究行星状星云起源与演化提供了重要的观测证据。

最近,干涉观测表明OH脉泽可以用来探测超新星遗迹与相邻分子云碰撞所产生的横向激波,这也同时可以被用来测量这些区域(尺度大约为几百个天文单位)的磁场。结果发现OH脉泽所在区域的磁场非常强,可以达到1~2毫高斯,大约是周围星际磁场的10倍[2]。

在恒星形成区中,VLBI观测表明脉泽(主要为H_2O、OH、I型与II型CH_3OH

脉泽)可以用来精确示踪围绕原恒星的吸积盘和喷流区域的动力学。这为研究恒星形成，特别是大质量恒星形成提供了重要的观测证据。另外，各类脉泽在大质量恒星形成过程中存在着演化关系：通常 I 型甲醇脉泽最早出现，并与外流成协；接着 II 型甲醇脉泽，水脉泽及 OH 脉泽相继出现。理解各类脉泽间演化关系将对探索大质量恒星形成各个阶段的物理及动力学环境有着关键作用。特别重要的是，目前可以利用 VLBI 相位参考技术直接测定恒星形成区天体脉泽的周年视差(精度高达 10 个微角秒)，获得其准确距离[3]。进而可以更为精确地研究银河系的旋臂结构及密度波理论等。

另外在河外星系中也发现多种分子的脉泽辐射，如 OH，H_2O，H_2CO，CH 等，其中最为常见而且辐射最强的是 H_2O 超脉泽(光度通常是银河系脉泽的 10^6 倍以上)。目前已在河外星系中探测到了百余个河外 H_2O 超脉泽。超脉泽的高空间分辨率研究为证实黑洞的存在提供了有力的支持：如对 NGC4258 的 H_2O 超脉泽的高分辨率 VLBA 观测发现该星系红、蓝移的超脉泽发射来自于一个尺度非常小并具有开普勒性质的转动盘，并由此测出其中心天体质量高达 $3.6×10^7$ 个太阳质量，这是活动星系核中央存在黑洞的最为有力的观测证据[4]。另外通过对河外超脉泽运动学(通常为开普勒运动)拟合可以精确获得星系的几何距离。该距离不依赖于任何经验关系及模型假定，它可以用来校准其他测量距离的经验公式(如 Tully-Fisher 关系)或标准烛光(如 Ia 型超新星)。因而可以用来更为准确的测定河外天体距离，并最终精确测定哈勃常数 H_0。这将对精确研究宇宙学，如暗能量，宇宙几何等方面有着不可估量的作用及对宇宙的认识产生深远的影响。

综上所述，天体脉泽广泛地分布于星际空间：从恒星，到银河系，甚至到河外星系都有脉泽的分布，可以说它是研究宇宙概貌的最有力探针。但从脉泽本身辐射物理机制来讲，至今仍有很多尚未被完全解决的问题。特别是天体脉泽的抽运机制一直是天体物理中最富挑战性的问题。所谓的脉泽抽运机制就是要找到使上、下能级粒子布居数反转的机制和它所要求的极端非热动平衡条件。理论研究表明银河系脉泽有两种主要的抽运机制：碰撞抽运和辐射抽运。碰撞抽运指脉泽分子通过与其他粒子(主要是 H_2)的碰撞过程，在某些能级上形成布居反转，产生脉泽辐射。辐射抽运是指脉泽分子靠外部辐射(通常是红外辐射)而激发，建立布居反转，产生脉泽辐射。不同的脉泽分子具有非常不同的抽运条件(如温度、密度等)。目前理论与观测表明 H_2O 与 I 型甲醇脉泽可以在外流(或吸积盘)与星际介质碰撞所产生的激波条件下形成，因而碰撞抽运机制可能是产生这两类脉泽的主导机制。而 OH 与 II 型甲醇脉泽可能在星际尘埃的红外辐射作用下产生，因而它们可能以红外辐射抽运机制为主导。但研究也发现即使是同一分子脉泽在不同天体环境下其抽运机制也可能完全不同。例如，在晚型星中 OH 脉泽可能以辐射抽运占主导，但在超新星遗迹中，碰撞抽运可能是产生 OH 脉泽的主导机制。对脉泽抽运机制的理解反过来又可以探索脉泽所在区域的物理环境。如以碰撞抽运机制为主导的 I 型甲醇脉泽，大质量恒星外流与星际介质碰撞的环境应该是形成该种脉泽最合适的物理环境。一些观测统计结果表明，在大质量恒星外流区域的这类脉泽的探测率很高(约 70%)。因而某种程度上，I 型甲醇脉泽可以作为外流的示踪器，即有 I 型甲醇脉泽辐射的区域通常也伴有外流现象的发生。

尽管脉泽抽运机制的研究对于理解脉泽本身辐射及其所在区域的物理环境都有着至关重要的作用，但无论哪种现有的抽运机制模型对脉泽辐射的解释都存在着或多或少的缺陷。特别是对 SiO 脉泽抽运机制的理解更存在着较多的争议。而实测将是最终检验脉泽抽运机制的有效手段。以 SiO 脉泽抽运机制为例来说明实测的重要性。碰撞抽运与辐射抽运都在理论上预言了不同跃迁频率 SiO 脉泽(如 $v=1$ $J=1-0$, 43.1GHz，$v=2$ $J=1-0$, 42.8GHz 等)辐射的空间分布情况[5]。因此，通过精确比较在不同跃迁频率上 SiO 脉泽的空间分布，能够确定 SiO 脉泽的主导抽运机制。而高分辨率 VLBI 观测是获取它们精确的空间分布和结构的最有效手段。已有许多工作利用 VLBI 观测探索 SiO 脉泽的抽运机制[6]。但目前 VLBI 技术及分辨率尚未能达到完全解决 SiO 脉泽抽运机制的要求。随着 VLBI 观测技术，特别是空间 VLBI 技术的发展，相信能为最终理解脉泽抽运机制提供有利契机。

参 考 文 献

[1] Vlemmings W H T, Diamond P J, Imai H. A magnetically collimated jet from an evolved star. ApJ, 2006, 440: 58–60.
[2] Hoffman I M, Goss W M, Brogan C L, et al. The sizes of OH (1720 MHz) supernova remnant masers: MERLIN and Very Long Baseline Array observations of IC 443. ApJ, 2003, 583: 272–279.
[3] Xu Y, Reid M J, Zheng X W, et al. The distance to the Perseus spiral arm in the Milky Way. Sci, 2006, 311: 54–57.
[4] Miyoshi M, Moran J, Herrnstein J, et al. Evidence for a black hole from high rotation velocities in a sub-parsec region of NGC4258. Nature, 1995, 373: 127–129.
[5] Humphreys E M L, Gray M D, Yates J A, et al. Numerical simulations of stellar SiO maser variability investigation of the effect of shocks. A&A, 2002, 386: 270–356.
[6] Soria-Ruiz R, Alcolea J, Colomer F, et al. High resolution observations of SiO masers: Comparing the spatial distribution at 43 and 86 GHz. A&A, 2004, 426:131–144.

撰稿人：陈　曦
中国科学院上海天文台

宇宙中重元素的核合成

Nucleosynthesis of the Heavier Elements in the Cosmos

重元素就是质量数 $A>60$ 的元素，比如我们地球上熟知的金、银、铜等都属于重元素。如果有人告诉你：世界宝藏中的黄金和添加到食盐中的碘是在一次激烈的超新星爆发中冶炼出来的；而地球上的大部分钡和锆是在一颗红巨星的核心慢慢形成的，你会相信吗？这些重元素在宇宙中占的比例很小，但正所谓物以稀为贵，它们在宇宙中的作用却是不可忽视的。比如根据我们地球和太阳上现有这些重元素的种类和丰度，我们就可以判断太阳不是第一代恒星。大家在中学就知道更重的元素可以通过较轻元素的聚变产生。如太阳里面 4 个氢核可以聚变为更重的氦核。那重元素是否也是通过聚变产生的呢？答案是否定的。因为核聚变本质就是一个核打入另一个核里面。一方面如果两个核都带电，这个过程必须要克服两者的库仑势垒，而库仑势垒正比于两个核电量的乘积。当核电荷数很大时，库仑势垒将非常高，即使考虑量子隧道效应聚变过程也是难以实现的；另一方面当聚变核达到铁族以后，每个核子的结合能(比结合能)最大，如典型核 ^{56}Fe 的比结合能为 8.8MeV，而铁族元素以后的元素，每个核子的结合能平稳地减少。结合能越大则它越稳定就更难参加聚变了，所以想通过聚变产生重元素是行不通的。那它们又是怎么来的呢？可能有些读者已经想到了，既然带电核要克服库仑势垒，那如果是不带电的中子参加反应不就可以解决这个问题吗？实际上绝大部分重元素正是通过这个所谓的中子俘获过程得到的(极少量重核来自质子俘获，下文再述)。

早在 1952 年，就有天文学家通过分析 AGB 星(asymptotic giant branch 渐进巨星分支的英文缩写简称，因其在恒星演化的赫罗图中的位置非常靠近红巨星分支而得名)的光谱，发现它们含有第 43 号放射性元素锝，而元素锝的一个显著特点就是它只能在很短的时间内稳定存在，然后很快衰变为其他元素。既然能够在遥远的恒星光谱中发现锝的谱线，这就提示我们，是这些恒星自己制造了这个元素。同时，在同一批恒星中，人们还找到了钡和锆的谱线，这是对中小质量恒星制造重元素理论的直接支持。1956 年 Hoyle、Fowler 和 Burbidge 夫妇就在 Science 发表论文，首先描述了恒星内部通过中子俘获的核合成的重要观念。继而 Burbidge 夫妇、Fowler、Hoyle(简称 B^{2}FH)在 1957 年的奠基性的研究论文中[1]，进一步改进并提出了较为系统的重元素合成理论。B^{2}FH 设想了两种极端情形作为重元素合成的两种主要方式：慢中子俘获过程(简称 s 过程，s 为 slow 的首字母)与快中子俘获过程(简称 r 过程，r 为 rapid 的首字母)[1]。下面我们就从这两种中子俘获过程开始展开论述。

1. s 过程[2,3]

s 过程的核合成环境通常是恒星内部的 He 燃烧阶段,如红巨星内部或某些处于脉动变星阶段恒星。其中 AGB 星被认为是 s 过程元素最主要的诞生场所。典型的核合成温度为 $(2\sim4)\times10^8$K,密度为 $10^3\sim10^4$g cm^{-3},中子数密 n_n 约 $10^6\sim10^8$cm^{-3}。对 $1.3M_\odot<M<2.2M_\odot$ 的恒星主要的中子源来自 ^{13}C$(\alpha, n)^{16}$O;对 $2.2M_\odot<M<8M_\odot$ 的恒星除了前面的反应外,还有 ^{22}Ne$(\alpha,n)^{25}$Mg。s 过程条件:自由中子的浓度较低,原子核相继两次俘获中子的速率很慢,即相应的时标相当长,而且已经包含了一定数量的种子核。重元素可以由某一种已经存在于星体内部而且丰度较大的"种子核素"(如 ^{56}Fe,但在很低金属丰度时,还要不要铁族元素种子还不清楚。)通过一系列中子俘获过程来生成。当母核(Z, A)俘获一个中子时,$(Z, A)+n \to (Z, A+1)+ \gamma$。若子核$(Z, A+1)$为稳定核,则平均间隔 $\Delta\tau_n$ 年后再俘获下一个中子($\Delta\tau_n$ 为连续两次中子俘获的平均特征时标),$\Delta\tau_n$ 约为 $10\sim10^3$ 年。若子核$(Z, A+1)$为放射性核:$(Z, A+1)\to(Z+1, A+1)+e^-+\bar{\nu}_e$,新元素就产生了。因此对子核来说,面临着相互竞争的两种选择:继续中子俘获或 β$^-$衰变,这取决于中子俘获过程的特征时标同 β$^-$衰变时标 τ_β 的相对大小。对于大多数的放射性元素,β衰变时标 τ_β 为几秒至几年($\tau_\beta \ll \Delta\tau_n$)。新诞生的子核又成为下一轮俘获中子的母核,一旦某个原子核吸收中子太多而变为不稳定核时,它就很快地发生 β$^-$衰变沿 Z 增大方向生成核素,参见图 1 中的 s 过程路径曲线[4]。由于所谓的 Pb-Bi 循环,^{208}Pb$+n\to^{209}$Pb$(\beta^-)^{209}$Bi$+n \to ^{210}$Bi$^* \to ^{206}$Pb$+\alpha$,^{206}Pb 又重新开始 s 过程,所以 s 过程只可以合成直到 ^{208}Pb $(Z=82)$的稳定核素,它是 $60<A<210$ 之间的元素形成的重要过程。

尽管人们对 s 过程理解比 r 过程较为成熟,但是仍然有很多疑难。比如,(1) 核合成(包括 r 过程)过程中起关键作用的中子俘获截面问题以及研究各种可能的中子源;(2)AGB 星 He 壳层内的中子辐照量分布函数(对单辐照解的加权函数)对确定 AGB 星 s 过程核合成结果以及解释太阳系唯像的中子辐照量分布的指数衰减形式非常重要。对此尽管人们已经取得了很大进展,其分布函数形式仍值得进一步研究;(3) 20 世纪 90 年代以来人们对 AGB 星 s 过程核合成的研究表明,重元素产量和丰度分布强烈地依赖于金属丰度。在贫金属星环境下中子俘获元素丰度分布规律问题仍没有得到解决。最近的研究表明,不同 ^{13}C 数密度对重和轻的 s 过程的核合成产物比例有重要影响[5];(4) AGB 星 ^{13}C 源形成过程中的流体动力学不定性方面的问题;(5)对星系各演化阶段 s 过程核素丰度的分布规律研究还处于起步阶段。

2. r 过程

一般,含有中子数量最多的稳定的丰中子核同位素(一到两种)是不可能通过 s 过程生成的。它们只能通过快中子俘获过程(r 过程)来合成。例:$^{122, 124}$Sn、^{123}Sb、^{128,130}Te、^{134,136}Xe、^{148,150}Nd、^{154}Sm 等。此外,比 ^{208}Pb 还重的许多元素,特别是一

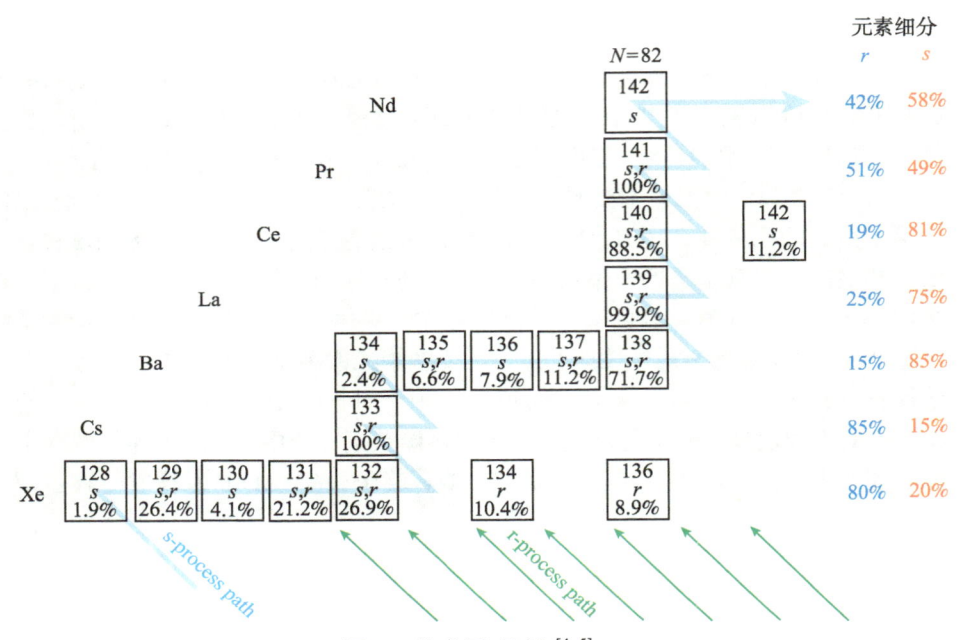

图 1 核素图(局部)[4, 5]。

图列出了从 Xe 到 Pr 的稳定 s 过程和 r 过程核素(Nd 的稳定同位素并没有完整列出,少量的 p 过程稳定核素如 ^{130,132}Ba、^{138}La 等并未列出,更多可以参考原文)。 图中粗实线为 s 过程路径曲线,s 过程核合成将沿着这条线向质量数和质子数增加的方向进行。斜向左上的箭头是 r 过程核合成路径的示意图。方框中 s 代表纯 s 过程核素;r 代表纯 r 过程核素;s,r 代表该核素既来自 s 过程又来自 r 过程。百分数表示该核素在稳定同位素中的丰度。一般的,可根据 s 过程核素丰度与其中子吸收截面逆相关的性质,先确定 s 过程核素的丰度,再确定 r 过程核素的丰度。右边两列数据对应于 s 过程和 r 过程核素的相对比例。

些非常重的放射性核素,例如 ^{232}Th、^{235}U、^{238}U、^{244}Pu 等,都只能通过快中子俘获过程来合成。重元素约一半都是通过 r 过程生成的[4]。主要由 r 过程产生的元素有:I、Eu、Tb、Ho、 Os、 Ir、 Pt、Au 、U 和 Th[2]。r 过程环境必定是高温(产生足够大的中子流量以及光致离解反应有效地进行),主要为短时间内的爆炸性核燃烧,可以忽略 β^- 衰变。它与 s 过程的主要区别是 r 过程的中子浓度大得多,其数密度可以超过 $10^{18}\sim10^{20}\text{cm}^{-3}$,以至于绝大多数重核素的中子俘获时标远小于 1s,远快于大多数不稳定核素的 β 衰变的时标。在如此强的自由中子流环境下各种原子核都会相继接连地吸收中子。刚生成的丰中子同位素通常是不稳定的,但由于 β 衰变的时标相对太长,它还来不及衰变时,强大的中子流再次轰击了它。这样,它继续不断重复着一次又一次吸收中子的过程。如此继续下去,它不断地转化为含有越来越多中子的同位素。当其核内所含中子数目超过最丰中子稳定的同位素之后,它逐渐远离 β 稳定谷。当合成物抛向太空后,中子俘获反应停止,从而迅速地经β衰变成某种稳定的丰中子核。自然地，r 过程刚停止时形成极富中子母核的性质同随后衰变链所到达的第一个稳定同量异位素(A 相同而 Z 不同的核素)的核性质没有明显相关，也同这些稳定核的中子俘获截面的大小无关。另外，r 过程核合成不需要外部提供种子核，它从自由质子、中子开始核合成，前一阶段的生成核作为下一阶段中子俘获的种子核[6]。

  r 过程发生的场合至今仍有争论。通常认为坍缩型超新星爆炸(SNII、SNIb、SNIc)和中子星之间或中子星和黑洞的碰撞是 r 过程合成的天体物理场合。每次超新星爆发时产生的 r 元素约 $10^{-5} \sim 10^{-6} M_\odot$。最近的分析认为在星系中超新星爆发几率比中子星合并的几率大 1000 倍(星系中超新星的爆发几率约 100 年 1 次)，同时核坍缩型超新星 r 过程不会产生任何明显的低 A 元素(从 Na 到 Ge)。这些证据强烈地支持核坍缩型超新星相比于中子星合并是主要的重元素的来源[3]。下面将介绍核坍缩型超新星中微子驱动的星风中的 r 过程核合成。1986 年，Duncan 等首次研究了在超新星成功爆发 10 多毫秒后初始中子星外部由中微子驱动的星风物理。此后，Woosley 等仔细研究了中微子驱动星风中影响核合成的物理条件，认为中微子驱动的星风可能是 r 过程合成的场所。并发现和太阳系的 r 过程元素丰度分布相似的结果，A~90 核素超丰 100 倍。至今许多学者讨论过初始中子星中微子驱动的星风动力学问题及其核合成问题。同时大规模的 r 过程核反应网络(包括超过 6000 多个核素)数值计算也被广泛研究[8]。天文观测表明，太阳和贫金属星的 r 过程核素在 A=80，130 和 195 附近出现三个峰值(对应于中子幻数 N=50、82、126)。虽然它们各自的 r 元素的绝度含量相差几百倍甚至更大，但是 r 过程核素的分布花样却高度一致(如图 2)。因此，多数学者认为 r 元素来自于一个共同类型的源，但是当前的理论

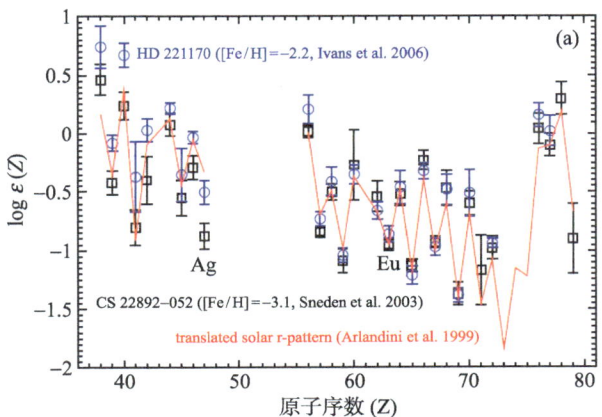

图 2 天文观测的太阳 r 元素分布花样与贫金属星 HD 221170 和 CS22892-052 r 元素分布花样的比较[7]。其中实线为乘一常数后的太阳 r 元素分布花样。横坐标为原子序数，纵坐标 log $\varepsilon(Z) \equiv \log(Z/H)+12$，$Z/H$ 为 Z 元素相对于 H(氢)元素数目丰度的比值。图中[Fe/H]≡log(Fe/H)*−log(Fe/H)$_\odot$，*代表恒星，⊙代表太阳，Fe 代表金属，[Fe/H]<0 表示恒星金属丰度低于太阳金属丰度。

还不能解释这个问题。特别是对 A~195 峰值的核素丰度至今没有一个自洽的结果。高熵(约 400k，k 是 Boltzmann 常数)对 A~195 的核素的合成几乎是必要条件，而实际计算的熵却要低 2~3 倍，不同的作者采用不同方法得到相差很多的结果。严格的模拟和理论计算表明失败的共同点是 $N=50$ 的幻中子壳层的核素超丰,如中子数核素 ^{90}Zr。最近研究表明 r 过程核合成结果对电子丰度特别依赖。因此高熵和电子丰度是使 r 过程成功的关键因素。质量为 8~10$M_\odot$ 的 ONeMg 核超新星是当前最有可能首先解决问题的候选者。正如 Woosley 指出，要解决当前 r 过程核合成的问题要么考虑新的物理，要么考虑新的场所[9]。

随着大样本巡天工作的开展，我们将会发现更多的贫金属恒星，甚至第一代恒星，对这些恒星表面中子俘获元素详细的丰度分析，将有助于我们进一步了解 s 和 r 过程元素的产地及产率。

3. 质子俘获

除了中子俘获产生稳定重核，还有些质子数最多的同量异位素如 ^{112}Sn、^{126}Xe、^{130,132}Ba，不可能由一系列中子俘获而形成，它们主要地通过质子俘获(偶尔也可能会吸收中子)过程而形成，这些元素就是 p 核，绝大部分 p 核的相对丰度(相对于同位素)都非常低(只有 6 种 p 核相对丰度略高于 1%)，迄今人们对 p 核产生的物理环境了解还很少[1]。质子俘获也分慢质子俘获和快质子俘获(简称 rp 过程)。慢质子俘获是新星(并非超新星)爆发的巨大能量的来源,而 rp 过程一般认为是富质子组分在足够高的温度下发生，可能是 I 型 X 射线暴的能量来源。原子核的质量对质子俘获核合成有重要影响，测量精度要求 10keV 及以上才比较可信，另外，反应率的不确定性也对核合成结果扮演着关键性的角色[10]。近年来，Frohlich 等提出了一种新的有中微子参与的质子俘获，简称 υp 过程[11]。他们采用精确的中微子运输过程对核坍缩超新星的流体动力学模拟表明，在初生中子星诞生的最开始几秒溢出物是富质子的。当有大量的中微子或反中微子时，反中微子将被质子吸收连续产生中子，中子数密度到达 10^{14}~10^{15}cm^{-3}，这些中子不受库仑排斥能，很轻易被重核俘获。通过一系列的(n,p)(p,γ)反应，有效地经过 ^{64}Ge 等 β 半衰期很长的核，从而生成更重的核。但 υp 过程存在的物质流能行进多远，强烈地依靠于环境条件，最明显的就是电子丰度。同时，Wanajo 等基于这一研究成果讨论了有强大的中微子流的富质子环境中的 rp 过程，他们可以自洽地得到 A~110 以下的轻的 p 核,包括 ^{92,94}Mo 和 ^{96,98}Ru，这是其他天体环境下难以解释的[12]。但对于更重的 p 核还有待进一步研究。

4. 超重元素核合成

对于什么是超重核，至今没有严格的界限。随着技术的发展和超重核合成的进展,超重核的界限和超重核稳定岛的中心位置也在改变。有人认为从 102 号元素以上都算作超重核,也有些人认为 110 号元素以上才能算作超重核[13]。从核素图上可以发现，超重元素都是不稳定的放射性元素，而且大多超重核素都是人工合成的。但根据 20 世纪 60 年代末原子核结构理论预言,即在质子数 $Z=114$ 和中子数 $N=184$(即核素 $^{298}114$) 的核素附近会形成一个离现有元素最近的寿命较长的超重核，这就是所谓的超重核稳定岛。自从超重核稳定岛理论被提出，许多的科学家都试图在实验或者观测发现它，但至今还没有成功。在人工合成超重元素方面，近 10 年来取得很大进展，如 1999 年俄罗斯、德国和日本的科学家合作成功合成了 114 号元素的两个同位素 $A=287$ 和 289。2000 年德国科学家又合成了 $Z=116, A=292$ 的核素，这是当今人们合成的最重的超重元素。我们国家在 2000 年合成了 $^{259}105$ 超重新核素[13]。现在实验合成更重的核素还面临很多难题。另一方面，在自然界中人们迄今未能证实稳定的超重核素，是因为它含量太少？还是因为我们的探测方法不当？甚至有人怀疑根本不存在所谓的超重核稳定岛。在宇宙中有没有天然的超重元素，现在还不得而知。有一种设想是在中子星的内壳层可能有超重元素，由于中子星中的电子强简并而不能衰变。当两中子星合并时，有部分壳层被撕裂，抛到太空超重元素俘获自由中子再衰变到最近的稳定岛。这可能是宇宙中超重稳定元素的来源。当然不管什么理论最终还要靠实验和观测检验。

参 考 文 献

[1] Burbidge E M, Burbidge G R. Fowler W A, et al. Synthesis of the Elements in Stars [J]. Rev. Mod. Phys 1957, 29: 547–650.

[2] 彭秋和.恒星结构、演化与核天体物理[M].南京：南京大学出版社，1998.

[3] 张波,崔文元. AGB 星 s 过程核合成相关问题的研究进展[J]. 天文学进展，2006(24): 54–61.

[4] Sneden C, Cowan J J. Genesis of the Heaviest Elements in the Milky Way Galaxy [J]. Science,2003, 299, 70–75.

[5] Sneden C, Cowan J J, Gallino R. Neutron-Capture Elements in the Early Galaxy [J]. Annu. Rev. Astron. Astrophys., 2008, 46, 241–288.

[6] Martínez-Pinedo G. Selected topics in Nuclear Astrophysics [J]. The European Physical Journal Special Topics, 2008(156):123–149.

[7] Qian Y Z. Recent Progress in the Understanding of the r-Process[J]. Proceedings of the 10th Symposium on Nuclei in the Cosmos (NICX), 2008, arXiv:0809.2826.

[8] Wanajo S, Nomoto K, Janka H T, et al. Nucleosynthesis in Electron Capture Supernovae of Asymptotic Giant Branch Stars [J]. Astrophys. J., 2009(695):208–220.

[9] Woosley S E, Heger A, Weaver T A. The Physics of Core-Collapse Supernovae [J]. Nature Physics, 2005(1):147–154.

[10] Schatz H. The Importance of Nuclear Masses In the Astrophysical rp-Process [J]. International Journal of Mass Spectrometry, 2006(251):293–299.

[11] Frohlich C, Martínez-Pinedo G, Liebendörfer M, et al. Neutrino-induced Nucleosynthesis of A>64 Nuclei: The vp Process [J]. Phys. Rev. Lett., 2006(96):142502.

[12] Wanajo S. The rp-Process in Neutrino-driven Winds [J]. Astrophys. J., 2006(647):1323–1340.
[13] 刘建业. 超重元素(新核素)合成研究进展情况分析和展望[J]. 物理学进展, 2002(22):272–282.

撰稿人：刘门全[1]　袁业飞[1]　施建荣[2]
1 中国科学技术大学天文系
2 中国科学院国家天文台

超高速恒星

Hypervelocity Stars

超高速恒星是指运动速度足够高以至可以逃出银河系引力势束缚的恒星。作为参照,地球绕太阳转的速度大约 30Km/s,太阳系绕银河系中心旋转的速度大约 220km/s,银河系暗物质晕中恒星的运动总速度弥散度大约 200km/s,从太阳系附近逃出银河系引力束缚恒星应具有至少 500~600km/s 的速度。目前探测到的正在银河系暗物质晕中运动的超高速恒星远离银心的速度可高达 700km/s [1,2]。

早在 1988 年,Jack Hills 就从理论上预言了超高速恒星的存在:如果银河系中心存在大质量黑洞,那么双星运动到此黑洞足够近时会受到强潮汐力而分解,其中一颗星将以超高速度(10^3km/s)逃出银河中心(即 Hills 机制)[3]。 在过去近二十年中通过对处于银河中心恒星的运动的观测,银河中心存在大质量黑洞已得到证实。在银河系暗物质晕中能否探测到超高速星依赖于其从黑洞附近单位时间内被弹射出的数目。通过应用银河中心恒星的实际分布的理论研究预期超高速星的弹射率足够高(约 10/Myr)乃至应该能够被观测到[4]。如果在银河中心存在大质量双黑洞,双黑洞和运动到其附近的单星通过动力学相互作用也可使此单星获得超高速度而逃出银心,其弹射率可达约 10^2/Myr[4]。 此后,也有研究提出在大质量黑洞附近恒星和成团的恒星级黑洞的相互作用也可弹射超高速星[5]。

2005 年,第一颗超高速恒星在暗物质晕恒星巡天观测中果真被幸运地发现。其处在远离银心 110kpc 处并具有 700km/s 的高速,这很难用其他非源于与银河中心大质量黑洞相互作用的机制来解释。[1]接下来几年的巡天观测又发现近 15~20 颗超高速恒星,其中大多为 B 型星,有 3~4 个太阳质量,年龄约为 10^8 年,距银心几十至上百 kpc。[2]这些超高速运动恒星对探测银河中心是否存在双黑洞、银心处恒星的特性(例如,形成、分布、金属丰度)、银河暗物质晕的分布具有重要意义[4~10]。与其相关的一些前沿问题分述如下。

银河中心是否存在双黑洞:结合大多数星系中心有大质量黑洞这一观测事实,大质量双黑洞的存在是当今冷暗物质级联结构形成宇宙模型的预言;但星系中心(包括银心)是否确实存在束缚的双黑洞系统在观测上还不确定。银河中心的黑洞单双与否所发射的超高速恒星在空间和速度分布应有所不同,超高速星的弹射率和旋转速度也可不同;区分以上一些不同,需要观测上获得大量并近完备的样本。通过考察超高速恒星中是否存在双星的方法也可用来探测银心是否存在双黑洞:双黑洞和双星动力学相互作用仍可使双星作为整体获得超高速,而 Hills 机制只能分解双星,那么即使发现一颗超高速双星也是银河中心存在双黑洞的强烈证据。在观测上是否存在超高速双星仍有待检验[6]。

超高速恒星在银河中心的恒星来源:银河中心存在多种结构,包括恒星盘,旋臂,年青星团。超高速恒星是否源于这些结构呢?近来的研究发现大部分超高速恒星在银河系暗物质晕中空间分布于一个平面上,而且此平面与银河中心亚 pc 尺度上的年青恒星所在的顺时针旋转的盘平面几乎一致。这一发现表明超高速恒星极可能源于银河中心年青恒星盘。未来在南天区对超高速恒星的探测及对其空间分布的统计结果将对此提供有力的检验。这一发现激发了许多问题的提出。例如,银河中心年青恒星盘是如何在过去 200Myr 内一直存在并维持其结构的?解决这些问题涉及解决更广意义上恒星盘的形成以及如何向星系中心大质量黑洞提供燃料等长期未决的难题[7]。

个别超高速恒星是否起源于非银心:超高速恒星中存在一颗年龄小于其可能从银心出射至其当前位置运动时间的恒星[2]。有研究猜测其可能来源于大麦哲伦云,但大麦哲伦云是否存在一中等质量的黑洞仍未知。这一颗星的起源有待进一步探讨。

银河系暗物质晕三轴势:星系暗物质晕分布具有三轴性是冷暗物质级联结构形成宇宙模型下的一个预期结果。超高速恒星可作为银河系暗物质晕三轴势的探针源于其相对其他暗物质晕中的恒星具有独特的运动学特性:其从银心出射时角动量近于 0,其运动将会受到暗物质晕非球对称引力势场的影响而偏离径向方向;如未来能探测到大量超高速恒星,并能准确测量其位置和速度矢量及其偏离径向的程度(例如,通过 Global Astrometric Interferometer for Astrophsyics),可望会对银河暗物质晕分布给出限制[8,9]。

超高速晚型星分布:目前探测到的超高速恒星大多为 B 型星,而超高速晚型星的数目及分布仍然未知。对超高速晚型星的巡天探测将有助于揭示银河中心的恒星形成(例如,初始质量函数)和动力学环境[7,10]。

束缚于银河系引力势的超高速恒星的起源:在探测到可逃出银河系引力势的超高速恒星的同时,观测上同时发现了一些恒星速度虽高于一般暗物质晕中恒星的速度弥散度,但不足以逃出银河系引力势的束缚[2]。这些恒星是否与那些非束缚的超高速恒星具有同样起源或还具有其他起源有待进一步研究。

总之,作为银河系恒星运动的极端现象,超高速恒星是银河系中心大质量黑洞与恒星之间的动力学相互作用不可避免的产物。有关超高速星的研究是过去几年内随着观测上的突破而来的一个新兴方向。对超高速星起源的研究及如何应用它们探测银心和暗物质晕的特性涉及许多动力学、恒星形成、星系和宇宙学上有待解决的问题,这些无论在理论和观测上都有进一步发展的潜力。

参 考 文 献

[1] Brown W R, Geller M J, Kenyon S J, Kurtz M J, Discovery of an Unbound Hypervelocity Star

in the Milky Way Halo. Astrophysical Journal, 2005, 622(1): L33–L36.

[2] Brown W R, Geller M J, Kenyon S J, MMT Hypervelocity Star Survey. Astrophysical Journal, 2009, 690(2): 1639–1647.

[3] Hills J G, Hyper-velocity and tidal stars from binaries disrupted by a massive Galactic black hole. Nature, 1998, 331: 687–689.

[4] Yu Q, Tremaine S. Ejection of Hypervelocity Stars by the (Binary) Black Hole in the Galactic Center. Astrophysical Journal, 2003, 599(2):1129–1138.

[5] O'Leary R M, Loeb A. Production of hypervelocity stars through encounters with stellar-mass. Monthly Notices of the Royal Astronomical Society, 2008, 383(1): 86–92.

[6] Lu Y, Yu Q, Lin D N C. Hypervelocity Binary Stars: Smoking Gun of Massive Binary Black Holes. Astrophysical Journal, 2007, 666(2): L89–L92.

[7] Lu Y, Zhang F, Yu Q. On the spatial distribution and the origin of hypervelocity stars. arXiv.org, 2009, 0910.3260.

[8] Gnedin O Y, Gould A, Miralda-Escude J, Zentner A R. Probing the Shape of the Galactic Halo with Hypervelocity Stars. Astrophysical Journal, 2005, 634(1): 344–350.

[9] Yu Q, Madau P. Kinematics of hypervelocity stars in the triaxial halo of the Milky Way. Monthly Notices of Royal Astronomical Society, 2007, 379(4): 1293–1301.

[10] Kollmeier J A, Gould A, Knapp G, Beers T C. Old-population Hypervelocity Stars from the Galactic Center: Limits from the Sloan Digital Sky Survey. Astrophysical Journal, 2009, 697(2): 1543–1548.

撰稿人：于清娟
北京大学科维理天文与天体物理研究所

银河系恒星晕结构

Stellar Halo Structure of the Milky Way

1. 银河系的研究历史

银河系的研究具有悠久的历史。一方面，我们身处其中，不能看到银河系的全貌，因而难以得到整体图像。但另一方面，身处其中又是一个优势，借此我们可以测量每一个成员(恒星、气体云等)来了解星系的结构。这个优势使得银河系成为可以测量其成员6维相空间坐标的星系孤本。了解银河系的结构，显然需要有大量的恒星测量数据。在照相巡天之前，有限的数据导致了人类对银河系的局限认识。因为帕罗马和UK施密特照相巡天(数字化之后统称为SuperCOSMOS)等巡天项目的实施，认清银河系的真实结构逐渐成为可能。此类研究随着SDSS高精度CCD巡天进一步精确化。更进一步的大样本光谱巡天(LAMOST)和天体测量巡天(GAIA)必将揭示出银河系结构的细节和本质。

2. 国内外对银河系恒星晕结构的研究成果

银河系恒星晕的结构一直以来就是天体物理中的一个很具有挑战性的问题。Bahcall和Soneira的工作[1]无疑是在银河系研究上中具有历史意义的一项工作。通过对大天区恒星计数统计和假设的一些模型，银河系整体的结构，特别是晕的结构被描绘出来。但SDSS前的所有银河系晕结构的研究并没有把基于照相巡天的结果推进更多，因为高精度的CCD观测往往仅局限于铅笔束一类的工作。观测精度、探测深度都大大超过SuperCOMOS的SDSS巡天虽然其最初主要目的并非是用以银河系探测，但无法避免的大量恒星测光数据仍使得银河系的研究大大的受益，银河系的研究因此成为SDSS最为成功的领域之一。利用SDSS测光数据进行恒星计数，人们可以更加精细地探索银河系恒星晕[2,3]，或者用可以大致知道光度的距离探针进行类似透视学的方式来研究恒星晕[4]。

Carollo等人使用SDSS/SEGUE测光标准星的光谱观测论证了银河系恒星晕被分为截然不同的(至少)两个成分[5]。它们是：(1) 内晕，其中的绝大多数恒星具有较高的轨道离心率，峰值金属丰度为 [Fe/H] =-1.6，恒星的密度分布呈扁平状，整体的旋转方向和银盘同向，速度适中；(2)外晕，其中的恒星轨道离心率分布很广(有许多离心率很低的恒星)，峰值金属丰度为 [Fe/H] = -2.2，密度分布为球形，整体旋转速度很高(角速度V_Φ约为-85km/s)，并且与银盘旋转方向相反。由于处于可以到达太阳临近区域的轨道上的外晕的恒星数密度很低，可以预期深场观测将显示出数目较多的外晕恒星,深场观测也有助于限制外晕恒星的性质(金属丰度分布函数,还有[C/Fe]和[α/Fe]的比值的分布),进而揭示与外晕形成有关的亚结构碎块的本质。除此以外,用LAMOST从核球到银冠方向的数据来探寻内晕到外晕的过渡也将有着特殊的意义。

3. 银晕的对称性问题

银晕的对称性甚至都开始成了疑问。SDSS的数据显示出银河系球状子系的恒星密度并不是轴对称的[2]。Newberg和Yanny用三轴的Hernquist轮廓来拟合晕星[6],但是很难说明这样的拟合是否会受到银晕尚未证认的团块[3],尤其是室女座的超密度区的影响[7]。Newberg等的工作[8]表明,尽管在室女座区域存在一个从空间分布和速度相关方面都证认出的潮汐亚结构,球状子系的恒星分布仍然显示出额外的不对称性。其中的潮汐团块非常难以与系统本身的平滑分布区分开来,因为这个子系本身就是在早期的吸积过程中形成的。动力学分析认为这些吸积结构可以生存至少40个轨道周期。如果真的存在这个平滑的结构,剔除所有的星流和年轻的吸积过程遗迹将是我们发现它的唯一机会。利用LAMOST的光谱观测数据,我们可以细致的研究这个平滑结构的轮廓形状[3]。

4. 银河系恒星晕的研究难点

银河系恒星晕研究的困难在于很难把一个均匀的"晕"与其中存在的子结构(见银河系子结构问题)分离出来。M31是跟银河系非常类似的盘星系,对其开展的观测可以为银河系的整体结构提供一个参考。虽然不能分辨其中的恒星,但M31的整体结构可以看得非常全面。在业已存在的文献中,对M31晕和外围的研究非常丰富,在离星系很远的距离上可以看到与环境因素相关的结构[9]。类似的情况在更远的侧向盘星系的研究中也被揭示出来,如NGC5907复杂的恒星晕[10]。因此,研究银河系恒星晕的整体结构,回答诸如"恒星晕是球对称还是更为复杂类似暗物质晕的三轴椭球结构?"这样的问题是非常困难的。而银河系恒星晕的运动学性质实际上反映的是物质,特别是暗物质的总体的分布,这是涉及星系的形成和演化的重大问题。弄清银河系恒星晕整体结构无疑会给这些重大课题提供一个最为直接、最为可靠的答案。

参 考 文 献

[1] Bahcall J N, Soneira R M. The universe at faint magnitudes I. Models for the galaxy and the predicted star counts [J]. ApJS, 1980, 44: 73–110.

[2] Xu Y, Deng L C, Hu J Y. The asymmetric structure of the Galactic halo [J]. MNRAS, 2006, 368: 1811–1821.

[3] Xu Y, Deng L C, Hu J Y. The structure of the Galactic halo: SDSS versus SuperCOSMOS [J].

MNRAS, 2007, 379: 1373–1389.
[4] Juric M, Ivezic Z, Brooks A, et al. The Milky Way tomography with SDSS I. Stellar number density distribution [J]. ApJ, 2008, 673: 864–914.
[5] Carollo D, Beers T C, Lee Y S, et al. Two stellar components in the halo of the Milky Way [J]. Nature, 2007, 450: 1020–1025.
[6] Newberg H J, Yanny B. The Milky Way's stellar halo - lumpy or triaxial? [J]. 2006, JPhCS, 47: 195–204.
[7] Vivas A K, Zinn R, Andrews P, et al. The quest RR Lyrae survey: Confirmation of the clump at 50 kiloparsecs and outer overdensities in the outer halo [J]. 2001, ApJ, 554: L33–L36.
[8] Newberg H J, Yanny B, Cole N, et al. The overdensity in Virgo, Sagittarius debris, and the asymmetric spheroid [J]. 2007, ApJ, 668: 221–235.
[9] Gilbert K M, Font A S, Johnston, K V, et al. The dominance of metal-rich streams in stellar halos: A comparison between substructure in M31 and CDM Models [J]. ApJ, 2009, 701: 776–786.
[10] Zheng Z Y, Shang Z H, Su H J, et al. Deep intermediate-band surface photometry of NGC 5907 [J]. AJ, 1999, 117: 2757–2780.

撰稿人：邓李才
中国科学院国家天文台

银河系子结构

Substructure of the Milky Way

1. 银河系的结构

银河系的结构分成晕、盘和核球。银河系的盘可能有两个成分,即薄盘和厚盘,而最新的观测似乎支持银河系的晕可分为外晕和内晕(见银河系恒星晕结构问题)。我们这里说的都是整体上的大的结构。就如同盘上有银河系的旋臂从而具有复杂的结构,以前认为的银河系平滑的恒星晕实际上充满了各种子结构,主要是由于银河系近期的演化历史上吸积了附近的小的星系,其痕迹遗留下来,在空间上形成的可以观测到的明显特征。

2. 银河系暗物质分布

此问题显然和银河系物质分布相联系。银河系暗物质的分布对物理学家和宇宙学家来说一直是最吸引人的难题之一。在原理上,我们可以定出银河系中每一个恒星的位置和三维速度。即便如此,我们也不能唯一地确定银河系整体的引力势。因为只有星流中的恒星才是我们在原理上知晓的具有同源性的恒星群体(一个潮汐星流中的所有恒星过去都属于同一个矮星系或球状星团),它们对限制暗物质引力势有重要作用。在银心距很大的晕区,引力势由暗物质决定。对银河系潮汐碎块的数字模拟显示,银河系的暗物质也是有团块结构的,这与冷暗物质模型所预言的一样。通过对大样本的选样晕星的观测分析,LAMOST 具备构建银河系径向运动结构图像的潜力,这样的一个整体图像对限制潮汐星流的数字模拟有重要的意义。

3. 国内外对银河系晕的研究特点

目前认为确定银河系晕质量分布的最精确的方法,就是构建潮汐星流的位置和运动图像[1]。对银晕里的矮星系和球状星团,潮汐瓦解的作用是比较微弱的,被剥离的恒星的随机速度也很小(σ 约为 1~10km/s)。因此这些恒星仍运动在和它们的原来所在系几乎相同的轨道上。通过对星流里的恒星在不同位置沿轨道的运动取样,我们可以精确计算引力势能和动能的交换,进而得到银河系整体的引力场[2]。利用许多潮汐星流的观测结果,可以确定它们的轨道,自洽地求得银河系引力势,并有可能发现由层级坍缩数字模拟所预言的暗物质亚结构[3]。

目前为止,几乎所有工作的重点都集中在人马座星流上[4]。人马座星流作为探测银晕引力势的探针的重要性已经被证实,虽然对它所蕴含的信息是什么人们还在持续着争论。例如，对于银晕引力势的形状，不同的人有不同的看法，有的认为是长椭圆形的[5]，有的认为是近似球状的[6]，还有的认为应该是扁椭圆形的[7,8]。显然，解决这一争论的关键就是寻找更多的潮汐星流并获得它们的运动学信息，由此也可以深入研究银河系早期的形成过程。虽然 GAIA 可以获得自行数据，但它却不能测量微小的径向速度，从而不能对距离银心 20~50kpc 的星流建立六维相空间运动场。而 LAMOST 可以测量暗至 20 等星的径向速度，它所提供的数据是其他任何现有的和未来即将实现的巡天项目所无法比拟的。

4. 研究潮汐星流需要注意的问题

尽管潮汐星流很引人注目，它们其实只是一些具有单一年龄和颜色星等分布的恒星暂时在统计上超出了周围星场的密度。星流在天空中的方位虽然可以对它们的轨道施加有效的限制，但能够证认与星流有物理性联系的独立恒星才是真正有意义的。只有那样，我们才能研究那些空间距离很远却几乎在同一轨道上绕银河系运行的恒星。在这种意义上，新发现的星流具有特别的价值，即延伸广大，清晰而且平滑的星流为揭示方位角 ϕ 随银心距和银盘高度的变化规律提供了一个有力工具。在星流中，恒星的速度随位置的变化将成为引力势形状的最有力限制。

5. 球状星团星流的研究难点

球状星团星流的恒星的速度弥散非常小(1~2km/s)，因此是最敏感的探测引力势的探针。这类星流的小尺度波动将直接表明看不见的暗物质的团块的存在，就像等级坍缩模拟所预言的那样[3]。这样的波动可能已经在 Pal 5 的星流中发现了[9]，进一步获得该区域恒星的速度信息的工作正在进行中。但是相对于矮星系星流，球状星团星流要少很多，而且前景恒星的污染也比较严重。用颜色星等关系和自行选样，可以将矮星系星流的污染减少 50%[10]，而对球状星团星流，它的真实成员却只能达到 10%~20%。对证认和测量如此重要却又稀少的星流的成员星，LAMOST 庞大的光纤数目和多通道工作能力提供了唯一可行的方法。

参 考 文 献

[1] Johnston K V, Zhao H S, Spergel D N, Hernquist L. Tidal streams as probes of the Galactic potential [J]. ASPC, 1999, 194: 15–21.

[2] Grillmair C J. Probing the Galactic halo with globular cluster tidal tails [J]. ASPC, 1998, 136: 45–52.

[3] Moore B, Quinn T, Governato F, et al. Cold collapse and the core catastrophe [J]. MNRAS, 1999, 310: 1147–1152.

[4] Ibata R A, Gilmore G, Irwin M J. A dwarf satellite galaxy in Sagittarius [J]. Nature, 1994, 370: 194–196.

- [5] Helmi A. On the shape of the Galactic dark matter halo [J]. PASA, 2004, 21: 212–215.
- [6] Belokurov V, Zucker D B, Evans N W, et al. The field of streams: Sagittarius and its siblings [J]. ApJ, 2006, 642: L137–L140.
- [7] Ibata R, Lewis G F, Irwin M, et al. Great circle tidal streams: Evidence for a nearly spherical massive dark halo around the Milky Way [J]. ApJ, 2001, 551: 294–311.
- [8] Johnston K V, Law D R, Majewski S R. A two micron all sky survey view of the Sagittarius dwarf galaxy III. Constraints on the flattening of the Galactic halo [J]. ApJ, 2005, 619: 800–806.
- [9] Grillmair C J, Dionatos O. A 22 degree tidal tail for Palomar 5 [J]. ApJ, 2006, 641: L37–L39.
- [10] Grillmair C J, Carlin J L, Majewski S R. Fishing in tidal streams: New radial velocity and proper motion constraints on the orbit of the anticenter stream [J]. ApJ, 2008, 689: L117–L120.

撰稿人：邓李才

中国科学院国家天文台

银河系厚盘

Galactic Thick Disk

1. 引言

银河系的形成和演化是天体物理学的基本问题之一。从 20 世纪 60 年代开始,基于理论和观测的巨大进步,人们对银河系的结构、运动学、元素丰度、年龄等有了进一步的认识。

1983 年,Gilmore 和 Reid[1]发现,南银极方向的恒星数密度与离开银盘的距离之间的关系不能用单一指数函数来描述,而是要求至少两个盘成分:标高为 300pc 的薄盘和标高为 1300pc 的厚盘。在此之后,很多运动学、元素丰度等方面的工作都肯定了银河系厚盘的存在。河外星系方面的研究则表明,在一些(不是全部)侧向(edge-on)星系中也存在厚盘结构,并且厚盘的存在常常伴有星系并合和相互作用现象[2]。现在,厚盘作为独立的银河系星族成分已经被普遍接受。

2. 银河系厚盘的观测特征

近年来,一些大样本工作对不同星族恒星的运动学、金属丰度和年龄等参数进行了统计分析,给出了这些参数的典型值和分布范围:厚盘恒星的垂直方向标高为 800~1300pc,薄盘标高为 100~300pc。厚盘恒星的轨道运动速度的弥散大于薄盘恒星。在年龄方面,厚盘恒星的年龄大多大于 8Gyr,而薄盘主要是年轻恒星。太阳附近厚盘恒星的数量约占恒星总数量的 2%~15%。厚盘恒星的金属丰度平均比薄盘恒星低,但有一定的重叠。厚盘恒星金属丰度范围为 $-1.4 \leqslant [Fe/H] \leqslant -0.2$,峰值是 -0.7;薄盘的相应范围为 $-0.8 \leqslant [Fe/H] \leqslant +0.2$,峰值是 -0.25。也有观点认为,厚盘存在贫金属尾(low metallicity tail),即存在金属丰度很低的厚盘恒星。

恒星中各种元素的丰度反映了其形成和演化的历史,通过对恒星元素丰度的研究可以给出银河系厚盘形成历史的信息[3]。近年来通过高分辨率光谱观测,发现银河系厚盘和薄盘恒星的元素丰度存在一定的差异,例如:金属丰度相同的情况下厚盘恒星的 α 元素丰度比薄盘恒星超丰更多[4]。其他一些元素丰度(Al, K, Sc, Mn, 中子俘获元素等)也发现有不同的随金属丰度变化趋势。

3. 银河系厚盘形成理论模型

关于厚盘的形成模型可以总结为以下几种[5]:(1) 有压力支撑的缓慢坍缩;(2) 由于剧烈耗散引起的快速坍缩;(3) 星系并合带来剧烈加热,使得原始薄盘膨胀成厚盘；(4) 厚盘物质直接吸积。例如，吸积合适轨道上的伴星系物质；(5) 薄盘恒星运动学扩散形成厚盘。

不同的厚盘形成模型预言了不同的薄盘和厚盘恒星的运动学参数、年龄、元素丰度等的分布。缓慢坍缩模型中，丰度在垂直方向上会有梯度，并且厚盘和薄盘年龄有重叠；快速坍缩模型中，丰度在垂直方向上不会有梯度，而且厚盘的运动学参数、平均金属丰度与薄盘不同；厚盘形成于星系并合带来的剧烈加热时，厚盘恒星的年龄将大于薄盘恒星，丰度趋势也应不同；厚盘物质直接吸积时，年龄和元素丰度将呈混合图像，其分布取决于何时、有多少物质或恒星被吸积；运动学扩散模型则预言厚盘的丰度趋势与薄盘一致，尽管厚盘恒星主要是年老恒星。

近年来，银河系恒星运动学、元素丰度、年龄等方面的工作得到了一些比较公认的结论，例如：厚盘、薄盘恒星的金属丰度分布有重叠，某些元素丰度趋势不同；厚盘恒星的元素丰度中有 AGB 恒星和 SN Ia 超新星爆发的贡献；厚盘恒星没有垂直方向丰度梯度；厚盘恒星的年龄普遍大于薄盘恒星。

这些观测事实都对现有的银河系厚盘形成模型提出限制。首先，薄盘和厚盘恒星丰度趋势不同的事实，可以排除所有预言两个盘族连续分布的模型，即运动学扩散、薄盘物质直接吸积模型。其次，厚盘恒星的元素丰度中有 SN Ia 超新星爆发贡献的观测事实，确定了厚盘恒星形成持续时间的下限，即 SN Ia 超新星爆发增丰的时间。另外，厚盘恒星没有垂直方向的丰度梯度的观测事实支持星系并合形成图像(河外星系的观测也表明厚盘的存在与并合现象相关)。该模型认为，今天观测到的厚盘是由于以前银河系和其他矮星系并合事件形成的。

尽管星系并合模型比较符合观测事实，被认为是最有可能的银河系厚盘形成模型，其他形成模型也还不能完全排除。Schönrich 和 Binney 的工作[6]表明在不考虑并合的情况下，通过气体和恒星的径向混合也可以形成厚盘，而且可以解释现有全部的观测事实。

4. 前景

有关银河系厚盘的形成图像还是一个尚待解决的问题，其中很重要的原因是观测还不能给出很确定的限制。近年来元素丰度方面的工作得到了一些结果，这为建立银河系厚盘形成模型提供了观测依据。但需要指出的是，现有的一些结果还不能完全肯定，不同工作的结果还不一致，甚至互相矛盾。造成这种情况的原因在于现有的研究大多局限在太阳近邻恒星，且通过运动学参数方法选择样本，这就可能引入运动学方面的选择效应，从而影响到结论的真实性。另外，不同星族恒星的运动学参数分布存在重叠，单纯从运动学参数不能给出确定的星族分类。

因此有必要对银河系各处(银晕、薄盘、厚盘等)的恒星进行更大规模的观测研究，得到其运动学、元素丰度和年龄分布，以最终解决银河系的形成图像。我国的大天区面积多目标光纤光谱天文望远镜(LAMOST)投入使用后将得到大量(约 10^7)的银河系恒星光谱，通过光谱分析可以得到恒星的温度、视向速度、元素丰度等方面数据，配合 GAIA 卫星的视差和自行数据，可获得银河系恒星的三维空间速度和空间位置，这样的观测数据将对解决银河系厚盘形成之谜发挥重要作用。

参 考 文 献

[1] Gilmore G, Reid N. New light on faint stars III - Galactic structure towards the South Pole and the Galactic thick disc. Monthly Notices of the Royal Astronomical Society, 1983, 202: 1025–1047.
[2] Reshetnikov V, Combes F. Tidally-triggered disk thickening II - Results and interpretations. Astronomy and Astrophysics, 1997, 324: 80–90.
[3] Nissen P E. Thin and thick Galactic disks. 2003, astro-ph/0310326.
[4] Bensby T, Feltzing S, Lundstrom I, et al. α-, r-, and s-process element trends in the Galactic thin and thick disks. Astronomy and Astrophysics, 2005, 433: 185–203.
[5] Gilmore G, Wyse R F G, Kuijken K. Kinematics, chemistry, and structure of the Galaxy. Annual Review of Astronomy and Astrophysics, 1989, 27: 555–627.
[6] Schönrich R, Binney J. Origin and structure of the Galactic disc(s). 2009, astro-ph/09071899.

撰稿人：张华伟
北京大学物理学院天文系

银河系的并合历史

The Merging History of the Milky Way

随着观测手段的提高，天文学家在宇宙中发现了越来越多的星系。这些星系可谓是多姿多彩、异彩纷呈。如此复杂多样的星系形态无法用单一星云坍缩模型解释。冷暗物质模型指出，星系是由多块星云或多个星系并合形成。并合过程是目前星系形成的主流理论。银河系是宇宙中一个颇为典型的旋涡星系。在银河系中，我们可以清楚地分辨出很多单颗的恒星，因此仔细研究银河系可以检验星系形成理论。追踪银河系的并合历史是理解星系形成过程的关键和基础。

观测表明，银河系正在和周围的星系并合，并可能曾经发生过许多复杂的相互作用。人马座矮星系与银河系并合形成的巨星流[1]是银河系并合最直接的见证。斯隆数字巡天(SDSS)数据不仅给出了人马座矮星系与银河系几次并合留下的星流分支，还探测到了其他的亚结构，如室女座星流、麒麟座星流和孤星流等[2]，以及十几个更小的星团尺度的子结构，包括一些低光度的矮星系和星团。这些亚结构和矮星系证实了冷暗物质模型关于星系并合的预言。然而，该模型预言的卫星星系数目太多，在盘星系晚期发生的并合事件也太频繁。目前，我们不清楚，是否有些银河系并合过程我们没有探测到？像银河系这样的盘星系究竟经历了什么样的并合历史？

要回答这样的问题，最直接、也是最关键的途径就是对银河系进行巡天，得到可靠的观测数据，并研究银河系不同区域恒星的空间分布、运动学参数和化学组成，以揭示银河系的并合历史。我们注意到，目前探测的亚结构主要是一些高亮度的、正在进行的并合事件。人马座巨星流还包括了四个球状星团，表明银河系也在吸积一些星团尺度的子结构。随着观测手段的提高，可以从大型光谱巡天数据中寻找更多低表面亮度且聚合尺度更小的星流子结构。另一方面，想要知道银河系以前在小尺度上发生的并合历史，我们需要寻找目前可能已经被瓦解、并且在空间上没有多少联系的并合事件遗留下来的痕迹，如空间运动学速度弥散很小的恒星群体(移动星群)等。这些小尺度的结构可能包含有不同时期形成的恒星，并经历独特的化学增丰历史。当它们被瓦解时，轨道运动可能将它们带入银河系的内晕区域或其他区域。这些恒星群体在空间上无法轻易地分辨出来，但是理论模拟表明它们在银河系中经历了12亿年的演化后仍然还保留着运动学和化学上的联系[3]。

在太阳邻近区域,天文学家一直在利用运动学和化学手段寻找银河系并合历史的直接和间接证据。利用恒星的高分辨率光谱观测寻找化学丰度异常的恒星是追踪银河系并合历史的有效方法[4]。不过，目前我们找到的此类恒星数目还很少，远远不能达到冷暗物质模型所预言的数字。由于高分辨率光谱观测不仅耗时，而且需要大口径望远镜才能观测到银河系外部的恒星，所以这方面的系统搜寻和深入研究还没有开展。通过速度和角动量空间来寻找具有回退轨道的异常恒星群体[5]也是追踪银河系并合历史的重要方法。但目前这一方法也只局限在太阳邻近区域的恒星。在并合事件可能大规模发生的银河系外部区域，由于距离遥远，我们还没有可靠的数据可以开展深入的研究。

海量恒星的光谱巡天是研究银河系并合历史的必要工具。它可以揭示银河系不同区域大量恒星的化学丰度和运动学分布。斯隆数字巡天和视向速度巡天(RAVE)等光谱巡天已经在这方面提供了丰富的信息。但是，RAVE巡天的极限星等太亮，仍不能观测银河系外部距离我们遥远的恒星；SDSS光谱巡天项目观测的天区也不够多，且每个天区的观测深度和密度还需要提高。我国即将进行的大天区面积多目标光谱望远镜(LAMOST)是世界上光谱获取率最高的望远镜，结合全天多色图像巡天项目GAIA(The Global Auroral Imaging Access)将提供的大量恒星的位置、距离和自行数据，我们不仅可以在运动学空间上寻找更多的星流和移动星群，而且可以通过多维化学丰度空间找到一些具有共同化学演化历史的亚结构[6]。

参 考 文 献

[1] Ibata R, Gilmore G, Irwin M. Nature, 1994, 370, 194.
[2] Belokurov V, Zucker D B, Evans N, et al. The Astrophysical Journal, 2007, 654, 897.
[3] Helmi A, de Zeeum P T. Monthly Notices of the Royal Astronomical Society, 319, 657.
[4] Nissen P E, Schuster J W. Astronomy and Astrophysics, 2010, A & A, 511, L10.
[5] Kepley A A, Morrison H L, Kinman T D, et al. The Astronomical Journal, 2007, 134, 1597.
[6] Zhao G, Chen Y Q, Shi J R, et al. Chinese Journal of Astronomy and Astrophysics, 2006, 6, 265.

撰稿人：陈玉琴
中国科学院国家天文台

10000个科学难题·天文学卷

宇宙学原理的检验

Testing the Cosmological Principle

当代标准宇宙学的几大基石是宇宙学常数不为零的广义相对论、冷暗物质、粒子物理标准模型、暴胀理论和宇宙学原理。随着大规模巡天数据的积累和对宇宙学原理及其竞争假说的深入研究，该原理的检验在近年受到了越来越多的重视，并产生了一系列很有意义的研究结果。

宇宙学原理断言，在足够大的尺度上，宇宙是均匀而各向同性的。该原理既针对时空，又针对时空中的物质和结构。从哥白尼原理的人类信念出发，我们相信宇宙中没有特殊的位置，宇宙学原理看似非常自然。但是，从因果律的角度来讲，该原理很难令人接受，因为它要求宇宙中两个相距很远的区域同步演化。暴胀理论提供了一个可行的解决方案。在暴胀理论中，可观测宇宙是由宇宙中一块很小的区域经过指数膨胀而产生的，能够保证同步演化。

需要强调的是，该原理是在统计意义上成立的。如果宇宙学原理成立，星系的分布概率与位置无关(均匀)、与方向无关(各向同性)。如果我们在宇宙中的相同时刻任意选取两块相等的体积，只要这两块体积足够大，宇宙学原理断言它们包含的星系的各种统计性质，如数目、类型、成团性等趋于一致。该断言同样适用于任何其他结构、物质和能量的分布。也适用于时空度规，即在足够大的尺度上，时空曲率也是均匀和各向同性的。对应的度规就是 Friedmann-Lemaître-Robertson-Walker (FLRW)度规[①]，在 20 世纪二三十年代分别由上述人提出。

那么，怎么算是尺度足够大呢？因为光速有限，我们能够观测的宇宙都在视界之内，大小约为 3 个哈勃半径(约 10000Mpc/h 或 470 亿光年)。把宇宙学原理应用到可观测宇宙，实际上就要求这个尺度远远小于哈勃半径。同时，大尺度结构的观测表明，宇宙在约 10Mpc/h(4700 万光年)尺度上仍然存在显著的密度扰动，所以这个尺度要远远大于 10Mpc/h。我们对宇宙学原理的检验，就集中在这个范围内。

微波背景辐射(尤其是 COBE 和 WMAP 等全天巡天)和星系红移巡天(SDSS 等大天区巡天)的观测数据表明，在统计误差内，宇宙的确是各向同性的。微波背景各个方向的平均温度都几乎是严格的 2.73K。虽然微波背景上存在着微小的温度扰动，但是这种扰动的统计性质(如关联函数和功率谱)也与方向无关。星系分布也表现出了类似的各向同性，这是支持宇宙学原理的强有力证据。但是，因为所有的观

---

① 文献里往往又称 FRW 度规，有时候也称作 RW 或者 FL 度规。

测都是从地球这样一个特殊的地点开展的，严格地说，上述数据只是表明宇宙相对于我们是各向同性的。只有结合哥白尼原理，即宇宙没有中心，才能从上述观测结果推导出宇宙学原理的成立。如果我们放弃哥白尼原理，那就存在另一种可能，就是我们的宇宙是有中心的，物质分布相对于该中心球对称分布(沿径向可以有变化)，而我们恰恰生活在中心。相对于这个中心，宇宙的确是各向同性的。 但是，对于生活在其他位置的观测者来说，这个宇宙既不是各向同性的，又不是均匀的。

这就是 Lemaitre-Tolman-Bondi(LTB)模型，由上述三人分别在 20 世纪 30 年代和 40 年代提出。在哥白尼原理普遍被接受的今天，该模型看起来像是科幻小说。但是它具有诱人之处。它能够取代暗能量，解释宇宙的"加速"膨胀，这使得它在近期受到了很多的重视。对这个模型的检验，是对哥白尼原理的一个具体验证，也是对宇宙学原理的一个具体验证。

目前宇宙加速膨胀的主要证据是遥远的超新星要比没有宇宙学常数(暗能量)的宇宙学模型预言的暗淡。暗能量引起的加速膨胀是一个可行的唯象解释，但远非唯一解释。有一大类 LTB 模型可以不需要暗能量就完全解释超新星数据。如果我们生活在一个球对称的空洞(低密度区域)中心附近，空洞外面是一个球对称的高密度区域，那么，根据广义相对论，低密度区域的引力势为正，意味着远处的超新星发出的光子要到达我们，就必须损失能量，结果就是超新星变暗。宇宙学原理的检验因此具有探索宇宙基本形态和物理基本规律的双重意义。

既然我们只能(至少是在可预见的将来)从地球观测宇宙，我们如何区分这两种可能性，从而检验哥白尼原理和宇宙学原理呢？在过去几年里，宇宙学家提出了几个巧妙的检验方法。

一类方法是借助于宇宙中自由电子对微波背景光子的逆康普顿散射[②]。如果没有这些自由电子，我们只能接受到从光子最后散射面(即以我们为中心约 3 个哈勃半径的球面)、沿径向而来的微波背景光子。但是，这些自由电子，就像分布在宇宙里的镜子，通过散射，使得宇宙中其他区域的光子能够到达我们，这就相当于我们能够在宇宙其他地方展开观测、检验哥白尼原理。微波背景辐射是一个很好的黑体谱，已经被 COBE 在极高精度(约 0.001%)上证实。但是，如果宇宙违反了哥白尼原理，即宇宙是不均匀的，各处的微波背景演化就不同步，因此黑体温度不同。上述散射把不同区域不同温度的黑体谱混合起来，结果就是我们测量的微波辐射应该是非黑体谱。R.Caldwell 和 A. Stebbins 计算了在 LTB 模型中的微波辐射谱，发现 COBE 已经能够排除掉那些空洞密度过低或者尺度过大的 LTB 模型。

在符合哥白尼原理的宇宙，微波背景光子的静止参考系(即同一点所有光子总动量等于零)和物质静止参考系重合。一旦哥白尼原理遭到违反，两个参考系就会

---

② 因为光子能量很低，电子也一般是非相对论性的，针对具体应用，逆康普顿散射往往可以很好得近似为汤姆逊散射或者康普顿散射，并笼统称呼。

产生相对运动。这是一个基本的、模型无关的论断。通过星系团中自由电子散射微波背景光子造成的 kinetic Sunyaev Zel'dovich 效应,就能够测量这个相对运动。事实上,LTB 模型要取代暗能量,造成的相对运动需要达到 1 万千米每秒左右,比星系团在物质静止坐标系中几百千米每秒的运动要大一个量级以上。所以该检验相当灵敏。例如,仅仅从星系团的 kinetic Sunyaev Zel'dovich 效应太微弱以至于到目前都没有成功测量这一事实,就足以排除 LTB 模型的很大一部分参数空间了。

在 FRW 宇宙中,宇宙曲率是个常数,不随红移改变。但是,在 LTB 模型中,这个结论并不成立。所以测量各个红移处的宇宙曲率,也能够检验 LTB 模型和哥白尼原理。

目前,哥白尼原理通过了所有的检验。结合宇宙各向同性的观测证据,宇宙学原理与目前各种观测相符合。但是,它的更精确、更模型无关的检验,还需要等待下一代的观测。

参 考 文 献

[1] Caldwell R R, Stebbins A. Phys.Rev.Lett. 2008,100:191302.
[2] García-Bellido, Juan; Haugbølle, Troels. Looking the void in the eyes—the kinematic Sunyaev Zeldovich effect in Lemaître Tolman Bondi models. Journal of Cosmology and Astroparticle Physics, 2008, 09, 016.

撰稿人:张鹏杰
中国科学院上海天文台

宇宙暴胀模型

Cosmic Inflation Model

20世纪60年代微波背景辐射的发现和轻元素丰度的观测使标准大爆炸宇宙模型获得了广泛地承认。不过随着研究的深入，人们发现标准大爆炸宇宙模型仍然有一些问题不能解决。

由于宇宙的年龄是有限的，而同时信息交流的速度不能快于光速，因此我们能计算出空间任意两点能够有因果联系的区域的大小，这就是粒子视界。对于物质或辐射为主的宇宙而言，当我们沿着时间往回追溯时，我们会发现粒子视界的收缩速度远远快于观测宇宙的尺度的收缩，这意味着我们现在观测到的宇宙是来自早期的许多个没有任何因果关联的区域，这使我们很难理解观测宇宙在大尺度上是均匀且各向同性的事实，此即视界问题。还有就是平坦性问题。我们现在观测到的宇宙中的物质密度非常接近于临界密度，这表明宇宙是几乎平坦的，即宇宙的曲率对于能量密度的贡献是很小的。不过同样当我们沿着时间往回追溯时，由于物质和辐射的能量密度的增长远快于曲率项，因此宇宙在早期必须是更加平坦的。这意味着一个精细调节，即在早期宇宙与平坦性的偏离必须被设置成是指数小的，否则我们将得不到目前观测到的几乎平坦的宇宙。

暴胀是指宇宙在极早期经历的一个极短时期的加速膨胀阶段，这个短期的加速膨胀不仅使早期宇宙的不同的超视界尺度的区域建立了因果联系，而且使宇宙在早期是极端平坦的，因此解决了标准大爆炸宇宙模型的上述问题。

最早的暴胀模型是在20世纪80年代初由Guth提出的[1]。在这个模型中，宇宙初始处于某个场的假真空，在假真空的真空能的驱动下暴胀发生，随着真真空泡的成核，假真空衰变为真真空，暴胀结束。不过，在Guth和Weinberg随后的研究中发现[2]，这个模型存在着一些自身难以克服的问题，例如，为了得到足够的暴胀率，泡的成核率必须远低于假真空的膨胀率，这使假真空至真真空的衰变难以彻底结束。1982年Linde[3]及Albrecht和Steinhart[4]等各自独立地提出所谓的新暴胀模型。在最初的版本中，为了摆脱在Guth的暴胀模型中大量的泡成核带来的问题，一个自然的设想是我们的宇宙仅处于一个泡中，在这个泡成核之后，场不是在它的真真空态上，而是处在它的有效势的较高的地方，接着场将沿着势缓慢向真真空滚下，此时暴胀发生。正是由于这一点，它避免了存在于旧暴胀模型中的与泡成核有关的许多问题。比较于Guth的旧暴胀模型，这个模型一般被称为新暴胀模型。由于在新暴胀模型中，暴胀发生在场的慢滚动期间，因此新暴胀模型是最早提出的慢滚动类的暴胀模型，此后慢滚动暴胀成为暴胀模型研究的主流。有代表性的漫滚动暴胀模型还包括 1983 年 Linde 提出的混沌暴胀模型和 20 世纪 90 年代初提出的 Hybrid 暴胀模型[5]。

暴胀模型也对宇宙原初扰动的起源提供了合理的解释。在暴胀期间，由暴胀场的量子扰动诱导的度规扰动被拉伸到视界以外凝结，形成了超视界尺度上的原初扰动。这些扰动在辐射或物质为主时再进入视界，导致了相应尺度上的能量密度的扰动，这提供了宇宙大尺度结构形成的种子。更重要的是原初扰动在微波背景辐射中留下了可观测的印迹，这使人们能够通过探测微波背景辐射的不均匀性的性质来检验和证实暴胀模型。在新暴胀模型提出后不久 Bardeen, Steinhardt 和 Turner 指出在超视界尺度上共动的曲率扰动近似是个常数[6]，这使人们能够通过计算暴胀期间的出视界扰动来估算进视界的扰动幅度。一般的，原初扰动的功率谱是绝热和近标度不变的，在统计上满足近高斯分布，这些特点是暴胀理论的不依赖于模型的一般预言。同期，Guth 和 Pi 以及 Starobinski, Hawking 等也都对暴胀模型的原初扰动做了相关研究。

暴胀理论经过过去近三十年的发展已经日趋完善，并且得到了越来越多地观测的支持，目前已经成为现代宇宙学的一个重要的组成部分。近年来，随着天文观测数据的增多，宇宙学正在进入一个越来越精确的时代。在这种情况下，暴胀模型将面临越来越多地与观测的各种结果的细致地比较，例如，WMAP 和 Planck 的重要目标之一就是进一步检验和证实暴胀理论。因此暴胀模型可能的观测预言的进一步提炼和计算就显得尤为重要，暴胀模型相关的原初引力波、原初扰动的非高斯性等的研究目前正得到广泛的关注。

不过对暴胀模型本身而言，这还有一个难题亟待解决。尽管到目前为止人们已经提出了许许多多个来自于粒子物理，超对称和超引力，弦理论的暴胀模型[7]，但是令人尴尬的是它们没有一个是有说服力和得到广泛认可的。原因是为了得到与观测相符的扰动幅度、扰动谱及足够的暴胀量，人们不得不对相应的暴胀模型的参数做精细调节，这显然使相应的模型的可信度大为降低。尽管人们也可通过使用曲率子机制(curvaton)[8]，或增加场的数量[9]，或 k-inflation[10]来缓解对相关参数的调节，但这样做不仅复杂化了暴胀模型，而且也削弱了它的预言能力，因此其优劣难以置评。当然或许暴胀模型的构造本身就应该是精细调节的或复杂的，否则的话，我们对于模型的理解或许遗漏了什么。暴胀模型是联系基本物理理论与观测的一个窗口，在这个意义上，许多人已经意识到暴胀的理论研究和观测证实不仅将对宇宙学而且对整个物理学都具有划时代的意义，因此寻找一个自洽的现实的暴胀模型就一直都是一个困难而又非常迫切的任务。

参 考 文 献

[1]   Guth A H. Phys.Rev.D, 1981, 23, 347.

[2] Guth A H, Weinberg E J. Nucl.Phys.B, 1983, 212, 321.
[3] Linde A D. Phys.Lett.B1982, 108, 389.
[4] Albrecht A, Steinhardt P J. Phys.Rev.Lett.1982, 48, 1220.
[5] Linde A D. Phys.Lett.B1983, 129, 177; Phys.Lett.B1991, 259, 38; Phys.Rev.D, 1994, 49, 748.
[6] Bardeen J M, Steinhardt P S, Turner M S. Phys.Rev.D1983, 28, 679.
[7] Linde A D. Lect.Notes Phys.2008, 738, 1; Lyth D H. Lect.Notes Phys.2008, 738, 81.
[8] Linde A D, Mukhanov V F. Phys.Rev.D1997, 56, 535. Lyth D H, Wands D. Phys.Lett.B2002, 524, 5.
[9] Liddle A R, Mazumdar A, Schunck F E. Phys.Rev.D, 1998, 58, 061301. Piao Y S, Cai R G, Zhang X M, Zhang Y Z. Phys.Rev.D, 2002, 66, 121301.
[10] Armendariz-Picon C, Damour T, Mukhanov V. Phys.Lett.B458, 1999, 458, 209.

撰稿人：朴云松

中国科学院研究生院

宇宙原初扰动谱

Spectra of Primordial Perturbation

我们现在看到的宇宙的大尺度结构起源于早期的小的密度扰动所引起的引力坍缩，在这个意义上这些小的密度扰动可以被看做是宇宙大尺度结构的种子，因此被称为原初扰动。

一般的，密度扰动的尺度随着宇宙的膨胀而被拉长，因此其波长正比于宇宙演化的标度因子。由于在物质或辐射为主时期，视界即代表着有因果联系的区域的尺度的膨胀远快于标度因子，因此在相应的演化时期不同波长的密度扰动将不断地进入视界。不过在另一方面，由于密度扰动是在后时的演化期间才进入视界的，这意味着初始的这些原初扰动看起来是来自宇宙早期的许多没有任何因果关联的区域。但是如果不同波长的扰动的幅度是随机的话，这看起来将不是什么问题，因为宇宙初始时各种量是随机分布的是很自然的事。不过20世纪70年代初，Harrison 和 Zeldovich 分别通过对当时观测数据的分析得出了同样的结论[1]，即不同波长的密度扰动在进视界时都有着相同的扰动幅度，这就是在宇宙学中经常被提到的标度不变谱，或称 Harrison-Zeldovich 谱。谱的这个特征虽然在当时仅是个猜测，但现在已被 COBE、WMAP 等天文观测所证实。人们很难想象的是来自早期的许多没有任何因果关联的区域的不同波长的扰动竟然有着相同的扰动幅度，除非宇宙早期是被精细调节过的，不过估计不会有人愿意做这样的事，因为精细校准直到当前的宇宙学尺度的各个尺度的扰动的波长到同样的幅度其工作量事实上是难以想象的。因此一个自然的想法是这些原初扰动应当有一个起源，即在宇宙的极早期存在着一个演化过程或机制给出了我们的观测宇宙所需要的原初扰动。

原初扰动的起源机制的研究是与基于广义相对论的宇宙学扰动理论的发展的紧密相关的。在宇宙学扰动理论中，人们需要对爱因斯坦方程的两边的度规和物质部分分别作微扰展开。度规的微扰即度规扰动由四个标量扰动、两个矢量扰动和一个张量扰动组成，矢量扰动在宇宙早期的演化中是指数压制的，因此一般情况下仅仅标量和张量扰动能够对原初扰动有贡献。四个标量扰动中的两个能够通过坐标变换被消除，这相当于我们选取了某种规范。规范选择的方式有许多种，比较流行的规范选择是牛顿规范，在这个规范下，剩余的标量扰动事实上相应于牛顿引力中的牛顿势。当然人们也能够构造规范不变的标量扰动，以使整个扰动计算都在规范不变的框架内进行。规范不变的宇宙学扰动理论的研究起始于20世纪80年代初 Bardeen 的工作[2]，在此基础上，Kodama 和 Sasaki 及 Mukhanov 重新定义了规范不变的扰动变量,使扰动谱的计算更加清晰和简洁[3],接着 1992 年 Mukhanov 等人在 Phys.Rep.上系统地阐述了宇宙学扰动理论及其演化[4],现在这已经成为人们处理相关问题的标准方法。

最早的原初扰动的产生机制是 20 世纪 80 年代初 Guth 提出的暴胀宇宙模型[5]。在暴胀期间,由暴胀场的量子扰动诱导的度规扰动被拉伸到视界以外,形成了超视界尺度上的原初扰动。Bardeen, Steinhardt 和 Turner 证明在超视界尺度上共动的曲率扰动近似是个常数,这使人们能够通过计算暴胀期间的出视界扰动来估算进视界的扰动幅度[6]。由于原初扰动的幅度正比于暴胀时期的 Hubble 参数,反比于标量场的滚动速度,而这两者在暴胀期间近似是个常数,因此一个自然的结果是原初扰动的谱是近标度不变的,即不同波长的扰动具有相同的幅度。同时人们可以调节暴胀模型的参数以使扰动的幅度与观测符合。同期, Guth 和 Pi 以及 Starobinski, Hawking 等人也都对暴胀模型的原初扰动的产生做了相关研究。此外比较流行的与暴胀模型相关的原初扰动产生机制还有 Lyth 和 Wands 提出的曲率子机制,以及 Dvali 等人和 Kofman 各自独立地提出的不均匀的重加热机制。在这类的机制中,扰动是由在暴胀期间不占主导地位的场产生的,并且其在暴胀结束后某一适当的时候能够转化为需要的曲率扰动,因此其谱具有相当大的弹性,这极大地增加了暴胀模型匹配观测的能力。在过去的二十多年中,由于获得了天文观测的极大支持,暴胀模型已经吸引了广泛的关注,目前已成为现代宇宙学的一个重要的组成部分。

尽管暴胀模型作为宇宙原初扰动的起源机制已为大多数人所接受,但它也面临着一些挑战。因为随着近几年人们对于宇宙学扰动理论的研究的深入,人们注意到这可能存在着其他的原初扰动产生机制,而不需要暴胀。例如,Steinhardt 和 Turok 等提出的 Ekpyrotic/Cyclic 模型[7]、Wands 提出的物质为主的收缩模型[8]等。这些模型产生的扰动与暴胀模型的扰动之间能够通过一个对偶变换联系起来,因此它们的谱与暴胀的谱事实上是一致的。原初扰动的对偶性的发现有助于人们构造一些不同于暴胀但与观测相符的早期宇宙模型[9,10]。一般的,这些模型的扰动的非高斯性和原初张量扰动即引力波与暴胀模型的预言不同,这使人们可以从观测上区别它们与暴胀模型,相信未来的 Planck 卫星的观测将能给我们一个最终的答案。不过应该指出的是这些不同于暴胀的早期宇宙模型都或多或少地存在着一些自身没有解决的困难,因此相比于暴胀模型而言,距离一个现实的构造还比较遥远。但不管怎样其相关的研究对于深入地理解宇宙的起源和演化包括暴胀模型本身有着非常重要的意义。

参 考 文 献

[1] Harrison E R. Phys. Rev. D, 1970, 1, 2726; Zel'dovich Y B. Mon. Not. Roy. Astro. Soc. 1972, 160.

[2] Bardeen J. Phys. Rev. D, 1980, 22, 1882.
[3] Kodama H, Sasaki M. Prog. Theor. Phys. Suppl, 1984, 78, 1; Mukhanov V F. JETP lett. 1985, 41, 493; Sov. Phys. JETP. 1988, 68, 1297.
[4] Mukhanov V F, Feldman H A, Brandenberger R H. Phys.Rept.1992, 215, 203.
[5] Guth A H. Phys.Rev.D, 1981, 23, 347.
[6] Bardeen J M, Steinhardt P S, Turner M S. Phys.Rev.D, 1983, 28, 679.
[7] Khoury J, Ovrut B A, Steinhardt P J, Turok N. Phys. Rev. D,2002, 66, 046005; Steinhardt P J, Turok N. Phys. Rev. D, 2002, 65, 126003.
[8] Wands D. Phys. Rev. D, 1999, 60, 023507.
[9] Boyle L A, Steinhardt P J, Turok N. Phys.Rev. D, 2004, 70, 023504.
[10] Piao Y S, Zhang Y Z. Phys. Rev. D, 2004, 70, 043516; Piao Y S. Phys. Rev. D, 2005,72,103513.

撰稿人：朴云松
中国科学院研究生院

宇宙原初扰动是非高斯性的吗？

Is the Primordial Density Perturbation Non-Gaussian?

根据标准大爆炸宇宙学理论，宇宙在大尺度上是均匀各向同性的，而星系、星系团等大尺度结构是由物质的密度扰动及引力效应而引起的。简单而言，一旦某个地方的物质密度大于周围平均物质密度，由于引力效应，这个区域的物质会把周围的物质吸过来，这个区域的物质密度会变得越来越大，使物质成团，从而形成了大尺度结构。虽然这个图像简单，而且能够解释大尺度结构形成的原因，但是它却无法解释大尺度结构为什么会是现在的样子，即标准宇宙学不能给出大尺度结构形成的初始条件。另外，标准宇宙学也无法解释宇宙空间的平坦性、视界及磁单极等问题，要解决这些问题，宇宙需要在早于原初核合成时期的极早期经历一个短暂的超快加速膨胀时期，也称为暴涨时期[1]。

在标准宇宙学中，物质之间的万有引力是吸引力，所以随着宇宙的膨胀，物质之间的引力会减小膨胀速度，即宇宙的膨胀是减速膨胀的。要实现暴胀，必须引入引力相互作用表现为排斥力的真空能或标量场。由于暴胀是宇宙处在极早期时发生的，那时宇宙的温度非常高，物质的量子效应表现明显，而在描述物质的量子理论中，标量场是普遍存在的。标量场的量子涨落 φ 便是原初密度扰动，这种原初密度扰动正是大尺度结构形成的种子。通常认为处于 Bunch-Davies 真空态的自由标量场的量子涨落 φ 的概率分布是高斯分布，而由标量场的量子涨落而引起的原初曲率扰动 $\mathcal{R}$ 的概率分布也是高斯分布。像我们这样的观察者测量到的在物质为主时期的曲率扰动 Φ 的概率分布就几乎是高斯分布。在简单的单个标量场暴涨模型中，线性近似下，原初曲率扰动 $\mathcal{R}$ 正比于标量场的量子涨落 φ[2]，而物质为主时期的曲率扰动 Φ 又正比于原初曲率扰动 $\mathcal{R}$[3]，所以非线性修正带来的 Φ 和 $\mathcal{R}$ 之间的非线性关系会使得测量到的在物质为主时期的曲率扰动 Φ 的概率分布为非高斯分布。因此我们用非高斯性来描述这种对于高斯分布及随机相的偏离度。具体而言，定义 $\Phi = \Phi_L + f_{NL}^{local} \Phi_L^{2}$[4]，其中 Φ_L 是线性效应引起的扰动，量 f_{NL}^{local} 便用来描述非高斯性。

通过上面的介绍，我们发现非高斯性可以由以下几个原因产生：(1)标量场不是自由的，而是有相互作用；(2)非线性修正引起原初曲率扰动 $\mathcal{R}$ 和标量场的量子涨落 φ 之间的线性关系变成非线性；(3)标量场的初始态不是 Bunch-Davies 真空态。而前面讨论的 Φ 和 $\mathcal{R}$ 之间的非线性修正给出的非高斯性 f_{NL}^{local} 的量级为 1。另外，温度各向异性与曲率扰动 Φ 之间的由于非线性 Sachs-Wolfe 效应、非线性积分的 Sachs-Wolfe 效应、引力透镜等非线性效应引起的非线性修正给出的非高斯性 f_{NL}^{local}

的量级只有1。由于观测到的原初扰动Φ及Φ_L的量级为10^{-5}，所以单标量场的暴涨模型给出的非高斯性的量级很小，低于现在的观察测量精度。而多标量场模型，如curvaton模型[5]却可以给出很大的非高斯性的原初扰动。另外，其他一些产生原初扰动的机制，如膜气体模型[6]与循环宇宙学模型[7]等也可以给出很大的非高斯性。从而显著的非高斯性探测对于现有的暴涨模型是一个极大的挑战。另一方面，尽管功率谱的幅度、谱指数及谱指数的跑动等参数可以用来区分不同的暴涨模型，但是如果其他的产生原初扰动的机制也给出了相当的功率谱的幅度、谱指数及谱指数的跑动，则这些参数对于模型和理论的区分毫无帮助，所以原初扰动的非高斯性还可以用来区分不同的模型和理论。简而言之，非高斯性对于我们理解暴涨宇宙模型具有重要意义。

目前对于宇宙原初扰动的非高斯性的观测主要来自于威尔金森微波各向异性观测(WMAP)。WMAP五年的观测数据给出在95%置信度下$-9 < f_{NL}^{\text{local}} < 111$[8]，现在的观测数据还不能回答宇宙的原初扰动是否为非高斯性这个问题。另一方面，非高斯性的起源的统计处理对于给出非高斯性的观测限制也非常重要。我们期望2009年5月14日发射的普朗克(Planck)卫星[9]将对原初扰动非高斯性问题做出进一步的明确回答。

参 考 文 献

[1] Guth A. The Inflationary Universe: A Possible Solution to the Horizon and Flatness Problems. Phys Rev D, 1981, 23: 347–356.

[2] Mukhanov V F. Chibisov, G V. Quantum Fluctuation and Nonsingular Universe. JETP Lett, 1981, 33: 532–535.

[3] Kodama H, Sasaki M. Cosmological Perturbation Theory. Prog Theor Phys Suppl, 1984, 78: 1–166.

[4] Komatsu E, Spergel D. Acoustic signatures in the primary microwave background bispectrum. Phys Rev D, 2001, 63: 063002.

[5] Lyth D H, Wands D. Generating the curvature perturbation without an inflaton. Phys Lett B, 2002, 524: 5–14.

[6] Nayeri A, Brandenberger R H, Vafa C. Producing a scale-invariant spectrum of perturbations in a Hagedorn phase of string cosmology. Phys Rev Lett, 2006, 97: 021302.

[7] Erickson J K, Gratton S, Steinhardt P J, et al. Cosmic perturbations through the cyclic ages. Phys Rev D, 2007, 75: 123507.

[8] Komatsu E, et al. Five-Year Wilkinson Microwave Anisotropy Probe Observations: Cosmological Interpretation. Astrophys J Suppl, 2009, 180: 330–376.

[9] http://planck.esa.int/.

撰稿人：龚云贵

重庆邮电大学数理学院

物质密度功率谱及原初非高斯性的测量

The Measurement of Matter Density Power Spectrum and the Primordial Non-Gaussianity

1. 物质密度功率谱

宇宙中物质的密度不是完全均匀的。不仅星系中物质的密度远远高于星系之间空间的密度,而且星系的大尺度结构分布也不是完全均匀的。图1显示了斯隆数字化巡天(Sloan Digital Sky Survey)观测到的星系密度分布。这些星系分布的不均匀性也反映了整个物质分布的不均匀性。

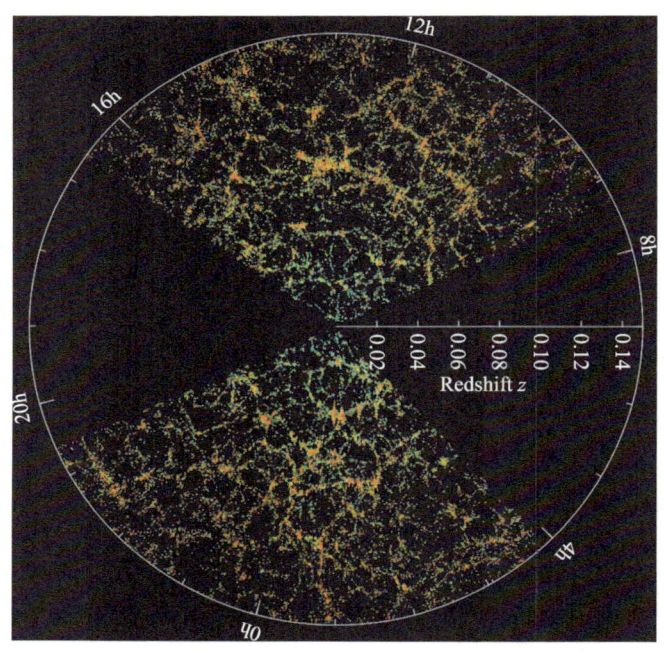

图1 SDSS巡天观测到的星系分布图,这是以天赤道为中心的一个三度宽的扇面内星系的分布。图中标注了星系红移 z 以及时角(0~24小时)坐标。每个点表示1个星系,红色的星系其恒星年龄更老一些,取自SDSS巡天网站。

物质的密度分布不是固定不变的。密度较高的地方会吸引周围的物质,从而使密度变得更高。因此,在引力的作用下,非均匀性会被逐渐放大。不过,当不均匀性比较小的时候,其演化近似是线性的,演化的速度则与物质的密度、宇宙的膨胀历史以及万有引力的特性等有关，因此可以用来检验宇宙学和引力模型以及测定宇宙学参数等等。

密度分布不均匀度可以用相对密度涨落 $\delta(x) \equiv [\rho(x) - \langle\rho\rangle]/\langle\rho\rangle$ 以及其傅里叶变换 $\tilde{\delta}(k) = \int \delta(x) e^{ik\cdot x} d^3 x$ 表示。这里 $\rho(x)$ 是 x 点的密度，$\langle\rho\rangle$ 是平均密度。以下为简便起见 $\tilde{\delta}(k)$ 仍用 $\delta(k)$ 表示。数学上，δ 是满足一定统计分布的随机场。常用的一些反映其特性的统计量包括概率分布函数 $p[\delta(k)]$，空间两点密度的关联函数 $\xi(r) = \langle \delta(x)\delta(x+r) \rangle$，以及密度功率谱 $P(k)$，

$$\langle \delta(k_1)\delta(k_2) \rangle = (2\pi)^3 \delta_D^3(k_1 + k_2) P(k),$$

这里 δ_D 表示狄拉克函数，x，r，k_1，k_2 和 $k = k_1$ 均为三维矢量。此外，人们还可以定义不同种类的物体(比如不同类型的星系、类星体、物质密度等)间的互关联函数和功率谱。功率谱是关联函数 ξ 的三维傅里叶变换，$\xi(r) = \dfrac{1}{(2\pi)^3} \int P(k) e^{-ikr} d^3 r$. 它直观地说明了不同波数(尺度)上涨落的大小，可以与宇宙学理论的预言进行比较，是现代宇宙学中最主要的可观测量之一。图 2 是结合 WMAP 五年观测及最新的 SDSS 巡天观测(DR7)得到的物质密度功率谱，阴影部分为测量误差。

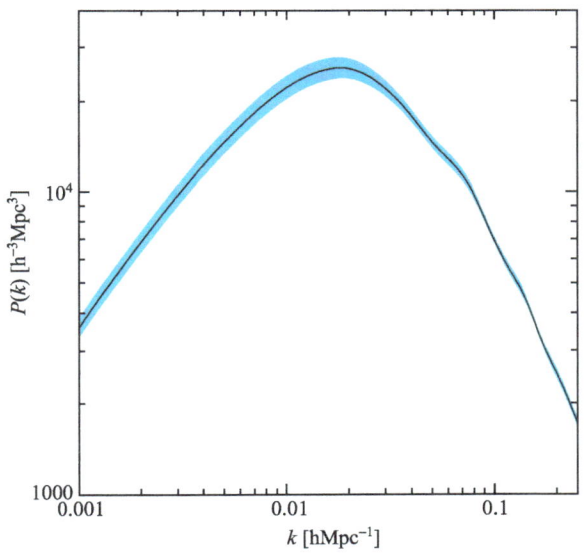

图 2　WMAP 五年观测及最新的 SDSS 巡天观测(DR7)得到的物质密度功率谱，阴影部分为误差。

密度功率谱独特的形状是由宇宙的演化过程决定的。目前一般认为，宇宙早期曾发生过暴胀。在这一过程中，小尺度的一些量子涨落被拉伸到很大尺度上，形成

今天所观测的不均匀性的种子。这样产生的原初涨落的特点是，涨落是纯粹的绝热扰动，涨落服从高斯分布，其功率谱 $P(k)$ 近似为指数形式，$P(k) = Ak^{n(k)}$，n 取值接近但略小于 1（$n=1$ 时不同尺度的扰动进入视界时具有相同的振幅，即所谓 Harrison-Zeldovich 谱，目前测得 $n_s = 0.963^{+0.014}_{-0.015}$，也没有发现其随 k 跑动的迹象）。A, n 与暴胀历史有关，反映了暴胀场的性质。在宇宙此后的膨胀中，较小尺度的扰动在辐射为主的时期进入视界，较大尺度的扰动在物质为主的时期进入视界，这导致它们的增长幅度不同，从而最终形成了如图 3 所示的形状。因此，功率谱既可以提供宇宙极早期暴胀的历史信息，也可以用于宇宙学模型参数的测量。

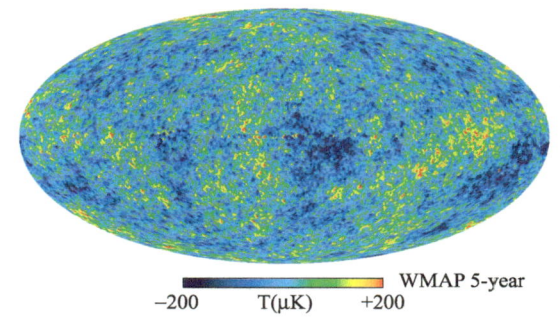

图 3　WMAP 卫星五年数据给的宇宙微波背景温度涨落图（已扣除前景）。

宇宙微波背景辐射（CMB）的温度各向异性提供了在最大尺度上观测密度功率谱的方法。在等离子体复合之前会引起，重子物质与辐射耦合在一起，密度扰动会引起声波振荡。宇宙等离子体复合时，密度高的地方发出的 CMB 光子有较高的温度，因此观测 CMB 的温度不均匀性可以推定物质密度。类似于大尺度结构中的功率谱，也可以把 CMB 温度用球谐函数展开，并定义相应的角功率谱 C_l，这里 $l=0,1,2,3\cdots$ 标记了球谐函数的不同模。利用声波振荡产生的角功率谱中的峰和谷测定宇宙的几何等宇宙学参数。1989 年升空的 COBE 卫星 DMR 实验首次观测了 CMB 的各向异性，G.Smoot 因此获得 2006 年度诺贝尔物理奖。2000 年，Boomerang 和 MAXIMA 实验准确测定了 CMB 角功率谱第一峰的位置。图 4 显示了 WMAP 等当前实验观测结果。2009 年升空的 PLANCK 卫星将以前所未有的精度和角分辨率观测微波背景的温度。此外，星系团中的自由电子散射 CMB 光子，在较小的尺度上产生新的温度各向异性，称为 Sunyaev-Zeldovich（SZ）效应。Planck 卫星以及南极望远镜 SPT 可以测到 SZ 效应，这也提供了大尺度结构功率谱的信息。

测量大尺度结构密度功率谱的主要方法是星系巡天，测出大量星系（或星系团、类星体）的位置，再算出密度，这对于观测是一个很大的挑战。首先，需要大视场的测光巡天，找出一定亮度以上的天体并初步判断其类型（是否是星系），测定其在天球上的视位置。其次，要把其中一定亮度以上的星系红移测出来，这需要大规模

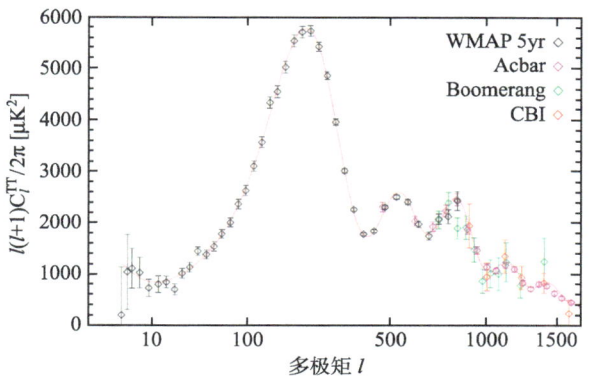

图 4　CMB 温度各向异性角功率谱。

的红移巡天,这是观测的瓶颈,因为红移的精确测量需要观测每个天体的光谱。早期人们无法完成大量天体的红移测量,因此只能测定其在天球面上的投影,获得角关联函数和角功率谱,但这损失了信息。20 世纪 80 年代,CfA 巡天首次测定了 2401 个星系的红移,此后的 CfA2 巡天(1995 年完成)将这个数字提高到 18000。多光纤光谱仪的发明使得人们可以同时用一台望远镜观测大量星系的光谱。2002 年完成的 2dF 巡天观测了 23 万个星系的红移。迄今为止最大的红移巡天是 SDSS 巡天,该巡天望远镜可同时观测 640 个天体的光谱,截至 2008 年的 SDSS-II 完成时,已观测了 93 万个星系和 12 万个类星体的红移,目前 SDSS-III 计划再测定 150 万个亮红星系和 15 万个高红移类星体的红移。我国的 LAMOST 望远镜已建成,可同时观测 4000 个天体的光谱,预期将可以观测几百万个星系的红移。同时,国外也在筹划 BigBoss, WFMOS, ADEPT 等未来的新项目,希望使观测的红移数量达到上亿个。除了光学星系红移巡天外,在射电波段观测中性氢发出的 21 厘米辐射也是测量大尺度结构分布的一种手段。

CMB、星系红移巡天以及观测将使我们以空前的精度观测不同红移处的密度功率谱。但是,这样海量数据的处理将是一个巨大的挑战。同时,从理论方面看,星系与暗物质的偏离、引力造成功率谱非线性演化的准确预言等也都是复杂的问题,需要大量高精度的数值模拟和更深入的理解其中的物理机制。

2. 原初非高斯性

目前最流行的暴胀模型所预言的原初密度扰动一般是非常接近高斯分布的,但是对于一些较复杂的模型,如多场暴胀模型、非慢滚的暴胀模型以及一些其他非暴胀起源的模型等却可以给出非高斯的密度扰动谱。因此,研究密度扰动谱的原初非高斯性对我们认识早期宇宙的物理性质有极为重要的意义。对于比较接近高斯分布的原初扰动,常用一个代表非线性的量纲为一参数 f_{NL} 来表征。一般暴胀给出的原

初 $f_{NL} \ll 1$，考虑到非线性效应等，可观测量中得到的 $f_{NL} \sim 1$，因此若探测到较大 f_{NL} 将是对上述理论的挑战。

对于高斯分布的随机场而言，功率谱即刻划了其全部特征。非高斯场有多种可能性，也有多种表征统计检验方法。目前最常用的是三点关联函数、四点关联函数和对应的双功率谱(bispectrum)、叁功率谱 (trispectrum)等。由之前的两点关联函数，我们得到相距 r 的两个体积元 dV_1 和 dV_2 内找到一对星系的概率为：

$$dP^{(2)} = \rho_0^2 \left[1 + \xi(r)\right] dV_1 dV_2,$$

ρ_0 为平均密度。对更高阶的关联函数(n 点关联函数)，对于在 n 个体积元找到 n 个星系的概率为：

$$dP^{(n)} = \rho_0^n \left[1 + \xi^{(n)}\right] dV_1 \cdots dV_2.$$

如对于 $n=3$，$\xi^{(3)} = \xi(r_{12}) + \xi(r_{23}) + \xi(r_{31}) + \zeta(r_1, r_2, r_3)$，其中 $\zeta(r_1, r_2, r_3)$ 表征了除去两点关联的额外关联性，即为(约化)三点关联函数。更高阶的关联函数以此类推。利用功率谱的定义也可以很容易的定义双功率谱 $B(k_1, k_2, k_3)$ 和叁功率谱 $T(k_1, k_2, k_3, k_4)$：

$$\langle \delta(k_1) \delta(k_2) \delta(k_3) \rangle = (2\pi)^3 \delta_D^3 (k_1 + k_2 + k_3) B(k_1, k_2, k_3),$$

$$\langle \delta(k_1) \delta(k_2) \delta(k_3) \delta(k_4) \rangle = (2\pi)^3 \delta_D^3 (k_1 + k_2 + k_3 + k_4) T(k_1, k_2, k_3, k_4).$$

当前对其测量主要来自于 CMB 和星系大尺度结构。CMB 温度不均匀性很小，其演化是线性的，因此特别适合探测原初扰动的非高斯性。人们对已有的观测进行了多种统计检验，包括双功率谱或叁功率谱，也包括一些其他检验，其中绝大部分的没有发现非高斯性。但是，也有一些观测发现了一些异常性。例如，人们发现，对 CMB 角功率谱中最大尺度的几个模,其幅度较小且基本指向同一方向(接近天球上的黄极)。此外，目前 WMAP 五年的双功率谱观测，在 2σ 的误差内(95%的置信度)，$-9 < f_{NL} < 111$($f_{NL} = 0$ 为无非高斯性)，也存在不太显著的非高斯性的迹象。根据估算，到了 2010 年 WMAP 九年的数据释放时，f_{NL} 将被限制在大概 ± 60 的范围，到了 Planck 卫星公布数据时，f_{NL} 将可以被限制在大概 ± 10 左右。由于 Planck 卫星将以很高的精度给出 CMB 小尺度的温度和极化数据，这将给人们深入研究非高斯性提供的有力的武器。当然，CMB 观测非高斯性也有一定的挑战性。特别是，其他天体(如银河、黄道面)辐射产生的前景必须扣除，这些辐射有很强的非高斯性，因此前景扣除中的任何问题都可能影响对非高斯性的探测。

宇宙大尺度结构是探测原初非高斯性的另一途径，但其测量面临更多难题。首先，大尺度结构在演化上有非线性效应，因此即使原初扰动是高斯分布的，在演化过程中也会自然地产生非高斯性，必须对演化中产生的双、叁功率谱等作出准确地估计。如何准确地区分开后期演化产生的非高斯性和原初非高斯性，这就是个非常棘手的难题。另外，数据处理的运算量也非常惊人，特别是在研究非高斯性时，如果试图从数据中抽取出高阶谱，数据处理量将成指数级增加。

原初非高斯性会对大暗物质晕和空洞的数密度产生较大的影响。大暗晕和大空洞对应于原初扰动中极少数的物质密度高峰和低谷，因此通过测量它们的数密度关系，可以勾勒出原初密度扰动从而探测原初非高斯性。人们可以直接进行数密度统计来研究非高斯性，然而由于这类系统的数目非常少，在目前的观测中还存在着很大的误差。近来，Dalal 等人通过理论推导及数值模拟验证发现，非高斯性的引入，会使这些引力系统的分布在大尺度上同宇宙物质分布产生出与尺度相关的偏离。这种偏离可以通过目前对宇宙大尺度巡天的观测来予以认证，同时也可以限制原初非高斯性的大小。这种效应的发现将大大提高宇宙大尺度结构对原初非高斯性的探测能力，甚至可以与宇宙微波背景辐射的探测相媲美。目前利用这种方法，结合以最新的 SDSS 亮红星系、类星体为示踪的大尺度结构观测可以将表征非高斯性的参数 f_{NL} 限制到－29~70(95%的置信度)的水平。这已经与目前宇宙微波背景辐射对 f_{NL} 的限制相当。并且，随着今后更多、能力更强的大尺度结构观测的加入(如我国的 LAMOST 望远镜)，将进一步对原初非高斯性给出限制，从而更为准确地探知我们宇宙极早期的性质。当然，这种方法仍然还不够成熟，其中还有许多影响因素需要谨慎考虑，例如，星系、类星体的分布与宇宙物质(暗物质和重子物质)分布上的偏离效应，物质的成团历史和类星体的形成过程等。

总之，物质密度功率谱和原初非高斯性对人们认识宇宙的起源及其性质都有着重要的意义，如何精确地从目前庞杂的观测数据中抽取出它们的信息，是近年来人们关注的一个焦点，也是一个非常重要的科学难题。

参 考 文 献

[1] Komatsu E, et al. Five-Year Wilkinson Microwave Anisotropy Probe (WMAP) Observations: Cosmological Interpretation [J] Astrophys.J.Suppl., 2009, 180, 330–376.

[2] Tegmark M, et al. Cosmological Constraints from the SDSS Luminous Red Galaxies[J] Phys. Rev. D, 2006, 74, 123507.

[3] Dala N, Dore O, Huterer D, Shirokov A. The Imprints of Primordial non-Gaussianities on Large Scale Structure: Scale Dependent Bias and Abundance of Virialized Objects [J] Phys. Rew. D, 2008, 77,123514.

[4] Slosar A, Hirata C, Seljak U, Ho S, Padmanabhan N. Constraints on Local Primordial Non-Gaussianity from Large Scale Structure [J] JCAP, 2008, 08, 031.

[5] Gong Y, Wang X, Zheng Z, Chen X. Primordial Non-Gaussianity from LAMOST Surveys, arXiv:0904.4257.

[6] Komatsu E, et al. Non-Gaussianity as a Probe of the Physics of the Primordial Universe and the

Astrophysics of the Low Redshift Universe, science white paper for decadal survey Astro 2010, arxiv: 0902.4759.

[7] Maldacena J. Non-Gaussian features of primordial fluctuations in single field inflationary models. JHEP 0305(2003)013.

撰稿人：陈学雷　巩　岩　吴锋泉
中国科学院国家天文台

宇宙残余引力波

Relic Gravitational Waves

在建立了广义相对论理论后几个月，1916年爱因斯坦又预言了引力波的存在。这是时空度规的一种张量型扰动，具有两个独立的动力学自由度、自旋为2，携带能量以光速在空间中传播，其演化方程是双曲型的波动方程。在引力波传播所经过的时空区域，可以导致时间和空间的伸缩等物理现象。虽然引力波与电磁波有诸多类似的性质，但电磁波是电磁场在时空中的传播，而引力波是时空度规场自身扰动的传播，即时空扰动具有波动性质。广义相对论是迄今最为成功的引力理论，它的许多预言都得到了观测和实验的验证[1]。而作为它最重要的预言之一，引力波至今尚未被直接探测到。由于引力作用非常微弱，引力波的幅度很小，这就给引力波探测带来很大困难。而双脉冲星PSR1913+16的转动周期缩短的探测只是间接地验证了引力波的存在。由于缺乏引力波的直接探测，这在很大程度上阻碍了量子引力理论的发展。

引力波在天体物理、宇宙学的许多物理过程中发生影响，因而引力波研究和探测对于天体物理、宇宙学有重要意义。剧烈的天体物理过程可以辐射出引力波，例如，双致密星绕转、黑洞的吸积、超新星爆发、中子星自转等。这些天体距离地球遥远，过程自身的事件发生率较小，所产生的引力波往往是间歇的(通常是几分钟到几小时)，有一定的方向性，其频率较高，频率范围较窄，给探测带来困难。目前LIGO、PPTA、EXPLORER、MAGO、LISA等探测计划的主要目标就是直接探测引力辐射的信号，尤其是LIGO已达到设计水平，正在积累数据，等待信号，期望在引力波直接探测上有重大突破。

与这些引力辐射不同的是宇宙中的残余引力波(RGWs)。基于广义相对论的现代宇宙学理论认为，极早期(如暴涨过程)时空度规的量子涨落同时包括了标量型(密度扰动)、矢量型和张量型(引力波)。随着宇宙的膨胀，其中矢量型扰动衰减，标量型扰动构成宇宙大尺度结构的种子，而张量型扰动演化成为各向同性的RGWs。后者的重要特点是：时间上始终都存在，空间上散布在宇宙的各个区域，形成了随机背景。而且其频率分布很宽，从10^{-18} Hz到10^{10} Hz频率范围都有一定的强度[2,3]。这就为在任何时间、任何地点、任何频段进行RGWs的探测提供了可能性和方便。由于引力作用微弱，宇宙对于引力波几乎始终是透明的，RGWs携带了早期宇宙的重要信息，这比微波背景辐射(CMB)所提供的信息要更早，因而为探索宇宙打开一扇新的巨大窗口。

经过多年的研究计算，人们对于膨胀宇宙中的 RGWs 的理论性质已有一定的了解[2]，并且得到了波谱的解析解[3]。谱的曲线轮廓直接依赖于下列几个主要宇宙膨胀阶段：(1)作为初始条件的暴涨过程的细节，通常由谱指数 n_T 和跑动谱指数 α_T 来刻画，(2)随后的宇宙再加热过程，(3)辐射为主时期，(4)物质为主时期，(5)宇宙现阶段的加速膨胀的修正[3]。在此基础上，波谱曲线的局部细节，取决于一些重要的宇宙学过程的影响，包括中微子扩散[4]、QCD 相变、正负电子对湮灭、宇宙磁场等。这些过程分别影响 RGWs 的不同频段的幅度。然而，作为一个重要理论参数的 RGWs 初始幅度，即所谓归一化，至今仍未确定。在研究计算中，为了方便通常引入比值 $r=$ 张量型/标量型，其数值最终要由观测来确定。给定宇宙学模型，RGWs 由三个参数 r、n_T、α_T 来大致地确定。这三个参数值越大，RGWs 的幅值就越高，也就越容易探测。图 1 画出了 $r=0.22$、$n_T=-0.03$、α_T 的取不同值的 RGWs 解析谱 $h(\nu)$。

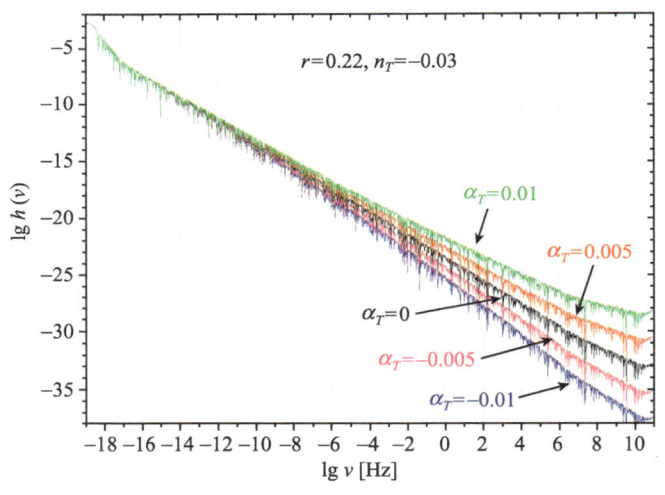

图 1　RGWs 的解析谱 $h(\nu)$ [7]。

目前 RGWs 的一系列实际探测项目已在进行，还有一些计划在预研究和设计中。就探测频率来说包括四个频段的工作。一是极高频段，ν 约 10^9Hz，可以采用置入强磁场中的高斯偏振激光束方法，直接探测残余引力波导致的径向扰动光子流。按照目前技术水平所设计的探测器的敏感度与理论计算的 RGWs 还差大约 5 个量级左右。随着激光束、强磁场、低温等技术进步，探测器还有很大的改进空间[5]。二是中频段，ν 约 10^{-3}Hz$\sim$$10^3$Hz，这是通常激光干涉以及低温共振探测器的工作频段，包括了 LIGO(ν 约 10^2Hz)、 LISA(ν 约 10^{-3}Hz)、EXPLORER(ν 约 10^3Hz)等。目前的 LIGO 还不能探测到 $n_T<0.088$、$\alpha_T<0.013$、$r=0.55$ 的宇宙学模型所预言

的 RGWs。改进的 Adv LIGO[6]将能够探测到 $n_T > 0.088$、$\alpha_T >= 0.013$、$r = 0.55$ 的 RGWs。LISA 是正在设计的空间引力波探测器，具有百万千米的臂长，LISA 可以探测到的 $n_T > -0.03$、$\alpha_T > 0$、$r = 0.22$ 的 RGWs[7]。这比 LIGO 和 Adv LIGO 更有可能探测到 RGWs。三是低频段，ν 约 10^{-9}Hz。在此频段的 RGWs 幅度较高。通过对多个毫秒脉冲星的脉冲到达时刻残差的开展长时间的观测(数十年)，就形成 RGWs 探测器，其费用也远低于通常激光干涉仪的。目前 PPTA 计划由大约 20 颗毫秒脉冲星阵列构成，预计通过十年的观测可以探测到 $n_T > 0.088$、$\alpha_T = 0$、$r = 0.55$ 的 RGWs[8]。该方法的关键问题是如何从噪音中剥离出引力波的信号。四是极低频段，ν 约 10^{-18}Hz~10^{-16}Hz，对应于波长接近于目前膨胀宇宙的视界。一般的天体物理过程难以产生如此低频的引力波。然而 RGWs 正是在此频段具有最大的幅度，这就为探测提供了良机。根据大爆炸宇宙学理论，在宇宙早期红移 z 约 1100 的复合时期，RGWs 与密度扰动一起产生了 CMB 的温度各向异性和偏振。具体地讲，CMB 的旋度型偏振谱 C_l^{BB} 仅可能由 RGWs 产生，而各向异性谱 C_l^{TT}、梯度型偏振谱 C_l^{EE}、和交叉谱 C_l^{TE} 则是由 RGWs 与密度扰动共同产生的。图 2 画出了 RGWs 所产生的再电离 CMB 的四种解析谱[9]。

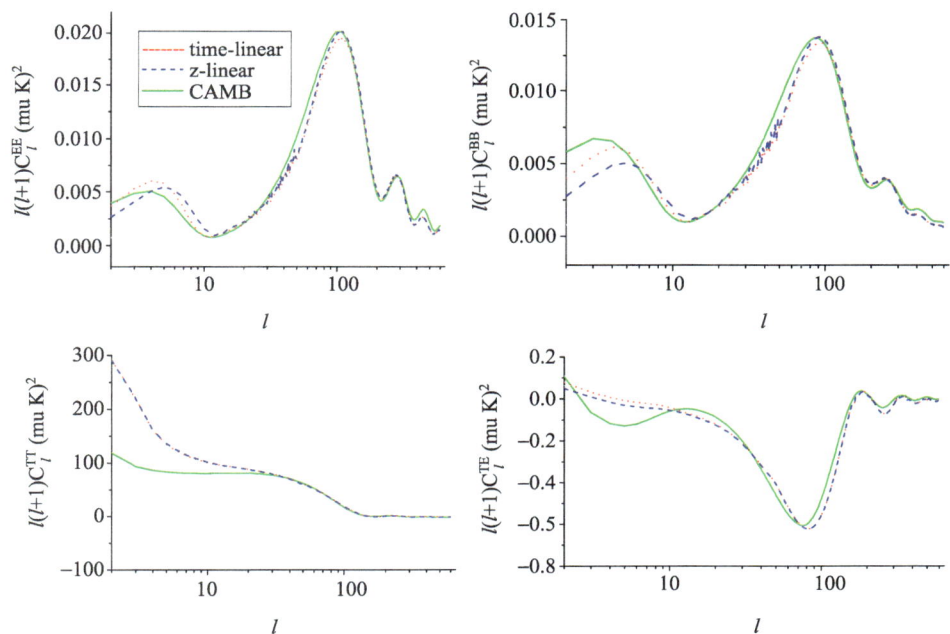

图 2 RGWs 所产生的 CMB 的谱 C_l^{TT}、C_l^{EE}、C_l^{TE} 和 C_l^{BB} [9]。提取 RGWs 对 CMB 的贡献必须考虑到再电离过程的影响。

当前的观测现状是，WMAP 等观测计划已经成功地得到了谱 C_l^{TT}、C_l^{EE} 和 C_l^{TE}，

而关于谱 C_l^{BB} 的数据较为粗糙，尚不足以确定 RGWs 的存在[10]。人们尝试从已有的谱 C_l^{TT}、C_l^{EE}，尤其是 C_l^{TE} 剥离出 RGWs 的贡献，但遇到了困难[9]，其主要原因是，目前没有关于 RGWs 的主要参数 r 和 n_T 的确切值，而 r、n_T 与 CMB 的诸多参数存在着简并。而且 C_l^{TT}、C_l^{EE} 和 C_l^{TE} 的细节敏感地依赖于发生在 z 约 11 时期的再电离过程，后者又尚未被研究清楚[9]。2009 年发射的 Panck 探测卫星预期将给出更精确的 C_l^{TT}、C_l^{EE} 和 C_l^{TE}，有助于 RGWs 的信号的剥离。但它不是专为探测偏振而设计的，不能肯定足够精确地探测到 C_l^{BB}。近期提出的 CMBPol 计划将专门探测宇宙再电离和 C_l^{BB}。综合地来看，探测旋度型偏振 C_l^{BB} 很有希望是人类首次直接探测 RGWs 的方法。如果最终探测不到 RGWs，那么，或许关于 RGWs 及其产生的 CBM 理论有问题，甚至广义相对论所预言的引力波就根本不存在。这都将导致引力和时空的研究被推向更广阔的视野。

参 考 文 献

[1] Weinberg S. Gravitation and Cosmology. NewYork： John Wiley, 1972.
[2] Grishchuk L. Relic Gravitational waves and their detection. Lecture Notes Physics, 2001, 562: 167–192.
[3] Zhang Y, et al. Exact analytic spectrum of relic gravitational waves in accelerating universe. Class Quant Grav, 2006, 23: 3783–3800.
[4] Miao H X, Zhang Y. Relic gravitational waves modified by neutrino free streaming and dark energy. Phys Rev D, 2007, 75: 104009-1-104009-14.
[5] Tong M L, Zhang Y, Li F Y. Using polarized maser to detect high-frequency relic gravitational waves. Phys Rev D, 2008, 78: 024041-1-024041-10.
[6] http://www/ligo.caltech.edu/advLIGO/
[7] Tong M L, Zhang Y. Relic gravitational waves with a running spectral index and its constraints at high frequencies. Phys Rev D, 2009, 80: 8084022-1-8084022-9.
[8] Hobbs G. Gravitational wave detection using high precision pulsar observations. Class Quant Grav 2008, 25: 114032-1-114032-8.
[9] Xia T Y, Zhang Y. Approximate analytic spectra of reionzed CMB anisotropies and polarization generated by relic gravitational waves. Phys Rev D, 2009, 79: 083002-1-083002-18.
[10] Komatsu E, et al. Five-year Wilkinson microwave anisotropy probe (WMAP) observations: cosmological interpretation. Astrophys J Suppl, 2009, 180: 330–376.

撰稿人：张 杨
中国科学技术大学 天体物理中心

宇宙原初黑洞

Cosmic Primordial Black Hole

1971年,英国著名物理学家霍金最早提出了原初黑洞的概念[1]。这一概念的提出主要是基于下面的考虑。在宇宙极早期,宇宙的温度和物质密度非常之高。那时,物质在宇宙中的分布是非常接近均匀的。尽管是非常地接近均匀,但物质密度的微小涨落在宇宙中总是存在的。所以某个区域的物质密度,时而略微高一些,时而略微低一些。可以证明如果宇宙中某个区域由于微小的密度涨落而导致物质密度增大到一个临界值,那么该区域的引力会持续增强,该区域就会不断地吸引来更多周围的物质,导致物质密度持续升高。根据广义相对论的计算,当物质密度达到另一个临界值时,该区域的引力变得如此之强以至于任何排斥力都不能再与之抗衡,该区域的物质会无限坍缩下去,最终形成了一个黑洞。这就是霍金给出的原初黑洞的起源。后来,人们又发现了原初黑洞形成的其他一些机制,这些机制非常灵敏地依赖于极早期宇宙的物理过程,所以通过研究原初黑洞的形成机制,人们可以获得关于极早期宇宙的许多非常重要的信息。

除此之外,人们还可以根据原初黑洞产生的一些物理效应来研究极早期宇宙的物理规律。我们知道,黑洞的引力如此之强,以至于任何物质(包括光子)只会落入黑洞,而不会从黑洞里逃逸出来。但这只是经典力学的结论。考虑到量子效应,霍金在1974年证明,黑洞同样会发出热辐射。这就是著名的霍金辐射[2]。霍金辐射的温度与黑洞的质量成反比,质量越大,霍金辐射的温度越低。对于太阳质量的黑洞,霍金辐射的温度为10^{-5}开尔文。利用霍金辐射公式,可以证明,黑洞的寿命与其质量的立方成正比,所以黑洞的质量越小,黑洞的寿命就越小。质量为1吨的黑洞其寿命为10^{-10}秒,而质量为100万吨的黑洞则能生存10年。因此,只有那些寿命比宇宙年龄(130亿年)还长的原初黑洞才能生存到今天。这类原初黑洞的初始质量至少也得有10亿吨,这大约是一座山的质量,而其半径却只有10^{-13}厘米,如同质子一样大小。对于质量更大的黑洞,其寿命比宇宙年龄还要长。例如,1倍太阳质量的黑洞其寿命大约是10^{66}年(今天宇宙的年龄是130亿年)。理论探讨表明,原初黑洞的质量可以非常小,所以原初黑洞的霍金辐射可以是非常显著的。因此,探测原初黑洞的霍金辐射成了寻找原初黑洞的一个非常重要的手段。

霍金猜测,在我们银河系的暗晕里可能存在着数目可观的质量比较小的原初黑洞。这些原初黑洞的霍金辐射非常显著,伴随着霍金辐射,黑洞的质量会越来越小,而温度会越来越高,最终,这些原初黑洞会发生猛烈的爆炸,其质量可能以一种高强度的伽马射线暴的形式消散。因此，通过对伽马射线暴的观测，可以用来探测原初黑洞。观测表明，伽马暴平均每年有几次，但是，它们并不具有原初小黑洞爆发的特征。所以，这些伽马暴主要不是源于原初黑洞。所以人们推断，原初黑洞的爆发只能为背景伽马光子做出一小部分贡献。美国航空航天局(NASA)的 SAS-2 卫星已对弥漫伽马辐射作了精确测量。这种辐射的强度非常低，如果假设这些辐射全部来自原初黑洞的爆发，推算可得平均每立方光年体积内包含的原始黑洞为 200 个。据此推出，最靠近地球的原初黑洞应也应在远离太阳系的地方[4]。

1991 年，英国科学家 MacGibbon 和 Carr 经过多年理论研究指出，来自原初黑洞的辐射最初可能是以夸克、胶子和轻子的形式出现的[5]。这些粒子在传播过程中，将与银河系的磁场发生作用，产生"特征射电波"。由于对射电波的探测要比对伽马辐射容易得多，所以原初黑洞的爆发还可以用大型射电望远镜探测到，然而却从来没有发现"特征射电波"。这就对原初黑洞爆发的几率给出了更严格地限制：平均每立方光年体积每 300 万年里不可能超过一次。1990 年，苏联科学家 Trofimenko 认为[5]，在宇宙大爆炸初期，物质密度的微小涨落可以产生许多直径小于 1 毫米的原初黑洞，它们至今仍然存在于从星系、恒星到行星、小行星各层次天体的内部。这类原初黑洞在地球内部也会有一些，它们在地壳下 1.5 千米处，会使得周围区域升温，导致地区性火山活动。对于质量更大一些的原初黑洞（几百个到几千个太阳质量)，人们猜测存在于一些非常明亮的 X 射线源中。2009 年，日本科学家 Saito 和 Jokoyama 建议通过探测原初扰动产生的引力波来研究这类原初黑洞[6]。他们的思路是这样的。要形成原初黑洞，就需要一个较大的密度扰动。理论证明，这么大的密度扰动同时会产生一个可观测的引力波扰动。由于引力波与其他物质的作用非常微弱，所以一经形成，引力波的信息就不会在传播过程中轻易发生改变。引力波的探测为研究原初黑洞提供了一个非常有效的手段。原初黑洞还有其他的一些物理效应，通过研究这些物理效应，人们可以进一步获得宇宙极早期非常重要的信息。

总之，原初黑洞问题是天体物理中一个非常重要的问题。原初黑洞为人们提供了研究极早期宇宙的历史舞台。它是超高能粒子物理，超高能宇宙线物理的理想实验室，极有可能为我们带来新的物理。同时，它又是探测宇宙原初结构(不均匀性)的一个非常灵敏的探针，非常值得我们去研究。由于典型的原初黑洞尺度非常小(质子的大小)，所以探测起来非常困难。尽管如此，2008 年 6 月，美国航空航天局发射的 GLAST 卫星的任务之一，仍是通过探测这类黑洞的霍金辐射来探测原初黑洞。

参 考 文 献

[1] Hawking S W. Gravitationally collapsed objects of very low mass. Mon. Not. R. Astron. Soc., 1971, 152: 75–78.

[2] Hawking S W. Black hole explosions? Nature, 1974, 248: 30–31.

[3] MacGibbon J H, Carr B J. Cosmic rays from primordial black holes. Astrophysical Journal, 1991,371:447–469.
[4] 约翰-皮尔-卢米涅. 黑洞(卢炬甫译). 长沙：湖南科学技术出版社，2004：195–200.
[5] Trofimenko A P. Black holes in cosmic bodies. Astrophysics and Space Science. 1990,168: 277–292.
[6] Saito R,Jokoyama J.Gravitational wave background as a probe of the primordial black hole abundance. Phys. Rev. Lett., 2009, 102:161101–161105.

撰稿人：高长军
中国科学院国家天文台

宇宙微波背景辐射的偏振

Polarization of the Cosmic Microwave Background

宇宙微波背景辐射是探索极早期宇宙的窗户。通过微波背景上微小的温度扰动，我们知道宇宙是平坦的，原初扰动是高斯的、绝热的、(几乎)标度不变的。暴胀理论成功地解释或预言了所有这些观测结果。但是，更严格的检验来自于微波背景的偏振。目前，暴胀理论也通过了偏振的检验。

我们看到的宇宙微波背景辐射温度各向异性图是宇宙诞生约 40 万年的照片。微波背景的 E 偏振则不仅仅记录下此时的宇宙形态，而且还保留了宇宙诞生十亿年左右的再电离时代的信息。而 B 偏振则记录下了极早期(约 10^{-35} 秒)宇宙的珍贵信息。偏振的神奇能力来源于宇宙中自由电子对光子的汤姆逊散射(严格地说，是逆康普顿散射)。

汤姆逊散射截面跟光的偏振方向有关，导致每束无偏振光经过散射后都会变成偏振光。但是自由电子散射的微波背景辐射光子不是从一个特定方向来的，而是从四面八方来，散射后每束光的偏振方向也不一样。这些偏振能否抵消，取决于光子的分布。例如，无偏振光束 A 从 -x 轴方向入射，沿 z 轴出射，则只有 y 轴方向的偏振保留下来。无偏振光束 B 从 -y 轴方向入射，沿 z 轴出射，其偏振沿 x 轴方向。如果光束 A 和 B 能量相等，则两者的偏振相互抵消。可见，只有当光子本动分布的四极距[①]不为零(即光子本地分布存在 90 度的不对称性)，才会有偏振(线偏振)保存下来。这就是微波背景偏振的来源。因为微波背景的黑体谱性质，光子本地分布可以用各个方向的温度来描述，所以文献中本地光子分布的四极距一般用本地温度的四级距描述。微波背景天空上的偏振有两个分量，可以按照对称性分解为所谓的 E 偏振和 B 偏振。

我们今天观测到的微波背景温度各向异性和偏振都是最后散射面上光子温度不均匀性在天球上的投影。但是，它们的来源不同。温度各向异性，由光子本地分布的单极距、偶极矩和四极距共同决定。而偏振，则只跟四极距有关。所有这些的根源都是宇宙的原初扰动。根据对称性的不同，原初扰动可以分为标量扰动、矢量扰动和张量扰动(引力波)。不同的机制产生不同性质的扰动。暴胀导致标量扰动和张量扰动，而宇宙弦产生矢量扰动。而且这些扰动的特征尺度不一样。因为因果律，

---

① 该四极距指发生散射的时刻和地点的光子分布的四极距，不是我们今天测到的微波背景的四极距。本文涉及的"四极距"均指本地光子分布的四极距。

宇宙弦产生的扰动尺度小于视界大小。而暴涨能够产生超视界扰动。这些不同性质的扰动都能够引起微波背景温度各向异性，但是它们造成的偏振是不同的。

标量扰动决定宇宙大尺度结构，同时贡献温度各向异性和偏振。在复合过程发生以前，康普顿散射把光子和重子牢牢地耦合在一起，可以当作理想流体处理，四极距为零。但是，随着复合过程的进行和电子密度的降低，光子自由程变长，光子流体中存在的速度梯度造成光子温度四极距的出现。这种温度四极距只产生 E 偏振。标量扰动引起的 E 偏振有几个显著特征。(1)因为温度和速度之间存在$\pi/2$的相位差，在温度功率谱是波峰的地方，E 偏振功率谱出现波谷；在温度功率谱是波谷的地方，E 偏振功率谱出现波峰。(2)温度和速度都来源于标量扰动，所是强相关的，因此导致温度和 E 偏振存在很强的相关。同样因为相位差的关系，其互相关功率谱呈现正负相间的振荡。上述特征都已经被 WMAP 的观测结果证实。更加重要的是，该互相关信号在 10 度左右的所谓超视界尺度上都存在。这种超视界扰动的存在是对暴胀理论的有力支持，也基本排除了宇宙弦等竞争理论。

矢量扰动和张量扰动都不参与大尺度结构形成。矢量扰动产生的温度四极距主要造成 B 偏振。观测表明 E 偏振远大于 B 偏振，说明矢量扰动不是原初扰动的主要成分，宇宙弦不可能是原初扰动的主要产生机制。

张量扰动(原初引力波)产生的温度四极距同时造成 E 偏振和 B 偏振，而且幅度类似。暴胀理论预言了原初引力波的存在，其功率谱正比于暴胀能级的四次方。因为只有张量扰动产生 B 偏振，其观测将直接探索宇宙极早期引力波的产生，直接检验暴胀理论。因此，结合微波背景温度和偏振的测量，我们能够分离出原初扰动的各个成分，从而更加精确得探索极早期宇宙。

这不是偏振测量的唯一应用。事实上，只要有自由电子和光子温度四极距，就能产生偏振。自由电子不仅仅存在于宇宙早期(复合过程之前)，也存在于晚期(再电离发生之后)，因此再电离过程也应该在微波背景的偏振中留下痕迹。相对于复合过程和最后散射面(红移 1100)，再电离过程发生晚(红移约 10)，温度四极距对应的特征尺度(视界)大，而我们到再电离对应红移的距离又小，导致再电离过程产生的偏振对应的特征角度大(约 60 度)。在这些角度上，WMAP 的偏振测量不仅仅证实了再电离的存在，而且发现再电离造成的偏振占主导地位。再电离产生的偏振功率谱正比于汤姆逊散射的光学厚度的平方，正是因为这个依赖关系，WMAP 发现宇宙再电离过程至少在红移 10 开始。

因为只有5%左右的微波背景是偏振的，偏振测量的难度显然比温度的测量大。更糟糕的是，跟微波背景温度信号不一样，在几乎所有波段和所有天区，偏振噪音(同步辐射和尘埃热辐射等前景污染，E 偏振和 B 偏振幅度大致相当)都淹没了微波背景的偏振信号。偏振的测量因此不仅仅取决于仪器的灵敏度，更取决于对前景污染的扣除。经过近 40 年的努力，到 2002 年，微波背景的 E 偏振及温度-E 偏振的相关信号才首先被 DASI 实验发现，然后陆续被 CBI、CAPMAP、Boomerang 等试验证实。这些 E 偏振的测量都局限于小尺度(2 度以下)。WMAP 在 2003 年测量到了大尺度的温度-E 偏振相关信号，在 2006 年测量到了大尺度(尤其是超视界尺度)的 E 偏振信号。

到目前为止，B 偏振还没有被测量到。因为 B 偏振极其重要的物理意义，测量 B 偏振成为微波背景实验的重中之重。今年升空的普朗克卫星，具有全面超越 WMAP 的能力，如果原初引力波足够强的话，普朗克卫星有望测到 B 偏振，并在世界上首次探测到引力波。至于对微波背景 B 偏振的精确测量和极早期宇宙的精密探索，尚有待于下一代的微波背景实验。微波背景的偏振在物理原理上相当干净，真正的局限和难度来自于测量方面。

参 考 文 献

[1] Hu W, White M. A CMB polarization primer. New astronomy, 1997, 2, 323–344.
[2] Hu W, Dodelson S. Cosmic microwave background anisotropies. Annual review of astronomy and astrophysics, 2002, 40, 171–216.
[3] Page L, et al. Three-Year Wilkinson Microwave Anisotropy Probe (WMAP) Observations: Polarization Analysis. The Astrophysical Journal Supplement Series, 2007, 170(2): 335–376.

撰稿人：张鹏杰
中国科学院上海天文台

宇宙微波背景辐射的引力透镜效应

Lensing Effects of Cosmic Microwave Background Radiation

1. 引言

从 20 世纪 60 年代观测的发现到 90 年代初 COBE 卫星[1]精确测量其黑体谱并首次探测到温度微小的不均匀性，至今天多项地面，气球设备，特别是 WMAP 卫星[2]对于其不均匀性的高精度观测，宇宙微波背景辐射(CMB: cosmic microwave background radiation)的研究在人类探索宇宙的过程中起到了里程碑式的作用[3]。作为宇宙大爆炸的遗迹，CMB 携带着宇宙演化的重要信息。其中，它的微小的不均匀性直接反映了宇宙甚早期(约 10^{-35} 秒)暴涨阶段存在的量子涨落演化到宇宙年龄为几十万年时的物理状态，称为原初扰动(primordial fluctuations)。它们随后的演化，形成了今天我们所看到的宇宙大尺度结构，如星系和星系团等。除温度的不均匀性外，由于光子与电子散射截面的各向异性和光子分布(与温度对应)的四极不均匀性，CMB 光子还具有线偏振性，幅度约为 10%。线偏振可分为所谓 E 模式和 B 模式两个正交模式，其中 E 模式对应无旋模式，而 B 模式对应无散度模式，这与电场和磁场的性质类似。CMB 偏振的性质与原初扰动性质密切相关，对应物质能量密度扰动的标量扰动只能产生 E 模式偏振，而对应原初引力波的张量扰动同时产生幅度相当的 E 模式与 B 模式。原初张量扰动与标量扰动的相对大小与宇宙暴涨物理紧密相连。目前 CMB 研究的主要动机便是高精度测量原初温度扰动与偏振，进而探索相关物理过程，如暴涨机制，宇宙演化等。但是，从年龄几十万年时背景辐射发出到年龄约为 140 亿年的今天我们接收到 CMB，其间宇宙发生了巨大的变化，出现了各种结构，这无疑会对在宇宙中传播的 CMB 产生影响。这些次级效应，或二阶效应(secondary effects)的存在，对于原初扰动是一种"污染"，但同时，其自身与宇宙结构形成密切相关，亦含有重要的宇宙学信息。随着观测技术的发展，精度的提高，次级效应的影响愈加凸显。因此，深入理解 CMB 不均匀性的次级效应具有重要的宇宙学意义，已成为 CMB 研究中重要的组成部分。在各种效应中，宇宙大尺度结构所造成的引力透镜效应对 CMB 的影响便是主要的次级效应之一[4]。

2. 引力透镜效应对 CMB 的影响

根据广义相对论，物质的存在造成其周围时空的改变，进而改变了时空中粒子，包括光子的运动轨迹。引力透镜效应即指由于引力造成光的传播方向改变而产生的各种效应。如图 1 所示，从 A 处发出的光线，若没有引力透镜效应，应沿图中虚

线传播至观测者 C。由于在 x 处存在引力透镜势，光线从 A 到 C 的传播实际上是沿着带箭头的实线，而在观测者看来，光线似是从 B 发出，与真实位置 A 之间的角位置差为 $\delta\theta$。由于引力透镜效应不改变背景源的表面亮度，它的实际效果是产生一个从 A 到 B 的映射。

引力透镜效应对于微波背景辐射的影响示于图 2[5]，这是一个夸大了例子，真实的效应要小得多。图中上行从左至右分别为没有引力透镜效应的温度起伏场，E 模式偏振场，和一球对称物质分布造成的偏折场。下行从左至右分别经过右上的引力透镜效应后的温度起伏场，E 模式偏振场和 B 模式偏振场，这里假设在没有引力透镜效应时，不存在 B 模式偏振，即没有原初引力波张量扰动。我们看到引力透镜效应对 CMB 的影响包括：

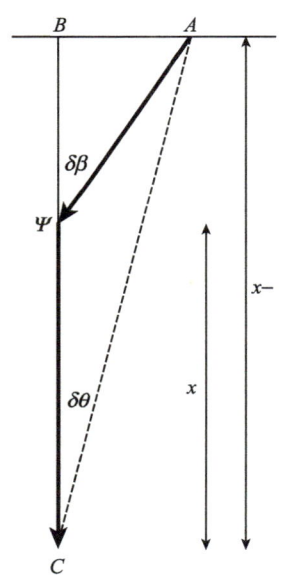
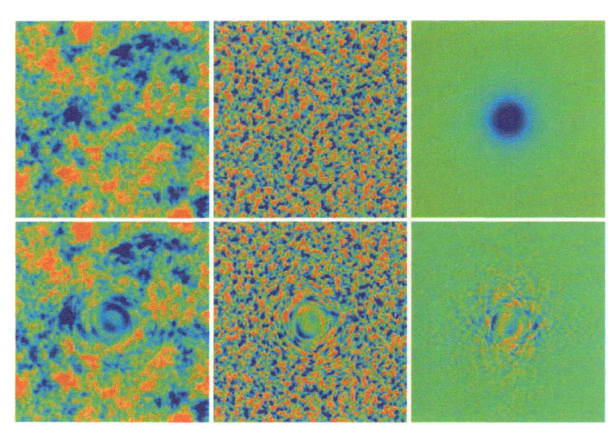

图 1　引力透镜效应示意图[4]。　　图 2　引力透镜效应对 CMB 的影响示意图[5]。

(1) 对于温度场和 E 偏振场，引力透镜效应对于 CMB 声波振荡信号具有平滑的作用，量级为百分之几。在小尺度，其效应可以超过 CMB 原初扰动。

(2) E 偏振经过引力透镜效应，产生 B 偏振，量级在 $C_l^B \sim 10^{-6} \mu K^2$，这里 C_l^B 为 B 偏振功率谱，l 为球谐展开多极级数。这一效应对于探测原初引力波产生的 B 偏振，进而限制暴涨等理论，带来了严重的复杂性。它设置了一个极限，当原初 B 偏振幅度接近或小于引力透镜所产生的 B 偏振时，提取原初的信息将变得非常困难。

(3) 产生非高斯扰动。通常的暴涨理论预言 CMB 原初扰动非常接近高斯扰动，因此从观测上限制 CMB 非高斯性被认为是检验暴涨理论，限制其他产生非高斯扰动理论的重要手段。而引力透镜效应在 CMB 上所产生的非高斯扰动无疑会造成这一研究的复杂化[4]。

3. 研究难题

通过测量 CMB 与前景大尺度结构的交叉相关，人们已探测到 CMB 引力透镜效应的存在，其大小与理论预言相符合[6]。然而，在这一研究领域，仍然存在着诸多挑战。

3.1 观测挑战

引力透镜效应对于温度涨落和 E 偏振中声波振荡信号的影响在百分之几的量级。在角分尺度上，其效应超过原初扰动，但绝对扰动大小仅 $C_l^T \sim 10^{-7} \mu K^2$ 量级，这里 C_l^T 为温度扰动功率谱，对应于 $\theta \sim$ 角分，$l \sim 5000$[4]。因此，CMB 引力透镜的研究需要高灵敏度，高分辨率的观测。另一方面，未来的 CMB 观测研究主要致力于偏振，特别是 B 偏振的测量，进一步揭示早期宇宙的物理性质。对于原初 B 偏振，根据暴涨模型的不同，其幅度可相差若干量级。然而我们明确地知道引力透镜效应会产生 B 偏振，量级在 $C_l^B \sim 10^{-6} \mu K^2$[4]，这一效应将严重影响对于原初 B 偏振的探测，我们需设法在观测上将其分离。这便要求测量 B 偏振的灵敏度至少应到 $C_l^B \sim 10^{-6} \mu K^2$，因此对观测提出了极大的挑战。目前正在运行的 WMAP 卫星和地面，气球观测等已取得了丰富的宇宙学成果，但其灵敏度对于 B 偏振和 CMB 引力透镜效应的深入研究是不够的。图 3 显示了 WMAP，QUaD 等的最新观测结果[7]，

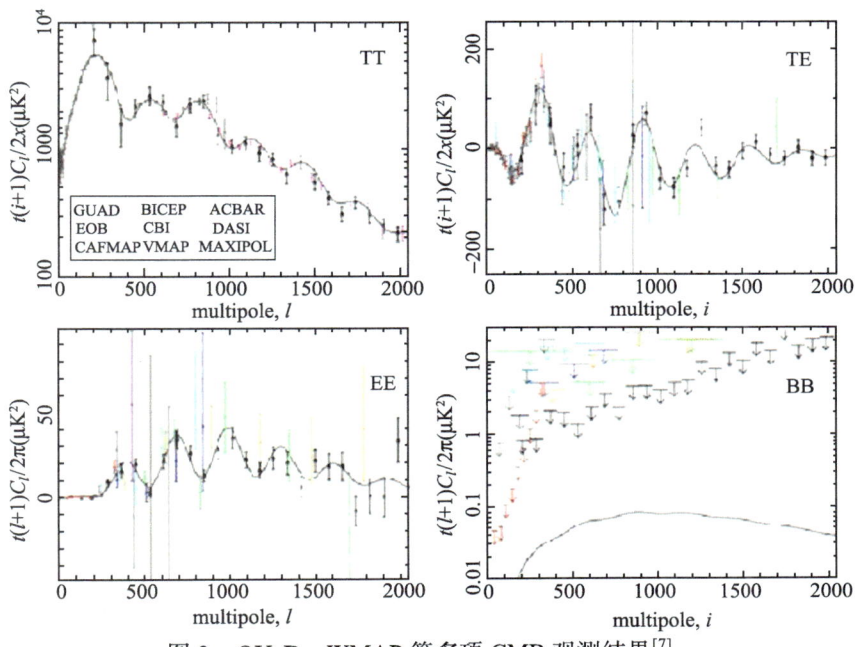

图 3 QUaD，WMAP 等多项 CMB 观测结果[7]。

可以看出，E 偏振的研究已进入定量的阶段，但对于 B 偏振(右下图)，所得到的仍然是上限，而没有明确地探测到信号，图中黑实线为最佳宇宙学模型所预言的由于引力透镜效应而产生的 B 偏振。

已于 2009 年 5 月升天的 Planck 卫星[8]其灵敏度与分辨率较 WMAP 均有所提高，引力透镜效应对 CMB 的影响将会显现出来，从而必须对此加以深入分析。另一方面，对于从 CMB 观测中分离引力透镜效应，从而更精确地研究原初引力波造成的 B 偏振，并利用 CMB 引力透镜效应自身进行宇宙学研究，Planck 的灵敏度仍是不够的。目前已有多项以探测 B 偏振为主要目标的地面，气球等观测项目被提出，如 SPIDER,Clover[9]等。最终，我们也许需要建造下一代空间望远镜。对此，人们提出了 CMBPol 的概念，目标为能够探测到对应 $r = 0.01$ 量级的原初 B 偏振(这里 r 反映了原初张量扰动与标量扰动比)，同时利用 CMB 引力透镜效应精确重建大尺度结构，进而进行宇宙学研究，如限制中微子质量，暗能量性质等[10]。

3.2 理论挑战

如前所述，引力透镜效应的存在使得从 CMB 中提取原初扰动信息，进而研究早期宇宙变得复杂化，这就需要我们设法分离引力透镜效应所带来的对 CMB 的影响。引力透镜效应带来的映射过程造成了 CMB 扰动的高阶相关，利用这一性质，人们提出了所谓质量重建方法，试图从 CMB 观测中分离引力透镜效应[3]。我们知道，CMB 原初扰动在小尺度因光子的扩散过程而迅速衰减，引力透镜效应产生的次级扰动超过原初扰动，因此小尺度 CMB 扰动在一定程度上直接告诉我们引力透镜效应的信息，从而在质量重建过程中起着重要的作用。进一步利用引力透镜效应对 B 偏振的影响，例如，其造成的 E-B 交叉相关，可以大大增强质量重建的信噪比。然而引力透镜效应在小尺度和对 B 偏振的影响强烈地依赖于非线性物理过程，对此仍有许多问题需要深入研究。同时,其他次级效应，如运动学 Sunyaev-Zeldovich 效应等在小尺度上与引力透镜效应相当，甚至更强，我们必须将其结合进我们的研究中，特别地，我们需要分析它们对引力透镜效应的影响。目前对于 CMB 引力透镜效应的研究多在标准的宇宙学及结构形成模型的框架下，若考虑非标准模型，例如，存在较大的原初非高斯扰动，或考虑修改引力的宇宙学演化模型等，CMB 引力透镜效应的性质可能会变得非常复杂，而对这些复杂性的理解对于我们回答一些基本问题，如引力的本质等，至关重要，从而亦成为该领域前沿研究之一。

参 考 文 献

[1] http://lambda.gsfc.nasa.gov/product/cobe/.
[2] http://lambda.gsfc.nasa.gov/product/map/current/.
[3] Komatsu E, et al. Five-Year Wilkinson Microwave Anisotropy Probe (WMAP) Observations: Cosmological Interpretation. Astrophys. J. Suppl., 2009, 180: 330–376.

- [4] Lewis A, Challinor A. Weak Gravitational Lensing of the CMB. Physics Report, 2006, 429: 1–65.
- [5] Hu W, Okamoto T. Mass Reconstruction from Cosmic Microwave Background Polarization. Astrophys. J., 2002, 574: 566–574.
- [6] Hirata C M, et al. Correlation of CMB with large-scale structure. II. Weak lensing. Phys. Rev. D., 2008, 78: 043520-1-33.
- [7] QUaD collaboration-Brown M L, et al. Improved Measurements of the Temperature and Polarization of the CMB from QUad. arXiv: 0906.1003, 2009.
- [8] http://www.rssd.esa.int/index.php?project=planck.
- [9] http://www.astro.caltech.edu/~lgg/spider_front.Htm
  http://www-astro.physics.ox.ac.uk/research/expcosmology/groupclover.Html.
- [10] Baumann D, et al. CMBPol Mission Concept Study: Probing Inflation with CMB Polarization. arXiv: 0811.3919, 2008.

撰稿人：范祖辉

北京大学物理学院天文系

积分 Sachs-Wolfe 效应

The integrated Sachs-Wolfe effect

宇宙不是完全均匀的，所以到处存在着引力势阱。当微波背景辐射的光子掉进引力势阱的时候就会获得能量，爬出这个势阱的时候就会损失能量。如果该势阱不随时间改变，正负抵消，光子的最终能量不会改变。在广义相对论加物质密度等于临界密度的平直宇宙学中，大尺度上——即线性区域里的引力势的确不随时间改变的，因此光子能量不变。但是，上述三个条件(平直宇宙、广义相对论、物质主导)的任何一个得不到满足①，线性尺度上的引力势就会随时间改变，导致光子掉进势阱时获得的能量和爬出势阱时损失的能量不能严格抵消，光子能量改变，造成微波背景辐射温度的改变。这种新的微波背景各向异性，就是 the integrated Sachs-Wolfe (ISW)效应，由天文学家 R.K. Sachs 和 A.M. Wolfe 于 1967 年提出[1]。因为该效应是光子路径上所有引力势变化的累加效应，所以称为积分 Sachs-Wolfe 效应，以便与由于光子最后散射面上引力势变化引起的微波背景温度扰动，即 Sachs-Wolfe 效应，相区分。ISW 效应又分两类。早期 ISW 效应是由于宇宙早期最后散射面附近的辐射能量引起的。本文主要涉及宇宙晚期由于暗能量或者修改引力引起的晚期 ISW 效应。

在标准宇宙学中，宇宙是平直的，引力由广义相对论描述，但是宇宙学常数不仅不为零，而且主导宇宙的能量分布。因为宇宙学常数(暗能量)存在而且不成团，引力势随时间衰减，产生 ISW 效应。该效应是对标准宇宙学的重要检验。

该效应对微波背景辐射各向异性的贡献集中在大尺度，贡献的四级距是原初各向异性的 40%左右，导致微波背景功率谱在大尺度上翘起。WMAP 的功率谱测量结果证实了这一点。但是微波背景功率谱测到的是 ISW 效应和原初各向异性的总和，并非 ISW 效应的直接验证。而且大尺度测量的统计误差很大，所以不能对 ISW 效应进行有效限制。

1996 年，R. Crittenden 和 N.Turok 提出了一种能够有效区分 ISW 效应和原初各向异性的方法[2]。因为 ISW 效应是由于宇宙中的引力势造成的，引力势由物质扰动引起，所以 ISW 效应和宇宙大尺度结构(如星系分布)存在很强的正相关。在标准宇宙学框架下，统计而言，星系数目多的地方 ISW 效应造成的巡天的重叠面积

---

① 即使前三个条件全部满足，由于非线性演化，引力势阱在非线性区域，即小尺度，也会发生变化。造成的微波背景温度扰动被称作 Rees-Sciama 效应。

必须足够宽,足够深的情况下,才能测量到信号。正是因为这个微波背景温度高[②]。而星系数目和原初微波背景就不存在这样的关联。在统计上,描述这种关联的量是关联函数(及其等价描述,功率谱)。因此 ISW 效应和原初各向异性可以通过跟星系数目做互相关的方法区分开来。

但是,由于原初各向异性的存在,互相关测量的统计误差很大,只有满足两个条件,即,(1)微波背景巡天面积必须足够大、精度足够高;(2)星系巡天必须足够深,与微波背景重合区域足够大,才能测量到。正因为原因,在 WMAP 微波背景探测器之前的各种尝试均以失败告终。

2003 年 WMAP 第一年结果公布。在当年,就有几个研究组宣布成功测量到了微波背景温度扰动和各种星系巡天(光学、红外、射电等)之间的相关信号,而且该相关为正相关,与标准宇宙学的预言一致。但是,这只是初步测量,信噪比很低,而且存在争议。随着 WMAP 更多数据的释放和 SDSS 星系巡天数据的积累,ISW 测量的可信度在提高。目前,相关测量结果已经令人信服得确认了 ISW 效应的存在,相关信号的总信噪比在 4~5 之间(例如,文献[3])。而且,的确如理论预言,微波背景温度扰动于星系数目存在正相关。

虽然信噪比较差,ISW 效应不失为宇宙学的有用探针。它的原理干净,计算简单,意义明确。因为宇宙的曲率已经被微波背景辐射测量结果精确测定,我们的宇宙基本是平直的。那么如果测量到了 ISW 效应,就一定意味着两种可能之一,存在暗能量或者需要修改广义相对论。任何一种可能都具有重大的基础物理意义。理论上,主要通过星系巡天的改进,ISW 效应互相关测量的信噪比还可以提高一倍左右,能够告诉我们更多宇宙学信息。例如,动力学暗能量如果不是完全平滑的,暗能量的扰动会减缓引力势的衰减,从而在大尺度上压低 ISW 效应。信噪比的提高使得观察这种压低成为可能。这是测量暗能量扰动并限制暗能量声速的有力方法。更进一步,结合星系红移信息,可以对宇宙若干个时间段的 ISW 效应进行测量,对暗能量和引力性质的限制将更强。例如,宇宙学常数和一般的暗能量产生的 ISW 效应随着红移增高衰减很快,而在修正引力的情况下,ISW 效应可以在高红移出现。所以如果在高红移,例如红移 2~3 的地方测到了 ISW 效应,不仅仅标准宇宙学会受到挑战,一般的暗能量模型也会受到挑战。

总之,ISW 效应的难点不在理论模型方面,而在精确测量方面。通过观测样本的改进(例如,计划中 LSST 等覆盖半个天空,深达红移 3 左右的大规模星系巡天)和统计方法的改善(例如,文献中提出的选取超星系团和空洞跟微波背景做关联的方法),ISW 效应测量精度有望继续提高,甚至超过信噪比 10,从而对暗能量和

---

② 统计而言,星系数目多的地方物质分布密集,引力势阱为负。宇宙学常数(暗能量)造成该势阱随时间衰减,导致光子爬出时的势阱比掉入时浅,因此获得能量,微波背景温度变高。反之星系数目少的地方温度变低。因此 ISW 效应和星系数目(大尺度结构)是正相关。

引力性质做出更强的限制。

参 考 文 献

[1] Sachs R K, Wolfe A M. Astrophysical Journal, 1967, 147, 73.
[2] Crittenden R, Turok N. Physical. Review letters, 1996, 76, 575
[3] Giannantonio T, et al. Physical Review D, 2008, 77, 123520.

撰稿人：张鹏杰
中国科学院上海天文台

Sunyaev-Zel'dovich 效应

The Sunyaev Zel'dovich Effect

宇宙微波背景辐射的各向异性存在不同来源。通常意义上的各向异性,即原初各向异性(primary anisotropies),来自红移 1100 左右的光子最后散射面,由该散射面上引力势、重子本动速度和绝热压缩等物理机制造成。在光子传播过程中产生的各向异性,被称作二阶各向异性(secondary anisotropies)。二阶各向异性中,在大角度上占主导的是 the integrated Sachs-Wolfe 效应(见本书"ISW 效应"一文),在小角度上占主导的是 the Sunyaev Zel'dovich effect(SZ 效应)。

在光子从最后散射面向我们传播途中,存在 10%左右的几率(即汤姆逊散射光学厚度)与自由电子发生逆康普顿散射。该散射一方面抹掉了原初各向异性,另一方面产生了新的各向异性。因为光子和自由电子能量不同,散射的结果是光子能量发生改变。由此造成的微波背景各向异性就是 SZ 效应。根据自由电子的能量来源,SZ 效应分为热 SZ 效应、动力学 SZ 效应等,对光子频率存在不同的依赖关系,由苏联科学家 Zel'dovich 和 R. Sunyaev 共同在 20 世纪 70 年代初和 80 年代初提出。

原初各向异性在约 10 角分以上的角度上是各向异性的主导成分。但是,光子的 free streaming 效应抹平了更小尺度的不均匀性(silk damping),导致原初各向异性在微波背景辐射第三个峰值后急剧衰减。而 SZ 效应是由于后期宇宙演化造成的,贡献的各向异性主要集中在小尺度,在 10 角分以下尺度(多级距 l 约大于 2000)超过原初各向异性,峰值扰动约为 10 μK(1 $\mu k=10^{-6}K$),成为小角度宇宙微波背景各向异性的主要成分。SZ 效应是寻找"失踪"重子、理解宇宙热历史、发现高红移星系团和测量星系团本动速度的强大工具,具有探索暗物质、暗能量的重要潜力,甚至是检验哥白尼原理的有力方法(见本书"宇宙学原理的检验"一文)。

微波背景和大爆炸核合成的研究都表明宇宙中的重子物质占宇宙中物质和能量的约 4%。但是通过天文观测直接看到的重子物质,例如,恒星、星云、星系团介质等的总量,远小于上述数值。即使在今天,结合光学、X 射线等多重观测手段,也只能看到这 4%中的 50%左右。剩余的部分,即所谓的"失踪重子"。结构形成理论认为,这些"失踪重子",很大可能以气体形式分布在星系之间,成为星系际介质。星系际介质非常弥散,平均每立方米只有几个原子,温度约 10 万度到千万度之间,非常难于观测。

SZ 效应具有独特的探测失踪重子的优势。因为宇宙中的自由电子都参与逆康普顿散射而且宇宙在红移 6 以下几乎是完全电离的,所以宇宙中的电子几乎都贡献

SZ 效应。通过电中性原理，SZ 效应因此具有探索几乎所有重子的能力。另外，自由电子产生的 SZ 效应跟距离无关，不会像光学和 X 射线亮度一样随距离平方反比衰减。这使得通过 SZ 效应探测失踪重子不受距离限制。

热 SZ 效应的幅度正比于电子热能，因此是宇宙热历史的忠实探针。通过热 SZ 效应并结合 SZ 效应断层扫描技术(SZ tomography)，能够恢复出引力加热、超新星和 AGN 反馈等各种热力学过程的演化。热 SZ 效应的功率谱正比于宇宙密度扰动幅度的约七次方，因此提供了测量宇宙密度扰动幅度的有效方法。动力学 SZ 效应的幅度正比于电子动量(密度和本动速度乘积)。因为电子的本动速度主要受大尺度引力势决定，跟本地电子密度关联很弱，动力学 SZ 效应大致正比于本地电子密度，因此尤其适合探索失踪重子。

星系团是宇宙中最大的维理化体系，是理解宇宙结构形成的主要对象之一。因为星系团的电子数目多(量级为 10^{70})，温度高(几千万度到上亿度)，造成的热 SZ 效应，即微波背景温度扰动，能够达到 100mK 以上，超过微波背景温度的原初扰动，因此即使在微波背景天空，星系团也是显著的存在，测量难度不大。如前所述，该效应不随距离衰减，因此特别适合探测高红移星系团。与之相法，星系团的光学和 X 射线亮度随距离平方衰减，在高红移变得非常暗淡，因此难以寻找。星系团的数目及其演化，受暗物质和暗能量的影响很大。因此 SZ 星系团巡天，是研究暗物质和暗能量的有力方法。

本动速度的测量一直是宇宙学的难题之一，而星系团的动力学 SZ 效应(正比于气体质量和本动速度的乘积)提供了测量星系团本动速度的有效方法。通过星系团的热 SZ 效应或者 X 射线观测，能够估计出星系团气体质量。再结合动力学 SZ 效应，就得到星系团本动速度。与传统方法相比，该方法不依赖于距离的测量，需要的前提假设少，而且能够应用到高红移上，很有优势。

结合星系团的热 SZ 和 X 射线观测，可以测量星系团的距离。该方法虽然依赖于星系团的气体分布模型的先验假设，却不依赖于传统距离测量的各种距离阶梯，因此提供了一种独立的测量宇宙学距离、哈勃常数和宇宙膨胀速度的方法。

SZ 的观测正处于转折阶段。此前有确凿测量的均为已知星系团的热 SZ 效应(首次测量在 1983 年)，并结合 X 射线数据测量了哈勃常数和宇宙学距离。目前 AMIBA、ACT、APEX、SZA、SPT 等地面上的 SZ 巡天项目均已开始观测并陆续发布结果，PLANCK 卫星也已经发射并观测。这些观测项目普遍拥有多个波段、具有 1 角分左右的角分辨率和每角分像素 10^{-5} 度左右的灵敏度，能够有效区分原初各向异性、射电和红外等前景污染、热 SZ 和动力学 SZ 效应，因此在几年之内 SZ 数据的数量和质量将出现量级上的提高。尤其值得一提的是，2008 年，南极点望远镜(south pole telescope，SPT)对随机天区进行 SZ 巡天并首次发现了三颗此前未知的星系团，成功验证了通过热 SZ 效应发现星系团的可行性。与此同时，新的观测窗口也逐渐成熟。一个是随机天区(即不含已知星系团的天区)SZ 功率谱的测量。该方向目前只有几个初步测量结果。2002 年，CBI 发现小尺度上的微波背景辐射功率谱的幅度超过原初功率谱的预言，该结果被广泛解释为随机天区的热 SZ 效应，与 ACABAR、BIMA 等观测结果大致一致，但是与最近的 SZA 观测结果存在争议。上述专项 SZ 观测将在更大天区、更高分辨率和精度上测量 SZ 功率谱，解决上述争议。上述项目也将首次测量到星系团的动力学 SZ 效应和随机天区的动力学 SZ 功率谱。总而言之，如果我们能够修正射电和红外前景污染和点源污染，SZ 效应的精密测量将很有可能在几年内实现。

这给 SZ 的精确理论计算提出了巨大挑战。跟任何其他涉及气体物理的天体物理现象一样，SZ 的精确理论计算需要考虑很多复杂过程，例如，超新星和 AGN 反馈、气体冷却、电子-离子非热平衡、星系团内和星系际介质中的宇宙射线离子、磁场、非热和相对论性 SZ 效应、星系风、湍流等，这些方向的工作目前尚处于起步阶段。

参 考 文 献

[1] Birkinshaw M. Physics reports, 1999, 310, 97–195.
[2] Carlstrom J, Holder G, Reese E. Annual reviews on astronomy and astrophysics, 2002, 40, 643–680.

撰稿人：张鹏杰
中国科学院上海天文台

Sunyaev-Zel'dovich 效应宇宙学

the Sunyaev-Zel'dovich Effect Cosmology

20 世纪天文学中最辉煌的成就之一是大爆炸标准宇宙模型的建立，但其中星系和宇宙大尺度结构的形成一直是尚不清楚的重大问题，这也是新世纪以来的重大宇宙学前沿问题。众所周知，宇宙微波背景辐射(cosmic microwave background radiation，CMBR)在宇宙学的研究中起到了极其关键的作用，它对于了解星系和宇宙及其大尺度的信息是必不可少的。空间望远镜 Hubble 深场已经观测到了从恒星、星系、星系团到星系超团和空洞各个层次的结构。宇宙学家认为这些结构起源于宇宙早期物质密度的微小起伏，通过引力不稳定性的增长而形成。这些物质密度的微小起伏通过 CMBR 温度起伏表现出来，其温度各向异性的观测能够揭示早期宇宙中这种物质密度的起伏，为宇宙结构形成和暴涨理论提供强有力的支持。1992 年 COBE (cosmic background explorer)卫星首次探测到了 CMBR 温度在大约 10^5 量级的各向异性[1]，此观测结果是继 Penzias 和 Wilson 在 1965 年发现 CMBR 之后首次为原初温度的各向异性提供了可信的证据。为了弥补 COBE 卫星在角分辨率和灵敏度上的缺陷，基于地面、气球和卫星上的望远镜陆续投入使用。气球望远镜 BooMERanG 实验和 Millimeter wave Anisotropy eXperiment IMaging Array (MAXIMA)，实验[2]都是在几度到 10′ 的角尺度上，通过测量功率谱来研究 CMBR 温度各向异性。宇宙微波各向异性探测器(Wilkinson Microwave Anisotropy Probe，WMAP)[3]是在比 COBE 更高的分辨率和灵敏度上对全天区测量 CMBR 温度各向异性，从而揭示宇宙早期的物理条件，进一步了解宇宙的大小、年龄、几何特性、命运以及物质成分，以期确定大爆炸理论的宇宙学参量，了解形成星系的原初结构以及这些结构的起源。CMBR 温度各向异性除了在宇宙早期产生的初级各向异性外，还有从光子退耦到现在期间产生的二级各向异性，其中由 CMBR 光子穿过星系团时与团中弥漫热电子之间的逆 Compton 散射导致的 S-Z 效应(Sunyaer-Zel'dovich effect，SZE)最为重要[4]。

1. S-Z 效应的理论

S-Z 效应可分为两类。一类是当 CMBR 光子穿过大质量星系团时，团内介质中的自由电子的热运动对 CMBR 光子的逆 Compton 散射导致的热 S-Z 效应(thermal SZE)。在这个过程中，光子数是守恒的，但 CMBR 光子的能量平均向高能端移动，使 CMBR 的辐射谱整体向高频偏离，这从图 1 中可以看出来[5]。

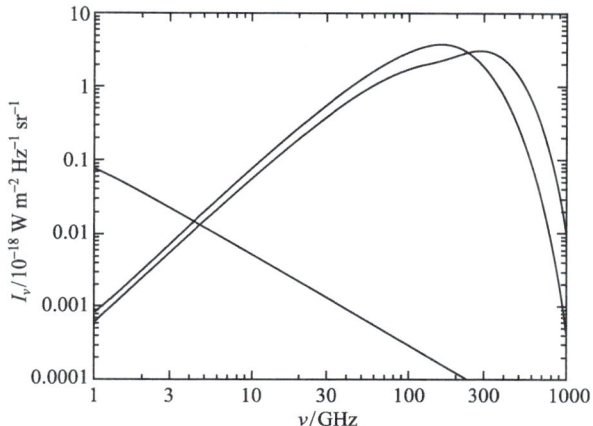

图 1 热 S-Z 效应导致的 CMBR 的辐射谱的变化与来自射电源 Cygnus A 的辐射强度的比较：低频强度降低，高频强度增加。

在非相对论极限下热 S-Z 效应导致的 CMBR 的辐射强度的变化为

$$\Delta I_t = I_0 y_c \frac{x^4 e^x}{(e^x-1)^2} g(x), \quad (1)$$

其中 x 是 CMBR 的量纲为一化的频率，T_{CMB} 是今天 CMBR 温度；Compton 参量 y_c 表示积分沿穿过星系团视线方向进行的量纲为一的物理量。当 $x_0 = 3.83(\nu_0 = 217\mathrm{GHz})$ 时其变化为零[6]。图 2 给出了计算机数值模拟 PLANCK 卫星观测的热 S-Z 效应 Compton 参量 y_c 的天图[7]。

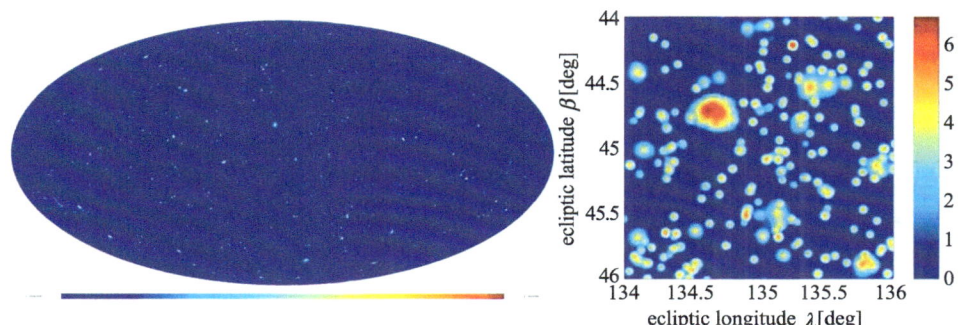

图 2 计算机数值模拟 PLANCK 卫星观测的热 S-Z 效应 Compton 参量 y_c 的天图。

另一类是如果星系团相对于 CMBR 静止参考系存在一个本动速度，这样被散射的 CMBR 光子经历了 Doppler 效应，导致了 CMBR 的辐射强度的变化，即运动学 S-Z 效应(kinetic SZE)。与热 S-Z 效应相比，这种变化较弱，其变化可表示为

$$\Delta I_k = I_0 h(x) \int \frac{v_p \cdot \hat{r}}{c} n_e(r) \sigma_T \mathrm{d}l, \quad (2)$$

其中 $v_r = v_p \cdot \hat{r}$ 是沿观测者视线方向的本动速度分量。因此在频率 $v_0 = 217\text{GHz}$ 的观测可以用来区分两类 S-Z 效应的观测效应。图 3 给出了计算机数值模拟 PLANCK 观测的运动学 S-Z 效应 Compton 参量 y_c 的天图[8]。

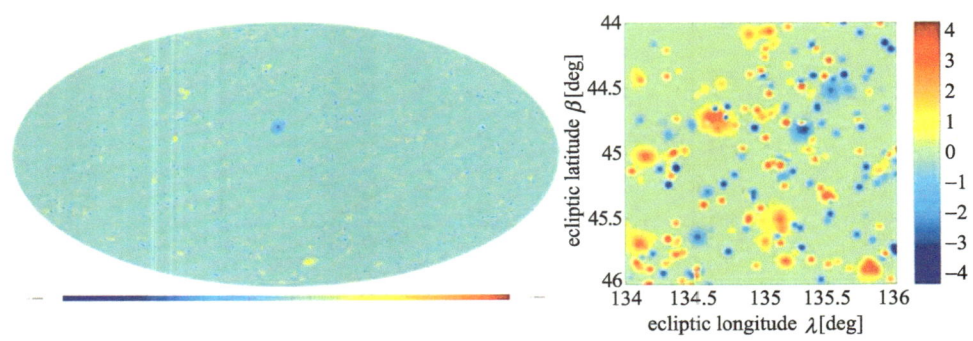

图 3　计算机数值模拟 PLANCK 观测的运动学 S-Z 效应 Compton 参量 y_c 的天图。

2. S-Z 效应的观测技术

S-Z 效应的观测技术可以分为三类，即单天线辐射观测、热辐射观测和干涉观测[8]。在观测上 S-Z 效应的单天线望远镜低信噪比观测大约持续了 20 年，直到 1993 年干涉天线阵 Ryle 阵在 15 GHz 频率上用于 S-Z 效应的观测，得到了 A2218 团的第 1 张 S-Z 效应图像。第 1 个用热辐射天线(bolometer array)对 A2163 团在高频范围(144，217 和 257 GHz)的测量使光谱的频率范围得以扩展。目前除了对星系团观测到 Rayleigh-Jeans(R-J)波段上黑体谱强度的减弱外，还在 Wien 波段上观测到了强度增加，这与热 S-Z 效应的理论非常符合。WMAP 和 PLANCK 卫星能够对成千的星系团探测其热 S-Z 效应，用来研究星系团内气体的物理状态和星系团的演化，把热 S-Z 效应与运动学 S-Z 效应和原初的 CMBR 各向异性区分开来，再结合 X 射线观测还可以来估计 Hubble 常数(哈勃定律中河外星系退行速度同距离的比值)和减速因子 q_0(在膨胀宇宙模型中用以表示宇宙空间开放性的参量)。此外测量大量星系团的本动速度，进一步检验结构形成理论，确定宇宙的平均质量密度。

3. S-Z 效应的宇宙学应用

星系团是宇宙中最大的引力束缚体系，其物质组成(重子物质和暗物质)应代表整个宇宙的组分。CMBR 光子经过星系团时产生的 S-Z 效应不依赖于团的红移，因此被视为最强有力的宇宙学探针。利用 S-Z 效应可以提供 CMBR 起源于遥远早期的证据；探测星系团内热气体的分布，定出星系团中气体总质量；结合流体静力学平衡定出星系团总的引力质量；更为重要的是结合 X 射线观测确定 Hubble 常数和利用星系团的 S-Z 效应计数确定宇宙学基本参量和研究星系团的演化，从而最终限制宇宙学模型。这不仅仅可以检验大爆炸理论,还可以验证许多物理规律,也有可能抛弃一些理论导致某些新物理规律的产生。这对于宇宙学、粒子物理学,乃至整个天体物理学都会产生深远地影响。并且这也是 WMAP 和 PLANCK 卫星的最重要的科学探测目标。

3.1 宇宙学距离的确定　结合星系团的 S-Z 效应和 X 射线观测可以来确定星系团的距离,从而进一步确定 Hubble 常数 H_0 和 q_0[9]。

3.2 宇宙学参量的确定　通过 X 射线的观测可以得到星系团气体的温度,结合对 S-Z 效应总流量的观测可以得到星系团内气体的总质量。利用流体静力学平衡可以求得星系团总的引力质量,这样可以得到星系团内重子质量比例,而星系团内重子质量比例可视为整个宇宙中的重子质量比例 $f_b = \Omega_B/\Omega_M$。只要知道 Ω_B,便可以得到宇宙的物质密度参量 Ω_M。

3.3 大尺度速度场　在频率 $\nu_0 = 217$GHz 处观测 S-Z 效应可以将运动学 S-Z 效应从热 S-Z 效应中分离出来,因为此时热 S-Z 效应为零(见图 2),这样可以探测出星系团的本动速度。通过对高红移本动速度的观测可以对大尺度 Hubble 流的引力扰动进行限制。

4. 研究展望

目前关于 S-Z 效应理论方面的工作集中在更可靠的基础上对新资料数据的解释。对星系团重子质量比例和 Hubble 常数 H_0 的确定上已达到很高的精度,另外在 S-Z 效应的相对论改正上也极其重要。团内热电子对 CMBR 光子的逆 Compton 散射导致了 CMBR 光谱从 R-J 波段到 Wien 波段的移动,这种 S-Z 效应的最初描述是基于非相对论性 Kompaneets 方程的解。这种非相对论近似对于低频率的 R-J 波段和非相对论性的低温星系团一般来说是适用的,但是在确定 Hubble 常数和星系团本动速度时不足够精确,并且对气体温度的依赖性极其敏感。因此有必要考虑星系团的非引力加热机制,因为它不仅改变了气体的空间分布,而且影响其温度分布,对 S-Z 效应的测量影响很大。可以通过非引力加热模型来研究它对利用 S-Z 效应测量 H_0 和星系团计数的影响,也可以利用 S-Z 效应研究星系团内气体的物理特性。因此考虑星系团非等温模型的必要性更加迫切。另外非引力加热机制对星系团 S-Z 效应引起的小尺度上 CMB 功率谱的影响很大,尤其是 CMB 角功率的峰值对它更加敏感,这也是有必要详细探讨的领域。另外观测表明大多数星系团气体的温度趋向于相对论性的,团的气体温度范围大致是 3~15KeV,因此相对论改正显得极为重要,尤其是对于高温星系团。

在利用星系团的 S-Z 效应计数来确定宇宙的密度参量上,由于不知道气体的温度轮廓,也使得观测上和理论模型的不确定性很大。星系团的形状对由 S-Z 效应测量 H_0 的准确性影响很大。许多 X 射线观测表明星系团的 X 射线面亮度分布具有一定的扁率,例如,星系团 CL0016+16 等。最近 Chandra 卫星也测到星系团 RBS797 的长短轴之比为 1:4,因此应该相信星系团内气体的分布是非球对称的,可以近似地用椭球 β 模型而不是传统的球对称模型来描述其空间分布。高质量光谱和空间观测的 X 射线卫星 XMM 和 Chandra 能够降低这些不确定性。令人振奋的是目前的卫星观测已经可以探测到了星系团的温度轮廓,与以前所假设的等温状态可能会有偏离。同时与引力透镜、宇宙大尺度结构的高精度计算机数值模拟和半解析方法等宇宙学研究领域紧密联系起来,也将促进 S-Z 效应研究的顺利进展。以前的研究工作局限于等温气体模型,将来利用最新的星系团温度的观测资料,并结合暗物质分布及物态方程确定出温度轮廓,在理论上考虑非等温气体模型计算 S-Z 效应的 y 参量和流量,与观测结果比较,最终确定出可靠的宇宙学参量,限制宇宙学模型,这将是极其富有活力的宇宙学研究领域。

参 考 文 献

[1] Smoot G F, Bennett C L, Kogut A, et al.Structure in the COBE differential microwave radiometer first-year maps[J].Astrophys.J.,1992,396:L1–L5.
[2] de Bernardis P, Ade P A R, Bock J, et al.A flat universe from high-resolution maps of the cosmic microwave background radiation[J].Nature,2000,404:955–959.
[3] Schmidt B P, Suntzeff N B, Phillips M M, et al.The high-z supernovae search:measuring cosmic deceleration and global curvature of the universe using type Ia supernovae[J]. Astrophys.J.,1998,507:46–63
[4] Cosmology:the study of the universe[OL].http://map.gsfc.nasa.Gov/m-uni.html
[5] Zel'dovich Y B,Sunyaev R A.The interaction of matter and radiation in a hot-model universe[J]. Astrophysics and Space Science,1969,4:301–316.
[6] Birkinshaw M.The Sunyaev-Zel'dovich effect[J]. Physics Reports,1999,310:97–195.
[7] Holzapfel W L,Wilbanks T M,Ade P A R,et al.The Sunyaev-Zel'dovich infrared experiment:a millimeter-wave receiver for cluster cosmology[J]. Astrophys.J.,1997,479:17–30.
[8] Schäfer B M;, Pfrommer C, Bartelmann M, Springel V, et al. Detecting Sunyaev-Zel'dovich clusters with Planck-I.Construction of all-sky thermal and kinetic SZ maps[J]. Monthly Notices of the Royal Astronomical Society, 2006, 370:1309–1323.
[9] Jones M, Saunders R, Alexander P, et al.An image of the Sunyaev-Zel'dovich effect [J].Nature,1993,365:320–323.
[10] Silk J,White S D M.The determination of Q0 using X-ray and microwave observations of galaxy clusters[J]. Astrophys.J,1978,226: L103–L106.

撰稿人:张同杰
北京师范大学天文系

暗物质的属性

The Nature of Dark Matter

大量天文观测表明宇宙中存在着不发光的暗物质。早在 1933 年瑞士天文学家 Fritz Zwicky 在研究后发星系团中星系运动时就提出来了暗物质的概念[1]。他根据所测得的星系速度弥散并应用维理定理得到了后发星系团的质光比,发现其比太阳的质光比要大 400 倍左右[1],因此他认为这个星系团中应当存在大量的不发光的"暗"物质。今天,有许多办法可以测量星系团的质量,如通过弱引力透镜效应,通过测量团内热气体的 X 射线发射轮廓图以及通过测量径向速度分布等。这些测量结果都表明星系团的总质量远远大于可见物质的质量。

漩涡星系旋转曲线的测量表明星系中同样存在暗物质。通常测量的旋转曲线在距离星系中心很远的地方会变平,并且一直延伸到可见的星系盘边缘以外的地方很远都不会下降。如果没有暗物质存在,很容易得到在距离很远的地方旋转速度会随距离下降:$v(r) = \sqrt{\dfrac{GM(r)}{r}} \propto \dfrac{1}{\sqrt{r}}$ 。因此,平坦的旋转曲线就意味着星系中包含了更多的不可见的物质。尤其是最近的 WMAP 卫星实验通过测量微波背景精确地测得宇宙中大约存在占宇宙总能量 22% 的暗物质的组分[2]。

尽管暗物质的存在已经得到了大量天文实验观测的证实,但暗物质粒子的性质却依然不为人们所了解。暗物质究竟是什么样的粒子,带什么量子数,是费米子还是波色子,它和普通物质如何相互作用等,我们对此一无所知。确定暗物质的性质是宇宙学和基本粒子物理理论最重要的基本问题之一。

在微观领域,人们建立了粒子物理的标准模型,它可以准确描述目前所有的对撞机实验结果,是一个非常成功的理论。但是,粒子物理标准模型中却不包括满足构成暗物质要求的粒子,既稳定、不带电、相互作用弱、且非常重等性质。构成暗物质的粒子必然是超出目前的标准模型以外的新粒子。可以这样理解这个问题,既标准模型成功描述了目前对撞机实验的结果,但由于宇宙在早期的温度非常高,远远高于目前人们已经建立的对撞机的能量,因此能够产生出更多更重的新粒子,如暗物质粒子。这些新的粒子则需要超出标准模型的更基本的理论才能包括进去。

因此,寻找到暗物质粒子,确定它的性质就成为研究这些更基本的粒子理论的一个重要的突破口。目前,世界各国正在开展各种各样的实验试图找到暗物质存在的直接证据,以研究暗物质粒子的性质。

现在寻找暗物质粒子的实验大致分为三类,既对撞机实验、直接探测和间接探测[3]。对撞机探测就是在高能对撞机上直接产生暗物质粒子，研究它的性质以及和普通物质的相互作用。欧洲核子中心(CERN)的大型强子对撞机 LHC 将于 2009 开始对撞，并在两三年内达到设计能量和亮度，到时 LHC 很有可能发现 TeV 能区的新物理并直接产生暗物质粒子，这是研究暗物质性质最直接的办法。直接探测是在很深的地下实验室里放置一个高灵敏度的探测器，以探测暗物质粒子和探测器物质碰撞所产生的微弱信号。这类实验在世界各国发展迅速，竞争激烈，人们也预期暗物质的信号可能不久就会在这类实验中被探测到。间接探测则是通过寻找暗物质粒子碰撞并"湮灭"所产生的产物，比如伽马射线、高能中微子、正电子或者反质子等来探测其存在并确定其相互作用的性质。目前这类实验(或即将开始的实验)有卫星实验 Fermi/GLAST[4]，空间站实验 AMS02[5]，南极中微子实验 IceCube[6]等。

目前一种比较流行的暗物质模型来自超对称理论。在超对称理论中，每种粒子都一个"伴子"，粒子与其"伴子"的自旋相差二分之一，但它们的性质、与其他物质的相互作用则完全相同。在一种超对称模型中，光子、弱作用的中性中间玻色子和中性希格斯粒子的"伴子"相互混合构成一种中性、稳定的重粒子，称为中性伴随子(neutralino)，这是一种可能的暗物质粒子。由于超对称理论可以解决标准模型中的一些问题，而且包括了更大的对称性，其预言的暗物质能够自然解释观测所给出的丰度，因此成为目前最为流行的一种暗物质粒子候选者，许多实验围绕寻找这样的暗物质粒子展开。

此外，2008 年以来最新的暗物质间接探测实验，PAMELA 卫星[7]、ATIC 气球实验[8]、Fermi 卫星实验[9]的观测都发现宇宙线中的正电子远远超出了人们的预期，这些超出部分有可能就来自暗物质的自湮灭。如果这一猜测能够得到最终的证实，那么从这些宇宙线的能谱中同样可以推断暗物质的某些性质。比如，实验发现超出都是来自于正电子的部分，而反质子却没有超出，如果是暗物质的贡献，那么暗物质似乎与轻子联系更为密切。从电子能谱的形状、流强也可以推断暗物质的质量和湮灭的速率。

总之，由于目前的暗物质相关的实验进展非常迅速，对撞机、地下实验、地面和空间实验等将在未来几年时间里取得大量实验数据，人们期望对于暗物质性质的认识有可能很快得到突破性的进展。

参 考 文 献

[1] Zwicky F. Spectral displacement of extra galactic nebulae [J]. Helv. Phys. Acta, 1933, 6: 110.
[2] Hinshaw G, et al. (WMAP Collab) Five-Year Wilkinson Microwave Anisotropy Probe (WMAP) Observations: Data Processing, Sky Maps, and Basic Results, arXiv:0803.0732.
[3] Bertone G, Hooper D, Silk J. Particle dark matter: Evidence, candidates and constraints. Phys. Rept. 2005, 405, 279–390; Jungman G, Kamionkowski M, Griest K. Supersymmetric dark matter. Phys. Rept. 1996, 267, 195–373.

[4] Morselli A, Lionetto A, Cesarini A, et al. Search for Dark Matter with GLAST [J], Nucl. Phys. Proc. Suppl., 2002, 113: 213–220.
[5] 见 http://ams.cern.ch/.
[6] Ahrens J, et al, Sensitivity of the IceCube Detector to Astrophysical Sources of High Energy Muon Neutrinos [J]. Astropart.. Phys., 2004, 20: 507–532.
[7] Oscar Adriani, et al. (PAMELA Collab) An anomalous positron abundance in cosmic rays with energies 1.5~100 GeV, Nature 2009, 458: 607–609.
[8] Chang J, et al. (ATIC Collab) An excess of cosmic ray electrons at energies of 300~800 GeV, Nature 2008, 456: 362–365.
[9] Fermi LAT. Collaboration, Measurement of the Cosmic Ray e+ plus e- spectrum from 20 GeV to 1 TeV with the Fermi Large Area Telescope, Phys.Rev.Lett. 2009, 102: 181101.

撰稿人：毕效军
中国科学院高能物理研究所

暗物质的性质与成团特性

Properties of Dark Matter and It's Clustering

天文学观测表明,宇宙总密度的约 1/5~1/4 是不发光的暗物质。暗物质到底是什么?这是当代科学中的重大问题。除了依靠加速器实验、地下 WIMP 直接探测实验以及对中微子、伽马射线光子和宇宙线等暗物质湮灭产物间接探测暗物质以外,利用各种天文学观测间接的推断暗物质的性质,排除、限制暗物质模型参数也是一种重要的研究方法。我们关于暗物质的主要信息都是通过其万有引力获得的,因此暗物质分布的成团性在对暗物质性质的研究中非常重要。

这一研究方法过去取得的一个重要成果,是排除了标准模型中微子作为暗物质的主要成分。中微子不参与电磁相互作用和强相互作用,只参与弱相互作用,因此初看起来是个很有希望的暗物质候选者。但是,由于中微子的质量很轻,退耦后其运动接近光速,因此中微子被称为热暗物质。中微子的自由运动将抹平星系团尺度以下的原初扰动。这样,如果热暗物质是主要的暗物质成分,那么宇宙中最先形成的应该是星系团,星系团再进一步分裂为星系。实际的观测表明星系很早形成,而星系团形成较晚,排除了这种可能性。目前,为了解释星系的形成,最流行的模型是冷暗物质(cold dark matter)模型,这是指暗物质退耦后运动速度很慢,不会导致小尺度结构被抹平。

目前人们观测到的星系大尺度结构与冷暗物质模型理论的预言基本一致。但是,在小尺度上还存在着问题。数值模拟(参见本书中景益鹏、高亮的相关文章)表明,暗物质密集的地方可以演化成为稳定的团状结构,称为暗物质晕。晕内暗物质密度分布可以拟合为如下形式:

$$\rho = \frac{\rho_0}{(r/R)^{\gamma}[1+(r/R)^{\alpha}]^{(\beta-\gamma)/\alpha}}$$

γ 在 1~1.5 之间,即在中心部分密度有一个尖峰(cusp)。然而星系旋转曲线的观测似乎表明,在一部分星系的中心有一个常密度的核,这与上述模拟的结果不一致。另外,模拟结果表明,在银河系大小的暗晕中有多达几百个小的子暗晕,这些子晕(subhalo)不会被潮汐力破坏,而会长期存在于大暗晕内。如果每个子晕里有一个星系,那么银河系所在的本星系群内应该有几百个卫星星系。但是,当时在银河系周围只发现了十几个矮星系,远远小于模拟的结果。这两个问题就是冷暗物质模型的所谓小尺度危机。

为了解决这些问题,人们提出了一些非冷暗物质模型,如温暗物质(WDM),自相互作用暗物质(SIDM)，强相互作用粒子(SIMP)等。WDM 模型假定暗物质质量为 1~10 keV，介于冷暗物质和热暗物质之间，它会抹平小尺度的原初扰动而不影响大尺度结构。SIDM 假定暗物质除引力之外，没有电磁相互作用，也不与普通物质相互作用，但本身之间有较强的相互作用，这样在一定的时间范围内暗晕会由于暗物质相互作用而形成核。由于为了解决小尺度问题所需的暗物质相互作用强度接近粒子物理中的强相互作用(QCD)，因此也有可能暗物质除自相互作用外也有强相互作用，只是没有电磁相互作用。 与 CDM 相比，这些模型也有一些自身的问题，如 SIDM 预言星系团的中心将很圆，SIMP 导致大尺度结构有较强的压低，这些都与观测有矛盾。

图 1　Via Lactea 模拟的银河系暗晕和子暗晕。

在 CDM 模型框架内也有可能解决小尺度危机。例如，子暗晕可能存在，只是由于某种原因(例如，宇宙再电离导致的气体加热)使其中没有形成恒星。子暗晕存在的一个间接证据是，某些高红移天体被星系强引力透镜产生两个像，其亮度相差很大，对于平滑的物质分布来说这很难解释。因此，这可能表明没有恒星的子暗晕确实存在。不过，有趣的是最近的一个高精度数值模拟 Aquarius 得到的暗晕子结构数量还不足以解释观测到的那么多的强引力透镜亮度差。

近来的一个重要进展是，利用 SDSS 巡天数据发现了许多新的本星系群矮星系，如果考虑到再电离的影响等因素，目前观测到的银河系卫星矮星系的数量可以与理论预言相符。另外，一些观测上的问题以及暗晕的三轴性等可能使观测到的旋转曲线不能完全准确反映中心部分的密度分布而呈现伪核。进一步的观测需要对星系中心恒星或气体的二维速度分布进行测量以便与理论比较来修正上述因素造成的影响,这似已成为当前的趋势。

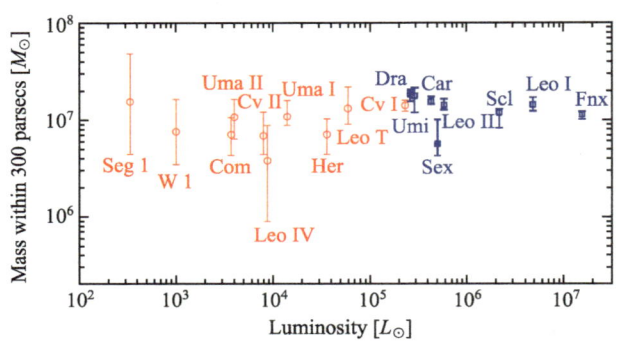

图 2　近邻矮星系 300pc 以内的的质量。

此外,一个很有趣的问题是星系的暗晕是否有最小质量。Gilmore 等曾发现,一些亮度差异很大的星系都具有相同的暗晕质量(约 10^7 太阳质量),这要求这些星系的质光比落在所谓 Mateo 曲线上。Simon 和 Geha 曾一度否认这一结论,因为他们发现了质量更小的矮星系。不过质量究竟如何定义是影响结论的,近来他们认为,暗晕在中心 300 秒差距以内的质量确有一个大约 10^7 太阳质量的特征质量。目前一般认为可以用恒星形成的反馈效应解释这一现象。但是,也有可能暗物质的性质(如温暗物质)导致了这一最小质量的存在。

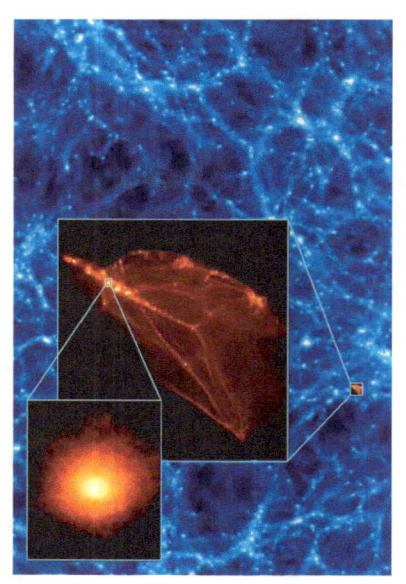

图 3　Diemand 等人模拟出的最小的暗晕。

在冷暗物质模型中,暗晕的最小质量决定于功率谱的形状,冷暗物质运动退耦前的小尺度密度涨落被压低,因此这就决定了暗晕的最小质量。对中性微子(neutralino) 而言这个质量大约是地球质量。这些暗晕后来被合并到更大的暗晕中,但仍有许多以子暗晕的形式存在,这可能有观测上的意义。

总之,无论是在数值模拟还是在观测方面都有大量的有趣问题等待我们的回答。可以预期的是,随着将来运动学测量的大幅度改进和更多高精度的引力透镜观测,人们对成团性和暗物质性质将取得许多新的进展。

参 考 文 献

[1] Ostriker J P, Steinhardt P. New Light on Dark Matter. Science, 2003, 300, 1909.
[2] Simon J D, Geha M. The Kinematics of the Ultra-Faint Milky Way Satellites: Solving the Missing Satellite Problem. Astrophysical Journal 2007, 670, 313.
[3] 陈学雷, 黄峰. 暗物质研究进展兼谈科学中的整体统一方法. 自然杂志, 2008, 30(5)：267.
[4] Marshall P J, et al. Dark Matter Structures in the Universe: Prospects for Optical Astronomy in the Next Decade, arxiv:0902.2963.
[5] Moustakas L A, et al. Strong gravitational lensing probes of the particle nature of dark matter, arxiv:0902.3219.
[6] Bullock J S, et al. Dwarf Galaxies in 2010: Revealing Galaxy Formation's Threshold and Testing the Nature of Dark Matter, arxiv:0902.3492.
[7] Primack J R. Cosmology: small scale issues revisited, arxiv:0909.2247.

撰稿人：陈学雷
中国科学院国家天文台

暗 物 质 星

Dark Matter Stars

1. 暗物质与暗物质星

多年来的各种天文观测都表明了宇宙中非重子暗物质的存在,其总质量达普通重子物质的 5 倍。在诸多暗物质粒子模型中,弱相互作用大质量粒子(WIMPs)符合天文学观测,其早期湮灭过程可以自然地给出今天宇宙中的暗物质含量,因此被认为是暗物质的最佳候选者。典型的 WIMP 粒子具有非零的核散射截面与自湮灭截面,核散射截面使得暗物质粒子能够有一定的几率与原子核发生弹性碰撞,从而与重子物质产生耦合;而自湮灭截面使得暗物质粒子在宇宙演化后期的高密度区仍进行着快速湮灭过程。

一般认为宇宙的第一代恒星大约形成于红移 50 至 10、质量为 10^6 太阳质量左右的暗物质晕中,在这样的暗晕中,普通物质气体可以通过氢分子的谱线辐射而冷却,最终在引力作用下坍缩,其中心的密度和温度升高,直至发生核反应,提供平衡引力所需的能流(参见本书中岳斌、陈学雷关于第一代恒星的文章)。但是,由于宇宙在如此高红移时的密度要远远高于我们今天宇宙的物质密度,我们期待暗物质晕中心会有大量的暗物质粒子且可发生湮灭。暗物质的湮灭对宇宙中第一代恒星的形成会有怎样的影响呢? 这个问题直至近来才引起人们的注意。Spolyar,Freese,Gongdolo 提出[1],暗物质晕中气体坍缩的中心可能正是暗晕的中心,暗物质湮灭产生的能量可能足以制止气体坍缩成普通的恒星,而是在较低的密度和较大的尺度就形成达到流体力学平衡的天体,由暗物质粒子的湮灭而不是核反应供能,严格地说,这种天体应该称为暗物质供能星(dark matter powered star),但目前往往把这种天体称为暗物质星(dark matter star)或简称暗星 (dark star), 尽管它并不主要由暗物质构成(暗物质仅占全星质量的不到千分之一),而且也并不暗—实际上由于体积大,它比一般恒星要亮。

这样一种特殊的供能方式导致了一种全新的恒星演化模式。Freese 等估计[2],这样暗物质星具有密度低(气体密度仅 $10^{13}cm^{-3}$)、体积大(1~10AU)、质量大(500~1000 倍的太阳质量)、光度高(10^6~10^7 倍太阳光度),以及相比于普通的第一代恒星(星族 III 恒星)表面温度低(小于 10000K)、寿命长(几百万~几十亿年)的特点。不过,这些暗物质星的具体性质,还取决于暗物质粒子的性质和形成的途径,具体的参数可能与上面给出的不同。

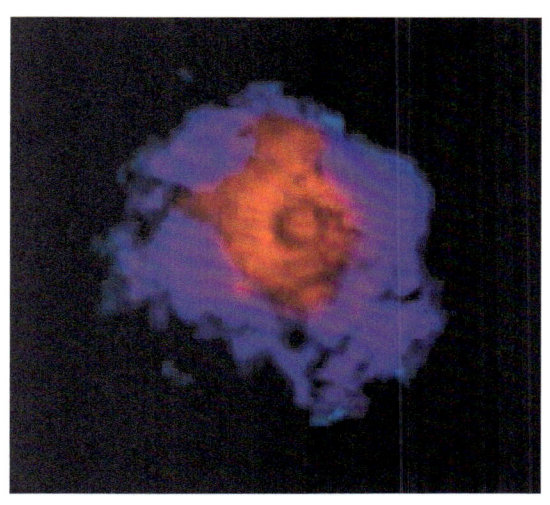

一旦我们能够直接或间接地探测到暗物质星，我们将有一个绝佳的研究 WIMP 粒子性质的途径。而且，暗物质星可能是解释高红移发现的超大质量黑洞的一种途径。另外，暗物质星形成于宇宙的再电离早期，它的形成数量，辐射性质，以及存在寿命都对再电离有着重要影响。因此，暗物质星的研究具有深远的科学意义。

2. 暗物质星的形成

暗物质星的研究至今还处于探索性阶段。首先，暗物质星是否能够形成仍然是一个未知的问题。一般来说，暗物质晕的中心引力势能最低，容易成为普通物质的吸积中心。但是，气体的坍缩和吸积过程可能是非球对称的、复杂的、具有一定的随机性，在此过程中如果气体密度分布的中心偏离暗物质晕的中心，则暗物质星未必能够形成。

如果这一不利因素没有发生，气体将在暗物质晕的中心汇集形成一个小质量的星胚。暗物质粒子的质量，湮灭速率，恒星中暗物质的密度以及暗物质湮灭的产物决定了暗物质湮灭的产能率。由于现在对于暗物质的组成粒子还没有定论，人们只能假设几种可能的暗物质粒子候选者的质量进行研究；湮灭速率在最简单的情况下由暗物质的热退耦密度确定为 $\langle \sigma v \rangle = 3 \times 10^{-26} \mathrm{cm}^3 \mathrm{s}^{-1}$。暗晕中暗物质本身的密度不足以提供足够的湮灭产能率。但是，气体的收缩造成的引力的变化可能带动暗物质随之收缩(绝热收缩)而增加恒星中暗物质的密度，形成比普通暗物质晕聚集度更高的密度轮廓，从而进行快速湮灭为恒星供能。在星胚内暗物质湮灭产生的辐射与引力相平衡，同时外部继续有大量气体吸积。如果全部气体都能被吸积的话，最终的质量可达 1000 太阳质量。显然，暗物质绝热收缩的程度对于暗物质星能否形成也是至关重要的。

3. 暗物质星的演化

经过 $10^3 \sim 10^4$ 年以后，暗物质不断湮灭，逐渐耗尽。绝热收缩过程补充的暗物质可能可以使这一过程延长至 10^5 年。当暗物质最终耗尽时有两种可能，一种可能是，随着暗物质湮灭能源的枯竭，恒星收缩导致密度、温度增高，直至普通的核反应开始提供能源，这时暗物质星逐渐转化为普通的 Pop III 主序星。另一种可能是，如果暗物质粒子与普通物质原子核的弹性散射截面较大，而暗物质星的半径又比较大，那么其气体可能与暗晕中随机运动的暗物质发生弹性散射，暗物质在这种散射中一般损失能量而被俘获，这些被俘获的暗物质粒子很快在恒星中达到热平衡并逐渐沉积到暗物质星中心，继续为暗物质星发光提供能源。这后一阶段中所能俘获的暗物质取决于暗物质粒子与重子物质粒子的散射截面以及周围介质中暗物质的多少，而这两者都还非常不确定，后者还与暗物质晕所处的环境有关。

由于暗物质湮灭能源的作用，暗物质星的寿命可能比一般根据单纯核反应作出的估计要长几倍。

4. 暗物质星的探测

暗物质星的形成机制与形成时间决定了它的探测是相当困难的。一般认为，暗物质星形成于红移 10 以上的宇宙再电离早期，要比至今为止探测到的任何天体都要遥远。由于暗物质星的质量比较大，其寿命比较短，尽管暗物质湮灭延长了其寿命，这些暗物质星还是难以存活到今天。如果暗物质星特别明亮，我们也许可以通过 James-Webb 望远镜或者 30 米的地面望远镜直接探测到。更可能的情况是暗物质星无法达到能够被直接观测的光度。那么我们可以考虑一些间接的探测方法，例如，通过小尺度上中性氢的 21cm 谱线观测去寻找第一代发光天体的电离氢区，从电离氢区的性质去区分暗物质星与普通的第一代恒星。但是，中性氢的 21cm 谱线观测本身就是一个仍未解决的难题，而且暗物质星的辐射性质及其电离氢区是如何区别于普通的第一代恒星的，还强烈依赖于我们并不清楚的暗物质粒子的性质。

不过，也有可能会形成小质量的暗物质星，这样的星将可以长期存活，如果这样的暗物质星存留在银河系中，我们可以根据其不寻常的亮度-温度关系找到它。此外，如果暗物质与普通物质的弹性散射截面比较大，普通恒星在靠近暗晕中心的高密度区时，也有可能会俘获较多的暗物质而转化为暗物质星。这也为暗物质星的寻找提供了一种途径。

总之，暗物质星还是一个新兴的研究课题，无论是暗物质粒子的性质，暗物质星的性质，还是暗物质星对天体物理过程以及宇宙演化的影响，都有很多问题和不确定性。反之，如果我们找到了暗物质星，那将对暗物质的研究提供一条重要途径，对恒星演化及宇宙再电离过程提出严格限制。它是联系粒子物理、天体物理与宇宙学的一条重要纽带。

参 考 文 献

[1] Spolyar D, Freese K, Gondolo P. Dark Matter and the First Stars: A New Phase of Stellar Evolution[J]. Phys. Rev. Lett., 2008, 100: 051101(1-4).

[2] Freese K, Bodenheimer P, Spolyar D, Gondolo P. Stellar Structure of Dark Stars: A First Phase of Stellar Evolution Resulting from Dark Matter Annihilation[J]. ApJ, 2008, 685: L101-L104.

[3] Freese K, Bodenheimer P, Gondolo P, Spolyar D. Dark Stars: the First Stars in the Universe may be powered by Dark Matter Heating[J]. AIP Conf. Proc., 2009, 1166: 33-38.

[4] Iocco F, Bressan A, Ripamonti E, Schneider R, Ferrara A, Marigo P. Effects of dark matter annihilation on the first stars[J]. IAUS, 2008, 4(255): 61-65.

[5] Schleicher D R G, Banerjee R, Klessen R S. Dark stars: Implications and constraints from cosmic reionization and extragalactic background radiation[J]. Phys. Rev. D, 2009, 79: 043510(1-15).

[6] Yoon S-C, Iocco F, Akiyama S. Evolution of the First Stars with Dark Matter Burning[J]. ApJ, 2008, 688: L1-L4.

[7] Taoso M, Bertone G, Meynet G, Ekstrom S. Dark matter annihilations in Population III stars[J]. Phys. Rev. D, 2008, 78: 123510(1-5).

[8] Scott P, Edsjo J, Fairbairn M. The DarkStars code: a publicly available dark stellar evolution package[J]. 2009, arxiv:0904.2395.

撰稿人：徐怡冬[1]　陈学雷[2]

1 北京大学天文系
2 中国科学院国家天文台

MACHOs 和微引力透镜

MACHOs and Microlensing

星系旋转曲线等确凿的观测证据表明，星系中存在大量的不发光物质。这些不发光物质，分布在大致是球形的星系暗晕(halo)中,不仅仅总质量比发光的恒星和星云的总质量高约一个量级，分布范围也远远超过可见物质的分布。这些不发光物质，即暗物质，是什么？关于这个天体物理基本问题，有两类可能答案。一类是微弱作用有质量粒子(weakly interacting massive particles, WIMPs)，即非重子暗物质，主要指非粒子物理标准模型粒子，例如，超对称模型中的 neutralino。一类是大质量致密晕天体(massive compact halo objects, MACHOs[①])，例如，恒星的死亡产物白矮星、中子星和黑洞以及褐矮星和类木行星等极其暗淡的天体。

因为不发光或者极其暗淡，WIMPs 和 MACHOs 的直接探测是极其困难的，甚至是不可能的。但是，仍然有可能通过间接的方法来检验它们的存在，从而理解暗物质的本质。MACHOs 会造成一种特殊的引力透镜现象，即微引力透镜。20 世纪 90 年代以来，有一系列天文试验(MACHO、EROS、OGLE 等)致力于通过微引力透镜来探测 MACHOs。这些结果，排除了 MACHOs 构成暗物质主体的可能，是支持非重子暗物质的有力证据。

微引力透镜是一类特殊的引力透镜现象。"微"字的意思指引力透镜造成的光线偏折太小，形成的像之间的角距离太小(典型值是百万分之一角秒)，远远小于望远镜的分辨能力，因此重叠在一起,能够观测到的是像的亮度变化。这正是 MACHO 天体经过银河系(或者大小麦哲伦云)里的一颗恒星(源恒星)和我们之间的连线(即视线)时发生的情况。微引力透镜由 MACHO 的质量、MACHO 到视线的垂直距离、MACHO 和源恒星到我们的距离、MACHO 和源的运动等几个因素共同决定。其中的一个关键量是爱因斯坦半径 $R_E = \sqrt{4GMD_L(1-D_L/D_S/c^2)}$，这里 D_L 是透镜(MACHO)的距离，D_S 是源的距离，M 是 MACHO 的质量。所以爱因斯坦半径大致是史瓦西半径和透镜距离的几何平均。MACHO 的典型质量的量级为太阳质量、MACHO 的典型距离是 10kpc，如果该 MACHO 处于源和我们正中间，对应的爱因斯坦半径为 4.5AU(天文单位)。爱因斯坦半径决定了 MACHO 的势力范围。只有当 MACHO 到视线的垂直距离小于爱因斯坦半径的时候，源的亮度才会被显著放大

---

① 英文单词 wimp 的意思是软弱无能的家伙，而英文单词 macho 意为身强体壮的男子，由此可见缩写 MACHO 的戏(言虐)意味。

(放大率大于 1.34,即变亮至少 34%)。对于 100km·s^{-1} 的典型运动速度来说,穿越爱因斯坦直径的时间,即光变特征时标,典型值为几个月。

微引力透镜的历史至少要追溯到爱因斯坦。在完成广义相对论后不久他就计算了恒星造成的引力透镜现象。1986 年,B.Paczynski 建议利用该现象来探测银河系里的 MACHO。这个建议被迅速付诸实践。从 20 世纪 90 年代初开始,MACHO、EROS(包括 EROS-1 和 EROS-2 两代)、OGLE 等多个观测项目对大小麦哲伦云、仙女座星云(M31)、银河系核球和旋臂上的几千万颗恒星进行了多年的光度观测。通过层层筛选,他们发现了几十个微引力透镜候选事件。这些事件的光变时标一般是几个月,意味着透镜质量的量级是一个太阳质量。但是,如果银河系里的暗物质完全由 MACHO 构成,它们造成的微引力透镜事件的数目要比实际测量到的大一个量级以上。因此,MACHOs 不可能是暗物质的主要成分。

其中,MACHO 项目对大麦哲伦里的约 1200 万颗恒星进行了 5.7 年的光度测量,发现了 13 到 17 个微引力透镜候选事件,光变时标从 34 天到 230 天不等,对应的 MACHO 质量大致在 0.15 到 0.9 个太阳质量之间。总质量约 10^{11} 太阳质量,只占银河暗晕质量的 20%左右。该实验在 95%的置信度上排除了银河暗晕完全由 MACHOs 组成的可能性。

EROS-2 的结果更加保守。在 6.7 年时间里,EROS-2 对大小麦哲伦云中的 3300 万颗恒星进行了光度测量。他们从中选取并分析了约 90 个平方度天区中 7 百万颗亮星。结果只发现了一个微引力透镜候选事件,不到理论(如果暗晕完全由 MACHOs 组成)预言的 3%。结合此前 EROS-1 的结果,他们认为在 95%的置信区间上,MACHOs 最多贡献 8%的暗晕质量。

微引力透镜事件的辨认是极其困难的事情,这也许在很大程度上造成了上述结果的分歧。微引力透镜事件的筛选是通过光变曲线的特征进行的。微引力透镜引起的光变曲线在时间上对称[2]、光变幅度与频率(颜色)无关[3],而且光变只有一次。相比之下,变星的光变不止一次,在时间上不对称,而且跟颜色有关;视线方向其他星系里的超新星,虽然只有一次光变,但是光变曲线上升快,下降慢,并不对称。原则上,通过这些特征,可以干净地筛选出微引力透镜事件。但是,因为光度测量误差的存在和测量时间的限制,超新星和某些特殊的变星仍然可能被误判为微引力透镜事件。例如,通过微引力透镜项目,发现了一类新的变星,bumper(Be 型星)。

---

[2] 光变曲线对称的说法忽略了地球公转。事实上,因为微引力透镜的时标是几个月,因此地球的公转不可忽略。地球公转导致视线改变,从而改变了放大率,造成光变曲线的不对称性。这种地球公转造成的视差效应告诉我们到源恒星的距离,从而降低了微引力透镜各物理量(质量、源恒星距离、透镜距离、速度)之间的简并。另外,如果透镜是个双星系统,造成的光变曲线也是非对称的。

[3] 如果源恒星是双星系统,或者是视线上相隔较远的两颗恒星,因为两颗恒星一般颜色不同,而且只有一颗的亮度被放大(或者放大度数不一样),造成的光变就跟颜色有关。

bumper 相邻的两次光变间隔很长，在观测期间往往只有一次光变，很容易被误判为微引力透镜事件。一个例子就是微引力透镜候选事件 EROS1-LMC-1。在光变6.3年之后才开始第二次光变，而且该光变可以很好地用微引力透镜拟合。但是，事实上，它是一颗 bumper 变星。更糟糕的是，bumper 仅仅是新发现的一类变星而已。因为我们对变星的理解并不完备，随着观测的改进[④]，陆续有新的变星种类被发现，也陆续有微引力透镜候选事件被确认为变星；超新星也很容易被误判为微引力透镜时间。随着测量精度的改进，一些微引力透镜候选事件，例如，EROS2-LMC-5，6，7 都被证实为超新星；因为大气扰动的影响，临近恒星的光会混合在一起(blending)，造成污染。EROS-2 只分析了 3300 万颗恒星中 20%的亮星，主要原因之一就是避免这种污染。而 MACHO 项目并没有做类似的选择，这可能是 MACHO 和 EROS 结果分歧的原因。

观测结果的解释也存在很大的不确定性。从光变曲线获得的主要信息是光变时标，如前所述，该时标依赖于透镜质量、距离、速度和源恒星的距离，因为我们无法直接观测透镜，所以微引力透镜事件的解释存在很大的简并性。例如，大麦哲伦云中的微引力透镜事件，可能由银河系的 MACHOs 引起，也可能由大麦哲伦云中的 MACHOs 引起；微引力透镜事件需要经过上 10 层的筛选，由此造成的选择函数(探测效率)极其复杂，是重要而难以量化的系统误差；即使前面的问题都不存在，测量到的也不仅仅是 MACHOs 引起的微引力透镜事件，因为一般的恒星也能够引起微引力透镜事件。扣除这些恒星的贡献需要恒星的分布模型，存在很大不确定性。

总而言之，经过 20 余年的微引力透镜观测和数据分析，MACHOs 作为星系暗晕主导成分的可能已经被排除。这与宇宙微波背景辐射、大爆炸核合成的结果一致。但是，MACHOs 在星系暗晕中的精确含量和分布，仍然有待于进一步的微引力透镜观测和分析，两者的难度都很大。

参 考 文 献

[1] Alcock C, et al. Astrophysical Journal, 2000, 542, 281–307.
[2] Tiserand P, et al. Astronomy and Astrophysics, 2007, 469, 387–404.

撰稿人：张鹏杰
中国科学院上海天文台

---

④ 观测时间的延长有助于发现额外的光变，从而辨别变星和微引力透镜；光度测量精度的改进，也有助于变星的确认。例如，微引力透镜候选事件 EROS1-LMC-2 在光变 8 年后又出现了光变，因此被排除。而 EROS1-LMC-1，在光变 6.3 年后又出现了光变，并被 EROS-2 测量。该光变曲线可以很好得用微引力透镜拟合。

暗能量的物理本质是什么？

What is the nature of Dark Energy?

  1998年超新星宇宙学项目(supernova cosmology project, SCP) 和高红移超新星(high-z supernova) 两个小组利用 Ia 型超新星观测发现了宇宙的加速膨胀[1,2]。在标准宇宙学模型框架下，爱因斯坦引力场方程给出 $\ddot{a}/a = -4\pi G(\rho+3p)/3$(其中 a 是宇宙标度因子，G 为引力常数，p 和 ρ 分别为宇宙中物质的压强和能量密度)，加速膨胀 $\ddot{a}>0$ 要求压强为负：$p < -\rho/3$。因为对于通常的辐射、重子和冷暗物质，压强都是非负的，所以必定存在着一种神秘的负压物质主导今天的宇宙，称之为暗能量。之后，更多的超新星以及大尺度结构和微波背景辐射等天文观测进一步支持了暗能量的存在。这些精确的天文观测强有力地支持了以暗能量、暗物质为主的暴涨宇宙学模型。在我们的宇宙中，已知的基本粒子只占4%左右，而22%左右是暗物质，74%是暗能量。但是暗物质和暗能量的物理性质依然是个谜。暗物质和暗能量问题是现代物理科学中两朵新的乌云，对它们的研究将极有可能孕育出新的物理学和天文学重大发现乃至科学上的革命，对于未来的科学发展具有难以估量的重要作用。寻找暗物质粒子，研究暗能量的本质等，结合粒子物理和宇宙学的研究已成为 21 世纪物理学和天文学的一个重要趋势。目前世界各国都非常重视对暗物质、暗能量问题的研究，我国在《国家中长期科学技术发展规划纲要》、《国家"十一五"基础研究发展规划》等发展规划中也都把暗物质和暗能量问题列为重要的科学前沿问题。

  暗能量是近年宇宙学研究的一个里程碑性的重大成果。什么是暗能量呢？在弗里德曼–罗伯特逊–沃克(Friedmann-Robertson-Walker)宇宙学模型框架下，其基本特征是具有负压，在宇宙空间中均匀分布且不结团。一种可能性是宇宙学常数，它是1917 年爱因斯坦为建立一个静态的宇宙模型而引进的。值得指出的是，在当今宇宙学研究中宇宙学常数有深一层的意义，它包含真空能。在量子场论中"真空"是不"空"的。根据协变性要求，真空的能–动量张量正比于度规张量，等效于爱因斯坦引进的宇宙学常数。在实验测量中，二者是不可区分的。这种能量在日常的生活和科学实验中感觉不到，但却支配着宇宙的演化，驱动宇宙的加速膨胀。但是目前量子场论的理论预言值远远大于观测值。如果认为爱因斯坦的广义相对论和粒子物理的标准模型在普朗克标度以下都是有效的话，理论计算的真空能将比观测值大 10^{120} 倍。这一理论与实验的冲突即宇宙学常数问题是对当代物理学的一大挑战。

  另一种暗能量可能性是随时间变化的动力学场的能量。最简单的是一个具有正则动能的标量场，在文献中它被称为"quintessence"（译为精质[3]）。除此之外，目前国内外科学家已提出了多种暗能量的物理诠释。就唯象研究而言，不同的模型可由其状态方程(或对于修改引力等模型而言的有效状态方程) w (定义为 p 和 ρ 之比)来分类。例如：对于上面谈到的宇宙学常数， W 不随时间而变 并且 $w = -1$ ；而对于动力学模型而言, W 随时间可变，并且可以 $W>-1$ (quintessence), $W<-1$ (phantom 译为幽灵[4]) 或越过 -1 (quintom 译为精灵[5])。由此认识暗能量物理本质的首要任务是天文观测并通过数据拟合来测量暗能量的状态方程。

目前的天文观测(CMB + LSS + SN 等)显示在 2σ 范围内宇宙学常数可以很好地拟合数据，但动力学模型没有被排除，而且数据略微支持 w 越过 -1 的精灵暗能量模型。虽然目前的数据已经给暗能量的理论模型的参数空间很大的限制，但是不足以精确地检验这些模型。为此，国内外科学家正积极地策划下一代地面和空间的大规模巡天项目，以提高测量精度，充分检验暗能量理论。

国际上有代表性的下一代暗能量观测项目包括 LSST、JDEM、Euclid、BigBOSS 等。在我国已建成的 LAMOST 望远镜可以探测暗能量，但有一定的局限性。在光学和近红外成像巡天方向，我国的南极昆仑站具有得天独厚的观测条件。有望在昆仑站实现一个中国主导的下一代暗能量巡天项目，例如，建在南极的 4 米级光学/近红外望远镜。

暗能量的本质决定着宇宙的命运。如果加速膨胀是由真空能(即宇宙学常数)引起的，那么宇宙将永远延续这种加速膨胀的状态。宇宙中的物质和能量将变得越来越稀薄，星系之间互相远离的速度将变得非常快，新的结构不可能再形成。如果导致当今宇宙加速膨胀的暗能量是动力学的，那么宇宙的未来将由暗能量场的动力学决定，有可能会永远加速膨胀下去，也有可能重新进入减速膨胀的状态，甚至可能收缩，振荡。然而目前已知的理论都不能自然地解释暗能量，而且存在着灾难性的宇宙学常数问题。解决这一问题需要新的理论，这样的理论一旦被找到，将是一场重大的物理学革命。

参 考 文 献

[1] Observational evidence from supernovae for an accelerating universe and a cosmological constant. By Supernova Search Team (Adam G. Riess et al.), Astron. J. 1998, 116, 1009.
[2] Perlmutter S, et al. Measurements of Omega and Lambda from 42 high redshift supernovae. By Supernova Cosmology Project, Astrophys. J. 1999, 517, 565.
[3] Ratra B, Peebles P J E. Cosmological Consequences of a Rolling Homogeneous Scalar Field, Phys. Rev. D1988, 37, 3406.
[4] Caldwell R R, A Phantom men ale? Phys. Lett, B2007, 545, 23.
[5] Feng B X L, Wang X, Zhang M. Dark energy Constraints from the cosmic age and supernova. Phy. Lett. B2005, 607, 35.

撰稿人：张新民
中国科学院高能物理研究所

暗能量的理论模型

Theoretical Models for Dark Energy

20 世纪有 2 个重大的发现,它们彻底改变了人们对于我们生活其中宇宙的认识。其一是 20 年代末,哈勃发现我们的宇宙不是静态的,而是在膨胀的。这一发现开启了现代宇宙学的研究。其二,1998 年美国的 2 个超新星(SNe)研究小组根据他们的观测数据发现我们的宇宙不是人们以前认为的在减速膨胀,相反而是在加速膨胀[1,2]。根据万有引力定律,所有的物质之间都存在相互吸引力,所以宇宙中物质之间的相互吸引力必定使得宇宙的膨胀速度变慢,即宇宙膨胀应该是减速的。因此,宇宙的加速膨胀表明宇宙中应该存在一种斥力(负压强)的能量成分。这一成分在现代宇宙学研究的文献中被称为暗能量。相继的大量不同类型的天文观测,如宇宙背景辐射(CMB),宇宙的大尺度结构(LSS),重子声学震荡(BAO),引力透镜(GL)等,都表明宇宙中确实存在着这一暗能量成分。综合所有天文观测,目前宇宙中发光的重子物质只占宇宙总能量的 4%左右,看不见的暗物质占 23%,以及几乎可忽略的光子,中微子等辐射物质,而宇宙中大部分能量 73% 是以看不见的暗能量形式存在的。暗物质是什么?如何探测?暗能量的本质是什么?如何在基本理论中构造一个与观测相符的暴胀模型?这些是当前宇宙学家和理论物理学家面临的重大挑战。

区分物质性质的一个重要参数是它的状态参数 w,它是物质压强和能量密度之比。普通的尘埃物质,其压强可忽略不计,故其状态参数 $w=0$。如宇宙中的非相对论重子物质,暗物质,它们的状态参数 $w=0$。物质为主时期的宇宙状态参数为 $w=0$。相对论的气体,如光子,其状态参数 $w=1/3$。辐射为主时期宇宙的状态参数即为 $w=1/3$。著名的爱因斯坦引入的宇宙学常数,其压强等于负的能量密度,故其状态参数为 $w=-1$。根据爱因斯坦场方程,为使得宇宙加速膨胀,宇宙中的物质其状态参数必须小于 $-1/3$。而我们日常见到的所有物质其压强总是正的,因此其状态参数也是正的。而最新的天文观测数据采用 LCDM 模型,拟合出的暗能量状态参数为 $-0.11 < 1+w < 0.14$。这就是为什么说宇宙的加速膨胀发现对我们提出了严峻的挑战。

现代宇宙学是建立在爱因斯坦的广义相对论和宇宙学原理基础上的。所谓的宇宙学原理是说我们的宇宙在大尺度上是均匀各向同性的。所以研究宇宙学的动力学演化有三个基本要素:爱因斯坦场方程,宇宙中的物质成分和宇宙学原理。因此人们从这三个要素来理解宇宙的加速膨胀。确实,自 1998 年发现宇宙的加速膨胀以来，人们已经提出了许多模型来解释观测到的宇宙加速膨胀的事实。基于上面三要素，可以将文献中的暗能量模型(严格地说是解释宇宙加速膨胀的模型)分为以下三类[3]。

模型1：修改爱因斯坦广义相对论

爱因斯坦的广义相对论是非常成功的引力理论，但是它仅在大到太阳系尺度，小到亚毫米尺度得到了精确检验。在小尺度上，量子引力效应必定对广义相对论有一定的修正；在宇宙学尺度上，没有原理保证广义相对论一定正确。因此，通过在大尺度上修改广义相对论来解释观测到的宇宙加速膨胀效应是一个合理的选择。文献中存在着许多修改广义相对论的方法，如标量-张量引力理论，有质量的引力理论，双度规理论等。在解释宇宙加速膨胀方面，目前国际上广为讨论的是鬼凝聚，$f(R)$引力理论和外维度的膜世界图像等。目前的观测数据还不能排除许多修改引力模型。在这个方面还有待于进一步研究。下面简单介绍三类修改的引力模型。

(1) 鬼凝聚。在文献[4]中，作者提出了广义相对论在红外尺度的自恰修改，这样的修改导致的理论与目前的所有观测是不矛盾的。这一修改相当于在广义相对论中引入 Higgs 机制，这通过一个鬼场来实现：一个标量场有一个常数的速度 $<d\phi/dt> \geq M^2$，这里 M 是一个引入的能量标度。这一类鬼凝聚状态参 $w \approx -1$，表现象一个宇宙学常数，所以它能够驱动宇宙的加速膨胀。但是它不是宇宙学常数，而是实在的物理流体，具有物理的标量激发。在低能极限下，可以用有效场论来描述这个标量激发。这些激发有非相对论的色散关系 $\omega \approx k^4/M^2$。物体间的牛顿势在长度标度为 M_{pl}/M^2，时间标度为 M^2_{pl}/M^3 时有一个震荡行为的修改，这里 M_{pl} 表示普朗克质量能标。该模型的详细情况可参看文献[4]。简言之，通过鬼凝聚，该模型提供了广义相对论在红外标度的一个自恰修改，鬼凝聚能够起到暗能量的作用，加速宇宙的膨胀。

(2) $f(R)$引力理论。所谓的 $f(R)$引力理论是将爱因斯坦广义相对论作用量，标量曲率 R，修改为一个任意的标量曲率 R 的函数。为了与太阳系内的检验一致和为了解释观测到的宇宙加速膨胀，函数 $f(R)$ 能被唯象地重构。很明显，这样重构的理论缺乏物理基础，也不唯一。关于这一类引力理论，参见最近的评述文献[5]。该类引力理论主要起源于所谓的 $1/R$ 引力理论。通常的，人们期待作为经典引力的量子修正，引力的高价曲率项在高能极限下在引力的作用量中会自然出现的，因此高价曲率项在早期宇宙的演化中会起到重要地作用，如暴胀模型，确实人们对此有大量的研究。在相关文献中，人们提出现在的加速膨胀可能是由于广义相对论具有 $1/R$ 的修正引起的。这一项在早期宇宙的演化中几乎不起作用；但当宇宙演化到目前的小曲率时会起到重要地作用。$1/R$ 引力的有效作用量为 $(R-\mu^4/R)$，这里 μ 是一具有能量维度的常数；为与目前的观测相符，它应与现在的哈勃参数一个量级。为看清楚这一模型的基本性质，可以作一共形变换，导致一个爱因斯坦的广义相对论理论，外加一个最小耦合的标量。在这一理论中,很容易看到,宇宙有三种不同的演化方式。其一,宇宙是以 de Sitter 时空形式指数形式膨胀的,但是,这个解是不稳定的,因为这个标量场的势是向上凸的,而这个 de Sitter 时空解相当于这个标量场刚好静止在势能的顶点上。其二,如果这个标量场朝着势垒的右边滚动,它就能驱动宇宙以幂次率的形式加速膨胀。其三,如果标量场向势垒的左边滚动,宇宙演化将碰到一个将来奇异性。人们发现这个 $1/R$ 引力理论与太阳系的引力观测实验是不自恰的。这一结论是基于将 $1/R$ 理论在它真空态,de Sitter 时空,作后牛顿展开时得到的。作为一个基本理论,显然 $1/R$ 理论是有问题的,可是如果将作用量中的 $1/R$ 项作为广义相对论的大尺度修正,则后牛顿近似仍然应该在平坦的闵氏时空中展开,这样 $1/R$ 引力就能与太阳系中的观测相符。

(3) 膜世界图像。自 1999 年以来,一个新的外维度世界图像吸引了人们的注意力。不同于传统的 Kaluza-Klein 理论,这个新的外维度世界图像假定我们的宇宙是一张嵌入在高维时空中的一张三维膜,粒子物理标准模型描述的物质被禁闭在这一膜上,而引力可以在整个时空中传播。一个著名的膜世界图像是所谓的 RSII 模型。在这个模型中,一张三维膜被嵌入在五维的反德西特(anti-de Sitter)时空中,由于 bulk 的时空卷曲效应,五维的引力子在三维膜上发生局域化,使得在低能近似下,广义相对论在膜上得以恢复,而在高能极限下,膜上的引力是五维的。与低能宇宙学紧密相关的是所谓的 DGP 模型:一张三维膜入在一个五维的平坦闵氏时空中。在这一模型中,修改的宇宙学动力学方程(Friedmann 方程)有 2 个分支: $H^2 \pm H/r_c = (\rho + \Lambda)/(6m^2)$,这里 $r_c = m^2/M^3$,表示一个四维引力和五维引力之间相互转换的一个长度标度,Λ 为宇宙学常数。其中一支(上式中取负号)具有晚时自加速行为,而另一支(取正号)具有通常的类似大爆炸宇宙学演化行为。也就是说在这一模型中,不需要暗能量成分,宇宙也能加速膨胀。但是最近的研究表明这一模型已到了被排除的边缘。

模型 2:宇宙的非均匀性

我们的宇宙在大尺度上是均匀各向同性的,但在小尺度上是明显的非均匀的。一个自然的问题是宇宙的非均匀性能否解释观测到的加速膨胀效应。确实,目前国际上在这个方面有一些研究,如视界内的涨落是否可以解释加速膨胀?我们的宇宙是各向同性的,但是是非均匀的,具有一个类似于洋葱的结构,可观测部分是一个很大的空洞,这样一个图像也可以解释到的加速膨胀效应[6]。但是这些考虑还存在很大的争议。进一步的研究是需要的。

模型 3:引入具有负压强的暗能量

目前国际上大量的研究致力于这一类情况:在爱因斯坦的广义相对论框架内引入具有负压强的暗能量。研究暗能量有几方面的问题如:①暗能量密度是一个常数吗?②如何理解所谓的巧合性问题:为何暗能量密度与暗物质密度刚好在目前是一个数量级？③暗能量的状态参数 $w > -1$？$w < -1$？是否会跨过-1？④暗物质和暗能量存在非引力的相互作用吗？研究表明暗物质和暗能量的相互作用可以缓解宇宙巧合性问题。关于负压强的暗能量模型，讨论较多的有以下几类：

(1) 宇宙学常数。 暗能量最经济，最简单的候选者是爱因斯坦本人在1917年引入的宇宙常数。它的状态参数 $w = -1$。目前所有的观测数据与宇宙学常数在 2σ 范围内是自恰的，但是人们必须面对著名的宇宙常数问题：为什么宇宙常数是如此之小，与一般的理论估计相差123个数量级？如果存在 TeV 能标的超对称性，二者仍相差 60 个数量级。 这就是所谓的精细调节问题。如果宇宙常数就是现在观测到的值，在宇宙演化过程中，物质密度以 $1/a^3$ 的形式演化，这里 a 是宇宙标度因子。只有在非常短的一段时间内二者是可以比较的。而这么短的一段时间恰恰就是我们这个阶段。这似乎是太巧合了。这就是与宇宙学常数相联系的巧合性问题。为解决巧合性问题及其他相关问题，人们提出了许多动力学暗能量模型。

(2) Quintessence。所谓的 quintessence 就是一个简单的标量场。 回想在讨论早期宇宙学的暴胀模型时，一个简单的方法就是用一个慢滚的标量场来实现宇宙的暴胀。特别是一个仅依赖于时间演化的标量场是与均匀各向同性相符的，所以人们自然想到暗能量就是一个标量场。选择合适的标量势，具有所谓的吸引子解，这样的解具有可以有较任意初值的优点；另外也可以有所谓的追踪解，这样可以解决宇宙的巧合性问题。但是目前自然中还没有发现基本标量场，尽管粒子物理标准模型中有 Higgs 标量粒子；在高维的统一理论如超弦理论中存在大量的标量场。

(3) Phantom。所谓的 phantom 暗能量是一类鬼场。Caldwell 在拟合超新星数据时发现，观测数据并没有排除状态参数 $w < -1$ 的情况。$w < -1$ 的物质违反零能条件，它的激发是以超光速传播的，所以是不稳定的。实现 phantom 暗能量的一个简单模型是带负动能项的标量场模型。在基本理论中是否能实现这样的鬼场模型是一个有趣的问题。另外，如果暗能量是 phantom 物质，我们的宇宙将一直加速膨胀下去，最后以大撕裂(big rip)结束它的命运。

(4) Quantom [7]。天文数据的观测也不排除暗能量的状态在不久的过去从 $w>-1$ 跨过-1，现在的状态参数 $w < -1$。理论研究发现要实现这样一个跨越不是一件容易的事。实现 quantom 暗能量的一个方法是结合 quintessen 和 phantom，即用一个正则标量场和一个鬼标量来实现状态参数跨越-1。不同于 phantom 模型，一类特殊的 quantom 模型，hessence 模型，能够避免宇宙大撕裂的命运。

(5) Chaplygin gas 。这类暗能量模型有一个唯象的状态方程，$p = -A/\rho$，这里 A 为一常数。这类暗能量的最大特征是在早期它表现为暗物质的演化行为，而晚期为一宇宙学常数。所以人们通常将此模型考虑为暗物质和暗能量统一的模型。chaplygin gas 的一个推广是将状态方程改为 $p = -A/\rho^a$，这里 $0<a<-1$。

(6) K-essence。K-essence 暗能量模型类似于 quintessence 模型，它来源于

k-inflation：驱动宇宙暴胀的不是标量场的势能项，而是非线性的动能项。通过合适地选择 k-essence 的作用量，可以减弱宇宙巧合性问题。如来源于弦理论的 tachyon(快子)模型就是这样一类模型。

(7) Holographic dark energy(全息暗能量)。考虑到黑洞物理，在一个区域内量子场的真空能不能是任意大的，不然这个区域已坍塌为黑洞了。基于此，真空能密度应有考虑的区域空间大小决定：$\rho_\Lambda = 3c^3 M_{pl}^2 L^{-2}$，这里 L 是空间区域的尺度，c 是一个常数。将此应用于宇宙学，导致所谓的全息暗能量模模型。空间尺度 L 的一个合理的选择是宇宙的哈勃视界，但这一选择不能驱动宇宙的加速膨胀。李淼[8]将宇宙的事件视界选择为这一尺度，这一选择能使宇宙加速膨胀，并能使得与观测相符。另一有趣的选择是将宇宙时空的曲率作为这一尺度，这一选择是与引力涨落的因故尺度相联系的[9]。另一全息暗能量模型来源于量子力学的测不准原理和时空涨落导致的引力效应，将宇宙的(共形)年龄作为这一尺度[10]。

(8) Chameleon(变色龙)。除了引力子，如果另有标量场业传播引力相互作用，这个标量场将受到第五种力和等价原理的严厉约束。可是原则上,某个标量场能起到暗能量的作用，而又满足第五种力和等价原理的约束是可能的，这需要通过考虑这个标量场和普通物质和/或暗物质的合适耦合。这样一类标量场被称之为 chameleon，因为它的有效质量依赖于环境；环境能量密度大，它的质量大，环境能量密度小，它的质量则小。这样的暗能量模型也具有相当吸引力。

(9) Vector(矢量场)。通常人们不考虑矢量场在宇宙演化中的作用，因为矢量场与各向同性的宇宙学原理是不一致的，因为矢量场的方向性破坏了各向同性。可是自然中还没有发现标量场，而矢量场在标准粒子物理模型中存在的，所以考虑矢量场是否能驱动宇宙加速膨胀是有意义的。确实，通过引入三个全同矢量来构造一个"宇宙三角标架"，可以得到一个均匀各向同性的宇宙模型，并得到一个合理的暗能量模型。

上面列出的是目前暗能量模型中的一些代表，当然还存在其他暗能量模型。但是，公平地说，目前现有的模型或多或少存在那样或这样的问题。存在的模型之多表明我们离暗能量的真相还有不少路要走。暗能量的本质仍是一个极大的迷惑。

参 考 文 献

[1] Riess A G, et al. Astron J, 1998,116:1009.
[2] Perlmutter S, et al. Astrophys J, 1999, 517: 565.
[3] Cai R G. High Energy Phys & Nucl Phys, 2007,31:827.
[4] Arkani-Hamed N, et al. JHEP, 2004, 0405: 074.
[5] Sotiriou T P. 2008, arxiv: 0805.1726.
[6] Wiltshire D L, Phys Rev Lett, 2007, 99: 251101.

[7] Feng B, Wang X L, Zhang X. Phys Lett B, 2005, 607: 35.
[8] Li M, Phys Lett B, 2004, 603:1.
[9] Gao C J, et al. Phys Rev D, 2009, 79: 043511.
[10] Cai R G, Phys Lett B, 2007, 657: 228; Wei H, Cai R G, Phys Lett B, 2008, 660: 113.

撰稿人：蔡荣根
中国科学院理论物理研究所

暗能量状态方程随时间的演化

The Time Evolution of the Equation of State of Dark Energy

1. 引言

宇宙加速膨胀的发现对于我们深入理解物质世界的本质提出了极大地挑战[1~3]。为解释这一观测现象,我们或者需要宇宙间存在着一种具有等效负压强的奇特物质,统称为暗能量,或者需要修改广义相对论引力理论。无论其中任何一方面,都会使我们对宇宙的认知产生革命性的改变。从1998年至今,对于暗能量问题的探索已成为宇宙学与物理学交叉领域的最重要,最活跃的前沿之一。它的研究涉及利用多种宇宙学观测精确限制暗能量(或修改引力理论)的物理性质,进而限制相应理论模型,最终揭示宇宙物质性质和引力理论的本质。

2. 理论挑战

解释宇宙加速膨胀的理论模型可以分为三类:(1)在标准广义相对论宇宙学框架下,加入新的具有等效负压强的物质成分,即暗能量;(2)修改广义相对论引力理论;(3) 考虑不均匀宇宙的效应。不同的理论模型,具有不同的性质,不同的观测预言,同时各有困难之处[4]。

在暗能量框架中,宇宙学常数模型或(等价的)真空能模型为首选模型。它最早作为一个几何项被爱因斯坦引入广义相对论场方程中以构建一个静态宇宙。而随着宇宙膨胀的观测发现,人们意识到这一宇宙学常数项是不必要的。从那时至 1998 年,宇宙学常数项偶然还会被提起,如用来解释星系大尺度相关,宇宙年龄等问题,但它只是被当作一种可能性。而宇宙加速膨胀的发现,使得人们意识到宇宙学常数项很可能是宇宙物质组成的必要成分之一。对于宇宙学常数,其能量密度不随时间改变,物态方程满足 $p=w\rho, w=-1$,这里 p 为压强,ρ 为能量密度。因此它的引力效应[$\propto -(\rho+3p)$]为斥力,使宇宙加速膨胀。研究发现,如果其占今天总能量的约 70%,物质占约 30%,则这一模型与各种宇宙学观测很好地符合,因此被称作协和模型(concordance model),见图1[5]。然而,在理论方面,该模型存在着严重的问题。考虑各种量子场零点能对真空能的贡献,当以普朗克能标 M 约 10^{19}GeV 作为截断时,对应的真空能密度为宇宙加速膨胀所需能量密度的 10^{120} 倍!考虑超对称理论,截断能标降低为 M 约 TeV,但剩余真空能密度仍约为 10^{60} 倍的宇宙加速膨胀所需能量密度!这便是著名的宇宙学常数精细调节问题。其另一个困难是所谓的巧合问题。因为物质能量密度和辐射能量密度均随宇宙演化剧烈变化,则在宇宙演化至今的大部分时间里,物质和辐射能量密度远高于宇宙学常数对应的能量密度。那么为什么正好在今天,物质密度与暗能量密度相当呢?这两个问题成为理解宇宙学常数模型极大障碍。因此,人们提出了动力学暗能量模型。在这类模型中,标量场能量贡献所需暗能量,其能量密度不再是常数,而是随时间演化的动力学量。相应的物态方程通常表示为 $p=w(t)\rho$,这里 $w(t)<0$ 为随时间演化的物理量。标量场的引入带来了新的动力学自由度,提供了更多解释宇宙加速膨胀的可能性。人们发现一些动力学暗能量模型存在吸引子解,即解的行为在宇宙早期与暗物质和辐射的行为相关,不敏感于初始条件,从而在一定意义上可以解释暗能量巧合问题。根据标量场的性质,动力学暗能量模型包括 quintenssence 类模型($w>-1$),phantom 类模型($w<-1$)和 quintom 类模型(w 可跨越-1)[6]等[7]。但迄今为止,动力学暗能量模型仍是唯象模型,而缺乏深层的理论基础。

解释宇宙加速膨胀的另一类理论为改变引力理论。如在高维引力理论中,引力向四维时空外额外维的泄漏可以减弱其在四维时空作用的强度,从而可以解释宇宙加速膨胀[8]。改变引力理论除造成宇宙加速膨胀外,亦会严重影响宇宙大尺度结构在引力作用下的形成与演化。而发展完善理论,详细研究其可观测特征,探讨观测可区分性等,是改变引力理论研究的焦点所在。除加入未知暗能量,或改变引力理论外,另一种想法是放弃宇宙均匀和各向同性的假设,因为宇宙大尺度物质分布的不均匀性是客观存在的。人们提出物质分布的不均匀性所带来的非线性引

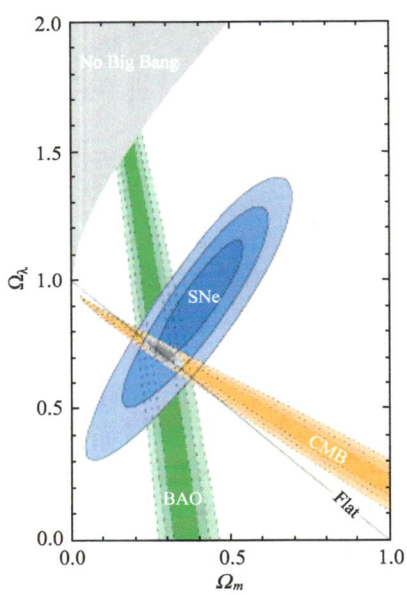

图 1　宇宙学观测对宇宙物质密度 Ω_m 和宇宙学常数能量密度 Ω_Λ 的限制,其中 SNe 表示超新星观测,CMB 表示宇宙微波背景辐射观测,BAO 表示重子声波振荡观测(取自参考文献[5])。

力作用,当在大尺度平均后,其红移-距离关系在可观测宇宙区域内可以模拟宇宙加速膨胀的结果[8]。但目前仍缺乏对该模型深入细致地分析。

3. 观测挑战

暗能量的性质体现在两类宇宙学观测量中,一为直接反映宇宙膨胀历史的观测

量,二为反映宇宙大尺度结构形成历史的观测量。不同的理论模型具有不同的性质,不同的可观测特征。而利用宇宙学观测限制各种理论模型,则是当前及未来暗能量问题研究的最主要目标。其中需要回答的重要问题包括(1)暗能量是宇宙学常数吗？(2)暗能量随时间演化吗？演化行为是什么？(3) 广义相对论需要修改吗？

研究表明,在给定今天的能量密度的条件下,不同的暗能量性质所造成的宇宙膨胀规律及宇宙大尺度结构的不同相对细微,并与其他宇宙学量,如物质密度等存在简并性。因此,我们需要大量高精度观测,同时需要不同的宇宙学观测手段以打破宇宙学参数的简并,从而能够准确限制暗能量性质,这便对天文学观测提出了巨大的挑战。重要的观测手段包括[4, 10]:

(1) Ia 型超新星(SNe 或 SN)——其爆发机制与白矮星质量达到电子简并压所能够承受的质量上限 $1.4M_{sun}$ 所引起的不稳定性密切相关,这里 M_{sun} 代表太阳质量。观测表明,其爆发所产生的亮度随时间变化的光变曲线,具有相似性。利用光变曲线达到峰值后下降的快慢与峰值亮度的相关性,Ia 型超新星可以作为高精度标准烛光,被用来测量光度距离,进而从红移-距离关系限制宇宙学。

(2) 星系空间分布相关性——其直接反映了宇宙大尺度结构的形成与演化,因此与暗能量性质相关。同时,通过相关性分析,我们亦可测量所谓重子声波振荡(BAO: baryon acoustic oscillations)信号,从而提取宇宙学距离的信息。BAO 为宇宙早期重子-光子流体声波振荡在物质扰动中遗留下的信息,与宇宙微波背景辐射(CMB: cosmic microwave background radiation)各向异性中的声波振荡行为相对应。高精度的 CMB 测量,为 BAO 提供了准确的标准尺,从而使得我们可以通过 BAO 测量得到不同红移的距离信息,进而限制暗能量性质。

(3) 星系团丰度测量——星系团为宇宙间最大的达到动力学平衡的结构,典型质量约为 $10^{14} \sim 10^{15} M_{sun}$。其形成和演化与宇宙学密切相关。测量不同红移处星系团的丰度,可以有效地限制宇宙学,包括暗能量的性质。

(4) 弱引力透镜效应——宇宙间物质分布的不均匀性造成时空扰动,从而改变光线的传播路径,相应的效应称为引力透镜效应。其中弱引力透镜效应广泛存在于宇宙间,造成背景星系亮度与形状的改变。通过精确测量大量背景星系形状,我们可以提取前景物质分布所造成的弱引力透镜效应。由于其依赖于大尺度结构的形成与演化,同时也依赖于背景源,透镜,及观测者之间的相对距离,而二者均敏感于宇宙学,因此弱引力透镜效应成为宇宙学研究,特别是暗能量研究的重要探针。

此外,CMB 观测通过限制其他宇宙学参数,在暗能量研究中亦至关重要。同时有大量的研究致力于发现其他有效的观测量,如利用星系分布的红移畸变(redshift distortion)可以提取大尺度结构演化增长的信息,而后者与引力理论和暗能量性质密切相关[4]。

图 2 显示了目前各种观测所给出的对于暗能量物态方程的限制,其中物态方程

采用了 $w(t) = w_0 + w'z/(1+z)$ 的参数化形式[3]。可以看出，$(w_0 = -1, w' = 0)$ 的宇宙学常数模型与观测非常好的符合，但所给出的对 (w_0, w') 的限制仍相对松散，表明目前的观测尚不能对于动力学暗能量模型做出很强的限制。

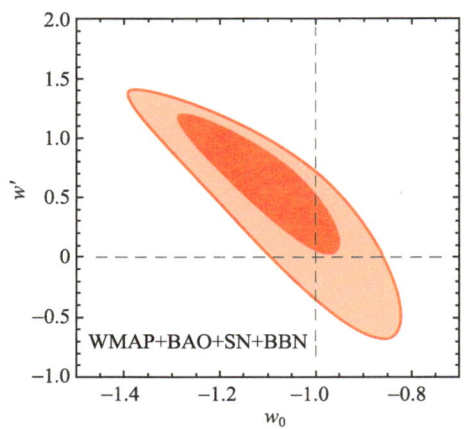

图 2 目前观测对暗能量状态方程 $w(t) = w_0 + w'z/(1+z)$ 的限制，其中 WMAP 表示 WMAP 卫星给出的 CMB 观测，BBN (big bang nucleosynthesis)代表大爆炸核合成轻元素丰度观测(取自参考文献[3])。

未来的观测，无论在量和质上，较之现在的情形都将有巨大的改进(各种观测计划的详细说明，见参考文献[4]，[10])，我们期待对于暗能量性质限制的精度(包括修改引力理论)将有大幅度的提高。与理论研究相结合，最终我们将对于上述三个重要问题给出答案。而在向这一目标努力的过程中，我们必须面临各种观测技术，分析方法等挑战，对于各种系统误差的透彻研究亦是暗能量研究的重要组成部分。

参 考 文 献

[1] Riess A G, et al. Observational evidence from supernovae for an accelerating universe and a cosmological constant. Astron. J., 1998, 116: 1009–1038.

[2] Perlmutter S, et al. Measurements of omega and lambda from 42 high-redshift supernovae. Astrophys. J., 1999, 517: 565–586.

[3] Komatsu E, et al. Five-year Wilkinson microwave anisotropy probe (WMAP) observations: cosmological interpretation. Astrophys. J. Suppl., 2009, 180: 330–376.

[4] Frieman J A, Turner M S, Huterer D. Dark energy and the accelerating universe. Annual Review of Astronomy & Astrophysics, 2008, 46: 385–432.

[5] Kowalski M, et al. Improved cosmological constraints from new, old, and supernova data sets. Astrophys. J., 2008, 686: 749–778.

[6] Feng B, Wang X L, Zhang X M. Dark energy constraints from cosmic age and supernova. Phys.

Letts. B., 2005, 607: 3541.
[7] Copeland E J, Sami M, Tsujikawa S. Dynamics of dark energy. International Journal of Modern Physics D., 15: 17531935.
[8] Dvali G, Gabadadze G, Porrati M. 4D gravity on a brane in 5D Minkowski space. Phys. Letts. B., 2000, 485: 208214.
[9] Kolb E W, Matarrese S, Riotto A. On cosmic acceleration without dark energy. New Journal of Physics, 2006, 8: 322.
[10] Albrecht A, et al. Report on the dark energy task force. astro-ph/0609591.

撰稿人：范祖辉
北京大学物理学院天文系

暗能量及其观测

Dark Energy and Its Observations

自牛顿以来，人们一直认为物质之间的万有引力一定是吸引力。正因为如此，在人们的观念中，宇宙的膨胀必定是减速的，因为宇宙中所包含的物质彼此之间相互吸引。然而，对宇宙膨胀的认识在1998年出现了戏剧性的变化，在这一年两个超新星观测小组宣布他们发现宇宙当前正在加速膨胀[1,2]。这是一个令人震惊的重大发现，这意味着宇宙可能正由一种非常奇异的物质所主导，这种物质产生的引力是排斥性引力，因而它导致了宇宙的加速膨胀。现在我们把这种产生排斥性引力的宇宙学组分称为"暗能量"。

排斥性引力在牛顿引力理论中是无法想象的，然而它却可以在广义相对论中出现。早在爱因斯坦刚刚建立广义相对论时，他就首先把这个理论应用到了整个宇宙，并构造了第一个现代宇宙学模型——静态宇宙模型[3]，在这个模型中他引入了著名的"宇宙学常数"，这个宇宙学项所产生的效应就是排斥性引力。但静态宇宙学模型很快就被证明是错误的，并使爱因斯坦丢掉了预言宇宙膨胀的机会，因此爱因斯坦曾恼火地宣称引入宇宙学常数是他"一生中最大的错误"。然而，令人啼笑皆非的是，爱因斯坦的这个"最大的错误"可能正在变成他的另一项重要贡献，因为宇宙学常数可以很好地解释宇宙当前的加速膨胀，是暗能量的首要候选者。

暗能量和宇宙加速膨胀的发现对基础物理产生了强大的冲击，因为在现有的理论框架下人们无法理解暗能量的物理本性和起源。尽管宇宙学常数可以很好地解释当前的各种观测数据，但是人们很难在现有的量子理论中理解一个非常小但不为零的正宇宙学常数。由此，宇宙学常数带来了理论上所谓的"精细调节问题"和"宇宙巧合问题"[4,5]。除了宇宙学常数，暗能量还有另外的候选者，即动力学暗能量。暗能量的性质主要由它的状态方程参数w来刻画，其定义为$w=p/\rho$，式中p和ρ分别为暗能量的压强和能量密度。暗能量的排斥性引力正是由于其压强是负值所引起的。宇宙学常数的状态方程参数$w=-1$，因此它所对应的能量密度为常数。而动力学暗能量的状态方程参数是随时间演化的，即w是和时间相关的函数。

暗能量的性质决定了宇宙的最终命运。如果暗能量就是宇宙学常数，那么我们的宇宙在遥远的未来将会最终步入所谓的 de Sitter 时空，即空间随时间呈指数膨胀的时空。如果暗能量是动力学演化的，那么宇宙的命运就取决于暗能量状态方程参数w是大于-1还是小于-1。特别是，小于-1 的w会使宇宙未来的膨胀比指数膨胀还快，宇宙会在一个有限的时间内走向终结，那时暗能量巨大的斥力将会把时空撕碎，这就是所谓的"大撕裂"(或"宇宙末日")[6]。迄今为止，物理学家已经提出了上百种暗能量的理论模型，但是要想知道到底哪一种模型是正确的，只能靠宇宙学观测。

精确测量暗能量的状态方程参数是一个众所周知的难题。由于暗能量不与普通物质相互作用(或相互作用很弱)，因此人们只能通过暗能量对宇宙演化的影响来探测它。我们所知的比较有效的探测暗能量的天文观测主要包括 Ia 型超新星、重子声学振动、星系团丰度和弱引力透镜等。目前，人们结合超新星、宇宙微波背景、大尺度结构等多方面数据，已经能够精确测量暗能量在宇宙组分中所占的比重，其最佳拟合值大约为 73%[7]。然而对暗能量状态方程参数 w 的限制还不够精确，所以我们至今还没有准确了解暗能量的真实性质。威尔金森微波各向异性探测(WMAP)卫星五年的观测数据结合超新星和重子声学振动的数据告诉我们，如果假定 w 是常数并且宇宙空间是平直的，那么在 95% 的置信度下，$-1.12 < w < -0.87$ (最佳拟合值为 $w = -0.992$)[7]，可见这个结果和宇宙学常数是相一致的。但是如果假定状态方程参数 w 是随时间演化的，那么当前的观测数据也还不能排除动力学暗能量的可能性。也就是说，迄今为止人们还无法判定暗能量到底是宇宙学常数还是某种动力学场。要想彻底了解暗能量的性质，还有赖于今后十到二十年甚至更长时间内观测数据的积累以及观测精度的提高。

参 考 文 献

[1] Riess A G, et al. Observational evidence from supernovae for an accelerating universe and a cosmological constant. Astron J, 1998, 116: 1009–1038.
[2] Perlmutter S, et al. Measurements of Ω and Λ from 42 high-redshift supernovae. Astrophys J, 1999, 517: 565–586.
[3] Einstein A. Cosmological considerations in the general theory of relativity. Sitzungsber Preuss Akad Wiss Berlin (Math Phys), 1917, 1917: 142–152.
[4] Weinberg S. The cosmological constant problem. Rev Mod Phys, 1989, 61: 1.
[5] Carroll S M. The cosmological constant. Living Rev Relativity, 2001, 4: 1.
[6] Caldwell R R, Kamionkowski M, Weinberg N N. Phantom energy: Dark energy with $w<-1$ causes a cosmic doomsday. Phys Rev Lett, 2003, 91: 071301.
[7] Komatsu E, et al. Five-year Wilkinson microwave anisotropy probe observations: Cosmological interpretation. Astrophys J Suppl, 2009, 180: 330–376.

撰稿人：张 鑫

东北大学理学院物理系

修改引力论及其实验检验

Modified Theory of Gravity and Its Experimental Test

迄今为止，基于爱因斯坦广义相对论的标准宇宙学取得了巨大的成功。它能够解释宇宙的膨胀，轻元素的丰度、宇宙微波背景辐射及大尺度结构形成等。然而，标准宇宙学也遇到了一系列问题。由于光速是有限的，在有限的时间内，如宇宙的年龄，通过光速来传递信息的空间范围是有限的，即存在视界。按照标准宇宙学，宇宙处于极早期时，宇宙的视界非常小，远远小于现在的宇宙在那个时候的尺寸。这样一来，极早期宇宙中存在许多相互间信息无法交流的区域，所以宇宙如何达到均匀各向同性则无法解释。为了克服这个困难，就要求宇宙在早于原初核合成时期的极早期经历一个短暂的超快加速膨胀时期，也称为暴涨时期[1]。另外，最近的超新星等天文观测发现宇宙正处于加速膨胀[2,3]。在标准宇宙学中，物质之间的万有引力是吸引力，所以随着宇宙的膨胀，物质之间的引力会减小膨胀速度，即宇宙的膨胀是减速膨胀的。所以要实现加速膨胀，爱因斯坦引力理论可能需要修改。

另一方面，根据广义协变原理，引力理论可以写成里奇(Ricci)曲率标量 R 的任意函数，而且引力的量子修正也要求 R 的高次幂项出现。也就是说，爱因斯坦引力需要修改为所谓的 $f(R)$ 引力等。在小尺度上，即极高能情况下，引力量子化及统一所有相互作用的大统一理论也可能修改引力理论，这方面的理论有超弦理论、膜理论等。目前的平方反比引力定律被证明在毫米尺寸上还是正确的，而在更小尺寸引力并没有实验支持。最早对爱因斯坦广义相对论进行修改是由布朗斯(Brans)及狄克(Dicke)在 1961 基于马赫(Mach)原理而提出的标量-张量引力理论[4]。布朗斯和狄克提出引力相互作用除了由引力子传递外，还存在一个标量场来传递引力相互作用。马赫原理认为惯性起源于物体与宇宙中其他物质的相互作用，所以质点的惯性质量与宇宙的物质分布有关。广义相对论并没有真正实现马赫原理，也没有给出惯性力的起源。布朗斯-狄克理论假设一个标量场的存在，它代表宇宙的物质分布。根据马赫原理，该标量场会影响质点的引力质量，这等同于牛顿引力常数依赖于此标量场。利用布朗斯-狄克理论及 $f(R)$ 引力理论，暴涨宇宙模型可以在一定程度上被实现。而利用 $f(R)$ 引力理论来解释宇宙现在加速膨胀现象的模型更是取得了一定的成功，该模型不仅在强引力条件下与天文观测结果相一致，而且在弱引力条件下和太阳系中的观测结果一致[5]。

除此之外，修改引力的另一分支是修改牛顿动力学理论(MOND)[6]，该理论和暗物质有关。它认为牛顿引力在星系和星系团尺度上需要修改，引力不简单地与恒星的加速度成正比,而应包含一个修正项,这个理论可以解释我们所观测到的星系旋转曲线。该理论的相对论推广有标量张量矢量理论(STVG)[7]。

通常,对一个引力理论的实验检验可以从如下五个方面进行:弱引力检验、强引力检验(如双星系统)、星系旋转曲线、引力透镜效应和引力波探测[8]。其中弱引力检验包括两种近似,即后牛顿近似和弱场近似。前者适合于由引力束缚在一起做缓慢运动的质点系统,因而与太阳系检验密切相关;后者没有要求质点做缓慢运动,因而适用于处理引力辐射问题,即与引力波的探测相关。相对于强引力检验和宇宙学检验,弱引力检验,尤其是后牛顿近似显得更为急迫和直接。在后牛顿近似检验中,由于考虑的是低速运动,动能项是小量,因而可以对动能做展开。利用各展开项的系数,爱丁顿等人发展了一套参数化的后牛顿公式(PPN)。PPN 共包含 10 个参数,它们完全刻画了引力理论在弱场时的行为。这些参数在不同的模型中有不同的值,通过限制这些参数的取值范围可以对理论模型进行选择。强引力检验最重要的是脉冲双星系统。通常脉冲双星的观测量可分为三类:第一类是非轨道参数,如脉冲周期和它的变化率,以及脉冲星的位置;第二类是开普勒参数(即轨道参数),如离心率、轨道周期、半长轴大小等;第三类是后开普勒参数,与后牛顿近似类似,这类参数包含着对上面参数的修正,如脉冲周期的修正、轨道周期的修正等共五个参数。通过对这些参数的观测可以对理论模型进行检验。星系旋转曲线也是检验引力理论一个直接而有效的方法,一个成功的引力理论应该可以对星系的旋转曲线做出合理地解释。引力透镜效应包括星系与星系之间的透镜效应和较大尺度的星系团 X 射线动力学透镜,不同的引力模型会对光线偏折产生不同的影响从而产生不同的透镜效应。此外,引力理论还可以通过引力波探测来加以检验。根据广义相对论,时空受到扰动会产生引力波,引力波的信号携带着波源的信息,不同的引力理论对同一个波源有不同的引力波频谱值,通过对引力波进行探测,可以甄别引力模型。目前世界上最重要的引力波探测实验是美国的 LIGO 项目[9]和欧洲的 VIRGO[10]项目以及日本的 TAMA 项目[11],但由于仪器灵敏度太低,加之引力波信号太弱,难以从背景噪音中分辨出引力波信号,因此目前还未能确切地探测到引力波。另外,通过微波背景辐射中的张量模及极化磁(B)模的探测也是对引力波的间接探测[12]。

参 考 文 献

[1] Guth, A. The inflationary universe: A possible solution to the horizon and flatness problems. Phys Rev D, 1981, 23: 347–356.

[2] Perlmutter S, et al. Measurements of omega and lambda from 42 high redshift supernovae. Astrophys J, 1999, 517: 565–586.

[3] Riess A G, et al. Observational evidence from supernovae for an accelerating universe and a cosmological constant. Astron J, 1998, 116:1009–1038.

[4] Brans C H, Dicke R H. Mach's principle and a relativistic theory of gravitation. Phys Rev,

1961, 124: 925–935.

[5] Hu W, Sawicki I. Models of f(R) cosmic acceleration that evade solar-system tests. Phys Rev D, 2007, 76: 064004.

[6] Milgrom M, A modification of the Newtonian dynamics as a possible alternative to the hidden mass hypothesis. Astrophys J 1983, 270: 365–370.

[7] Bekenstein J D. Relativistic gravitation theory for the MOND paradigm. Phys Rev D, 2004, 70: 083509.

[8] Will C M. The Confrontation between General Relativity and Experiment. Living Rev Relativity, 2006, 9: 1–100.

[9] http://www.ligo.org/.

[10] http://www.virgo.infn.it/.

[11] http://tamago.mtk.nao.ac.jp/.

[12] http://planck.esa.int/.

撰稿人：龚云贵　舒富文
重庆邮电大学数理学院

暗物质和暗能量之间有相互作用吗？

Does There Exist Interaction between Dark Matter and Dark Energy?

威尔金森(Wilkinson)微波各向异性探测器(WMAP)[1, 2]的观测结果告诉我们，星系、恒星、气体和尘埃等可见物质只占了宇宙总能量密度的4%，宇宙的大部分由我们看不到的暗物质(占23%)和暗能量构 (73%)成的。因此，暗能量和暗物质主宰着宇宙未来的命运。暗物质既不发光，也不反射光，但是有显著的引力效应。中微子就是一种暗物质粒子，然而它在暗物质的总量中只占了十分微小的比例。绝大多数暗物质是冷暗物质，迄今为止科学家还不清楚它们究竟是什么。理论物理学家猜测，冷暗物质可能是轴子(axion)和中性伴随子(neutralino)。暗能量则具有正的能量密度和负压强，因而它的状态方程不同于普通物质的状态方程。尤其是暗能量的压强是负的，从而导致它会产生一种排斥力来驱动宇宙加速膨胀。近年来，人们提出了许多种暗能量的理论模型，最常见的有宇宙常数模型、quintessence、phantom 和 tachyon 等标量场模型。但是直到现在，人们尚未弄清楚暗能量的本质到底是什么。

普通的物质之间是存在相互作用的，那么，暗物质和暗能量之间有相互作用吗？这是一个非常有意义的问题。如果暗物质和暗能量之间存在相互作用，那么这种相互作用是怎样产生的，它的本质又是什么，它又会产生哪些新的观测效应？这些问题都有待人们进一步深入地研究。暗物质和暗能量之间的相互作用可以为缓解宇宙学中的巧合性问题(coincidence problem)提供一个新的机制。所谓巧合性问题，是指为什么今天宇宙中的暗物质和暗能量的能量密度位于同一个数量级上。根据爱因斯坦的引力理论和 Friedmann 标准宇宙模型，暗物质和暗能量的能量密度随宇宙时间的演化并不相同。今天要想让它们处于在同一数量级上，就必须在宇宙早期精调(fine-tune)暗能量密度到一个难以接受的程度。如果暗物质和暗能量之间存在相互作用，巧合性问题则有望得以解决。因为在它们之间的相互作用下，暗物质和暗能量的能量密度随时间的变化不仅取决于它们独自的演化，而且还取决于它们之间的相互转化。如果暗物质的能量密度随时间的衰减比暗能量的要快，那么通过它们之间的相互作用，可以使暗能量转化为暗物质的数量比暗物质转化为暗能量的要多。即从总体效果来讲，是暗能量转化为暗物质。反之，若是暗物质的能量密度随时间的衰减比暗能量的要慢，则总体效果是暗物质转化为暗能量。从而使今天的暗物质和暗能量的能量密度保持在同一个数量级上。

宇宙目前公认的年龄137亿年。毫无疑问，宇宙在任何红移时的年龄应该比它包含的星体的年龄要大。但是许多暗能量模型在这一点上却遭遇到了一些古老星体的挑战。例如，据天文观测，类星体 APM08279+5255 在红移为 $z = 3.91$ 时的年龄为 21 亿年[3]。但是根据常用的宇宙常数–冷暗物质(lambda-cold dark matter)模型，算出宇宙在 $z = 3.9$ 时的年龄只有 16 亿年[4]。这意味着宇宙在当时的年龄竟然比类星体 APM08279+5255 的要小！对于其他的暗能量模型，也都会得出类似的结论。最近，人们研究了与暗物质存在相互作用的全息暗能量模型[5]，发现当耦合参数取适当值时，类星体 APM08279+5255 在红移为 $z = 3.91$ 时的年龄比宇宙在当时的年龄要小。他们的研究成果为解决这类古老的类星体的年龄问题提供了一个新的尝试。

理论分析表明暗能量和暗物质之间的相互作用会改变宇宙微波背景(cosmic microwave background)温度各向异性中声学峰(acoustic peaks)的位置和幅度。此外，它还会影响大尺度时背景光子穿越随时间变化的引力势阱时产生的 Integrated Sachs-Wolfe(ISW)效应。因此，我们可以利用宇宙微波背景辐射、重子声学振荡以及超新星等天文观测数据来判断暗能量和暗物质之间是否存在相互作用。同时还可以进一步限定其中的耦合参数。研究结果显示相互作用的暗能量模型与观测数据吻合相当好[1, 2, 6]，对耦合参数的限定结果也表明在一个标准方差(1σ)的置信区间内我们完全可以相信暗能量和暗物质之间转化的总体效果是从暗能量转化为暗物质。

尽管暗物质和暗能量之间相互作用的研究取得了一些可喜的进展，但是还存在许多问题。首先，暗物质和暗能量之间的相互作用的具体形式是什么？由于人们还未弄清楚暗物质和暗能量的本质，因此人们研究所采用的相互作用形式绝大多数都是唯象的，而且形式也多种多样。这些相互作用形式都被假设为暗能量和暗物质的能量密度的函数。但是人们对形成这种相互作用形式的物理机制不是十分清楚。最近，人们已经开始尝试着从物理上构建暗物质和暗能量之间的耦合项形式[7~10]。例如，有人从热力学角度研究了全息暗能量和暗物质之间的相互作用。他们假设相互作用是平衡态上的涨落，并利用热力学涨落产生的对平衡态熵的对数修正，构建出了相互作用的物理表述[7~10]。此外，从场论的观点出发，Amendola 等应用 quintessence 场与普通的标量场之间耦合，讨论了暗物质和暗能量之间的相互作用[7~10]。Micheletti 等[7~10]还给出一个描述暗物质和暗能量之间的相互作用的 Lagrangian 量，其中暗物质用费米场来表示，暗能量用玻色场来描述。从 Lagrangian 量出发，他们得到了一个暗物质和暗能量之间的相互作用形式，并且它的形式与常用的唯象耦合形式非常相似。这些尝试对研究暗物质和暗能量之间的相互作用是非常有意义的。然而要想真正理解暗物质和暗能量之间的相互作用，归根到底，我们还须弄清楚暗物质和暗能量的本质。

参 考 文 献

[1] Zimdahl W, Pav'on D, Chimento L P. Physics Letters B 2001, 521, 133; Chimento L P, Jakubi A S, Pav'on D, Zimdahl W. Physical Review D 2003, 67, 083513.

- [2] del Campo S, Herrera R, Pav'on D. Physical Review D 2004, 70, 043540; Pav'on D, Zimdahl W. Physics Letters B 2005, 628, 206.
- [3] Jain D, Dev A. Physics Letters *B* 2006, 633, 436.
- [4] Friaca A C S, Alcaniz J S, Lima J A S. Monthly notices of the royal astronomical societ 2005, 362, 1295.
- [5] Wang B, Zang J, Lin C Y, Abdalla E, Micheletti S. Nuclear Physics B, 2007, **778**, 69.
- [6] He J H, Wang B. Journal of Cosmology and Astroparticle Physics 2008, 0806 010 (2008); Feng C, Wang B, Abdalla E, Su R K. Physics Letters B 2008, 665 111.
- [7] Wang B, Lin C Y, Pavon D, Abdalla E. Physics Letters B2008, 662, 1.
- [8] Piazza F, Tsujikawa S. Journal of Cosmology and Astroparticle Physics 2004, 0407,004.
- [9] Amendola L. Physical Review D 2000, 62, 043511; Bean R, Flanagan E, Laszlo I, Trodden M. Physical Review *D* 2008, 78, 123514.
- [10] Micheletti S, Abdalla E, Wang B, Physical Review D 2009, 79, 123506.

撰稿人：陈松柏
湖南师范大学物理系

宇宙学数值模拟

Cosmological Simulation

宇宙学数值模拟是星系宇宙学研究大领域一个非常重要和活跃的分支。本学科的主要研究手段是结合理论模型和天文观测，通过在超级计算机上实现大规模数值模拟，进而取得对宇宙中的天体形成和演化的基本规律的认识。本学科的主要优点是可以通过在巨型计算机上重现多尺度、高度非线性、高度复杂的物理过程，从而可以研究一些纯解析工作无法进行研究的天文和天体物理学现象。

伴随着计算机的诞生，宇宙学数值模拟发源于20世纪60年代。在八九十年代，经历了一个蓬勃发展的过程，它在20世纪排除宇宙学热暗物质模型并建立起当今标准的冷暗物质宇宙学模型的过程中做出了不可替代的贡献。在当今的"精确宇宙学"时代，宇宙学数值模拟既在理论研究方面又在指导天文观测方面发挥着巨大的作用。目前不仅仅局限于早期单纯的多体模拟[1]（如图1），重子的流体力学过程也能够得到很详细的模拟了[2]。我们可以利用它既可以研究暗物质占主导地位的

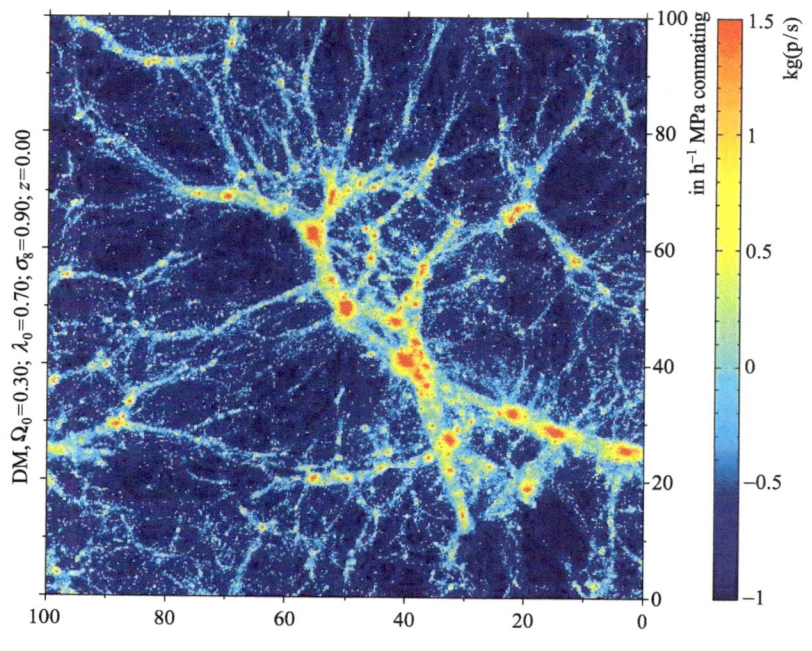

图1　宇宙暗物质分布的数值模拟图。

宇宙大尺度结构、宇宙暗能量的影响、宇宙暗物质分布，还能研究重子物质物理过程非常重要的天体形成过程，比如宇宙第一缕光、宇宙中星系的形成和演化、宇宙再电离过程、超大质量黑洞形成和演化、星系间物质分布和化学成分、类星体的性质等。可以说，宇宙学数值模拟目前已经几乎延伸到星系宇宙学的各个研究领域了，它对整个星系宇宙学的推动也是巨大的。在今后的十到二十年，国际天文学领域将投入运行一些大的观测设备，这些设备主要将涉及探究宇宙中暗物质和暗能量性质、宇宙再电离历史、高红移宇宙、星系形成与演化。进行这些大规模天文观测需要进行预研究和模拟观测，将会对计算星系宇宙学在相应领域有巨大的需求。计算宇宙学也会朝着规模更大、解析度更高、包含更为详尽和更具有真实物理过程的方向发展，同时也对超级计算机的计算能力提出新的要求和挑战，相应需研究的科学问题为：

(1) 宇宙暗能量的测量。宇宙学暗能量的测量需要极高的宇宙大尺度结构演化的理论预言精度，这只能由高精度、多样本的大尺度宇宙学模拟来辅助完成。这种模拟需要极高的计算软件要求，如改进计算 N 体模拟的方法和海量数据处理的方法，也有很高的硬件要求，如内存、CPU、快速连接网络以及海量存储等等。目前国际上正在计划开展万亿(10^{12})粒子的模拟，这个模拟需要万颗以上处理器、80TB 的内存和 2.0PB 的硬盘输出。

(2) 宇宙再电离过程研究。对宇宙再电离过程的研究既需要较准确的星系形成模拟又需要精确的计算辐射转移方程。两个过程互相影响、十分复杂，对计算机的要求也相当高，也是世界上未解决的难题。但随着计算机硬件发展和不远未来观测结果提供的约束，该领域的研究应该能够取得突破性的进展。

(3) 星系形成和演化。研究星系形成和演化的物理过程需要非常详尽的、包括流体力学的数值模拟。这类模拟因为本身考虑很多物理过程，所以对计算机硬件要求很高。

目前国际上超级计算机计算能力已经超过千万亿次(p flops)水平，我国的千万亿次计算机也在研制之中。未来我们需要进行 10 万亿(10^{13})粒子规模的宇宙学多体数值模拟，那么需要万万亿次(10 p flops)计算能力的超级计算机，对内存、计算机网络技术、数据输入输出和储存技术都提出了重大的挑战。单纯使用 CPU 的计算机需要巨大的电能消耗，绿色计算将逐渐成为新的主流，具有多种低能耗的加速部件(如 FPGA、GPU、Cell 等)的混合型超级计算机系统在数值模拟方面很有应用前景。

可以预见，随着计算机技术的快速发展和理论研究的深入，宇宙学数值模拟将有很大的发展空间，并将作为重要的研究工具，在未来的星系宇宙学相关研究领域中发挥重要的作用。

参 考 文 献

[1] Hockney R W, Eastwood J W. Computer simulations using particles. Institute of Physics Publishing, Bristol and Philadelphia, 1988.
[2] Springel V. MNRAS, 2005, 364, 1105−1134.

撰稿人：景益鹏　林伟鹏
中国科学院上海天文台

单个星系形成的数值模拟

Numerical Simulation of a Single Galaxy

星系是我们观测宇宙的基本组成部分之一。我们所在的银河系就是我们可观测到的宇宙 10^{11} 星系中一员。星系是个靠自引力束缚的系统，它内部成分包括恒星及其遗迹、气体、尘埃，当然最多的还是暗物质。

根据形态学划分，星系最主要被划分为三种。中心区最亮，亮度向边缘递减的，整体呈圆球形的椭球形的叫做椭圆星系；具有旋涡结构的漩涡星系；外形不规则，没有明显的核和旋臂，没有盘状对称结构或者看不出有旋转对称性的星系的不规则星系。在全天最亮星系中，不规则星系只占5%。

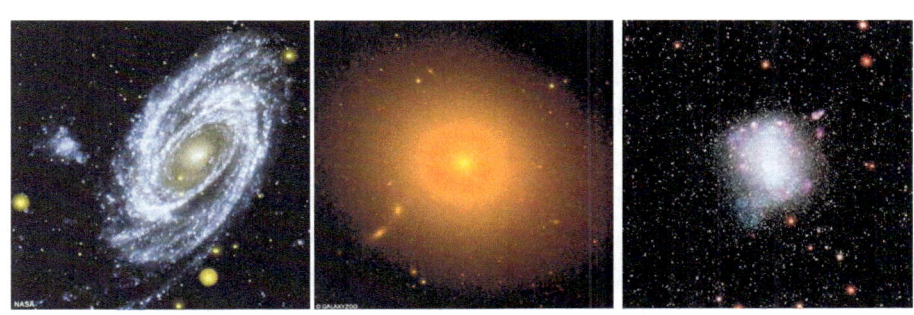

左：漩涡星系；中：椭圆星系；右：不规则星系（图片来自互联网）。

计算机模拟是研究复杂系统一个非常强大的工具。如果我们知道事件发生的初始条件，并且如果我们对事件也有相当完备的数学描述，我们理论上可以借助计算机模拟对该事件发生过程以及其随时间的演化轨迹有精确的描述。计算机模拟在宇宙结构形成上已经有很多成功的算例了。20世纪八九十年代关于宇宙学热、冷暗模型争中，计算机模拟在最终确定目前标准冷暗物质宇宙学模型起了不可替代的作用。在目前精确宇宙学时代，计算机模拟在星系宇宙学研究当中更是扮演着越来越重要的角色。

在宇宙结构形成中，暗物质所提供的引力场的作用的贡献是占主导地位的，一旦给定宇宙初始条件，我们原则上可以利用引力定律对宇宙的结构演化给出明确的预言。这可以通过对宇宙密度场作离散化，然后利用多体模拟来实现。多体模拟涉及 $N \times N$ 个计算，在没有简化和快速算法的话，宇宙学模拟是个空想。科学家们目前已经发展出一些成熟的算法，例如，P3M 以及 Tree 算法可以既精

确又快速计算 N 体自引力作用。这些算法通常可以把 $N \times N$ 计算简化为 $N \times \ln(N)$ 次计算，大大简化了计算强度，使得我们对宇宙大尺度结构演化有了较为精确的认识。

但是，我们观测到的星系是其重子物质部分，模拟星系形成必须考虑重子物质的作用。在宇宙早期，重子物质以气态形式存在。所以在引力之外，在模拟星系形成过程中我们必须考虑气体动力学。关于宇宙学模拟的气体动力学算法大概有两种，即光滑粒子和格点法流体力学。两种方法各有自己的优缺点。例如，光滑粒子方法本身具有拉格朗日特性，所以模拟过程中的精度是自适应的，即模拟精度在高密度区域自动变高，在低密度区域较低。这给模拟带来了很多便利。它另外一个优点是易于添加各种对星系形成模拟有用的物理过程。格点法呢则具有在精确解析流体力学冲击波过程和对流体力学的各种不稳定性解析能力有较大的优势。

但是星系形成过程是一个非常复杂的过程，单纯考虑引力和流体力学可以较好描述宇宙结构在不太小结构上的动力学。星系形成的主要物理过程涉及由非常小尺度下作用的恒星形成。但因为恒星形成所涉及的物理过程太多，以目前的计算能力，我们目前对恒星形成的直接模拟还是无能为力。所以我们目前还只能结合理论模型以一种近似的、唯象的方式来模拟和描述恒星形成。众所周知，恒星是演化的。它们中的多数将通过超新星的爆发而结束它们的生命。超新星的爆发会释放大量能量，然后产生星风和喷流，在星际介质中激发冲击波。最后所导致的结果是，暗晕里的一些气体将被抛出束缚体内，这将会降低星系内的恒星形成效率。这些重要的物理现象都可以在用数值模拟唯象的来描述，但目前对这些物理的观测尚不足被用来对各种物理模型进行很强的限制。所以目前世界上不同研究小组在程序里实现这些物理过程中，在物理参数甚至物理过程本身分歧都较大，模拟的结果在很多物理细节上也不尽相同。所以单个星系的数值模拟还是个大难题，虽然世界上这样的模拟很多，但在各种物理属性上和观测相符的几乎没有。

其中的一个非常显著的问题是盘星系形成问题。我们在前面提到，宇宙大多数星系都是有盘状结构的漩涡星系。在目前框架里星系形成标准模型下，星系盘的形成是一个很自然的过程。宇宙的大尺度密度扰动导致暗晕以及其内部的气体具有角动量。吸积到暗晕的气体会在辐射光子而耗散其内能过程中渐渐坍缩到暗晕中心。在此过程由于保持角动量守恒，气体最后会在暗晕中心形成一个星系盘。但从 20 世纪 90 年代以来，科学家们从来每人可以在计算机上重演一个漩涡星系的形成。在目前的比较好的数值模拟里，我们确实可以看到盘的形成。但观测里的盘星系相比，数值模拟里形成的盘太小，太厚。这个难题被称作是标准宇宙学模型里的角动量灾难。后来人们发现，在模拟里面之所以没有形成盘的原因是，数值模拟中气体在高红移冷却效率很高而导致恒星形成效率太高。在高红移形成的星系盘在星系等级成团过程中被打散。最后到了较低红移时候已经没有足够的气体来形成星系盘了。

针对这个问题人们提出了一些方案。这些方案都有一个共同点，即抑制高红移时候的高恒星形成效率。如在 Eke et al. 的模拟中[2]，他们在红移 1 之前人为的不允许气体冷却以及恒星形成；在 Okomato et al. 的模拟中[4]，增加高红移超新星的反馈作用，Sommer-Larsen[3]用温暗物质宇宙学模型。在这些模拟中因为高红移恒星形成得到抑制，致使在低红移时候暗晕中还相对含有相当多的气体，这些冷气体在坍缩过程保持了角动量，便在这些模拟的最后形成了和观测相对比较类似的星系盘。但这些模拟在物理上都作了一些人为的假设，所以是否合乎现实物理观测尚有待观测进一步确认。

总之，对我们所观测到的宇宙的基本组成单元——单个星系的数值模拟在目前还是世界上一个难题。

参 考 文 献

[1] Navarro J F, Benz W. Astrophysical Journal, 1991, 380(20): 320–329.
[2] Eke V, Efstathiou G, Wright L. Monthly Notices of the Royal Astronomical Society, 2000, 315(2): L18–L22.
[3] Sommer-Larsen J, Dolgov A. The Astrophysical Journal, 2001, 551(2): 608–623.
[4] Okamoto T, Eke V, Frenk C S, Jenkins A. Monthly Notices of the Royal Astronomical Society, 2005, 363(4): 1299–1314.

撰稿人：高 亮
中国科学院国家天文台

弱引力透镜宇宙学

Weak Gravitational Lensing Cosmology

公元 2000 年，四个独立的科研团队在世界上首批成功测量到了随机天区中的弱引力透镜现象[1]。这些引力透镜信号非常微弱，只能通过统计方法从巨大的噪音中提取出来，所以被称为弱引力透镜。2000 年的首批测量，标志着弱引力透镜宇宙学由理论研究阶段跨入观测应用阶段。无独有偶，宇宙微波背景的偏振(2002 年)、重子声波振荡(2005 年)、星系红移畸变(2001 年)等宇宙学主要探针也都是在 21 世纪初首次成功探测，标志着精密宇宙学时代的开始。

引力透镜是广义相对论的基本预言之一。按照广义相对论，宇宙中的物质分布决定了宇宙的时空几何。一个直接推论就是，物质分布的不均匀性导致宇宙时空背景产生扰动，从而扰动了光线传播的时空测地线。结果就是背景天体(源)发出的光线被透镜天体导致的时空扰动偏折，由此发生的一系列现象跟光学透镜类似，因此被称为引力透镜。它造成源天体形状的改变(cosmic shear)、源天体数目密度的改变(cosmic magnification)、宇宙背景各向异性/非高斯性(见本书范祖辉"宇宙微波背景的引力透镜效应")、天体亮度的变化(见本书"Machos 和微引力透镜")等可观测现象。广义相对论创立之后的第一个验证日食试验测量到的太阳对于背景恒星光线的偏折，本质上就属于弱引力透镜范畴。

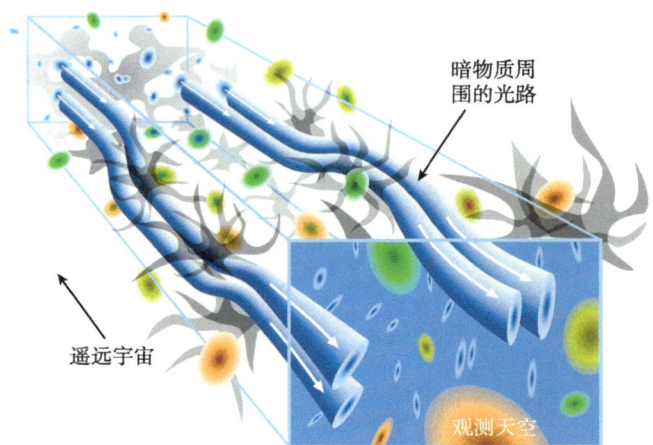

图解：弱引力透镜示意图。因为宇宙中物质分布的不均匀，宇宙的时空度规存在扰动。光线按照实际的测地线(即途中弯曲的光子路径)传播，而不是均匀宇宙中的测地线(形象地说，直线)传播。形象地说，就是引力导致光线偏折，导致引力透镜效应。图片来源：
http://www.lsst.org/Science/images/DarkMatter2.jpg。

因为信号微弱，宇宙学尺度上的弱引力透镜测量非常困难，这里以目前最成熟的 cosmic shear 测量为例说明。测量 cosmic shear 的关键是测量星系的形状。首先，源星系要足够远才能产生足够大的弱引力透镜和星系形状改变。而即使是对于红移1 的星系，引力透镜造成的形状改变也不过 1%左右；星系本身不是圆的，椭率的弥散是 30%左右。也就是说，即使没有任何其他的测量误差，也要约 $900((30\%/1\%)^2)$ 个红移 1 的星系才能达到信噪比一；红移 1 的星系不仅暗淡，而且只有几个角分大小。大气扰动等造成图像模糊(seeing)，无法观测 0.6~1 个角分以下的细节。望远镜本身光学缺陷和光度测量误差进一步加剧了星系形状(与弱引力透镜无关的)的畸变。如何扣除这些效应，是一直到今天都没有完全解决的难题，……，因为这些困难，一直到 2000 年才成功实现了随机天区中弱引力透镜 cosmic shear 的测量。而 cosmic magnification 和 CMB lensing 等只是通过跟大尺度结构的互相关信号而间接得到初步确认的。

目前正在进行的弱引力透镜项目，例如 CFHTLS(Canada-France-Hawaii telescope legacy survey)，与 2000 年的初步测量相比，在精度和跨度上都有了显著提高。而计划中的项目，例如 DES (dark energy survey), Pan-Starrs, LSST (large synoptic survey telescope), Euclid(欧洲的空间宇宙学望远镜)、平方千米天线阵(SKA)等最终能够测量深达红移 3~4、多达几十亿星系的弱引力透镜效应。

引力透镜在宇宙学上有着重要的意义。(1)因为引力透镜的信号只取决于总物质(重子物质加暗物质)分布，而暗物质又是物质的主要成分，所以它是探测暗物质 2 维(沿视线投影)分布的主要工具。通过 lensing tomography 的应用，能够进一步恢复出暗物质的 3 维分布。公元 2007 年，通过 COSMOS 的观测和分析，得出了世界上第一批 3 维暗物质分布图并验证了物质结构的演化[2]。(2)因为弱引力透镜的信号取决于宇宙大尺度结构的演化，而结构的演化又受到暗能量的巨大影响，所以弱引力透镜提供了探索暗能量的关键途径[3]。(3)顾名思义，弱引力透镜是一种引力现象，因此是在宇宙学尺度上检验广义相对论的主要工具之一[4]。

但是，目前弱引力透镜宇宙学的测量方法和理论计算的精度都无法与下一代弱引力透镜巡天的能力匹配。目前，弱引力透镜主要是通过源星系形状的改变(cosmic shear)来测量的，对于下一代弱引力透镜巡天来说，存在几个不可忽略的系统误差。(1)望远镜点扩散函数(即望远镜光学系统不完美性造成的天体形状改变)修正方法。对于 cosmic shear 弱引力透镜测量方法来说，修正望远镜点扩散函数是关键步骤[5]。(2)源星系形状关联(intrinsic alignment)。源星系的形状一般偏离圆形，存在一定椭率，是 cosmic shear 测量的噪音。如果椭率是完全随机分布的，该噪音可以从统计上修正，不造成系统误差。但是星系形成理论表明，源星系形状可能与大尺度结构存在关联，从而该噪音不仅自身存在关联，而且和弱引力透镜信号相互关联，目前无法从统计上完全修正[6]。(3)弱引力透镜的强度与宇宙学有关，也与源星系的红移有关。红移测量误差会导致对宇宙学参数限制的误差。对大规模引力透镜巡天来说，红移测量主要通过比较多色滤光片的星系光度来粗略得到(即光度红移)，目前的精度还有待提高。

弱引力的精确理论计算存在两个主要困难。(1)非线性效应。弱引力透镜的主要信号来源于非线性区域。非线性效应导致这一区域的弱引力透镜精确、快速计算(包括数值模拟)存在很大困难。暗能量的成团性、有质量中微子、修改引力论、原初非高斯性等都加大了上述困难。(2)天体物理机制。目前，通过高精度数值模拟，我们能够在宇宙学尺度上对引力相互作用进行从第一性原理出发的较精确计算。但是重子物质还受到其他天体物理机制的影响，导致其分布在小尺度上与暗物质分布出现不可忽略的偏差[7]。但是，这些天体物理机制非常复杂，目前难以在 1%的精度上量化其影响。

新一代弱引力透镜巡天项目对弱引力透镜的测量和理论提出了极高要求。如何改进弱引力透镜的测量方法、数据处理方法和和理论计算以达到相应精度，是弱引力透镜宇宙学的难点和主要研究方向。

参 考 文 献

[1] Refregier Alexandre. Weak gravitational lensing by large-scale structure. Annual Review of Astronomy & Astrophysics, 2003, 41, 645-668.
[2] Massey Richard, et al. Dark matter maps reveal cosmic scaffolding. Nature, 2007, 445(7125)：286-290.
[3] Albrecht A, et al. Report of the dark energy task force. 2006, arXiv:astro-ph/0609591.
[4] Jain B, Zhang P. Observational tests of modified gravity. Physical Review D, 2008，78(6)：063503.
[5] Massey R, et al. The shear testing programme 2: factors affecting high precision weak lensing analyses. Monthly Notices of Royal Astronomical Society, 2007, 376(1)：13-38.
[6] Hirata C, et al. Intrinsic galaxy alignments from the 2SLAQ and SDSS surveys: luminosity and redshift scalings and implications for weak lensing surveys. Monthly Notices of Royal Astronomical Society, 2007, 381(3)：1197-1218.
[7] Jing Y, et al. The influence of baryons on the clustering of matter and weak-lensing surveys. The astrophysical Journal, 2006, 640(2)：L119-122.

撰稿人：张鹏杰
中国科学院上海天文台

重子声波振荡和精密宇宙学

Baryon Acoustic Oscillations and Precision Cosmology

公元 2005 年，D.Eisenstein 等对斯隆星系巡天中分布于 $2(Gpc/h)^3$ 巨大体积里的约 4.7 万个亮红星系完成了成团性分析[①]。成团性分析常用的数学工具是关联函数，描述距离为 r 的星系对的数目相对于均匀样本的偏离。数据显示，关联函数随着 r 减小，表示宇宙在大尺度上趋向于均匀。然而，在 r = 100Mpc/h 附近，关联函数出现了一个明显的鼓包[1]。这个鼓包的来源，就是重子声波振荡。鼓包的位置，即约 100Mpc/h，就是宇宙的声视界 r_s。这是一把宇宙学家梦寐以求的标准量天尺。

宇宙早期温度高，所以重子是完全电离的。因为密度高，光子和电子通过逆康普顿散射紧密耦合在一起，电子和离子通过库伦散射和复合-电离过程紧密耦合在一起。因此重子和光子可以当成一个统一的流体，即重子-光子流体来处理。在宇宙早期，该流体是相对论性的，声速(即扰动传播的速度)很大，是光速的 58%($1/\sqrt{3}$)。随着宇宙膨胀，温度降低，物质变为非相对论性。但是由于辐射和物质存在的强耦合，而辐射的压强很大，导致重子-光子流体中声速降低的速度很慢。到宇宙诞生约 40 万年的时候，复合过程发生，重子-光子脱耦，重子流体中的声速急剧衰减到几乎为零，扰动停止传播，冻结在重子流体里。

随之冻结在重子流体中的，是脱耦时刻的声视界这个特征尺度。其物理尺寸随着宇宙的整体膨胀被拉伸，但是共动尺度不再随时间改变。该尺度的数量级估计如下。因为脱耦之前的声速与光速同数量级，声视界在脱耦时刻的物理尺寸可以用光速乘以 40 万年(即脱耦时刻宇宙年龄)=40 万光年估算。因为从脱耦时刻到今天宇宙膨胀了 1 千多倍，所以声视界的物理尺寸拉伸为约 4 亿光年。严格计算结果为约等于 4.9 亿光年(用宇宙学更常用的单位表达为约 150 百万秒差距)。这个尺度就是声视界的共动尺度。

重子声波振荡导致了一种特殊的物质分布不均匀性。统计上讲，物质多的地方形成的星系就多，物质少的地方形成的星系就少。形象地说，声波就是把两个地方的密度涨落关联起来的物理机制，所以在关联函数(描述关联强度)中对应声视界的尺度上有一个超出的部分(鼓包)。在 20 世纪 70 年代，Peebles & Yu、Sunyaev & Zel'dovich 等人就已经意识到了重子声波振荡的存在。而 20 世纪 90 年代，一些宇宙学家(如 D. Eisenstein，华裔宇宙学家 Wayne Hu, M. Tegkark 等)意识到，如果能

---

① 这里，h 是量纲为一的哈勃常数，约等于 0.7，Gpc 是十亿秒差距。

够测量到重子声波振荡和声视界，我们就拥有了一把新的宇宙量天尺。

不同于造父变星(只能应用到大约 5000 万光年以内)，它能够应用到百亿光年的距离上；不同于宇宙微波背景辐射只能测量到宇宙脱耦时刻(最后散射面)的距离，它可以测量到宇宙不同时刻的距离，距离跨度从几十亿光年到上百亿光年；不同于一型超新星，它不仅仅能够测距离，而且能够直接测出宇宙各个时刻的膨胀速度(即哈勃参量)。关于这一点，直观的解释是，把该量天尺平放在天球上(垂直于视线方向)，测量它张开的角度 θ_s，我们就得到共动角距离 $D = r_s / \theta_s$。把它沿着视线方向放置，测量它对应的红移间隔 Δz，我们就得到哈勃参量 $H(z) = c\Delta z / r_s$。距离是哈勃参量的积分。所以跟距离相比，哈勃参量能够更加直接得告诉我们宇宙膨胀的信息和暗物质、暗能量的演化。更重要的是，超新星的绝对亮度需要经验关系的校准，从而存在相应的不确定性，而重子声波振荡的尺度能够从第一原理严格计算，从而避免了这种不确定性。

宇宙微波背景功率谱中显著的谷峰、鼓包是同样的机制在光子流体中的体现。但是，在大尺度结构中，重子声波振荡的幅度被大大压低了，这主要是暗物质造成的。脱耦时刻之前，暗物质因为不与重子-光子流体发生除引力外的相互作用，它的密度空间分布不具备重子声波振荡这样的特征分布。又因为暗物质的总质量远大于重子物质的总质量，脱耦之后，经过暗物质和重子物质的引力相互作用的调节，在总物质分布里，重子声波振荡被大大压低了。因为总物质分布决定宇宙的引力，从而决定宇宙大尺度结构，所以宇宙大尺度结构中的重子声波振荡也被大大压低了，在物质功率谱中，它造成的振荡只有百分之一左右。值得庆幸得是，暗物质不会改变声视界这个特征尺度。只要星系巡天足够大，足够深，重子声波振荡仍然能够被测量得到。

大规模星系巡天使得重子声波振荡的测量成为可能。公元 2005 年，两个研究组分别在两度视场星系红移巡天(2dFGRS，文献[2])和斯隆星系巡天(SDSS)的星系分布中测到了重子声波振荡。利用斯隆的全部数据，上述结果得到更进一步的确认和改善[3]。这些结果测量的都是低红移(0.3 附近)的距离和哈勃参量的一个特定组合，精度 10%左右，而且不能进一步实现对距离和哈勃参量的分别测量，但是已经对宇宙学施加了有力限制。

2006 年，因为在物理原理上的干净和可靠，暗能量特别工作组(the dark energy task force[②])从诸多暗能量探针中筛选出重子声波振荡，列为暗能量和精密宇宙学的四大探针之一。

重子声波振荡精密宇宙学的难点有二。对重子声波振荡来说，首先要克服的是宇宙统计涨落带来的误差。这就要求星系巡天足够大，足够深。目前的几个雄心勃

---

② 一个暗能量研究方面的权威专家顾问组。

勃的项目计划(ADEPT/JDEM，BigBOSS，Euclid 等)测量 2 万平方度左右的天区(即约半个天区)中一直到上百亿光年外千万、甚至上十亿量级的星系。这些项目，将能够把宇宙的距离和膨胀速度同时测准到好于 1%的精度。不仅如此，有望通过其他大尺度结构的探针，例如，宇宙中中性氢的分布等，精确测量重子声波振荡。

显然，任何导致关联函数中重子声波振荡鼓包位置移动的因素都是重子声波振荡宇宙学的误差来源。例如，宇宙的非线性演化虽然没有严重到抹平重子声波振荡的地步，其影响仍然在 1%左右。星系的偏袒因子随尺度的改变、红移畸变等等，都有类似幅度的影响。这些因素的发现、量化和修正，是重子声波振荡宇宙学的主要难点和研究对象之一。

参 考 文 献

[1] Eisenstein D, et al. Detection of the baryon acoustic peak in the large-scale correlation function of SDSS luminous red galaxies. The Astrophysical Journal, 2005, 633(2): 560–574.

[2] Cole S, et al. The 2dF Galaxy Redshift Survey: power-spectrum analysis of the final data set and cosmological implications. Monthly Notices of the Royal Astronomical Society, 2005, 362(2): 505–534.

[3] Percival W, et al. Baryon acoustic oscillations in the sloan digital sky survey data release 7 galaxy sample. 2009, eprint arXiv:0907.1660. Monthly Notices of the Royal Astronomical Society, in press.

撰稿人：张鹏杰
中国科学院上海天文台

宇宙磁场的起源

Origin of Magnetic fields in the Universe

宇宙中所有天体，行星如地球，恒星如太阳，星系如银河，星系团如 Coma，甚至另类天体如脉冲星、超新星遗迹、行星状星云，星系团际介质等，现在都已发现磁场存在的证据甚至直接探测到了磁场[1,2]。长期困扰物理界和天文界的一个根本问题是，宇宙中这些天体的磁场是如何起源、如何演化的？

在研究地球和太阳磁场时，大家的注意力往往集中在它们的磁场是如何维持和放大，并解释各种观测到的磁现象。关于磁场的起源，一般有两种主要的理论假说，一种是原初起源，即磁场是天体诞生时就有的，至少有相当多的"种子"磁场；另一种是理论学家更加相信的发电机(dynamo)理论，认为天体诞生时或诞生前某种物理过程形成了一点点种子磁场，然后通过该天体的磁流体力学过程将种子磁场放大，形成我们今天所观测到的天体磁场。磁流体力学过程确实在所有天体中存在，并在一定的条件下(如湍流、涡旋、扭曲等动力学过程中)确实能够放大和维持天体的磁场[3]。天体中部分电离的气体因为动力学运动可能使得电荷有一点点分离从而形成电场，该电场因为随介质运动而产生了我们需要的种子磁场。这就是所谓的 Biermann 电池。目前观测发现，恒星和行星是在分子云中形成的，正在形成恒星的分子云中也确实存在大尺度的磁场[4]。这些磁场确实可以压缩和保存，成为所形成恒星的磁场[5]。因此，尽管恒星和行星可以有发电机放大和维持磁场，但磁场起源问题，至少是"种子"磁场的来源问题，可以讲基本解决了。接下来的问题是，分子云中的磁场哪里来的？

分子云是弥漫星际介质中密度较高、温度较低的区域。它是因为引力或其他不稳定性导致的星际介质气体聚集区域。目前观测表明，分子云中的磁场与弥漫的星际介质中的磁场密切相关[6]，并且分子云中形成大质量恒星的磁场还与星际介质的磁场相关。这说明，从弥漫星际介质至分子云，再至形成的恒星，磁场有相当的留存和记忆。

那么星际介质中的磁场哪里来的[2,3]？有人提出，恒星星风可以充满星际空间，星风携带的磁场可以磁化星际介质。其实这只能星际空间非常小的尺度上有一定效果。对于已经观测到的很大尺度的星际介质磁场，同样可能有两种来源：一个是原初起源，即星系形成之前的原星系云中就有磁场，这些磁场是宇宙形成的早期产生的；另一种理论是星系形成之初有一点点种子磁场，经过星系中的湍流和涡旋(如超新星爆发吹出的泡泡、科里尔力引起的扭转等)、较差自转和其他物理过程(如宇宙线传播)使磁场得以放大和维持。我们一方面需要更加详尽地观测了解星系中磁场的基本特征[7]；另一方面，需要利用计算机模拟等各种办法去调查星系中各种物理过程对磁场和发电机机制的影响。更大尺度如星系际空间的磁场，又是如何起源的[8]？有人提出是活动星系核喷出的介质磁化了星系际空间，也有人提出是星系团内的湍流可以导致发电机机制放大了星系团内的磁场。

目前已经有观测发现了早期宇宙天体有非常强的磁场，说明磁场可能在宇宙结构形成初期就很快成型了。宇宙中的磁场可能在复合前的早期宇宙中形成，也可能在复合后形成[9,10]。如果是宇宙复合前产生的磁场，那真是所谓的原初磁场，能够解释所有天体的磁场起源问题，但在暴涨后至复合前的宇宙辐射期产生的磁场，其空间相干尺度太小。暴涨期产生的磁场可以有相干的尺度但强度太小。宇宙早期的磁场也不可能太强，即使发展到现在也不过才1个微高斯。宇宙早期的磁场因其产生的洛伦兹力和各向异性应该对宇宙结构形成有一定的影响，比如阻碍密度波动的增长，各向异性的磁压也会使早期宇宙结构形成时产生的引力波发生异常。目前宇宙结构研究非常重视冷暗物质宇宙模型，对磁场的影响还没有考虑过。

参 考 文 献

[1] Han J L, Wielebinski R. Milestones in the observations of cosmic magnetic fields. ChJA&A, 2002, 2: 293–324.

[2] Kulsrud R M, Zweibel E G. On the origin of cosmic magnetic fields. Reports on Progress in Physics, 2008, 71(4):046901.

[3] Widrow L M, Origin of galactic and extragalactic magnetic fields. Rev. Mod. Phys. 2002, 74:755.

[4] Crutcher R M, Hakobian N, Troland T. Testing magnetic star formation theory. ApJ, 2009, 692(1): 844–855.

[5] Donati J-F, Landstreet J D. Magnetic fields of nondegenerate stars. Annual Review of Astronomy & Astrophysics, 2009, 47(1): 333–370.

[6] Han J L, Zhang J S. The galactic distribution of magnetic fields in molecular clouds and HII regions. A&A 2007, 464(2): 609–614.

[7] Beck R., Magnetic visions: Mapping cosmic magnetism with LOFAR and SKA. Revista Mexicana de Astronomía y Astrofisica 2009, 36: 1–8.

[8] Ferrari C, et al. Observations of extended radio emission in clusters. Space Science Reviews, 2008, 134: 93–118.

[9] Giovannini M. Magnetized CMB anisotropies. Classical and Quantum Gravity, 2006, 23(2): R1–R44.

[10] Tsagas C G. Large-scale magnetic fields in cosmology. Plasma Phys. Control. Fusion, 2009, 51:124013.

撰稿人：韩金林

中国科学院国家天文台

宇宙的黑暗时期

Cosmic Dark Ages

1. 宇宙演化中的黑暗时期

宇宙的黑暗时期指的是从宇宙大爆炸结束的等离子体复合(recombination)到第一代恒星开始形成的时期。在此之前的宇宙中充斥着较高能量的光子，这些光子导致宇宙中的普通物质——主要是氢和氦——处在电离状态。大爆炸后约40万年的时候，这些光子随着宇宙的膨胀而逐渐红移到红外波段，能量不再足以电离氢或氦，于是自由电子与氢、氦原子核构成的等离子体复合为中性的原子。随着自由电子的消失，光子也可以自由传播而不再发生散射，宇宙变得透明——这些光子最终红移到微波波段，成为我们今天观测到的宇宙微波背景辐射。这时的宇宙相当均匀，其中没有恒星，除了氢、氦以及少量的大爆炸核合成时期产生的轻核如氘、^{3}He、锂外也没有其他元素，因此称之为黑暗时期。 此后，在引力的作用下，微小的密度扰动逐渐增强，暗物质坍缩形成暗物质晕，其中质量较小的晕内不会形成恒星，但当这些晕质量增加到一定程度后($10^6 \sim 10^8$ 太阳质量)，晕中开始形成第一代恒星，这些恒星发出的光可以电离周围的气体。这些恒星在核反应中形成的一些重元素也可能在第一代恒星演化末期的超新星爆发中被散入宇宙，从而影响新的恒星形成，至此黑暗时期进入尾声，直到最后整个宇宙被再电离。如果我们用传播到今天的光子发生红移的倍数来表示时间，那么宇宙的等离子体复合发生在红移约1100左右，第一代恒星的形成则在红移20~30左右(极个别最早形成的红移可能达60)。不过，有时把第一代恒星形成后直到再电离之前也都算做黑暗时期。目前的观测已确定再电离至少在红移6之前发生了，对微波背景辐射偏振数据的拟合表明再电离可能发生在红移10左右。

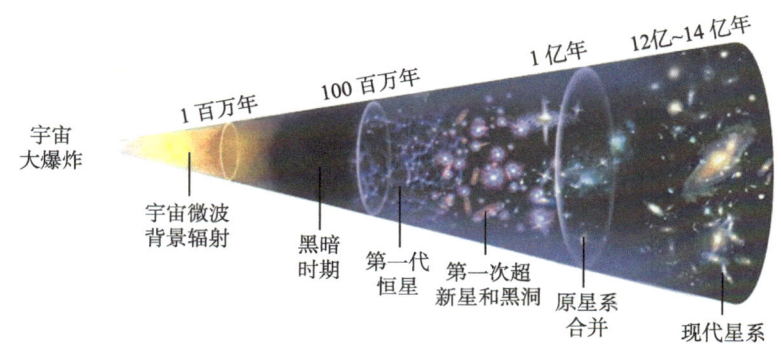

我们现有的天文观测可以看到黑暗时期之前的宇宙(微波背景辐射)或黑暗时期之后的宇宙(高红移的恒星、星系、类星体等)，但尚未能观测黑暗时期的宇宙。了解黑暗时期的发生的物理过程并进行观测是天文学中重要的科学问题。

2. 黑暗时期的氢原子自旋温度演化与21厘米信号

中性氢原子能够吸收或发射波长21厘米的光子，因此有可能用红移到不同波长的21厘米辐射来观测黑暗时期。由于原子核磁矩的影响，中性氢原子中电子与原子核自旋是平行或反平行的状态其能量有微小的差异，这两个状态间的跃迁产生或吸收波长21厘米的光子。就宏观而言，究竟是吸收还是发射取决于出在这两种状态的中性氢原子的相对个数。我们可以定义所谓自旋温度：

$$\frac{n_1}{n_0} = 3e^{-\Delta E/k_B T_S} = 3e^{-T_*/T_S}$$

上式中 n_1, n_0 表示电子自旋与氢核自旋之和为1和0的原子的个数，因子3是由于二者不同的简并度，此式定义了自旋温度 T_S。气体的温度与自旋温度未必相等，因为氢原子与背景辐射的相互作用使自旋温度趋近背景辐射的温度。只有当存在物理机制如碰撞以及对 Lyman alpha 光子的散射使自旋与原子运动强烈耦合起来的时候二者才相等(Lyman alpha 光子由于与氢原子反复散射，其色温度与气体温度相等，因此也导致自旋温度趋于气体温度)。一般来说自旋温度是气体温度与背景辐射温度的加权平均。

在刚刚结束氢原子复合时期之后，气体中还残存少量未复合的自由电子。这些电子与背景辐射光子的散射使气体温度基本保持与背景辐射温度 $T = 2.73(1+z)$ 相接近，自旋温度此时也差不多是同一数值，因此基本不产生21厘米信号。在红移200以下，气体的温度偏离背景辐射温度，这被称为运动学退耦(kinematic decoupling)，此后气体的温度下降较快。这一时期气体的密度还比较高，原子碰撞频繁，因此自旋温度接近气体温度而偏离背景辐射温度，产生21厘米信号。到红移40左右，气体变得比较稀薄，碰撞不再频繁，自旋温度趋于背景辐射温度，21厘米信号再次减弱。以上讨论的气体自旋温度的演化是针对基本均匀分布的气体。实际上，在黑暗时期还会形成一些暗晕。在这些暗晕内，气体的密度增加、温度升至暗晕的维里温度(几百开)，也会产生一些21厘米信号，在红移40以下这些信号也不会消失。

在黑暗时期的后期第一代恒星开始形成后产生 Lyman alpha 光子，使自旋温度再次偏离背景温度产生21厘米信号。由于气体的平均温度较低，这时可能首先产生21厘米吸收信号。随后，气体逐渐被恒星和类星体产生的X射线加热，其温度上升，产生21厘米发射信号。同时，恒星、星系和类星体附近的区域被电离，这些区域由于没有中性氢原子21厘米信号也随之消失,因此通过观测21厘米可以了解再电离的历史过程。再电离之后，星系间的气体是电离的，没有21厘米信号，但星系内密度较高,有中性氢存在,可以通过21厘米信号观测。

3. 黑暗时期蕴藏的宇宙信息与21厘米观测

如果能够观测黑暗时期的21厘米辐射,我们将获得大量宇宙学信息。目前人们可以通过观测星系分布来了解宇宙的密度分布,但是在结构形成过程中,小尺度结构演化较快,首先进入非线性阶段,非线性演化将破坏原始的密度分布信息,因此对于较小尺度的密度分布我们的了解非常有限,而在黑暗时期这些小尺度信息尚未被非线性演化所破坏。另外,宇宙的密度分布是随机的,我们主要关注的是其统计特性如密度功率谱等,由于观测的体积有限,也造成了一定的统计误差。如果能够观测黑暗时期,可以大大减小观测的统计误差。据估计,黑暗时期可观测约 10^{16} 个独立的傅里叶模,而相比之下 CMB 仅可观测 10^7 个独立的傅里叶模。宇宙的原初密度涨落反映了宇宙极早期暴胀时的物理过程,因此这样的观测将为我们提供宇宙起源的大量信息。

目前,人们已经建造或计划建造一些低频射电望远镜观测21厘米信号,如中国的 21CMA,印度的 GMRT,欧洲的 LOFAR,澳大利亚的 MWA,美国的 PAPER 等,此外平方千米级的射电阵 SKA 也在计划中,但这些计划主要是针对再电离时期。观测黑暗时期面临的困难很大,这一时期的 21 厘米信号今天被红移到 8~40 米波长(35MHz~7MHz),地球电离层对这样低频的射电信号产生强烈的折射和吸收。为此,需要把射电望远镜建在极地附近或者空间。此外,这一波段存在大量的人工电磁干扰,也必须想办法避免。目前美国已提出未来在月球背面建立低频射电天线阵列。同时,宇宙线电子在银河系磁场中运动产生同步辐射,造成在低频时很强的背景噪声,尽管这一噪声是光滑的,原则上可以扣除,但这需要极高的灵敏度,因此所需的天线面积也非常大,也造成了观测的困难。

4. 暗物质衰变和湮灭对黑暗时期的影响

通常在研究黑暗时期的时候假定暗物质只通过引力起作用。但是,暗物质也有可能发生湮灭或衰变,这样它有可能释放出能量影响电离历史。例如,只要暗物质中的极少一部分衰变了,也足以提供能量在黑暗时期再次电离宇宙,这是因为这时的宇宙变稀薄了,因此较复合时期更容易被电离。同时,气体也会被加热到较高的温度。利用这一效应可以限制暗物质的衰变。

暗物质的湮灭速率正比于暗物质密度的平方,因此在高红移处湮灭率大大高于现在。对于通常的热产生 WIMP 暗物质来说,这一效应仍然可以忽略,但对其他的暗物质模型比如轻暗物质,用现有观测数据就可以利用这一效应给出很强的限制。此外,在暗晕中的湮灭也可能影响宇宙的再电离历史,可能有部分再电离能量由暗物质提供。

暗物质在黑暗时期的衰变和湮灭目前可以通过微波背景辐射加以限制,未来则可以通过 21 厘米进行观测。

参 考 文 献

[1] Miralda-Escude J. The dark age of the universe. Science, 2003, 300, 1904 arxiv: astro-ph/0307296.
[2] Loeb A. Let there be Light: the emergence of structure out of the dark ages in the early universe, arxiv:0804.2258.
[3] Loeb A, Zaldarriaga M. Measuring the small-scale power spectrum of cosmic density fluctuations through 21 cm tomography prior to the epoch of structure formation. Phys. Rev. Lett. 2004, 92, 211301, arxiv:astro-ph/0312134.
[4] Carilli C, Furlanetto S, Briggs F, Jarvis M, Rawlings S, Falcke H. Probing the dark ages with the square kilometer array. New Astron.Rev. 2004, 48,1029, arxiv:0409312.
[5] Jester S, Falcke H. Science with a lunar low-frequency array: from the dark ages of the Universe to nearby exoplanets, arxiv:0902.0493.
[6] Chen X, Kamionkowski M. Particle decays during the cosmic dark ages. Phys.Rev. D 2004, 70,043502, arxiv:astro-ph/0310473.
[7] Zhang L, Chen X, Lei Y, Si Z. The impacts of dark matter particle annihilation on recombination and the anisotropies of the cosmic microwave background. Phys. Rev. D, 2006, 74, 103519, arxiv:astro-ph/0603425.

撰稿人：陈学雷

中国科学院国家天文台

宇宙再电离

Cosmic Reionization

在宇宙大爆炸初期，物质处于一个高温高密的等离子体状态，随着宇宙的膨胀而不断冷却。质子和电子复合成氢原子，几乎完全中性的宇宙进入了相对平静的"黑暗时期"(见本书中陈学雷撰写的关于"黑暗时期"的文章)。而在我们今天的宇宙中，星系际介质里的气体是高度电离的。这之间，宇宙经历了从中性到电离的一个非常重要的演化阶段——再电离。宇宙再电离开始于第一代恒星形成并放出宇宙第一缕曙光的时候(大约在大爆炸后4亿年)，这些恒星和星系发出的高能光子中有一部分透出，使星系周围比较稀薄的气体电离。随着星系的不断形成，电离区逐渐扩大并相互联结。当电离区覆盖整个宇宙中的星际介质时，再电离完成。宇宙的再电离是星系形成与演化的关键阶段，也是至今人类所认知的宇宙演化历史中的一块重要空白，因此近年来已成为宇宙学与天体物理学中的一个极活跃的研究方向。

现在人们对宇宙再电离的了解主要来自两方面的观测。再电离时期的自由电子散射微波背景辐射光子，可以将其温度各向异性转化成偏振。根据对宇宙微波背景辐射偏振的观测，再电离发生的平均红移在11左右(Dunkley et al. 2009)。可是微波背景的数据给出的是一个积分的限制，对再电离发生时间的限制是粗略的。另一方面，人们在高红移类星体的光谱中看到了频率高于 Lyα 端的完整吸收槽(Gunn-Peterson trough)，从而估计氢的再电离在红移6左右完成(Fan et al. 2006)。除了氢的再电离外，氦也发生再电离。氦原子被电离一个电子的电离能为24.6eV，与氢原子13.6eV的电离能比较接近，可能是同时完成的。氦电离两个电子的电离能为54.4eV，一般恒星产生的光子能量不足以使之电离，因此可能是较晚时期(红移~3)由类星体发出的高能光子电离的。

对宇宙再电离的研究，观测上存在很大困难，理论上目前也有很多不确定性。由于再电离所处的红移很高，而贡献主要电离光子的电离源又是质量相对小、光度相对低的矮星系，我们至今未能对他们进行直接探测。但由于中性氢对 Lyα 光子吸收的光学深度非常大，因此很难对中性度高于 10^{-2} 的区域做出任何限制，且该估计依赖于类星体与再电离的模型参数。此外，高红移的星系巡天正在寻找越来越遥远的星系，并已找到红移7~8的星系候选者。但由于这些星系都是高亮度星系，并不能代表大部分再电离时期的星系，因此它们对宇宙再电离的限制也很弱。影响再电离的许多天体物理过程目前也没有解决，如第一代恒星和星系是如何形成的(参见本书中岳斌、陈学雷撰写的相关问题)，它们的质量是如何分布的，它们演化

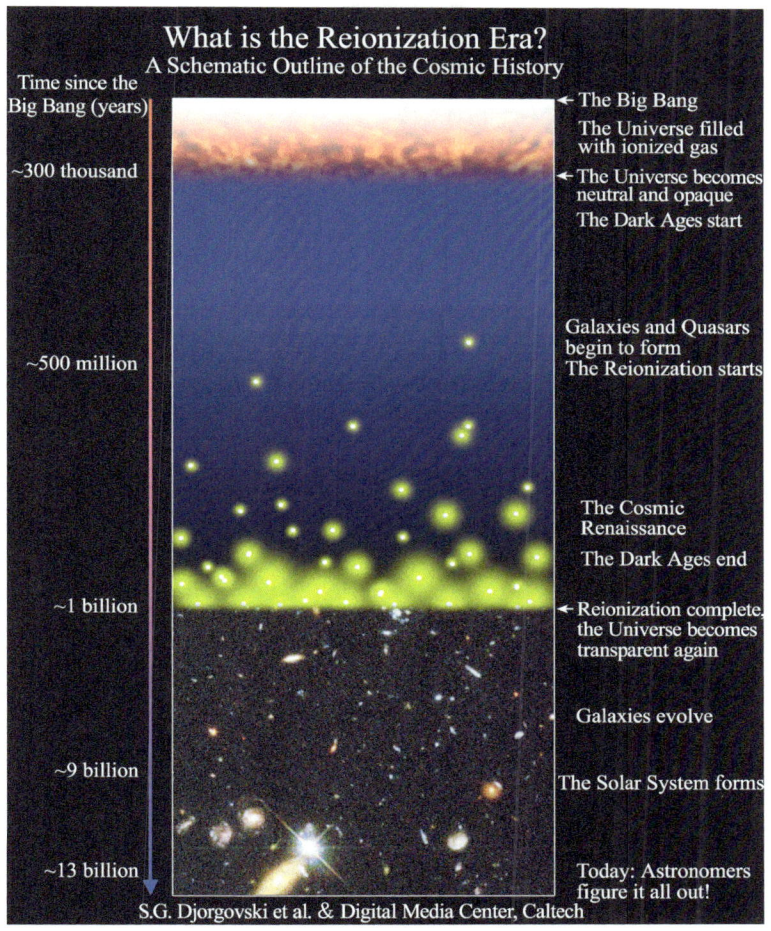

图 1 再电离时期示意图(S.G.Djorgovski 等制作)。

产生的金属元素能否有效地分布到星际介质中,哪些天体贡献了再电离的光子,每种电离源分别贡献了多少等等。因此,再电离的具体情形,如宇宙的电离度是如何演化的,电离区是什么形状,它们又是如何分布的,早期恒星形成对下一代恒星形成会有怎样的影响等也是有待解决的问题。

下一步对宇宙再电离的观测计划主要集中在两个方面。首先,我们当然希望能够直接观测再电离时期的星系,尤其是贡献主要电离光子的矮星系,或者至少。未来的空间望远镜 JWST(The James Webb Space Telescope)将在红外波段担负起这个重任。此外,目前国际上正在策划建造 30 米级的光学望远镜,包括美国的 TMT,GMT,欧洲的 ELT 等,这些望远镜将具有很强的集光能力,通过挑选适当的大气透明窗口波段,将可以观测宇宙早期的星系。

图 2 James-Webb 空间望远镜(JWST), NASA。

中性氢的21cm谱线探测是对再电离时期各种中性结构的最直接而有效的观测手段。21cm 线是中性氢原子基态的超精细结构谱线, 直接与宇宙中的中性氢相联系。一方面, 由于 21cm 线的自发跃迁概率极小(平均每个氢原子需要约 1000 万年才自发跃迁一次), 在较大的中性度, 甚至是完全中性的环境下都难以饱和, 因此它非常适合于用来探测宇宙再电离时期的中性结构。另一方面, 21cm 线是一条确定频率的谱线, 在不同的射电波段观测到的 21cm 谱线对应的是不同红移处的信号, 从而我们可以得到宇宙结构演化及星系际介质电离过程的三维信息。利用 21cm 谱线探测宇宙再电离主要有两种方法。现在讨论较多的是 21cm 层析(tomography)方法, 也就是以宇宙微波背景辐射为背景源, 观测不同红移处的星际介质对背景辐射的吸收或发射 21cm 光子所产生的信号。氢原子的 21cm 谱线有一个特征温度——自旋温度, 根据自旋温度与宇宙微波背景辐射的亮温度的相对高低, 星际介质中的氢原子会发射或吸收 21cm 光子, 使微波背景的亮温度略有升高或降低, 从而使宇宙微波背景的亮温度产生一定幅度的涨落。氢原子的自旋温度主要取决于气体热运动温度和电离源的辐射谱及其强度, 另一方面, 21cm 吸收或发射的强弱还与各个地方中性氢原子的多少有关, 从而与各处的电离度、密度有关, 因此探测微波背景辐射各个地方亮温度的改变就反映了宇宙中该处星际介质的再电离状况, 密度分布, 温度信息和电离源的性质。第二种方法是 "21cm 森林" 观测。这种观测是以非常高红移(红移 6 以上)的类星体或伽马射线爆的余辉作为背景射电辐射源, 探测视线方向上各种结构产生的 21cm 吸收线。不同红移上的结构在类星体或伽马爆余辉光谱上的不同频率处产生吸收线, 形成 "森林" 似的光谱结构。同样地, 21cm 吸收线的强弱反映了吸收体的温度、密度、电离度, 以及电离源的辐射状况。不同于 21cm 层析方法的是, 21 cm 森林信号更加敏感于星际介质的温度, 能够更有效地提取宇宙温度演化的信息。

图 3 21CMA 阵列。

今天世界上已建造的或是正在建造中的大型射电天线阵中，以宇宙再电离的 21cm 探测为主要科学目标的有：21CMA(21 Centimeter Array)，GMRT(Giant Meterwave Radio Telescope)，MWA(Murchison Wide-Field Array)，LOFAR(Low Frequency Array)和 PAPER(Precision Array to Probe Epoch of Reionization)。这些射电天线阵都将可以用来对再电离时期的宇宙进行 21cm 层析观测和 21cm 森林观测。其中 21CMA 是我国用于"宇宙第一缕曙光探测"的大型低频射电望远镜阵列，已于 2006 年在新疆天山深处落成，成为世界上最早投入观测运行的 21cm 探测阵列，目前处于收集数据及数据处理阶段。此外还有处于仪器设计阶段的 SKA (Square Kilometer Array)，这是未来更为强大的低频射电天线阵，它不仅可以进行前两种观测，还将最终实现 21cm 的成像观测。

但是，宇宙再电离的 21cm 信号非常弱。再电离时期的 21cm 谱线红移到今天都到了米波波段，在如此低频的波段，银河系的射电辐射要比我们所要探测的 21cm 信号高 5 个数量级！此外还有银河系外的射电源(如河外星系的射电辐射)，地球上电视、广播、手机等通信干扰，以及地球大气的电离层干扰。为了从一堆噪声中提取微弱的信号，我们必须首先对这些噪声的特征了解得一清二楚。目前最有效的方法是对银河系前景作模型拟合，认证出尽可能完备的河外射电点源，并利用不同成分的辐射谱的平滑性扣除包括地球电离层干扰、人为射电信号干扰以及偏振源在内的所有前景噪声，留下源于再电离时期的 21cm 扰动信号。为了观测宇宙深处暗弱的 21cm 信号需要巨大的有效接受面积以提高灵敏度，因此，用于观测 21cm 信号的天线阵都十分庞大，对大量数据的相关运算、仪器的实时校准等也都提出了相当高的要求，不过现代数字电子技术也在飞快发展，因此有望解决这些数据处理问题。除此以外，对于 21cm 森林探测，它需要首先找到非常高红移的射电源(类星体或伽马爆的余辉)，这本身就是对现代观测技术的一个挑战。

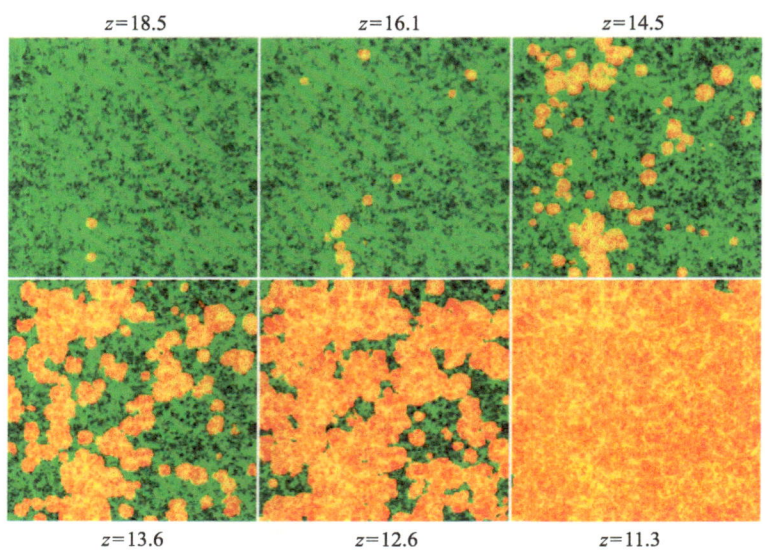

图 4　Iliev et al.参考文献[5]模拟的再电离过程。

在理论上,宇宙再电离的研究已远远走在了观测的前面。人们建立了各种宇宙再电离的模型。对于再电离是首先发生在高密度区还是低密度区,典型电离区的大小等都曾有过不同的看法。目前较流行的模型,是 Furlanetto 等在借鉴了辐射转移数值模拟结果的基础上提出的"泡泡模型"(bubble model)。根据这一模型,在宇宙平均密度较大的区域,形成了较多的恒星和星系,这些星系产生的电离光子在高密度区形成较大的共同电离区(星系团尺度)。这些电离区最后互相连接而完成再电离。不过,这个模型比较适合再电离开始时期,当电离区密度较高时就难以使用了,而且目前此模型与数值模拟在定量结果上也有一些差异。基于这些模型,我们可以建立模型中的物理参数与可观测量之间的联系,利用未来的观测数据对模型做出限制,从而去理解宇宙的再电离。但是,宇宙再电离是一个相当复杂的物理过程,其中涉及恒星及星系的形成,它们对周围介质及下一代恒星形成的各种反馈过程,以及辐射转移过程。这些复杂的过程难以用解析的形式都描述出来并整合进一个模型之中。因此,宇宙再电离的研究需要求助于数值模拟的方法,以求更真实地描述宇宙再电离的过程。数值模拟必须具有足够大的体积以包含足够多的电离区,从而合理的描述他们的统计性质与环境因素。同时,由于小尺度上的诸多反馈过程与辐射转移对再电离有着非常重要的影响,所以,宇宙再电离的数值模拟需要跨越 10 个数量级以上的动态范围。再考虑到结合了辐射转移的数值模拟非常复杂,这导致的一个直接结果就是非常庞大的计算量。这对计算机的运算能力和存储能力都是一个极大的挑战。在计算机技术不断进步的同时,科学家们也在研究新型的算法,再电离的数值模拟正在取得飞速的进展[4]。

当然，理论的研究最终还要与观测相结合。一方面，我们需要从理论上更真实地描述宇宙再电离的过程，努力建立物理过程与可观测量之间的联系；另一方面，我们期待着未来的观测技术会越来越成熟，为我们从观测上限制物理参量进而从根本上理解宇宙再电离的过程打下良好的基础。

参 考 文 献

[1] Dunkley J, et al., Five-year Wilkinson microwave anisotropy probe (WMAP) observations: Likelihoods and parameters from the WMAP data[J]. Astrophysical Journal Supplements, 2009, 180: 306–329.

[2] Fan X, Carilli C, Keating B. Observational constraints on cosmic reionization[J]. Annual Review of Astronomy &Aastrophysic, 2006, 44, 415–462.

[3] Furlanetto S R, Zaldarriaga M, Hernquist L. The growth of H II regions during reionization[J]. Astrophysical Journal, 2004, 613, 1–15.

[4] Trac H, Cen R, Loeb A. Imprint of inhomogeneous hydrogen reionization on the temperature distribution of the intergalactic medium[J]. Astrophysical Journal, 2008, 689, L81–L84.

[5] Iliev I T, Mellema G, Pen UL, Merz H, Shapiro PR, Alvarez MA, Simulating cosmic reionization at large scales I: the geometry of reionization, Mon. Not.Roy. Astron. Soc. 369: 1625–1638, 2006.

[6] Xu Y, Chen X, Fan Z, Trac H, Cen R, The 21 cm forest as a probe of the reionization and the temperature of the intergalactic medium, Astrophysical Journal 704, 1396–1404(2009).

[7] Furlanetto S R et al. Astrophysics from the highly-redshifted 21 cm line, science white paper submitted to the US astro2010 decadal survey "Galaxies across Cosmic Time" Science Frontier Panel, arxiv:0902.3011.

[8] Furlanetto S R, Oh S P, Briggs F. Cosmology at low frequencies: The 21 cm transition and the high-redshift universe, Physics Report 433 (2006) 181–301.

撰稿人：陈学雷[1]　徐怡冬[2]
1 中国科学院国家天文台
2 北京大学天文系

第一代恒星的形成与性质

Formation and Properties of the First Generation Stars

我们所熟悉的恒星在宇宙的早期并不存在，按照宇宙学理论推算，最早形成的恒星即第一代恒星应该是在大爆炸后约 1 亿~2 亿年内大量形成的，对应的红移为大约 20 至 30，其中少数形成的时间更早一些，最早可达红移 60。由于其特殊的形成环境，这些恒星的形成模式和性质都与此后的恒星有很大不同，其大气中除了极少量的在大爆炸时期合成的锂之外不含金属元素(天文学上将氢和氦以外的所有元素都称为金属)，一般认为其质量非常巨大，约在几十到数百个太阳质量之间，寿命仅几百万年。它们的表面有效温度高，光度可达太阳光度的百万倍。

第一代恒星形成是宇宙演化过程中的一个标志性事件，宇宙黑暗时期自此终结(参见本书中陈学雷关于宇宙黑暗时期的文章)。部分第一代恒星在其核燃料耗尽后会以超新星爆发的方式结束自己的生命，向周围抛射出其核燃烧过程中产生的金属元素，这些金属元素跟周围的气体混合，成为这些气体中新的，更为有效的冷却介质。因此，以后再形成的恒星与第一代恒星性质不同。

天文学家在对银河系和近邻星系的观测中发现，相比银盘上的恒星(如太阳)，晕以及球状星团中的恒星其大气中金属含量低很多，因此把前者称为星族 I (Population I, Pop I)，后者称为星族 II。据此，可以定义不含金属或金属含量极低的恒星为星族 III，一般把星族 III 与第一代恒星当作同义词使用，也有人进一步区分 Pop III.1 (第一代恒星)和 Pop III.2，后者是指被 III.1 恒星电离过的但尚未被金属污染的气体形成的恒星。不过，部分 pop III 恒星也可能在较低的红移(如 $z = 4$)形成。

1. 形成过程

早期宇宙中物质的分布相当均匀,只有很微小的密度扰动。随着时间的推移,这些扰动在引力的作用下增长，较小尺度的结构形成较快，大尺度的结构则形成较慢。一般认为暗物质除万有引力外相互作用微弱，因此会首先在引力作用下形成稳定的暗物质晕。普通物质气体的压力在小尺度上可以抗拒引力，因此最先形成的小暗物质晕中无法吸积气体形成恒星，直到暗物质晕的质量超过某一临界值(金斯质量)时，气体压强无法平衡引力，才会被吸到暗物质晕里去。气体在坍缩进暗物质晕的过程中温度升高，压强增大，最终温度与暗物质晕的维里温度一致，达到平衡状态。

刚进入暗物质晕中的气体密度远大于宇宙平均密度，但还远小于形成恒星所需要的密度。此后，气体如果可以通过辐射冷却的话，温度、压强降低，金斯质量变小，就会在引力的作用下进一步收缩。但是，氢和氦原子的第一激发能级都比较高(例如，氢原子基态到第一激发态的 Lyman alpha 跃迁能量为 10.2eV)，因此对于维里温度小于 10000K 的暗晕(质量小于 10^8 太阳质量) 很难靠氢原子辐射冷却。金属元素的能级要低得多，因此可以有效地产生辐射，但黑暗时期几乎没有金属，因此气体的冷却成为恒星形成的瓶颈。一种可能是，第一代恒星在维里温度 10000K、对应质量大约 10^8 太阳质量的暗晕中形成。另一种可能是，由于氢分子的转动和振动能级比较低，可以冷却维里温度更低(低至 1000K)、对应大约 10^6 太阳质量的暗晕，因此很可能第一代恒星是在这种暗晕中形成的。在红移 20~30 的时候，这一质量的暗晕可以由满足高斯分布的宇宙密度场中的 3~4σ 涨落形成。但是，黑暗时期氢分子的含量比较低，其形成过程是靠气体中的自由电子与氢原子反应，形成离子，再与另一氢原子反应形成氢分子，然而黑暗时期气体中自由电子少，因此氢分子冷却到底能起多大作用仍难以完全确定。一旦一颗第一代恒星形成，其紫外辐射很容易破坏周边的氢分子，从而抑制更多第一代恒星的形成。

在气体坍缩过程中，如果气体冷却的时间比坍缩时间短，金斯质量迅速减小，

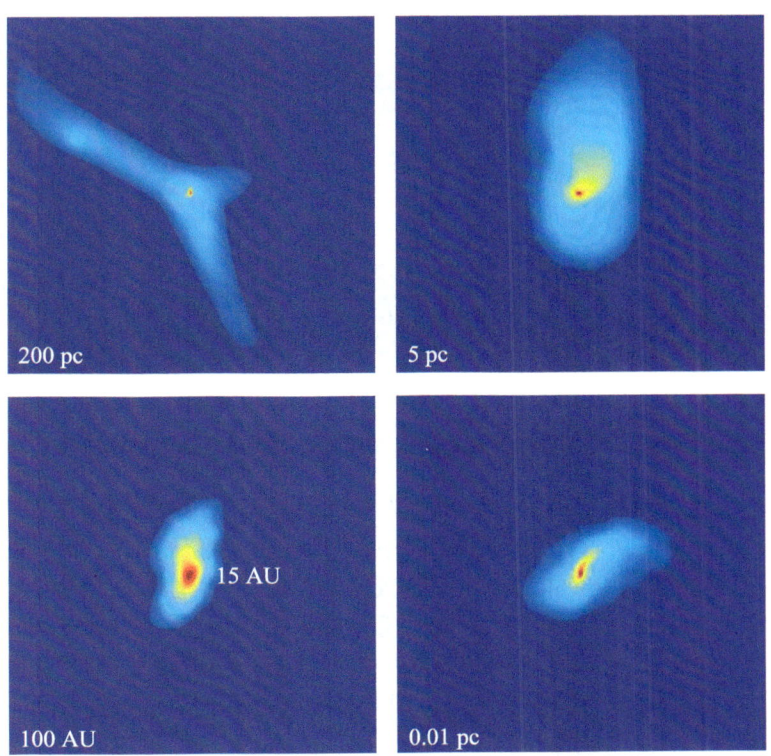

图 1 红移约为 19 的时候一个恒星形成区不同尺度上的密度分布图，出自参考文献[5]。

那么气体在更小的尺度上也将开始坍缩,并因此碎裂成一些小块。今天的星系内形成恒星时,往往形成许多质量与太阳同一数量级的恒星。对于第一代恒星形成过程而言,碎裂时气体的密度为 10^4 cm^{-3},质量大约为几百至几千太阳质量,因此第一代恒星的质量可能比较大,并且通常一个暗物质晕中只会形成一个或两个第一代恒星。

上述团块会进一步坍缩,最终一个约 0.005 太阳质量的星核首先形成,此后再逐渐吸积周边的气体,最后的恒星质量取决于能吸收多少气体。吸积率正比于 $T^{3/2}$,今天的恒星形成区温度一般只有 10K,而上述暗晕则为几百 K,因此吸积率高得多。注意在吸积周边气体的同时,恒星的光度也逐渐上升,这些辐射可能会阻止进一步的吸积,不过由于原初气体中没有尘埃颗粒,受到的辐射压力比今天的类似情况要小一些。吸积率的演化和吸积的终止都是很复杂的问题。对于星核来说,极区和赤道盘附近的吸积率演化也不一样,角动量对这个过程的影响非常大。最后的恒星质量到底有多大? 或者更一般的说,第一代恒星的初始质量函数是什么样的? 一些研究表明,经过几千年的吸积最终质量可能是几十到几百太阳质量。但是,近来 Stacy, Greif & Bromm 在最近的模拟中发现在吸积过程中吸积盘碎裂,最终形成了一个由双星系统主导的多核系统。因此,目前对于最后的恒星形成仍没有一致的观点。

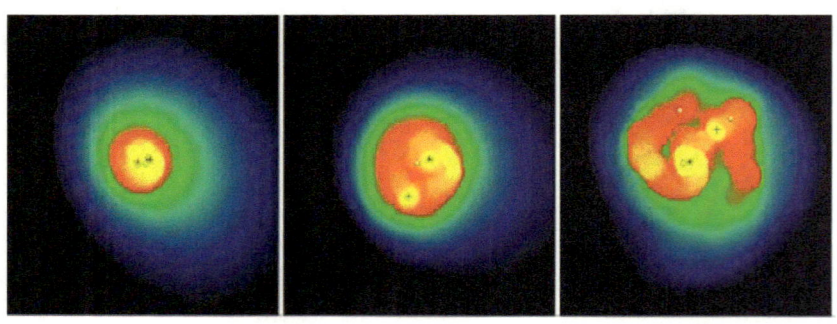

图 2 在核形成之后的 1000 年(左),2000 年(中)和 5000 年(右)之后的密度演化。图中区域大小为 5000 天文单位,核的大小约为 0.7 太阳质量,出自参考文献[9]。

另外,也有可能形成由暗物质湮灭供能的恒星即所谓暗物质星(见本书中徐怡冬、陈学雷的相关文章)。此外,如果远紫外辐射非常强的话,在维里温度大于 10000K 的暗物质晕中,气体无法冷却到较低的温度,因此这样坍缩成的气体团块质量可能非常大,甚至可达 $10^5 \sim 10^6$ 太阳质量。如果这个团块中金属丰度较低的话,则坍缩会使中心的温度更高,此时的核反应产生的能量会被中微子带走,无法产生压强抵抗引力。在这种情况下这个气体团块则有可能直接坍缩为一个超大质量黑洞。这样的黑洞可能是早期的迷你类星体(miniquasar)的中心天体。但是,多少比例的暗物质晕可以被这样强的远紫外辐射照射?角动量有怎样的决定性的作用?这些问题都还需要再探讨。

2. 第一代恒星的性质和结局

第一代恒星刚形成时,由于缺乏金属元素,所以刚开始的时候只能通过 p-p 链进行核反应。此反应的产能率较低,因此恒星继续收缩并导致更高的中心温度,在这样较高的温度下,氦的 3α 反应过程开始,合成少量的重元素,然后恒星就可以依靠氢的 CNO 循环反应来维持自己处在稳定的主序阶段,因此,第一代恒星的温度更高,表面有效温度也很高,导致第一代恒星的光谱很硬,也就是相对于含金属的同等质量的恒星来说,其光谱中高能部分占的比重较大。

第一代恒星的结局取决于其质量。如果忽略自转影响,大致来说,质量在 10 到 40 太阳质量之间的恒星会产生超新星爆发,质量在 40 太阳质量到 140 太阳质量之间的会直接坍缩为黑洞。质量大于 140 太阳质量而小于 260 太阳质量之间的第一代恒星会以正负电子对不稳定超新星(pair-instability supernovae, PISN)的形式向周围抛射出金属,质量比 260 太阳质量更大的话又会直接坍缩为黑洞。PISN 会产生并抛射出大量的金属,而且只要一个 PISN 就足以将其附近区域内的气体的金属丰度由 0 提高到临界丰度以上,因此可能在宇宙的金属增丰和从第一代恒星到第一代星系的转换中起重要作用。然而,PISN 产生的金属丰度有明显的电荷奇偶效应——即偶数电荷的核素明显多于奇数电荷的核素,而现在银晕中已发现的几颗极端贫金属星中此效应并不明显,至少表明了 PISN 对形成这类恒星的前身气体中的金属贡献不大。此外,如果第一代恒星有较快的自转,其主序星阶段核燃烧产生的金属会在星内重新分布,从而改变恒星的内部结构。总之,第一代恒星的质量和性质以及其产生的金属丰度特征仍有很多不确定因素。

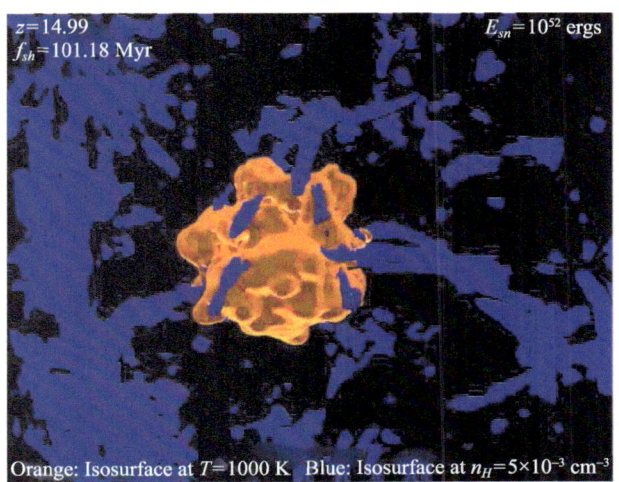

图 3 一个 PISN 爆发 100 百万年之后的超新星遗迹的数值模拟图,出自参考文献[6]。

第一代恒星对其周边的环境反馈作用很大，因此与后续的恒星形成有很大的区别，关于这一问题请参考本书中陈学雷、岳斌关于第一代星系的文章。

3. 研究手段与难点

目前人们尚未观测到第一代恒星，因此主要是从理论上推测其形成过程和性质。这一过程非常复杂，涉及引力、流体动力学、化学、辐射转移等，必须依靠数值模拟。然而，要进行数值模拟首先要面临的就是动态范围问题。哪怕只是追踪单个第一代恒星的形成过程，模拟也要包含足够大的体积，以还原真实的宇宙学初始条件。这个体积边长至少也要数百 kpc(共动坐标)。另一方面，气体坍缩形成核再成为星胚的过程，尺度在恒星量级，可至数个太阳半径，动态范围高达 10^{11}。直接进行这样的模拟远远超出了现有计算机的能力，因此要采用一些特殊的技巧，在高密度的地方用较细的格子，如自适应网格法(AMR)或者再模拟(resimulation)。Bromm 等于 1999 年和 2002 年采用了平滑质点动力学(Smooth Particle Hydrodynamics, SPH)方法做了一系列的数值模拟，模拟从一个孤立且带有自转的，叠加有微小密度扰动的母团块开始。他们发现最终母团块中会形成质量在 100 到 1000 太阳质量之间的高密度团块，其质量还可以进一步通过吸积和并合而增长。Abel 等在 2000 年做过的模拟没有采用这种人为假设的理想化初始条件，而是从真实的宇宙学初始条件开始，也得到了类似的结论，形成的团块的质量约为 200 太阳质量。不过在 Abel 等的模拟中没有发现可以通过自转来支撑的盘状结构，因此角动量对团块碎裂的作用还需要仔细研究。Nakamura 等在 2001 年所做的 2 维的模拟则表明，坍缩团块的质量跟初始气体的密度甚至几何形状都有关系。总之，目前还不能全面、真实地模拟第一代恒星形成的整个过程，往往只能分阶段进行模拟，所包括的物理也往往不全面而必须做一些简化。

第一代恒星的观测也非常困难，至今没有任何第一代恒星被观测到。由于理论预言的第一代恒星寿命很短，只在高红移的宇宙中存在，其直接观测将是非常困难的。目前观测研究第一代恒星的方向主要有：

(1) 在银河系或近邻星系中寻找金属丰度极低的恒星，这些恒星本身未必是第一代恒星，但是可能是在仅仅被第一代恒星污染过的气体中形成的，因此从其不同金属元素的含量可以推测第一代恒星的性质。

(2) 第一代恒星可能产生强烈的伽马暴和超新星爆发，特别是 PISN，由于 PISN 释放的能量极高，在地球参考系内观测到的持续时间也长，所以比较有可能被识别出来。

(3) 将要建成的 James-Webb Space Telescope (JWST)、30 米级的地面光学望远镜等可以观测再电离早期的星系，这些星系中可能有较高比例的 Pop III 恒星。

(4) 在低频射电波段，SKA 的红移 21 厘米观测可以勾画出再电离的历史，这些信息也将帮助我们了解第一代恒星。未来也可考虑利用 21 厘米线直接探测第一代恒星周围的电离区或者 Lyman alpha 球，这两者的体积都比恒星本身要大很多。

总之，关于第一代恒星的研究方兴未艾，存在大量的问题有待研究，甚至有可能完全改变我们今天对这一问题的基本认识。

参 考 文 献

[1] Abel T, Bryan G L, Norman M L. The formation of the first star in the Universe. Science, 2002, 295(5552): 93–98.
[2] Bromm V, Larson R B. The first stars. Annual Review of Astronomy & Astrophysics, 2004, 42(1): 79–118.
[3] Glover S. The formation of the first stars in the Universe. Space Science Reviews, 2005, 117(3-4): 445–508.
[4] Ciardi B, Ferrara A. The first cosmic structure and their effects. Space Science Reviews, 2005, 116(3-4): 625–705.
[5] Yoshida N, Omukai K, Hernquist L, Abel T. Formation of primordial stars in a ΛCDM Universe. The Astrophysical Journal, 2006, 652(1): 6–25.
[6] Greif T, Johnson J, Bromm V, Klessen R S. The first supernova explosions: energetics, feedback, and chemical enrichment. The Astrophysical Journal, 2007, 670(1): 1–14.
[7] Yoshida N, Omukai K, Hernquist L. Protostar Formation in the early Universe.
[8] Science, 2008, 321(5889): 669.
[9] Bromm V, Yoshida N, Hernquist L, McKee C F. The formation of the first stars and galaxies. Nature, 2009, 459(7243): 49–54.
[10] Stacy A, Greif T H, Bromm V. The first stars: formation of binaries and small multiple systems. arXiv, 2009, astro-ph/0908.0712.
[11] Chen, X, Miralda-Escude J. The 21 cm signature of the first stars, The Astrophysical Journal 2008, 684:18.

撰稿人：岳　斌　陈学雷
中国科学院国家天文台

第一代星系的形成

The Formation of the First Galaxies

1. 什么是第一代星系

宇宙中有无数的星系，每个星系由大量的恒星和星际介质组成。根据现代宇宙学的理论和观测，早期的宇宙是均匀的，其中只有微小的扰动，在万有引力作用下逐渐增长形成现在的星系，因此今天的星系是通过吸积周边物质和小星系的相互并合而形成的。那么最早的星系是如何形成的呢？

图 1　哈勃望远镜特深场(HUDF)图像，图中显示了许多高红移的星系。

在本书的另一篇文章《第一代恒星的形成与性质》中我们提到过，第一代恒星的形成过程与后来的恒星形成过程是不同的。今天的宇宙中恒星是在星系内形成的，一般发生在一些星际介质密度比较高的区域，这里的气体中混杂着大量金属(天文学上将氢和氦以外的所有元素都称为金属)，通过辐射使气体被冷却到很低的温度形成分子云，在其中产生大量的恒星，其中大部分恒星的质量比较小，大致是太阳质量左右。而第一代恒星形成时还没有星系，是在黑暗时期的暗物质晕增长到一定质量后，气体被吸引到暗晕中，再通过分子氢或原子氢的辐射冷却，进而形成第一代恒星。由于冷却效率低，气体温度高，金斯质量大，因此这样形成的恒星质量很大，可达上百太阳质量，且一个暗晕中只会形成一个或几个第一代恒星，不能称之为星系。当然，最早形成这些暗晕的地方一般平均密度较高，因此可能几乎同时形成许多相邻的暗晕。但是，这些暗晕还没有聚合在一起形成一个更大的引力束缚系统，所以也不能把这些暗晕合起来称为一个星系。而且，如下面将要讨论的，由于第一代恒星对周边环境的反馈效应，一旦一个第一代恒星形成，其近邻暗晕内的恒星形成很可能会被抑制。因此，宇宙历史上必定存在着一种恒星形成模式的转变，即由孤立的第一代恒星的形成模式到星系内不同区域不同环境下多个恒星甚至星团形成模式的转变。这个转变过程可以说就是第一代星系的形成过程。显然，要实现后一种形成模式，其暗晕质量必须比较大，一般认为，应至少该满足维里温度大于 10000K，才能在第一代恒星发出的光破坏掉分子氢后继续通过氢原子的碰撞激发来冷却气体形成新的恒星，并束缚住被电离光子加热的气体。因此，第一代星系的形成要晚于第一代恒星，但是比再电离要早，可能主要是在红移 10~20 间。

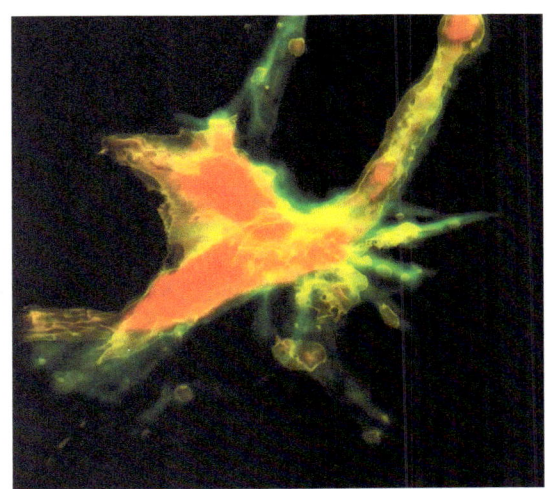

图 2　形成中的第一代星系模拟图像，取自文献[2]。

需要指出的是，目前关于第一代星系形成过程的研究尚未进入成熟阶段，在使用"第一代星系"这个名称的时候也稍有点混乱，不同作者甚至同一作者在不同文献中使用的"第一代星系"或"原初矮星系"的定义是不完全一致的。

2. 第一代恒星的反馈作用

第一代恒星形成之后，对周边环境有一定的反馈作用，影响新的恒星形成，这使第一代星系形成过程变得相当复杂。这些反馈作用至少包括这样几个方面：(1)第一代恒星产生的电离辐射导致周边的气体被电离和加热；(2)第一代恒星发出的Lyman-Werner(LW)光子(能量在 11.2-13.6eV 之间的光子)破坏周边的氢分子；(3)某些第一代恒星寿命结束后发生超新星爆发，其冲击波对周边气体的作用；(4)第一代恒星核燃烧产生的金属在超新星爆发时被抛撒出去，形成对周边的污染。这几种作用都相当复杂，既可能造成负反馈(抑制或拖延恒星形成)，也可能造成正反馈(促进恒星形成)；(5)某些第一代恒星寿命结束后形成黑洞，这些黑洞如果吸积周边气体的话也将产生很强的电离辐射和 X 射线辐射，后者传播距离远，可以在大范围内加热和部分电离气体。

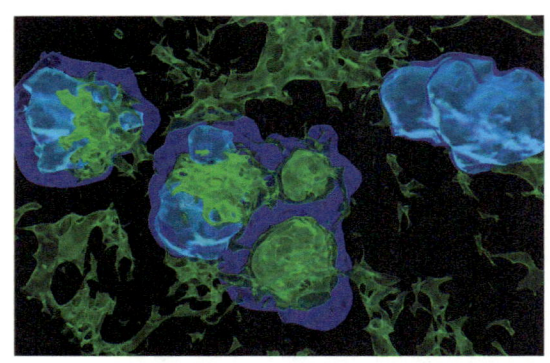

图 3 第一代恒星的辐射反馈，蓝色为电离泡，绿色标志分子氢。取自文献[6]。

第一代恒星发出大量电离辐射，会在其周围形成一个数千秒(kpc)差距大小的电离区域，其中的气体被加热。这一范围内的暗晕不仅难以吸积更多气体，而且已经在暗晕中的气体被加热后也可能从暗晕中蒸发逃逸，从而抑制更多恒星的形成。不过，第一代恒星的寿命很短，等这个恒星死去之后，其残留的电离氢区对后续恒星形成会有什么影响？研究表明，这样的区域内丰富的自由电子为分子氢的形成提供了大量的材料，因此可以预计这个区域内会有大量的分子氢形成。此外，氢氘分子(HD)也会形成，可以把气体冷却道更低的温度，所以在这个区域重新冷却时，形成的气体团块质量会更小，从而在这个区域内形成质量较小的 Pop III.2 恒星。

LW 光子会破坏已形成的氢分子,并且可以传播很远，形成宇宙 LW 背景，抑制分子氢的形成。不过，如果暗晕中已经形成了一定密度的分子氢，那么它的外层可以屏蔽一些 LW 辐射而在内层形成更多的分子氢。中心第一代恒星已熄灭的残留电离氢区尺度很大，其内的分子氢对 LW 光子的光深很大，从整体上减弱了 LW 辐射场的强度，从而有利于更多的恒星的形成。

不同质量的第一代恒星其结局是不同的，一部分恒星可能坍缩成黑洞。这些黑洞此后如果吸积气体，有可能产生大量电离辐射和 X 射线。X 射线的传播距离远，可以导致大范围的气体加热和部分电离。但是，在此前的主序星阶段，周边气体可能已被加热后吹走，因此这些黑洞也许要经过一段时间后才能开始吸积。观测表明现在的星系中心普遍存在大质量的黑洞，且黑洞质量正比于星系核内恒星的速度弥散的 4~5 次方。有些黑洞在红移 6 之前其质量就已经增长到了 10^9 太阳质量，这样的黑洞的质量增长过程不可能离开第一代星系，它们可能是由第一代恒星坍缩成质量约为 10^2 太阳质量的种子黑洞在第一代星系内通过吸积并合增长而来。

有一些第一代恒星会在寿命结束的时候发生超新星爆发，特别是质量在 140 到 260 太阳质量之间的第一代恒星会产生正负电子对不稳定超新星(PISN)，释放大量能量，把其宿主暗晕中的大量气体吹出去，因此只有质量较大，束缚能较高的暗晕内才可以继续形成恒星。在超新星形成的激波向外扩展过程中，可以将气体加热到很高的温度，但是此后气体有可能因为绝热膨胀而迅速冷却到较低的温度。一般而言，被超新星吹出的气体要历经上亿年才能停止往外扩散并重新往回坍缩，这个时标大致跟第一代星系的宿主暗晕的动力学时标相当。但另一方面，激波在近邻暗晕中心产生的压缩也可能促成其内的恒星提前形成。这些反馈效应依赖于暗晕的距离和几何分布。

超新星最重要的反馈作用是将第一代恒星产生的金属散布到宇宙中，这些金属可以大大提高气体的辐射冷却能力，从而导致恒星形成模式的转变。然而对于到底金属丰度要达到多高才能实现这样的转换，人们还有争议。考虑到金属的精细能级之间的跃迁带来的冷却，Bromm 等 2001 年给出了一个 5×10^{-4} 太阳丰度的临界值。金属的丰度若低于此值的话，则对气体的影响不大。但是，如果考虑到尘埃的冷却效应的话，则此临界丰度可以低至 10^{-5} 以至 10^{-6} 太阳丰度。不过，PISN 可以很容易使周围的丰度高于上面提到的任何一个临界值，例如，Bromm 等人于 2003 年的数值模拟给出的结果表明，一个 PISN 可以将其周围的平均金属丰度提高至 10^{-2} 太阳丰度。但是，金属的散布并不是均匀的，超新星的激波更容易向低密度区传播，因此通常超新星周围密度低的区域金属丰度会高一些。另外，如果在超新星抛射的金属所能到达的区域内有别的暗晕的话，通常这个暗晕的核心区金属混合的效率比较低，金属丰度不容易提高。当然，如果如果这个暗晕太靠近超新星的话，其核心可能会被完全瓦解掉，从而被金属污染。在第一代星系的宿主暗晕及其前身暗晕之内，恒星会持续地形成并抛射金属，但同时，外界冷且不含金属的气体也会通过纤维状结构不断流入。这样使得第一代星系的暗晕内仍然存在不含金属却被电离辐射影响过的区域，这样的区域内会形成 Pop III.2 的恒星。

3. 第一代星系的形成与增长

如上所述，第一代恒星对周边环境有很大的反馈作用，因此要实现持续的恒星形成，第一代星系的宿主暗晕质量应大于最初第一代恒星形成时所处的暗晕质量，这样的暗晕是由之前形成的迷你暗晕(minihalo)并合同时吸积周边气体增长而来。这些前身暗晕中有一些不可避免地会经历第一代恒星的形成过程。Greif等2008年的模拟中，在忽略掉反馈效应对恒星形成的抑制作用的情况下，有10个前身暗晕经历过恒星形成[2]。Wise等2008年的模拟中考虑了来自电离辐射和超新星的反馈，其中有十几到二十几个暗晕中有恒星形成，他们的工作表明，部分恒星形成的时候，其所在的环境已经被前面的超新星抛出的金属所污染，不过这个工作并没有考虑来自金属本身的冷却效应，所以还没有直接描述恒星形成模式的转变[4]。

暗晕对气体的吸积大致可以分为两种模式，在低质量的暗晕中，"热吸积(hot accretion)"的模式占据主导。在这种模式下，暗晕直接从星系际介质吸积气体并将其加热至维里温度，暗晕内部的气体处于准流体静力学的状态。当暗晕质量较大时，暗晕周边的纤维状结构也大到足以促进氢分子的形成。在这种情况下，气体可以通过氢分子来冷却并沿着纤维状结构直接到达暗晕的中心区域。这种吸积模式称为"冷吸积(cold accretion)"。沿着纤维状结构进入的冷气体具有很高的速度，并将在暗晕的中心附近转化为湍流的小尺度运动。

湍流在第一代星系的形成过程中有两个作用，其一是促进了金属的混合，其二就是影响气体的碎裂性质。不过湍流对气体碎裂的影响非常复杂，既依赖于其尺度也依赖于其强度，目前尚未有高分辨率的，且计入各种反馈效应的数值模拟来进行细致的研究。人们只是一般性地认为，这个过程可能导致了到Pop II恒星的形成模式的转变，并有可能导致最早的星团的形成。

总之，在第一代星系的宿主暗晕形成并增长的过程中，由于反馈的作用和复杂的流体力学过程，使得其内部的气体成为多相的状态。既有冷且中性的气体，也有热且电离或者部分电离的气体，还有被超新星的激波加热到非常高温的气体。暗晕内部不同区域的金属丰度并不一样，在这样的一个暗晕内的形成的恒星，其金属丰度的散布范围很广，甚至依然可能有第一代恒星形成。然而，由于恒星的持续不断形成和抛射金属，再加上湍流带来的混合效应，可以期望最终暗晕内所有的气体都会被污染，金属丰度达到临界丰度以上，从而使得第一代恒星的形成过程终止。

4. 第一代星系的研究方法

数值模拟是第一代星系理论研究的最重要研究手段，但是目前关于第一代星系形成的数值模拟可以说起步不久，所用的物理模型还比较简单，许多效应都没有得到充分的考虑。实际上，上面讨论的各种效应，不同研究者甚至同一研究者在不同时间都曾得到不同的结论，我们在本文中的介绍只是基于目前的认识，在未来几年中这些认识都可能发生重大改变。

就观测而言,这是一个我们期待将会有许多重要突破的领域。利用下一代大型望远镜,如 JWST,ALMA, 30 米级地面光学望远镜,LSST,SKA 等,我们可以直接观测高红移的星系及其所处的环境。另外,近年来在本星系群中发现了许多矮星系,其中一些也可能就是第一代星系的残迹。银河系本身在形成过程中并合过许多星系,这些星系的恒星还存留在银河系中。通过对矮星系和银河系恒星的研究也可能揭示第一代星系的形成过程和命运。如何结合理论与观测,从这些望远镜获得的海量数据中找到第一代星系并研究其性质也是我们面临的难题。

参 考 文 献

[1] Greif T H, Johnson J L, Bromm V, Kelssen R S. The first supernova explosions: energetics, feedback, and chemical enrichment. The Astrophysical Journal, 2007, 670(1): 1–14.

[2] Greif T H, Johnson J L, Klessen R S, Bromm V. The first galaxies: assembly, cooling and the onset of turbulence. Monthly Notices of the Royal Astronomical Society, 2008, 387(3): 1021–1036.

[3] Wise J H, Turk M J, Abel T. Resolving the formation of protogalaxies. II. Central gravitational collapse. The Astrophysical Journal, 2008, 682(2): 745–757.

[4] Wise J H, Abel T. Resolving the formation of protogalaxies. III. Feedback from the first stars. The Astrophysical Journal, 2008, 685(1): 40–56.

[5] Ricotti M, Gendin N Y, Shull J M. The fate of the first galaxies. III. Properties of primordial dwarf galaxies and their implact on the intergalactic medium. The Astrophysical Journal, 2008, 685(1): 21–39.

[6] Bromm V B, Yoshida N, Hernquist L, McKee CF, Formation of the first stars and galaxies, Nature, 2009, 459:49.

撰稿人:陈学雷 岳 斌

中国科学院国家天文台

第一代恒星和星系的反馈作用

Feedback from the First Generation Stars and Galaxies

从宇宙黑暗时代开始的第一代恒星和星系的形成是现代宇宙学研究的中心问题之一。在标准冷暗物质宇宙模型下，由于分子氢的冷却作用，在大爆炸后几亿年内第一代恒星可在大约为百万太阳质量的微型暗物质晕中形成[1,2,3]。第一代恒星除包含少量大爆炸时期产生的锂外几乎不含其他比氢重的重元素。随着微型暗物质晕的并合、成长和越来越多的恒星形成，第一代星系随后诞生。天文学家们普遍认为伴随着第一代恒星和星系的形成宇宙由简单的初始状态转化至包含各类等级结构的复杂系统。由第一代恒星和星系的形成而致的能量、电离光子和重元素的输出及其带来的反馈作用可能会影响恒星和星系的形成甚至整个宇宙的演化进程。第一代恒星和星系的反馈作用主要体现在以下几个方面：

1. 原恒星的电离辐射反馈对第一代恒星自身质量的规范

从宇宙原初条件开始的大量数值模拟显示在约百万太阳质量的微型暗物质晕中的原始气体云团可以通过分子氢的冷却形成原恒星核[1,2,3]。原恒星核可通过进一步吸积周围(或原恒星盘上的)气体成长为 50~100 个太阳质量的原恒星。原恒星辐射出的大量紫外光子会将周围的氢原子电离。原恒星的吸积过程也会因氢电离区的膨胀而被减弱，并且由原恒星光辐射而导致的恒星盘的蒸发可能会彻底终止吸积过程及原恒星的质量增长。最终第一代恒星的质量可能只有几十至上百个太阳质量[4]。若不考虑原恒星的辐射反馈，第一代恒星则有可能达到上千个太阳质量[1,2,3]。由此可见，第一代恒星的辐射反馈可能会规范它们的原初质量函数。当然磁场、湍动、暗物质湮灭等因素的存在会引入其他的不确定性。

2. 第一代恒星的电离光子和赖曼－维恩光子辐射对其周围恒星形成的影响

第一代恒星形成后辐射的大量电离光子会电离其所在暗物质晕及其周围远达几千光年内的氢原子、加热周围介质并破坏更远处氢分子，从而抑制其周围区域的第一代恒星的形成[5,6]。第一代恒星发射的赖曼-维恩光子辐射可传输至更远处，甚至于建立起弥漫各处的赖曼-维恩光子背景。赖曼-维恩光子背景破坏了形成第一代恒星的必要冷却体氢分子的形成，因此也抑制或推延了第一代恒星周围更进一步的恒星形成[7]。当然，第一代恒星周围原初气体的电离导致的电子密度加大也可能激发更多的氢分子的形成，从而导致这一区域内恒星形成的效率的提高[8]。由于大量复杂物理过程的卷入,第一代恒星的辐射对其周围恒星形成的反馈作用究竟如何仍有争议。

3. 第一代恒星和星系对宇宙的再电离反馈

随着越来越多的第一代恒星的形成,这些恒星所处的暗物质晕通过并合和吸积不断增大并在其中心形成较大的恒星系统。当暗物质晕的质量大约达到上亿个太阳质量同时温度达到上万度时,其内气体可以通过氢原子更有效地冷却并大量形成恒星。第一代星系也应在此恒星形成的进程中形成。随着越来越多的第一代星系的形成,它们周围的氢电离区开始合并一直到充满整个宇宙。这一宇宙再电离的过程大约在红移 10 时完成。宇宙中重子气体介质的电离过程导致重子物质的温度上升至 1~2 万度,因此小于几亿个太阳质量的暗物质晕的引力势阱不足以束缚高温重子气体因而也就难以在其中形成恒星[10]。这一由宇宙再电离导致的特征质量很可能与新近发现的银河系中的矮卫星星系在 300pc 内具有大略相同的质量直接相关[11]。

4. 第一代恒星和星系对宇宙介质的金属反馈

伴随第一代恒星和星系形成而来的第一代超新星会抛射大量金属物质进入其周围的星际和星系际介质中[12,13]。随着金属丰度的增加,一方面由于金属的线发射和尘埃的热发射使得恒星形成区附近的介质的冷却变得更有效,从而可能会加速恒星的形成;另一方面,当金属丰度达到某一典型值后,形成的恒星可能由首批大质量星主导金属丰度约为 0 的第一代恒星向低质量金属丰度较高(约大于万分之一太阳丰度)的第二代恒星转化[14,15]。目前仍然不清楚这种转化过程是缓慢进行的还是快速的类相变过程,这种转化的典型金属丰度也难以确定。

如上所述,第一代恒星和星系的反馈作用不仅会影响它们自身的形成,也会从整体上影响其周围的恒星形成演化,甚至于影响整个宇宙中的矮星系的形成并在我们的银河系中留下印迹。不过由于受数值模拟的精度和观测的限制,对这些反馈作用的深入而准确的理解还有待进一步的发展。新一代望远镜如 James Webb Space Telescope (JWST)、Thirty Meter Telescope (TMT) 等将可能探测到在红移为 10 处的第一代星系及伴随第一代恒星形成的超新星爆发等,而在射电波段的 the Lower Frequency Array (LOFAR)、the Murchison Wide-field Array (MWA)和我国的 21CMA 则可能观测到宇宙再电离过程的氢 21 厘米线发射。这些观测必将加速对第一代恒星和星系形成及其反馈过程研究的发展,并可能提出新的问题。

参 考 文 献

[1] Abel T, Bryan G L, Norman M L. The formation of the first star in the universe. Science, 2002, 295(5552), 93–98.

[2] Bromm V, Coppi P S, Larson R B. The formation of the first star. I. The primordial

[3] Yoshida N, Omukai K, Hernquist L, et al. Formation of primordial stars in a ΛCDM universe. Astrophy. J., 2006, 652(1), 6–25.
[4] Mckee C F, Tan J C. The formation of the first stars II. Radiative feedback processes and implications for the initial mass function. Astrophy. J., 2008, 681(2), 771–797.
[5] Whalen D, Abel T, Norman M L, Radiation hydrodynamic evolution of primordial HII regions. Astrophy. J., 2004, 610(1), 14–22.
[6] Yoshida N, Omukai K, Hernquist L. Formation of massive primordial stars in a reionized gas. Astrophy. J., 2007, 667(2), L117–L120.
[7] Ciardi B, Ferrara A, Abel T. Intergalactic H2 photodissociation and the soft ultraviolet background produced by population III objects. Astrophy. J., 2000, 533(2), 594–600.
[8] Abel T, Wise J H, Bryan G L, The HII region of a primordial stars. ApJ, 2007, 659(2), L87–L90.
[9] Gnedin N Y. Cosmological reionization by stellar sources. Astrophy. J., 2000, 535(2), 530–554.
[10] Gnedin N Y. Effects of reionization on structure formation in the universe. Astrophy. J., 2000, 542(2), 535–541.
[11] Strigari L E, Bullock J S, Kaplinghat M, et al. A common mass scale of satellite galaxies of the Milky Way. Nature, 454(7208), 1096–1097.
[12] Bromm, V, Yoshida, N, Hernquist, L. The First Supernova Explosions in the Universe. Astrophy. J., 2003, 596(2), L135–L138.
[13] Madau P, Ferrara A, Rees M J. Early Metal Enrichment of the Intergalactic Medium by Pregalactic Outflows. Astrophy. J., 2001, 555(1), 92–105.
[14] Bromm V, Loeb A, The fragmentation of pre-enriched primordial objects. Nature, 2003, 425(6960), 812–814.
[15] Omukai K, Tsuribe T, Schneider R, et al. Thermal and fragmentation properties of star-forming clouds in low-metallicity environments. Astrophy. J., 2005, 626(2), 627643.

撰稿人：陆由俊
中国科学院国家天文台

种子黑洞和第一代恒星及星系

Seed Black Holes and First Stars/Galaxies

经过天文学家过去几十年的努力,人们已认识到黑洞不仅是广义相对论中爱因斯坦场方程的真空解而且是宇宙中客观存在的天体。不但一些 X 射线源显示了恒星质量黑洞的存在,而且在大多数星系(包括银河系)中心都存在超大质量黑洞(10^5~10^9 太阳质量)。万物皆有其源。我们已知处于星系中心的超大质量黑洞的质量成长主要来源于在类星体或活动星系核阶段的物质的吸积,然而其吸积成长之初的种子黑洞是如何形成的?回答此问题将不得不追溯到早期宇宙中结构的形成、第一代恒星和星系的形成等重大问题。

宇宙密度的原初扰动增长在红移 z 约 20~30 时会在约 10^6 太阳质量的暗物质晕中形成第一代恒星[1,2]。原初宇宙中主要含有氢、氦和少量在宇宙大爆炸时产生的锂。在约 10^6 太阳质量的暗物质晕中,这几乎零金属丰度的气体由于其中的氢分子冷却而损失能量,从而进一步凝聚至引力势场中心,当凝聚气体质量超过金斯质量时就坍缩形成第一代恒星。它们的质量可能会达到 10^3 太阳质量。这第一代产生的恒星(以及后代虽未被金属污染但已受第一代恒星形成影响的物质而形成的恒星)通常被称为星族 III 恒星。如果这些恒星的初始质量小于约 140 太阳质量,其演化类似于现今富含金属的恒星演化而经历超新星爆发并遗留下黑洞;初始质量介于约 140~260 太阳质量的恒星会在氧核燃烧过程中由于正负电子对不稳定性而爆炸并无遗迹留下;初始大于约 260 太阳质量的恒星会在核燃烧过程中直接坍缩成黑洞且形成的黑洞质量可能超过一半的初始质量[3]。除了星族 III 的恒星演化的产物外,另一种形成种子黑洞的可能途径仍是在高红移($z > 15$)未被金属污染但质量稍大和维力温度略高一些(约 10^4K)的暗物质晕中,气体云团的分裂和恒星形成由于氢分子、原子氢和金属冷却都不有效而被抑制,物质可通过气体盘上发展的非轴对称动力学不稳定性损失角动量而传至暗物质晕中心从而形成 quasi-star[4]。 其中心核坍缩成黑洞后,quasi-star 继续吸积物质,中心黑洞长大,其质量可达至 10^5~10^6 太阳质量。传至暗物质晕中心的物质也可形成超大质量($>10^5$ 太阳质量)的恒星后直接坍缩成黑洞[5]。如上机制产生的黑洞均已被假设为观测到星系中心超大质量黑洞的种子黑洞。其中由 quasi-star 或超大质量恒星形成的大质量黑洞曾被提出用来缓解观测到的类星体在红移 6 前如何长成 10^9 太阳质量的巨型黑洞的难题。

相对第一代恒星而言,第一代星系很难有精确的定义。这里我们可将在宇宙中最早形成的束缚于暗物质晕中的恒星系统作为第一代星系,这些恒星可能是星族 III

的恒星或极贫金属的星族 II 的恒星[2]。由于第一代星系所在引力势场较浅，宇宙可被恒星产生并被超新星炸出的金属所污染，这一金属丰富过程可能会随第一批恒星和星系的形成而迅速达成从而导致星族 III 的形成不再有效。同时星系际介质被加热，小质量暗物质晕中的重子物质被电离和蒸发并且只有足够大的暗物质晕(大于约 $10^7 \sim 10^{10}$ 太阳质量)内才能俘获恒星和星系形成所需的重子物质。因而星族 III，小暗物质晕中的星系甚至于种子黑洞的生成效率都会随着宇宙的电离而降低。种子黑洞将在以后的星系并合成长过程中吸积物质或并合长大。

此外，有些研究中猜想极早期中宇宙物质密度的涨落可能形成的宇宙原初黑洞[6]，也有研究提出致密星团也可坍缩成中等质量的黑洞[7]，但目前尚未有令人信服的证据表明这两类黑洞的存在。无论是宇宙原初黑洞还是星团坍缩成的黑洞，其与星系形成和种子黑洞的关系更是未知。

总之，关于第一代恒星、星系的形成和种子黑洞的产生机制目前还处于理论猜想阶段。近几年观测上虽然在红移深度上取得很大进步，但距离第一代星系和种子黑洞产生的红移仍还有较大差距。还有许多相关问题值得探讨，例如，第一代星系和黑洞的产生的反馈作用如何？其对宇宙早期金属丰富过程和宇宙再电离过程及以后星系和超大质量黑洞的形成有何影响？如何在观测上验证种子黑洞形成模型？种子黑洞的产生是否伴随着伽马射线暴？现今是否还存在种子黑洞、第一代星系遗迹？回答这些问题还有待观测技术、数值模拟及恒星和星系形成理论的进展和突破。

参 考 文 献

[1] Abel T, Bryan G L, Norman M L. The Formation of the first star in the Universe. Nature. Science, 2002, 295(5552): 93–98.
[2] Bromm V, Yoshida N, Hernquist L, McKee C F. The formation of the first stars and galaxies. Nature, 2009, 459(7243): 49–54.
[3] Heger A, Fryer C L, Woosley S E, Langer N, Hartmann D H. How massive single stars end their life. Astrophysical Journal, 2003, 591(1): 288–300.
[4] Begelman M C, Volonteri M, Rees M J, Formation of supermassive black holes by direct collapse in pre-galactic haloes. Monthly Notices of the Royal Astronomical Society, 2006, 370(1): 289–298.
[5] Shibata M, Shapiro S L, Collapse of a rotating supermassive star to a supermassive black hole: fully relativistic simulations. Astrophysical Journal, 2002, 572(1): L39–L43.
[6] Carr B J, The primordial black hole mass spectrum. Astrophysical Journal, 1975, 201: 1–19.
[7] Quinlan G D, Shapiro S L, The dynamical evolution of dense star clusters in galactic nuclei. Astrophysical Journal, 1990, 356: 483–500.

撰稿人：于清娟
北京大学科维理天文与天体物理研究所

高红移类星体和 Gunn-Peterson 效应

High Redshift Quasars and the Gunn-Peterson Effect

20 世纪 60 年代初期，天文学家在证认射电源时发现一类特殊的天体，它的光学图像类似于恒星，并且光学光谱中存在着奇怪而无法辨识的发射线。1963 年，Schmidt 发现这些奇怪的发射线实际上是由显著的红移造成的[1]。这表明这些特殊天体距离我们非常遥远，具有非常巨大的本征亮度，甚至可以比整个银河系亮 100 倍以上。我们现在知道这些源是由处于遥远星系中心的大质量黑洞通过吞噬气体将巨量引力能转化为电磁波辐射。我们称这类源为类星体(参见本书"类星体的形成与演化"一文)。

由于类星体的巨大本征亮度，以及它区别于正常星系和恒星的辐射特征，天文学家可以很容易地在更遥远的距离上发现它们。1965 年，类星体的红移记录已经上升至 2.01[2]。大量高红移类星体的发现主要归功于斯隆数字化巡天(SDSS)，SDSS 主要采用颜色选的办法获得大量高红移类星体的候选者，并通过光谱观测获得它们的红移，2001 年 SDSS 把类星体的红移记录提高到了 6 以上[3]。

由于红移效应，红移大于 2 的类星体光谱中波长 1216 埃的 Lyα 发射线以及更短波长的连续谱从紫外波段红移进入光学波段，从而可以在地面探测到。1965 年，Gunn 和 Peterson 指出[4]，如果星系际介质中存在连续分布的弥散的中性氢，则可以通过测量高红移类星体光谱中比 Lyα 发射线波长更短的连续谱吸收来测量中性氢的含量，这其中的物理原理在于遥远类星体的光线在宇宙中传播过程中，与位于观测者和类星体之间视线方向上的星系际中性氢原子相互作用，也就是 Lyα 吸收与散射，这种效应可以明显削弱类星体光谱中波长短于 1216 埃的连续谱辐射，产生 Gunn-Peterson 波谷。

在现代大爆炸宇宙学的理论里，随着宇宙逐渐的冷却，在大爆炸后约 40 万年后宇宙中的自由电子与质子或其他核子复合，形成中性氢氦等元素。随着宇宙的进一步演化，宇宙中的物质开始聚集成团，形成第一代恒星，星系甚至类星体，这些天体的辐射开始电离它们周围的星系际介质，这个过程我们称之为宇宙再电离(本书"宇宙再电离"和"再电离源"两文)。我们已知目前宇宙中弥散的星系际介质是完全电离的。因此通过观测高红移类星体的 Gunn-Peterson 效应可以探测宇宙早期弥散的中性氢，从而告诉我们宇宙再电离这一过程是在什么时间发生的，以及了解宇宙早期再电离源的形成过程。

我们在这里需要区别 Gunn Peterson 效应与另外一类星系际介质的 Lyα 吸收，

Lyα 森林(Lyα forest)。宇宙中星系间除了存在连续分布的弥散星系际介质外，还存在成团的气体云团，这些分立的气体云团在类星体光谱 Lyα 线蓝端(波长更短端)产生 Lyα 吸收线，吸收线对应的红移即是气体云团的红移，见图 1。

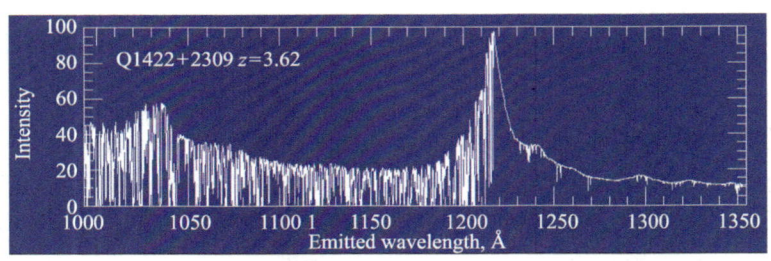

图 1　Keck 望远镜观测到的类星体 Q1422 + 2309 的高分辨率光谱。
摘自 http://www.astr.ua.edu/keel/agn/forest.html。

从图 1 中我们可以看到在类星体宽的 Lyα 发射线蓝端有大量窄的 Lyα 吸收线，我们称之为 Lyα 森林。但除了分立的吸收线以外，类星体的连续谱流量并没有明显的减弱，这表明在红移 3.62 以内星系际弥散的氢已经几乎全部被电离了。要寻找星系际弥散的中性氢，科学家需要对更高红移的类星体开展观测。

2001 年，美国天文学家 Robert Becker 与合作者使用 Keck 望远镜获得了几个 SDSS 巡天找到的红移大于 5.8 的类星体的中等分辨率光谱(图 2)。这项研究发现其中一个红移 6.28 类星体 Lyα 蓝端的连续谱流量是红端流量的 0.0038±0.0026 倍，几乎为零，计算发现高红移处高密度的 Lyα 森林不足以解释这么弱的连续谱流量，即观测表明存在显著的 Gunn-Peterson 效应[3]。这是人类发现的第一个完全的氢的 Gunn-Peterson 波谷。后续研究给出在红移 6.3 的时候，星系际介质中的中性氢比例大于 0.001[5]。这些研究表明宇宙的氢的再电离到红移 6 左右结束。

在这里值得提到的是，在天文学家寻找氢元素的 Gunn-Peterson 效应的同时，也在搜寻氦元素的 Gunn-Peterson 效应。氦是宇宙中元素丰度第二的元素，被电离了一个电子的氦(He II)的 Lyα 线的波长为 304Å。计算表明相比于氢，He II 需要更高的电离能，具有小的电离截面，大的复合速率，因此星系际介质中弥散的 He II 比氢更难于电离，可以在较低的红移上探测到 He II 的 Gunn-Peterson 效应[6]，同时由于 He II 和氢的电离势不同，对比研究 He II 和氢的 Gunn-Peterson 效应可以帮助我们了解宇宙中的电离源及其演化。由于 He II 的 Lyα 线波长太短，即使是高红移的类星体，也只能在紫外波段探测它的 Gunn-Peterson 效应。1994 年哈勃空间望远镜探测到红移 3.286 的类星体 Q0302-003 本征波长 304Å 以蓝的 He II 吸收[7]，1996 年 Hopkins 紫外望远镜(HUT)探测到红移 2.73 的类星体 HS1700+64 的 He II 吸收[8]等，并被后续更多的观测所证实，对比对应的氢吸收的计算得到明显的弥散 He II 吸收。然而，由于紫外观测的困难，对 He II 的 Gunn-Peterson 效应的进一步了解还有待于新的紫外观测设备的投入使用。

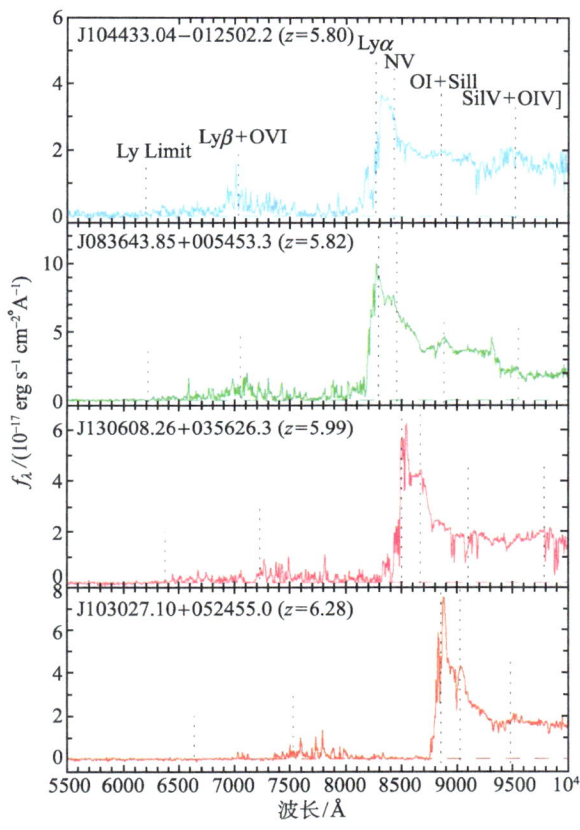

图 2　Keck 望远镜观测得到的四个 SDSS 选的红移大于 5.8 的类星体光谱[3]。

从图 2 我们还可以看出,由于星系际介质的吸收,高红移类星体 Lyα 线以蓝的辐射非常微弱,甚至为零。对红移大于 7 的类星体来说,由于类星体的 Lyα 线发射已经红移到近红外波段,我们在光学波段无法探测到它们的信号。随着大视场近红外相机逐渐投入使用,我们相信不久的将来人类对类星体的认识可以扩展到红移 7 甚至 10 以上。

参 考 文 献

[1] Schmidt M. 3C 273: A star-like object with large red-shift. Nature, 1963, 197: 1040–1040.
[2] Schmidt M. Large redshifts of five quasi-stellar sources. Astrophysical Journal, 1965, 141: 1295–1300.
[3] Becker R H, et al. Evidence for reionization at z~6: Detection of a gunn-peterson trough in a z = 6.28 quasar. Astronomical Journal, 2001, 122: 2850–2857.

[4] Gunn J E, Peterson B A. On the Density of Neutral Hydrogen in Intergalactic Space. Astrophysical Journal, 1965, 142: 1633–1641.

[5] Fan X H, et al. Evolution of the Ionizing Background and the Epoch of Reionization from the Spectra of $z\sim6$ Quasars. Astronomical Journal, 2002, 123: 1247–1257.

[6] Miralda-Escude J. On the He II Gunn-Peterson effect and the He II forest. Monthly Notices of the Royal Astronomical Society, 1993, 262: 273–276.

[7] Jakobsen P, et al. Detection of intergalactic ionized helium absorption in a high-redshift quasar. Nature, 1994, 370: 35–39.

[8] Davidsen A F, Kriss G A, Zheng W. Measurement of the opacity of ionized helium in the intergalactic medium. Nature, 1996, 380: 47–49.

撰稿人：王俊贤
中国科学技术大学天文学系

高红移星系的搜寻

Searching for High Redshift Galaxy

高红移星系通常是指红移 $z \geq 1$ 的、形成于宇宙早期的星系。对高红移星系的搜寻、观测和研究，可以了解宇宙早期的星系形成过程、星系演化和宇宙再电离过程等，是现在天体物理研究的热点之一。

20世纪90年代中期以来，随着地面8~10米级地面望远镜的建成和空间哈勃望远镜的投入观测，一大批寻找高红移星系的巡天项目得以实施。图像巡天有包括哈勃深场(HDF)、哈勃极深场(HUDF)、COSMOS、SXDS、EIS、AEGIS等；光谱巡天有包括DEEP2、VVDS、GDDS和zCOSMOS等。通过这些巡天观测，一大批高红移星系被发现。目前有光谱证认的、红移最高的星系 $z = 6.96$[1]；另外还有一批有待光谱观测证认的、红移介于7~10的高红移星系候选者[2]。

高红移星系的搜寻，主要有以下三种方法。①直接光谱观测：通过观测星系的光谱，证认光谱的特征谱线来确认星系的红移。②测光红移方法：观测某一个天区的多波段图像，得到其中每一个星系的能谱分布，利用星族合成方法，给出星系的测光红移，从而确定哪些星系是高红移星系。③颜色选方法：利用两种颜色或者某一种颜色选取高红移星系的候选者。这种方法现在被应用的最为广泛，选取了包括EROs、BzKs、DRGs、DOGs、SMGs、LBGs、LAEs等不同红移的星系。下面我们将详细介绍这些星系的选取。

EROs: Extremely Red Object，极红天体。EROs是利用I-K或R-K颜色选取的红移 $z \sim 1$ 的、颜色很红的星系。EROs又可分为尘埃少的、年老星系和富尘埃的、年轻星系。关于这两类EROs的比例，现在还存在争论[3]。

BzKs：利用 $B-z$ 和 $z-K$ 两种颜色选取的一类红移 $z \sim 2$ 的星系，它们包括年老的星系(称作pBzKs)和年轻的恒星形成星系(sBzKs)[4]。红移 $z \sim 2$ 时，宇宙的恒星形成率密度最高、星系形态可能也是在该宇宙时刻形成，所以研究BzKs对与了解星系演化重要。最近的研究发现，BzKs空间成团性强，很多是大质量星系，它们可能是近邻大质量星系的前身星系[5]。

LBGs: Lyman Break Galaxies。利用星系光谱中912Å的Lyman break特征，选取得到的红移 $z \geq 3$ 的星系，这种方法又被称为drop-out方法[6]。可以通过选用不同的滤光片组合，选取红移分别为 $z\sim 3，4，5，6，7，\cdots$ 的高红移星系。现在，这种方法也被发展用于选取 $z \sim 2$ 的星系[7]。

LAEs：Lyman Alpha Emitters,是利用窄波段滤光片选取的一类高红移发射线星系。这类星系光谱中有很强的 Lyman α 谱线，选取波长合适的窄带滤光片观测，它们在窄带图像上有较强的辐射。考虑到近红外波段天光辐射较强，只能在某些波长窗口可以观测 LAEs，对应的红移 $z = \lambda/1215.67-1=3.4$，4.5，5.7，6.5[1]。

鉴于篇幅限制，这里不再详述 Distant Red Galaxies (DRGs; J-Ks > 2.3; z>2)[8]、Dust-Obscured Galaxies (DOGs; R−[24]>14 in Vega; z~2)[9]和 Sub-millimeter Galaxies (SMGs)[10]的选取和特性，以及高红移类星体的选取。

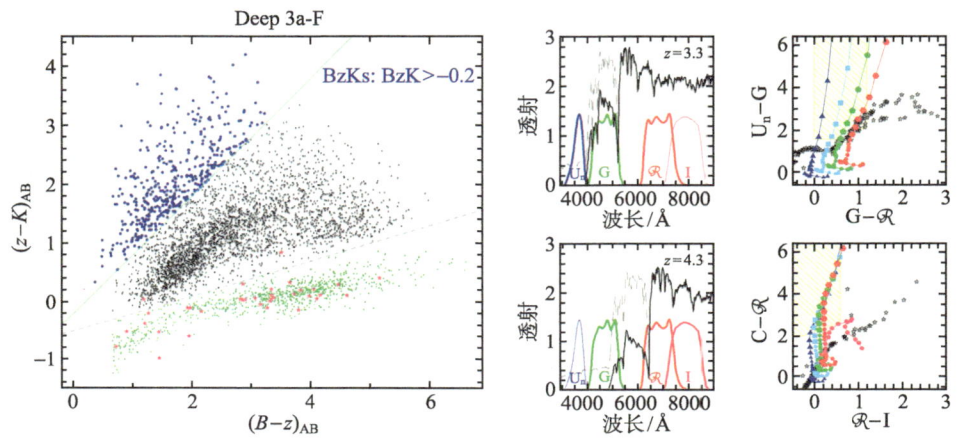

图 1　左图:利用 B-z 和 z-K 双色图，可以选取红移 z~2 的恒星形成星系(图中蓝点)[5]；右图：利用不同滤光片组合，可以选取不同红移的 Lyman break 星系[6]。

高红移星系搜寻和观测的困难主要在于天体光度反比于距离的平方，高红移星系和我们之间的距离遥远，光度暗弱。光谱观测，只能观测到比较亮的天体光谱，高红移星系很暗，光谱观测的效率很低，即使利用现在的 10 米级口径的望远镜观测高红移星系的光谱也很困难。虽然光学波段的图像观测现在可以观测到亮度为 30 星等的暗弱天体的图像，但是目前的近红外波段探测器灵敏和观测效率都不够理想，而在搜寻高红移星系时，近红外波段最为重要。所以光谱观测和近红外波段图像观测效率低，限制了高红移星系的发现。

进入 21 世纪，随着大望远镜近红外设备的更新和 HST 的 WFC3 的投入观测，高红移星系的搜寻和研究进入了黄金时期，一系列重要的科学问题有可能得以解决。包括：①原初星系形成于宇宙的什么时刻？如何发现和证认这些星系？它们对宇宙再电离的贡献是否重要？第一代恒星(星族 III)和原初星系的形成有何关系？②不同红移处的高红移星系之间是否存在演化关系？如何演化的？③星系的哈勃形态是如何形成的，何时形成的，环境因素的影响是否重要？④星系中的反馈过程(超新星 或/和 AGNs)和星系环境对高红移星系中的恒星形成有何影响？ 宇宙中恒星形成率密度和恒星质量密度在高红移处如何演化，星系光度函数如何演化？

⑤是否存在红移 $z > 2$ 的高红移星系团？如何发现它们？

参 考 文 献

[1] Iye M, Ota K, Kashikawa N, et al. A galaxy at a redshift z = 6.96. Nature, 2006, 443:186–188.
[2] Yan H, Windhorst R, Hathis N, et al. Galaxy formation in the reionization epoch as hinted by WFC3 observations of the HUDF. Astrophys. J., 2009, arXiv:0910.0077.
[3] Kong X, Fang G W, Arimoto N, et al. Classification of extremely red objects in the Cosmos Field. Astrophys.J., 2009, 702: 1458–1471.
[4] Daddi E, Cimatti A, Renzini A, et al. A new photometric technique for the joint selection of star-forming and passive galaxies at $1.4 < z < 2.5$. Astrophys. J., 2004, 617:746–764.
[5] Kong X, Daddi E, Arimoto N, et al. A wide area survey for high-redshift massive galaxies. Astrophys. J., 2006, 638:72–87.
[6] Steidel C C, Giavalisco M, Dickinson M, et al. Spectroscopy of lyman break galaxies in the HDF. Astron. J., 1996, 112:352–358.
[7] Adelberger K L, Steidel C C, Shapley A E, et al. Optical selection of SFGs at redshifts $1<z<3$. Astrophys. J., 2004, 607:226–240.
[8] van Dokkum P G, Förster Schreiber N M, Franx M, et al. Spectroscopic confirmation of a substantial population of luminous red galaxies at redshifts $z>2$. Astrophys. J., 2003, 587:L83–L87.
[9] Dey A, Soifer B T, Desai V, et al. A significant population of very luminous DOGs at redshift $z\sim2$. Astrophys. J., 2008, 677:943–956.
[10] Hughes D H, Serjeant S, Dunlop J, et al. High-z SF in the HDF revealed by a submm-wavelength survey. Nature, 1998, 394: 241–247.

撰稿人：孔　旭
中国科学技术大学

星系的相互作用与星系的活动性

Interaction of Galaxies and Activity Problems

在茫茫宇宙中，有着数以千亿计的岛屿——星系，它们是宇宙大家庭的成员，也是恒星的家。星系的演化不仅反映着宇宙的演化，还影响着其中数以千亿颗恒星的形成与演化。星系的形状千姿百态，但是在近邻的宇宙中大部分星系呈现出很少的几种形态，盘状星系、椭球状星系和不规则星系。星系的千姿百态主要来源于星系之间的相互作用，它们构成了宇宙中最壮丽的风景。恒星与恒星的距离远大于恒星的大小[1]，与恒星不同的是，星系与星系之间的距离有很高的几率在星系大小尺度上，尤其是在一些环境下，例如，星系团中心区域、星系群中。因此，在万有引力的作用下，星系的相互作用是很普遍的，这与我们通常的想法是完全不一样的。事实上，如果考虑到矮星系和卫星星系，可以说星系的相互作用是无处不在的。

既然相互作用在星系中是很普遍的现象，那么它必然和星系的形成和演化密切相关。近年来，大设备、大巡天的观测结果让我们对此有了进一步认识，但是又提出了更多的新的问题。

1. 如何判断星系的相互作用？

星系间由于引力产生的相互作用，引起星系内部恒星、气体和尘埃的分布改变，甚至发生物质交流和物质的抛出(如 M81，图 1)，星系的形态会发生变化。由星系的形态来判断相互作用是一种最直接和最常用的方法。相互作用会使正常星系产生

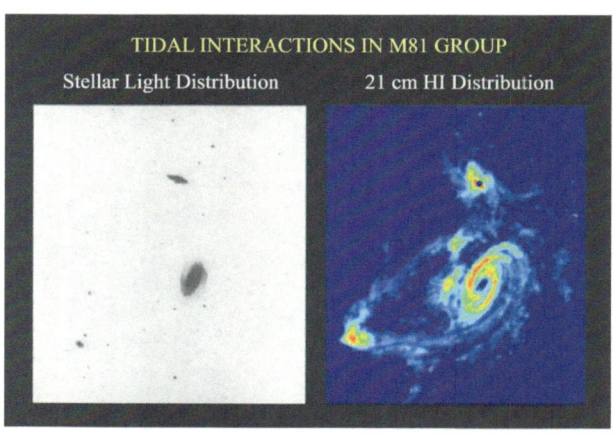

图 1　M81 星系群的相互作用的光学和射电成像(http://images.nrao.edu/116)。

不对称的形状改变,潮汐力的作用会产生弯曲而又长的潮汐尾,星系之间物质交流会在星系间形成物质桥,星系的对碰会产生类似车轮的环状结构等。这些都可以用来判断星系的相互作用。星系的相互作用有不同的类型和阶段,有的是擦肩而过,而有的最终并合到一起。在并合的晚期,有的确实已经并成了一个核,而有的只是在目前观测手段下无法分辨而已。对于这种情况我们只能根据星系相互作用产生的形态遗迹来判断。形态方法对于高红移宇宙和并合晚期的星系由于受观测空间分辨率的限制经常很难实施。因此还得借助于其他波段(射电、X射线、红外等)的帮助间接确定。

2. 相互作用在星系形成和演化中的作用?

大量观测表明相互作用在星系的形成和演化中是存在的,但是它在星系形成和演化中起到什么作用呢?一般来讲,星系间强的相互作用会对星系形成和演化进程有影响。在近邻宇宙中强的相互作用比例还是很小的,但是在遥远的宇宙,从红移1到3,参与到强的并合的大质量星系比例由5%~10%上升到50%左右[2]。在红移1以前,具有强相互作用的极亮红外星系(红外光度高于太阳光度一万亿倍以上的星系)[3]的数密度是近邻宇宙的1~2个量级以上。可以说在遥远的宇宙这种星系间强的相互作用比例还是很高的[4]。这些证据使我们相信,星系的相互作用在星系形成的历史中的确起到过作用。但是起到怎样的作用呢?

星系相互作用的理论研究工作主要根据星系动力学方程来研究,但是除了极少数特殊情况我们无法得到方程的解析解,只能采用 N 体模拟的方式来研究。由于真实的星系含有气体、恒星形成、中心活动核及由此产生的反馈作用,因此数值模拟应该采用流体动力学方法[5]。由于计算能力和理论知识的限制,我们还无法同时把各种可能同时放到数值模拟中。尽管如此,最早期的数值模拟工作[6]已经可以很好的解释星系相互作用产生的桥和潮汐尾的特征,得到很大一部分椭圆星系是可以经过并合形成的,并得到随后的观测的支持。星系的相互作用在大质量椭圆星系的形成历史中起到至关重要的作用。然而对于较小质量的椭球星系,还有其他星系,情况又是怎样的呢?

3. 相互作用如何激发星系的活动性?

星系的活动性主要包括大规模的恒星形成(即,星暴现象)和AGN(活动星系核)/QSO(类星体)的活动性。长期以来,天文学家就意识到星系的相互作用与星系的活动性密切相连[5]。一般认为是相互作用使气体压缩,加速了恒星的形成,而中心气体的聚集又激发了AGN/QSO的活动性。但是,并不是所有相互作用的星系都有星暴和AGN/QSO的活动性产生。例如,星暴的产生还与其他因素(碰撞的参数等)相关。

星系的相互作用与活动性的关系最集中体现在极亮红外星系中[3],它们具有最剧烈的星暴，其恒星形成率比一般星暴高 2 个量级。随着与星暴强烈相关的红外光度的增加，星系相互作用的形态比例和活动核比例都显著上升。极亮红外星系中的剧烈星暴来自于星系的相互作用似乎没有太多疑问，相互作用使气体向中心聚集(气体+恒星动力学模型的数值模拟可以重复这一过程)，从而产生剧烈星暴，同时也激发了活动核。但是我们并不能确定其中具体的过程，而星系中心的超大质量黑洞是刚刚形成的还是已经存在而又被激活的，也并不清楚。星暴与中心超大质量黑洞的共生、共存问题，是目前研究星系形成演化的最前沿课题。

星系的相互作用与星系的活动性，还有很多尚未回答和解决的问题。随着大口径望远镜的时代的来临，以及多波段空间天文的高速发展，我们有理由相信在这一领域会有质的突破。人们对宇宙、星系和恒星的认知也将提升到一个新的高度。

参 考 文 献

[1] 野本阳代[日],刘剑[译]. 透过哈勃看宇宙——宇宙遗产. 1 版. 北京: 电子工业出版社，2007: 53–55.

[2] Conselice C J. Galaxy mergers and interactions at high redshift. Proceedings IAU Symposium, 2006, 235: 381–384.

[3] Sanders D B, Mirabel I F. Luminous infrared galaxies. Annual Review of Astronomy and Astrophysics, 1996, 34: 749–792.

[4] Le Floc'h E, et al. Infrared luminosity functions from the CHANDRA deep field south: the SPITZER view on the history of dusty star formation at $0<z<1$. The Astrophysical Journal, 2005, 632: 169–190.

[5] Barnes J E. Dynamics of interacting galaxies. Annual Review of Astronomy and Astrophysics, 1992, 30: 705–742.

[6] Toomre A, Toomre J. Galactic bridges and tails. The Astrophysical Journal, 1972, 178: 623–666.

撰稿人：吴　宏
中国科学院国家天文台

星系相互作用与星系形态

Interaction between Galaxies and their Morphology

　　星系的形态是指星系发出的辐射在观测者视线方向天球切平面上的投影特征。1926年，E. Hubble(哈勃)[1]首先通过对照相底片的目视检测将星系按形态粗分为三类。其中，形似椭圆、亮度分布平滑者称椭圆星系(E)，又按扁度分为 E0~E7 几个次型；状如圆盘、具有中央突起(核球)并有旋臂者称旋涡星系(S)，按核球与盘的相对比例及旋臂展开程度再分为 Sa、Sb、Sc 等几个次型；具有上述特征、但旋臂起于中央棒两端者称棒旋星系(SB)；椭圆星系和旋涡星系之间的过渡型(有盘而无旋臂者)称透镜星系(S0)；其余不能归为以上各类者称不规则星系(Irr)。哈勃将上述星系类型从左至右排列成一个音叉形，即 E0~E7 为音叉柄，S0 为结合部，Sa、Sb、Sc 和 SBa、SBb、SBc 分别为音叉上、下臂。这样的星系分类现称为哈勃分类，或哈勃音叉图(图 1)。后来的学者在此基础上进行了细化和发展，但哈勃分类至今仍以其简明性而最具影响力。进一步研究发现，星系的形态特征与颜色、年龄、金属丰度、气体含量等其他性质存在相关。星系的形态主要取决于什么因素？是星系形成时的初始条件不同，还是产生于后来的演化？星系的形态是否受到星系之间相互作用或星系所处环境的影响？这是当代天体物理学需要回答的重大难题之一。

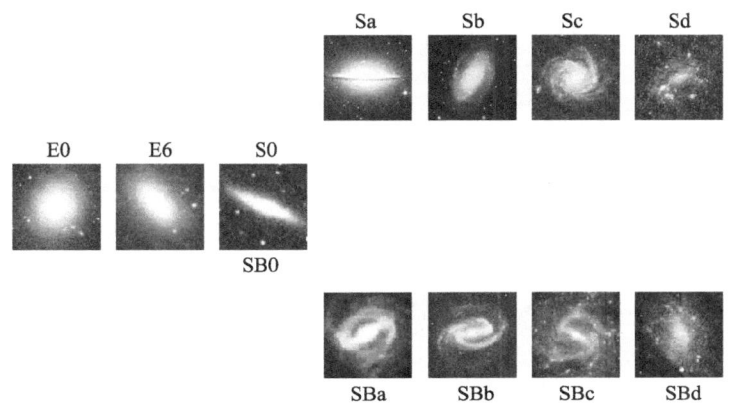

图 1　哈勃星系分类序列(音叉图)。

　　近邻星系绝大多数都可以纳入哈勃分类系统，但仍有约 1%因形态过于特殊而难于纳入。它们或者形如车轮，或者貌似天线，星系之间或有"桥"连接，旋臂之端或有"尾"甩出，统称为特殊星系(图 2)。这类星系多处于双星系或致密星系群中，存在"桥"、"尾"等相互作用甚至彼此碰撞的迹象，故又称"相互作用星系"或"碰撞星系"。在自然界的四种基本相互作用中，只有引力和电磁作用是长程力。尽管后者的作用强度远大于前者，但由于大多数星系整体上为电中性，故星系之间的相互作用应以引力主导。当星系运动到彼此之间的距离可同星系的大小相比拟时，星系各个部分将受到来自对方不同强度的引力作用。这种潮汐力可能就是特殊星系的起因。为了回应潮汐力虽可改变星系形态但难以产生长尾的质疑，Toomre 等[2]于 20 世纪 70 年代在忽略自引力等简化假设下进行了两个星系近距交会的数值模拟研究。他们发现，星系对潮汐扰动的反应取决于星系的类型和轨道的取向。椭圆星系的确只能产生扇状变形，而旋涡星系如果在与扰动星系(用 M_1 代表)交会时相对速度较慢，M_1 的趋近方向又与被扰星系 M_2 自转方向相同，就能够产生桥和尾。长尾是在特殊视线方向投影所致。致密星系团中少见带桥或尾的星系，是因为其中星系的相对速度较高，交会时潮汐力作用时间太短的缘故。

图 2　哈勃望远镜拍摄的特殊星系 NGC4676A/B(见 NASA 网站)。

　　三十多年来，随着计算机技术的发展，N 体数值模拟分辨率大大提高，加上气体成分的流体动力学模拟，使模型更接近实际，不仅证实了上述基本结果，还进一步发现，两个质量相当的盘星系交会时，由于潮汐力的作用，会使能量从有序运动(两星系质心的相对运动)转化为其组成粒子的随机运动，从而使星系的相对运动速度减小。这种"动力学摩擦"会导致两个星系成为束缚系统(俘获)，摩擦力矩的作用进一步导致角动量损失，轨道变小最后并合为一。并合的遗迹具有椭圆星系的基本形态特征，可见，星系形态是可以通过并合发生转换的[3]。

　　观测表明，不同形态星系的比例有赖于星系所处的环境。根据近邻亮星系样本统计，在星系密度低的区域(场星系)，以旋涡星系为主，有 S(61%)，E(13%)，S0(21%)，Irr(3%)，而在高密度区域(星系群和星系团)中，以椭圆星系和透镜星系为主，相应比例为 S(11%)，E(41%)，S0(48%)，Irr(0%)。这种依赖称为形态–密度关系。这种关系究竟起源于先天还是后天因素？也就是说，是初始条件决定了将来会演化为星系密度高的区域有利于形成 E 和 S0 星系，还是星系密度高的区域将一些 S 星系瓦解或转化成了 E 和 S0 星系，这是一个有争议的问题。哈勃空间望远镜的高分辨率成像显示，在红移 $z = 0.4\sim0.8$ 的几个星系团中，有着不少近邻星系团中已鲜见的颜色"特别"蓝的呈清晰旋臂结构的旋涡星系，而且可以看出其中有许多具备相互作用或并合的特征(图 3)。这表明星系形态的转换在与其寿命相比并不长的最近一段时期仍在发生，也说明形态-密度关系至少部分起源于星系团中星系转化的历史。其机制可能在于星系团中星系密度较高，近距交会概率较大，一些 S 星系因潮汐剥离失去盘成分，或因动力学摩擦引起并合而转化为 E 星系。另一种机制是冲压剥离：X 射线观测表明，星系团内存在温度达千万度、总质量可与星系中恒星比拟的炽热弥漫气体，当盘星系以速度 v 在密度为 ρ 的团内气体中运动时，单位面积上受到的冲压 $p = \rho v^2$ 若超过盘的自引力，则盘上气体的剥离就会发生。星系团中心部分的气体密度高于外围，若各处星系速度大致相当(等温模型)，中心区域星系受到的冲压，从而气体剥离将比外围高。中性氢 21 厘米谱线观测表明，星系团中心部分的星系气体含量少于外围，原因可能就在于此。

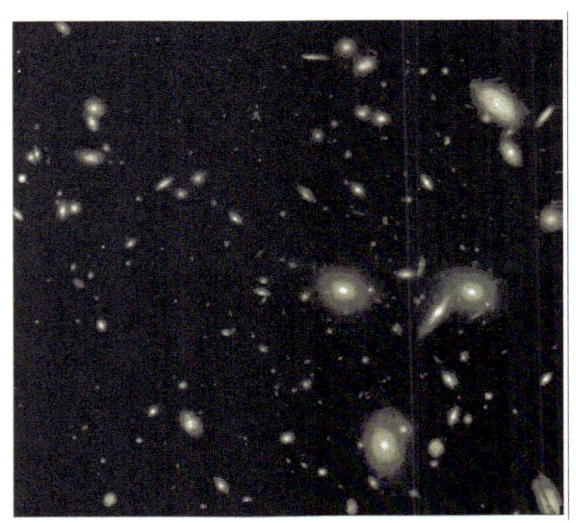

图 3　红移=0.39 的富星系团 Abell 851(见 NASA 网站)。

按照大爆炸宇宙模型，在膨胀宇宙早期形成的星系密度比现在要高，星系周围大质量暗物质晕的存在会增加碰撞截面，使得星系之间的相互作用及并合对星系形态的影响应该比现在要强。哈勃深场(HDF)和超深场(UDF)高分辨图像显示，红移直到 1.4 的暗弱星系多具有形态上特殊的相互作用特征(图 4)。近年来以 SDSS 为代表的数字成像巡天，使星系观测范围扩展到早期宇宙的高红移区域，但这些星系不但数量达到近千万的量级，而且大多距离我们非常遥远，很难用哈勃的定性判据对它们进行形态分类。好在通过近邻星系面亮度的研究发现，S 星系(盘)亮度的径向分布基本遵从指数律，而 E 和 S0 星系则基本遵从 $r^{1/4}$ 次方律。这种基于数字面源测光的判据，适合于对深度巡天星系大样本进行形态的定量分类。为了放宽这种方法对面亮度函数形式的假设，近年来还发展了不依赖于模型的参数化星系形态分类系统[4]。常用的参数包括聚集度指数 C，不对称指数 A 和簇聚指数 S。其中 $C \equiv 5\lg(r_{80}/r_{20})$，$r_{80}$ 和 r_{20} 分别为包含星系 80% 和 20% 辐射流量的圆半径。E 星系 C 值最高，S 星系 C 值较低(沿哈勃音叉图越往右越低)。A 的数值由将星系旋转 180° 后得到的图像与原初图像的差值计算。A 在 0 与 1 之间变化，0 表示完全对称，从 E 开始沿哈勃序列增加，相互作用星系通常不对称程度高，1 表示完全不对称。S 定义为星系原始图像和平滑后图像的差值，描述星系中的小尺度结构(例如恒星形成区)特征。椭圆星系和 S0 星系当前很少有恒星形成，S 值较小，旋涡星系和不规则星系有大量恒星形成，S 值较大。参数化分类系统的优点是，无需假定星系的光

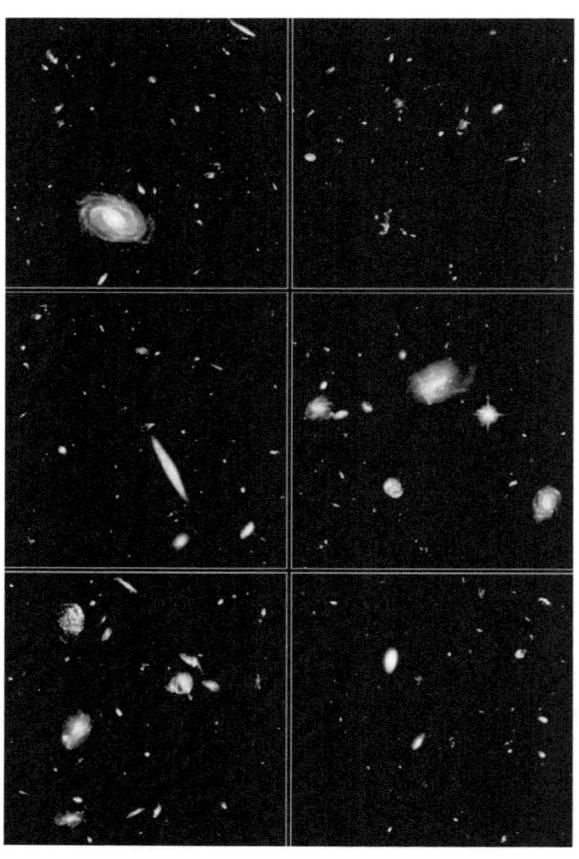

图 4　哈勃超深场(HUDF)(见 NASA 网站)。

度分布，完全基于计算机自动归算，适合大样本研究，特别是包含了星系相互作用、恒星形成史等信息，能在一定程度上反映星系形成和演化的物理过程。但是，这些结构参数会受到波段、分辨率和信噪比的影响，也可能随星系演化而改变，从而使基于这些参数的分类判据在不同红移处可能不同。

综上所述，星系之间的相互作用和星系形态特征演变的研究，是一个涉及星系形成和演化史的复杂问题，通过几十年的探索，尽管有了长足进展，仍然存在不少困难。理论方面，进一步提高包括暗物质、气体和恒星等多成分数值模拟的分辨率；观测方面，获得不同红移(特别是 $z = 1\sim2.5$)星系大样本的形态结构数据，并将两者进行对比分析，可能是未来需要着力的方向。

参 考 文 献

[1] Hubble E. Extragalactic nebulae. Astrophys. J., 1926,64:321.
[2] Toomre A, Toomre J.Galactic bridges and tails. Astrophys.J., 1972,178:623.
[3] Binny J, Tremaine S. Galactic dynamics, 2nd edition, 2008, Princeton University Press.
[4] 汪敏，孔旭.星系形态分类的研究进展. 天文学进展，2007，25，(3): 215–225.

撰稿人：邹振隆
中国科学院国家天文台

大质量早型星系的形成和干并合

The Formation of Massive Galaxies and Dry Merger

在标准宇宙学模型-暴涨冷暗物质宇宙学常数模型(LCDM)框架下,结构的形成是通过暗晕的不断并合来完成的。而星系的形态也是由星系并合的历史来决定。观测发现星系在颜色-星等图(CMR 关系)上明显分为两类,称为 blue cloud 和 red sequence (Strateva et al. 2001; Blanton et al. 2003)。前一类是大量恒星还在形成的盘星系,在 CMR 图上分布弥散;而后一类是没有明显恒星形成的早型星系。观测发现在红移2之前大量早型星系已经形成,但是大质量的早型星系的最终形成应该是在 $z=1$ 之后 (Naab et al 2009)。最近的观测还发现这类星系的尺度(size)随红移有很强的演化。平均说来,近邻的早型星系的尺度是红移为2的具有相同质量的早型星系尺度的3到5倍(Daddi et al. 2005; van Dokkum et al. 2008)。CMR 图上的 red sequence 星系,尤其是光度函数亮端的大质量早型星系是如何形成、何时形成仍然是有待进一步研究回答的问题。

星系间的并合被认为是早型星系形成的重要途径。根据并合前身星系中气体的多寡,星系并合可分为湿并合(wet merger)和干并合(dry merger)。湿并合是富气的盘星系之间的并合过程或盘星系与早型星系的并合。观测和数值模拟都表明这类并合可以使大量气体流向星系中心,从而激发星系核周的大规模星暴和星系的核活动。这类星系并合的产物是中心呈 power-law 结构,动力学上有明显旋转成分的早型星系。而干并合是缺乏气体的早型星系之间的并合。目前流行的观点认为中心呈 core 结构的大质量早型星系是经历干并合形成的(Khochfar & Silk, 2008)。

由于参与干并合的前身早型星系中气体很少,在并合过程中不会有显著的恒星形成活动,所以星系的形成和星系上的恒星的形成不一定同时进行。即大的早型星系的恒星可能在高红移时就已经形成了;而大星系是通过这些恒星已经形成的小星系的聚积而形成。van Dokkum et al. (2005); Tran et al. (2006)通过分析近邻早型星系(红移小于 0.1)的深曝光图像,系统地研究了干并合过程,发现干并合的形态和湿并合很不相同。湿并合一般都有潮汐尾 (tidal tail)等显著观测特征(参看关于星系形态的难题文章),而干并合的星系周围只有一些由老恒星组成的宽而暗的颜色偏红的弥散的扇形结构(fans),或显示出不对称形状 (图1)。正因为如此,从观测上对正在进行干并合的星系比较难于证认。研究光度函数亮端的大质量早型星系的形成时间与这类干并合的并合率直接相关。但是由于干并合的特征不显著,证认干并合从观测上困难很大,特别是对红移高一些的样本证认的困难更大,研究干并合并合率极其随红移的演化相对来说就更加困难。已经有一些研究结果，但给出的红移 1 之后的并合率相差很大 (Renzini, 2008)。

另一方面，由于干并合是无耗散的过程，干并合之后星系比并合前的星系尺度大(Cox et al. 2006, Bernardi et al. 2007, Liu et al. 2008)，所以人们期望通过干并合来理解星系尺度随红移的演化。但是最新的数值模拟的结果并不一致，有的能够解释观测的结果(如 Naab et al. 2009)，也有的研究结果表明只是干并合不能够解释尺度的那么显著的变化(如 Nipoti et al. 2009)。

由此我们可以看到小的红星系的干并合可能是形成大质量早型星系的主要途径。但是从观测来确定并合率，确定大质量早型星系的质量密度的演化，或者从数值模拟来研究早型星系尺度的显著演化和质量密度的演化仍然没有解决，所以星系干并合与大质量早型星系的形成是目前研究的热点之一，也是下一代望远镜要解决的问题。

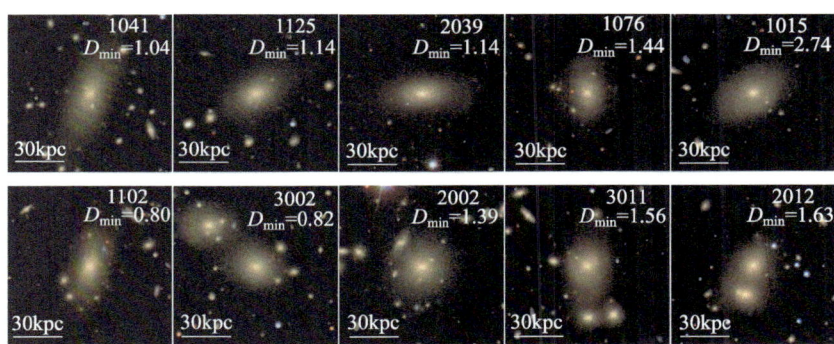

图 1 　有明显 dry merger 特征的星系团中心最亮的星系。参见 Liu et al. (2008)。

参 考 文 献

[1] Bernardi M, Hyde J B, Sheth R K. et al. The luminosities, sizes, and velocity dispersions of brightest cluster galaxies: Implications for formation history. The Astronomical Journal, 2007, 133(4): 1741–1755.

[2] Blanton M R, Hogg D W, Bahcall N A, et al. The broadband optical properties of galaxies with redshifts $0.02<z<0.22$. The Astrophysical Journal, 2003, 594(1): 186–207.

[3] Daddi E, Renzini A, Pirzkal N, et al. Passively evolving early-type galaxies at $1.4 \leqslant z \leqslant 2.5$ in the Hubble ultra deep field. The Astrophysical Journal, 2005, 626(2): 680–697.

[4] Liu F S, Xia X Y, Mao S, et al. Photometric properties and scaling relations of early-type brightest cluster galaxies. Monthly Notices of the Royal Astronomical Society, 2008, 385(1): 23–39.

[5] van Dokkum P G. The recent and continuing assembly of field elliptical galaxies by red mergers. The Astronomical Journal, 2005, 130(6): 2647–2665.

[6] van Dokkum P G, Franx M, Kriek M, et al. Confirmation of the remarkable compactness of massive quiescent galaxies at $z\sim2.3$: Early-type galaxies did not form in a simple monolithic collapse. The Astrophysical Journal, 2008, 677(1): L5–L8.

[7] Khochfar S, Silk J. Dry mergers: a crucial test for galaxy formation. Monthly Notices of the Royal Astronomical Society, 2009, 397(1): 506–510.

[8] Naab T, Johansson P H, Ostriker J P. Minor mergers and the size evolution of elliptical galaxies. The Astrophysical Journal Letters, 2009, 699(2): L178–L182.

[9] Nipoti C, Treu, T, Auger M W et al. Can dry merging explain the size evolution of early-type galaxies? The Astrophysical Journal Letters, 2009, 706(1): L86–L90.

[10] Renzini A. Very massive galaxies: a challenge for hierarchical models? ASP Conference Series, 2007, 380: 309.

[11] Strateva I, Ivezić Ž, Knapp G R, et al. Color separation of galaxy types in the sloan digital sky survey imaging data. The Astronomical Journal, 2001, 122(4): 1861–1874.

[12] Tran K H, van Dokkum P, Franx M, et al. Spectroscopic confirmation of multiple red galaxy-galaxy mergers in MS 1054-03 ($z = 0.83$)1. The Astrophysical Journal, 2005, 627(1): L25–L28.

撰稿人：夏晓阳
天津师范大学

超大质量黑洞和星系的共同演化

The Co-Evolution of Supermassive Black Holes and Galaxies

黑洞是广义相对论最优美最惊人的预言之一。20世纪60年代首次发现的类星体是宇宙中的有着极高光度和极高能辐射的致密天体[1]，它们只能用超大质量黑洞(质量区间为$10^6 \sim 10^{10} M_{\text{sun}}$)在吸积物质过程中高效地将物质转化为能量这一图景来解释[2,3]。黑洞吸积过程的质能转换效率可达6%~40%[4,5]，远比太阳中心的核反应(0.7%)有效。随后在不同红移、波段及光度范围内发现的大量类星体旋即成为超大质量黑洞在宇宙中广泛存在的重要依据。大量观测又表明类星体存在于遥远星系的核心区。于是一个自然的推测就是在邻近的非活动星系甚至于银河系中心也存在作为早期核活动遗迹的超大质量黑洞[4,6]。因此寻找近邻星系中超大质量黑洞的存在证据就成为过去几十年中天体物理关于黑洞研究的一个主要目标。而与类星体问题相伴，超大质量黑洞的形成演化也成为一个亟待解决的重大问题。

经过几十年不懈的努力，天文学家们发现几乎在每个邻近的椭圆星系或旋涡星系的核球中都确实存在一超大质量黑洞[7]。其中最有说服力的例子是银河系和NGC4258：对银河系最内核区恒星S2运动的精准测量揭示其绕中心约为四百万个太阳质量的质点作几乎完美的开普勒椭圆轨道运动，从而排除了几乎所有的非黑洞替代模型[8]；对NGC4258核区吸积盘的水脉泽线的观测也表明该盘围绕中心一质量为三千六百万个太阳质量的黑洞作开谱勒运动[9]。令人惊讶的是，对当前有较准确黑洞质量测量的几十个星系，它们的黑洞质量与其寄主星系或核球的质量或速度弥散度紧致相关，并且该类相关的内秉偏差大约只有二倍[7,10]。考虑到星系尺度(上万光年)与中心黑洞引力所能影响的尺度(约为光年)间的巨大差异，这一惊人的结果表明星系和其中心黑洞之间必然存在内在的物理关联。

根据当前大样本巡天观测对近邻超大质量黑洞和遥远类星体的统计分析表明，今天的超大质量黑洞主要是通过其早期活动阶段(即表现为类星体或活动星系核的阶段)的物质吸积来获得其现今的质量[11,12]，质能转换率也大约与理论预言一致[13]。这一结果揭示黑洞很可能是在其吸积成长过程中与星系发生相互作用而致黑洞质量与星系特征参量之间的紧致关系，或者说黑洞通过其核活动过程中对星系的反馈作用来制约星系的演化。这种反馈作用可能对应的一种物理过程是：当核活动过程中输出并耦合到星系或暗物质晕中气体的能量(或动量)大于这些气体的束缚能(或逃逸动量)时，所有这些气体都可能被驱除出星系或暗物质晕以至于黑洞和星系的成长被终止[14,15]。该反馈过程巧妙地将黑洞和星系的形成演化耦合在一起，它们演化的终点刚好满足观测发现的黑洞质量与星系特征参量之间的紧致关系。但是,如何在微观上是实现上述过程并不清楚,这仍是当前的研究热点之一。

早在1988年,George Efstathiou 和 Martin Rees[16]就建议黑洞和类星体的形成演化是与冷暗物质宇宙模型下的暗物质晕和星系形成直接相关联的。基于暗物质晕并合树对星系形成的较细致的半解析考虑并假设核活动性是在星系的并合过程中触发,Guinevere Kauffmann 和 Martin Haehnelt[17]建立了超大质量黑洞和星系共同形成演化模型的基本框架。受观测上有关黑洞质量和星系特征参量之间的紧致关系及黑洞的成长主要来自于吸积过程这一限制的激励,近年来基于这一框架的超大质量黑洞和星系的共同演化模型得到了极大的发展[18~22]。结合最新的数值模拟结果和星系形成中各种物理过程的细致处理,大多数黑洞和星系的共同演化模型都糅合进了星系中心的核活动性对星系形成的反馈作用过程,从而可以较好地同时解释黑洞和星系特征参量之间的紧致关系、类星体和活动星系核的光度函数及其宇宙学演化,以及近邻星系中大质量黑洞的成长和质量函数等。特别值得一提的是,由于引入星系中心核活动的反馈作用,在星系形成的半解析模型中长期存在的亮星系的数密度被高估的难题看似也迎刃而解[19,20]。

当前大多数黑洞和星系的共同演化模型中都引入了上述的由星系核区的类星体活动而导致的较激烈的反馈作用过程(也既类星体模式反馈)。但在某些模型中又额外引入了较温和的射电模式反馈过程[19]。射电模式反馈是指黑洞在类星体吸积阶段之后的低效热气体吸积过程中产生的低能射电活动可以加热周围的气体介质以遏制这些气体的冷却,也因而限制星系群或星系团中新的恒星形成。这一反馈机制的引入既有助于解决亮星系数密度被高估的难题又帮助解释了星系团中的冷流缺失问题。

对近邻星系的星族分析表明星系的质量是随它们形成时间的早晚而递减的,也就是说大质量星系倾向于在较早时刻较短的时间间隔内形成[23]。同样,对类星体和活动星系核的观测则表明宁静星系中黑洞的质量是随它们形成时间的早晚而递减的[12]。表面上这些观测结果与冷暗物质宇宙下由小而大的等级结构形成图像相矛盾,但实际上它们却可能是基于等级结构形成图像的超大质量黑洞和星系共同演化模型的一个自然结果:由核活动性导致的反馈可终止大于某一特征质量的暗物质晕中的恒星形成和黑洞增长,当今的大暗物质晕中心的大星系在较早时刻达到这一特征质量并在随后的时间内只通过贫气体的星系和黑洞并合成长为当今的年龄较老有着较大中心黑洞的大星系;而小星系则可能在较晚时刻才达到这一特征质量并随后落入大的暗物质晕中成为卫星星系。

在星系和黑洞的共同演化模型中一个基本的假设是星系中心的黑洞的吸积和活动性是由星系的并合触发的。基于此假设,在冷暗物质宇宙的星系形成模型下双黑洞的形成不可避免[24],但在大多数模型中双黑洞的动力学演化过程均未被认真考虑。一般来说,在星系并合过程中,处于前身星系中心的两个黑洞可以通过与恒星的动力学相互作用而造成的黏滞损失能量而靠近形成一个束缚的双黑洞系统。双黑洞系统通过弹射其周围的低角动量恒星或由于周围气体盘的黏滞作用而继续失去能量以至于最终并合并发射引力波[25,26]。但这一过程的时标估计依赖于很多因素而有较大不确定性。双黑洞对周围低角动量恒星的弹射也可能与椭圆星系或旋涡星系核球部分的内区的密度轮廓的双模分布有关[27]。目前理论预言的双黑洞系统的观测特征并不明确。近年来观测上已给出了相当多的束缚双黑洞候选者,它们是否确实是双黑洞还未确认。但这些观测的涌现必将推动双黑洞系统的动力学演化研究进一步发展。 总之,双黑洞的动力学演化过程很可能是星系和黑洞的共同演化模型中除黑洞吸积过程之外另外一个重要过程,它值得更为详尽的研究。

星系和黑洞的共同演化模型在解释观测方面已经取得了极大的成功,但是超大质量黑洞的种子黑洞的形成机制仍然不是很清楚。目前来说,种子黑洞形成主要有以下两种途径:(1)金属丰度几乎为 0 的第一代大质量恒星的演化产物,它们的质量大约在几百至上千个太阳质量[28];(2)直接由宇宙早期的原始大质量气体云团坍缩而成,质量约在几十万至上百万个太阳质量[29]。当然,目前也还不能排除球状星团等恒星系统中心由于动力学不稳定性直接坍缩而形成的中等质量黑洞作为种子黑洞的可能性。

目前探测到的最遥远的类星体在红移 6.4 处,其对应的中心黑洞高达几十亿个太阳质量,可与近邻星系中发现的最大的黑洞相比拟[30]。宇宙在红移 6.4 时的年龄只有 8 亿年,如此短的时间间隔对形成如此巨大的黑洞的理论模型来说是一个严峻挑战。原因是从第一代恒星产生的种子黑洞通过受爱丁顿极限限制的吸积成长为如此巨大的黑洞的需要接近于那时宇宙年龄的时间。当前建立在黑洞和星系共同演化模型基础上的数值模拟表明,种子黑洞可以通过快速的并合和气体吸积反馈在红移 6 时成长为几十亿个太阳质量的黑洞[31]。但是,人们对在此图景中卷入的大量复杂物理还缺乏很好的理解。

综上所述,在过去的十年内超大质量黑洞和星系的共同演化模型取得了极大的成功。它解释了大量的观测和由此引出的许多重要问题。但伴随着此模型,仍然有大量相关的重要理论问题亟待解决。例如:(1)核活动性对星系形成的反馈作用在微观物理上究竟是如何完成的;(2)旋涡星系的盘或棒不稳定性可否触发核活动性;(3)双黑洞的并合过程对星系内部结构的影响;(4)双黑洞并合最终阶段的引力波反冲对黑洞成长的影响;(5)超大质量黑洞的种子黑洞究竟是什么等。观测上同样也有很多问题有待回答和解决。如:(1)核活动性反馈过程的直接观测;(2)更大光度、红移范围和不同波段的类星体或活动星系核的完备计数;(3)更大红移范围的星系特别是椭圆星系和旋涡星系核球的光度函数的测定;(4)双黑洞并合过程的引力波的直接探测;(5)最远的第一代星系和类星体的探寻等。庆幸的是,已有大量的已经运行和正在计划的地面和空间望远镜可能为回答这些问题提供必要的帮助。这些望远镜包括 Hubble Space Telescope, Sloan Digital Sky Survey, LAMOST, Chandra X 射线望远镜, XMM-Newton X 射线望远镜, International X-ray Observatory (IXO), NUSTAR, JWST, ALMA, PAN-STARRS, LSST, LISA 等。我们完全有理由期待，在未来的十年甚至更长时间内超大质量黑洞和星系的共同演化模型将会迎来一个更加蓬勃发展的阶段。

参 考 文 献

[1] Schmidt M. 3C 273: A star-like object with large redshift. Nature, 1963, 197(4872), 1040.
[2] Salpeter E E. Accretion of interstellar matter by massive objects. Astrophys. J., 1964, 140: 796–800.
[3] Zeldovic Y B. The fate of a star and the evolution of gravitational energy upon accretion. Soviet Physics Doklady, 1964, 9, 195.
[4] Lynden-Bell D. Galactic Nuclei as collapsed old Quasars. Nature, 1969, 223(5207), 690-694
[5] Bardeen J M. Kerr metric black holes. Nature, 1970, 226(5240): 64–65.
[6] Rees M J. Black hole models for active galactic nuclei. Ann. Rew. Astron. & Astrophy., 1984, 22: 471–506.
[7] Magorrian J, Tremaine S, Richstone D, et al. The demography of massive dark objects in galaxy centers. Astron. J., 1998, 115(6): 2285–2305.
[8] Schödel R, Ott T, Genzel R, et al. A star in a 15.2-year orbit around the supermassive black hole at the center of the Milky Way. Nature, 2002, 419(6908), 694–696.
[9] Miyoshi M, Moran J, Herrnstein J, et al. Evidence for a black hole from high rotation velocities in a sub-parsec region of NGC4258. Nature, 1995, 373(6510), 127–129.
[10] Tremaine S, Gebhardt K, Bender R, et al. The slope of the black hole mass versus velocity dispersion relation. Astrophy. J., 2002, 574(2): 740–753.
[11] Yu Q, Tremaine S, Observational constraints on growth of massive black holes. Mon. Not. Royal Astron. Soc., 2002, 335(4): 965–976.
[12] Marconi A, Risaliti G, Gilli R, et al. Local supermassive black holes, relic of active galactic nuclei and the X-ray background. Mon. Not. Royal Astron. Soc., 2004, 351(1): 169–185.
[13] Yu Q, Lu Y. Toward precise constraints on the growth of massive black holes. Astrophy. J., 2008, 689(2): 732–754.
[14] Silk J, Rees M J, Quasars and galaxy formation. Astron. & Astrophy., 1998, 331, L1–L4.
[15] King A R, Black holes, galaxy formation and the $M_{BH}-\sigma$ relation. Astrophy. J., 2003, 596(1): L27–L29.
[16] Efstathiou G, Rees M J. High-redshift quasars in the Cold Dark Matter cosmogony. Mon. Not. Royal Astron. Soc., 1988, 230: 511.
[17] Kauffmann G, Haehnelt M, A unified model for the evolution of galaxies and quasars. MNRAS, 2000, 311(3): 576–588.
[18] Di Matteo T, Springel V, Hernquist L, Energy input from quasars regulates the growth and activity of black holes and their host galaxies. Nature, 2005, 433(7026): 604–607.

[19] Croton D J, Springel V, White, S D M, et al. The many lives of active galactic nuclei: cooling flows, black holes and the luminosities and colours of galaxies. Mon. Not. Royal Astron. Soc., 2006, 365(1): 11–28.
[20] Bower R G, Benson A J, Malbon R, et al. Breaking the hierarchy of galaxy formation. Mon. Not. Royal Astron. Soc., 2006, 370(2): 645–655.
[21] Hopkins P F, Hernquist L, Cox T J, Di Matteo T, et al. A unified, merger driven model of the origin of starbursts, Quasars, the cosmic X-ray background, supermassive black holes, and galaxy spheroids. Astrophy. J. Supp., 2006, 163(1): 1–49.
[22] Somerville R S, Hopkins P F, Cox T J, et al. A semi-analytic model for the co-evolution of galaxies, black holes and active galactic nuclei. Mon. Not. Royal Astron. Soc., 2008, 391(2): 481-506.
[23] Cowie L L, Songaila A, Hu E M, et al. New insight on galaxy formation and evolution from keck spectroscopy of the Hawaii deep fields. Astron. J., 1996, 112(3): 839–864.
[24] Begelman M C, Blandford R D, Rees M J, Massive black hole binaries in active galactic nuclei. Nature, 1980, 287: 307–309.
[25] Yu Q, Evolution of massive binary black holes. Mon. Not. Royal Astron. Soc., 2002, 331(4): 935-958.
[26] Armitage P J, Natarajan P, Accretion during the merger of supermassive black holes. Astrophy. J., 2002, 567(1), L9–L12.
[27] Faber S M, Tremaine S, Ajhar E A, et al. The centers of early-type galaxies with HST. IV. central parameter relations. Astron. J., 1997, 114(5): 1771–1795.
[28] Madau P, Rees M J, Massive black holes as population III remnants. Astrophy. J., 2001, 551(1): L27–L30.
[29] Begelman M C, Volonteri M, Rees M J, Formation of supermassive black holes by direct collapse in pre-galactic haloes. Mon. Not. Royal Astron. Soc., 2006, 370(1): 289–298.
[30] Fan X, Strauss M A, Schneider D P, et al. A survey of $z > 5.7$ quasars in the sloan digital sky survey. II. Discovery of three additional quasars at $z>6$. Astron. J., 2003, 125(4): 1649–1659.
[31] Li Y, Hernquist L, Robertson B, et al. Formation of $z\sim6$ quasars from hierarchical galaxy mergers. Astrophy. J., 2007, 665(1): 187–208.

撰稿人：陆由俊[1] 于清娟[2]
1 中国科学院国家天文台
2 北京大学科维理天文与天体物理研究所

星系恒星形成与中心黑洞吸积的关联

Connections between Star Formation and Black Hole Accretion

观测发现近邻星系核球质量(通过速度弥散或光度测量确定)与中心黑洞质量相关。这表明星系核球与中心黑洞质量增长存在紧密的联系(参见本书"共动演化"内容部分)。星系中心黑洞通过吸积物质而增长;而核球通过恒星形成或吞并并和星系的恒星而增长。 在随红移演化过程中,星系核球增长事件和黑洞增长事件(观测上表现为活动星系核 AGN)存在什么样的物理联系是理解这一基本关系起源的关键。在中高红移,星系的恒星形成活动主要表现为大规模的星暴。相应的问题是,在触发星系大规模星暴过程中是否会伴随着相应的星系中心超大质量黑洞的强吸积活动,从而使得星系核球和中心黑洞共同增长?

Sanders 等[7]通过研究近邻极亮红外星系的能谱分布和 AGN 活动性,提出强星暴和强 AGN 活动相关联的假说:大的富气星系并合最终形成椭球星系过程中会触发大规模星暴(表现为亮或极亮红外星系)和黑洞吸积活动;随着气体被消耗兼逐渐增强的 AGN 的反馈作用下,先前被气体和尘埃遮蔽的 AGN 显露出来成为光学可见的 AGN;恒星形成和 AGN 活动发生于同一物理事件中,但发生时间相对有延迟。这一假说影响广泛,亦有相应的理论研究工作采用这一假说来解释星系和 AGN 随红移演化的观测事实[3]。另一方面,宇宙平均恒星形成率密度与平均黑洞吸积率密度随红移演化呈现相同的趋势似乎也支持星系恒星形成与黑洞吸积有关联[1]。图 1 显示二者随红移演化的观测结果,即星系上恒星的形成与黑洞吸积活动统计上是相关的[8]。

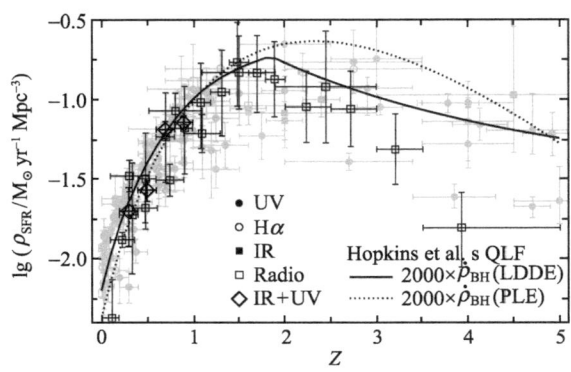

图 1　宇宙平均恒星形成率密度与平均黑洞吸积率密度比较[8]。

星系恒星形成与 AGN 活动是否有物理关联可以通过研究星暴星系中的 AGN 活动和 AGN 宿主星系中的恒星形成活动的规律来检验。有大规模星暴发生的星系上通常有丰富的气体和尘埃。由于尘埃吸收恒星(特别是年轻星)的辐射并把能量转移到远红外再发射,星系会有很强的红外辐射。如果星暴星系中心黑洞有强吸积活动,由于气体和尘埃的遮蔽而很难被探测到。AGN 的辐射也会加热星系核心的尘埃而在中远红外有很强辐射,其红外能谱与星暴加热的尘埃辐射红外能谱混在一起难以准确区分二者的贡献。另一方面,受限于当前观测设备的能力和条件,在测量 AGN 宿主星系的恒星形成率方面亦有困难。这使得目前在观测上还不能提供星系在不同演化阶段恒星形成活动与 AGN 活动的直接而完备的比较。

事实上,观测上已有很多证据表明 Sanders 等对星系恒星形成与 AGN 活动的假设可能不具有普遍性。如果星暴和 AGN 有紧密物理关联,我们应当可以在 AGN 的宿主星系中探测到星暴产生的年轻星族贡献的能谱特征(类似 A 型星谱)。然而,基于大样本近邻宇宙亮 AGN 的统计研究显示这样的 "后星暴 AGN" 只占总体的很小(10~15%)比例,表明在触发亮 AGN 活动的事件中强星暴(超过宿主星系质量的10%)并不普遍[2]。如果星系并合驱动的星暴–黑洞吸积关联假设在不同宇宙时期都有效,我们将看到有很大比例的宇宙平均的恒星形成率密度由处于并合早期的星系对贡献的。而观测研究发现在 $z < 1$ 只有不到10%的恒星形成来自星系对[6]。还有,多波段深场巡天揭示出,在中高红移恒星主要形成于漩涡星系、不规则星系等延展系统的星暴中;这些星暴活动对核球质量增长的贡献不显著;而黑洞的吸积则多由与大质量黑洞成协的强吸积活动(亮 AGN)贡献。另外,观测研究 $z\sim 1$ 前后的 X 射线探测到的亮 AGN 发现有相当部分这类 AGN 的宿主星系是核球很小的漩涡星系,说明黑洞吸积活动可以不必与核球形成/增长在同一事件中发生[5]。

星系整体的恒星形成活动是和星系尺度上分布的气体有关;而星系中心黑洞吸积的是分布在小于 pc 尺度的气体。如果形成恒星的气体与落入黑洞的气体是同源的,则很难解释气体如何在短时间内丢失几乎全部角动量从 kpc 尺度转移到几十天文单位尺度以内。另一方面,如果星系的恒星形成与黑洞吸积活动不存在必然的物理联系,为什么二者在很大红移范围内存在很好的统计相关?在更高红移($z > 4$),恒星形成活动和黑洞吸积活动是否仍然有相同的演化行为?如果星暴与 AGN 由不同的物理机制触发,那么决定星系核球与中心黑洞的相关关系的物理过程是什么?星系的恒星形成是否通过影响核球而间接与黑洞增长关联在一起?AGN 反馈被认为是停止气体冷却吸积而使黑洞停止增长的有效机制。理论上有模型提出在黑洞自我反馈约束下的增长是由星系核球引力势阱深度决定的[4]。据此,在宇宙早期,星系气体比例要高很多,可以在核区大规模集中形成恒星,使核球的势阱较深。中心黑洞因此可以增长到更大质量。而在低红移,星系中气体比例小,核球引力势阱相对较浅,中心黑洞与核球质量之比较之高红移的要小。星系恒星活动和中心黑洞吸积间有什么样的直接或间接的物理关联仍有待更多的观测和理论研究来解答。

参 考 文 献

[1] Boyle B J, Terlevich R J. The cosmological evolution of the QSO luminosity density and of the star formation rate. Monthly Notices of Royal Astronomical Society, 1998, 293: L49–L51.

[2] Canalizo G, Stockton A, Brotherton, et al. Star formation in QSO host galaxies. New Astronomy Reviews, 2006, 50(9–10): 650–656.

[3] Di Matteo T, Springel V, Hernquist L. Energy input from quasars regulates the growth and activity of black holes and their host galaxies. Nature, 2005, 433(7026):604–607.

[4] Hopkins P F, Hernquist L, Cox T J, et al. A theoretical interpretation of the black hole fundamental plane. The Astrophysical Journal, 2007, 669(1): 45–66.

[5] Georgakakis A, Coil A L, Laird E S, et al. Host galaxy morphologies of X-ray selected AGN: assessing the significance of different black hole fuelling mechanisms to the accretion density of the Universe at $z\sim1$. Monthly Notices of Royal Astronomical Society, 2009, 397(2): 623–633.

[6] Robaina A R, Bell E F, Skelton R E, et al. Less than 10 percent of star formation in $z\sim0.6$ massive galaxies is triggered by major interactions. The Astrophysical Journal, 2009, 704(1): 324–340.

[7] Sanders D B, Soifer B T, Elias J H, et al. Ultraluminous infrared galaxies and the origin of quasars. The Astrophysical Journal, 1988, 325:74–91.

[8] Zheng X Z, Bell E F, Somerville R, et al. Observational constraints on the co-evolution of supermassive black holes and galaxies. Astrophysical Journal. 2009, [astro-ph/0911.0005].

撰稿人：郑宪忠
中国科学院紫金山天文台

星系团的质量函数

Mass Function of Galaxy Clusters

依据最初的定义,星系团是由大量成员星系构成的天体系统。而实际情况则是,星系团主要由成员星系中的恒星物质(恒星和星际气体)、星系际介质(intracluster medium,ICM)以及暗物质这三大成分构成。在星系团的总引力质量中,暗物质通常占据了80%~90%以上,ICM则在位居绝对少数的发光物质中占70%~90%。ICM的温度高达数千万度乃至上亿度,密度范围为 $10^{-5} \sim 10^{-3}$ cm^{-3},其辐射几乎全部集中在X射线波段。因此,以卫星为平台对星系团进行X射线观测、了解其中高温等离子体的分布和物理状态,是当前研究星系团的形成和演化以及宇宙大尺度结构特性的最基本和最重要手段之一。

无论是基于多波段观测,还是从等级成团形成理论出发,星系团都被认为是目前宇宙中质量和尺度最大的维里化系统。在等级成团模型的框架下,星系团的数目在一定质量范围内的分布(即所谓质量函数)及其时间演化应取决于星系团尺度上物质密度涨落场的特性,而且会随对后者的不同选择有较为敏感的变化。因此,对星系团质量函数的研究,除了可以帮助我们了解星系团自身以外,还可以用来推测宇宙中密度涨落场的形式、同时较为精确地测定宇宙学参数。显然,对星系团质量函数的研究也可以用来约束暗物质、暗能量的特性。

测量星系团质量函数的关键,在于如何精确地测量各个星系团在其维里半径之内的质量。目前,测量星系团质量的常用办法有以下三种:①在光学波段研究星系团内成员星系的速度场,结合维里定律得到星系团的维里质量;②在X射线波段测量星系团中ICM的辐射、温度以及金属丰度分布,运用流体静力学平衡假设从气体及其热力学属性的空间分布推出引力场的分布;③使用较少依赖于假设的引力透镜法。

十几年以前,人们开始由上述三种方法获得星系团的质量函数。尤其是在1999年新一代X射线望远镜Chandra和XMM-Newton成功发射以及2000年光学波段的Sloan数字巡天计划(SDSS)顺利开展以后,对中近红移星系团质量函数的测量工作进入了实质性操作阶段。而未来的引力透镜巡天项目(如大口径全景巡天望远镜计划,即LSST),势必为此项工作注入新的活力。

目前,由SDSS红移巡天、X射线成像光谱研究、星系团富度统计等得到的星系团质量函数大体相互吻合。由这些质量函数推算出的宇宙学参数(如 Ω_m、σ_8)也与得自WMAP巡天观测等其他技术的结果大体一致。然而,由于在各项测量中存在多种目前尚欠了解的系统误差源，上述各测量结果的误差、弥散范围仍较大(如σ_8的相对测量误差接近30%)，尚不能满足精确宇宙学研究的需要。

当前，利用星系速度场测量星系团质量函数的工作还开展得不够充分。而在星系团质量函数的 X 射线研究中，我们需要准确地了解气体的辐射、热力学和化学特性，以较高精度测量联系这些特性的诸物理量的空间分布。目前已知的主要误差源包括以下几项。

(1) 光谱模型：虽然气体单相近似具有相当好的适用性，但在一些情况下，气体确实也表现出多相的特性。此外，在一些例子里，以目前的仪器功能很难区分气体究竟是单相还是多相的。虽然单相、多相之争多发生在星系团的核心(小于约100 kpc)区域，但由于实际观测的视场常远小于星系团的维里半径，所以内区光谱模型的不确定性会影响对维里质量的外延推算。即使在已确定气体为多相的情况下，目前仍不清楚各相气体究竟是混合共存的，还是分立存在的。此外，很难彻底解决的投影效应也给这个问题带来微妙的影响。

(2) AGN 活动：星系团核心区的气体温度远高于标准冷流模型的预言，表明存在非常有效的气体加热机制。而迄今为止提出的最重要加热机制即为 AGN 的能量反馈。AGN 活动产生的喷流、气泡等子结构势必对星系团引力质量的 X 射线测量带来干扰。同时，AGN 加热模型仍处于原始阶段，大量物理细节有待澄清。

(3) 并合过程：星系团的形成是由多次主、次并合过程造成的，而一次主并合的影响可以持续长达 2~3 Gyr 的时间。这就决定了星系团中可能或多或少地保留了并合的痕迹，包括对流体静力学平衡的偏离、质量中心的偏移、温度和金属丰度子结构等。

(4) 标度律(scaling law)问题：假如在质量函数的计算中直接使用质量 – 温度或质量–光度等标度律，那么所用标度律的标定就会是一个大问题。在不同研究中标度律的弥散是不可忽视、必须校正的。

为了克服上述困难，可以选择的线路有：①借助于空间分辨率及能量分辨率均较好的 X 射线观测，辨别、剔除各种子结构的影响，必要时采用多相气体模型；②结合光学动力学法、引力透镜法、数值模拟实验，对 X 射线成像光谱测量的结果进行分析。在获取其系统误差的特征后，对大样本 X 射线结果进行校验。

参 考 文 献

[1] Bahcall N A, Cen R. The mass function of clusters of galaxies. ApJ, 1993, 407: L49.

[2] Biviano A, Girardi M, Giuricin G, Mardirossian F, Mezzetti M. The mass function of nearby galaxy clusters. ApJ, 1993, 411: L13.

[3] Girardi M, Borgani S, Giuricin G, Mardirossian F, Mezzetti M. The observational mass function of nearby galaxy clusters. ApJ, 1998, 506: 45.

[4] Peterson J R, Kahn S M, Paerels F B S, Kaastra J S, Tamura T, Bleeker J A M, Ferrigno C,

Jernigan J G. High-resolution X-ray spectroscopic constraints on cooling-flow models for clusters of galaxies. ApJ, 2003, 590: 207.

[5] Reiprich T H, Böhringer H. The mass function of an X-ray flux-limited sample of galaxy clusters. ApJ, 2002, 567: 716.

[6] Rines K, Diaferio A, Natarajan P. The virial mass function of nearby SDSS galaxy clusters. ApJ, 2007, 657: 183.

[7] Randall S W, Sarazin C L, Ricker P M. The effect of merger boosts on the luminosity, temperature, and inferred mass functions of clusters of galaxies. ApJ, 2002, 577: 579.

[8] Sánchez A G, Padilla N D, Lambas D G. Determination of the linear mass power spectrum from the mass function of galaxy clusters. MNRAS, 2002, 337: 161.

撰稿人：徐海光　王婧颖
上海交通大学物理系

星系形成对宇宙结构形成的影响

The Influence of Galaxy Formation on the Formation of Cosmic Structures

要研究星系形成对宇宙结构形成的影响,必须清楚星系形成中所涉及的物理过程。根据目前流行的冷暗物质宇宙学模型和结构形成的等级成团理论,原初扰动由于引力不稳定性而增长,暗物质首先成团并形成暗晕,而星系是在暗晕中逐渐形成的,星系再通过并合形成星系群和星系团。在流行的星系形成模型中,考虑了很多重要气体物理过程,例如,暗晕中气体的吸积、激波加热和冷却、分子云的形成和恒星形成、超新星能量反馈和中央黑洞能量反馈、超星风和质量外流等;其他次级效应过程还包括宇宙中电离场对气体的加热效应、星系团中热气体对卫星星系中气体的压强蒸发效应、结构形成中的引力坍缩所释放的能量对气体的加热效应、星系团中的黏滞和湍流、星系团中的气体对流、磁场对星系形成的影响、宇宙线对星系形成的影响等。

宇宙微波背景探测器 Wilkinson Microwave Anisotropy Probe 第五年的观测结果[1]表明,宇宙是平坦的,暗能量约占 74%,而大部分物质是暗物质,只有大约 16%的重子物质。虽然重子物质只占物质的 16%,但是在星系甚至星系团尺度上,由于气体可以冷却聚集,有些地方重子物质对引力的贡献是占主导的地位的,例如,恒星系统、星系核球、星盘、星系中心、星系团中心。无疑,重子(气体)物理过程会对某些尺度(相对小的尺度)的结构形成会造成不可忽视的影响,例如,著名的"绝热收缩效应"[2]提出,冷却并下落的气体引起的引力势阱变深,由于要求角动量守恒,使得暗物质的分布会向暗物质晕中心聚集;反之,星系中的超新星反馈造成的星风外流和中央黑洞的喷流,会使得星系中心引力势阱变浅,而导致暗物质向外重新分布;还有,下落星系的动力学摩擦效应会加热暗物质粒子而使得暗物质向外分布。第一个效应和后两个效应是相互抵消的,它们的综合结果怎样?目前还没有详尽的研究并给出明确的结论。

要研究重子物质对结构形成的影响,由于必须考虑暗物质的分布、星系形成中的复杂气体过程以及它们之间的相互动力学作用,人们采用高精度的多体/流体数值模拟进行研究[3,5]。Jing 等[3]利用一组模拟,比较了只有暗物质和含有气体的情况,研究了重子物质对物质的成团性的影响,发现在波数 $k > 1\ h\ \text{Mpc}^{-1}$ 的尺度上,气体的成团被抑制而暗物质的成团增大了;在 $1\ h\ \text{Mpc}^{-1} \leqslant k \leqslant 10\ h\ \text{Mpc}^{-1}$ 尺度上,暗物质的成团增加了约 1%,而在 k 约为 $20\ h\ \text{Mpc}^{-1}$ 尺度上,在有恒星形成的模拟中,暗物质的成团增加约 10%。这将对弱引力透镜功率谱的测量结果有不可忽视的影响: 在 1000<l<10000 时,功率谱与只有暗物质的情形相比,差别达 1%~10%。在未来进行精确宇宙学测量时(精度达到 1%以内),将不得不考虑重子物质的影响。著名宇宙学家 J. Peacock 在欧洲空间局(ESA)和欧南台(ESO)联合的关于基本宇宙学的工作组报告[4]中,引用 Jing 等的论文[3]并指出了重子效应对精确测量的重要性。

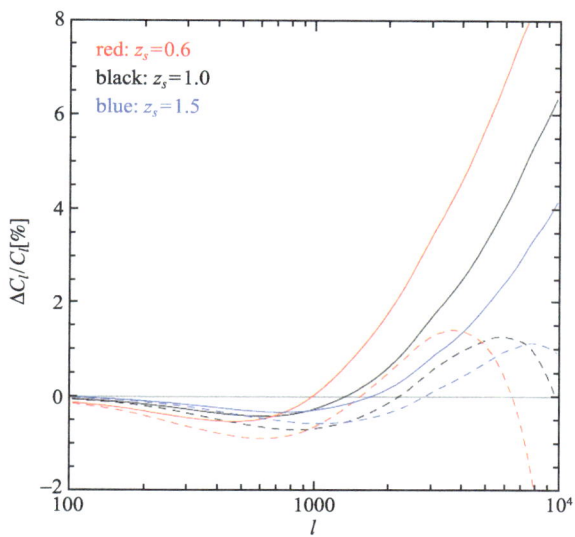

图 1 重子效应对弱引力透镜的 shear 场的功率谱的影响,表达为只有暗物质的模拟的结果和有气体的模拟的结果的相对差别。实线为有星系形成的情形,虚线为只有绝热气体的情形。原图参照 Jing 等[3]。

星系形成相关的重子过程还会对暗晕的结构和性质造成影响,例如,物质的分布[5]、暗晕的形状、暗晕中的子结构的数量和分布、暗晕中各种物质成分的角动量分布等。重子物质对暗晕结构的影响,具有相应的观测效应,例如,强引力透镜观测(引力巨弧或者多像系统)、前面提到的弱引力透镜观测、星系团的 X 射线观测、卫星星系数量和分布的观测等。重子的影响还在暗晕质量函数、暗能量、修正引力论等研究领域得到了重视。

由于星系形成过程中的各种重子物理过程相当复杂,而且是高度非线性的,人们远没有完全了解清楚。数值模拟虽然是个非常有效的研究方法,也具有局限性,显然没有办法包括所有的物理过程并完全真实地进行模拟,同时还存在一些数值效应,甚至会得到没有意义的虚假结果。随着数值模拟作为一个很有用的工具得到不断完善和超级计算机计算能力的提高,将有条件进行更真实、精度更高的宇宙结构和星系形成的模拟,未来对于星系形成过程对宇宙结构形成的影响的研究将更加深入并得到更加可信的结果,对未来的精确天文测量将具有重要的指导意义。

参 考 文 献

[1] Hinshaw G, et al. ApJS, 2009, 180: 225–245.
[2] Blumenthal G R, et al. ApJ, 1986, 301: 27–34.
[3] Jing Y P, et al. ApJ Letter, 2006, 640: L119–L122.
[4] Peacock J, et al. 2006, arXiv:astro-ph/0610906.
[5] Lin W P, et al. ApJ, 2006, 651: 636–642.

撰稿人：林伟鹏
中国科学院上海天文台

星系形成与演化的降序模式

Downsizing in Galaxy Formation and Evolution

在宇宙学冷暗物质标准模型框架下,由暗物质主导的宇宙原初密度扰动在引力作用下逐渐增长形成不同尺度的暗晕,这些暗晕不断并合周围其他暗晕形成更大的暗晕,最终形成近邻宇宙中所观测到的大尺度结构。这称为等级成团式(hierarchical)的演化模式。星系即形成于这些暗晕中。组成星系的重子物质(主要是气体和恒星)如何随暗晕的演化而演化是当前天体物理研究的基本问题之一。整体而言,星系演化是气体不断形成恒星使星系恒星质量不断增加的过程,同时恒星的演化会把部分质量重新转移到星际介质中去。另一方面,观测上越来越多的证据已经揭示,平均而言越大质量的星系其主体恒星形成时间越早,形成时标越短。这称为星系形成和演化的降序(downsizing)模式。这一术语最早由 Cowie 等[3]在研究星系恒星形成活动的文章中提出。他们利用凯克 10 米望远镜获得近红外 K 波段选的不同红移星系的光谱并研究它们的恒星形成率,发现高红移大质量星系有剧烈的恒星形成活动,而随红移逐步降低,探测到有剧烈恒星形成活动的星系的质量亦逐步递减。如何理解这种与暗晕等级成团演化模式不同的星系先大后小的降序模式是当前星系宇宙学研究的难题之一。

在观测上,利用斯隆巡天数据对近邻星系星族的年龄和质量组成的分析研究揭示出,星系的主体恒星成分的年龄与星系的质量存在正相关,大质量星系的典型形成时间要早于小质量星系[6]。即使对早型星系而言,也存在这样的相关关系,而且这一关系与环境相关:在高密度环境下星系的形成时间早于低密度环境下的形成时间,如图 1 所示[8]。星系的比恒星形成率(即恒星形成率与恒星质量之比)是描述星系相对恒星形成活动强度的参数,其值越大,表明星系中有更高比例的年轻星族,星族的平均年龄也就越小。这一参数被广泛地用于检验星系活动性。低红移活动星系中存在比恒星形成率与星系质量的反相关关系[1]。对大样本星系的统计研究发现在中低红移($z < 1.5$)质量越大的星系其比恒星形成率越小;相同质量星系的比恒星形成率随红移降低而降低。基于当前深场巡天紫外到远红外数据的完备分析也给出相同的结论,如图 2 所示[9]。在高红移($z > 1.5$),大质量星系的比恒星形成率远高于低红移对应星系,表明其处于主体星族形成时期。在 $z \sim 2$ 前后星系的恒星形成相关规律的研究处于起步阶段。已有一些观测研究揭示出该宇宙时期不同质量的星系的比恒星形成率都很高,比恒星形成率与恒星质量的相关性似乎不大,意味着该时期可能是星系降序演化的开端[7]。

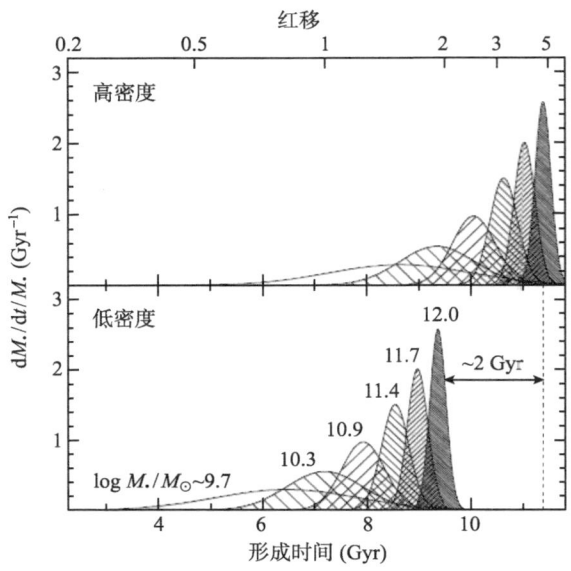

图 1 不同环境中，不同质量早型星系的恒星形成历史[8]。

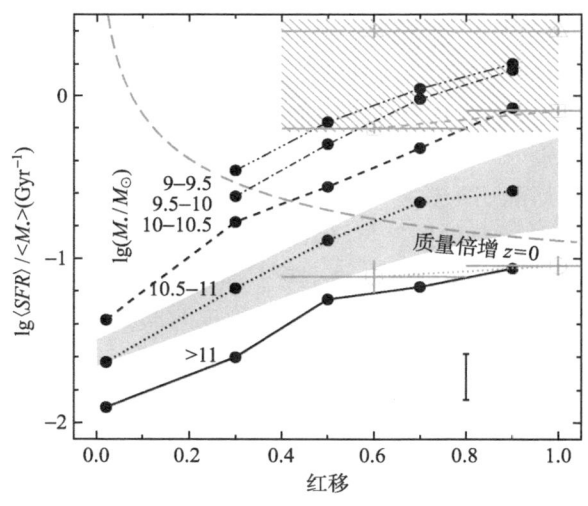

图 2 不同质量星系的平均比恒星形成率随红移演化关系[9]。

高红移大质量星系的恒星形成率随其演化而快速降低，中低红移时期的恒星形成对其质量增长贡献不大；而高红移的小质量星系通过不断形成恒星最终演化成为低红移质量更大的星系，低红移的小质量星系则形成于中低红移。我们知道在现今宇宙中仍有丰富的高温星际介质(如星系团中的热气体)存在，但没有冷却形成恒星。这意味着宇宙早期气体的冷却和吸积是很有效的，而在中低红移($z < 1.5$)，

气体的冷却和吸积效率逐渐变低。为什么宇宙中的气体冷却形成恒星过程在 $z = 2\sim3$ 时期是最有效的?什么物理过程或机制使得在 $z < 1.5$ 以后宇宙这中气体冷却和吸积效率逐步降低?这些机制(诸如 AGN 反馈等)如何起作用(加热气体),有何观测证据的支持?另外,星系环境影响星系演化的物理机制究竟为何?

值得指出的是,星系还可以通过并合其他星系使其质量增长。在观测上,对星系并合率如何随红移变化关系的测定尚有诸多不确定性,因而,并合过程对不同类型星系质量增长的贡献还不是很清楚,有待观测上进一步研究予以回答。已有证据表明并合过程可能在大质量星系的质量增长中起重要的作用。相对准确地测定不同红移(尤其是高红移)处星系并合率有赖于大规模光谱巡天和近红外高分辨图像巡天的结果。

在理论上,如何在暗晕等级成团演化框架下解释星系恒星形成活动的降序演化和星系主要星族年龄的降序演化涉及气体冷却吸积和被加热、引力成团加热、恒星形成、超新星反馈、AGN 反馈、星系并合等复杂物理过程。已经有很多研究工作在这方面取得进展,基于一定的物理假设,发展半解析模型、暗晕占据模型和经验方法来将暗晕和星系的演化联系在一起理解其演化行为及背后的物理机制。例如,Neistein 等[5]认为星系的降序演化是暗晕等级成团演化的自然结果;Dekel 等[4]强调在宇宙早期大质量暗晕中的冷流吸积起着关键作用。观测上已经发现在 $z = 2$ 前后已经有相当多的大质量星系正在形成。随着 2009 年哈勃空间望远镜上 WFC3 相机开始科学观测,以及不远的将来新一代詹姆斯–韦伯空间望远镜升空运行,会对高红移星系开展更多(尤其是近红外波段)的深场观测研究,进一步了解高红移宇宙。而目前星系形成和演化的理论方面的模型可以很好地解释星系在 $z < 1$ 的演化行为,但在解释关于高红移星系的观测事实方面仍有困难[2],还需要进一步的观测和理论研究来建立全面完整的理解星系形成和演化的图像。

参 考 文 献

[1] Brichmann J, Charlot S, White S D M, et al. The physical properties of star-forming galaxies in the low-redshift Universe. Monthly Notices of Royal Astronomical Society, 351(4): 1151–1179.

[2] Conroy C, Wechsler R H. Connecting galaxies, halos, and star formation rates across cosmic time. The Astrophysical Journal, 696(1): 620–635.

[3] Cowie L L, Songaila A, Hu E M, et al. New insight on galaxy formation and evolution from Keck spectroscopy of the Hawaii deep fields. Astronomical Journal, 1996, 112(3): 839–864.

[4] Dekel A, Birnboim Y, Engel G, et al. Cold streams in early massive hot haloes as the main mode of galaxy formation. Nature, 2009, 457(7228): 451–454.

[5] Neisten E, van den Bosch F C, Dekel A. Natural downsizing in hierarchical galaxy formation. Monthly Notices of Royal Astronomical Society, 2006, 372(2): 933–948.

[6] Panter B, Jimenez R, Heavens A F, Charlot S. The star formation histories of galaxies in the

Sloan Digital Sky Survey. Monthly Notices of Royal Astronomical Society, 2007, 378(4): 1550–1564.

[7] Pannella M, Carilli C L, Daddi E, McCracken H J, et al. Star formation and dust obscuration at $z\sim 2$: galaxies at the dawn of downsizing. The Astrophysical Journal, 2009, 698(2): L116–L120.

[8] Thomas D, Maraston C, Bender R, Mendes de Oliveira C. The epochs of early-type galaxy formation as a function of environment. The Astrophysical Journal. 2005, 621(2): 673–694.

[9] Zheng X Z, Bell E F, Papovich C, et al. The dependence of star formation on galaxy stellar mass. The Astrophysical Journal, 2007, 661(1): L41–L44.

撰稿人：郑宪忠

中国科学院紫金山天文台

星系中的恒星形成定律

Star Formation Laws in Galaxies

恒星形成是宇宙中最普遍,最重要的活动之一。目前普遍认为恒星是在分子云中形成的,因此,观测研究星系中的分子气体分布及其物理特性对了解星系中恒星的形成无疑很重要。研究分子云的物理性质以及形成恒星的气体密度与恒星形成率(SFR)的关系(即恒星形成定律或 Schmidt law)有助于我们理解星系中恒星的形成,模拟星系的演化。并且,星系整体上的 SFR 和气体之间的关系以及对星系盘平均的单位面积上的 SFR 和气体密度之间的关系也是非常有意义的,因为能通过它们洞察到恒星形成在星系演化 Hubble 序列上的重要作用,量化星系盘的一些物理性质和演化性质。

从 Schmidt(1959)提出这个现在已有广泛应用的 SFR 与气体密度遵守一个简单的幂率指数关系,到 Kennicutt(1989,1998)在星系整体上的对星系盘平均的单位面积上的 SFR 和气体面密度之间的幂率指数关系。长期以来对该幂率指数的确定一直是个备受争议的问题。其中原因一方面是由于对星系的 SFR 准确定标有待改进,另一方面有赖于对形成恒星的气体的物理条件的认识。目前广泛采用的测量 SFR 的方法是基于:光学或紫外光度;远红外光度;射电连续谱光度或复合线(Hα 或 OII 发射线)强度。事实上每一种方法都有其局限性。比如紫外和光学辐射都受到不同程度的尘埃消光的影响;而红外光度还包含了来自老年恒星加热的尘埃的贡献,同时并不是所有电离光子或紫外光子都被尘埃吸收。特别是当星暴和活动星系核(AGN)共生的情况下,必须区分在宇宙演化的每一个阶段恒星形成和 AGN 对辐射的贡献。所以,寻找新的、更可靠的确定 SFR 的方法是尚待解决的问题(Kennicutt et al. 2009)。

形成恒星的气体主要是分子云中的稠密核区的高密度分子气体,与中性氢原子气体及大部分氢分子气体(由 CO 来确定)无直接关系。HCN 可直接用来探测和度量正在形成恒星的高密度分子氢,从而更好地描述星系的星暴性质。Gao & Solomon(2004)系统性地确定了远红外光度(SFR)和 HCN 光度之间有很好的线性相关性(图 1)而与 CO 光度之间是非线性相关,指出用 CO 和 SFR 比较就不会得出唯一的密率指数。 结合非常有限的高红移上的 HCN 观测,远红外光度和 HCN 光度之间仍有较好的线性相关性(图 1,Gao et al. 2007)。对银河系稠密云核的 HCN 观测显示出这个关系能够延伸推广到巨分子云核(Wu et al. 2005)。因此,不论是星系或是云核都遵守同样的 SFR 与高密度分子气体之间线性相关的新恒星形成定律

(Gao 2008)。

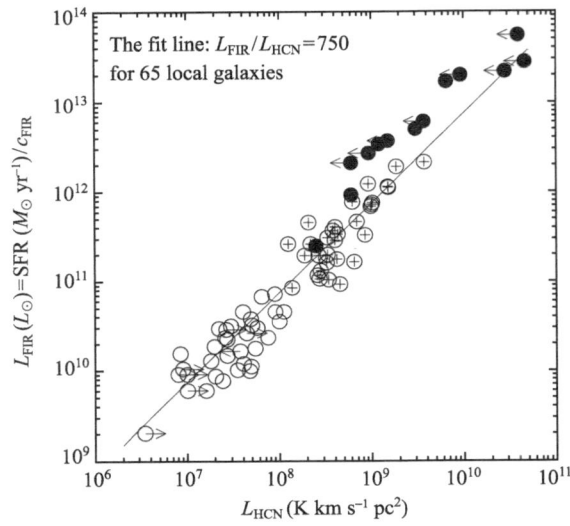

图1 给出13个高红移星系(含2个亚毫米波星系)和65个近邻星系的HCN和FIR的线性相关关系。显示出高红移星系的FIR/HCN比率要比从近邻星系得到的结果高2倍。

我们从 IRAM 30 米望远镜获取的近邻星系的 HCN 观测和 Spitzer 远红外图将填补从星系尺度到巨分子云核间的线性相关的空白间隙。论证从分子云核及其云核中大质量恒星形成的基本单元，到星系中的恒星形成区域和正在形成恒星的星系，再到极亮红外星系和高红移星系的横跨十几个量级 FIR-HCN 是否是基本线性相关。从而完善从分子云核到极亮星系(含高红移)的恒星形成定律以及 SFR 与中性氢原子气体及氢分子气体或总气体(原子气体与分子之合)之间的关系等各方面研究工作。通过这些研究，可利用这个关系和已知近邻星系中的恒星形成区的性质来了解遥远星系中的恒星形成的情况。

最终完善恒星形成定律需要在纵多星系中进行局域的 SFR 测量定标以及确定星系中同一地方局域的各种气体密度，特别是高密度气体密度。Bigiel et al.(2008) 在 18 个近邻星系中确定出单位面积上的 SFR 和总气体面密度之间的幂率指数关系是线性关系。并且单位面积上的 SFR 和中性原子氢气体面密度之间一般没有相关，同时，总气体面密度要处在一个较高的气体密度之上，当密度低于这个临界阈值时单位面积上的 SFR 急剧下降。但是，目前尚没有在纵多星系中进行局域的高密度气体的测量，这要等待下一代望远镜(如 ALMA)来完成。

除了以上用 Hα 和红外光度定标 SFR，射电连续谱也是较好的选择。近来还提出 Chandra X 射线(空间分辨率高达 0.5 角秒)也可对 SFR 定标，指明了另一种对星系中局域 SFR 的观测研究。比如，利用 VLA 20 厘米波连续谱来作为 SFR 的标志，结合高分辨率的 CO 图像，在 Arp 244 (天线星系, Gao et al. 2001) 和 Taffy (Gao et al. 2003) 中得出 SFR/CO 比值，即局域的恒星形成效率，从而得知在碰撞星系之间的并合区有恒星形成效率极高的非常活跃的恒星形成区。

目前仅有很少的强星暴星系能够得到高分辨率的 HCN 数据。对既有 AGN 又有星暴的星系进行高空间分辨率的 HCN 观测，还可试图对 AGN 和星暴的贡献进行区分。进行较大样本的高分辨率 HCN 观测有待于下一代大型毫米波阵才能实现。另外，也需要通过更多的分子谱线来获得较全面的恒星形成区的高密度气体信息。目前用得比较多的还有 CO 高转动($J>3$)谱线、HNC、HCO+ 及 CS 等。

参 考 文 献

[1] Bigiel F, Leroy A, Walter F, et al. The Star Formation Law in Nearby Galaxies on Sub-Kpc Scales[J]. Astronomical J, 2008, 136: 2846–2871.
[2] Gao Y, Solomon P. The star formation rate and dense molecular gas in galaxies[J]. Astrophys. J, 2004, 606: 271–290.
[3] Gao Y, Carilli C L, Solomon, P M, Vanden Bout P A. HCN Observations of Dense Star-forming Gas in High-Redshift Galaxies[J]. Astrophys. J, 2007, 660: L93–L96.
[4] Gao Y, Lo K Y, Lee S-W, et al. Molecular Gas and the Modest Star Formation Efficiency in the "Antennae" Galaxies: Arp 244=NGC 4038/9[J]. Astrophys. J, 2001, 548, 172.
[5] Gao Y, Zhu M, Seaquist E R. Star Formation Across the Taffy Bridge: UGC 12914/15[J]. Astronomical J, 2003, 126: 2171–2184.
[6] Gao Y. Astronomy: Starbursts near and far[J]. Nature, 2008, 452, 417.
[7] Kennicutt R C, Hao C N, Calzetti D, et al. Dust-corrected Star Formation Rates of Galaxies. I. Combinations of Hα and Infrared Tracers[J]. Astrophys. J, 2009, 703, 1672–1695.
[8] Kennicutt R C. The star formation law in galactic disks[J]. Astrophys. J, 1989, 344, 685.
[9] Kennikutt R C. The global Schmidt law in star-forming galaxies[J]. Astrophys. J, 1998, 498: 541–552.
[10] Schmidt M. The rate of star formation[J]. Astrophys. J, 1959, 129, 243.
[11] Wu J W, Evans N II, Gao Y, et al. Connecting dense gas tracers of star formation in our Galaxy to high-z star formation[J]. Astrophys. J, 2005, 635: L173–L176.

撰稿人：高　煜
中国科学院紫金山天文台

椭圆星系中的恒星形成

Star Formation in Nearby Elliptical Galaxies

椭圆星系被认为是宇宙中最古老的一类天体。在传统观念里，椭圆星系被认为是由星族 II 的老年恒星构成；气体和尘埃含量很少；几乎没有年青的恒星形成活动；其中的恒星运动是随机运动占主导。星系并合模型表明椭圆星系可能形成于两个盘星系的并合。细致研究和准确理解椭圆星系的恒星形成历史将能够为星系形成和演化的整体理论框架提供非常重要的限制条件。

20 世纪八九十年代，红外天文卫星(IRAS)成功地完成了红外波段的全天巡天观测，发现在大约 1/4 的亮椭圆星系中探测到冷尘埃的辐射。近年来，Hubble 空间望远镜高分辨成像观测发现在少数椭圆星系中心存在一个核区的尘埃盘(Lauer et al. 2007)。2004 年，Fukugita 等利用 Sloan Digital Sky Survey 光谱巡天观测数据，在四个椭圆星系中探测到年青的恒星形成活动。最近，Huang & Gu (2009)系统地研究了 487 颗近邻椭圆星系中恒星形成(图一给出了一个椭圆星系，从其光谱中我们可以清楚地看到年青的恒星组成)，发现约 3%的椭圆星系中存在年青恒星形成，并详细研究了不同恒星组成的椭圆星系在演化方面的联系。所有这些观测事实都和经典的椭圆星系恒星及气体性质不一致。因此，在全面理解椭圆星系的形成与演化历史中存在的难题是如何解释我们在近邻的一部分椭圆星系中观测到的年青恒星形成活动。

理解椭圆星系环境中年青的恒星形成需要解决的两个基本问题是：(1)椭圆星系中的冷气体来源，(2)恒星形成是如何触发以及与正常旋涡星系中恒星形成性质的差别，包括恒星形成率，初始质量函数，等。根据目前的理论，椭圆星系中气体来源有两部分：一是吸积星系外的富气矮星系；二是椭圆星系内部恒星演化所抛射到星际空间的恒星大气包层气体冷却的结果。由于这部分星系形态正常，没有观测到与其他星系相互作用及并合后的遗迹(像潮汐桥、尾等)，基本上排除了并吞其他富气星系的可能。因此，椭圆星系中的冷气体极可能是老年恒星的包层物质被抛射到星际空间后冷却而形成的。如果是这样，接下来的问题是这部分星际气体是如何冷却而聚集到星系中心的？解决该问题需要知道不同性质恒星的演化，特别是通过星风抛射损失的质量，以及气体的辐射冷却、角动量的损失机制，冷气体聚集形成分子云，及在该环境中恒星形成的分布等。

解决椭圆星系中的年青恒星形成可能途径：一是在观测方面，观测到更多更全面的数据，从多波段资料确定恒星形成性质及触发机制；二是从数值模拟入手，帮助我们理解从星际气体的辐射冷却→沉集到星系中心→形成气体盘→分子云形成→年青恒星形成的途径。

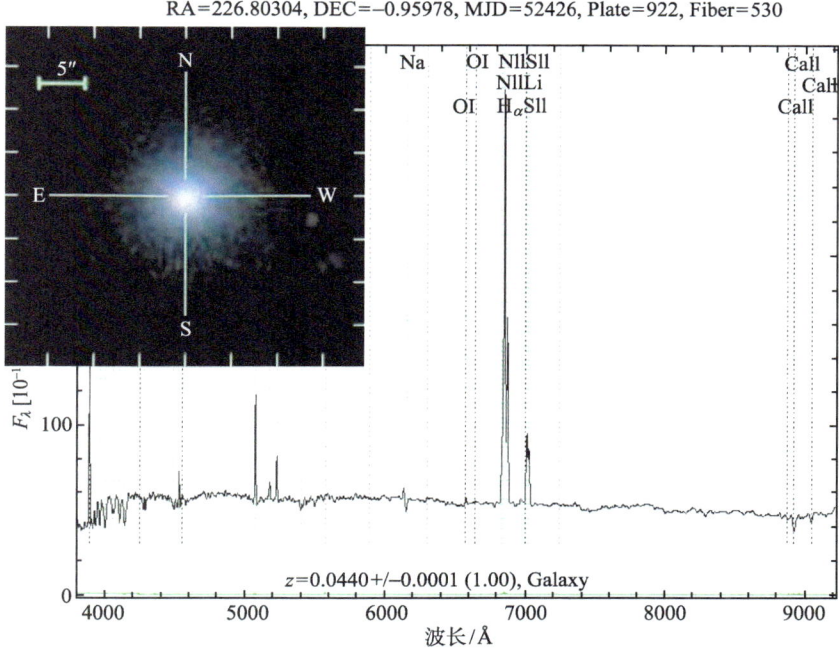

图 1 椭圆星系 SDSS J150712.72-005735.2 的图像与光谱观测，从光谱中我们可以清楚地看到在 4000Å 左右的高阶 Balmer 吸收线，反映出存在大量的 A 型恒星。本图取自 Huang & Gu (2009)。

参 考 文 献

[1] Fukugita M, Nakamura O, Turner E, et al. Actively star-forming elliptical galaxies at low redshifts in the Sloan Digital Sky Survey, ApJ, 2004, 601(2): L127–L130.
[2] Huang Song, Gu Qiu-Sheng. Recent star-forming activity in local elliptical galaxies, MNRAS, 2009, 398(4): 1651–1667.
[3] Lauer T, Gebhardt K, Faber S, et al. The centers of early-type galaxies with Hubble Space Telescope, ApJ, 2007, 664(1): 226–256.

撰稿人：顾秋生
南京大学天文系

河外星系中恒星形成率的测定

Star Formation Rate Measurements in External Galaxies

星系的形成是通过星系中恒星的形成而实现的。恒星形成率是衡量星系中恒星形成强度的物理量。无论是对某一个星系的恒星形成活动强度还是对在某一红移处宇宙平均恒星形成强度的估计，都要通过计算恒星形成率来实现。

目前被广泛采用的恒星形成率的示踪量有紫外(ultra-violet, UV)波段连续谱、星云发射线(比如：氢原子复合线 Hα，Hβ，Paα 等以及禁线[OII]，[OIII] e.g., Moustakas et al. 2006)、中远红外连续谱和射电连续谱等(例如, Kennicutt 1998)。紫外波段连续谱主要由大质量恒星贡献。由于大质量恒星寿命短，所以来自它们的辐射可以示踪近期发生的恒星形成活动。氢原子复合线是由于大质量恒星的辐射电离氢原子而后自由电子与质子发生复合而产生的，所以它们能直接示踪来自大质量恒星的电离光子数。禁线发射虽然与电离光子数没有直接关系，但其强度与 Hα 光度相关，所以也能用于计算恒星形成率。中、远红外辐射与大质量恒星的辐射没有直接关系，它是尘埃吸收恒星辐射后的再发射。在低频段射电连续谱由非热同步辐射主导，这个非热成分是由于宇宙线电子在星系磁场中加速而产生的，而星系磁场是由超新星遗迹贡献的，所以射电连续谱强度反映了超新星率，因而能作为恒星形成率的指示剂。

以上用于计算恒星形成率的方法各有利弊。在星系中恒星的形成过程伴随着大量的尘埃生成，尘埃会吸收和散射来自恒星和星云的辐射，从而造成对星系能谱分布的消光和红化，而且波长越短的辐射受到的尘埃消光越严重。因而在利用 UV、光学，甚至近红外波段的辐射来测量恒星形成率之前，尘埃消光必须要予以改正。目前常用的直接计算尘埃消光的方法有利用氢原子的巴尔末减缩原理(例如：Hα/Hβ)或 Hα/Paα 等复合线比、紫外连续谱斜率(如 Calzetti et al. 1994)和射电辐射的热辐射成分与 Hα 辐射的比值(Condon 1992)等方法。其中每一种方法都有它的不足。例如：对于大样本研究而言，运用氢原子的复合线比的方法很不现实。因为 Hβ 或 Paα 辐射很弱，因而要耗费大量的望远镜时间才能获得足够高信噪比的数据。紫外连续谱斜率的方法有很强的样本依赖性。因为紫外连续谱斜率不仅对恒星形成历史敏感，它对尘埃和恒星的相对几何分布也很敏感(例如, Witt & Gordon 2000)，利用现在的观测手段我们还没有办法确定尘埃的几何分布，而且恒星形成历史也有很大不确定性，因而这一方法的不确定度很大。射电辐射由热轫致辐射和非热同步辐射两部分组成，只有热成分与 Hα 的比值可以用来计算尘埃消光，但区分射电辐射的热和非热成分也不是一件简单的事情(例如, Condon 1992; Niklas et al. 1997)。

另一方面,中、远红外辐射是尘埃吸收恒星辐射后的再发射,在光学厚并且所有辐射都是来自于年轻恒星的理想情况下,8~1000μm 的总红外辐射可以很好地示踪恒星形成率(Kennicutt 1998)。然而,这两个条件在通常情况下很难得到满足。除极亮红外星系外,大多数恒星形成星系都不是光学厚的,而且老年恒星也会加热尘埃从而对红外波段辐射有所贡献。

为了解决上述几个问题,根据能量守恒定律,人们把 UV 或 Hα 或[OII]辐射同红外或射电辐射结合起来估计尘埃消光以及恒星形成率(例如, Buat et al. 1999; Meurer et al. 2009; Kennicutt et al. 2009)。这个方法不仅大大提高了估计尘埃消光的效率而且提高了尘埃消光和恒星形成率的计算精度(参见图 1)。但是值得注意的是利用正常恒星形成星系进行定标得到的恒星形成率计算公式在其他一些星系中不一定适用(比如:极亮红外星系、矮星系和高红移星系)。同时,由于物理条件的差异,恒星形成区中恒星形成率的计算公式不同于整个星系作为一个整体的计算公式(例如, Kennicutt et al. 2009)。

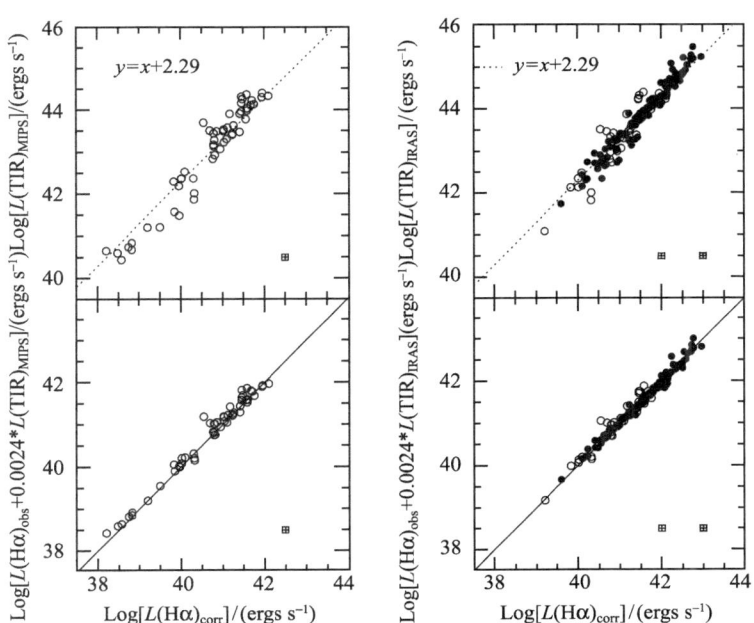

图 1 Hα 和总红外光度之和与巴尔末减缩方法改正的 Hα 光度对比。参见 Kennicutt et al. (2009)。

除去尘埃消光的影响,其他几个因素也影响着恒星形成率的计算:活动星系核也会加热尘埃并在中远红外波段辐射出来，而且其远红外能谱分布与恒星形成主导的星系不可区分；而且由于用来示踪恒星形成率的电磁辐射主要是由大质量恒星贡献的，从光度到恒星形成率的转换需要假设一定的恒星质量分布(即初始质量函数 IMF)，在不同的星系中 IMF 是否相同也尚有争议。这些问题有待解决。

参 考 文 献

[1] Buat V, Donas J, Milliard B, et al. Far infrared and Ultraviolet emissions of individual galaxies at $z = 0$: selection effects on the estimate of the dust extinction. Astronomy and Astrophysics, 1999, 352: 371-382.

[2] Calzetti D, Kinney A L, Storchi-Bergmann T. Dust extinction of the stellar continua in starburst galaxies: The ultraviolet and optical extinction law. The Astrophysical Journal, 1994, 429(2): 582-601.

[3] Condon J J Radio emission from normal galaxies. Annual review of astronomy and astrophysics, 1992, 30(A93-25826 09-90): 575-611.

[4] Kennicutt R C. Star formation in galaxies along the Hubble sequence. Annual Review of Astronomy and Astrophysics, 1998, 36: 189-232.

[5] Kennicutt R C, Hao C N, Calzetti D, et al. Dust-corrected star formation rates of galaxies. I. Combinations of Hα and Infrared Tracers. The Astrophysical Journal, 2009, 703(2): 1672-1695.

[6] Meurer G R, Heckman T M, Calzetti D. Dust absorption and the ultraviolet luminosity density at $z\sim3$ as calibrated by local starburst galaxies. The Astrophysical Journal, 1999, 521(1): 64-80.

[7] Moustakas J, Kennicutt R C, Tremonti C A. Optical star formation rate indicators. The Astrophysical Journal, 2006, 642(2): 775-796.

[8] Niklas S, Klein U, Wielebinski R. A radio continuum survey of shapley-ames galaxies at λ 2.8cm. II. Separation of thermal and non-thermal radio emission. Astronomy and Astrophysics, 1997, 322: 19-28.

[9] Witt A N, Gordon K D. Multiple scattering in clumpy media. II. Galactic environments. The Astrophysical Journal, 2000, 528(2): 799-816.

撰稿人：郝彩娜　夏晓阳

天津师范大学

演化星族合成

Evolutionary Population Synthesis

恒星是构成星系的基石,正常星系的绝大分光来自于其内部恒星的辐射,不同的恒星组成,决定了星系的主要观测特征,所以通过研究星系中的恒星组成,可以了解星系的形成和演化。但是,除了银河系和附近的少数近邻星系中的单个恒星可以分辨,对于绝大多数河外星系,天文学家只能通过分析星系的星等、颜色、光谱中的吸收和发射谱线等积分观测特征,来了解星系中的恒星组成,进而研究星系的形成和演化。演化星族合成(EPS)方法是建立在恒星演化理论基础上,结合恒星大气理论和一些基本假设,给出星系、星团积分特性的一种方法。因此该方法就成为遥远星系和星团研究的最直接、最可靠的理论依据。目前该方法已经成为21世纪天体物理研究中最活跃的前沿课题之一,并被广泛应用到星系、星团和宇宙学研究中去,例如:

(1) 光谱分析:利用星族合成方法,拟合星系光谱中的吸收线和连续谱,可以得到星系内部星族特征;同时,利用发射线研究星系的物理性质时,也必须利用星族合成方法,扣除本底恒星吸收对发射线的影响[1];

(2) 测光红移:图像观测比光谱观测效率高,特别是对于高红移星系研究;利用星族合成方法,拟合多波段测光数据,不仅可以得到大样本星系的红移信息,还可以得到星系的星族质量、年龄和内部消光等信息[2];

(3) 恒星形成历史:通过星族合成方法,分析星系内部星族成分,给出不同年龄星族比例,重现星系内部恒星形成的历史[3];

(4) 高红移星系选取判据:高红移星系是宇宙早期形成的星系,通过对它们的研究,可以了解宇宙早期星系的形成和演化。利用颜色判据,是选取高红移星系的最有效手段,如 LBGs、EROs、BzKs、DRGs 等。这些颜色判据,就是由星族合成方法给出[4];

(5) 数值模拟:星系形成演化模型给出的如星系中恒星质量、恒星形成历史、金属增丰历史等,它们不能直接与星系观测特征进行比较。必须利用星族合成方法将模型和观测联系起来,星族合成方法是模型和观测的桥梁[5]。

因为星族合成方法有如此广泛的应用,现在国际主要的天文学刊物中文摘中约有 12% 的文章有"星族"一词,约 1.5% 的文章中有"星族合成"一词[6]。尽管演化星族合成如此重要,但仍受到以下因素的制约:

(1) 参数的简并问题:参数的简并就是对应一个或多个中、宽带观测量无法区分相应天体的参数组合。只有解除了参数简并问题,才能确定或限制星系、星团的参数。目前尝试解除参数简并的方法包括:(a)提高光谱分辨率;(b)加入窄带测光信息(例如,Lick/IDS 光谱吸收指数)、重要光谱信息(例如,巴尔末或赖曼跳跃)和结构参数(例如,集中度参数: r_{p90}/r_{p50})的方法;(c)结合特殊算法(例如,Bayesian 统计方法、主成分分析法和神经网络法等)和重要结果(例如,$u-r$ 作为星系类型判据)的方法;(d)结合"instance-based"认知法减少参数自由度等方法。

(2) 参数的自恰问题:在利用演化星族合成方法研究星系、星团时,常常是与它们的某些观测特征、某些波段信息进行比较,得到的结论可能与利用其他观测特征、其他波段信息得到的结论不符,这就是参数的自恰问题。参数的自恰是我们全面真实了解星系、星团的前提之一。该问题除了受观测制约外,还受星族合成模型自身的制约,例如,受恒星演化理论限制或对某些天体的性质缺乏了解,演化星族合成模型常常忽略水平分支、极端蓝水平分支(也称为热亚矮星)、渐近巨星支(AGB)、后渐近巨星支(post-AGB)、AGB-manque、双星和元素丰度比值等对结果的影响(Buzzoni 1989)[7]。为了更好地解决参数的自恰问题,演化星族合成模型还需要考虑以下几个因素:(a)AGB 和 post-AGB 演化对年龄 $\tau \geq$ 1Gyr 的星族红外波段起决定作用,若忽略它们,则给出的星族红外光谱和颜色不合理。最近意大利 Padova 组(Marigo et al. 2008)[8]和英国牛津大学研究人员(Maraston 2005)[9]改进了 AGB 星的演化,并将其加入到星族合成模型中,发现二者可使星族的红外光谱和颜色明显变红。另外也有些研究通过公式的方法将 AGB 和 post-AGB 星演化加入到星族合成模型中(Zhang et al. 2002)[10]。(b)极端水平分支星的温度、光度都非常高,它们对星族的远紫外光谱贡献非常大,如果不考虑这些天体,星族紫外流量则明显偏低。曾经有两种单星演化模型(贫金属和富金属模型)用来解释该天体的出现。然而观测发现一些此类天体处于双星系统,韩占文等(2002;2003)[11, 12]给出这类天体的双星形成渠道,并将其加入到星族合成模型中,使得星族合成模型在紫外波段有了较大改进。(c)大量观测发现 50%以上的恒星属于双星或多星系统,且短周期双星的演化完全不同于单星的演化,若忽略双星演化其一是有悖于真实,其二是不知道究竟会发现多大差异。2004 年云南天文台大样本团组第一次将双星加入到星族合成模型中,发现加入双星可使星族整体上看起来变年轻,颜色和 Lick/IDS 谱指数变蓝,光谱在紫外高出几个星等。反推得到的星团、星系年龄和金属丰度变大(Zhang et al. 2004)[13],对年龄和金属丰度的这种改正至少在 20%以上,甚至可以达到几倍,这种改正依赖于所研究的波段和方法。双星族演化星族合成模型在很大程度上受双星演化理论、双星大气理论和初始双星参数分布等因素的制约。(d)元素丰度是恒星的重要物理参量之一,它不仅影响恒星的演化结局，而且影响星系的化学演化。由于缺乏此方面的了解，以前研究常常将太阳的元素丰度比值用于其他天体上，然而银河系球状星团的元素丰度分析发现它们往往不同于太阳的比值。Thomas 等 (2003)[14]和 Tantalo 等 (2007)[15]曾将增丰的元素丰度用于恒星演化并加入到星族合成模型中。星族合成模型在此方面的发展受到观测、理论等的限制和制约。

(3) 演化星族合成模型中采用假设的问题：由于对星系结构和性质等方面的深入了解，演化星族合成模型常常采用一些假设。例如，对星族中恒星形成过程缺乏足够地了解，在演化星族合成模型中通常将恒星诞生率 $S(M,t,Z)$ 分解为初始质量函数 IMF(M) 和恒星形成率 SFR(t,Z)，而事实上两者都是与质量和时间相关的参量。另外即便是采用了一些假设，仍有一些细节没有得到确认和证实。因此，演化星族合成模型在很大程度上仍然受到对星系了解程度的制约，二者相互影响。

参 考 文 献

[1] Kong X, Su S S. Stellar populations: planning for the next decade. Ed. Bruzual & Charlot. Cambridge: Cambridge Univ. Press, 2009: in press.

[2] Bolzonella M, Miralles J M, Pelló R. Photometric Redshifts based on standard SED fitting procedures [J]. Astronomy & Astrophysics, 2000, 363: 476–492.

[3] Cid Fernandes R, Mateus A, Sodre Jr L, et al. Semi-empirical analysis of SDSS galaxies [J]. Monthly Notices of the Royal Astronomical Society, 2005, 358: 363–378.

[4] Kong X, Daddi E, Arimoto N, et al. A Wide Area Survey for High-Redshift Massive Galaxies [J]. Astrophysical Journal, 2006, 638: 72–87.

[5] Kang X, Jing Y P, Mo H J, et al. Semianalytical Model of Galaxy Formation with High-Resolution N-Body Simulations [J]. Astrophysical Journal, 2005, 631: 21–40.

[6] Brinchmann J. Stellar populations: planning for the next decade. Ed. Bruzual & Charlot. Cambridge: Cambridge Univ. Press, 2009: in press.

[7] Buzzoni A. Evolutionary population synthesis in stellar systems. I - A global approach [J]. Astrophysical Journal Supplement Series, 1989, 71: 817–869.

[8] Marigo P, Girardi L, Bressan A, et al. Evolution of asymptotic giant branch stars [J]. Astronomy & Astrophysics, 2008, 482: 883–905.

[9] Maraston C. Evolutionary population synthesis: Models, analysis of the ingredients and application to high-z galaxies [J]. Monthly Notices of the Royal Astronomical Society, 2005, 362: 799–825.

[10] Zhang F, Han Z, Li L, Hurley J. Colour indices of single stellar populations [J]. Monthly Notices of the Royal Astronomical Society, 2002, 334: 883–904.

[11] Han Z, Podsiadlowski Ph, Maxted P F L, et al. The origin of subdwarf B stars-I [J]. Monthly Notices of the Royal Astronomical Society, 2002, 336: 449–446.

[12] Han Z, Podsiadlowski Ph, Maxted P F L, Marsh T R. The origin of subdwarf B stars-II [J]. Monthly Notices of the Royal Astronomical Society, 2003, 341: 669–691.

[13] Zhang F, Han Z, Li L, Hurley J. Integrated spectral energy distributions and absorption-feature indices of single stellar populations [J]. Monthly Notices of the Royal Astronomical Society, 2004, 350: 710–724.

[14] Thomas D, Maraston C. The impact of α/Fe enhanced stellar evolutionary tracks on the ages of elliptical galaxies [J]. Astronomy & Astrophysics, 2003, 401: 429–432.

[15] Tantalo R, Chiosi C, Piovan L. New response functions for absorption line indices from high-resolution spectra [J]. Astronomy & Astrophysics, 2007, 462: 481–494.

撰稿人：张奉辉[1]　孔　旭[2]
1 中国科学院云南天文台
2 中国科学技术大学

是否存在普适的恒星初始质量函数？

Is the Stellar Initial Mass Function (IMF) Universal?

初始质量函数(缩写为 IMF)是指单位质量的分子云在形成恒星时，质量不同的新形成的主序恒星相对数目的分布。大质量恒星主导着年轻星系的光度，也是α元素的主要制造者；中等质量的恒星主导着较年老星系的光度，是铁峰元素的主要制造者；而宇宙中绝大多数重子物质存在于小质量恒星中。因此，了解恒星形成时，不同质量恒星的相对数目，以及不同质量恒星相对数目随环境和时间的变化，对于研究星系的形成和演化、宇宙的光度演化和化学演化等方面重要。

通常，我们对某一天区的恒星进行测光观测，将得到不同视星等的恒星数目。如果我们知道这些恒星的距离，可将视星等转换成绝对星等，从而得到恒星的光度函数。根据恒星质-光比关系，将绝对星等转换为质量，光度函数也就转化为当前的质量函数(present-day mass function, PDMF)。根据恒星演化理论，不同质量的恒星寿命已知，可以由 PDMF 反演，得到恒星刚形成时，不同质量恒星数目的比例，即得到恒星的初始质量函数。

利用观测的场星光度函数和恒星演化理论给出的恒星寿命，Salpeter[1]于 1955 年首次研究、并给出了恒星初始质量函数的解析公式，他发现质量在 $0.3\sim 10\ M_\odot$ 的恒星数目分布可以很好的用幂律形式表示(称为 Salpeter 初始质量函数)：

$$\xi(m) = \frac{\mathrm{d}n}{\mathrm{d}m} = a\, m^{-\gamma},\quad \gamma = 2.35 \quad \text{or} \quad \xi_L(m) = \frac{\mathrm{d}(\log n)}{\mathrm{d}(\log m)} = A m^{-\Gamma},\quad \Gamma = 1.35$$

$$N = \int_{m_{\mathrm{low}}}^{m_{\mathrm{up}}} \xi(m)\mathrm{d}m,\ \text{其中式中}\ m_{\mathrm{up}}, m_{\mathrm{low}}\ \text{分别表示新形成恒星的质量上、下限}$$

1979 年，Miller 和 Scalo[2]发现某些星团中，质量小于 $1M_\odot$ 的恒星数目少，给出了更平的初始质量函数($\Gamma = 0.4$)。在分析更多、更好测量数据的基础上，Scalo[3]于 1988 年发现，单一幂律形式的初始质量函数不能很好地表示所有质量范围的恒星分布，分段的、对数形式的初始质量函数能够更好的表征恒星初始质量函数的分布。图 1 中画出了一些被较为广泛使用，对应与不同环境(场星、星团星等)的初始质量函数形式，它们主要是区别在于不同质量处初始质量函数的幂律指数有差异[1~8]。

正确的确定恒星初始质量函数依赖与我们对恒星演化的理解、恒星距离的测量、不同类型恒星的质光关系和恒星计数的完备程度。初始质量函数的基本参数包括形成恒星的质量上限(m_{up})、下限(m_{low})和形状(γ 或者 Γ)。

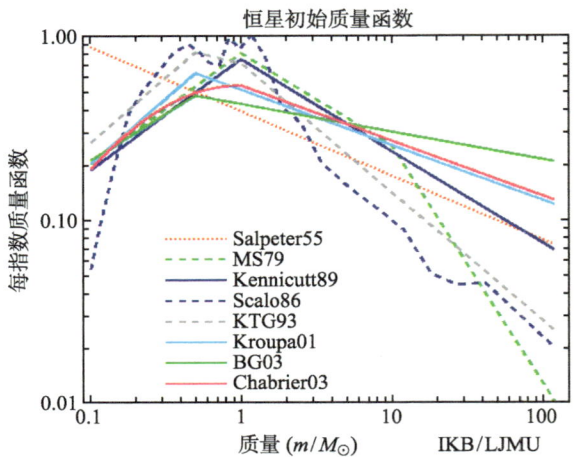

图 1 不同形式的恒星初始质量函数比较,图中不同线型表示不同工作结果[1~8]。

通过对银河系不同区域恒星计数的研究,发现不同区域的恒星初始质量函数尽管有所不同,但是基本趋势相似:大质量恒星比例少,很小质量恒星比例也不大,质量约 $0.5M_\odot$ 恒星比例最大。但是对一些恒星形成剧烈的区域、亮红外星系和高红移星系的研究,发现它们的初始质量函数似乎与银河系恒星计数得到的初始质量函数又差别较大。是否存在一个普适的初始质量函数,答案现在还不清楚。相关的问题包括:

(1) 通过对太阳附近恒星计数观测得到的初始质量函数,是否适合银河系其他区域?如银河系的晕、核球区域和银心?星族 I 和星族 II 恒星的初始质量函数有何区别?

(2) 初始质量函数是否存在质量上、下限?如果存在,它们的大小分别是多少?不可分辨双星、星团中恒星分布的分层效应对它们有何影响?

(3) 初始质量函数的形状、质量上、下限是否系统的随金属丰度、星系形态、星系质量、星系环境等变化而改变?如张伟等[9]利用沃尔夫-拉叶星系样本,研究发现不同金属丰度环境下,初始质量函数的形状不同,这种关系是否普适?

(4) 哪些物理过程决定了初始质量函数的形状和变化?引力破碎、湍流导致的星云破碎,还是磁场导致了星云的破碎,形成了不同质量的恒星?

(5) 形成于宇宙早期的、金属丰度极低环境下的星族 III 恒星,它们的初始质量函数形态怎样?通过什么手段,在何处我们可以发现、得到这些恒星的观测特征?它们的质量上限是否一定远大于 $100M_\odot$?

(6) 低光度、低面亮度星系的初始质量函数更陡(bottom-heavy,大质量恒星少),而形成于宇宙早期的高红移星系的初始质量函数形式更平(top-heavy,大质量恒星多)[10]。导致这种变化的是物理原因是什么?

(7) 对于河外星系，特别是研究高红移星系，从观测上，如何限制和约束初始质量函数的特征？星系颜色，质光比，还是某些光谱特征线对初始质量函数敏感？

参 考 文 献

[1] Salpeter E E. The luminosity function and stellar evolution. Astrophys. J., 1955, 121: 161−167.
[2] Miller G E, Scalo J M. The initial mass function and stellar birthrate in the solar neighborhood. Astrophys. J. Supp, 1979, 41:513−547.
[3] Scalo J M. The stellar initial mass function. Fundamentals of Cosmic Physics, 1986, 11: 1−278.
[4] Kennicutt R C. The rate of star formation in normal disk galaxies. Astrophys. J., 1983, 272: 54−67.
[5] Kroupa P, Tout C A, Gilmore G. The distribution of low-mass stars in the Galactic disc. Mon. Not. R. Astron. Soc, 1993, 262: 545−587.
[6] Kroupa P. On the variation of the initial mass function. Mon. Not. R. Astron. Soc, 2001, 322:231−246.
[7] Baldry I K, Glazebrook K. Constraints on a universal stellar initial mass function from ultraviolet to near-infrared galaxy luminosity densities. Astrophys. J., 2003, 593:258−271.
[8] Chabrier G. Galactic stellar and substellar initial mass function. PASP, 2003, 115:763−795.
[9] Zhang W, Kong X, Li C, et al. Wolf-Rayet galaxies in the SDSS: The metallicity dependence of the IMF. Astrophys. J, 2007, 655:851−862.
[10] Wilkins S M, Hopkins A M, Trentham N, et al. Extragalactic constraints on the initial mass function. Mon. Not. R. Astron. Soc, 2008, 391, 363−368.

撰稿人：孔　旭
中国科学技术大学

认识尘埃遮蔽星系的真貌

Understanding Dust-Obscured Galaxies

宇宙辐射背景(亦称河外辐射背景)是我们接收到的扣除银河系自身辐射影响，来自宇宙所有红移的星系(包括活动星系核)辐射的叠加，其能谱分布主要由积分能量相当的宇宙光学近红外背景和远红外背景两部分组成，如图1所示。借助哈勃空间望远镜等光学波段高分辨率高灵敏度的探测设备，已经可以将贡献宇宙光学辐射背景的天体分辨出来。然而，受当前红外观测设备的灵敏度和分辨率的限制，贡献宇宙远红外辐射背景的源尚未被完全分辨出来，在远红外和亚毫米波段尤其受限。Spitzer观测揭示有约75%左右的宇宙远红外辐射背景是由24μm探测到的红移$z\sim2$以下的星暴星系贡献的[1, 2]。

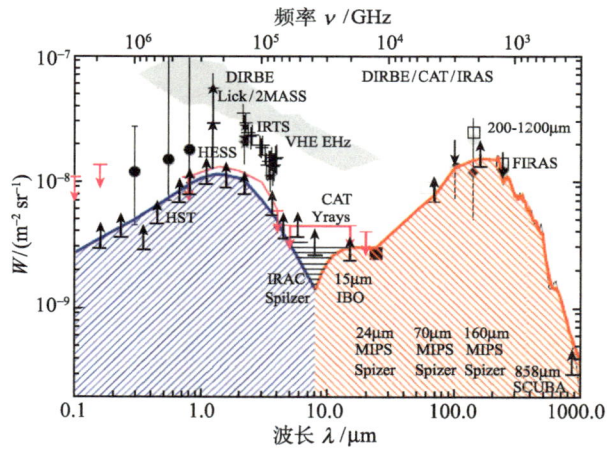

图1 宇宙辐射背景。蓝色代表的宇宙光学近红外背景，红色代表宇宙远红外背景[2]。

星系的远红外、亚毫米波辐射主要是由尘埃吸收恒星紫外光学辐射再转移辐射贡献的。理解尘埃物理及尘埃消光对观测上确定星系多方面物理参数的影响是全面理解星系形成和演化不可或缺的。同时，理解星系尘埃辐射能谱分布从而精确分辨各个波段宇宙辐射背景中不同红移不同类型星系的贡献组成，无疑有助于构建星系形成与演化的完整图像，以及发现可能存在的尚未被观测过的未知天体。尘埃物理研究中涉及诸多难题，如尘埃如何产生和演化？不同星际介质中的尘埃的化学组成、形状、颗粒尺度分布、辐射转移等特征有何不同？等。在星系尺度上，尘埃消光的规律是什么？尘埃远红外辐射的能谱分布和特征发射(或吸收)有何规律可循？与星系物理参数的依赖关系是什么？对近邻星系尘埃物理的认识是否对高红移星系同样适用？

星系中尘埃对星光的消光(吸收和散射)随辐射波长的增加而减小的变化关系由尘埃性状、几何分布等因素决定，依赖于星系的化学丰度和恒星形成历史等参数。银河系与大、小麦哲伦云的消光曲线互有差别，与近邻星暴星系的消光曲线也不一致[3]。这一不确定性使得研究未知星系的紫外、光学本征特征时不得不求助于一些假设和经验的方法，并局限于尘埃消光不严重的情形。另一方面，尘埃吸收紫外光子能量，再转移到远红外波段再辐射。通过尘埃红外辐射，我们可以知道尘埃消光的影响，从而测定星系本征的紫外光度，进而准确地估计恒星形成率等物理参数。

星系中尘埃连续谱辐射的能谱分布主要取决于尘埃温度，也受尘埃特性、加热尘埃的能源(辐射场强度和硬度，或激波)、不透明度等因素的影响[4]。图 2 展示不同类型星系从紫外到毫米波的能谱分布，其连续谱与黑体谱差异明显，由多种尘埃成分贡献组成。星系弥散介质中的尘埃受源自小质量恒星的星际辐射场加热，温度较低(10~30K)，贡献的红外光度远小于星系恒星光度。而有恒星形成的星系中，在致密气体云中诞生的年轻星产生的大量紫外紫外光子被周围尘埃吸收而产生较高温度(30~100K)的热辐射。统计上来说，近邻宇宙中有恒星活动的星系红外光度和尘埃温度间存在相关关系：主导远红外辐射的尘埃典型温度随总红外光度增加而升高，其红外连续谱分布的峰值向短波方向移动[5]。如果星系中心有活动星系核(AGN)，其辐射场有更高比例的紫外电离光子，可以将核区附近小尘埃颗粒加热到更高温度(大颗粒较易被高能电离光子离解)，显著增加中红外波段 5~50μm 的辐射。受当前远红外观测设备空间分辨率的限制，如何分辨活动星系核与恒星形成活动对红外辐射的贡献仍是一难题，需要更多的努力来深入了解恒星加热的和 AGN 加热的尘埃能谱分布特征的异同。这无疑对研究被尘埃严重遮蔽的、硬 X 射线窗口也无法探测到的黑洞吸积活动有重要意义。

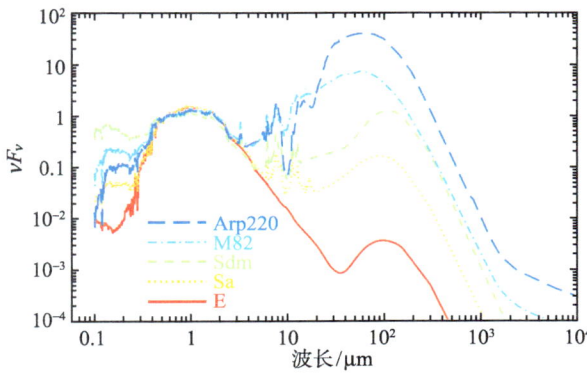

图 2 不同类型星系的紫外–毫米波能谱分布，归一到光学 V 波段[6]。

星暴星系的红外光度是与其恒星形成率紧密相关的。星暴星系中红外光度占总光度的一半以上，在极高红外星系这样的极端星暴星系中远红外光度占到总光度的绝大部分。另外，尘埃多环芳香烃(PAH)在中红外的特征发射线也被认为主要是被年轻星加热激发的，常被用作恒星形成率的示踪参量。 星系远红外光度与射电光度在 5 个量级范围内紧密相关。远红外光度与年轻恒星加热尘埃过程有关，而射电光度与星系中宇宙线的传播有关。它们是两个不同的过程，如何产生好几个量级范围的紧密相关，其背后的物理机制仍然未被完全理解。

远红外、亚毫米波观测已经成为探测近邻和遥远星系中恒星形成的不可缺少的手段。红移 2~4 是宇宙中恒星形成最活跃的时期，是大质量星系形成时期。观测上已经发现高红移星系多为大规模星暴星系。由于尘埃消光影响，这些高红移星暴星系绝大部分的能量集中在远红外、亚毫米波段，能谱峰值在静止波长 100μm 左右。现在对星系远红外能谱的认识主要是基于近邻星系。相应的相关关系和规律是否适用于高红移星暴星系、是否存在演化，有待观测上的检验。 由于"负 K 改正"效应，这类天体的亚毫米波段观测辐射流量随红移变化不大，因而在该窗口进行大规模巡天可以有效地证认出大批高红移亚毫米波星系。远红外、亚毫米波段已经成为研究高红移宇宙越来越重要的窗口。 已经开始科学观测的 Herschel 红外空间望远镜、计划中的 CCAT、中国南极冰穹 A 太赫兹望远镜都工作在这个窗口，将可以提供从中红外到毫米波很宽范围的观测能力，从而对近邻和遥远星系有更全面的认识。

参 考 文 献

[1] Hauser M G, Dwek E. The cosmic infrared background: Measurements and implications. Annual Review of Astronomy and Astrophysics, 2001, 39:249–307.
[2] Dole H, Lagache G, Puget J L, et al. The cosmic infrared background resolved by spitzer: Contributions of mid-infrared galaxies to the far-infrared background. Astronomy & Astrophysics, 2006, 451(2): 417–429.
[3] Calzetti D, Armus L, Bohlin R C, et al. The dust content and opacity of actively star-forming galaxies. The Astrophysical Journal, 2000, 533(2): 682–695.
[4] Dale D A, Helou G. The infrared spectral energy distribution of normal star-forming galaxies: Calibration at far-infrared and submillimeter wavelengths. The Astrophysical Journal, 2002, 571(1): 159–168.
[5] Chapman S C, Helou Go, Lewis G, Dale D A. The bivariate luminosity-color distribution of IRAS galaxies and implications for the high-redshift universe. The Astrophysical Journal. 2003, 588(1): 186–198.
[6] Polletta M, Tajer M, Maraschi L, et al. Spectral energy distributions of hard X-ray selected active galactic nuclei in the XMM-Newton medium deep survey. The Astrophysical Journal, 2007, 663(1): 81–102.

撰稿人：郑宪忠

中国科学院紫金山天文台

星系际介质对星系形成的影响

The Impact of IGM on the Formation of Galaxies

探索宇宙奥秘，认识各类天体现象，寻求其起源，一直是人类最为神圣的梦想之一，也是天文学家毕生努力的动力源泉。在当前冷暗物质标准宇宙学框架下的星系形成图像为：暗物质分布在宇宙早期有微小的扰动，在引力不稳定作用下"自下而上"等级成团，形成不同质量的暗晕。而重子物质(气体)在和辐射脱耦以后，其扰动逐步跟上暗物质的扰动。气体会在暗晕中凝聚、下落，在此过程中会形成激波并将气体加热，被加热的气体经过辐射而冷却，密度高的地方会积聚中性氢，其核心部分继续冷却而形成分子氢，分子氢云坍缩而形成恒星；最后形成星系。然而这一图像背后有一个基本问题没有被解答：理论上的暗晕质量函数(数密度)在小质量端正比于 M^{-2}，而观测给出的星系光度函数或恒星质量函数在小质量端正比于 M^{-1}。是什么样的过程迫使了小质量暗晕中星系形成的快速遏制呢？另外除了这些恒星成分外，宇宙中的其他重子物质(冷气体、热气体)又是在哪里分布的呢？

根据对星系光度函数以及中性氢质量函数的测量，人们发现以恒星形态以及冷气体云(盘)存在的重子物质只占其中的 10%；而其他 90%的重子物质是以弥散的星系际介质(IGM)存在的。在正常情况下，随着宇宙的膨胀，在重子物质和辐射脱耦(红移 $z\sim1000$)以后，重子物质逐步冷却，将呈中性态(以中性氢为主)。中性氢会吸收 Lyα光子(波长 1216Å；对应于氢原子第一到第二能级的差异)，于是我们应当在类星体的光谱中看到这一吸收坑，这就是著名的 Gunn-Peterson 效应。而实际观测表明红移 $z<5$ 的几乎所有的弥散氢(星系际介质)都处于电离态。因此在此之前必然有一个宇宙再电离的过程(WMAP 研究推测宇宙发生第一次再电离的时间约为红移 $z\sim11$ 处)。天文学家研究了多种再电离的机制，主要分为两大类[1]：

(1) 辐射电离源：OB 恒星的紫外光子；类星体和活动星系核的辐射。
(2) 碰撞电离源：超新星爆炸的激波加热以及引力坍缩的激波加热等。

这些电离机制显然是和星系的形成密切相关的：气体是星系形成的燃料来源；星系的形成又加热和电离了气体。

下面我们较为定量化地讨论一下解决小质量星系形成问题的可能机制,以及这些机制对星系际介质的制约关系[2]。

首先，我们忽略星系形成过程中所有加热、电离气体的过程。简单地假设暗晕中的气体在冷却过程中保持本征角动量不变，气体冷却形成离心力支持的气体盘。由于在小质量暗晕中气体冷却非常有效，因此暗晕中几乎所有的重子物质都可以冷却。我们可以通过 Toomre 稳定性判据来估计冷气体盘的大小，多余的气体就形成恒星。考虑冷气体中有分子氢和中性氢，还有氦的贡献后，我们可以同时估计星系的质量函数，中性氢的质量函数。对应的结果如图 1 中标为 standard 的实线。显然这一模型预言的星系和中性氢质量函数小质量端和暗晕质量函数的小质量端行为一致：M^2，和观测(虚线、数据点等)完全不符。可能的解决方案有哪些呢？

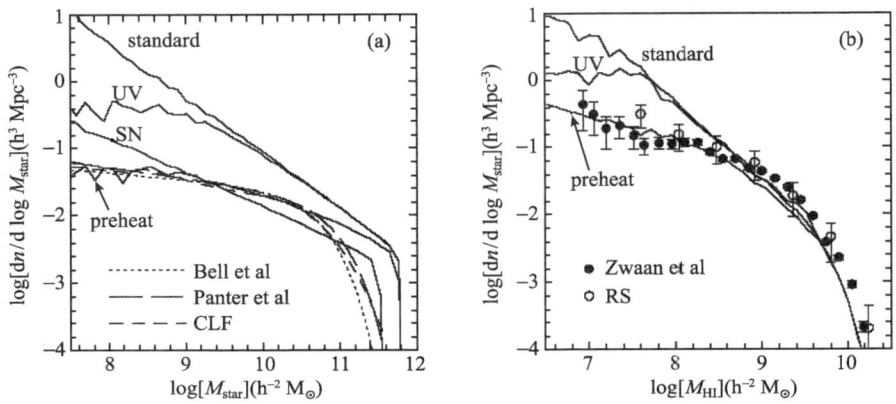

图 1 星系质量函数(左图)和中性氢质量函数(右图)：观测测量(虚线、点划线)和各种模型预言(实线)对比。

(1) 超新星反馈

首先我们知道星系形成的过程中，大质量恒星会很快地演化，最终会有超新星的爆炸，他们将加热暗晕中的冷气体。当然加热有两种状态：将冷气体温度加热到暗晕的位力温度；或者将气体吹出暗晕。受此反馈影响，冷却形成恒星的气体减少了，即星系的形成受到了遏制。但理论估算和数值模拟研究都表明：要产生符合观测的遏制程度，几乎是不可能的。另外，由于只有多于冷气体盘稳定态的气体才能形成恒星，因此这一后天反馈无法改变冷气体的分布行为。因此不改变小质量中性氢云的预言。一句话：由于小质量暗晕中气体冷却的有效性，以及稳定冷气体盘的存在，在邻近宇宙中所有后天由恒星形成产生的反馈不会影响小质量中性氢云的质量函数。

(2) 星系际介质的电离态和预加热机制

好在我们知道星系际介质是以电离态存在的——它们是被预加热过的，也就是说气体在被暗晕俘获之前是热的！如果气体的运动速度大于暗晕的位力速度，就不能被暗晕束缚。因此在小质量暗晕中，星系际气体不能被吸积形成有效的冷却，进而形成冷气体盘、形成星系。显然这样一种过程：影响进入暗晕的气体的多寡，可以同时影响小质量的星系和冷气体云的数目。于是解决小质量星系形成的问题就和星系际介质的研究直接挂钩了：有哪些过程参与了电离星系际介质？星系际介质被加热到什么温度？

首先第一代恒星的形成可以产生足够的紫外背景光子，电离星系际介质，达到约 20000K 的温度。根据估算，这一温度只能阻止在非常小的暗晕中气体的下落，整体效果如图 1 中标为 UV 的实线。那么有没有其他更有效的机制能将星系际介质加热到更高的温度，使得星系的形成在更大质量的尺度上被遏制呢？非常可能的一种机制是：暗晕所处大尺度结构的坍缩：如形成薄饼、纤维结构时候的激波加热；它们可以将星系际介质加热到 $10^5 \sim 10^6$K。通过热气体的冷却时标和 Hubble 时标的对比，我们知道加热到这种温度的弥散气体在红移 $z<2$ 的时候就不易冷却了。这一机制能同时解决小质量星系和气体云的质量函数问题，如图 1 中标为 preheat 的实线。当然这一模型有待数值模拟和观测的进一步检验。

总而言之，作为小质量星系的形成之源，不同红移处星系际介质的热温度极大地影响了小质量暗晕中的星系形成。而星系际介质的状态和星系形成理论的建立和完善将是一对相辅相成的研究课题。

最后需要指出的是，在这里我们主要讨论了小质量星系的形成所面临的主要困难，而没有讨论大质量星系形成问题。而大质量星系的形成和演化则主要受各种物质转移和后天反馈的影响：如气体转移、星系并合、活动星系核反馈等。

参 考 文 献

[1] Padmanabhan T. Theoretical astrophysics. volume III: Galaxies and cosmology. Cambridge University Press, 2001.
[2] Mo H J, et al. Pre-heating by pre-virialization and its impact on galaxy formation. Monthly Notices of the Royal Astronomical Society, 2005, 363: 1155–1166.

撰稿人：杨小虎
中国科学院上海天文台

星系际介质的金属丰度和化学演化

Elemental Abundance and Chemical Evolution of the Intra-Galactic Medium(IGM)

观测和理论研究表明，普通物质(baryon)仅占宇宙总质量密度的4.6%。其中不到10%的物质在致密天体中，包括恒星，星系，星系团(群)等。其余90%的物质以不同的状态存在于宇宙星系际介质(IGM)中[1]。星系际介质的性质与宇宙大尺度结构，星系的形成和演化，重子物质反馈过程(feedback)等有紧密的联系。在过去的10年中，随着空间紫外和地面高分辨率观测仪器的出现，计算机数值模拟的进展，星系际介质的研究已经取得了很大的进展。现在已经可以对星系际介质中的重子物质的性质进行细致和全面的测量。例如，天文学家可以测定不同红移处星系际介质的温度，金属丰度，运动学，辐射场特性等，以及这些量随时间的演化，它们的空间尺度以及密度分布。

1. 测量什么？意义是什么？

由于化学元素在一代又一代的恒星演化中合成，元素丰度随时间的变化反映了宇宙的恒星形成和演化历史。对于星系际介质而言，测量它们的金属丰度不仅有助于了解星系的形成速率，而且可以进一步了解星系中形成的恒星质量。例如，原初气体的坍缩可能导致第一代大质量恒星(POPIII)的形成，而这类恒星的遗迹(金属丰度)可能在星系际介质中被发现。元素丰度的增丰历史又反映了星系中的恒星形成历史，这为研究星系之间以及星系和周围环境之间的相互作用(如反馈等)提供了最好的实验室。恒星形成的反馈过程是星系形成理论的关键因素。理论研究已经表明不包含反馈过程的星系形成模型将预言过高的恒星形成效率，与观测完全不符[2]。大质量恒星产生的星风和超新星爆发将以外流的形式把重子物质抛向星际空间，因此通过测量星系际介质的金属丰度分布可以详细研究这些星风过程，进一步了解星系的形成和演化过程。星系际介质金属丰度的演化可以对宇宙恒星形成历史(SFH)提供重要的约束。尤其是在较高红移处，SFH的直接测量比较困难。星系际介质的化学成分不仅包含了大部分的宇宙重子物质，而且充满了几乎整个宇宙，对它们的精确测量也与宇宙学的许多重要性质有关。

2. 如何研究星系际介质(测量金属丰度)？

随着大型地面望远镜的出现(如Keck，VLT，Subaru等)，天文学家现在已经可以用类似于测量银河系星际介质丰度的方法去观测和研究高红移星系际介质中的化学成分。具体来说就是：

(1) 利用大口径望远镜(4~10m级)，高分辨率光谱观测($R>30000$)测量星系际介质产生的吸收线。这要求有亮的背景源。不同红移处的类星体(以及长暴γ射线暴的余辉)是最合适的背景源。当我们利用望远镜观测类星体光谱时，视线方向上的插入天体(星系际气体云，或星系)会在类星体连续谱上产生大量的吸收线(如图1所示)。这些吸收线有些产生于星系际气体云，有些产生于不同类型的高红移星系。

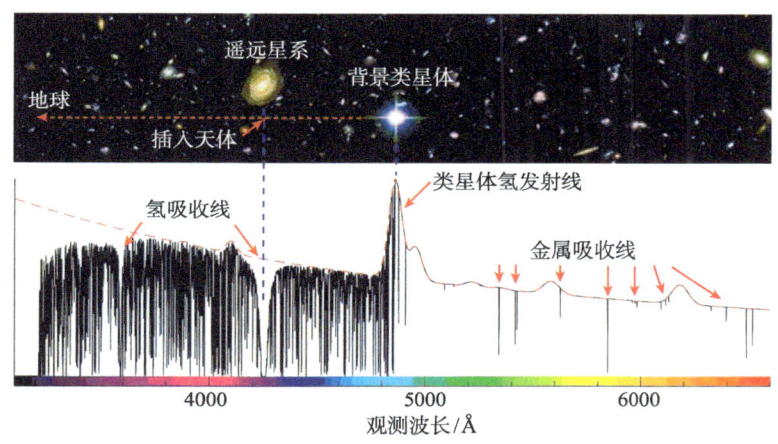

图1 类星体吸收线光谱。图片来自：http://www.physics.louisville.edu/meiring/images/。

(2) 测量吸收体的紫外辐射光谱。对于红移为3附近的吸收体，地面上观测到的谱线正好在光学到近红外波段。选择尽可能容易观测到的谱线。如 CII, CIII, CIV, SiII, SiIII, SiIV, OI, OVI, MgII, ZnII, FeII 等。同时需要测量不同视线方向和不同红移处的尽可能多的吸收线系统，进行统计研究。

(3) 理论上可以利用流体动力学数值模拟来检验和解释星系际介质的观测结果。

3. 通过测量星系际介质元素丰度，我们知道了什么？

根据测量到的中性氢(HI)柱密度，星系际介质吸收云可以分为两大类：(1)拉曼α森林(Lyman α forest)：N(HI)= 10^{12}~$10^{17.2}$ cm^{-2}；这些氢吸收线主要产生于宇宙中的星系际介质(IGM)；观测表明，在高红移处，IGM 的金属丰度基本上在大约1/300~1/10 太阳丰度之间[3]。(2)拉曼限系统(LLS：Lyman Limit Systems)：N(HI)$>1.6\times10^{17}$ cm^{-2}；其中 LLS 又可以细分为两类：(a)亚阻尼拉曼α吸收线系统(sub-DLAs)：$10^{19} < N$(HI)$ < 2\times10^{20}$ cm^{-2}；(b): 阻尼拉曼α吸收线系统(DLAs)：N(HI)$\geqslant 2\times10^{20}$ cm^{-2}。从这里可见，sub-DLA 和 DLA 系统是宇宙中中性氢柱密度最高的

天体，它们一般都与高红移处的各类星系有关。在观测宇宙学上，DLAs 的一个最为重要的贡献就是它们提供了研究星系和星系际介质早期演化阶段恒星形成和化学丰度增丰历史的极佳途经。

4. 需要研究的一些问题

星系际介质的主要特征是低气体密度和低金属丰度。而且金属丰度的观测需要背景源，如类星体。这使得测量和研究它们的性质十分困难。例如需要大口径望远镜，从紫外到红外的高分辨率光谱仪。对星系际介质的研究仍然存在着许多悬而未决的问题。例如：

(1) 一般认为大质量恒星产生的超新星是星系际介质金属丰度的主要来源。那么 IGM 什么时候被金属污染？这一问题与第一代恒星的形成有密切的关系。

(2) 极端贫金属吸收线系统中的重元素丰度来自于第一代恒星的超新星爆发，那么第一代恒星的质量究竟是多少？通过分析这类吸收线系统中重元素丰度比(如 Si/C)可以有效估计第一代恒星质量限。

(3) 什么类型的天体(星系)对星系际介质的金属丰度有贡献？金属丰度的分布遍布整个星系际介质，问题是：早期星系产生的金属可以被超新星或者星风送到多远的地方？

(4) 观测到的金属丰度能否用正常的初始质量函数(如 Salpeter)来解释？

(5) 高柱密度的吸收线系统(sub-DLAs 和 DLAs)对应什么类型的星系？它们与现今星系之间有什么演化关系？

(6) 星系际介质中观测到的金属可以贡献多少所谓的"缺失"金属质量(missing metal problem)？

参 考 文 献

[1] Fukugita M, Peebles P J E. The cosmic energy inventory, Astrophysical Journal, 2004, 616: 643-668.

[2] Efstathiou G. A model of supernova feedback in galaxy formation, Monthly Notice of the Royal Astronomical Society, 2000, 317: 697-719.

[3] Pettini M. Chemical elements at high and low redshifts. Fabulous Destiny of Galaxies: Bridging Past and Present, 2006. Proceedings of the Vth Marseille International Cosmology conference, June 20-24, 2005, Marseille, France. Edited by V. LeBrun, A. Mazure, S. Arnouts and D. Burgarella. ISBN 2914601190. Paris: Frontier Group, 2006, 319-334.

撰稿人：侯金良

中国科学院上海天文台

星系的金属丰度

Metallicities of Galaxies

星系的金属丰度是表征星系特征的重要参量,星系中恒星及气体成分的化学元素丰度如化石一样记录着其形成和演化历史,也反映出目前的演化状态。有多种方法测量星系的金属丰度,但还存在着一定的不确定性,对于中等红移和高红移星系,不确定性更为突出,且样本很少。

1. 星系金属丰度的测量方法及不确定性

HII 区的光学发射线一直被用来研究有恒星正在形成的星系中气相的金属丰度,氧是最普遍采用的示踪元素,主要是由于它有较高的丰度及较强的光学发射线,通常以 $12+\log(O/H)$ 来表示。测量星系金属丰度的方法主要包括电子温度和经验的强线线比的方法。星系光学光谱中包含强的发射线,如 [OII]3727,Hγ4340,Hβ4861,[OIII]4959,5007,Hα6563,[NII]6548,6583,[SII]6717,6731,[NeIII]3869,[ArIII]7135 等,和弱线[OIII]4363,[OII]7320,7330 等。

电子温度方法为最直接最准确的方法,是通过估计星际气体中不同发射区的电子温度 T_e 进而估计离子丰度,再将不同能态的离子丰度相加得到总丰度。通常假定两个发射区,发射[OIII]的高电离区和[OII]的低电离区,电子温度分别为 $T_e([OIII])$ 和 $T_e([OII])$,相应离子丰度分别为 O^{++}/H^+ 和 O^+/H^+,高阶离子 O^{3+} 引起的修正非常小,可忽略不计。在贫金属环境下,光谱中有明显的高激发态极光谱线[OIII]4363,则可采用其与低激发态谱线[OIII]4959,5007 的比值来估计 $T_e([OIII])$,$T_e([OII])$进而由转换关系得到。而在较富金属环境下(如我们的银河系或大麦哲伦云),重元素的增加增强了制冷效果,温度降低,向高能级的碰撞激发减少,[OIII]4363 线很少能被探测到了。

富金属环境下常用的为强线线比的方法,最普遍采用的是 R_{23}(=([OII] 3727 + [OIII]4959,5007)/Hβ),为发射线流量之比。许多工作由光致电离模型或观测资料对 R_{23} 定标方法进行了研究,获得了多个解析表达式。但由不同定标关系得出的金属丰度值的差别可达 0.7dex。Kewley & Ellison[1]曾试图对 10 个定标公式之间进行修正,但所得的丰度值仍取决于选定哪个作为"标准"。R_{23} 方法的一个明显特点(或者"缺点")是"双值"[2],即一个 R_{23} 值对应于贫金属和富金属分支的两个氧丰度值,中间部分为转折区($12+\log(O/H) \approx 8.4$)。另一常用的为"P 方法",即又引入一个参量 $P(=R_3/R_{23}, R_3=[OIII]4959,5007/Hβ)$。还有研究尝试采用等值宽度的 R_{23} 值,原因是无法对目标谱进行流量定标，但由于[OII]和[OIII]附近的连续谱不尽相同，造成丰度的误差可达 0.2~0.3dex。

当 T_e 和 R_{23} 均无法测得时，其他一些对金属丰度敏感的强线比值也可用来估计星系的金属丰度，如 [NII]6583/Hα 和[NII]6583/[OII]3727，其他一些线比可参看文献[3]，[4]，其中给出了由大样本观测资料[3]及光致电离模型计算[4]所得到的定标关系。尘埃消光对估计星系金属丰度的影响很大，因为[OII]与其他谱线如[OIII]、Hβ、[NII]等相距较远，处于蓝端的谱线受尘埃消光影响更为明显。尘埃消光通常由巴尔末线比(Hα/Hβ)估计得到。比较由 T_e 和 R_{23} 获得的HII 区和星系的金属丰度得知，对较富金属环境，R_{23} 可能过高估计了金属丰度约 0.2~0.6 dex[5]，但光致电离模型的计算表明可能是电子温度的方法过低估计了星系的金属丰度[6]，这些问题需要更为深入的研究。

虽然存在着这些不确定性，由电子温度和强线线比估计近邻大样本低红移星系的金属丰度已取得了长足进展，对于更为遥远的、暗弱的中等红移(0.4<z<1)和高红移(z>1)星系来说不确定性更为突出。电子温度的方法基本上已不可用。即使有 8 米(VLT)、10 米(Keck)级的大口径望远镜，目前观测获得了其金属丰度值的中等红移和高红移星系也仅分别为上千个和几十个，与近邻星系的上万个相比要少得多。但这对于理解星系金属丰度随红移的演化已有重要意义。对于中等红移星系，估计其金属丰度常采用 R_{23} 方法，但消光估计有一定困难。此时较强的 Hα 已红移到近红外，由光学光谱只能采用 Hβ/Hγ 估计星系的消光，但由于 Hγ 很弱且受恒星吸收影响严重而造成较大的不确定性。所以一些工作对其样本采取 A_V=1 的常数消光，也有试图将近红外与光学光谱相连接来获得 Hα/Hβ 比值及消光，这些均有很大的不确定性。对于 z~2.3 的高红移星系，其[OII]3727 到[SII]6731 的全部的强发射线均红移到了近红外，但也只有部分发射线可能避免被强的天光大气水吸收线和 OH 发射线所污染，而且目前大望远镜上的红外光谱仪还较少，也限制了这方面的研究。对高红移星系常采用[NII]/Hα 来估计其金属丰度[7]。

2. 星系的光度(质量)与金属丰度的关系随红移的演化

最初是发现一些不规则及蓝致密矮星系的动力学质量与金属丰度之间存在正相关。随后逐渐建立了不规则星系及旋涡星系的 M_B 与金属丰度 Z 之间的关系。还有一些工作研究了星暴核星系、UV 及发射线选的星系的 M_B-Z 关系。特别是目前的一些巡天项目，如 2dF,KISS,SDSS 等，提供了大样本近邻星系的光度-金属丰度关系及质量-金属丰度关系的观测资料，表明星等约在 10mag、质量约在 4 个量级、金属丰度约在 2dex 的范围内星系的光度(质量)和金属丰度之间存在着一定的相关关系，表现为，光度越大(质量越大)的星系一般具有更高的金属丰度。有多种解释尝试来探讨这种相关关系。

虽然中等红移星系和高红移星系的样本还比较少，但结果表明也存在着光度(质量)与金属丰度之间的相关关系，包括中等红移的亮红外星系及一些深场观测到的样本，如 CFRS、GDSS、GOODS-N,CDF-S 等[8, 9]，以及高红移的 LBGs 及 UV 选的样本等[7]。目前普遍认为，无论星系的光度(质量)-金属丰度关系的斜率是否随红移变化，肯定的是，中等红移及高红移星系的光度(质量)与金属丰度的关系明显偏离近邻星系的结果，在给定的光度(或质量)，其 log(O/H) 比近邻星系分别低约 0.4dex 和 0.7dex[8]。在随后的演化过程中，它们将合成这些重要的金属成分。

随着越来越多的大口径望远镜及高效率探测设备的投入使用，如未来 30 米级的甚大望远镜，及我国自主设计的大天区面积多目标光纤光谱天文望远镜(LAMOST)，会大大提高我们的观测能力，获得越来越多的暗弱及遥远星系的观测资料，必定为深入理解星系的形成和演化，星系的金属丰度及光度(质量)-金属丰度关系，及其随红移的演化提供更为广阔的研究空间。

参 考 文 献

[1] Kewley L J, Ellison S L. Metallicity calibrations and the mass- metallicity relation for star-forming galaxies. Astrophysical Journal, 2008, 681: 1183–1204.

[2] McGaugh S S. H II region abundances - Model oxygen line ratios. 1991, Astrophysical Journal, 380: 140–150.

[3] Liang Y C, Yin S Y, Hammer F, et al. the oxygen abundance calibrations and N/O abundance ratios of ~40,000 SDSS star-forming galaxies. 2006, Astrophysical Journal, 652: 257–269.

[4] Kewley L J, Dopita M A. using strong lines to estimate abundances in extragalactic H II regions and starburst galaxies. 2002, Astrophysical Journal Supplement, 142: 35–52.

[5] Liang Y C, Hammer F, Yin S Y, et al. The direct oxygen abundances of metal-rich galaxies derived from electron temperature. 2007, Astronomy and Astrophysics, 473: 411–421.

[6] Stasinska G. Biases in abundance derivations for metal-rich nebulae. 2005, Astronomy and Astrophysics, 434: 507–520.

[7] Erb D K, Shapley A E, Pettini M S, et al. the mass-metallicity relation at z>~2. 2006, Astrophysical Journal, 644: 813–828.

[8] Rodrigues M, Hammer F, Flores H, et al. IMAGES IV: strong evolution of the oxygen abundance in gaseous phases of intermediate mass galaxies from z ~ 0.8. 2008, Astronomy and Astrophysics, 492: 371–388.

[9] Lamareille F, Brinchmann J, Contini T, et al. Physical properties of galaxies and their evolution in the VIMOS VLT Deep Survey. I. The evolution of the mass-metallicity relation up to z~0.9. 2009, Astronomy and Astrophysics, 495: 53–72.

撰稿人：梁艳春
中国科学院国家天文台

致密天体并合产生的引力波

Gravitational Wave from Coalescence of Compact Objects

引力作用是自然界四种基本相互作用(强、弱、电磁、引力)中最弱的，但它主宰着天体的运行和宇宙结构的变化。牛顿的万有引力定律在绝大多数情况下能够很好地描述天体的运行规律，但是在解释水星进动时受到了挑战。爱因斯坦的广义相对论把引力描述成时空的几何结构，不仅成功解释了水星进动、光线偏折、雷达波延迟等观测现象，还预言了引力波的存在。通俗地说，可以把时空想象成一张有弹性的薄膜，引力波可以理解成在薄膜上产生的振荡。引力波的存在与否是对广义相对论的又一次重大检验。Hulse 和 Taylor 于 1975 年发现双中子星系统 PSR 1913+16，长时间的观测间接证明了引力波辐射的存在，他们因此获得 1993 年诺贝尔物理学奖。

科学家相信引力波会对时空产生拉伸和挤压效应，并依据这一原理建造仪器来直接探测引力波。美国科学家建造了 LIGO 天文台(Laser Interferometer Gravitational-Wave Observatory)以探测 $1\sim10^4$ Hz 频率上的引力波；欧洲和美国的科学家正致力于设计 LISA (Laser Interferometer Space Antenna)空间探测器，探测 $10^{-5}\sim1$ Hz 频率上的引力波；澳大利亚射电天文学家正在开展 PPTA (Parkes Pulsar Timing Array)项目，利用射电脉冲星测时方法探测 $10^{-9}\sim10^{-6}$ Hz 频率上的引力波。目前，LIGO 和 PPTA 已经获得观测数据，但是还没有测到引力波信号。对引力波的探测将是未来科学的重大突破之一，它不仅是对广义相对论最有力的进一步检验，也将是人类了解黑洞物理、天体并合和宇宙极早期性质的新窗口。

电荷之间的相互作用会产生电磁波。类似地，天体之间的相互作用会辐射引力波。在弱引力情况下，引力波辐射极其微弱。超新星爆发和致密天体(包括白矮星、中子星和黑洞)的并合等剧烈事件产生可能观测的引力波。不同类型的致密天体在并合时辐射引力波的频率不同。对于恒星质量的中子星、黑洞并合，引力波的频率在 $1\sim10^4$ Hz，是 LIGO 的探测目标源；对于大质量黑洞($10^3\sim10^7$ 倍太阳质量)并合，引力波的频率在 $10^{-5}\sim1$ Hz，是 LISA 的探测目标源，LISA 还探测银河系内大量双白矮星系统形成的背景引力波；对于超大质量黑洞($10^7\sim10^{10}$ 倍太阳质量)并合，引力波的频率在 $10^{-9}\sim10^{-6}$ Hz，是脉冲星测时阵的探测目标源。另外，宇宙早期的剧烈过程也会产生引力波。各种引力波源和对应的探测实验的灵敏度如图 1 所示。

目前人们在理解致密天体并合所产生引力波时遇到一些难题。

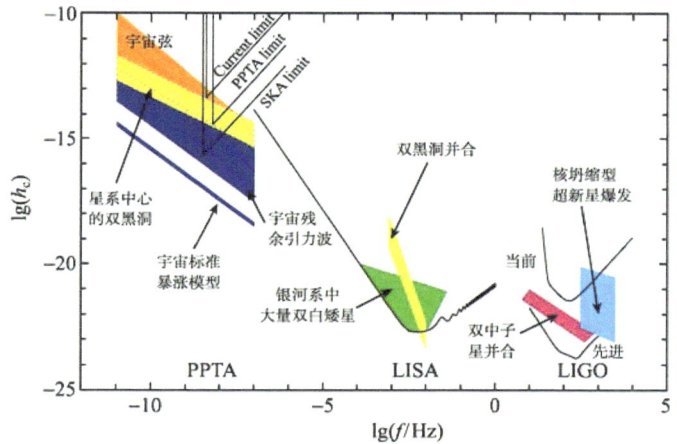

图 1　引力波探测器的灵敏度曲线(实线)和对应的引力波源(箭头所示)，纵轴 h_c 表示引力波幅度偏离 1 的大小 [1]。

(1) 引力波波形问题

怎样判断测量数据中存在引力波信号，这是数据处理的关键问题。匹配滤波是检测信号的一种常用方法，这种方法要预先了解引力波的波形，即引力波幅度、频率等参数随时间的变化模式。匹配滤波方法的要点是：先建立一个引力波波形的模型库，这个库包含所有可能参数下的情况，然后用观测数据与这个库中的每一个波形进行匹配相关，数据中如果存在引力波信号，得到最好相关性的引力波模版就是数据中的引力波信号。因此，求解引力波的波形是探测引力波的重要条件。而致密天体并合的以下三个阶段有不同的波形：① 回旋辐射阶段，此时双致密天体相距比较远；② 两个天体碰撞的阶段，直到双致密天体最终并合在一起；③ 致密天体并合后的振荡过程。在第 1、3 阶段，引力场变化比较缓慢，爱因斯坦引力场方程可以采用牛顿近似或者计算机数值方法来求解，目前对这两个阶段的引力波波形基本上是清楚的。在第 2 阶段，引力波的幅度达到最大，是最有可能被 LIGO 和 LISA 探测到的阶段，但是这个阶段的引力波波形还不够清楚。主要的困难是这个阶段的引力场变化非常剧烈，求解引力场方程不能采用牛顿近似。研究人员只能在计算机模拟的基础上建立引力波图像。尽管如此，计算机求解也是一件非常难的事情。近几年，有几个研究小组利用计算机数值方法得到了并合阶段的波形[2,3]，但是，这些结果只能给出几个轨道周期时标的引力波波形，仍然很难得到一个长时标的波形结果。随着计算机速度的提高以及数值计算方法的改进，引力波波形难题有可能会得到逐步解决。

(2) 超大质量黑洞并合难题

宇宙中存在千亿个星系。大部分星系中心存在超大质量黑洞(质量大于 10^6 倍太阳质量)。观测表明,星系之间的并合是宇宙中的普遍现象(1%~10%星系正在并合)。星系并合最终有可能导致中心黑洞并合,产生引力波辐射。从星系并合到中心超大质量黑洞并合是一个长时标过程,分成四个阶段:① 当星系并合后,星系中大量恒星会对黑洞产生阻力即动力学摩擦,黑洞损失能量并向并合后的星系中心下沉;② 周围恒星继续与每个黑洞发生动力学摩擦,同时双黑洞还与附近的恒星发生三体相互作用;③ 双黑洞已经变成束缚状态并进一步损失能量收缩绕转轨道;④ 双黑洞通过引力波辐射损失能量,最终并合。目前对第3个过程的物理机制还不清楚,双黑洞与周围恒星相互作用过程中似乎不能有效进入引力波辐射阶段[4],此时两个黑洞的相对距离还较远,引力波辐射很弱,无法使双黑洞演化到第4个阶段。如果没有一种机制使双黑洞损失能量进入强引力波辐射阶段,那么在 $10^{-9} \sim 10^{-7}$ Hz 频率上的引力波强度会很弱,并且宇宙中大量的星系中心存在不能并合的双黑洞。而从目前天文观测来看,具有双黑洞的星系非常少,表明很可能存在某种物理过程使超大质量黑洞有效并合,如气体动力学[5]、与再并合引入的黑洞发生三体相互作用[6]等。脉冲星测时阵(如 PPTA 以及未来的平方千米阵 SKA)对引力波的探测将可能判定宇宙中超大质量黑洞能否有效并合。因此,利用脉冲星阵测引力波,不仅对引力波的探测本身有重要意义,还对宇宙的结构和星系的演化研究有重要的影响。

参 考 文 献

[1] Hobbs G. Classical and Quantum Gravity, 2008, 25, 114032.
[2] Shibata M, Uryu K. Classical and Quantum Gravity, 2007, 24, 125–137.
[3] Etienne Z B, Faber J A, Liu Y T, Shapiro S L, Taniguchi K, Baumgarte T W. Physics Review D, 2008, 77, 084002.
[4] Yu, Q. Monthly Notices of the Royal Astronomical Society, 2002, 331, 935–958.
[5] Gould A, Rix H-W. Astrophysical Journal, 2000, 532, L29–32.
[6] Blaes O, Lee M H, Socrates A. Astrophysical Journal, 2002, 578, 775–786.

撰稿人:文中略
中国科学院国家天文台

10000个科学难题·天文学卷

活动星系核的统一模型

The Unified Model of Active Galactic Nuclei

1. 引言

1963年Schmidt利用Palomar天文台5m光学望远镜得到的3C273光谱，证认了氢的Balmer线并求出其红移为$z = 0.158$，在英国Nature杂志上发表，成为发现类星体的标志性事件，是20世纪60年代天文学的四大发现之一。至此，人们已经认识到类星体是星系处于特殊阶段，此时核区的超大质量黑洞处于吸积状态，辐射出大量能量，辐射光度高达$10^{37} \sim 10^{41}$焦耳/秒，本质上与活动星系核(active galactic nuclei，以下简称AGN)相同。AGN一直是天文学和天体物理学研究中的几个前沿课题之一。

AGN最显著的特征是小尺度(约0.1pc)、高光度(正常星系光度的一万倍以上)。对AGN的观测包括连续谱和线谱两方面。连续谱基本上包括了全部电磁波段，即射电、红外、光学、紫外、X射线。除BL Lac天体外，强的发射线是AGN的显著特征。AGN发射线的一个重要特征是同时出现很强的允许线、半允许线和禁线。宽线(几千千米)只有允许线和半禁线，窄线(几百千米)才出现禁线。这表明宽线和窄线形成于不同区域，分别称为宽线区和窄线区。常见的允许线如：Hα、Hβ等；常见的禁线如：[O III]、[N II]等。

AGN的结构和能源机制是人们最关心的两个问题。通过对多波段连续谱和发射线的研究，人们对AGN的结构已有些基本认识。一般认为AGN由超大质量黑洞、吸积盘、宽线区、窄线区、尘埃环和喷流构成。超大质量黑洞吸积周围物质释放引力能，作为能源机制已被普遍接受。既然AGN的中心能源都是来自超大质量黑洞的吸积，那么为什么观测上却表现出很多种不同的形态？由于AGN并非球对称结构，其主要的辐射源吸积盘和喷流没有球对称性，因此AGN的辐射是各向异性的，这就意味着观测者与AGN的相对取向可能在决定了AGN的观测形态。按照这一思路，天文学家开始思考能否将不同种类的AGN统一起来，逐步提出了"统一模型"。

2. Seyfert星系的研究与统一模型的建立

1943年，美国天文学家Carl K. Seyfert系统的研究了一类具有强发射线和明显星系核的星系，这类星系后来被命名为Seyfert星系。Seyfert星系的主要观测特征是：

(1) 光谱中有明显的发射线，包括允许线、禁线、半禁线。允许线有宽线也有窄线，禁线只有窄线。

(2) 寄主星系一般是漩涡星系，活动星系核十分明显。

1974 年，Khachikian 和 Weedman 将 Seyfert 星系分为 Seyfert 1 星系(S1)和 Seyfert 2 星系(S2)。S1 允许线宽度大于禁线宽度，在 2000 km/s 以上；S2 允许线宽度小于 2000 Km/s。

1978 年，Osterbrock 在研究 Seyfert 星系时指出：S2 光谱中未观测到宽发射线可能由于取向效应，屏蔽区遮挡了来自宽线区的辐射，提出了统一模型的雏形。同年，Blandford 和 Rees 认为当沿着射电轴(喷流)的方向观测射电亮的活动星系核时，就会观测的 blazar 现象，因此，blazar 天体实际上也是正常的射电亮的活动星系核。

NGC1068 是一个典型的 Seyfert 2 星系，然而 1985 年，Antonucci 和 Miller[1]在偏振观测中发现 NGC 1068 有 Hβ 的宽发射线(图 1)。合理的解释为 NGC1068 的核区结构与 S1 是一致的，也有宽线区，但由于视线方向上被某些物质所遮挡，不能直接观测到存在的宽线区。然而，一部分宽线光子可被自由电子散射(图 2)，通过偏振观测可以看到被散射的宽发射线，遮挡物通常被称为尘埃环。这就是 Seyfert 星系统一模型的基本思想。

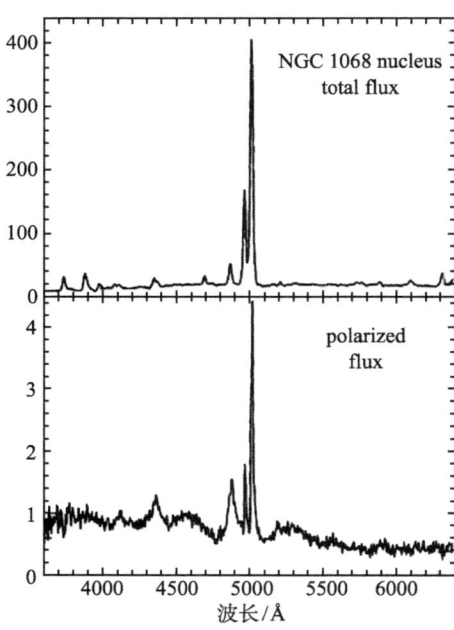

图 1　NGC1068 的光谱。上图是核的总流量，表现为 Seyfer 2 的谱；下图是偏振辐射流量，Balmer 线很宽，Fe 线混合，表现为 Seyfer 1 的谱[5]。

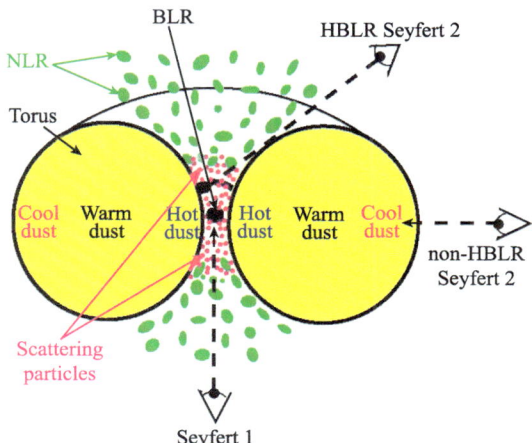

图 2 统一模型的基本思想。一部分宽线光子可被自由电子散射而被观测到(HBLR S2),但某些 S2 相对观测者的倾角很大散射光子无法到达观测者视线(non-HBLR S2)[4]。

Seyfert 星系的统一图像还可推广的其他类型的 AGN,由此得到活动星系核统一模型(图 3):

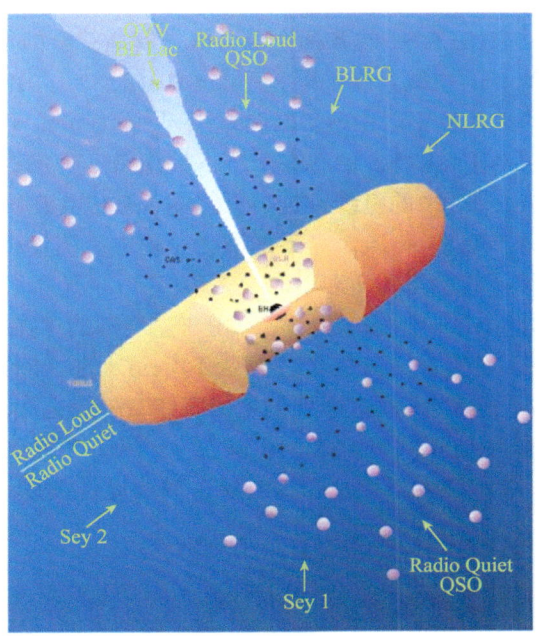

图 3 活动星系核统一模型的示意图。左上部分描述射电亮的活动星系核,右下部分描述射电宁静的活动星系核。可以看出随观测者的视角变化,AGN 表现为不同的类型[9]。

3. 统一模型的检验及存在的问题

统一模型提出后得到大量的观测证据的支持,主要有:偏振观测在许多 II 型 AGN 光谱中发现隐藏的宽线;成像观测在一些邻近 Seyfert 2 中发现高电离线发射锥等等。统一模型是成功的,但也面临一些问题和挑战。

尘埃环的几何结构是统一模型的关键问题之一,它决定了 S1、S2 的数目比。而强的统一模型假设尘埃环的形状(覆盖因子)是固定的,因此 S1、S2 的比例是不变的。然而 Chandra 和 HST(Hubble Space Telescope)的深巡天结果显示类型 II AGN 的比例 P_{II} 随 2~10 KeV X 射线光度的增大而减小[2]。这暗示尘埃环的几何随中心光度有演化。

统一模型认为 S2 是有隐藏宽线区的,简记为 HBLR S2(hidden broad-line region Seyfert 2)。是否所有 S2 都有隐藏宽线区一直存在争议。自 1985 以来,人们进行了一系偏振观测,在证明一部分 S2 有隐藏宽线区的同时,总发现一部分 S2 的光谱中没有隐藏的宽发射线,它们被称作非隐藏宽线区的 S2(non-HBLR S2)。例如,Tran 在 2001 年的偏振巡天观测中只发现约 50%的 S2 是 HBLR S2。对此人们最初更愿意在统一模型内解释,认为这类 S2 相对观测者的倾角很大,以至于散射宽线光子的自由电子区(电子散射区)也被严重隐藏,因此散射光子无法到达观测者(图 2 中 non-HBLR S2 对观测者的倾角最大)。Tran[8]将 S1 和 non-HBLR S2、HBLR S2 做了比较,发现 S1 与 HBLR S2 的各种性质与统一模型符合的很好,即它们是同一类天体但相对于观测者的视线角度不同,而 non-HBLR S2 与 S1 的关系不符合统一模型的要求,其核的活动性要弱一些。因此,Tran[8]认为 non-HBLR S2 不能被包含在统一模型以内。non-HBLR S2 的存在对统一模型是一个挑战。是什么原因使观测者看不到 non-HBLR S2 中的宽线;这类天体能否被包含在统一模型以内,如果能,它处于什么位置?它在 Seyfert 星系的演化过程中扮演什么角色?这些问题的解决对发展和完善统一模型至关重要。

X 波段的观测也可用于检验统一模型。由于尘埃环的存在,S2 的中性氢柱密度应当显著高于 S1。观测中发现柱密度 $N_H \geq 10^{22} cm^{-2}$ 的 S2(称为 absorbed S2)占 96%[7]。然而,正如有的 S2 中没有看到偏振的宽线,观测也发现有一部分 S2 的柱密度 $N_H < 10^{22} cm^{-2}$(称为 unabsorbed S2),甚至 $N_H < 10^{21} cm^{-2}$[6]。统一模型要求的尘埃环在 unabsorbed S2 中似乎并不存在,这对统一模型也是挑战。

4. 统一模型的进一步发展

Wang 和 Zhang[10]系统地总结了现有 Seyfert 星系的子类,考虑了尘埃环倾角、演化效应及尘埃环内的气体和尘埃的比例等因素,将它们与 AGN 的演化联系起来,提出了"演化的统一模型"(图 4)。他们认为对 X 波段有吸收的 non-HBLR S2 是窄线 Seyfert 1(NLS1)的较大倾角对应体,它们因吸积率高而只有"较窄"的宽线区。对 X 波段没有吸收 non-HBLR S2 可能是 Seyfert 星系的演化末态，其吸积率过低而宽线区不能形成。X 波段的吸收与否还取决于气尘比，可能与尘埃环内的恒星形成历史有关，如 unabsorbed non-HBLR S2A 与 absorbed non-HBLR S2 以及 unabsorbed HBLR S2 与 absorbed HBLR S2 的关系是尘埃环的气尘比不同。

在"演化的统一模型"这一图像中，各子类不再相互独立，都是 AGN(Seyfert 星系)演化的某个阶段。可以看出，经典的统一模型只是统一了宽线 S1(BLS1s)和 absorbed HBLR S2s。在 AGN 的演化过程中，黑洞质量是一直增加的，而吸积率在 AGN 触发后很短的时间内达到最大(接近或超过 Eddington 吸积)，此时 AGN 处于 NLS1 阶段，然后逐渐减小，处于 BLS1 阶段。减小至千分之一 Eddington 吸积率时，宽线区将消失，称为 unabsorbed non-HBLR S2B(图 4)。由于尘埃环向吸积盘提供吸积物质，在演化过程中，尘埃环覆盖因子会改变，随之带来 S1、S2 的数目比例改变。unabsorbed non-HBLR S2B 阶段处于演化末态，黑洞质量较大，尘埃环可能已经被吸积耗尽，因而宽线区得不到物质补充而消失。

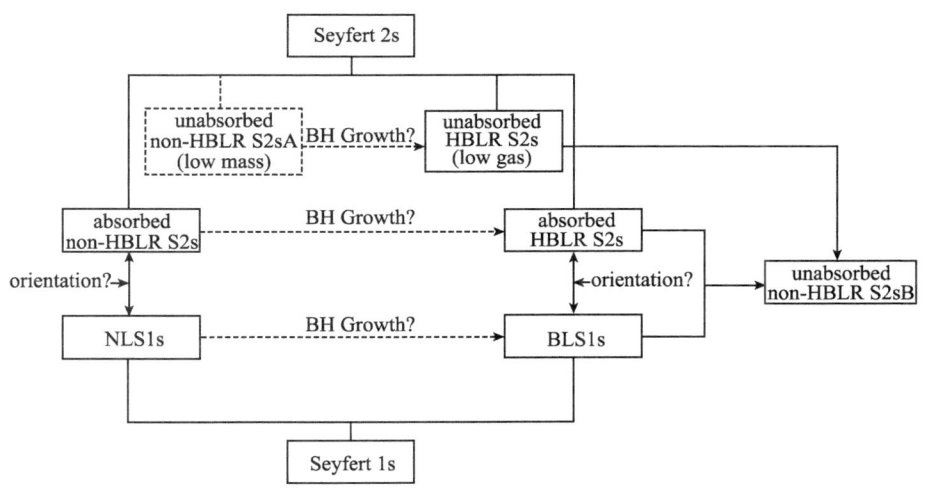

图 4　考虑演化后的统一模型[10]。

最近，又有人提出存在一类"裸"的活动星系核("naked" AGN)：光学波段亮度变化剧烈、没有宽发射线[3]。光学波段亮度变化剧烈表明核被直接看到；没有宽发射线与统一模型矛盾。"naked" AGN 是否就是图 4 中的 unabsorbed non-HBLR S2B，有待于检验。此外，图 4 中 unabsorbed non-HBLR S2A 是推测的、与 absorbed non-HBLR S2 气尘比不同的一类 AGN，但目前尚未得到观测证实。

统一模型中还有很多未解决或解决的不好的问题。Urry 和 Padovani[9]在研究射电亮 AGN 的统一模型时提出了十个尚有待解决的问题：

(1) 是否所有射电星系中有 BL Lac 和被屏蔽了的类星体？

(2) HBL(High-energy peaked BL Lac)、LBL(Low-energy peaked BL Lac)和 FSRQ(平谱射电类星体)间的关系？

(3) 视向速度、中心与延展射电流量比、正反喷流比的观测分布是否与束流机制一致？

(4) 是否高光度射电星系(类星体、FR II)的洛伦兹因子要比低光度(BL Lac、FR I)的大？

(5) 是否 FR I 有宽线区？

(6) FR II 与 FR I 的关系？

(7) 喷流如何形成与传播？

(8) 射电宁静与强射电 AGN 的起源？

(9) 是否存在窄线射电宁静类星体？

(10) AGN 中心能源机制的基本参数是什么？是否由黑洞来提供能量？

此外，还有电子散射区的起源和性质问题，尘埃环的起源、组成、结构、演化以及尘埃环与宽线区、吸积盘的关系等。这些问题的存在主要还是我们的观测仪器的分辨率远远不够，同时人们的认识水平也亟待提高。

总之，统一模型的提出是对一系列观测现象的总结、综合和提高。它以取向为基本参数，图像简单，概念清晰，抓住了现象的本质，得到了许多观测证据的支持。但是，随着研究的进一步深入，人们发现越来越多的新观测现象用经典的统一模型已不能给出令人满意的解释，统一模型也需要进一步发展。随着 HST、XMM-Newton、Chandra、Spitzer 等望远镜的进一步观测积累和未来中国的 LAMOST 望远镜(大天区面积多目标光纤光谱望远镜)的建成，对 AGN 的多波段观测将取得更多、更重要的成果，对统一模型的检验和发展将起到极大的推动作用，上述问题将逐步得到解决，进一步加深我们对 AGN 的认识。

参 考 文 献

[1] Antonucci R R J, Miller J S. Spectropolarimetry and the nature of NGC 1068. Astrophysical Journal, 1985, 297: 621–632.

[2] Hasinger G. The X-ray background and AGNs. Nuclear Physics B Proceedings Supplements, 2004, 132: 86–96.

[3] Hawkins M. Naked active galactic nuclei. Astronomy & Astrophysics, 2004, 424: 519–529.

[4] Heisler C A, Lumsden S L, Bailey J A. Visibility of scattered broad-line emission in Seyfert 2 galaxies. Nature, 1997, 385: 700–702.

[5] Miller J S, Goodrich R W, Matthews W G. Multidirectional views of the active nucleus of NGC 1068. Astrophysical Journal, 1991, 378: 47–64.

[6] Panessa F, Bassani L. Unabsorbed Seyfert 2 galaxies. Astronomy & Astrophysics, 2002, 394: 435–442.

[7] Risaliti G, Maiolino R, Salvati M. The distribution of absorbing column densities among Seyfert 2 galaxies. Astrophysical Journal, 1999, 522: 157–164.

[8] Tran H D. The unified model and evolution of active galaxies: implications from a spectropolarimetric study. Astrophysical Journal, 2003, 583: 632–648.

[9] Urry M C. Padovani P. Publications of the Astronomical Society of the Pacific, 1995, 107: 803–845.

[10] Wang J M, Zhang E P. The unified model of active galactic nuclei: II evolutionary connection. Astrophysical Journal, 2007, 660: 1072–1092.

撰稿人：张恩鹏[1] **王建民**[2]
1 中国科学院国家天文台
2 中国科学院高能物理研究所

类星体的形成与演化

The Formation and Evolution of Quasars

1. 类星体的发现

20 世纪 60 年代初，天文学家 Matthews 和 Sandage 通过干涉观测发现射电源 3C 48 在光学上对应于一个蓝色的类似于恒星的天体。3C 48 的光学光谱有着奇怪的发射线，令人百思不得其解。其后，更多的射电源在光学上被证认为恒星状的天体，包括 Hazard 等通过掩星的方法证认的 3C 273。

1963 年，天文学家 Schmit 意识到 3C 273 中奇怪的发射线实际上是显著的红移造成的，从而成功证认出光谱中个各条发射线，包括四条氢元素的谱线和两条其他元素的发射线，得到的红移为 0.158[1]。在现代宇宙学的框架下，这表明 3C 273 距离地球足有几十亿光年之遥，因此它的本征亮度也十分巨大。在此之后，更多的类星体被迅速证认，证认方法也从射电源扩展至其他电磁波段。到目前为止已知的类星体数目已接近十万个。由于类星体的高本征亮度以及它明显区别于一般恒星与星系的观测特征，天文学家可以很容易在很远的距离上寻找到大量的类星体。目前已知最遥远的类星体红移为 6.43，我们现在探测到光线是它在约 128 亿年以前辐射出来的[2]。

以下列举一些类星体的典型观测特征：(1) 遥远的恒星状天体；(2) 光谱中有强的发射线；(3) 巨大的本征亮度；(4) 明显的光变；(5) 强烈的 X 射线辐射；(6) 部分类星体有明显的喷流；(7) 辐射具有宽的能谱分布，从射电，红外，光学，紫外，X 射线，甚至是 Gamma 射线。值得注意的是，并不是每一个类星体都具有所有上述观测特征，随着研究的进一步深入发现，一部分类星体由于被气体遮蔽的原因在观测上的表现更为复杂。

1964 年华裔天文学家 Hong-Yee Chiu 将这一类天体命名为类星体(quasar, quasi-stellar radio sources, 意为类似于恒星的射电源)，这一名称逐渐被天文学家广泛接受。随着更多研究的发现实际上只有约 10%的类星体是强的射电源，天文学家开始采用另一个英文缩写 QSO(quasi-stellar object, 意为类似于恒星的天体)来统称这一类天体。实际上在今天，天文学家已经不再区分 quasar 或者 QSO 这两个名词，我们都统称之为类星体。

2. 类星体的能源

类星体的显著特点是巨大的本征亮度, 它的辐射功率可以是普通星系的成百上千倍,但是类星体又是恒星状的,这表明这样巨大的能量是在非常小的尺度上辐射出来的。观测发现类星体有着年甚至小时量级的光变现象,这说明类星体在比太阳系还小的尺度上可以辐射出比整个银河系还要大一百倍以上的能量。

类星体的发现对天文学家带来了巨大的挑战,它的能源是什么?它是如何产生的?它的寿命有多长等?到现在为止,一部分关于类星体的基本科学问题已经得到框架性的解决,但仍然存在着相当多的疑惑困扰着天文学家。

我们先来了解类星体的能源问题。计算表明,在比太阳系还小的尺度上,通过大量的恒星以核聚变或者超新星爆发等机制无法获得像类星体这样稳定的能量输出。天文学家迅速提出了大质量黑洞通过吸积气体将引力能转化为电磁波释放出来这样的机制来解释类星体的能源问题[3]。由于大质量黑洞附近的引力场如此之强,计算表明被吸积物质的静止能量($E = mc^2$)的10%以上可以转化为电磁波辐射出来,这远大于氢聚变的产能效率(0.007)。如此高效的产能效率使得一个大质量黑洞通过一个太阳质量每年的速度吞噬气体就可能产能观测到的巨大的辐射能量。

最初有一些科学家认为类星体的红移不是宇宙学红移,这样可以避免巨量能量释放问题;然而随着研究的深入,科学家已经十分确信,类星体确实距离我们非常遥远,有着巨大的能量释放速率,它的能源来源于遥远星系中心的大质量黑洞(质量约为 $10^6 \sim 10^9$ 太阳质量)通过吸积气体转化引力能。由于这样的能量释放效率很高,类星体的亮度可以远大于它的寄主星系所有恒星的总亮度,使得这些天体在图像上看起来像是恒星状的点源。哈勃空间望远镜的高分辨率成像得以清楚地看到类星体周围的寄主星系的辐射(图 1)。同时大量的观测结果也证实了类星体的大质量

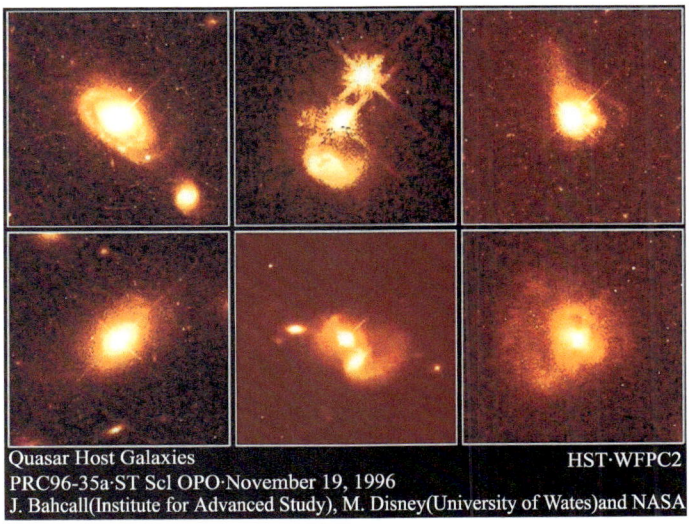

图 1　哈勃空间望远镜清晰的拍到类星体的寄主星系(Bahcall et al. 1997)[4]。

黑洞吸积模型,包括探测到大质量黑洞附近的强引力场效应以及测量大质量黑洞的质量等。

3. 类星体的形成与演化

现代天文观测已经证实在几乎所有星系的中心都存在一个大质量的黑洞,包括我们所在的银河系。正常星系与类星体的区别在于正常星系中心的黑洞是不剧烈活动的,也就是说不大量吸积气体。观测还发现宇宙较早期红移 2~3 时期类星体的密度比当前大约两个量级。这表明大量的类星体在触发以后最终熄灭了,而正常星系也曾经历过大质量黑洞吞噬气体增长质量的阶段,只是这个过程后来停止了。

那么关键的疑问是大质量黑洞吸积气体这个物理过程是如何触发,发展至最终停止的? 要回答这些问题,天文学家首先需要了解气体是如何从星系的尺度上输送到大质量黑洞周围而被吞噬的。

要将在星系尺度上围绕星系中心绕转的气体输送至大质量黑洞周围,理论上面临的最大困难在于气体的角动量转移,简单计算表明气体需要将其初始角动量的 99.999% 转移出去,才能够输送黑洞附近。对具体的角动量转移过程我们知之甚少。

理论计算与数值模拟表明星系相互作用或者合并过程可能有效地将气体从很大的尺度上投送至大质量黑洞附近;然而其中物理过程非常复杂,包括星暴的形成,星系中心的星暴向大质量黑洞的燃料输送机制,吸积盘中的角动量转移,类星体的喷流和外流在角动量转移过程中扮演的角色,大质量黑洞的并合等问题。

观测上,类星体巨大的本征亮度给研究寄主星系带来显著的困难,观测上很难把寄主星系的暗弱结构从明亮的类星体辐射中辨别出来。哈勃空间望远镜在这项研究过程中起到了重要作用,由于它无与伦比的空间分辨率,天文学家得以清楚地探测到类星体的寄主星系[图 1]。观测发现相当多类星体的寄主星系确实存在相互作用或者并合迹象[4]。

然而,由于望远镜分辨率的限制以及星系和类星体周围复杂的物理过程和遮蔽效应的影响,我们对其中发生的具体物理过程了解甚少,同时由于类星体触发演化过程历时漫长,观测无法跟踪观测某些类星体研究其演化过程,而只能通过统计上分析大样本的星系和类星体的观测特征来获得一些有限的认识,无法直接清晰的绘制出类星体触发演化过程的图像。

有趣的是,新的研究结果发现星系中心的黑洞质量与星系核球中恒星总质量成正比[5~7],这告诉我们大质量黑洞吞噬气体的过程与星系中恒星的形成是密切相关的。逐渐建立起来的模糊图像显示:星系的并合或相互作用可以触发大量恒星的形成,从而触发类星体的活动,类星体的辐射或者外流对寄主星系产生反作用,最终终止寄主星系中恒星的形成以及类星体自身的活动。基于这个图像的一些数值模拟结果可以解释星系与类星体的一些观测结果[8]。然而由于以上所述观测以及理论研究上存在的困难,目前我们还无法获得这个过程的清晰图像,我们并不清楚星系相互作用或者并合具体是如何触发类星体的。

更多的问题在于,类星体触发以后是如何演化到最终熄灭的,类星体的一次活动寿命有多长,什么机制停止了类星体的燃料供给?大质量黑洞吞噬气体的过程与星系中恒星的形成这两个物理过程尺度悬殊巨大(相差约6个量级),是什么样的具体机制把它们联系到一起的,它们是如何演化的? 类星体的形成与演化这一难题的另外一层含意在于,宇宙中第一代大质量黑洞是如何形成的?宇宙不同年龄时期类星体活动是如何演化的?这些问题都亟待天文学家进一步探索来解答。

参 考 文 献

[1] Schmidt M. 3C 273: A star-like object with large red-shift. Nature, 1963, 197: 1040–1040.
[2] Willott C, et al. Four quasars above redshift 6 discovered by the Canada-France high-z quasar survey. Astrophysical Journal, 2007, 134: 2435–2450.
[3] Salpeter E E. Accretion of interstellar matter by massive objects. Astrophysical Journal, 1964, 140: 796–800.
[4] Bahcall J N, et al. Hubble space telescope images of a sample of 20 nearby luminous quasars. Astrophysical Journal, 1997, 479: 642–658.
[5] Magorrian J, et al. The demography of massive dark objects in galaxy centers. Astronomical Journal, 1998, 115: 2285–2305.
[6] Ferrarese L, Merritt D. A fundamental relation between supermassive black holes and their host galaxies. Astrophysical Journal, 2000, 539: L9–L12.
[7] Gebhardt K, et al. Black hole mass estimates from reverberation mapping and from spatially resolved kinematics. Astrophysical Journal, 2000, 543: L5–L8.
[8] Hopkins P F, et al. Black holes in galaxy mergers: Evolution of quasars. Astrophysical Journal, 2005, 630: 705–715.

撰稿人:王俊贤
中国科学技术大学天体物理中心

宇宙 X 射线背景

Cosmological X-ray Background

在宇宙空间任何方向都存在几乎各向同性的有一定流量的 X 射线辐射，这就是宇宙 X 射线背景辐射，X 射线背景辐射是最早被发现的宇宙背景辐射。这一发现是 20 世纪 60 年代 X 射线天文学重大成就之一。最初，探测火箭是准备研究月球的 X 射线辐射，月球亮的部分散射太阳的 X 射线辐射，而暗的部分的 X 射线辐射比周围的天空还要小很多，最后发现了 X 射线背景辐射和第一个太阳系外 X 射线源(Sco X-1)[1,2]。宇宙 X 射线背景辐射的峰值在 30keV 左右，X 射线背景辐射的起源是一个复杂、尚未完全解决的问题，最初有过很多猜测，直到 20 世纪 80 年代初，名为"爱因斯坦天文台"的 X 射线天文卫星发现几乎所有类星体都能够发射强烈的 X 射线，于是人们意识到宇宙 X 射线背景的真正始作俑者应该就是类星体。类星体是在 60 年代发现的，这是一种在多波段(光学、X 射线等波段)辐射的高光度天体(一开始发现它各个方面的特征和恒星有相似的地方，人们称它为"类星体")。研究表明，在距离地球极为遥远的那些星系里面，存在一个超大质量黑洞，有一小部分星系的核心区的气体物质被黑洞吞噬的过程当中发出强烈辐射，这使得类星体成为具有极高光度的天体，即使位于宇宙的最深处的类星体仍可以被观测到，因此我们现在接收到的来自遥远类星体的辐射，实际上就是来自宇宙早期的信息，这里面就包含了 X 射线，而通过研究现在已经发现的类星体。并进一步计算出宇宙中的类星体在宇宙空间中的分布，发现类星体可以提供宇宙 X 射线的背景辐射的大部分[3,4]。

20 世纪 80 年代至今，又有多个 X 射线天文卫星发射升空，这些观测仪器的观测灵敏度比"爱因斯坦天文台"有了大幅提高，它们对不同的天区进行了深度巡天观测，可以观测到非常遥远的类星体所发射的微弱 X 射线辐射。基于这些观测数据，天文学家对宇宙 X 射线起源进行了深入系统地研究，发现大约有 20%左右的硬 X 射线背景辐射是由目前仍未被观测到的天体贡献的[4,5]。

在硬 X 射线、红外波段对于离我们相对较近类星体的观测，发现有部分类星体被周围尘埃气体遮挡，其在光学波段的辐射非常微弱，很难被观测到，但在红外、硬 X 射线波段辐射相对较强，仍然能被观测。如果在宇宙深处存在大量这类被遮挡的类星体，由于它们的辐射很微弱，作为个体很难被目前的 X 射线天文卫星观测到，但它们对宇宙 X 射线背景辐射的贡献将是不可忽略的。根据对已发现的被遮挡的类星体的性质进行研究，如果被遮挡的类星体占类星体总数的 30%，它们的 X 射线辐射能很好地解释剩余的由未被观测到的天体贡献的硬 X 射线背景辐射[5]。当然，这只是一种理论解释，这一问题的彻底解决有待于下一代更高灵敏度的 X 射线天文台卫星的观测。

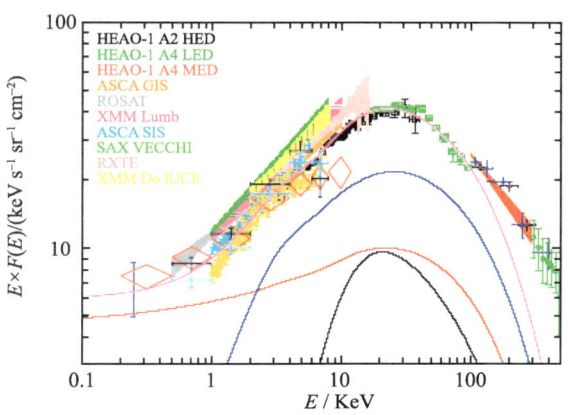

图 1　由不同仪器测量到的宇宙 X 射线背景辐射，洋红线是模型计算得到的所有类星体对 X 射线背景的贡献、黑线是被遮挡类星体的贡献、红线和蓝线则分别是未被遮挡类星体和被轻微遮挡类星体的贡献[4]。

宇宙 X 射线背景辐射主要来自于类星体中央超大质量黑洞吸积周围气体产生的辐射，黑洞本身由于吸积气体而长大。宇宙中超大质量黑洞的生长是目前天体物理研究中的前沿课题，宇宙 X 射线背景辐射已成为研究超大质量黑洞的宇宙学演化历史一个有效工具[6]。

参 考 文 献

[1] Giacconi R, et al. Evidence for X rays from sources outside the solar system. Physical Review Letters, 1962, 9: 439–443.

[2] Fabian A C, Barcons X. The origin of the X-ray background. Annual Review of Astronomy and Astrophysics, 1992, 30: 429–456.

[3] Matt G, Fabian A C. Spectral constraints on SEYFERT-2 galaxies as major contributors to the hard 3-100-keV X-ray background. Monthly Notices of the Royal Astronomical Society, 1994, 267: 187–192.

[4] Gilli R, Comastri A, Hasinger G. The synthesis of the cosmic X-ray background in the Chandra and XMM-Newton era. Astronomy and Astrophysics, 2007, 463: 79–96.

[5] Ueda Y, et al. Cosmological evolution of the hard X-ray active galactic nucleus luminosity function and the origin of the hard X-ray background. Astrophysical Journal, 2003, 598:

886–908.

[6] Elvis M, Risaliti G, Zamorani G. Most supermassive black holes must be rapidly rotating. Astrophysical Journal, 2002, 565: L75–L77.

撰稿人：曹新伍

中国科学院上海天文台

活动星系核的光变本质

The Variability Nature for Active Galactic Nuclei

活动星系核(active galactic nuclei-AGNs)是一类具有特殊观测性质的星系，它们具有高光度、快速光变、高而变化的偏振、无或者有强的发射线特征、视超光速运动等等性质。这些性质意味着这些天体中存在剧烈活动的物理过程。活动星系核包括类星体(quasar)、赛弗特星系(seyfert)、射电星系(radio galaxies)、BL天体(BL lacertae objcets-BLs)、平谱射电类星体(flat spectrum radio quasars-FSRQs)、低电离核发射区星系(low ionization nuclear emission-line Region)等[1,2]。光变是活动星系核的主要观测特征，通常表现为长期缓变基础上叠加各种较短时标的变化。光变研究，特别是不同波段进行连续而(准)同时观测研究，是研究这类天体的辐射和鉴别各种理论模型的非常有力的工具。短时标光变也是唯一可以用来限制 Blazar 天体的大小和结构的途径。

AGN 的光变研究历史追溯到对曾经作为"变星"BL Lacertae 而后被证认为河外射电源 VRO 42.22.01 的观测研究。该射电源在射电和光学波段的特殊变化性质吸引了人们对该源的研究兴趣。除光变之外，该源还有两个重要性质，即无发射特征的强非热光学连续谱和射电平谱[3]。之后观测发现一系列具有类似 BL Lacertae 性质的天体，于是把它们归为一类，称作 BL 天体。除发射线性质不同，连续谱则与 BL 天体极其相似的天体是平谱射电类星体(FSRQs)，它们包含了高偏振类星体、核主导类星体、光学激变天体等射电平谱源。Spiegel 认为 BLs 天体和 FSRQs 这两类天体应该归为一类，并取了"blazar"(中文"闪耀体")这个名词来代表它们。它们在整个电磁波谱都有光变，其变化的时标尺度为 30 秒至年的量级。光变研究为人们研究辐射机制提供了手段，而光变时标带来了辐射区的大小、以及内部的结构和喷流的运动信息。

光变按照光变时标尺度可以分为短时标、中等时标和长时标。短时标光变是指光变时标小于几天的变化。这些变化还包括所谓的微光变、夜以内的光变、天以内的光变[2,4]。第一个具有微光变的活动星系核是 20 世纪 60 年代初报道的，人们观测发现射电星系 3C 48 在 15 分钟内变化了 0.04 星等。这之后，陆续发现了一些有关 AGN 光学波段快速变化的事例。可是，早期的大量观测结果却没有引起天文界足够的重视。当时的仪器相当不稳定，加上短光变不容易被重复观测，所以早期报道的有关快速光变的结果让人产生怀疑。现代的 CCD 探测器探测的使用检测到活动星系核在光学波段的微光变[5]才使人们确信微光变存在。目前，绝大多数活动星系核经过长时间的观测,都能发现有微光变现象。短时标也可以用来讨论中心黑洞质量大小、辐射区大小、源的亮温度并进而讨论喷流效应。观测发现,不同波段之间的光变具有光变相关,时间延迟,变化幅度也与波长有关,通常频率越高出的光变幅度越大,光变与偏振变化有关,谱随源亮度的变化而变化。而长时标光变则告诉我们某些天体或某类天体隔多久暴发,并极有可能带有源中心结构的性质,比如双黑洞,如图 1 所示[6],双黑洞互绕甚至并合将是研究引力辐射极好的实验场[7]。至今,从光学波段分析有 10 来个源有年量级的周期[8]。可是关于中等光变时标天体的报道却很少。

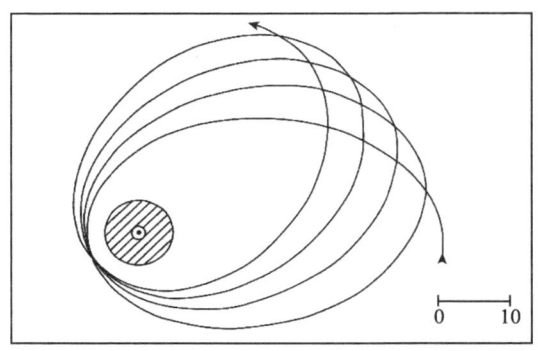

图 1 双黑洞系统中次黑洞绕主黑洞运动轨道演化的示意图[6]。

不同的辐射模型在不同波段上的光变之间是有不同的依赖关系的。更为有意义的观测应该各波段同时进行。这样,结合光谱和各波段观测资料,分析各波段之间的各种依存关系,对现有的辐射模型进行限制。尽管有不少学者发起和参与了对一些源的多波段同时性连续观测[9],但是具有重要意义的全波段、同时性观测却非常少。

在 blazar 天体中,观测到流量剧烈变化有多种解释:即,沿喷流向外的激波、几何原因造成多普勒因子的变化、吸积盘的不稳定因素以及引力透镜效应。时标小于几天的微光变的观测至少提出了下面的问题:一就是 blazar 天体中最小时标的光变是多少?二是如果光变是本征的,那么辐射区可以有多小?多频段观测是限定辐射过程的本质和粒子加速机制的有效方法。所以在这个方面可以组织世界各国的天文学家对共同感兴趣的活动星系核从射电、毫米波、红外、光学、紫外、X 射电和伽马射线进行(准)同时观测以期对已有辐射机制进行甄别,并可能由观测推动理论的发展。如果能把射电(VLBA, Effelsberg、上海和乌鲁木齐的望远镜)、光学望远镜(1.56 米和丽江 2.4 米)和地基切伦科夫望远镜(HESS, VERITAS and MAGIC)以及空间望远镜(FERMI/LAT, AGILE, SWIFT)组成一个快速观测系统,将会产生相当有价值的科学成果。

研制快速活动星系监测系统,期待得到最短的时标以便得出辐射区域大小和黑洞大小。长期监测还可以为中、长时标变化的研究提供资料。另外,在光变时标分析和相关光变等方面的分析方法不很精确,需要发展数据分析方法。

参 考 文 献

[1] 黄克谅. 类星体与活动星系核[M]. 北京: 中国科学技术出版社, 2004.

[2] Fan J H, Optical Variability of Blazars[J]. Chinese Journal of Astronomy and Astrophysics, 2005, 5: 213–223.

[3] Strittmatter P. Compact Extragalactic Nonthermal Sources[J]. The Astrophysics Journal Lett. 1972, 175: L7.

[4] Wagner S, Witzel A. Intraday Variability In Quasars and BL Lac Objects [J]. Annual Review of Astronomy and Astrophysics. 1995, 33: 163–198.

[5] Carini M T, Miller H R. The optical variability of PKS 2155–304[J]. The Astrophysics Journal, 1992, 385: 146–150.

[6] Sillanpaa A, et al. OJ 287-Binary pair of supermassive black holes[J]. The Astrophysics Journal, 1988, 325: 628–634.

[7] Valtonen M. A massive binary black-hole system in OJ287 and a test of general relativity [J]. Nature, 2008, 452: 851–853.

[8] Fan J H, et al. Optical periodicity analysis for radio selected BL Lacertae objects (RBLs)[J]. Astronomy and Astrophysics, 2002, 381: 1–5.

[9] Raiteri C. et al. Radio-to-UV monitoring of AO 0235+164 by the WEBT and Swift during the 2006–2007 outburst [J]. Astronomy and Astrophysics, 2008, 480: 339–347.

撰稿人:樊军辉

广州大学天体物理中心

什么是黑洞?

What is a Black Hole?

"黑洞"一词已经广为流传,不仅在专业学者的口头笔下屡见不鲜,甚至在一些本不相干的领域也常被取其字面之意而借用。黑洞在 20 世纪 60~70 年代具有的那种神秘性和诱惑力似乎已有所减退,如今在天文学舞台上更领风骚的是看来更为神奇的暗物质和暗能量。但是,这并不意味着黑洞在宇宙中的真实存在已被学术界公认。作为一个标志,与黑洞几乎同时(即 20 世纪 30 年代末)被预言的中子星,其相关的研究成果已两次获得诺贝尔物理学奖,而黑洞却尚未戴上此顶桂冠。诺贝尔物理学奖历来只授予由物理实验或天文观测所发现的新现象、或所证实的新理论。爱因斯坦获奖,不是由于他最具代表性的成果即相对论理论,而是由于他运用量子论对光电效应所作的解释。相对论,尤其是广义相对论,现在已被证实了吗?似乎还未有定论;而对黑洞的预言,正是脱胎于广义相对论。学者和公众今日对黑洞的普遍理解,仍是黑不可见、深不可测,也就是说根本上是不可观测、或至少是不可直接观测的。对不可观测的东西,怎么能够拿出观测证据呢?黑洞理论家是不是在作茧自缚呢?

问题似乎回到了它的起点:究竟什么是黑洞?怎样才算是证实了黑洞的存在?对黑洞的概念,看来有必要从头梳理。

1. 数学黑洞、物理黑洞、天文黑洞

数学家、物理学家和天文学家都在讲黑洞,而他们心目中的黑洞概念其实是相互颇为不同的。2008 年张双南在一些学术会议上首先明确提出应该区分"数学黑洞"、"物理黑洞"和"天文黑洞"这三个概念[1]。以下且细说端详。

1915 年,爱因斯坦发表了他的广义相对论引力场方程。使他大喜过望的是,仅一个月后,他的同胞史瓦西(Karl Schwarzschild)在与俄国军队作战的前线找到了这个十分繁难的方程的第一个解(另一个对黑洞理论而言最重要的解即克尔(Kerr)解的得出却是在 1962 年,即将近 50 年之后)。史瓦西解描述的是一个质量为球对称分布的物体周围的时空,其中有两处,即径向坐标 $r = 0$ 的中心点和 $r = r_g = 2GM/c^2$ (这里 M 是物体质量,G 是引力常数,c 是真空中光速,r_g 被称为引力半径)的球面,作为时空基本几何量的度规出现奇异性(即趋于无穷大)。初看起来,中心奇点倒是不出意料,因为在牛顿引力理论里也存在;而那个似乎造成时空断裂的球面却是牛顿理论里没有的。黑洞最初就被理解为由这样一个奇异面所包围的、包含中心奇点的时空区域。

这就是数学黑洞的概念。数学家后来证明，中心奇点是时空的本性奇点；而 r_g 球面不是，其奇异性只是由史瓦西解的坐标系(即一维时间坐标加上最常见的三维空间球坐标)选择不当导致的，可以通过坐标变换来消除。但是，这个球面又并不是一个数学游戏，它是这样一个边界，其内的区域是所谓单向膜区，那里的物质不可能在某一个 r 处停留，而是要么落向中心奇点，要么喷向球面之外。前一种情况就是黑洞，后一种情况就被相应的叫做白洞。这样一个特殊的边界，又被称为视界。黑洞和白洞同样都是由史瓦西解得出的数学推论，不考虑初始的物理条件，是不能判断孰是孰非、孰有孰无的。

数学黑洞概念提升为物理黑洞概念，是在20世纪70年代，归功于霍金及其他一些理论物理学家。相关的成果中最重要的也许是两个。一是无毛定理，说是黑洞外部的观测者所能得到的关于黑洞的信息最多只有三条，即其质量、自转角动量、电荷，而视界以内的信息是不可获取的。二是霍金辐射，意为黑洞的视界并非绝对的只进不出的单向边界，黑洞也可以向外发出热辐射；有热辐射就有温度，由此建立了一套黑洞热力学。简而言之，物理黑洞较之数学黑洞的主要区别，就在于赋予了视界以丰富、实在的物理性质。除了个别根本性的难题(如中心奇点)和少数尚不清楚的问题(如熵的定义)外，黑洞物理学已经羽毛丰满，成为理论物理学的一个新分支；而物理上自恰的白洞概念是无法建立的。

遗憾的是，物理黑洞还只停留在纸面上。黑格尔说过，凡是合理的都是现实的。黑洞的物理理论很是优美，但它们果真存在吗？地球上恐怕是没有希望的，无法想象能够人工(比如说用加速器的粒子碰撞)造出一个黑洞。一个半径如质子(10^{-13}厘米)的黑洞，即所谓微型黑洞，由 r_g 的表达式可算出其质量大约是10亿吨(相当于一个小行星或一座大山)。什么加速器能把这么大质量的物质压缩到这么小的尺度呢？看来只有抬起头，仰望星空，那里才是无奇不有的世界。

天文黑洞的概念，应当上溯到20世纪30年代末。那是20世纪的两大物理理论，即广义相对论和量子力学，携手研究恒星演化晚期结局这样一个天文问题的结果。量子力学揭示了物质简并态的存在，简并态物质可以具有极高的密度。太阳这样的恒星在热核反应燃料耗尽之后，必定在自身引力的作用下收缩。如果恒星的质量不是很大，电子简并提供的压力能使恒星停止收缩、稳定下来，这就是白矮星。如果恒星的质量再大一些，恒星会进一步收缩，使得绝大多数质子和电子都结合为中子，中子简并压抗衡住引力，这就是中子星。但是，如果恒星的质量超过了中子简并压所能阻挡的限度，恒星就会一直收缩到视界之内，成为一颗看不见的星，也就是黑洞。这是天文意义上的黑洞，是由奥本海默(Oppenheimer)和施奈德(Snyder)在1939年首先预言的[2]。简而言之，天文黑洞较之物理黑洞的主要区别，就在于是指在宇宙中由自然过程形成、因而现实存在的黑洞。

天文学家对黑洞的理解比数学家和物理学家要简单得多。首先，黑洞和视界可以说是两个同义词，既然可以观测的只是视界之外，那就把对视界之内的关心留给理论物理学家。其次，虽然在理论上黑洞可以带有电荷，但自然界的物质几乎都是电中性的，所以实际上黑洞只有两种，即不转的史瓦西黑洞和转动的克尔黑洞。后者的视界半径是 $r_g = (GM/c^2)(1+\sqrt{1-a^2})$，其中 a 是一个描述黑洞自转的量纲为一的量，其值在 0（退化为史瓦西黑洞）与 1（极端克尔黑洞）之间。

2. 天文黑洞的观测证据

证实黑洞的希望，只能在天上，在茫茫宇宙之中。可望由天文观测证实的黑洞，也就只能是天文黑洞。霍金辐射突破了黑洞只进不出的观念，堪称是关于物理黑洞迄今的最高成果，但是从天文观测的角度看却没有什么实际意义。质量与太阳相同的黑洞，温度为 10^{-6} K，而宇宙微波背景辐射的温度是 2.7K，所以这种黑洞仍然是吸收外界的辐射，而不是向外发出辐射。质量越小的黑洞霍金辐射越强，微型黑洞的辐射就应称为爆炸，似乎可供观测。问题是霍金辐射是黑体辐射，天上的爆炸现象可谓多矣，但从来没有看到一个符合霍金辐射的特征。

天文学家探索黑洞的思路，至少在三点上不同于理论物理学家。第一，他们往往不是以寻找和证实黑洞为出发点。他们赋予自己的职责是观测天文现象并用物理模型来解释。只有在借助黑洞才能够唯一地、或至少是相对最好地解释某些天文现象时，他们才会认为这些现象可以作为黑洞的观测证据。第二，他们不研究孤立的、处于真空中的黑洞，事实上也没有这样的黑洞。黑洞的周围总有物质存在，这些物质必定受到黑洞强大引力的影响；这些物质又是在黑洞视界之外，因而可以被观测。观测黑洞周围物质的运动和辐射，就可以推断黑洞的存在。迄今为止，除了其他个别的方法(如引力透镜)外，所有关于黑洞的观测证据都是这样得来的。第三，他们对证实黑洞的理解，如同对其他任何天体一样，还不止是其现时的存在，而是要进而弄清其来龙去脉：怎样形成？怎样演化？在所处天体系统乃至宇宙的整体演化中扮演怎样的角色？

天文学家感到需要黑洞，是从 20 世纪 60 年代试图解释类星体和 X 射线星的能源机制时开始。他们实际证认黑洞的工作，也许应该从 1972 年测定第一个恒星级黑洞天鹅座 X-1 的质量算起。大约 40 年过去了，他们有了哪些收获呢？

已知有四类天体系统，即星系(尤其是活动星系)的核心、X 射线双星、伽马射线暴、超亮 X 射线源，是天文学家相信的黑洞藏身之所。这些天体系统的共同特征是有极高能量的物质运动和辐射现象，它们的能源机制只有用黑洞吸积其周围物质过程中引力能的释放才能解释(一部分 X 射线双星的能源机制是中子星吸积)。相应的，几乎所有关于黑洞存在的证据都来自这些天体系统[3]。

外界观测者能够获取的黑洞信息，只有质量和角动量这两条。关于前者，见本

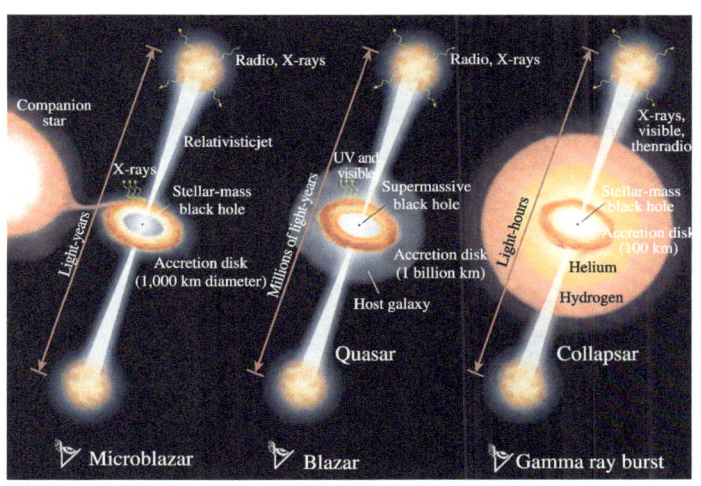

图 1 运用黑洞的吸积、喷流和辐射的理论模型可以统一地解释(从左至右)不含中子星的 X 射线双星、活动星系核、伽马射线暴的观测现象[3]。

书吴学兵的"如何测量黑洞的质量"。现在已有 20 多个恒星级黑洞的质量被很精确地测定。它们是强 X 射线源,因而不是普通恒星;它们的质量远大于中子星质量的上限,因而不是也可能表现为强 X 射线源的中子星。星系核心巨型黑洞质量的测量,虽不如恒星级黑洞那样精确,但已经可以排除其他类型天体的可能性(例如,超巨恒星,其理论模型本身就不能自恰地建立)。尤其值得称道的是,对银河系核心的观测表明,大约 400 万倍于太阳的质量是集中在只有几个 r_g 大小的范围以内[4]。这就相当于整个太阳的质量集中到几千米以内,整个地球的质量集中到几厘米以内。除了黑洞,还能是什么呢?

黑洞自转角动量的测量比质量的测量有着更重要的意义,也更困难(见本书张双南的"黑洞自旋的测量")。如果说对黑洞的质量还可以按牛顿力学的理解而并无大错,黑洞的自转则完全是广义相对论的概念。并不是黑洞在一个固定的空间中转动,而是整个时空被黑洞拖着转动,如同水中的漩涡。黑洞自转的测量正是依据这种拖曳效应。现在已有五、六个恒星级黑洞的自转被相当精确地测量,还有许多巨型黑洞的自转被作了估算。

黑洞的形成和演化也正在逐步明瞭。恒星级黑洞已基本上可以肯定是形成于大质量恒星晚期的收缩,尽管还有一些重要的细节有待查明(见本书李向东的"恒星级黑洞的形成")。星系核中巨型黑洞的由来、演化、对环境的反作用等,是学术界正在热烈研讨的课题(见本书于清娟的"第一代星系内的黑洞和黑洞的种子"、陆由俊的"星系和黑洞的共演化")。中等质量的黑洞,置信度虽不如前两类黑洞,但对其形成机制和存在证据的研究也已经展开(见本书李向东的"中等质量黑洞的形成"、冯骅的"寻找中等质量黑洞")。

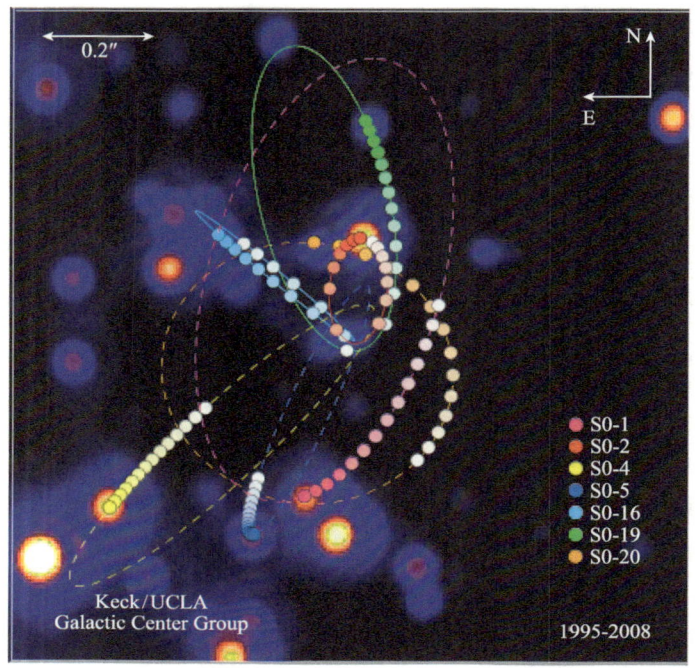

图 2 由银河系核心区域这 7 颗恒星的轨道可以推算出中心黑洞的质量[4]。

所有这些，足以证实宇宙中黑洞的存在吗？恐怕连一些天文学家也认为，尚未到无可置疑的程度，尚未到恒星、星系、乃至也很奇特的中子星那样的程度。但是，恒星结构和演化的理论虽然相对最为成熟，不是也有不少重要的细节还不清楚吗？星系的一些最基本的问题，例如，为什么其形态是椭球和旋涡这两大类，不是也还不能回答吗？中子星内部物质状态的探索，不是也还举步维艰吗？那么，为什么黑洞不能与它们并列呢？原因就在于，它们的实际半径都大于自身的视界半径，因而可以被直接观测；而黑洞是由视界包围的区域，视界按其定义是不可观测的。

3. 视界的困扰

忽略霍金辐射，任何物质和辐射只能落入、而不能逃出黑洞视界；无穷远处的观测者要看到物质落入视界需要无限长的时间，也就是说根本看不到；只有随同物质一起下落的观测者才能知道自己和物质都落进去了(但这样的观测者只能存在于科幻小说里)。这就是现在对视界的理解。正是这种理解造成了观测证实黑洞的根本性困难。

天文学家仍在戴着镣铐跳舞。他们想，视界的不可观测性，是在直接观测的意义上，也许间接的观测证据仍可找到(见本书顾为民的"寻找黑洞视界的观测证据")。被恒星、中子星等天体吸积的物质，最终会落到这些天体的表面上停留下来；而被黑洞吸积的物质不可能在视界上停留，只能是落入视界而消失。恒星级黑洞周围引力场的强度与中子星的不相上下，但被黑洞吸积的物质只能在落入视界前发出辐射，而被中子星吸积的物质落到其表面上仍能继续辐射，所以对于同样的吸积率(即单位时间被吸积物质的质量)，中子星辐射源应比黑洞源明亮。观测表明，前者的确比后者明亮约 100 倍。类似地，银河系核心实际观测到的辐射，比由吸积率推算应有的辐射弱了好多个量级，只有物质携带能量落入黑洞才是最自然、最合理的解释。另外，中子星表面上吸积物质的堆积还会有一些特殊的后果。例如，堆积物质密度增大到一定程度会导致热核反应，表现为周期性或准周期性的 X 射线爆发；还有，如果中子星具有强磁场，吸积物质就会沿磁力线在一个柱形区域内落向磁极，发出的辐射就会由于中子星的自转而表现为脉冲。这两种现象都是黑洞 X 射线源不会有的，事实上也从来没有观测到。

对视界都找到了这样的观测证据，应该说已经难能可贵了，已经很有说服力了，已经可以对黑洞的存在作出肯定的结论了，不应该再苛求天文学家了。但是，在探索精神驱动下的天文学家是不会止步的，他们肯定会继续做的是：

(1) 增加测定了质量、角动量的黑洞的名单。

(2) 了解各种不同质量、角动量黑洞的形成和演化机制。

(3) 寻找更多的关于视界存在的观测证据，也就是非视界不能解释的观测现象。但在对视界的理解不变的前提下，所有此类证据都只能是间接的。

他们也许可以期待的是：

(4) 观测到微型黑洞的爆炸。

(5) 物理学家给出其他的黑洞独有、并可供观测的特征。

还能有什么呢？可以作下面的设想吗？

(6) 不以视界作为黑洞的基本判据。因为对不可观测的东西要求观测证据，似乎本来就是一个悖论。

那么，又应该怎么定义黑洞呢？究竟怎样才算是确凿地找到了黑洞呢？张双南对此提出了以下几个判据[1]：

(1) 运用天文黑洞的概念和理论模型能够解释已知的普遍性、系列性的天文观测现象。

(2) 更多的新的天文观测现象仍然可以运用天文黑洞的概念和理论模型来解释。

(3) 依据这些天文观测现象所推算的黑洞形成和演化机制是自恰、合理的。

(4) 没有任何其他一种理论模型也能够全面而合理地解释这些天文观测现象。

这些判据实际上已经达到了由物理实验和天文观测作出新发现的最高要求。它们符合撒甘(Carl Sagan)准则："非凡的主张需要非凡的证据"(extraordinary claims require extraordinary evidence)，也符合"奥克姆剃刀"准则："最可取的理论总是最简单、即最少假设的那一个"。的确，天文黑洞的吸积、喷流和辐射的理论模型，能够堪称圆满地解释活动星系核、不含中子星的 X 射线双星、伽马射线暴、超亮 X 射线源的各种观测现象，而这几类天体系统的时间、空间、质量、能量尺度相差十几个数量级。没有其他一种理论模型能够包容这些天文现象，也没有其他一类天体像天文黑洞这样简单、而又这样普遍、具有这样的跨越和贯穿能力。桃李不言，下自成蹊。有据若此，夫复何求？挣脱视界之茧，就能看到，黑洞其实早已化蝶飞舞、遍布于宇宙之中了。

参 考 文 献

[1] 张双南，物理宇宙中的黑洞形成和增长问题，中国引力与相对论天体物理学会 2008 年学术年会，2008 年 7 月，甘肃省兰州市；会议总结报告：物理和天文的重要问题，第七届张衡学术研讨会，2008 年 7 月，湖北省神农架；物理宇宙中的黑洞形成和增长问题，中国天文学会 2008 年学术年会，2008 年 8 月，山东省胶南市；Hunting for Black Holes, Invited talk at New Vision 400: Engage Big Questions in Astronomy & Astrophysics-Four Hundred Years after the Invention of Telescope, Templeton-Xiangshan Conference, Beijing, Oct. 2008, edt. D. York et al.；天体物理黑洞的形成和观测证认，引力与广义相对论学术研讨会，2008 年 12 月，北京师范大学. 北京.

[2] Oppenheimer J R, Snyder H. On continued gravitational contraction [J]. Phys. Rev., 1939, 56 (5): 455–459.

[3] Mirabel I F, Rodríguez L F. Microquasars in the milk way [J]. Sky and Telescope, 2002, 103(5): 32–40.

[4] http://www.astro.ucla.edu/~ghezgroup/gc/.

[5] Chandrasekhar S. The mathematical theory of black holes [M]. Oxford: Oxford Univ. Press, 1983.

[6] Shapiro S L, Teukolsky S A. Black holes, white dwarfs, and neutron stars [M]. New York: John Wiley & Sons, 1983.

[7] Luminet J-P 著，卢炬甫译，黑洞[M]. 长沙：湖南科学技术出版社，1997.

[8] 赵峥. 黑洞与弯曲的时空[M]. 太原：山西科学技术出版社，2001.

撰稿人：卢炬甫
厦门大学理论物理与天体物理研究所

"冻结星"疑难以及物理宇宙中的奇异性问题

The "Frozen Star" Paradox and the Singularity Problem in the Physical Universe

"黑洞"(black hole)在现代天文学和天体物理中扮演极为重要的角色。目前普遍认为,大质量恒星演化到最后会坍缩形成黑洞,几乎所有的星系中心都存在质量在数十万到十亿太阳质量的超大质量黑洞,而黑洞在吞噬物质的过程中释放的大量的物质和能量对于恒星、星系、星系团、甚至宇宙的演化都有重要的影响。然而,普遍接受的广义相对论的计算表明,当物质坍缩形成黑洞或者物质向黑洞坍缩时,在远处的观测者的有限的时间内物质堆积在黑洞视界外面而不可能穿越黑洞的视界。这就是所谓的"冻结星"("frozen star")。因此就引出几个基础和重要的问题:(1) 广义相对论预言的黑洞在自然界是否存在?(2) 黑洞是否能够通过吞噬物质而增长?(3) 坐标原点处的奇异性(singularity)是否有物理意义?

1. "冻结星"概念

关于"黑洞"的概念及其分类,比如"数学黑洞"、"物理黑洞"和"天文黑洞",请参看本书卢炬甫的"什么是黑洞?"以及文献[1]。简单地说,"数学黑洞"就是指爱因斯坦的广义相对论引力场方程的奇点解,"物理黑洞"是指一个物体它的全部引力质量都在事件视界(简称视界)以内(但是不一定都在奇点处,所以不一定是数学黑洞),"天文黑洞"则是指宇宙中通过合理的物理过程自然形成的物理黑洞[1]。

奥本海默(Oppenheimer)和施奈德(Snyder)在1939年详细研究了恒星演化晚期的结局[2]。他们得到了三个重要结论:(1) 如果一个恒星的初始质量足够大,那么当它内部的核燃料彻底耗尽之后,必定在自身引力的作用下不可逆转地一直收缩下去(称为引力坍缩)。(2) 对于随着坍缩物质一起下落的观测者,在有限的时间内所有物质都会收缩到该球对称引力系统的史瓦西(Schwarzschild)半径、也就是"数学黑洞"的视界以内。(3) 对于远处的外部观测者,下落的物质无限逼近黑洞的视界,但是永远不能到达"数学黑洞"的视界,当然也不可能穿越"数学黑洞"的视界。

对于上述第一个结论,学术界没有争论,因为这是量子力学和广义相对论结合的必然结果。对于上述第二个结论,学术界普遍认为,这个结论表明大质量恒星演化到最后必然形成黑洞,因此"物理黑洞"在宇宙中普遍存在。但是,也有很多学者认为,由于对恒星的引力坍缩的过程的观测和研究只能由远处的观测者来进行,所以必须考察上述第三个结论。这个结论告诉我们物质不可能在有限的时间内进入

"数学黑洞"的视界,而宇宙的年龄是有限的(当然观测者的寿命也是有限的),所以似乎"物理黑洞"在物理宇宙中并不能形成,也就是说"天文黑洞"是不存在的,至少不能通过物质的引力坍缩过程形成。由于物质在有限的时间内都堆积在"数学黑洞"的视界以外,这种天体就被称为"冻结星"。

另外一个理解"冻结星"的方法是计算物质向"数学黑洞"的自由落体过程。如图1所示,尽管随物质下落的观测者测量到物质越过视界时速度很大(接近光速),但是远处的观测者测量到的物质靠近视界时候的速度越来越小,最后在视界处等于零,也就是远处的观测者看到物质被"冻结"在了"数学黑洞"的视界外面,对于外部观测者来说,这个"数学黑洞"就成为"冻结星"。由于宇宙中没有绝对的真空,即使有什么原因宇宙中开始存在引力奇异点(也就是"数学黑洞"),这些"数学黑洞"必然会吸引周围的物质向其下落,那么现在这些"数学黑洞"也都已经成为"冻结星"了。我们在很多关于黑洞的科普书上看到的宇航员进入黑洞之前"凝固"的照片就是这个过程的生动描述。

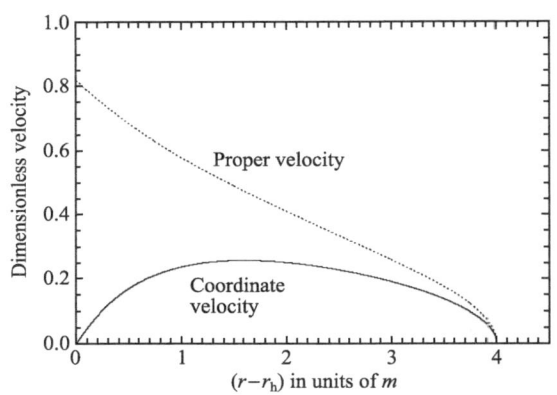

图 1 向质量为 m 的黑洞自由落体运动的过程,选取 $c=G=1$ 的自然单位。横轴是物质离黑洞视界的距离,纵轴是观测者测量到的物质的运动速度。虚线是随物质下落的观测者测量到的速度,实线是远处静止观测者测量到的速度。在视界的位置处,虚线给出的速度接近光速,但是实线给出的速度等于零,也就是远处的观测者看到物质被"冻结"在了黑洞视界外面。

2. "冻结星"疑难

由于"冻结星"的概念直截了当,似乎在物理宇宙中无法避免,但是黑洞又是现代天文学和天体物理中不可缺少的天体,实际上也有众多的天文观测的间接证据揭示了黑洞视界的存在(见本书顾为民的"寻找黑洞视界的观测证据"),因此很多学者都提出了把"冻结星"变成黑洞的途径[3]。

由于"冻结星"概念的实质是视界处度规的奇异性,所以广义相对论的专著和教科书上普遍采用坐标变换去掉视界处度规的奇异性来解决这个问题。比如图 1 中随下落物质一起运动的坐标系，称为 Lemaître 坐标，是 Georges Lemaître 于 1938 得到的。在这个坐标系中，由于在黑洞视界处没有奇异性，如图 1 所示，物质可以顺利进入黑洞。但是在这个坐标系中，坐标原点仍然是一个奇异点，物质不可避免地必须在有限时间内到达原点。因此这个坐标系下描述的度规，即 Lemaître 度规的确描述的是黑洞的度规。另外两个描述没有视界处的奇异性的黑洞的坐标系分别是著名的 Eddington-Finkelstein 坐标和 Kruskal-Szekeres 坐标。由于在这些坐标系中物质能够顺利穿越视界到达坐标原点形成奇异点，而广义相对论的精髓就是在所有坐标系中物理规律都是相同的，因此学术界普遍以此为理由说明物质能够穿越黑洞视界达坐标原点形成奇异点，也就是形成"数学黑洞"。

但是在上面这些坐标系中，或者史瓦西度规中视界的位置被变换到了无穷远处，或者史瓦西度规中视界处的时间被变换到了无穷长，因此在这些坐标系中物质能够到达坐标系原点并不能说明在自然界中(史瓦西坐标系中)物质能够穿越视界到达坐标系原点，因为科学家作为黑洞的外部观测者和研究者，必须在宇宙的有限的年龄内(当然也是科学家的有限的寿命内、也就是史瓦西度规中有限的时间内)，确定物质能否穿越视界到达坐标系原点。因此如果考虑有限的宇宙年龄，远处静止观测者(比如地球上的观测者)是不能采用坐标变换的方法把"冻结星"变成黑洞的。

另外一种办法是试图利用某些黑洞的量子力学效应(比如霍金辐射)使得物质在有限的时间内穿越黑洞的视界。但是最近的研究表明，即使考虑黑洞的量子力学效应，物质在有限的时间内也无法穿越视界[4]。在无法避免物质在黑洞视界外面堆积形成"冻结星"的情况下，有些学者开始研究堆积在黑洞视界外面物质的性质和命运，得到的结论表明这些物质会通过类似霍金辐射的机制向外辐射能量，从而质量会逐渐变小，因此推测宇宙中可能不存在黑洞[4]。实际上，由于这个辐射的时标会超过宇宙的哈勃年龄，这些天体即使会对外发出辐射，实际上仍然是"冻结星"。

最后一种办法就是坦承物质的引力坍缩就是形成"冻结星"，但是同时认为"冻结星"就是黑洞。计算表明，即使自由落体的物质最后会堆积在视界外面，但是由于这些物质发出的光随时间迅速衰减，对于远处的观测者来说，该"冻结星"很快就"暗淡无光"了，因此从观测的角度和黑洞没有不同，完全可以认为该天体就是黑洞。这也是众多广义相对论的专著和教科书上普遍采用的说法。但是从逻辑上，这种说法并不成立，因为黑洞的最基本定义就是其所有质量都集中在坐标原点形成奇异点("数学黑洞")，最起码也需要其所有质量都在其视界以内("物理黑洞")。即使从观测的角度，只要视界外面的物质能够发出辐射，无论多么微弱，都有可能被观测到，该天体也就被证认为不是黑洞了。再退一步，即使所有的望远镜都不能观测到该视界外面的物质发出的辐射，当两个"冻结星"碰撞在一起的时候，其冻结在视界外面的物质也会发出强烈的电磁波辐射，而两个真实的黑洞碰撞在一起的时候只会发出引力波辐射。因此从观测的角度是有可能区分"冻结星"和黑洞的。因此认为"冻结星"看起来就是黑洞,无异于一叶障目。

综上所述,种种避免"冻结星"的努力都没有完全成功。这就是所谓的"冻结星"疑难。由于物质不能穿越视界到达坐标系原点形成奇异点,似乎在真实的宇宙中并不存在奇异性。这就是"物理宇宙中的奇异性问题"的来源。

3."冻结星"疑难的解决:物理宇宙中物质的引力坍缩

我们首先考察图 1,其计算的是检验粒子自由落体运动的情况,也就是没有考虑下落粒子本身的质量对度规的影响。其次我们考察奥本海默和施奈德 1939 年计算的问题:真空中的引力坍缩问题,也就是没有考虑在这个引力系统和观测者之间的物质。因此我们将克服上述两个问题,具体计算在物理宇宙中有质量的物质向黑洞的引力坍缩问题,其模型如图 2 所示[3]。图 3 给出了计算的主要结果:(1) 对于外部的观测者,物质完全可以在有限的时间内穿越视界;(2) 物质在有限的时间内永远不能到达坐标原点。具体的计算过程和详细的计算结果请参看文献[3]。

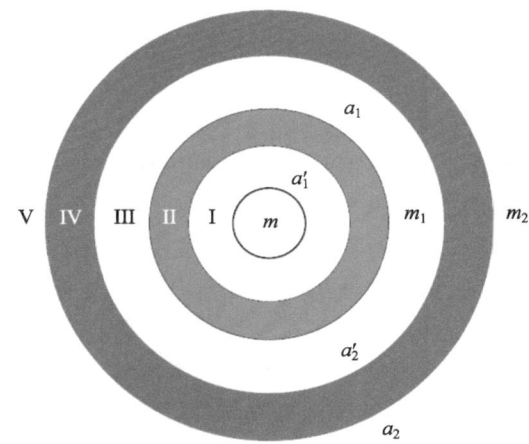

图 2 物理宇宙中物质向黑洞的引力坍缩问题。中心黑洞的质量为 m,黑洞外面两个球壳的质量分别为 m_1 和 m_2,其中球壳 1 表示被观测的下落物质,球壳 2 表示被观测的下落物质和观测者之间非真空区域的、也在下落的物质。我们关注的是球壳 1 能否在有限的外部观测者的时间内穿越黑洞的视界[3]。

上述第一个结果清楚地表明,在考虑了下落物质的质量对度规的影响以及被观测的下落物质和观测者之间仍然有下落物质的实际情况后,物质不可能在视界外面堆积,而是在有限的时间内顺利穿越视界进入了黑洞。因此所谓的"冻结星"在物理宇宙中是不存在的。物质不但能够通过引力坍缩而形成黑洞,而且黑洞还可以继续通过吞噬下落的物质而增长。在仔细考察计算得到的精确解的度规后,发现这个

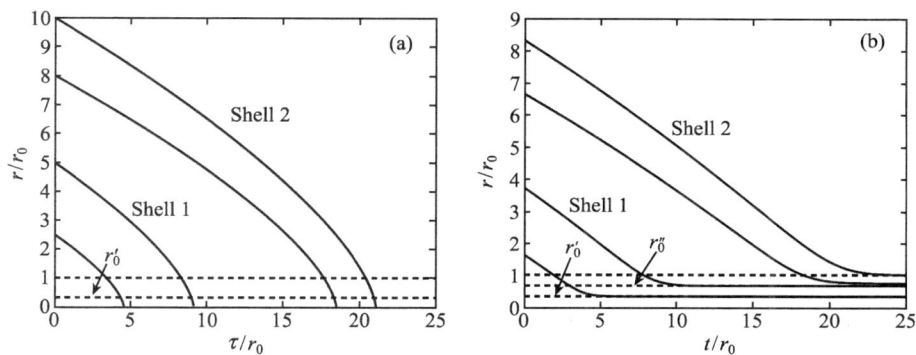

图 3 两个球壳分别在随球壳下落(a)和外部静止坐标系(b)中的自由落体运动 $r'_0 = 2m$ 对应初始中心黑洞的视界，$r_0 = 2(m + m_1 + m_2)$ 对应整个引力系统的视界。对于(a)两个球壳都在有限的时间内到达了坐标原点。对于(b)，可以得到两个结果：(1) 尽管球壳 2 的外边界没有进入 r_0 以内，但是球壳 1 完整地进入了 r_0 以内，球壳 2 的物质也没有堆积在视界外面(考虑到球壳 2 外面也不会是真空，所以实际上球壳 2 也会进入黑洞的视界以内)。(2) 两个球壳都不可能在有限的时间内到达坐标原点，也就是在坐标原点处不会形成奇异点[3]。

结果定性地有别于以前的结果的原因是下落物质的质量影响了全局的引力场，而黑洞的视界就是引力场的全局，而非局部性质。在物质下落的过程中，整个引力系统的视界不断膨胀，最终和下落物质相遇而吞噬了下落物质。所以可以形象地说，是视界吞噬了物质，而不是物质落入了黑洞。而在图 1 的检验粒子的计算中，由于检验粒子没有质量，所以视界的位置不会变化，因此检验粒子无论如何也不能进入视界。

事实上，计算表明，球壳 2 的存在和下落运动也对于球壳 1 的下落运动和整个引力系统的视界的运动有影响。换句话说，即使对于球对称质量分布的系统，外部物质也可以影响内部的度规和内部物质的运动。这和牛顿引力的情况完全不同，因为在牛顿引力的情况下一个球对称的球壳对其内部所产生的引力之和为零，这是平方反比力的情况下高斯定理的直接结果。

本文作者和很多国内外的学者进行过当面讨论，感觉绝大多数的学者对广义相对论中的 Birkhoff 定理都存在不同程度的误解：绝大多数的学者认为一个球对称的无旋转、无电荷、无压力的纯引力系统任何半径处的度规就是由该半径以内的总质量所决定的史瓦西度规，也就是说误认为高斯定理也适用于广义相对论，或者误认为 Birkhoff 定理就是高斯定理的直接结果。实际上，Birkhoff 定理本身和高斯定理无关，其证明过程要求在无穷远处的度规是平坦的，恰好说明了度规的全局性。因此 Birkhoff 定理只能应用于球对称质量系统的外部，也就是外部度规是由其总引力质量决定的史瓦西度规，其内部度规必须根据连续性条件求解广义相对论场方程才能够得到，不能想当然地应用 Birkhoff 定理。

由于在球壳中以及球壳内任何位置处的度规都需要和球壳 2 外部的史瓦西度规连续过度，而球壳 2 外部的史瓦西度度规是由该系统的全部引力质量所决定的，因此一个引力系统任何地方的度规都是由该引力系统的全局性质、而不是局部性质所决定的。文献[3]的详细计算结果证实了不但两个球壳中的度规和该半径外部的质量分布有关，即使两个球壳之间以及球壳 1 和初始黑洞之间的"真空"区域的度规也和该半径外部的质量分布有关。由于对 Birkhoff 定理的广泛误解，很多广义相对论的应用中都错误地使用了 Birkhoff 定理。但是，详细的计算表明，一般情况下外部物质对内部度规的影响远远小于内部物质的作用，所以在大多数情况下这个误解不会带来明显的影响。不过对于强引力场中需要进行精确计算的情况下，比如计算星系或者星系团的引力透镜效应，这个误解带来的影响也许不能忽略不计，因此需要进一步的研究。

4. 结束语：物理宇宙中可能不存在奇异性？

图 3 的结果已经表明物理宇宙中不存在"冻结星"，也就是物质的引力坍缩能够形成"天文黑洞"，而向黑洞自由下落的物质也能够顺利穿越黑洞的视界。这就彻底解决了所谓的"冻结星"疑难。图 3 的另一个结果表明，尽管物质能够穿越黑洞的视界进入黑洞，但是在外部观测者有限的时间内不可能到达坐标的原点，也就是说物质在黑洞内部是以分布形式存在的，而不是集中在坐标原点形成奇异性。因此"天文黑洞"不是"数学黑洞"，而且通过引力坍缩无法形成具有时空奇异性的"数学黑洞"，也就是说奥本海默和施奈德 1939 年研究的恒星演化的晚期不会像学术界普遍认为的那样在有限的时间内形成时空奇异性。那么，在自然界能否有其他途径形成时空奇异性呢？时空奇异性是否具有物理意义呢？这些重要而基础的问题都有待于进一步的研究。

参 考 文 献[①]

[1] 张双南, 物理宇宙中的黑洞形成和增长问题, 中国引力与相对论天体物理学会 2008 年学术年会, 2008 年 7 月, 甘肃省兰州市；会议总结报告：物理和天文的重要问题, 第七届张衡学术研讨会, 2008 年 7 月, 湖北省神农架；物理宇宙中的黑洞形成和增长问题, 中国天文学会 2008 年学术年会, 2008 年 8 月, 山东省胶南市；Hunting for Black Holes, Invited talk at New Vision 400: Engage Big Questions in Astronomy & Astrophysics-Four Hundred Years after the Invention of Telescope, Templeton-Xiangshan Conference, Beijing, Oct. 2008, edt. D. York et al.；天体物理黑洞的形成和观测证认, 引力与广义相对论学术研讨会, 2008 年 12 月, 北京师范大学, 北京.

[2] Oppenheimer J R, Snyder H. On continued gravitational contraction [J]. Phys. Rev., 1939, 56

---

① 是有关黑洞的主要专著和科普著作。

(5): 455–459.

[3] Liu Y, Zhang S N. Exact solutions for shells collapsing towards a pre-existing black hole [J]. Physics Letters B, 2009, 679(2): 88–94.

[4] Vachaspati T, Stojkovic D, Krauss L M. Observation of incipient black holes and the information loss problem [J]. Phys. Rev. D, 2007, 76: 024005.

[5] Chandrasekhar S. The mathematical theory of black holes [M]. Oxford: Oxford Univ. Press, 1983.

[6] Shapiro S L, Teukolsky S A. Black holes, white dwarfs, and neutron stars [M]. New York: John Wiley & Sons, 1983.

[7] Luminet J-P 著, 卢炬甫译, 黑洞[M]. 长沙：湖南科学技术出版社, 1997.

[8] Thorne K S, Black Holes & TimeWarps-Einstein's Outrageous Legacy [M]. W.W. Norton & Company, 1994.

[9] Begelman M C, Rees M J. Gravity's fatal attraction - black holes in the universe [M]. Scientific American Library, New York, 1998.

[10] Misner C W, Thorne K S, Wheeler J A. Gravitation [M]. W. H. Freeman, New York, 1973.

[11] Weinberg S., Gravitation And Cosmology: Principles and Applications of the General Theory of Relativity [M]. New York: Basic Books, 1977.

撰稿人：张双南
中国科学院高能物理研究所

如何测量黑洞的自转？

How to Measure a Black Hole's Spin?

黑洞(black hole)可以带有角动量而产生自转(spin)。自转作为黑洞的基本参量，和黑洞的形成和质量增长、吸积能量提取、喷流形成等基本的科学问题密切相关。但是对黑洞自转的观测测量，却比黑洞的质量测量困难得多，是当代天体物理的前沿研究热点之一。目前只对部分处于双星中和极少数活动星系核的中吸积黑洞的自转参数进行了比较可信的测量，还处于天体物理研究的开垦较少的领域。

1. 黑洞自转测量的基本原理

具有角动量的黑洞会产生三个重要的广义相对论效应：(1) 转动黑洞的视界半径比不转动的黑洞小，极端转动的克尔(Kerr)黑洞的视界半径是史瓦西(Schwarzschild)半径的一半。(2) 黑洞的最后一个稳定圆轨道的半径和黑洞的自转参数单调相关，如图1所示，对于不转动的黑洞，该轨道半径是3倍的史瓦西半径，对于极端转动的可尔黑洞，逆向轨道半径是4.5的史瓦西半径，顺向轨道半径是0.5的史瓦西半径。(3) 转动的黑洞会拖着周围的时空一起转动，产生参考系拖曳现象(frame dragging effect)。当黑洞吸积周围的物质产生辐射和外流的时候，上述三个

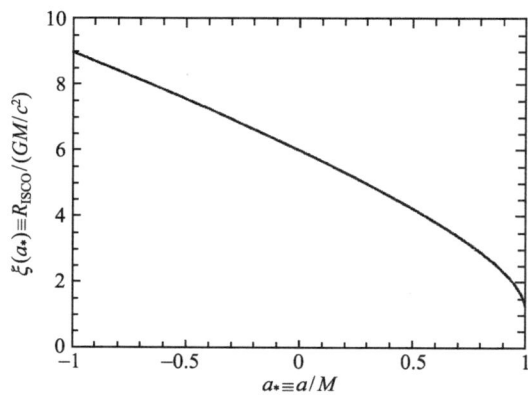

图 1　黑洞在最后稳定圆轨道半径和黑洞的角动量的关系，纵轴的单位黑洞的引力半径(等于0.5史瓦西半径)，横轴的单位是量纲为的黑洞自转角动量(对于极端克尔黑洞为1)，负号表明粒子轨道角动量方向和黑洞角动量方向相反(逆向轨道)，正号表明两者方向相同(顺向轨道)。

广义相对论效应就可能产生可观测的现象,根据对这些现象的详细测量就可以测量黑洞的角动量,也就是自转参数。

2. 黑洞自转参数测量的方法

针对不同的天文观测结果,目前测量黑洞角动量的方法有以下几种:(1) 拟合黑洞周围吸积盘辐射的连续辐射谱;(2) 拟合黑洞周围吸积盘的反射谱;(3) 拟合黑洞周围吸积盘辐射的准周期振荡信号;(4) 计算黑洞周围吸积盘辐射的效率;(5) 计算黑洞周围辐射区域的最小尺度;(6) 计算黑洞对其周围辐射的遮挡的阴影。所有这些方法依赖的基本假设都是观测到的辐射来自于黑洞周围的吸积盘(或者笼统地说吸积流),而吸积盘(吸积流)的内边缘就是黑洞的最后一个稳定圆轨道,然后再考虑黑洞转动的其他广义相对论效应就可以推测(测量)黑洞的自转参数。

2.1 连续辐射谱方法

1997年张双南等[1]提出了拟合黑洞周围吸积盘辐射的连续谱测量黑洞自转的方法,并首次比较可靠地测量了几个黑洞X射线双星中的黑洞的自转,并得到了黑洞自转参数和黑洞吸积系统相对论喷流的强相关的重要结论,揭开了测量黑洞自转的序幕。该方法假设观测到的连续谱来自于围绕黑洞的光学厚、几何薄的吸积盘(所谓的标准吸积盘模型),在每一个半径处的辐射能谱都是温度随半径变化的黑体辐射,该吸积盘的内边缘就是黑洞的最后一个稳定圆轨道。使用这个方法,目前得到了最多黑洞自转测量结果。

最近10年以来,以哈佛大学为主的研究小组对这个方法进行了不断的改进,已经日臻成熟[2,3]。在所有测量黑洞自转的方法中,该方法依赖的假设最少,模型的不确定性也最小,而且X射线双星中黑洞的质量和吸积盘的倾角可以准确地测量,其吸积盘内边缘的温度在1keV左右,能够比较容易地被观测到,因此该方法是目前测量黑洞双星的黑洞自转的最主要方法。

2.2 反射谱方法

活动星系核的能谱通常是由幂率谱主导的非热谱,而其吸积盘热辐射谱的内边缘的辐射主要在紫外区域,受星际介质和活动星系核内禀吸收的影响比较难于被观测到,而黑洞的质量很难精确测量,因此连续辐射谱方法虽然原则上可行,但是实际上很难应用到活动星系核中黑洞的自转测量。由于吸积盘会反射X射线幂率谱的辐射而在X射线能区产生反射谱,精确测量并拟合该反射谱也能够确定吸积盘的内边缘半径,从而推测黑洞的角动量。这种方法的主要优点是原则上不需要事先知道黑洞的质量以及吸积盘的倾角,而同时能够得到黑洞的自转、质量以及吸积盘的倾角。其主要缺点是需要假设X射线幂律谱辐射区的几何结构。

反射谱中有两个特征结构能够用来测量黑洞的自转:(1) X射线特征谱线,主要是铁的K-alpha线,该方法首先由Loar于1991年提出[4],首先由Iwasawa等应用到活动星系核 MCG-6-30-15 中得到该黑洞自转的可能证据[5],随后的进一步观测证实了该黑洞是高度自转的[6],使用此方法也得到了其他几个黑洞的转动证据[7]。该方法也可以用来测量黑洞双星中黑洞的自转,得到的结果和连续谱测量的结果基本上一致[7]。(2) 不被吸积盘物质共振吸收的 X 射线可能被吸积盘反射出来形成一个宽的反射包,也可以用来拟合吸积盘内边缘的半径,使用此方法可以在幂律谱主导的情况下准确地测量黑洞的自转,由于该方法需要高信噪比的宽波段能谱测量,目前主要测量了几个黑洞双星的黑洞自转[8,9]。

2.3 其他测量黑洞自转的方法

除了上面两种测量黑洞质量的主要方法之外,以下几种方法在有些特殊的情况下也可能提供黑洞角动量的测量。但是这些方法都依赖比较特殊的观测数据,或者该黑洞处于比较特殊的状态,因此并没有得到普遍的使用。

从有些黑洞吸积系统观测到了准周期振荡信号,假设这些信号和吸积盘的某种特定的振荡模式有关,而该振荡模式的周期和黑洞的角动量有关(比如参考系拖曳效应),或者和吸积盘的内边缘半径有关,那么就可以用来测量黑洞的角动量[10]。但是这种方法的主要不确定性是如何确定观测到的准周期振荡信号的物理机制。

根据图 1 可以知道吸积盘的辐射效率和黑洞的自转参数单调相关,因此测量辐射效率就可以推算黑洞的自转。在黑洞双星系统中由于很难测量吸积率,所以很难测量辐射效率。但是由于活动星系核的超大质量黑洞的质量主要是通过吸积物质获得的,所以同时测量黑洞的质量函数和亮度函数就可以推算吸积盘的辐射效率而计算某一个红移处的黑洞的平均自转参数[11,12]。但是由于黑洞的质量函数和亮度函数测量的不确定性或者不完备性,该方法的系统误差很难估计。此外,针对任何单个黑洞这个方法就无法应用。

从 M87 星系观测到的高能伽马射线的快速光变可以推测其高能伽马射线来自于离黑洞很近的区域,而如果该黑洞不是快速旋转的话,其周围的低能辐射光子场就会和高能伽马射线光子发生作用,导致高能伽马射线被严重衰减而无法被观测到,因此可以推测 M87 星系中心的超大质量黑洞是高度自转的[13]。此方法显然只能应用于极少的黑洞吸积系统。

如果黑洞周围的辐射的图像能够被精确观测到,那么就能够通过图像上面看到的黑洞对辐射区域的遮挡产生的阴影推测吸积盘辐射的区域、甚至能够测量到黑洞的视界的半径,因此能够提供黑洞的自转参数的精确和直接的计算[14]。在可以预见的将来,该方法可能只能用来测量银河系中心的超大质量的黑洞的自转,因为对于其他的黑洞很难获得需要的观测数据。

3. 结束语

经过最近 10 年的快速发展,已经发展了几种测量黑洞自转的方法。但是对单个黑洞自转测量的普遍适用的方法仍然局限于吸积盘连续辐射谱和反射谱的拟合，而需要的数据只能来源于空间 X 射线望远镜的最高精度的观测。目前比较精确和可靠地测量到自转的黑洞仍然屈指可数，而且主要是黑洞双星中和附近的活动星系核中的黑洞。未来几年国际上将有几个新的空间 X 射线望远镜发射运行，预计将有更多的活动星系核中的黑洞的自转参数被精确测量，这对于我们理解黑洞的演化、喷流的产生以及黑洞和周围环境的相互作用将有很大的推动。

参 考 文 献

[1] Zhang S N, Cui W, Chen W. Black hole spin in X-ray binaries: Observational consequences [J]. Astrophysical Journal Letters [J]. 1997, 482: L155.

[2] Remillard R A, Mcclintock J E. X-ray properties of black-hole binaries [J]. Annual Review of Astronomy & Astrophysics, 2006, 44(1): 49–92.

[3] Narayan R, Mcclintock J E, Shafee R. Estimating the spins of stellar-mass black holes by fitting their continuum spectra. Astrophysics of Compact Objects: International Conference on Astrophysics of Compact Objects. AIP Conference Proceedings, 2008, 968: 265–272.

[4] Loar A. Line profiles from a disk around a rotating black hole [J]. Astrophysical Journal, 1991, 376: 90–94.

[5] Iwasawa K, et al. The variable iron K emission line in MCG-6-30-15 [J]. Monthly Notices of the Royal Astronomical Society, 1996, 282(3): 1038–1048.

[6] Wilms J, et al. XMM-EPIC observation of MCG-6-30-15: direct evidence for the extraction of energy from a spinning black hole? [J]. Monthly Notices of the Royal Astronomical Society, 2001, 328(3): L27–L31.

[7] Miller J M. Relativistic X-ray lines from the inner accretion disks around black holes [J]. Annual Review of Astronomy & Astrophysics, 2007, 45(1): 441–479.

[8] Reis R C, Fabian A C, Ross R R, Miniutti G, Miller J M, Rrynolds C. A systematic look at the very high and low/hard state of GX339-4: constraining the black hole spin with a new reflection model [J]. Monthly Notices of the Royal Astronomical Society, 2009, 387(4): 1489–1498.

[9] Reis R C, Fabian A C, Ross R R, Miller J M. Determining the spin of two stellar-mass black holes from disc reflection signatures [J]. Monthly Notices of the Royal Astronomical Society, 395(3): 1257–1264.

[10] Cui W, Zhang S N, Chen W. Evidence for frame dragging around spinning black holes in X-ray binaries [J]. Astrophysical Journal Letters, 1998, 492: L53.

[11] Yu Q, Tremaine S. Observational constraints on growth of massive black holes [J]. Monthly Notice of the Royal Astronomical Society, 2002, 335(4): 965–976.

[12] Wange J M, et al. Episodic random accretion and the cosmological evolution of supermassive black hole spins [J]. The Astrophysical Journal Letters, 2009, 697(2): L141–L144.

[13] Wang J M, et al. Spins of the supermassive black hole in M87: New constraints from TeV observations [J]. The Astrophysical Journal Letters, 2008, 676(2): L109–L112.

[14] Yuan Y F, Cao X, Huang L, Shen Z-Q. Images of the radiatively inefficient accretion flow surrounding a Kerr black hole: Application in Sgr A* [J]. The Astrophysical Journal, 2009, 699(1): 722–731.

撰稿人：张双南
中国科学院高能物理研究所

如何测量黑洞的质量？

How to Measure the Mass of a Black Hole?

黑洞是宇宙中神秘而又常见的天体。它既是大质量恒星演化到晚期经过超新星爆发后的最可能产物，又存在于几乎我们所发现的每个星系和类星体中心。前者我们称之为恒星级黑洞，质量在3~20个太阳质量之间；后者我们称之为超大质量黑洞，质量在上百万到几十亿太阳质量之间。目前，一些天文观测显示宇宙中还可能存在一类质量在几千到几万太阳质量之间的中等质量黑洞。对这些不同质量的黑洞的研究已成为当今天体物理研究的热点之一。

众所周知，黑洞只有三个描述其本身物理性质的参数，即质量、角动量和电荷。而因为宇宙的电中性，天体物理研究中的黑洞通常只有前两个参数。不转的黑洞(角动量为零)被称为史瓦西黑洞；而转动的黑洞则被称为克尔黑洞。在描述黑洞的参数中，毫无疑问质量是其最重要的参数。在天体物理研究中如何准确地测量黑洞的质量已成为研究黑洞天体物理的重要内容。黑洞虽然自身不发光，但它具有的强大引力会对其周围物质或天体的运动产生巨大影响，而通过测量这些黑洞附近物质或天体的运动就有助于我们来测量黑洞的质量[1]。

对恒星级黑洞而言，天文学家们观测发现他们通常存在于发出X射线的双星系统中。著名的天鹅座X-1，就是我们银河系内恒星级黑洞的一个典型代表。这些X射线双星系统除黑洞外，还有一颗与之相互绕转的恒星，称为伴星。伴星表面的物质因为受到黑洞强大的引力作用而脱离伴星流向黑洞，并在黑洞周围形成一个发光的吸积盘。在最靠近黑洞的吸积盘内区温度最高，可发出强烈的X射线辐射。而伴星作为一颗普通恒星，则主要发出光学波段的辐射。在光学波段观测X射线双星，通常我们观测到的主要是来自伴星的光学辐射。由于伴星和黑洞是相互绕转的，所以伴星的位置并不是固定不变的。天文学家们通过精细的观测发现，伴星在视线方向上会来回运动，此运动会导致伴星光谱中的谱线由于多普勒效应而偏离原有波长。通过对伴星光谱的精密测量天文学家会得出伴星沿视向方向运动的速度，即视向速度。连续的光谱观测可给出X射线双星视向速度的大小和轨道运动的周期，而这两个观测量在理论上是与黑洞和伴星的质量以及观测者视向与双星轨道运动平面法线的夹角(称为视向角)密切相关的。如果通过其他的天文观测可给出视向角和伴星质量的大小，那么我们就能通过视向速度的测量准确地计算出X射线双星系统中黑洞的质量。目前天文学家们已经通过这种动力学方法测量了银河系内20多颗X射线双星中的黑洞质量，其质量范围为3~20个太阳质量[2](图1)。由于其质量已超过中子星的质量上限，因此可以确认这些天体为恒星级黑洞。最近类似的观测研究已推广到近邻星系 M33 中的 X 射线双星系统，发现其中也存在恒星级黑洞[3]。

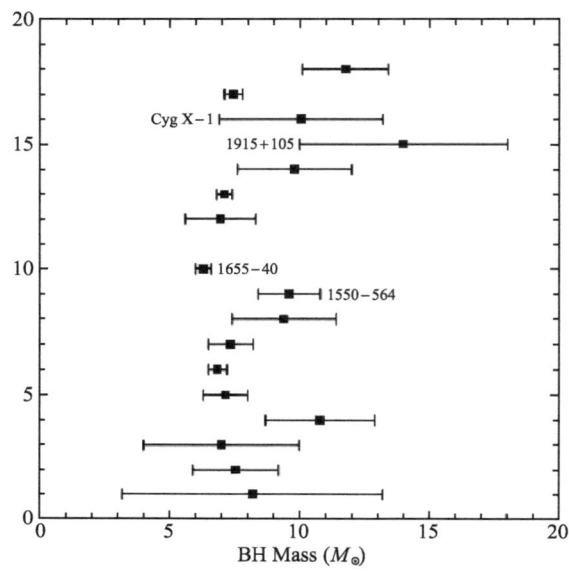

图 1　17 个银河系内黑洞 X 射线双星的黑洞质量测量值，取自文献[4]。数据来自文献[2]。

质量在百万个太阳质量以上的超大质量黑洞已被普遍认为存在于星系和类星体的中心。对近邻的一些星系(包括银河系)，天文学家们在过去 20 多年里利用哈勃太空望远镜和地面大型的光学及红外望远镜进行了大量观测，发现了这些星系中心的恒星运动。通过测量这些恒星的运动速度和其离星系中心的距离，可以计算出星系中心很小尺度内的质量，这些质量是如此之大只可能来源于星系中心的黑洞。类似这种恒星动力学的方法，天文学家还可以通过测量星系中心的电离气体和水脉泽发射源的运动速度和位置，得到星系中心黑洞的质量。目前利用这三种动力学方法，天文学家们已测量了 40 多个近邻星系(包括银河系)中心黑洞的质量[5]。我们银河系的中心黑洞质量约为四百万太阳质量，其他近邻星系中心的黑洞质量也都在几百万到几十亿太阳质量之间。这些观测暗示可能每一个星系的中心都存在超大质量黑洞。后续的研究还发现星系中心的黑洞质量与星系核球质量及核球内恒星的弥散运动速度(也称速度弥散)有非常好的相关性，这显示黑洞与星系的演化之间存在密切的物理关联[6,7]。

大多数近邻星系都是不活动的正常星系，其发光主要来自于星系中的数十亿颗恒星。在宇宙中还存在许多活动星系核，它们通常比正常星系要亮几百到几十万倍，而这些光不是来自于恒星，而是从落向中心超大质量黑洞的气体发出的。我们所熟知的类星体就是这些活动星系核的一个子类。由于这些活动星系核的中心太过明亮,我们无法直接观测到围绕黑洞附近的恒星和气体的运动,因此不能用上面提到的动力学方法来测量这些活动星系中心的黑洞质量。但这些活动星系核的光谱中许多都有宽发射线,人们相信这些宽发射线来自于离黑洞几光天到几光月(分别对应于光走几天到几月的距离)的宽发射线区。利用对这些宽发射线强度和来自黑洞附近的连续谱辐射强度的长期测量,我们可以得出宽发射线强度变化相对于连续谱强度变化的时间延迟。由这一时间延迟我们可计算出宽发射线区离中心黑洞的距离。而通过测量宽发射线的谱线宽度我们可推算出宽发射线区的运动速度。因此,利用宽发射线区的距离和运动速度,我们能够计算出这些活动星系核的中心黑洞质量。目前利用这一方法(被称为反响映射法),天文学家们已测量了 40 多个活动星系核的中心黑洞质量[8,9]。但对绝大多数活动星系核而言,我们不可能对它们进行长期的光谱观测从而利用反响映射法来得出它们的黑洞质量。不过,从对 40 多个活动星系核的反响映射法测量中天文学家们总结出了活动星系核宽发射线区距离与连续谱光度及宽发射线光度之间的经验关系[9,10],利用这些经验关系我们就可以从对其他活动星系核的一次光谱观测中估算出宽发射线区的距离,并从宽发射线宽度推算出宽发射线区运动速度,从而就能够计算出这些活动星系核的中心黑洞质量。对那些没有宽发射线的活动星系核,我们也可以通过测量它们光谱中来自寄主星系的吸收线来推算核球速度弥散,再利用黑洞质量与其星系核球速度弥散的经验关系来得到这些活动星系核的黑洞质量[11]。对活动星系核黑洞质量的估算发现其质量范围也

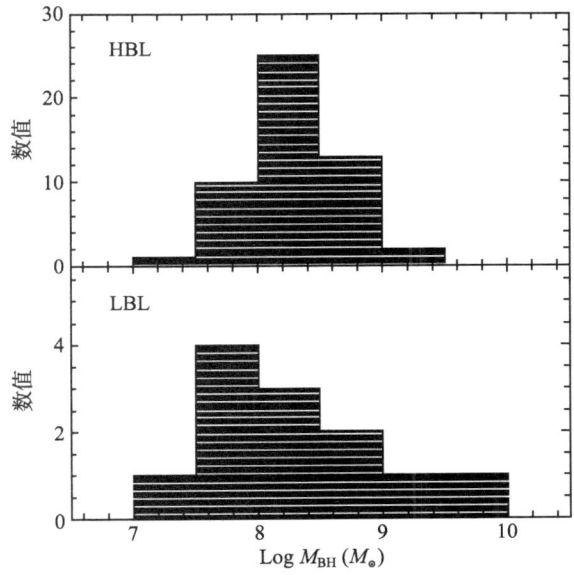

图 2　一些活动星系核黑洞质量分布的直方图,上图为高频峰值 BL Lac 天体,
下图为低频峰值 BL Lac 天体[12]。

在几百万到几十亿太阳质量之间(图 2),这与近邻正常星系的黑洞质量范围一致。

尽管过去 20 多年里在恒星级黑洞和超大质量黑洞的质量测量上都取得了巨大进展,但仍存在许多有待解决的问题。目前的黑洞质量测量还有很大的不确定性,误差一般也都较大,还需要利用更大的望远镜进行更多精细的观测。尤其对遥远的星系和类星体,目前我们还只能利用对近邻星系的黑洞测量总结得出的一些经验关系来估算它们的中心黑洞质量。但是,这些近邻宇宙中得到的关系是否就能用于遥远的宇宙?这些关系是否存在宇宙学演化?对这些问题我们仍然没有答案。此外,如果宇宙中确实存在中等质量黑洞,我们有无办法准确测量它们的黑洞质量?显然,这些问题仍有待于我们今后进一步去探索。

参 考 文 献

[1] Wu X B. Weighing black holes in the universe. Frontiers of Physics in China, 2006, 1(2): 135–142.
[2] McClintock J E, Remillard R A. Black hole binaries. In: W. H. G. Lewin, M. van der Klis, eds., Compact Stellar X-ray Sources, (Cambridge: Cambridge University Press), 2006, 157–213.
[3] Orosz J A, McClintock J E, Narayan R, Bailyn C D, et al. A 15.65-solar-mass black hole in an eclipsing binary in the nearby spiral galaxy M 33. Nature, 2007, 449(7164): 872–875.
[4] Wu X-B. Black Hole Mass of Microquasars and Quasars. Chinese Journal of Astronomy & Astrophysics, 2005, 5: 235–240.
[5] Kormendy J, Gebhardt K. in RELATIVISTIC ASTROPHYSICS: 20th Texas Symposium. AIP Conference Proceedings, 2001, 586: 363–381.
[6] Magorrian J, Tremaine S, Richstone D, Bender R, et al. The demography of massive dark objects in galaxy centers. Astronomical Journal, 1998, 115(6): 2285–2305.
[7] Tremaine S, Gebhardt K, Bender R, Bower G, et al. The slope of the black hole mass versus velocity dispersion correlation, Astrophysical Journal, 2002, 574(2): 740–753.
[8] Wandel A, Peterson B M, Malkan M A. Central masses and broad-line region sizes of active galactic nuclei: I. Comparing the photoionization and reverberation techniques. Astrophysical Journal, 1999, 526(2): 579–591.
[9] Kaspi S, Smith P S, Netzer H, Maoz D, Jannuzi B T, Giveon U. Reverberation measurements for 17 quasars and the size-luminosity relations in active galactic nuclei. Astrophysical Journal, 2000, 533(2): 631–649.
[10] Wu X-B, Wang R, Kong M Z, Liu F K, Han J L. Black hole mass estimation using a relation between the BLR size and emission line luminosity of AGN. Astronomy & Astrophysics, 2004, 424: 793–798.
[11] Wu X-B, Han J L. On black hole masses, radio-loudness and bulge luminosities of Seyfert galaxies. Astronomy & Astrophysics, 2001, 380: 31–39.
[12] Wu X-B, Liu F K, Zhang T Z. Supermassive black hole maases of AGNs with elliptical hosts. Astronomy & Astrophysics, 2002, 389: 742–751.

撰稿人:吴学兵
北京大学天文学系

中等质量黑洞的形成

Formation of Intermediate-Mass Black Holes

黑洞是宇宙中最简单也是最奇特的天体。它们的存在形式目前比较确定的是在银河系中发现的恒星级黑洞(质量约 5~20 个太阳质量)和在很多河外星系中发现的超大质量黑洞(质量约 10^6~10^{10} 太阳质量)。目前有越来越多的证据表明在宇宙中可能还存在质量在 10^2~10^4 太阳质量的中等质量黑洞[1]。中等质量黑洞如果在宇宙中确实存在,将填补恒星级黑洞和超大质量黑洞在质量分布上的空缺,对天体物理的影响是十分巨大的,但中等质量黑洞是如何形成的? 对这个问题的回答还很不明朗。

星系 M101 中的极亮 X 射线源中或许藏有中等质量黑洞, 取自 http://chandra.harvard.edu/photo/。

首先,假设中等质量黑洞起源于恒星坍缩,那么恒星的初始质量必须至少和中等质量黑洞一样。理论和观测研究表明,这样的恒星在目前的宇宙中不可能产生中等质量黑洞[2]。首先,在星云坍缩成恒星的过程中通过金属线的冷却,温度降低,金斯质量下降,因而星云会分裂成质量小于 100 太阳质量的团块。其次,恒星质量的增加是通过吸积物质完成的,但大质量恒星的辐射压力足以吹走外界物质,或者通过脉动不稳定性抛射物质。第三,即使质量超过 200 太阳质量的恒星可以形成,在恒星演化阶段也会通过星风等方式流失大量物质,使得在演化末期最终遗留的致密天体质量远小于恒星初始质量。目前在银河系内发现的最重的恒星质量在 100~200 太阳质量，并且正在发射强烈的星风。恒星演化理论研究表明，即使是这样的大质量恒星，其产生的黑洞质量也不会超过 20 太阳质量，这与观测到的 X 射线双星中的黑洞质量是一致的。因此中等质量黑洞不可能是由当前的恒星坍缩直接形成的，它们要么形成于早期宇宙中，要么先形成于恒星级黑洞，然后通过其他方式获得了绝大部分的质量。

在宇宙演化的初始阶段，第一代的恒星和星云的化学组成主要是原初的氢和氦元素，金属丰度非常低。星云的冷却是通过分子氢的转动跃迁而不是金属线进行的，温度可以比银河系中的分子云高很多，相应的金斯质量也要大得多，因此星云可以坍缩形成质量达到成百上千太阳质量的恒星。由辐射压力所导致的脉动不稳定性和星风强度也大为减缓，因而在恒星演化过程中几乎不损失质量。但并不是所有的第一代恒星都可以形成中等质量黑洞。研究表明只有当初始质量超过 250 太阳质量时，恒星才可以直接坍缩形成黑洞[3]。这样的中等质量黑洞形成后将在星系晕中漫游，吸积周围的星际物质，但通常产生的 X 射线辐射十分微弱，除非它们恰好进入到一个富含大质量恒星的恒星形成区。显然，通过第一代恒星产生的中等质量黑洞的数目取决于第一代恒星的形成率和初始质量函数，即初始质量大于 200 太阳质量的恒星在所有恒星中所占的比例。而目前对这两个问题还很不清楚。

如果中等质量黑洞起源于一个质量较小的种子(黑洞或恒星)，那么这个过程几乎不可能通过吸积星际物质(如分子云)来完成，因为它所需要的时标长达几十亿年，远超过分子云的寿命或黑洞在分子云中的停留时间。因此，通过俘获一个恒星来吸积恒星物质或与恒星(包括致密星)发生碰撞并合成为一种更为实际的途径，尤其是后者的效率更高。由于恒星或致密星的质量远小于中等质量黑洞的质量，这样的碰撞过程必定要发生多次。在星系盘中恒星之间的碰撞几率极低，只有在致密星团中才有可能发生恒星的多次碰撞和并合过程。这样的星团可以是年轻星团，其中大质量恒星的相互作用占主导地位，也可以是年老的球状星团，其中致密星的相互作用则更加重要[4]。

星团是包含大量成员星并通过引力束缚的恒星系统。在星团核心处恒星分布得最为密集，恒星的数密度向外逐渐减小。由于星团包含了不同质量的恒星，大质量的恒星(包括双星，在动力学上它们可以作为单星处理)运动得较慢，在引力作用下更容易下落到星团中心区域。在致密的星团核心区，大质量恒星、双星之间的相互碰撞相当频繁。虽然三体碰撞的过程十分复杂，通常的结果是原来密近的双星系统会变得更加密近，并且新形成的双星往往包含了三颗星中质量较大的两颗。当星团核心和边界处的恒星密度比达到一个临界值，其核心会发生坍缩。

在年轻的致密星团中，大质量恒星可能还处在主序阶段，具有较大的体积，同时集中分布在星团的核心区域,因而具有较大的碰撞和并合的概率。最近的数值计算发现,如果星团核心发生坍缩,大质量恒星就可能和其他恒星发生多次并合过程,最终形成一个质量极大(超过几百太阳质量)的恒星。它可以迅速耗尽内部的核燃料,坍缩成为一个中等质量黑洞[5]。这个模型要求星团在大质量恒星演化前发生坍缩。目前绝大部分关于星团动力学的研究假设星团中的成员星都是单星,没有考虑星团中原始双星系统的存在对动力学作用的影响,而这种影响的效果到底有多大还很不清楚。此外,通过双星碰撞形成的更大质量恒星是否能稳定存在,以及碰撞过程中有多少物质流失也是有待仔细探讨的问题。

在年老的球状星团中大部分恒星的质量都小于大质量恒星死亡后的残骸——中子星和黑洞的质量,但由于这些致密星的体积很小,发生直接相互碰撞的概率很低。不过,如果致密星组成了密近双星系统,通过与其他致密星的碰撞可能会导致轨道收缩,从而在引力辐射的作用下在有限的时间内发生并合。问题是碰撞一方面会导致双星轨道收缩,另一方面也会使双星整体得到一个更大的运动速度,这个速度有可能超过星团的逃逸速度。这样致密星双星的并合将发生在星团的外面,当然不可能再有新的碰撞来产生下一步的并合。不过近年来的一些研究发现,初始的双星中如果含有一颗质量超过50个太阳质量的黑洞,它较大的惯性有可能使它维持在星团内,进行多次的碰撞和并合事件[6]。但发生这样相互作用的可行性和概率大小还需要仔细研究。

即便通过上述机制可以在星团内形成中等质量黑洞,如何观测到它们?最可行的途径是黑洞通过动力学相互作用,如潮汐俘获、碰撞交换等,与另外一颗正常恒星组成双星系统并发生物质交流,产生明亮的 X 射线辐射。不过,现有的数值计算工作在中等质量黑洞双星形成概率的研究结果往往相互矛盾[7]。因此,在观测和理论上更加深入细致地研究中等质量黑洞的形成机制和观测效应是十分必要的。

参 考 文 献

[1] Farrell S A, et al. An intermediate-mass black hole of over 500 solar masses in the galaxy ESO243-49 2009, Nature, 2009, 460: 73–75.

[2] Heger A, Woosley S E. The nucleosynthetic signature of population III, Astrophysical Journal, 2002, 567: 532–543.

[3] Madau P, Rees M J. Massive black holes as population III remnants, Astrophysical Journal, 2001, 551: L27–30.

[4] Miller M C, Colbert E J M. Intermediate-mass black holes, International Journal of Modern Physics D, 2004, 13: 1–64.

[5] Portegies Zwart S F, et al. Formation of massive black holes through runaway collisions in dense young star clusters, Nature, 2004, 428: 724–726.

[6] Miller M C, Hamilton D P. Production of intermediate-mass black holes in globular clusters.

Monthly Notice of Royal Astronomical Society, 2002, 330: 232–240.

[7] Blecha L, Ivanova N, Kalogera V, Belczynski K, Fregeau J, Rasio F. Close binary interactions of intermediate-mass black holes: Possible ultraluminous X-ray sources? Astrophysical Journal, 2002, 642: 427–437.

撰稿人：李向东
南京大学天文学系

黑洞系统中吸积与喷流的耦合

Coupling of Accretion with Jet in Black Hole Systems

1. 天体物理中的吸积与喷流

致密天体(白矮星、中子星和黑洞)对其周围物质的吸积过程是一种释放引力能的有效机制,它被广泛用来解释X射线双星、激变变星、活动星系核的高能辐射。1969年Lynden-Bell首次用黑洞吸积解释了类星体的能量机制[1]。另一方面,天文观测发现喷流(外流)普遍存在于一部分X射线双星、年青恒星以及活动星系核之中[2]。吸积与喷流看似两个相反的物理过程:物质通过吸积进入致密天体,而通过喷流(外流)离开致密天体,二者之间是否存在某种关联? 天体系统中的喷流是如何产生的,又是如何准直的? 这些问题一直是天体物理学的重大疑难。

普遍认为喷流的形成与吸积过程有关。由于物质必须丢失其多余的角动量才能吸积到中心天体,因此吸积过程必然伴随物质的角动量向外转移[3]。吸积盘中喷流(外流)的存在为转移物质的角动量提供了天然通道。1994年Narayan和Yi求解黑洞吸积动力学方程时发现,在径移主导吸积流中Bernoulli数可以取正值,这意味着喷流是吸积过程的必然结果[4]。

类星体是一种具有稳定喷流的活动星系核,其包含的黑洞质量为太阳质量的$10^6 \sim 10^{10}$倍。观测发现一部分黑洞双星也有喷流,其包含的黑洞质量为太阳质量的10倍左右。1998年Mirabel和Rodrigues对类星体和黑洞双星的特征进行比较研究,把有喷流的黑洞双星称为微类星体,这是因为类星体和微类星体产生喷流的物理环境非常相似,二者的准直喷流都产生于包围快速旋转黑洞的吸积盘系统,如图1所示[5]。

2. 驱动喷流的两种机制

对于黑洞吸积系统而言,目前普遍认可的两种喷流的产生机制都与大尺度磁场有关,它们是通过大尺度磁场提取黑洞转动能的Blandford-Znajek机制[6]和提取吸积物质引力能的Blandford-Payne机制[7](以下分别简称BZ机制和BP机制)。Blandford讨论了黑洞吸积系统中不同类型的磁场的作用,如图2所示[2]。其中磁力线1是吸积盘内部的小尺度磁场,它导致吸积物质的角动量沿着盘的径向向外转移;磁力线2是附着于吸积盘面的小尺度磁场,其作用是通过磁重联对盘冕加热。磁力线3连接吸积盘和遥远的天体物理负载;磁力线4和5分别把吸入区和吸积盘内区与黑洞视界面联系在一起;磁力线6和7分别把黑洞视界面和吸入区与遥远的天体物理负载连接起来。

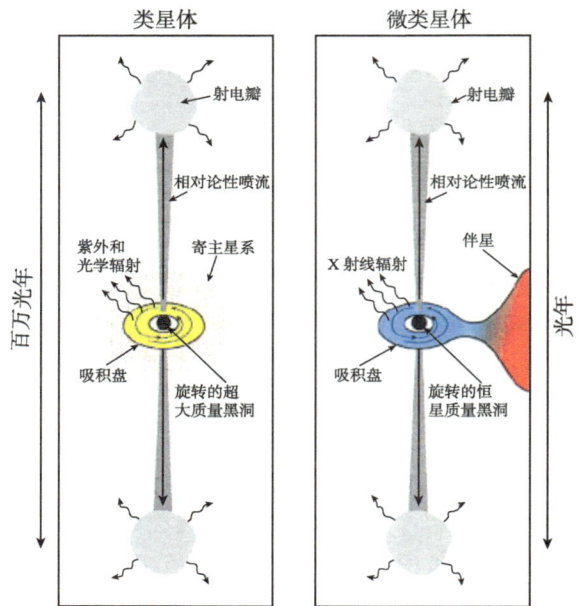

图 1　类星体(左)和微类星体(右)的准直喷流产生于相似的物理环境：旋转黑洞和吸积盘[5]。

上述磁力线代表黑洞吸积盘中不同类型的磁场，其中对驱动喷流有直接贡献的是磁力线 3，6 和 7，他们代表驱动喷流的两种能量机制：磁力线 3 对应于 BP 机制，磁力线 6 和 7 对应于 BZ 机制。BP 机制驱动喷流的能量来源于吸积物质的引力能，BZ 机制驱动喷流的能量来源于黑洞的转动能。

3. 吸积与喷流的耦合关系

从物质流动方向看，吸积与喷流是两个相反的物理过程。理论与观测表明这两种过程有密切的耦合关系，而且磁场在其中扮演了极其重要的角色。以下我们从理论和观测两个方面给予初步的分析。

3.1　理论思考

(1) 旋转黑洞及其周围的吸积盘为大尺度磁场的存在提供了理想的环境。由于吸积盘物质是等离子体，围绕吸积盘的环向电流可能是吸积盘上大尺度磁场的起源之一。另一种可能的起源来自吸积过程带入吸积盘的种子磁场，通过吸积盘的较差旋转的放大导致大尺度磁场。

(2) 吸积盘上的大尺度磁场为 BP 机制提取吸积等离子体的引力能提供条件：围绕在磁力线上的带电粒子像串珠一样沿着旋转的磁力线离心抛出，这就是 BP 机制驱动喷流的能量来源。由于磁场冻结在等离子体中，大尺度磁场随吸积等离子体带入旋转黑洞的视界面,为 BZ 机制驱动喷流提供了条件。

(3) 通过磁压平衡建立黑洞视界面的磁场与吸积盘内区的磁场的平衡关系,使得黑洞视界面的磁场和吸积盘内区的磁场达到平衡的稳定值。不难理解,在不同的吸积模式中由于大尺度磁场的分布不同,BP 过程和 BZ 过程对喷流的贡献比例会有所不同。

(4) 另一方面,BZ 过程和 BP 过程对旋转黑洞和吸积盘的能量和角动量的提取必然会影响吸积过程。旋转黑洞和吸积盘既是大尺度磁场存在的

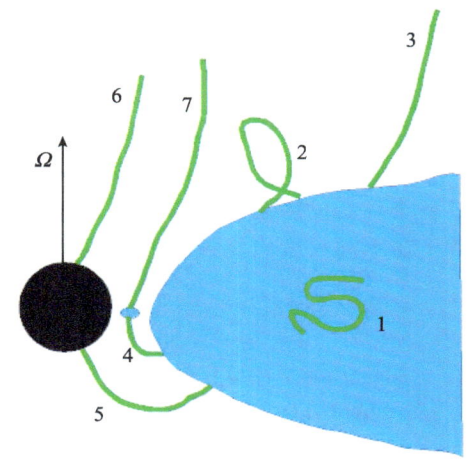

图 2 黑洞吸积盘中不同类型的磁场[2]。

场所,又是大尺度磁场驱动喷流的能量来源。而大尺度磁场既是喷流产生和准直的必要条件,又是喷流转移吸积物质角动量的天然通道,因而成为吸积过程得以持续的必要条件。

3.2 观测证据

对不同尺度的黑洞系统(活动星系核和黑洞双星)的大量观测和样本统计分析表明,黑洞系统的射电光度与 X 射线光度之间满足以下线性关系:

$$\log L_R = \left(0.60^{+0.11}_{-0.11}\right)\log L_X + \left(0.78^{+0.11}_{-0.09}\right)\log M + 7.33^{+4.05}_{-4.07}$$

上式中 L_R 和 L_X 分别是黑洞系统的射电光度和 X 射线光度,M 代表黑洞质量。

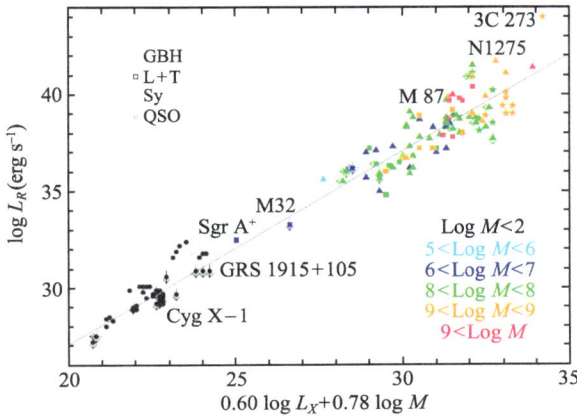

图 3 在参数空间中表示的"黑洞活动基本平面":描写了不同尺度黑洞系统的射电光度与 X 射线光度的相关性[8]。

这一关系表现为参数空间中一个平面，被称为黑洞活动基本平面[8]。通常认为黑洞系统的 X 射线光度来自吸积盘，射电光度来自喷流，因此黑洞活动的基本平面反映了吸积与喷流之间可能存在一定的耦合关系。

综上所述，尽管黑洞系统中吸积与喷流之间的耦合关系已初见端倪，但仍然存在许多不确定的因素(尤其是大尺度磁场的起源及其在喷流产生与准直方面的作用)有待于在不同尺度黑洞系统的多波段观测的基础上作进一步的深入研究。

参 考 文 献

[1] Lynden-Bell D. Galactic nuclei as collapsed old quasars. Nature, 1969, 223, 690–694.
[2] Blandford R D. Light houses of the Universe. Proceedings of the MPA/ESO/MPE/USM Joint Astronomy Conference Held in Garching, German, Edited by M. Gilfanov, R. Sunyaev, and E. Churazov. Springer-Verlag, 2002, 381.
[3] Shakura N I, Sunyaev R A. Black holes in binary systems. Observational appearance. Astron. & Astrophys., 1973, 24, 337–355.
[4] Narayan R, Yi I. Advection-dominated accretion: A self-similar solution. Astrophys. J., 1994, 428, L13–L16.
[5] Mirabel I F, Rodríguez L F. Microquasars in our Galaxy. Nature, 1998, 392, 673-676.
[6] Blandford R D, Znajek R L. Electromagnetic extraction of energy from Kerr black holes. Mon. Not. R. Astron. Soc., 1977, 179, 433–456.
[7] Blandford R D, Payne D G. Hydromagnetic flows from accretion discs and the production of radio jets. Mon. Not. R. Astron. Soc., 1982, 199, 883–903.
[8] Merloni A, Heinz S, Di Matteo T. A fundamental plane of black hole activity. Mon. Not. R. Astron. Soc., 2003, 345, 1057–1076.

撰稿人：汪定雄
华中科技大学

大质量双黑洞的形成与黑洞并合

Formation and Coalescence of Massive Black Hole Binaries

1. 引言

传统上组成大质量双黑洞的两个黑洞分别都是几十万倍到几十亿倍太阳质量之间的超大质量黑洞。但随着人们对大质量黑洞和大质量双黑洞的形成和并合过程认识的不断深入,现在把质量在几百倍至几万倍太阳质量的中等质量黑洞以上的黑洞组成的双黑洞都称为大质量双黑洞。在大质量双黑洞系统的研究中还包括由三个或更多个质量大质量黑洞组成的系统。星系核内恒星级黑洞、中子星、白矮星甚至恒星在螺旋式落入超大质量黑洞(极端质量比螺旋向内天体,简称 EMRIs)过程中产生的引力波辐射是目前计划中的引力波探测器探测重要的引力波辐射源,是目前研究大质量双黑洞问题所关注的热点问题之一。由于这类天体的形成和演化与普通大质量黑洞明显不同,因此这里介绍的大质量双黑洞不包括这类天体。严格意义上双黑洞是指黑洞之间自引力主导运动的系统。由于大质量双黑洞系统在形成过程中不断演化的特殊性,因此人们有时把束缚于同一个星系中的两个大质量黑洞都称为大质量双黑洞。对大质量双黑洞进行观测和理论研究将直接检验冷暗物质宇宙学模型星系形成和演化理论,而对其并合时产生的强引力波爆发的探测则直接检验广义相对论在极端条件下的适用性并精确测量黑洞的质量和自旋。大质量双黑洞是在建中的引力波探测器激光干涉仪空间天线(简称 LISA)[1]以及正在进行中的引力波探测计划脉冲星时变阵(简称 PTA)的主要科学探测目标。

2. 大质量双黑洞的形成和并合

大量的观测表明,星系相互作用和并合是一个很普遍的现象。根据现在流行的冷暗物质宇宙学星系等级形成理论,星系形成是一个等级集成过程,我们今天看到的普通星系由较小星系通过频繁多次的相互作用和并合形成。1980 年,Begelman 等[2]理论分析研究指出,如果并合的两个星系中心分别存在大质量黑洞,那么星系的并合将形成大质量双黑洞。他们认为大质量双黑洞很可能是许多具有螺旋形结构射电喷流活动星系核中黑洞自转轴进动的原因。随着对正常星系核和活动星系核中黑洞质量的准确测量,人们发现几乎所有普通星系和活动星系核中心都存在超大质量黑洞,并且这些黑洞的质量与星系核结构具有紧密相关性。因此超大质量黑洞的形成和增长与星系的形成和演化紧密相关。研究表明,在宇宙红移大约在 10~20,第一代大质量恒星死亡或者暗物质晕自身坍缩时,在大质量暗物质晕中心形成质量大约几百倍太阳质量或以上的中等质量黑洞,然后随着暗物质晕之间的相互作用和并合,暗物质晕中的星系也发生相互作用和并合并最终导致大质量双黑洞的形成和并合[3]。

大质量双黑洞在星系中的演化大致分为四个阶段(如图1)[2]:(1) 在星系并合之初黑洞间距大约 kpc 尺度时,每个大质量黑洞周围包围着致密星团,此时两大质量黑洞在强动力学摩擦作用下在动力学摩擦时标 $t_{df}=|r/\dot r|$ 内旋转沉向星系中心;(2) 当黑洞之间距离减小到大约 $r_b \approx 10\,\text{pc}$ 时,双黑洞运动由黑洞之间引力主导,大质量双黑洞形成;大质量双黑洞在动力学摩擦的作用下继续沉向星系中心,同时越来越多的恒星通过与双黑洞的三体散射作用在动力学时标内获得逃逸速度并高速离开星系;(3) 当双黑洞间距大约 $r_h \approx 0.1 \sim 1\,\text{pc}$ 时,与双黑洞发生三体作用的所有恒星都获得了逃逸速度离开星系,这些逃逸的恒星在恒星的相空间上分布于一个锥状区域——恒星缺失锥(损失锥);此时的双黑洞已变为坚硬(hard)。双黑洞轨道的进一步坚硬化时标 t_h 由双黑洞近邻恒星通过两-两之间相互作用的扩散效应对损失锥区的填充率决定。理论分析和 N 体数值模拟表明,在一个球对称稳态星系核内,恒星对损失锥的再填充由恒星之间两体散射过程决定,双黑洞轨道由变硬半径进一步硬化到引力波辐射主导阶段可能需要长于宇宙年龄——宇宙哈勃时间,大质量双黑洞于是不能走到并合阶段,这称为大质量双黑洞演化中的"**pc 尺度难题**";(4) 当星系核中的大质量双黑洞因为某些其他物理过程的存在而有效硬化到轨道间距大约

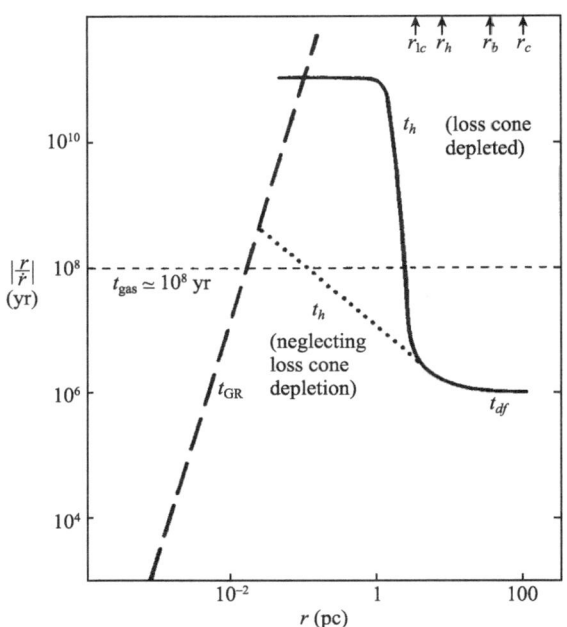

图 1 大质量双黑洞在间距 r 处典型演化时间随 r 的变化(摘自文献[2])。

10^{-3} pc 时，双黑洞因引力波辐射带走能量和角动量而在引力波辐射时标 t_{GW} 内迅速并合，并在最后阶段产生强引力波暴发，形成更大的单一黑洞。最近广义相对论数值模拟上取得的突破性进展表明，因黑洞自旋、轨道扥率、黑洞之间质量差异等因素导致的双黑洞系统引力波辐射的不对称性使引力波辐射在带走能量和角动量的同时还可带走显著的动量。引力波带走动量能使并合后的黑洞因火箭效应可获得一个最高可达 4000 km/s 的反冲速度。这种引力波反冲效应有可能会使星系核中的大质量黑洞冲出星系。

3. 未解决的热点问题

(1) 大质量双黑洞的演化与 pc 尺度难题：恒星动力学过程

当星系核恒星球对称分布时，大质量双黑洞演化存在 pc 尺度难题。但星系核内可能存在三轴结构、大质量分子云团块、星团以及核球旋转等非球对称子结构，这些结构能改变和增强双黑洞与恒星环境的相互作用[4]。计算表明，当星系核中的非球对称结构超过一定程度时，能使大质量双黑洞轨道在有限时间内由 pc 尺度硬化到 10^{-3} pc，双黑洞然后在引力波辐射主导下快速并合。然而详细的计算需要大粒子数的 N 体数值模拟，而目前 N 体数值计算所采用的粒子数还远不足以明确回答此问题。同时当大质量双黑洞演化到变硬时，星系核中存在什么样的非球对称结构、它们的分布比如何、对大质量双黑洞演化的影响程度等都需要进一步的研究。

(2) 大质量双黑洞的演化与 pc 尺度难题：气体动力学过程

当富气体星系并合时，星系核中会存在大量的气体，大质量双黑洞通过与这些气体相互作用而交换角动量。然而大质量双黑洞与气体相互作用与演化需要完成从 kpc 尺度到 10^{-3} pc 尺度的跨至少六个数量级的、三维流体动力学数值模拟，目前的计算能力还不能完成这样的计算。目前分段进行的初步从 kpc 尺度 pc 尺度的流体力学数值模拟表明，大质量双黑洞能在大约几千万年时间到几亿年时间之间由 kpc 尺度快速演化到 pc 尺度[5]。这是在计算中没考虑恒星形成情形下的结论，进一步的研究需要考虑恒星形成的影响。在 pc 尺度到 10^{-3} pc 尺度之间，二维简化模型的流体动力学数值模拟的初步结果表明，在很多情况下与流体的相互作用仍不能克服 pc 尺度困难。然而完全回答这个问题，需要三维流体动力学数值模拟结合星系形成和演化理论、恒星形成和演化理论作进一步的研究。在更小 pc 尺度上，大质量双黑洞与黑洞吸积盘的相互作用能有效转移走双黑洞轨道角动量从而双黑洞快速并合。在引力波辐射主导阶段，双黑洞对吸积盘的作用切割吸积盘内区，导致双黑洞并合时以及之后一段时间内，黑洞吸积盘内区消失，导致黑洞吸积暂时性停止。

(3) 大质量双黑洞质量、自旋角动量、轨道椭率在星系核内的演化

双黑洞质量及其比值、角动量大小及方向以及轨道椭率等的演化对双黑洞轨道演化有重要影响，同时决定双黑洞并合时产生的引力波辐射模式、频率以及引力波

辐射反冲速度等。目前对双黑洞轨道的椭率演化的计算在用不同方法研究组之间结果差别明显，需要进一步的研究。

(4) 星系形成等级集成理论的大质量双黑洞形成和并合历史

Volonteri 等[3]在基于暗物质晕等级集成理论计算了大质量双黑洞的形成和并合历史时，假设在暗物质晕完成并合时，星系也完成并合并且大质量双黑洞已处于 pc 尺度的坚硬状态，同时还对双黑洞的吸积历史作了极端简化。随着我们对星系形成等级集成与星系并合过程、大质量双黑洞在星系核中的硬化和吸积历史等理解的显著深入，需要对大质量双黑洞形成和并合真实历史作进一步的研究。

(5) 大质量双黑洞的观测研究：气体丰富环境

对气体丰富环境中大质量双黑洞的探测在直径检验检验星系形成等级集成理论的同时，还为研究大质量双黑洞与星系核环境相互作用、黑洞活动特性等提供观测依据。目前已有的认为起源于双黑洞的观测按双黑洞的间距由大到小有：① 在极亮红外星系(如 NGC6240)中成像观测得到的 X 射线双活动星系核[6]，② 有双宽发射线或窄发射线系统的活动星系核，③ 有螺旋形结构的射电喷流方向周期性进动[2]和加速进动，④ 某些活动星系核的准周期光学光变，⑤ X 形射电星系中方向稳定的射电喷流方向的快速改变等。然而，除对大质量双黑洞的 X 射线直接成像观测结果外，其他的观测特征是否来自大质量双黑洞以及大质量双黑洞如何产生这些观测特性等存在极大不确定性，需要进一步的观测和理论研究。

(6) 大质量双黑洞的观测研究：贫气体环境

更多的大质量双黑洞会形成于贫气体的星系核中。除在银河系中观测到的从中心高速外逃的恒星有可能来自大质量双黑洞恒星三体作用有关外，对于那些可能存在于普通星系中心的大质量双黑洞目前没有任何观测证据。原因是一直缺乏有效的探测方式。刘等[7]最近提出，普通星系中心处于休眠状态的大质量双黑洞可以通过观测它们中断黑洞潮汐撕裂恒星时产生的光变来进行探测研究。

(7) 大质量双黑洞并合及引力波辐射反冲效应的观测研究

由于目前在建的所有引力波探测器的指向精度都在约一平方度范围内，因此引力波辐射的电磁波同时性观测在证认引力波源上就具有关键性的重要意义。目前有关双黑洞可观测特性的研究主要集中在讨论大质量双黑洞引力波辐射并合过程中、并合完成后因引力波反冲效应等可能产生的电磁波辐射上。在大量的理论预言需要观测验证的同时，目前已有部分电磁波辐射观测特征认为可能与大质量双黑洞并合过程有关：① 具有双射电瓣-双射电瓣结构的射电星系中喷流间歇性中断[8]，② 类星体中宽发射线系统相对于窄发射线系统具有多普勒蓝移[9]。还有一种观点认为，X 形射电星系中射电喷流方向的快速改变也可能与大质量双黑洞的并合有关[10]。部分椭圆星系中心存在的恒星光度缺失有可能是贫气体星系并合形成的大质量双黑洞通过三体散射恒星到达并合时形成。

参 考 文 献

[1] Danzmann K. LISA-An ESA cornerstone mission for the detection and observation of gravitational waves. Advances in Space Research, 2003, 32(7): 1233–1242.
[2] Begelman M C, et al. Massive black hole binaries in active galactic nuclei. Nature, 1980, 287: 307–309.
[3] Volonteri M, et al. The assembly and merging history of supermassive black holes in hierarchical models of galaxy formation. Astrophysical Journal, 2003, 582(2): 559–573.
[4] Merritt D, Milosavljevic M. Massive black hole binary evolution. Living Reviews in Relativity, 2005, 8(8).
[5] Mayer L, et al. Rapid formation of supermassive black hole binaries in galaxy mergers with gas. Science, 2007, 316: 1874–1977.
[6] Komossa S, et al. Discovery of a binary active galactic nucleus in the ultraluminous infrared galaxy NGC 6240 using Chandra. Astrophysical Journal: Letters, 2003, 582(1): L15–L19.
[7] Liu F K, Li S, Chen X. Interruption of tidal disruption flares by supermassive black hole binaries. Astrophysical Journal: Letters, 2009, in press.
[8] Liu F K, Wu X-B, Cao S L. Double-double radio galaxies: remnants of merged supermassive binary black holes. Monthly Notice of the Royal Astronomical Society, 2003, 340(2): 411–416.
[9] Komossa S, et al. A Recoiling supermassive black hole in the quasar SDSS J092712. Astrophysical Journal: Letters, 2008, 678(2): L81–L84.
[10] Merritt D, Ekers R D. Tracing black hole mergers through radio lobe morphology. Science, 2002, 297: 1310–1313.

撰稿人：刘富坤
北京大学物理学院天文系

微 类 星 体

Microquasars

　　类星体是一种光度极高、距离我们遥远的一类奇异天体。它的谱线和恒星类似，但具有很大的红移，所以称它们为类星体。目前认为类星体是一类活动星系核(AGN)，其中心是一颗超大质量黑洞，星系周围的物质在黑洞强大引力作用下向黑洞靠近并在黑洞周围形成吸积盘，一部分物质通过吸积盘落入黑洞，另一部分以接近光速的速度沿垂直吸积盘的方向向两极喷射出去。早在1979年Bruce Margon等[1]就发现了银河系内X射线双星SS 433具有喷流，长时间以来，人们都认为SS 433是银河系中一个罕见的天体，它和类星体的关系并不是明显，因为SS 433的喷流速度只有0.26倍的光速，而银河系外的类星体的喷流的速度几乎接近光速。

　　20世纪90年代，随着空间天文探测技术的发展，X射线天文卫星的定位精度越来越高，这样就可以定出X射线源的位置，使得天文学家能在其他波段(光学、射电和红外)对这些X射线源进行详细的研究。1992年，Felix Mirabel和Luis Rodriguez[2]利用甚大阵射电望远镜(Very Large Array, VLA)观测到了位于银河系中心区域X射线源1E1740.7-2942具有双边准直喷流，由于它和银河系外的类星体在形状上相似，因此称之为微类星体(microquasar)，从此揭开了微类星体研究的序幕。

　　微类星体是具有相对论性射电喷流的X射线双星。微类星体和类星体不仅在形状上相似，它们也具有类似的物理性质。假如X射线双星中的致密星体为黑洞，那么微类星体系统的参数的大小仅和黑洞质量的大小有关。类星体和微类星体之间参数的区别如图1所示。

　　对于一个在爱丁顿吸积极限下的黑洞来说，最终稳定吸积盘的黑体温度为：$T \cong 2 \times 10^7 (M_X/M_\odot)^{-1/4}$K，那么我们可以得出具有恒星质量的黑洞的微类星体的吸积盘的温度为10^7K，而具有超大质量($10^7 \sim 10^9\ M_\odot$)黑洞的类星体的吸积盘的温度则为10^5K，这就解释了为什么微类星体的吸积盘主要辐射在X射线波段，而类星体则在光学/紫外波段。另一方面喷流的典型尺度正比于黑洞的质量，那么在微类星体中射电喷流的典型尺度的量级为光年，而在类星体中则可以达到几百万光年。另外，时标也和黑洞的质量有关，$\tau \approx R_s/c = 2GM_X/c^3 \propto M_X$，那么在类星体需要几年才能发生的现象在微类星体中几分钟内就可以发生了。在这种情况下我们可以说微类星体是AGN和类星体的缩微，我们可以更好、更快地去了解发生在致密星体附近的吸积/喷射过程。微类星体为我们理解河外星系的超亮X射线源、伽马射线暴长暴以及恒星级黑洞和中子星的起源开辟了新的视野。微类星体是探测强引力场下广义相

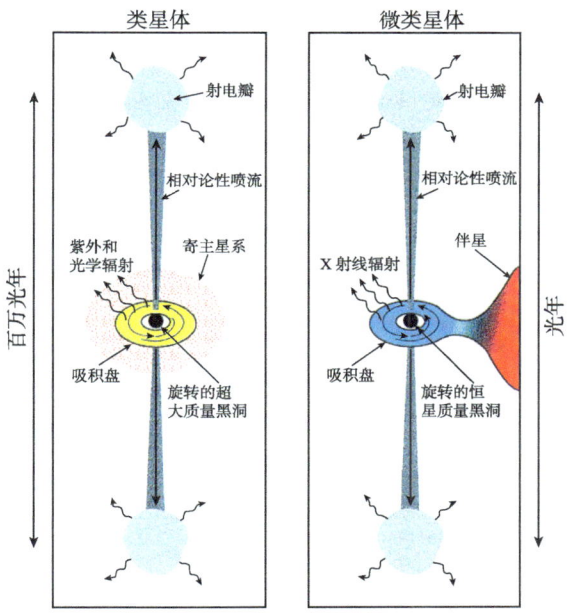

图 1　类星体和微类星体的区别[2]。

对论效应的理想实验室,已经成为高能物理和天体物理研究的热点。

1. 喷流的物理属性

1994 年,Mirabel 和 Rodriguez[3]首次在微类星体 GRS 1915+105 中发现了视超光速喷流,所谓视超光速就是由于多普勒效应,使得喷流看起来运动速度超过了光速,这样在微类星体中也观测到和类星体中类似的超光速运动,再次证实了微类星体和类星体之间的类似性。如果能够观测到微类星体的双边喷流,根据喷流在天空中的视向运动(μ_a 和 μ_r)就可以得到喷流运动的速度($\beta = v/c$)、距离(D)以及喷流和视线方向之间的夹角(θ)之间的关系:

$$\beta \cos\theta = \frac{\mu_a - \mu_r}{\mu_a + \mu_r}$$

$$D = \frac{c \tan\theta (\mu_a - \mu_r)}{2\mu_a \mu_r}$$

通过以上两式,可以定出距离的上限(即 $\beta = 1$,喷流的速度为光速),$D_{max} = \frac{c}{\sqrt{\mu_a \mu_r}}$。但有时远离我们而去的喷流由于多普勒效应显得比较暗弱,我们只能观测到朝向我们运动的喷流。

除了一个特例外,目前只观测到了微类星体喷流中轻子(电子或正电子)的同步辐射，而关于重子的直接信息却很少(或者其本身就不含重子)。这个唯一的特例就是 SS 433，已经在它的光学、红外和 X 射线波段的光谱中观测到了喷流的重子成分的存在。为什么仅仅在 SS 433 中发现这样的发射线呢？其中一个可能的解释就是其他的喷流中很少含有或者根本不含重子成分，而主要成分是电子和正电子对。这反过来也表明吸积流中大部分的质量都不能脱离双星系统。有意思的是在 SS 433 和 XTE J1550-564 中发现了延展的 X 射线喷流($\geqslant$arcsec)。在 SS 433 的喷流中发现了高度电离的铁离子的发射线，这和 10^7K 的等离子的热发射是一致的，但是 XTE J1550-564 的连续谱没有任何特征，这和射电波段的同步辐射谱是一致的。Mirabel 等 1997 年讨论了由于相对论性效应[4]，喷流中会产生极端多普勒致宽，因此很难探测到原子的发射线成分。此外，Fender[5]也提出由于喷流的多普勒因子很难精确确定，因此我们不知道在哪个地方找到这样的发射线。目前还没有更便捷的途径去确定 X 射线双星喷流的成分，所以寻找喷流所产生的发射线(或者禁线)是确定喷流成分比较有效的方法。

2. 喷流和吸积盘状态之间的耦合关系

目前关于产生相对论性喷流最有效的机制是磁流体动力学模型[6] (magnetohydrodynamic model)。喷流是由具有极大角动量的致密星和其周围的吸积盘驱动的，但是从观测上证实吸积盘和喷流的产生之间的联系绝不是一件容易的事情。图 2 是 Mirabel 等[7]经过多次的努力得到的 GRS 1915+105 在 X 射线、射电和红外波段做同步观测的结果。从图 2 我们可以看出，经过一段振幅很大的准周期振荡以后，X 射线流量迅速减小，X 射线谱变硬，可以解释为内吸积盘的清空。直到一个 X 射线尖峰出现为止，此后 X 射线谱又变软，同时可以看到在红外波段的一个爆发开

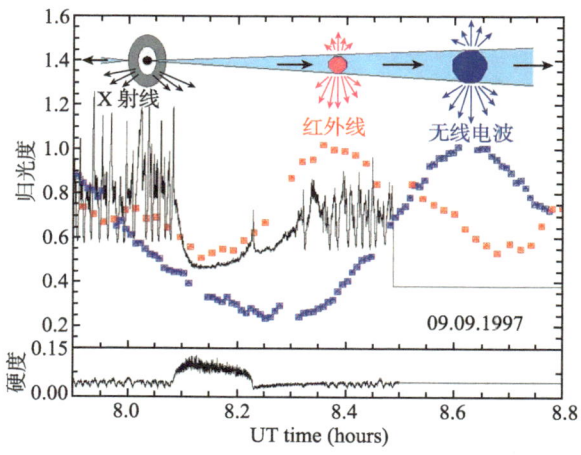

图 2　在 1997 年 9 月份观测到 GRS 1915+105 在射电、红外和 X 射线波段的光变曲线[7]。图的下方为(13~60keV)/(2~13keV)的硬度比。

始出现,可以解释为当 X 射线尖峰出现时从吸积盘喷出的喷流所发出的同步发射。喷发物质由于绝热膨胀,能量发射的最大值将转到更长的波段,那么接下来的一个爆发可以在射电波段探测到。

GRS 1915+105 的多波段观测表明,相对论性射电喷流通常产生在低/硬态,而在高软态几乎观测不到微类星体的射电辐射。这说明喷流的产生和系统的 X 射线状态有着密切的关系,但是关于吸积盘状态转变的具体物理机制还不清楚,还需要长期的观测和理论研究,目前一般认为从宁静态,到低/硬态,到中间态,一直到高/软态,致密星的吸积率是逐渐增加的。关于喷流和吸积盘状态耦合研究的困难所在就是要同时得到微类星体的 X 射线、红外和射电观测绝不是一件容易的事情。由于吸积盘的 X 射线辐射变化比较迅速,地面的望远镜,特别是射电望远镜很难根据空间 X 射线的观测来及时调整观测目标。但是随着 ALMA、e-MERLIN 以及我国的 FAST 等一批射电望远镜的建成,对微类星体的多波段研究肯定会有很大的帮助。

3. 微类星体的极高能辐射

最近在微类星体中观测到了大于 100GeV 的极高能伽马射线辐射,因此又称它们为伽马射线双星。关于微类星体的极高能伽马射线辐射有两种不同的物理解释[8],一种认为是微类星体的喷流和光学伴星的星风外流相碰撞可以产生高能伽马射线辐射(图 3 左);另外一种解释是中子星的脉冲星风电子和恒星光子之间的逆康普顿散射所形成的高能辐射(图 3 右),这种脉冲星风在远离光学伴星的时候,具有和彗星一样的形状。在 Cyg X-1、V4641 和 GX 339-4 系统中探测到的极高能辐射符合微类星体-喷流模型。而对于另外三个伽马射线双星 LS 5039、LS I+61°303 和 PSR B1259-63,它们的致密星围绕一个 10~23 个太阳质量的 Be 星(或主序星)运转,具

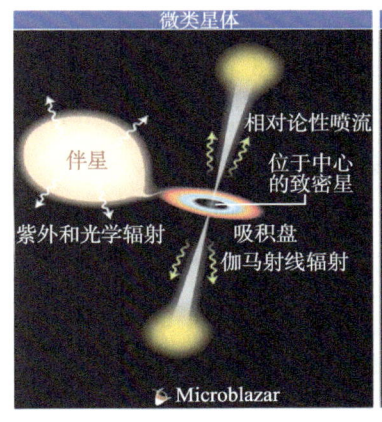
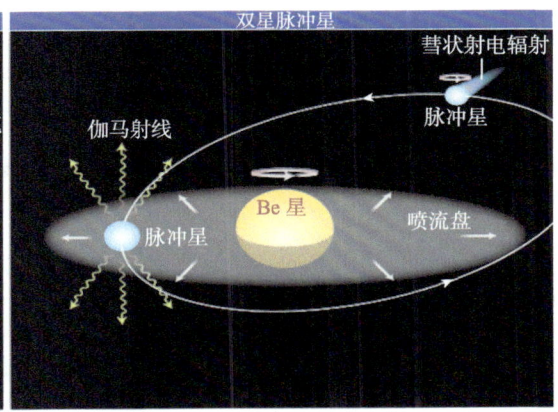

图 3 极高能伽马射线双星的不同模型(左图)微类星体喷流模型(右图)脉冲星风星云模型[8]。

有一定的偏心轨道。在 PSR B1259-63 中存在一颗脉冲中子星，因此它的极高能伽马射线辐射可以利用脉冲星风模型来解释，但是对于微类星体 LS 5039 和 LS I+61°303 来说，由于它们的致密星的具体性质目前尚不清楚，因此两种模型都有可能是产生它们极高能辐射的机制，其中在 LS I+61°303 中观测到了随轨道变化的极高能伽马射线辐射。

前面讲到由于目前微类星体喷流的成分很难确定，理论计算表明轻子模型和重子模型都能解释微类星体中的极高能辐射。但是要确定微类星体极高能辐射的具体机制，还需要地面的切伦科夫望远镜和目前的 Fermi 空间高能望远镜的观测才能给出谜底的答案。

参 考 文 献

[1] Margon B, Ford H C, Katz J I, et al. The bizarre spectrum of SS 433. ApJ, 1979, 230: L41–45.
[2] Mirabel I F, Rodriguez L F, Cordier B, et al. A double-sided radio jet from the compact Galactic Centre annihilator 1E1740.7-2942. Nature, 1992, 358: 215–217.
[3] Mirabel I F, Rodriguez L F. A superluminal source in the Galaxy. Nature 1994, 371: 46–48.
[4] Mirabel I F, Bandyopadhyay R, Charles P A, et al. The Superluminal Source GRS 1915+105: A High Mass X-Ray Binary? ApJ, 1997, 477: L45–48.
[5] Fender R P. Uses and limitations of relativistic jet proper motions: lessons from Galactic microquasars. MNRAS, 2003, 340: 1353–1358.
[6] Meier D L, Koide S, Uchida, Y. Magnetohydrodynamic Production of Relativistic Jets. Science, 2001, 291: 84.
[7] Mirabel I F, Dhawan V, Chaty S, et al. Accretion instabilities and jet formation in GRS 1915+105. A&A, 1998, 330: L9–12.
[8] Mirabel I F. Very energetic gamma-rays from microquasars and binary pulsars. Science, 2006, 312: 1759–1760.

撰搞人：颜景志　刘庆忠
中国科学院紫金山天文台

恒星级黑洞的形成

Formation of Stellar-Mass Black Holes

目前的理论研究表明，恒星级黑洞的形成有三种可能的途径[1]，前两种与大质量恒星的核坍缩有关。恒星通过核反应在内部逐渐形成了类似洋葱结构的、由不同种类重元素构成的核，越重的元素占据离中心越近的位置。质量超过8个太阳质量的大质量恒星在中心形成铁核后，由于铁原子核具有所有元素中最高的结合能，铁原子核的聚变反应无法继续进行下去，失去了能量来源的铁核将发生坍缩，形成一颗中子星或黑洞。从恒星演化的角度来看，恒星死亡时氦核的质量大小决定了核坍缩后残骸的性质。质量较大的氦核具有较高的结合能和熵，因而难以产生成功的超新星爆发。这样的恒星可能会不经过超新星爆发直接坍缩成为黑洞，或者即使超新星爆发发生了，部分抛射物可能会重新回落到中子星上，被中子星吸积。如果中子星的质量因此超过了它的质量上限，也会坍缩成为黑洞。

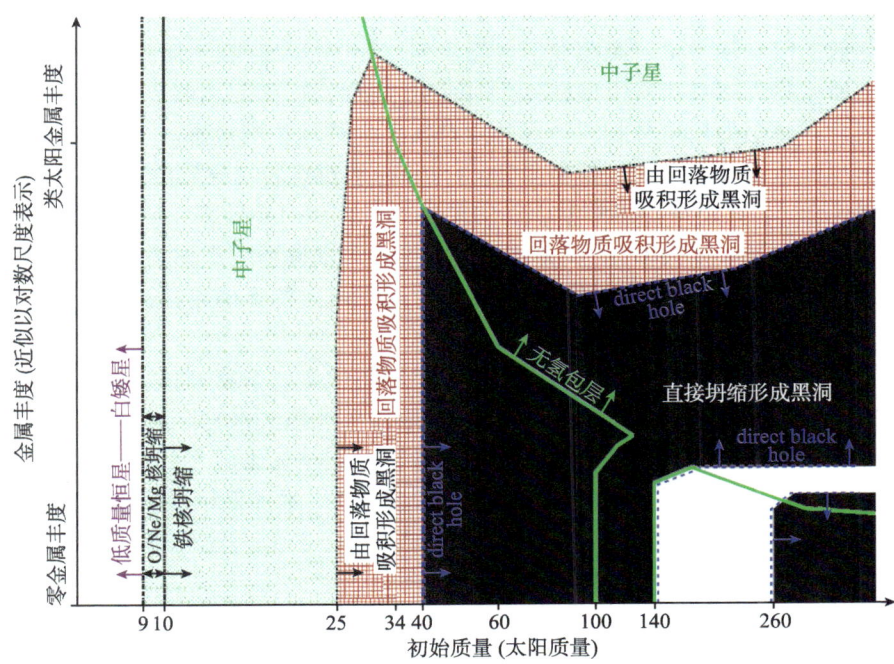

图1　具有不同金属丰度的大质量单星的产物[2]。

恒星级黑洞形成的另外一种可能途径是,中子星和大质量伴星组成的双星系统在公共包层演化阶段,中子星快速吸积伴星物质坍缩成为黑洞。但由此形成的黑洞数量比通过核坍缩形成的黑洞数量要小10~100倍。因此核坍缩是形成恒星级黑洞主要的渠道。

对大质量恒星演化成为黑洞的过程的认识存在诸多的不确定性,主要表现在超新星爆发机制、质量损失、金属丰度和双星中伴星的影响。

对引力坍缩型超新星爆发的数值计算研究已经有近四十年的历史,然而,完备的超新星爆发机制理论模型迄今尚未建立。由于超新星爆发涉及多种复杂的物理过程以及它们之间的相互耦合和反馈,即便是球对称情形下超新星爆发的三维数值模拟研究也没能取得成功,更不用说在含有磁场和快速转动等复杂情形下的超新星爆发。对恒星级黑洞由此产生的问题是,我们不清楚产生中子星和黑洞的前身星的质量分界到底是多大、在爆发过程中有多少物质能够回落被中子星吸积、黑洞的产生过程是否经受以及经受多大的踢出速度(kick velocity)等。

孤立的大质量恒星的最终命运取决于恒星的初始质量、化学组成和在演化过程中的质量损失多少[2]。研究表明,在不考虑质量损失的情况下,初始质量超过约40个太阳质量的恒星可以最终直接坍缩成黑洞,而初始质量约20~40个太阳质量的恒星通过超新星爆发先形成一个原始中子星,再吸积回落下来的爆发抛射物坍缩成为黑洞。在银河系中已知的恒星级黑洞的质量分布在3~15个太阳质量之间,通常远小于它们的前身星质量,说明在形成黑洞的过程中恒星存在不同程度的质量损失。较小的质量损失率意味着恒星在死亡时具有较重的核,因而能够产生较重的致密天体。因此,黑洞的质量分布对恒星的质量损失的依赖相当敏感。

恒星的质量损失方式包括星风和(由热脉冲或快速转动导致的)物质抛射。在观测和理论上,对大质量热星辐射驱动的星风的研究相对比较多,并且建立了一些经验公式来描述星风损失率,但就整体而言目前很难准确预言不同类型恒星的星风损失率。例如,对红超巨星的星风损失率估计存在巨大的不确定性;对于沃尔夫-拉叶星,甚至其星风的性质目前还不清楚。

影响星风损失率的一个重要因素是恒星的初始金属丰度,通常认为金属丰度减小会减小星风损失率,但在恒星演化的不同阶段星风损失率与金属丰度的关系还不确定,以往的研究得到的结果并不一致,甚至存在相互矛盾之处。

恒星的快速转动可以加快包层物质的质量损失,增加氦核的质量。如果核在坍缩时也是快速转动的,转动可能会影响其爆发机制,特别是产生伽马射线暴的可能性。目前对这方面的研究仍处于起步阶段。

在双星系统中,近邻伴星的存在会提高恒星的星风损失率,或者通过物质交流使恒星快速损失质量,这会导致双星系统中的黑洞质量应该比相同初始质量的单星情形要更小一些,但对X射线双星中黑洞质量的估计并没有发现这一趋势。

图 2　黑洞 X 射线双星想象图，取自 http://en.wikipedia.org/。

目前观测到的恒星级黑洞都位于双星系统中，因此与黑洞形成密切相关的一个问题是这些黑洞 X 射线双星是如何形成的[3]。银河系中已经探测到约 20 个黑洞 X 射线双星，其中大约一半是轨道周期小于 0.5 天、伴星质量小于 1 个太阳质量的小质量 X 射线双星。根据标准的双星演化理论这类双星系统很难形成，原因有如下几点。首先，由于黑洞的前身星是个大质量恒星，它与小质量伴星在质量上相差悬殊。因此，在黑洞前身星演化膨胀并发生双星间的物质交流时，物质的传输过程必定是不稳定的，小质量伴星无法再维持自身热平衡的前提下全部接受来自黑洞前身星的物质，因而双星演化进入公共包层阶段——由于轨道间距急剧缩小，小质量伴星将旋进黑洞前身星的包层。如果小质量伴星的轨道运动动能不足以驱散包层物质，可能会发生伴星和黑洞前身星氦核的并合过程，其结果是形成一个单星而不是双星系统。其次，即使经过公共包层演化后双星系统能够生存下来，在接下来的形成黑洞的超新星爆发过程中会有相当质量的物质被抛离开双星系统，可能会导致双星的瓦解[4]。

综上所述，恒星级黑洞以及黑洞双星在形成中还存在一系列未知的物理因素，与恒星结构与演化、核合成、质量流失、超新星爆发、双星间相互作用等有密切联系，成为天体物理研究中的一个难点和热点，有待于今后在观测和理论上进一步深入探讨。

参 考 文 献

[1] Fryer C L, Kalogera V. Theoretical Black Hole Mass Distributions, Astrophysical Journal, 2001, 554: 548—560.

[2] Heger A, et al. How massive single stars end their life? 2003, Astrophysical Journal, 591: 288—300.

[3] Podsiadlowski Ph, Rappaport S, Han Z. On the formation and evolution of black hole binaries,

2003, Monthly Notice of Royal Astronomical Society, 341, 385–404.
[4] Justham S, Rappaport S, Podsiadlowski Ph. Magnetic braking of Ap/Bp stars: application to compact black-hole X-ray binaries, Monthly Notice of Royal Astronomical Society, 2006, 366: 1415–1423.

撰稿人：李向东
南京大学天文学系

银河系中心黑洞的成像

Imaging of the Galactic Center Black Hole

在我们太阳系所在的银河系的中心存在着一颗超大质量黑洞。因为银道面上存在着的大量尘埃和气体,对来自银河系中心方向的可见光辐射有强烈的消光作用,其等效于从银河系中心发出的一万亿个可见光光子只有一个可以到达地球上的观测者,所以对我们人类来说银河系中心在光学波段永远是漆黑的,而射电辐射则可以穿透遮挡着可见光的尘埃,向人们展现出一个丰富多彩的银河系中心世界(图1)。1974年2月人们借助于高分辨率射电干涉观测首次发现了位于银河系中心的一颗极其致密的非热射电源——人马座A*(Sgr A*)[1]。此后的观测研究表明Sgr A*正对

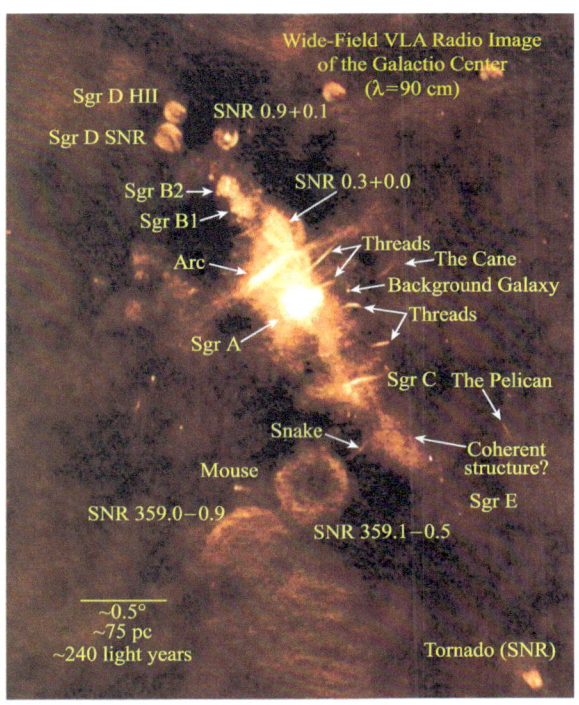

图1 因受尘埃和气体的消光在光学波段不可见的银河系中心的90厘米射电图像,这是最清晰的涵盖银河系中心区域最大视场(4度×2.5度)的射电图。沿着中央对角线分布的大批亮辐射源显示了从侧面看的银河系盘状结构,最亮处就是中心的Sgr A,该名字的得来是因为银河系中心正好在人马座(Sagittarius)方向,而超大质量黑洞候选者Sgr A*就在其中[2]。

应着1971年理论天体物理学家提出的在银河系中心的一个作为能源供给的黑洞候选者，代表着银河系的动力学中心位置。

Sgr A*是距离我们最近的超大质量黑洞候选者，到我们太阳系的距离仅有8000秒差距，或26000光年(1光年等于光在一年时间内穿越的空间距离，相当于10万亿千米)，被公认为是研究黑洞物理的最佳目标。在Sgr A*被发现以来的30多年中，大量的观测数据和理论模型越来越强烈地表明Sgr A*就是我们银河系中的超大质量黑洞[3]。通过高精度测量在距Sgr A*不到1个角秒(约0.04秒差距)范围内的大质量年轻恒星的开普勒运动，天文学家确认Sgr A*位于这些恒星椭圆运动轨道的一个焦点上，且在以Sgr A*为中心的直径为90个天文单位(AU：1天文单位等于地球到太阳之间的平均距离，1AU=1.5亿千米)的圆周内聚集着约400万倍太阳质量的暗物质[4,5]。对Sgr A*相对于及其遥远的类星体的相对运动观测[6]，仅检测到Sgr A*的在垂直于银道面方向上不到2千米每秒的固有自行，如此慢的自行表明Sgr A*自身的质量至少是太阳质量的40万倍。Sgr A*的质量是否就应等同于由恒星轨道运动给出的400万太阳质量呢？这还有待于将来的观测确定。

为了进一步证认Sgr A*的黑洞特性，还需对Sgr A*的辐射区域的形状和大小开展观测研究。事实上，自Sgr A*在1974年被发现以来，天文学家就对其进行了大量的射电干涉测量。1976年，人们发现观测到的Sgr A*角大小与观测波长的平方成正比。随后的高分辨率VLBA成像观测显示Sgr A*在射电波段的辐射结构呈扁平的、沿东西向伸展的椭圆状结构。分析表明在厘米波段上测量到的Sgr A*角大小与波长平方成正比的关系是星际等离子体介质对射电辐射的散射所致，考虑到散射角随着波长平方衰减很快，显然在毫米波或更短波长上的成像观测将有望真正摆脱散射效应以测得Sgr A*固有辐射区域的大小和形状。

为此，经过多年的努力，天文学家成功获得了Sgr A*在3.5毫米的高分辨率图像。扣除散射效应后测得的Sgr A*的3.5毫米辐射区域的固有直径约为1AU[7]，该尺度等同于400万倍太阳质量黑洞的史瓦西半径的13倍。取Sgr A*自身质量下限(40万倍太阳质量)，假定Sgr A*固有结构是球对称分布，不难估算出其质量密度至少是6.5×10^{21}太阳质量每立方秒差距(约0.5克每立方厘米)，如此高的质量密度使得关于Sgr A*的其他非黑洞模型的解释很难成立，例如，对于一个由大量恒星组成的致密暗星团的假设将导致该系统不到100年的寿命，显然与观测事实不符。该质量密度比迄今为止天文学家已知的任何可能的超大质量黑洞的密度都大了至少1万亿倍，强烈支持Sgr A*是超大质量黑洞的物理解释。

结合在7毫米测得的Sgr A*的固有辐射区大小，可以发现该固有真实大小随波长变化呈幂率分布，说明Sgr A*的辐射是分层分布的，短波辐射来自更靠近中央能源的区域，据此幂率关系外推，在波长短于1毫米的辐射区域将小于自旋为零的史瓦西黑洞的最后稳定轨道(3倍的史瓦西半径)，而对有自旋的克尔黑洞，最后稳定轨道可以是 0.5 倍的史瓦西半径。因此，未来对 Sgr A*的亚毫米波 VLBI 成像将有助于我们确定描述银河系中心黑洞的三个量(质量，自旋和电荷)中的自旋，这无疑将加深人们对黑洞物理的了解。

根据爱因斯坦的广义相对论，非常靠近黑洞中心(10 个史瓦西半径以内)区域发出的辐射会受到黑洞强引力场影响发生明显弯曲，在图像中间部分出现一个相对于周围亮环状辐射显著变暗的、直径约为 5 倍史瓦西半径的阴影。若是能捕捉到该阴影，这将是黑洞存在的最直接观测证据，其意义不言而喻。最新的 1.3 毫米 VLBI 观测检测到了 Sgr A*的射电辐射[8]，虽未能成像，但有些亚毫米波 VLBI 数据已开始向人们昭示着黑洞阴影的存在。

数值模拟显示，探索 Sgr A*超大质量黑洞投射出的阴影的最佳观测波长是在亚毫米波，尽管目前尚未有一个工作在亚毫米波的 VLBI 阵，但利用现有的和将建成的毫米波天线，我们有望在不久的将来对银河系中心黑洞的阴影结构开展详细的成像观测研究。

参 考 文 献

[1] Balick B, Brown R L. Intense sub-arcsecond structure in the galactic center. ApJ, 1974, 194: 265–270.
[2] LaRosa T N, Kassim N E, Lazio T J, et al. A wide field 90 centimeter VLA image of the galactic center region. AJ, 2000, 119: 207–242.
[3] Melia F, Falcke H, The supermassive black hole at the galactic center. Annu. Rev. Astron. Astrophys. 2001, 39: 309–352.
[4] Schödel R, Ott T, Genzel R, et al. A star in a 15.2 year orbit around the supermassive black hole at the centre of the Milky Way. Nature, 2002, 419: 694–696.
[5] Ghez A M, Salim S, Hornstein S D, et al. Stellar orbits around the galactic center black hole. ApJ, 2005, 620: 744–757.
[6] Reid M J, Brunthaler A. The Proper Motion of Sagittarius A*. II. The Mass of Sagittarius A*. ApJ, 2004, 616: 872–884.
[7] Shen Z Q, Lo K Y, Liang M C, et al. A size of ~1AU for the radio source Sgr A* at the centre of the Milky Way. Nature, 2005, 438: 62–64.
[8] Doeleman S S, Weintroub J, Rogers A E E, et al. Event-horizon-scale structure in the supermassive black hole candidate at the Galactic Centre. Nature, 2008, 455: 78–80.

撰稿人：沈志强
中国科学院上海天文台

寻找黑洞视界的观测证据

Searching for Observational Evidence for the Black Hole Event Horizon

1. 引言

黑洞这个名称是惠勒于 1967 年首次使用的，它的提出是为了解释类星体的能源机制，即其高能辐射来源于 10^6~10^9 倍太阳质量的巨型黑洞通过吸积周围物质而释放的引力能。如今人们相信星系的中心普遍存在巨型黑洞。除巨型黑洞外，另一类重要的黑洞是恒星级的，其质量为 3~20 倍太阳质量。寻找这类黑洞的方法是在银河系或近邻星系中，通过测定 X 射线双星系统中正常恒星的轨道周期，计算其 X 射线源的质量。如果得到的质量大于 3 倍太阳质量，则可以确定该 X 射线源为黑洞，原因是中子星的理论质量上限大致为 2~3 倍太阳质量。按此方法证认的黑洞已有 21 个。对上述巨型黑洞和恒星级黑洞的存在性，证据似乎已经比较充分了，因为我们找不出黑洞以外的天体系统来解释其观测现象。然而仔细分析，这些证据又是不够的，例如，通过质量证认的双星中的黑洞仅仅是动力学黑洞。我们知道黑洞与其他天体的最本质区别在于黑洞不存在物质表面，而是具有一个视界。如果能探测到视界则我们可以确信该天体就是黑洞。但遗憾的是，顾名思义，视界即我们所能观测的边界，它恰恰是不可观测的。寻找黑洞视界的直接观测证据近乎是不可完成的任务。尽管如此，我们仍然有一些间接的观测资料来论证黑洞视界的存在。

2. X 射线双星中的黑洞

(1) 宁静态的辐射光度

寻找 X 射线双星中的黑洞，最关键之处在于区分黑洞与中子星，因为黑洞双星与中子星双星的 X 射线辐射非常相似。从理论上看，由于黑洞存在视界，其吸积模式与中子星会有本质区别。例如，通常认为 X 射线双星系统的宁静态是处于光学薄的径移主导吸积模式[1]，即黏滞产热的大部分没有在局部通过辐射释放，而是由吸积流携带向中心天体转移。对于黑洞系统，这部分能量最终会穿越视界消失于黑洞之中；而对于中子星系统，由于物质表面的存在，这部分能量仍然会在中子星表面释放出来。如果质量吸积率相近，可以推断黑洞系统的总光度会明显低于中子星系统。该理论预言有很好的观测支持[2]。如图 1 所示，实圆圈代表通过质量证认的黑洞，而空圆圈代表通过中子星特性证认的中子星。横坐标是双星系统的轨道周期，它与宁静态的质量吸积率相联系[3]。纵坐标是宁静态的 X 射线光度与爱丁顿光度之比，反映了该致密天体的相对亮度。图 1 显示，中子星与黑洞分别分布于两个带状区域。对相同的横坐标,质量吸积率是相近的,因而来源于吸积物质释放的引力能的黏滞产热也是相近的,但整体上看黑洞系统的光度比中子星系统的光度低了2~3个量级。这表明宁静态时大部分黏滞产热随吸积流消失在视界之内而没有释放出来,支持了这些动力学黑洞是具有视界的。

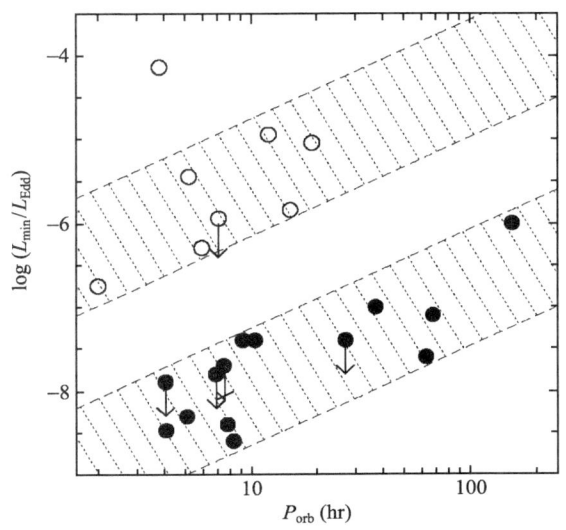

图1 双星X射线源的宁静态光度比较[2]。

(2) I型X射线暴

由于中子星存在物质表面,I型X射线暴被公认为是中子星具有而黑洞不可能具有的现象。目前通过质量证认的所有黑洞均未发现有I型X射线暴的现象。这从另一方面支持了黑洞视界的存在。此外,宁静态时中子星系统通常能观测到来自表面的热辐射成分。而对于黑洞系统,如XTE J1118+480,则没有探测到类似的热辐射[4]。一个自然的解释就是它是有视界而没有物质表面。这里需要指出,上述两点均为中子星具有而黑洞不具有的辐射性质。目前仍不清楚哪种辐射特征是黑洞具有而中子星不具有的。

3. 银河系中心的巨型黑洞

在我们的银河系中心存在一个超大质量黑洞 Sgr A*,约为 4×10^6 倍太阳质量,而其光度仅有 10^{36} 尔格/秒,小于 10^{-8} 倍爱丁顿光度。如果 Sgr A* 不具有视界而是存在物质表面,那么表面的辐射应该是近似黑体谱的热辐射。但观测到的亮温度为 10^{10} K 的毫米波辐射[5]是不可能来自于该表面的,因为这个温度实在过高了。因此该辐射是来自于吸积流的。吸积理论告诉我们,无论何种吸积模式,在中心天体表面处的辐射光度都应大于或约等于吸积流的辐射光度,即表面处应至少有 10^{36} 尔格/秒的热辐射。然而，这样的热辐射并没有被观测到。因此我们可以推断 Sgr A* 是存在视界的。

4. 总结

文中列举了一些观测证据，主要有 3 个方面：(1) 比较双星 X 射线源的宁静态光度，黑洞是远低于中子星的；(2) 所有通过动力学方法证认的双星中的黑洞均未发现 I 型 X 射线暴现象；(3) 银河系中心 Sgr A* 的毫米波辐射特征。这些证据合起来强有力地支持了黑洞是存在视界的。

参 考 文 献

[1] Narayan R, Yi I. Advection-dominated accretion: A self-similar solution. Astrophysical Journal, 1994, 428: L13–16.

[2] Narayan R, McClintock J E. Advection-dominated accretion and the black hole event horizon. New Astronomy Reviews, 2008, 51: 733–751.

[3] Menou K, Narayan R, Lasota J P. A population of faint nontransient low-mass black hole binaries. Astrophysical Journal, 1999, 513: 811–826.

[4] McClintock J E, Narayan R, Rybicki G B. On the lack of thermal emission from the quiescent black hole XTE J1118+480: Evidence for the event horizon. Astrophysical Journal, 2004, 615: 402–415.

[5] Shen Z Q, Lo K Y, Liang M C, et al. A size of ~1AU for the radio source Sgr A* at the centre of the Milky Way. Nature, 2005, 438: 62–64.

撰稿人：顾为民

厦门大学物理系

黑洞吸积理论：冷吸积盘模型及其存在的问题

The Theory of Black Hole Accretion: Cool Disks and Current Problems

1. 什么是黑洞吸积盘

黑洞在宇宙空间是广泛存在的。首先，目前我们已经知道，几乎每个星系的核心都存在一个超大质量黑洞。黑洞的质量大约是从几百万倍到几亿倍的太阳质量。另外，恒星演化到晚期，会发生爆炸，若恒星质量比较大，则剩余的天体很可能就是黑洞。这样的黑洞质量大约在 10 倍太阳质量左右。所以每个星系都存在大量的这种恒星质量的黑洞。黑洞周围的气体在黑洞引力的作用下，会朝向黑洞下落。由于气体一般都会具有一定的角动量，因此这些气体下落过程中会形成一个盘，如同太阳系的各大行星的轨道平面一样。这就是黑洞吸积盘。

2. 黑洞吸积理论的重要性

超大质量黑洞的吸积目前是我们理解星系核心各种复杂现象的主导理论。观测发现，有些星系核心非常明亮，比整个星系所有的恒星加起来的亮度还要高。这种星系我们叫它活动星系，其核心叫做活动星系核。活动星系核是 20 世纪天文学著名的四大发现之一，其形成机制一直是天文学家和物理学家们感兴趣的难题。现在天文学家们都公认，活动星系核的高亮度正是由于黑洞吸积盘导致的[1]。具体说来，气体在向黑洞下落的过程中，系统的引力势能会转变成气体的内能并进而辐射出来，形成我们观测到的高光度。这种能量转化的效率是非常高的。黑洞吸积过程能够将被吸积气体 10%~40%的静质量能量转化为辐射能。作为对比，我们比较熟悉的能量转换效率较高的核反应过程的效率只有 0.7%[2]。

黑洞吸积理论的另一个应用例子是在黑洞 X 射线双星。星系内大量存在的恒星质量黑洞。我们最感兴趣的是那些所谓的银河系内的黑洞 X 射线双星。这种双星是由一个黑洞加上一个正常恒星组成的。恒星物质由于某种机制会逃脱恒星引力束缚而逃逸，进而会被黑洞俘获，形成吸积盘。这种双星表现出的各种令人困惑的现象，如很强的 X 射线辐射、准周期振荡、不同"态"之间的跃迁等。这些现象被认为是由于吸积盘导致的[3]。

除了活动星系核与黑洞 X 射线双星，吸积理论还是我们理解宇宙其他一些重要现象、过程的基础理论。这些现象包括伽马射线爆发、行星和恒星形成等。

3. 冷盘模型

黑洞吸积理论的研究是20世纪60年代开始的。黑洞吸积本质上是个三维问题，非常复杂，只能通过数值模拟进行研究。解析研究一般是在一维近似下进行。在一维近似下，黑洞吸积理论是由下面的一套流体力学方程组描述的。他们分别是质量守恒、动量守恒的径向和轴向分量以及能量方程：

$$\dot{M} = -4\pi RH\rho v$$

$$v\frac{\mathrm{d}v}{\mathrm{d}r} = -\Omega_k^2 + \Omega^2 r - \frac{1}{\rho}\frac{\mathrm{d}p}{\mathrm{d}r}$$

$$v(\Omega r^2 - j) = \alpha r \frac{p}{\rho}$$

$$\rho v\left(\frac{\mathrm{d}\varepsilon}{\mathrm{d}r} - \frac{p}{\rho^2}\frac{\mathrm{d}\rho}{\mathrm{d}r}\right) = q^+ - q^-$$

方程中几个主要物理量分别是：$\dot{M}$ 是质量吸积率；v 是径向速度，H 是盘的厚度，R 是半径，Ω 是角速度，j 是单位质量流体进入黑洞时的角动量，α 是黏滞参数，p 是压强，ρ 是密度，ε 是内能，q^+ 是黏滞耗散产热率，q^- 是辐射致冷率。通过对上述方程的进一步简化，可以将所有的微分项通过合理近似变成为代数项，这样就可以用解析方法求解上述方程组，得到我们目前比较公认的所谓的"标准薄盘模型"[2,4]。

这一模型的几个要点是：吸积流围绕黑洞做开普勒运动，径向运动速度比较低；吸积流温度比较低，最高温度约为百万度的量级，这与位力温度相比要低得多，表明引力能大部分都被辐射损失掉了，没有转变成气体的内能。温度随半径的关系是反比于半径的3/4次方。由于温度低，因此盘的竖直方向厚度很小。气体是光学厚的，因此不同半径处气体发出的是具有不同温度的黑体辐射，因此总的辐射谱是多色黑体谱。这一解适用于爱丁顿吸积率以下，目前一般认为存在于一些重要的天体物理源如明亮的活动星系核中。当吸积率高于爱丁顿吸积率时，刻画吸积流的能量方程中的径移项变得非常重要，此时标准薄盘就被细盘代替[5]。细盘模型与标准薄盘模型相似，都是属于冷盘模型，只不过适用于更高的吸积率。

在高能天体物理领域，冷盘模型能够较好地解释明亮的活动星系核的光学辐射，即所谓的"大蓝包"[6]，这是活动星系核能量输出的最主要波段。在黑洞X射线双星领域，标准薄盘模型能够很好地解释"高态"，包括辐射谱等主要观测特征。这些都是支持这一模型的证据。

但另一方面，该模型也存在比较一个严重的问题，那就是无法解释高能辐射的起源。如前所述，冷盘模型最高温度不过几百万度，这样的温度是无法产生硬X射线的，而观测早已表明，硬X射线广泛存在于几乎所有的黑洞吸积系统。

解决这一问题的一个出路是认为吸积盘上方存在热冕。冕的温度很高,能够产生硬 X 射线辐射。这一想法是受太阳的观测结果的启发得到的。太阳发出很强的 X 射线。光球温度不高,但是光球外部存在一个高温的热冕,X 射线正是从热冕中发出的。具体到吸积盘来说,磁场从吸积盘中溢出,在盘的上方会发生磁重联,磁重联过程会加热气体到很高的温度[7]。这一想法听起来是很有吸引力的,但问题是,我们在将这一想法定量化的时候,由于目前我们对磁重联、吸积盘磁场分布等方面的知识的欠缺,定量计算还非常困难。目前唯一的定量的研究是借助于磁流体力学数值模拟实现的[8]。遗憾的是,结果表明,冕的温度不够高,密度也不够大,无法产生我们观测到的大量的硬 X 射线辐射。当然,由于数值模拟技术上的困难,以及目前我们对磁重联等物理过程的知识的贫乏,这一结果不应当看做是最后结果。

参 考 文 献

[1] Rees M J. Black hole models for active galactic nuclei, Annual Review of Astronomy and Astrophysics, 1984, 22, 471–506.

[2] Frank R, King A, Raine D. Accretion power in astrophysics, Cambridge University Press, 2002.

[3] McClintock J E, Remillard R A. Black hole binaries, In: Compact stellar X-ray sources. Edited by Walter Lewin & Michiel van der Klis. Cambridge Astrophysics Series, No. 39. Cambridge, UK: Cambridge University Press, 157–213.

[4] Shakura N I, Sunyaev R A. Black holes in binary systems. Observational appearance, Astronomy & Astrophysics, 1973, 24, 337–355.

[5] Abramowicz et al. Slim accretion disks, Astrophysical Journal, 1988, 332, 646.

[6] Koratkar A, Blaes O. The ultraviolet and optical continuum emission in active galactic nuclei: The status of accretion disks, The Publications of the Astronomical Society of the Pacific, 1999, 111, 1–30.

[7] Galeev A A, Rosner R, Vaiana G S. Structured coronae of accretion disks, 1979, Astrophysical Journal, 1979, 229, 318–326.

[8] Hirose S, Krolik J H, Stone J M. Vertical structure of gas pressure-dominated accretion disks with local dissipation of turbulence and radiative transport, Astrophysical Journal, 2006, 640, 901–917.

撰稿人:袁 峰
中国科学院上海天文台

黑洞吸积理论：热吸积盘模型及其存在的问题

The Theory of Black Hole Accretion: Hot Disk and Its Problems

前面我们介绍了冷吸积盘模型，这种模型预言的吸积流的温度较低，远低于位力温度，吸积流是光学厚、几何薄的。另一类模型是热吸积盘，吸积流温度很高，近似于位力温度。热盘解的典型代表是径移主导吸积盘(advection-dominated accretion flow, ADAF)。ADAF 模型的发现是黑洞吸积盘领域继标准薄盘之后的里程碑式的突破。该模型主要是由哈佛大学 Narayan 教授、瑞典的波兰科学家 Abramowicz 教授以及他们的合作者共同发现完成的[1~4]。

热吸积流与冷吸积流有很多不同，其中之一是热吸积流是双温的，即离子和电子具有不同的温度。其二是吸积流中存在很强的外流，其物理原因是吸积流的 Bernouli 参数较大，因而一旦受到扰动，就会逃逸到无穷远处，这导致吸积率不再是个常数，而是随半径的减小而减小。与冷盘模型一样，描述热吸积流的动力学性质的方程组由质量、径向动量、轴向动量以及质子和电子的能量方程构成，唯一不同是由于热吸积流的双温性质，能量方程要对离子和电子分别写出(注意这并不是个本质上的不同)：

$$\dot{M} = -4\pi R H \rho v = \dot{M}_{\text{out}} \left(\frac{R}{R_{\text{out}}} \right)^s$$

$$v \frac{dv}{dr} = -\Omega_k^2 + \Omega^2 r - \frac{1}{\rho} \frac{dp}{dr}$$

$$v(\Omega r^2 - j) = \alpha r \frac{p}{\rho}$$

$$\rho v \left(\frac{d\varepsilon_e}{dr} - \frac{p_e}{\rho^2} \frac{d\rho}{dr} \right) = \delta q^+ + q_{ie} - q^-$$

$$\rho v \left(\frac{d\varepsilon_i}{dr} - \frac{p_i}{\rho^2} \frac{d\rho}{dr} \right) = (1-\delta) q^+ - q_{ie}$$

物理量 s 的取值决定了吸积率随半径的变化，表示外流的强度。δ 代表黏滞耗散加热率中直接加热电子的比例，q_{ie} 代表质子和电子之间的库仑碰撞耦合，方程中其他各个符号的意思见本书中作者的关于黑洞吸积理论文章。

ADAF 模型是上面方程除了标准薄盘之外的另一个自洽的解[1]，但与标准薄盘解不同，ADAF 解是热的，吸积流中的离子具有位力温度，电子的温度稍低些。由于温度高，吸积流因而是几何厚的。吸积流的径向速度很大，因而流体密度小，是光学薄的。这样，其主要的辐射过程不再是黑体辐射。由于磁场的存在，主要的辐射过程是同步辐射、热韧致辐射，以及它们的康普顿化[2]。热吸积流解的最重要特征是它的辐射效率比较低。辐射效率低的原因，是由于流体密度低，再加上径向速度大，因此辐射时标比吸积时标长，故湍动耗散产生的热量来不及辐射出去，而是作为流体的内能储存在流体中，最后消失在黑洞视界。换句话说，黏滞耗散产热是与能量方程中的平流项平衡的，而辐射冷却项可以忽略。倘若中心天体具有一个硬的表面，比如像中子星，那么这些储存在流体中的内能最终还将被辐射出去。因而仔细地比较 ADAF 模型的预言与观测是证明黑洞存在的很好(虽然是间接)的方法。

目前热吸积流最好的证据来自对银河系中心黑洞的研究[4,5]。对银河系中心恒星动力学的观测表明，那里存在一个质量约为 400 万倍太阳质量的超大质量黑洞。由于该黑洞是距离我们最近的大质量黑洞，目前的望远镜的分辨率已经可以直接探测到黑洞的 Bondi 半径——即吸积流的外边界——处的气体的物理性质，包括温度和密度，从而能够精确地计算出吸积率。另一方面，从射电到红外、X 射线等各波段的望远镜将辐射谱都已经观测出来，故我们能够计算出热光度。根据吸积率以及热光度的结果，我们发现吸积流的效率非常低，约为百万分之一。这比标准薄盘的预言低五个量级！另外，辐射谱也完全与标准薄盘预言的多色黑体谱完全不一致(图 1)。反之，这样低的辐射效率能够很自然地通过径移主导吸积模型来理解，且详细的多波段连续谱也能够用该模型很好的加以解释，如图 1 所示[5]。

关于 ADAF 解，我们需要强调，它只存在于一个临界吸积率以下。达到这一临界吸积率时，辐射与黏滞产热平衡，能量的径移项可以忽略，此时 ADAF 解不再存在[6]。物理原因是，辐射大致说来正比于吸积流密度的平方，而黏滞产热率则正比于密度。这样，当吸积率增高时，辐射增长更快，达到一个临界吸积率时，辐射与黏滞基本平衡。这即是 ADAF 的临界吸积率。注意此时 ADAF 的辐射效率已经变得非常高，与标准薄盘相差无几了[4,6]。

除了低辐射效率，ADAF 解的第二个重要特征是：与标准薄盘不同，由于 ADAF 吸积流温度高，因而能够产生高能 X 射线辐射。这就非常自然地解释了很多黑洞源的高能辐射起源问题。但是，由于上述临界吸积率的存在，ADAF 模型只能解释光度不太高的源，仍然不能解释明亮的活动星系核的高能辐射。

一个有趣的问题是，如果进一步增长吸积率，吸积流将会变得如何？研究发现[7]，此时热吸积流仍能存在，直到吸积率到达另一个临界值，这一新的临界值是由能量方程中的压缩功项以及黏滞产热项的和与辐射项平衡决定的。在这两个吸积率之间，热吸积流解仍能存在。若进一步增加吸积率，热吸积流将不再存在，必然会由

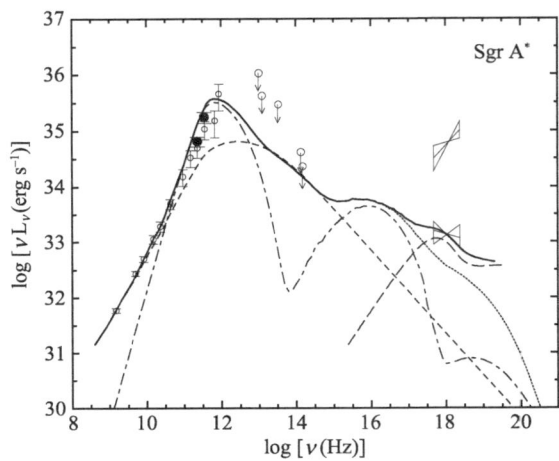

图 1 银河系中心黑洞 Sgr A* 的 ADAF 模型。图中点划线是吸积流中热电子的同步及其康普顿散射的结果，划线是非热电子的同步辐射的结果，低频射电辐射主要是来源于这部分电子。长划线是电子的热韧致辐射的结果，主要来源于 Bondi 半径附近。这与观测到的宁静态是延展的辐射源的结果是一致的。点线表示热的和非热电子的同步和康普顿散射的和，而实线表示以上所有辐射的总和[5]。

于强烈的辐射制冷而坍缩。一个困难的问题是，热吸积流坍缩是如何进行的，是流体整体性地变成冷吸积盘，还是形成一些冷的高密度的云团，悬浮在周围的热气体中，形成一种两相吸积流？这还是个悬而未决的问题[8]。这个理论问题对于我们理解很多重要观测比如明亮的活动星系核的高能辐射的起源、黑洞 X 射线双星的某些态的物理本质等都具有重要意义。

参 考 文 献

[1] Narayan R, Yi I. Advection-dominated accretion: A self-similar solution, Astrophysical Journal, 1994, 428, L13–L16.

[2] Narayan R, Yi I. Advection-dominated Accretion: Underfed Black Holes and Neutron Stars, Astrophysical Journal 1995, 452, 710–735.

[3] Abramowicz, et al. Thermal equilibria of accretion disks, Astrophysical Journal 1995, 438, L37–L40.

[4] 袁峰. 黑洞吸积理论及其天体物理学应用的近期发展(I). 天文学进展, 2007, 25, 101–113.

[5] Yuan F, Quataert E, Narayan R. Nonthermal electrons in radiatively inefficient accretion flow models of sagittarius A*, Astrophysical Journal 2003, 598, 301–312.

[6] Narayan R, Mahadevan, Quataert E. Advection-dominated accretion around black holes, Theory of Black Hole Accretion Disks, edited by Marek A. Abramowicz, Gunnlaugur Bjornsson, and James E. Pringle. Cambridge University Press, 1998,148–182.

[7] Yuan F. Luminous hot accretion discs, Monthly Notice of Royal Astronomical Society. MNRAS, 2001, 324, 119–127.

[8] Yuan F. Luminous hot accretion flows: thermal equilibrium curve and thermal stability. Astrophysical Journal, 2003, 594, L99–L102.

撰稿人：袁　峰
中国科学院上海天文台

喷流的产生机制

Jet Formation Mechanisms

许多活动星系核核心区域存在射电喷流。射电甚长基线干涉仪(VLBI)有很高的角分辨率而成为观测活动星系核核心区域喷流结构与变化的最佳手段。多历元的VLBI观测发现许多活动星系核喷流结构中的子源是在运动的，部分子源的运动速度甚至是超光速的。如果喷流中的等离子团块以接近光速面对观测者运动，由于光行差效应，观测者就会观测到等离子团块的运动是超光速的[1]。这种模型很好地解释了视超光速现象。相对论性高速运动喷流的形成与加速机制已成为天体物理研究中的重要问题，目前存在多种喷流加速理论模型。

1. 辐射压加速喷流模型

活动星系核中央黑洞吸积盘内区辐射压很大，吸积盘表面部分物质会在吸积盘的辐射压的作用下离开盘表面，加速而形成喷流[2]。观测到的许多活动星系核喷流在很大尺度上都保持了很好的准直性[3]。如何使喷流准直是这种模型存在的一个问题。当吸积率很大时，吸积盘内区的辐射压会使盘变厚而形成几何厚吸积盘。这种厚盘在黑洞附近轴向形成一漏斗状的通道，被辐射压加速的物质经过这一通道会被准直。吸积盘的辐射场能加速喷流，但同时辐射场也会与高速运动喷流物质相互作用。由于逆Compton散射，喷流会损失部分动能，因而喷流无法加速到较高的速度(Lorentz因子$\gamma \leq 2$)。同时对几何厚吸积盘的研究表明其是动力学不稳定的。从观测的角度看，没有证据表明射电活动星系核都具有高吸积率。

当温度很高时，喷流物质处于完全电离状态，电子的Thompson散射截面起主导作用。当温度较低时，喷流物质处于部分电离状态，则线吸收系数会很大，使辐射压加速过程变得非常有效。这种模型得到了发展并在X射线双星、部分活动星系核系统中得到应用。

2. 吸积盘磁场加速喷流模型

David和Weber(1968)提出了一个转动恒星磁场加速恒星风的模型[4]。在这一模型中，磁场冻结在恒星中，磁场随恒星自转而转动。由于磁冻结效应，恒星表面热的稀薄气体会沿磁力线运动。磁力线保持恒定的转动角速度，气体会沿磁力线向外运动，其线速度随之增大而被加速，即离心力加速。与此类似，Blandford和Payne(1982)提出了吸积盘磁场加速喷流模型[5]，吸积盘中的物质绕黑洞做圆周运动,其运动速度接近开普勒运动速度,冻结在吸积盘上的有序磁场会像恒星磁场一样随吸积物质绕黑洞转动。吸积盘表面气体离开盘沿磁力线加速运动。在这个模型中,吸积盘必须有一大尺度有序的磁场。Camenzind 将这个模型在广义相对论框架下进行了推广[6],以研究在黑洞附近吸积盘磁场加速喷流的行为,这对研究活动星系核中相对论性运动喷流的加速过程是很有用的。近年来,借助数值模拟手段可以对喷流加速过程的非线性不稳定性和随时间演化行为进行研究。

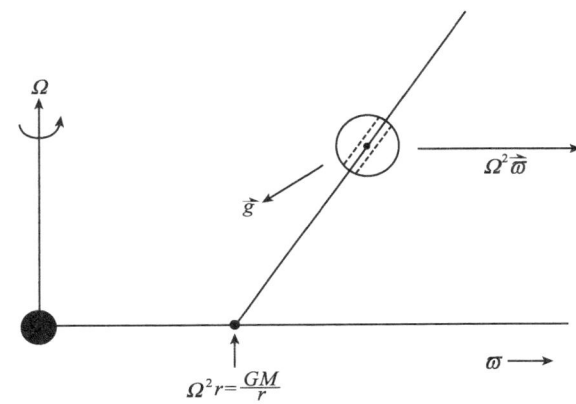

图 1 吸积盘磁场加速喷流的示意图,冻结在吸积盘上的磁场随吸积物质绕中央天体做圆周运动,盘上部分等离子体由于离心力作用会沿磁力线运动而被加速形成喷流(取自文献[7]中的图 2)。

3. 转动黑洞磁场加速喷流模型

在吸积盘磁场加速喷流模型中,喷流的动能来自于吸积物质绕黑洞运动的动能。与此类似,快速自转的黑洞的动能也能通过磁场提取出来加速喷流[8],喷流的动能来源于黑洞的转动动能。不带电转动黑洞的磁场只能由黑洞附近的吸积盘中的电流来维持,所以喷流从转动黑洞中能提取的能量的多少与黑洞及其周围吸积盘的性质有关[9]。

与吸积盘磁场加速喷流模型相比,由于涉及的物理过程的复杂性,对转动黑洞磁场加速喷流模型的研究还很不成熟。通过这种机制加速形成的喷流也存在准直问题。应该指出的是这种黑洞磁场加速喷流机制与吸积盘磁场加速机制并不是对立的,它们可以同时起作用。如:在快速自转的黑洞吸积盘系统中,转动黑洞与吸积盘磁场都可加速喷流。喷流的动能可能部分来源于黑洞转动能和盘中吸积物质的动能,而吸积盘的有序磁场可以准直黑洞磁场加速的喷流。磁场加速喷流中大尺度有序磁场的形成与维持仍是有待解决的问题。

参 考 文 献

[1] Rees M J. Appearance of Relativistically Expanding Radio Sources. Nature, 1966, 211, 468–470.
[2] Odell S L. Radiation force on a relativistic plasma and the Eddington limit. Astrophysical Journal, 1981, 243: L147–L149.
[3] Zensus J A. Parsec-Scale Jets in Extragalactic Radio Sources. Annual Review of Astronomy and Astrophysics, 1997, 35: 607–636.
[4] Weber E J, Davis L J. The Angular Momentum of the Solar Wind. Astrophysical Journal, 1967, 148: 217–227.
[5] Blandford R D, Payne D G. Hydromagnetic flows from accretion discs and the production of radio jets. Monthly Notices of the Royal Astronomical Society, 1982, 199: 883–903.
[6] Camenzind M. Hydromagnetic flows from rapidly rotating compact objects. I-Cold relativistic flows from rapid rotators, Astronomy and Astrophysics, 1986, 162: 32–44.
[7] Spruit H C. Magnetohydrodynamic jets and winds from accretion disks, NATO ASIC Proc.: Evolutionary Processes in Binary Stars, 1996, 477: 249–286.
[8] Blandford R D, Znajek R L. Electromagnetic extraction of energy from Kerr black holes, Monthly Notices of the Royal Astronomical Society, 1977, 179: 433–456.
[9] Livio M, Ogilvie G I, Pringle J E. Extracting Energy from Black Holes: The Relative Importance of the Blandford-Znajek Mechanism, Astrophysical Journal, 1999, 512: 100–104.

撰稿人：曹新伍
中国科学院上海天文台

黑洞吸积盘的蒸发

Evaporation of Accretion Disks Around Black Holes

1. 吸积盘蒸发概念的提出、发展以及研究的意义

吸积盘蒸发的概念是由Meyer & Meyer-Hofmeister[1]于1994年针对矮新星提出来的，旨在解释矮新星爆发过程中出现的令人困惑的紫外延滞现象。其物理图像是标准吸积盘的上下方存在着冕(图1)，盘和冕都是通过黏滞加热并转移角动量，从而使气体源源不断地流向中心天体，并在这个过程中释放被吸积气体的引力能而产生辐射。由于盘和冕截然不同的物理性质，即盘是由几何薄、光学厚的冷气体组成，而冕是由几何厚、光学薄的热气体组成，盘和冕之间会产生很强的相互作用，其中一个非常重要的过程是电子热传导，它将高温冕中的热量传输到相对很冷的吸积盘的表层，从而加热盘表面物质，导致部分盘物质蒸发到冕中。在一个双星系统，吸积的物质是由伴星洛希瓣内气体通过内拉格朗日点提供的，所以被吸积气体基本上被限制在轨道平面内，供给吸积盘。而冕吸积的物质主要来源于盘蒸发。由于冕气体被吸积，从盘表面蒸发的气体就像虹吸管中的水一样，源源不断的通过冕流向中心天体。所以，由上述机制维持的吸积盘的冕早时候也叫虹吸流(siphon flow)。

吸积盘的蒸发从矮新星移植到黑洞系统时[2,3]，其性质在黑洞附近发生了变化。从外向内，越来越多的蒸发气体加入冕吸积流中，在黑洞附近冕的密度大到足以辐射掉所有的热量，于是，在这里蒸发不再，过分的辐射冷却甚至导致部分冕气体凝聚到盘中。所以黑洞吸积盘最重要的特征是冕的吸积率(或密度)的"饱和"。这个临界吸积率的存在意味着黑洞吸积的形式会随着系统的吸积率(或质量转移率)的变化而改变(图2)：当供给系统的吸积率(亦称质量转移率)高于此临界吸积率时，蒸发只是将吸积盘中部分气体分流到冕中，盘可以一直延伸在黑洞的最后稳定轨道。更有甚者，当盘中的吸积流达到一定强度时，大量的盘辐射光子穿过冕区与高温电子逆康普顿散射会使冕气体过分冷却而凝聚，从而使冕变得非常弱，这时吸积是由盘所主导。而当吸积率低于临界吸积率时，吸积盘中气体在向内吸积的过程中逐步被蒸发，直到达到某一距离处盘内吸积流被完全蒸发，在内区吸积盘不再存在，从而形成纯粹的冕吸积流，即径流主导的吸积(ADAF)。这样的预言正好解释了黑洞X射线双星的两种最常见的观测光谱——低硬态和高软态：在低光度天体中，较平的硬X射线辐射谱是由以高温和低释能效率为特征的ADAF所产生的；而在高光度天体中，其软谱是由标准盘产生的。模型所预言的高低态转换的临界光度与黑洞X射线双星的观测值基本一致[4]。

 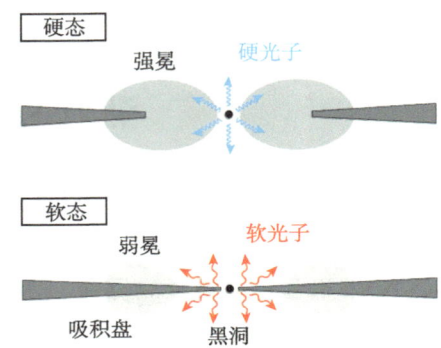

图 1 双星中吸积盘与冕及伴星示意图[10]。 图 2 高态(下)和低态(上)的吸积流剖面图[7]。

黑洞吸积盘的蒸发模型不仅为黑洞 X 射线双星的光谱态变化提供了独特的物理机制, 同时也自然地诠释了光谱态跃迁时的光度延滞现象(hysteresis)[5], 并为近年来发现的内吸积盘在低态 X 射线双星出现的奇怪现象提出了理论依据[6]。该模型融合了吸积盘和 ADAF 两种最基本的吸积形式, 揭示了二者相互依存、相互转化、变换主导的内禀关系。应用到超大质量黑洞系统, 吸积盘的蒸发模型在一定程度上揭示了活动星系核错综复杂的子类形成的内禀原因[7], 如高光度活动星系核与低光度活动星系核的不同光谱, 宽线区的性质及其存在与消失的条件等等。

2. 黑洞吸积盘蒸发研究中未解决的问题

2.1 基本理论问题

黑洞吸积盘的蒸发模型发展至今, 经历了逐步发展与完善的过程。但是, 现有的模型仍然只是一个简化了的最基本的模型, 还存在着许多尚未解决、有待探索的问题, 有许多方面需要完善。首先, 吸积盘的冕是怎样形成的? 是与日冕的形成机制类似吗? 或是吸积盘表面的热不稳定性促成的? 目前还缺乏观测证据。其次, 冕中的黏滞究竟是如何产生的? 参数化的黏滞系数是多少? 众所周知, 不同的黏滞律以及黏滞系数的大小对吸积盘蒸发的性质乃至辐射光谱有很大的影响。更复杂的问题是, 磁场在吸积盘和冕中的作用与影响有多强? 除了磁场自身的复杂性, 如小尺度磁场是如何产生、如何通过不稳定性放大、最后达到的强度有多大等, 磁场对吸积盘和冕的加热(如磁重连、湍流等)、对电子垂向热传导的影响等都有待深入探索, 而这些未知因素将直接影响吸积盘的蒸发/凝聚效率, 进而影响 ADAF 向标准盘吸积盘转变的临近吸积率, 影响吸积盘的截断位置, 最终影响吸积流的辐射光度、光谱与光变。

2.2 在各质量层次的黑洞系统中应用的问题

模型应用到黑洞系统, 该模型有待解释的观测现象主要有: ① 在 X 射线双星的光谱态变化周期中, 光谱态跃迁的光度与爆发光度及爆发前的沉寂时间的相关性问题[8],这需要从理论上计算吸积盘与冕蒸发的含时演化;② 在活动星系核中,普遍认为类星体的强 X 射线辐射是由吸积盘的冕产生的。在如此高的吸积率情况下,如何维持一个与吸积盘辐射强度相当的热冕仍然是一个未解的难题,因为光学薄的冕吸积所释放的引力能远远不够产生观测到的强 X 射线辐射,太强的辐射会将冕迅速冷却。只有当大部分的吸积盘释放的引力能以某种未知的方式传输给冕,才可能维持如此强的冕与盘共存。尽管人们猜测磁场可能传输能量,磁重联可以释放能量加热冕,但具体过程仍然是一个未解之谜;③ 黑洞质量从几个太阳质量到一亿个太阳质量,吸积盘蒸发的性质并未发生根本变化,寓示着黑洞吸积在双星和活动星系核中的本质是一样的,这与观测推断的大统一模型是一致的[9]。然而,活动星系核在观测上表现出很多不同于黑洞双星的差异,说明这两类天体并非完全相同。那么是什么导致了这些差异?是外在的环境?还是内在的因素?目前依然没有定论。

参 考 文 献

[1] Meyer F, Meyer-Hofmeister E. Accretion disk evaporation by a coronal siphon flow. Astronomy & Astrophysics, 1994, 288: 175–182.

[2] Meyer F, Liu B F, Meyer-Hofmeister E. Evaporation: The change from accretion via a thin disk to a coronal flow. Astronomy & Astrophysics, 2000, 361: 175–188.

[3] Liu B F, Mineshige S, Meyer F, et al. Two-temperature coronal flow above a thin disk. The Astrophysical Journal, 2002, 575: 117–126.

[4] Meyer F, Liu B F, Meyer-Hofmeister E. Black hole X-ray binaries: a new view on soft-hard spectral transitions. Astronomy & Astrophysics, 2000, 354: L67–L70.

[5] Meyer-Hofmeister E, Liu B F, Meyer F. Hysteresis in spectral state transitions—a challenge for theoretical modeling. Astronomy & Astrophysics, 2005, 432: 181–187.

[6] Liu B F, Taam R E, Meyer-Hofmeister E, Meyer F. The existence of inner cool disks in the low hard state of accreting black holes. The Astrophysical Journal, 2007, 671: 695–705.

[7] Liu B F, Taam R E. Application of the disk evaporation model to active galactic nuclei. The Astrophysical Journal, 2009, 707: 233–242.

[8] Yu W, Lamb F K, Fender R, et al. Peak luminosities of the hard states of GX 339-4: implications for the acccretion geometry, disk mass, and black hole mass. The Astrophysical Journal, 2007, 663: 1309–1314.

[9] Falcke H, Kording E, Markoff S. A scheme to unify low-power accreting black holes. Astronomy & Astrophysics, 2004, 414: 895–903.

[10] Hynes R. http://www.phys.lsu.edu/~rih/.

撰稿人:刘碧芳
中国科学院国家天文台云南天文台

相对论喷流中的粒子加速

Particle Acceleration in Relativistic Jets

1. 宇宙中相对论喷流的普遍性

1977年前后，得益于初步发展起来的甚长基线干涉仪(VLBI)技术，天文学家们在亚角秒空间分辨率上，观测到3C 279等几颗致密射电类星体的双子源结构(实际上就是后来的核与喷流)，发现双子源间分离运动的视速度超过光速，见图1[1]。这一现象称为喷流的视超光速运动，尽管当时对其有诸如类星体的非宇宙学红移等很多解释，1978年4月，在匹兹堡举行的BL Lac天体专题会议上，为了解释BL Lac天体和一些平谱射电类星体(两者后来合称为blazar，即耀变体)的大幅快速光变、高偏振、超高射电亮温度以及BL Lac天体无发射线(或只有很弱的发射线)等奇特现象，R.D. Blandford 和 M. Rees 大胆地提出了 blazar 的相对论喷流模型[2]。该模型认为 blazar 以相对论性速度(即接近光速)从两级喷出等离子体外流(即喷流)，且速度方向与我们观测者的视线夹角很小，从而喷流的非热辐射被相对论多普勒效应放大，成为 blazar 连续谱的主要成分。经过几十年的观测检验和发展，现在已普遍认为 blazar 的连续谱辐射几乎都起源于相对论喷流，而且认为其他射电噪活动星系核本质上与 blazar 相同，其喷流也是相对论性的，只是与我们观测者的视线夹角较大，其辐射被相对论多普勒效应缩小或放大较小，从而不表现 blazar 的奇特观测特征。

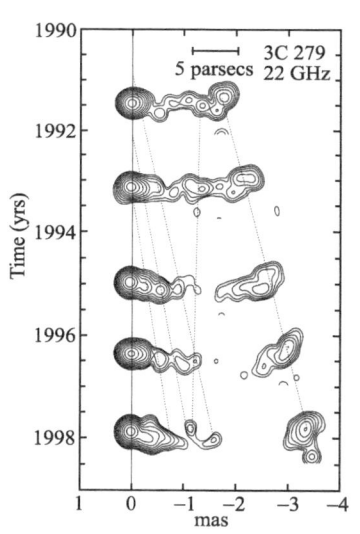

图1　Blazar 3C 279 的视超光速运动[1]。

与活动星系核一样，黑洞X射线双星也是黑洞吸积物质提供能源，其中有约10个观测到喷流，如 GRO J1655-40[3]，而且有些观测到喷流视超光速运动，以及快速光变和超高射电亮温度等现象，如 GRS 1915+105(见图2)，因而也是相对论喷流，被称为微类星体(microquasar)[4]。此外，相对论喷流还被用来解释γ暴(γ-ray burst)现象[5]。总之，相对论喷流广泛存在于恒星级和星系级天体中，如图3所示。

相对论喷流中的粒子加速 ·677·

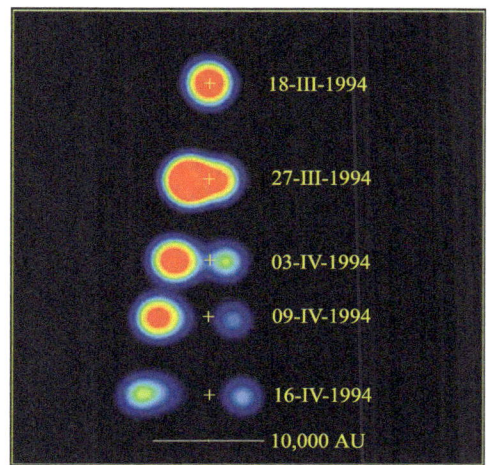

图 2 微类星体 GRS 1915+105 的视超光速运动[4]。

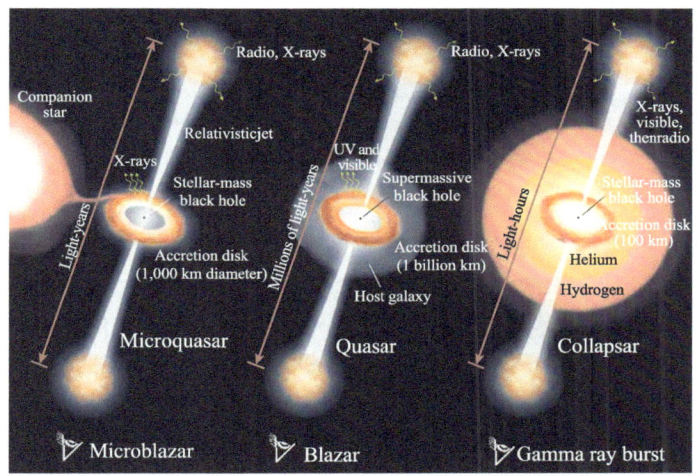

图 3 微类星体、耀变体、伽马暴结构类比示意图[4]。

2. 相对论喷流中存在粒子加速过程的观测证据

相对论喷流射电到光学波段的辐射通常具有很高的线偏振,能谱是非热幂率谱,表明是同步辐射产生,表明喷流中存在高能相对论电子(可能还包括正电子)。例如,对于 1 高斯的 blazar 喷流磁场,即使产生 1GHz 的低频射电同步辐射,所需相对论电子的洛伦兹因子也达 10 左右,其能量达 5.11MeV,而产生软 X 射线同步辐射的相对论电子的能量则高达 5 万 MeV 以上。20 世纪 90 年代以来,观测发现许多 blazar 是甚高能γ射线源,使人们认识到 blazar 喷流辐射的能谱范围很宽,几乎覆盖了整个电磁波谱,认识到 blazar 喷流中高能电子不仅仅通过同步辐射损失能量，还很可能通过逆康普顿散射过程损失能量，产生高能γ射线，并且为使所产生的γ射线不被吸收掉，辐射区不能离吸积盘太近[6]。喷流中高能电子因辐射会迅速损失能量，辐射寿命可以短到天的量级以内，因此这些高能电子不可能是在黑洞吸积盘处加速获得能量后注入喷流的，喷流中一定具有某种加速机制把电子加速到相对论能量，或通过加速其他粒子(如质子)，再产生相对论电子。Blazar的喷流通常从星系中心一直延伸到Kpc(1Kpc=3261.564光年)甚至Mpc尺度处，并且大尺度喷流也观测到射电、光学和X射线辐射，表明整个喷流中有多个加速区，不断地加速和再加速粒子[7]，把喷流所携带的能量(只是一部分)转化为辐射能。

3. 相对论喷流中粒子加速过程研究的现状与困难

那么，相对论喷流中粒子是如何加速的呢？这一问题一直是天文学的一个难题。早在喷流被发现之初，这一问题就摆到了天体物理学家面前，先后有多种模型被提出。这些模型几乎涉及天体物理学中所有的粒子加速机制，如费米加速、磁重联加速、随机加速等[8]。随机加速主要可能发生在相对论喷流与其周围介质的交界处，即喷流的外鞘；磁重联加速比较可能发生在相对论喷流产生之初，波印亭能流可能占主导那段喷流。带电粒子与运动的磁场发生"碰撞"而获得能量的过程称为费米加速，很容易发生在激波和湍流中。目前相对论喷流中粒子加速的主要模型是激波加速模型，根据激波的形成，分为内激波和外激波模型两类。除了blazar的相对论喷流，激波模型也广泛应用于γ暴喷流[5]。外激波模型主要用于喷流末端的射电热斑和γ暴余辉的粒子加速。内激波模型最早由M. Rees于1978年用来解释M87喷流中节点(knot)的辐射[9]。目前内激波模型在理论上已有很大发展，由早期的非相对论激波，发展为相对论激波[10]；还有人发展出双激波碰撞模型，即从中心产生的不同速度的两个相对论激波发生碰撞后，形成新激波波前而对粒子加速。

虽然已有几十年的研究历史，对相对论喷流中粒子的加速问题的研究目前还处于众说纷纭状态。困难主要在于粒子加速过程无法直接观测，加速区的物理条件和参数只能间接测定，理论模型缺乏观测上的有效限制。粒子加速问题与喷流的产生和加速及准直机制、喷流中的能量传输和辐射过程、喷流的物质组成等问题密切相关。这些问题也还都很不清楚，喷流如何产生、被准直、被加速，即喷流从黑洞提取能量的物理机制更是天体物理学要解决的基本问题之一。激波很可能产生于黑洞附近，与喷流的物质和能量注入及传输(即喷流从黑洞提取能量的物理机制)直接联系。喷流是活动星系核和X射线双星中可直接成像观测的结构，对于黑洞和吸积盘等(目前无法直接观测)的研究，其研究意义不言而喻。

4. 展望

根据电动力学，带电粒子速度变化必会产生电磁波，因此带电粒子加速的过程一定同时也是辐射过程,粒子的加速区同时也是辐射区,而加速区内粒子的能量和能谱分布是加速和辐射共同作用的结果。粒子加速过程实际上是辐射区的能量注入过程,对应于辐射的高态或爆发态(可以直接观测!),这时辐射区就是加速区,因此研究高态和爆发态的辐射过程,确定辐射区物理条件和参量,对于研究粒子的加速过程和机制尤为重要。美国 NASA 已于去年成功发射 Fermi γ射线空间望远镜,并已显示出强大的探测能力,它与其他望远镜的多波段联测将可以获得到很多相对论喷流的高态和爆发态多波段能谱及其变化变资料,从而获得加速区的物理参数。此外,由于距离较近,对 X 射线双星喷流可进行比 blazar 喷流更细致的观测,甚至由于时标较短,较易观测到喷流形成与吸积盘光度变化的对应关系[4]。因此,未来几年对相对论喷流中的粒子加速问题的研究将有望取得重大进展,甚至突破。

参 考 文 献

[1] Wehrle A E, Piner B G, Unwin S C, et al. Kinematics of the Parsec-scale Relativistic Jet in Quasar 3C 279: 1991–1997. The Astrophysical Journal Supplement Series, 2001, 133: 297–320.

[2] Blandford R D, Rees M J. Pittsburg Conference on BL Lac Objects. Pittsburg: University of Pittsburg, 1978: 328–348.

[3] Zhang S N, Wilson C A, Harmon B A, et al. X-Ray Nova in Scorpius. The International Astronomical Union Circulars, 1994, 6106: 1–1.

[4] Mirabel I F. Microquasars: summary and outlook. Lecture Notes in Physics, 2010, 794: 1–15.

[5] Mészáros P. Theories of Gamma-Ray Bursts. Annual Review of Astronomy and Astrophysics, 2002, 40: 137–169.

[6] Ulrich M-H, Maraschi L, Urry C M. Variability of Active Galactic Nuclei. Annual Review of Astronomy and Astrophysics, 1997, 35: 445–502.

[7] Bai J M, Lee M G. Radio/X-ray Offsets of Large-scale Jets Caused by Synchrotron Time lags. The Astrophysical Journal, 2003, 585: L113–L116.

[8] Begelman M C, Blandford R D, Rees M J. Theory of Extragalactic Radio Sources. Reviews of Modern Physics, 1984, 56(2): 255–351.

[9] Rees M J. The M87 Jet: Internal Shocks in a Plasma Beam? Monthly Notices of the Royal Astronomical Society, 1978, 184: 61P–65P.

[10] Kirk J G, Duffy P. TOPICAL REVIEW: Particle Acceleration and Relativistic Shocks. Journal of Physics G: Nuclear and Particle Physics, 1999, 25: R163–R194.

撰稿人:白金明
中国科学院国家天文台云南天文台

中子星磁场

Magnetic Fields of Neutron Stars

中子星是恒星演化的最后产物之一，是致密星的一种[1]。它相当于一个太阳被压缩到20千米范围，其磁场强度一般是约10^{12}高斯，是地球磁场的万亿倍。有一类爆发强X射线的中子星，其磁场可以高达10^{15}高斯，目前它是宇宙中已知的最强大的磁体[2]。那么，如何形成强大的磁场，学术界还没有统一的结论。多数学者认为，中子星磁场来源于其前身星超新星爆发后的残留磁场。以太阳为例，如果其平均磁场有100高斯，当它坍缩到20千米范围时，若磁场通量守恒，可以得到磁场强度与密度的2/3次方成正比，就获得10^{12}高斯磁场；还有学者认为，中子星内部的中子(或夸克)自旋磁矩定向排列，其磁场甚至可以高达10^{16}高斯。

中子星磁场的分布情况如何？自1967年中子星(脉冲星)被发现至今，已经知道2000多颗，其中大约200颗是低磁场(10^8~10^9高斯)毫秒脉冲星，十几颗是超强磁场的磁星(10^{15}高斯)，大部分中子星磁场在10^{12}高斯附近[3]。观测针对来自磁场区域的辐射，这些源的约90%有射电辐射，约10%是高能辐射。

那么，中子星的磁场如何演化？这个问题还没有彻底解决。现在被比较多学者接受的观点是，中子星磁场在双星吸积过程中减少了，同时星体旋转加速，这是毫秒脉冲星循环模型[4,5]。其观测证据如下，(1) 有一半毫秒脉冲星处于双星系，它们的磁场B和自旋周期P符合加速关系，即B-P正相关；(2) 不久前发现的双脉冲星，其中一颗是毫秒脉冲星(约10^9高斯)，另一颗是正常脉冲星(约10^{12}高斯)，符合磁场演化预期；(3) 美国宇航局卫星RXTE发现了处于双星吸积系统中的X射线脉冲星，其测定的自旋周期是2.5毫秒，估计的磁场是约10^8高斯，这和射电脉冲星B-P基本一致[6]。

中子星磁场如何测定？(1) 射电脉冲星的自转周期在减小，这被认为是旋转磁偶极子辐射电磁波消耗中子星动量造成的，由此推导出B与P和P变率公式，因此只要测量脉冲星P和P变率就估计出其磁场；(2) 对于X射线脉冲星，当自旋周期P测出后，由开普勒定律计算共转半径，给出中子星磁球的约束，而磁球正比于磁场、反比于吸积率，所以再测出吸积率，磁场就估计出来了；(3) 直接测量中子星磁场只能针对少数X射线源，其原理是，电子在磁场中回旋运动的共振能级是$11.6(\text{keV})(B/10^{12})$，只要找到这个能级，就推算出星体磁场。显然，第三种方法是可靠的直接测量，目前只有大约40个源直接测到了磁场。方法1和2的估计需要假定中子星的参数,诸如质量和半径,因此在数量级上一般有效。曾经出现过,方法 1 和方法 3 测量结果相差 100 倍的毫秒脉冲星,不过方法 1 测量大尺度磁场,而方法 3 测量局部磁场,这可能是因为毫秒脉冲星存在局部强磁区。

中子星磁场方向和自转轴夹角,即磁倾角,也发现了演化。统计表明,年龄大的脉冲星磁倾角变小。但是磁倾角的测量准确性还有待解决,因为部分脉冲星使用两种方法得到的角度不同。第一种方法是利用射电偏振,第二种方法是利用脉冲星辐射核心束。

尚未解决的问题?观测表明大部分毫秒脉冲星磁场集中在约 $10^8 \sim 10^9$ 高斯,10^8 高斯似乎是下限,那么为什么中子星存在磁场下限、或底磁场?是否和吸积演化有关是值得探讨的。最快的脉冲星自转是 716Hz,那么为什么脉冲星不能更快,如 1000Hz,一种解释认为毫秒脉冲星的形变导致引力辐射,高速旋转的脉冲星角动量被引力波辐射消耗掉。此外,中子星磁场的上限是约 10^{15} 高斯?是否存在更强磁场?约束磁场上限的条件是什么?磁场约 10^8 高斯的 X 射线脉冲星处于双星系,很多源显示出 QPO 现象,而处于双星系的白矮星也被发现 QPO,这两类源的 QPO 关系存在类似性,这些 QPO 的双星致密星体特征也是亟待解决的问题。

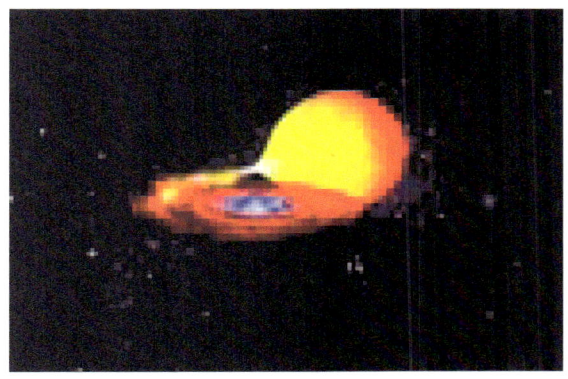

图 1　中子星在双星系统中被吸积加速示意图(取自 http://images.google.cn/)。

参 考 文 献

[1] Lyne A G, Smith F G. Pulsar Astronomy. 2nd ed. London: Cambridge University Press, 1998, 1–19.
[2] Kouveliotou C, Duncan R C, Thompson C. Magnetars. Scientific American, 2003, 2, 35–41.
[3] Hobbs G, Manchester R. Pulsar Catlogue. http://www.atnf.csiro.au/research/pulsar/psrcat/psrcat_help.html.
[4] Zhang C M, Kojima Y. Magnetic field and magnetosphere evolution in low mass X-ray binary.

Monthly Notices of the Royal Astronomical Society, 2006, 366, 137–143.
[5] Van den Heuvel E P J. Double Pulsar Jackpot. Science, 2004, 303: 1143–1146.
[6] Wijnands R, van der Klis M. A millisecond pulsar in an X-ray binary system. Nature, 1998, 394, 344–347.

撰稿人：张承民
中国科学院国家天文台

什么是磁中子星？

What Is a Magnetar?

磁中子星(magnetars)是一类特殊的中子星，其表面磁场强度达到 $10^{14}\sim10^{15}$ 高斯，是自然界中已知最强的磁场，而且远远超过典型的射电脉冲星(普通中子星)具有的 $10^{12}\sim10^{13}$ 高斯的表面磁场强度。在这种极强的磁场中，会发生很多在地球实验室或者宇宙其他任何地方都无法研究的奇特现象，因此可以用来检验或者发现极强磁场中的物理规律。关于磁中子星的起源(主要是其超强磁场的来源)、演化、内部结构、它们对周围物质和环境的影响都是目前天体物理前沿的研究热点。

1. 磁中子星的基本性质

1992 年 Duncan 和 Thompson 预言了磁中子星的存在并提出了磁中子星的第一个，也是磁中子星的主流模型[1]。1998 年 Kouveliotou 等发现了第一个磁中子星[2]，揭开了磁中子星研究的序幕。普通中子星的表面偶极磁场的强度小于 10^{13} 高斯，而磁中子星的表面磁场强度会超过 4.4×10^{13} 高斯(称为磁场的量子临界极限)，这是至今在自然界或者实验室中测量到的最高的磁场强度。在该磁场强度下，电子的朗道能级之间的能量等于电子的静止质量的能量。在如此强的磁场中，会发生一系列的奇特现象：① 一个光子会劈裂成为两个光子，或者两个光子会并合成为一个光子，因此不会像普通孤立的中子星那样产生大量的正负电子对级联簇射；② 真空被磁场极化，会发生像在方解石(calcite)中的强烈的双折射现象；③ 原子变成圆柱形的，直径甚至小于电子的相对论量子波长。这些极强磁场中的物理现象只能通过观测磁中子星进行研究。

目前已知的磁中子星在观测上表现为两类，即软伽马重复暴(soft gamma-ray repeater，或者 SGR)和反常 X 射线脉冲星(anomalous X-ray pulsar，或者 AXP)。软伽马重复暴的主要观测特征是：不定期地从该天体发出多次伽马射线爆发，其重复爆发以及较软的伽马射线能谱和普通的伽马射线暴明显不同，但是其能谱又明显比来自普通中子星表面的 X 射线暴更硬；从三个不同的天体分别观测到过一次非常强烈的爆发(称为巨耀斑，giant flare)它们的峰值亮度达到了大约 $10^{45}\sim10^{47}$ erg/s(观测到的流强甚至远远高于伽马射线暴)，爆发期间光变曲线上出现了周期为 5~8 秒的强烈振荡，如图 1 所示；从大部分的软伽马重复暴的光变曲线上也都观测到了周期在 2~11 秒之间的振荡现象；它们每次爆发的流强和两次爆发期间的等待时间成正比，类似于地震、太阳 X 射线耀斑、沙堆等现象，数学上可以用临界自组织模型描述。反常 X 射线脉冲星发出周期性的 X 射线信号，其周期和软伽马重复暴类似，也在 2~11 秒之间；它们和孤立 X 射线脉冲星的主要不同是，它们的 X 射线亮度远远高于具有和孤立 X 射线脉冲星的中子星同样的转动惯量的中子星的自转能的损失率；它们和处于双星中的吸积 X 射线脉冲星的主要不同是，它们的自转周期的变化没有呈现出双星轨道周期变化的特征。因此它们被称为反常 X 射线脉冲星。

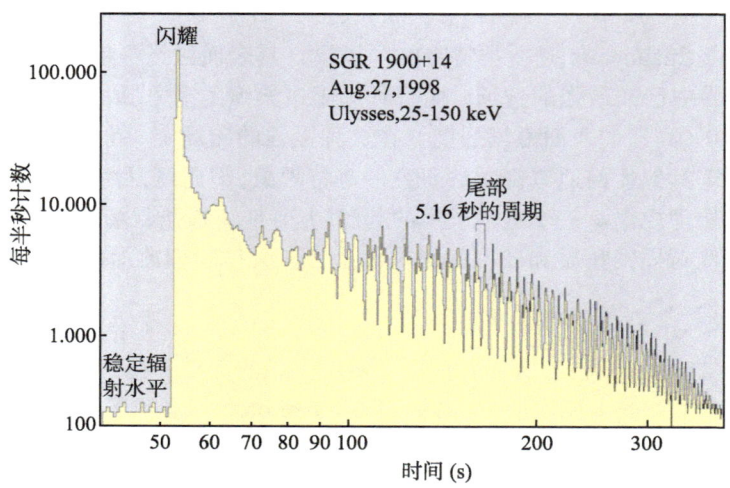

图 1　来自 SGR1900+14 的巨耀斑的光变曲线[3]。可以清楚地看到周期为 5.16 秒的振荡(注意横轴和纵轴都是对数坐标)。其初始的爆发(标为"flash")的峰值亮度接近 10^{45} erg/s，而且能谱非常硬。其他两个软伽马射线重复暴的巨耀斑有非常类似的观测性质。

假设它们是孤立的中子星而且观测到的光变曲线的振荡周期是中子星的自转周期，那么根据中子星的自转变慢是由于中子星的磁偶极辐射造成的(称为"磁制动效应")，就可以大致估计出它们的中子星表面磁场强度都超过了 10^{14} 高斯，甚至有的达到了 2×10^{15} 高斯，远远超过了磁场的量子临界极限。目前已知的 18 个磁中子星候选体中共有 13 个通过这种方法确定了它们的超强磁场，因此被证认为磁中子星；其中 8 个软伽马重复暴中的 4 个和 10 个反常 X 射线脉冲星中的 9 个已经被证认为磁中子星。关于磁中子星的详细观测星表请参看文献[4]。

2. 磁中子星的伽马射线和 X 射线释放机制

磁中子星的伽马射线和 X 射线辐射都是由它们的超强磁场引起的。磁中子星的内部的强磁场会穿透其表面硬壳。在转动过程中，由于其内部的超流体不能时刻保持和表面硬壳同步，这些连接内部的超流体和表面硬壳的磁力线就会被扭曲，产生的剪切力使其表面硬壳发生移动，从而导致磁中子星的外部磁场位型发生变化。变化的磁场会产生强烈的耗散电流，使因禁在磁中子星的外部磁场中的粒子不断获得能量。当磁场向更低的能级调整的时候就会通过磁重联过程突然释放大量的能量，产生强烈的伽马射线和 X 射线辐射，类似于太阳耀斑的能量释放过程。这就是普通的软伽马重复暴的爆发过程。而巨耀斑的能量释放过程则是由其表面硬壳的显著移动造成的，这时磁中子星的外部磁场位型发生大尺度的变化，突然释放巨大的能量，以磁火球的方式发生爆发，产生大量的伽马射线。

磁场在介质中会衰减，提供对介质的内部加热。当磁场强度小于 10^{11} 高斯时，磁场衰减主要是通过欧姆耗散。当磁场强度介于 10^{12}~10^{13} 高斯时，磁场衰减主要是通过霍尔漂移(Hall drift)。对于表明磁场强度超过 10^{14} 高斯的磁中子星，其磁场衰减主要是通过双极扩散(ampipolar diffusion)，使得中子星的表面温度显著提高，发出亮度达到约 10^{35} erg/s 的 X 射线辐射，远远超过中子星的自转能的损失率。这可能是反常 X 射线脉冲星的主要辐射机制。

3. 磁中子星的形成机制

不同的磁中子星的形成机制的焦点在于它们的超强磁场是如何产生的。简单地说有关的模型可以分成三大类：原生模型、演化模型和化石模型。原生模型假设不同的超新星爆发的前身星在爆发的时候形成具有不同的磁场的中子星，那些磁场最强的中子星就是磁中子星。演化模型则假设所有中子星在产生的时候具有类似的磁场，但是不同的中子星有不同的演化途径，有些中子星在演化过程中表面偶极磁场会增加，形成了今天看到的磁中子星。化石模型假设中子星的磁场是其超新星爆发之前的前身星遗留下来的磁场，具有最强磁场的那些恒星超新星爆发之后形成的中子星就是磁中子星。

1992 年 Duncan 和 Thompson 提出了磁中子星的磁场原生模型[1]。如图 2 所示，在刚刚诞生的高速转动的中子星内部，快速中微子冷却过程形成会形成大量的、紊乱的高速对流。类似于太阳中的发电机转子机制(dynamo mechanism)，如果 10%的对流的转动机械能转化为磁场能的话，中子星内部就会产生非常强的磁场。如果中子星的初始自转周期是 1~2 毫秒，那么这个机制就能够产生高达 10^{16} 高斯的磁场。这个机制给出两个可以进行观测检验的预言：① 磁中子星具有比普通中子星更高的空间运动速度；② 产生磁中子星的超新星爆发比产生普通中子星的超新星爆发更加强烈，也就是能够释放更多的能量。然而，遗憾的是，这两个预言都没有被证实，甚至和已有的观测事实矛盾。尽管目前的观测结果还不能完全排除这个模型，但是至少是还没有获得支持这个模型的清楚证据[4]。因此，尽管这个模型预言了磁中子星的存在，而且是目前学术界比较广泛接受的模型，支持这个模型的观测事实并不充分，甚至是负面的。

2004 年林锦荣和张双南提出了磁中子星的磁场演化模型[5]。假设所有的中子星在产生的时候都具有类似的表面磁场，根据观测到的不同中子星的周期耀变的不

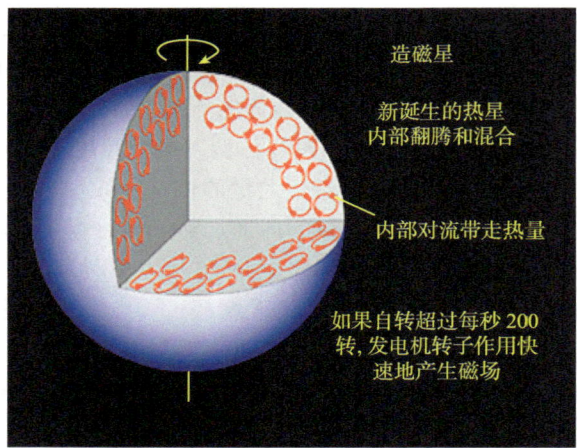

Dave Dooling, MASA Marshall Space Flight Center

图 2　Duncan 和 Thompson 提出的中子星磁场产生的原生模型。在高速转动的中子星内部会形成高速的对流，类似于太阳中的发电机转子机制(dynamo mechanism)，如果 10% 的转动机械能转化为磁场能的话，中子星内部就会产生非常强的磁场(作者：Dave Dooling, NASA Marshall Space Flight Center)。

同性质，可以预期不同的中子星的表面磁场的演化将遵循不同的途径。如图 3 所示，那些自转周期耀变比较剧烈但是耀变之后不能完全恢复的射电脉冲星的表面磁场将会逐渐增加到磁中子星所具有的表面磁场。这个模型遇到的主要挑战是它要求磁中子星的年龄在 10 万到百万年左右，而有一些反常 X 射线脉冲星被证认和较为年

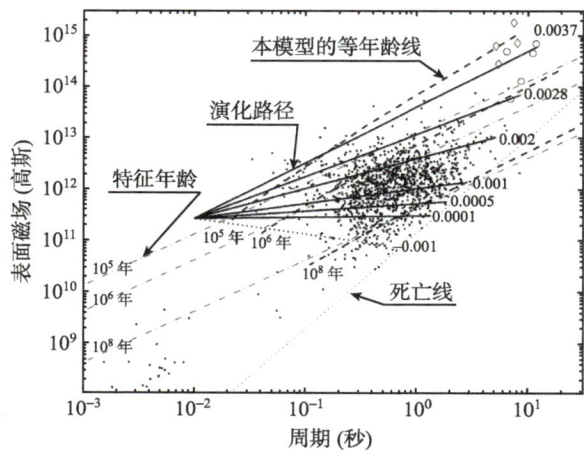

图 3　林锦荣和张双南提出的磁中子星的磁场演化模型 (摘自文献[5])。假设所有的中子星的初始磁场和自转周期都是一样的，具有不同的自转周期耀变参数的中子星的磁场会沿不同的实线演化，导致部分中子星的表面磁场能够达到观测到的磁中子星的表面磁场。

轻(年龄小于万年)的超新星遗迹成协。但是最近的观测表明,大部分、也许所有的这些成协都可能是偶然符合事件[4]。这个模型的成功之处是:① 预言了磁中子星会发生强烈的自转周期耀变,被后来的观测所证实[4];② 预言了普通射电脉冲星在向磁中子星的演化过程中会有接近或者达到磁中子星的磁场,也被后来的观测所证实[6~8]。因此,即使这个模型不能产生所有的磁中子星,也至少代表了部分磁子星的产生过程。

2006 年 Ferrario 和 Wickramasinghe 提出了中子星磁场的化石模型[9]。由于磁通量守恒,在该模型中具有不同磁场的恒星演化到最后会形成具有不同磁场的致密星,比如具有不同磁场的白矮星就已经被认为是不同磁场的恒星耗尽内部的核燃料收缩形成的。以此类推,具有更大质量的恒星,如果具有不同的磁场,在最后坍缩过程中由于磁通量守恒,就会形成具有不同磁场的中子星,而具有最高磁场强度的大质量恒星就会形成磁中子星。但是由于我们对于大质量恒星内部的磁场以及其中心坍缩过程中磁场的演化还远远不清楚,这个模型具有比较大的不确定性。尽管如此,该模型预言大质量恒星的磁场分布如图 4 所示,有待于未来的观测进行检验。

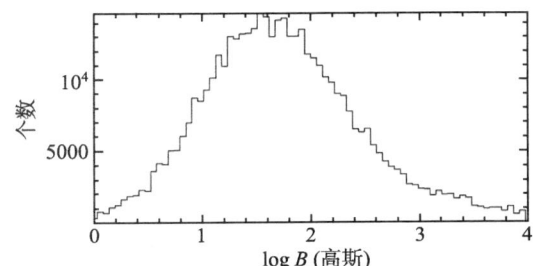

图 4 Ferrario 和 Wickramasinghe 提出的磁中子星化石模型所预言的处于主序星阶段的、质量为 8~45 太阳质量的大质量恒星的磁场分布(摘自文献[9])。具有这种磁场分布的大质量恒星演化到最后能够产生观测到的射电脉冲星和磁中子星的磁场分布。具有最高磁场的那些恒星最后可能形成磁中子星。

4. 结束语

作为最近 10 年来我们逐步开始认识的一类新的、具有极端物理性质的天体,磁中子星的神秘的面纱还远远没有被揭开。未来对它们以及它们周围环境的多波段天文观测,尤其是更多的高能伽马射线、射电和光学观测,以及对大质量恒星的磁场的研究,将是解决磁中子星的起源问题的关键。我们有理由相信,未来对磁中子星的观测和理论研究,将能够使我们利用磁中子星研究在地球实验室、甚至宇宙中任何其他地方都无法研究的极强磁场中的基本物理规律。

参 考 文 献

[1] Duncan R C, Thompson C. Formation of very strongly magnetized neutron stars - Implications

for gamma-ray bursts [J]. Astrophysical Journal, Letters, 1992, 392(1): L9–L13.

[2] Kouveliotou C, Dieters S, Strohmayer T, Von Paradijs J, Fishman G J, Meegan C A, Hurley K, Kommers J, Smith I, Frail D, Murakami T. An X-ray Pulsar with a Superstrong Magnetic Field in the Soft Gamma-Ray Repeater SGR1806–20 [J]. Nature, 1998, 393: 235–237.

[3] McGill SGR/AXP Online Catalog, http://www.physics.mcgill.ca/~pulsar/magnetar/main.html.

[4] Mereghetti S. The strongest cosmic magnets: soft gamma-ray repeaters and anomalous X-ray pulsars [J]. Astron Astrophys Rev., 2008, 15: 225–287.

[5] Lin J R, Zhang S N. Radio pulsars as progenitors of anomalous X-ray pulsars and soft gamma-ray repeaters: magnetic field evolution through pulsar glitches [J]. ApJ, 2004 615: L133–L136.

[6] Camilo F, Kaspi V M, Lyne A G, Manchester R N, Bell J F, D'Amico N, Mckay N P F, Crawford F. Discovery of two high magnetic field radio pulsars [J]. ApJ, 2000, 541: 367–373.

[7] Camilo F, Ransom S M, Halpern J P, Reynolds J, Helfand D J, Zimmerman N, Sarkissian J. Transient pulsed radio emission from a magnetar [J]. Nature, 2006, 442: 892–895.

[8] Camilo F, Ransom S M, Halpern J P, Reynolds J. 1E 1547.0-5408: a radio-emitting magnetar with a rotation period of 2 seconds [J]. ApJ, 2007, 666: L93–L96.

[9] Ferrario L, Wickramasinghe D. Modelling of isolated radio pulsars and magnetars on the fossil field hypothesis [J]. MNRAS, 2006, 367: 1323–1328.

撰稿人：张双南
中国科学院高能物理研究所

脉冲星的高能辐射

High Energy Radiation from Pulsars

1. 脉冲星高能辐射的观测特征

脉冲星是快速旋转的强磁化的脉冲星。人类发现的第一个空间伽马射线源就是转动驱动的脉冲星，早在20世纪70年代，人们就观测到了来自Crab和Vela脉冲星的伽马射线脉冲辐射，而20世纪90年代CGRO发射时期伽马射线脉冲星的数目增加到至少7颗，并有几个很好的候选体[1]。脉冲星的高能辐射主要是指从X射线到伽马射线能区的脉冲辐射，观测到的高能辐射为人们研究在极端物理条件下粒子加速机制和辐射机制提供了极为有用的信息。

观测到的脉冲星高能辐射的特征主要包括两个方面。第一个方面是脉冲星的光曲线，人们已获得了7颗伽马射线脉冲星在射电，光学，软X射线(<1 keV)，硬X射线/软伽马射线 10 keV~1MeV)和硬伽马射线(大于100MeV)能段中的光曲线。它们的一些重要特征是：(1) 光曲线在所有波段不尽相同，如在软X射线中，一些的发射为热的，或许来自中子星表面；热发射不是射电或伽马辐射的起源。(2) 6颗伽马射线脉冲星具有双峰结构且脉冲轮廓与能量有关。(3) 脉冲星 B1509-58 只观测到直到10MeV的脉冲辐射。第二个方面的观测特征是脉冲星的高能辐射谱，已观测到了7颗最高置信度的伽马射线脉冲星的宽带谱，其主要特征是：(1) 射电发射(起源于相关过程)和高能发射(可能起源于在非相干过程中荷电粒子)间的差别对这些脉冲星的一些是可见的，特别是 Crab 和 Vela 脉冲星。(2) 脉冲星 Vela, Geminga 和 B1055-52 都说明在 X 射线中的一个热分量，可能来自热中子星表面。(3) 已知的脉冲星的伽马射线谱典型的是平的，具有在30MeV和几个GeV之间约2或小于2的光子幂律指数，除Crab脉冲星外，能谱在约1~4GeV带中发生拐折。(4) 脉冲的能谱随脉冲星相位变化。伽马射线望远镜 AGILE 和 Fermi LAT 望远镜的观测必将进一步增加伽马射线脉冲星的数目，并对人们进一步理解脉冲星的高能物理过程提供极为有用的信息。

2. 脉冲星高能辐射的主要模型

一般认为，脉冲星的高能辐射发生于脉冲星磁球中，这样的磁球可由一偶极磁场近似。在脉冲星磁球中，转动的磁化中子星是自然的单极感应器，可在真空中产生巨大的电场 $E = -(\Omega \times r) \times B/c$ 和产生一大的表面电荷。当电荷密度值达到

Goldreich-Julian 电荷密度 $\rho_e = -\mathbf{\Omega} \cdot \mathbf{B}/2\pi c$ 时，一平行于磁场的电场 $E_\parallel$ 为零。这是所谓的力自由解，其中电荷和磁场与恒星共转。如果真空不能包围一脉冲星，则由于流或辐射存在而不可能是完全的力自由磁球。研究表明一近似的力自由磁球不能仅由从恒星表面流出的电荷产生，而是要求磁球中产生一额外的源，它可能是产生加速粒子的光子辐射的电子正电子对[2]。尽管磁球的自恰解仍未找到，但人们认为一真实的脉冲星的磁球位于真空和力自由两种极端之间，即由相互处于平衡的自恰力自由和非力自由的区域组成。确定这些区域结构的一种方法就是研究电动力学的微观物理和加速可发生的不同地点处的电荷。根据粒子加速地点的不同，存在几种不同的描述脉冲星高能辐射的模型。作为一个例子，Crab 脉冲星磁球和加速区的图示见图 1[3]。

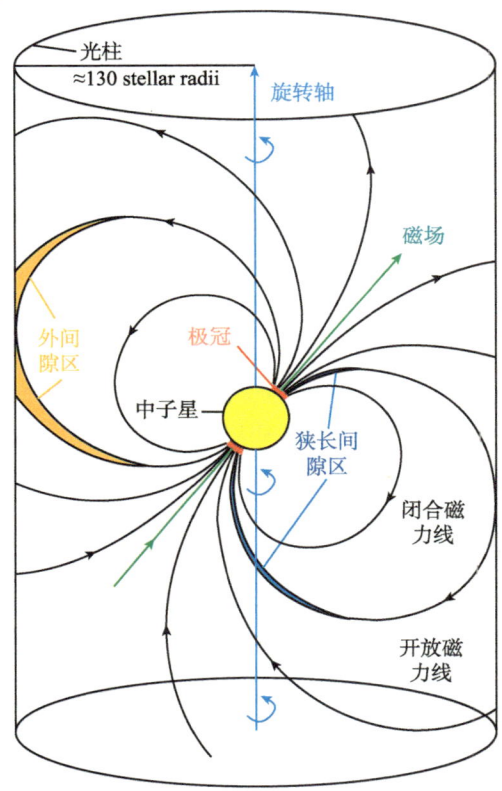

图 1 Crab 脉冲星磁球图示[3]。电子沿该脉冲星的磁场线被俘获和加速且通过同步曲率辐射机制发射电磁辐射。加速区发生于很接近于中子星表面的极冠(真空和 SCLF 模型)，沿闭合场线的边界延伸到很高高度处的一薄的区域(狭长间隙模型)和接近于光柱的外磁球区(外间隙模型)。

(1) 极冠加速和狭长间隙模型

极冠加速发生于极冠区(polar cap region)，电压沿极冠表面附近和之上的场线发展(图 1)。根据中子星表面处边界条件的不同，极冠加速可分为真空加速和空间电荷受限流动(SCLF)模型[4]。真空加速模型中，电荷由结合力被俘获于中子星表面层和一真空区形成于该表面之上。中子星表面处电荷密度为零但平行于磁场的电场不为零，即 $\rho(R) = 0$，$E_\parallel = \Omega B_p R$，其中 R 为中子星半径 B_p 为极冠表面的磁场强度。而在 SCLF 模型中，电荷自由地从表面层发射且平行电场满足 $\nabla \cdot E_\parallel \propto (\rho - \rho_{GJ})$，其中 ρ 为真实的电荷密度和 ρ_{GJ} 为 Goldreich-Julian (GJ)电荷密度，中子星表面处电荷密度等于 GJ 电荷密度，平行于磁场的电场为零，但由于真实的电荷密度随距离的三次方的倒数减小而 GJ 电荷密度变化较慢，故该平行电场随距离增加。在这两类加速器中，对粒子加速可用的势降受屏蔽平行电场的电子-正电子对级联的发展的限制，当粒子达到足够高的 Lorentz 因子时，由磁对产生过程辐射伽马射线光子。在真空模型中仅当间隙高度变得可与在强磁场中单光子对产生的光子平均自由程相比时才引发对级联，并引起真空的一突然放电。但在 SCLF 模型中，对级联不引起放电，而仅在加速器的上表面发展，在大于一对形成阵面(PFF)之上的一薄区域处由俘获的向内加速的正电子的一小部分来屏蔽平行电场。这些加速器可以维持向上加速的电子的稳定流和维持向下的正电子流，从而加热极冠。加速器电压由 PFF 的高度确定，大致可与对产生平均自由程相比。研究表明对级联可由原初电子的曲率辐射(CR)或与恒星热 X 射线的共振或非共振的逆 Compton 散射(ICS)引起。一般而言，CR 光子的对产生要求高得多 Lorentz 因子，所以 ICS 的 PFF 可在比 CR 的 PFF 低的高度处发生。CR 引发的和 ICS 引发的级联的辐射的谱是很硬的(大致为具有指数 1.5~2.0)并由于磁对产生之故在截断能量处产生一尖锐截断，其能谱大致可表示为具有超指数衰减的幂律谱。值得注意的是极冠开角是很小的(几度)，除非发射发生于表面之上的几个恒星半径处，所以，重新产生 Vela 脉冲星能谱和脉冲轮廓为，人们不得不假定到 3 个恒星半径的延伸的加速和在极冠边缘附近原初粒子流量的人为的增加。同时，这些模型不能很好地解释已观测到伽马射线脉冲星的高能伽马射线脉冲轮廓。

因为极冠加速器的几何由平行电场和对屏蔽的物理确定，通过对极冠加速器的仔细研究，人们找到了描述脉冲星高能辐射的一种可能的模型，称为狭长间隙(slot gap)模型(图 1)。在该模型中，平行电场在磁轴附近是强的且 PFF 很接近于中子星表面，但在极冠的边缘，并行电场为零。这样在该边界附近，电场相对于磁轴附近减小，这必然要求一较大距离使电子加速到足够高的 Lorentz 因子，从而能产生满足对产生的足够高能的光子。这样 PFF 向上运动且达到向上弯曲的曲线作为边界，从而形成在最后开场线附近的一窄的狭长间隙。由于在该狭长间隙中平行电场不受屏蔽，故粒子沿最后开场线连续加速和辐射到很高的高度。所以，在该模型中高能辐射可来自从中子星表面附近到光柱附近的辐射。目前，人们已建立了的三维的狭长间隙模型并应用于Crab脉冲星[5]。

(2) 外间隙模型

描述脉冲星高能辐射的外间隙(outer gap)模型是指粒子的加速器位于脉冲星外磁球区(图1)，主要有两类模型：真空外间隙[6]和非真空外间隙模型[7]。在真空外间隙模型中，由于荷电粒子的整体流动之故，电荷不足区(间隙)在磁球的零电荷面附近形成。一旦真空外间隙形成，它们可加速粒子到高能且通过同步曲率辐射发射高能光子。这些高能光子可通过与来自中子星表面(整个恒星的冷却或来自电荷返回流所沉淀的能量加热极冠)热X射线的相互作用产生对。尽管这样的X射线光子的密度在外间隙中是很小的，但足以引发对级联，这是因为新诞生的对在该间隙中加速，辐射且产生更多的对。该间隙的大小受对级联的限制并对已给定的脉冲星是到中子星的距离和磁倾角的函数[8]，它屏蔽沿和穿过场线的间隙电场，从而确定发射几何。具有较热极冠和较高真空电场的年轻的脉冲星趋于有从零电荷面附近延伸到光柱的窄的间隙，而有较低电场的较老脉冲星外间隙是厚的且随年龄增长。当该间隙充满整个外磁球时，它停止工作，不能发射伽马射线。真空外间隙模型已成功地解释了观测到脉冲星的相位平均高能辐射特征以及相位可分辨能谱和光曲线[6]。

不同于上述的真空外间隙模型，通过假定正负电子对能够自由穿过外间隙的内外边界，人们提出了非真空外间隙模型。通过自恰地求解非共转电势的Poisson方程和粒子的Boltzmann方程，人们已建立了两维的电动力学外间隙模型[7]。在该模型中，存在如下的参数：从外间隙的内外边界进入的粒子流，外间隙的内边界和外边界(它们决定了沿磁场线方向的间隙宽度)以及外间隙的下边界(定义为最后开场线)和上边界(它们决定了外间隙的垂直场线的高度)。这样把流入外间隙的粒子流(量级大致为10%~20%的GJ电荷流)和上边界作为自由参数，可以获得外间隙的几何，它可是长和宽的或窄和厚的。与真空外间隙模型不同的是，如果存在从外间隙的外边界流入的粒子流，则非真空外间隙模型的内边界可延伸到零电荷面之下；如果存在从外间隙的内边界流入的粒子流，则外边界可延伸到约0.8个光柱半径处。如果没有流存在，则外间隙的内边界位于零电荷面附近，这与真空外间隙模型相同。该模型也成功地解释了观测到脉冲星的相位平均高能辐射特征[7]。值得指出的是外间隙的上边界应通过光子-光子对产生过程来限制，而不应处理为一自由参数[9]。

3. 未解决的主要科学问题

正如上述，脉冲星高能辐射模型已取得巨大的进展并给出了可由将来观测检验的预期的结果。目前发射高能辐射的脉冲星样本很小，尽管尚不能完全解决关于脉冲星磁球中高能粒子加速和相互作用的基本问题，但它也提供了在观测到的数据中寻找趋势的可能性。例如，脉冲星的自转变慢能量转换为高能辐射的效率可能反比于开场线的电压和伽马射线脉冲星的高能截断与表面磁场强度似乎存在某种关系[4]。另一方面，这些脉冲星不同波长处的光曲线也提供关于间隙位置和级联发展和其辐射过程的丰富的信息。所以多波段的研究方法是十分必要的。

尽管现有的脉冲星高能辐射模型大都可以解释脉冲星的高能辐射的特征，但是仍存在如下尚未解决的关键问题[10]：

(1) 粒子在脉冲星磁球中的什么地方和如何被加速的？因为人们仅观测到扫过我们视线的发射束的脉冲轮廓的很小部分，故脉冲发射地点的位置并很不清楚。于是仅从脉冲轮廓来构造发射的所有几何不是唯一的。所以仍不确定的是高能脉冲的发射是在磁极(极冠)附近，或狭长间隙或外间隙？

(2) 高能辐射机制是什么？所有的模型预期高能谱由多个辐射分量组成，即来自原初粒子的曲率辐射(CR)，来自对的同步辐射(SR)和逆 Compton 散射(ICS)分量，但这些分量可出现于不同的波段处。例如，对 Crab 脉冲星，在极冠和狭长间隙模型中，大于 100MeV 的辐射由曲率辐射主导。而在外间隙模型中，预期的 ICS 分量来自原初粒子对各种源的软光子的散射且在大于 100GeV 出现。

(3) 高能截断谱的形状是什么？极冠模型中，高能辐射谱可由具有超指数截断的幂律近似。而在外间隙模型中高能谱可由具有指数截断的幂律近似表示。

(4) 射电噪和射电宁静伽马射线脉冲星的比是什么？极冠模型预期射电噪与射电宁静的最高比。外间隙模型预期低得多的比且有多得多的射电宁静脉冲星。

总之，脉冲星高能辐射的许多基本问题仍未解决。高能伽马射线望远镜(AGILE, Fermi/LAT)的观测将有助于更好地完善脉冲星高能辐射的研究。

参 考 文 献

[1] Thompson D J. Gamma ray astrophysics: the EGRET results. Reports on Progress in Physics, 2008, 71(11), 116901–116924.

[2] Spitkovsk A. Time-dependent force-free pulsar magnetospheres: Axisymmetric and oblique rotators. Astrophysical Journal, 2006, 648, 51–54.

[3] Aliu E, Anderhub H, Antonelli L A et al. Observation of pulsed γ-rays above 25 GeV from the crab pulsar with MAGIC. Science, 2008, 322 (5905), 1221–1224.

[4] Grenier I A, Harding A K. Pulsar twinkling and relativity. AIPC, 2006, 861, 630–637.

[5] Harding A K, Stern J V, Dyks J, et al. High-altitude emission from pulsar slot gaps: The crab pulsar. Astrophysical Journal, 2008, 680, 1378–1393.

[6] Cheng K S, Ko S F, Lie H Y, et al. The high energy emission morphologies and phase-resolved spectra of pulsars. International Journal of Modern Physics A, 2001, 16(29), 4659–4712.

[7] Hirotani K. High-energy emission from pulsar magnetospheres, Mod. Phys. Lett. A, 2006, 21, 1319–1337.

[8] Zhang L, Cheng K S, Jiang Z J, et al. Gamma-ray luminosity and death lines of pulsars with outer gaps. Astrophysical Journal, 2004, 604, 317–327.

[9] Lin G. F, Zhang L. One-dimensional accelerator in pulsar outer magnetosphere revisited. Astrophysical Journal, 2009, 699, 1711–1719.

[10] Harding A K. Pulsar physics and GLAST. AIPC, 2007, 921, 49–53.

撰稿人：张 力

云南大学物理系

致密天体 X 射线辐射中的准周期振荡现象

Quasi-periodic Oscillations in Compact Objects

长期以来，人类依靠天文观测研究宇宙的形成和演化，通过获得天体光谱、图像和光变研究天体对象中发生的物理过程和天体本身的性质。在致密天体对象中发生的许多物理过程和对应的极端条件在地球试验室内无法实现。这些处于极端条件下的物理过程现阶段只有通过天文观测来研究。在致密天体光变中发现的准周期振荡现象就是可以用来研究极端条件下物理过程的天文现象。

人们在研究致密天体对象过程中发现它们中许多具有时标跨度达几个数量级的光变现象。一类包含一颗中子星或黑洞的吸积双星系统(X射线双星)就是其中一种具有丰富光变的天体。由于这类双星包含一颗中子星或黑洞这样的致密天体，伴星物质被致密天体吸积释放的引力能主要通过在 X 射线波段的辐射释放。利用空间 X 射线探测器或天文卫星，人们发现这类天体在 X 射线波段，从毫赫兹到千赫兹，即分钟到毫秒时标上，有一些极具特征而且共有的光变现象，包括分布在较大频率范围的多种噪声成分、分布在较窄频率范围的准周期光变成分，和纯粹周期信号。其中准周期光变成分叫做准周期振荡现象(quasi-periodic oscillations, QPO)[1]。如果对观测到的 X 射线光变曲线作傅里叶分析，可以求得天体光变的傅里叶功率随傅里叶频率的分布，叫做傅里叶功率谱。这些准周期振荡现象在上述傅里叶功率谱上表现为窄峰形状，表示光变成分分布在一个较窄的频率范围之内。人们通常定义窄峰所对应的中心频率为该准周期振荡的频率，窄峰的半高宽为准周期振荡的频率宽度。由于宽峰和窄峰有时很难界定，其实有些具有较宽频率分布的所谓噪声成分和准周期振荡现象也许并没有本质的不同。

准周期振荡现象最早在含有一颗白矮星的激变变星双星系统中发现，时标大约几十秒。19世纪80年代，由于理论认为一类具有小质量伴星的中子星 X 射线双星中的中子星是毫秒射电脉冲星的前身星，人们试图在中子星 X 射线双星中寻找毫秒周期信号。出乎人们意料的是，1985年人们利用欧洲 X 射线天文卫星(EXOSAT)的观测数据没有发现毫秒周期信号，而是第一次在一个人们认为含有一颗中子星的双星系统的 X 射线辐射中发现时标在0.1秒左右的准周期振荡现象。随后进一步观测证实准周期振荡现象在 X 射线双星中是极其普遍的，而且不同的准周期振荡现象和能谱形状有很强的相关性，表现为不同谱型分支和特定准周期振荡现象的发生有较好的对应关系。比如人们在一类明亮的中子星小质量双星，即所谓"Z"源中发现了20~60Hz 的水平分支准周期振荡现象(horizantal branch oscillation, HBO)，正常分支准周期振荡(normal branch oscillation, NBO)和闪耀分支准周期振荡(flaring branch oscillation, FBO)。而在另一类中子星大质量X射线双星,即含有较强磁场($B > 10^8$G) 中子星的X射线脉冲星中,人们也发现一些准周期振荡现象[2]。这些准周期振荡现象频率间关系往往是谐频倍频关系。通常人们认为这些中子星系统中发现的准周期现象和中子星磁层和吸积流相互作用有关。

1995年底发射的美国罗西X射线探索者卫星(Rossi X-ray timing explorer, RXTE)对X射线双星的观测中取得了重大突破。首先,人们在中子星X射线双星的持续X射线辐射中发现了毫秒时标的所谓"千赫兹"准周期振荡现象[3]。随后,人们又在中子星表面产生的核燃烧现象——即第一类X射线暴中发现了近乎周期的振荡信号。特别是吸积毫秒脉冲星的发现(在持续X射线辐射中发现了代表中子星自转的毫秒脉冲信号)[4],进一步肯定了这些中子星小质量X射线双星的中子星是射电毫秒脉冲星的前身星的理论预言。从一开始,人们就认为这些准周期振荡现象一定代表了具有磁场的中子星吸积伴星物质过程中吸积流中产生的有规则的调制信号。但是,由于磁中子星吸积过程的复杂性,人们至今没能确认这些准周期现象的起源。不过,由于在吸积中子星附近吸积流中的最快时标是围绕中子星轨道运动的动力学时标(毫秒量级),而千赫兹准周期振荡时标非常接近,多数人认为千赫兹准周期振荡中的频率对应于轨道运动频率。这个轨道运动频率非常接近已知各种中子星可能物态对应的中子星半径处的轨道运动频率,也接近广义相对论预言的最后稳定轨道(innermost stable circular orbit, ISCO)处的轨道运动频率[5]。于是,在中子星小质量X射线双星中探测千赫兹准周期振荡最高频率可以限制中子星质量-半径关系和中子星物态,并检验广义相对论效应。在中子星X射线双星中的准周期振荡现象和其他同时产生的光变成分有很强的频率相关关系,表明了它们特征时标的关联。同时,人们还发现许多不同光变成分之间幅度、位相和频率间的耦合。这说明不同光变成分的辐射产生也是紧密相关的。

吸积中子星双星中发现的毫赫兹准周期振荡(mHz QPO)是一类特别的准周期振荡现象,可能和基本物理问题联系起来。人们在一些中子星小质量X射线双星中发现这种特征时标为100~200秒、光子能量主要低于5keV的准周期振荡现象。观测上发现这种现象和第一类X射线暴,即中子星表面吸积物质的核燃烧产生的爆发有联系,而且其辐射流量振荡产生的辐射力会引起吸积盘内边缘径向或垂向振荡。种种迹象表明这种准周期振荡和中子星表面的核燃烧过程有关,可以用来研究中子星表面的物理环境和第一类X射线暴发产生的条件和中子星附近吸积流的性质。除此以外,人们在一类估计具有极强磁场的孤立中子星,即所谓软伽马重复暴的爆发过程中也发现了从几十赫兹到几百赫兹的准周期振荡现象[6]。人们认为这类现象很可能和中子星的振荡有关。通过研究这种振荡现象的振荡频率和倍频关系,我们可能会获得中子星物态信息。

人们在30年前就发现银河系内明亮的黑洞双星的X射线光变与中子星X射线双星的光变相似。20世纪末人们利用RXTE卫星的观测在黑洞双星中也发现了准周期振荡现象。人们发现黑洞双星中的准周期振荡现象不像中子星系统那样容易分类，而是更加复杂。其中一种重要现象是所谓高频准周期振荡[7]。这类快速光变的频率大约在100~450Hz，有时可观测到倍频成分，只在特定的谱态才能被观测到。这种准周期现象和中子星中的千赫兹准周期振荡一样，一定产生在黑洞附近强引力场区域。这类来自黑洞附近的信号，可能被用来研究黑洞性质。比如这些信号频率对黑洞附近的最后稳定轨道的大小给出了限制，从而限制了黑洞的质量和自旋，是研究黑洞及其性质的重要探针。

黑洞双星中发现的另一类重要的准周期振荡现象是频率在 0.1~15Hz、具有较高频率相干性的所谓"C"类准周期振荡现象。这类准周期振荡现象只在一类特殊的谱态下探测到。人们在邻近星系中的一类对恒星质量黑洞来说超爱丁顿光度的X射线源，即超亮X射线源(ultra-luminous X-ray sources)中发现了准周期振荡现象[8]。这种准周期现象和黑洞双星中的"C"类准周期振荡现象具有类似性质。公认的观点是这些超亮X射线源和银河系内的黑洞双星类似，但根据准周期振荡频率的高低，人们对这类天体中致密天体是恒星质量黑洞还是中等质量黑洞产生了分歧。中等质量黑洞的存在与否对我们了解宇宙、星系和恒星演化有重要意义。

更多的X射线天文观测表明在黑洞吸积系统中准周期振荡现象可能普遍存在。观测证据显示在含有更大质量黑洞的活动星系核中也存在小时时标的准周期振荡现象[9]。同时，一些活动星系核的X射线光变噪声特征也和黑洞双星和中子星双星吻合[10]。人们发现这些准周期振荡现象以及噪声的特征频率和中心天体的质量呈很好的相关性，而天体质量跨度达到7、8个量级，暗示这些光变很可能来自黑洞附近最后稳定轨道附近。虽然观测到的相关性可能包含观测选择效应的贡献，但是类似特征光变现象本身存在于质量跨度达7、8个量级的致密天体附近的现象使人们渐渐意识到：准周期振荡现象和其他类似光变性质可能携带了致密天体附近吸积流和致密天体质量半径以及强引力场性质的重要信息，是我们研究致密天体及其邻近环境的有用工具。

参 考 文 献

[1] van der Klis M. Compact stellar X-ray sources. Cambridge Astrophysics Series, No. 39. Cambridge, UK: Cambridge University Press, 2006:Chap 2, 39–112.

[2] Finger M H. QPO in transient pulsars. Advances in Space Research, 1998, 22(7): 1007–1016.

[3] van der Klis M. Millisecond oscillations in X-ray binaries. Annual Review of Astronomy and Astrophysics, 2000, 38: 717–760.

[4] Wijnands R, van der Klis, M. A millisecond pulsar in an X-ray binary system. Nature, 1998, 394: 344–346.

[5] Bardeen J M, Press W H, Teukolsky S A. Rotating black holes: Locally nonrotating frames, energy extraction, and scalar synchrotron radiation. ApJ, 1972, 178: 347–370.

[6] Israel G L, Belloni T, Stella, L.etal.The discovery of rapid X-ray oscillations in the tail of the SGR 1806-20 hyperflare. ApJ, 2005, 628: 53–56.

[7] Strohmayer T E. Discovery of a 450 Hz quasi-periodic oscillation from the microquasar GRO J1655-40 with the rossi X-ray timing explorer. ApJ, 2001, 552: 49–52.

[8] Strohmayer T E, Mushotzky R F. Discovery of X-ray quasi-periodic oscillations from an ultraluminous X-ray source in M82: Evidence against beaming. ApJ, 2003, 586: 61–64.

[9] Gierliński M, Middleton M, Ward M, Done C. A periodicity of ~1hour in X-ray emission from the active galaxy RE J1034+396. Nature 2008, 455: 369–371.

[10] McHardy I M, Koerding E, Knigge C, Uttley P, Fender R P. Active galactic nuclei as scaled-up Galactic black holes. Nature 2006, 444: 730–732.

撰稿人：余文飞

上海天文台

寻找夸克星

Searching for Quark Stars

说到夸克星，还得先从中子星说起。在 20 世纪 60 年代，天文学家 Hewish 和他的学生 Bell 在观测行星际闪烁时，偶然发现了一系列的脉冲信号[1]。这些信号是如此的规则以至于人们起初曾怀疑它是外星生物给地球发出的。这就是人类发现的第一颗射电脉冲星。当时学术界认为，这些脉冲信号来自于理论上已经预言过的一种致密天体——中子星。

中子星的理论研究起于 20 世纪 30 年代；那时 Chadwick 刚刚发现了中子，人们普遍认为质子和中子是不能再分割的基本粒子。1932 年，朗道认为某些星体的密度可能与原子核密度相当，其内部中子的比例远远超过质子；这就是后来所谓的中子星。第一颗脉冲星发现之后，越来越多的观测证据让人们建立了这个观念：脉冲星就是快速旋转的中子星。中子星可以简单地看作一个旋转的磁偶极子。如果磁轴方向和自转轴有一个夹角，那么这个磁铁不仅从可以发出辐射，而且如果地球上可以接收到这些辐射的话，就是一系列脉冲信号。这样中子星在观测上就表现为脉冲星。

然而，脉冲星的故事并没有结束。人们对于脉冲星本质的再认识来源于对基本粒子研究的深入。几乎在脉冲星发现的同时，粒子物理领域也取得了重要进展：人们开始认识到质子和中子是有结构的，比它们更基本的粒子是夸克。由夸克(而非核子)作为基本组分而构成的星体称为夸克星。既然这样，那么以前人们所说的中子星有没有可能就是夸克星呢？

目前已知的夸克有六味，其中三味属于轻夸克：u(上)夸克和 d(下)夸克质量最轻，是构成质子和中子的基本粒子，s(奇异)夸克的质量稍重。由这三种夸克为主要成分构成的物质称为奇异夸克物质。在中子星中心高密度状态下，或许中子会被"压碎"出现夸克组分，且这三味轻夸克几乎等量存在。因此，在中子星内部可能会出现奇异夸克物质。到了 20 世纪 80 年代，物理学家 Witten 在前人的研究基础上进一步指出，奇异夸克物质很可能比 ^{56}Fe 原子核更稳定[2]。如果这个猜想成立，夸克星就比中子星更稳定；有可能存在全部由奇异夸克物质组成的天体——夸克星(亦称奇异夸克星)。夸克星也能在磁极区产生相对论性向外运动的粒子流、辐射电磁波，从而表现为脉冲星。如此看来，脉冲星也可能是夸克星。

不过，在原子核以及夸克星内部的较低能情形，夸克之间相互作用的研究还处于理论上无法严格处理的境地(因此 Witten 猜想还不能被严格证明)，所以夸克星是否存在以及夸克星内部的物质状态是什么样的,至今还是一个理论上无法解决的问题[3]。这样看来,如果天文观测认证了夸克星,除了让我们了解脉冲星的本质之外,夸克星作为一种地球上的实验室中无法达到的致密物质,还为我们认识夸克之间的相互作用以及奇异夸克物质的性质提供了一种有效途径[4]。

既然中子星和夸克星都能表现为脉冲星,那么它们之间的差别是什么呢?概括起来,主要包括质量-半径关系[5]、自转周期以及辐射特性等方面。中子星从整体上来说,和普通的恒星一样是引力束缚的体系。质量越大的中子星,因为引力会让它收缩得具有更大的密度,它的半径越小。这也让我们推算出中子星的质量不能小于太阳质量的约十分之一,否则由于引力太弱,星体内部无法达到足够的密度形成中子星;而夸克星除了受到引力之外,还受到来自夸克之间的很强的相互作用。当星体质量不是太大时,引力相比来说不重要,这时质量越大的夸克星其半径也越大,并且原则上夸克星的质量和半径甚至还可以接近于零。这就是说,中子星和夸克星有不同的质量和半径关系。Li 等通过对 SAX J1808.4-3658 质量-半径关系的观测研究并与理论模型对比,认为这一致密天体是夸克星(图 1)。不过,目前能观测到的大多数脉冲星的质量和半径对于中子星和夸克星都是有可能的,依然无法区分中子星和夸克星。此外,夸克星不仅可以有更小的质量和半径,还可以有更短的自转周期。由于中子星是引力束缚的,它的表面速度如果过大,表面的物质将会被离心力抛出。计算显示,为了让中子星有一个稳定的表面,它的自转周期不能小于约 1 毫秒;而对于小质量的夸克星,它的自转周期甚至可以小到 0.1 毫秒。遗憾的是,现在的观测技术还很难发现亚毫秒脉冲星。

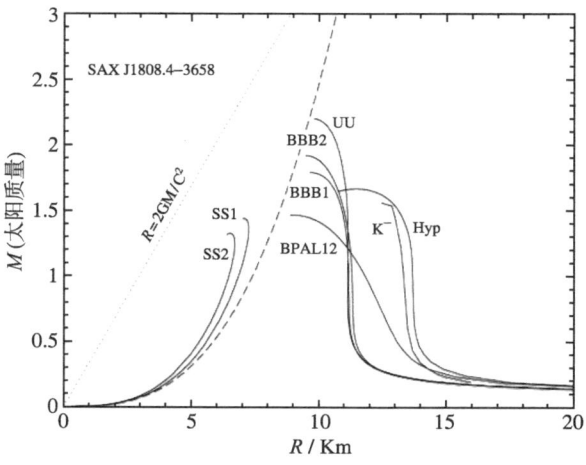

图 1 依赖质量-半径关系寻找夸克星候选体[5]。

还有一个重要的区别就是辐射特性。中子星表面由于是普通原子核和电子组成的物质,所以会产生原子谱线;而夸克星整体上都是由夸克组成的,所以不会产生原子谱线，或许能产生类似于金属表面的热辐射。目前还没有任何可信的观测证明某颗脉冲星有原子谱线，然而对某些脉冲星类天体却能测到很好的黑体谱，这支持夸克星可能存在。此外，在理解超新星爆发、脉冲星长期进动特征、特殊的爆发与自转变化行为等现象时，夸克星模型也存在优势[6]。

综上所述，虽然有观测证据支持夸克星的可能存在，但这些证据依然不是决定性的。直到现在，脉冲星本质上是中子星还是夸克星这个问题依然没有定论。虽然理论上这两类天体的具有不同的性质，但是如何通过观测来认证夸克星还是一个没有根本解决的问题。相比于其他的方式，短自转周期的脉冲星的存在具有更好的说服力；如果能找到亚毫秒脉冲星，就基本可以确定是夸克星而不是中子星了。我国将要建成的 500 米口径射电望远镜 FAST 会很大程度上提高搜索脉冲星的灵敏度，对发现亚毫秒脉冲星是很有希望的。我们拭目以待。

参 考 文 献

[1] Hewish A, Bell S J, Pilkington J D, et al. Observation of a rapidly pulsating radio source. Nature, 1968, 217: 709–713.
[2] Witten E. Cosmic separation of phases. Phy. Rew. D, 1984, 30: 272–285.
[3] Weber F. Strange quark matter and compact stars. Prog. Part. Nucl. Phys., 2005, 54: 193–288.
[4] 岳友岭，等. 夸克物质与夸克星. 天文学进展, 2008, 26: 214–231.
[5] Li X D, Bombaci I, Dey M, Dey J, van den Heuvel E P J. Is SAX J1808.4-3658 a strange star? Phys. Rev. Lett, 1999, 83: 3776–3779.
[6] Xu R X. Strange quark stars: Observations & speculations, J. Phys. G: Nucl. Part. Phys., 2009, 36: 064010.

撰稿人：来小禹　徐仁新
北京大学物理学院天文系

伽马射线暴的起源

Origins of Gamma-Ray Bursts

20 世纪 60 年代，美国发射了几个 Vela 系列的军事卫星，为的是监测核武器试验。因为核爆炸会辐射强的伽马射线，卫星上就安装了伽马射线探测器。伽马射线与射电、可见光、X 射线同属电磁波，它的波长最短，因会被大气层吸收，其探测器要放到卫星上才能对它进行测量。

R. W. Klebesadel、I. B. Strong 和 R. A. Olson 在研究 1969 年 7 月至 1972 年 7 月之间在 Vela 5a,b 和 Vela 6a,b 卫星上记录到的数据中果然发现了 16 个伽马射线突然增强的事例，但它们均不是来自地球，也不是来自太阳，而是来自宇宙空间。显然，它们与核武器无关。这是发现了一种伽马射线短时间内突然增强的天文现象，被称为宇宙伽马射线暴，简称伽马暴。它的持续时间只有几秒、十几秒或几十秒，最长的可达千秒量级，最短的只有若干毫秒。强度随时间的变化多种多样，可以十分复杂。伽马射线光子能量主要在几十 keV 到几个 MeV 之间，能谱不是黑体谱，一般呈幂律谱(指不同能量的伽马射线光子数与光子能量的某一次方成正比)或者分段幂律谱(指在不同的能量段可以有不同的方次)的形状。这些结果发表于 1973 年[1]。后来，由 R. W. Klebesadel 和 R. A. Olson 在回头查阅卫星数据时，发现了一个更早(1967 年 7 月 2 日)被 Vela 4a,b 卫星记录到的伽马射线暴(按发现的日期记为 GRB 670702)，发表于 1976 年[2]。

它们是什么天文现象？这些伽马射线来自什么天体？这就成为新的研究课题。由于它们存在的时间非常短暂，而且它们发生的时间和空间方位都是完全随机的，事先无法知道，再加上伽马射线本身就难以精确测定其方位，因此就成为一个特大的难题。首先就是难于测定距离。试想在天文观测中如果只看到了一个亮点而不知道它的距离，就无从知晓真实的情形。如果距离很近，这个亮点也许只是一只萤火虫或者是一个香烟头，但如果距离很大，它也许就是一颗恒星。正是因为长期得不到距离信息，伽马暴就成为一种神秘的天文现象。

Vela 卫星发现第一批伽马暴后不久，Venera、HEAO、GRANAT、Phobos、PVO、SMM、Ulysses、GINGA 等卫星，也陆续发现了更多的伽马暴。测得的伽马射线强度起伏变化很快，在毫秒甚至亚毫秒量级，见图 1[3]。这个特性告诉我们，伽马暴源的空间尺度一定很小(小于 10^7 厘米)，否则伽马暴源不同地方发出的光到达观测者的时间有先有后，会将原来的快速变化平均掉。这个尺度对伽马暴源给出了很好的限制，它们最多只能是恒星层次的天体，而且是致密恒星，就是说它们的尺度应

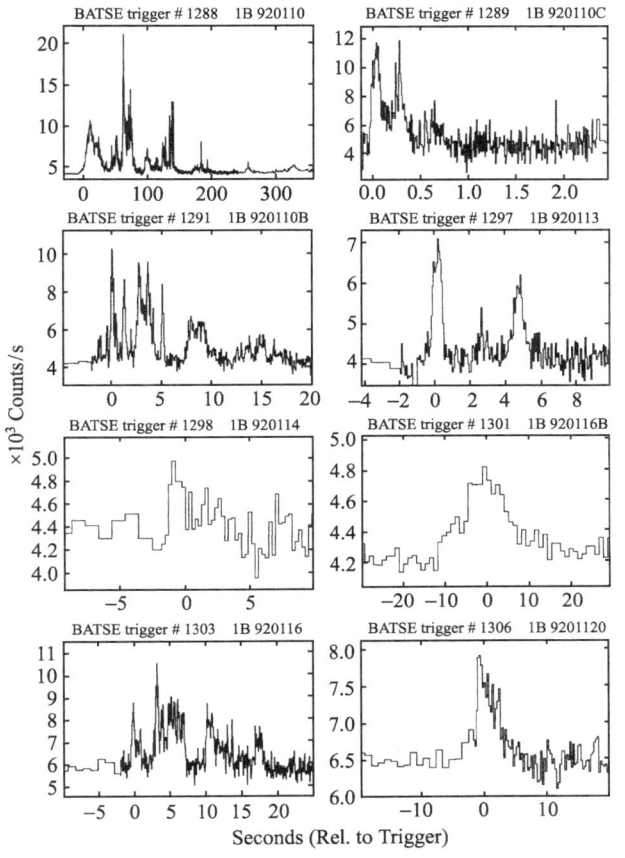

图 1 一些伽马暴的光变曲线[3]。

小于百千米,质量与太阳同量级(最多不能超过几十个太阳质量)。

没有确切的距离信息,伽马暴的研究十分困难。理论上设想了许多模型,比如超新星爆发、致密星星震、彗星撞击致密星、致密星与致密星合并、大质量恒星的坍缩等等,认识无法一致。从 20 世纪 70 年代末到 90 年代初十余年的时间内,出现了一些观测误导,"发现"了"回旋吸收线"和"引力红移湮灭发射线",把伽马暴看做是中子星表面的局部现象[4]。因此,伽马暴源只能是银河系内的中子星。河外中子星太远,地球上的人不可能观测到中子星表面局部能源。有趣的是,这些结果还得到了好几个卫星的支持,持续了十余年的时间。1990 年 7~8 月间,美国新墨西哥州陶斯(Taos)城举行的伽马暴的 Los Alamos 研讨会,就是以这个状况为基调的,N. Lund 和 D. Lamb 还分别就观测和理论在会上做了总结发言。1986 年,B. Paczyński[5]和 J. Goodman[6]同时独立地提出,伽马暴不是来自银河系内,而是发生在宇宙学距离上,为这个时期打开了一个少数派(却是正确的)观点。

1991年，美国伽马射线天文卫星(发射后以 Compton 命名，简称为 Compton GRO 或 CGRO)发射升空。其上的仪器 BATSE 出乎意料地观测到伽马暴源的空间分布是高度各向同性的(图 2)。然而，银河系内的恒星集中分布在银盘面附近，不是各向同性的。因此，BATSE 的发现极大地冲击了伽马暴是银河系内天体的观点。即使如此，在 1992 年的一次国际会议上，以举手调查与会者的观点，竟然河内和河外观点还是打成平手。1995 年，B. Paczyński 和 D. Lamb，在 1920 年 H. Shapley 和 H.D. Curtis 就漩涡星系是银河系内还是银河系外天体展开大辩论的同一地方，还展开了又一场距离问题的大辩论：伽马暴是银河系内还是宇宙学距离上的天体？

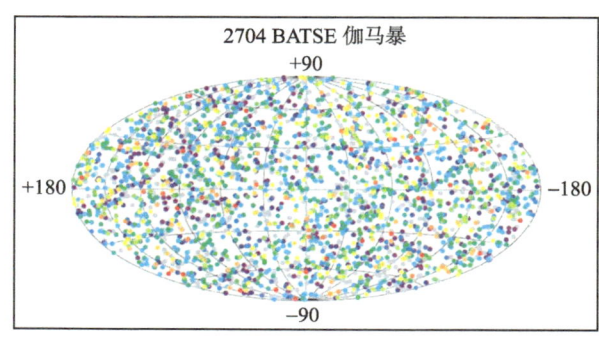

图 2　2704 个 BATSE 伽马暴在天球上的分布[3]。

1997 年，Costa 等[7]利用意大利-荷兰卫星 BeppoSAX 发现伽马暴 GRB970228 爆发之后还有 X 射线余辉持续辐射几个星期，见图 3 左上。一则 X 射线定位能力大大高于伽马射线，二则余辉持续时间大大长于伽马暴本身，因此，利用余辉可以极大地提高对伽马暴位置的测量精度。通常伽马暴的定位精度可以到平方度的量级，而在 1 个平方度的天区范围内可以观测到许许多多的天体，无法确认哪个天体与伽马暴对应。X 射线的定位精度可优于 1 角分，其内的天体数已不多，便于证认出伽马暴的光学对应体(称光学余辉)，甚至射电对应体(射电余辉)。高精度的定位，使 van Paradjis[8]和 Galama[9](见图 3 右上)等得以用地面光学望远镜发现了 GRB970228 的光学余辉，使 Frail 等用射电望远镜发现了 GRB970508 的射电余辉[10]。图 3 下所示为 GRB970508 的射电余辉的演化[11]，纵坐标为以 μJy 为单位的射电流量密度，横坐标为暴后的天数。流量密度的起伏、闪烁可以在早期明显看到，而在晚期则看不到。这个事实正表明，暴源在快速膨胀，早期源小而后来源大。虽然并不是每个伽马暴均有余辉，但伽马暴具有余辉是个相当普遍的现象。余辉的持续时间比伽马暴本身长了很多，而且余辉随时间的变化规律远远比伽马暴要简单得多(图 1、图 3)，给伽马暴的研究带来了许多方便，使之进入了辉煌的"余辉时代"。伽马暴的余辉已另有词条说明，此处不再多说。值得强调的是，通过余辉，发现了伽马暴所在的星系，根据宿主星系谱线的红移，可以测定伽马暴的距离，确认了伽马暴远在宇宙学的距离上。至此，伽马暴的距离之争落幕，伽马暴的能源危机随之突显。

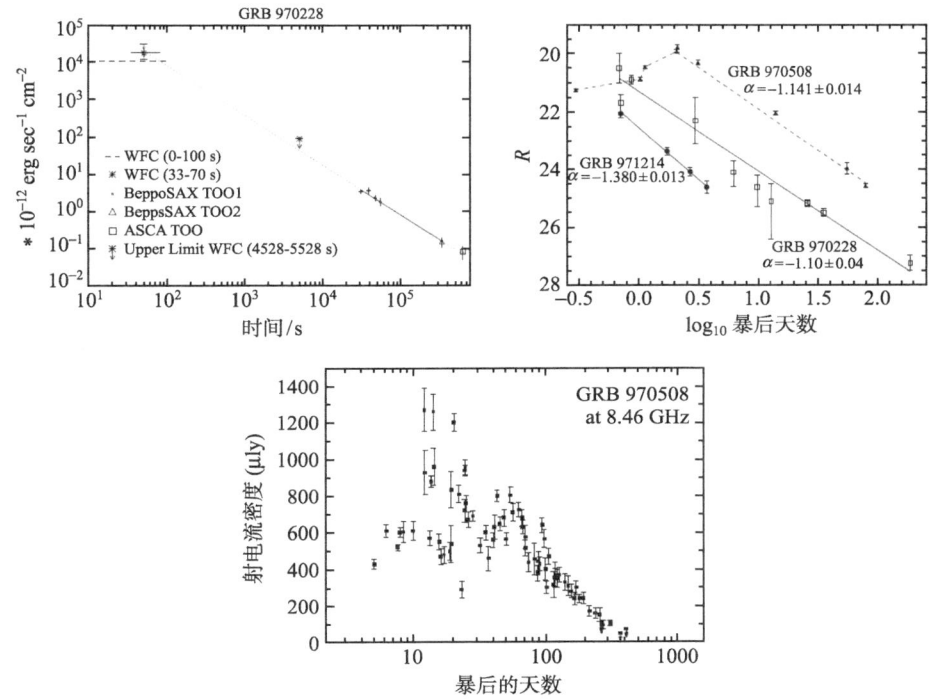

图 3　几个伽马暴的 X 射线、光学和射电余辉[7~11]。

至今，观测到的高红移伽马暴不少，红移值高达 8.3[12]，距离已经接近可观测宇宙的边缘了！这也表明，伽马暴在短短的若干秒钟内所放出的能量竟可以高达太阳静止能量的若干倍，要知道伽马暴也是恒星层次的现象，放出的能量达到甚至超过其静止能量是不可思议的。最近[13]发现的 GRB080319B，红移 $Z = 0.93$。这颗伽马暴的光学余辉在暴后二十几秒时竟然达到肉眼能看到的 5 等星那么亮！

要避免这个能源危机，一个比较自然的途径是假设伽马暴的辐射不是各向同性，而是成束的，因为在这种情形下，从观测到的强度来推算伽马暴的总辐射时，按各向同性来推算显然是过高了。喷流状的成束辐射在天体现象中倒也常见。成束的一个后果是大大降低了观测到的概率，因为只有束流对准地球时我们才能观测到。然而，只要有合适的卫星在天上飞行，一般的说每天差不多可以观测到 1~3 个伽马暴，这个观测概率是不小的。因此，虽然成束效应可以缓解能源困扰，但束流的张角不能太小，可见成束最多能缓解 2~3 个量级，伽马暴的能源问题依然不容忽视。

如果束流的张角可以测定，那么伽马暴的总辐射能量就能较准确地算出。Frail 等[14]曾经提出过一个方法，利用余辉光变曲线的拐折位置来测定张角，并且得到了较为广泛的采用。但是，光变曲线拐折不是只有这一种机制产生，当导致余辉的火球膨胀速度从极端相对论转向非相对论时也会出现光变曲线的拐折[15]。要确切定出束流的张角尚有待进一步的研究，而要从观测上确定伽马暴的能量，张角的确定是至关重要的。

伽马暴的能源问题还密切联系于它的起源。早在 1992~1994 年间，在 BATSE 测得伽马暴的各向同性分布(图 2)的启发下，M. Rees 和 P. Meszaros 提出了伽马暴的标准模型[16~18]，并且在余辉被发现的前夕就预言了余辉的存在。在标准模型中，人们假设了伽马暴形成时是一个温度极高的火球，它以极端相对论的速度膨胀，在星际介质中产生激波，在激波作用下，星际介质中的电子被加速到极端相对论的速度，它们在磁场中产生同步辐射，导致伽马射线辐射，这便是伽马暴。然后继续在星际介质中传播并被减速，随着速度的继续降低，便相继产生 X 射线、光学、射电等波段的辐射，这就是余辉。上面已经谈过，从能量的考虑，伽马暴不会是各向同性辐射，而应当是成束的，这时可以用图 4 来示意描写伽马暴和余辉的产生[19]。

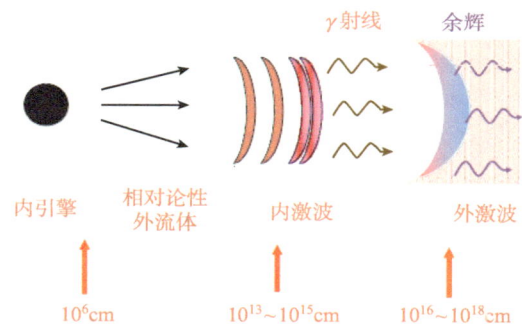

图 4　伽马暴发生过程示意：内激波产生伽马暴，而外激波产生余辉[19]。

标准模型是成功的，它基本上描述了观测事实的主要特征。但需要改进的地方，或者叫后标准效应，很快便陆续显示出来。当用标准模型来处理一些伽马暴时，会表现出这样那样的偏差。比如，早在余辉发现的第二年，1998 年，一些伽马暴的环境就被发现并不是标准模型假设的星际介质，而是密度与距离平方成反比的星风介质[20, 21]，这表明伽马暴应当起源于大质量前身星的坍缩，星风正是这种前身星所留下来的。随后，又在许多伽马暴的余辉中发现有超新星的迹象。1998 年曾发现一颗伽马暴 GRB980425 与一个超新星 SN1998bw 成协。但前者不是典型的伽马暴，后者也不是典型的超新星，两者关系的意义存在争议。1999 年，在研究 GRB990123 的环境时，又发现它可能是比通常星际介质高好几个数量级的致密介质[22]，正是大质量恒星可以赖以形成的环境。致密环境的发现也支持伽马暴起源于大质量恒星坍缩的观点。直到 2003 年人们发现伽马暴 GRB030329 与超新星 SN2003db 清晰地成协,才直接地证实了这个观点,明确指出伽马暴来源于 Ib/c 型超新星[23]。标准模型假设高温火球在作极端相对论速度膨胀,然而,详细计算表明,激波在介质中传播时会很快减速,几天、十几天、最多几十天就会降低到非相对论,而余辉的观测往往可以维持几个月甚至半年、一年。因此,要完整描写余辉的演化,必须对极端相对论到非相对论整个演化作统一处理[24]。

但是,伽马暴有两类,大体上以持续时间为 2 秒作为分界线。持续时间大于 2 秒的称作长暴,小于 2 秒的称作短暴。根据 CGRO 卫星上的 BATSE 仪器观测到的伽马暴,长暴约占 3/4,短暴约占 1/4。在 BeppoSAX 卫星时代,观测到余辉的都是长暴。2004 年 11 月 20 日 Swift 卫星成功升空,开辟了研究短暴的新时代。不久,Swift 卫星就首次观测到了短暴 GRB050509 的 X 射线余辉,位于红移 $Z = 0.225$ 的星系团的一个巨椭圆星系内。这个发现也首次显示短暴的能源与长暴不同,它起源于致密星的合并[25]。稍晚,卫星 HETE-2 观测到了另一个短暴 GRB050709,接着它的光学余辉也被发现,这是短暴的第一个光学余辉[26,27]。不久,Swift 卫星又发现了一个短暴 GRB050724[28,29],位于一个椭圆星系内的偏心位置上,这个特征有力地支持了短暴起源于致密星合并的观点,因为一对致密星往往要经过很长时间的相互绕转才能最终因引力波辐射损失能量而合并,在此期间会运动很长距离,从而到达偏心的位置上。

图 5 所示是 Swift 卫星上的 X 射线望远镜(XRT)观测到的 X 射线余辉光变曲线的示意图。由于 Swift 卫星有观测短时标和早期信息的长处,它所观测到的 X 射线余辉比较丰富,可以用图中的 5 个特征来表示[30]。"I" 通常是一个很陡的衰减相,衰减斜率小于或等于−3,一直延伸到大约 $10^2 \sim 10^3$ 秒;"II" 通常是平缓衰减相,衰减斜率约为−0.5 甚或更平,一直延伸到大约 $10^3 \sim 10^4$ 秒;"III" 为正常衰减相,衰减斜率约为−1.2,基本上属于标准模型情形;"IV" 为喷流拐折后的时期,衰减斜率约为−2,大体符合喷流模型;"V" 是 X 射线耀发。这 5 种 X 射线余辉中,只有

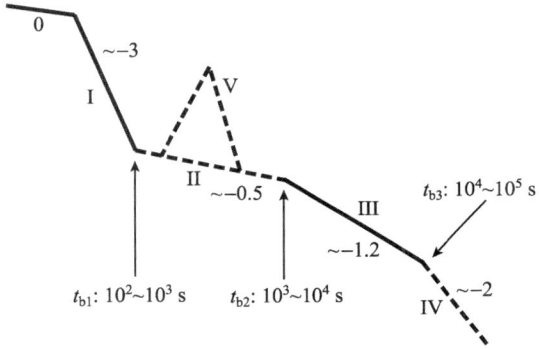

图 5　伽马暴余辉衰减示意图[30]。

"III"和"IV"两种是在 BeppoSAX 时代已经观测到过的,其余 3 种都是 Swift 时代的新发现。

在 BeppoSAX 时代已经提出过[31],伽马暴中心能源可能会有一种在一定时段内持续性输出到火球或喷流的能量,使正常衰减相或稍后的光变曲线上有时会出现一些特殊形态。Swift 卫星观测到的 X 射线耀发也是中心能源的一种新类型的能量输出[30]。这种 X 射线耀发在近半数的伽马暴余辉中存在,不论长暴还是短暴,也不论伽马暴还是 X 射线闪(XRF)。这种 X 射线耀发与"滞后内激波"和/或"滞后外激波"有密切关系,因而与伽马暴中心能源有重要关系[32]。可见,在研究伽马暴能源问题时,X 射线耀发是一个值得注意的现象。

关于伽马暴起源和能源的理论研究开始得很早。在伽马暴刚发现不久,关于它的起源就有各种各样的假设被提出来。只有当伽马暴的距离被观测确定,得知它们是在宇宙学的距离上,起源和能源的理论研究才得以认真展开。虽然伽马暴的起源曾被提出了好几十种,但这时已经经过长年累月的观测筛选,基本上只剩下了两大类,即大质量恒星的坍缩和两个致密星(中子星、奇异星、黑洞等)之间的合并。而且 BeppoSAX 卫星和 Swift 卫星所开创的两个最有代表性的时代已经把伽马暴的起源和能源基本锁定在这两个机制上,即约占 3/4 的长暴起源于大质量恒星的坍缩,而约占 1/4 的短暴起源于两个致密星之间的合并。但是,实际情况也还并不如此清晰、分明。比如说,2006 年 6 月 14 日发现了一个特别近距离的长暴 GRB060614[33,34],却没有发现与它成协的超新星。这个事实,对伽马暴的上述分类设置了一道难关。

参 考 文 献

[1] Klebesadel R W, Strong I B, Olson R A. Observations of gamma-ray bursts from cosmic origin. The Astrophysical Journal Letters, 1973, 182: L85–L88.

[2] Strong I B, Klebesadel R W. Cosmic gamma-ray bursts. Scientific American, 1976, 235: 66–70.

[3] Fishman G, et al. The first BATSE gamma-ray burst catalog. The Astrophysical Journal Supplement Series, 1994, 92: 229–283.

[4] Mazets E P, et al. Cyclotron and annihilation lines in gamma-ray burst. Nature, 1981, 290: 378–382.

[5] Paczyński B. Gamma-ray bursters at cosmological distances. The Astrophysical Journal Letters, 1986, 308: L43–L46.

[6] Goodman J. Are gamma-ray bursts optically thick? The Astrophysical Journal Letters, 1986, 308: L47–L50.

[7] Costa E, et al. Discovery of an X-ray afterglow associated with the gamma-ray burst of 28 February 1997. Nature, 1997, 387: 783–785.

[8] van Paradijs J, et al. Transient optical emission from the error box of the gamma-ray burst of 28 February 1997. Nature,.1997, 386: 686–688.

[9] Galama T J, et al. The Decay of Optical Emission from the gamma-Ray Burst GRB970228,

Nature. 1997, 387: 497–499.
[10] Frail D A, et al. The radio afterglow from the γ-ray burst of 8 May 1997. Nature, 1997, 389: 261–263.
[11] Kulkarni S R, et al. 2000, in Gamma-Ray Bursts, ed. R.M. Kippen, R.S. Mallozzi, G.J. Fishman.
[12] Tanvir N R, et al. A glimpse of the end of the dark ages: the gamma-ray burst of 23 April 2009 at redshift 8.3. Nature, 2009, 461: 1254–1257.
[13] Racusin J L, et al. GRB 080319B: A Naked-Eye Stellar Blast from the Distant Universe. Nature, 2008, 455, 183–188.
[14] Frail D A, et al. Beaming in Gamma-Ray Bursts: Evidence for a Standard Energy Reservoir. The Astrophysical Journal, 2001, 562: L55–L58.
[15] Huang Y F, Gou L J, Dai Z G, Lu T. Overall evolution of jetted gamma-ray burst ejecta. The Astrophysical Journal, 2000, 543: 90–96.
[16] Rees M J, Meszaros P. Relativistic fireballs-energy conversion and time-scales. Monthly Notices of the Royal Astronomical Society, 1992, 258: 41–44.
[17] Meszaros P, Rees M J. Gamma-Ray Bursts: Multiwaveband Spectral Predictions for Blast Wave Models. The Astrophysical Journal Letters, 1993, 418: L59–L62.
[18] Rees M J, Meszaros P. Unsteady outflow models for cosmological gamma-ray bursts. The Astrophysical Journal Letters, 1994, 430: L93–L96.
[19] Piran T. Bohdan's Impact on Our Understanding of Gamma-ray Bursts. 2008, http://arxiv.org/abs/0804.2074.
[20] Dai Z G, Lu T. Gamma-ray burst afterglows: effects of radiative corrections and non-uniformity of the surrounding medium. Monthly Notices of the Royal Astronomical Society, 1998, 298: 87–92.
[21] Chevalier R A, Li Z Y. Gamma-Ray Burst Environments and Progenitors. The Astrophysical Journal Letters, 1999, 520: L29–L32.
[22] Dai Z G, Lu T. The Afterglow of GRB 990123 and a Dense Medium. The Astrophysical Journal Letters, 1999, 519: L155–L158.
[23] Hjorth J, et al. A very energetic supernova associated with the γ-ray burst of 29 March 2003. Nature, 2003, 423: 847–849.
[24] Huang Y F, Dai Z G, Lu T. A generic dynamical model of gamma-ray burst remnants. Monthly Notices of the Royal Astronomical Society, 1999, 309: 513–516.
[25] Gehrels N, et al. A short γ-ray burst apparently associated with an elliptical galaxy at redshift $z = 0.225$. Nature, 2005, 437: 851–853.
[26] Fox D B, et al. The afterglow of GRB 050709 and the nature of the short-hard γ-ray bursts. Nature, 2005, 437: 845–850.
[27] Hjorth J, et al. The optical afterglow of the short γ-ray burst GRB 050709. Nature, 2005, 437: 859–861.
[28] Berger E, et al. The afterglow and elliptical host galaxy of the short γ-ray burst GRB 050724. Nature, 2005, 438, 988–990.
[29] Barthelmy S D, et al. An origin for short γ-ray bursts unassociated with current star formation. Nature, 2005, 438, 994–996.
[30] Zhang B, Fan Y Z, Dyks J, et al. Physical processes shaping GRB X-ray afterglow lightcurves:

theoretical implications from the Swift XRT observations. The Astrophysical Journal, 2006, 642: 354–370.

[31] Dai Z G, Lu T. γ-Ray Bursts and Afterglows from Rotating Strange Stars and Neutron Stars. Physical Review Letters, 1998, 81: 4301–4304.

[32] Wu X F, Dai Z G, Wang X Y, Huang Y F, Feng L L, Lu T. X-ray flares from late internal and late external shocks. Advances in Space Research, 2007, 40: 1208–1213.

[33] Gehrels N, et al. A new γ-ray burst classification scheme from GRB060614. Nature, 2006, 444: 1044–1046.

[34] Zhang W Q, Woosley S E, MacFadyen A I. Relativistic Jets in Collapsars. The Astrophysical Journal, 2003, 586: 356–371.

撰稿人：陆　埮[1]　黄永锋[2]
1　中国科学院紫金山天文台
2　南京大学天文系

伽马射线暴是喷流吗?

Are the Outflows of Gamma-Ray Bursts Jet-Like?

喷流存在于许多致密天体吸积系统中,比如活动星系核。伽马射线暴有高度相对论的运动,其中心能源也很有可能与致密天体的吸积过程紧密相关,因而人们从一开始就猜测伽马射线暴的辐射和喷发物质不是球形的,而是喷流状的。如果伽马射线暴的辐射是喷流而非各向同性的,伽马射线暴释放的真实能量就会小许多,这能有效地缓解观测发现有些伽马射线暴释放的各向同性能量过高的问题。

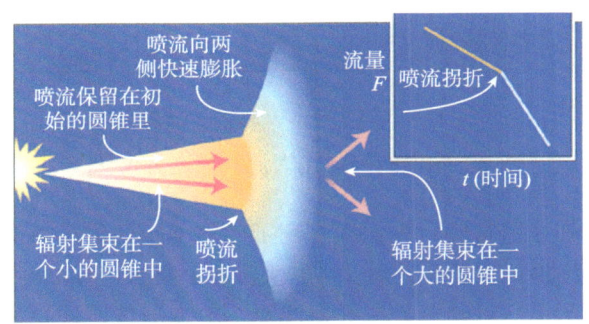

图1 伽马射线暴喷流拐折成因示意图[1]。

人们是怎么知道伽马射线暴是喷流状的呢?如果伽马射线暴是喷流,它们产生的余辉辐射的光变曲线会有一个特点,即当伽马射线暴喷流冲击波的相对论运动洛仑兹因子 Γ 下降至小于 $1/\theta$ 时(θ 为喷流的半张角),余辉辐射的流量会下降更快,余辉的光变曲线在对数图上表现出一个拐折[1,2]。由于辐射的相对论集束效应,观测者看到的辐射主要来自张角小于 $1/\Gamma$ 内的辐射。因此在早期当 $\Gamma>1/\theta$ 时,喷流产生的余辉光变曲线和球形激波没有差别。但是,当喷流冲击波的相对论运动洛仑兹因子下降至 $\Gamma<1/\theta$ 时,一方面由于可看到的范围($1/\Gamma$)比喷流的张角大,探测到的流量相对于球形激波要小,从而在光变曲线上表现为拐折现象。另一方面,当 $\Gamma<1/\theta$ 时,喷流在侧面方向的膨胀变得很重要[1,2],喷流受到更多的周围物质阻挡从而减速得更快,这也导致光变曲线衰减更快,也会造成光变拐折(图1)。喷流产生的拐折首先在 GRB990123 的光学余辉中发现[3],随后越来越多的伽马射线暴余辉发现有拐折。GRB990510 在光学的多个波段都存在一致的拐折(图2),甚者在射电波段也看到了同时的拐折[4]。这个暴还探测到了偏振信号,更支持喷流的假定。大部分

伽马射线暴余辉拐折后的衰减斜率在-2左右,这与理论预言的斜率-p较一致(p是电子数目随能量的分布幂率指数)[1,2]。

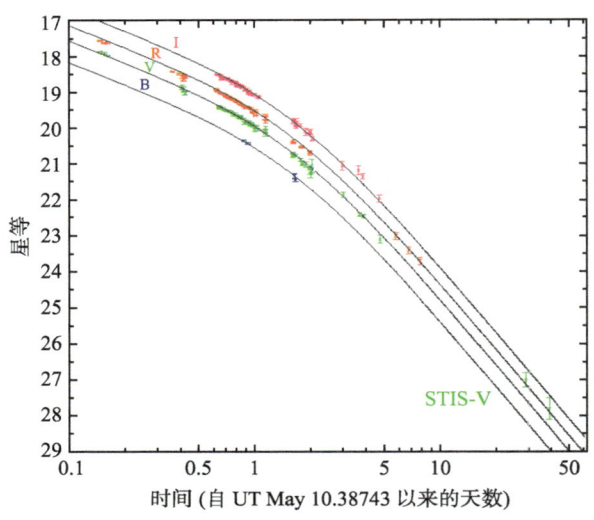

图2 GRB990510的多波段光变曲线[4]。

在BeppoSAX卫星时代,人们探测到了为数不少的伽马射线暴光学余辉存在拐折现象。由于喷流拐折纯粹是是动力学效应,这个拐折应该同时发生在所有波段。然而,Swift卫星上天后,对大多数伽马射线暴,在X射线波段并没有看到对应时间的拐折[5]。所以,为什么许多伽马射线暴余辉在不同波段存在不同拐折是伽马射线暴余辉研究的一个难题。一种想法是X射线余辉与光学余辉是不同的起源,比如说X射线余辉由其他的成分占了主导,而不是通常的正向激波的X射线辐射。

伽马射线暴喷流的成因也是一个未知问题。根据伽马射线暴余辉的拐折时间,可以计算出喷流的张角大小。对于许多伽马射线暴余辉拐折的计算,喷流张角大约在几度左右。这样就需要一种机制把物质集束到几度的张角中去。对于长时标伽马射线暴喷流在恒星包层中传播的数值模拟研究,发现当压强和内能密度很高的火球物质在从大质量恒星包层冲出的途中,会受到恒星包层物质的压力而集束[6]。当火球物质冲出包层时,火球物质可以集束到几度的张角内,形成一个喷流。也有人提出,当存在较强磁场时,磁场也可以有效地集束伽马射线暴喷发的物质而形成喷流[7]。

伽马射线暴喷流的结构是什么样的呢?沿径向方向看,由于伽马射线暴是持续时间为T的暂现源,伽马射线暴喷流的尺度只有$c*T$。对于持续时间为100秒的长暴,径向尺度也只有3×10^{12}厘米。所以当喷流运动到半径远大于$c*T$时,伽马射线暴喷流在径向更像一个薄壳。伽马射线暴喷流沿角向的分布很不清楚,我们不知道它们是均匀规制的分布还是结构化的分布。在结构化的喷流模型中也有几类:

比如幂率结构化喷流、高斯结构化喷流还是双成分喷流。这也是目前伽马射线暴的一个难题。

伽马射线暴有标准能量吗？我们知道伽马射线暴各向同性能量分布范围很大，从 10^{51} 尔格到 10^{54} 尔格都有。如果我们知道喷流的张角大小，我们就可以计算某一个暴真实释放的伽马射线能量。Frail 等在 2001 年收集了近 20 个余辉的光变拐折信息，并计算了每个暴的张角和修正后的伽马射线暴能量[8]。他们发现张角修正后的伽马射线暴能量的分布范围要小很多，集中在 10^{51} 尔格左右。这导致了伽马射线暴释放的能量可能是标准能量的猜想。后来更多的样本也支持了这样一个猜想。然而人们也发现有几个低红移的伽马射线暴，它们的能量要低很多，比如 GRB980425。这些低能量的暴可能属于特别的一类。未来人们可以探测到更多低红移和高红移的伽马射线暴，可以进一步检验伽马射线暴是否真的是标准能量。

参 考 文 献

[1] Rhoads J E. The dynamics and light curves of beamed gamma-ray burst afterglows. The Astrophysical Journal, 1999, 525: 737–749.

[2] Sari R, Piran T, Halpern J. Jets in gamma-ray bursts. The Astrophysical Journal, 1999, 519: L17–L20.

[3] Kulkarni S R, Djorgovski S G, Odewahn S C, et al. The afterglow, redshift and extreme energetics of the γ-ray burst of 23 January 1999. Nature, 1999, 398: 389–394.

[4] Harrison F A, Bloom J S, Frail D A, et al. Optical and Radio Observations of the Afterglow from GRB 990510: Evidence for a Jet. The Astrophysical Journal, 1999, 523: L121–L124.

[5] Gehrels N, Ramirez-Ruiz E, Fox D B. Gamma-ray bursts in the swift era. Annual Review of Astronomy and Astrophysics, 2009, 47: 567–617.

[6] Zhang W Q, Woosley S E, MacFadyen A I. Relativistic jets in collapsars. The Astrophysical Journal, 2003, 586: 356–371.

[7] Bucciantini N, Quataert E, Arons J, et al. Magnetar-driven bubbles and the origin of collimated outflows in gamma-ray bursts. Monthly Notices of the Royal Astronomical Society, 2007, 380: 1541–1553.

[8] Frail D A, Kulkarni S R, Sari R, et al. Beaming in gamma-ray bursts: evidence for a standard energy reservoir. The Astrophysical Journal, 2001, 562: L55–L58.

[9] http://bh0.physics.ubc.ca/~matt/Teaching/03Vancouver/lectures/piran.ppt

撰稿人：王祥玉

南京大学天文系

伽马射线暴宇宙学

Gamma-Ray Burst Cosmology

伽马射线暴是人类至今所观测到电磁波辐射最亮的天文爆发事件。Swift 和 Fermi 卫星主要科学目标之一就是探测这类爆发事件。目前认为，这些卫星探测到的伽马射线暴样本里红移大于 7 以上的暴可能占 0.5%～7%的比例[1]。伽马射线暴各向同性光度很大，典型值达到 10^{50}～10^{54} 尔格/秒，红移跨度 0.0085～8.2[2]，是追溯宇宙形成和演化史的重要探针。伽马射线暴宇宙学目前仅是处于一个早期的尝试和探索阶段，困难和机遇并存。

鉴于伽马射线暴高红移特性，而且不受消光等影响，人们期待用伽马射线暴作为标准烛光限定宇宙学参数。2004 年 Ghirlanda G.等[3]发现伽马射线暴喷流能量跟谱峰值光子能量之间的强相关性后，戴子高等[4]首先利用这个相关性做出了有益的尝试。但是，由于 Ghirlanda G.等发现的关系依赖于不可测量的喷流模型参量，不是可测量的标准烛光关系。2005 年梁恩维和张冰[5]发现了模型无关的紧密经验关系，并被应用作为标准烛光关系限制宇宙学参数。近年来这个领域方兴未艾，形成了一个研究热潮，许多研究小组开展了深入和细致的研究。图 1 展示了由 42 个红移大于 1.4 的伽马射线暴和 192 个 Ia 型超新星的哈勃图[6]。不过，用伽马射线暴作为标准烛光限制宇宙学参数也存在着显著的困难和问题。首先，这些经验关系都是基于小样本统计的结果，而且其物理基础不清楚，可靠性尚需检验。其次，因为没有低红移的样本来检验这些关系，所以这些关系如何校准是个问题。尽管已经有几

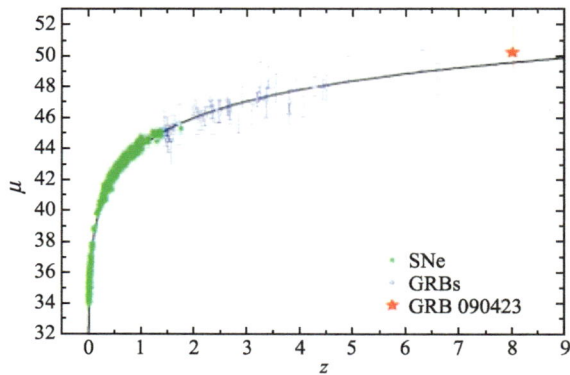

图 1　42 个红移大于 1.4 的伽马射线暴和 192 个 Ia 型超新星的哈勃图，实线是在宇宙学参数 $H = 70$ km/s/Mpc，$\Omega_M = 0.27$，$\Omega_\Lambda = 0.73$ 下的理论曲线[6]。

个小组提出了一些统计校准方法[7~9]，但是仍然不能根本解决这个问题。再次，在伽马射线暴的分类还没有理清之前[10]，确定统计样本选择人为性很大。最后，对伽马射线暴光度是否存在宇宙学演化的认识仍不是很确切[11]。

伽马射线暴还可能是探测恒星形成史和宇宙再电离史的重要探针。根据观测到长时伽马射线暴跟超新星成协，目前普遍接受长暴是起源于大质量恒星演化到晚期坍缩所致[12,13]。但是，观测表明，在高红移处伽马射线暴率显著高于其他手段测量得到的恒星形成率[14]。也许伽马射线暴的形成率不是单纯追随恒星形成历史，其他的因素(比如宇宙金属丰度演化史等)可能也发挥作用[15]。目前探测到最高红移的伽马射线暴是 2009 年 4 月 23 日的暴，其红移为 8.2，达到了宇宙再电离时代[2]。宇宙再电离是宇宙学中长期悬而未决的重大问题之一，研究宇宙再电离也就是研究宇宙第一批天体形成的历史。伽马射线暴可能在这个领域也发挥独特的作用。

伽马射线暴余辉还可能是探测星系间介质性质的一个重要工具[16,17]。伽马射线暴余辉在传播时应该受到分布在视线方向上前景介质的尘埃吸光。这些消光既有伽马射线暴和我们星系间的星系际介质所致，也有在伽马射线暴周围和寄主星系尘埃所致。根据这个特点，伽马射线暴余辉谱可以用于刻画高红移星系消光曲线特征。但是，这个问题至今未解。以前一般假设伽马射线暴寄主星系的消光特性跟我们熟知的我们星系和大小麦哲伦星系是相似的。不同星系间的消光特性变化多样。伽马射线暴寄主星系的消光特性可能完全不同于我们星系和大小麦哲伦星系[18~20]。不过，类似于我们星系和大麦哲伦星云消光特征曲线，一个在 2175Å 的消光鼓包出现在红移为 2.45 的 GRB070802 光学余辉谱中(图 2)[21]，可能表明星系际间介质消光特性可能是跟我们星系和大麦哲伦星云是接近的。目前期待更多的光学余辉谱的观测来研究这个问题，并使伽马射线暴余辉真正成为探测星系间介质性质的一个重要工具。

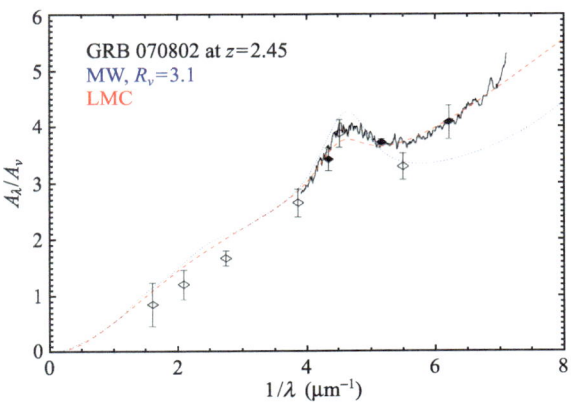

图 2　在 GRB070802(红移 $z = 2.45$)余辉谱能分布中探测到一个类似我们星系和大麦哲伦星云的尘埃消光特征峰(在观测者系的中心约 7630Å，在暴的寄主星系中约 2175Å)[21]。

参 考 文 献

[1] Bromm V, Loeb A. The expected redshift distribution of gamma-ray bursts. The Astrophysical Journal, 2002, 575(1), 111–116.

[2] Tanvir N R, et al. A γ-ray burst at a redshift of $z\sim 8.2$, Nature, 461(7268), 1254–1257.

[3] Ghirlanda G, Ghisellini G, Lazzati D. The collimation-corrected gamma-ray burst energies correlate with the peak energy of their vfv spectrum. The Astrophysical Journal, 2004, 616(1), 331–338.

[4] Dai Z G, Liang E W, Xu D. Constraining ΩM and dark energy with gamma-ray bursts. The Astrophysical Journal, 2004, 612(2), L101–L104.

[5] Liang E, Zhang B. Model-independent multivariable gamma-ray burst luminosity indicator and its possible cosmological implications. The Astrophysical Journal, 2005, 633(2), 611–623.

[6] Lin L, L E W, Zhang S-N, GRB 090423: Marking the death of a massive star at $z = 8.2$, 2009, Science in China G, in press.

[7] Ghirlanda G, Ghisellini G, Firmani C, et al. Cosmological constraints with GRBs: homogeneous medium vs. wind density profile. Astronomy and Astrophysics, 2006(3), 452: 839–844

[8] Liang E W, Zhang B. Calibration of gamma-ray burst luminosity indicators. Monthly Notices of the Royal Astronomical Society, 369(1) L37–L41.

[9] Liang N, Xiao W K, Liu Y, Zhang S N. A cosmology-independent calibration of gamma-ray burst luminosity relations and the hubble diagram. The Astrophysical Journal, 2008(1), 685: 354–360.

[10] Zhang B, Zhang B B, Liang E W, et al. Making a short gamma-ray burst from a long one: implications for the nature of GRB 060614. The Astrophysical Journal, 2007, 655(1), L25–L28.

[11] Li L-X. Variation of the Amati relation with cosmological redshift: a selection effect or an evolution effect? Monthly Notices of the Royal Astronomical Society, 2007, 379(1), L55–L59.

[12] Woosley S E. Gamma-ray bursts from stellar mass accretion disks around black holes. The Astrophysical Journal, 1993, 405(1), 273–277.

[13] Woosley S E, Bloom J S. The supernova gamma-ray burst connection. Ann Rev Astron Astrophys, 2006, 44(1), 507–556.

[14] Kistler M D, Yüksel, H, Beacom J F, et al. An unexpectedly swift rise in the gamma-ray burst rate. The Astrophysical Journal, 2008, 673(2), L119–L122.

[15] Li L X. Star formation history up to $z = 7.4$: implications for gamma-ray bursts and cosmic metallicity evolution. Monthly Notices of the Royal Astronomical Society, 2008, 388(4), 1487–1500.

[16] Chen H W. Probing the circumstellar medium of GRB afterglows through absorption-line observations. Royal Society of London Philosophical Transactions Series A, 2007, 365(1854), 1247–1253.

[17] Prochaska J X, Chen H W, Dessauges-Zavadsky M, et al. Probing the interstellar medium near star-forming regions with gamma-ray burst afterglow spectroscopy: Gas, metals, and dust. The Astrophysical Journal, 2007, 666(1), 267–280.

[18] Chen S L, Li A, Wei D M. Dust extinction of gamma-ray burst host galaxies: Identification of two classes?. The Astrophysical Journal, 2006, 647(1), L13–L16.

[19] Li A, Liang S L, Kann D A, et al. On dust extinction of gamma-ray burst host galaxies. The Astrophysical Journal, 2008, 685(2), 1046–1051.

[20] Li Y, Li A, Wei D M. Determining the dust extinction of gamma-ray burst host galaxies: A direct method based on optical and X-ray photometry. The Astrophysical Journal, 2008, 678(2), 1136–1141.

[21] Elíasdóttir Á, Fynbo J, Hjorth J, et al. Dust extinction in high-z galaxies with gamma-ray burst afterglow spectroscopy: The 2175 a feature at $z = 2.45$. The Astrophysical Journal, 2009, 697(2), 1725–1740.

撰稿人：梁恩维[1] 戴子高[2] 李立新[3]

1 广西大学物理学院
2 南京大学天文系
3 北京大学科维理天文与天体物理研究所

伽马射线暴的高能光子辐射

The High Energy Photon Emission of Gamma-Ray Bursts

伽马射线暴本身的瞬时辐射主要集中在几百 keV 至 MeV 波段，但是也有相当部分的能量辐射表现在 GeV 波段。基于 Compton/EGRET[1]以及 Fermi/LAT 的观测[2]，人们了解到：(1) 只有 10%左右的伽马暴有明显的高能辐射；(2) 高能辐射的出现一般要比软伽马射线辐射开始得迟；(3) 高能辐射一般要比软伽马射线辐射持续得久。人们通常把持续更久的高能辐射成分称之为高能余辉。目前具有高能辐射的著名长暴(软伽马波段持续时标大于 2 秒的暴称之为长暴)有 GRB 940217[3](图 1), GRB 941017[4], GRB 080916C[5]和 GRB 090902B[6]。发现有高能辐射的著名短暴(软伽马波段持续时标短于两秒的暴)则是 GRB 090510[7]。 对 GeV 高能辐射的解释是目前高能天体物理研究领域的一个热点。

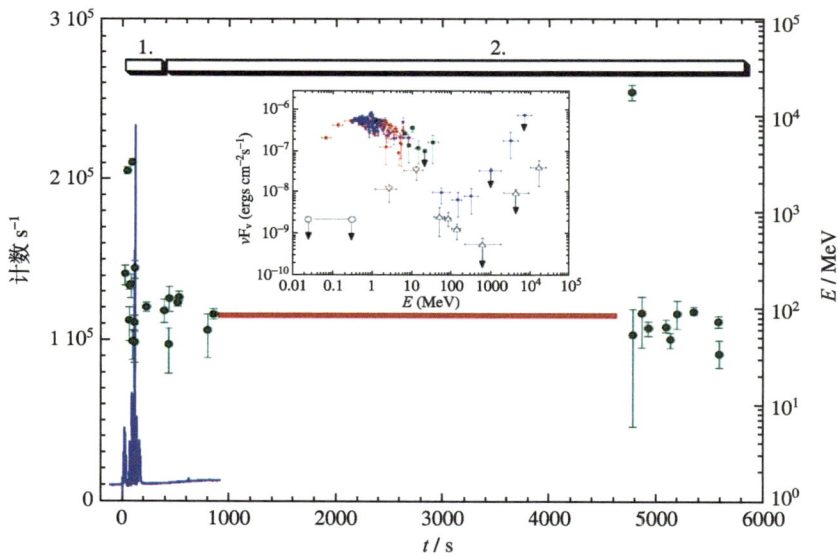

图 1　GRB 940217 的瞬时 MeV 辐射(蓝色实线)以及高能辐射(绿色带有误差棒的实心圆点)[3]。嵌入的小图是时间平均后的辐射能谱。

在通常讨论的两种辐射机制中，激波加速电子的同步辐射光子能量一般只能到约 100 Γ /(1+z) MeV，更高能段的辐射可能主要由逆康普顿过程所贡献。这里 z

是暴的红移，$\Gamma = [1-(v/c)^2]^{-1/2}$ 是辐射区的宏观运动洛伦兹因子，v 是辐射区的宏观速度，c 是光速。由于篇幅所限这里我们只简单地罗列出各种高能光子辐射的模型(对于具体的相关文献，请进一步参阅综述文献[8])：

(1) 伽马射线暴喷射物质的宏观运动洛伦兹因子一般在 100~1000 左右，其速度 v 非常地接近光速 c。少许的速度差异就可以产生很大的宏观洛伦兹因子差异。当后一刻从伽马暴中心能源喷出的相对快的物质赶上早一刻喷出的相对慢的物质时，强的激波产生。这样的激波由于是伽马暴喷射物质内部的速度差异所导致，因此被称为内激波。内激波加速电子的同步辐射以及同步自康普顿散射可以产生瞬时 GeV 至 TeV 辐射。

(2) 内激波能够把质子加速到 PeV 甚至更高能段。那些高能质子和瞬时辐射 MeV 光子作用，产生 Δ 共振态并进一步衰变产生中性 π^0 介子，后者进一步衰变成为两个 EeV 甚至能量更高的光子。但是，这样高的能量的光子一般会被辐射区域的低能光子吸收，所以不会被观测到。甚高能的质子的同步辐射也可以产生 GeV 至 TeV 的光子辐射。

(3) 如果喷射物质的能量是以磁场为主，则这些磁能可以通过一些耗散机制有效地加速电子。这些高能电子的同步辐射可以到 GeV 波段。

(4) 伽马暴喷射物质和外部介质发生作用形成相对论的激波，并且激波速度随着扫过介质质量的增加而减少。我们称这类因和外部介质作用而形成的激波为外激波。被外激波加速的电子其同步辐射和同步自康普顿散射可以产生光子能量为 GeV 至 TeV 的余辉辐射。

(5) 中心能源发出来的光子可能被外激波(包括早期的反向外激波)加速的电子逆康普顿散射到更高能段，从而产生高能辐射。

(6) 主暴(主要辐射为 MeV 光子)结束后中心能源再活动产生的能量耗散过程可能也会直接产生高能辐射。

在 Compton 卫星时代由于其上的 EGRET 探测器面积不够大，收集的 GeV 光子数目很少，所以看到的具有高能辐射的暴很少，因此对模型的限制不够。Fermi 卫星和其上加载的高能伽马光子大面积望远镜 LAT 在一定程度上得到了改善。例如，在短暴 GRB 090510 的瞬时 GeV 辐射中人们看到了明显的光变，支持了 GeV 光子的内激波起源模型。不过，Fermi 卫星也没有给我们带来多少惊奇。现有的观测显示只有 10%左右的伽马暴存在明显的高能(大于 100 MeV)辐射，只有 2%左右的暴在其 GeV 至 TeV 能段有一个明显的"超"成分。所以，伽马暴和活动星系核的光学至 TeV 谱是很不相同的，其物理起源可能有较大的差别。GeV 至 TeV 能段的"超"成分是"标准"内激波模型的一个重要预言，否定性的观测结果当然让人失望。对没有探测到高能"超"成分的伽马暴一种最直接的解释就是它们的辐射区磁场很强。不过，这种解释也存在问题，那就是导致的低能谱太软从而和观测谱不吻合。目前为止，Fermi卫星关于伽马暴方面最大的发现应该是高能辐射的延迟现象。对于这个现象的解释目前也是众说纷纭。有些模型认为低能、高能辐射来自不同的辐射区域，因此存在到达时间的差异。不过这些模型无法解释为何在这种情况下伽马暴高能和低能光子的联合能谱依然是幂率谱。也有些模型认为伽马暴早期的喷射物质可能洛伦兹因子较小，因此高能光子光深很大，辐射无法跑出来。这类模型很难解释为何早期辐射的谱明显偏软。还有的模型认为早期的辐射可能是热的黑体成分为主，而随后的辐射主要是非热辐射为主。这样的模型存在的困难是怎样能够确认早期的辐射是热辐射为主导。另外，还有些模型认为高能辐射是质子的同步辐射，而对应的时间延迟反应了质子在激波中的加速时标。这种模型的缺点是所要求的能量过大，比一般伽马暴的能量大 2~3 个数量级。Compton/EGRET 和 Fermi/LAT 都发现 GeV 的辐射比瞬时 MeV 辐射持续地更久。以前一般认为在余辉阶段逆康普顿散射过程是产生高能辐射的主要过程。但是进一步的计算发现逆康普顿过程难以产生观测到的那么多高能余辉光子。更重要的是，目前 Fermi/LAT 并没有发现先前预期的一个从瞬时高能辐射到余辉高能辐射的转变过程。对此现象，最近讨论得较多的一个解决方案是所有高能辐射都是正向外激波的同步辐射。

Fermi 卫星已投入观测 1 年左右，目前探测到 12 个存在高能辐射的伽马暴。在未来的几年里随着 Fermi 高能辐射伽马暴数量的增加，人们有望对伽马暴的辐射机制有一个更清楚的了解。

参 考 文 献

[1] Fishman G J, Meegan C A. Gamma-ray bursts. Annual Review of Astronomy and Astrophysics, 1995, 33: 415–458.

[2] Atwood W B, et al. The large area telescope on the Fermi gamma-ray space telescope mission. The Astrophysical Journal, 2009, 697(2): 1071–1102.

[3] Hurley K, Dingus B L, Mukherjee R, et al. Detection of a gamma-ray burst of very long duration and very high energy. Nature, 1994, 372(6507): 652–654.

[4] González M M, Dingus B L, Kaneko Y, Preece R D, Dermer C D, Briggs M S. A gamma-ray burst with a high-energy spectral component inconsistent with the synchrotron shock model. Nature, 2003, 424(6950): 749–751.

[5] Abdo A A, Ackermann M, Arimoto M, et al. Fermi observations of high-energy gamma-ray emission from GRB 080916C. Science, 2009, 323(5922): 1688–1692.

[6] Abdo A A, Ackermann M, Ajello M, et al. Fermi observations of GRB 090902B: A distinct spectral component in the prompt and delayed emission. The Astrophysical Journal Letters, 2009, in press (arXiv: 0909.2470).

[7] Abdo A A, Ackermann M, Ajello M, et al. A limit on the variation of the speed of light arising

from quantum gravity effects. Nature, 2009, in press (arXiv: 0908.1832).
[8] Fan Y Z, Piran T. High energy gamma-ray emission from gamma-ray bursts - before GLAST. Frontiers of Physics in China. 2008, 3(3): 306–330.

撰稿人：范一中
中国科学院紫金山天文台

伽马射线暴：余辉能告诉我们什么？

Gamma-Ray Bursts: What Can the Afterglows Tell Us?

  伽马射线暴是来自太空的一种强烈的 γ 射线爆发现象，通常只持续短短的几十秒钟，有的甚至只有几十毫秒。它们最初是 20 世纪 60 年代末期美国利用 Vela 系列军事卫星进行外太空核试验监测时偶然发现的。1997 年初，借助意大利和荷兰的 BeppoSAX 卫星上的宽视场 X 射线照相机，天文学家们首次快速精确地定位了部分伽马射线暴，找到了它们在 X 射线、光学和射电等波段的对应体(称作余辉)，观测到了它们的寄主星系，并测量出了距离，证实它们大多发生在遥远的宇宙边缘，这是里程碑性的重大突破。虽然伽马射线暴的起源之谜还远没有完全解开，但大多数天文学家相信它们应该是来源于大质量恒星死亡时的坍缩过程(这种机制易于产生持续时间大于 2 秒的长暴)，或者是由两颗致密星(即白矮星、中子星或黑洞)合并产生的(这种机制易于产生持续时间不到 2 秒的短暴)。

  目前人们已经对伽马射线暴发生的整个过程有了一个初步的了解：首先是中心引擎快速地释放出巨大的能量，形成一个高能量密度且光深远远大于 1 的火球。火球在其辐射压等机制的驱动下向外加速膨胀，最终形成一系列极端相对论速度(宏观洛伦兹因子可高达数百甚至上千)的壳层。在半径为数亿千米处，这些壳层相互追赶碰撞产生强激波并辐射出伽马射线，这就是伽马射线暴。产生伽马射线暴的激波是由火球内部后面的快速壳层赶上前面的慢速壳层相撞导致的，人们习惯称之为内激波。主暴(即辐射 γ 射线的阶段)过后，火球继续以极端相对论的速度向外膨胀。到达半径数千亿千米处后，火球会因扫过外部的星际介质而减速，形成激波，叫外激波。外激波产生的辐射就是余辉。理论预言，在均匀的星际介质环境中，余辉的强度通常应该随着时间成幂律函数衰减，即 $F \propto t^{-\alpha}$，其中幂指数 α 大致在 1 左右。以上图像我们简称为火球模型。火球模型较好地得到了余辉观测的支持，例如，从下图给出的众多伽马射线暴的光学余辉光变曲线中，可以看出观测到的余辉的确总体上是随时间呈幂律衰减的。

  由于内激波远离中心引擎，火球对原始中心引擎已经丧失了"记忆"，我们很难直接从主暴中得到中心引擎的线索，这就使得余辉的观测和理论研究变得尤其重要。尽管观测到的伽马射线暴的余辉总体上符合火球模型，但在一些细节上仍与标准火球模型的预期有明显偏差。从图 1 中也可清楚看出，一般说来余辉的光变曲线总不是完全光滑的幂律函数，而往往存在一些起伏结构。余辉的这些特异性表现，为我们了解伽马射线暴的起源提供了丰富的信息。

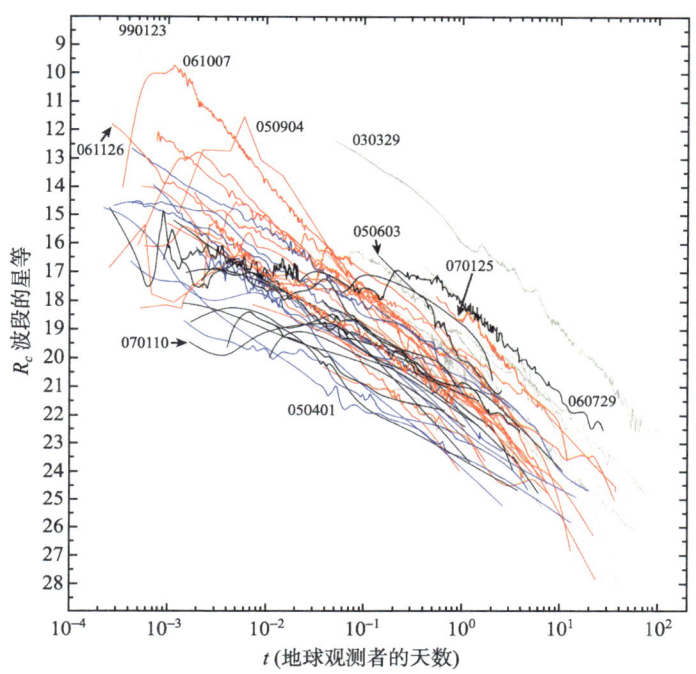

图 1　一些伽马射线暴的光学余辉光变曲线。横轴是地球观测者的时间，以天为单位，纵轴是 R_c 波段的星等[5]。

例如，人们观测到一些长暴的晚期余辉中有超新星成分(表现为十几天时的光谱红化和亮度增加)，表明它们产生于大质量恒星的坍缩过程。部分长暴的余辉一直衰减较快，意味着其周围星际介质的密度不是均匀的，而是越往外越稀薄，可能是处在星风环境中，也暗示了其前身星是大质量恒星。射电余辉通常在早期有较大的亮度起伏(由星际介质的闪烁导致)，而几十天后起伏就基本消失(原因是辐射区的角半径增大，超过了临界闪烁角半径)，这证明外激波的运动速度的确是接近光速的，有力地支持了火球模型。

特别重要的是，2004 年底美国发射了定位能力更强的 Swift 卫星，使得余辉样本迅速增加，同时人们也得到了丰富的极早期(暴后几十分钟之内的)余辉资料，众多出乎意料的现象因而被观测到了。图 2 是 Zhang 等总结出的典型 X 射线余辉的卡通示意图，除了标注 "0" 的最初一段对应着主暴阶段的辐射外，余辉主要有 5 个成分。(I) 是暴后的一个快速衰减阶段($F \propto t^{-3}$)，是内激波熄灭后，主暴结束，球形辐射面上高纬度处的光子延迟到达而致。(II) 是一个缓慢衰减阶段($F \propto t^{-0.5}$)，它似乎要求中心引擎在 1000~10000 秒内要持续地输出可观的能量，这是人们需要解决的一个理论难题。(III) 是一个正常衰减阶段($F \propto t^{-1.2}$)，这正是标准火球模型预期的结果。(IV) 又是一个较快衰减阶段($F \propto t^{-2}$)，它表明火球不是各向同性的，而是成喷流状，我们通常称之为喷流拐折。喷流的存在对伽马射线暴的爆发机制有重要提示作用，它意味着中心很可能是一个黑洞，周围则环绕着吸积盘，而且强大的磁场很可能在爆发过程中扮演着重要的角色。(V) 代表着早期 X 射线余辉中常见的一些强烈耀发现象，表明中心引擎在几十分钟内都是相当活跃的，而不是像以前认为的那样在几十秒钟甚至几十毫秒内就沉寂下来。如何能让中心引擎这样长时间地持续爆发，在理论上是一个巨大的挑战。

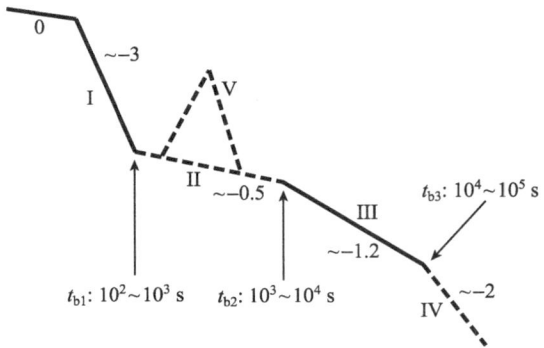

图 2　伽马射线暴的 X 射线余辉卡通示意图。横轴为观测时间，纵轴为 X 射线流量[6]。

有趣的是，很多余辉在 X 射线和光学波段具有不同的衰减特征，还有近一半的伽马射线暴竟然没有观测到光学余辉，这些都是标准火球模型无法解释的现象，有待人们继续深入研究。另外，目前观测到的最远的伽马射线暴，其对应的红移是 $z=8.3$，也就是说该暴发生时，宇宙的年龄还只有约 6 亿年(今天的宇宙已经是 137 亿年了！)。高红移伽马射线暴对宇宙学的研究有何意义，这是非常重要也非常引人关注的课题。还有一个特别让人惊奇的事例是 2008 年 3 月 19 日发生的一次红移为 $z=0.9$ 的伽马射线暴，在爆发过程中其光学对应体的亮度竟然达到 5.6 星等，肉眼都可以看见了。这么亮的光学余辉是如何产生的，也是人们面临的一个新挑战。

在伽马射线暴领域，还有一个特别重要的问题，就是非相对论阶段的余辉。数值计算表明，火球在几天到十几天内就可能进入非相对论阶段，在几十天到 1 年后还会进入深度非相对论阶段。对这种晚期余辉的研究能帮助人们估算伽马射线暴的内禀动能和喷流的张角大小，以及了解伽马射线暴的遗迹形态等等，相关工作必将受到越来越多的重视。

总之，为了彻底解开伽马射线暴的起源之谜，我们必须借助于余辉这一重要窗口。余辉现象很复杂，其中还有大量的科学问题没有解决。随着观测技术的不断进步和认识水平的逐渐提高，人们必将最终对伽马射线暴有一个清晰的了解。

参 考 文 献

[1]　Piran T. Gamma-ray bursts and the fireball model. Phys. Rep., 1999, 314: 575–667.

[2] Zhang B, Meszaros P. Gamma-ray bursts: progress, problems & prospects. Int. J. Mod. Phys. A, 2004, 19: 2385–2472.
[3] Zhang B. Gamma-ray bursts in the swift era. Chin. J. Astron. Astrophys., 2007, 7: 1–50.
[4] Cheng K S, Lu T. Gamma-ray bursts: afterglows and central engines. Chin. J. Astron. Astrophys., 2001, 1: 1–20.
[5] Kann D A, Klose S, Zhang B, et al., The afterglows of Swift-era gamma-ray bursts. I. comparing pre-Swift and Swift era long/soft (Type II) GRB optical afterglows. Astrophys. J., 2007, submitted (http://arxiv.org/abs/0712.2186).
[6] Zhang B, Fan Y Z, Dyks J, et al. Physical processes shaping GRB X-ray afterglow lightcurves: theoretical implications from the Swift XRT observations. Astrophys. J., 2006, 642: 354–370.
[7] Huang Y F, Dai Z G, Lu T. A generic dynamical model of gamma-ray burst remnants. Mon. Not. R. Astron. Soc., 1999, 309: 513–516.
[8] Huang Y F, Cheng K S. Gamma-ray bursts: optical afterglows in the deep Newtonian phase. Mon. Not. R. Astron. Soc., 2003, 341: 263–269.

撰稿人：黄永锋[1] 陆 埮[2]
1 南京大学天文学系
2 中国科学院紫金山天文台

伽马射线暴的物质组分

Physical Composition of Gamma-Ray Burst Outflows

在伽马暴的观测中看到了亚毫秒的光变表明伽马暴的中心能源的物理尺度在 100 千米的量级，满足该条件的天体必然是一种致密星。目前最重要的两类候选体是黑洞和中子星。外流体的物质组分和能量提取的方式密切相关。一般的，在黑洞周围形成的吸积盘的温度可以高达 1 MeV 甚至 10 MeV，其能量主要通过强烈的正反中微子辐射损失。不同方向发出的正反中微子在一个狭小的空间里相互碰撞湮灭，形成一个主要由正负电子对、光子组成的极端热的火球。我们称这样的能量提取过程为"中微子过程"并称这样的火球为热火球[1]。对于中心是一个恒星量级的转动黑洞的情形，如果吸积盘有很强的磁场，那么黑洞的转动能也有可能通过所谓的 Blandford-Znajek 效应被有效的提取，并产生以磁场为主的相对论性外流体(图 1)。对于自转周期为毫秒甚至亚毫秒的磁星(一种表面磁场高达 100 亿特斯拉以上的中子星)，其星体磁场的偶级辐射可以产生高达 10^{45} 焦耳/秒以上的光度。这样的光度足以产生宇宙学距离上的伽马暴[2]。我们称磁场能量占主导的外流体为"冷外流体"。对于"冷"、"热"两类外流体，初期可能均为热辐射压将外流体加速，其洛伦兹因子随半径的增加而线性增加。但是，"冷""热"两种外流体的后期加速过程有很大区别[3,4]。

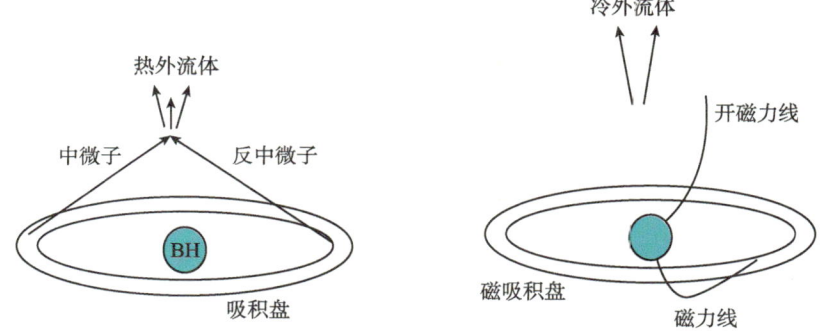

图 1　产生热外流体的中微子过程以及产生冷外流体的 Blandford-Znajek 效应。

如何从观测上来限定外流体的物质组分,进而了解伽马暴的中心能源机制，这一问题在 2002 年以来得到了越来越多的关注。目前我们尚未有充分而明确的证据对该问题给出一个定论。在"标准火球"模型中，外流体是热的。在产生伽马暴瞬时辐射时的外流体被假设为重子成分为主。该模型有一些直接的预言，例如，谱中的热辐射成分、重要的高能(10^{14} eV)中微子辐射和甚高能(10^{20} eV)宇宙射线辐射、瞬时辐射谱中突出的 GeV 至 TeV "超"、明亮的反向外激波光学闪等。磁化外流体模型也有自己的一些重要预言,如谱中的热辐射成分不重要、瞬时辐射和反向外激波辐射可能具有高的线偏振度、明亮的反向外激波在绝大部分暴中不会被看到以及中微子辐射、极高能宇宙射线和瞬时 γ 射线辐射谱中的 GeV 至 TeV "超"可能都很弱[5]。

外流体物质成分的限定主要困难来自于观测手段的缺乏:迄今为止人们尚不能对高能中微子进行观测,X/γ 射线辐射的偏振目前可以探测但测量的不确定性很大[6],极高能宇宙射线由于在空间传播中受磁场的影响发生了偏转所以不能直接给出可靠的方位信息。当前人们对外流体物质组分进行限制的主要途径有两种。第一种途径是利用对一些伽马暴明亮光学闪进行模型拟合得到的磁场信息来判断外流体是否磁化。光学闪一般被认为是外流体与外部介质作用形成强的反向激波时产生的同步辐射,也就是说它来自于外流体的内部。如果外流体是磁化的,那么反向激波区域的磁场应该是有序的,并且其强度比正向激波区域由激波放大的磁场要强。现有的对光学闪拟合结果表明在很多伽马暴中,其反向外激波区域的磁场确实要比正向激波中的要来得强。另一方面,电子在有序的磁场中产生的同步辐射具有较高的线偏振度。最近在对反向激波辐射的偏振观测方面取得了重大进展。2009 年 1 月 2 日发现的伽马暴 GRB 090102 在其光学闪的变暗过程中探测到了 10%的光学线偏振度[7]。第二种限制外流体组分的途径是分析伽马暴瞬时辐射的多波段能谱以确定是否具有黑体辐射成分,或者在 GeV 波段是否有一个明显的"超"。Fermi 卫星自 2008 年 6 月发射上天一年内探测到了一批具有高能(大于 100 MeV)辐射的伽马暴。在这些暴的 8 keV 至 300 GeV 多波段能谱中,"热"外流体模型所预言的高光度黑体辐射以及"GeV"超都很少见[8]。总的来说,现有的多数观测偏向于支持磁化的"冷"外流体模型。但是,由于理论模型尚存在一些不确定性,"热"外流体模型并不能明确地被排除掉。事实上,在一些伽马暴中人们也搜集到了比较强的支持"热"外流体模型的证据。目前能够给出的合理的推断是:一部分伽马暴外流体是高度磁化的,一部分外流体是弱磁化的,而也有些外流体是非磁化的。

参 考 文 献

[1] Eichler D, Livio M, Piran T, et al. Nucleosynthesis, neutrino bursts and gamma-rays from coalescing neutron stars. Nature, 1989, 340: 126–128.

[2] Usov V V. Millisecond pulsars with extremely strong magnetic fields as a cosmological source of gamma-ray bursts. Nature, 1992, 357(6378): 472–474.

[3] Piran T, Shemi A, Narayan R. Hydrodynamics of relativistic fireballs. Monthly Notices of the Royal Astronomical Society, 1993, 263: 861–867.

[4] Drenkhahn G. Acceleration of GRB outflows by Poynting flux dissipation. Astronomy and

Astrophysics, 2002, 387: 714–724.

[5] Zhang B, Meszaros P. Gamma-ray bursts: progresses, problems and prospects. International Journal of Modern Physics A, 2004, 19(15): 2385–2472.

[6] Coburn W, Boggs S. Polarization of the prompt gamma-ray emission of the gamma-ray burst of 6 December 2002. Nature, 2002, 423(6938): 415–417.

[7] Steele I A, Mundell C G, Smith R J, et al. Ten per cent polarized optical emission from GRB090102. Nature, 2009, 462(7274): 767–769.

[8] Abdo A A, Ackermann M, Arimoto M, et al. Fermi observations of high-energy gamma-ray emission from GRB 080916C. Science, 2009, 323(5922): 1688–1693.

撰稿人：范一中[1] 吴雪峰[1] 张 冰[2]

1 中国科学院紫金山天文台
2 美国内华达大学拉斯维加斯分校物理与天文系

伽马射线暴和极高能宇宙线

Gamma-Ray Bursts and Ultra-High Energy Cosmic Rays

从 20 世纪初的气球探测开始,人们就知道地球是处于高能带电粒子——宇宙线——的撞击当中,然而经过近一个世纪的探测和研究,宇宙线的起源仍不太清楚。已经探测到的宇宙线能量其至高达 $100EeV(1EeV=10^{18}eV)$ 以上,这些极高能(本文专指 10EeV 以上能区)宇宙线的起源问题更是令人着迷。其起源模型大致分为两种:一种是"由上而下"模型,即极高能宇宙线是由新物理预言的超重奇异粒子衰变而成;另一种"由下而上"模型则不需要引入新物理,通过天体物理中的粒子加速过程产生——本文将只讨论后者)。由于极高能宇宙线很难被银河系的磁场所束缚,人们相信其起源是河外天体。到底哪些河外天体、在怎样的物理条件下把粒子加速到极高能区,这是粒子物理和天体物理研究中的一个难题。

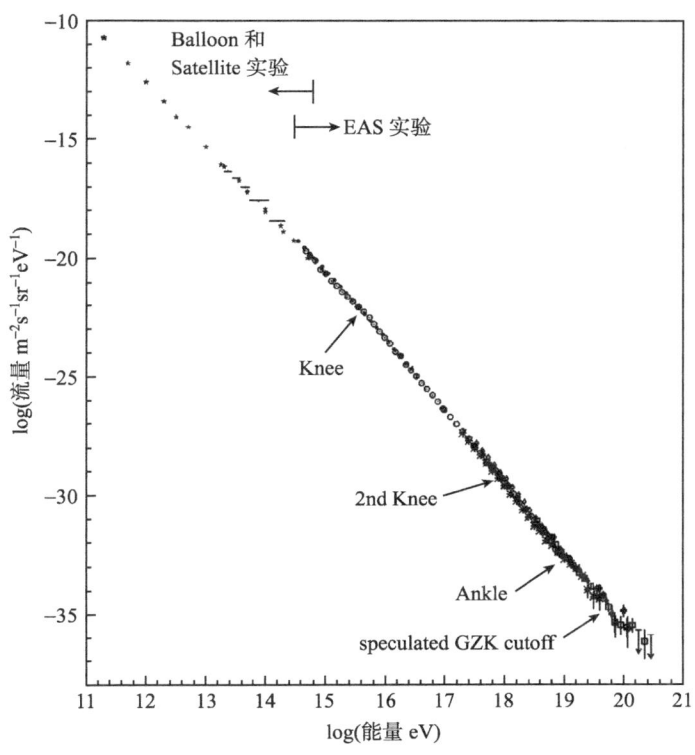

图 1 观测到的宇宙线能谱[1]。

一个主要研究困难是极高能宇宙线探测流量极低。从 10GeV 到 10EeV 宇宙线能谱基本服从一个较陡的单一幂率(粒子数谱指数约为–3), 10EeV 以上的流量只有大约 0.01km^{-2}yr^{-1}[1]。研究极高能宇宙线的能谱和空间分布等性质需要足够的统计量, 所以必须建造大型实验来进行探测。探测手段主要是对宇宙线进入地球大气层产生的广延大气簇射进行探测, 进而反推初级粒子(也即宇宙线)的能量、质量和方向等。由于目前对极高能区粒子相互作用的截面并不清楚, 这也导致所反推的初级宇宙线性质的不确定性, 成为另一个主要研究困难。现当代对极高能区进行地面探测的主要实验有 HiRes 和 Auger 等, 还有一些计划要发射卫星更大面积地对地球大气层进行监测。

虽然不清楚其起源, 我们仍可以对极高能宇宙线起源天体进行一些普遍意义上的限制。(A) 一个限制是来自宇宙线传播。如果极高能宇宙线来自河外, 那么它们在宇宙空间中传播时将不可避免与宇宙背景辐射, 例如宇宙微波背景和红外背景等, 产生作用从而损失能量。对于一个 100EeV 的质子其能损长度约为 λ 约 100Mpc, 它的起源天体只能位于离地球 100Mpc 范围之内。由于这个距离之内宇宙学各向同性原理已不再适用, 即物质分布具有结构, 而且起源天体应该遵循宇宙中物质分布, 所以人们期望极高能宇宙线也应该是各向异性的。近来 Auger 对大于 60EeV 宇宙线天空分布探测的结果支持了各向异性的分布, 而且支持宇宙线方位与近邻宇宙的物质分布成协[2]。由于传播中能量越大的粒子能损越大, 我们也期望能谱在极高能区——具体为 40EeV 处——会有截止, 称为 GZK 截止。近来公布的 HiRes 和 Auger 结果已经具有一定统计量, 似乎证实了这个特征[3]。这些位置和能谱的结果有力支持了极高能宇宙线是河外天体起源。(B) 另一个限制来自起源天体的加速能力。天体物理中的各种加速机制总是与天体中的电磁过程有关, 一个普适的限制是加速粒子在天体磁场中的回旋时标要小于天体的动力学变化时标, 由此可以推导出该天体能量输出功率(包括磁场和物质的输出功率等)的下限, $L > 10^{45}\Gamma^2/\beta(E/10^{20}\text{eV})^2\text{erg s}^{-1}$ (Γ 是膨胀洛伦兹因子, 而 β 是膨胀速度)。可见只有非常亮的天体才能产生 100EeV 宇宙线[4]。这个限制本身很强, 已经排除掉许多已知的天体。结合限制 A, 近邻宇宙中(小于 100Mpc)并没有已知的持续源具有足够高的光度。如果限制 A 和 B 成立, 那么极高能宇宙线起源天体必定是短期极亮的暂现源。暂现源发出的光和宇宙线非同时到达地球, 因为宇宙线传播不同于光走直线, 受到宇宙磁场的偏转导致延迟。(C) 还有一个限制是宇宙空间中总能量输出功率的要求。从探测到的 10EeV 以上宇宙线流量 J 可知宇宙空间中极高能宇宙线的注入功率密度约为 $Q_{CR} = 4\pi J/\lambda = 10^{44}\text{erg Mpc}^{-3}\text{yr}^{-1}$(更详细讨论参见文献[5]), 那么对应的起源天体必须达到此要求。

根据这些限制, 已知暂现天体中大概只有伽马射线暴(伽马暴)符合要求(当然也有人提出未知的暂现源, 例如近邻活动星系核可能有见发性的大耀发。这种耀发产生宇宙线的同时也应该产生强烈的电磁辐射,有待于未来观测的检验;这里我们将只讨论伽马暴)。观测上伽马暴分为长暴(大于 2s)和短暴(小于 2s)两类,其中主体为长暴。普遍相信长暴产生于大质量恒星坍缩,在较小体积中瞬间释放巨大能量,其典型(各向同性等价)光度为 L 约 10^{52}erg s^{-1}。然而,伽马暴所呈现的瞬时能谱通常有硬光子延伸到 100MeV 以上。为了避免这些高能光子跟辐射区里的软光子作用而湮灭,伽马暴辐射区必须极端相对论地膨胀,洛伦兹因子达到 Γ 约 $10^{2.5}$。目前的标准模型认为伽马暴中心的黑洞吸积盘系统产生极端相对论的喷流,由喷流中的电磁加速过程产生的高能电子进行电磁辐射来产生伽马暴。可见,伽马暴符合限制 B 对光度的要求,$L/\Gamma^2 > 10^{45}$ erg s^{-1}。由于伽马暴与年轻的大质量恒星死亡有关,很可能伽马暴爆发率正比于(已知的)恒星形成率——把这作为假设去拟合已观测到的伽马暴亮度分布我们可以推知伽马暴现在的(红移为零)爆发率为 R_{GRB} 约为 $1(100\text{Mpc})^{-3}(10^3\text{yr})^{-1}$,所以在有限的伽马暴探测历史中(小于 10^3yr)探测到距离在 100Mpc 以内(典型)伽马暴的几率很低,这符合限制 A。最后,由单个伽马暴典型总能量 $E_\gamma \sim 10^{53}$erg 可知近邻宇宙中伽马暴的辐射总功率密度为 $Q_\gamma \sim R_{GRB} E_\gamma \sim 10^{44}$erg Mpc^{-3}yr^{-1},与 Q_{CR} 相当。产生伽马暴的电磁辐射来自加速区中的加速电子,如果加速电子能量与加速质子能量大概均分,自然会 $Q_\gamma \sim Q_{CR}$,这说明限制 C 也得到满足。综上所述伽马暴是极高能宇宙线起源的强有力候选者。

起源天体最终还有待观测实验上的证认,然而通过探测宇宙线与电磁信号相互成协的方法不可行,原因如前所述宇宙线传播受到宇宙磁场的影响。最有效的办法恐怕是通过探测来自加速天体的高能中微子信号——由于加速区常常伴随较强的电子辐射产生的光子场,极高能宇宙线与这些光子的作用将产生π介子以及中微子,所以加速天体也将是很强的高能中微子辐射源。高能中微子的探测将间接证认对应天体为极高能宇宙线源。目前世界上有不少在建的 1km 尺度的中微子探测实验,例如,南极的 IceCube 和地中海的 kM^{3}KM。另外,Auger 也在扩建当中,有助于增加宇宙线研究的统计量;而且欧洲大型强子对撞机(LHC)的运行也有助于提高对高能区粒子相互作用截面的认识。在不久将来,这些大型实验有望给人们带来令人鼓舞的结果。

参 考 文 献

[1] Nagano M, Watson A A. Observations and implications of the ultrahigh-energy cosmic rays. Reviews of Modern Physics, 2000, 72: 689.

[2] The Pierre Auger Collaboration, et al. Correlation of the highest-energy cosmic rays with nearby extragalactic objects. Science, 2007, 318: 938.

[3] Abbasi R U, et al. First observation of the Greisen-Zatsepin-Kuzmin suppression. Physical Review Letters, 2008, 100: 101101.

[4] Waxman E. High-energy cosmic rays: Puzzles, models and giga-ton neutrino telescopes. 2004, Pramana, 62, 2: 483.

[5] Katz B, Budnik R, Waxman E. The energy production rate and the generation spectrum of UHECRs. Journal of Cosmology and Astro-Particle Physics, 2009, 3: 20.

撰稿人：黎　卓
北京大学天文学系

伽马射线暴和超新星：同一物理现象的两个方面

GRBs and Supernovae: Two Faces of the Same Guy

1. 引言

伽马射线暴是天上最亮的物体。一个典型的伽马射线暴比最亮的超新星要亮100亿倍，而最亮的超新星比太阳要亮100亿倍。但和太阳不一样，伽马射线暴和超新星都是一种暂现现象：只在很短的有限一段时间内它们是明亮的。

伽马射线暴的主要能量辐射是在 γ 射线波段，在极短的时间(通常从1毫秒到几百秒)辐射出大量的能量[1]。如果伽马射线暴的辐射是各向同性的——即，无论观者处于什么方向，只要离伽马射线暴的距离是一样的，他看到的伽马射线暴都一样亮——那么，一个很亮的伽马射线暴释放的电磁能量相当于太阳的质量全部转化成光子的能量(约 10^{47} 焦耳)。

根据伽马射线暴极快的光变和非黑体光谱特性，人们推论伽马射线暴是一种极端的相对论现象：产生伽马射线暴的物质以非常接近于光速的速度运动(大于 $0.99995c$，c 是光速)。

根据持续的时间长短，伽马射线暴通常分为两类：长暴和短暴。持续时间在2秒以上的叫长暴，持续时间少于2秒的叫短暴。人们通常认为长暴是由大质量恒星核坍缩生成的，而短暴和致密星(中子星和黑洞)的合并有关。

超新星是恒星演化晚期的产物。一些恒星在演化晚期发生爆炸，产生超新星现象。超新星的电磁辐射可以持续很长时间，从几年到几百年。现在仍然很明亮的蟹状星云就是大约一千年前在金牛座的一颗超新星的遗迹。

超新星的电磁辐射主要在可见光波段，在最亮的时候每秒发出 10^{26} 焦耳的能量，相当于太阳亮度的100亿倍。

根据产生机制，超新星可分为两大类：一类通常认为是白矮星爆炸产生的，整个星都被炸掉，什么也没有留下。这类超新星最亮。另一类通常认为是大质量恒星的内核坍缩产生的，在中心留下一个中子星或黑洞。观测发现核坍缩超新星和伽马射线暴密切相关[2]。

当一颗大质量恒星核坍缩的时候，大部分能量通过引力波和中微子辐射掉(约 10^{46} 焦耳)，只有一小部分通过冲击波转化成向外膨胀的流体的动能(约 10^{44} 焦耳)，动能的一小部分通过放射性元素的衰变再被转化成我们看到的电磁辐射(约 10^{42} 焦耳)。

超新星通常是非相对论性的，产生超新星辐射的流体的速度远小于光速。即使在极短的情况下，流体的膨胀速度也才约为 $0.3c$。

白矮星的热核爆炸产生的超新星，按光谱分类叫做类型 Ia 超新星。类型 Ia 超新星是超新星中最亮的，可以用来做标准烛光来确定宇宙学距离和宇宙学参数。

尽管超新星的发现和观测有比伽马射线暴长得多的历史，我们对超新星的理解也比对伽马射线暴的理解清楚得多，可是关于超新星的很多重要问题还没有确定的答案，包括超新星的爆发机制。

2. 伽马射线暴和超新星的关系

在过去大约 10 年中观测上一个非常令人惊奇的发现是，伽马射线暴和超新星是相关联的，尽管它们是两个看起来非常不同的现象——它们具有如此不同的持续时间、膨胀速度和特征光子能量。

1998 年 4 月 25 日，BeppoSax 和 BATSE 两颗专门用来观测伽马射线暴的卫星同时探测到一个非常暗的伽马射线暴。按照给伽马射线暴命名的约定，这个暴被命名为 GRB980425。这是个长暴，持续了大约 35 秒。大约两天半之后，在此暴在天上的同样位置发现了一颗明亮的超新星。按光谱分类，这是一颗类型 Ic 超新星，命名为 SN1998bw[3](图 1)。

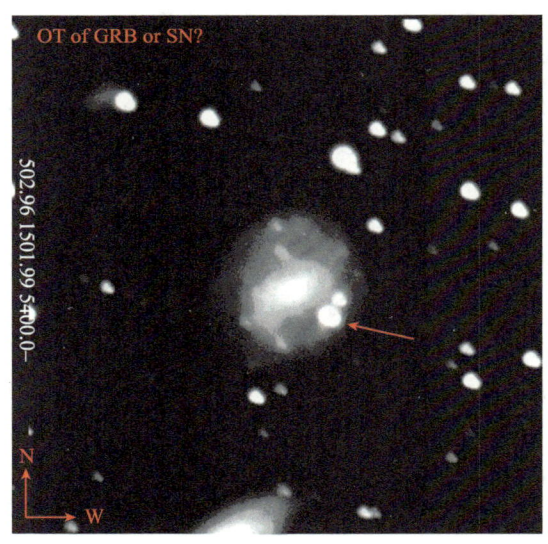

图 1　和 GRB980425 成协的超新星 SB1998bw(箭头所指位置；图来自 http://www.mpe.mpg.de/-jcg/grb980425.html)。

GRB980425 离我们非常近，只有 36Mpc。典型的伽马射线暴离我们的距离都在 Gpc 以上($1pc \approx 3.3$ 光年；$1Mpc = 10^6 pc$；$1Gpc = 1000Mpc = 10^9 pc$)。尽管我们不

能排除 GRB980425 和 SN1998bw 只是在天上的投影重合而实际上离我们远近不一样的可能性，可是这种重合的几率非常微小，只有万分之一。因此，具有极大的可能两者是发生在同一时间和空间，即 GRB980425 和 SN1998bw 是同一事件的两个侧面。

GRB980425/SN1998bw 的发现对伽马射线暴的研究具有非常重要的意义。它揭示出长暴和核坍缩超新星可能是成协的，它们是同一事件的两个侧面。如果这个结论正确，将是对长暴起源于大质量恒星的核坍缩模型的一个有力支持。

为了检验以上结论，我们需要更多的伽马射线暴和超新星成协的证据。可是观测上寻找和伽马射线暴相伴的超新星并不容易。伽马射线暴的辐射不只是在 γ 射线波段，一大部分的辐射分布在从射电到 X 光的很广泛的波段，而且具有很长的时间尺度。因为产生的机制和 γ 射线波段的辐射不同，射电到 X 光波段的辐射又叫做伽马射线暴的余辉。典型的伽马射线暴的余辉在光学波段非常明亮，足以遮盖住与其相伴的超新星的亮度。

自 GRB980425/SN1998bw 之后，又有 4 对伽马射线暴和超新星被发现，平均每两年发现一对：GRB030329/SN2003dh，GRB031203/SN2003lw，GRB060218/SN2006aj，GRB081007/SN2008hw。所有这几个和伽马射线暴成协的超新星都是 Ic 类的，光谱中没有氢线和氦线，其前身星一般认为是大质量的 Wolf-Rayet 恒星。这几个超新星和通常的 Ic 类型超新星不太一样，它们具有很宽的谱线和比较光滑的连续谱，意味着非常大的爆炸能量。模型给出的超新星残骸的膨胀速度接近光速，约 0.1~0.3c。它们通常又被称为极超新星(hypernovae)。

值得一提的是 GRB060218/SN2006aj[4,5]。GRB060218 是美国航空航天局的 Swift 卫星于 2006 年 2 月 18 日发现的。Swift 是一个多波段观测卫星，上面配备 3 个望远镜：γ 射线波段的 BAT，X 光波段的 XRT，紫外和光学波段的 UVOT。GRB060218 是在已知距离的伽马射线暴里边离我们第二近的，离我们最近的是 GRB980425。和通常的伽马射线暴相比，GRB060218 非常暗但持续的时间非常长，大约半个小时。

在 BAT 发现这个 GRB060218 之后大约 2 分半钟，XRT 和 UVOT 开始观测它，得到了非常完整的多波段观测数据。三天之后，UVOT 在 GRB060218 的位置发现了超新星 SN2006aj，并得到了完整的光变曲线和光谱。GRB060218/SN2006aj 的发现为伽马射线暴和超新星的成协奠定了坚实的基础。

2006 年，根据当时有的四对伽马射线暴和超新星的观测数据，作者推导出一个伽马射线暴和超新星的第一个定量关系[6]

$$E_{\gamma,\text{peak}} = 90.2\text{keV}\left(\frac{L_{\text{SN,peak}}}{10^{43}\text{ erg s}^{-1}}\right)^{4.97}$$

在这个关系里，$E_{\gamma,\text{peak}}$ 是伽马射线暴光谱的峰值光子能量，$L_{\text{SN,peak}}$ 是超新星的光变曲线最大亮度。根据这个定量关系，越亮的伽马射线暴所对应的超新星也应该越亮。

上面的关系是由极超新星推导出来的。通常的核坍缩超新星没有极超新星那么亮。把上面的关系应用于普通的核坍缩类型 Ib 和 Ic 超新星，我们发现：如果普通的超新星也和类伽马射线暴事件成协，那么对应的类伽马射线暴事件应该非常暗，具有非常软的光谱(即光子的能量非常低)，因为普通超新星没有极超新星那么亮。定量的计算预言，这些类伽马射线暴事件的光子应该主要分布在软 X 射线和紫外波段，它们应该更容易被 X 射线和紫外探测器探测到[6]。可喜的是，这个预言为后来发现的 X 射线闪 XRF080109 和类型 Ib 超新星 SN2008D 所证实[7~9]。

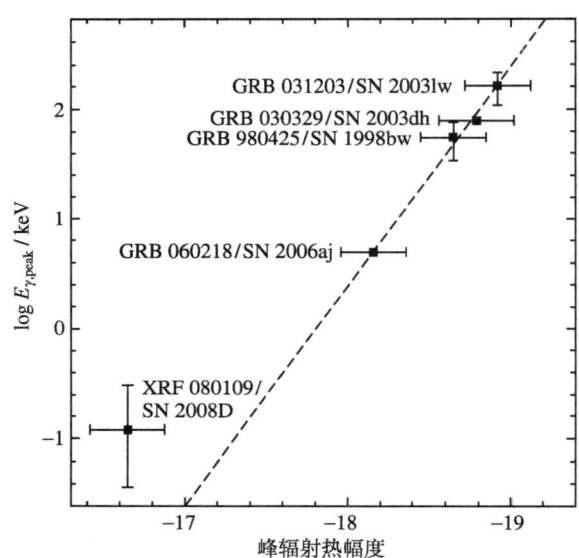

图 2　Swift 新发现的 XRF080109/SN2008D 符合 2006 年作者根据当时已知的四对伽马射线暴和超新星推导出的定量关系[9]。

2008 年 10 月，一个新的伽马射线暴 GRB081007 和与其成协的普通类型 Ic 超新星 SN2008hw 被发现。这对伽马射线暴和超新星完美地符合上面的伽马射线暴和超新星的定量关系[10]。

3. 伽马射线暴和超新星成协的意义

伽马射线暴和超新星成协的发现对伽马射线暴和超新星的研究都具有极其重要的意义。首先，它对长暴的前身星有重要的启示：和核坍缩超新星一样，长暴是由大质量演化到晚期核坍缩产生的。

长暴的一个重要模型,是一颗大质量恒星在演化晚期中心坍缩成一个黑洞,没有坍缩的外壳部分在黑洞周围形成一个转动的吸积盘。黑洞的自旋能量和吸积盘的能量可以提供长暴需要的能源。无疑,这个模型要求前身星快速自旋,具有足够的角动量以形成一个自旋的黑洞和吸积盘。

对长暴的寄主星系的观测支持这个模型。观测发现,长暴倾向于发生在恒星形成率较高的年轻星系中,这些星系具有较低的金属丰度。恒星形成率高的区域会有很多大质量恒星,大质量恒星一般具有很短的寿命,死亡的时候会在中心坍缩形成黑洞。低金属丰度保证大质量恒星的星风不是很严重,不至于带走太多的角动量。

伽马射线暴和超新星成协的观测,为长暴起源于大质量恒星核坍缩的模型提供了直接的观测证据。和长暴成协的超新星都是类型 Ibc 的,没有氢线,说明其前身星可能是 Wolf-Rayet 恒星。加上低金属丰度和坍缩形成黑洞的要求,长暴的前身星应该是大质量的、低金属丰度的 Wolf-Rayet 恒星。

伽马射线暴和超新星成协的观测对超新星爆发的机制也有重要的启示。尽管超新星的观测和研究有很长的历史,其爆发机制仍然不是很清楚。通常的激波爆发模型在数值模拟中并没有得到证实。伽马射线暴和超新星相伴的事实,说明在超新星爆发之前其前身星就发生了某种剧烈的过程。

事实上,在伽马射线暴被发现之前,人们就预言当激波冲破前身星外壳的时候会产生一个短暂的明亮的闪光。这个理论预言的闪光通常被称为超新星的激波突围。开始人们以为伽马射线暴就是激波突围,可是详细的计算发现激波突围不足以提供伽马射线暴所需要的能量,其光子能量比伽马射线暴的光子也要低很多[8,9,11]。迄今为止,超新星的激波突围还没有在观测上被明确无误地证实过。

伽马射线暴和激波突围的观测,可以给超新星的观测发出预警,因为它们发生在超新星之前。当然,只有当伽马射线暴较暗的时候才可以对超新星获得很好的观测,否则其明亮的光学余辉会遮盖住超新星的光芒。如果预先得到伽马射线暴(或与其相当的 X 射线闪)和激波突围的预警,就有可能得到随后超新星的完整的光变曲线和光谱,这对超新星的理论研究非常重要。目前已经有两个这样的例子:GRB060218/SN2006aj 和 XRF080109/SN2008D。

4. 尚未解决的问题

迄今为止,共发现了 5 对成协的伽马射线暴和超新星,和一对成协的 X 射线闪和超新星。这些伽马射线暴(X 射线闪)和超新星满足一个很好的定量关系。当然,这个关系有待于将来进一步观测的检验。

伽马射线暴和超新星成协的发现无疑是重要的,可是现在的观测数据还太有限。除了前述的靠光谱观测确认是超新星的几个例子,一些长暴的光学余辉在后期会突然变亮,人们把它解释成和伽马射线暴成协的超新星开始出现[12]。可是由于缺乏光谱认证,还不能确定这是和伽马射线暴成协的超新星的证据。事实上,关于余辉突然变亮的其他解释是存在的。

伽马射线暴和超新星成协的以下几个问题亟待解决:

(1) 是否所有长暴都有与其成协的超新星?
(2) 是否所有核坍缩超新星都有与其成协的伽马射线暴(或类伽马射线暴)?
(3) 短暴是否也和超新星成协?
(4) 伽马射线暴和超新星的定量关系是否真实的?
(5) 如果伽马射线暴和超新星的关系是真实的,那么其物理解释是什么?
(6) 伽马射线暴和超新星哪个先发生、哪个后发生?

这些极具挑战性的问题的研究和解决对于理解伽马射线暴和超新星的物理本质有着直接的重要意义。

参 考 文 献

[1] Zhang B, Mészáros P. Gamma-ray bursts: progress, problems & prospects. International Journal of Modern Physics A, 2004, 19: 385–2472.

[2] Woosley S E, Bloom J S. The supernova gamma-ray burst connection. Annual Review of Astronomy & Astrophysics, 2004, 44: 507–556.

[3] Galama T J, et al. An unusual supernova in the error box of the γ-ray burst of 25 April 1998. Nature, 1998, 395: 670–672.

[4] Pian E, et al. An optical supernova associated with the X-ray flash XRF 060218. Nature, 2006, 442: 1011–1013.

[5] Soderberg A M, et al. Relativistic ejecta from X-ray flash XRF 060218 and the rate of cosmic explosions. Natute, 2006, 442: 1014–1017.

[6] Li L-X. Correlation between the peak spectral energy of gamma-ray bursts and the peak luminosity of the underlying supernovae: implication for the nature of the gamma-ray burst-supernova connection. Monthly Notices of the Royal Astronomical Society, 2006, 372: 1357–1365.

[7] Soderberg A M, et al. An extremely luminous X-ray outburst at the birth of a supernova. Nature, 2008, 453: 469–474.

[8] Xu D, et al. Mildly relativistic X-ray transient 080109 and SN 2008D: Towards a continuum from energetic GRB/XRF to ordinary Ibc SN. 37th COSPAR Scientific Assembly, 2008, p. 3512 (arXiv: 0801.4325).

[9] Li L-X. The X-ray transient 080109 in NGC 2770: an X-ray flash associated with a normal core-collapse supernova. Monthly Notices of the Royal Astronomical Society, 2008, 388: 603–610.

[10] Pian E. Progenitors of long GRBs: the observational progress. Lecture presented in KIAA Program on GRB Physics, KIAA, 2008.

[11] Li L-X. Shock breakout in Type Ibc supernovae and application to GRB 060218/SN 2006aj. Monthly Notices of the Royal Astronomical Society, 2007, 375, 240–256.

[12] Zeh A, Klose S, Hartmann D H. A Systematic Analysis of Supernova Light in Gamma-Ray Burst Afterglows. The Astrophysical Journal, 2004, 609: 952–961.

撰稿人：李立新

北京大学科维理天文与天体物理研究所，北京大学物理学院天文学系

伽马射线暴的分类

Classification of Gamma-Ray Bursts

伽马射线暴(GRB)持续时间从毫秒到千秒，跨度达到六个数量级，而且光变曲线形态复杂多样，其分类涉及暴前身星性质或爆发机制，是当今伽马射线暴研究的一大难题。目前的伽马射线暴分类法基本上是基于暴本身持续时间、能谱性质、余辉特性等，都是表观性的，其框架如下图：

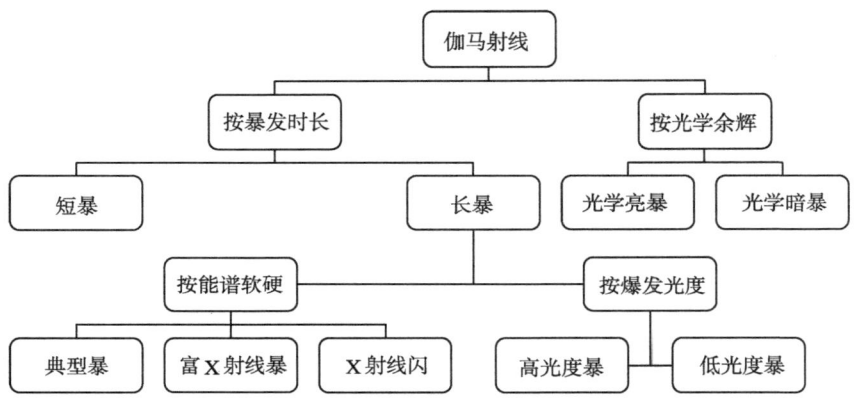

1. 长暴和短暴 (long GRBs and short GRBs)

这种分类方法源于康普顿卫星上 BATSE 对伽马射线暴的观测结果。BATSE 观测到了 2700 多个伽马射线暴。把这些伽马射线暴的持续时间作个统计图，发现以 2 秒为界可以把伽马射线暴分成两类[1]：长暴和短暴。长暴的能谱比较软，短暴的能谱比较硬。长暴还满足光子峰值能量和伽马射线暴各向同性能量之间的统计关系，即所谓的 Amati 关系，而短暴则不满足这关系。长暴高低能光子到达具有显著的延迟现象，但是短暴却不显著。观测发现一些长暴与大质量恒星死亡时产生的 Ib/c 型超新星(SN)成协[2]，如 GRB 980425/SN 1998bw(红移为 0.0085), GRB 030329/SN 2003dh(红移为 0.168), GRB 031203/SN 2003lw(红移为 0.105), GRB 060218/SN 2006aj(红移为 0.0331)。另外，长暴的宿主星系通常是不规则的矮星系，其恒星形成率比较高。短暴则通常位于恒星形成率低的宿主星系的边缘，并且没有观测到有成协的超新星。因此，现在通常认为长暴起源于大质量恒星的坍缩，而短暴起源于双致密星(双中子星或者中子星-黑洞)的并合。双致密星系统在诞生之初有一个每秒几百千米的反冲速度。经过几亿年之后,它们因引力辐射而导致轨道收缩最终碰撞在一起的时候,已经远离诞生地,跑到宿主星系外围。

原则上超新星观测可到红移2左右,但我们目前所探测到的这些成协的伽马射线暴/超新星都发生在很小的红移处(即距离我们很近)。目前探测到发生在这样低红移处的伽马射线暴(包括以上与超新星成协的暴)其光度普遍比典型值要低,而且在单位体积的爆发率很高,从而在伽马射线暴光度函数中构成了一个独立的低光度成分,被称为低光度暴。这类低红移、低光度伽马射线暴的前身星可能是另外一类大质量恒星[3]。

上述按照伽马射线暴持续时标分类是基于观测特征进行的,具有仪器依赖性。随着观测的深入,发现部分暴很难用以上分类方法来进行归类。GRB 060614 的发现对这个分类提出了挑战[4]。GRB 060614 是个典型的长暴,持续时间约 100 秒,红移为 0.125。这么小的红移人们都指望能观测到相伴的超新星辐射,但事实上却没有观测到有成协的超新星。另外这个暴不同能量的光子到达地球的时间延迟很小,跟短暴类似。跟其他长暴的宿主星系相比,GRB 060614 宿主星系的恒星形成率比较低。所有这些特征似乎都表明 GRB 060614 与短暴更相似,因此它可能起源于致密星的并合。Swift 卫星观测发现相当多的短暴除了有持续时间较短的瞬时辐射,它们还有持续时间较长的延展辐射(extended emission)。GRB 060614 早期光变曲线有个约 5 秒的峰,随后的辐射能谱随时间变软,可以看做是延展辐射。此外,伽马射线暴的持续时间是地球上测量到的,因此在康普顿卫星时代唯象地根据该持续时间(因为当时无法进行余辉观测从而也不知道伽马射线暴的红移)把伽马射线暴定义成长暴和短暴不具有本质性。这种情况在 Swift 卫星时代得到大大改善,目前已有大量的伽马射线暴红移样本。在该样本中,一些长暴其持续时间归算到宇宙学当地坐标系中却小于 2 秒[5]。这些看起来是长暴而真正时标却不长的伽马射线暴究竟如何分类也需要解决。

因此,要判断一个伽马射线暴是长暴还是短暴光看持续时间是大于还是小于 2 秒显得过于简单,需要提出新的分类方法。在这个背景下,张冰等[6,7]把伽马射线暴按照其物理起源分成 I 类暴和 II 类暴。I 类暴的特点是辐射时标短(可以有较长时间的延长辐射),能谱较硬(延长辐射的能谱可能较软),不同能量的光子到达时间的延迟很小,且不跟超新星成协。I 类暴一般位于年老的恒星形成率比较低的宿主星系的边缘。类似于 Ia 型超新星,I 类暴的前身星很可能是两个致密星的合并。II 类暴的特点是辐射时标长,能谱较软,不同能量的光子到达观测者的时间差较大,一般跟超新星成协。与 II 型超新星类似,II 类暴很可能来自大质量恒星的坍缩,一般位于其宿主星系的恒星形成区。这个分类方法不再简单地以持续时间为判据,而是依赖诸多因素,包括辐射时标、能谱、不同能量光子的时延、是否跟超新星成协、其宿主星系特点等等,对观测提出了比较高的要求。需要指出的是,这里按照伽马射线暴起源的物理分类和前面提到的按照伽马射线暴持续时标的唯象分类是我们从不同角度研究伽马射线暴的两种方法。前者直接揭示其物理本质，但就某些暴而言一般很难从观测上明确确定其起源。后者的分类判据很清楚，但并不能揭示一些暴的本质。所以，这两种分类分别从物理和唯象上互补。

2. 伽马射线暴、富 X 射线暴及 X 射线闪(GRBs, X-ray rich GRBs and X-ray flashes)

富 X 射线暴和 X 射线闪从爆发时标上来看都属于长暴。他们跟普通的伽马射线暴无论在光变曲线还是能谱形态方面都非常相似，主要的区别就是能谱峰值处的光子能量不同，从而导致大部分辐射所处的能段不同[8]。典型长暴的光子峰值能量一般为几百 keV，富 X 射线暴的光子峰值能量一般为几十 keV，而 X 射线闪的光子峰值能量则小于几十 keV。从释放的各向同性能量来看，富 X 射线暴和 X 射线闪比典型伽马射线暴要小，而且这 3 类长暴在 Amati 统计关系图中构成连续的分布，说明他们极有可能同一起源。目前一般认为富 X 射线暴和 X 射线闪跟普通长暴之所以表现不同，可能是源于我们的观测视线相对于产生伽马射线暴的喷流的对称轴不同所致。对于普通长暴，我们的观测视线处于喷流所张的立体角之中。而对于富 X 射线暴或者 X 射线闪，我们的观测视线处于喷流张角之外。此外，重子污染严重的伽马射线暴火球，亦称"脏"火球，也可能导致富 X 射线暴或者 X 射线闪。普通伽马射线暴的火球一般认为只有极少量的重子污染。

3. 光学亮暴与暗暴(optically bright and dark GRBs)

在伽马射线暴的余辉观测中，发现约有一半的伽马射线暴没有观测到有光学余辉。这些伽马射线暴一般都被称为光学暗暴。目前，对光学暗暴有好几种可能的解释，如光学辐射被伽马射线暴周围的物质和尘埃所吸收和散射，或者是暴源的红移比较大从而光学辐射被高红移处的中性氢吸收，或者伽马射线暴余辉的内禀光度低导致无法探测(这种情况是由于产生余辉的外激波能量小或者外部介质密度低等因素造成)。对于后一种解释，内禀低光度同时也会造成其他波段(如 X 射线)的余辉也同时变暗(短暴往往如此)。因此，正确的"暗暴"操作性定义应该是暗于从余辉其他波段观测的外延值[9]。一般我们取 X 射线波段，不仅因为 X 射线余辉的探测率很高，而且 X 射线辐射在 2 keV 以上受传播过程中的介质吸收等影响不大，比较能真实地反映余辉的内禀亮度。

值得注意的是，绝大多数伽马射线暴早期光学余辉都很弱甚至没有探测到，这对通常的反向外激波模型提出了质疑，因为通常的反向外激波模型预言很多伽马射线暴会有比较亮的早期光学辐射。也许这意味着反向激波是磁化的。要了解暗暴的性质我们需要更多的早期余辉的信息。

综上所述，关于伽马射线暴的分类至今还没有一个统一的标准。现在 Fermi

卫星已经正常观测，它可以观测到能量高达 300 GeV 的高能光子辐射，加上 Swift 卫星在较低能段的观测和余辉定位，我们预期在未来几年伽马射线暴的观测资料将会极其丰富，这将会给伽马射线暴的分类提供极好的条件[10]。

参 考 文 献

[1] Kouveliotou C, Meegan C A, Fishman G J, et al. Identification of two classes of gamma-ray bursts. The Astrophysical Journal, 1993, 413(2): L101–L104.

[2] Woosley S E, Bloom J S. The supernova – gamma-ray burst connection. Annual Review of Astronomy and Astrophysics, 2006, 44(1): 507–556.

[3] Liang E W, Zhang B, Virgili F, Dai Z G. Low-luminosity gamma-ray bursts as a unique population: luminosity function, local rate, and beaming factor. The Astrophysical Journal, 2007, 662(2), 1111–1118.

[4] Gehrels N, Norris J P, Barthelmy S D, et al. A new γ-ray burst classification scheme from GRB 060614. Nature, 2006, 444(7122): 1044–1046.

[5] Greiner J, Kruehler T, Fynbo J P U, et al. GRB 080913 at redshift 6.7. The Astrophysical Journal, 2009, 693(2): 1610–1620.

[6] Zhang B, Zhang B B, Liang E W, et al. Making a short gamma-ray burst from a long one: implications for the nature of GRB 060614. The Astrophysical Journal, 2007, 655(1): L25–L28.

[7] Zhang B, Zhang B B, Virgili F J, et al. Discerning the physical origins of cosmological gamma-ray bursts based on multiple observational criteria: the cases of $z = 6.7$ GRB 080913, $z = 8.2$ GRB 090423, and some short/hard GRBs. The Astrophysical Journal, 2009, 703(2): 1696–1724.

[8] Heise J, in't Zand J, Kippen R M, Woods P M. X-ray flashes and X-ray rich gamma ray bursts. Gamma-Ray Bursts in the Afterglow Era: Proceedings of the International Workshop Held in Rome, Italy, 17-20 October 2000 (Edited by E. Costa, F. Frontera, and J. Hjorth), 2001, 16.

[9] Jakobsson P, Hjorth J, Fynbo J P U, et al. Swift identification of dark gamma-ray bursts. The Astrophysical Journal, 2004, 617(1): L21–L24.

[10] Zhang B. Gamma-ray bursts in the Swift era. Chinese Journal of Astronomy and Astrophysics, 2007, 7(1): 1–50.

撰稿人：韦大明[1]　梁恩维[2]　吴雪峰[1]　张　冰[3]

1　中国科学院紫金山天文台
2　广西大学物理科学与工程技术学院
3　美国内华达大学拉斯维加斯分校

超新星爆发理论的困境

Puzzledom on Theories of Supernova Explosion

超新星(supernova,简记为 SN)爆发是恒星世界中已知的最剧烈的罕见现象。遗憾的是,肉眼能够明显看见超新星的机会实在太少了。中国历史上记载了 8 次超新星爆发。例如,在公元 1006 年(宋真宗时期,即历史上有名的杨家将年代)出现的超新星最亮时不仅可以照出人影,还可借它的星光鉴物,甚至阅读。它的光亮程度几乎达到了满月的月亮的三分之一。在公元 1054 年(宋仁宗时期,即小说《水浒传》中水泊梁山的年代)出现的超新星最亮时也可同金星相媲美,而且连续 23 天,白天的阳光也遮掩不了它的光辉。迄今,人们已有 400 多年没有观察到如此明亮的超新星。

1. 两类超新星

从天文观测出发,根据在爆发过程中呈现的光谱特征,人们最初将超新星分为 I 型(SNI)和 II 型(SNII)两大类(它们的光变曲线特性也有所区别):后者在逐渐显现各种元素的光谱线的同时,自始至终最为显著和明亮的是氢的一系列光谱线;而前者(包括 SNI_a、SNI_b 和 SNI_c 三种次型)光谱中明显缺少氢元素的光谱线。SNI_a 在光极大期间最明亮的谱线是一次电离硅(Si II) 的 λ 6355Å (吸收)线,其次同时呈现的从 Si 到 Ca 各元素的(吸收)谱线。在光极大以后几个星期呈现中性氦的(He I λ 5876Å)吸收线。几个月以后 SNI_a 最强的光谱是一次和二次电离的铁元素的禁戒发射线。20 世纪 80 年代以后,人们把 SNI_b 从 I 型超新星分离出来,SNI_b 在光极大时期典型明亮的光谱线是 He I λ 5876Å,而不是 Si II 的 λ 6355Å 谱线。20 世纪 90 年代后期,人们再从 I 型中也不出现上述两条 He I 和 Si II 谱线的超新星划分为 SNI_c。

理论上发现,SNI_b、SNI_c 和 SNII 的爆发图像是相近的。于是,从爆发机理与爆发图像出发,人们又重新把超新星分为两大类:吸积白矮星的热核爆炸型超新星(SNI_a) 和核心坍缩型超新星($SNII$, SNI_b, SNI_c)。

2. I_a 型超新星

超新星的另一重要观测特性是它们的光变曲线。II 型超新星的光变曲线彼此相差很大。I_a 型超新星是光学上最为明亮的超新星,但是 I_a 型超新星的光变曲线不仅非常相似,而且在光极大时它们的光度几乎都相同,其绝对星等均约为-20^m。正是利用这个性质,人们把 I_a 型超新星光极大的光度作为标准烛光来测定极为遥远星系的距离。2001~2002年间美国几个特大型地面望远镜对30多个SN I_a的光极大前就开始进行探测。当测定了它们的距离之后，惊奇地发现目前宇宙正处于加速膨胀阶段。它导致了许多理论物理学普遍猜测所谓"宇宙暗能量"问题。如何利用I_a型超新星更精确地测定遥远星系的距离来进一步证实宇宙加速膨胀的规律已成为当代天文学最重要的任务之一。

当爆发开始后，超新星的亮度增亮非常快。SNI_a经历1~2天，SNII则需经历十几天到几十天后，它们就会达到光极大。此后几个星期内，其亮度按指数衰减方式逐渐地变暗，其变暗速率远慢于爆发膨胀过程辐射能流衰减的速率。人们由此推断出超新星爆发瞬间中抛射出来的放射性核素(^{56}Co, ^{57}Co, ^{44}Ti等)数量的多少。

从爆发时观测的光谱线宽度(按照多普勒原理)可以推断超新星抛射物质的速度和总动能。SNI_a抛射物的最大速度可达10 000~20 000千米，抛射物的总动能约为10^{44}焦耳。

SNI_a爆发前身星是一颗在密近双星中吸积的白矮星。这个致密的白矮星不断吸积从它伴星(被它强大的引力吸积)流来的物质，其质量不断地增长。这种吸积过程经历了10^9年以后，一旦当它的质量到处极限值(Chandrasekhar质量)，约为1.4 $M_\odot$时(其中$M_\odot$代表太阳质量)，这颗白矮星处于一种绝对不稳定的状态：由于广义相对论强大的引力效应，整个星体急剧地收缩。白矮星的温度和物质密度急剧增加。当密度高于10^9克/厘米^{3}时，即使扣除了致密物质的中微子发射引起的能量损失外，急剧收缩的物质温度也会上升到超过几亿度，这时白矮星星体内大量的^{12}C原子核之间就会大规模地急剧发生热核反应，在高度致密的热核反应是绝对不稳定的爆炸性的热核燃烧，它将导致整个星体热核大爆炸。这就是说，I_a型超新星是热核爆炸型超新星。演化的残骸是一个逐渐向外扩展的(由气体、尘埃和大量爆炸碎片所组成的)星云，称为"超新星遗迹"。在这种超新星遗迹区域内，不会存在恒星级质量的致密残骸(即"全部炸光")。

在这种高温、高密状态下的爆炸性热核燃烧后，通过一系列热核反应，绝大部分物质基本上都转化为铁族元素和少量的Si-Ca中量元素。

最近十多年，由于II型超新星爆发理论研究的困难，人们大量投入I_a型超新星具体的爆发过程和核燃烧过程的研究中。特别是苏联解体后，原先从事核爆炸过程理论研究的大批优秀俄罗斯核物理学家转赴美国、德国等西方国家，把I_a型超新星具体的爆发过程和核燃烧过程的研究向前推进了一大步。但是，由于这些热核燃烧过程太复杂，其中的某些问题(例如，亚声速的(热核燃烧的)爆燃波如何转变为超声速的爆轰波？)仍然未能自洽地解决(总需要作一些人为的假设)。不仅如此，超新星爆发过程数值模拟计算结果必须要同由大量的光谱观测所推断的超新星爆发产物的元素丰度相一致，这也难以实现。而且，即使最近的利用合理的星体模型的关于I_a型超新星的数值模拟计算也难以实现SNI_a超新星爆发具有足够的能量，使它的最大物质抛射速度达到观测到的 1 万千米每秒以上。

除此之外，当人们较深入地了解 SNI$_a$ 超新星爆发理论的研究后，就会发现它仍然存在着相当多的悬而未决的问题，其中一些问题甚至是基本问题。例如，一颗白矮星内部的主要成分碳(^{12}C)、氧(^{16}O)究竟是以什么方式结合在一起？它们的状态如何？ 人们相信，白矮星内部物质处于固态。但是，它们可能有三种不同的结构方式：(1) 碳、氧分离(氧沉淀于核心、碳浮于外层)状态；(2) 碳氧均匀混合形成无序晶体形式；(3) 碳氧均匀混合形成有序晶体形式；这三种不同的固体状态是决定着坍缩白矮星核心碳燃烧点火的不同方式，甚至是决定星体最后是整体爆炸或是继续坍缩(形成中子星)的关键性问题。遗憾的是，按照固体物理学家在 1989 年的研究表面，在微观上碳氧分离所消耗的能量低于总能量的 1%。现有的研究无法区分它们是否分离。然而，现有的大多数 I$_a$ 型超新星爆发过程数值模拟计算都是建立在爆炸前白矮星物质内的碳(^{12}C)、氧(^{16}O)成分是均匀混合，呈无序合金状态的基础上。这些计算研究仅仅显示了一种可能性而已。

目前这种研究正在深入之中，不过，人们相信，SNI$_a$ 超新星爆发过程的理论研究中，虽然许多细节不清楚，但是不会有像 II 型超新星爆发理论研究中存在着重大的原则性困难。

关于 I$_a$ 型超新星理论研究中的重要疑难问题，有兴趣的读者可以阅读笔者有关评述性文章[1,2]。

3. II 型超新星的瞬时爆发机制

20 世纪恒星演化的理论取得了辉煌的成功。它告诉我们：从恒星表面发出的极其巨大的光和热是由它内部核心区域的大规模热核燃烧提供的。但是，质量太小的恒星(例如，质量小于 0.07 $M_\odot$ 的星体)，其核心温度不会超过一千万度，它们是不可能点燃(类型于太阳内部的)大规模氢燃烧。这类星体依靠自身的引力收缩过程中，引力势能转化为热能和辐射能，这些星体呈现为发射红光和红外光的暗弱恒星，称为褐矮星。而且，只有那些质量大于 0.5$M_\odot$ 的恒星，当其核心氢燃烧结束(占总体质量的 12%的氢原子核通过氢燃烧聚变而转化成氦原子核)以后，其内部的温度密度条才可能点燃大规模氦燃烧。但是如果这些恒星的质量低于 8$M_\odot$，它们在氦燃烧阶段结束之后，会经历先后呈现出系列热脉冲的 AGB 星("渐进红巨星分支"的英文简称)而演变为白矮星和外围的行星状星云。这个行星状星云是由 AGB 星阶段恒星向外抛射的物质所形成的。这些中、小质量恒星是不会演变为超新星的。只有初始质量大于 8$M_\odot$ 的大质量恒星在它们内部热核演化的晚期才可能演变为超新星的。

早在 20 世纪 60 年代初 Colgate 从流体动力学出发，首次从解析角度探讨了 II 型超新星核心坍缩的动力学过程[3]，正式拉开了现代超新星爆发机制研究的序幕。

对于初始质量在$(8\sim 10)M_\odot$之间的恒星,当它们核心区域物质在历经了氢燃烧、氦燃烧之后,会相继点燃碳燃烧和氖燃烧,但是由于这类恒星核心区物质密度与温度之间的搭配关系使得当它们点燃碳燃烧或氖燃烧时可能出现爆炸性核燃烧。这种爆炸性氖燃烧也可能导致超新星爆发。这种较为复杂的爆发过程至今尚未了解清楚。

迄今人们已经认识到 II 型超新星的所谓"标准模型"的爆发图像如下[4]:质量大于 $10M_\odot$ 的大质量恒星经历了完全的核燃烧(即历经氢燃烧、氦燃烧、碳燃烧、氖燃烧、氧燃烧和硅燃烧)之后,以铁族元素为主的星体核心区密度超过阈值 1.14×10^9 克/厘米^3,在铁族元素(例如,^{56}Fe)原子核上的电子俘获过程就会大规模地进行,大量自由电子打进原子核(一个电子同其中的一个质子结合转化成中子,原有的原子核转化为周期表中原子序数少 1 的元素),物质中自由电子数目明显地减少,相应的电子压强明显地降低,它就抵挡不住星体本身强大的自引力,在这种自引力作用下,星体核心开始发生不稳定的引力坍缩。电子俘获是导致大质量恒星核心晚期引力坍缩的首要物理原因。

坍缩中的核心由坍缩行为截然不同的内、外核心两部分组成:(1) 内核心处于亚音速的同模坍缩(或称为均匀坍缩)状态:从中心向外,物质向内坍缩的速度值从零向外随离中心的距离线性地增加。内核心区域的质量约为 $0.6\ M_\odot$;(2) 外核心几乎处于自由坍塌状态,物质向星体中心坠落速度大约等于自由落体速度的一半。在内、外核心交界面附近,物质下落速度可达光速的$(1/8\sim 1/4)$,其值超过局地声速。

随着星体坍缩的进行,星体中心密度迅速增长。一旦它超过原子核密度($\rho_{nuc} = 2.8\times 10^{14}$克/厘米^3),物质的压强由核子的非相对论简并压强为主(它超过了电子的相对论简并压强),它足以抗衡星体的自引力,这时致密的星体内核心变为稳定的,不再坍缩。不过,由于惯性,直到中心密度达到$(2\sim 4)\rho_{nuc}$时,内核心的坍缩才完全中止。但是,内核心外围的物质却继续以超音速向内坍缩,猛烈地撞击在突然停止坍缩的坚硬内核心上,致使在内核心外立即产生一个向外行进的强大的反弹激波,其能量高达 $10^{43}\sim 10^{44}$ 焦耳。如此巨大的能量是由星体核心在坍缩过程中释放出的自引力势能转化而来的。激波波阵面后的温度骤增到 10^{11}K 以上,热光子的平均能量高达 10 MeV, 超过了 ^{56}Fe 原子核内每个核子的结合能(8.8MeV)。这样,铁族元素的原子核很快地被热光子打碎(光致裂解反应):$^{56}\text{FE} \rightarrow 13\alpha + 4n \rightarrow 26p + 30n$。每次反应消耗反弹激波的能量约为 492.96 MeV。

当反弹激波向外穿过质量为 $0.1\ M_\odot$ 的由铁组成的物质球层时,反弹激波的热光子就会把这些铁原子核全部打碎,消耗的能量约需 1.69×10^{44}焦耳。

如果坍缩的外核心质量较小,M(外核心) < 反弹激波总能量$/(-\delta E/\delta m)$, $(-\delta E/\delta m$ 表示打碎 $0.1\ M_\odot$ 铁核所消耗的能量),则激波可以冲出外核心。而且当它完全摧毁外核心的全部铁核以后。初始激波能量只要尚能剩下 1%以上(即大于 10^{42}焦耳),残存的激波就可以把整个星幔和大气层全部抛向太空、形成超新星的爆发。这个图像

称为瞬时爆发机制。

但是，如果超新星的外核心质量太大，M(外核心) > 反弹激波总能量/$(-\delta E/\delta m)$，则当上述反弹激波尚未穿透铁元素组成的外核心，即在它的波前尚未到达外核心的外边界之前，激波能量全部都消耗在铁核光致裂解的过程中。它不仅不可能把恒星的星幔和大气层吹散(超新星爆发)，而且由于核心外围的星幔和恒星大气层继续向中心坠落，原来向外行进的反弹激波转变成为一个吸积驻激波。也就是说，在这种情形下，瞬时爆发机制失败。

瞬时爆发机制能否成功的关键在于它的(由铁组成)外核心的质量是否较小，以上述不等式为判据。遗憾的是，迄今所有关于爆前超新星的合理星体模型而言，其外核心的质量都过大，瞬时爆发机制是不成功的。

4. II型超新星的中微子延迟爆发机制

超新星核心坍缩后形成一个新生的高温中子星，其初始温度高达 10^{11}K 以上。由此，美国天文学家 Wilson 于 1988 年提出设想[5]：如此高温的新生中子星能够在很短时标(0.5 秒)内产生非常强大的中微子流，其能量高达 10^{45}~10^{46} 焦耳。如此强大的中微子流很快地被输运到半径 40 千米的中微子球表面。通过各种粒子(正、负电子、质子、中子、α 粒子…)对中微子(每个中微子的平均能量约为 10 MeV)的吸收与散射，流量极其强大的中微子动量流会引起强烈的冲压。正是这个强大的中微子流冲压把星体核心以外的星幔和大气层高速地抛向太空，形成超新星爆发。这种图像称为超新星的中微子延迟爆发机制，成为后来有关核心坍缩型超新星爆发机理研究的主流方向。但是，在这个设想中，有两个关键问题尚未解决。

(1) 新生的高温中子星能否在非常短的时标内产生如此强大的中微子流?具体的物理过程是什么?

(2) 虽然中微子流如此强大，它们同物质相互作用究竟能否产生如此强大的向外冲压，不仅导致超新星的爆发，而且使得爆发物质向外的初始速度高达每秒 1 万千米以上，爆发总能达到 10^{42} 焦耳?

就上述第一个问题，人们很快引入 π 凝聚模型、核物质转向(u,d)夸克物质的相变过程来作为产生强大中微子流的方式，但均未获得成功。1995 年，南京大学天文系研究小组提出了[6]由超新星坍缩核心形成的高温中子星内相继出现的核物质(u,d)两味夸克和(u,d, s)三味夸克的相变过程，它将在短于 1 微秒的时标内产生总能量高达 10^{45} 焦耳以上(每个中微子的平均能量约为 10 MeV)。这种相变过程导致星体核心区内出现负熵梯度，它引起内外物质(史瓦西)对流将使这个强大的中微子流向外输送，迅速抵达中微子球表面。

南京大学的这项研究有力地支持了超新星的中微子延迟爆发机制，先后引起了国际同行的热烈反响，并成为研究夸克星的基本文献之一。

遗憾的是上述第二个问题至今也仍然是悬案。人们不仅考虑了已知的各种粒子同中微子的相互作用，而且还探讨了在致密等离子体中，离子体振荡可能引起这种相互作用的增强。但是上述强大的中微子流仍然不能产生足以导致超新星爆发的强大中微子反冲压。也就是说，即使中微子延迟爆发机制，而且用尽了迄今人们掌握的所有现代物理的知识，在理论上仍然无法自洽地实现超新星爆发的模拟计算。

例如，两篇典型地反映这个矛盾的论文如下：(1) Buras 等于 2003 在 Phys. Rev. Lett.上发表论文[7]的标题是："改进的恒星核心坍缩模型，但是仍然不出现爆发，我们究竟丢失了什么？"；(2) M. Liebendörfer 于 2004 年撰写的一篇文章标题为"超新星不能爆发的 59 个理由"(M.Liebendörfer, 2004, arXiv: astro-ph/0405029)。这就是一直持续了四十年的令人生畏的困惑与矛盾：天文观测上已发现了近两千颗超新星，其中 6/7 是 II 型超新星。但是按照现有已经探明的物理规律却得出它们不能爆发的荒唐结论。

2007 年，美国一个研究小组采用一非常种特殊的(二维和三维)数值模型进行数值模拟计算[8,9]：当超新星核心坍缩成初生的中子星以后，不能向外爆发的星幔物质高速向内降落，并不是形成吸积驻激波，而是使新生的中子星径向急剧振荡，这种不稳定振荡的振幅急剧增长，在 1~2 秒内终于使外层物质高速地向外抛射，导致超新星爆发。

但是，就目前为止，最好的数值模拟计算结果虽然可以实现微弱的爆发，但其向外物质抛射速度最大不超过几百千米/秒。而观测到的超新星爆发初始向外物质抛射速度达到 1 万千米/秒以上。这可能是目前大多数有关学者不相信这种爆发机制可能性的主要原因。

2007 年，北京大学物理学院天文系的徐仁新教授利用粒子物理中夸克的性质提出了在所谓的"奇异夸克星"的形成过程中产生极其强大的光子流来驱动超新星的新模型[10]。只不过"奇异夸克星"仍然是一个正在探讨的问题，所以仍不能解决问题。

5. 关于电子俘获过程影响的新观念

自 1994 年以后，我们南京大学天文系有关研究小组着重于重新分析导致超新星核心坍缩的最重要物理因素——电子俘获过程的研究。我们首先发现，在超新星核心高密度条件下，电荷屏蔽效应明显地降低了原子核上的电子俘获速率。不过，这还不能相当显著地降低坍缩核心的质量，不能解决问题。

经过反复地对比与思考，在 2002~2003 年间，我们首先认识到瞬时爆发机制失败的关键原因是什么？在现在所有的有关 SNII 爆发理论的研究中，流行的观念是，随着电子俘获过程进行得使电子丰度下降，因而 Chandrasekhar 临界质量(它同电子丰度的平方成正比)下降，当它的数值低于爆前超新星的铁核心质量时，广义相对论强大的引力效应使得它急剧地引力坍缩。因此，大质量恒星核心大规模快速坍缩的临界点的判据是：当 Chandrasekhar 临界质量变得小于(铁族元素组成的)星体核心的时刻，整个星体核心快速坍缩。这就必然导致坍缩的铁核心质量太大、超新星瞬时爆发机制失败的结果。

从另一方面，从我们长期的研究中发现，由于电子俘获反应的速率同物质密度密切相关：当物质密度密超过 3×10^9 克/厘米^3 时，愈往星体中心，物质密度愈高，电子俘获反应的速率急剧地增快。因此，自由电子数密度(因为它们打进原子核中)下降得愈快，电子压强下降也愈快，星体自身的引力超出压强产生的引力加速会就愈大。因此，在星核区，愈往内，内部各相应的壳层的坍缩加速度愈大。即将会更加加速地坍塌。或者说高密度区域物质的坍缩更加接近自由坍缩。从学术的语言来说，在低密区，电子俘获时标大于流体动力学时标；在高密度区，电子俘获时标小于流体动力学时标。由此启示了我们：按我们的这个观点，国际上公认的 Colgate (1966) 提出的内核心均匀坍缩模型是不真实的。上述国际上通行的大质量恒星核心大规模快速坍缩的临界点的判据也是不对的。

因此，我们正式地提出[11]：大质量恒星核心大规模快速坍缩的临界点的判据应修改为："星体核心内原子核(例：56Ni 等核素)上电子俘获过程的特征时标短于流体动力学时标"。

西华师范大学的有关研究小组正在沿着这条思路进行了初步的数值模拟计算研究，发现在某些模型下超新星是可能爆发的[12]。但是，我们还无法实现完全自洽的模拟计算，除此之外，我们目前只能进行球对称(一维) 模拟计算。为了实行极其复杂的现代化的三维模拟计算，我们必须同国外学者合作才能进一步深入研究。

尽管 II 型超新星爆发机制尚未解决，但是，为了探讨 γ 暴的起源，近年来人们在有关 II 型超新星爆发机制现有模拟计算的基础上，进一步对更大质量($M>25\ M_\odot$)恒星晚期的坍缩与爆发(称为 Hypernova)进行初步的模拟计算研究。

此外，人们普遍认为，重元素合成的两个重要途径之一—— r 过程(快中子俘获过程)主要发生在质量较大($M>12\ M_\odot$)的 II 型超新星爆发过程中。鉴于近年来天文学家从极贫金属的晕星观测中惊奇地发现这些极贫金属星的很重的 r 过程元素(同铁元素相比)明显地超丰，这使得人们转向质量较小(($8\sim10)\ M_\odot$)的超新星爆发产生 r 过程元素。

上述这两个问题也都同前面所述的超新星爆发机制问题密切相关的。

参 考 文 献

[1] 彭秋和. Ia 型超新星爆发理论 I: 主要观测特征及爆发机理[J]. 天文学进展, 1998(16): 50.
[2] 彭秋和. Ia 型超新星爆发理论 II: 理论研究中的重要疑难问题[J]. 天文学进展, 1998(16): 60.

[3] Colgate S A, John M H. Hydrodynamic origin of cosmic rays[J]. Phys. Rev. Lett., 1960(5): 235.

[4] Bethe H A. Supernova mechanisms[J]. Rev. Mod. Phys., 1990(62)62: 801.

[5] Wilson J R, Mayle R W. Convection in core collapse supernovae [J]. Phys. Rep., 1988(163): 63.

[6] Dai Z G, Peng Q H, Lu T. The conversion of two flavor to three flavor quark matter in a supernova core [J]. Astrophys. J., 1995(440): 815.

[7] Buras R, Rampp M, Janka H-Th, et al. Improved models of stellar core collapse and still no explosions: What is missing?[J]. Phys. Rev. Lett., 2003(90): 241101.

[8] Burrows A, Livne E, Dessart L, et al. New Mechanism for core-collapse supernova explosions[J]. Astrophys. J., 2006 (640): 878.

[9] Buras R, Rampp M, Janka H-Th, et al. Two-dimensional hydrodynamic core-collapse supernova simulations with spectral neutrino transport. I. Numerical method and results for a 15 M_sun star[J]. Astron. Astrophys., 2006(447): 1049–1092.

[10] Chen A, Yu T, Xu R. The Birth of quark stars: photon driven supernovae[J]. Astrophys. J., 2007(668): L55–58.

[11] Peng Q H. A mew mechanism of core collapsed supernova explosion——The important role of electron capture process[J]. Nuclear Physics A, 2004(738): 515.

[12] Luo Z Q, Liu M Q, Peng Q H. The pressure gradient and the progenitor model ws15M$_\odot$ for supernova explosion[J]. Chinese Astronomy and Astrophysics, 2008(32): 253–259.

撰稿人：彭秋和
南京大学天文系

超新星宇宙学

Supernova Cosmology

超新星宇宙学是利用超新星研究现代宇宙学。自 1998 年以来已取得惊人的成果：由观测 Ia 超新星得出宇宙加速膨胀，进而提出暗能量；观测超新星测定哈勃常数的精度已低于 10%，为此三位天文学家获得 2009 年格鲁伯宇宙学奖；本文仅就宇宙膨胀的误解、超新星和宇宙学及超新星研究的主要难题作一简介。

1. 关于宇宙膨胀

宇宙膨胀是现代宇宙学的基本概念，也是存在错误理解最多的方面。往往把大爆炸理论比喻为炸弹在宇宙中心发生且把物质猛抛到已有的空间中,其实宇宙没有中心。"宇宙膨胀"和"在宇宙中膨胀"难以捉摸，但一定要区分"宇宙膨胀"和"在宇宙中膨胀"之根本差别[1,2]。

关于现代宇宙学最流行的是"大爆炸理论(BBT)"，它是坚持宇宙稳恒态而反对 BBT 的 F.霍伊尔(Hoyle)所"创造"出来加以批判的。对大爆炸理论给出简明而确切地描述是十分困难的。该理论最简单的叙述："在非常遥远的过去，宇宙是非常密集和炙热，自那以后宇宙膨胀，密度变稀且变冷，它是空间本身膨胀，这种膨胀没有中心，它处处发生。各处的密度和压力都相同，因此不存在压力差驱动常规的爆发"。这里的"膨胀"并不意味物质飞离出去，而是空间本身变大。人们最不理解的是"空间本身膨胀"。

目前宇宙学未解决的主要难题：① 宇宙起源，② 宇宙视界，③ 哈勃常数的精确小于 10%的测定，④ 宇宙中物质与反物质不对称问题。

2. 超新星和现代宇宙学问题[3,4]

1998 年，珀尔马特(S. Perlmutter)等的超新星宇宙学课题组(SCP)和施密特(B.Schmidt)等的高红移超新星课题组(HSST)用 Ia 型超新星经过诸多校正后作为标准烛光光源进行观测，几乎同时发现那些遥远的 Ia 型超新星的亮度比按宇宙减速膨胀预期的要暗(即更远)，从而发现了宇宙不是减速膨胀，而是加速膨胀。这是一个令人震惊的发现。加速膨胀的发现意味着宇宙中存在斥力，而且，宇宙整体上看应当以斥力为主。

宇宙常数 Λ 相当于真空能量密度 $\rho_\Lambda = \Lambda c^2/8\pi G$。人们称这种真空介质为暗能量，其主要特征是压强 $P = -\rho c^2$，即压强是负的。按照广义相对论，宇宙膨胀加速

度可表述为 $d^2R/dt^2 = -(4\pi G/3)(\rho+3P/c^2)R$，式中压强项的存在是广义相对论所特有。值得注意的是，只要 $P < -\rho c^2/3$，R 就会是正的，宇宙就会加速膨胀。爱因斯坦的宇宙常数 Λ 所对应的介质为 $w = -1$，满足 $w = -1/3$，可以产生斥力而常被首选为暗能量模型。这样，宇宙物质就有了三种成分，即重子物质、暗物质和暗能量。三者之和是否按暴胀模型所预言的那样为 1？这要用观测来确定和检验。宇宙学已经取得了辉煌的成就，但并不是说，宇宙学已经完全成熟。近几年来，暴胀观点的几个惊人的预言得到了很好的检验，但是，暴胀的起因却仍是个谜！

3. 高红移 Ia 超新星的发现

目前有两个独立的研究团组从事这方面的工作。一个是"超新星宇宙学项目"(SCP)，于 1989 年启动，其负责人是劳伦斯伯克利实验室的 S. Perlmutter。另一个是与之相竞争的"高红移超新星巡天组"(HZSST)，组织者为 Brian P. Schmidt，在 1995 年发现了他们的第一红移超新星巡天组"(HZSST)，组织者为 Brian P. Schmidt，在 1995 年发现了他们的第一颗高红移超新星。这两个组采用了类似的巡天技术。他们都使用了位于智利的美洲天文台 4m 的 Blanco 望远镜进行巡天，配有 30′×30′ 视场的大透光率照相机(BTC)，10 分钟的曝光可产生一幅包含 5,000 个星系的图像。将得到的图像与上一次(一般是 20 天拍一次)拍得的同一天区的图像严格对齐并相减，绝大多数星系象将会消失，在剔除小行星，活动星系核，类星体，宇宙线，及其他的背景源后，如果还出现显著偏零的情况，就初步得到超新星的候选体。随后是用目前世界上最好的地面望远镜(Keck I, II)及空间望远镜(HST)对最后确认的候选体进行光谱证认工作。在确信其是 Ia 超新星后，一系列的测光工作在遍布全世界的 2~4m 的望远镜展开。

关于 SNIa 超新星有待解决的问题[5]

(1) 现在一般认为 SNIa 前身星是双星系统，为什么？有什么证据，让我们看一下观测事实：由 SNIa 超新星爆发抛射的物质缺少氢和氦，这说明其前身星已高度演化；由各类星系的 SNIa 超新星产生率判断，大约 50% SNIa 超新星爆发时，其前身星形成约为几亿年或者几十亿年；为了产生足够的爆发能量(比如 $E > 10^{51}$ erg)，核燃烧爆发需要相当数量的物质(比如说 $1M_\odot$)，因此，前身星本质上比 $1M_\odot$ 高且又低于核心坍缩超新星前身星质量 8 个 $M_\odot$；由于白矮星非常暗弱，至今还未真正观测到 SNIa 爆发前的这样的前身星。

(2) SNIa 前身星的演化

SNIa 的前身星的质量约为 3~8 $M_\odot$，现在已经知道这些星显示出很高的旋转速度，可以期望它们由于本身的磁发电机活动而具有很强的磁场，也许某些这类星结束它们的演化而以 SNIa 爆发。也许由研究处于这些特征相的星的证认而获取 SNIa 前身星的性质的重要线索。例如，系统地研究造父变星的白矮星伴星或许使我们弄清楚发生 SNIa 超新星的双星统计性质并且帮助证认导致 SNIa 超新星爆发的严格参数。

(3) SNIa 超新星作为宇宙学的标准烛光

因为 SNIa 超新星爆发时光度高且观测性质相对范围窄，即使普遍把它看作"理想标准烛光"，它们仍然不是理想的，甚至不是标准烛光。实际上，它们的光度范围相差 10 倍，它们的光谱性质不能改正到接近光度性质。通过探测经验证据，即 SNIa 超新星光度越亮较之光度暗的 SNIa 超新星则光度演化越慢。然而，即使这一现象在当地宇宙被测量得相当准确，以致导致精确的经验改正，它的物理性质也远没有被理解。因此，这个标准化依赖于不稳固的基础。然而，当移动到高红移时，要考虑演化问题，文献[6]对此作了全面的论述。

参 考 文 献

[1] Lineweaver C, Davis T M. Misconceptions about the Big Bang[J]. Scientific American, 2005(292): 36–45.

[2] Davis T M, Lineweaver C H. Expanding Confusion: common misconceptions of cosmological horizons and the superluminal expansion of the universe[J]. Publications of the Astronomical Society of Australia, 2004(21): 97–109.

[3] Perlmutter S, et al. Measurements of Omega and Lambda from 42 High-Redshift Supernovae[J]. Astrophys. J., 1999(517): 565–586.

[4] Riess A G, et al. Observational Evidence from Supernovae for an Accelerating Universe and a Cosmological Constant [J]. Astron. J., 1998(116): 1009–1038.

[5] Panagia N. Unsolved Problems about Supernovae [J]. International Conference. AIP Conference Proceedings, 2009(1111): 606–612.

[6] Howell D A, et al. Type Ia supernova science 2010–2020, arXiv:0903.1086.

撰稿人：李宗伟
北京师范大学天文系

超新星遗迹的"失踪"问题

Problem of Missing Supernova Remnants

公元 1054 年北宋时期，我国天文学家观测到一颗明亮的"客星"即超新星，现在的蟹状星云公认就是它的遗迹(见图 1)。超新星遗迹是星空中最美丽的天体类型之一，它们是恒星在其演化过程的末期以超新星的形式爆炸后残存的遗骸，在星系中此起彼伏，就像夜空中灿烂的焰火。超新星爆炸后有的会留下一颗致密星体(中子星或黑洞)，有的则爆炸完全将星体物质全部抛出；抛出的大量物质携带着巨大的能量(约 10^{51} erg——相当于太阳一生的发光能量的总和)在以高达几万千米每秒的速度向外膨胀的过程中，与星际介质、星际磁场相互作用而形成延展的气体星云。宇宙间大多数比氢和氦重的元素，包括我们人体内的大部分物质，都是在恒星内部合成，并在超新星爆炸后随这些弥漫遗迹散布到星际介质当中去的。因此超新星爆炸及其遗迹的扩散无论在动量和能量的传输方面，还是在天体物理诸系统之间的物质传输方面，都占据着十分重要的位置。尽管人们在对超新星遗迹的产生、演化及其对星际和星系际生态的影响等科学问题的研究上，已经取得了很大的进展，但仍存在着大量的未解之谜，例如，大量超新星遗迹为什么会失踪，超新星遗迹与晚期大质量恒星演化有什么样的定量联系，超新星到底产生了多少钛 44，蟹状星云一类的超新星遗迹为什么不见抛射的物质或膨胀的壳层，哪些超新星遗迹会包含黑洞、中子星和脉冲星风云(它们已知的比例为什么远远小于恒星演化理论的推测值——约 90%)，超新星遗迹的激波对宇宙线粒子的加速起到多大的作用，它们是否是银河系中神秘的超高能宇宙射线的起源地，星际稠密的分子云与超新星遗迹之间在动力学演化、物理和化学性质方面有多少相互影响、是怎样相互影响的，超新星爆炸的物质和能量是怎样输运到星系晕和星系际空间的，等等。其中的若干问题，我们在这里的三篇系列短文中分别加以介绍。这里，我们首先谈谈其中关于失踪的超新星遗迹的问题。

星际中弥漫的超新星遗迹通常以强激波为先导向外膨胀,压缩和加热周围的星周/星际气体，伴随的气体的热运动和非热运动在各个电磁波段发出特征性的辐射，从而为我们所观测到，天文学家们据此研究它们的成因、演化及随之而来的各种效应。然而长期以来，理论预期的和实际观测到的超新星遗迹的数目有着相当大的出入。根据超新星爆发率以及恒星形成率来推算，在银河系中平均每 30~50 年就会有一次超新星爆发，一个超新星遗迹年龄(从超新星爆发开始算起)大约是 10^5~10^6 年(直到遗迹冷却完全淹没在星际介质中不可分辨)，那么银河系现在应该有

2000~30000个超新星遗迹了；然而，到2009年3月为止对银河系的射电和X射线波段的巡天观测总共只探测到274个。就是按年龄在两千年内年轻的超新星遗迹来计算，银河系内也至少该有50个左右，而实际上观测到的只有十余个。可见，大部分超新星遗迹在我们眼前"失踪"了。再者，在银河系的星际介质模型中，一般认为超新星遗迹对形成热电离气体起了主导的作用，并且超新星爆发所产生的热气体形成的热隧道网络占据了银河系一半体积。例如，银河系中心被观测到有很强的弥漫X射线辐射，如此高能量的来源最有可能的天体就是大量的超新星爆发。然而，目前银河系中心附近探测到的超新星遗迹的数目在这个短时标(10^5年)里无法提供如此多的能量，这看来也与一些超新星遗迹失踪有关。

如前所述，超新星遗迹从能量到重元素物质的传输对星系演化很多方面有着重要影响。我们已经知道，超新星遗迹主导着银河系热电离气体的形成，而且一般认为超新星遗迹还是银河系宇宙线的产地，是星际湍流混合的重要来源，甚至可能是恒星形成的一种触发机制，所以超新星遗迹的准确计数以及总群体的特征对于我们理解银河系的结构和演化意义重大。这就促使我们探究那些超新星遗迹失踪的原因。

那么，到底在理论上或观测上是哪个环节出了问题呢？是超新星遗迹数目确实只有这么多，还是超新星爆发率以及恒星形成率的模型计算有误？目前主流观点倾向于，问题可能出在观测的选择效应，就是说我们因各种原因并没有观测到所有的超新星遗迹。

银河系内超新星遗迹绝大部分是由射电巡天陆续探测发现的，比如1982年408MHz单镜面巡天，1990年Effelsberg单镜面100米望远镜21cm巡天，1998年VLA(甚大阵射电望远镜)20 cm巡天，2006年VLA 90cm巡天等。这些巡天观测往往或者分辨率比较低，或者灵敏度比较低(观测限制导致两者难以兼得)，因此，往往趋向于探测到一些明亮而大小适中的遗迹，难以探测到年轻且角直径很小(比如小于等于2.5′)的，或者年老而辐射暗弱、角直径较大(比如大于等于0.8°)的遗迹，以及像蟹状星云一样缺乏射电壳层的遗迹。同时，之前这些巡天的覆盖天区并不十分完备。所以自然地，我们迫切需要新的、分辨率更高、灵敏度更高、更低频的射电巡天观测，以及多波段证认。这样的观测有的正在进行，有的正准备进行中，例如扩展升级的VLA、Long Wavelength Array(长波望远镜阵)、Allen Telescope Array(Allen望远镜阵)以及Square Kilometre Array(平方米望远镜阵)等新一代望远镜，将给我们带来更深场的低频、高解析度的射电观测。

除了寻求更好的观测条件，我们还可以找到某些其他方式来弥补观测选择效应上的不足。比如对于那些年龄在几万年以上的超新星遗迹，由于过于年老，能量耗散太多，无论是在X射线还是射电连续谱这些通常较容易探测到的波段，这些遗迹的辐射都已经过于暗弱，远小于我们的望远镜探测极限了。学者们转而通过氢原子21cm特征谱线探寻到其堆积起的中性氢环状气体云。2007年有学者通过若干项中性氢巡天的数据，发现一些从银盘中延展出来的暗弱的高速中性氢结构；根据2009年的最新结果，对其中22个这样的结构的后续观测表明，有12~13个很可能是未知的年老超新星遗迹的仍在向外膨胀的中性氢壳层。不过，这个数字与理论的偏差比起来仍然太少。目前研究人员还在努力扩大这种结构的样本。此外，磁场是另一个寻找失踪的年老遗迹的工具。当遗迹的射电强度已经暗弱到无法观测，它的磁场还是可以通过偏振观测被探测到，一些学者建议可以利用探测宇宙背景辐射的卫星来做这样的工作。值得提出的是，探测年老遗迹对于寻找超新星遗迹与脉冲星的成协和与 γ 射线源的成协也是非常重要的。

视线上的重叠也是一些遗迹失踪的一个因素，尤其是在银河系靠近中心的区域。这块区域是河内物质密度最高的地方，很可能是失踪遗迹的聚集地。尽管这块区域已被多次观测，但因重叠效应，再加上星系盘上的射电背景辐射比较强，一定比率的遗迹没有被证认出来。对这块区域的细致研究，可能将贡献一部分"失踪"的超新星遗迹。

然而，有学者认为，即使我们克服了上述观测条件的限制，实现了高质量的观测，可以预计到的数目仍然填补不了与理论预计数目之间至少高达一个数量级的差距，大部分遗迹的"失踪"更可能有着物理上的原因。由于大部分超新星的前身星是大质量(大于8个太阳质量)的恒星，特别是OB星协中的早型星，在爆炸之前吹出强劲的星风，早已驱散了周围的星际介质，使得超新星爆炸时就已经处在低密度的星风泡或低密高温的超风泡以及相关空腔内。模拟计算表明，在低密度的环境下，超新星爆炸后的高速气体，会很容易在较短的时间内膨胀到很大的尺度，密度大为稀释；尤其是在高温超风泡内，环境声速高，爆炸气体很快变成亚声速运动，激波也就迅速消融在周围介质中，超新星遗迹的电磁辐射就弱到难以察觉了。更何况，这些大质量恒星往往在星协、星团中成群形成(几百到几千个)，一般很快地演化至死亡，几乎同时发生超新星爆炸，导致他们的遗迹互相碰撞融合，最后形成巨大的超泡，这样的集体效应使我们无法分辨其间的超新星遗迹个体。可见，这些因素也可能是为数众多的超新星遗迹失踪的重要原因。

在最近的研究中，学者们还提出另一种可能，即相当一部分超新星爆炸本身释放的能量就比较小，平均能量比常见的 10^{51}erg 小两个量级，即亚能爆发，因此比较暗弱没能被探测到。我国学者近两年利用钱德拉(Chandra) X 射线空间望远镜对超新星遗迹 DA530 的研究，为亚能超新星遗迹提供了一个很好的证据。研究表明，它的爆发能仅有 10^{49}erg，其 X 射线亮度极为暗弱，同时又恰巧处于很稀薄的星际介质环境中，幸而其射电连续谱辐射较为清晰，否则很可能也不会被天文学家们发现。实际上，著名的蟹状星云(见图 1)的爆发能就很低，如果不是因为它明亮的脉冲星风云的存在，也可能"消失"在我们的眼皮底下。

近年来，不断有相对低光度、低膨胀速度、低爆发能的超新星爆发，以及相应

图1 蟹状星云,图中红色显示红外辐射,绿色和深蓝显示可见光辐射,淡蓝色显示X射线辐射(图片来自 http://chandra.harvard.edu/photo/2006/crab/)。

的疑似遗迹被观测到。这些观测发现,打破了超新星爆发的常规模型,为亚能爆发的理论提供了很好的支持。关于亚能爆发的机制,我们再略微展开叙述。回溯到亚能超新星遗迹的前身星,目前有四种猜想:① 8~12个太阳质量范围的中等质量恒星;② 25~40个太阳质量范围的大质量恒星;③ 双星中吸积诱导坍缩的大质量白矮星;④ 并合诱导坍缩的双白矮星。

第一种为中等质量恒星的核坍缩爆炸:这个质量范围的恒星达不到氧的着火点温度,其氧-氖-镁核就会发生镁24和氖20的电子俘获,从而使得核的钱德拉塞卡质量(核维持其稳定状态的最大质量,这个值大约是1.4个太阳质量,根据原子核的结构和温度而有些差异,以获得诺贝尔物理学奖的著名天体物理学家钱德拉塞卡的名字命名)减小,核产生坍缩。由于这里的核坍缩时标不是由典型的动力学时标而是由电子俘获速率决定,这个过程释放的动能就比典型的铁核引力坍缩释放的小,所以称为亚能爆发。这个模型将留下一个中子星,同时爆发前的相当大的质量损失将形成较致密的星周介质环境。与之一致的观测结果表明,蟹状星云、DA530、3C58都很有可能属于这一类遗迹。如果这个猜想被证实,这类遗迹在我们的银河系中将有相当大的数目,可能占所有核坍缩超新星遗迹的1/4。

第二种机制也是核坍缩超新星爆发,不同点在于它的核会持续燃烧到形成铁核,并且它的铁核比较大,在引力坍缩后有一定物质的回落吸积,导致最终的产物是一个黑洞。这个过程释放的能量并不确定,亚能是有可能的。有学者认为,观测到的SN1987A和SN1997D以及类似的一些超新星便可能是属于这一类情况。

第三种为Ia型超新星爆发:在由一个白矮星与一个伴随的正常恒星所组成的双星系统中,白矮星吸积伴星的物质,超过钱德拉塞卡质量后引发碳元素爆燃而发生爆炸,爆炸完全不产生致密星。通常,Ia型超新星是所有超新星中最亮的,爆发

能量基本是典型的 10^{51} erg 左右。这类的亚能爆发模型要求其中的白矮星质量较大，并拥有一个氧-氖-镁核，坍缩过程与第一种模型相同-超过钱德拉塞卡质量后不引发碳元素爆燃而是坍缩，所以与一般的 Ia 型超新星不一样，爆炸最后会留下一个中子星，因此释放的动能很小。同时，模型对物质吸积率还有一定的要求。因此这样的概率在银河系中比较小。

第四种模型与第三种类似，不同的是它们是双白矮星系统，而且这两个碳氧核白矮星的质量总和要大于钱德拉塞卡质量。这个模型的典型时标由引力辐射决定，大概是百万年。这样的系统发生的概率就很小了。

综上所述，关于失踪的超新星遗迹的疑问，无论在理论上还是观测上的很多方面都没有研究清楚。这都有待于新一代的分辨率更高、灵敏度更强的各波段望远镜通过漫长、大量的观测工作进行验证。我们期待失踪超新星遗迹之谜能够最终解开。

参 考 文 献

[1] Green's catalogue of Galactic SNRs: http://www.mrao.cam.ac.uk/surveys/snrs/.
[2] Butt Y. Beyond the myth of the supernova-remnant origin of cosmic rays[J]. Nature, 2009, 460 (7256): 701–704.
[3] Jiang B, Chen Y, Wang Q D. The chandra view of DA 530: A subenergetic supernova remnant with a pulsar wind nebula[J]. Astrophys. J., 2007, 670(2): 1142–1148.
[4] Kang J, Koo B. Faint H I 21 cm Emission Line Wings at Forbidden Velocities[J]. Astrophys. J. Sup., 2007, 173(1): 85–103.
[5] Brogan C L, et al. Discovery of 35 New Supernova Remnants in the Inner Galaxy[J]. Astrophys. J. Letter, 2006, 639(1): L25–L29.
[6] Tang S, Wang Q D. Supernova Blast Waves in Low-Density Hot Media: A Mechanism for Spatially Distributed Heating[J]. Astrophys. J., 2005, 628(1): 205–209.
[7] King A R, Pringle J E. Wickramasinghe D T. Type Ia supernovae and remnant neutron stars[J]. Monthly Notice of the Royal Astronomical Society, 2001, 320(3): L45–L48.
[8] Pastorello A, Zampieri L, Turatto M, et al. Low-luminosity Type II supernovae: spectroscopic and photometric evolution[J]. Monthly Notice of the Royal Astronomical Society, 2004, 347(1): 74–94.
[9] Zampieri L, et al. Peculiar, low-luminosity Type II supernovae: low-energy explosions in massive progenitors[J]? Monthly Notice of the Royal Astronomical Society, 2003, 338(3): 711–716.

撰稿人：姜 冰 陈 阳

南京大学天文系

年轻超新星遗迹的钛 44 问题

Problem of ^{44}Ti in Young Supernova Remnants

宇宙间大多数比氢和氦重的元素,都是在恒星内部合成,并在超新星爆炸后随这些弥漫遗迹散布到星际介质当中去的。在恒星内部核合成产生的重元素中,一部分最终会成为形成我们太阳系这样天体系统的物质原料,它们的含量蕴含了恒星晚期演化的重要信息。在质量超过 8 个太阳质量的"大质量恒星"的核坍缩爆炸标准模型中,超新星爆发将会释放钛 44,这些钛 44 将会以 60 年的半衰期衰变为钪 44,钪 44 再以 5.7 小时的半衰期迅速衰变成稳定的钙 44,因此我们在超新星爆后几百年的时间内可探测到它们在衰变过程中产生的硬 X 射线和伽马射线。由于钛 44 的半衰期较短,它可以作为超新星爆发前身大质量恒星的内层(即形成致密天体——中子星或黑洞物质的上一层)物质分布的探针,可以用来推断前身恒星的星族类型以及超新星爆发机制。在银河系内,大质量恒星主要形成于银盘上,并且以在内部区域的居多,因而钛 44 的源很可能就分布于这些区域。

但是关于钛 44,有两个问题悬而未决。其一是,银河系内实测到钛 44 的年轻超新星遗迹太少。如果河内能平稳地每百年有 3 次超新星爆发,那么当前应有多个年轻遗迹可探测到钛 44 的辐射。但是目前超新星遗迹中唯一确证为钛 44 辐射源的只有 Cas A(年龄约为 340)(图 1),而且它的银经为 112 度,不在银河系内区。目前另一个年轻超新星遗迹 Vela Jr.(年龄 660 年上下)也可能存在钛 44 辐射的迹象,即使能被确证,为数仍然太少。已有的两次对钛 44 伽马辐射的大范围巡天观测,都没有探测到预期起源于超新星遗迹的钛 44 点源(考虑点源是由于其半衰期很小)。其二则是,现有恒星化学演化模型计算出的轻于镓的元素的丰度绝大多数与太阳系内的元素丰度相符,但是计算出的每次核坍缩爆炸产生的钛 44 不到 10^{-4} 太阳质量,据此得到的钙 44 的丰度只有太阳系内实际值的三分之一。

对于第一个问题,学者们认为,要么过去几百年来银河系内的核坍缩爆炸少得不可思议,要么很可能钛 44 并不仅仅起源于大质量恒星的核坍缩爆炸,还有其他类型的超新星来源。对于第二个问题,学界认为,如果核坍缩爆炸产生的钛 44 在理论计算方面实在超不过 10^{-4} 个太阳质量,那么要么是公认的大约每百年 3 个超新星的爆发率太小了,要么是钛 44 及钙 44 另有来历。两个问题似乎都指向了另一种可能的超新星。目前一些学者提出吸积氦壳层的亚钱德拉塞卡质量的白矮星爆发——即所谓的氦帽 Ia 型超新星——可能产生了大部分的钛 44,这种设想和理论有待更多的证据来检验,例如测定碳化硅尘粒中间钙 44 与钙 40 的含量比值来与理论值相对照。有趣的是,在 Vela Jr 这个年轻遗迹中积累了越来越多的钛 44 可能存在的证据,特别是在遗迹中钛 44 可能的空间分布与氦帽 Ia 型超新星模型所预言的似乎一致。

另一方面,对核坍缩模型钛 44 产量的理论计算,似乎也还有转圜的余地。我们知道,计算钛 44 产量的核反应模型非常依赖于核反应网络的选择,而在实验室条件下由于物理条件的巨大差异,反应周期很长,测得正确的反应速率非常困难。2006 年有研究小组指出生成钛 44 的核反应比以前所认为的要有效得多,据此计算可以得到比以前高一倍以上的钛 44 产量,这就比较接近从 Cas A 中观测到的钛 44 含量了。除此之外,得益于计算机计算技术的飞速发展,我们现在已经可以对非对称性超新星爆发进行高质量的三维数值模拟。最新的非对称爆发核合成模型显示,如果前身星的质量和爆发能量都非常大,那么是能够生成与太阳系内相一致的钙 44 丰度的。如果 Cas A 属于这种情况,那么这种剧烈的爆发应该有相对应的历史记载,可是这并没有找到。我们至今只在 Cas A 中确证找到了钛 44,这究竟是因为这个遗迹的确非常特殊,还是因为未知的原因使得我们看不到河内其他的钛 44 源,还不得而知。

钛 44 问题的背后,实际所蕴藏的是产生钛 44 的超新星爆发机制本身;这个问题的解决,有太多的工作要做。除了对理论模型不懈的改进之外,还要进行对从红外到 X 射线波段观测持续的仔细分析,特别还需要下一代更灵敏的伽马射线望远镜和硬 X 射线望远镜,来直接测定河内钛 44 辐射分布,并力图探测到更多的有钛 44 辐射的超新星遗迹,来得到关于钛 44 的产生机制的更确切的定量结果。有关钛 44 的问题如能解决,也将会加深我们对银河系化学演化的理解。

图 1　Cas A(仙后座 A)超新星遗迹,图中红色显示红外辐射,黄色显示可见光辐射,绿色和蓝色显示 X 射线辐射(图片来自 http://chandra.harvard.edu/photo/2005/casa/)。

参 考 文 献

[1] Ahmad I, Bonino G, Castagnoli G C, et al. Three-laboratory measurement of the ^{44}Ti half-life[J], Phys Rev Lett,1998,80(12): 2550–2553.

[2] Goerres J, Meibner J, Schatz H, et al. Half-life of ^{44}Ti as a probe for supernova models[J], 1998, Phys Rev Lett, 80(12): 2554–2557.

[3] Iyudin A F, Aschenbach B, Becher K D, et al. XMM-Newton observations of the supernova remnant RX J0852.0-4622/GRO J0852-4642[J], Astronomy & Astrophysics, 2005, 429(1): 225–234.

[4] Martin P, Vink J, Linking ^{44}Ti expplosive nucleosynthesis to the dynamics of core-collapse supernovae[J], New Astronomy Reviews, 2008, 52(7–10): 401–404.

[5] Nassar H, Paul M, Ahmad I, et al. ^{40}Ca$(\alpha,\gamma)^{44}$Ti reaction in the energy regime of supernova nucleosynthesis[J], Phys. Rev. Lett, 2006, 96(4): 1102.

[6] Renaud M, Vink J, Decourchelle A, et al. The signature of ^{44}Ti in cassiopeia a revealed by IBIS/ISGRI on integral[J], Astrophys. J., 2006, 647(1): L41–L44.

[7] The L-S, Clayton D D, Diehl R, et al. Are ^{44}Ti-producing supernovae exceptional? [J], Astronomy & Astrophysics, 2006, 450(3): 1037–1050.

[8] Timmes F X, Woosley S E, Hartmann D H, Hoffman R D. The production of ^{44}Ti and ^{60}Co in supernovae[J], Astrophys.J, 1996, 464: 332–341.

[9] Woosley S E, Weaver T A. Sub-chandrasekhar mass models for type Ia supernovae[J], Astrophys. J, 1994, 423(1): 371–379.

[10] Vink J, Laming J M, Kaastra J S, et al. Detection of the 67.9 and 78.4 keV lines associated with the radioactive decay of ^{44}Ti in cassiopeia A[J], Astrophys. J, 2001, 560(1), L79–L82.

[11] Young P A, Fryer C L, Hungerford A, et al. Constraints on the progenitor of cassiopeia A[J], Astrophys. J, 2006, 640(2): 891–900.

撰稿人：陈　阳　周　鑫
南京大学天文系

超新星遗迹与宇宙线的起源

Supernova Remnants and the Origin of Cosmic Rays

宇宙线从被发现之日起就是科学界关注的焦点之一。1912年奥地利物理学家Victor Hess 在乘气球升空测定空气电离度的实验中发现高空大气中辐射随高度的增加而增大,他断定这不是来自地球的辐射。此后科学家们通过广泛深入的观测和研究,发现这些辐射是由太空中的高能带电粒子撞击到大气层而产生的。其中大约90%的粒子是质子,大约9%的粒子是原子核,剩下大约1%的是电子。这些粒子的能量最高可以达到 10^{20} 电子伏特。科学家们将这些来自太空的高能粒子称为宇宙线。那么这些高能的粒子是从哪里起源的呢?又是如何被加速到如此高的能量呢?这一直是学术界争论的话题。

科学家们猜测 10^{18} 电子伏特以上的高能粒子来自于银河系外,比如活动星系核或射电星系,而小于该能量的粒子来自于银河系内部。银河系内的超新星遗迹数量较多,分布很广,最重要的是超新星遗迹携带了巨大的爆发能,自然成为产生大量的来自不同方向的宇宙线粒子的热门候选场所。科学家们提出银河系内的超新星遗迹是能量小于 10^{15} 电子伏特的粒子的主要发源地。而近年来理论模型的长足发展和观测的巨大进步使得这个观点得到进一步的支持。

先简述一下主流的理论模型及其遇到的问题。目前普遍接受的超新星遗迹激波加速粒子到 10^{15} 电子伏特的模型是"扩散激波加速"模型,也称一阶费米加速模型。该模型在20世纪七八十年代就得到蓬勃的发展,其核心是超新星遗迹激波的磁场波动散射电子、质子和离子,使它们往返于激波间断面的两侧,从而将超新星爆炸的巨大能量传给粒子。模型推演出加速后的粒子能量谱是幂率谱,这和观测到的宇宙线能量谱非常一致。

虽然这类模型近十年来还不断在改进,但是目前都还有一些共同的问题没有完全解决,其中最基本的有两个。其一是激波加速粒子的最高能量问题。经典模型算出的粒子最高能量只能接近 10^{14} 电子伏特。现在越来越多的模型考虑了一些必要的非线性修正,如宇宙线本身激发的磁流体波对磁场的放大,对质子已经可以模拟得到最高能量 3×10^{15} 电子伏特,即宇宙线能谱的一个特征能量——"膝盖"能量(这个能量之上观测到的宇宙线粒子的能谱就变陡了),计算出来 α 粒子和更重的粒子则可加速到 10^{17} 电子伏特。考虑到非线性效应的方程及其求解非常复杂,这方面的研究工作还处在争论的阶段。而 10^{18} 电子伏特以上的宇宙线粒子,则可能来自于银河系以外了。其二是激波的加速效率问题,也就是有多少超新星爆发的动能转化为宇宙线能量。这个问题和粒子注入率密切相关,即被激波扫过的粒子有多少能被加速。这个问题现在还很不清楚,只是可以相信,相对论性的核子通过有效的加速,其能量密度可以与激波面后气体的热能密度相当。预计宇宙线的加速能提高激波压缩比,降低激波加热的气体温度,学者们目前便通过观测这些非线性效应,来获取超新星激波对离子加速效率的信息。

要确定超新星遗迹是否真的是宇宙线的重要发源地,除了理论模型的建立和完善,同时需要直接的天体物理观测证据。长时间以来这样的证据比较缺乏,但近年有了令人鼓舞的进展。

首先是宇宙线高能电子的加速开始获得观测证据。磁场会使高能电子绕其做螺旋运动并且发出同步加速辐射,其强度随电子的能量和磁场的强度增大而加强。能量达到 10^{15} 电子伏特的电子在超新星遗迹磁场的作用下发出的同步辐射落在 X 射线波段。同时考虑到该辐射和激波加速效率以及同步辐射损失速率的关系,观测上的有力证据应该是超新星遗迹爆震波后的非常薄的丝状区域内的 X 射线同步加速辐射。随着近些年 ASCA、Chandra 和 XMM 等先进的空间 X 射线望远镜的上天,目前已经观测到数个年轻的超新星遗迹有 X 射线同步加速辐射,如 Cas A、Tycho(图1)、SN1006(图2)、G347.3-0.5(图3)等,并且这种辐射大多集中在壳层附近非常薄的区域。这些观测结果为超新星遗迹将电子加速到高能提供了有力的证据。

图 1　Tycho(第谷)超新星遗迹,图中红色显示红外辐射,黄、绿色显示 X 射线热辐射,外缘蓝圈是 X 射线同步加速辐射(图片来自 http://chandra.harvard.edu/photo/2009/tycho/)。

虽然目前超新星激波对电子的加速目前已经被普遍接受,然而对于宇宙线的主要成分质子的加速却还缺乏直接的观测证据。由于高能质子的质量比电子的大很多,使得它们在磁场作用下发出的同步加速辐射要弱得多。于是由高能质子之间碰

撞的 Π^0 衰变产生的高能伽马光子则成为获得观测证据的主要方向。近年来随着 HESS 等先进伽马射线望远镜投入观测，TeV(10^{12}电子伏特)伽马射线观测取得了较大的进展，确实在数个超新星遗迹中探测到了 TeV 辐射，超新星遗迹 G347.3-0.5 就是其中最有代表性的一个。

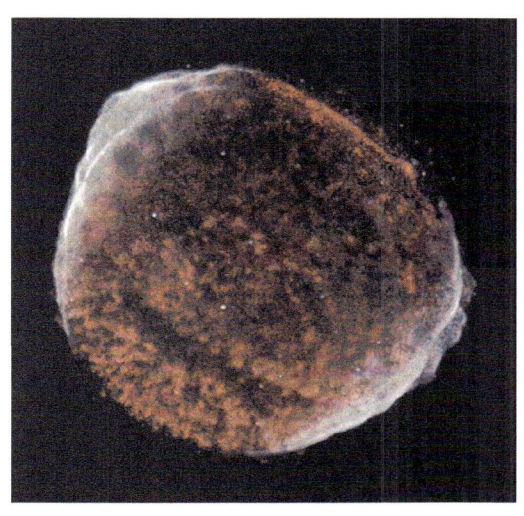

图 2　SN 1006 超新星遗迹的 Chandra X 射线图像。X 射线同步加速辐射集中在左上和右下亮的壳层处(图片来自 http://chandra.harvard.edu/photo/2005/sn1006/)。

但是争论还在继续。这些超新星遗迹中的 TeV 伽马射线的确是 Π^0 衰变产生的吗？这还不能肯定。超新星遗迹中的相对论性电子可以通过逆康普顿散射机制将能量转移给低能光子(比如微波背景光子、超新星遗迹周边的远红外光子等)，也可以使这些光子能量达到 TeV 成为高能伽马光子。所以仅仅凭探测到的 TeV 辐射还不能确定是否有大量质子被加速到宇宙线能量。

2007 年底 Nature 杂志上报道了一项最新的工作。学者们发现超新星遗迹 G347.3-0.5 内部一些小区域 X 射线强度在一年左右的时间发生了很大的光变。如此迅速的光变表明这些 X 射线是相对论电子发生的同步加速辐射。该小组学者们认为这也表明周围环境的磁场可能达到 1 毫高斯，比通常所认为的大一百倍！如此大的磁场使得电子同步加速辐射损失的能量非常大，从而限制了电子的最大能量，因此无法通过逆康普顿散射产生 TeV 伽马射线。事实上，如果 TeV 伽马射线来源于电子的逆康普顿散射，那么推演出的磁场强度应该接近 0.01 毫高斯，比观测推断的磁场小一百倍。于是在这个超新星遗迹里，高能质子碰撞就成为 TeV 辐射最合理的产生机制。如果这些观测和推断都是正确无误的话，那么这将是超新星遗迹加速质子到 10^{15} 电子伏特的强有力的证据。

不过很快又有其他研究小组提出异议,他们认为超新星遗迹X射线短时间内的光变还不足以说明磁场非常强,因为磁场本身强度的快速变化也会导致同样的观测结果。即使磁场强度非常大,那也只能是在光变较强的小区域内。没有证据表明大尺度上也是强磁场。同时大尺度的强磁场也和观测上的较弱的射电辐射有矛盾。该超新星遗迹 TeV 伽马射线的辐射空间范围很广(图3),即使确定光变较强的小区域内的 TeV 辐射来自高能质子的碰撞,其他大部分区域的 TeV 伽马辐射的机制还是无法最终确定。看来要获得令人信服的证据,还有很长的路要走。

令人兴奋的是,一个伽马射线观测的时代已经到来。近年随着 HESS、VERITAS 等地面切连科夫伽马射线望远镜阵列先后投入观测,特别是 2008 年 6 月新一代伽马射线空间望远镜 Fermi (曾用名 Glast)成功发射,一场声势浩大的跨越了 GeV 和 TeV 能段的伽马射线观测浪潮正在掀起。

图3　G347.3-0.5 超新星遗迹的部分区域,蓝色显示的是 X 射线辐射,白色的等亮度线表示 TeV 伽马射线强度,小方框标注了 X 射线强度变化大的区域(图片来自参考文献6)。

前面提到了 HESS 望远镜对超新星遗迹的 TeV 能段观测已经先声夺人。由于 TeV 能段的观测无法区分超新星遗迹产生伽马射线的机制是轻子起源(电子对光子的逆康普顿散射)还是强子起源(高能质子碰撞的 Π^0 衰变),而对 GeV 能段伽马射线辐射的空间分布及能谱性质的细致研究可以进一步限定理论模型,所以 Fermi 望远镜在这个能段精细的空间和谱分辨率有望帮助学者们确定超新星遗迹产生伽马射线的起源机制。Fermi 伽马射线望远镜于 2008、2009 年间最新的观测已经在 W51C 等超新星遗迹中探测到了 GeV 伽马射线辐射(图4)。科学家对观测到的 GeV 的伽马射线辐射进行初步的空间分布分析和谱线分析,比较倾向于其是强子起源(高能质子碰撞的 Π^0 衰变)。这又给超新星遗迹是宇宙线起源的设想增加了重要的证据。

作为对 Fermi 空间望远镜的补充,VERITAS 地面伽马射线望远镜阵列也在 2009 年取得新的观测进展。VERITAS 通过对以超新星和超风活动著称的遥远星暴星系 M82 的观测,发现这个星系中宇宙线密度是银河系内的 500 倍!这个发现强烈支持了超新星及其遗迹乃至超风是宇宙线粒子加速主要场所的观点。

我们相信,随着观测的进一步深入和理论工作的进一步完善,超新星及其遗迹是否是宇宙线电子和质子的来源的问题，会在不久的将来画上一个完美的句号。

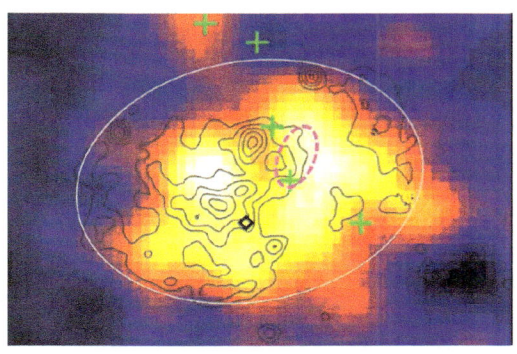

图 4　W51C 超新星遗迹，赝彩显示的是 GeV 伽马射线辐射，黑色的等亮度线表示 X 射线强度，椭圆圈代表这个超新星遗迹大致的范围(图片来自参考文献 4)。

参 考 文 献

[1] Atwood W B, Abdo A A, Ackermann M et al., The large area telescope on the Fermi gamma-ray space telescope mission[J], Astrophys. J, 2009, 697(2): 1071–1102.

[2] Butt Y, Porter T, Katz B, et al. X-ray hotspot flares and implications for cosmic ray acceleration and magnetic field amplification in supernova remnants[J], MNRAS, 2008, 386(1): L20–L22.

[3] Drury L O'C, Ellison D E, Aharonian F A, et al. Test of galactic cosmic-ray source models-working group report[J], Space Sci. Rev. 2001, 99(1): 329–352.

[4] Fermi LAT. collaboration Fermi-LAT discovery of extended gamma-ray emission in the direction of supernova remnant W51C [J], 2009, ApJ Letters, in press, arxiv: 0910.0908.

[5] Reynolds S P, Models of synchrotron X-rays from shell supernova remnants[J], Astrophys. J, 1998, 493(1): 375–396.

[6] Uchiyama Y, Aharonian F A, Tanaka T, et al., Extremely fast acceleration of cosmic rays in a supernova remnant[J], Nature, 2007, 449(7162): 576–578.

[7] Vink J. Non-thermal X-ray emission from supernova remnants[J], AIPC, 2005, 745: 160–171.

撰稿人：萧　潇　陈　阳

南京大学天文系

超高能宇宙线的起源

Origin of Ultra High Energy Cosmic Rays

超高能宇宙线(UHECR: ultra-high energy cosmic rays)通常是指能量高于人工加速器所能产生的来自宇宙的高能粒子。在目前 LHC 时代，通常指 10^{18} 电子伏(1 EeV)以上的宇宙线粒子。迄今为止，实验观测到的最高能量的一个宇宙线事例是 3×10^{20} eV(约 50 焦耳，相当于时速 150 千米的网球，也就差不多是美国公开赛男子发球的平均水平)，它在大气中产生的次级粒子数最大时达到 2×10^{11} 个。它的能量如此之高，远非人工加速器所能企及(比 LHC 上质子对撞总能量高 1000 倍左右)[1,2]。由于宇宙线的流强随能量按幂指数降低(指数在 –2.7~–3.3 之间)，超高能宇宙线非常稀少，在每平方千米的面积上每年仅有约 1 个粒子到达，导致我们对它们进行实验探测非常困难。到目前为止，关于超高能宇宙线的各种性质，特别是其起源，在理论和实验上都还存在许多未解之谜。对这些难题的研究，对理解宇宙的演化、星体的构成与活动、粒子和星际物质的相互作用，有着非常重要的意义。

1. 超高能宇宙线的实验观测

对超高能宇宙线的首次实验观测发生在 20 世纪 50 年代，由 John Linsley 在美国 Volcano Ranch 建立的闪烁体阵列实验实现[3]。50 年来，各国建造了各种各样的探测器阵列，对超高能宇宙线进行了系统的观测研究，取得了一系列的成果。根据不同的观测手段，这些实验可以分为以下几类。

1.1 地面粒子探测器阵列

测量经历广延大气簇射(EAS)到达地面的宇宙线次级粒子，通过研究次级粒子的到达时间和横向分布，得到原初粒子的能量、入射方向等信息。利用这种方法的实验有：Haverah Park 实验，阵列面积约为 12 km^2，利用大型水罐测量次级粒子产生的契仑柯夫光；Yakutsk 阵列，分布面积约为 18 km^2，利用塑料闪烁体探测器阵列分别记录簇射次级带电粒子和μ子；AGASA 实验，阵列面积为 100 km^2，利用塑料闪烁体记录次级粒子[2]。

1.2 大气荧光望远镜

簇射中的带电粒子与空气中的氮分子作用，被激发的氮分子会辐射各向同性的紫外波段的荧光，其强度和带电粒子数成正比，并且在空气中由于散射导致的典型衰减长度为 18Km。利用紫外敏感的望远镜阵列可以监视达到 1 万平方千米立体角巨大的空间范围,用于超高能宇宙线的观测。通常,这种望远镜具有较大的视场由几百个固定指向的像素覆盖,不但可以测量到达望远镜每个像素的荧光光子数目,还能测量光子到达的时间。通过观测大气荧光的强度随簇射在大气中的位置之间的关系,我们可以得到空气簇射的纵向发展历史,即簇射粒子总数随大气深度的变化,也就是用大气作为探测介质对空气簇射做量能器类型的测量,获知原初粒子的能量、方向等信息。经过近 40 年的发展,Fly's Eye 实验和后继的 High Resolution Fly's Eye (HiRes)实验已经证实大气荧光探测技术为成熟的探测技术,具有较为可靠的能量测量精度[1,4]。

新一代的超高能宇宙线观测实验采用这两种基本探测手段的组合,成为混合探测器阵列,如 Pierre Auger 观测站(简称 PAO,阵列面积为 3000 km^2)[5],采用水契仑柯夫光的探测器,排成间距 1.5 千米的阵列,并用大气荧光望远镜覆盖整个阵列的上空,这种探测方法充分发挥了两种探测技术的优势,譬如地面探测器全时段观测大大提高了超高能宇宙线的事例统计性,同时利用无月夜晚两种探测手段同时测量到的事例对地面阵列的能量测量进行标定,发挥大气荧光望远镜能量测量误差小的优势。在美国开展的 Telescope Array 实验 (TA,1000 km^2)[6],也采用了闪烁体探测器和大气荧光望远镜混合阵列技术。

1.3 射电探测技术

大气簇射中产生的电子对在向大气深处运动的过程中受到地磁场的偏转,会产生射电波段 2~500 MHz 的同步辐射和偶极辐射。我们知道,簇射的前锋面的厚度约为 6 m(20 ns)以下,因此在频段为 20~100 MHz 内射电信号是相干的,可以用射电天线阵列来探测。由于其波段落在大量人类制造的射电信号范围之内,其干扰(RFI)成为最为严重噪音源。目前,利用已知的空气簇射触发信号,已经从如此巨大的噪音背景中检出了相干的簇射辐射信号[7]。目标是利用计划中的射电天文观测实验 LOFAR 和 SKA(接收面积均为 1 km^2 左右)等巨型天线阵列,或许在未来实现了空气簇射的触发后,可以用来观测超高能宇宙线,其阈能可望低到 100PeV。

1.4 Cosmogenic 中微子的探测

UHECR 在传播过程中与 CMB 光子相互作用,超过 GZK 截断能量后,将有 π 的产生并且在其衰变的过程中伴随有超高能中微子的产生。一方面,探测到这种"cosmogenic"中微子被认为是存在 GZK 截断现象的最终判据,另一方面,这种中微子产生机制也被认为是"确保存在"的中微子源。但由于非常小的作用截面和非常小的流量,中微子的探测需要巨大的探测器体积作为靶物质,只能利用天然的水体、冰体甚至山体来才能实现。正在开展的实验,如位于南极冰下的 ICECUBE(1km^3)[8],位于地中海的 ANTARES(0.01km^3)和未来的 1 立方千米望远镜 KM3 计划[9],它们都是通过记录中微子作用产生的 μ 子或电子在运动中所发射的契仑柯夫光信号来探测中微子,但都不足以观测到足够统计量的 cosmogenic 中微子(小于等于 1 事例/

年)。利用中微子在致密物质中作用后引发的电磁簇射发展时产生的射电波段而且相干的契仑柯夫辐射，以及射电信号在冰、盐丘、月壤等物质中衰减非常弱(几乎没有衰减)的特性，可以大大增加对中微子的有效探测面积，例如，可以达到 $1.5×10^6$ km^2 (ANITA 实验)。目前提出的各种可能的探测手段和相应的计划有：RICE(冰)、SALSA(盐丘)、GLUE(月壤)、ANITA(冰，南极上空的气球实验)、FORTE(冰，格陵兰上空的卫星实验)。大天顶角入射或掠过山体的超高能 τ 中微子也可能发生作用并在山后的大气中产生簇射，从而用空气簇射探测器阵列来观测。

2. 超高能宇宙线的能谱和成分

根据已知的观测结果，宇宙线的流强在 $6×10^{19}$ eV 附近的确显现出较为明显地减弱，HiRes 实验在 $5σ$ 的统计显著水平上观测到这一现象。在类似的统计显著性条件下，Auger 实验证实了这一结论，在未来继续的观测中会将 $6×10^{19}$ eV 以上的能谱细致结构测得更加清楚。如果未来的观测结果确认这一现象就是 Greisen 等人在 60 年代预言的 GZK 截断现象[10]，即超高能宇宙线在传播到地球的路途中与 CMB 光子相互作用通过 Δ 共振产生 π 而损失能量，从而产生能谱截断的观测现象，只要宇宙线的成分主要是质子，那 $6×10^{19}$ eV 以上的超高能宇宙线的地平线就只在约 100Mpc 附近！如果它们是较重的核，如铁核，那这地平线还会更近。在空气簇射实验中确定产生簇射的原初粒子的成分相当困难，目前关于超高能宇宙线的成分尚无统一的观测结论，HiRes 实验的结果支持纯质子的成分但 Auger 的观测结果似乎发现在 $6×10^{19}$ eV 以上有逐渐变重的趋势，有待进一步增大统计量后的测量加以确定。

超高能宇宙线起源于银河系之外的另一个证据似乎存在于称作"踝"的能谱特征，即在 $3×10^{18}$ eV 附近，几乎所有的实验测量结果都显示了在能谱上出现一个"坑"，也就是宇宙线流强的降低。这个现象可以用宇宙线质子在上述传播过程中产生 $e+e-$ 对的过程做出较为定量的解释。这一解释的前提是银河系内宇宙线源的贡献应该在接近 10^{17} eV 处就已经衰减到可以忽略。而另一种解释认为"踝"恰好反映了银河内、外的宇宙线源贡献两种成分的交替。因此河内的源有能力把粒子加速到更高的能量[11]。

3. 超高能宇宙线的到达方向分布测量

由于上述观测事实似乎支持超高能宇宙线起源于银河系之外但并不太远的结论，而其他天文观测，如关于射电脉冲星的偏振面法拉第转动的测量等，暗示河外磁场也许仅在 nG 的平均强度水平上，因此 $4×10^{19}$ eV 以上的质子所经历的折射大约只在几度以内，甚至更小。精确测量这些粒子的到达方向，也许可以得到关于源的空间分布信息，尤其是人们已经知道，在 100Mpc 以内这样一个相对来说小的区域内，物质的分布存在较大的非均匀度，从而对宇宙线到达方向的分布也就存在一个较为明显的各向异性预期，这也将在 Auger 未来的大统计量观测中加以仔细研究。

4. 关于超高能宇宙线起源的假说

目前的宇宙线理论和实验观测大都倾向于带电粒子通过费米提出的统计加速机制逐渐获得较高的能量。实验室坐标系中，各向同性的带电粒子进入运动的磁化分子云后，会在不规则的磁场中发生弥漫散射。在分子云的静止系中，粒子能量没有变化，但最终各向同性的离开。这样，回到实验室系中，统计平均来说，粒子获得了一个能量增量，与分子云速度 $\beta = v/c$ 的平方成正比。这是二级费米加速机制。当粒子在几个分子云间散射时，并且分子云之间存在一个激波前锋面，那么每次穿越前锋面，统计平均来说，粒子都会获得一个能量增量，与激波速度和分子云的速度差 $\beta = (v_1 - v_2)/c$ 成正比，因此加速更为有效。这是一级费米加速机制，也被称作激波加速机制。可以证明，宇宙线通过激波机制加速而获得的能谱在统计上呈幂指数分布，与实验观测相符。

但是，要将带电粒子通过费米机制加速到超高能区，就要求加速源区或者磁场很强，或者磁场尺度很大(大于 Larmor 半径)。据此，A. M. Hillas 给出了一个示意图(Hillas diagram)[12]，标出了磁场强度和尺度相关联的一个允许区域，并指出了一些符合条件的可能天体。这些候选天体包括：

(1) 超新星的爆发；
(2) 银河系大尺度星系风终止激波；
(3) 脉冲星(中子星)；
(4) 活动星系核(AGN)；
(5) BL Lac-喷流指向我们观测者的 AGN；
(6) 自旋的特大质量黑洞；
(7) 宇宙结构形成时所产生的大尺度运动和激波；
(8) 碰撞星系(colliding galaxies)；
(9) 高强度射电星系产生的相对论喷注(jet)和热区(hot-spot)；
(10) 星暴星系(starburst galaxies)；
(11) 伽马射线暴。

这种将粒子逐渐加速到高能和超高能的加速模型因此也被称为自下而上(bottom-up)图像[13]。相应还存在过所谓 top-down 图像[14]。在这一模型框架里，超高能宇宙线也可以起源于宇宙大爆炸所造成的拓扑缺陷(topological defects)。根据相互作用的大统一模型，宇宙在形成过程中曾经历几种自发的对称性的破缺，从而把能量存储在拓扑缺陷中。这些遗留的缺陷，如磁单极子(magnetic monopole)、宇宙弦(cosmic string)、vorton 等，可能会通过辐射、湮灭、坍缩而释放超大质量的 X 粒子，X 粒子最终衰变成夸克或轻子从而形成超高能宇宙线。这种理论预言，在 10^{20} eV 以上能区，宇宙线的主要成分是光子和中微子，更为重要的是宇宙线能谱将不会出现 GZK 截断现象，因为这些 X 粒子应该均匀分布于宇宙之中，不大可能只分布在 GZK 地平线之外的区域。因此在实验上观测到的 GZK 截断现象已经基本排除了这类模型。在南极开展的气球载微波探测器实验 ANITA 的初步观测结果也没有观测到该模型预期的高中微子流强。

5. 超高能宇宙线研究的未来展望

超高能有宙线的理论和实验是一个具有 50 年历史的研究领域，但它同时也是一个拥有广泛的研究队伍、目前仍然富有活力的学科。GZK 截断现象的观测证据是该领域内迈出的重要一步，但要最终确定 GZK 截断现象，还必须等待如 PAO、TA 等现有大型实验在未来几年内取得的大统计量实验观测数据来确定。要得到一个非常确定的判据，甚至于需要如 ICECUBE、ANITA 等新一代大规模中微子实验确切的发现 cosmogenic 中微子。当我们收集到足够多的超高能宇宙线事例，就可以开展所谓"带电粒子天文学"用宇宙线本身的到达方向来探寻其起源，这就需要建造更大规模的实验。当我们真正发现了超高能中微子，就可以开展所谓"中微子天文学"，用中微子来探寻宇宙线的起源。从多方面逼近，有关超高能宇宙线起源的疑难问题最终会在不远的将来解决。

参 考 文 献

[1] Bird D J, et al. Astrophys. J. 1995. 441, 144.
[2] Hayashida N, et al. Phys. Rev. Lett. 1994. 73, 3491.
[3] Linsley J. Proceeding of the 19th ICRC, 1985, 9, 12.
[4] Bird D B, et al. Phys. Rev. Lett. 1993, 71, 3401.
[5] Pierre Auger Collaboration, NIMA, 2004, 523.
[6] Thomson G. The TA and TALE Experiments, Physics at the End of the Galactic Cosmic Ray Spectrum. 2005.
[7] Kascade C. Nature 2005, 313, 435.
[8] IceCube C. Proceeding of the 27th ICRC, 1237 (HE 2.5), 2001.
[9] Aguilar J A, et al. NIMA. 2007, 107, 570.
[10] Greisen K. Phys. Rev. Lett. 1996, 16, 748; Zatsepin G T, Kuzimin V A. JETP Lett. 1996, 4, 178.
[11] Dawson B R, Meyhandan R, Simpson K M. Astropart. Phys. 1998, 9, 331.
[12] Hillas A M. Ann. Rev. Astron. Astrophys. 1984, 22, 425.
[13] Weiler T J. Phys. Rev. Lett. 1982, 49, 234.
[14] Berezinsky V, Blasi P, Vilenkin A. Phys. Rev. D, 1998, 58, 103515.

撰稿人：查 敏 曹 臻
中科院高能物理研究所

中微子天文学

Neutrino Astrophysics

为了解释 β 衰变中"能量不守恒"的问题，泡利在 1930 年提出了中微子的假说。1933 年费米提出了弱相互作用的理论。1952 年罗德拜克等根据王淦昌的建议用 K 壳层电子俘获实验测量了核的反冲能量，根据能量、动量守恒定律，给出了中微子存在的实验证据。1956 年美国物理学家雷尼斯直接通过实验的办法证实了中微子的存在。20 世纪 60 年代，温伯格、萨拉姆和格拉肖在规范场理论的框架下，建立了电磁相互作用和弱相互作用的统一理论。弱电统一理论预言的传递弱相互作用的中间玻色子 $W^{\pm}$ 和 Z^0 粒子于 1983 年在欧洲核子中心的高能加速器上被发现。

在高温高密的极端天体物理环境下，可以产生大量的高能中微子。中微子天文学就是以测量中微子的流量为主要手段，研究这些极端的天体物理过程。但是，由于中微子与物质的相互作用截面太小，探测中微子非常困难，相当于在整个撒哈拉大沙漠中寻找一粒沙子。中微子探测器的原理主要是基于中微子与物质的三种相互作用：① 中微子与电子的弹性散射：$\nu_x + e^- \to \nu_x + e^-, (\nu_x = \nu_e, \nu_\mu, \nu_\tau)$，该反应涉及交换 Z^0 粒子，对三味中微子都一样敏感，但一般来说，电子型中微子与电子的散射截面要比电子与其他两味中微子的散射截面高 6 倍。在散射过程中，高能中微子将能量传递给电子，使得电子加速到相对论速度，产生切伦科夫辐射；② 中性流弱相互作用，涉及交换 Z^0 粒子。例如，中微子撞碎重水中的氘核：$\nu_x + {}^2D \to \nu_x + n + p$。该过程产生的中子在重水中被热化，然后再被其他原子核吸收，产生高能的伽马光子，高能光子再散射电子，使得电子加速到相对论速度，产生切伦科夫辐射；③ 荷流弱相互作用，涉及交换 $W^{\pm}$ 粒子。例如：$\nu_e + n \to p + e^-$，$\bar{\nu}_e + p \to n + e^+$，$\nu_\mu + n \to p + \mu^-$，$\bar{\nu}_\mu + p \to n + \mu^+$，在这些过程中产生的轻子如果作相对论性运动，就会产生切伦科夫辐射，而被探测到。另外，下列反应也是荷流弱相互作用：${}^{37}Cl + \nu_e \to {}^{37}Ar + e^-$，${}^{71}Ga + \nu_e \to {}^{71}Ge + e^-$，中微子被原子核吸收之后，产生的放射性的元素很容易被探测到。

20 世纪 60 年代晚期，在美国物理学家雷蒙德·戴维斯的领导下，美国在南达科他州一个深达 1500 米的金矿中建造了 Homestake 探测器，装了 38 万升四氯乙烯溶液，用于测量太阳的中微子流量。Homestake 探测器每月探测到 10 个放射性的氩元素，与根据标准太阳模型计算的结果有很大的偏差，探测到的中微子流量大约只有理论值的三分之一,这就是著名的太阳中微子问题。1990年GALLEX和SAGE实验,通过 $\nu_e + {}^{71}Ga \rightarrow e^- + {}^{71}Ge$ 反应探测中微子再一次证明了太阳中微子的丢失现象,发现丢失了约50%。1982年,日本科学家小柴昌俊为了探测粒子物理大统一理论预言的质子衰变,在一个深达1000米的废弃砷矿中领导建造了神冈探测器。该探测器利用中微子与电子的散射在水中产生的切连科夫辐射来探测中微子。20世纪90年代,神冈探测器经过改造,名为超级神冈探测器(SuperK),SuperK装了2140吨纯水,容量扩大了十倍。2000年6月,超级神冈精确测量了太阳中微子的流量和能谱,证实中微子丢失了45%(在99.9%的置信度上)。太阳中微子短缺的问题可以用唯象的中微子振荡的理论模型来解释,但前提是必须假设中微子有质量。1998年,超级神冈探测器通过大气中微子观测,首次发现了中微子振荡的确切证据,表明三种中微子是可以相互转换的,为解决太阳中微子问题指明了道路。1999年,超级神冈探测器开始探测地面加速器产生的中微子,研究中微子振荡现象。该实验于2004年完成,结果探测到了112个中微子,如果不存在中微子振荡,预期应观测到158个中微子,进一步证实了中微子振荡现象。1990年1月,加拿大开始建造萨德伯里中微子探测器(SNO),SNO建造在地下2千米,在直径12米的容器里装了1000吨重水。SNO可以探测三种中微子。2001年6月,SNO发布首次科学结果,探测到了太阳发出的全部三种中微子,证实了太阳中微子在达到地球途中发生了相互转换,三种中微子的总流量与标准太阳模型的预言符合得很好,基本解决了太阳中微子缺失的问题。目前,中国科学家正在计划利用大亚湾核反应堆产生的中微子,进行中微子振荡实验的研究,以便精确测量中微子振荡参数。

1987年2月23日,在银河系的邻近星系大麦哲伦云中发生了超新星1987A的爆发。在爆发之前的大约3个小时,地面中微子探测器探测到了来自超新星1987A的中微子。日本的神冈探测器探测到11个反中微子,美国的IBM探测器探测到8个反中微子,前苏联的巴克衫中微子天文台探测到5个反中微子,这是人类首次探测到来自太阳系以外的中微子,在中微子天文学的历史上具有划时代的意义。观测到来自SN1987A中微子的意义:验证了核坍缩超新星爆发的图像,超新星爆发过程中大约发射约 10^{58} 个中微子;通过不同能量的中微子到达地球的时间,得到了中微子质量的上限约为7~16eV。

2002年,雷蒙德·戴维斯和小柴昌俊因在中微子天文学的开创性贡献而获得诺贝尔物理学奖。

在早期宇宙、恒星的内部以及超新星爆发等高温高密的极端天体物理环境下,中微子过程非常重要,甚至占主导地位,是研究中微子物理学的理想实验室。例如,中微子的存在会对宇宙的能量密度有贡献,影响宇宙的膨胀速度,从而影响宇宙轻元素的合成。通过宇宙早期的核合成理论的研究和宇宙原初核氦丰度的观测,得到

中微子的代数 $1.61 < N_\nu < 3.30$，对 N_ν 给出了严格的限制。在物质为主时期，有质量中微子将改变物质扰动的功率谱型，特别是抑制扰动的幅度。最近，结合 WMAP 对宇宙微波背景五年的观测、重子的声速振荡以及 Ia 型超新星的观测，天体物理学家给出了所有种类中微子总质量的上限为 0.61 电子伏特(95%置信度)，同时独立给出了中微子的种类为 $N_\nu = 4.4 \pm 1.5$ (68%置信度)。

中微子与物质的相互作用在理解天体物理中的高能现象起着非常关键的作用。这些高能现象主要包括超新星爆发和伽马射线暴。超新星爆发在古代就被观测到并记录下来，但是，核坍缩超新星爆发的机制目前还很不清楚。不过，可以肯定是，中微子在其中起着决定性的作用。1934 年，巴德和兹威基提出了中子星形成于大质量恒星演化晚期的超新星爆发过程中。中子星的引力结合能比核结合能要大 10 倍之多，其中 99%的引力结合能以中微子的形式释放。天体物理学家猜测核坍缩超新星爆发的基本物理图像是，在大质量恒星演化的晚期，其核区热核反应生成铁之后，核反应就停止了。铁核进一步坍缩到原子核密度附近，形成中子星。恒星外壳层的物质随后高速下落到不可压缩的中子星表面，反弹形成向外运动的激波，从而表现为超新星爆发。这就是所谓的直接爆发机制。科尔盖特(Colgate)和怀特(White)1966 年做了第一个超新星爆发的数值模拟，发现在向外运动的激波中由于存在核解离和中微子辐射两种耗能过程，导致激波在运行 10~20 毫秒之后，在半径 100~200 千米处停止下来，直接爆发机制失效。为了复活停下来的激波，延迟爆发机制又被提了出来。其基本思想是，超新星爆发过程产生的大量中微子一开始被囚禁在新生的中子星内部，囚禁的中微子从中子星内部逃逸的时标为秒的量级。当中微子逃逸的出来时候，激波的温度已经下降到核解离和中微子过程冷却不再重要，这时候逃逸的中微子的能量将注入激波中去，重新驱动激波向外运动。由于新生中子星内部的对流增强了中微子的辐射，延迟爆发机制是否有效，只能依赖于二维或三维的数值模拟。不幸的是，目前很多数值模拟都得不到超新星成功爆发的结果。核坍缩超新星爆发的物理机制是天体物理中重大的疑难问题。

宇宙中还有另一个剧烈的爆发现象——伽马射线暴的物理本质目前我们还很不清楚。有些伽马射线暴还观测到与超新星是成协的。虽然火球-激波模型在解释伽马暴的余辉辐射方面取得了巨大的成功，但伽马射线暴的中心能源机制，即火球是怎么产生的一直是天体物理中的重大疑难问题之一。一种比较流行的思想是，伽马暴的中心能源来自恒星级黑洞的超吸积，即所谓的中微子主导的吸积模型。吸积物质释放的引力能以中微子的形式释放，辐射的正反中微子碰撞产生正负电子对，从而形成火球。目前还没有一个得到广泛认可的理论模型。

超新星和伽马射线暴是宇宙中最为剧烈的两个爆发现象。观测还表明两者是成协的。具有讽刺意味的是，我们目前还不知道它们爆发的物理本质。理解中微子与物质复杂的相互作用可能是解决这两个天体物理中疑难问题的关键。

参 考 文 献

[1] 孙汉城. 中微子之谜. 湖南: 湖南教育出版社, 1993.
[2] Cleveland B T. Measurement of the solar electron neutrino flux with the Homestake chlorine detector[J]. Astrophys. J., 1998(496): 505–526.
[3] http://www-sk.icrr.u-tokyo.ac.jp/sk/index-e.html.
[4] Fukuda Y, et al. Evidence for oscillation of atmospheric neutrinos[J]. Phys. Rev. Lett., 1998(81): 1562–1567.
[5] Ahmad Q R, et al. Measurement of the Rate of $v_e + d > p + p + e^-$ Interactions Produced by ^{8}B Solar Neutrinos at the Sudbury Neutrino Observatory[J]. Phys. Rev. Lett., 2001(87): 071301.
[6] Steigman G. Primordial nucleosynthesis in the precision cosmology era[J]. Ann. Rev. Nucl. Particle Syst., 2007(57): 463–491.
[7] Komatsu E, Dunkley J, Nolta M R. Five-year Wilkinson microwave anisotropy probe (WMAP) observations: Cosmological interpretation[J]. Astrophys. J. Suppl., 2009(180): 330–376.
[8] Burrows A. Supernova explosions in the Universe[J]. Nature, 2000(403): 727–733.
[9] Piran T. Gamma-ray bursts and the fireball model[J]. Phys. Rep., 1999(314): 575–667.
[10] Popham R, Woosley S E, Fryer C. Hyperaccreting black holes and gamma-ray bursts[J]. Astrophys. J., 1999(518): 356–374.

撰稿人：袁业飞
中国科学技术大学天文系

高能天体物理辐射机制中的几个问题

Several Problems on the Study of Radiation Mechanisms in High Energy Astrophysics

对于各类高能天体如伽马爆,类星体和各种活动星系核,超新星爆发,脉冲星等,目前用到的最重要的辐射机制是各种非热辐射机制,如相对论性电子的同步辐射,逆康普顿散射,曲率辐射,切仑科夫辐射;以及热电子的回旋辐射,热韧致辐射,等等。用这些常见辐射机制探讨高能天体的奥秘,取得了很大成功。但也遇到一些新麻烦,还有一些是至今无法解决的老困惑,以下仅举三例:

1. 伽马爆早期突发伽马辐射的起源问题

这是该前沿领域中最重要的待解难题之一。伽马爆是在宇宙空间中探测到的突发性爆发的伽马射线源,其辐射区域线度仅约 10~100 千米。典型的持续爆发时间仅为约 1~100 秒,而辐射总能量高达约 $10^{50} \sim 10^{51}$ 尔格。这是宇宙中迄今测到的最强,最致密的辐射源。按照通行的火球模型,其能量来自大质量恒星的引力坍缩或者中子星-中子星(或中子星-黑洞)并合过程中强大的引力能释放,总量高达约 $10^{52} \sim 10^{53}$ 尔格。引力能的主要携带者是中微子。强大的中微子压强会造成极端相对论性物质喷流。间断而不规则喷发的喷流,其喷射速度通常彼此不同。当后续喷流速度超过前面的喷流,就产生追尾碰撞(快波追慢波),形成"内激波"(以区别于此后喷流与星际介质作用时形成的"外激波")。"内激波"会将喷流的动能部分地转化为热能,形成大量热相对论电子。相对论电子的同步辐射(或逆康普顿散射)产生硬 X 射线,再因多普勒效应将其推移到沿喷流方向的高能伽马射线。

然而对于这一模型的质疑从未间断,因为它还不能充分解释观测,甚至与观测矛盾。例如:① 观测要求,辐射机制应当非常高效,才能解释极强大的突发性伽马辐射。而内激波-同步辐射模型中,有复杂的能量转换链条(引力能释放-中微子-喷流-内激波-相对论电子-同步辐射-多普勒增频)。每一步的转换效率显然都小于一($\eta<1$),所以,要最终达到观测的辐射总能量(约 $10^{50} \sim 10^{51}$ 尔格)并非易事。而且,用如此复杂的转换假定来说明一个观测事实——伽马暴,是违背"简单性"的科学审美观要求的。② 某些伽马暴源中观测到可能有偏振(尽管还有争议)。用内激波模型很难解释偏振的出现。伴随内激波形成的"混乱"磁场,其中的同步辐射断无偏振可言,而逆康普顿散射本身就是非偏振的。③ 该机制很难说明,为什么多数伽马暴源具有带拐点(顶点)的"折断的"幂律谱形(即两段式幂律谱)。特别难理解的

是，在其低频"上升"段的幂律谱竟然如此陡峭。按同步辐射，低频上升谱($\sim\varepsilon^\alpha$)虽然可能存在，只是谱很平，谱指数 $\alpha \leqslant 1/3$ (理论上叫"死线")，而观测值通常远大于此。(4) 观测上还有一个统计规律，叫做"阿玛蒂关系"(Amati relation)，说的是伽马暴的"各向同性"伽马辐射总能量 E_{iso} (它很容易从观测流 f 简单地折算出来)和观测谱拐点处的光子能量 ε_p 之间有非常好的统计相关性，即 $E_{iso} \propto \varepsilon_p^2$。在内激波模型框架内，这一关系至今无法理解。看来，找寻新的，高效的伽马波段的

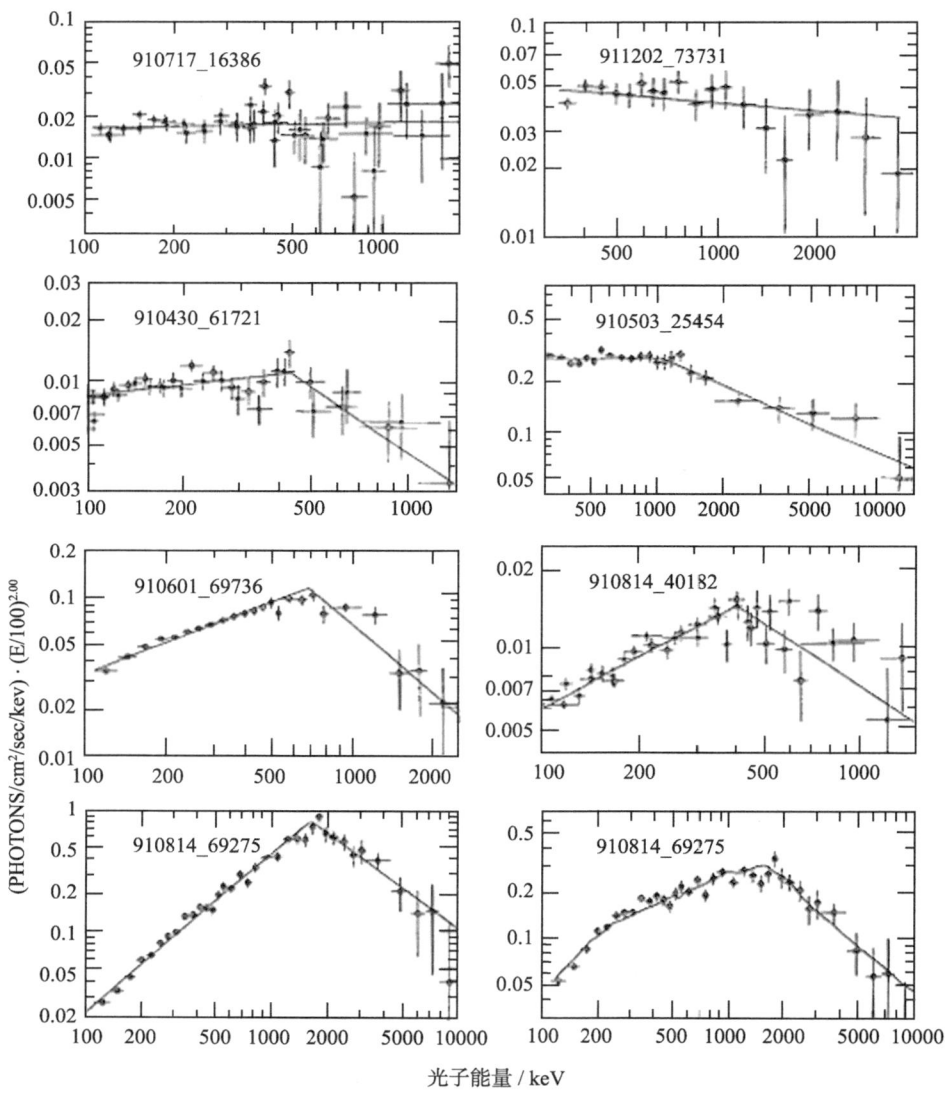

图 1　观测的伽马暴的光谱。横轴是以 keV 为单位的光子能量，纵轴为光子流量[3]。

辐射机制来合理说明早期伽马辐射的性质很有必要。

2. 如何解释类星体和其他活动星系核宽发射线的奇特观测性质

类星体和其他活动星系核(如赛弗特 1 星系)都观测到很宽的原子(离子)发射线。如果谱线展宽来自多普勒效应,则发光气体云团的速度弥散竟高达约 $10^3 \sim 10^4$ 千米/秒。宽线又细分为两大组,(1) 高价电离线如 NV1240A,CIV1549A,CIII]1909A 等, (2) 中性氢和低价电离线如氢巴尔末线,MgII2798A,FeII 宽线组等。按照通行的"光致电离模型",类星体和赛弗特 1 星系的中央存在一个超大质量黑洞,质量高达约 $10^6 \sim 10^9 M_\odot$, $M_\odot$ 代表太阳质量。大黑洞吸积产生中央连续谱辐射,从光学,紫外线直到软 X 射线。连续谱辐射照射到外围宽发射线区域的各个云团上,首先造成气体的光致电离。再通过以后的复合-级联过程以及碰撞激发-退激发过程(两者都发生在电离气体中自由电子与离子之间)产生发射线。可见发射线的辐射能量实际由连续谱提供。大量的发射云团在中央大黑洞的强引力场中做维里运动,弥散速度可达约 $10^3 \sim 10^4$ 千米/秒,从而有谱线的多普勒加宽。该模型合理自然,又能成功解释宽线成因,得到普遍公认。但是有些"奇特"的观测性质至今不能在该模型框架内得到合理解释,成了老大难问题。例如:(1) 观测显示,不同宽发射线有微小的红移差(量级仅为 $\Delta Z \sim 10^{-3}$)。甚至小红移差会出现在同一种原子的同一谱系中,如氢的巴尔末系中各条线之间有红移差。对大多数样品,$H\alpha$ 线有最大观测红移值,$H\beta$ 线次之,$H\gamma$ 更小等。经典理论无法理解这一红移差。无论是多普勒红移,引力红移,还是由康普顿散射造成的红移,所有经典红移机制只给出一致性红移。(2) 类星体和活动星系核观测到很陡的"巴尔末减缩"。把 $H\beta$ 线强度规定为一,则经典的谱线发射理论给出预期强度比为 $H\alpha/H\beta/H\gamma/H\delta/H\varepsilon = 2.5:1:0.50:0.28:0.18$。而类星体的平均观测比很陡,为 $4.0:1:0.38:0.18:0.09$。赛弗特星系甚至更陡。已经尝试在经典光致电离模型框架内做各种修正(考虑尘埃吸收,或假定气体对巴尔末线光学厚,或增大碰撞激发机制对产生巴尔末线发射的贡献等)。所有这些修正固然能使比值变陡,但无法同时拟合观测比 $H\alpha/H\beta$ 和 $H\gamma/H\beta$,顾此失彼。对整个巴尔末观测比序列,至今不能得到令人满意的拟合。(3) 最大难题是光学到紫外波段的"FeII 线过量发射"。按照光致电离模型,既使观测的光学,紫外(直到 X 射线)连续谱的总能量全部得到利用,也不能产生如此强的 FeII 线发射,此即著名的 "energy budget problem" (即"能量预算赤字难题")。所有"反常"性暗示,除去经典复合-级联与碰撞激发机制外,可能还有其他谱线发射机制在类星体中运行。寻找新机制来释疑这些"反常"是一个很有意义的研究课题。

3. 宇宙中的极高能($\varepsilon > 1\text{TeV} = 10^{12}\text{eV}$)伽马射线的起源和性质

很长时间中,人们都是根据光学和射电望远镜这些地基设备探索宇宙的。随着空间技术的发展，天文学家终于冲破了大气层的阻碍，扩大了观测波段，向全波段天文学(红外，紫外，X射线，伽马射线天文学等)迈进了一大步。深化了我们对宇宙的认识。然而当今的探测技术只把伽马射线观测波段延伸到约100GeV。幸好天公作美，当光子能量更高，达到$\varepsilon > 100$GeV，甚至达到大于1TeV(这称为极高能伽马射线)，令人讨厌的大气层反而帮了忙，它本身就成了高能探测器的一部分。这就像利用子弹在大气中穿过时发出的呼啸声判断出子弹存在一样，极高能伽马光子穿行大气会产生"簇射现象"，由此推知其存在。"簇射现象"就是各种地基设备探测伽马射线的依据。到目前为止，已用地基设备检测到约75个极高能($\varepsilon \geqslant 1$TeV)伽马射线的分立源。其中约30%是活动星系核，另有约30%是超新星遗迹或脉冲星星云，外加几个X射线密近双星及含有大质量星的星团，剩下的约30%的分立源目前还未得到认证。此外还发现了散布在我们银河系中的极高能伽马弥漫辐射。但对它们的起源，却是疑问重重。首先要回答两个基本问题：① 可辐射极高能伽马射线的带电粒子(主要是电子)，其动能至少也要有约TeV量级。这些粒子是如何加速到如此高能的？② 这些粒子又是通过什么机制辐射出极高能伽马光子的？

对此已有初步答案。对于问题①，普遍认为，主要是靠激波来完成粒子加速(特别是对质子或电子)。当物质超声速地撞入周边介质时，就形成激波。普遍认为，它是产生粒子加速的非常有效的机制。宇宙中激波无处不在。例如，星团中几个大质量恒星发出的高速星风彼此碰撞时就产生激波；超新星爆发时产生的膨胀包层超声速地扫过周边介质时也产生激波；另外，超新星爆发后形成的高速自转的磁中子星(即脉冲星)，其表面的感应电场极强，会将电子加速至极高能量并脱离中子星表面，形成相对论电子风并辐射高能伽马射线；如果该中子星恰处于密近双星系统中，则其相对论电子风又会和大质量伴星发出的星风碰撞产生激波等。特别要提到，对于目前数目众多的TeV伽马射线分立源——类星体及其他活动星系核，也同样是由于其中的超大质量黑洞吸积造成的高速喷流形成激波，产生了大量高能电子和质子(以及其他粒子)。关于问题②，即极高能辐射机制问题，普遍认为主要有两种：其一是逆康普顿散射，当大于1TeV的极高能电子穿过某一低频场时(例如，宇宙3K微波背景辐射；弥漫宇宙的红外背景场等)，它会散射低频光子而产生极高频光子，能量完全可以达到TeV量级。另一机制是借助宇宙线中极端相对论质子穿过等离子体时(宇宙中广泛分布着等离子体)产生的质子-质子碰撞。这一强相互作用会产生$\pi^0, \pi^{\pm}$等介子，π^0的快速衰变也会产生极高能伽马光子。

但这只算是原则性的"粗线条答案"，辐射的细节问题却很不清楚。就以已知的TeV伽马射线分立源-活动星系核而言，发射区域在其中的准确位置，其几何形状等，现在都完全不清楚。再如还探测到一些分立源，它们只辐射TeV伽马射线，完全没有红外，可见光，紫外直至X射线的辐射相伴。是什么奇特的辐射机制具有这么好的"单色性"，也是目前的辐射理论难以回答的。值得一提的是，还有人建议，观测的 TeV 伽马射线可能和暗物质有关联。宇宙中存在的暗物质是普通物质总质量的五、六倍。暗物质几乎不和普通物质相互作用，所以极难检测。但人们推想，它是否也和普通物质一样，会出现正反暗物质粒子的湮灭，从而产生极高能伽马射线？那么暗物质的存在就成为可检测的了。只要暗物质粒子质量够大(对此目前没有任何理论限制)，则湮灭产生的伽马射线就有可能落在 TeV 波段。这无疑也是辐射理论应该探讨的新课题。

参 考 文 献

[1] Piran T. Gamma-ray bursts and the fireball model[J]. Phys. Rep., 1999, 314: 575–667.
[2] Zhang B, Meszaros P. Gamma-ray bursts: progress, problems & prospects[J]. Int. J. Mod. Phys. A, 2004, 19: 2385–2472.
[3] Schaefer B E, Teegarden B J, Cline T L, et al. High-energy spectral breaks in gamma-ray bursts[J]. Astrophys. J., 1992, 393, L51–L54.
[4] Davidson K, Netzer H. The emission lines of quasars and similar objects[J], Rev. Mod. Phys., 1979, 51(4): 715–766.
[5] Macalpine G M. Ionizing continuum and emission-line energetics of quasars and Seyfert galaxies[J], Revista Mexicana de Astronomía y Astrofísica (Serie de Conferencias), 2003, 18, 63–68.
[6] Cui W. TeV gamma-ray astronomy[J], Research in Astronomy and Astrophysics, 2009, 9(8): 841–860.

撰稿人：刘当波[1]　崔　伟[2]　尤峻汉[1]
1　上海交通大学物理系
2　美国普渡大学物理系

10000个科学难题·天文学卷

行星系统与天体力学

太阳系起源

Origin of the Solar System

1. 引言

太阳系是由太阳、八颗行星、多颗矮行星、160多颗卫星、众多小行星和彗星及行星际物质组成的天体系统。除了太阳属于有自身热核反应能源的恒星大类的天体外,因行星是太阳系的主要成员而称为我们的行星系。太阳系起源是天体演化的首要问题,研究太阳系的行星等成员从何时、由什么形态物质、经什么方式和过程形成的以及如何导致各种特征及各成员之间的差别。研究地球的起源有更重要的科学和实际意义。

1644年笛卡儿(R.Descates)在《哲学原理》中提出涡流说,认为在太初混沌中出现涡流而形成太阳、行星和卫星。1745年,布丰(G.L.L.Buffon)提出第一个灾变说,认为一颗彗星撞出的太阳物质形成行星。这两个假说虽然科学价值不大,但向上帝创世观提出挑战,有启蒙作用。真正在僵化自然观上打开第一个缺口的是康德(L.Kant)和拉普拉斯(P.S.Laplace)分别于1755年和1796年各自独立地提出星云说,都认为太阳系由同一个原始星云(也称为太阳星云)形成的,在中心形成太阳,外部物质(康德认为是弥漫物质,拉普拉斯认为是转动的气体星云盘)形成行星系。由于它们无法解释太阳系角动量分布(占太阳系总质量99%以上的太阳,其角动量小于1%),19世纪末到20世纪初提出多种灾变说,认为走近的恒星引起太阳的潮而分出物质,或凝为固体星子再聚成行星(T.C.Chamberlin、F.R.Moulton的星子说);或断开几团而聚为行星(J.H.Jeans的"潮汐说");H.Jefireys甚至认为恒星撞出太阳物质而形成行星。虽然走近恒星赋予太阳分出物质(因而行星的)角动量,但受到分出过程不够有效且分出的热物质易扩散而难聚成行星的批评,随之再兴星云说,C.F.Weizsacker的"漩涡说"认为星云盘形成漩涡规则排列而形成行星;G.P.Kuiper的"原行星说"认为星云盘中先形成巨大的气体原行星,再失去外部气体而演变为行星。O.Ю.Щмидт的"陨星说"认为太阳从它经过的星际云浮获物质,凝为陨星,再聚成行星和卫星。

由于以前只直接观测到唯一的太阳-行星系,且了解到的是其现状,缺乏其早期信息,因此探讨形成过程是极困难的。采用两种途径:一是从太阳系现有资料来逆推过去的形成过程;二是借鉴恒星形成的观测研究来推断太阳的形成环境和过程,行星系是此过程的伴生品或副产品。20世纪60年代以来,随着航天探测和天文观测及理论的发展，太阳系起源研究越来越活跃，新学说综合很多资料，不仅论述两个基本问题——行星的物质来源和形成方式，而且定量地阐明以下问题：原始星云或行星物质的特性；原行星或星子的形成过程；类地行星(水星、金星、地球、火星)、类木行星(木星、土星、天王星、海王星)的形成过程，及它们在大小、质量、密度上的差别；行星轨道运动的同向性、近圆性和共面性；太阳系角动量分布；行星自转；行星的距离规律(提丢斯-波得定则)；卫星及环系的形成；小行星和彗星的形成；地(球)月(球)系起源。流行的新星云说中，A.G.W.Cameron 认为星云质量较大(约 2 $M_\odot$)，V.S.Safronov、C.Hayashi、A.J.R.Prentice、戴文赛等认为星云质量较小(小于 1.2 $M_\odot$)。M.M.Woolfson 的俘获说和阿尔文(H.Alfven)的电磁说也都各具特色。尤其是近十多年来，观测到很多年轻恒星有"原行星盘"，寻找到 400 多恒星有自己的行星系，以及陨石分析和飞船探测太阳系天体，基于这些新资料和有关的各种理论，不断地取得一些问题的突破，并用计算机数值模拟来改善太阳-行星系及恒星-行星系的形成模型。

2. 太阳系形成的标准模型

综合现代的研究，多采用星云说的"太阳系形成的标准模型"，形成的过程大致示意于图 1。

(1) 太阳星云

根据恒星的观测研究，普遍认为太阳星云来自星际分子云的一个密集云核，一开始就有自转，自吸引收缩，中心部分聚集为原恒星-原太阳，外部物质形成星云盘。

陨石中"富贵钙铝包体(CAIs)"是太阳星云最内区的最古遗留物，从其放射性同位素测定出年龄为 45.72 亿年，常取它为太阳系的标准开始时间。

太阳系外围太阳星云的质量一般从现在太阳系所有天体的总质量(约 1.002 $M_\odot$)再加上太阳早期的强太阳风及星云盘逃离出太阳系的物质质量来估计，各研究者估计的结果不一，一般估计星云盘质量小于 0.2 $M_\odot$。现在常采用林忠四郎的最小质量星云盘(MMSN)，其密度径向分布，$\Sigma(R) \sim (R/10AU)^{-1.5}$ g/cm^3。作为参考，金牛 T 型星的原行星盘典型质量为 0.01 $M_\odot$，面密度 $\Sigma(R)=0.8\times(R/100AU)^{-1.5}$，半径约 1000AU。太阳系外围的奥尔特彗星云半径到 10 万 AU，引力("希尔")范围约 23 万 AU，原始星云的半径起初可能有 10 多万 AU，但物质向中心自由下落而主要密集在几百 AU 范围内。

太阳星云的初始角动量应大于太阳系现在角动量(3.155×10^{50}CGS 单位)，但不会超过 10^{53}CGS 单位，否则会形成双(恒)星而不是单一太阳。它来自星际分子云内部大尺度随机的湍流运动而可能就是今天太阳系角动量矢量方向。在太阳星云演化为太阳和星云盘及星云盘形成行星的过程中，发生角动量转移，磁制动、湍流黏滞和对流等机制都可能起作用，包括把角动量转移到太阳系外，但各阶段具体情况还

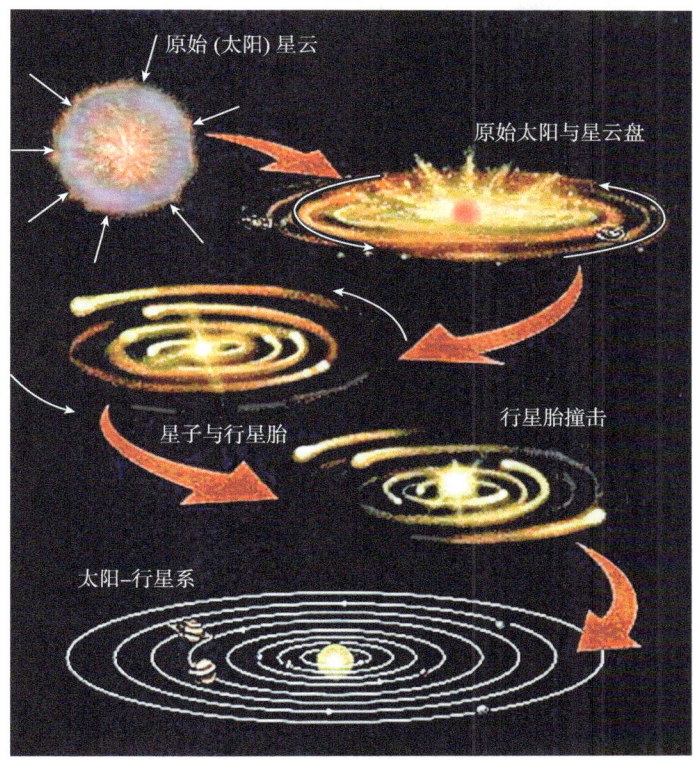

图 1 太阳系的形成过程(示意图)。

待进一步研究。

年轻恒星的高分辨观测显示其原行星盘相当普遍地有环和螺旋结构以及引力不稳定性,太阳星云的星云盘演化也可能发生类似情况。现在研究星云盘较多的是薄盘模型,也有星云盘的三维结构研究包括多种物理的和化学的复杂过程,图 2 是一例。

(2) 行星的形成

行星形成过程分为四个阶段:① 星云盘中的固体颗粒聚集和沉降;② 在薄的中面,由尘(冰)颗粒形成星子;③ 星子吸积形成行星胎;④ 最后行星胎巨撞击而聚集形成类地行星,类木行星还吸积大量气体并坍缩为它们的中层和外层以及大气。

星云盘基本是宇宙丰度的,由气体和尘埃组成,虽然固体颗粒不是主要组分,但它们是行星的基本"建造砖块"。从固态颗粒聚集形成星子,再聚集为行星体是涉及很多因素的复杂过程,近些年来,实验模拟,理论模型和原行星盘的多种观测取得新进展。

星云盘中的初始固体颗粒很小(约1微米)。颗粒碰撞结合而形成到几厘米的聚合体。在太阳引力的垂直(盘面)分量和盘物质的引力作用下，尘(冰)颗粒向盘的中面沉降。同时，颗粒之间碰撞可以结合为较大颗粒，即颗粒"吸积"而增长。于是，尘颗粒边沉降、边增长，在盘中面附近形成密度大的"尘(冰)层"。颗粒很快地(在1AU处约100~1000年)增长到米大小。但是，由于它们跟小颗粒高速碰撞，漂移到达很热的内区就蒸发而消失，进一步增长却遇到困难，成为"米大小障碍"的未决困难。

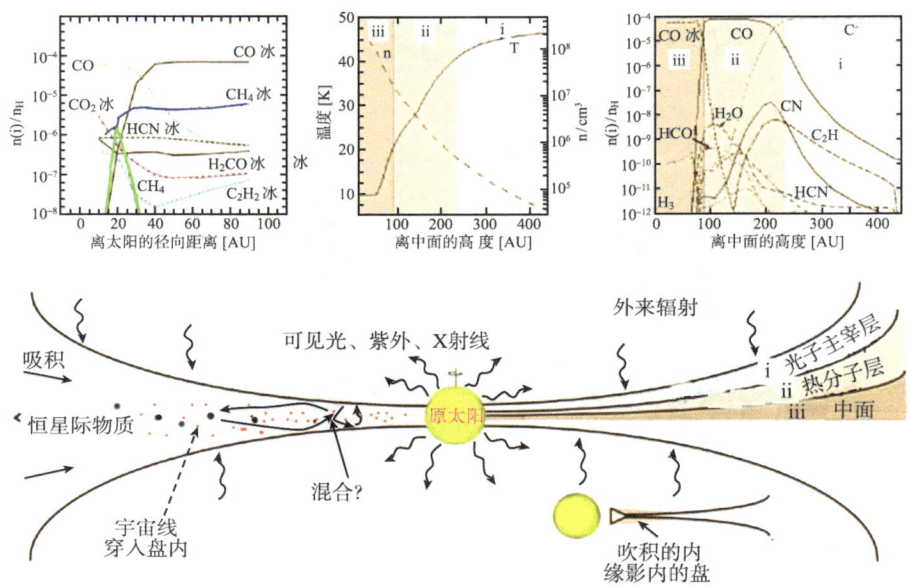

图2　星云盘的一种数值模型。

星云盘中面的密度大，局部颗粒团可以满足引力不稳定判据而自吸引坍缩，形成1~10km大的固体星子。星子受气体影响小，漂移慢，由于有足够引力场而更有效的吸积增长。然而，固体颗粒是开普勒速度的，层间的速度差产生湍流，搅混颗粒层，一直到沉降与湍流达平衡，这就妨碍颗粒密度增大到发生引力不稳定性。但是，实际上半数的年轻恒星有尘埃碎屑盘，说明发生了星子增长。

当星子达千米以上，它们之间的引力作用就重要了。它们碰撞而结合为大星子，使轨道变圆。长程引力相互作用导致动能(动力学"摩擦"(dynamical friction))和角动量(黏滞搅拌(viscous stirring))的交换与再分配。从星子到原行星或行星胎的增长过程也是很复杂的。类地行星形成于星云盘内区，大星子吸积相遇的固态物质而增长，先是较缓慢而有序的。随后，由于小星子相遇而变为偏心的倾斜轨道，更易接近大星子而被吸积，大星子"迅猛增长"为行星胎。随着行星胎迅猛生长，周围可吸积的物质减少，胎的生长逐渐减缓。但是，当行星胎的质量生长到典型星子的千倍，它的引力摄动就更重要了。于是，行星胎进入"寡头"混沌撞击生长。结果，邻近行星胎在径向的间距变规则，各自吸积尽其"供养带"的固态物质。大的行星胎显著地扰动附近气体，形成螺旋波。在一个行星胎及其螺旋波之间的引力相互作用使角动量转移，净结果是行星胎损失角动量而向太阳迁移。最后是混沌增长——由巨撞击和继续吸积星子而增长为类地行星。近十年来，一些数值模拟得到行星的质量、自转角动量、轨道性质方面的相似结果：① 类地行星的质量和轨道半长径跟实际情况相似；② 轨道偏心率和倾角略大于实际值；③ 自转由最后的几次大撞击决定；④ 行星形成的时标为 100~600My，跟放射元素测定结果基本符合。因此，类似于地球和金星的行星是"寡头"撞击生长的必然结果，而火星似乎是遗留的寡头。地球和金星的近圆轨道需要额外的阻尼机制，残余气体盘所施动力学摩擦或引力拖曳是很好的候选。跟气体的其他相互作用驱使火星或更大行星的轨道(迁移)变小。

在 20 世纪 70 年代提出月球起源的撞击模型，到 1984 年才引起重视，近年来，新的撞击模型在很多关键问题上取得重要进展，特别是动力学模型跟地球和月球的化学和物理协调一致。新的模拟表明，在地球形成的晚期，有一个约 0.1~0.15 $M_{\oplus}$ 的行星胎斜撞地球，抛出的物质很快聚集形成月球。

类木行星形成的早期阶段跟类地行星相似，从星子开始，随之，迅猛和"寡头"生长。但因"供养带"宽和温度低，水和其他冰凝结，更多固态物质来形成大的行星胎——星核，更有效地吸积气体，仍致大大超过原来质量，并坍缩为中层和外层及大气。数值模拟表明，在 100~500My 就可以形成木星质量的行星。

但是，一般标准模型计算出的天王星和海王星的形成时间却超过太阳系年龄，显然不合理。P.Goldreich 等提出，在它们形成的寡头阶段，星子高速撞碎为大量 1km 以下的碎块，吸积增长更有效，甚至 1My 就可以形成天王星和海王星。

(3) 矮行星、小行星、彗星和卫星的形成

矮行星可以看作最大的小行星或彗星，因而有同样的形成过程。

小行星是行星形成过程的半成品。星云盘的温度分布决定了木星区发生冰凝聚，而小行星区的冰不完全凝聚，因为木星区的固态原料多，形成的初始星子就较大且生长快。这些星子之间的引力摄动使得部分大星子的轨道变为穿过小行星区，吸积而带走小行星区的物质及小星子。于是，小行星区的原料减少了，使得星子生长停顿在半成品状态，不能形成大行星，而仅残留下半成品的小行星。穿过小行星区的大星子也摄动那里的小行星而使它们的轨道变为多样化，更容易发生相互碰撞而碎裂成小的小行星及陨石。

彗星是星云盘外区形成的残存冰星子，它们因受外行星的引力摄动而进入太阳系边缘的奥尔特彗星云，后来又受走过恒星的引力摄动而改变轨道再进入到内太阳系；另一些冰星子留在冥王星轨道外的柯伊伯彗星带。

冥王星的情况特殊。它可能是海王星形成区的原来残余大星子，因受另一个大星子对心撞击而改变到现在的轨道，其卫星可能是撞击的碎块聚集形成的。

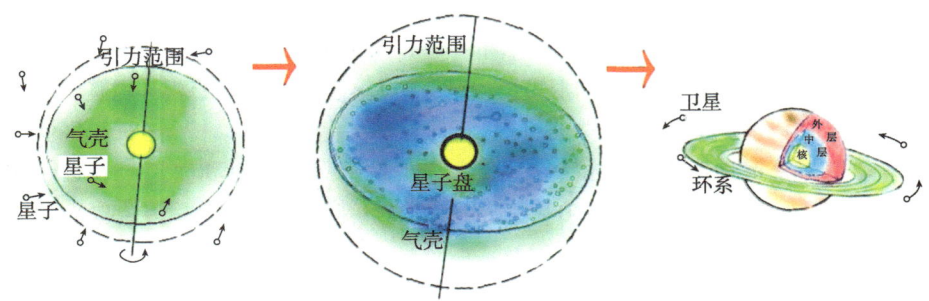

图 3　木星的卫星和环系的形成。

卫星也由星子聚集形成。木星和土星吸积气体而形成气壳，后来吸积的星子因受气壳的阻尼，在气壳内形成转动的星子盘，聚集形成规则卫星。当气壳质量随吸积而变得越来越大，就会自吸引坍缩到行星核上。在行星的洛希限范围内的物质受行星引潮作用大，不能聚集成卫星，而成为小质点的行星环系。不规则卫星可能是行星后来俘获的大星子。海王星的卫星和环系可能也是同样过程形成的，但海卫一可能俘获的。天王星的卫星和环系可能是晚期大星子掠撞其表面抛出的物质形成的。

3. 研究前景展望

虽然现在对太阳系起源已有了公认的标准模型，但大多是薄的星云盘二维模拟结果，三维模拟更复杂困难。而且，仍有人继续星云盘质量较大而由引力不稳定性形成大的原行星、再演化为行星的研究。就是标准模型的各种模拟也在具体过程和情节上有一些疑难未解决。例如：从星际云祖传下来怎样的化学同位素不均匀性及原始星云中的异常分布，非平衡的气相及气相-颗粒的反应率及分馏效应，星云盘各区域形成怎样的形态和结构的凝聚物，颗粒如何聚集成星子，年轻太阳与星云盘的相互作用，盘中物质和角动量实际转移过程，盘中发生怎样的不稳定性，星子怎样聚集成行星，各行星形成的先后及所用时间，行星如何吸积气体，小行星区为何未形成大行星，柯伊伯带天体的性质和起源等。为解决这些疑难，一方面需要新的观测资料；另一方面需综合和发展现有理论。太阳系起源是当前热门研究领域，正汇聚多学科学者共同探讨，可望取得太阳型恒星及其行星系的新资料，在陨石等样品的分析研究上得出更多新结果，行星科学的研究有更大的发展，太阳系的空间新探测带来新信息，综合大量有关资料作为约束条件，将动力学和化学演化等理论紧密结合起来，以及进行模拟实验，解决现存疑难，同时跟研究其他恒星-行星系的形成相联系，使这一领域研究继续做出新的突破。

参 考 文 献

[1] 戴文赛, 等. 太阳系演化学. 上海: 上海科学技术出版社, (上册)1979, (下册)1986.
[2] Chambers J E, Halliday A N. The origin of the solar system, in "Encyclopedia of the Solar System"(eds. McFadden L-A,Weissman P R,Johnson T V), Elseier Inc, 2007: 29–52.
[3] Meter M R,et al. Evolution of circumatellar disks around normal stars:Placing our solar system in context, in "Encyclopedia of the Solar System"(eds. McFadden L-A,Weissman P R,Johnson T V), Elseier Inc, 2007: 573–590.
[4] Nagasawa N, et al.The diverse origin of terrestrial-planet system, In "Protostars and Planets V (eds.Rwipurth B, Jewitt D, Keil K)", Tucson:The Vniversity of Arizona Press, 2007: 639–654.
[5] Lissauer J J, Stevenson D J. Formation of giant planets, In "Protostars and Planets V (eds. McFadden L-A,Weissman P R,Johnson T V), Elseier Inc, 2007: 591–622.
[6] Goldreich P, Lithwick Y, Sari R, Planet formation by coagulation: A focus on uranus and neptune, Annual Review of Astronomy and Astrophysics, 2004. 42:549–601.
[7] Safronov V S. Evolution of the protoplanetary cloud and formation of the earth and planets, NASA TTF-677, 1972.
[8] Woolfson M M. Origin and evolution of the solar system, Springer, 2000.
[9] Montmerle T, Augereau J-Ch, Chaussidon M. Solar system formation and early evolution: the first 100 million years, Earth, Moon, and Planets, 2006, 98: 39–95.
[10] Liboff R L. Origin of the solar system, Astronomical J., 2003, 126: 13132–13137.
[11] Brush S G. Meteorites and origin of the solar system, Geological Society London, Special Publication, 2006, 256: 417–441.
[12] Nesvorný D, Vokrouhlický D, Morbidelli A. Capture of irregular satellites during planetary encounters. The Astronomical Journal, 2007, 133: 1962–1976.
[13] Brunini A. Origin of the obliquities of the giant planets in mutual interactions in the early Solar System, Nature, 2006, 440 (7088): 1163–1165.
[14] Tsiganis K, Gomes R, Morbidelli A, Levison H F. Origin of the orbital architecture of the giant planets of the Solar System. Nature, 2005, 435 (7041): 459.

撰稿人:胡中为

南京大学天文系

太阳系早期的短寿期放射性核素

The Origin of Short-Lived Radionuclides in the Early Solar System

短寿期放射性核素 (short-lived radionuclides) 是指半衰期在 1 亿年以内的放射性同位素。像 ^{26}Al(半衰期 $T_{1/2} = 0.7$ 百万年)和 ^{41}Ca ($T_{1/2} = 0.1$ 百万年)。由于其半衰期相对于太阳系的年龄(45.6 亿年)来说很短,这些核素在太阳系漫长的演化过程中早已衰变完毕,现已不复存在,所以这些核素又称为灭绝核素(extinct radionuclides)。但是有很多证据表明,太阳系早期存在大量的短寿期放射性核素(表 1),这些证据大多保留在原始的球粒陨石中。因为陨石的母体(小行星)体积较小(小于几百千米),自形成以来没有发生剧烈的地质变化,较完整地保存了太阳系早期的历史。

表 1 太阳系早期存在的各种短寿期放射性核素以及初始丰度

核素	衰变产物	半衰期(百万年)	初始丰度
^{41}Ca	^{41}K	0.1	^{41}Ca/^{40}Ca≈1.5×10^{-8}
^{26}Al	^{26}Mg	0.7	^{26}Al/^{27}Al≈5×10^{-5}
^{60}Fe	^{60}Ni	1.5	^{60}Fe/^{56}Fe≈2×10^{-8}
^{10}Be	^{10}B	1.5	^{10}Be/^{9}Be≈9×10^{-4}
^{53}Mn	^{53}Cr	3.7	^{53}Mn/^{55}Mn≈0.9~4.4×10^{-5}
^{107}Pd	^{107}Ag	6.5	^{107}Pd/^{108}Pd≈4.5×10^{-5}
^{182}Hf	^{182}W	9	^{182}Hf/^{180}Hf≈2×10^{-4}
^{129}I	^{129}Xe	15.7	^{129}I/^{127}I≈1×10^{-4}
^{244}Pu	α, SF*	82	^{244}Pu/^{238}U≈7×10^{-3}

*SF: 自发裂变产物 (spontaneous fission products)。

早在 1976 年,华裔学者李太枫 (Lee Typhoon)与加州理工学院的 Wasserburg 教授首次报道了太阳系早期短寿期放射性核素 ^{26}Al 的证据[1]。他们在研究 Allende 碳质球粒陨石时发现,该陨石中的富钙富铝包体(Ca,Al-rich inclusions, 简称 CAIs)含有 ^{26}Mg 正异常,并且 ^{26}Mg 正异常的富集程度与 Al/Mg 比值成正比。^{26}Al 的衰变产物是 ^{26}Mg。^{26}Mg 正异常表明矿物在形成时含有 ^{26}Al,此后 ^{26}Al 衰变为 ^{26}Mg,而使矿物呈现 ^{26}Mg 正异常。由此推算出,CAIs 在形成时的 ^{26}Al/^{27}Al 初始值为 5×10^{-5}。人们很快发现,不同球粒陨石中的 CAIs 大多含有 ^{26}Mg 正异常,其 ^{26}Al/^{27}Al 初始值则为 5×10^{-5},这个值也是在太阳系物质中所能测到的最大值[2]。

富钙富铝包体(CAIs)是毫米到厘米大小的矿物集合体，主要由高温难熔矿物(refractory minerals)组成。CAIs 大多出现在碳质球粒陨石中，普通球粒陨石(ordinary chondrites)和顽火辉石球粒陨石(enstatite chondrites)的含量较小。一般认为，CAIs 是太阳系中最早形成的物体。第一，其年龄最古老(45.67 亿年)；第二，CAIs 含有多种短寿期放射性核素并且含量最高；第三，其矿物多为高温难熔，它们将首先从高温气体中凝聚出来。

天文观测也证实银河系星际介质中存在大量短寿期放射性核素 ^{26}Al(2~5 个太阳质量)。1984 年，Mahoney 等[3]用 HEAO 3 空间卫星的 γ 射线谱仪，首次在银河系发现 ^{26}Al 衰变时释放出的 γ 谱线(1.8MeV)。他们估计银河系星际介质中的 $^{26}Al/^{27}Al$ 为约 $1×10^{-5}$。这个比值远远低于太阳系的初始值(the canonical value)。观测结果引起了人们的疑问，为什么太阳原始星云经过数千万年的演化发展，其 ^{26}Al 的丰度不减反增。

目前有两种不同的理论解释太阳系早期短寿期放射性核素的起源。一种理论认为，这些核素是恒星内部核反应的产物，然后由星风(stellar winds)注入原太阳分子云(the protosolar cloud)，并与分子云中的物质相混合。星风产生的激波诱发分子云核的坍缩而形成原太阳，由于分子云核坍缩的过程时间较短(10 万年左右)，这些核素并没有衰变完毕，很多短寿期放射性核素仍以较高的丰度出现在太阳系早期产物中。另一种理论则认为，短寿期放射性核素是高能粒子与原太阳分子云(the protosolar cloud)或太阳星云(the solar nebula)中的气体和尘埃相互作用的产物。

恒星成因理论主要有两个方面，一是天体物理理论计算，另一方面来自实验室恒星尘埃的同位素分析。理论研究表明，短寿期放射性核素可形成于几种不同的恒星环境下，如：AGB 星(asymptotic giant branch stars)，WR 星(Wolf-Rayet stars)和 II 型超新星(Type II supernova)。AGB 星是晚年期恒星，此时的恒星已完成氢燃烧核反应，体积开始增大而成为巨星。Wasserburg 等[4]计算了短寿期放射性核素在 AGB 星中的产率，发现 ^{26}Al、^{41}Ca、^{60}Fe 和 ^{107}Pd 能与陨石中观察的结果相吻合，但是 AGB 星不能产生 ^{10}Be 和 ^{53}Mn。WR 星是大质量的恒星(大于 25 $M_\odot$)，它在演化过程中丢失了大部分的质量(mass-losing)而形成强劲的星风。WR 星能产生适量的 ^{26}Al、^{41}Ca 和 ^{107}Pd，^{60}Fe 的产率偏低，而 ^{10}Be 和 ^{53}Mn 则不能形成[5]。II 型超新星也能产生 ^{26}Al、^{41}Ca、^{60}Fe 和 ^{53}Mn，但是 ^{26}Al 的产率相对偏低[6]。

高能粒子辐射也能产生短寿期放射性核素。原太阳分子云(the protosolar cloud)或太阳星云(the solar nebula)中的气体和尘埃在宇宙射线(cosmic rays)或高能粒子(solar energetic particles)的辐射下，可以产生多种短寿期放射性核素，如：^{26}Al、^{41}Ca、^{53}Mn 和 ^{10}Be[7]。特别是 ^{10}Be，这个核素是不能在恒星内部合成的，但它却出现在太阳系早期产物 CAIs 中[8]。这一发现为辐射理论提供了强有力的证据。高能粒子辐射理论也有局限性，理论计算表明，在一定条件下产生适量的 ^{26}Al 同时会产生过量的其他短寿期放射性核素。最新的理论模式考虑特殊的物体结构可以克服这个困难[9]。但是，高能粒子辐射却不能产生 ^{60}Fe 核素。

太阳系早期的短寿期放射性核素是如何形成的？它们在太阳系形成和演化过程中起到了什么作用？这些问题还有待于人们继续深入研究。

参 考 文 献

[1] Lee T, Papanastassiou D A, Wasserburg G J. Demonstration of ^{26}Mg excess in Allende and evidence for ^{26}Al [J]. Geophys. Res. Lett. 1976, 3: 109–112

[2] MacPherson G J, Davis A M, Zinner E K. The distribution of aluminum-26 in the early Solar System - A reappraisal [J]. Meteoritics, 1995, 30: 365–386

[3] Mahoney W A, Ling J C, Wheaton W A, et al. HEAO 3 discovery of Al-26 in the interstellar medium [J]. ApJ, 1984, 286: 578–585

[4] Wasserburg G J, Busso M, Gallino R, et al. Asymptotic giant branch stars as a source of short-lived radioactive nuclei in the solar nebula [J]. ApJ, 1994, 424: 412–428

[5] Arnould M, Paulus G, Meynet G. Short-lived radionuclide production by non-exploding Wolf-Rayet stars [J]. A&A, 1997, 321: 452–464

[6] Cameron A G W, Höflich P, Myers P C, et al. Massive supernovae, orion gamma rays, and the formation of the solar system [J]. ApJ, 1995, 447: L53–L57

[7] Clayton D D, Jin L. Interpretation of ^{26}Al in meteoritic inclusions [J]. ApJ, 1995, 451: L87–L99

[8] McKeegan K D, Chaussidon M, Robert F. Incorporation of short-lived ^{10}Be in a calcium-aluminum-rich inclusion from the allende meteorite [J] Science, 2000, 289: 1334–1337

[9] Gounelle M, Shu F, Shang H, et al. Extinct radioactivities and protosolar cosmic rays: self-shielding and lighte elements [J]. ApJ, 2001, 548: 1051–1070

撰稿人：徐伟彪
中国科学院紫金山天文台

巨行星形成机制：核吸积还是引力不稳定？

The Formation of Giants: Core Accretion or Gravitational Instability?

1. 背景

"行星是如何形成的？"这一句古老的提问已经成为现代行星科学的核心问题之一。早在17世纪，笛卡儿首先提出了他对太阳和地球形成的猜想。他认为太阳和地球是由一系列的漩涡形成的，而形成太阳的漩涡最大并且位于中心位置。几十年后，牛顿和康德分别从数学和物理两个方面发展了这一猜想，他们认为原始的气体星云通过旋转形成气体盘，太阳位于气体盘的中心而行星就在气体盘上形成。到了18世纪初，拉普拉斯完善了前人的星云理论并推广到太阳以外的其他恒星。由于当时观测手段的限制，拉普拉斯的星云理论很大一部分还停留在猜想层面上。而在今天，其理论中行星系统由原始恒星星云演化而来的本质思想已经被广泛地接受了。太阳系外行星系统的发现，为行星形成研究提供了更多的样本。到目前为止所发现的约400颗太阳系外行星在质量、周期、偏心率等各方面都呈现出复杂的多样性，这暗示着它们更为复杂的形成过程。如何从气体分子、极小的固体颗粒演化到行星，特别是巨行星，成为现代天文学中的难题之一。

谈到行星形成机制就不得不先明确行星的分类。现代行星形成理论将行星分为三大类：第一类称为固体行星或岩石行星(rock planet)。这类行星的质量一般在十几个地球质量以下。其表面由岩石覆盖，内部有一个铁或其他重元素形成的核，核的质量占到整个行星的30%~50%。如地球，火星等都属于这类行星。第二类称为气体巨行星(gas giant)。这类行星的质量很大，在一到十几个木星质量左右甚至更高。它们主要由气态和液态的氢、二氧化碳、甲烷等构成。在其内部存在一个较小的重元素核，一般占行星质量的10%以下。太阳系中的土星、木星都属于此类行星。最后一类称为冰巨行星(ice giant)。这类行星的质量相较与气体巨行星略小，在几十个到上百个地球质量之间。它们气体巨行星相似，主要由液态或固态的氢、甲烷和氨等组成。其内部的重元素核所占比例相对较大，通常达到行星质量的10%~20%。气体巨行星和冰巨行星的性质类似，它们的形成过程也很可能相同，只是因为所处环境的温度差异而造成它们性质上的区别。因此，有时会将这两类行星都称为巨行星(giant planet)。

行星所表现出来的巨大差异源于他们迥异的形成过程。第一类岩石行星，一般认为是通过星子生长而形成的：原始星云在坍缩形成恒星的同时，在离心力和重力的作用下会逐渐在原恒星周围形成盘状结构,我们称之为原恒星盘。此时原恒星盘主要由气体和微米量级的固体微粒所构成。由于气体阻尼和恒星引力的作用,固体微粒会在气体盘中间平面上沉积,形成固体颗粒层或称为尘埃盘。尘埃盘中的颗粒通过碰撞、凝聚而形成大的星子,尺度从微米量级成长到千米量级。伴随着颗粒的沉积过程,尘埃盘逐渐演化成为星子盘。在距离盘中心 $1AU$ 的地方这一过程的时标大约是 10^4 年[1]。星子盘中质量较大的星子快速吸积它们引力俘获范围(feeding zone)内的星子,发生雪崩式生长(runaway growth)从而形成一批大质量的行星胚胎[2],它们的尺度达到几千千米量级。当引力俘获范围内的星子被清空以后,这些胚胎停止了生长并最终成为岩石行星。虽然在岩石行星的形成过程中,有些阶段的具体物理机制还不是十分清楚,但是其整体的理论框架是清晰并被普遍接受的。相对而言,巨行星的形成机制则更加复杂和困难。

2. 巨行星形成的模型及困难

对于气体巨行星的形成过程,一直都存在着争议。争议集中表现为两种截然不同的形成模型:核吸积模型(core accretion-gas capture model,CAGC) 和引力不稳定模型(gravitational instability,简称 GI)。

2.1 核吸积模型

核吸积模型最早由 Carmeron 在 1973 年提出。在这个模型中,气体巨行星的形成是与岩石行星的形成相衔接的:如果行星胚胎质量足够大,并且其周围的原恒星盘还未消散,则行星胚胎可以通过从周围吸积气体和固体而进一步生长。这样的演化过程,大致可以分为三个阶段[3]:

(1) 星子吸积阶段:质量较大的行星胚胎通过引力聚焦(gravitational focusing)效应继续吸积星子,使得行星胚胎的质量继续增长。这种吸积过程的时标为:

$$\tau_{\text{acc}} = \frac{8a\rho}{3\Sigma\Omega}\left(1+\frac{2Gm}{v^2 a}\right)^{-1} \quad (1)$$

其中 m、ρ 和 a 分别是胚胎的质量、密度和半径,Σ、v 和 Ω 分别是气体盘中星子的面密度、均方根速度弥散和轨道角速度。右边括号内即表示引力聚焦的作用。对于典型的太阳星云,在距离恒星 $5AU$ 的地方,星子的吸积时标在 10^5 年量级。当行星胚胎质量足够大时,其对气体的吸积率开始缓慢增长,气态巨行星的形成也进入第二个阶段。

(2) 准静态沉积阶段:随着行星胚胎(行星核)质量的增加,行星所俘获的气体质量也随之增加,包裹在行星核外侧的气体层形成行星的原始大气。这一阶段行星的大气处于流体静力学平衡和热平衡状态[4]:

$$\frac{dP}{dR} = -g\rho_g \quad (2)$$

$$\frac{dT}{dR} = \frac{-3\rho_g \mu}{16\sigma_b T^3} \frac{L}{4\pi R^2} \quad (3)$$

其中 p，T 分别为气体压强和温度，ρ_g 是气体密度，$g = GM(R)/R^2$、μ 和 σ_b 依次是引力加速度，大气不透明度和玻尔兹曼常数，而 L 是行星大气辐射光度。在此平衡状态，大气辐射出去的能量等于行星核吸积星子所释放出的能量：

$$L_{core} = \frac{GM_{core}\dot{M}_{core}}{r_{core}} \quad (4)$$

$\dot{M}_{core}$ 是行星核吸积星子的吸积率，随着其引力俘获范围内星子被逐渐清空，行星对固体的吸积率逐渐减小：$\dot{M}_{core} < 10^{-6} M_\oplus \text{yr}^{-1}$。而随着行星质量的增加，其俘获气体的能力也逐渐增加。当气体质量增加时，大气在引力作用下收缩，而同时吸积气体和星子所施放的能量以辐射形式加热大气，使之膨胀，结果是行星对气体的吸积十分缓慢。这一准静态过程的时标通常在 10^6 年左右。当行星吸积的气体质量与行星核的质量相等时，大气层的准静态热平衡被打破：行星核通过吸积星子所放出的能量无法继续支撑大气层，于是气体在引力作用下迅速坍缩。此时行星核的质量称为临界质量 M_{crit}，通常在 15~30 个地球质量左右。在行星核达到临界质量以后，就开始有效地吸积气体，它的演化也随之进入最后一个阶段。

(3) 气体吸积阶段：当行星大气坍缩以后，恒星盘里的气体源源不断地涌进行星的洛希瓣内(Roche lobe)，而进入行星洛希瓣的气体又继续向行星核坍缩。此时行星的质量成雪崩式增长，在很短时间内达到几个木星质量，成为气体巨行星。当行星质量达到木星量级以后，它的潮汐作用会清空其轨道周围的气体，并在气体盘上打开空隙，此后行星对气体的吸积也几乎停止了。

可以发现，气体巨行星的质量取决于它所在的地方的温度以及有没有足够的气体和星子供其吸积。根据对原始太阳星云中密度、温度分布的研究，通过核吸积模型可以较好的解释太阳系内各巨行星如何在当地形成。因此在太阳系外行星发现之前，核吸积模型一直占据主导地位。在太阳系外行星，特别是热木星(hot Jupiter)被大量发现以后，核吸积模型遇到了困难。最关键的是时标问题：首先，当行星胚胎生长到几个地球质量后，气体盘与它的相互作用会使它的轨道发生迁移。这种 I 型迁移的时标很短，远小于行星胚胎生长到临界质量所需的时间。因此在行星胚胎有效吸积气体之前，它就可能被中央恒星所吞噬(I 型迁移的方向一般通常是向内)。其次，即使有其他机制使得行星胚胎从 I 型迁移中幸存下来，它仍然需要几百万年的演化时间来生长到临界质量，而气体盘的寿命一般也在百万年量级，这就造成行星胚胎生长到临界质量以后却无法有效吸积气体。再次，对于太阳系外行星的统计结果显示，在 G 型恒星周围存在气体巨行星的频率可能达到 40%之多，如此高的频率显示气体巨行星的形成过程应该是非常高效的。同时，在很多年轻恒星

(年龄小于百万年量级)周围发现的气体巨行星也暗示巨行星的形成过程应该更加迅速。最后，最近对木星结构的研究发现，木星的核可能比预期的小，在 5 个地球质量左右。而这小于行星核有效吸积气体所需要的临界质量。这些问题迫使人们重新思考核吸积模型并寻找更有效的形成机制。而与核吸积模型有争议的另一种模型，却在时标问题上有着巨大的优势。

2.2 引力不稳定模型

引力不稳定模型，顾名思义是指行星通过气体的引力不稳定过程形成。这个模型的优点在于在很短的时间之内就可以形成气体巨行星：在一个引力不稳定盘中，从气体盘分裂、凝聚成团块到团块最终坍缩形成行星，所需要的时间只有 10^3 年量级[5]。其实早在核吸积模型提出以前，Kuiper 就在 1949 年提出了最早的引力不稳定模型。其根本思想为：如果原恒星盘足够稠密，则在受到扰动后会逐渐形成环状结构，进而分裂成气体团块(fragmentation)。这些团块随着气体盘一起运动，并进一步坍缩，当团块的密度达到或超过 Jeans 极限时就会坍缩形成行星。判断气体盘是否会发生引力不稳定的重要参数是 Toomre Q：

$$Q = \frac{\Omega c_s}{\pi G \Sigma} \tag{5}$$

它描述了气体盘上气体自引力与旋转、热运动的平衡。其中 c_s 是盘上气体的声速。气体盘发生引力不稳定的条件是 $Q<1$。也就是气体盘的自引力作用($\pi G \Sigma$)超过由旋转(Ω)和热运动(c_s)产生的支撑作用。要达到 $Q<1$ 的条件，就需要气体盘的质量达到十分之一个太阳质量。当气体盘较冷时发生引力不稳定所需要的质量在太阳质量的百分之一量级，也就是几十个木星质量。当气体团块坍缩形成气体巨行星后，行星内部的温度和压力迅速升高，气体中的重元素缓慢沉积到行星的中心形成固体核。而固体核的大小与形成行星的气体星云的金属丰度息息相关。在气体巨行星演化过程中，其外面的大气在中央恒星的辐射下缓慢消散，使得中心固体核所占的比例增加。如果行星距离中央恒星很近或辐射很强的情况下，气体完全被蒸发，只剩下固体核，最后也可能形成固体行星。

然而，同核吸积模型一样，引力不稳定模型也遇到一些很难克服的困难。首先，在原恒星盘中发生引力不稳定的条件过于苛刻。气体盘只有在非常稠密(比太阳星云重一个量级以上)或者温度非常低的情况下才可能发生引力不稳定过程。其次，由引力坍缩造成的加热过程，又会导致气体盘温度升高从而抑制引力不稳定的发生。除非有别的机制可以使盘上气体冷却或者面密度增加的时标小于盘的动力学时标，而这在行星形成阶段是不太可能发生的[6]。最后，数值模拟的结果也显示，由引力不稳定产生的气体团块很快就会消散[7]。这些问题给我们通过引力不稳定模型解释气体巨行星的形成带来了困难。

3. 前景

通过前面的叙述，我们可以看到气体巨行星的形成过程是相当复杂的。核吸积模型和引力不稳定模型都有各自的优势，却也都无法完全解释气体巨行星的形成过程。越来越多的人开始尝试修改这两种模型或者提出新的形成机制，甚至将这两种模型综合起来解释丰富多样的气体巨行星，而所有的结果都需要通过观测事实的判定。随着观测手段的进一步发展，越来越多的太阳系外行星会被发现，这使我们能够更加全面的了解行星的统计学规律，为我们研究它们的形成过程提供更多的依据。

参 考 文 献

[1] Weidenschilling S J. Dust to planetesimals-Settling and coagulation in the solar nebula, Icarus, 1980 (44): 172–189.

[2] Safronov V S, Zvjagina E V. Relative sizes of the largest bodies during the accumulation of planets, Icarus, 1969 (10): 109–122.

[3] Pollack J B, Hubickyj O, Bodenheimer P, Lissauer J J, Podolak M, Greenzweig Y. Formation of the giant planets by concurrent accretion of solids and gas, ApJ, 1996 (109): 308–325.

[4] Papaloizou J C B, Nelson R P. Models of accreting gas giant protoplanets in protostellar disks, A&A, 2005 (433): 247–265.

[5] Boss A P. Giant planet formation by gravitational instability, Science, 1997 (276): 1836–1839

[6] Laughlin G, Bodenheimer P. Nonaxisymmetric evolution in protostellar disks, ApJ, 1994 (436): 335–370.

[7] Pickett B K, Cassen P, Durisen R H, Link R. The E_ects of thermal energetics on three-dimensional hydrodynamic instabilities in massive protostellar disks, ApJ, 1998 (504): 468–482.

撰稿人：张　辉　周济林

南京大学天文系

大气盘中的行星迁移

Migration of Planets in a Gas Disk

1. 背景

随着太阳系外行星系统的不断发现,人类关于行星形成的理论面临新的挑战。行星在形成过程中的轨道迁移问题就是其中之一。例如,在距离恒星非常近的地方发现了不少气体巨行星。由于当地的有效温度较高,它们被称为热木星[1](hot Jupiter)。中央恒星的辐射和潮汐作用,使得气体巨行星不可能在如此近的地方形成,最可能的解释是它们在别处形成以后通过某种机制迁移到现在的位置上。那么是什么机制使得这些巨行星在形成过程中迁移如此大的范围?不同类型行星的迁移过程又有什么不同?这些都是现代行星形成与演化理论中急需解决的问题。引起行星迁移的机制包括:行星与行星之间的动力学散射,行星在星子盘中的迁移等。本文介绍行星在大气盘中的迁移。

2. 大气盘中行星迁移的机制与类型

其实在太阳系外行星被发现之前,人们通过理论分析就已经发现,当行星周围存在气体盘时,行星的引力势会在气体盘上特定的位置激发起密度波[2~4]。当行星道角速度 Ω_p 与气体运动的轨道角速度 Ω 满足一定条件时就会发生共振并激发出密度波。共振条件为:

$$m(\Omega - \Omega_p) = \begin{cases} 0 \\ \pm\kappa \end{cases} \tag{1}$$

其中 κ 是气体轨道运动的本轮频率,当第一种情况成立时,发生共旋共振(corotation resonance)。密度波会在共振位置上被激发出来,并对行星产生一个反作用,称为共旋力矩。第二种条件成立时分别对应内、外两族 Lindblad 共振。此时产生的力矩称为 Lindblad 力矩。根据行星对气体盘扰动程度的不同,行星在气体盘内的迁移又可以分为三种类型:

(1) I 型迁移

当行星的质量相对较小时(大约 30 个地球质量以下),气体盘的密度分布没有发生大的改变。此时行星所受的力矩可以通过线性分析得到。而计算表明作用在行星上的外 Lindblad 力矩往往大于内 Lindblad 力矩。所以行星受到的净力矩是负的,因此行星的 I 型迁移方向一般情况下(对于均匀或单调递减的密度分布)是向内的。

对于典型的盘参数，$a = 1\text{AU}$ 处一个地球质量行星的 I 型迁移时标大约是 1.6×10^5 年[5]。

(2) II 型迁移

当行星质量较大时(土星质量以上)，它对气体盘的影响不能再被当作线性小扰动对待。在共振处激发出来的密度波会在行星周围形成非线性的激波，激波沿着气体盘的径向传播，行星与气体的角动量交换就发生在激波区域。行星转移其轨道内侧气体的角动量到其轨道外侧气体上，当达到平衡时在行星轨道附近形成空隙(见图 1)。

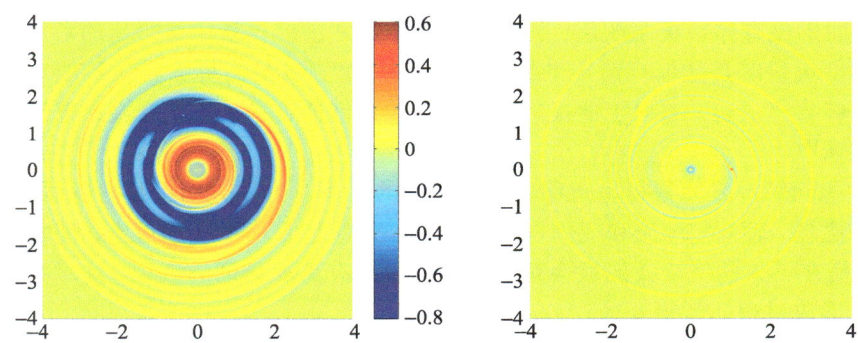

图 1 左图显示了 1 个木星质量的行星对气体盘的扰动(II 型迁移)，大质量行星在气体盘中激发起强烈的密度波，并在自己轨道附近打开空隙；右图显示了 2 颗 10 个地球质量的行星对气体盘的扰动(I 型迁移)，此时气体盘的整体密度分布没有发生整体改变。此结果由流体数值模拟得到，红色表示高密度区域，蓝色表示低密度区域，左右两幅图的颜色梯度相同。

而行星被"镶嵌"在气体盘中随着气体一起迁移[6]。II 型迁移的时标正比于气体盘自身的黏性演化时标。对典型参数值，处于 5AU 处行星的 II 型迁移时标为 τ_{II} 约 $10^6 \sim 10^7$ 年。

(3) III 型迁移

当行星轨道共旋区域内的气体密度分布发生剧烈变化时，大量气体会穿越行星的轨道，产生巨大的共旋力矩。行星在共旋力矩的作用下发生非常迅速的迁移，我们称之为 III 型迁移或雪崩迁移(runaway migration)。III 型迁移的发生与穿越行星轨道共旋区域的气体总量有很大关系，因此这类迁移被认为较容易发生在稠密的气体盘中。同时发生 III 型迁移的一般是中等质量的行星，其对气体盘的影响处于非线性范围，但其清空自己轨道共旋区域内气体的能力又较弱[7]。III 型迁移的时标非常短，通常在几十个轨道周期的量级。

无论哪种类型的迁移，其本质都是行星与其他对象(气体，星子等)发生相互作用而产生角动量的变化。虽然原理上简单,但是在实际过程中,依然存在很多问题。

3. 行星迁移理论所面临的困难与发展前景

如果行星系统是从原恒星盘中演化形成的,那么迁移过程也应该是普遍的现象。众多热木星、热土星的发现从一个侧面支持了这一判断。那么为什么太阳系内的木星和土星没有发生迁移呢?同样的,并不是所有的气体巨行星都在距离恒星很近的位置上。它们既然能够吸积到如此多的气体,就说明在他们形成过程中气体盘是一直存在的。那么一定有其他机制减慢、甚至阻止了它们在气体盘中的迁移。对于小质量的岩石行星也存在这一问题,Ⅰ型迁移的时标远小与岩石行星形成所需的时间,如果没有停留机制的话,岩石行星在形成之前就会被中央恒星所吞噬。我们的地球、火星等是如何存活下来的? 此外,Ⅱ型迁移的时标太长,不能有效地将气体巨行星"送到"离出生地很远的地方。而Ⅲ型迁移是否真实存在,仍然有待进一步确认[8]。

这些问题一方面是行星迁移理论所面临的挑战,另一方面也是它发展的动力。人们将磁场、辐射、湍流和气体自引力等各种效应加入行星迁移理论,使之更加完善。相信在不久的将来我们就会对行星迁移过程有更加透彻的认识,这对我们理解行星的形成过程非常重要。

参 考 文 献

[1] Bodenheimer P, Hubickyj O, Lissauer J J. Models of the in situ formation of detected extrasolar giant planets, Icarus, 2000 (143): 2–14.

[2] Rasio F A, Ford E B. Dynamical instabilities and the formation of extrasolar planetary systems, Science, 1996 (274): 954–956.

[3] Malhotra R. The origin of pluto's peculiar orbit, Nature, 1993 (365): 819–822.

[4] Goldreich P, Tremaine S. The excitation of density waves at the Lindblad and corotation resonances by an external potential, ApJ, 1979 (233): 857–871.

[5] Ward W R. Protoplanet migration by nebula tides, Icarus, 1997 (126): 261–281.

[6] Lin D N C, Papaloizou J C B. On the tidal interaction between protoplanets and the protoplanetary disk. Ⅲ-Orbital migration of protoplanets, ApJ, 1986 (309): 846–857.

[7] Papaloizou J C B, Nelson R P. Models of accreting gas giant protoplanets in protostellar disks, A&A, 2005 (433): 247–265.

[8] Zhang H, Yuan C, Lin D N C, Yan C C. On the orbital evolution of a Jovian planet embedded in a self-gravitating disk, ApJ, 2008 (676): 639–651.

撰稿人:张 辉 周济林

南京大学天文系

天体自转的起源

Origin of Celestial Body's Rotation

1. 天体自转的普遍性

唐代诗人白居易(772~846)在他的千古名篇《长恨歌》中，曾用"天旋地转"来比喻安史之乱后政局的巨大变迁，形象地折射出天体东升西落的壮观景象在古代人们心灵中引起的震撼。尽管古希腊的费罗劳斯、海西塔斯等早已提出过地球自转的猜想，中国战国时代《尸子》一书中就已有"天左舒，地右辟"的论述，但由于运动的相对性，人们并不能确定究竟是天不动"地转"还是地不动"天旋"。实际上，以托勒密(约 90~168)为代表、认为地球静止于宇宙中心的地心说在长时间占据统治地位，只是在 1543 年哥白尼日心说提出之后，地球(以及其他行星)在围绕太阳公转的同时也在自转的概念才逐渐得到人们公认。1610 年，伽利略首次用望远镜观测太阳表面特征，通过黑子运动发现太阳本身也在自转，周期约 27 天。后来人们用类似方法陆续发现其他行星的自转(水星 58.6 天，金星 243 天，火星 1.03 天，木星 0.41 天，土星 0.44 天)。现代通过吸收线的多普勒展宽，可以测定恒星的赤道自转速度从晚型星的平均约 10 千米/秒到早型星的 200 千米/秒。狮子座 α A 自转速度达 317 千米/秒，相当于 16 小时转一周。1967 年，英国天文学家 A.休伊什的研究生 J.贝尔首次发现周期 1.337 秒的脉冲射电源，很快被证认为高速自转的中子星。在现已发现的 1600 多颗脉冲星中，周期最短者已近 1 毫秒。19 世纪末 20 世纪初，P.O.斯特鲁维、B.林德布拉德、J.H.奥尔特等利用恒星自行和视向速度数据确定银河系在(较差)自转，太阳附近(距银心 8 千秒差距)的自转速度约 220 千米/秒(周期 2.5 亿年)。通过测定谱线的多普勒移动(或展宽)，人们发现成千上万的河外星系存在着不同程度的自转，其中旋涡星系的扁平形态实际上是旋转离心力和引力平衡的产物。由此可见，自转是包括行星、恒星、星系等宇宙各个层次的天体普遍存在的一种运动形式。研究各层次天体自转的产生，也就是自转起源和演化的历史，是过去、现代乃至未来天文学面临的一个重大任务。

2. 先天传承还是后天获得

天体的自转一般是指其各部分绕一定轴(通常穿过质心)做圆周运动。在经典力学中，定义物体上一质点对于质心的角动量 l_i 为其质量 m_i 乘以质心到该点的矢径 r_i 与速度 v_i 的矢积 $l_i=m_i r_i \times v_i$，所有质点角动量的矢量和即为整个物体的(净)角动量

$L=\sum l_i$。它亦可表为物体惯性矩 $I=\sum m_i r_i^2$ 与角速度 ωn 的乘积(n 与自转轴同向)。惯性矩依赖于物体的质量分布。例如，对于质量为 M 半径为 R 的球体，我们有 $I=2/5 MR^2$。根据角动量守恒定律，不受外力矩作用的物体，其角动量不随时间改变。因此，一个孤立天体的质量分布在演化过程中若无变化，则其自转的角速度 ω 和方向 n 也都不会变化。我们就可以直接推论今天观测到的自转是从它诞生的母体带来的。但是，宇宙中的天体大多不是刚体，而是由原本弥漫的气态物质逐渐凝聚而成。即便我们假定天体不受外力作用而保持其诞生时的角动量，但该天体在自身引力作用下的收缩将减小其惯性矩，从而使自转角速度增加。中子星的自转周期远小于自转最快的恒星，原因就在于前者是后者演化晚期坍缩的结果。如果考虑到天体内部的黏性、磁场、物质流动等因素引起的角动量转移(再分布)，其主体和各部分自转的演化就不容易预测了。更需强调的是，宇宙中任何天体都不是孤立的，其自转状况不仅传承于母体，而且受其近邻、乃至"远亲"的作用所改变。地球自转决定于原太阳星云的起源与演化，恒星自转决定于银河系的起源与演化，星系的自转决定于宇宙的起源与演化。换句话说，天体自转产生的问题同宇宙起源与演化紧密联系在一起[1]。这也许就是它成为科学难题的原因所在。

3. 太阳系自转的起源

近代天体演化的思想最早可以追溯到 17 世纪。笛卡儿的"以太旋涡"说认为宇宙充满不可见的、连续的、可压缩的本源物质——以太，以太旋涡通过不断的摩擦和碰撞聚集成太阳、恒星、行星等可见天体。牛顿则在他给本特利主教的通信中提出无限宇宙中的弥漫物质涨落通过引力不稳定性凝聚而成天体的设想。牛顿的万有引力定律成功地解释了开普勒的行星运动三定律，但未能说明行星绕日公转所需切向运动的来源。1796 年拉普拉斯提出星云说(与康德 1755 年提出的星云说类似)，认为整个太阳系起源于一开始就在缓慢自转的大团炽热气体物质，这个"原太阳星云"在引力作用下逐渐冷却收缩，因角动量守恒而旋转得越来越快，沿其赤道伸展为一个扁平圆盘，在星云外缘，离心力超过引力的时候便分离出一个环，这样反复分离成许多环。这些环由于物质分布不均匀而进一步收缩，形成行星，中心部分则形成太阳。星云说能自然地说明大行星公转的共面性，以及和太阳、行星自转的同向性，但长期面临的一个重大困难是：如果行星和太阳来自同一星云，它们应该具有相似的角动量-质量比。而观测事实是太阳占有整个太阳系 99.8%的质量，而角动量却不足 1%！只是在 1942 年阿尔文提出磁耦合机制：认为束缚于太阳磁力线上的带电粒子能够将太阳角动量向外转移，从而使上述困难得以克服之后，逐步完善化的现代星云说才成为太阳系起源的主流理论[2]。

4. 星系自转的起源

星云说看来已相当成功地把太阳、行星等天体的自转和公转归因于它们共同母体的原太阳星云的自转,那么按照经典力学的定理,这个自转角动量亦可由其母体——银河系其他成员的相互作用自然获得。在银河系2千多亿颗恒星之中,太阳只是普通一员。这些恒星(以及星际气体)大多分布在中央突起的扁平圆盘(银盘)内,围绕银心同向旋转,少部分成球状分布(银晕)绕银心做方向随机的转动。所以银河系具有明显的净角动量。处在双星、聚星或星团中的恒星(约占总数一半)特别引人注目。监测食变双星光变曲线和分光双星视向速度曲线可以获得成员星质量、大小、间距、转动周期等重要参数及其变化,有助于人们了解产生角动量转移的各种物理机制。例如,由于潮汐变形相对于应力滞后而产生的力矩,会使得子星自转周期和轨道周期逐渐同步化(潮汐锁定),从而引起自转角动量和轨道角动量之间的转移。(这也是月亮老以一面对着地球、地球自转周期每世纪变慢1.5毫秒,而月地平均距离逐年增加的原因。)更激烈的角动量转移出现在双星系统中一个子星演化到充满洛希瓣时,其上的物质通过拉格朗日点流向另一子星(洛希瓣溢流),若后者已经演化为一个致密天体(如中子星),溢流将形成一个转动的吸积盘,甚至直接落入其内。这种形式的角动量转移可以为毫秒脉冲星自转加速提供一种自然解释。

如果说银河系是数以百亿计的恒星组成的王国,宇宙就是数目同样众多的星系组成的王国。20世纪30年代,星系天文学之父E.哈勃按形态特征将星系粗分为旋涡星系、椭圆星系和不规则星系三大类。银河系属于第一类,这一类别的命名就暗示着它们具有明显的自转,进一步观测研究证实其扁平盘产生的引力主要由自转离心力所平衡。旋转曲线内升外平的形状提示了星系周围大量暗物质的存在。第二类的名称意味着它们在空间为椭球形,自转较慢,主要靠各向异性速度弥散产生的"压强"与引力抗衡。人们常用谱线多普勒位移与展宽分别测定的自转速度与弥散速度之比 v/σ,或总角动量与质量之比 J/M,或自转能与束缚能之比(量纲为一自转参数 $\lambda=JE^{1/2}/GM^{5/2}$),来定量表征自转对不同星系的相对重要性。对于孤立的星系,可将其角动量归于起源时的初始条件。但观测显示,大量星系是成团、成群、成双的,它们之间存在不能忽略的相互作用。解析研究和 N 体数值模拟都证明,当两个星系交会时,彼此之间的潮汐力会减缓其相对运动的速度(动力学摩擦),将动能转化为内能,轨道角动量转化为自转角动量,最终导致两个成员并合。许多显示出"桥"、"尾"、"环"等形态特征的不规则星系,就是这种并合过程的遗迹。有的椭圆星系有"壳"或与外部旋转相反的核,也可能是两个旋涡星系并合的结果。在星系密度更高的宇宙早期,这类作用显然更为重要。

按照目前主流的大爆炸模型,宇宙由约73%的暗能量、23%的暗物质和4%的重子物质组成。密度高于平均值的暗物质团块(暗晕)和在其中冷却坍缩的重子物质构成原初星系,然后通过逐级并合演化为今天我们观测到的面貌。原初星系的角动量通过与相邻星系的潮汐作用(宇宙力矩)获得。根据 N 体模拟,在原初密度为高斯涨落的假设下,获得的星系量纲为一自转参数 λ 为平均值0.05,方差0.50的对数正态分布。沿此思路发展的各种解析、半解析和数值模拟星系形成模型成功地解释了盘星系的塔尼-费舍关系等观测特性,但也遇到一个严峻的挑战:由于重子气体在耗散坍缩中将过多的角动量转移给了无碰撞的暗物质粒子,使得暗晕产生缓慢旋转,而在其中形成的星系盘尺度却比观测值小了约一个量级。这个困难就是所谓的"角动量灾变"或"星系自旋危机"。进一步的分析表明,角动量灾变是重子物质过快冷却造成的。为了解决这个问题,人们尝试引入恒星形成(星暴)、AGN 活动、特别是超新星爆发等反馈加热机制。但至今尚无一种解决办法能完全令人满意[3]。

5. 宇宙整体有无转动

既然从小行星到星系等各个层次的天体都有自转,其起源问题最简单的回答就是逐级上推,设想整个宇宙也有自转,或者说宇宙的净角动量不为零。可是,在标准的弗里德曼模型中,那就意味着存在一个优越方向(自转轴),从而与均匀各向同性的前提(即宇宙学原理)矛盾。尽管如此,自 60 年前哥德尔[4]求得爱因斯坦场方程的一个严格解,据认为可描述整体旋转的宇宙以来,在广义相对论框架下寻求类似模型(例如,某些毕安基型宇宙)的努力从未中断。

当然,理论上的可能性是必须用天文观测事实进行检验的。对于近邻星系样本,具有空间分辨率的光谱观测可提供各成员自转的快慢和方向信息,再通过矢量合成求得其净角动量。对于遥远的星系样本,从成像数据分析成员的取向相关性,也可对样本有无整体自转给出一定约束[5]。但由于各研究者选择样本的大小和判据不同,至今并未取得令人信服的一致结果。以斯隆数字巡天(SDSS)为代表的现代大规模成像和光谱巡天,将为该方向的深入研究开辟新的前景。

宇宙微波背景辐射(CMB)是早期宇宙的遗迹,如果宇宙有整体自转,或许会在 CMB 中留下自己的印迹。近来 WMAP 卫星发现的宇宙微波背景各向异性(CMBA)呈现出的某些非高斯性特征,可能就来源于这种整体自转。例如在 ΛCDM 模型中,若加入无切变的自转微扰,为了同观测相容,宇宙旋转必须小于每年十亿分之一弧度[6]。

6. 平移会产生转动吗?

如上所述,天体自转起源问题相当复杂。不过,在上述考虑中,都隐含着一个假定:牛顿力学或者爱因斯坦相对论力学的运动学基础至少在局部是正确的,即非相对论的伽利略变换或者相对论的庞加莱变换至少在局部是正确的。然而,在这两种运动学中,平动与转动可以交换,亦即平移生成元与转动生成元是可以交换的。对于大尺度、甚至宇宙尺度而言,应该考虑宇宙学原理、或者与其相应的对称性。不过,基于对运动学中平动与转动之间可以交换的考虑,在上述关于自转起源的探讨中,都没有考虑平动与转动如果不可交换会怎么样?

事实上,由于暗能量以及宇宙学常数作为其最简单形式的存在,我们的宇宙在大尺度上的运动学就很可能不再是伽利略或者是庞加莱的，而可能是非相对论的牛顿-胡克或胡克-牛顿运动学，或者相对论的德西特运动学。在这些运动学的对称性中，分别出现牛顿-胡克常数 $v=c/R$，其中 c 为光速，R 为一长度量纲的普适常数。由于存在宇宙学常数 Λ 的存在，如果把宇宙学常数作为普适常数(或者至少具有一个普适的不变的背景部分)，那么就可以取 $R \approx \sqrt{3/\Lambda}$。这样一来，平动和转动就应该是联系在一起的。换言之，平移生成元和转动生成元之间，严格说来不是可以交换的，平动会自然产生转动；而平移与转动可以交换仅仅是在某种程度上的近似[7,8]。即使变换到满足宇宙学原理的相应坐标，这种对称性的基本特征也必然会保留下来。按照暴胀模型，宇宙起源于德西特相。这样，从一开始就应该考虑平动与转动不可交换的特征。然而，这一重要的对称性特征并没有引起足够的重视。

我们知道，动力学和引力应该与运动学相一致；如果运动学有所改变，动力学和引力规律也应该有所改变。这样一来，有关天体自转的起源问题，也就应该在新的基础上考虑。如何考虑？如何与观测进行比较？这些都是全新的、没有解决的问题。

参 考 文 献

[1] Silk J. The Big Bong: The creation and evolution of the universe. 3rd ed. Freeman & Company.2005 (中译本，J.希尔克. 宇宙的起源与演化-大爆炸. 第 1 版. 北京: 科学普及出版社，1988.
[2] 戴文赛. 太阳系演化学，(上).上海: 上海科学技术出版社，1979.
[3] 罗智坚，傅莉萍，束成钢. 盘状星系形成中的角动量问题. 天文学进展, 2004, 22(2).
[4] Gödel K. Rev. Mod. Phys., 1949, 21, 447.
[5] Hu F X, Wu G X, Su H J, Liu Y Z. Astron. Astrophys. 1995, 302, 45.
[6] Su S C, Chu M C. Is the universe rotating? 2009, APJ, 703, 354.
[7] Guo H Y, Wu H T, Zhou B. Phys.Lett. 2009, B670: 437–441.
[8] Guo H Y, Huang C G, Wu H T, Zhou B.The principle of relativity, kinematics and algebraic relations. 2010, ScChG, 53, 591.

撰稿人：邹振隆[1] 郭汉英[2]

1. 中国科学院国家天文台
2. 中国科学院理论物理研究所

行星磁场的产生和维持

Generation and Maintenance of Planetary Magnetic Fields

1. 问题背景

宇宙中大多数行星均具有内禀磁场，如太阳系中的地球和木星。地球磁场是由 2000 多年前中国科学家首次测量完成[1]，而木星磁场是由 Barke 和 Franklin 在约半个世纪前发现的并作了测定[2]。随着现代空间行星探索计划的开展，一些行星的磁场不断被发现和测定，行星磁场的空间结构以及随时间的变化也逐步地被揭示出来。最令人意外和兴奋的是，通过伽利略探测器人类第一次发现了行星的卫星(木卫三)也存在着内禀磁场[3,4]。

具有磁场的行星一般都呈现如下特性：快速旋转、液体内核足够大、液体导电且运动。行星内部一些重要的物理和化学信息可以较直接地由行星磁场反映出来，而用其他方法则较难获得这些信息。通过行星磁场的结构及其变化，人们可以推断出行星内部一些物理与化学状态、动力学过程以及行星演化历程。例如，行星若有磁场，其内部必须具有导电流体，且满足

$$Re = \frac{ur_0}{\lambda} \geqslant O(10),\tag{1}$$

这里 Re 是磁雷诺数，u 是流体的特征速度，r_0 是液核半径，λ 是磁扩散系数[5]。方程(1)给出了行星内部几何物理参数的重要信息[6]。

英国科学家 J. Larmor 于 1919 年在一次科学会议上首次提出天体的磁场是由天体内部流体发电机所产生的，这一观点已被现代大多数科学家所接受。行星科学家认为，行星内部流体热不稳定会产生对流运动，或者行星旋转的不均匀(例如岁差、章动)也会产生导电流体的运动；通过电磁效应，流体发电机将流体的动能转变为磁能，产生了我们观测到的行星磁场[6]。

虽然大多行星科学家都认为行星磁场是由行星内部流体发电机所产生，但是有关其动力学过程仍然有一些至今还没有搞清楚的重要科学问题。行星流体发电机的产生需要三个基本要素：电磁感应过程（运动学磁流体发电机），流体运动的产生，以及流体运动与磁场的相互作用（动力学磁流体发电机）。下面将从这三个方面来说明行星磁场研究中面临的科学难点。

2. 运动学行星磁流体发电机

虽经过多年的研究，我们已经知道很多种流体运动不能产生磁场，但是我们并

不知道在怎样的条件下，流体运动一定会通过发电机过程产生并维持行星磁场。运动学磁流体发电机是由如下三个数学方程来描述：

$$\frac{\partial \boldsymbol{B}}{\partial t} + \boldsymbol{u} \cdot \nabla \boldsymbol{B} = \boldsymbol{B} \cdot \nabla \boldsymbol{u} + \lambda \nabla^2 \boldsymbol{B}, \tag{2}$$

$$\nabla \cdot \boldsymbol{B} = 0, \tag{3}$$

$$\nabla \cdot \boldsymbol{u} = 0 \ 。 \tag{4}$$

这里，$\boldsymbol{B}$ 是行星磁场，$\boldsymbol{u}$ 是行星内部的流场。假如 $\boldsymbol{u}$ 是简单的环形流场，在球坐标(r, θ, φ)中可写成

$$\boldsymbol{u} = \Phi(r,\theta)\hat{\boldsymbol{\varphi}}. \tag{5}$$

这里 Φ 是一个物理上可接受的连续函数。那么我们可利用方程(2)~(4)证明：在一个均匀的行星液体内核[7]中（体积由 V 表示），或一个径向不均匀的内核中[8]，$\boldsymbol{B}$ 将满足

$$\frac{\mathrm{d}}{\mathrm{d}t} \int_V |\boldsymbol{B}(r,t)|^2 \mathrm{d}V < 0. \tag{6}$$

这说明任何行星的初始磁场最终都会消失，即环形流场不能产生和维持磁场。在行星磁场理论中，有很多这样的所谓"反磁流体发电机"定理。尽管我们可以做流体发电机的计算机数值模拟，可以在实验室进行流体发电机实验，但是行星科学家在理论上仍然不知道行星内部哪些流场才能不断地产生行星磁场。因此，可以说行星内部最简单的运动学磁流体发电机问题还没有得到完全解决。

3. 行星内部的流体运动

行星磁场需要其内部流体不断运动来产生和维持。目前行星科学家认为，流体运动主要由两种不同的机制产生。第一种是行星内部的热对流，当行星内部大量热能不能单独地通过热传导输出时，热不稳定性将导致对流的发生[9]。行星内部热对流问题也是一个没有完全解决的问题，其主要困难来自于行星的快速旋转。Ekman数是描述行星对流的一个重要的物理参数，其定义为

$$E = \frac{\nu}{\Omega r_0^2} \tag{7}$$

这里 ν 是行星液核流体的动力学黏滞系数，Ω 是行星旋转角速度。对一般行星而言，E 值非常小。例如，地球的 E 值小于 10^{-9}，而木星的 E 值就更小[10]。小 Ekman 数造成了行星流体理论的奇异性。对于几乎不可压流体，行星内部流体的量纲为一运动方程是

$$\frac{\partial \boldsymbol{u}}{\partial t} + \boldsymbol{u} \cdot \nabla \boldsymbol{u} + 2\hat{\boldsymbol{z}} \times \boldsymbol{u} = -\nabla P + E\nabla^2 \boldsymbol{u} + \boldsymbol{f}, \tag{8}$$

$$\nabla \cdot \boldsymbol{u} = 0 \tag{9}$$

在此方程中，$\boldsymbol{f}$ 代表了作用于流体上的力（热浮力、电磁力、潮汐力等），P

为压强。准二维的对流线性理论已由 Roberts（1968 年）[11]与 Busse（1970 年）[12]建立；无应力[13]（stress-free）和刚性[14]（non-slip）边界条件的三维线性对流理论最近才被完整建立。但是，行星内部对流的非线性理论还远没有解决。例如，现有的发电机理论表明，在各种不同的流场中,较差流动是产生环形磁场一个重要因素,然而行星内部较差转动是怎样通过流体非线性效应产生的仍然是一个由待研究的问题[15,16]。

第二种行星内部流动是由其本身自转不均匀而造成的[17,18]，例如，岁差运动。在这种情况下，方程(8)中的 f 代表了 Poincare 力，它驱动了流体的运动[19]。实验结果表明，岁差可产生很复杂、类似热对流的流体运动[20,21]。理论分析显示，这种岁差驱动的流动也非常复杂[22,23]，且能产生磁场[24]。对地球的理论估计表明，由其岁差产生的对流能量足以驱动其内部发电机,产生与地球磁场强度量级相当的磁场[25]。如何将热对流理论与岁差驱动理论统一在行星磁流体动力学理论中，是一个由待解决的问题。

4. 动力学行星磁流体发电机

要深入了解为什么不同的行星会产生不同强度和时空结构的磁场,人们必须要研究动力学行星磁流体发电机问题，这也是行星磁场问题中最困难的问题。因为它涉及流体发电机的运动学方程(2)~(4)、动力学方程(8)以及行星内部的能量方程的联立求解，它们是强非线性和强耦合的。第一个动力学行星发电机模型是由 Zhang 和 Busse 在 1989 年建立的[26]，但其采用的 Ekman 数远远大于行星实际值。为达到可以研究较小的 Ekman 数目的，Glatzmaier 和 Roberts[27,28]引入了超黏滞假设，但该假设却改变了行星内部最基本的动力学特征，是不可取的[29,30]。到目前为止，人们还没有建立起来一个可信的动力学行星磁流体发电机模型,该模型需包含接近实际行星物理参数，且能够揭示行星磁场的形成和维持的动力学过程。

随着现代并行计算机的快速发展,行星科学家都在尝试将现有的模型推进到行星物理参数范围内，同时采用一些适用于大型并行计算机的新方法[31,32]。也许在未来一段时间内,行星科学家能够对行星磁场是怎样产生和维持的问题给予一个好的回答。

5. 小结

随着现代世界各国深空探测计划的开展,虽然人类对行星磁场的观测结果越来越多，越来越精细，但是行星磁场是怎样产生和维持的仍然是一个没有解决的基本行星科学问题。问题的难点在于行星流体发电机的物理与数学都非常复杂，极具挑战性，它涉及行星的流体动力学、热对流理论、磁感应理论以及磁流体动力学理论。爱因斯坦在 20 世纪 50 年代指出，行星磁场是一个重大的未解决的科学问题。尽管人类经过半个世纪的研究，对此问题的认识有了很大进展，但我们离开此问题的完整答案还有很远的距离。

参 考 文 献

[1] Needham J. Science and Civilization in China, Vol. 4: Physics and Physical Technology. Cambridge, England: Cambridge University Press, 1962: Part 1. Physics.

[2] Burke B F, Franklin K L. Observations of a variable radio source associated with the planet Jupiter. J Geophys Res, 1952, 60: 213–217.

[3] Kivelson M G, Khurana K K, Russell C T, Walker R J, Warnecke J, Coroniti F V, Polanskey C, Southwood D J, Schubert G. Discovery of Ganymede's magnetic field by the Galileo spacecraft. Nature, 1996, 384: 537–541.

[4] Schubert G, Zhang K, Kivelson M G, Anderson J D. The magnetic field and internal structure of Ganymede. Nature, 1996, 384: 544–545.

[5] Bloxham J, Jackson A. Fluid flow near the surface of Earth's outer core. Rev Geophys, 1991, 29: 97–120.

[6] Moffatt H K. Magnetic Field Generation in Electrically Conducting Fluids. Cambridge, England: Cambridge University Press, 1978.

[7] Bullard E C, Gellman H. Homogeneous dynamos and terrestrial magnetism. Phil Trans Roy Soc A, 1954, 247: 213–278.

[8] Zhang K, Chan K H, Zou J, Liao X, et al. A three-dimensional spherical nonlinear interface dynamo. Astrophys J, 2003, 596: 663–679.

[9] Chandrasekhar S. Hydrodynamic and Hydromagnetic Stability. Oxford: Clarendon Press, 1961.

[10] Gubbins D, Roberts P H. Magnetohydrodynamics of the Earth's core. Geomagnetism, Vol 2. ed. Jacobs J A. London: Academic Press, 1987: 1–183.

[11] Roberts P H. On the thermal instability of a self-gravitating fluid sphere containing heat sources. Phil Trans R Soc Lond Ser A, 1968, 263: 93–117.

[12] Busse F H. Thermal instabilities in rapidly rotating systems. J Fluid Mech, 1970, 44: 441-460.

[13] Zhang K, Liao X. A new asymptotic method for the analysis of convection in a rotating sphere. J Fluid Mech, 2004, 518: 319–346.

[14] Zhang K, Liao X, Busse F H. Asymptotic solutions of convection in rapidly rotating non-slip spheres. J Fluid Mech, 2007, 578: 371–380.

[15] Zhang K. Spiralling columnar convection in rapidly rotating spherical fluid shells. J Fluid Mech, 1992, 236: 535–556.

[16] Liao X, Zhang K, Chang Y. Nonlinear torsional oscillations in rotating systems. Phys Rev Lett, 2007, 98: 094501.

[17] Malkus W V R. Precessional torques as the cause of geomagnetism. Science, 1968, 160: 259–264.

[18] Bullard E C. The magnetic flux within the earth. Proceedings of the Royal Society A, 1949, 197: 433–453.

[19] Busse F H. Steady fluid flow in a precessing spheroidal shell. J Fluid Mech, 1968, 33: 739–751.

[20] Vanyo J P, Wilde P, Cardin P, Olson P. Experiments on precessing flows in the Earth's liquid

[21] Noir J, Cardin P, Jault D, Masson J P. Experimental evidence of non-linear resonance effects between retrograde precession and the tilt-over mode within a spheroid. Geophysical Journal International, 2003, 154: 407–416.

[22] Tilgner A, Busse F H. Fluid flows in precessing spherical shells. J Fluid Mech, 2001, 426: 387–396.

[23] Zhang K, Kong D, Liao X. 2009. Precessionally driven flows in rotating annular channel: asymptotic anlaysis and numerical simulation. J Fluid Mech, 2009, to appear.

[24] Tilgner A. Kinematic dynamos with precession driven flow in a sphere. Geophysical and Astrophysical Fluid Dynamics, 2007, 100: 1–9.

[25] Kerswell R R. Upper bounds on the energy dissipation in turbulent precession. J Fluid Mech, 1996, 321: 335–370.

[26] Zhang K, Busse F. Convection driven magnetohydrodynamic dynamos in rotating spherical shells. Geophys Astrophys Fluid Dyn, 1989, 49: 97–116.

[27] Glatzmaier G A, Roberts P H. A three-dimensional convective dynamo solution with rotating and finitely conducting inner core and mantle. Phys Earth Planet Int, 1995, 91: 63–75.

[28] Glatzmaier G A, Roberts P H. A three dimensional self-consistent computer simulation of a geomagnetic field reversal. Nature, 1995, 377: 203–209.

[29] Zhang K, Jones C A. The effect of hyperviscosity on geodynamo models. Geophysical Research Letters, 1997, 24: 2869–2872.

[30] Zhang K, Gubbins D. Scale disparities and magnetohydrodynamics in the Earth's core. Phil Trans R Soc Lond A, 2000, 358: 899–920.

[31] Chan K, Zhang K, Li L, et al. A new generation of convection-driven spherical dynamos using EBE finite element method. Physics of the Earth and Planetary Interiors, 2007, 163: 251–265.

[32] Chan K, Zhang K, Liao X. An EBE finite element method for simulating nonlinear flows in rotating spheroidal cavities, International Journal for Numerical Methods in Fluids, 2009, DOI:10.1002/fld.2088.

撰稿人：张可可
Center for Geophysical and Astrophysical Fluid Dynamics
University of Exeter, UK

木星大气动力学与大红斑

Atmospheric Dynamics and Great Red Spot of Jupiter

木星离太阳平均距离约 5.2AU,在八大行星离开太阳距离由近及远排列中位居第五。木星公转周期为 11.863 年,自转周期为 9.925 小时,赤道半径约 71492 千米,质量约是地球的 318 倍,它是太阳系中体积和质量最大的行星,同时自转速度也最快。到 2009 年,已观测到木星有 63 颗卫星。因其公转周期近 12 年,所以古代中国称之太岁星;西方称之为丘比特(Jupiter)。

木星是一颗巨大的气态行星,因土星、天王星和海王星也是气态大行星,所以将它们一起统称为类木行星。木星大气质量成分中 75%是氢气、24%是氦气,其他气体(甲烷、水蒸气、氨气等)仅占 1%,其中心温度估计可高达 3 万摄氏度。木星最外层是氢分子大气;随着深度的增加,气态分子氢变成液态氢;在深度增加到约 1 万千米处,液态氢在高压和高温下变为可以导电的液态金属氢。据观测和理论推测,木星中心处可能存在一个由硅酸盐岩石和铁组成的核,其质量约为地球质量的 10 倍左右。

木星表面大气运动特征非常显著:(1)东西方向运动的稳定带状环流;(2)带状环流的运动方向随纬度的不同而交替变化;(3)位于带状环流之中或之间存在大小涡流(或气旋风暴),其中最大的就是通常所说的"大红斑",中心位于木星赤道南部 22°左右。

木星表面大约有 30 个带状环流,位于赤道带东向环流的宽度(纬向尺度)最大,平均风速也最大(约 100m/s),其余环流向两极分布,且方向相互交替,其带宽和速率也逐渐减小。单就赤道环流来说,其速度随纬度分布也有一定结构:零纬度附近的速度较其两侧明显减小。南北半球的环流相对赤道基本对称,但非严格对称[1]。

木星表面上的大红斑,东西长约 2.4 万千米,南北长约 1.3 万千米。早在 1665 年,意大利出生的法国科学家卡西尼(Cassini)已发现了大红斑的存在,且利用其测量过木星自转的周期。大红斑范围约三个地球大小,其外围的云系每 4 到 6 天按逆时针方向旋转运动一周,中央云系的运动速度稍慢且方向变化平凡;大红斑的位置在纬度方向变化较小,但在经度方向变化较大,最大可以达 10 度左右。1979 年 2 月 25 日,"旅行者 1 号"探测器在距离木星 920 万千米处对木星进行了观测,人们首次获得了清晰的大红斑图像,分辨率达 160 千米[2]。通过长期的观测,大红斑的尺度在逐渐变小,从 1996 年到 2006 年其尺度减小约 15%[3]。

尽管自 20 世纪 70 年代以来,有多艘空间探测器飞临木星:"先锋 10 号"、"先锋 11 号"、"旅行者 1 号"、"旅行者 2 号"、"伽利略号"以及"卡西尼号",人们对木星大气有了更深入的了解。如通过伽利略号探测资料,得到了木星赤道附近一点 0~22bar 深度的速度垂直结构等信息[4]。但这对于一个半径约 7 万千米的行星来说,我们对它的了解还远远不够。目前有关木星大气动力学与大红斑的主要科学问题是:(1) 为什么存在如此多的方向交替的稳定带状流?(2) 带状环流和大红斑在动力学上的关系?(3) 大红斑的颜色、产生及其稳定性?

对于问题(1),目前有两种理论研究解释:第一种观点认为是由于太阳对木星外层大气直接加热形成纬度方向温度梯度所致[5,6],它仅能发生在一个非常薄的球壳内,速度随大气深度减小,且高纬度与实际差别较大。第二种观点认为由内部热对流导致的众多对流柱结合而自然产生[7,8],伽利略探测器对木星赤道附近一点大气直接探测表明,木星表层大气运动速度随深度增加而增加[4],支持了第二种观点,但仅有赤道一点处的探测,观测证据还不够充分。或许这两种理论的结合可以更好地解释木星大气这一运动特征。

对于问题(2),目前的观测和研究表明,它们在动力学上联系紧密,但具体动力学过程仍需进一步研究。Cassini 飞船的图像数据表明:在与木星十分类似的土星大气中,小尺度涡流(eddy)与大尺度带状流(zonal flow)是高度相关的,且通过对 1996 年与 2004 年两次对土星大气观测发现其赤道带环流速度在明显变慢,从 1996 年的 400m/s 到 2004 年的 275m/s[9,10]。现有的旋转行星大气理论认为大尺度环流是行星内部热不稳定性引起的[11],热不稳定可以引起小尺度有序涡流,而非线性作用将小尺度涡流演化成大尺度带状环流[12-14]。由于行星是球形且快速旋转的,使得在赤道附近产生大量快速顺行环流。由此产生了一个至今没有解决的理论问题:小尺度涡流通过非线性相互作用产生了大尺度环流,这是一个能量聚集过程[15]。如果没有一种饱和机制,那么小尺度涡流将不断将能量输送到大尺度环流。当这种输送比流体耗散效应大时,系统将出现非物理结果。目前的旋转湍流理论还不能对上述能量聚集过程的饱和机制给出合理的解释。

对于问题(3),对大红斑呈现"红色"现象,目前没有确定的解释,人们猜测可能是云层放电所致或也其中含有红磷化合物。木星探测器所发回的资料表明,木星内部温度比外部高且快速旋转,由此在木星大气内部会产生众多柱状涡流,在非线性相互作用下,一些小尺度的涡流较快演变成带状环流,而一些尺度较大的涡流却会存在较长的时间,尽管它随时间是变化的[3]。据此推测,大红斑可能就是木星内部温度最高区域形成的柱状旋涡[16]。对于大红斑的争论,除了关于它的颜色外,维持大红斑的物理机制到底是什么,是一个人类还没有解决的科学问题。

参 考 文 献

[1] Porco C C, et al. Sciences, 2003, 299:1541–1547.

- [2] Limaye S S. Icarus, 1986, 65: 335–352.
- [3] Rogers J H. J. Br. Astron. Assoc. 2008, 118, 14–20.
- [4] Atkinson D H, Andrew P I, Alvin S, et al. Nature, 1997, 388: 649–650.
- [5] Gierasch P J, Conrath B J, Magalhaes J A. Icarus, 1986, 67: 456–483.
- [6] Gierasch P J, Conrath B J. J. Geophys. Res., 1993, 98: 5459–5469.
- [7] Busse F H. Icarus, 1976, 20: 255–260.
- [8] Manneville J B, Olson P. Icarus, 1996, 122: 242–250.
- [9] Porco C C et al. Sciences, 2005, 307, 1243.
- [10] Salyk C, Ingersoll A P, Lorre J, Vasavada A, Del Genio A D. Icarus, 2006, 185, 430.
- [11] Busse F H. J. Fluid Mech. 1970, 44: 441–460.
- [12] Zhang K. J. Fluid Mech., 1992, 236: 535–556.
- [13] Heimpel M, Aurnou J, Wicht J. Nature, 2005, 438, 193.
- [14] Heimpel M, Aurnou J. Icarus, 2007, 187, 540.
- [15] Liao X H., Feng T, Zhang K. The Astrophysical Journal, 2007, 666: L41–L44.
- [16] Marcus P S. (1988), Nature, 1988, 311, 693–696.

撰稿人：廖新浩
中国科学院上海天文台

行星和卫星的内部结构

Internal Structures of Planets and Satellites

1. 简介

1964 年儒勒·凡尔纳通过他的科幻小说《地心游记》向人们展示了想象中的地球内部的情况。地球内部到底是什么样子呢？科学钻探能够帮助人们搞清地下正在进行的物理化学过程及地下深层物质分布赋存状态，从而丰富人类对地下未知领域的认识。自 20 世纪 70 年代以来，世界上已有十几个国家打了近一百口深浅不一的科学钻孔，其中 4000 米以上的深孔有 20 口。最深的钻孔是前苏联位于科拉半岛的 SG-3 钻孔，深度为 12262 米。到目前为止，钻探还仅局限于地壳部分，而且钻探深度要比地球壳层的厚度小得多。因此人类还无法直接了解地球深层的情况。人类更是无法直接了解远在地球以外的其他行星和卫星的内部情况。

研究行星和卫星内部结构的目的就是揭示其整体结构和内部可能存在的具有不同物理化学性质的分层。目前的科学水平还不能直接揭示天体的内部结构，只能通过相关的观测资料来间接推断天体的内部结构。这些观测资料有[1]：天体的质量、天体的大小、几何和动力学扁率、自转周期和星震资料等。天体的质量对于其结构和化学组成具有明显的重要性。几何扁率和动力学扁率与天体内部物质分布有着密切的关系。地震学的研究使得人们得知地球具有分层结构，并且存在着几处间断面。地球内部有几层性质不同的同心层——地壳、地幔和地核。地震波（包括横波和纵波）资料是地球内部结构的直接约束之一。除了地球以外，目前只有月球和火星有星震资料。地球的分层结构模型目前被应用到其他一些类地行星和天然卫星上。

研究天体的内部结构就是从观测量推断出其内部性质。其理论基础是流体静力学平衡方程和物质的状态方程，以及形状理论。由观测资料可以得到求解模型的直接约束条件：平均密度 $\bar{\rho}$ 和量纲为一的平均惯量矩系数 I/MR^2。对于地球和月球等具有星震资料的天体还要考虑震波的速度资料。除了直接约束，还有一些间接约束，包括和内部结构有关的一些现象，比如磁场、潮汐演化、天体表面的地质状况等。间接约束虽然不能直接限定天体的内部结构，但是可以用来判断理论模型是否合理。

2. 存在的主要问题

2.1 内部结构模型的不唯一性

分层结构模型不唯一的原因主要有两个。一方面，在理论计算的过程中，由于方程的个数要少于未知数的个数,通过理论计算出来的分层结构模型不可能是唯一的,而是得到一系列的解。另一方面,我们无法知道精确知道行星或卫星内部物质,只能通过其他一些间接约束来推断其内部的物质组成。这样,就可能有多种不同物质组成的分层结构模型,这些模型均能满足现有的观测数据。图 1 所展示的是一组木星的卫星 Callisto 满足观测质量和量纲为一的平均惯量矩系数的三层内部结构模型。其中核的密度有三种可能:岩石核($3.56 g/cm^3$)、Fe-FeS 混合核($5.15 g/cm^3$)和纯铁核($8.0 g/cm^3$)。目前还无法解决模型不唯一的问题,只能靠其他间接约束来缩小合理模型的范围。

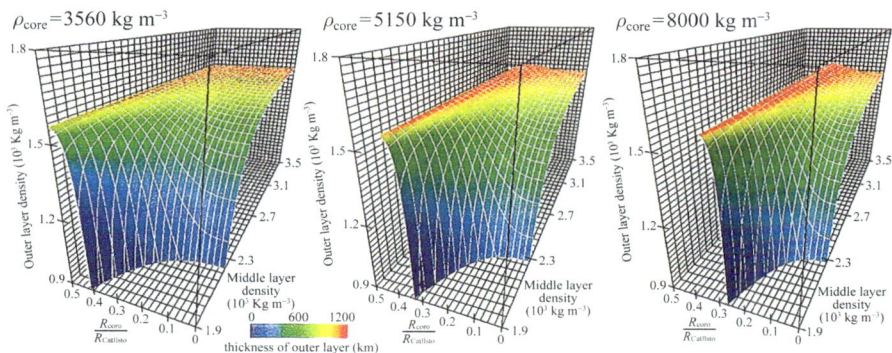

图 1　Callisto 的三层内部结构模型[2](三个轴分别为核的相对半径、中间层的密度和最外层的密度)。

2.2　重力场的探测

量纲为一的平均惯量矩系数 I/MR^2 作为直接约束之一,只能来源于空间探测。I/MR^2 与重力场展开式中的系数 J_2 和 C_{22} 有关。密度均匀天体的 I/MR^2 等于 0.4。对一般的天体,I/MR^2 小于 0.4。其值越小,物质越往中心集中,中心物质的密度越大。比如,木卫三的探测结果为 $I/MR^2 = 0.3105 \pm 0.0028$,表明其中心应该有一个比较大的金属核;而木卫四的探测结果为 $I/MR^2 = 0.359 \pm 0.005$,表明其内部部分分化,中心很可能是岩石核[3]。I/MR^2 的误差越小,理论模型的可调节范围越小。如果没有 I/MR^2 的数据,那么内部结构只能根据天体的质量、大小和已有的太阳系天体的信息来分析。

自 1957 年 10 月 4 日第一颗人造卫星上天,全世界已发射了 100 多个空间探测器。地球是人类首先关注的对象。随后,人类跨过近地空间到月球和月球以外的深空进行探测。火星是人类除地球和月球以外了解最多的行星,已经有超过 30 枚探测器到达过火星,并发回大量的珍贵数据和图片。1995 年发射的 Galileo 飞船对木星及其卫星系统作了详细探测,获得了宝贵的资料。2004 年 Cassini 探测器对土星及其卫星系统(主要针对 Titan)做了探测,获得相当多数据。另外,水星、金星、天王星和海王星也曾被拜访过。这些探测都为了解这些天体的内部结构立下了汗马功劳。随着空间探测的进一步开展,将会有越来越多的天体被揭开神秘的面纱。

自 20 世纪 90 年代第一颗系外行星被发现以来,越来越多的系外行星相继被发现。到 2010 年 5 月,已有 454 颗系外行星被发现[1]。系外行星的内部结构也越来越受到重视。由于受到观测方法的限制,绝大部分系外行星与太阳系的气态巨行星相当。最近几年,陆续发现了一些系外类地行星,比如 GJ876, GI581c 等[5,6]。由于缺乏必要的观测资料,系外行星内部结构的研究目前还处在理论探讨阶段[7]。

2.3 物质的状态方程

物质的状态方程给出了压力、密度和温度之间的函数关系。在行星内部,物质处于高压下的凝聚态,状态方程要比气体时的方程复杂得多。

太阳系行星和卫星的内部结构以地球和木星为代表。这两个天体代表了两种截然不同的内部结构。这两种类型完全是由于天体的大小和内部物质的不同所造成的。以地球为代表的类地行星和卫星是固态的,其内部主要以水冰、硅酸盐和重金属为主要成分;而木星等大行星则是液态行星,主要成分是氢和氦。类地行星和卫星的状态方程主要是水冰、硅酸盐和各种重金属的压力、密度和温度之间的关系。类地行星和天然卫星目前常采用 Emden 方程[8]或 Birch-Murnaghan 方程[7]作为状态方程。而大行星则是氢和氦(包括气态、液态和金属态)的压力、密度和温度之间的关系[4]。到目前为止,科学家在地面实验室条件下只能部分了解这些物质在某些压力状态下的状态方程,对于中心处于极端高压状态的天体的状态方程仅有非常肤浅的了解。随着理论和实验的进一步发展,科学家们对物质的状态方程会有更为深入的了。那时,人类对天体的内部结构将会有更为清楚的认识。

3. 结束语

行星和卫星内部结构的研究不仅涉及空间探测,而且与相关的理论研究有着密切的联系。在利用现有理论的情况下,可以建立可能的分层结构模型。反过来,利用建立的模型来计算天体的一些动力学参数,并结合长期的观测,对已有的模型进行评估、修正。

随着系外行星内部结构研究的深入,我们还可以深入比较系外行星和太阳系行星内部结构的不同,从而为我们了解行星系统的形成打下基础。

---

[1] 网址: Exoplanet.eu。

参 考 文 献

[1] 陈道汉，刘麟仲. 现代行星物理学. 上海: 科学出版社, 1988, 180–243.
[2] Anderson J D, Jacobson R A, & McElrath T P. Shape, mean radius, gravity field, and interior structure of Callisto. Icarus, 2001, 153: 157–161.
[3] Showman A P, Malhotra R. The Galilean satellites. Science, 1999, 286: 77–84.
[4] Zharkov V N, Trubitsyn, V P. Physics of planetary interiors. Tucson: Pachart Publishing House, 1978: Chap 2, 146–220.
[5] River E J, et al. A 7.5 earth-mass planet orbiting the nearby star, GJ876. ApJ, 2005, 634: 625–640.
[6] Raymond S N, Mandell A M, Sigurdsso S. Exotic earths: forming habitable worlds with giant planet Migra. Science, 2006, 313: 1413–1416.
[7] Valencia D. Internal structure and thermal state of super earth. Harvard University, 2008.
[8] Zhang H. Internal structure models and dynamical parameters of the Galilean satellites. Celestial Mechanics and Dynamical Astronomy, 2003, 87: 189–195.

撰稿人：张 鸿
南京大学天文系

行星重力场测量及内部物理结构反演

Observation of the Gravity Fields of Planets And Inversion of Their Physical Structure Interior

在几乎所有的月球和行星探测计划中,对目标天体的重力场的测量和研究都是必不可少的。太阳系外行星因缺少观测还难以开展对其重力场的深入研究。太阳系内通常分为两类:类木行星、类地行星及其卫星。它们有各自不同的特点。

对于类木行星,主要由气体组成,内部大气对流变化很快,因此它们的重力场的时变性非常显著。对于木星和土星及其卫星的重力场解算主要来自于对 Pioneer、Voyager 系列计划和 Cassini 计划的射电跟踪资料。如,土星重力场目前较可靠的只能到 10 阶次[1];木星还有 Ulysses 和 Galileo 计划的跟踪资料,可以有更高阶的重力场结果[2];木卫五已有 6 阶次的重力场结果[3]。或许后续的 Juno 计划可以为我们提供更多的关于木星重力场的结果。而目前仍在超期服役的 Cassini 卫星在探测土星、环、磁场及其卫星等方面(含重力场)取得了丰硕的成果。

对于地球,可以在地面及低空进行绝对或相对重力及重力梯度的测量、或者借助卫星开展重力直接观测。在 20 世纪 90 年代,将 GPS 安装在绕地球飞行的卫星上,同时借助于激光测距跟踪,可精确地得到卫星的轨道,从而反演出地球重力场。近年来,卫星-卫星跟踪技术(SST)得到了广泛应用,如 CHAMP、GRACE 和 GOCE 计划,前两个都在超期服役。GRACE 卫星已给出 360 阶(甚至 2160 阶,如 EGM2008 模型)的重力场及其变化(35 天甚至一星期间隔),从而可对地区性的质量变化特别是地面和浅地表的流体迁移开展研究[4]。GOCE 卫星由于搭载了特殊设计的重力梯度仪和阻力补偿技术的应用,可以预期对全球冰川的变化得到有用的信息。但这种重力梯度仪器太重、太大而难以应用于对其他行星重力场的测量。最近荷兰在开展重力梯度仪小型化(约 1 公斤重)的研究工作[5],如果成功,与 SST 技术的广泛应用前景一样,可以预期它将广泛应用于以后对其他行星及其卫星的重力直接测量,并显著提高(至少 2 个量级)对目标星体的重力场解算精度。

对于其他类地行星,通常都是将我们对地球重力场及其内部结构的观测和研究方法推广到对这些行星的研究。下面以火星为例。目前发表的火星重力场模型有 JPL 的 95 阶次的 MGS95J[6]、GSFC 的 90 阶次的 GGM1041C(http://www.pds.wustl.edu) 以及欧洲的 MGGM08A[7]。它们主要是从 MGS、Mars Odyssey 和 MEX 的飞行器跟踪资料解算所得,这些卫星的轨道都很类似,即倾角在 90°左右,使得高阶带谐项与同为偶数或同为奇数的低阶带谐项系数夹杂、纠缠在一起而难以分离，即所谓的"lumped"重力系数。

另外，从对火星各轨道器的轨道观测反演得到的重力场出发，深入研究火星内部核的流变学状态(固、液态？)、核的大小、矿物学特征(如轻元素的组成及比例)等仍是火星内部物理学中重要和基础性的未解问题。对于地球，有大量的、各学科领域的测量，特别是地震层析成像和自由振荡、电磁场、重力场、火山、地质学、地球自转等以及实验室资料，综合起来共同反演；但对于其他行星，则只有非常有限的观测资料，因而对它们的内部物理反演结果的可靠性和精度也很有限。例如，火星的总惯量矩 I 和潮汐二阶洛夫数 K_2 在现有的关于火星内部矿物学组成及其相变、温度结构等研究中提供了非常关键(但很不够)的全球性约束，如有人[6,8]认为火星核至少是部分液态的。但它究竟是完全液态还是存在固态内核，实际上还缺乏其他证据，仍然是一个很开放的问题。

在利用地面或卫星上直接测得的这些离散的重力或重力梯度资料、或由卫星轨道资料反演解算地球或行星及其卫星的重力场时，在理论上都会遇到一些共同的问题，例如：

(1) 重力场反演结果是否唯一？由于地球及其他行星的复杂性及各自特点，数学上，有很多甚至无穷多个质量分布可以产生离散观测得到的这些观测值(边界条件)，实际工作中，只能利用尽可能多的其他信息如初始重力场模型、行星地形模型等进行约束，并反复迭代得到较优的反演结果。如果缺乏这些先验的重要信息(实际上我们对其他星球的知识正如此)，就难以获得较好的反演结果。

(2) 重力场向下延拓是否稳定有效？反演重力场，其本质是一个边界值问题，即以卫星轨道面这个边界上的重力、重力梯度或轨道数据作为边界值，解算一定的观测方程得到行星外部的重力场，理论上，该结果只适用于该边界的外部空间。要想得到行星表面与卫星界面之间的空间部分的重力场，就需要将卫星界面以外的解向下延拓，但可能会发生不稳定性问题，因此还需要利用行星地表的有关数据，但事实上我们对大多数行星还缺乏这些足够的信息。

(3) 球函数表示法本身的问题：目前所有的重力场模型都使用球函数进行空间解析，但球函数截断存在有效性问题及球函数级数在行星表面附近的空间不一定收敛。

小结：除地球外，目前对太阳系行星及其卫星的重力场观测都是通过对绕它们飞行的轨道器的轨道跟踪测量资料间接解算而得到，因此都受轨道本身设计及其定轨精度的限制，所得重力场模型难以反映其精细结构及其变化。在由这些结果反演研究它们的内部结构和物理时，因受观测资料所限，也还存在很大的不确定性。在理论及其数值解算方法上，都是按照研究地球重力场的理论和方法，也因此存在相同的问题。

参 考 文 献

[1] Anderson J D, Schubert G. Saturn's gravitational field, internal rotation, and interior structure. Science, 2007, 317: 1384–1387.
[2] Anderson J D, Helled R, Schubert G. Interior models of Jupiter and Saturn with density discontinuities. AGU Fall Meeting 2008, abstract #P11B-1279.
[3] Weinwurm G. Gravity field of Jupiter's moon Amalthea and the implication on a spacecraft trajectory. Adv Space Res, 2006, 38: 2125–2130.
[4] Taply B, Rothacher M. GRACE mission status. GRACE STM, San Francisco, USA, Dec.12-13, 2008.
[5] Koop R, Smith M, Haanstra J, et al. Prospects for a gradiometry mission for high-resolution mapping of planetary gravity fields, AGU Fall Meeting 2006, abstract #P31C-0164.
[6] Konopliv A, Yoder C, Standish E. A global solution for the Mars static and seasonal gravity, Mars orientation, Phobos and Deimos masses, and Mars ephemeris. Icarus, 2006, 182(1): 23–50.
[7] Marty J C, Balminoa G, Duron J, et al. Martian gravity field model and its time variations from MGS and Odyssey data. Planet Space Sci, 2009, 57: 350–363.
[8] Yoder CF, Konopliv A, Yuan D N, et al. Fluid core size of Mars from detection of the solar tide, Science, 2003, 300(5617): 299–303.

撰稿人：黄乘利
中国科学院上海天文台

行星自由摆动的激发与维持

Excitation and Maintenance of Planetary Free Oscillations

1. 引言

自由摆动是行星自转的一个基本特征。到目前为止,观测和研究最多的是地球的自由摆动。Euler 于 1758 年指出:当一个旋转对称椭球形刚体的自转轴与其惯量主轴不重合时,此刚体的自转轴会在其椭球表面作周期性摆动。1765 年,Euler 将此理论应用于地球,得到刚体地球的自由摆动周期为 305 天。

1891 年,Chandler 在寻求纬度观测中 305 天周期项时发现了 14 个月左右的周期性摆动(后来命名为 Chandler 摆动)。理论与实测的这一差异已主要由弹性地球模型所解释。作为自由运动,由于地幔滞弹性等能量耗散源的存在,Chandler 摆动应是一个逐渐衰减的进程。但一百多年来的观测表明其振幅虽有变化,却无任何长期衰减的迹象。这说明一定存在某些激发因素在克服阻尼而维持这种运动。

2. 自由摆动的激发与维持

对于地球自由摆动的激发与维持,人们提出了多种多样可能的机制和来源。

地震? 地震是反映地球活动性的一种自然现象。一次大地震不仅引起震中地带的地面变形和地层错动,还会在更广泛的地区引起形变。由于地震引起物质的重新分布,人们很早就猜想,地震是 Chandler 摆动的离散激发源。但是理论研究表明,地震活动引起的激发量级太小,不足以激发 Chandler 摆动。到目前为止,人们也未能观测到地震引起的 Chandler 摆动的变化。

核幔力矩? 核幔力矩起源于地核流场与不规则核幔边界地形层的相互作用,地球内部磁场变化的时间尺度可以跟 Chandler 周期相比拟。Hide 等根据周期强迫的机制提出,作用于核幔边界上压力的变化对 Chandler 摆动的激发,与所需要的观测激发在量级上相当。这个理论成果虽然令人鼓舞,但至今也没有得到任何观测的证实。

地表流体? 目前绝大多数的研究将地表流体作为 Chandler 摆动的宽带激发源,通过功率谱分析方法,来探索大气压力变化和风、洋底压力变化和洋流以及地下水等的贡献。由于采用的资料或时段的不一致,诸多研究结果存在着相当大的争议。

日本学者通过分析日本气象厅和美国国家气象中心归算的大气角动量资料,认为大气是 Chandler 摆动的主要激发源,风项比气压项对 Chandler 极移激发的贡献更为显著。然而，美国学者根据全球海洋洋流和洋底压力场资料，通过对海洋角动量与 Chandler 摆动激发关系的研究，得出大气激发较小，海洋激发，特别是海洋底压力激发，可以解释绝大部分的 Chandler 摆动。

人们还探究了地下水等对 Chandler 极移的激发，提出地下水激发大约可以解释大约 30%的 Chandler 摆动，雪的激发量还不到 1%的 Chandler 摆动，主要的天然和人工水库以及蓄水层的激发可以忽略，冰川的激发作用就更小。

3. 讨论和展望

对于地球自由摆动的激发与维持的来源，虽然经过长达一百多年的研究，目前仍众说纷纭，无明确一致的结论。

如果是周期强迫来维持 Chandler 摆动，那么这个周期必须是 Chandler 周期，而 Chandler 周期是由整个地球的固有性质决定的，从概率上讲，地球的局部物质运动很难形成具有 Chandler 周期的强迫或 Chandler 频带的激发。如果考虑激发地球自转的刘维方程中的非线性效应，地球自转速率的长期减慢可以使 Chandler 摆动的振幅有所增加，但其量级很小，难以维持 Chandler 摆动。

地球的自由摆动很有可能依靠地表流体的连续随机激发来维持。目前的大多数研究仅仅局限于频谱方法，而在时间域中的分析有待进一步加强。另外，时刻处于阻尼和激发过程中的 Chandler 摆动，与理想的完全自由 Euler 摆动之间的差异，值得深入探讨。

除地球外，其他太阳系天体，如月球的物理天平动和火星自由摆动的研究正吸引人们的注意。由于受到观测条件的限制，还鲜有涉及它们的激发与维持机制。随着国际上行星探测技术的发展，人们可望基于更多的高精度深空探测资料，对行星自由摆动进行一系列新的探索和研究。人们终将解开行星自由摆动的激发与维持之谜。

参 考 文 献

[1] Aoyama Y, Naito I. Atmospheric excitation of the Chandler wobble, 1983-1998. J. Geophys. Res., 2001, 106(B5): 8941–8954.

[2] Chao B F. Excitation of Earth's polar motion by atmospheric angular momentum variations, 1980-1990. Geophys. Res. Lett., 1993, 20: 253–256.

[3] Gross R S, Fukumori I, Menemenlis D. Atmospheric and oceanic excitation of the Earth's wobbles during 1980-2000. J. Geophys. Res., 2003, 108(B2370), doi:10.1029/2002JB002143.

[4] Hide R, Dickey J O. Earth's variable rotation, Science, 1991, 253: 629–637.

[5] Lambeck K. The Earth's variable rotation. New York: Cambridge University Press, 1980.

撰稿人：周永宏

中国科学院上海天文台

非线性行星流体动力学研究中的数学问题

Mathematical Problems in Nonlinear Planetary Fluid Dynamics

1. 行星流体动力学

行星流体动力学是应用流体力学方法研究行星表层大气、海洋和内部流体的交叉学科，目的是理解行星流体纷繁复杂的运动形态和其随时间变化的演化过程，揭示各种物理、化学因素相互作用的动力学机制等。

根据行星流体的导电性质和研究侧重，行星流体动力学研究一般可分为两部分：一是研究流体的热对流、组分对流和行星自转不均匀性（岁差、章动）导致的流体运动问题。例如，木星和土星大气条带状图案的形成，行星内部不导电层的热对流，以及与行星固体核形成密切相关的组分对流等；二是研究磁流体动力学问题，例如类地行星的导电液核和类木行星金属氢层的磁流体运动。在所有具有内禀磁场的行星中，其内部导电流体的运动与行星磁场的形成和演化有着十分密切的关系，关于此问题的理论被特别地称为"行星发电机理论"。

对行星流体动力学问题的研究，不仅能使我们理解行星形态各异的流体运动的物理本质，拓展人类对宇宙的认识，并且如果能够预测诸如地磁变化和磁极倒转等现象，将对人类的生活和生存具有重大的现实意义。

2. 数学问题

行星流体动力学过程是强非线性的，其运动受到诸多因素的控制和影响，表现出极高的复杂性。在数学上，对行星流体动力学过程的描述是一系列的方程和相应的初、边值条件。完整的动力学方程组包括：运动方程（Navier-Stokes 方程）、能量方程、电磁场方程（Maxwell 方程）和连续性方程等。

以不可压缩流体为例，在 Boussinesq 近似下，描述行星磁流体动力学的量纲为一的方程组可写成如下形式：

$$E\left(\frac{\partial \boldsymbol{u}}{\partial t} + \boldsymbol{u} \cdot \nabla \boldsymbol{u} - \nabla^2 \boldsymbol{u}\right) + 2\boldsymbol{k} \times \boldsymbol{u} + \nabla P = \mathrm{Ra}\Theta \boldsymbol{r} + \frac{1}{\mathrm{Pm}}(\nabla \times \boldsymbol{B}) \times \boldsymbol{B}, \quad (1)$$

$$\frac{\partial \Theta}{\partial t} + \boldsymbol{u} \cdot \nabla \Theta = \frac{1}{\mathrm{Pr}}\nabla^2 \Theta - \boldsymbol{u} \cdot \nabla T_0, \quad (2)$$

$$\frac{\partial \boldsymbol{B}}{\partial t} = \nabla \times (\boldsymbol{u} \times \boldsymbol{B}) + \frac{1}{\mathrm{Pm}}\nabla^2 \boldsymbol{B}, \quad (3)$$

$$\nabla \cdot \boldsymbol{u} = 0, \quad (4)$$

$$\nabla \cdot \boldsymbol{B} = 0. \quad (5)$$

其中，***u*** (速度矢量)、***B***(磁感应强度矢量)、*Θ*(温度)和 *P*(压强)为待求未知量，*t* 为时间，***k*** 为行星自转方向单位矢量，***r*** 为位置矢量，T_0 为绝热自压温度场，*E*、Ra、Pr 和 Pm 分别为 Ekman 数、Rayleigh 数、Prandtl 数和磁 Prandtl 数，定义如下：

$$E=\frac{\nu}{\Omega d^2}, \quad \text{Ra}=\frac{\alpha g_0 \Delta T d}{\nu \Omega}, \quad \text{Pr}=\frac{\nu}{\kappa}, \quad \text{Pm}=\frac{\nu}{\lambda}. \tag{6}$$

上式中，ν 为动黏滞系数，Ω 为行星自转角速度，d 为流体壳层厚度或特征尺度，α 为热膨胀系数，g_0 为重力加速度常量，ΔT 为流体上下（内外）界面温度差，κ 为热扩散系数，λ 为磁扩散系数。

对此非线性方程组进行求解是行星流体动力学研究极具挑战性的数学问题，其困难之处表现在：

(1) 快速的行星流体运动带来极强的非线性动力学效应。例如，Rayleigh 数的微小改变可产生截然不同的流体运动形态，这反映了非线性动力学系统中普遍存在的分岔现象[1]；

(2) 行星流体的动力学参数非常极端。例如，地球液核的 Ekman 数大约为 10^{-10} 量级，木星大气的 Ekman 数大约为 10^{-10} 至 10^{-15} 量级，导致了运动方程的奇异性和复杂的边界层效应。

(3) 流体运动受到热不稳定性(热浮力)、自转(科里奥利力)、黏性(黏滞力)、磁场(洛仑兹力)、压力等多种因素的联合控制，表现出很强的非线性耦合特征，产生了一系列动力学复杂性；

(4) 行星的几何形状近似为球形，流体运动受到界面曲率的影响；

(5) 行星快速自转，流体运动受到科里奥利力的强烈影响，这也是行星流体区别于其他类型流体的显著特征之一；

(6) 流体运动的时空尺度具有很大的跨度，在空间上具有小尺度的涡旋到大尺度的环流结构，在时间上既有高频的波动，也有低频的长期变化；

(7) 边界条件强烈地影响着流体的运动。已有研究表明，如果下地幔的电导层很厚，则由外核磁流体运动产生的地球磁场将不可维持[2]。

3. 数值计算方法

要全面了解行星流体和磁流体动力学现象，我们必须求解完整的非线性动力学方程组，这在理论研究上是极其困难的，因此数值计算成为研究此问题的重要手段。

非线性流体动力学的特点决定了数值模型必须具有很高的时空分辨率，计算规模巨大，现今计算能力最强的百万亿、千万亿次并行计算机均已应用于此领域的研究。数值计算不仅对处理器和网络等硬件设备的速度要求极高，同时也要求软件必须具有很高的执行效率。该问题在计算机体系结构、计算方法、并行计算模型、软件优化等方面都是高性能计算领域的一个重大挑战。

20世纪80年代,并行数值计算已开始应用于行星的流体动力学研究,随后出现了全三维的地球发电机模型[3]。随着行星深空探测带来的大量观测结果,近二十年来,并行数值计算也拓展到更多行星流体动力学问题的研究,如火星、木星和土星的发电机模型,木星、土星大气条带状对流结构等问题。

针对非线性行星流体动力学问题,目前已发展了多种全三维(不考虑对称性)的主流数值计算方法,它们主要是:球谐展开、有限差分和有限元方法,简单介绍如下。

由于行星几何形状近似为球形,对方程作球谐展开是很自然的想法,因此球谐展开法是最早发展起来的数值计算方法[3]。它是一种谱分析的全局方法,其基本原理是:在球坐标中,将某一半径球面上的待求变量展开为球谐表达式,同时在半径方向上采用有限差分进行离散或切比雪夫变换作进一步展开,然后代入原方程求得展开系数,从而得到原方程的解。球谐展开法由于计算非线性项时需要作谱空间与物理空间之间的全局性勒让德变换,因无快速算法而计算较慢;在求解较小Ekman数(大雷诺数)问题时,往往要引入一个无物理意义的Hyperviscosity(超黏滞)假设——此假设可能导致错误的结果;该方法并行计算的负载平衡不易实现,且不利于处理局部变化的边界条件。

有限差分法是一种局部方法,其原理是:在空间上,将半径、经度、纬度进行均匀或非均匀的网格划分,然后直接将变量在网格上进行离散(一般采用交错网格离散格式);在时间上采用Crank-Nicholson格式或者其他隐式、半隐格式,并结合投影[4]或近似因式分解[5]方法以解决不可压缩流体中压强求解的困难;将方程中的非线性项作线性化处理,最后归结到求解线性代数方程 $Ax=b$ 的问题。由于采用球坐标系,有限差分法在两极和球心存在奇点,这是因为方程中存在 $1/r\sin\theta$ 项带来的数学奇点(非物理奇点),并且在两极和圆心附近网格过小,致使时间步长不能取得很大。不过,也由于其是局部方法,可以很方便地处理复杂变化的边界条件,也不需要引入球谐展开法的"超黏滞"假设,网格结构规则,利于并行处理,且编程简单[6]。

有限元法也是一种局部方法,它一般采用四面体单元将空间区域进行网格划分,然后将变量离散到每个单元上,如Hood-Taylor型混合元[7],并将每个单元内的未知量写成分片连续函数形式,使用Galerkin等方法,采用element-by-element(EBE)技术[8]形成分布式的刚度矩阵来进行求解。在相同节点数目情况下,有限元法的计算精度比有限差分高,且不存在有限差分法中的奇点问题,也易于引入复杂的边界条件。在单元矩阵形成、解算线性方程组的过程中,由于采用了EBE技术,使该方法尤其适合目前主流并行计算机的分布式集群系统,程序具有良好的并行可扩展性和加速比[6,9]。EBE有限元法已成为非线性行星流体动力学并行计算的希望所在。

4. 前景

非线性行星流体动力学问题因为其物理和数学的复杂性,迄今没有获得完美的解决。随着并行计算机硬件的飞速发展以及并行软件技术的提高,这个问题将有望通过数值研究在一、二十年内获得突破。

参 考 文 献

[1] Li L G, Liao X H, Chan K H, et al. Linear and nonlinear instabilities in rotating cylindrical Rayleigh-Bénard convection. Phys Rev E, 2008, 78: 056303.
[2] Chan K H, Zhang K, Li Ligang, et al. On the effect of an electrically heterogeneous lower mantle on planetary dynamos. Phys Earth Planet Int, 2008, 169: 204–210.
[3] Glatzmaier G A. A three-dimensional convective dynamo solution with rotating and finitely conducting inner core and mantle, Phys Earth Planet Int, 1995, 91: 63–75.
[4] Chorin A J. The numerical solution of Navier-Stokes equations for an incompressible flow. Bull Amer Math Soc, 1967, 73: 928–931.
[5] Duokowicz J K, Dvinsky A S. Approximate factorization as a high order splitting for the implicit incompressible flow equations. J Comp Phys, 1992, 102: 336–347.
[6] Chan K H, Li Ligang, Liao Xinhao. Modelling the core convection using finite element and finite difference methods. Phys Earth Planet Int, 2006, 157: 124–138.
[7] Hood P, Taylor C. Navier-Stokes equations using mixed-interpolation. In: Oden J T, Zienkiewicz O C, et al. Finite Element Methods in Flow Problems. Huntsville: UAH Press, 1974, 57–66.
[8] Margetts L. Parallel finite element analysis. PhD thesis, University of Manchester, UK, 2002.
[9] Chan K H, Zhang K, Li L G, et al. A new generation of convection-driven spherical dynamos using EBE finite element method. Phys Earth Planet Int, 2007, 163: 251–265.

撰稿人:李力刚
中国科学院上海天文台

太湖是否是陨石冲击坑？

The Impact Origin of the Taihu Lake?

太湖是我国第三大淡水湖，是长江三角洲冲积平原上一颗璀璨的明珠，位于上海、杭州、南京三大城市的中心，环太湖区域一直是我国经济文化最发达的中心之一。太湖的形成与演化也一直受到中外学者的关注，其成因众说纷纭，有构造说、泻湖说、三江堰塞湖说、火山说等。近二十年来，太湖西南的圆弧形使一些学者怀疑其为陨石冲击所致，并提出太湖的陨石冲击成因说，但冲击坑的确定及太湖冲击成因说如何解释太湖的大、浅、平、新等特点，颇受争议。

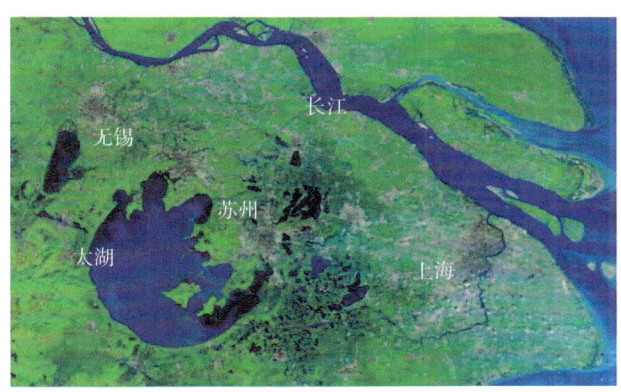

陨石冲击坑是指小行星体或彗星超高速冲击另一较大的行星或卫星，而形成的环形坑。冲击成坑作用是太阳系早期阶段中极其重要的地质过程[1]，大量的卫星遥感图像显示冲击环形坑遍布月球及其他行星或卫星。地球同理也曾被冲击作用所改造，但大多冲击坑被后期构造运动与地表分化作用所抹平或掩盖。陆地冲击坑的形成主要有三个阶段[2, 3]。首先是压缩阶段，超高速小行星体或彗星的动能在瞬间转化为冲击波，对地表岩石发生挤压、震碎、变形、熔融；第二阶段为挖掘及扩展阶段，冲击波以球面波的形式快速传播及扩张，形成环形坑，同时大量受冲击物被溅射并抛向空中；第三阶段为改造阶段，扩张结束，坑壁坍缩，抛射物回落充填坑内。冲击坑形成的不同阶段产物的独特特征为后期的冲击坑鉴定提供了不同角度的证据。陆地冲击坑的证据基本包括：环形构造、岩石震裂锥、石英颗粒的面状变形特征、击变玻璃、击变微小圆球粒、击变岩石角砾岩、击变熔融岩石玻璃、石英高压相、陨石残留体等[2, 4~6]。有些证据显而易见是冲击成坑作用所致，如陨石残留体，石英高压相等，而有些证据具有多解性，如环形构造，石英的变形纹等，其他地质作用如火山作用，构造挤压等，也可形成。

太湖作为冲击坑的证据首先是太湖的西南面呈圆弧形。20世纪90年代早期，与冲击有关的证据相继在太湖诸岛上的泥盆系五通组石英砂岩中发现[7~10]，包括石英颗粒的微裂隙，变形纹，波状消光等，表明太湖冲击成因的可能性。但由于石英变形特征及环形构造的多解性，太湖冲击说未能赢得大多学者的认可，遭到许多反对及质疑。冲击成因说很难解释太湖的大、浅、平、新等特点。太湖直径约65千米；湖水浅，最深不过3米；湖底十分平坦，坡度很小；湖底很新，基本上为坚硬的黄土物质，仅少量淤泥，黄土层距今1.1万年至2万年之间。这些特征很难与传统意义上的陨石冲击坑相符合，直径65千米如此大规模的冲击坑，应有中央隆起峰，不应如此平；湖盆深度也应远远超过几米，应达到千米级深度；如此新的冲击坑，应伴有大量的受冲击而变质的物质。

近几年太湖及其周边湖泊的清淤工作从另一个角度提供了冲击的新证据——冲击溅射物的发现[11]。冲击溅射物是指冲击成坑作用中被抛射到空中再溅落在冲击坑及其周边地区的受冲击而变质的陆源物质，常见的有玻璃陨石、击变微小圆球粒、击变岩石角砾岩、击变熔融岩石等。南京大学的研究小组从溅射物的角度对太湖冲击成因展开了深入的研究工作。近几年在太湖地区及周边地区的淤泥层位中发现了许多形态奇特的奇石，经多种方法测试研究，确定为太湖冲击坑的溅射物[11]。溅射物主要分为两大类，一类富铁质，包括微小球粒、棍状溅射物及各种形态的块状和片状体；另一类贫铁质的扭曲块状体。溅射物外形多具有旋转扭曲形态及熔壳特征，显示了熔融、塑性-半塑性特征，显示其成因经历了冲击震碎、熔融、挖掘抛射、空中飞行，最后溅落在冲击坑及其周围等冲击溅射物才具有的特征[11]。太湖地区冲击溅射物的发现不仅可为太湖冲击说提供新的物证，淤泥层位也将冲击年代限制在近一万年内。但大、浅、平几大难点依然存在。

转换思维和多角度科学求证是证明太湖是否是冲击坑的关键点。如果太湖是传统意义上的陨石接触型冲击坑-陨石或彗星直接碰撞到地表，如此大的冲击坑将产生中央隆起峰及大量的击变物质，确实很难解释现今的太湖如此浅与平。但以此否定冲击坑的存在也难解释冲击溅射物及大量击变石英变形纹的存在。换一种思维，太湖不是传统意义上的陨石碰撞型冲击坑，而是非接触型冲击坑，如彗星在空中的爆炸而产生的球面冲击波向下冲击成坑作用或可解释太湖的浅与平的难点，这方面的理论工作尚缺乏深入系统的研究，有待深入。另外，多角度科学求证是太湖冲击成因的基石，冲击证据是一点一点建立的。冲击成坑作用的三个阶段皆有一些独特特征，不同角度会提供不同的证据。新的溅射物的深入研究会有助于建立确凿的证据，利用新的理论知识和分析手段对太湖地区石英砂岩的研究也会发掘新的证据，未来湖底的钻探取样会从深度这个角度提供新的证据。

太湖冲击成因研究具有重大的科学意义，这或将是世界上非常独特的陨石冲击坑。但太湖冲击坑的假说仍需大量细致的工作才能确立，进一步的理论解释与冲击模式的建立，有待今后继续深入研究。

参 考 文 献

[1] Christiansen E H, Hamblin W K. Exploring the planet. 2nd ed [M]. Englewood Cliffs, NJ: Prentice-Hall, Inc., 1995, 550.
[2] French B M. Traces of Catastrophe: A Handbook of Shock-Metamorphic Effects in Terrestrial Meteorite Impact Structures. LPI Contribution No. 954 [M]. Houston: Lunar and Planetary Institute, 1998, 120.
[3] Melosh H J. Impact Cratering: A Geologic Process [M]. New York: Oxford University Press, 1989, 245.
[4] Grieve R A F, Langenhorst F, Stöfler D. Shock metamorphism of quartz in nature and experiment: II. Significance in geoscience [J]. Meteoritics & Planetary Science, 1996, 31: 6–35.
[5] Koeberl C. Impact processes on the Early Earth [J]. Elements, 2006, 2: 211–216.
[6] Reimold W U. Revolutions in the Earth Sciences: Continental Drift, Impact and other Catastrophes [J]. South African Journal of Geology, 2007, 110: 1–46.
[7] He Y-N, et al. Preliminary study on the orgin of Taihu Lake: Inference from shock Deformation features in Quartz [J]. Chinese Science Bulletin, 1991. 36(10): 847–850.
[8] Wang E-K, Wan Y-Q, Xu S. Discovery and implication of shock metamorphic unloading microfractrues in Devonian bedrock of Taihu Lake [J]. Science in China (Series D), 2002, 45(5): 459–467.
[9] Wang E-K, et al. Disovery of shock metamorphic quartz at Taihu Lake Zeshan island and its implications [J]. Chinese Science Bulletin, 1994, 39(5): 419–423.
[10] Wang E-K, et al. Discovery of shatter cones at Jueshan Island, Taihu Lake [J]. Chinese Science Bulletin, 1994. 39(14): 1210–1214.
[11] 王鹤年, 谢志东, 钱汉东. 太湖冲击坑溅射物的发现及其意义[J]. 高校地质学报, 2009. 15(4): 437–444.

撰稿人：谢志东

南京大学地球科学与工程学院

苏梅克-利维 9 号彗星撞击木星

Comet Shoemaker-Levy 9 Collision with Jupiter

1994 年 7 月 16~22 日，苏梅克-利维 9 号(Shoemaker-Levy 9，简记为 SL9)彗星分裂的 21 个碎块依次撞击木星，这是人类第一次事先预报而观测的太阳系天体大撞击事件，举世瞩目。

SL9 是怎样的天体？它是怎样分裂的？这些碎块撞击木星会发生什么现象？对木星有何灾难影响？天文学家对这一系列问题进行理论探讨与推测，追踪这颗彗星各碎块的行迹，建立国际木星监测(IJW)，组织和协调联合观测。这场大撞击事件也引起广大公众的关注。全世界的地面光学和射电望远镜、飞机天文台，国际紫外天文卫星(IUE)、哈勃太空望远镜(HST)、伽利略飞船和尤利西斯(Ulysses)飞船的空前规模大量观测，获得了丰富资料，显示出丰富精彩的撞击现象，分析研究持续十多年，得到很多珍贵成果，也引发出一些需要深入研究的新问题。

1. 太空"珍珠串"，一颗奇特的分裂彗星

苏梅克(Eugene M.Shoemaker)及其夫人卡洛琳(Carolyn Shoemaker)与利维(David H Levy)合作，用 40cm 口径施密特望远镜拍摄星空，搜寻太阳系小天体。1993 年 3 月 24 日，卡洛琳注意到前夜拍摄的底片上好似"压碎了的彗星"，大为惊异，电告国际天文学联合会的马斯登(B.G.Marsden)给予认证，并请求使用基特峰天文台 90cm 口径空间监测 (Spacewatch)望远镜的司考蒂(J.Scotty)观测。实际上，3 月 15、17、19 日也曾拍摄到它。司考蒂确认出这颗彗星实际上是一串彗星碎块(子慧星)，且每块都有朦胧的彗发和彗尾。按惯例命名为 Shoemaker-Levy 9，按发现时间正式命名为 D/1993 F2。以前也观测到彗星分裂为几块的现象，但却没有像它这样呈直线排列的，故称为太空"珍珠串"。虽然它很暗，但是大望远镜不断追踪到它的动态。最初辨别出它分裂的 11 块，后增至 16~17 块、21 块，它们分离的间距越来越大，都有朦胧彗发和彗尾(图 1)。

从一系列观测资料可以推算出它的轨道、过去和未来的运动情况。计算结果表明，它不是正常意义下的绕太阳公转，而是绕木星转动。它在 1970 年前接近木星时就被俘获为绕木星运行了，绕转周期约 2 年，远木(星)距 0.33 天文单位。它可能在 1992 年 7 月 7 日经过近木星点时，受木星的强大引潮力而撕裂为多块，1993 年 7 月 16 日它们到远木星点，散开为长达 5000 万千米的一串，然后再转到向木星运行，终于在 1994 年 7 月 16~22 日依次撞击木星。

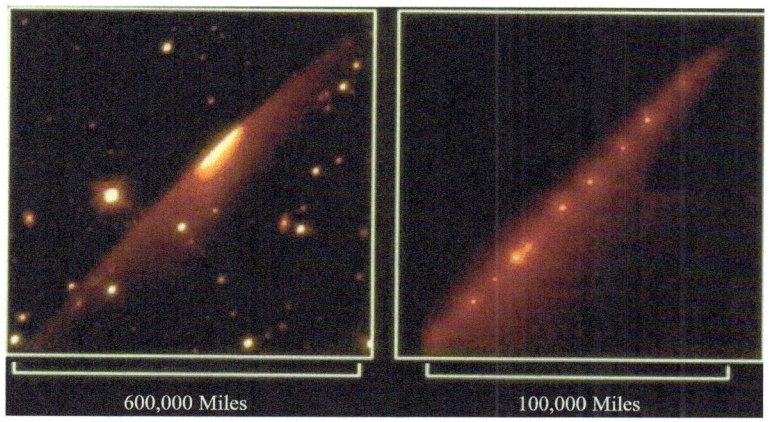

图1 Shoemaker-Levy 9彗星分裂的子彗星在1993年3月(左)~7月(右)分离越来越远。

它的彗核及其分裂的碎块都多大?由于它们既远且暗,又被弥漫的彗发包围着,很难准确测出大小,估计各子彗核的大小约几百米到2km,质量为 $2 \sim 4 \times 10^{11}$ kg。

彗核是彗星的本体,一般主要是 H_2O 等冰和尘埃冻结的脏雪球团块,运行到离太阳较近时受太阳辐射加热,冰蒸发并带出尘埃而形成彗发和彗尾。碎块G和K撞击木星后,柯伊伯飞机天文台(KAO)观测到 H_2O 在波长 7.7136、7.7118、7.7090μm 的三条发射线,但30min后消失了,情况有利于 H_2O 来自彗星(而不是来自木星)。它含 H_2O (冰)可能相当少(难确定含多少),可以认为是衰老彗星。

2. 巨大的木星,奇妙多彩的世界

木星是太阳系行星中最大的,其赤道半径(71492km)是地球的11.2倍,质量(1.8986×10^{27} kg)是地球的317.8倍,确是颗"巨行星"。木星的平均密度($1.33g/cm^3$)比地球的($1.52g/cm^3$)小,它的主要成分是氢,其次是氦,还有较少的重元素。跟地球不同,木星没有固态表面,从木星浓厚大气下层过渡到液态氢的外层。再往深处则因外层的高压而转变为金属氢中层,中心区可能是岩石(冰)物质的星核(图2)。

木星大气有三个云层,自上而下是氨(NH_3)、硫氢化铵(NH_4SH),水(H_2O)的冰晶云层。从望远镜或飞船所摄图片上看到的木星"表面"不同纬度的带纹特征实际上主要是高层云景观,而难见到下面的云层和大气。云层上空还有己炔(C_2H_2)、乙烷(C_2H_6)及甲烷(CH_4)的雾霾层。

木星不是像地球那样作刚体式自转,而是较差式自转,即赤道区自转快(周期为 9 小时 50 分 30 秒),高纬区自转慢些(周期为 9 小时 55 分 40.6 秒),而木星内部的自转周期为 9 小时 55 分 29.7 秒。由于木星自转快,其表面呈扁球体状。

木星大气的运动错综复杂,在尺度1000km以下运动极其紊乱,而更大尺度上又显示相当有序。相对于自转(内部)系统Ⅲ而言,风流是东向和西向的(纬向环流),

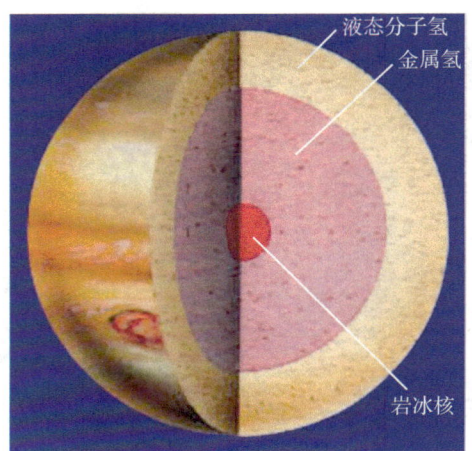

图 2 木星的内部结构。

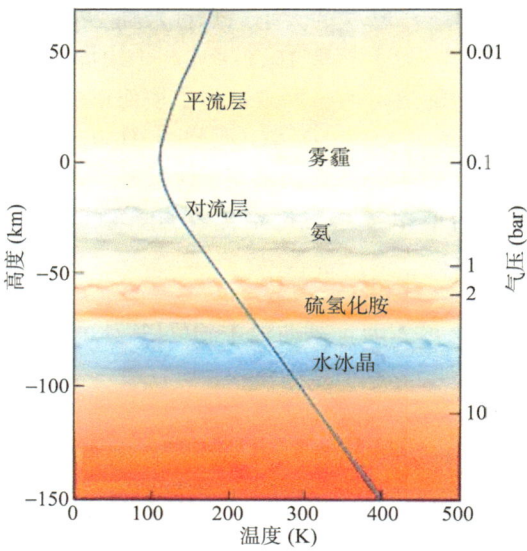

图 3 木星大气的温度分布与云层。

南、北半球各有五六对的纬向环流,维持很久(几十年不大变化),最大风速达 130m/s。另一方面,南北向的风很弱。木星的彩色云带纹与纬向环流之间对应,但带纹特征有短时间变化。木星的云也有垂直运动,白色或淡黄色的亮带是温度较低的高层云,反气旋式运动,又有上升运动;棕色的暗纹是温度较高的低层云,气旋式运动,又有下降运动,云带上有小涡流、斑点及纤维等不规则结构。最显著特征是大红斑,位于南纬 22°,呈椭圆形,东西长约 26000km,南北宽约 14000km,从发现至今已维持300多年了。大红斑是高于周围云顶的温度较低的反气旋,有周期约6天的反时针转动。大红斑的本质及其持久的原因仍是未解之谜。此外,木星上还有几个卵形斑,它们维持几年或更久。1938年观测到南纬有3个白色卵形斑,到2000年合并为类似大红斑的小红斑。

跟地球大气的温度垂直分布相似,木星大气自下而上可分为对流层、平流层、中层、热层及外大气层。由于木星没有固态表面,常以相应气压表示高度。气压0.1bar往下是对流层,云层都在对流层内。气压100mb到0.1bar是平流层,再往上是中层和热层。木星也有电离层,从气压约0.1mb向上展延3万多km,含大量氢离子和电子。木星有类似地球的偶极磁场和磁层,它的磁场比地球强14倍。木星常发生类似于地球的很强"极光"。

木星有多达63颗卫星和暗的环系绕转。

3. 准确的预报,壮观的撞击

初步计算的SL9轨道就表明,它可能会撞击木星,这可是前所未见的灾难事件,激起天文学家和公众的关注,纷纷加强观测和推算更准确轨道,预报撞击的时间和推测可能发生的各种情况(图4)。SL9的子彗星穿入木星大气除了可能产生"火流星"现象,还会发生什么新情景,引发一些争议,有提出会像原子弹爆炸那样产生震波穿过木星的、撞击产生的尘埃会增强木星平流层雾霾的、增加木星环系的质量的,……,地球上可以看到撞击的过程吗?那么,哈勃太空望远镜等空间探测器、尤其是正在飞往木星途中的伽利略飞船呢?

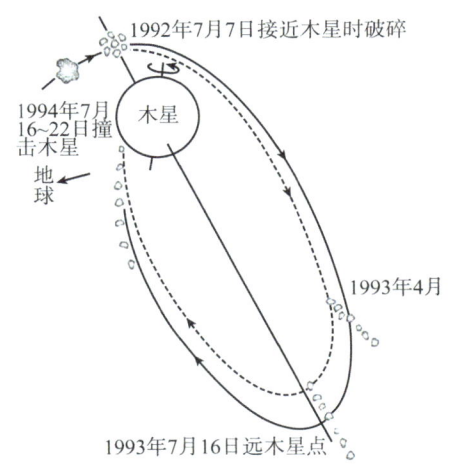

图4 SL9的轨道、破碎、撞击木星(示意图)。

包括我国张家祥等几个小组的预报是很准确的。1994年7月16日21时13分

UT(世界时)，SL9 的碎块 A 以约 30km/s 速度撞击木星南半球(纬度 43°~44°)，伽利略飞船从距离木星 1.6AU 探测到撞击产生的火球(图 5)，其温度达 24000K，迅速膨胀变冷，40 秒钟后降到 1500K。火球膨胀羽很快上升 3000km 多。几分钟后，火球衰弱，由于抛出的物质下落而又变热。虽然撞击点在木星背地球一侧，但幸好离边界不远，哈勃太空望远镜拍摄到升至木星边缘的火球羽及其再下落(图 6)，而几分钟后，撞击的疤痕很快就转到朝地球这侧来，甚至小望远镜都观测到了。在可见光和紫外波段，撞击的疤痕呈现为直径约 6000km(相当于地球半径)的暗斑，外围细暗环可能是从碎块在云顶下爆炸而向外的激波，不对称是由于碎块约 45° 进入角，可能是升腾羽凝结的细粒遮盖物"烟尘"而暗于下面的云；在红外波段，撞击的疤痕呈现为亮斑，因为反射太阳光而显得亮。

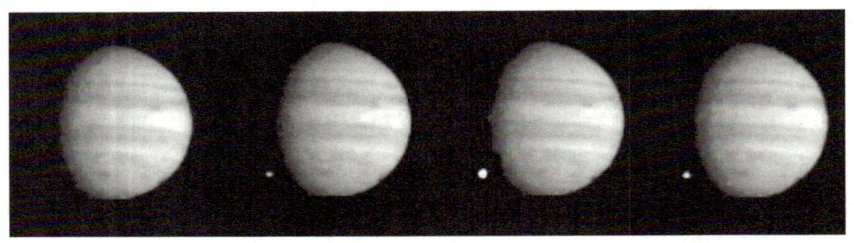

图 5　伽利略飞船在几秒钟拍摄到的 G 碎块撞击木星暗侧产生的火球。

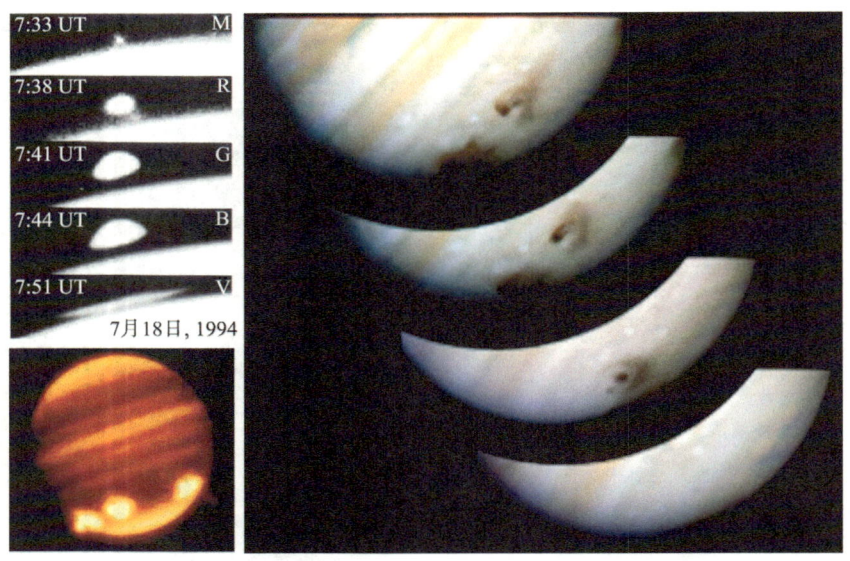

图 6　撞击火球升腾和羽状物降落(左上)，红外像亮斑(左下)。可见光像暗斑(右，碎块 G 撞击木星像组合。从下到上：撞击后 5 分钟还未见踪迹，1.5 小时后显见暗(屑羽)斑，3 天和 5 天后看到两个撞击斑(右为 L 碎块撞击斑)。

在 6 天多的时间，观测到 21 次壮观的撞击，最大的一次是 G 碎块在 7 月 18 日 7 时 33 分 UT 的撞击，产生的暗斑超过 12000km，估计释放的能量是世界核电的 600 倍。19 日相隔 12 小时的两次撞击也造成类似大的疤痕。直到 22 日以 W 碎块的撞击结束。

天文学家希望，SL9 的碎块撞入木星大气深处，暴露云顶之下未见过的奥秘。光谱观测研究首次揭示出木星有 S_2 和 CS_2，也观测到 NH_3 和 H_2S。由它们推算的硫含量远大于小彗核的预料含量，说明来自木星。令人诧异的是没有观测到诸如 SO_2 的含氧分子。还观测到诸如铁、镁、硅等重原子，相对含量跟彗核一样。虽然也观测到 H_2O，但远比预料的少，说明或者水冰晶云层比预料的薄，或者如我们推算的彗星碎块没有穿到该云层。

如事前预料的，撞击产生猛烈的震波，以 450km/s 速度扫过木星，在最大撞击后 2 小时多还观测到，可能是在稳定的平流层传播的。

射电观测到最大撞击后木星在波长 21cm 的连续发射锐增(为正常的 120%)，认为是撞击注入木星磁层的近光速电子产生的"同步辐射"。

约在 K 碎块撞击的 1 小时后，观测到撞击区(南半球)附近的极光，而且在木星强磁场对趾区(北半球)观测到极光，一种可能的解释是：撞击产生的上传快速激波驱使带电粒子沿磁力线加速到北半球而产生极光。

有些天文学家提出，撞击可以影响木卫一的火山所造成连接与木星的高能粒子环，光谱观测发现撞击时有离子密度、转动速度和温度的变化，而后回到正常限。

一直到几个月都还看见木星上的显著撞击疤痕。光谱观测表明，氨和硫化碳在木星大气中至少存在到撞击后 14 个月，相当数量的氨存于平流层，而不是正常情况的对流层。跟直觉相反的，大撞击处比小撞击处的温度更快地降到正常：在大撞击处，温度升高区可达 15000~20000km，撞击后 1 星期内就降到正常温度；在小撞击处，几乎 2 星期还高于周围 10K。撞击后，木星的全球平流层温度立即升高，2~3 星期后降到撞击前的温度以下，再缓慢升到正常温度。

4. 启迪与思考

SL9 撞击木星的轰动事件虽然已过去十多年了，有关的观测研究一直在延续和扩展，太阳系天体的撞击研究成为当今的一个热门领域。

SL9 不是环绕木星的唯一彗星，至少有另两颗彗星(82P/Gehrels，111P/Helin–Roman-Crockett)现时也被木星俘获。彗星环绕木星的轨道是不稳定的，因为它们是很扁的椭圆，在远木星点受太阳的引力摄动很大，未来或者像 SL9 那样撞击木星，或者又变为绕太阳公转，有待细致地观测研究。估计要 500 年才俘获一颗直径 0.3km 的彗星，6000 年才俘获一颗 1.6km 的。有强力证据说明，以前也有彗星破碎和撞击木星及其卫星，例如，旅行者飞船拍摄到木卫四上有 13 个陨击坑链，木卫三上有

3个陨击坑链(图7)。有趣的是,在2009年7月19日,木星的南半球出现一个太平洋大小的新暗斑,红外测量表明是热的,光谱显示有氨,科学家推断,可能是未发现的小彗星或冰体的另一次撞击事件所致。

图7 木卫三的一个陨击坑链,可能是类似的彗星碎块撞击的,该区域约190km。

肯定地说,这次撞击木星的事件对地球毫无直接影响。甚至如我们论证的,SL9的碎块只穿入木星大气的上云层,而没有到达下面的水冰晶云层,更没有到达一些研究者推算的木星深部。虽然撞击造成的木星大气疤痕持续了几个月,但相对于巨大的木星来说,其质量、公转轨道、自转等主要性质没有发生变化。然而,如果地球遭遇这样的大撞击,就会是产生严重灾难,改变演化历史。

诸如为什么撞击造成木星另半球出现极光、G块在撞击之前(经过木星磁层边界)发生闪耀、撞击疤痕在可见光和紫外呈现为暗斑而在红外显示为亮斑以及彗星主体——彗核的性质等问题仍值得深入研究。

SL9撞击木星表现了太阳系最大行星——木星作为内太阳系的"宇宙真空清洁工"作用,木星的强引力作用使得彗星和小行星撞击它而陨落消失。据估算,彗星对木星的撞击率是对地球的2000~8000倍。假如没有木星,那么内行星受小天体的撞击几率就很大。然而,也有论证巨行星的存在实际上显著增加小行星对地球的撞击率的。 6500万年前的恐龙等大量物种绝灭可能是小天体撞击地球的事件造成的,至今在墨西哥湾留有奇科苏卢布(Chicxulub,直径200km)陨击坑遗迹,说明撞击严重危害地球和生命。

1981年,弗兰克(L.A.Frank)等发现动力学探测者1号(Dynamics Explorer 1)卫星拍摄的地球白昼气辉紫外像有一些暂现小暗斑,称之为"大气洞(Atmospheric Holes)",推断是小彗星闯入地球大气,在气辉上空(高度约1000km)蒸发为水汽云,吸收气辉的紫外辐射而呈现为暗斑——大气洞。推算出小彗星的质量约20吨,大小约 10 米，出现率为每年约千万个。经 10 年争议，终由飞船(Polar spacecraft)拍摄的新图像醒目地呈现陨落轨迹(图 8)[11]。可以估计，每 1 万到 2 万年小彗星陨落在全球沉积约 1 英寸的水，足以提供地球同时期的不是全部，也是大部分的水，需再思考过去诸如地球和其他行星怎样形成、第一批生命怎样出现、这种宇宙雨怎样影响地质时期的气候变化以及地球大气和海洋的起源的观念。

图 8　小彗星的陨落轨迹。

参 考 文 献

[1] Marsden B G. Comet Shoemaker-Levy (1993e). Harvard–Smithsonian Center for Astrophysics. (March 26, 1993).

[2] Yaomans D K, Chodas P W. Periodic Comet Shoemaker-Levy 9 (1993e). IAU Circulars 5909 (December 1993).

[3] Noll K S, et al. (ed)The Collision of Comet Shoemaker-Levy 9 and Jupiter, IAU Colloquium 156, Cambridge University Press, 1996.

[4] Comet Shoemaker-Levy 9 Collision with Jupiter. National Space Science Data Center. February 2005.

[5] Martin T Z. Shoemaker-Levy 9: Temperature, Diameter and Energy of Fireballs. Bulletin of the American Astronomical Society, 1996, 28: 1085.

[6] Weissman P R, et al. Galileo NIMS Direct Observation of the Shoemaker-Levy 9 Fireballs and Fall Back. Abstracts of the Lunar and Planetary Science Conference, 1995, 26: 1483.

[7] Hu Zh-W, et al. On Penetration Depth of the Shoemaker-Levy 9 Fragments into the Jovian Atmosphere. Earth, Moon and Planets, 1996, 73 (2): 147–155.

[8] Olano C A. Jupiter's Synchrotron Emission Induced by the Collision of Comet Shoemaker-Levy 9, Astrophysics and Space Science, 1999, 266 (3): 347–369.

[9] Moreno R, et al. Jovian Stratospheric Temperature during the Two Months Following the Impacts of Comet Shoemaker-Levy 9. Planetary and Space Sci., 2001, 49 (5): 473–486.

[10] Horner J, Jones B W. Jupiter – friend or foe? I: The asteroids. International Journal of

Astrobiology, 2008, **7**: 251–261.

[11] Frank L A, Sigwarth J B. Atmospheric holes: Instrumental and geophysical effects, J. Geophys. Res., 1999, 104(A1), 115–141.

撰稿人：胡中为
南京大学天文系

流星群的形成和演化

The Formation and Evolution of Meteoroid Stream

1. 流星群

流星群是环绕太阳沿轨道运行的固体尘粒流。当它与地球相会时，尘粒进入地球大气层，与大气分子高速碰撞，烧蚀发光，成为流星雨。

流星群是由母体彗星喷发产生的，它们的许多力学、物理特性，取决于母体彗核的结构和喷发过程。研究流星群的形成和轨道演化，不仅仅是研究流星雨这一天文现象，也可了解母体彗星的自然性质、分裂过程和喷发机制，对研究太阳系的起源、生命的起源有着重要意义。流星群研究可为行星科学提供机会来研究磁层(magnetosphere)、电离层(ionosphere)、热层(thermosphere)、散逸层(mesosphere)(MITM)问题，也为天体生物学的发展以及高层大气动力学和有关流星暴撞击对人造卫星的危害等方面的研究提供机遇。例如，狮子座流星雨的母彗星在1998年2月的回归，该流星雨从1998年开始爆发，在1999、2001和2002年分别形成了流星暴，流星天文研究成了热门课题，连续几年召开的Leonid MAC Workshop系列会议，讨论了生命的起源、流星体中的有机物质、流星雨作为空间天气现象对人造卫星撞击的危险性、流星体在月球上的撞击、彗星物质的成分和喷发机制、大气过程、电离变化、用流星现象和流星余迹来探测高层大气中的EM现象，新的遥感技术也将在此领域得到有效应用。

2. 流星群的形成机制

Whipple[1,2]提出彗星是由冰和尘埃颗粒组成的脏雪球，它形成于温度很低的太阳系外层空间，由于受某种扰动，它会运行到太阳系的内层空间。当它受到太阳光的辐射，就会融化、蒸发，固体尘埃颗粒就被喷发而脱离出来，形成流星群。由于喷发速度很小(相对于母彗星的轨道运动速度)，流星群脱离母体后，其运动轨道与母体彗星轨道相近，但不完全相同，这与喷发过程(速度、方向和位置等)有关。

喷发速度与很多因素有关——喷发的位置、彗星的大小、入射太阳辐射的多少、喷出粒子的半径和密度等。早在1951年Whipple[2]就给出了喷发速度的表达式，虽然也有作者[3,4]在一些细节上做了些改进，但Whipple公式一直被公认是正确的。其表达式为

$$v = \frac{A}{(bc)^{1/2}} r^{-1.125} \quad (\text{ms}^{-1}) \tag{1}$$

A 对具体的彗星为常数，b 为喷发的流星体颗粒半径，c 为其物质密度，二者均为 cgs 单位，日心距离 r 的单位为 au。

Whipple 的彗核模型，已在 1986 年哈雷彗星回归时由 Giotto 和 Vega 宇宙飞船拍摄的照片所证实；但同时发现，当彗星的日心距离为 1 au 左右时，只有 10% 的表面是活动区可以喷发气体和尘粒[5]。1997 年 2 月底，对 Hale-Bopp 彗星的观测也发现[6]，喷发是由相互独立的两股组成，也就是尘埃是从彗核上分离的活动区散发出来的。而 Whipple 的彗核喷发速度公式(1)的导出是假定了气体和尘粒从朝着太阳的半球均匀地喷发，这显然与实际观测有出入。且 Whipple 公式给出的喷发速度为几十米/秒(Asher 等[7]取 25 米/秒)。但从观测结果出发，得到的喷发速度却要大一些，这就要求我们重新考虑喷发模型。喷发模型也就是流星群的形成机制解决了，才能更好地研究其演化，对流星雨做出正确的预报。喷发模型相当于后续流星群演化的初始条件，对流星群的演化过程影响很大，它从来就是这一研究课题的出发点和难点。

流星尘粒是由于获得了喷发速度而脱离母体的，其能量和角动量较其母体彗星都要改变。因而流星体的轨道参数都将发生微小变化。若喷发不是发生在彗星的轨道平面内，这是完全可能的，还将引起轨道倾角和升交点的变化。用天体力学的基本公式可导出喷发速度与升交点经度变化 $\Delta\Omega$ 之间的关系[8]：

$$\Delta\Omega = \frac{r\sin(\omega+f)}{h\sin i} v\sin\phi \tag{2}$$

其中，h 是母体彗星轨道运动的角动量，ω 是近日点经度，f 是真近点角，i 是轨道倾角，ϕ 是喷发速度与轨道平面之间的夹角，所以 $v\sin\phi$ 是喷发速度垂直于轨道平面的分量。

3. 辐射压力对流星体轨道的影响

除了喷发过程影响流星群的运动轨道外，太阳的辐射压力对细小流星尘的影响也不可忽略。因为太阳辐射压力与引力方向相反，辐射压力作用的效果是对太阳引力的减弱，所以，$GM_\oplus$ 可由 $GM_\oplus(1-\beta)$ 代替，这里，$\beta=F_r/F_g$（F_r:太阳辐射压力，F_g:太阳引力)，其值为 $5.75\times10^{-5}/bc$[9]，b 仍为流星体颗粒半径，c 仍为其物质密度，二者均为 cgs 单位。一旦流星体脱离母体，它就是在这减弱了的引力场中运动，其轨道也要由此而变化。由于此效应不影响流星体的动能，所以其脱离母体时的轨道速度保持不变：

$$V^2 = GM_\oplus\left(\frac{2}{r}-\frac{1}{a}\right) = GM_\oplus(1-\beta)\left(\frac{2}{r}-\frac{1}{a'}\right) \tag{3}$$

其中 a' 是流星体运动轨道的长半轴。

在此引力场中，轨道周期和长半轴的关系为

$$a'^3 = (1-\beta)P'^2 \qquad (4)$$

从方程 (3) 和 (4) 可得，由于辐射压力的影响，流星体的运动周期变为

$$P' = P(1-\beta)\left(1 - \frac{2a}{r}\beta\right)^{-3/2} \qquad (5)$$

4. 摄动和 Poynting-Robertson 效应

以上两个因素都是在流星体形成的过程中起作用，一旦流星体脱离母体后，它就应按照一定的轨道运动(若没有其他影响)。实际上，流星体在形成后的运动过程中，还要受太阳系内其他天体(主要是大行星)的摄动。行星的引力摄动会逐渐改变流星群的各个轨道参量，这个问题在计算机高度发展的今天，用数值方法很容易解决。数值模拟是解决这类问题的重要手段，McNaught 和 Asher[10]对 1999 年狮子座流星雨做出的出色预报就是借助于数值计算的结果。

若研究流星体轨道的长期演化，Poynting-Robertson[11,12]效应日积月累将会使其轨道逐渐变小，最终落向太阳。Poynting-Robertson 效应是由于流星体吸收电磁辐射后在其自身的参考系内又会产生各向同性再辐射而损失角动量。Hughes[13]等在讨论象限仪座流星群的质量分离和升交点逆行一文中对此有详细研究。

参 考 文 献

[1] Whipple F L. ApJ, 1950, 111, 375.
[2] Whipple F L. ApJ, 1951, 113, 464.
[3] Gustafson B A S. ApJ, 1989, 337, 945.
[4] Harris N.W, Hughes D W. MNRAS, 1995, 273, 992.
[5] Hughes D W. MNRAS, 2000, 316, 642.
[6] Sekanina Z. ApJ, 1998, 494, L121.
[7] Asher D J. MNRAS, 1999, 307, 919.
[8] Ma Y H. He Y W, Williams I P. MNRAS, 2001, 325, 457.
[9] Williams I P. MNRAS, 1997, 292, L37–40.
[10] McNaught R H, Asher D J. WGN, 1999, 27(2), 85.
[11] Poynting J H. Phil. Trans. R. Soc. London, A 1903, 202, 525.
[12] Robertson H P. MNRAS, 1937, 97, 423.
[13] Hughes D W, Williams I P, Fox K. MNRAS, 1981, 195, 625.

撰稿人：马月华

中国科学院紫金山天文台

彗星的起源、组成与探测

the Origin, Composition and Exploration of Comet

彗星是太阳系中最奇特的、围绕太阳运行的一类小天体，是太阳系在45亿年前形成时剩下的残骸。彗星本体很小(一般仅几千米)，长期运行在寒冷的太阳系外区，受太阳辐射较小，保存着太阳系诞生时的珍贵信息[1~4]。很多彗星的轨道偏心率很大，当它们离太阳很远时非常暗弱，很难被发现；当其运行到离太阳较近时，出现活动现象，有显著的彗发和彗尾。发育完整的彗星一般由五部分构成：彗核、彗发、很大的氢云、很长的离子(又称等离子体或 I 型)彗尾和尘埃(又称 II 型)彗尾。彗核在彗发的中央，一起构成彗头。彗核集中彗星的绝大部分质量，它是冰(主要是水冰)和尘埃组成的"脏雪球"，形状不规则，表面很暗。

研究彗星、探索彗星的奥秘一直是重要的研究课题，这里列举彗星研究的基本问题，也是彗星空间探测将会解决的热门问题。

1. 彗星的基本性质

探索彗星关键是研究彗星本体——彗核的物理和化学性质。由于彗星离我们很远，而且彗核很小，地面上很难观测彗核。诸如彗核的大小和形状，彗核的性质和结构，内部和表面是否一样，有什么成分及其含量，彗核自转情况，不同彗星的彗核有什么异同，……，这些问题到目前都知之甚少。只有 Halley、Wild 2、Tempel 1 等几颗彗星由飞船近距探测揭示彗核的某些真实情况[5~7]。

2. 彗星的成分

由于地球大气的吸收和扰动限制，地球上只能进行较亮彗星的光谱和射电谱观测，得出彗星物质的部分成分。用哈勃空间望远镜或远地卫星还可以观测彗星的远紫外、X射线、红外信息，测定彗星物质的更多成分；有些彗星的轨道大致跟地球轨道交会，彗星抛出的彗星尘沿彗星轨道附近散布而成为流星群，可以指令卫星在预定时间穿过流星群，测定彗星尘的大小分布，采集彗星尘样品，进行分析研究。更重要的是深空探测，飞船莅临彗星，采集彗星不同部分的物质样品，进行实地测定成分，或者采集样品带回地球上分析。

由彗星物质成分的测定结果，可以分析哪些成分是彗星形成前就存在于太阳系原始星云的，哪些是从星际注入的，哪些是彗星形成后经化学演化产生的。从而研究彗星物质的化学过程，探讨彗星活动现象的机制等。

3. 彗星的活动现象和产生机制

彗星常发生某些近核的或彗尾的活动现象。例如，彗核表面不均匀，少数区域突然出现高速喷流，有的发展为包层；离子彗尾呈现一些射线结构并向背太阳方向折叠；离子彗尾呈现云团并向背太阳方向加速远离；更有趣的是断尾事件，离子彗尾从彗头断开，远离，再生出新彗尾；彗核分裂为几块，各自又呈现自己的彗发甚至彗尾；彗星突然出现亮度爆发。彗星活动现象的过程、它们的产生机制，都是需要进一步探测研究的。

4. 彗星含有复杂的有机物

飞船莅临哈雷彗星的观测表明，以水冰为主的彗核表面不是亮的、而是暗黑如沥青。当彗星离太阳很远时，它基本上是赤裸的彗核，彗核表面的冰尘受高能的紫外辐射和宇宙线作用可以生成复杂有机物。太阳系原始星云中包含星际环境下所生成的有机物也会在彗核中保存下来。彗核上有哪些有机物，哪些跟生命形成有关，它们是怎样形成的？这些都还是未揭之谜。

彗星的活动现象和物理化学变化跟太阳辐射和太阳风的作用密切相关，有很多是地球上难以见到的显著新现象和科学前沿问题。

5. 彗星与地球的关系

在地球 46 亿年的演化中，大彗星撞击地球造成严重灾难，例如，6500 万年前的恐龙等 70%物种绝灭，尤其在地球历史早期彗星撞击频次更多，影响地球的演化进程。此外，彗星陨落给地球带来大量的水和挥发物，对地球的海洋和大气的形成演化起重要作用。最近发现每年有上千万颗小彗星(大小约 10 米、质量 20~40 吨)陨落。

彗星尘散布在其轨道附近，成为流星群。当地球在绕太阳公转中遇到流星群期间，就有大量彗星尘闯入地球大气，发生烧蚀而发光，形成流星雨。彗星尘的烧蚀产物成为水汽凝核，从而影响气候和降水。

6. 研究太阳系的起源和演化

地球和其他行星已经历不同程度的演化过程，其形成和早期演化的遗迹已丧失。观测研究表明，彗星形成于寒冷的太阳系外区并长久地处于低温状态下，尤其是彗核内部的演化程度很小，较多地保留了太阳系形成早期的遗迹和信息，是太阳系最古老天体。从彗星物质可能得到太阳系原始星云的颗粒和初始凝聚物的遗迹，跟小行星、卫星、行星物质的比较研究可以了解行星因而太阳系的形成和演化过程，从而有助于探索地球起源和演化。

随着现代天文观测技术的飞快发展，彗星的空间探测早已实施，很多空间探测器(哈勃空间望远镜，IUE、ISO)已得到彗星的辐射谱资料，从而研究关于彗星的上述问题。太空飞船真正到近距探测彗星始于20世纪80年代，至今已发射十多艘飞船进行彗星的空间探测[4]。最简单的是飞船穿过彗发收集彗星尘，另一方案是用一两个穿透器获取彗核表面或内部样品，样品放在有防热的密封隔离器中送回地球，欧洲空间局(ESA)和美国宇航局(NASA)都已经实施或正在实施这样的计划。

参 考 文 献

[1] Krishna S K S. Physics of Comets. Singapore: World Scientific Publishing, 1997.
[2] Brandt J C, Chapman R D. Introduction to Comets (2nd ed), Cambridge: Cambridge University Press, 2003.
[3] 胡中为，徐伟彪，行星科学：第 13 章 彗星. 北京：科学出版社，2008.
[4] 徐伟彪，胡中为，南京大学学报，2006, 42(1): 1.
[5] Keller H.U., Kramm R., Thomas N., Nature, 1988, 331, 227.
[6] http://stardust.jpl.nasa.gov/.
[7] http://www.nasa.gov/mission_pages/deepimpact/main/.

撰稿人：马月华
中国科学院紫金山天文台

地球的不速之客——近地天体

The Unexpected Visitors to Earth—Near-Earth Objects

1. 引言

众所周知,太阳系小行星主要存在于大行星轨道之间,如主带小行星分布在火星和木星轨道之间,柯伊伯天体主要分布在海王星轨道之外等。小行星和彗星事实上是太阳系形成后的残留群体,它们保存了太阳系形成之初的原始成分,为了解其起源提供了重要线索。有些小天体受到木星和土星等巨行星的引力作用结果偏离了原先运行轨道,而来到地球的附近甚至可以穿越地球的轨道,从而有可能与地球发生碰撞。这些地球的"不速之客"通常称为近地天体 (near-earth objects)。例如,1908 年,一颗直径约 50 米的小天体在西伯利亚通古斯地区上空爆炸,摧毁了大约 2000 平方千米的森林,飘浮在空中的尘埃高达一万米。在 6500 万年前,一颗直径约一千米的小行星撞击在墨西哥尤卡坦半岛,导致毁灭了包括恐龙在内的地球上 75%以上的生物。在地球诞生的四十多亿年中,危险的"天外来客"给地球留下累累伤痕。有关学者通过研究地面陨石坑在全球分布情况发现[1]来自外空间撞击小天体的直径大于 200 米,研究指出这种撞击事件平均约每 4.7 万发生一次。对于直径超过 1 千米的近地天体,如果它们撞击地球将导致全球气候发生灾难性改变,而彻底摧毁人类文明。特别是 1994 年苏梅尔-利维 9 号彗星与木星发生"世纪碰撞"使人们更加关注地球自身的安全问题。那么这些具有潜在威胁的小天体在早期太阳系中是如何形成和起源演化,它们能给早期地球带来生命吗?它们的轨道特征和物理特性及成分组成又是怎样?利用怎样的手段来发现并监测它们,以及面对将来潜在的碰撞地球的可能我们应采取怎样的规避措施?

2. 地球上的生命来自外太空吗?

太阳系形成于 45 亿年前,星云学说认为原始太阳在星云中产生有以下几个阶段:首先慢速旋转的气态星云由于自引力而坍缩,其后星云中心逐渐冷却而发生凝结且其自转速度加快而变得愈发扁平;最后,原始太阳在星云中心生成,且周围伴有一旋转的气态星周盘。星子假说[2]进而指出,当行星盘冷却后,微米大小的岩石和冰状混合凝结颗粒落在盘中央的平面上,进而固态小颗粒经过相互碰撞从很薄的尘埃层生长为千米级的行星子,接着星子之间发生了大规模的相互碰撞而形成 10^3 km 级行星胚胎,最后由行星胚胎形成目前的大行星。剩余未曾发生吸积的星子即构成太阳系小天体,其中就包括近地天体。

太阳系中大部分大行星和其自然卫星上都布满了星罗密布的陨石坑,这充分说明在行星形成早期大规模的撞击事件确实经常发生。一般认为生命的形成以及生命的起源需要碳基分子,水冰等物质和能量。由于某些近地天体含有碳基分子和水,它们与蓝色星球的碰撞是生命起源的关键因素。在地球存在的最初 10 亿多年,由于小行星和彗星对其进行剧烈地撞击导致地球表面的温度太高,因此有机分子和水都无法存在。通常认为地球上的生命开始于晚期剧烈轰炸期(late heavy bombardment)结束之时[3],即约 38 亿年前。目前已知地球上最早的化石大约形成于 35 亿年前,有证据表明生物活动可能出现得更早些,即在晚期剧烈轰炸期刚结束时。因此,生命开始产生的窗口时间很短,地球自身无法提供足够多的碳基分子和水,促使生命迅速地形成。可能的答案就是彗星和小行星与地球相撞后将大量富含碳基分子和水的物质运送到地球表面。这个问题仍需要将来进一步探讨。

3. 近地天体轨道特征与动力学起源和物理特性

据统计,目前已发现近地小行星总数超过 20,000 颗[4]。根据其轨道半长径和近日距及远日距,可分为下面几种类型,即

(1) Aten 型：$a < 1.0$ AU, $Q > 0.983$ AU,

(2) Apollo 型：$a \geq 1.0$ AU, $q \leq 1.017$ AU,

(3) Amor 型：$a > 1.0$ AU, $1.017 < q < 1.3$ AU,

(4) Atira 型：$Q < 0.983$ AU.

其中 a 为轨道半长径, q 和 Q 分别为近日距和远日距。Atira 型(如 163693 Atira)小天体的轨道则完全在地球轨道内部。PHAs (Potentially Hazardous Asteroids)是指对地球构成潜在威胁的小行星,通常它们离地球的最小距离(minimum orbit intersection distance)不超过 0.05AU 且其绝对视星等 H 不低于 22 等,这些小天体的直径大约为 140 m 左右,目前已发现了 1070 颗 PHAs[4]。据估计直径大于 1 km 的近地天体约有 1000 颗,而直径大于 140 m 的近地小天体则接近 10 万颗。

近地天体究竟来自何处? 它们是如何演化的? 要回答这些问题,首先要了解它们的物理特性,如其大小、质量、形状、表面形态、自转特征、反照率、反射光谱等。通过对其形状、表面形态和自转特性的高精度测量可精密测定 Yarkovsky 效应,从而掌握其对目标小天体长期演化(如自转速率和自转轴指向等)的影响规律。特别是小天体的尺寸频率分布和自转状态的分布是一个难题。另外,通过研究其物理性质,可以推断出大部分近地天体起源于主带区域。这些小天体主要受到木星和土星的引力摄动,长期共振机制使其偏心率和轨道倾角得到极大地激发从而发生了轨道交叉,最终使它们来到地球或其他类地行星轨道附近。近地天体的另一个来源是彗星,如 (4015)1979VA 小行星即被证实为 107P/Wilson-Harrington。这种起源可以揭示出彗星的物质组成,如彗核中保留有各种有机物质,对探讨生命的起源有重要意

义。因此说近地天体是联系彗星和主带小行星的重要纽带，对它们的研究还将有助于揭示太阳系起源演化之谜。

4. 近地天体监测和危险规避

直径在 140 m 左右的近地天体与地球相撞后造成的影响是区域性的 (300 m 以上的将会造成仅次于全球性的毁坏)，1 km 以上的近地天体撞击事件将是全球性灾难，而 10 km 以上近地天体撞击事件对地球而言将是毁灭性的。即使直径 50 m 左右的小行星撞击事件也能产生相当于百万吨 TNT 炸药爆炸时的能量。面对地球的"不速之客"，不仅要及时发现这些快速移动的天体目标，还必须对它们进行长期持续的全球监测，对其危险进行分析与评估。目前 NASA 每年花费 400 万美元用于资助完成 Spaceguard 的科学目标，拟在 2012 年之前发现 90%直径大于 1 km 的 NEO。基于地面观测的美国 LINEAR 近地天体巡天计划，也有可能在 10 年内发现 90%直径大于 300 m ($H<20.5$)左右的 PHA，其总数据估计约有 7000 颗[5]。如果要观测到 $H \leqslant 22.0$ 即直径不超过 140 m 的 PHA，这将需要更大口径的望远镜以及合理的观测策略。但是就地面观测而言，虽然能够发现一些较小的 PHA，但也存在明显的不足，即由于太阳的距角覆盖范围的限制，只有少部分 NEO 在观测方向上在任何时刻可以观测到，地面巡天计划很难观测到全部近地天体。因此，一个基于地心的空间望远镜(如类金星轨道的红外探测望远镜)将在很大程度能弥补地面观测之不足，同时也有可能发现更暗的(即直径在 140 m 左右)近地天体，达到发现和监测亚千米级小行星的科学目标。下一代空间探测系统或地基探测系统(如 Pan-STARRS4 和 LSST)将能高效地找到更多的未知近地小天体。

面对近地天体碰撞威胁人们可能采取哪些措施呢？其中有些技术方案是采取各种手段使 PHA 偏离原来的轨道，利用地面上大功率激光器加热小行星的表面使其获得较小的推力而偏离，还可以发射飞船使其会合附着于小行星将其推离等；或者借助于飞船将核武器送到小行星的表面或者放置在内部将其摧毁。但是从技术的角度来说，实现这些方法的确是一个难题。

5. 近地天体空间探测和资源开发

近地小天体(如 C 型)和彗星上拥有用之不竭的矿物和水冰等成分。它们不仅可作为维持生命存在的基本物质，并且如果人类对其加以开发利用的话，还可成为星际飞行的"加油站"，提供未来空间探测中不可或缺的能量。近地天体是除了月球之外离地球最近的自然天体，由于大多分布在地球轨道附近，因此只需较少的速度增量和能量即可抵达它们。NASA 对近地小天体和彗星空间探测计划包括：如"造访近地小行星"(near earth asteroid rendezvous，对 Eros 进行探测)，"深度撞击"(deep impact，对 Tempel 1 进行探测和撞击)，日本的"游隼"(Hayabusa，将从 Itokawa 小行星采样返回)等。这些计划部分科学目标通过测定小行星表面的化学元素丰度及其表面分布状况,并通过近红外光谱仪测量小行星表面反射光谱数据绘制高分辨率矿物组成和表面分布图。 相关研究将为人类未来开发利用近地天体的资源提供了充分的科学依据,同时有助于人们了解它们的特性,从而能采取有效的措施来规避潜在的威胁。近地小天体研究方兴未艾,国内有关研究单位已开展近地天体空间探测任务概念性研究,为我国将来相关探测计划做准备。

参 考 文 献

[1] Stuart J S. Observational constraints on the number, albedos, sizes, and impact hazards of the near-Earth asteroids. PhD thesis, MIT, 2003.
[2] Safronov V. Evolution of the Protoplanetary Cloud and Formation of the Earth and Planets, Moscow: Nauka, 1969.
[3] Gomes R, Levison H F, Tsiganis K, Morbidelli A. Origin of the cataclysmic Late Heavy Bombardment period of the terrestrial planets. Nature, 2005, 435 (7041): 466–469
[4] http://neo.jpl.nasa.gov/stats/.
[5] http://cfa-www.harvard.edu/iau/lists/PHACloseApp.html.

撰稿人:季江徽
中国科学院紫金山天文台

小行星地面观测和空间探测

Ground Based Observation and Space Exploration of Asteroid

国际天文学联合会(IAU)于 2006 年 26 届大会上通过了行星定义专业委员会提交的关于行星定义的 IAU0603 决议。根据新定义太阳系天体可以分成 3 类，行星(planet)、矮行星(dwarf planet)和太阳系小天体(small solar system baody)。行星需要具备的条件是：(1)在环绕太阳的轨道上运动；(2)质量足够大，能保有流体静力学平衡的形状(接近球体)；(3)清除了轨道附近天体。矮行星具备以上条件(1)、(2)，但未能清除轨道附近天体。其余绕太阳运动的非卫星天体统称为太阳系小天体。

小行星属于太阳系小天体，是围绕太阳运行的岩石或金属天体。本文介绍的是传统意义上的小行星，柯伊伯带天体(KBO)不在讨论范围。在已知小行星中，有 27 颗的直径大于 200 km，直径小的则可以达几十米，如近地小行星 1998 KY26 的直径为 30 m。小行星在太阳系内分布的范围从地球轨道内部一直延伸到土星轨道以外，其中绝大部分在火星和木星轨道之间(图 1)，称为主带小行星(MBA)。

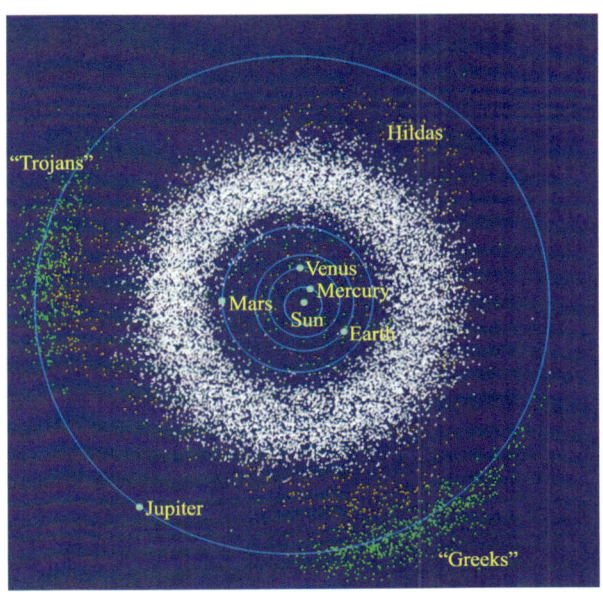

图 1 小行星带分布。

小行星是太阳系演化早期形成的星体,也有人认为是由一个大行星在亿万年前被撞击碎裂之后的遗留物，现在大多数理论支持前者，事实上如果将所有小行星的质量加起来考虑成一个大行星，其直径也只有 1500 km 左右，还不到月球的二分之一。

1. 地面探测的意义和解决的科学问题

小行星虽小，在天文学研究中却起过重要作用。通过对小行星的冲日观测精确测定的日地距离为三角测量所能达到的最高精度。利用大行星接近小行星时测定小行星轨道的受摄变化可以算出大行星的质量，1986 年 Schmadel 等利用 1825 年到 1985 年期间(29) Amphitrite 的 91 次冲的观测数据计算得到木星的质量[1]为太阳质量的 1/(1047.369±0.029)。水星、金星、火星、土星等行星的质量均是利用小行星以相当高的准确度测定的。为了改进和提高星表的精度，IAU 组织了对(1) Ceres 等 10 颗小行星的长期联合监测，从观测数据和轨道根数归算出了黄道和天球赤道等天文参考系要素的准确位置。

研究小行星还能为研究太阳系的起源和演化提供重要线索。根据现代太阳系形成理论，太阳系是在 46 亿年前由一团混沌星云凝聚而成的，当初星云形成太阳系的具体过程已无法从地球或其他行星上找到痕迹，只有小行星和彗星这类太阳系早期的"活化石"还保留着若干太阳系形成初期的信息[2]。

小行星的地面观测已经开展了两百多年，积累了大量数据，处理方法也在不断改进和完善。随着地面观测能力的增强以及多波段观测的实现，可以获得的小行星信息越来越多，越来越精确。目前地面观测研究主要需要解决以下几个难题：

(1) 搜索发现小行星，特别是搜索发现和监测近地天体，开展小行星的分类和统计研究，是什么原因导致各类小行星的大小分布规律呈非标准指数分布？

(2) 研究小行星的轨道分布，为何小行星带呈现动力学聚集和空隙，小行星的族群分布有什么机制？

(3) 测定小行星的光变曲线，求解自转周期、自转轴指向等物理参数，进行小行星形状重建，是怎样的演化机制导致了小行星物理状态的多样化？

(4) 开展大样本的分光观测和光谱观测，研究小行星的化学成分和物质结构，从而可以研究太阳系演化模型。

2. 空间探测的意义和解决的科学问题

小行星是太阳系演化早期的产物，它们的物理结构、化学矿物组成对研究太阳系的起源有重要的意义。1991 年 10 月，Galileo 飞船成功飞越了小行星(951) Gaspra，第一次近距离、高精度地探测了小行星，1993 年 8 月，Galileo 又飞越了(243) Ida，小行星研究进入了空间时代。此前小行星的基本物理参数都是从地面观测得到的，精度很低，有些参数则无法获取，空间探测对小行星的近距离高精度观测，大大拓

展了小行星研究的范围和获取参数的精度,有助于下列问题的解决:

(1) 小行星是怎样从主带迁移到近地轨道的?未来小行星撞击地球的概率是多少?回答这两个问题需要通过深空探测更高精度地测定小行星的自转速率、自转轴指向、密度、形状、磁场强度等影响小行星轨道演化的重要因素,特别对那些地面难以观测的、数目更多的、对地球的潜在威胁更大的小行星。

(2) 通过深空探测来测量小行星的内部结构和组成成分等参数,这对制定轨道偏移方案、评估撞击危害等均有重要意义。

(3) 通过对小行星近距离或零距离空间探测可提高光谱测量精度;采集小行星样品,可以直接建立小行星和陨石的联系。进一步可以研究小行星的成因和演化历史;小行星内部的熔融和分异机制;寻找小行星中可能含有的有机成分来研究地球生命起源;寻找蕴含在小行星中的太阳系原始物质;通过小行星表面积聚的太阳风和太阳高能粒子研究太阳活动历史;通过小行星蕴含的恒星物质研究恒星演化和恒星与行星形成的关系等一系列科学问题。

(4) 通过对小行星的深空探测,为将来征服太空,从太空中汲取资源做好准备。小行星含有大量资源,特别是水,可以作为人类空间探测的资源补给站,除水以外,小行星还蕴藏其他稀有金属和矿产资源,可以为人类开发利用。

3. 小行星研究的现状

国际上小行星研究工作主要集中在以下几个方面:

(1) **小行星搜索** 小行星搜索的快速增长得益于技术的革新、人力的投入和经费的保障。NASA 每年斥资四百万美元支持该计划,国际上活跃的小行星搜索计划多数受 NASA 资助,取得了重大进展,80%的发现与之有关。根据 NASA 在 1995 年制订的空间防卫计划,2008 年前要发现 90%大于 1 Km 的近地天体,截止 2007 年 12 月 18 日,近地天体搜索发现情况如图 2 所示[3],共发现近地小行星 5105 个,其中直径大于 1 km 的有 732 个。2005 年美国国会要求在此项目结束后对直径大于 140 米的近地天体进行搜索、跟踪和编目。

(2) **小行星动力学研究** 动力学研究可以分成两类:一类是对小行星动力学行为的定性研究,阐述主带小行星、柯伊伯带天体(KBO)、近地小行星之间的动力学迁移机制;另一类是对近地天体的定量研究,分析近地天体和大行星的密近交会,特别是和地球交会的预报和碰撞概率的研究。

(3) **小行星物理研究** 小行星物理研究的重点是对特殊小行星,特别是近地小行星进行测光,分析其大小、自转周期和自转轴指向,光谱测定和雷达观测等[4]。国际小行星中心(MPC)定期公布小行星光变曲线周期和振幅等参数的测量结果[5]。捷克天文台根据对小行星光变曲线的研究发现了一批小行星双星系统,开展了近地小行星、越火小行星和内层主带小行星中非对称双星系统以及小行星特殊旋转状态的研究[6]。

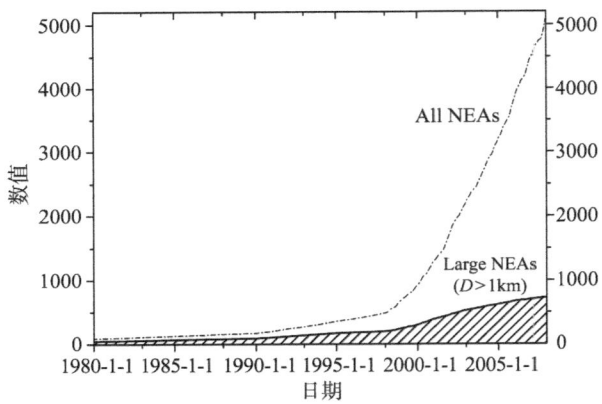

图 2　近地天体发现情况。

(4) 小行星空间探测　小行星空间探测已经经历了 10 余年历史,从对单个小行星的飞越探测发展为对多个小行星的单轨道探测;从对小行星表面进行简单的照相观测发展成对小行星进行多波段观测;测量小行星的磁场和引力场;对不同光谱型的小行星进行取样,通过撞击详细了解小行星的物理特性。空间探测的另外一个方向是普查式探测,欧空局(ESA)已经进行了 EUNEOS 等计划的概念研究,其目标是用空间望远镜来搜索亚千米级近地小行星。

4. 地面搜索计划

目前全球开展的近地天体探测计划有三百多个项目,影响较大的有 LINEAR、Catalina、Spacewatch、NEAT、LONEOS 等,以及 1995 年到 1997 年北京天文台的近地小行星巡天计划(SCAP)。紫金山天文台在 20 世纪先后用 15 cm 折光望远镜、60 cm 反光望远镜和 40 cm 双筒折光望远镜进行了小行星搜索和定位观测,一共发现了 1000 多个小行星,观测的数量和质量当时曾列于国际前茅。1998 年,紫金山天文台 1.04/1.20 m 近地天体探测望远镜于 2006 年底投入试观测,开始了中国新的近地天体探测计划(Chinese Near Earth Object Survey,CNEOS),至今已经发现了 700 多个小行星,包括一个近地小行星和一个木星族彗星,成为国际小行星探测领域中的重要力量。

为了保持在小行星探测和研究学科上的领先地位,美国已经开始计划和实施下一代小行星地面搜索计划。Pan-STARRS 计划(Panoramic Survey Telescope and Rapid Response System)[7]是一套称为"全景观测望远镜和快速反应系统"的由多台天文望远镜组成的观测系统。LSST 望远镜(Large Synoptic Survey Telescope) 是一架口径 8.4m，视场 10 deg² 的望远镜，每三个观测夜可以覆盖全天，用于搜索超新星、近地天体和 KBO 等[8]。为了探测 90%大于 140m 的近地天体，Lowell 天文台计划建造一台 4.2m 口径的专用望远镜(Discovery Channel Telescope，DCT)[9]。

目前国际通行的小行星观测数据处理模式是：各观测站把观测数据报送到 MPC，MPC 确定所发现天体的运行轨道并公布。随着大口径、高分辨率观测系统的建成和投入使用，这种基于国际合作的传统模式有可能被打破。下一代小行星地面搜索计划的探测和计算能力都非常强大，可以进行实时处理和快速全天覆盖，将大大提高发现小行星的效率。

5. 空间探测计划[10]

从 1991 年 Galileo 号飞越(951) Gaspra 开始，小行星空间探测已经进行了 10 多年，早期是在探测大行星时对小行星进行顺访，近期多以小行星，特别是近地小行星为主要目标。其中 Galileo 计划、NEAR 计划、DS1 计划和 Stardust 计划已经完成；Hayabusa 计划和 Dawn 计划正在实施中；Don Quijote 探测计划正处于预研阶段。

通过国际小行星深空探测计划的调研，可以为规划我国小行星深空探测项目提供借鉴。小行星的大小、形态、自转速度、自转轴指向、是否为双星系统等都对深空探测计划的实施有重要影响，但是大多数小行星的这些参数还是未知量。在选择小行星探测目标时，需要综合考虑轨道因素和小行星物理化学性质：轨道因素不但关系到科学目标的制定，其中 ΔV 还关系到空间项目的可行性；小行星光谱型选择也是一个重要因素；小行星的形状、密度、大小等因素，地面观测数据仅能提供初步参考。大量地面观测对于选择确定探测目标是十分必要的。

参 考 文 献

[1] Schmadel D L. Astron. Nachr., 1986, 307(6), 363.
[2] Kargel J S. JGR, 1994, 99, 21129.
[3] http://neo.jpl.nasa.gov/stats/.
[4] http://echo.jpl.nasa.gov/~lance/radar.nea.periods.html.
[5] http://cfa-www.harvard.edu/iau/lists/LightcurveDat.html.
[6] http://www.asu.cas.cz/~asteroid/binastphotsurvey.htm.
[7] Hsieh H H, Jewitt D. Science, 2006, 312, 661.
[8] Ivezic Z, Tyson J A, Juric M, Kubica J, Connolly A, Pierfederici F, Harris A W, Bowell E, Null N. Proceedings IAU Symposium No. 236, 2007; arXiv:astro-ph/0701506v1.
[9] Bowell E, Millis R L, Dunham E W, Koehn B W, Smith B W. Proceedings IAU Symposium No. 236, 2007, 2, 363.

[10] 赵海斌. 近地小行星探测和危险评估,中国科学院紫金山天文台博士论文, 2008.

撰稿人：赵海斌
中国科学院紫金山天文台

太阳系小天体的平运动共振

Small Objects in Mean Motion Resonances

  400年前开普勒在精确观测资料的基础上总结出行星运动三定律，这些定律在牛顿万有引力和运动定律框架之下得到了准确的描述。其后，人们发现行星轨道在空间中的分布似乎遵循一定规律，所谓的"提丢斯-波德定则"就是描述太阳系行星轨道半长径大小的一个简单几何定则。虽然这一"定则"迄今并未有明确而肯定的物理解释，但普遍相信它与行星系统形成及演化的物理及动力学过程有关。于太阳系小天体而言，它们在空间分布、轨道特征上存在的各种"结构"则更明显地反映了太阳系行星系统形成及演化的种种过程和动力学机制。其中，各种"共振"现象则扮演了极为重要的角色。

  一个动力系统中，当摄动的频率与系统的本征频率之间有整数比关系时，共振即可发生。太阳系天体的运动轨道有三个特征频率分别描述轨道绕转(平运动)、轨道近日点方向进动和轨道面法向进动的快慢。两个天体的平运动频率之间发生的简单整数比关系，即为平运动共振(mean-motion resonance, MMR)，而进动频率之间的共振则称为长期共振[1]。除极少数例外，轨道进动的频率远低于平运动频率，因而这两者之间并无共振情形发生。处于共振的天体，摄动因在同一构型下不断重复而显著加强其效果，因而表现出特别的行为。

  太阳系中最早发现而为人所熟知的与MMR相关的现象是分布于火星和木星轨道之间的小行星主带上的柯克伍德空隙(Kirkwood gap)。早在1867年人们就发现主带小行星(main belt asteroids, MBA)在空间分布上并不均匀，在一些特定位置上相较于其邻近位置明显较少(空隙)。虽然人们提出了各种各样的解释，也发现最显著的空隙与木星MMR有关，但直到1982年才由Wisdom给出了3:1共振处空隙起源的令人信服的解释[2]。Wisdom发现，在由太阳、木星、MBA组成的平面椭圆型限制性三体问题模型中，在近圆轨道上运动的小行星可能进入3:1 MMR的分界区(separatrix)，然后在很短时间内升高其轨道偏心率，其结果使得MBA能够穿越火星轨道进而在火星的摄动作用下逃逸。然而这一机制却并不能完全解释其他(如2:1共振处的)空隙的起源，迄今处于MMR的MBA的起源与长期演化问题仍然没有得到彻底解决。

  也有观点认为柯克伍德空隙不能仅仅用当下的太阳系构型来解释，而必须溯及太阳系形成早期的行星轨道演化历史。在当前太阳系构型之下，对应于5:2、7:3和2:1共振的位置是空隙，但它们邻近区域内的MBA轨道在太阳系年龄内应该是稳定的。然而，实际上这些区域内 MBA 的数量却明显较少。如果太阳系形成早期(约 40 亿年前)大行星的轨道半长径经历过变化(即"轨道迁移")，那么这些 MMR 的位置必然随之扫过一定的区域。最近的数值模拟显示[3]，这横扫而过的 MMR 以及某些长期共振激发了经过之处的小天体轨道、使得它们失去稳定性而(部分或全部地)清空了相应的区域。由此可知，对这些 MMR 的现状与历史的详细分析，可以提供太阳系早期演化过程的重要信息。更加雄心勃勃的模型则考虑太阳系形成早期大行星之间经历 MMR 的可能性。一般而言，处于 MMR 中的大行星能获得比较大的轨道偏心率，这不利于行星系统的稳定性，所以人们一般都认为太阳系大行星之间并未经历过 MMR。但在如今广为人知的"尼斯模型"中，木星和土星在轨道迁移过程中经历过 2:1 MMR 阶段，这一短暂却激烈的共振阶段给整个系统带来了深刻的变化[4]。太阳系中的残余星子(现今小天体的前身)在这一过程中轨道被激发、被散射、被 MMR 俘获、被输运至新位置……，整个行星系统被勾画出原型。其后，各种 MMR 和长期共振进一步"精雕细琢"出太阳系现在的构型。对各种 MMR 的研究可以为这个模型提供(正面或反面的)证据，或者提供改进该模型的思路。目前，支持该模型的一个重要证据是它可以解释木星脱洛央天体的起源，而它们正是与木星发生 1:1 MMR 的小天体。

虽然在上述模型中讨论的是木星和土星，但是轨道迁移和共振俘获的概念最早却是在研究海王星和冥王星的 3:2 MMR 中得到应用和肯定的。冥王星的奇特轨道(轨道倾角 17°、偏心率 0.24)不能用当下构型的太阳系模型解释，Malhotra 在 1993 年提出，向外扩张的海王星轨道将原始冥王星俘获进 3:2 MMR 并在继续扩张过程中激发其轨道至当前的偏心率[5]。随后发现的大批柯伊伯带天体(Kuiper Belt Objects, KBO)在空间分布上的特征表明 MMR 是形成柯伊伯带结构的最关键因素。特别是，相当一部分 KBO 集中在冥王星轨道周围的事实，说明了 Malhotra 的模型的正确性。这一模型仍然需要继续改进：它难以解释 2:1 MMR 处的 KBO 缺失、它对 KBO 轨道倾角的激发相比于观测事实有比较大的差距等。相信对处于 MMR 中 KBO 的动力学机制更仔细的研究分析可以为完善这一理论提供重要参考。

除了前述主带小行星、柯伊伯带天体和行星脱洛央天体之外，MMR 在行星的卫星和行星环系统中也非常普遍。与前者不同，在卫星和行星环系统的动力学当中潮汐耗散起到非常重要的作用，正因如此，这些系统中的 MMR 一般都已经演化至平衡位置，其动力学行为相对平凡。而其他小天体如彗星、半人马座天体、近地小天体等，它们被认为是从相对稳定的起源地(分别为奥尔特云、柯伊伯带、小行星主带)零星逃逸出来的，而其逃逸过程中的触发、输运机制都与各种 MMR 紧密相关。

总体而言，平运动共振是古老又新鲜的课题，当前对该课题的研究因以下原因仍然显得充满挑战：

(1) MMR 可以与其他类型共振可以发生相互作用，导致运动的复杂性。一个著名的例子是土卫六(Titan)与土卫七(Hyperion)处于 4:3 MMR 之中,同时后者还处于自旋-轨道共振之中,这两种共振共同的作用使得土卫七的自旋表现出完全的混沌状态。土卫七的动力学行为至今仍然没有得到彻底的理解。

(2) 处于 MMR 中的小天体可能同时受到长期共振的影响。比如小行星主带 2:1 MMR 内发现的与土星进动相关的长期共振,再比如海王星脱洛央天体除了与海王星的 1:1 MMR 之外,其轨道进动还有可能和海王星的轨道近日点进动发生共振。这些都给运动本身带来新特征,又因为这两种共振具有不同的时间尺度,给分析处理带来了困难。

(3) 新的小天体的发现带来了新的研究对象。这些"新"对象往往具有"出人意料"的轨道特点,比如很大的半长径、高的轨道倾角、大的轨道偏心率等,这些特征往往使得传统的理论分析方法(比如摄动函数展开)失效。

(4) 对 MMR 的分析必须考虑其在太阳系早期的起源与演化历史,因为行星系统的早期演化过程是不可逆的,所以这一方面的研究具有很多的自由参数,给研究工作带来困难。

参 考 文 献

[1] Malhotra R. Orbital resonances and chaos in the solar system. In Lazzaro et al. eds. Solar system formation and evolution, ASP Conference Series, 1998, 149, 37.
[2] Wisdom J. Chaotic behavior and the origin of the 3/1 Kirkwood gap. Icarus, 1983, 56, 51.
[3] Minton D A, Malhotra R. A record of planet migration in the main asteroid belt. Nature, 2009, 457, 1109.
[4] Hahn J. Planetary science When giants roamed. Nature, 2005, 435, 432.
[5] Malhotra R. The origin of Pluto's peculiar orbit. Nature, 1993, 365, 819.

撰稿人:周礼勇

南京大学天文系

柯伊伯带的多卫星系统

Kuiper Belt Objects with Satellite Systems

1. 发现

自远古时代，地球的卫星——月球就伴随人类发展而存在。四百年前，伽利略通过望远镜在木星的周围发现四颗卫星的存在。之后，天文学家在木星、天王星、海王星、火星以及冥王星附近都发现了它们的卫星。此外，在太阳系中还存在着成千上万颗的小行星，主要分成三类：主带小行星(MBA)、近地小行星(NEA)和柯伊伯带行星(KBO)。随着观测技术的提高和空间科学的发展，环绕着小行星的一些卫星陆续被发现。1993年，伽利略宇宙飞船在经过主带小行星Ida时，拍摄到第一颗小行星的卫星Dactyl。八年后，地基3.6米望远镜的观测显示KBO 1998WW31是一个双星系统。这一发现表明在众多KBO中，冥王星(Pluto)与其卫星(Charon)组成的系统并不是独一无二的，而只是拥有卫星的KBO成员之一[1]。迄今为止，在180个小行星附近发现了它们的卫星(或伴星)，其中约三分之一的天体是KBO。除去双星系统之后，这些KBO还包含一个三星系统(Haumea)和一个四星系统(Pluto)[2]。对于已发现的1300多颗KBO而言，这说明多星系统在柯伊伯带中是相当普遍的。

2. 观测结果

在已发现的柯伊伯带多星系统中，观测显示绝大多数位于冥王星之外的空间。这些天体通常都比较大，具有较亮的光度，易于望远镜的发现。而望远镜分辨率的限制导致这些系统成员之间的距离都比较大，它们的绕转周期甚至长达25~30年。这导致对多数多星系统成员位置的观测次数不足，难以确定绕转的轨道根数。目前能给出轨道根数的多星系统只有冥王星、Eris和Haumea等几个较大天体及其卫星。

根据多星系统绕太阳运行的轨道动力学性质，大致可以将它们分成三类：经典的、散射的以及共振的。经典的KBO是指这些天体的轨道呈近圆形；根据它们的轨道倾角 i 的大小，可分成热的($i>5°$)和冷的($i<5°$)。这些系统均是双星系统，两个天体之间的光度差较小。若认为组成天体的反照率相同，则它们的大小比较接近。散射的KBO不能长期稳定地处于柯伊伯带之中，表现为轨道偏心率较大。一般来讲，这部分天体的轨道倾角也较大($i>10°$)。共振的KBO与海王星的轨道之间发生平运动共振，即它们与海王星的轨道周期存在着简单的整数比。在对哈勃望远镜观测到的81颗KBO的分析中，Stephens和Noll发现其中有9个双星系统，约占11%。81颗Kuiper带天体中，有54颗的轨道倾角大于5°。其中的双星系统只有3个，远小于经典 KBO 中双星的比例 22%。这意味着对于动力学性质不同的 KBO 可能有着不同的卫星形成机制[3]。

3. 形成机制

冥王星和 Charon 的质量比达到 8:1，曾被认为是太阳系中唯一的一个双星系统。大量柯伊伯带多星系统的发现改变了这一看法。此外，在 Charon 之外，还发现了冥王星的另外两颗卫星 Nix 和 Hydra。因此，这些多星系统的形成需要一个好的模型。它要能解释在早期行星的形成过程中，多星系统的出现是一个多发事件，而不是一个偶然事件。同时，这些形成的多星系统还要与当前观测到的性质相吻合，包括系统成员的质量相当、轨道偏心率的范围、不同动力学性质的系统中所占的比例等等。当前主要有三种解释太阳系双星系统形成的模型，分别是分裂模型、动力学俘获模型以及碰撞模型。分裂模型被用于 MBA 和 NEA 中双星系统的形成，通常是由两颗大小不等的天体组成。而柯伊伯带双星系统的天体比较大，分裂模型很难同时形成大小相近的两颗天体，因此动力学俘获与碰撞成为柯伊伯带多星系统的两个主要成因。这两个模型都要求初始的柯伊伯带区域拥有更多的天体，从而满足如今观测到的多星系统数目。

碰撞模型最初是用在冥王星和 Charon 系统，合理解释这一系统中具有的较低角动量。Canup 指出如果双星系统是通过碰撞产生的，那么系统的总角动量低于折合角动量 $J = \sqrt{GM_{tot}^3(R_1^2 + R_2^2)^{1/2}}$ 的 80%，其中 G 为引力常数，M_{tot} 是系统的总质量，R_1 和 R_2 分别是双星的半径。而冥王星和 Charon 的轨道角动量与自旋角动量之和只占折合角动量的 40%[4]。后来发现的另两颗卫星 Nix 和 Hydra 被认为是碰撞的残片聚积而成。在潮汐的作用下，Charon 的轨道向外迁移，驱使 Nix 和 Hydra 进入当前的轨道状态。此外，数值模拟显示 Eris 和 Haumea 的小质量卫星也可由碰撞来产生，并且在潮汐作用下轨道半长径演化至观测值附近。但是，潮汐的作用只能使轨道圆化，不能解释 Haumea 最外面一颗偏心率为 0.05 卫星的存在。

俘获模型是建立在三体问题的基础之上，通过相互作用来散射其中一体，达到降低系统角动量的目的，从而形成稳定的两体系统[5,6]。根据三体的大小，Goldreich 等人给出两种具体的俘获模型 L^3 和 L^2s。前者是三颗大小相当的天体，而后者则让两颗大天体在大量的小粒子中运动，利用它们的动力学摩擦来取代 L^3 中第三体的作用。通过理论分析，Goldreichd 他们发现 L^2s 机制形成的双星系统要比 L^3 机制形成的多一个量级。动力学俘获为具有较高角动量的柯伊伯带双星系统提供了一个很好的解释。

4. 待解决问题

随着观测技术的提高以及空间计划的实施，越来越多的柯伊伯带多星系统将被发现。同样，观测次数的增加将有助于进一步确定多星系统的轨道形状。这都对形成的模型提出更高的要求。一般的引力问题中，在考虑天体之间的相互作用时，通常将它们视为质点。在牵涉到轨道偏心率的演化而引入潮汐力之后，也只是考虑大天体的形变对小天体的影响。而在柯伊伯带多星系统中，很多成员天体是大小相当的。这就要求不仅是主星对次星有潮汐作用，次星对主星施加的潮汐力也应该加以考虑。在动力学俘获的模型中，天体均简化为球形或质点。若认为大天体具有一定的形变，会不会对俘获模型的结论产生根本性的影响？

参 考 文 献

[1] Noll K S, Grundy W M, Chiang E I, et al. The Solar System Beyond Neptune. 1st ed. Tucson: Arizona, 2008: Binaries in the Kuiper Belt, 345–363.

[2] Brown M E, van Dam M A, Bouchez A H, et al. Satellites of the Largest Kuiper Belt Objects. Astrophysical Journal, 2006, 639:L43–L46.

[3] Stephens D C, Noll K S. Detection of Six Trans-Neptunian Binaries with NICMOS:A High Fraction of Binaries in the Cold Classical Disk. Astronomical Journal, 2006, 131:1142–1148.

[4] Canup R M. A Giant Impact Origin of Pluto-Charon. Science, 2005, 307: 546–550.

[5] Goldreich P, Lithwick Y, Sari R. Formation of Kuiperbelt binaries by dynamical friction and three-body encounters. Nature, 2002, 420: 643–646.

[6] Schlichting H E, Srai R. Formation of Kuiper Belt Binaries. Astrophysical Journal, 2008, 673: 1218–1224.

撰稿人：万晓生

南京大学天文系

太阳系的边缘

The Outer Edge of the Solar System

在海王星轨道之外的太阳系边缘部分,有一个由大量小天体构成的盘状区域——柯伊伯带,早在 20 世纪中期,Edgeworth 和 Kuiper 就分别独立地预言了它的存在。1992 年 8 月,Jewitt 和 Luu 发现了除冥王星外的第一个柯伊伯带小天体 1992 QB1,之后越来越多的柯伊伯带小天体被观测到,同时也不断地修改着"太阳系边缘"这一概念。一般认为柯伊伯带小天体是早期太阳系物质凝聚成各大行星后,因此这些小天体能够为研究太阳系乃至太阳系外行星系统的形成和演化提供很多重要的线索。

人们一度认为,柯伊伯带小天体形成于距离太阳 40 至 50 天文单位(AU)的区域,基本不受行星引力作用的影响,至今还保持着太阳系形成初期"冷"的状态,即在小偏心率、低倾角的轨道上运行。但是观测表明,有相当数目的小天体散布在更加宽广的空间范围内。实际上,柯伊伯带是由一系列连续的(主要)区域构成的,且有着许多引人注目的动力学特征:

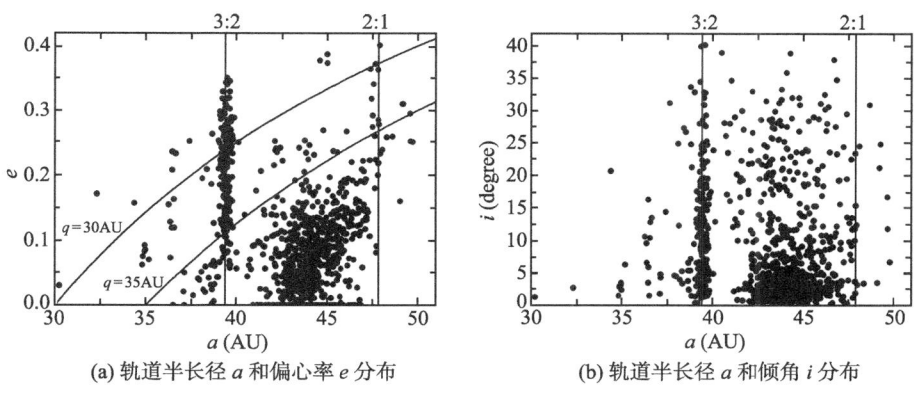

(a) 轨道半长径 a 和偏心率 e 分布　　(b) 轨道半长径 a 和倾角 i 分布

图 1　柯伊伯带小天体的轨道根数分布。

(1) 海王星的 3:2 共振区[①],此处有大量的小天体聚集(轨道半长径 $a \approx 39.4\text{AU}$),它们的轨道偏心率基本在 0.05~0.3 之间。对于 3:2 共振小天体空间分布的形成,

---

① 指此区域内的小天体和海王星的轨道周期之比为 3:2。

Malhotra[1]提出的类木行星轨道迁移和共振俘获模型给出了比较好的解释,但是即使考虑到长期共振等效应的共同作用,仍不能解释如何将这些小天体激发到高达40度倾角的轨道上。

(2) 经典柯伊伯带(42AU<a<47.7AU),此处的小天体大多有着较小的轨道偏心率和较低的轨道倾角,这也是称其为"经典"柯伊伯带的原因。但是近来的观测表明,此区域内还存在着许多高倾角的小天体,且与那些低倾角的小天体有着显著不同的物理性质,如大小尺寸、色指数等[2]。一般认为这两类小天体经历了不同的演化过程,其起源有待探索。

(3) 海王星的2:1共振区(a≈47.7AU),目前只观测到为数不多的小天体,且都处于高倾角轨道上。人们曾经认为柯伊伯带在此中断,外面空无一物,但事实上这里仅仅是经典柯伊伯带的外边界,并非太阳系的尽头所在。

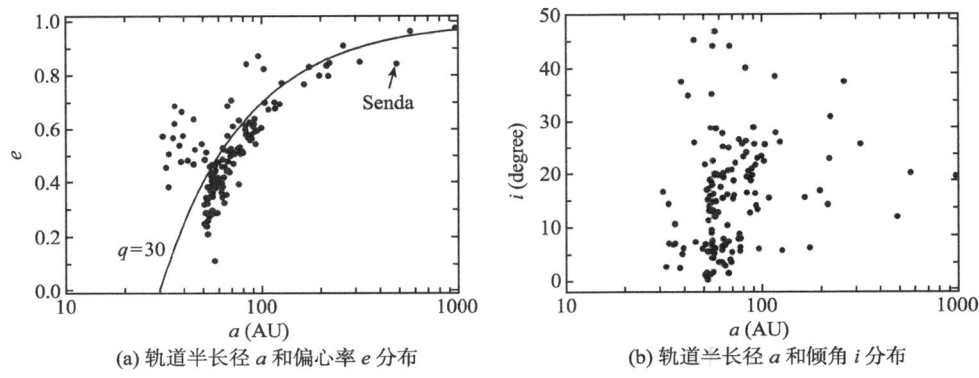

图 2 散射天体和分离天体的轨道根数分布。

(4) 散射天体,它们在海王星外扁长的椭圆轨道上运行,轨道偏心率 e 基本在 0.2~0.08 之间,轨道倾角 i<40 度,如 1996 TL66(a=82.9AU, e=0.58, i=24 度)。散射天体的近日点距离 q 在 35~40AU 之间,受到海王星的微弱摄动,它们的轨道会在 10 亿年的时标内发生改变,可能形成短周期彗星[3]。

(5) 延展的柯伊伯带,在此区域中的小天体的轨道半长径 a>50AU,近日点距离比散射天体大(q>40AU),如著名的塞德娜(Sedna: a=485AU, q=76AU),而目前所知的最远小天体的远日距离甚至超过了 1000AU,这大大出乎人们的意料。由于这些小天体远离太阳,受到行星的引力作用非常之弱,被称之为"分离天体",它们是如何形成并到达当前的位置,是对太阳系边缘探索研究中的一个关键性问题(可能与早期的恒星交会有关)。

除了上述在空间分布和轨道特征方面的问题外,在此研究领域还有一个非常重要的问题。当前柯伊伯带的总质量只有不到 0.1 个地球质量,但是根据星子吸积生长模型,要在合理的时间内(10^7~10^8 年)形成直径为 100 千米量级的小天体,在

40~50AU 的区域中初始至少应含有数十个地球质量的固体物质。那么，这些物质是如何消失的？或者，柯伊伯带小天体并非如人们原先想象的那样是在当地形成，而是在更靠近太阳、物质密度较大的地方形成，之后才迁移到了现在的位置[4]。

为了解释此太阳系边缘地带中小天体的空间结构形成过程,天文学家们描绘了许多不同的图景，如：① 曾有若干个地球大小的星子被海王星向外散射，激发了柯伊伯带小天体的轨道，并将相当数量的小天体散射出太阳系[5]；② 天王星和海王星形成于木星－土星区域(4~10AU)，之后被木星和土星散射出来并迁移到当前位置，同时激发了柯伊伯带小天体的轨道[6]；③ 在太阳系形成早期，曾有另一颗恒星从附近经过，扰动并激发了太阳系内天体的轨道[7]；④ 在存在太阳星云气体的早期太阳系中，随着气体的耗散，长期共振的位置会发生迁移，导致柯伊伯带小天体的轨道受到激发[8]；⑤ 由于行星形成后周围残余星子盘的作用，海王星向外迁移，将原始柯伊伯带塑造为当前的构型[1]。现在的研究工作基本都是建立在这些理论之上，但是到目前为止，还没有任何一种机制能够解释海王星外这片区域的上述所有观测特征。此外，最近观测到的海王星的高倾角特洛伊型小行星(Trojan asteroid)，柯伊伯带中双星和多星系统的高发生率等新的特征，也都给太阳系边缘早期的演化理论的发展带来了进一步的限制。

由于柯伊伯带小天体距离地球非常遥远，虽然观测手段不断进步，实际上科学界至今对它们知之甚少。2006 年，美国国家航空航天局发射了新视野号飞船，飞向太阳系的边缘，用于探测冥王星和柯伊伯带小天体的表面性质、地质构造、内部结构和大气层的物理性质，科学家们希望通过对这片遥远区域的探索能够有助于解开太阳系演化和生命起源之谜。

参 考 文 献

[1] Malhotra R. The origin of Pluto's orbit: implications for the Solar System beyond Neptune. AJ, 1995, 110: 420-432.

[2] Brown M. The inclination distribution of the Kuiper Belt. AJ, 2001, 121: 2804–2814.

[3] Levison H F, Duncan M J. From the Kuiper Belt to Jupiter-Family Comets: the spatial distribution of ecliptic comets. Icarus, 1997, 127: 13–32.

[4] Levison H F, Morbidelli A. The formation of the Kuiper Belt by the outward transport of bodies during Neptune's migration. Nature, 2003, 426: 419–421.

[5] Morbidelli A, Valsecchi G B. Neptune scattered planetesimals could have sculpted the primordial Edgeworth-Kuiper Belt. Icarus, 1999, 141: 367–387.

[6] Thommes E W, Duncan M J, Levison H F. The formation of Uranus and Neptune in the Jupiter-Saturn region of the Solar System. Nature, 1999, 402: 635–638.

[7] Ida S, Larwood J, Burkert A. Evidence for early stellar encounters in the orbital distribution of Edgeworth-Kuiper Belt Objects. ApJ, 2000, 528: 351–356.

[8] Nagasawa M, Ida S. Sweeping secular resonances in the Kuiper Belt caused by depletion of the solar nebula. AJ, 2000, 120: 3311–3322.

撰稿人：黎　健　孙义燧

南京大学天文系

寻找另一个"地球"

Searching for Another "Earth"

1. 引言

在宇宙中有数以千亿的星系,银河系只是其中之一。在银河系近两千亿颗恒星中,有一颗是太阳,而人类生活的地球只是太阳的一颗行星。我们的地球在宇宙中是唯一的有生命的星球吗?是否还存在与我们相似的地外文明?

目前,在太阳系内人们尚未在地球之外的其他行星或其卫星上找到生命存在的直接证据,即我们只有一个可以栖息的"地球"。自20世纪90年代中期以来,天文学家已陆续探测到340个太阳系外行星系统,包括403颗系外行星(截至2009年10月)[1],但是与地球质量相当且适宜生命居住的行星依然未曾找到。"地球是迄今为止所知的唯一能够孕育生命的世界。没有任何其他地方,至少在不远的未来,可供我们人类移民。探访,或许可以;定居,尚且不行。不论你喜欢与否,目前只有地球是我们的立足之地。"(《暗淡蓝点》,卡尔萨根,1934~1996,美国天文学家。)那么,宇宙中是否存在另一个"地球"?什么样的行星适宜生命的产生和延续?这些行星形成和演化的过程是怎样的?它们具有哪些物理性质、大气特征和内部结构?通过何种手段才能探测到它们?下文将逐一回答上述问题。

2. 系外类地行星的探测

系外类地行星的质量较小,发现都很不容易,对它们直接观测更加困难。目前搜寻系外类地行星主要通过间接方法。恒星受行星的引力作用,和行星一起绕它们的共同质心做圆周运动。视向速度法可通过测量恒星光谱的位移量,推知恒星的视向速度变化来寻找行星,目前大部分系外行星都是由视向速度法发现的。2005年,Rivera等通过视向速度法确定了第一颗系外类地行星GJ 876d[2]。天体测量法通过测量恒星空间位置相对星空背景的微小改变来推知行星信息,未来美国航天局的SIM Lite空间计划有多个科学目标,其中之一就是采用天体测量法寻找和地球类似的系外行星。在行星和它的中心恒星恰好几乎在地球与背景星中间时,背景星的光线在传向地球的过程当中在行星和恒星处会发生弯折,中间的行星和恒星好像是一面凸透镜,将远处的背景星的光度在短时间内放大,这就是微引力透镜效应。如果恒星有行星系统,那么透镜效应会因行星绕恒星运动而造成瞬时放大,微引力透镜效应法就是利用这种效应来探测系外行星。第一颗小质量(5.5倍地球质量)、大轨道($a=5AU$)的系外类地行星 OGLE-05-390L b 就是用这种方法发现的[3]。从地球上看，如果行星的轨道倾角接近于 90 度时，行星将会从中心恒星的表面穿过，虽然无法直接看到，但是行星遮住一部分光，恒星的光度会发生变化，通过监测恒星光度的周期性变化来探测系外行星即为掩星法。2009 年用掩星法发现的 CoRoT-7b 是第一颗测得半径的系外固态类地行星[4]。2009 年初美国航空航天局发射了 Kepler 空间望远镜(图 1~2)，主要使用掩星法探测系外类地行星，届时有望发现更多地球大小的行星，并且有可能最终发现适宜生命存在的另一个"地球"。

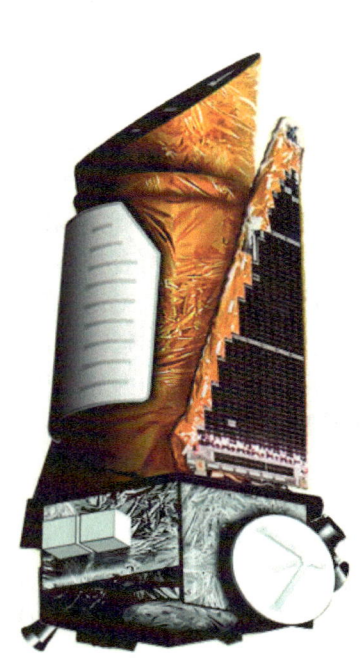
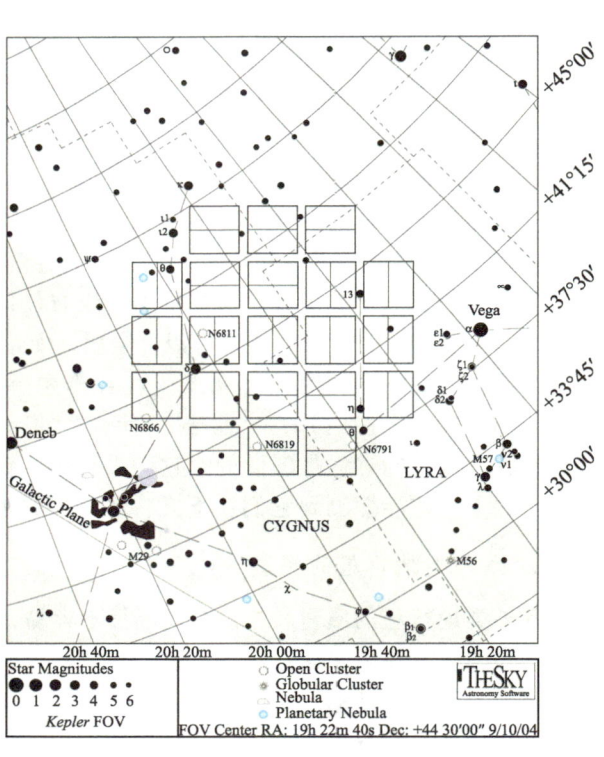

图 1 Kepler 空间望远镜示意图，该望远镜有望发现第一颗地球大小的行星(http://kepler.nasa.gov)。

图 2 Kepler 空间望远镜观测天区(中央 42 块长方形所示范围，下方虚线从左至右分别为银河系中天鹅座和天琴座的位置)(http://kepler.nasa.gov)。

3. 宜居带与化学指纹

虽然天文学家已经发现了大量的系外行星，但是由于观测技术的限制，绝大多数都是类似木星的气态巨行星，质量在 1~10 个地球质量之间的固态类地行星(即所谓的"超级地球")数量很少，而且大多数比较靠近中心恒星，并不处于适宜生命存在的宜居带内。所谓宜居带是指与中央恒星距离合适,使得行星表面的平均温度能够使液态水稳定存在的行星轨道范围,因为水对生命的产生和繁衍极为重要。宜居带的距离和范围主要取决于中心恒星的类型。2007年发现的Gilese 581c[5]据认为是第一颗在宜居带发现的系外类地行星。此外,生命的稳定存在还有许多其他要求,如足够长的恒星和行星寿命以供生命产生,适宜的恒星光度,稳定的低偏心率行星轨道,适宜的自转倾斜度,存在具有合适成分的行星大气等。

如果在不久的将来找到了处于宜居带内的太阳系外类地行星,如何判断它们是否适合生命存在呢?主要方法是寻找行星大气光谱中的化学指纹。行星本身不发光,而是反射中心恒星发出的光,同时产生红外辐射。如果行星具有大气层,行星大气会对恒星辐射和行星本身的红外辐射产生特定的吸收。通过掩星法探测比较恒星在掩食前后的光谱变化,能够得到行星大气的化学成分信息。通过直接观测法也能获取行星的可见光和红外光谱。通过分析这些光谱,可以判断出大气中是否有水,二氧化碳,甲烷,氧气(或臭氧)等适合生命存在的重要化学成分,这些化学成分的组合被称为化学指纹。2008年Swain等[6]用Spitzer望远镜得到一颗系外行星(HD 189733 b)的红外光谱,研究后发现这颗行星大气中可能存在甲烷,这是第一次在系外行星上发现有机分子。地球由于长期演化和生命的长期存在,大气成分产生过巨大变化。通过比较系外行星和地球历史上各阶段的化学指纹,可以推测这些系外行星是否可能会有生命存在。

4. 类地行星的形成与演化

根据当前行星形成的理论,超级地球是普遍存在的。目前普遍认为类地行星是通过固态物质缓慢聚集而成,整个时标约为10^8年。首先,原始行星盘中平面的尘埃颗粒通过低速碰撞互相聚积,形成1~10km大小的星子。随着一次次碰撞吸积,星子逐渐增长成直径10^3km左右的行星胚胎。接下来是星子快速增长时期,星子和胚胎之间的随机轨道能量均分使得大星子拥有较小的轨道偏心率和轨道倾角,这能让它们更快的从周围汲取物质。同时,气体对碰撞碎片的拖曳作用使这些大星子的轨道更趋于圆型,又进而提高了其增长速度。行星胚胎间强烈的摄动使其轨道相互交叉,导致快速增长开始变缓甚至完全停滞。类似月球和火星的行星胚胎发生猛烈的碰撞,最终形成少数几个轨道相隔较远的类地行星。相关研究表明原恒星盘中类地行星有可能因为大行星的迁移而被散射出行星系统或被俘获在共振轨道。数值模拟则预言由于巨行星的向内迁徙,可导致1/3的行星系统在宜居带拥有偏心率较小的类地行星[7]。通过研究和模拟相关过程,可以推测系外行星系统宜居带内是否可能有类地行星存在,为进一步观测搜寻提供理论依据[8]。

5. 类地行星的内部结构与大气成分

对于系外行星，迄今还不能直接探测其内部，只能借助一定的模型来研究其内部结构。假设它们形成之后经历了热演化过程并产生与地球类似的层圈结构，并且行星中元素丰度及矿物成分也和太阳系类地行星相似，就能通过行星的质量和半径这两个信息去推断它的内部结构。Valencia 等[9]就根据超级地球内部结构模型算出了行星核、幔、含水量与行星质量、半径间的关系。在这里尚有许多期待回答的问题，如对于特定的物质成分和内部结构，行星的半径值怎样随质量变化？两者存在怎样的关系？是否能根据依赖这个关系来推测行星的内部信息？此外，由万有引力产生的潮汐力，其潮汐效应是如何加热类地行星及在其物理演化过程中具有怎样的影响？这些都是尚未解决的问题，有待于进一步深入研究。

行星大气的起源与演化是另一个尚待解决的复杂难题。基于不同的岩石类别，超级地球的大气成分各有不同[10]。行星大气的最初成分可能由碳、氢或水主宰，这取决于它吸积水分的多少和是否经历过岩浆海洋阶段。行星大气的最终成分还依赖于一些其他的因素，分别是大气逃逸，分子的光解作用，以及化学动力学（化学反应的速率）等。相关理论和模型可以通过探测行星大气光谱来验证。

6. 前景展望

对处于宜居带的系外类地行星和行星系统的探索和研究，已经成为 21 世纪天文学以及地学、生命科学、物理、化学等相关学科交叉领域的热点和前沿。对这些问题的解答，有助于人们更深刻的认识地球和太阳系的形成演化过程，更深刻的认识生命的本质和起源，以及更深刻的认识宇宙、自然和人类自身。随着探测技术的发展以及更多探测项目的实施，相信在不久的将来人类一定能够找到第一颗乃至更多的另一个"地球"。

参 考 文 献

[1] http://planetquest.jpl.nasa.gov.

[2] Rivera E J, et al. A ~7.5 $M_\oplus$ Planet orbiting the nearby star, GJ 876, ApJ, 2005, 634:625.

[3] Beaulieu J P, et al. Discovery of a cool planet of 5.5 Earth masses through gravitational microlensing, Nature, 2005, 439:437.

[4] Leger A, et al. Transiting exoplanets from the CoRoT space mission Ⅷ. CoRoT-7b: the first Super-Earth with measured radius, A&A, 2009, 506:287.

[5] Udry S, et al. The HARPS search for southern extrasolar planets Ⅺ. Super-Earths (5 and 8 $M_\oplus$) in a 3-planet system, A&A, 2007, 469: L43.

[6] Swain M, Vasisht G, Tinetti G. Methane present in an extrasolar planet atmosphere, Nature, 2008, 452:329.

[7] Raymond S N, Mandell A M, Sigurdsso S. Exotic earths: Forming habitable worlds with giant planet migration, Science, 2006, 313:1413.

[8] Ji J H, et al. Could the 47 ursae majoris planetary system be a second solar system? Predicting the Earth-like planets, ApJ, 2005, 631:1191.

[9] Valencia D, Sasselov D D, O'Connell R J. Detailed models of super-earths: How well can we infer bulk properties? ApJ, 2007, 665:1413.

[10] Elkins-Tanton, Linda T, Seager S. Ranges of atmospheric mass and composition of super-earth exoplanets, ApJ, 2008, 685:1237.

撰稿人:季江徽 孙 昭
中国科学院紫金山天文台

天体力学: 一个苹果引发的故事

Celestial Mechanics: A Story from an Apple

1. 万有引力:一个苹果的传说

很久以前人类就开始了认识自然的历程,并留下了许多美丽的传说。17 世纪以前,天文学主要研究天体在星空中的视位置和视运动的规律。17 世纪,开普勒(J.Kepler, 1571~1630) 总结了前人对太阳系大行星的观测,于 1609～1619 年间相继提出了行星运动的三大定律。之后,科学巨匠牛顿(I.Newton, 1642~1727),据说是受下落苹果的启发,提出了万有引力定律,即任何质点之间都具有平方反比吸引力。再加上他提出的第二定律,关于行星运动的三大定律就成了数学上的推论。一切都显得那么自然完美。1687 年,牛顿出版了具有划时代意义的巨著《自然哲学的数学原理》,标志着一个新学科——天体力学的诞生,表明天文学从单纯描述天体之间的几何关系,进入到研究天体之间力学相互作用的阶段。

随着观测技术的提高,人们逐渐发现,行星不是在闭合的椭圆轨道上运动。引起偏离的是行星之间的引力。鉴于太阳系行星之间的引力比起太阳对大行星的引力要小得多,因此可把所有使天体运动偏离开普勒运动的因素看成对二体运动的摄动,这种模型称为**受摄二体问题模型**。用级数展开等分析方法讨论天体在受摄二体问题的近似解,这一领域被称为**摄动理论**。它是 18 世纪中叶至 19 世纪初天体力学的主要研究内容,这也归功于当时数学分析和分析力学的建立和发展。这一时期一些大数学家,欧拉(L.Euler, 1707~1783),拉格朗日(J.-L. Lagrange, 1736~1813),拉普拉斯(P.-S. Laplace, 1749~1827)等,都对天体力学发展做出重要贡献。例如,拉格朗日建立了描述行星受摄运动的行星运动方程。最后拉普拉斯总结了当时经典天体力学的主要内容 - 摄动理论的成果,于 1799~1825 年出版了五卷共十六册的巨著《天体力学》。根据这一理论,1846 年勒威耶(U.J.J. Le Verrier, 1811~1877)和亚当斯(J.C. Adams, 1819~1892)独立地计算并预言了海王星轨道,并很快被发现所证实。这一发现标志着经典天体力学发展达到了顶峰。

2. 三体问题——最早的"奥斯卡"奖

然而,摄动理论终究是近似的,它不能解决时间趋于无穷的轨道稳定性问题。例如,人类总想知道,我们生活的太阳系是否可以无限期地稳定下去,或者说数学上能否存在这样稳定的解。以三体问题为例,19 世纪许多数学家包括迪里希里

(L.Dirichlet, 1805~1859), 外尔斯特拉斯(K. Weierstrass, 1815~1897)等希望对一般三体问题寻找如下形式

$$\sum_{j=1}^{\infty} A_j \cos[(j_1\omega_1 + j_2\omega_2 + \cdots + j_k\omega_k)t] + B_j \sin[(j_1\omega_1 + j_2\omega_2 + \cdots + j_k\omega_k)t] \tag{1}$$

的级数解。这种解对时间 t 的变化率为许多不通约频率 ω_i ($i=1,\cdots,k$)的组合，称为拟周期解。如果三体问题的解都能表示成拟周期解，则三体运动是稳定的。但这类解的存在性以及级数(1)的收敛性困扰了当时的数学家。后来，在外尔斯特拉斯等的建议下，瑞典国王奥斯卡二世 (Oscar Ⅱ)在 1885 年出奖金寻求三体问题的解决。到 1887 年，奖金授予了年轻的数学家庞加莱(H.Poincaré, 1854~1912)。

事实上，庞加莱并没有给出(1)形式的级数解。相反，他证明了在许多情况下，这种级数解是发散的。引起级数发散的根本原因在于，当其中两个频率之比 ω_i/ω_j 为简单整数比(即通约)或接近于通约时，会发生共振现象，导致系数 A_j 或 B_j 的分母为零或非常小，从而使得 A_j 或 B_j 非常大，这就是著名的小分母问题。共振的存在是三体问题不可积的根本原因。这些成果都收录在庞加莱的专著《天体力学新方法》中，其中一些思想仍被现代学者所发掘。后来，庞加莱、李亚普诺夫(A. M. Lyapunov,1857~1918)等还利用分析方法研究常微分方程解的存在和稳定性，并开创了一个新的领域——**天体力学定性理论**，它研究 N 体运动特别是三体运动的可能区域，天体在紧密接近时轨道剧烈变化的情况(包括碰撞、交换和俘获)、周期轨道存在性及其稳定性、时间趋于无穷的天体终结轨道等问题。这也是除摄动理论外对一般 N 体问题研究的另一种有效的途径。

然而，三体问题的不可积性不代表形式(1)的级数解不存在。该问题的最终解决是在 20 世纪五六十年代。三体运动方程属于一类特殊的系统，称为哈密顿系统，其方程具有如下的反对称性：

$$\frac{dI_j}{dt_i} = -\frac{\partial H}{\partial \theta_i}, \frac{d\theta}{dt_i} = \frac{\partial H}{\partial I_i}, (j=1,\cdots,N) \tag{2}$$

其中 N 维向量：$(I_1,I_2,\cdots,I_N)$ 称为作用量，$(\theta_1,\theta_2,\cdots,\theta_N)$ 为角变量，$H(I,\theta)$ 为哈密顿函数。当哈密顿函数不含角变量时，系统(2)可积，作用量为常数。

对于满足一定可微性或解析的哈密顿系统，1954 年 A.N.Kolmogorov 首先提出了在小分母的情况下仍能保证(1) 形式级数解的快速收敛性方法，其后 V.I.Arnold 在 1963 年对于哈密顿系统，J.Moser 在 1962 年对于扭转映射严格证明了收敛级数解的存在性。这一系列结果被称为 KAM 理论(分别取三位科学家姓氏的第一个字母)，是哈密顿系统动力学研究中里程碑式的工作[1]。然而，KAM 理论不能直接用于太阳系的稳定性问题。事实上，根据这一定理，假设有充分多的太阳系，并且假设行星的质量充分小，在概率的意义上，可能存在具有(1)形式的解，即稳定的太

阳系。然而，太阳系行星质量是有限的。此外，多体系统在两体或多体发生碰撞的附近，其哈密顿函数是不解析的，因此不满足 KAM 定理的条件。关于三体运动碰撞解特性的研究，到现在仍在继续。

3. 混沌学传奇：一只"蝴蝶"的传说

20 世纪 60 年代，一只"蝴蝶"引发了科学界的一场革命。气象学家 E. N. Lorenz 在研究一个由大气模型简化的三维常系数微分方程组时，发现几乎所有轨道很快进入被称为奇异吸引子的集合，其上任意相邻两点出发的轨道以指数形式发散，这类运动称为混沌(chaos)，也称"蝴蝶效应"。该名称来源于根据混沌轨道对初值敏感性所做的形象推论：南美上空的一只蝴蝶扇动翅膀，改变了大气的初始条件，导致几天后纽约上空的一场风暴。引起混沌的是系统的非线性。而从物理机制看，相空间中两种运动的分界线最容易产生混沌，例如，单摆的振幅不是很小时就是非线性摆，振幅在 180° 为不稳定平衡点，稍微一点扰动可能使得非线性摆在 (−180°, 180°) 内摆动，也可能在超过 360° 的循环运动。事实上，庞加莱在没有计算机的年代，已经意识到了在不稳定平衡点附近会出现非常复杂的、被称之为"庞加莱栅栏"的结构，在此结构上的运动是混沌的。

"蝴蝶效应"给整个自然科学界带来观念上的变革，那就是，在确定性系统系统(不含随机项)可以存在类似不确定性的混沌运动。这种观念彻底打破了人们对牛顿方程的确定性系统给出确定性的解的信念。初始值差一点，轨道就差很远，真是这样吗？如果是这样，太阳系是否很不稳定？

要回答这个问题，首先需要了解，一个哈密顿系统的所有变量不是等价的。以近可积的哈密顿系统 $H(I) + \varepsilon h(I, \theta)$ 为例，其中 $H(I)$ 是可积部分，ε 为摄动参数，I 为作用量，θ 为角变量。$\varepsilon = 0$ 时系统可积，作用量 I 是常数，角变量 θ 则在 0~360° 旋转。$\varepsilon \neq 0$ 时但充分小时，在一定条件下 KAM 定理证明了系统有一部分轨道具有(1)形式的拟周期解，而多数轨道则是混沌的。对于这些混沌轨道，1971 年，N. Nekhoroshev 证明了，在时间

$$t < \exp[c(1/\varepsilon)^{1/(2N)}]$$

内，有

$$|I(t) - I(0)| < \varepsilon^{1/(2N)},$$

其中 N 为哈密顿系统的自由度数，c 为常数[2]。因此混沌运动只是带来角变量方向的较大不确定，而作用量方向变化仍是很小的。例如，二体运动的开普勒解，与作用量相关的是三个量：轨道半长径、轨道偏心率、轨道倾角。

于是，Nekhoroshev 定理给了我们一个信念，太阳系可能是混沌的，但只要半长径、偏心率、轨道倾角不会有长期的变化就有实际意义上的稳定性。从数学上而言，这叫轨道稳定性。只要地球不撞到太阳内，或不跑到寒冷的海王星轨道外就行

了,大不了地球绕太阳多转几亿圈,有什么关系呢?然而,人类这一小小要求能否得到满足呢?

4. 太阳系稳定性:一个永恒的话题

太阳系稳定性问题是天体力学最经典的问题之一。问题的表述是这样的:

将太阳系的太阳和八个大行星看成质点,我们目前的轨道构形是稳定的吗?首先这里的稳定性排除了李亚普诺夫稳定性。该稳定性太强了,要求任意两条相邻的轨道在时间趋向无穷时仍然靠得足够近。二体运动就不是李亚普诺夫稳定的,在运动的横向(黄经增加方向),不同半长径的相邻轨道间距离就不断增大,原因是相邻轨道的开普勒运动速度反比于半长径的1.5次方(开普勒第三定律)。退而求其次,我们看能否要求太阳系大行星在时间趋向无穷(或至少在太阳系50亿年的年龄内)是否轨道稳定的?即各大行星的轨道半长径、偏心率、轨道倾角没有长期的变化?

最早回答这个问题的是拉普拉斯。他证明了在将行星间摄动展开到行星对太阳质量比的一阶,以及轨道偏心率和轨道倾角的两阶函数的近似下,行星轨道半长径是不变的,而行星轨道偏心率和轨道倾角只有周期变化。该定理的证明在一般教科书上都能找到,也不复杂[3,4]。事实上,在上述近似下,描述轨道偏心率和轨道倾角变化的方程是线性常系数微分方程,其解是周期的三角函数。也就是说,在一阶近似下太阳系是稳定性。

到更高阶呢?这个问题至今没有解决。原因展开到高阶,非线性项就起作用了。前面说了,混沌运动是非线性系统最通常的表现。太阳系也不例外。早在1992年,J.Lasker, G.J. Sussman, J.Wisdom 等通过数值模拟发现太阳系在几百万年内进入混沌状态。引起太阳系大行星混沌运动的是共振重叠,即两种轨道共振在相空间发生重叠,导致运动可能在两种共振之间随意跳越[5]。尽管太阳系是混沌的,数值结果表明大行星之间在相当长之间(约100亿年)是稳定的,即相互不会发生轨道穿越。2009年Lasker等考虑了月球摄动和广义相对论进动后,对太阳系大行星的运动方程直接进行数值积分[6]。结果表明,水星在50亿年内与金星有密近交会的概率大约为1%。也就是说,太阳不稳定的概率也还是有的。

5. 结束语——现代天体力学:一个正在延续的故事

天文学探测技术的不断提高和新天体的不断被发现,促使研究其力学运动为主的天体力学也不断发展。同时,随着深空探测的深入,航天器轨道设计、跟踪等都直接需要天体力学知识。天体力学是理解天体在牛顿引力为主的系统的运动和稳定性的基础。例如,预言银河系存在暗物质最主要的证据,就是观测发现银河系物质绕银心的旋转速度曲线不是类似太阳系大行星运动的开普勒运动,这意味着银河系还有大量我们没有看到的物质,是他们的引力导致银河系旋转曲线偏离开普勒运动。由此看来,小到行星系统,大到银河系、星系群、乃至宇宙,万有引力到处存在，而天体力学——这个由苹果引发的故事，仍在不断地谱写新的篇章。

参 考 文 献

[1] Pöschel J. A lecture on the classical KAM-theorem. Proceedings of Symposia in Pure Mathematics (AMS) 2001, 69: 707–732.

[2] Nekhoroshev N N. Behavior of Hamiltonian Systems Close to Integrable. Functional. Anal. Appl. 1971, 5: 338–339.

[3] 孙义燧、周济林. 现代天体力学导论. 北京：高等教育出版社，2008

[4] 周济林. 天体力学基础（讲义）.

[5] Lecar M, Franklin F A, Holman M J, Murray N W. Chaos in the Solar System，Annu. Rev. Astro. Astrophys. 2001, 39:581–631.

[6] Laskar J, Gastineau M. Existence of collisional trajectories of Mercury, Mars and Venus with the Earth , Nature, 2009, 459, 817–819.

撰稿人：周济林　孙义燧

南京大学天文系

关于周期轨道的庞加莱猜想

Poincaré's Conjecture on Periodic Solutions

在《天体力学新方法》的第一卷第三章中,亨利·庞加莱提出了如下猜想:太阳系天体的轨道可以近似为周期轨道[1]。天体力学家把庞加莱的这个猜想表述为:N体问题或限制性N体问题的周期轨道在有界轨道集合中是稠密的(也就是说在任何有界轨道邻近都能找到周期轨道)[2]。

为了直观地理解庞加莱猜想的内涵,我们考虑一个简单的常微分方程组

$$\frac{d\theta_i}{dt} = I_i, \quad \frac{dI_i}{dt} = 0 \quad (i=1,2), \tag{1}$$

其中$I_i \in R$对应于直线上的一个点,$\theta_i \in T \equiv [0, 2\pi)$对应于圆周(也称为1维环面)上的一个点。该方程组的通解为

$$\theta_i(t) = I_i(0)t + \theta_i(0) \pmod{2\pi}, \ I_i(t) = I_i(0) \ (i=1,2). \tag{2}$$

其中每个特解都可以分解为两个独立的匀速圆周运动,其角频率分别为$I_1 \equiv I_1(0)$和$I_2 \equiv I_2(0)$。

在继续讨论前,我们先回顾一些必要的基本概念。通常把由系统运动状态$(\theta_1, \theta_2, I_1, I_2)$(也称为相点)组成的空间称为相空间,显然,在我们的例子中它可以分解为带有不同标签(I_1, I_2)的二维环面$\{(\theta_1, \theta_2) : (\theta_1, \theta_2) \in T \times T\}_{(I_1, I_2)}$。相点随着时间流逝在相空间中的运动轨道称为相轨道,不同相点沿各自相轨道的运动可以看作为一个整体,称为相流。

容易看出(2)式中的每个特解对应的相轨道都限制在某个特定的二维环面上,因此,这些二维环面都是相流的不变集合,称为不变环面。关于一个给定不变环面上的相轨道是否具有周期性质,表1列出了所有可能的情况,其中(I_1, I_2)认作为频率平面上的直角坐标。

表1中前三种情况对应的不变环面称为有理不变环面,其上的轨道均为周期轨道;第5种情况对应的不变环面称为无理不变环面,其上的轨道均为拟周期轨道,沿着这种轨道的运动可以分解为频率不通约的独立周期运动;剩下的第4种情况比较特殊,它所对应的不变环面上的相轨道就是位置不随时间演化的初始相点。根据表1,我们知道(I_1, I_2)平面上对应于有理不变环面的点是一个稠密集合,这意味着系统相空间中的周期轨道是稠密的,也就是说在我们所考虑的这种特殊情况下庞加莱猜想是成立的。

表 1 不变环面特征与相轨道性质之间的对应关系

序号	环面	频率平面	相轨道
1	$\lvert I_1/I_2 \rvert = l_1/l_2$ 是非零有理数，其中自然数 l_1 和 l_2 互为素数	过原点的直线，斜率是有理数不是坐标轴，不含原点	周期轨，周期为 $2\pi l_1/I_1 = 2\pi l_2/I_2$
2	$\lvert I_1/I_2 \rvert = \infty$	I_1 轴不含原点	周期轨，周期为 $2\pi/I_1$
3	$I_1/I_2 = 0$	I_2 轴不含原点	周期轨，周期为 $2\pi/I_2$
4	$I_1 = I_2 = 0$	原点	不动点
5	I_1/I_2 是无理数	过原点的直线，斜率是无理数不含原点	拟周期轨

诞生于 20 世纪 60 年代的 KAM 定理是动力系统研究中的一个非常重要的定理。具体到类似于太阳系的行星系统(1 个质量占主导地位的恒星加上若干个质量很小的行星)，该定理的结论是：相空间中几乎充满了无理不变环面。但是，上面例子中的部分无理不变环面和所有有理不变环面不复存在(当然这并不等于说周期轨道也不复存在了)，取而代之的是具有非常复杂结构的区域，其中可能存在各种轨道，包括周期轨道、拟周期轨道和其他动力学行为可能极端复杂的有界轨道，同时，也包括无界轨道，并且这些轨道相互交织在一起。这种复杂的相空间结构给解决庞加莱猜想带来了很大困难。

庞加莱关于周期轨道的猜想和他有关的论述确立了这种轨道在天体力学乃至整个动力系统研究中的重要地位，同时，他多方面的原创性贡献也为周期轨道研究奠定了基础。下面简要介绍他影响至今的三方面贡献，限于篇幅，我们不可能详细阐释这些贡献的具体内容，感兴趣的读者可以从所列的参考文献中进一步了解他简单而又深刻的思想。

庞加莱试图用几何方法证明限制性三体问题存在非平凡的周期解，并为我们留下了庞加莱回归定理和庞加莱映射方法，以及他所给出的最后一个定理[3]，也就是被乔治·伯克霍夫完全证明了的庞加莱-伯克霍夫不动点定理。

他还提出了从一个系统的已知周期轨道出发寻求邻近系统周期轨道的思想和解析延拓方法，并针对行星运动问题对周期轨道进行了分类[1]。利用延拓方法寻求 N 体问题和各种限制性 N 体问题的周期轨道，并进而从定性和定量两方面探索周期轨道族的分叉性质是天体力学家长期关注的一个研究课题[4~6]。

此外，他还提出了通过变分方法利用极值原理寻求周期解的方法[7]。该方法近来有一个备受关注的结果，即严格证明了等质量三体问题存在一种被称为 Chenciner-Montgomery 轨道的 8 字形周期轨道[8]。

前面已经提到太阳系天体运动的相空间中存在大量的无理不变环面，当我们令系统中行星的质量均趋向零时，这些无理不变环面在相空间中所占的比例趋向百分之百。近年来有结果表明在这些无理不变环面邻近都应该存在大量的周期轨道,并且,如可以想见的那样,这些轨道在有界轨道集合中的分布随着行星质量趋向零而趋向稠密[9,10]。当行星质量严格为零时,周期轨道将与我们所给的例子一样构成在有界轨道集合中稠密的有理不变环面,就是说此时庞加莱猜想是成立的。但只要上述天体的质量不严格为零,我们就依然不知道庞加莱猜想是否成立。显然,要解决庞加莱猜想还需要结合有理不变环面及其邻近的无理不变环面破裂后的相空间结构问题开展进一步的深入研究。

参 考 文 献

[1] Poincaré H. Les Méthodes Nouvelles de la Mécanique Céleste, Tome 1. Gauthier-Villars,1892, Chap 3, 79–161.
[2] Marchal C. The Three-Body Problem. Elsevier, 1990, Chap 12: 519–522.
[3] Poincaré H. Sur un Théorème de Géometrie. Rend. Circ. Mat. Palermo, 1912, 33: 375–407.
[4] Arenstorf R. New periodic solutions of the plane three-body problem corresponding to elliptic motion in the lunar theory. J Diff Eqs, 1968, 4: 202–256.
[5] Hadjidemetriou J. Periodic Orbits in Gravitational Systems. In: Steves B et al. eds. Chaotic Worlds: From Order to Disorder in Gravitational N-Body Dynamical Systems, Proceedings of the Advanced Study Institute, 2006: 43–79.
[6] Hénon M. Generating Families in the Restricted Three-Body Problem, Springer, vol.1 (1997), vol.2 (2001) .
[7] Poincaré H. Sur les solutions périodiques et le principe de moindre action. Comptes Rendus de l'Académie des Sciences, 1896, 123: 915–918.
[8] Chenciner A, Montgomery R. A remarkable periodic solution of the three-body problem in the case of equal masses. Annals of Mathematics, 2000, 152: 881–901.
[9] Gómez G, Llibre J. A note on a conjecture of Poincaré. CeMec, 1981, 24(4): 335–343.
[10] Biasco L, Coglitore F. Periodic orbits accumulating onto elliptic tori for the (N+1)-body problem. CeMec, 1981, 101(4): 349–373.

撰稿人:傅燕宁
中国科学院紫金山天文台

相对论 N 体问题

Relativistic N-Body Problem

爱因斯坦提出的广义相对论彻底颠覆了牛顿的引力理论，建立了全新的描述引力的数学方法和物理框架。许多在经典牛顿力学框架下就已经极为复杂的问题，在相对论里就显得更为棘手，其中长期存在的一个难题是，如何在相对论框架下尽可能精确地描述形状不可忽略的 N 个天体在相互引力作用下的运动以及由此产生的引力辐射。

对于这样一个系统，通常首先假设它是一个孤立系统，即不受宇宙中其他物质的影响。其次，整个系统的运动问题可以分为三部分：内部、外部以及远场区。内部运动指的是天体内部物质的运动，这牵涉天体的自引力、物态以及其他天体的潮汐力等。外部运动指的是在相互引力作用下天体之间的相对运动。远场区部分则牵涉系统的引力辐射。在广义相对论中，天体的运动会扰动时空背景，这种扰动以引力波的形式向外传播。引力波会带走系统的能量、动量以及角动量，进而又会反过来对系统中的天体运动产生影响。由于这三部分涉及不同的物理问题，因此需要采用不同的描述方法，最后还必须把它们衔接到一起。除此之外，相对论 N 体问题和牛顿力学 N 体问题的区别还体现在：引力不再能用简单的标量势来表示；天体的自转、内能、内部压力也会产生引力场；表征天体质量、形状的参数可能有多种定义且依赖于参考系的选择；规范自由度（坐标系选择）会对运动方程产生影响等。

除了这些物理上的复杂性之外，由于是在相对论的框架下来处理这一问题，广义相对论本身在数学上的复杂性也使得问题变得难上加难。有别于经典的牛顿引力，爱因斯坦场方程描述着时空弯曲和物质分布之间的关系，它是一个具有高度非线性的偏微分方程组。对于复杂的运动问题，在数值方法尚无能力处理的情况下，逐级近似下的分析解就变得尤为重要。对于弱引力场和高速运动的情况，通常采用引力场对平直时空的扰动为小量，对场方程进行展开，这就是"后闵可夫斯基"近似。对于弱引力场和低速运动的情况，以天体的运动速度和光速之比以及各天体引力势和光速平方之比为小量，亦即"后牛顿"近似方法。

在 1916~1918 年期间爱因斯坦使用线性化方法计算了实验室大小的物体所释放出的引力辐射。1916 年 de Sitter 使用后牛顿方法推导了 N 体的运动方程。1938 年爱因斯坦、Infeld 和 Hoffman 在 1 阶后牛顿近似下推导了 N 个"点"质量在相互引力作用下的运动方程（EIH 方程）[1]。随后 Fock 和 Chandrasekhar 又把后牛顿近似方法推广到了流体系统并且考虑了更高阶的修正和引力辐射。此外，Papapetrou 还研究了在天体自转不可忽略情况下的运动方程。

近年来，多个双脉冲星系统的发现以及引力波探测器灵敏度的不断提高，为 $N=2$ 的相对论二体问题提供了一个理想的实际应用场所。对于由中子星或者黑洞组成的致密双星系统，三个独立的小组已经在 3 阶后牛顿近似下建立了彼此等价的外部运动模型。第一个小组使用的是广义相对论 ADM 哈密顿方法[2]，第二个小组使用的是谐和坐标下的直接后牛顿迭代法[3]，第三个小组使用的则是"面积分"方法[4]。前两种方法针对的是没有内部结构的"点粒子"，第三种方法则可以应用到延展的致密天体上。引力辐射造成的 3.5 阶后牛顿改正则在 3 阶后牛顿模型建立之前就已给出。对于远场区问题，已经建立起了 3.5 阶后牛顿引力辐射公式，并且给出了相应的引力波波形。在目前的理论计算精度下，相对论致密双星的内部结构对外部运动和引力辐射的影响可以忽略，但是这一结论对于更高精度并不成立。

尽管取得了许多进展，但是在相对论二体问题领域还有若干难题有待解决。例如，双星运动后牛顿模型的近似方法在什么情况下会失效；不随时间变化的天体单极矩和随时间变化的辐射多极矩间有非线性相互作用，由此产生的引力波尾对整个系统有什么影响；在不同的引力理论中天体的内部结构在什么精度下会对外部运动起作用并且对引力波波形有何影响等。此外，除了这些已有的方法外，是否还有其他"简便"的方法能用来建立相对论二体问题的更高阶模型。

除了在双星系统中的应用之外，随着高精度测量技术的不断发展，相对论 N 体问题在太阳系中也日益重要。区别于双星问题，在目前的探测精度下，以太阳系为背景的相对论 N 体问题中的远场区问题可以不计，但是内部运动对于整个问题的影响则不再可以忽略。为了更"恰当"地描述每个天体的内部运动及其外部卫星的运动，就有必要建立起以仅涵盖某个天体及其邻域的局部参考系。而为了描述 N 个天体之间的相对运动，又有必要建立起囊括所有天体的全局参考系。Brumberg 和 Kopejkin[5]以及 Damour、Soffel 和 Xu[6]分别在广义相对论框架中建立起了描述 N 体运动的 1 阶后牛顿多参考系天体力学。国际天文学联合会在此基础上形成了具体的决议[7]。

虽然形成了初步的决议，但是它在实际应用领域还有两个需要解决的难题。第一，如何把这一决议从原有的广义相对论扩展到其他的相对论性引力理论；第二，如何把决议从原有的 1 阶后牛顿拓展到 2 阶后牛顿以迎合高精度测量的需要。

总之，解决相对论 N 体问题中的这些难题无论是在理论研究，即认识物质和时空的相互作用，还是在实际应用领域，即引力波探测和太阳系的高精度测量与实验，都具有重要的意义。

参 考 文 献

[1] Einstein A, Infeld L, Hoffmann B. The Gravitational Equations and the Problem of Motion. Ann. Math., 1938, 39: 65–100.

[2] Jaranowski P, Schäfer G. Third post-Newtonian higher order ADM Hamilton dynamics for two-body point-mass systems. Phys. Rev. D,1998, 57: 7274–7291.

[3] Blanchet L, Iyer B R. Third post-Newtonian dynamics of compact binaries: equations of motion in the centre-of-mass frame. Class. Quant. Grav., 2003, 20: 755–776.

[4] Itoh Y, Futamse T. New derivation of a third post-Newtonian equation of motion for relativistic compact binaries without ambiguity. Phys. Rev. D, 2003, 68: 121501.

[5] Brumberg V A, Kopejkin S M. Relativistic reference systems and motion of test bodies in the vicinity of the Earth. Nuovo Cimento B, 1989, 103: 63–98.

[6] Damour T, Soffel M, Xu C. General-relativistic celestial mechanics. I. Method and definition of reference systems. Phys. Rev. D, 1991, 43: 3273–3307.

[7] Soffel M, et al. The IAU 2000 Resolutions for Astrometry, Celestial Mechanics, and Metrology in the Relativistic Framework: Explanatory Supplement. Astron. J., 2003, 126: 2687–2706.

撰稿人：谢　懿

南京大学天文学系

多目标深空探测轨道设计

Orbit Design of Multi-purpose Deep Space Exploration

1. 多目标深空探测的重要意义

从 1957 年前苏联发射第一颗人造地球卫星开始，人类的活动领域走向太空。50 多年来，空间探测的范围也早已超越地球附近，几乎穿越了整个太阳系。随着深空探测的深入开展，探测距离不断增加，一次任务的所需时间越来越长，需要的能量越来越大，探测成本越来越高。人们开始意识到需要提高探测的效率，利用最低的消耗，包括时间、能量等，来采集到最多的科学数据。解决这个矛盾的最佳方法就是多目标深空探测[1]，而要实现这样的探测，首先就要实现多目标深空探测轨道设计。多目标深空探测指通过一次探测任务完成对多个天体的探测，从而实现多项科学目标。因此多目标的深空轨道设计主要研究的问题就是如何设计出一条星际飞行的轨迹，可以经过多个天体，而这条轨迹所需要的时间、能量比单独去这些天体的要节省。多目标深空探测任务是当前深空探测任务规划的首选，我国第一个火星探测器萤火 1 号也将是多目标深空探测的成果。

2. 多目标深空探测轨道设计及其研究现状

多目标深空探测器轨道设计可以归结为三步，首先是轨迹选择，即确定一条符合探测任务目标的轨迹，决定先探测的天体和后探测的天体；其次是即轨道设计，即根据探测路径形成多目标深空探测的轨道。最后是轨道优化，对设计的轨道进行优选，采用各种优化加速机制，通过调整发射窗口等参数，来实现多目标深空探测轨道设计的优化。参数越多，轨道也越优化，当然设计也更复杂。

为了实现多目标深空探测轨道设计，人们始终在探索新的轨道机制与设计方法，来实现更快、更省，更廉的深空探测。由于当前技术最大瓶颈在于给予探测器最够的能量，学者们探索了很多新的机制实现对探测器所需能量优化，20 世纪末开始多种机制得到了深入研究与突破，逐步成为多目标深空探测轨道设计中采用的重要手段。

(1) 引力加速机制(gravity assist)

当探测器经过一个天体附近时，在该天体引力场的作用下，通过运动方向的改变可以获得相对日心速度的增加，使得探测器在无需能量补给情况下，获得速度的提升。多目标深空探测中可通过先探测的天体作为"引力跳板"去往更远的天体，因此引力加速机制成为必采用的优化机制之一。采用引力加速机制的主要困难在于多约束条件下的轨道搜索，引力加速的应用需要选择合适的第三体和相应的偏转角。目前引力加速机制的应用研究前沿为多次引力加速轨道设计问题，这大幅度增加了轨道搜索的约束条件和轨道设计的复杂度。

(2) 小推力轨道过渡(low thrust transfer)

为了满足深空探测的需求，电推进火箭技术应运而生，电推进方式排气速度大，推力小但工作时间长，通过长时间的持续加速，最终可实现更远的探测[2]。2003年9月欧空局发射的月球探测器 SMART-1 是小推力发动机在深空探测中的首次应用。从轨道力学角度，采用持续小推力的轨道变化规律和一般过渡轨道完全不同，而轨道变化规律是轨道设计中必须涉及的内容。目前对于小推力过渡轨道的变化规律研究还集中在持续恒定推力作用的情况，对于小推力随时间变化的轨道变化规律研究属于难点。

(3) 低能量过渡轨道(low energy transfer)

低能量过渡轨道机制是 20 世纪末提出的新轨道过渡思想，该机制利用限制性三体问题秤动点附近的动力学性质实现了太阳系内轨道过渡通道。通过这些通道，探测器只需要很少的能量就可在太阳系中遨游[3,4]。1997年在拯救休斯公司发射失败的亚星 3 号通信卫星，以及 2004 年美国发射的 Genius 探测器任务中采用了相关原理[5,6]。在实际应用中使用这一机制的主要困难在于轨道设计计算时间相当长，限制了这种机制的复杂和广泛应用；以及采用这种机制的过渡轨道时间远长于现在的轨道过渡时间，探测距离越远差别越明显，这种过长的过渡时间对于航天工程实践是不可接受的。综合利用该机制和其他机制给出符合航天工程要求的轨道是必须解决的难点。

3. 多目标深空探测轨道设计的研究前景

多目标深空探测轨道设计涉及了轨道力学、动力系统，运筹学以及航天工程技术中的多个方面，利用多种优化机制开展深空探测轨道设计，成为多目标深空探测轨道设计的方向。许多计划中的深空任务轨道设计中都采用了多种机制，如欧空局拟在 2013 年发射的 BepiColombo 探测器就结合了小推力发动机和引力加速机制来实现水星探测。综合利用多种机制，成为多目标深空探测轨道设计中的重要研究内容。此外，太阳系内除了大行星及其卫星系统，还有数量众多彗星、小行星等小天体。在多目标深空探测中如何选择目标天体，使其既具有科学价值，又有利于能量优化，也是一项重要研究内容。

参 考 文 献

[1] Labunsky A V, Papkov O V, Sukhanov K G. Multiple Gravity Assit Interplanetary Trajectories[M]. Moscow:Gordon and Breach Science Publishers,1998.

[2] 杨嘉墀. 航天器轨道动力学与控制[M].北京:宇航出版社,1995.
[3] Lo M W, Ross S D. Low energy interplanetary transfers using invariant manifolds of L1, L2 and halo orbits, AAS/AIAA Space Flight Mechanics Meeting, Monterey, California, 1998, Paper AAS 98–136.
[4] Gomez G, Koon W S, Lo M W, Marsden J E, Masdemont J, Ross S D. Invariant manifolds, the spatial three-body problem and space mission design, AAS/AIAA Astrodynamics Specialist Conference, Quebec City, Canada, 2001.
[5] Koon W S, Lo M W, Marsden J E, Ross S D. The Genesis trajectory and heteroclinic connections, Astrodynamics 1999, AAS Vol. 103, Part III, 2327–2343
[6] Belbruno E. Capture Dynamics and Chaotic Motions In Celestial Mechanics[M]. Princeton University Press, 2004.

撰稿人：王 歆
中国科学院紫金山天文台

行星际通道

Inter-Planetary Superhighway

在人造卫星出现之前，人类对太空的探索活动一直限制在地球上。人造卫星出现之后，人类进行太空探索的领域扩展到近地空间，而随着行星际探测器的发射，探索领域进一步扩大到甚至超出了太阳系。有理由相信，随着科技的进一步发展，人类探索太空的脚步会走得更远。

对近地空间探测器而言，将探测器送入到太空需要的能量相对较少，目前的推进器一般能够满足要求，但对行星际探测器(特别是探索外太阳系行星以及探索太阳系外的探测器)而言，能量需求将大大增加。举例而言，将探测器从 200km 高的近地圆轨道送到地球同步轨道，需要耗能 3.9km/s 左右，而将探测器从地球轨道送入到木星轨道，忽略地球和木星的引力影响，仅 Hohmann 转移方式的第一次变轨即需要能量 8.8km/s 左右。如此大的能量，目前的推进器还不能满足要求，即使技术上能够实现，发射的成本也将大大增加。因此，在行星际探测器的轨道设计中，节能始终是个备受关注的问题。节能的手段有很多，近年来一种引力节能机制——行星际通道逐渐引起人们的重视

1. 行星际通道

与基于二体问题的引力加速机制不同，行星际通道是基于限制性三体问题的结果。以最简单的平面圆型限制性三体问题为例，该系统存在五个平动点[1]，其中三个在两个主天体的连线上，称为共线平动点。这三个点中，有两个靠近质量较小的主天体，分布在其两侧，通常记为 L1、L2(其中 L1 点在两个主天体之间)，另一个平动点通常记为 L3。共线平动点是不稳定的，但其附近存在周期与拟周期轨道[2]。由于这些轨道本质上的不稳定，因此对应有稳定与不稳定流形[3]。随着时间的正向演化，稳定流形上的点会逐渐靠近周期与拟周期轨道，而不稳定流形则相反。由于 L3 点的不稳定性非常弱，因此通常被关注的是 L1、L2 的流形。图 1 以日-地系为例，给出了 L1、L2 附近流形的在 x-y 平面的几何投影，右图是左图在地球附近的放大，U 表示不稳定流形，S 表示稳定流形。

流形管内部(这里的"内部"是指相空间而非位型空间的内部)的点可以由平动点的一侧运行到另一侧，从而实现探测器在该限制性三体系统中不同区域的过渡[3]，而不同限制性三体系统之间流形的相交可以实现探测器在两个限制性三体系统之间的过渡。图 2 左图给出了日-木系不稳定流形和日-土系稳定流形相交的情形。

探测器首先在木星附近变轨，进入日-木系 L2 点附近的不稳定流形管内，经过 L2 点后与日-土系统 L1 点附近的稳定流形相交。在相交点处变轨从而由日-木系的不稳定流形管进入日-土系统的稳定流形管内，经过 L1 点后到达木星附近，从而实现了探测器从木星到土星的过渡，地-月系中的 WSB 轨道，也有类似的动力学特征[4]。需要说明的是，并不是太阳系中任意两个限制性三体系统之间的流形都可以相交，图 2 右图给出了日-地系的不稳定流形(内部曲线)与日-火系的稳定流形相交情形，即使经过几千年，两者仍不相交。此种情形下，可以考虑利用一段连接弧段来连接两者，实现探测器在两者之间的过渡。

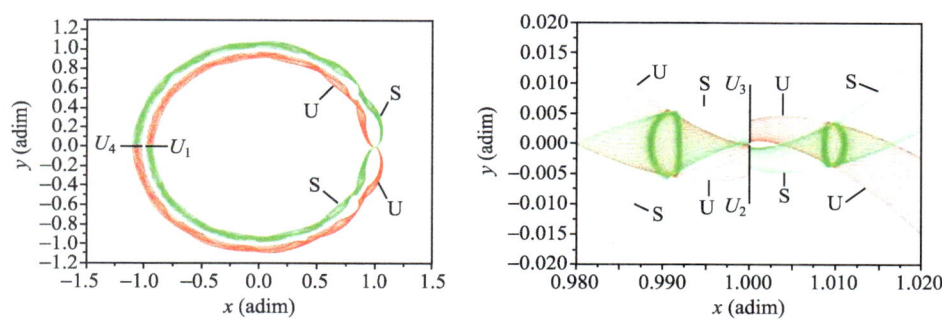

图 1 日-地系 L1、L2 点附近的稳定与不稳定流形。

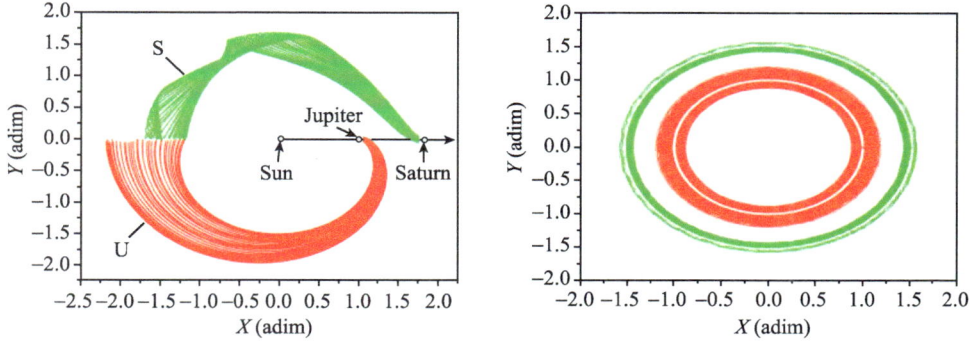

图 2 左图:日-木系不稳定流形与日-土系稳定流形相交情形，右图：日-地系不稳定流形与日-火系稳定流形相交情形。

利用流形来设计行星际轨道的优点在于它不必像 Hohmann 转移方式那样，需要将共线平动点处的能量开口开得很大，从而减少了探测器在地球附近变轨的能量。同样道理，在目标行星处变轨的能量也会相应减少。由于太阳系各个三体系统之间的这些流形管互相联通，探测器可以通过这些"管子"到达太阳系的任何地方(辅以必要的连接弧段)，因此形象地将这些管子称为"行星际通道"[5]。

2. 借助行星际通道的轨道设计

行星际通道本身的计算并不困难,但在具体的行星际轨道设计中应用这些通道则非易事,主要困难主要有如下几点:

(1) 轨道的优化。作为初步近似,通常假设两个限制性三体问题共面,用下标1、2对两个限制性三体问题加以区别,优化涉及的参数有:相交点(或者连接弧段的端点)在各自流形管内的位置 $(C_1, s_1, t_1, \xi_1, \eta_1)$, $(C_2, s_2, t_2, \xi_2, \eta_2)$ (C_i 表示流形对应的能量,s_i, t_i 两个参数给出该能量对应的流形管上的具体点,ξ_i, η_i 给出流形管内的具体点)共10个参数。如果有连接弧段存在,则还有两个限制性三体问题之间的夹角 θ 以及连接弧段所需时间 T 共12个参数,这12个参数的组合使得优化轨道的寻找极为困难;

(2) 上述的优化设计通常是在圆型限制性三体问题模型下进行的,然而探测器是在太阳系真实引力模型下运行的,因此上述寻优方法给出的优化轨道往往并不是真实力模型下的优化轨道,有时相距甚远,而直接在真实力模型下进行轨道优化设计,需要的计算量相比(1)而言要大大增加,在现今的计算条件下并不现实;

(3) 所有这类优化轨道相比传统的 Hohmann 转移方式,需要的转移时间都大大增加。举例而言,发射火星探测器,Hohmann 转移方式通常需要 200 多天,而利用行星际通道设计出的优化轨道则至少需要 400 多天,因此如何在节省能量的同时尽可能节省转移时间也是这类应用的难点之一;

(4) 在当今的航天任务中,呈现出同时利用多种节能手段的趋势,例如,在利用行星际通道的同时利用连续小推力。如何结合行星际通道与其他节能手段也是需要考虑的难点之一。

参 考 文 献

[1] Szebehely V. Theory of orbits, 1st ed. New York: Academic Press, 1967: Chap 5, 231–318.

[2] Jorba A, Masdemont J. Dynamics in the centre manifold of the collinear points of the restricted three-body problem, Physica D, 1999, 132: 189–213.

[3] Koon W S, Lo M W, Marsden J E, et al. Heteroclinic connections between periodic orbits and resonance transition in celestial mechanics. Chaos, 2000, 10(2): 427–469.

[4] Koon W S, Lo M W, Marsden J E, et al. Low energy transfer to the moon, Celestial Mechanics and Dynamical Astronomy, 2001, 81(1–2): 63–73.

[5] Lo M, Ross S. Surfing the solar system: invariant manifolds and the dynamics of the solar system, JPL IOM, 1997, 321/397.

撰稿人:侯锡云 刘 林

南京大学天文系

10000个科学难题·天文学卷

天文仪器与技术

大天区面积多目标光纤光谱望远镜(LAMOST)

The Large Sky Area Multi-Object Fiber Spectroscopic Telescope (LAMOST)

1. 概述

对于天体的性质和行为的认识，光学波段光谱的物理信息含量最大、积累最多、运用也最成熟，它们导致了20世纪天体物理学的巨大进展。但是，由"成像巡天"记录下的数以百亿计的天文目标中，只有很小一部分(约万分之一)进行过光谱测量。天体光谱测量效率低的原因是分光后探测器上每个象元的光流量减少，而且一台望远镜单狭缝光谱观测时同一时间只能观测一个天体的光谱，不同于成像观测，一次可以同时记录下成千上万个目标。解决光谱测量的低效率，首先需要具有能够测量多个天文目标光谱的技术；同时，要做到新世纪所需要的大天区范围内的大规模光谱测量，必须同时具备两个条件：一是望远镜的口径必须足够大；二是望远镜的视场足够大。

天文望远镜从口径和视场上可以大致分为两种：一种是大口径望远镜，其视场很难做大(一般大口径望远镜视场只达十分之几度)，用作天体的细节观测；另一种是大视场望远镜(典型类型是施密特望远镜)，视场可达几度，一次可观测到很多天体，用作巡天观测，但口径很难做大，很难观测到更深远的天体。"大口径和大视场难以兼备"是长期以来天文学上的一个难题，也是许多天文学家一直关心的问题。

自20世纪40年代末美国在帕洛玛天文台建成口径为5米的大口径望远镜和口径为1.2米的大视场施密特望远镜到20世纪90年代的近50年中，大口径望远镜已发展到口径为10米，但大视场望远镜仍停留在1.3米。其原因是：(1) 施密特望远镜的非球面改正板一般均为透视式，至今很难炼出大口径透射光学材料；(2) 为了实现大视场，消除某些像差，施密特望远镜的非球面改正板必须放在球面主镜的球心，由此就有一个较长的镜筒。为了保证同样的像质和视场大小，口径增大就使得镜筒更长，从而增加了结构上实现的难度。

在20世纪的后50年内，世界上的天文学家和技术专家从未放弃过对大视场兼大口径天文望远镜的追求。比如英澳天文台AAT的2dF计划，努力了约11年，在这台口径为3.9米的望远镜的主焦点加一个改正镜，使视场扩大到2度，可以在焦面上放置400根光纤，同时观测400个天体。又例如美国的北银极数字巡天计划(SDSS计划)中的口径为2.5米的巡天望远镜，在焦点处加非球面改正板获得3度视场，同时观测660个天体，但这些计划都付出了很大的代价和努力才达到2至3

度视场,可见难度之大。另外还有曾经建议的 Willstrop 望远镜方案,用三块口径分别为3米、4米和5米的非球面反射镜才能得到通光口径4米和5度视场。Willstrop 望远镜的方案,除了因3块大的非镜面镜造价十分昂贵,并且口径很难做得更大(如10米和以上)以外,相对孔径大(即焦比太快),并不适合多目标光纤光谱的工作。

反射施密特望远镜的方案可以解决大口径透射施密特改正镜的材料无法得到的问题,但是要实现大口径反射施密特望远镜,需要至少几十米长的保证高精度成像质量的镜筒(LAMOST 的镜筒是 40 多米)对准天体,以及其高精度跟踪的庞大的机架,这是非常困难和难以实现的,在国际上一直没有人敢问津。

20 世纪 80 年代,成功研制 2.16 米望远镜后,我国天文学家在考虑下一步中国天文大设备时,瞄准了大天区范围大量光谱巡天观测的突破口,发明了 LAMOST 这种新类型的望远镜方案,即中星仪式(光轴和镜筒固定在子午面内,主要观测天体过中天前后一段时间的)主动反射施密特望远镜[1]。LAMOST 突破了天文望远镜大视场不能兼备大口径的瓶颈,成为目前世界上口径最大的大视场望远镜(图 1),也是世界上光谱获取率最高的望远镜(表 1)。

表 1 LAMOST 光谱观测能力与国际上光谱巡天计划比较

名 称 指 标	2dF (英澳)	SDSS (美国)	LAMOST (中国)
口径	3.9 米	2.5 米	3.6~4.9 米
视场	2 度	3 度	5 度
光纤数	400 根	640 根	4000 根
获得光谱数	100 000 条	1 000 000 条	10 000 000 条
状态	完成	运行	试运行

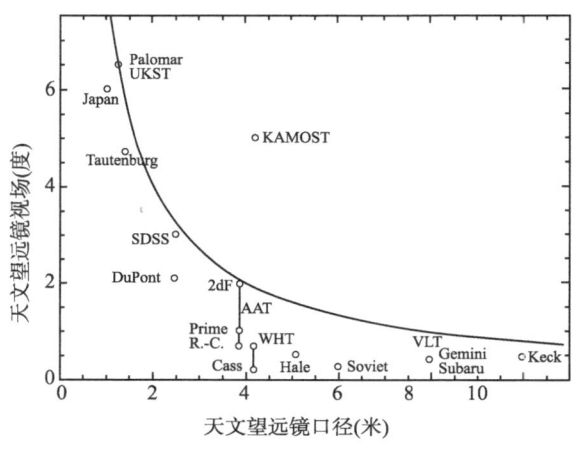

图 1 国际光学望远镜口径和视场分布图。

(从图中望远镜的口径视场分布可以看出,世界上目前所有的望远镜没有超过这条曲线,但是 LAMOST 在这条曲线之上。曲线为英国剑桥大学 R. V. Willstrop 绘制)。

2. LAMOST 的组成、特点和创新

LAMOST 由光学系统、主动光学和镜面支撑系统、望远镜机架和跟踪系统、望远镜控制系统、焦面仪器、圆顶、观测控制和数据处理、星表和巡天战略等八个子系统组成。

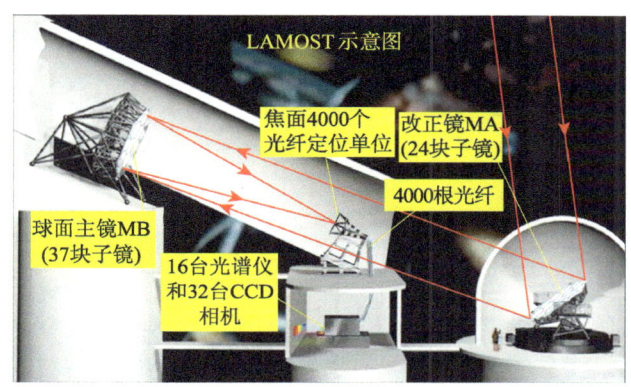

图 2 LAMOST 示意图。

光学系统

LAMOST 的光学系统是视场 5 度，通光孔径 4 米，焦比(焦距与通光孔径之比)为 5 的主动反射施密特系统，包括施密特改正镜 MA、球面主镜 MB 和焦面[2]。天体的光经 MA 反射到 MB，再经 MB 反射后成像在焦面上。其反射施密特改正镜是一块是由 24 块对角线长 1.1 米、厚度为 25 毫米的六角形子镜拼接成的 5.72 米 × 4.40 米的大镜面。球面主镜是由 37 块对角线长 1.1 米、厚度为 75 毫米的六角形球面子镜拼接成的 6.67 米×6.05 米的大镜面。LAMOST 光学系统的特点和创新是：

(1) 巧妙地将光轴固定在子午面内(即镜筒固定)，用反射施密特改正镜做跟踪。主要观测天体过子午面前后共 1.5~4 小时，赤纬−10 度到+90 度的天区。由此大大简化了望远镜的结构和造价。

(2) 作为国际上首创，用主动光学实现一个常规光学方法不能实现的光学系统，即在观测的过程中反射施密特改正镜的面形根据要求不断变化，从而形成一系列不同光学参数的光学系统(我国科学家在 1986 年就提出这种创新的思想[3])。由此解决了国际上大视场反射施密特望远镜口径很难做大的难题。这种方法同样也可以应用在任何其他望远镜的非球面反射光学系统中，实现传统方法不能实现的这类光学系统。

(3) 主镜的球心位于光学系统之内，便于随时对主镜进行检测。

(4) 由于用施密特改正镜进行跟踪，光学系统的入瞳位于施密特改正镜处，观测过程中望远镜的入瞳大小和形状是在变化的。实际的通光孔径是 3.6~4.9 米。

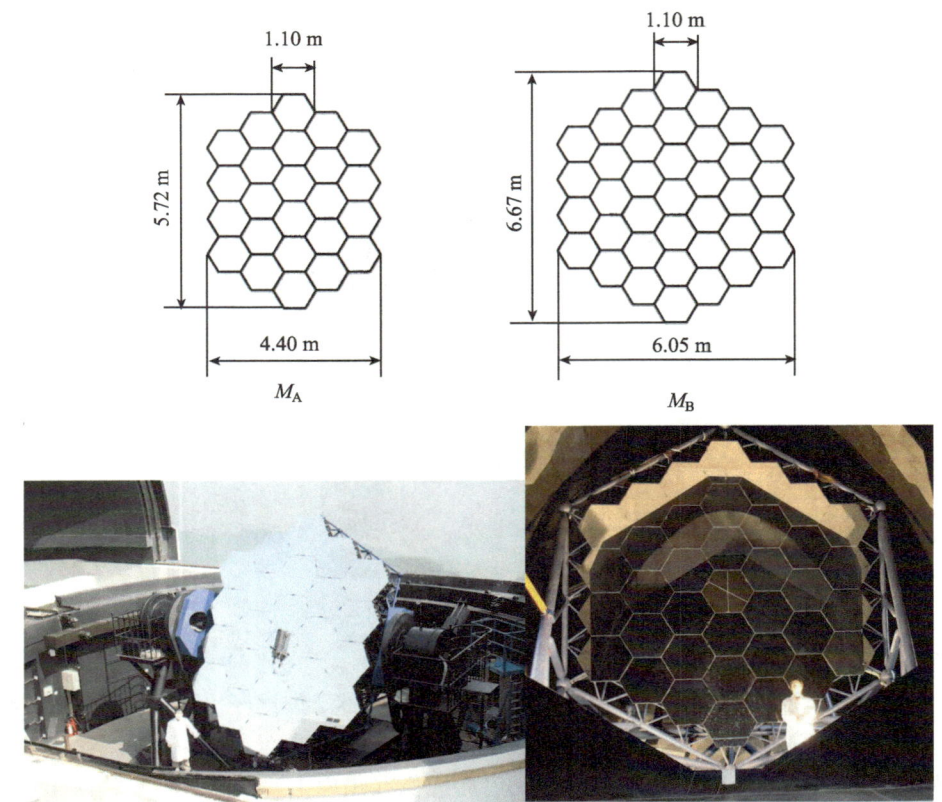

图 3　主动施密特改正镜 M_A 和主镜 M_B (两块大镜面均为拼接镜面)。

主动光学和镜面支撑系统

　　主动光学技术是 LAMOST 项目最有挑战和最核心的关键技术。采用主动光学技术在观测中实时得到一系列不同非球面面形的施密特改正镜 M_A，使 LAMOST 这种我国天文学家创新的大视场兼备大口径的新型望远镜方案才得以实现[4, 5]。LAMOST 主动光学的特点和创新如下：

　　(1) 24 块六角形子镜拼接而成的施密特改正镜 M_A 的每一块子镜在观测过程中同时由主动光学控制其面形不断变化的非球面，因此在国际上开创了一种新的主动光学技术，即在一块大镜面上同时采用薄变形镜面主动光学和拼接镜面主动光学技术(国际上已有的主动光学或仅有拼接，如美国 10 米 Keck 望远镜，或仅为薄变形镜面，如欧洲 VLT 望远镜)。

　　(2) M_A 的主动光学系统与世界上已经采用的主动光学系统都不同，它不仅仅用主动光学校正维持大镜面的重力变形、热变形、加工和安装误差，它主要作用是在观测过程中实时地使 24 块子镜的面形由平面精确变形成所要求的非球面(每块子镜都是离轴的非球面),面形精度控制在均方根值 20~30 纳米。

(3) 反射施密特改正镜 M_A 和球面主镜 M_B 分别用 24 块和 37 块六角形子镜拼接的镜面,这是国际上第一架在一个光学系统中同时应用两块大口径拼接镜面的望远镜。

(4) 首先在国际上采用了非圆形(六角形)可变形镜。

(5) 在大小和形状变化的入瞳上进行波前检测,这在国际上也没有先例。

望远镜机架和跟踪系统

望远镜机架和跟踪系统分为两个部分:(1) M_A 地平式机架;(2) 焦面旋转及调焦机架。LAMOST 的望远镜机架和跟踪系统的特点是:

(1) 由于 MA 采用镜面法线跟踪的方式,LAMOST 的地平式机架与常规的地平式机架跟踪不同的是它没有跟踪的盲区。

(2) 方位轴和高度轴跟踪都采用摩擦传动,以消除高频跟踪误差。

(3) 因为是法线跟踪,对望远镜观测天区时的指向精度和观测天体时的跟踪精度都比同样要求的望远镜高一倍。

(4) 由于没有传统望远镜的镜筒用于高度轴的平衡,LAMOST 地平式机架高度轴采用特殊的反力矩齿轮机构平衡。

望远镜控制系统

由望远镜指向和跟踪控制、主动光学控制、圆顶控制及环境检测等三部分组成。望远镜控制系统的特点和创新是:

(1) 具有当代国际上大型天文望远镜控制系统的一系列特点:实时、可靠、网络化、多层次、分布式和易于扩展。

(2) 高精度地控制主动光学的上千个力促动器和位移促动器,以及实时进行上千个力传感器和位移传感器的信号采集和分析。

焦面仪器

焦面仪器包括 4000 个光纤定位单元、16 台中低色散多目标光纤光谱仪、32 台 4K×4K 低噪声 CCD。通过焦面上的 4000 根光纤将天体在焦面上的像传输到光谱仪,并在 CCD 上得到光谱。其特点和创新是:

(1) 光纤定位装置

4000 根光纤的定位创新性地采用并行可控的光纤定位技术[6],可在数分钟的时间里将光纤按星表位置精确定位,突破了国际上用光纤板打孔插光纤和机械手放置数光纤只能到百根光纤的方法。光纤定位单元采用双回转运动形式,由两只步进电机驱动,最大定位误差 40 微米。

每个光纤定位单元由两只步进电机驱动,4000 个光纤定位单元共有 8000 只步进电机。采用无线控制技术,避免了 8000 只电机的几吨重的几万根电线对焦面机

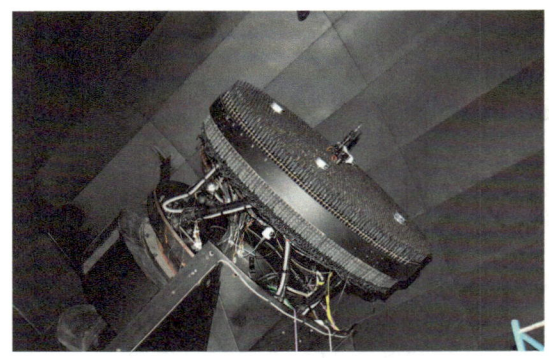

图 4 装有 4000 根光纤和光纤定位单元的焦面板。

架跟踪机构的影响。

(2) 多目标光纤光谱仪

16 台中低色散多目标光纤光谱仪[7]的每台狭缝上可安排 250 根光纤。低分辨率模式下蓝区通道工作波段 370~590nm，红区通道工作波段 570~900nm，光谱分辨率本领为 1000~2000。每台光谱仪还可以增加中分辨率光栅，使光谱分辨率本领达到 5000~10000。

(3) CCD 相机

每台光谱仪各配红、蓝两台 CCD 相机，共有 32 台低噪声的天文 CCD 相机。CCD 幅面是 4096×4136 像素，分为红敏 CCD 和蓝敏 CCD 两种。它们具有很低的噪声特性，在 200Kpix/s 的快速读出速度下读出整幅图像只需 40 秒时间，读出噪声低于 4 个电子。

图 5 LAMOST 的光谱仪房中的部分光谱仪。

圆顶

圆顶部分包括圆顶、温度、视宁度及风载的控制。其特点和创新有：

(1) 圆顶在观测时完全打开,简单且不需随动控制。

(2) 利用固定风屏和 6 块可分别升降的活动风屏相结合,可显著地降低主动反射施密特改正镜 M_A 在观测中的风载影响。

(3) LAMOST 的 60 米长光路,比世界上大多数望远镜的光路都长,圆顶视宁度的问题比较突出。采取了特别的制冷通风装置,加上温度传感器的监测,可较好地解决温度一致性和改善视宁度。

观测控制和数据处理

LAMOST 每个观测夜可观测上万个天体的光谱,数据量达到数京字节;而整个的计划是观测上千万条光谱。为最有效地获得观测数据和取得最大的科学成果。LAMOST 拥有一套完整的自动化观测、数据处理和存储的软软件系统[8, 9],其中主要包括巡天战略系统(SSS)、观测控制系统(OCS)、数据处理、分析和存储系统(DPS)。

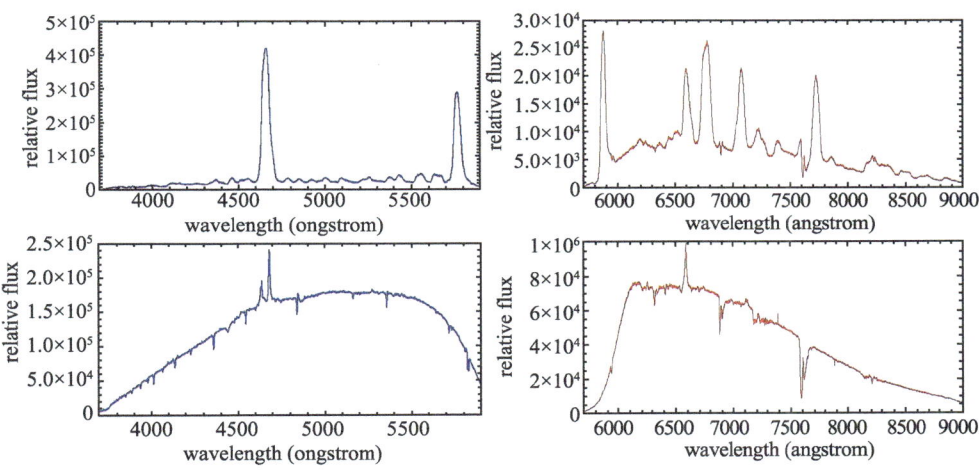

图 6 LAMSOT 观测到的特殊恒星光谱 (左为蓝端光谱、右为红端光谱, 未定标)。

星表和巡天战略

LAMOST 在口径、视场和光纤数目三者结合上超过了国际上目前已经完成的或正在进行中的大视场多天体光纤光谱巡天计划,成为当今世界上获取天体光谱能力最强大的天文观测设备。其科学目标将集中在河外星系巡天,银河系结构和演化,以及多波段目标证认三个方面[10]。LAMOST 将对北天可观测的约 14000 平方度高银纬天区进行光谱巡天观测,其中包括北、南银冠区各 250 万个星系的巡天、150 万个亮红星系巡天和约 100 万个类星体的观测,这些资料将在宇宙模型、暗物质、暗能量、大尺度结构、星系形成和演化等研究上做出重大贡献。同时,它将对 250 万颗恒星进行光谱观测,用之于研究,包括银河系晕的整体结构及亚结构、银河系的引力势与物质分布、从薄盘、厚盘到晕在反银心方向的结构特征、银河系球状星团来源及其与银河系结构的关系、银河系恒星金属丰度分类及贫金属星的搜寻等几个大的方向。LAMOST 也将结合红外、射电、X 射线、γ 射线巡天的大量天体的光谱观测将在各类天体多波段交叉证认上做出重大贡献。

3. 关键技术和难点

根据 LAMOST 的光学镜面的总面积以及机架和光学系统尺度的规模，可以说 LAMOST 在研制规模上已与目前国际上最大的 8~10 米级望远镜相当，在主动光学技术和光纤定位技术上甚至更难，在光纤数、光谱仪数和 CCD 数上甚至超过。LAMOST 的研制过程充满挑战，并且克服了这些挑战使 LAMOST 研制成功。其关键技术和难点主要有：

(1) 主动光学技术，包括：
  i. 在一块大镜面上同时应用薄变形镜面主动光学和拼接镜面主动光学技术；
  ii. 在一个光学系统中采用两块大的拼接镜面；
  iii. 采用非圆形可变形镜；
  iv. 在形状和尺寸变化的瞳孔上的波前检测。
(2) 4000 根光纤的定位，包括：
  i. 4000 个并行可控光纤定位单元的高精度定位技术；
  ii. 8000 只电机的无线遥控。
(3) 大口径超薄光学镜面的磨制和检测
(4) 大口径超薄主动镜面的支撑
(5) 8 米地平式机架的精确跟踪控制(包括像场旋转补偿)
(6) 多目标光纤光谱仪和 CCD 相机
(7) 40 米光路上气流影响的改善
(8) 海量数据处理

图 7　远眺 LAMOST。

4. 结束语

LAMOST 项目在 1997 年正式批准立项，2001 年正式开工建造，2008 年 10 月落成，2009 年 6 月国家验收后进入试观测。预计将在 2011 年进入正式观测运行。LAMOST 每个观测夜可获得上万条天体的光谱数据，这些巡天获得的大量光谱资料将对国内外天文学界公开，必将大大地推动天文学各个领域研究工作的蓬勃发展。

LAMOST 是目前世界上口径最大的大视场光学望远镜，也是世界上光谱获取率最高、最有威力的光谱巡天望远镜。LAMOST 的研制成功不仅使我国大望远镜研制技术走到了国际前沿，更为我国大视场、大样本的天文学研究提供了重要的观测平台。

参 考 文 献

[1] Wang S-G, Su D-Q, Chu Y-Q, Cui X Q, Wang Y-N. Special configuration of a very large schmidt telescope for extensive astronomical spectroscopic observation, Applied Optics, 1996, 35: 5155.

[2] Su D-Q, Cui X Q, Wang Y-N, Yao Z Q. Large sky area multi-object fiber spectroscopic telescope (LAMOST) and its key technology, Proc. SPIE 1998, 3352: 76–90.

[3] Su D-Q, Cao C X, Liang M. Some new ideas of the optical system of large telescopes, Proc. SPIE, 1986, 628: 498–503.

[4] Su D-Q, Cui X Q. Active Optics in LAMOST, Chin. J. Astron. Astrophys, 2004, 4(1): 1–9.

[5] Cui X Q, Su D-Q, Li G P, Yao Z Q, Zhang Z C, Li Y P, Zhang Y, Wang Y, Xu X Q, Wang H. Experiment system of LAMOST active optics, Proc. SPIE, 2004, 5489: 974–985.

[6] Xing X Z, Zhai C, Du H S, Li W M, Hu H Z, et al. Parallel controllable optical fiber positioning system for LAMOST, Proc. SPIE. 1998, 3352: 839–849.

[7] Zhu Y T, Hu Z W, Zhang Q F, Wang L, Wang J N. A multipurpose fiber-fed VPHG spectrograph for LAMOST, Proc. SPIE, 2006, 6269: 62690M-1~9.

[8] Luo A-L, Zhang Y-X, Zhao Y-H. Design and implementation of the spectra reduction and analysis software for LAMOST Telescope, 2004, 5496: 756–760.

[9] Zhao, Y H. Observatory Control System of the LAMOST, 2000, Proc. SPIE, 4010: 290–296.

[10] Chu Y Q, Zhao, Y H. New Horizons from Multi-Wavelength Sky Surveys, Proceedings of the 179th Symposium of the International Astronomical Union, held in Baltimore, USA August 26–30, 1996, Kluwer Academic Publishers, edited by Brian J. McLean, Daniel A. Golombek, Jeffrey J. E. Hayes, and Harry E. Payne, 131., 1998.

撰稿人：崔向群[1]　褚耀泉[2]

1 中国科学院南京天文光学技术研究所
2 中国科技大学

地球的耳朵：500 米口径球面射电望远镜 FAST

Earth's Ear, Five-hundred-meter Aperture Spherical Telescope

射电天文是利用无线电技术接收天体电波、探索宇宙奥秘的基础科学。1933 年，贝尔实验室的卡尔·央斯基意外发现了来自银河系中心的电磁辐射，标志着射电天文诞生。近代天文四大发现：类星体、脉冲星、宇宙背景辐射及星际分子，无一不源于射电天文学。天体辐射的电磁波极其微弱，为"阅读"宇宙百科全书、"回溯"天体起源和演化，需要建造大型射电望远镜。与通信天线类似，射电望远镜由三大基本部分构成：汇聚电磁波的反射面、收集信号的接收机以及跟踪天体的指向驱动装置。

1993 年，在日本京都召开的第 24 届国际无线电科学联合会(URSI)大会上，包括中国在内的 10 国射电天文学家联合倡议，筹建下一代大射电望远镜 LT (large telescope)，其接收面积将达到 1 平方千米，频率覆盖 0.2~2 GHz。同时成立了大射电望远镜工作组 LTWG (LT Working Group)开展国际协调。1999 年 LT 易名为 SKA (Square Kilometre Array)，目前的频率覆盖 70MHz 至 25GHz，预计耗资约 15 亿欧元。SKA 计划符合 Livingstone 曲线(图 1)对射电望远镜灵敏度性能进步的预测，也有明确科学原动力——不同宇宙距离中性氢观测。有了 SKA，能在地面及空间电波环境被彻底毁坏之前，使人类真正看一眼原初宇宙。人类若失去这一机会，只能到月球背面建同等口径射电望远镜，因为那里的银河背景噪声是一样的[1]。

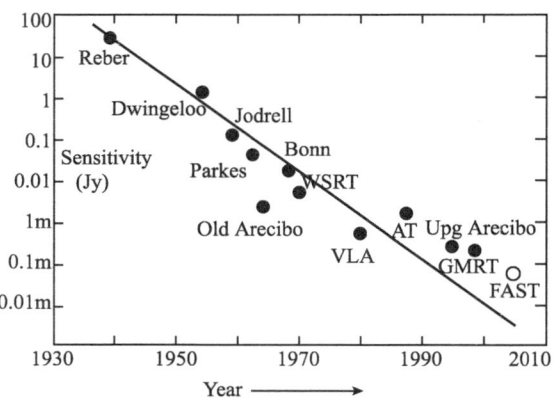

图 1　射电望远镜灵敏度 Livingstone 曲线[1]。

1. FAST 的由来及科学意义

1994 年，中国科学院北京天文台(现国家天文台)组建 LT 课题组，提出了利用贵州天然喀斯特地貌作为台址[2]，建造阿雷西堡(Arecibo)型望远镜阵列 LT 方案 KARST (Kilometer square Area Radio Synthesis Telescope)[3, 4]。同年 6 月，国家天文台联合中科院遥感应用研究所，启动 LT 选址，包括台址踏勘、电波环境检测、工程和水文地质勘察、气象、洼地土石方开挖估算、交通和社会发展等。

1995 年 7 月，在国家天文台密云观测站，部分微波天线专家开始酝酿 LT 工程方案。同年 10 月，国际大射电望远镜工作组第三次学术研讨会(LTWG – 3)吸引了 8 个国家(地区)专家，在花溪研讨 LT 科学目标和技术路线，到普定和平塘两县考察喀斯特重点候选台址。西安电子科技大学(西电)阐述了 Arecibo 改进型馈源支撑无平台驱动概念[5]，即 FAST 馈源支撑索驱动方案。11 月在国家天文台组建 LT 中国推进委员会。1996 年 12 月召开 LT 推进委员第二次学术年会，除科学目标组外，新组建 6 个工程预研组，开展对选址、线馈源、相位阵馈源、馈源无平台驱动、反射面结构、电性能及焦场分析等研究。

1997 年 4 月，查尔姆斯(Chalmers)大学 Per-Simon Kildal 来华交流 Arecibo 馈源更新经验，启动了对双反射面馈源研究。5 月，国家天文台集洼地台址、宽带馈源、馈源支撑索驱动及固定球反射面等研究成果，提出 KARST 先导单元——500 米口径球面射电望远镜 FAST (Five-hundred-meter Aperture Spherical Telescope) 构想。9 月国家天文台又提出了球反射面球差改正的主动变形方案[6]，与喀斯特洼地、馈源轻型索支撑构成 FAST 三大创新技术，其几何光学见图 2。1998 年 2 月，路甬祥院长批示了陈芳允、杨嘉墀、王绶琯、陈建生四院士对 FAST 项目推荐信，明确其可作为国家大科学工程候选。3 月，中国射电天文代表团在伦敦粒子物理与天文委员会(PPARC)、英国皇家天文学会、剑桥卡文迪什实验室及曼彻斯特大学 Jodrell Bank 天文台等地介绍交流 FAST 概念；诺贝尔奖得主 Hewish 审阅并推荐 FAST 主

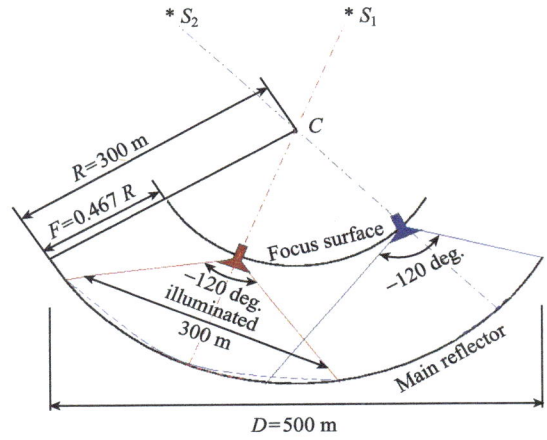

图 2　FAST 几何光学示意图[1]。

动反射面论文。作为世界最大单口径射电望远镜的 FAST，无疑可独立于 SKA 引领 21 世纪射电天文观测研究。

FAST 的高灵敏度、多波束馈源及大天区覆盖优势，预计一年观测时间能发现约 5000 颗新脉冲星(迄今脉冲星总数约 2000 颗)；通过精确测定脉冲星到达时间检测引力波；通过中性氢巡视探索宇宙起源和演化；FAST 将主导国际甚长基线 VLBI (Very Long Baseline Interferometry) 网，为天体超精细结构成像；观测星际分子以探索天空生命起源；搜索星际通信以寻找地外文明；参与国际深空探测器的定轨、遥控和通信领域的科学合作[1]。FAST 拟回答的科学难题有些还难以预测！

2. FAST 关键技术问题

由于自重和风载等因素引起的天线形变，全可动望远镜最大口径只能做到约 100 米。基于三项自主创新：天然喀斯特洼坑作台址；洼坑内铺设数千块单元组成 500 米口径球冠状反射面；采用轻型索拖动机构和并联机器人等，FAST 开创了建造巨型射电望远镜的新模式[1]。

1998 年 4 月，在 LT 推进委员会第三次暨 FAST 项目委员会第一次学术年会上，研讨了 FAST 主动反射面概念、酝酿 Stewart 平台二级调整馈源索支撑方案。6 月，天线保形技术提出人、Effelsberg 100 米望远镜之父 Sebastian von Hoerner 访问 LT 课题组，对 FAST 馈源、主动反射面结构及建造等广泛交流探讨。10 月，清华大学提出馈源舱移动小车指向跟踪，即 FAST 馈源支撑高山索道方案[7]。

FAST 工作频率覆盖 70~3000 MHz(未来拟升级至 8GHz)，观测天顶角达 40 度，其总体示意见图 3。 FAST 巨型反射面的上千块球面单元由促动器控制，在观测方向形成 300 米口径瞬时抛物面；采用光机电一体化索支撑轻型馈源平台，加上馈源舱内二次调整装置，在望远镜焦点与主动反射面之间无刚性连接情况下，实现高精度指向跟踪[1]。

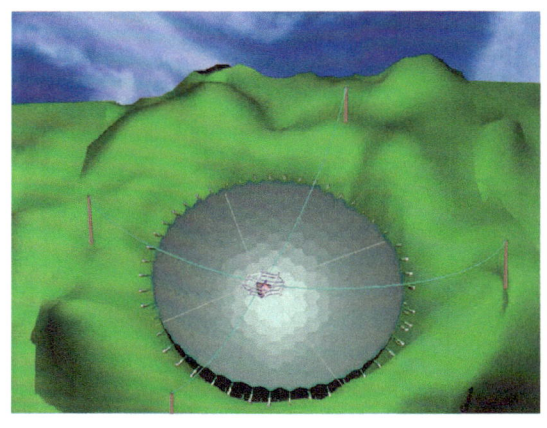

图 3　FAST 总体示意图[1]。

FAST 涉及五大关键技术,即大射电望远镜选址、馈源指向与跟踪、巨型反射面主动变形、远距离高精度动态测量与控制、宽带低噪声馈源和接收技术等难题。

3. FAST 预研究

历经 14 年沧桑,FAST 成功的可行性研究在国际上已形成极高显示度。利用遥感技术找到具有宁静无线电环境的喀斯特洼地群,为 KARST 概念 SKA 提供候选台址,同时也为 FAST 找到了独一无二的家——贵州省黔南布依族苗族自治州平塘县绿水村大窝凼洼地;提出了创新的主动反射面及光机电一体化馈源柔性支撑方案。

2007 年 7 月 10 日,作为十一五国家重大科技基础设施候选项目,FAST 立项建议书得到国家发展与改革委员会批复。汇聚多学科智慧的 FAST 项目终于修成"正果"!其预研究成果及关键技术优化表现在:

(1) 大射电望远镜选址:与中科院遥感应用研究所、贵州大学合作,完成了对喀斯特岩溶洼地的二轮贵州省范围选址,确认了无线电宁静的大窝凼洼地作为 FAST 的家;与贵州省无线电管理局监测了典型候选台址电波干扰环境;由贵州山地气候所检测了 FAST 台址洼地小气候;由贵州省第一测绘院实施了大窝凼洼地中心 4 平方千米区域 1:1000 地形测绘等。对 FAST 台址工程地质和水文地质、周边社会和经济环境作了综合评价。图 4 是大窝凼台址数字地形模型图 DTM (digital terrain model)及美国快鸟 QuickBird 卫星照片。

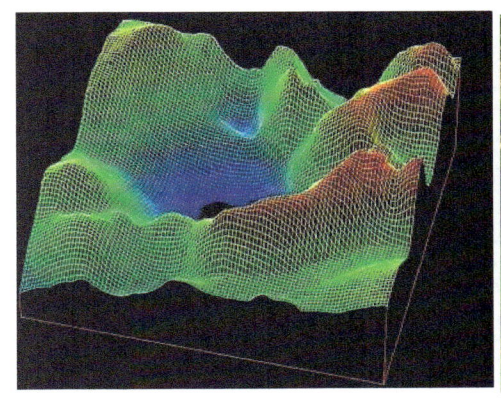

图 4 大窝凼洼地 FAST 台址 DTM(左)[1]及快鸟卫星照片(右)[9],圆圈范围直径 1 千米。

(2) 馈源指向与跟踪:西电 1995 年提出光机电一化轻型馈源支撑索驱动方案(如图 5)。至 2002 年清华大学和西电独立完成其运动学、动力学有限元分析,研制了不同尺度(2、5、20、50 米)"高山索道"、"无平台索拖动"馈源支撑模型(图 6 左)。研制了馈源舱内二次精调 Stewart 机器人(图 6 右)。2006 年国家天文台与德国合作实现馈源多柔索支撑方案全程仿真。结合 1:1000 地形图和实地勘察，正在优化 6 个百余米高馈源塔位置，馈源舱一级索驱动与二级精调控制解耦，致力于解决复杂地质条件节能塔建造、馈源舱–索系统振动抑制、舱与地面之间信号和电力通道、光纤和电缆弯曲疲劳等设计。

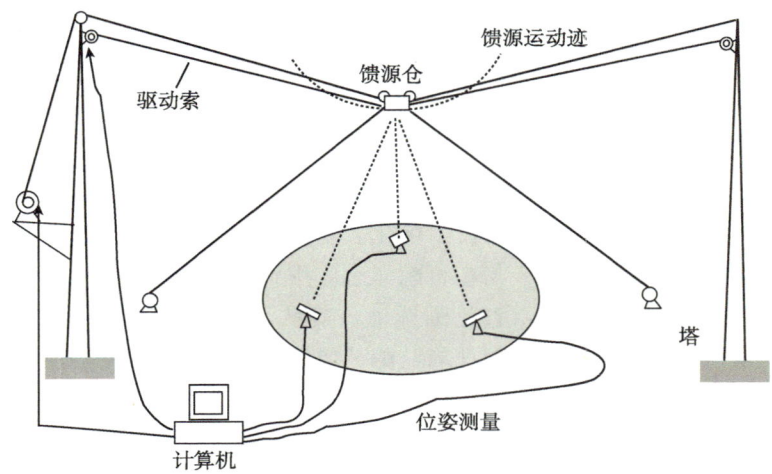

图 5　FAST 光机电一体化的指向跟踪系统示意。

 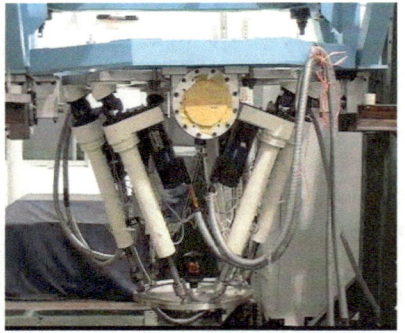

图 6　FAST 馈源指向跟踪缩尺模型：50 米"无平台索拖动"(左)，
Stewart 机器人吊装(右)。

(3) 巨型反射面主动变形：国家天文台 1997 年提出在地面改正球差的主动变形反射面方案，以简化馈源设计，使望远镜易于具有宽频带和全偏振功能。至 2001 年完成四种反射面单元及其驱动控制设计，成功研制分块式主动反射面模型。2002 年优化形成索网主动反射面方案[8]，2006 年研制了 FAST 整体索网主动反射面缩比模型(图 7)。索网反射面背架和面板单元原型设计、材料选型及相关试验正在密云基地进行。致力于解决索网主动反射面构型优化、反射面整体防腐、反射面单元在

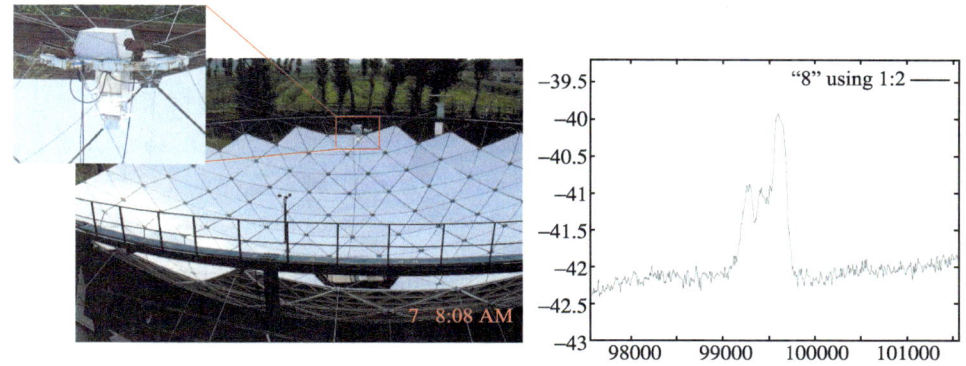

图 7　密云 FAST 整体模型(左)及其对银河系中性氢的成功观测(右)[9]。

洼地台址安装、索力降低及索疲劳时效性等难题。

(4) 远距离高精度实时动态测量控制：与解放军信息工程大学、清华、徕卡 Leica 和美国自动精密工程公司 API 合作，开发多种接触测量及遥测设备；完成了主动反射面模型多点现场总线控制、馈源支撑多索柔性支撑控制、精调平台差分预测控制等试验。正在为 GPS(Global Positioning System)基站和测量设备基墩选址；已启动反射面面型摄影测量、馈源支撑 API 测量。致力于解决复杂地形地貌网络布线及信号遮挡、野外工况对远距离(千米)高精度(毫米级)非接触测量作业影响，球面变形抛物面上千点实时主动控制等难题。

(5) 宽带低噪声馈源和接收技术：始于 1998 年，国家天文台、英国 Jodrell Bank 天文台研讨和联合设计 FAST 望远镜 9 频段馈源，形成了 FAST 馈源接收机 Layout 设计。自主研制的 L 波段接收机已在密云 FAST 整体模型上成功应用。特别是在 FAST 望远镜核心 L 波段，启动了中国、澳大利亚和英国射电天文技术队伍对多波束馈源三方联合设计；基于现有和在研馈电技术，设计、完善 FAST 馈源与接收机性能指标。正致力于解决由现有 Parkes 13 波束馈源扩展为 FAST 19 波束技术，以及 FAST 巨大接收面积的无线电干扰免疫技术等难题。

FAST 概念形成过程中体现了不断的技术创新、多学科交叉。集成 FAST 关键技术预研究成果，国家天文台在密云站建造了 FAST 整体缩比模型(图 7 左)，于 2006 年 9 月 6 日成功检测到银河系中性氢(图 7 右)，FAST 建造已无技术风险。

4. 结束语

拥有 30 余个足球场大接收面积的 FAST，与号称"地面上最大机器"的德国 Effelsberg 100 米单口径射电望远镜相比，灵敏度提高约 10 倍；与排名阿波罗登月之前、誉称 20 世纪十大科学工程之首的 Arecibo 300 米望远镜相比，综合性能提高约 10 倍。

自 1994 年起，国家天文台与荷兰、英国、美国、澳大利亚、德国、加拿大、印度等相关单位合作，广泛探讨 FAST 科学与技术。1995、2000 和 2005 年在贵州分别举办了 LT 第 3 次工作组(LTWG-3)、国际天文学会 IAU Colloquium 182 及 ISSC(International SKA Steering Committee)第 13 次会议，并考察了候选台址。Science 期刊 5 次报导 FAST 进展。在 2000 年国际天文学联合会第 26 届大会上，SKA 五种工程方案 FAST 名列榜首。1999 年，作为首批"创新工程重大项目"，FAST 预研究得到中国科学院及国家科技部经费支持。2003、2005 年中国科学院、国家自然科学基金委员先后启动了 FAST 关键技术优化；2006 年 3 月北京 FAST 项目国际咨询和评估会、5 月 FAST 组团对 Arecibo 天文台工程性考察；2008 年 6 月中美大型球面射电望远镜北京研讨会；2008 年中国科学院启动 FAST 相关试验研究等，分别为 FAST 立项、可行性研究和初步设计做了充分准备。

FAST 工程拟于 2010 年秋季正式开工建造，建设周期 5.5 年，涉及 6 项主要建设内容：台址勘察与开挖、主动反射面、馈源支撑、测量与控制、馈源与接收机及观测基地等建设，约需 7 亿人民币建设经费。在贵州省平塘县绿水村大窝凼洼地实施的台址详勘作业已近尾声，重点勘察 FAST 主动反射面圈梁、主动反射面下拉索地锚、6 个百余米高馈源支撑塔等位置处的工程地质和水文地质条件；设计洼地边坡支护工程；已启动对 500 米反射面区域的土石方开挖方案设计；平塘-罗甸县公路牛角至大窝凼洼地之间约 7 千米道路建设设计等。

作为地球的耳朵，凭借其第一大单天线收听来自遥远宇宙无线电波，FAST 无疑将为人类探索宇宙贡献丰厚的科学发现。在 FAST 运行观测中，也可广泛征求公众兴趣、适量安排时间满足公众探索欲望。衷心感谢多年来风雨同舟的国内外同事对 FAST 支持与贡献！愿与大家共勉：FAST 尚未完成，同事仍须努力！

参 考 文 献

[1] 严俊，南仁东，王宜，彭勃，等. FAST 立项建议书，2006 年 9 月.

[2] Nan R, Nie Y, Peng B, et al. Site surveying for the LT in Guizhou province of China, in Proceedings of the 3rd meeting of the Large Telescope Working Group and of a Workshop on Spherical Radio Telescopes, eds. Strom, Peng & Nan, 1996, 59.

[3] Nan R, Peng B. A Chinese Concept for the 1 km^2 radio telescope, Acta Astronautica, 2000, **46** (12), 667.

[4] Peng B, Nan R. Kilometre-square Area Radio Synthesis Telescope KARST project, IAU Symposium. 1998, 179, 193.

[5] Duan B, Zhao Y, Wang J, Xu G, Study of the feed system for a large radio telescope from the viewpoint of mechanical and structural engineering, in Proceedings of the 3rd meeting of the Large Telescope Working Group and of a Workshop on Spherical Radio Telescopes, eds. Strom, Peng & Nan, 1996, 85–102.

[6] Qiu Y. A novel design for a giant Arecibo-type spherical radio telescope with an active main reflector. MNRAS, 1998, 301: 827.

[7] Ren G, Lu Q, Zhou Z. On the cable car feed support configuration for FAST, Astrophysics and Space Science, 2001, 278(1): 243.

[8] Nan R, Ren G, Zhu W, Lu Y. Adaptive Cable-mesh Reflector for the FAST, ACTA ASTRONOMICA SINICA, 2003, 44: 13–18.

[9] 严俊, 南仁东, 王宜, 彭勃, 等. FAST 可行性研究报告, 2008 年 1 月.

撰稿人：彭 勃
中国科学院国家天文台

硬 X 射线调制望远镜(HXMT)

Hard X-ray Modulation Telescope (HXMT)

硬 X 射线调制望远镜(hard X-ray modulation telescope，简称 HXMT)卫星是国际上已知计划中唯一一台既可以实现宽波段、高灵敏度 X 射线成像巡天又能够研究黑洞、中子星等高能天体的短时标光变和宽波段能谱的空间 X 射线天文观测设备。作为我国第一台太空望远镜，HXMT 已被明确列入国家《"十一五"空间科学发展规划》和《航天发展"十一五"规划》。HXMT 的上天，不仅将使我国的高能天体物理观测研究进入国际先进水平，还将为提升我国在深空探测、空间安全等方面的能力做出重要贡献。

1. HXMT 将研究哪些科学问题？

美国于 1970 年发放第一个 X 射线天文卫星"自由号"，实现 X 射线巡天，开创了空间高能天文的新领域，打开了人类观测宇宙的新窗口，于 2002 年获得诺贝尔物理学奖。硬 X 射线比 X 射线能量更高，是研究早期宇宙和黑洞性质的关键波段；但是，硬 X 射线光子难以聚焦，传统上采用复杂的编码孔径技术，用位置灵敏 X 射线探测器阵列测量码板的投影，实现对某一天区的成像观测。编码孔径成像望远镜的结构和成像算法复杂，限制了其巡天灵敏度，迄今为止，还没有灵敏度高且覆盖完备的硬 X 射线巡天观测。

硬 X 射线天文还存在另一个重要缺陷，即还没有对黑洞和中子星双星的高时间分辨观测。黑洞双星系统的一个重要的观测特征是其 X 射线流强存在准周期振荡(quasi periodical oscillation，QPO)现象，这很可能对应于黑洞对周围时空的拖曳效应。以往的观测表明，QPO 振幅在中能 X 射线波段随着能量的增加而变强，硬 X 射线起源于更靠近黑洞的区域，预期 QPO 将更加明显，但是在硬 X 射线能段对这一现象的观测研究还几乎是空白。

20 世纪 90 年代初，李惕碚和吴枚建立了直接解调方法[1, 2]，克服了硬 X 射线成像的技术困难，可以用简单成熟的硬件技术实现高分辨和高灵敏度的硬 X 射线巡天，并在此基础上提出建造和发射 HXMT 卫星[3]。与已有和研制中的硬 X 射线望远镜比较，HXMT 在全天巡天的灵敏度和高计数率观测的时变研究方面具有明显优势，可能在黑洞的寻找和高精度观测研究这两个方面取得突破性的重大成果。具体而言，HXMT 将研究如下科学问题：

(1) 完成深度的宽波段 X 射线巡天，发现大批被尘埃遮挡的超大质量黑洞(活动星系核),研究宇宙 X 射线背景,特别是其起源很不清楚的硬 X 射线背景辐射的性质。

(2) 发现上千个各种类型的活动星系核,获得它们的宽波段 X 射线能谱,根据活动星系核的大统一模型以及周围物质对不同能段 X 射线的吸收差别研究它们的几何结构。

(3) 研究黑洞双星系统 1~250keV 之间的准周期振荡现象。由于其大的探测面积和相对窄的视场,HXMT 具有独特的观测黑洞双星系统硬 X 射线快速光变、研究黑洞视界附近物质动力学过程的能力。

(4) 探测中子星双星系统的回旋吸收线,测量中子星表面的磁场。

(5) 观测星系团和活动星系核的非热 X 射线辐射性质,研究其中高能粒子的加速机制。

2. HXMT 卫星搭载哪些科学探测仪器?它们如何工作?

图 1 为 HXMT 卫星在轨运行示意图。它采用分舱室式设计,有效载荷(科学探测仪器)位于卫星上部,服务舱以"资源二号"卫星平台为基础,位于卫星下部。卫星总重量 2700kg,将运行在高度 550km、倾角 43°的近地圆轨道,设计寿命 4 年。

图 1　HXMT 卫星在轨运行示意图。

HXMT 的主有效载荷包括高能 X 射线望远镜 HE、中能 X 射线望远镜 ME 和低能 X 射线望远镜 LE(图 2)。由于不同能量的 X 射线辐射起源于天体上不同的物理过程,HE、ME、LE 在不同的波段同时观测一个天体,可以对天体的活动给出更全面和准确的诊断[4, 5]。

HE 整体结构为圆柱形,包括 18 个碘化钠/碘化铯(NaI/CsI)复合晶体探测器和准直器,每个准直器的视场 1.1°×5.7°,但视场长轴方向并不一致,望远镜总视场约为 5.7°×5.7° (图 3)。HE 的工作原理是:当 X 射线光子入射到 NaI 晶体时,晶体发出闪烁光,被后面的光电倍增管(photomultiplier tube,PMT)收集并转化为电信号被读出电子学系统记录，完成对一个 X 射线光子的探测。

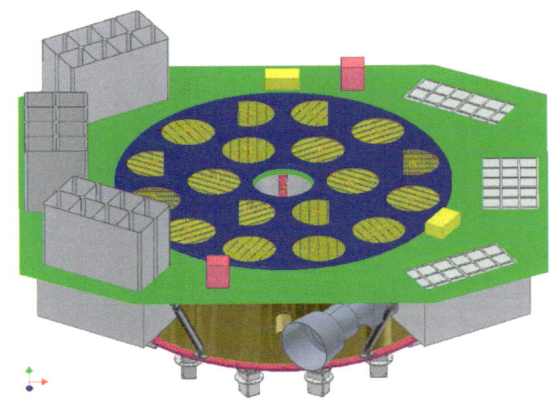

图 2　HXMT 卫星有效载荷结构示意图。中心 18 个探测单体组成高能 X 射线望远镜 HE，左侧三个带遮光罩的机箱为低能 X 射线望远镜 LE，右侧是中能 X 射线望远镜的三个探测器机箱。

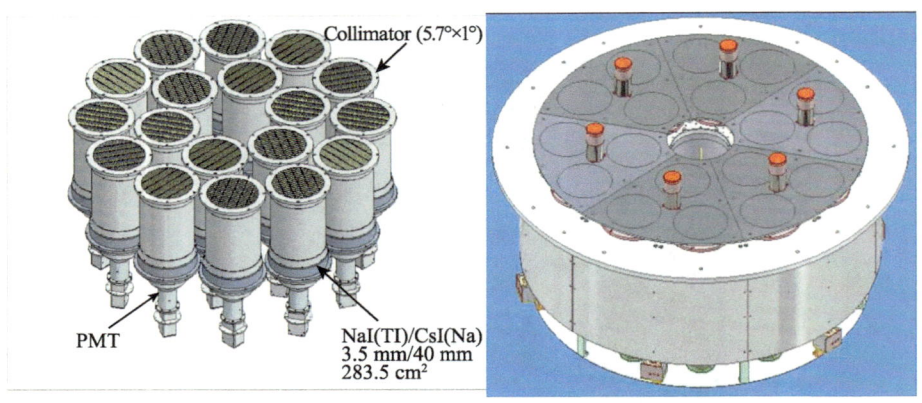

图 3　HXMT 高能 X 射线望远镜 HE 的主探测器(左)及荷电粒子屏蔽探测器(右)。

中能 X 射线望远镜 ME 包括三个探测器机箱。如图 4 所示，每个机箱包含三个可独立工作的模块，由准直器、探测器和前端电子学三部分构成。ME 探测器采用 864 片 Si-PIN 探测器(具有厚耗尽层的硅 PN 结探测器)构成总面积约 $952 cm^2$ 的阵列，用专用集成电路(application specific integrated circuit, ASIC)读出。Si-PIN 探测器的工作原理是：能量为 E 的 X 射线与 Si-PIN 探测器发生作用，其能量全部消耗在探测器的有效体积内，并转化成电子空穴对，电子在偏压电场的作用下被收集，通过电子线路读出，形成一个事例，电子空穴对的数目正比于入射 X 射线光子的能量，因此根据读出信号的大小可以推算光子的能量 E。ME 所用 Si-PIN 探测器为国内自行研制，厚 1mm，探测能区 5~30keV，与 LE 及 HE 的观测能区之间有很好的相互覆盖，既便于仪器的在轨交叉标定，又可以提高能量连接处的观测数据质量。

图 4　HXMT 中能 X 射线望远镜 ME 一个探测器机箱结构示意图。上部灰色部分为准直器。

LE 也包括三个探测器机箱，每个机箱的结构如图 5 所示，包括遮光罩、准直器、探测器和前端电子学等几个部分。LE 选用扫式电荷器件（swept charge device，简称 SCD）作为探测器，其对 X 射线的探测原理和 Si-PIN 相似，也是入射光子在探测器中转化成电子空穴对，通过读取电子数目完成对一个 X 射线光子的探测。但是，SCD 是一种特殊的电荷耦合器件（charge-coupled device，CCD），一片 SCD 分

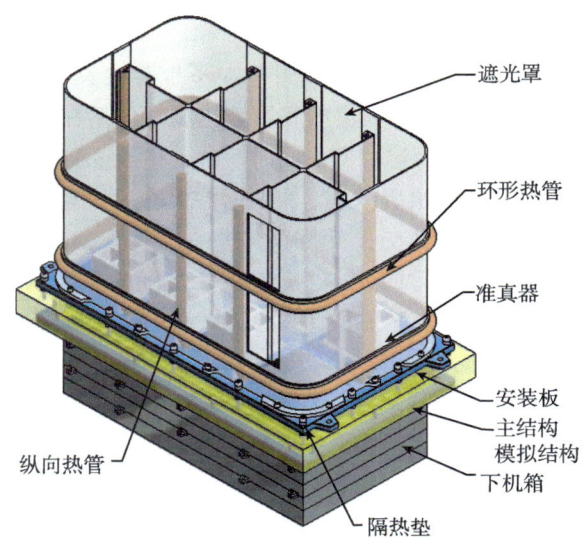

图 5　HXMT 低能 X 射线望远镜 LE 一个探测器机箱结构示意图。上部灰色部分为准直器。

为很多个像素，这样暗电流较小，读出电容也小，所以有较小的噪声、高的能量分辨率和低探测阈值(1keV)。SCD 工作时可舍弃入射 X 射线光子的位置信息，以较快的速度读出，因此也有较好的时间分辨。为了满足低能探测阈值和高能量分辨率的要求，SCD 还必须工作在–80～–40°C 的低温状态下以降低系统噪声，因此，LE 安装了热管，可以将 SCD 产生的微小热量传递至遮光罩，再辐射到宇宙空间。

3. HXMT 如何降低空间高能粒子环境对探测器性能的影响？

卫星在空间运行，会持续受到高能带电粒子和高能伽马射线的照射，这些高能粒子或伽马射线可能会在探测器上造成本底事例，影响探测器的物理性能。降低空间辐射环境在探测器上引起的系统噪声是 X 射线卫星设计的关键任务之一。

为了降低带电粒子在 HE 上引起的本底事例，提高观测灵敏度，HXMT 采取了三方面的措施[4]。第一是采用被动屏蔽技术，在晶体探测器的上方用高原子序数的钽(Ta)做成准直器，在晶体的周围放置钽屏蔽环，以阻止视场以外的高能光子或荷电粒子入射到晶体上。第二是采用复合晶体技术，HE 主探测器包括 NaI 和 CsI 两层晶体，其中上层的 NaI 为主晶体，用于探测目标天体的 X 射线，下层 CsI 则可以记录从背面入射的 X 射线。虽然 NaI 和 CsI 的信号均由后面的同一个 PMT 读出，但两种信号的时间特性不同，可以甄别。如果一个事例在 CsI 晶体上造成信号，则可以作为一个本底事例被排除。第三是采用荷电粒子反符合屏蔽技术。在 18 个 HE 主探测器阵列的顶部和侧面覆盖塑料闪烁体反符合屏蔽探测器，当荷电粒子穿过塑料闪烁体时，会引起信号，而塑料闪烁体对穿过的 X 射线基本无反应，因此，当主探测器和反符合屏蔽探测器同时记录到一个事例时，这个事例一般而言都是荷电粒子引起的，可以作为本底事例被排除掉。

来自于其他方向的 X/γ 射线和空间带电粒子也会在 ME 和 LE 探测器上造成本底事例，因此 ME 和 LE 采取了多项本底屏蔽措施，包括在探测器的前方安装准直器、在探测器机箱内壁贴加薄钽片等。同时，由于相当一部分本底事例是带电粒子和卫星结构相互作用产生的次级效应，会同时在几个探测器面元上造成信号，因此还可以利用探测器面元之间的交叉反符合，进一步降低 ME 和 LE 的本底水平。模拟计算表明，采取以上措施后，ME 在 5~30keV 之间的本底水平从 56 个/秒降低为 28 个/秒，LE 在其最重要的观测能段 1~6keV 之间的带电粒子本底则几乎可以全部被屏蔽或交叉反符合掉。

即使采用了以上本底抑制措施，空间的各种荷电粒子和高能光子仍然会在探测器上造成一定强度的本底。因此需要根据空间辐射场的性质和各种核作用模型，通过蒙特卡洛模拟得到卫星在轨运行时各种空间辐射成分在探测器上造成的本底。图 6 是各种成分在 HE 上造成的模拟本底谱，总计数可能高达 200 cts/s，由此推算的 HE 定点观测灵敏度为 $3\times10^{-7} \text{cts cm}^{-2}\text{s}^{-1}\text{keV}^{-1}$ (3σ, 10^5s, @100keV)[4, 5]。相似地，

ME 和 LE 的定点观测灵敏度分别为 $2.6×10^{-5}$ cts cm^{-2}s^{-1} keV^{-1} (@20keV)和 $4.4×10^{-5}$ cts cm^{-2}s^{-1} keV^{-1} (@6keV)。

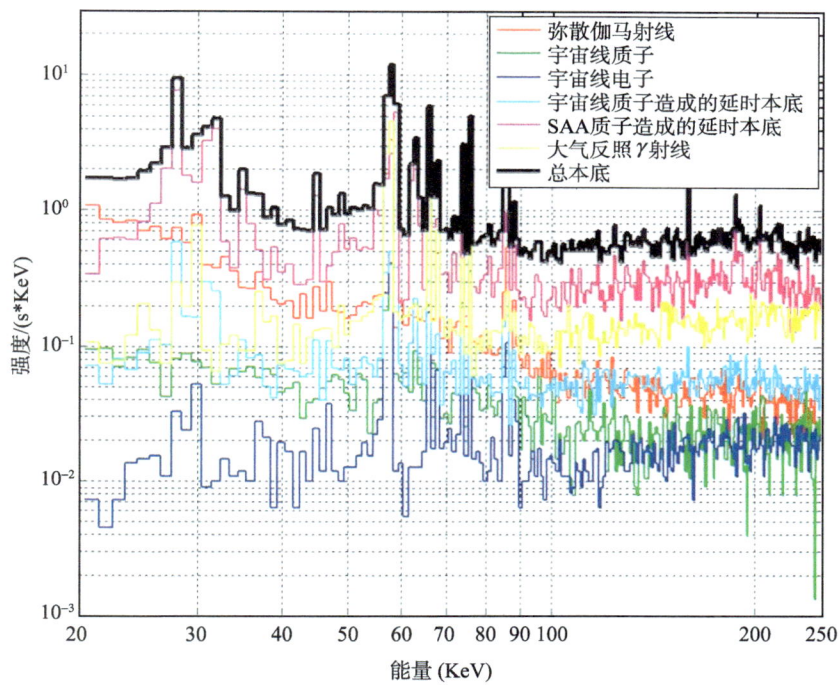

图 6　HXMT 高能 X 射线望远镜 HE 的各种在轨本底模拟。红色：弥散伽马射线造成的本底；绿色：宇宙线质子造成的瞬时本底；深蓝色：宇宙线电子造成的本底；浅蓝色：宇宙线质子造成的延时本底；紫色：南大西洋异常区质子造成的延时本底；黄绿色：大气反照 γ 射线造成的本底；黑色：总本底。

4. HXMT 的载荷技术还有哪些应用？

HXMT 是我国第一颗空间天文卫星，采用了多项国际先进水平的载荷技术，在卫星的研制过程中取得多项创新性技术成果，这些技术将可以显著提升我国的空间探测能力。

HXMT 低能 X 射线望远镜 LE 采用扫式电荷器件 SCD，已自行研制成功的 SCD 读出电路的性能达到了国际先进水平。在 LE 读出电路技术的基础上，利用近年来数字化电路技术的发展成果，项目组还正在研制硅基 X 射线探测器的"零"噪声读出电路，将可以进一步降低 X 射线探测器的低能探测阈值，提高其在 0.5keV 以下的能量分辨率，使得探测碳、氮、氧(其 Kα 线能量分别在 0.28、0.39 和 0.52keV 左右)等轻元素成为可能。由于碳、氮、氧是组成有机物的主要成分，同时也是影响恒星中氢聚变为氦的重要催化剂(即著名的碳氮氧循环)，该项技术将显著提升我国在深空生命探测和空间天文观测方面的能力。

ME 采用 864 片 Si-PIN 探测器,但是星上供电能力和高可靠性的要求不允许采用分立器件搭建 864 路读出电路。为此,ME 采用了专用集成电路(ASIC)芯片,可以同时读出几十路 Si-PIN 探测器的信号,大大降低了星上电子学的规模、系统功耗和温控难度,提高了可靠性。ASIC 技术的成功应用,为大型阵列式地面和空间 X 射线探测器的建造奠定了重要的技术基础。同时,通过 HXMT 等项目的实施,还在国内自行研制成功了 Si-PIN 探测器,其暗电流、能量分辨率等主要技术指标与国际先进产品相当。目前国内市场上广泛使用的元素成分 X 射线荧光分析仪使用的探测器即为 Si-PIN,但基本都是进口产品,ME 探测器和电子学技术的推广将可以实现该类 X 射线荧光分析仪的国产化。

1963 年 10 月起,美国空军发射了 Vela 系列卫星来监视美英苏禁止核试验条约的执行情况,Vela 从西班牙语词 Velar 而来,意为"放哨"。Vela 卫星主探测器具有与 HE 探测器相似的结构,也由准直器、NaI 闪烁晶体和光电倍增管组成,两颗 Vela 卫星在空中能完成对 X 射线暴发现象的粗略定位。其中,1967 年 7 月 2 号,Vela-4a,b 就探测到了来自于地球和太阳之外的宇宙伽马射线暴,这种爆发是迄今人类所知除宇宙大爆炸之外最高能量的爆发。空中较高能量的炸弹爆炸也会出现 X 射线闪,从而被闪烁晶体探测器卫星发现。因此,HXMT 所应用的探测技术能够用以监测来自人类的核试验和其他空中剧烈爆炸事件。

地球雷暴区的上空也可能出现 γ 射线暴发现象(TGF),辐射功率可达百万至千万瓦特,持续时间仅为百毫秒甚至几毫秒。TGF 的产生区极可能存在几十至百万伏的高电压、大量的高速电子流、空间电荷、强烈电磁干扰以及当放电结束时可能在放电柱下端存在的大气扰动(冲击波、真空)。当飞行器进入这些区域时很可能遭到破坏。随着我国空间活动的不断增加,空间飞行器的安全研究越来越重要,HE 的硬件技术及其对 TGF 的观测研究对我国空间飞行器的安全有着越来越高的价值。

参 考 文 献

[1] Li T P, Wu M. A Direct Method for Spectral and Image Restoration. Astronomical Data Analysis Software and Systems I, A.S.P. Conference Series, 1992, 25, Diana M. Worrall, Chris Biemesderfer, and Jeannette Barnes, eds., 229.

[2] Li T P. Direct demodulation method and its application to hard X-ray imaging. Experimental Astronomy, 1995, 6: 63.

[3] Li T P. Hard X-Ray Modulation Telescope. Proceedings of the 21st Century Chinese Astronomy Conference, held August 1—4, 1996. Edited by K. S. Cheng and K. L. Chan. Published by World Scientific Publishing Co. Pte. Ltd., P. O. Box 128, Farrer Road, Singapore 912805, ISBN 981-02-3226-8, 170.

[4] Lu F J, Zhang S, Wu B B, et al. The Hard X-ray Modulation Telescope (HXMT) Mission. In

Astrophysics with All-Sky X-Ray Observations, Proceedings of the RIKEN Symposium, held 10–12 June, 2008. RIKEN, and JAXA Suzuki Umetaro Hall, RIKEN Wako, Saitama, Japan., 368.

[5] Lu F J. The Hard X-ray Modulation Telescope (HXMT): Mission and Current Status. Association of Asia Pacific Physical Societies Bulletin, 2009, 19: 36.

撰稿人：卢方军
中国科学院高能物理研究所

单镜面大射电望远镜

Large Single-dish Radio Telescopes

自从 1932 年美国无线电工程师卡尔·央斯基(Karl Yansky)发现来自银河系的射电发射,射电天文学由此诞生以来,射电天文学家愈来愈意识到,射电天文学的发展需要具有**更高灵敏度**、**更高角分辨率和更优成像能力**的观测工具,一言以蔽之,需要建造威力更强的射电望远镜,即有大孔径波长比的射电望远镜,而单镜面大射电望远镜是其最基本的[1, 2]。

历史上,单镜面大抛物面射电望远镜的建造,曾遇到不可避免的技术困难,主要是随射电望远镜运动而**变化的风载、重力和不均匀的日照**都引起射电望远镜结构变形使之无法正常工作,巨型射电望远镜所要求的指向和跟踪精度也常难以达到。迎着这样的技术挑战,射电天文学家和结构工程师曾试图建造**别样的**射电望远镜,例如,美国在 Green Bank 建造过直径 91m 的**中星仪式**射电望远镜,仅其俯仰可调而大大减轻了结构方面的技术困难;在 Arecibo 建造了直径 305m 的**固定球面**射电望远镜(图 1);德国在波恩附近的 Effelsberg 建造了世界上唯一的直径 100m 的**保形设计**射电望远镜,即使该射电望远镜反射面在日照、风载和重力变化时仍然保持为一个抛物面,其焦点发生的相应变化,可通过适时调节焦点处馈源或二次反射面的位置得到补偿,使该望远镜可以工作到 7mm 波长(图 2);美国在 20 世纪 90 年代建造了孔径 110m×100m 的世界上第二个百米级射电望远镜 GBT(图 3),其主反射面的数千快**小面板**可以在**激光测控下调节**,从而可以工作到更短的波长(3mm);然而大型射电望远镜建造所涉及的结构、精密调控和昂贵造价等问题仍层出不穷。例如,91m 中星仪式射电望远镜因结构上一个菱形垫片出故障,于 1989 年 11 月在使用 26 年后突然倒塌;日本于 1982 年在野边山建造了号称有最大孔径波长比的 45 米的毫米波射电望远镜,原预期工作到 2.6mm 波长,实际上因为风载形变及跟踪精度不足,绝大部分时间竟然无法工作到毫米波段。

在世界范围内建造**别样的**射电望远镜的努力,还包括在美国、印度等地的抛物柱面望远镜,法国 Nancey 的带平面反射镜面的球带望远镜,俄罗斯北高加索地区的 RATAN-600,即号称孔径 600 米的可调抛物带状望远镜等[3]。这些射电望远镜要么是难以较长时间跟踪观测,要么是难以实现庞大机械结构和天线面板的精确控制,加之频率覆盖极其有限,或者成像观测困难而没能在射电天文发展中成为主流的、**多成果**的射电望远镜。

图 1　Arecibo 固定球面射电望远镜[4]。

图 2　德国 Effelsberg 100m 射电望远镜[4]。

图 3　美国 GBT 100m 射电望远镜[4]。

图 1 为建造在波多黎各一个喀斯特洼地上的固定球面射电望远镜,它避开了巨大的可动结构变形的难题,但是如图 1 所示中央的三角形钢结构及其周边的**超重的馈源悬挂和跟踪系统**(二百吨以上)和**有限的**可观测天空却极大地限制了该射电望远镜的推广和探测能力。这是球面射电望远镜固有的弱点,它只能将遥远射电源发出的电磁波汇集在一个线段上,而不是如抛物面那样的一个焦点上,初期曾不得不采用巨大的"线馈源"来收集射电源的辐射,线馈源固有的**准单频**性质,使其带宽和观测天区都受到严重限制,后来几经改造,又加装了二次和三次改正镜在图 1 中央钢梁悬臂上的半球形罩内,但改进后的观测天区也仅仅限于天顶距 22.5°以内。即使百米级的射电望远镜如图 2 和 3 所示,也存在着不同的隐患,可以工作到 7mm 波长的 Effelsberg 100m 射电望远镜,其可动结构重约 3500 吨,它尽管采用了 134 根直径 1.2 米,长度 6~17 米不等,直插到岩层的钢筋混凝土地桩和约 3.5m×3.4m 截面的环轨混凝土基座和 34cm×18cm 横截面、直径约 60 米的巨大方位轮轨。后者仍然曾多次在射电望远镜的重压下断裂,射电望远镜被迫停止工作,并不得不以昂贵的代价,请来原承包设计、制造该望远镜的德国重工业巨头 MAN 现场将射电望远镜整体抬升,更换轮轨;美国的 GBT 具有地球上最重的可动结构(7000 余吨),至今还不能以预期的精度工作到计划的最短波长,很难断言不存在难以预测的前景。在我国贵州省黔南大窝凼喀斯特洼地将要建造的 FAST 可动球面射电望远镜,具有超过 500m 的物理孔径和可将 300m 的照明孔径实时控制变形成抛物面的特点,初期可观测天区的目标是天顶距 30°以内,和 Arecibo 射电望远镜相比已经扩大了**可观测天区**大约一倍以上。进一步如得到**更多资金支持**和进行**更深入技术预研**,探讨新的技术方法,有望将可观测天区扩大到天顶距 40°~50°,**彻底改变**目前球面射电望远镜可**观测天区严重受到限制**的状况。

20 世纪 90 年代以来,随着新材料和新测量控制技术在射电望远镜设计建造中的应用,有可能采用质轻、温度系数低而刚度大的新材料,如碳纤维,来建造单镜面大射电望远镜[8];也有可能更普遍地采用全息测量[6]、孔径阵列技术[5,7]、激光测距等来及时测量和控制射电望远镜反射面的形变,或与时俱进地采用最新的微电子和数字技术,对射电望远镜的背架、面板及驱动进行多重温控及伺服控制[9],解决或部分解决前述建造单镜面大射电望远镜遇到的结构变形和破坏,以及大射电望远镜的指向和跟踪精度的难题。

实际上,在建造巨型单镜面射电望远镜不断遇到技术难题的时候,射电天文学家立足于迅速发展的电子、特别是微电子技术,创造性地"化大为小,化整为零",发展了技术日益成熟的射电干涉仪和综合孔径射电望远镜,包括角分辨率远远超过空间光学望远镜的 VLBI 网(甚长基线干涉网)来适应不同观测目的的需要[3]。即便这样,射电天文学家仍然期望配备单镜面大射电望远镜作为大射电望远镜系统(如将来的 SKA 和正在日益完善的不同规模的 VLBI 网)的骨干天线,并在多天线射电望远镜系统的观测中，对选定射电源高分辨率和更高灵敏度成像、校准，并提供零基线(或零空间频率)的重要信息，也即射电源周围一般都存在着的，较大尺度、微弱的弥漫结构的信息。

参 考 文 献

[1] Chrisiansen W N, Hoegbom J A. Radiotelescopes, 陈建生, 译. 射电望远镜. 北京: 科学出版社, 1977: 第一章, 6–12.
[2] 王绶琯, 吴盛殷, 等. 射电天文方法, 北京: 科学出版社, 1988: 56–78.
[3] Rohlfs K, Wilson T L. Tools of Radio Astronomy, 3rd ed. Berlin: Springer, 2000: Chap 6, 151–161.
[4] Condon J J, Ransom S M. Essential Radio Astronomy, http://www.cv.nrao.edu/course/astr534/RadioTelescopes, 09/23/2008.
[5] Vilnrotter V, Fort D, Iijima B. Multi-feed Systems for Radio Telescopes, Emerson D T, Payne J M eds. Provo: BookCrafters Inc., 1995: 61.
[6] Fisher J R, Bradley R F. Radio Telescopes, Butcher H R ed. Munich, 2000: 308–318.
[7] 吴盛殷, 甘恒谦, 张海燕. 天文学进展, 北京: 科学出版社, 2008: 203–213.
[8] Cheng J Q. Radio Telescopes, Butcher H R ed. Munich, 2000: 597–604.
[9] Kaercher H J. Baars J W M. Radio Telescopes, Butcher H R ed. Munich, 2000: 155–168.

撰稿人：吴盛殷
中国科学院国家天文台

射电望远镜数字终端

Digital Backends for Radio Telescope

1. 射电天文观测与数字信号处理

射电天文是在无线电波段对天体进行观测研究的科学。天体发射的无线电波往往非常微弱,对其观测需要口径巨大的望远镜和高灵敏度的接收机。射电天文观测的终端需要处理的通常是放大了的电压信号,通过对电压随时间、频率、空间方向等变化规律推测射电源性质、频谱、空间分布及其射电辐射机制等。

对于总流量观测,将观测得到的电压平方并取平均,即得到对应的功率值。对于谱线观测,通过对时变电压进行傅里叶变换,可得到各个频率的幅度和相位信息。对于辐射强度随时间迅速变化的射电源,如脉冲星、瞬变源等,需要对不同频率的分量进行相应的时间延迟改正,即对星际介质引起的色散效应进行改正[1]。

上述射电天文观测的几种主要的数据处理均可以通过模拟电路来实现,但往往电路系统复杂,体积大,维护不方便。如谱线观测需要几十至上百个独立的信号通路,调试及维护工作量大。当需要上千个频率通道时,利用模拟电路往往不易实现。

数字信号处理技术是利用一系列的离散的数字来代表模拟信号,并对此数字序列进行处理的一种信号处理技术[2]。奈奎斯特(Nyquist)定律表明,如果采样率高于模拟信号带宽的一倍以上,原则上可以将模拟信号无损地恢复出来。原模拟信号由经采样及量化后的数字序列来代表。数字信号具有易于存储,传输方便和处理灵活等特点。而且模拟信号一经数字化处理,只要确保后续的存储和传输等技术环节可靠,则后续处理基本不会导致信息的丢失,这是模拟系统难以比拟的。数字信号处理的技术已广泛应用于音频、图像和视频信息处理,雷达、声纳和通信等领域。

模拟数据经采样和量化的数字化处理后,得到一个数字序列。原则上可以在此数字序列上进行可以想象得到的任何方式的数据处理,如在频谱分析中得到接近矩形响应的滤波器。同时,数据经存储后,可以进行再处理,以避免处理中参数选择不当导致信息损失。

基于上述特点,数字信号处理在射电天文观测中已经得到了广泛应用,射电天文终端的数字化已经成为了一个趋势。然而,射电天文观测对数据的采样和量化等数字化环节有独特的要求,在数字后端的研制及建设过程中需要分析并满足这些需求。

2. 几个技术环节

模拟信号数字化需要采样和量化两个步骤。上述视频、声纳和通信等领域需要的信号往往带宽较窄,在几十千到几兆赫兹之间,雷达信号带宽往往超过一个京赫,但其数据处理方法相对固定。射电天文观测信号往往带宽在几百兆赫兹到几十京赫兹之间。其数字化具有带宽大,数据处理方法复杂的特点。并且由于信号的特征有时缺乏预知,这时数字化能多大程度地保留原始信息就成为一个课题。

采样时间点与理想等间隔采样时间的偏离会在信号上引入一定的误差。同样,量化过程本身就会引入一定的量化误差。这两类误差往往以噪声的形式叠加在信号上,是数字化过程中必然出现的误差。对于一个实际的应用,需要将这两类误差控制在能够接受的范围内。

对于语音、雷达和通信等用途的数字化的技术需求,已经做过很多探讨。射电天文观测到的信号的性质与随机噪声很接近,因此在数字化中通常参考一些比较成熟的技术方案,如量化水平对灵敏度的影响等[3]。不同的观测模式对采样和量化精度的要求各有不同。如脉冲星观测,尤其是毫秒脉冲星观测对采样精度的要求较高。并且脉冲星信号是强时变的,对量化水平的需求也比较高[4]。如果单天线加入甚长基线网,那么对采样时钟的稳定度要求较高,往往需要氢钟提供参考信号,但对量化精度要求较低。如果观测频带内有强干扰信号,那么可以采用较高的量化精度来提高动态范围,否则干扰信号会在频谱上污染有用信号。

射电连线干涉仪和甚长基线干涉仪目前都在向宽带方向发展。连线干涉仪也开始采用在各个单元对观测信号进行数字化的方案,如英国的 e-MERLIN 计划。这些都对干涉阵中各单元的数据采样、量化和时间同步及相关处理提出了新的需求。

随着数字电子技术的发展,射电天文数字信号的处理也历经了使用计算机、为射电天文特别设计的芯片、数字信号处理芯片 DSP 和通用计算机及基于现场可编程门阵列 FPGA 等硬件平台。

目前较多的研发工作集中在灵活性和可扩展性较好的通用计算机[5]和基于现场可编程门阵列的硬件平台上开展[6],以完成高速数据采集及处理,和数据在计算机集群节点间的分发(图 1)。

同时,数字设备产生的射频干扰需要很好的屏蔽处理,以免干扰高灵敏度的射电天文观测。

3. 小结

本文对射电望远镜数字后端做了一些讨论。目前尽管射电天文学家已对各观测模式的数字化需求进行了一系列探讨,但在理论上尚缺乏系统和全面的研究和总结。国内新一代大射电望远镜及接收机的建设,如 FAST 望远镜,上海 65 米射电望远镜,青海德令哈 13 米毫米波望远镜多波束接收机等,对数字终端提出了更高更细的技术要求。海量数据的高速存取也是射电天文数据终端的研究热点之一。同时，数字电子技术的快速发展也为新的数字终端和观测模式的实现提供了机遇。

图1 由澳大利亚墨尔本大学研制的基于计算机集群的脉冲星相干消色散后端 CPSR2(http://astronomy.swin.edu.au/pulsar/introduction.html)，带宽128MHz(左)。加州大学伯克利分校研制的FPGA板卡 ibob 和 iadc，用于数据高速采样和分发(右上)；Bee2板卡，曾用于SETI，观测带宽200MHz，通道数128M(http://casper.berkeley.edu/)。

参 考 文 献

[1] Hankins T H, Rickett B J. Pulsar signal processing[J]. In: Methods in computational physics. 1975, Volume 14-Radio astronomy, p. 55–129.

[2] Dag Stranneby, William Walker. Digital signal processing and applications, Linacre House: Elsevier, 2004.

[3] Richard Thompson A, James M Moran, George W. Swenson Jr. Interferometry and Synthesis in Radio Astronomy, New York: John Wiley & Sons, Inc. 2001.

[4] Janet F A, Anderson S B. The Effects of Digitization on Nonstationary Stochastic Signals with Applications to Pulsar Signal Baseband Recording[J]. Publications of the Astronomical Society of the Pacific, 1998, 110: 1467–1478.

[5] Bailes M. Precision Timing at the Parkes 64-m Radio Telescope[J]. Radio Pulsars, ASP Conference Proceedings, 2002, 302, 57.

[6] Aaron P, Don B, Chen C, et al. A New Approach to Radio Astronomy Signal Processing: Packet Switched, FPGA-based, Upgradeable, Modular Hardware and Reusable, Platform-Independent Signal Processing Libraries[J]. General Assembly of the International Union of Radio Science, 2005.

撰稿人：金乘进

中国科学院国家天文台

射电望远镜的射频干扰消除

RFI Mitigation for Radio Telescopes

天体的辐射覆盖了整个电磁频段。射电天文学是在射电频段"倾听"宇宙奥秘的基础科学。"观测"天体的射电望远镜由收集射电波的指向天线,放大射电信号的高灵敏度接收机,信息记录和处理系统等构成,以测量天体辐射强度、频谱及偏振等特征量。

来自宇宙天体的射电信号非常微弱,其谱功率流量密度在-300dBW/m^2 Hz 水平,比人类通信系统信号暗弱何止千万倍!由于射电望远镜极其灵敏,也就极易受到电磁干扰,需要电磁宁静的天文台址,同时需要抑制望远镜自身产生的电磁发射。

射电天文对望远镜高灵敏度的追求和新技术的不断发展,使在更宽频率上进行观测成为可能。对新发现深入研究,导致射电天文观测频段的新拓展。在建和计划中射电望远镜灵敏度将比目前的高约 100 倍。随着无线电广播、电视,移动电话、集群对讲等无线通信系统,雷达、无线电信标等使用人造发射源的主动业务发展,各种发射产生对射电天文的干扰占用越来越多的频段,而且干扰电平越来越大。对射电天文被动业务的频率保护,成为天文学家和无线电管理机构共同关心的重大问题。发展消除射频干扰技术成为射电天文观测的难题,借此提高射电望远镜免疫能力。

1. 射频干扰来源

射电望远镜是具备自动控制和搜集信号的无线电设备,需要大量使用各种可能导致射频信号辐射及对射频干扰敏感的器件。射电望远镜的射频干扰来自内部和外部,有从天线主瓣、旁瓣进入的,有工作频带内、带外的谐波组合干扰。望远镜自身的电源、电子开关、电机、光端机、计算机、电路板、变频器、驱伺电路,以及射频接收机具有的射频放大器、调制解调单元、上下变频单元等器件,它们通过电缆、信号传输线、电源线、机壳等向外辐射或传导,是来自内部的干扰。外来的如各种主动业务的无线电发射、汽车等也会产生大量射频干扰。望远镜信号接收部分,包括望远镜使用的各种传感器、通信线路、遥控指令等都可能遭受干扰。

射频干扰有如下特征:不断拓展频率,占用更宽带宽,辐射区覆盖向智能化发展,一些无需批准就可使用的无线电发射设备,来自移动和固定平台设备,发射时间稳定、非稳定的,来自直射、散射和多径的发射等。射电望远镜对它们产生的辐射非常敏感,需设立天文台台址电波环境保护区,使射电望远镜运行在整体电磁宁静的环境。

2. 射频干扰消除技术

对于欲观测的信号，可以根据电磁环境监测得到的数据，选择在没有干扰的频段和时间段观测；使用技术和策略阻止不想要信号进入；如果阻止失败，判别出干扰信号，用各种技术方法处理甚至删除这些信号，使被污染的数据对整体观测质量影响降至最低。

设立射电宁静区可以阻止地面射频干扰，但对地球低轨道卫星干扰无效。国际电联ITU《无线电规则》明确：在特定条件下，允许不符合频率划分表的射电天文台站运行，如站址电磁环境好的射电望远镜可以在不被保护的频段进行观测。若在不被保护的频率上开展射电观测时被干扰，只能设法消除射频干扰。

由于大量的机电设备、计算机、办公设备、便携式电子设备、车辆等都产生大量射频干扰，阻止射电望远镜及天文台设备自生干扰变得越来越难。

对于射电望远镜接收到的信号，使用来自监测数据库(或测试设备测到的)，在望远镜组成部分中选择合适的位置应用射频干扰消除策略和算法(图1)。对于一个典型的射电望远镜，可以在天线和接收机等模拟部分使用滤波器等技术消除射频干扰；在模数转化等数字电路部分，适当加大采样比特率等技术处理；在相关处理、数据处理和校准部分，可以直接删除窄带干扰数据和给数据不同权重的办法消除干扰带来的影响。消除射频干扰可以在各个数据采集、处理等环节上进行，当然也可以在多个环节上同时进行。从天线到相关处理这些部分需要实时处理，在数据处理和校准部分并不需要。

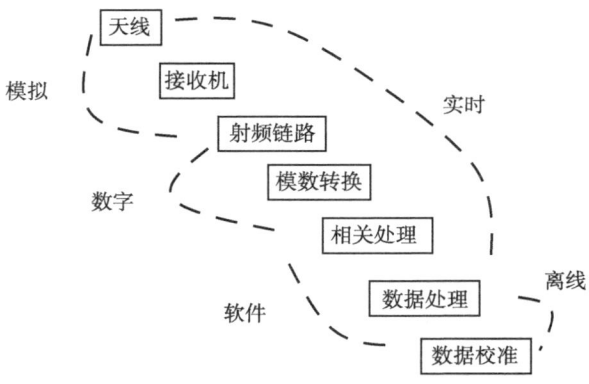

图1 射电望远镜各部分射频干扰消除示意图[1]。

在接收机上可采取的技术措施有：线性很好的滤波器可阻止各种各样的射频干扰；为保证系统灵敏度需要常温下的超导滤波器；以及使用更高比特率的采样。

对于修复被干扰毁坏的数据，可以在时域、频域、空域方面进行射频干扰的消除或降低。

在天线接收端消除射频干扰可使用参考天线制作的自适应干扰消除器。图 2 是使用参考天线制作的自适应干扰消除器原理框图。射电望远镜不仅接收欲观测天体的微弱信号 s(n)，也接收到射频干扰较强信号，由于射电望远镜和参考天线参数不一样，将射电望远镜接收的干扰信号记为 $i_p(n)$。增益不高的天线作为参考天线，仅接收干扰信号。参考天线接收到的干扰信号 $i_R(n)$ 通过自适应滤波器后，和射电望远镜接收到信号合成。通过自适应算法计算并且调整自适应滤波器各参数，使 $i_p(n)$ 和 $i_R(n)$ 尽量接近，最终将干扰信号尽量消除。最终的系统输出为 s(n) + $i_p(n)$ − $i_R(n)$ ≈ s(n) [2]。

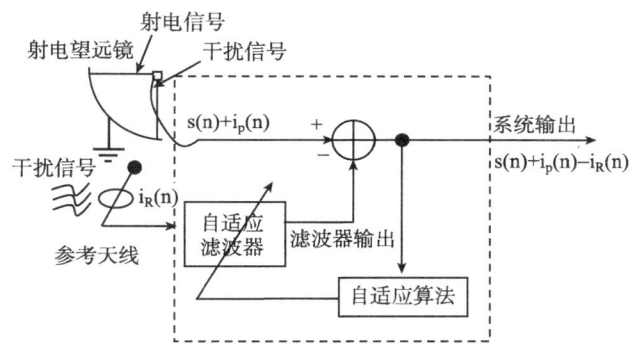

图 2　使用参考天线的自适应干扰消除器。

可使用波束形成技术在干扰方向形成零点，以抵消干扰。天线阵或天线上焦平面阵收到信号后，通过由处理器和权值调整算法组成的反馈控制，分析判断信号及干扰到达方位角度。以该信号为激励信号，调整天线阵列或焦平面阵单元辐射方向图、频率响应及其他参数。利用波束合成和指向，产生多个独立波束，自适应地调整其方向图，跟踪信号变化，对干扰方向调零，以减弱甚至抵消干扰。

3. 消除射频干扰的风险

射频干扰消除是有风险的技术。不论采取任何方法，都要对原始数据干预和处理。都有"将洗澡水和婴儿一起倒掉"的风险，射频干扰消除有可能将有价值的信号一起消除了，并生成一些新的假象；也降低望远镜对宇宙射电信号的灵敏度，减少望远镜动态范围，最终会降低科学发现机遇。

4. 前景

射电望远镜受到日益严重的主动业务射频干扰。天文学家们和无线电管理机构已加大了射频干扰消除方面工作。国际电联已建立关于射电宁静区研究课题。随着信号处理技术和理论的发展，摩尔法则所预言的数据处理更快更强。DSP(数字信号处理芯片)通常应用于实时信号处理中,具有可程控、可预见、精度高、稳定性和可靠性好,易于实现自适应算法、大规模集成等优点。目前已有 1GHz 时钟 DSP 和具有 6 个 300MHz 时钟核心的多核 DSP。FPGA(现场可编程门阵列)作为专用集成电路(ASIC)领域中的一种半定制电路出现的,既解决了定制电路的不足,又克服了原有可编程器件门电路数有限的缺点。FPGA 更多地用在数字系统中,实现胶合逻辑和外设或总线接口。在高性能实时应用中,越来越多地替代传统的 ASIC 等,用作 DSP 的预处理器或协处理器,以提升系统的数字信号处理能力。目前推出的 Virtex-5 系列采用 65nm 工艺,可提供高达 33 万个逻辑单元、1200 个 I/O 和丰富的低功耗硬 IP 块。

这些新技术的使用将使射电望远镜在干扰消除等技术上得到速度更快、效果更好的手段,会使射电望远镜对射频干扰的免疫力越来越强。

参 考 文 献

[1] Millenaar R P. RFI Mitigation for Radio Astronomy, ASTRON/CRAF, lecture.
[2] Baan W A, Fridman P A, Millenaar R P. RADIO Frequency Interference Mitigation at the Westerbork Synthesis Radio Telescope, The Astronomical Journal, 2004, 128: 933–949.

撰稿人:李建斌 彭 勃

中国科学院国家天文台

太赫兹超导探测技术

THz Superconducting Detection Technologies

太赫兹(THz)波段一般定义为 0.1~10THz 的频率区间($1THz = 1 \times 10^{12} Hz$),对应的波长范围为 3mm 至 30μm,覆盖短毫米波至亚毫米波(远红外)频段。太赫兹波段位于无线电和光学频段之间,因此其相关技术涵盖电子学(electronics)和光电子学(photonics)两个领域。与微波和光学频段电磁波的性质不同,太赫兹辐射与物质的相互作用主要是和分子转动有关。实际上,这种分子转动相互作用起始于微波频段,但其强度随频率以约三次方增长,在几百 GHz(10^9Hz)和几个 THz 的频率区间(即太赫兹波段)达到峰值,然后以指数衰减[1]。由于大气中存在氧和水分子,使得太赫兹波在大气中传播的损耗很显著。人们早已认识到太赫兹波段在天文学、物理学、材料科学、生命科学、信息技术等领域有非常重要的科学价值和丰富的应用前景。但长期以来,由于太赫兹信号产生和探测技术的严重缺乏(大气衰减又对它们提出了更高的要求),导致该波段至今还是一个有待全面研究和开发应用的电磁波段(THz gap)。

在天文学领域,太赫兹波段占有宇宙微波背景辐射以后宇宙空间近一半的光子能量。它即是研究宇宙中冷暗物质(通常在天体形成阶段,10K 黑体辐射峰值对应约 1THz)的重要波段,也是观测早期遥远天体的重要波段(由于遥远的天体有较大的多普勒频移,红外波段的辐射会以 THz 的形式出现;以及星际尘埃被加热产生太赫兹辐射)。同时,由于星际介质遮挡较弱,它也是研究尘埃云和分子云内部(深处)星际介质和恒星物理状态的重要波段[2]。与光学的中、近红外波段相比,它具有穿透星际尘埃的能力;与微波毫米波段相比,则具有更高空间分辨率。因此,太赫兹波段的天文观测研究在天体物理及宇宙学研究中具有不可替代的作用。实际上,从 20 世纪 90 年代末以来,国际上太赫兹频段的一系列重要发现已冲击了天体物理各个层次的研究,如利用宇宙背景辐射场分布精确测量宇宙学参数[3]和 SCUBA(Submillimetre Common-User Bolometer Array 亚毫米波段通用热辐射探测器阵列)星系的发现[4](这些最原始的星系在哈勃空间望远镜深场内竟没有光学对应体)等一系列重大科学突破。因此,太赫兹天文学研究对于理解宇宙状态和演化(早期宇宙演化、恒星和星系形成、行星及行星系统形成等)具有非常重要的意义,成为现代天体物理的前沿研究领域之一。

与其他波段的观测研究类似,太赫兹波段天文观测研究极大地依赖于探测器技术。探测器一般分成相干和非相干两类,前者可同时检测信号幅度和相位(主要用于分子谱线等高频率分辨率观测),后者仅检测信号幅度(一般用于尘埃连续谱等低频率分辨率的光谱观测)。与半导体探测器相比,太赫兹超导探测器除了有超高灵敏度的优点外,还有平面工艺制备、易发展多像元阵、本振信号功率需求低、高动态范围和更快响应时间等优点。目前,太赫兹超导相干探测器主要有超导隧道结(superconductor-insulator-superconductor, SIS)混频器[5]和超导热电子(hot-electron bolometer, HEB)混频器[6]两种,前者主要应用于1THz以下频段,后者多用于1THz以上频段。太赫兹超导非相干探测器主要有三种:超导隧道结探测器(superconducting tunnel junction, STJ)[7]、超导电感探测器(kinetic inductance detector, KID)[8]和超导相变边缘结探测器(transition edge sensor, TES)[9]。超导STJ和KID探测器基于高能光子激发准粒子的光电效应,属于非平衡态响应,而超导TES探测器基于高能光子加热超导薄膜的热效应,属于近平衡态响应。

近年来,基于低温超导器件的太赫兹探测技术得到飞速发展,在天体物理和宇宙学观测研究中正发挥越来越重要的作用。但是,太赫兹超导探测器在以下三个主要方面仍有待突破:灵敏度、大规模阵列(像元数)、频率上限。在太赫兹超导相干探测器方面,探测灵敏度距离量子极限(海森堡不确定性原理决定的最小噪声,每100GHz约为2.4K)仍有较大改善空间,特别是在太赫兹的高频段(参见图1)。另外,探测器阵列像元数仍未突破100。除了相干探测技术本身复杂性导致的困难,高稳定度太赫兹信号源的有限频率范围和功率水平都是重要制约因素。另外,超导SIS混频器的频率上限的提高有赖于高能隙(即高临界温度)超导隧道结技术的发展[10]。这种技术在材料和制备工艺两方面都面临重要挑战。超导HEB混频器在瞬时带宽及稳定性方面仍需突破。在太赫兹超导非相干探测器方面,尽管灵敏度在物理上并无限制,但实际探测器的灵敏度仍未在太赫兹全频段实现背景噪声极限(background limited performance, BGLP,参见图2)。另外,探测器阵列像元数仍在1K左右。要发展更大规模阵列探测器阵,适合超低温环境下工作的读出复用技术将是重要挑战。

太赫兹超导探测器中亟待研究的关键问题及技术包括:太赫兹波在介观尺度(即载流子相干长度与器件物理尺寸可比,具有量子效应)及非局部(non-local)环境结构和强非线性超导器件中的输运特性;超导探测器件基本物理机制,包括电子-电子和电子-声子间作用及弛豫过程、非平衡态过程、暗流及附加噪声产生机制、超导态-正常态界面特性、超导薄膜(及势垒)特性对探测器特性影响等;高质量超导器件制备技术,满足如更小面积、更高临界电流密度、更高能隙电压、更低暗电流等要求;大规模阵列探测器集成技术,包括光学系统微加工、多路读出复用、类CCD阵列、前后端之间三维封装结构、后端系统小型化以及制冷及热耗散等。随着上述关键问题和技术的解决,太赫兹超导探测器技术将实现新的飞跃,并得到更广泛的应用。

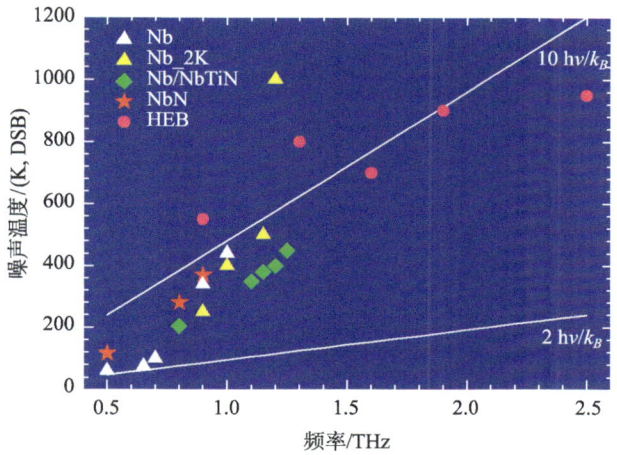

图 1 太赫兹超导相干探测器实测灵敏度总结及量子极限噪声。

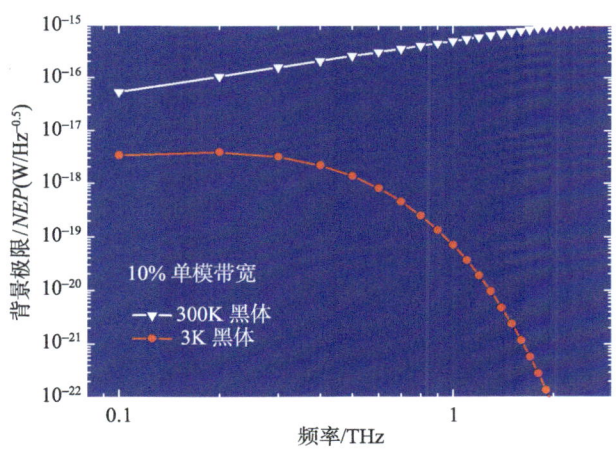

图 2 太赫兹频段地面及空间背景极限灵敏度计算结果。

参 考 文 献

[1] Lucia F C De. Science and technology in the submillimeter region. Optics & Photonic News, 2003, 8: 44–50.

[2] Zmuidzinas J, Richards P L. Superconducting detectors and mixers for millimeter and submillimeter astrophysics. Proc. IEEE, 2004, 92: 1597–1616.

[3] Spergel D N, et al. First uear Wilkinson Microwave Anisotropy Probe (WMAP) observations: determination of cosmological parameters. ApJS, 2003, 148: 175–194.

[4] Hughes D H, et al. High-redshift star formation in the Hubble deep field revealed by a submillimetre-wavelength survey. Nature, 1998, 394: 141.

[5] Tucker J R, Feldman M J. Quantum detection at millimeter wavelengths. Rev Mod Phys, 1985, 57: 1055–1113.

[6] Gershenzon E M, et al. Millimeter and submillimeter range mixer based on electronic heating of superconducting films in the resistive state. Sov Phys Supercond, 1990, 3: 1582–1597.

[7] Peacock A, et al. Single optical photon detection with a superconducting tunnel junction. Nature, 1996, 381: 135–136.

[8] Day P K, et al. A broadband superconducting detector suitable for use in large arrays. Nature, 2003, 425: 817–819.

[9] Irwin K D, et al. A self-biasing cryogenic particle detector utilizing electrothermal feedback and a SQUID readout. IEEE Trans Appl Supercond 1995, 5: 2690.

[10] Li J, et al. Low-Noise 0.5 THz all-NbN superconductor-insulator-superconductor mixer for submillimeter wave astronomy. Appl Phys Lett, 2008, 92: 222504.

撰稿人：史生才　单文磊　姚骑均
中国科学院紫金山天文台

30 米级太赫兹望远镜

The 30 m Class Terahertz Telescopes

1. 引言

天文学观测已经进入了全波段电磁波的时代。太赫兹(THz，1 THz = 10^{12} Hz)波，介于微波毫米波和红外线波段之间，频率为 0.3~10 THz (波长 1 mm 至 30 μm)。这个波段包含了来自宇宙非常丰富的信息，对我们研究星系中的冷气体(进而研究恒星和行星形成)以及探测最早期、最远的星系等方面具有非常重要的意义。然而因为技术条件和观测环境条件的双重限制，迄今为止，在这个波段所进行的天文探索相对甚少，也因此常被称为天文观测中最后一个尚未充分开发的波段。

太赫兹射电望远镜是进行太赫兹波段天文观测的基本设备。衡量望远镜性能的几个重要指标包括灵敏度、分辨率、成像速度等。天线口径越大，则可以收集越多的电磁波能量，意味着可以"看到"更远、更微弱的天体。口径越大、工作频率越高，则反映分辨率指标的天线波束宽度越窄，意味着可以"看"得更清晰。成像速度与望远镜的探测器有关，但主要取决于视场。相比分辨率更高的干涉设备(由两个以上望远镜构成)，单天线望远镜在实现大视场和高的成像速度方面有不可替代的明显优势。大接收面积天线对在同一个设备上获得高的灵敏度、分辨率以及高的成像速度等指标都非常必要，因而一直是人们追求的目标。

自 20 世纪 80 年代末以来，一些可工作到太赫兹低频段的 10m 级望远镜陆续投入使用，例如，CSO (Caltech Submillimeter Observatory) 10.4m、JCMT (James Clerk Maxwell Telescope) 15m、APEX (Atacama Pathfinder EXperiment) 12m[1]、South Pole Telescope (SPT) 10m 等望远镜[2]，以及建设中的 ALMA (Atacama Large Millimeter/submillimeter Array) 大型干涉阵(主要由五十多架 12m 天线组成)等地面设备。在空间，口径最大的 Herschel 3.5m 空间望远镜也已于 2009 年 5 月发射升空。与毫米波望远镜达到 100 米口径的状况相比，到目前为止，地基太赫兹望远镜口径还没有超过 15m，工作频率也只到 1.5 THz[3]。主要的难题是如何突破大口径精密天线的科学工程极限。30m 级太赫兹望远镜将有比现有的太赫兹望远镜至少翻两番的集光面积和接收灵敏度，也是目前技术发展条件下在不久的将来可能实现的目标。

2. 30m 级太赫兹望远镜天线的难点

天线的功能是定向收集电磁波能量，并有效地汇聚到探测器。图 1 是一种典型的 10m 级太赫兹望远镜天线实物照片。衡量望远镜性能的主要指标还有天线效率和指向精度等。为了高效率地汇聚电磁波，一般要求天线反射面偏离其理想面形的均方根(RMS)误差小于工作波长的 1/20；工作频率越高，对反射面精度要求也越高。天线在运行过程中，由于俯仰姿态和日照方向的不断变化，将经受变化的重力变形和热变形，使反射面和指向精度恶化；天线口径越大，这种变形也越大。

图 1　工作频率可达 1THz 的 ALMA 12m 天线，图片来自 NRAO Image Gallery。

(1) 材料和工艺方法

研究表明，运行中导致反射面精度恶化的主要因素是背架的重力及热变形，其次是反射面板本身的变形。使用重量轻、热胀系数小、强度高的材料制造天线背架和反射面是减小天线变形的有效途径。早期的射电望远镜一般都采用钢或铝质结构背架和铝反射面。碳纤维加强塑料(CFRP)的发明为建造大口径太赫兹天线创造了条件，目前的太赫兹望远镜普遍采用 CFRP 结构背架。天线的主反射镜一般都由许多 1~2m 尺度的单块面板拼接而成，单块面板由反射面和支撑骨架组成。射电望远镜的反射面一般采用铝、镍等金属，或采用 CFRP+铝反射膜制造，这些材料不易进行研磨，因而面型精度主要靠电铸或其他工艺一次成型保证。采用上述制造方法，目前单块面板的最好面形精度可达 7μm 左右，主反射镜整体精度达 15μm 左右。Herschel 空间望远镜的主反射镜采用易于研磨的碳化硅(SiC)材料制造，实现了优于 6μm 的整体精度，但制造成本很高。单块面板结构有多种形式，例如，薄铝板+铝蜂窝(JCMT，CSO)、CFRP 薄板+铝蜂 T、电铸镍薄板+铝蜂窝(ALMA 欧洲天线)三明治结构等。

我们期待性能更好的新材料以及面板制造新工艺和新方法，来建造口径更大、性能更好、制造成本相对较低的太赫兹望远镜天线。

(2) 自适应面形控制

对 30m 级太赫兹望远镜来说，即使采用 CFRP 制造天线背架甚至面板，仍然无法保证天线在运行过程中的面形精度。自适应面形控制技术，由面形实时测量单元检测面形变化，控制器通过促动器实时地调整每一块面板，修正因重力及热变形引起的反射面误差，是提高面形精度的最有效方法。部分大口径毫米波望远镜(如美国绿岸望远镜 GBT 100m、即将建成的大型毫米波望远镜 LMT 50m 等)、太赫兹望远镜(如 JCMT 15m、CSO 10.4m)以及大型拼接镜面光学望远镜(如美国的 Keck 和中国的 LAMOST 望远镜等)已经应用了主动面形控制甚至自适应面形控制。

目前,射电望远镜面形主动控制基本还停留在依据天线有限元仿真模型预计不同工况下反射面面形误差，并进行修正的开环主动控制阶段。主要原因是尚未实现反射面的高精度实时测量。一方面，射电望远镜天线使用的传统测量方法，如全息测量法、照相测量法、激光测量法等，难以实现在线实时测量，或测量精度仍未能达到要求；另一方面，光学反射面常用测量方法，如 Shack-Hartmann 法，在射电望远镜上难以实现。实时在线面形测量是自适应面形控制的难点。

(3) 指向精度

当天线口径变大、工作频率提高以后，天线的指向精度成为另一个必须克服的难题。对一个工作在 1.5 THz 频段的 30m 太赫兹望远镜来说，其波束宽度仅有 1.7 角秒。因此，这种望远镜的指向精度要求必须达到 0.3 角秒左右，与光学望远镜无异，况且太赫兹望远镜在白天也要工作，温度变形影响更为突出。这样高的指向精度对天线因重力变形、热变形和风压变形引起的指向偏差修正、大转动惯量精确控制等提出了一系列挑战。

另外，太赫兹望远镜在超高灵敏度、大规模像素集成的非相干接收机和超高灵敏度、超宽带、大规模波束的相干接收机等方面也有一系列难题亟待解决。

3. 前景

我们知道，地球大气对来自宇宙的太赫兹波有很强的衰减作用，因而太赫兹天文观测必须在高海拔、干燥寒冷的地面台址或在大气层外的太空中进行。随着智利 Atacama 高原、南极(尤其是冰穹 A)等优秀观测台址的发现和利用，在地面进行太赫兹全频段观测的条件已逐渐成熟。

美国、欧洲都开始进行了 30m 级太赫兹望远镜的预研究。加州理工大学、芝加哥大学等单位联合提出了 25m 太赫兹望远镜 CCAT 计划[4]，并开展了前期预研究。这些预研究显示，借鉴光学望远镜的拼接镜面边缘检测技术及 Shack-Hartmann

面形测量技术、闭环主动面形控制、工作频率可达 1.5THz 的 30m 级太赫兹望远镜在不久的未来将会成为现实。我们应该看到，这些预研究还只是 30m 级太赫兹望远镜的开始，望远镜工作频率还将向太赫兹高频段推进，也会向更大口径发展。

参 考 文 献

[1] R. Güsten L Å, Nyman P, Schilke, et al. The atacama pathfinder experiment (APEX); a new submillimeter facility for southern skies [J], Astronomy & Astrophysics, 2006, 454 (2): L13–L16.
[2] Gordon J Stacey. New ground based facilities for THz astronomy. Proc. 19th International Symposium on Space Terahertz Technology, 2008, 33–41.
[3] Risacher C, Meledin D, Belitsky V. First 1.3 THz observations at the APEX telescope. Proc. 20th International Symposium on Space Terahertz Technology, 2009, 54–61.
[4] Giovanelli R, Carpenter J, Radford S, et al, "CCAT", 2009, Astro2010 White Paper, www.submm.org/info.html.

撰稿人：左营喜　杨　戟
中国科学院紫金山天文台

地基亚毫米波天文观测的困难

The Difficulty in Submillimeter Ground-based Astronomical Observations

我们的宇宙正沐浴在大爆炸后早期高温宇宙的残余辐射中,而亚毫米波及毫米波光子携带了宇宙中大多数辐射能量。银河系中 40%的光子辐射也是在亚毫米波和毫米波段的。因此,对亚毫米波段宇宙背景辐射频谱和空间分布特性的精密测量,是当代宇宙学的重大实测课题之一。以此为最重要科学目标的 PLANCK 天文卫星已于 2009 年 5 月 14 日发射上天,它观测的主要频段就是亚毫米波。另一方面,冷而密的星际气体和尘埃的热辐射谱的峰值及其辐射能量,往往也集中在亚毫米波段,在这些波段上的观测将为研究恒星的形成与演化提供十分重要的信息,与 Planck 天文卫星一箭双星同时升空的 Herschel 天文卫星即是工作在亚毫米波/远红外波段以恒星形成等研究为科学目标的,因此亚毫米波段对于探测宇宙是极为关键且极为重要的。但至今为止,世界上地基亚毫米波望远镜相比于光学、红外及射电望远镜却极为稀少,地基亚毫米波天文台更是屈指可数,这是为什么呢?

在回答这一问题前,先简单介绍亚毫米波及其在天文学中的应用发展。按电磁波波段区分,亚毫米波段(波长约为 0.35~1mm,即 300 GHz 至 1THz)是介于光学红外与射电之间的一个波段。光学波段的天文观测自从 1609 年伽利略发明光学天文望远镜算起历史最为悠久。而 20 世纪 50 年代才开始建造了小型的毫米波望远镜,20 世纪 60 年代后期,从毫米波向短波方向和从红外波段向长波方向的技术发展方使天文观测进入了亚毫米波段。

而在天文研究上,继 20 世纪 60 年代发现星际羟基(OH)、水(H_2O)、氨(NH_3)和甲醛(CH_2O)分子后,分子天文学的发展突飞猛进。理论计算表明分子量小于 40 的较轻分子的低 J 值(J 是与能级有关的转动量子数)的纯转动跃迁和较重分子高 J 值的跃迁主要落在亚毫米波/毫米波段。在星际间的激发条件下,有许多星际分子转动跃迁的一系列谱线的强度峰值也落在亚毫米波段上。直到 1977 年天文学家才在猎户座 KL 源核中观测到一氧化碳(CO)分子的 J 为 3→2(即从 $J = 3$ 跃迁到 $J = 2$)波长为 0.87 毫米的谱线[1],这标志着天文学开始进入亚毫米波研究领域。

亚毫米波天文观测的成果只是在 20 世纪 90 年代以来才逐渐增多的,但相比较其他波段的科研成果,其数量上还是很少的。究其原因,亚毫米波望远镜及天文台很少是重要的因素之一。因为亚毫米波望远镜及其接收设备研制技术难度极大,以前的研制技术水平远未达到所要求的水准。其次是世界范围内能达到亚毫米波观测条件的台址十分稀少。

首先谈谈亚毫米波望远镜本身的技术特点。亚毫米波望远镜由于工作波长远小于其他射电望远镜工作波长，因此所要求的反射面精度就很高。亚毫米波望远镜天线绝大多数是单个抛物反射面类型(图1)，反射面偏离最佳吻合抛物面的公差(均方根值 σ)与天线最短工作波长可以取为 $\lambda_{min} \approx 20\ \sigma$，所以要观测亚毫米波段，一般面板精度在 $10\sim20\mu m$。对于拼接面板而言，还要通过较复杂的全息测量方法检测其面形精度，即通过测量复数平面内天线辐射的振幅和相位来求出天线口径场的振幅和相位分布，从而了解天线表面面形偏离抛物面的情况，直到调整达到观测亚毫米波所需的面板精度。亚毫米波望远镜面板的精调是一项难度较大的工作。

图1　左图：KOSMA 亚毫米波望远镜的主镜面及副镜；
右图：KOSMA 亚毫米波望远镜背架及安装在奈氏焦点上的接收机系统。

亚毫米波望远镜还有许多不同于其他射电望远镜的、技术要求很高的特殊结构，包括稳定的不受温度影响的背架结构、稳定的指向和跟踪性能、口径较小易于实现波束摆动的副反射面等[2]。由于这些特殊结构，使得亚毫米波望远镜的设计和制造要求远高于其他射电望远镜。目前全世界只有 VERTEX 和 Mitsubishi 等少数几家公司能够制造高质量的亚毫米波天线面板。这是亚毫米波望远镜及天文台稀少的原因之一。

其次，亚毫米波望远镜的接收机等器件的研制也是高难度的工作。射电望远镜的接收机是测量天体谱能量密度的仪器。为了接收极其微弱而又复杂多变的天体亚毫米波辐射信号，灵敏度极高的接收机系统是必要的设备(图1)。任何测量设备都有它灵敏度的极限，灵敏度极限依赖于接收机参数。由于任何接收机都发射热噪声，所以当没有任何输入信号源与接收机相连时，仍然能观测到输出信号。接收机内部的热噪声伴着外部信号而被放大，并且无法与外部信号区分开来。所以理想的接收机应是不产生任何内部噪声的，它可以通过同时连接外来噪声源和虚拟的模拟接收机噪声的源来实现[3]。目前在亚毫米波频段，超导外差接收机(SIS heterodyne receiver)是目前主流接收设备。超导 SIS 混频技术是新兴的低噪声检测技术。其卓越的低噪声性能已使其成为亚毫米波频段灵敏度最高的谱线接收设备，为了降低噪声，SIS 混频器通常要被制冷到 3~5 K 温度[4]。目前国际上能够做出高质量的亚毫米波天文接收机的实验室并不多，这是亚毫米波望远镜及天文台稀少的原因之二。

此外，地基亚毫米波天文台台址比一般射电天文台有更严格的要求。地球大气特别是氧和水汽等分子吸收对亚毫米波天文观测是有很大影响的，地面亚毫米波天文观测是在波长约为 0.86、0.74、0.65、0.45、0.36mm 的地球大气窗口中进行的。氧气含量在同一地区近似不随时间改变，而窗口的透明度或吸收随地球对流层水汽含量而异，一般具有线性关系。水汽含量随空间和时间的起伏，会使大气产生折射、吸收和辐射的起伏，从而使亚毫米波望远镜的观测受到影响。水汽含量增大不仅吸收电波，还会产生噪声辐射，大气吸收和噪声辐射是随频率增大而增加的，这会使亚毫米波望远镜观测的信噪比明显下降[5]。这也是为什么本文开头提到的 Planck 和 Herschel 望远镜要发射上天的原因之一。当然，亚毫米波天文卫星的造价及运行费是极为昂贵的，而且寿命也很短，相比较而言，地基亚毫米波天文台由于造价相对较低并且运行寿命更长，当今还仍然是更实惠的选择。

在地基亚毫米波台址选择时，大气可沉降水(PWV)是标定一个台址是否适于亚毫米波观测的重要指标。PWV 定义为单位区域内从地面到大气顶端的一个垂直柱体内的水汽都凝结成水而沉降到地面上的高度，单位以毫米表示。亚毫米波天文台主要要求台址上空大气中水汽含量小而稳定，一般认为大气中水汽含量经常在 1 毫米以下是亚毫米波天文台的必要条件。因为大气中水汽密度随高度按指数律递减，所以亚毫米波天文台一般应设在海拔 4 000 米以上。在世界上，海拔又高、每年低水汽和低云量的天数又多的台址非常少，这是地基亚毫米波望远镜及天文台稀少的原因之三。

纵观全世界至今公认的好的地基亚毫米波天文台址只有三处，美国夏威夷 Mauna Kea 山、北智利的 Atacama 高原(图2)以及南极。绝大部分亚毫米波望远镜也分布在这几个台址上。中国青藏高原也可能有潜在的优良的亚毫米波天文台址。作为第一步，中国与德国合作将在 2010 年把目前位于瑞士阿尔卑斯山海拔 3200m Gornergrat 的 KOSMA 亚毫米波望远镜改造并拆移至中国西藏海拔 4300m 的羊八井，这将是中国第一架可用于常规天文观测的亚毫米波望远镜，也将是目前北半球台址海拔最高的亚毫米波望远镜。

图 2　上图：世界上最好的亚毫米波天文台址之一：北智利的 Atacama 高原（海拔 5000 米）；下图：未来建在 Atacama 的 ALMA 亚毫米波天线阵示意图。
(以上两图片来源于 ALMA website)

中国天文学家也将目光瞄准了南极的最高点 Dome A，台址水汽的初步测量结果显示 Dome A 是一个极好的亚毫米波天文台址，不久的将来，中国天文学家也很可能在南极 Dome A 建设新一代的 Terahertz 望远镜。

参 考 文 献

[1] Phillips T G, Huggins P J, Neugebauer G, Werner M W. Detection of submillimeter (870μm) CO emission from the Orion molecular cloud[J]. Astrophysical Journal, 1977, 217: L161–L164.
[2] 程景全. 天文望远镜原理和设计[M]. 北京：中国科学技术出版社, 2003.
[3] Rohlfs K, Wilson T L. Tools of Radio Astronomy[M]. Berlin Heidelberg New York: Springer–Verlag, 2000.
[4] Rothermel H, Gundlach K H. A quasioptical SIS receiver for submillimeter radioastronomy[J].

Electrical Engineering,1993, 77 (1): 61-64.

[5] Fazio G G ed. Infrared and Submillimeter Astronomy[M]. Dordrecht,Holland: D.Reidel Publ. Co., 1977.

撰稿人：王俊杰
中国科学院国家天文台

批量大口径离轴非球面镜面磨制

The Mass Production of Large Off-axial Aspheric Optical Mirrors

批量大口径离轴非球面镜面磨制问题是为适应大口径天文望远镜特别是 30m 及以上极大口径光学/红外波段天文望远镜研制需要而提出来的。

天文望远镜问世后，一直以透射和反射形式相互并存发展。400 年来，在口径大型化的历程上，结构形式经受过多种因素限制，其中最主要的是镜子材料的尺寸做不大。如透射式望远镜至今只能做到 1m 多，而反射式望远镜中单块镜面最大口径也受限于 8m。20 世纪末，10m 口径的反射式拼接镜面进入研制应用阶段，镜面拼接方法解决了望远镜口径做大所面临的一系列问题，包括：镜面材料浇注尺寸限制、镜面热变形、镜面自重变形、镜面反射膜镀制设备、镜面运输环节等，从而为天文光学/红外望远镜的口径进一步增大到 30m 以上，甚至 100m 提供了可能。为了适应天文学快速发展的需求，世界各国和地区随即提出了 30~100m 望远镜计划，进入 21 世纪后，美国和欧洲相继开始立项研制 30m 级的极大口径光学/红外望远镜。

由于大口径光学望远镜的镜面大多采用反射非球面形式，其中需要拼接的镜面通常为主镜，大小与望远镜入瞳相当，因此拼接子镜的面形为离轴非球面。迄今为止已竣工的 10m 拼镜面光学/红外望远镜有 5 架，包括美国的 KECK-I、KECK-II 和 HET，西班牙的 GTC，南非的 SALT。我国自主创新并成功研制的 LAMOST[1]则包含有两块大口径拼接镜面(6.67m×6.05m 和 5.72m×4.4m)。上述拼镜面望远镜中有 4 架涉及离轴非球面子镜。除开 LAMOST 的 5.72m×4.4m 的非球面是通过子镜面形实时变形获得以外，另外三架，即 KECK-I、KECK-II 和 GTC，其 10m 主镜，均由对角线 1.8m 左右的 36 块正六边形离轴子镜拼接而成。

研制中的美国 30m 望远镜 TMT[2, 3](The Thirty Meter Telescope)的主镜由 492 块对角线长 1.44m 的正六角形子镜组成。欧洲 42m 望远镜 E-ELT[4](The European Extremely Large Telescope)由外形轮廓尺寸与 TMT 相近的近 1 千块子镜组成，有效集光面积接近 TMT 的 2 倍。采用正六边形子镜拼接时，子镜种类为其总数的六分之一。我国提出的 30m 望远镜 CFGT[5, 6](Chinese Future Giant Telescope)采用了扇形子镜拼接的方案，子镜种类只要十多种。图 1 给出了正六边形和扇形两种不同排列方式的拼接镜示意图。

现阶段 30m 拼镜面的子镜采用了与 10m 级拼镜面子镜同等大小尺寸，均为 1~2m。当望远镜通光口径增加时，子镜总数量按集光面积，也即口径平方增加。以 TMT

为例,通光口径为 KECK 的 3 倍,面积为 9 倍,子镜多达 492 块,包含 82 种不同面形的子镜,远远多于 KECK 子镜的数量和种类。从工程需求考虑,如果为每一形式的子镜准备一块备份,KECK 只要多做 6 块,而 TMT 则需要多做 82 块。因此,极大口径光学/红外望远镜主镜磨制的工程量及复杂程度非常大,批量大口径(1~2m 口径)离轴非球面子镜的磨制就成为一个突出的新课题。

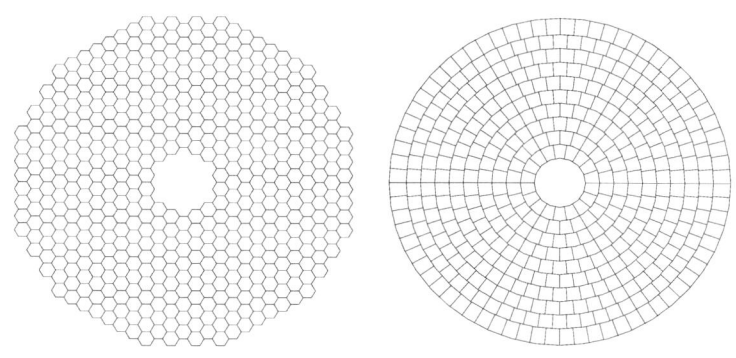

图 1　正六边形和扇形子镜排列形式的拼接主镜示意图。

因为离轴非球面镜不具备轴对称性,磨制过程比轴对称非球面更复杂,最简单的制作方法是从参数匹配、口径较大的轴对称非球面上截取。对于极大口径望远镜所涉及的离轴非球面子镜,这种方法没有实际应用价值。因此,离轴非球面直接磨制是大口径天文光学望远镜研制必走之路。目前用于直接磨制离轴非球面镜的方法主要是依靠数控磨镜机等技术做局部研磨和抛光。虽然数控技术能实现表面高精度加工要求,但效率偏低,时间进度方面不能适应大批量高精度的磨制任务。

针对批量离轴非球面磨制问题,美国在研制 KECK 望远镜时,首先提出并采用了镜面预应力变形磨制和离子束修琢相结合的方法[7,8],面形精度达到了均方值 20nm。该方法预先依据弹性力学计算结果,给镜坯施加外力矩,形成一个与所需离轴非球面形状相反的变形,在保持变形状态下,将镜面磨制抛光成球面,撤去外力后,获得所需要的离轴非球面。由于磨制过程的作用对象由非球面变成了球面,磨制时可以使用大口径工具,效率得到极大提高。尽管如此,磨制速度离极大口径望远镜建设周期需求仍然有很大差距。单架 KECK 主镜的 36 块子镜研制化了约 3 年时间,而 GTC 望远镜研制时,连同工艺准备,共花费了 6 年时间。据估计,该方法每年的研制能力也不过 20 多块[9]。因此,要应对批量大口径离轴非球面镜面磨制,现有工艺还有待改进。比较有前景的方法有环抛机与预应力抛光相结合的方法、非球面的高精度复制方法等[10],相关的技术都在研究之中。

批量大口径离轴非球面的磨制还必须解决其高精度检测问题。因为检测光路很长,为了保证纳米量级的面形精度,需要避免检测光路中的气流扰动影响;因为有多种子镜形式,需要有多套检测装置,必须保证与每一种子镜配套的检测装置高度协调一致到主镜整体参数要求下;因为研制周期长达数年,测试装置及环境必须在整个研制周期内长期稳定可靠。

高效高精度磨制大口径离轴非球面是当前极大口径光学/红外望远镜建设所面临的关键问题。按照目前国际上极大口径光学/红外望远镜规划,30m 望远镜仅仅是未来 60m 或 100m 望远镜的一个中间试验,所述问题对于未来计划无疑将更加突出。拼接式望远镜是否能成为未来极大望远镜的终极形式,或者拼镜面形式将会被其他形式所取代,批量大口径离轴非球面的磨制将是重要的决定因素之一。

参 考 文 献

[1] Wang S-G, Su D-Q, Chu Y-Q, Cui X-Q, Wang Y-N. Special configuration of a very large schmidt telescope for extensive astronomical spectroscopic observation. Applied Optics, 1996, 35(25): 5155–5161.

[2] http://en.wikipedia.org/wiki/Thirty_Meter_Telescope.

[3] Nelson J, Gary H. Sanders. TMT Status Report[J], Proc. of SPIE. 2006, 6267.

[4] http://en.wikipedia.org/wiki/European_Extremely_Large_Telescope.

[5] Su D-Q, Wang Y-N, Cui X-Q. A Configuration for Future Giant Telescope, Chinese Astronomy and Astrophysics, 2004, 28: 356–366.

[6] Su D-Q, Wang Y-N, Cui X Q. Configuration for Chinese Future Giant Telescope, Proc. of SPIE. 2004, 5489, 429–440.

[7] Terry S. Mast, Jerry E. Nelson. The Fabrication of Large Optical Surfaces Using a Combination of Polishing and Mirror Bending [J], Proc. of SPIE. 1985, 1236: 670–681.

[8] Lynn N. Allen, Robert E. Keim, Timothy S Lewis. Surface error correction of a Keck 10m telescope primary mirror segment by ion figuring [J], Proc. of SPIE. 1992, 1531: 195–204.

[9] Alvarez P, Castro López-Tarruella J, Rodriguez-Espinosa J M. The GTC Project, Preparing the First Light[J], Proc. of SPIE 2006, 6267.

[10] Li X N, Cui X Q, Guo W Y, Zhu Z, Xiao G H, Zheng Y. Strategies of primary mirror segment fabrication for CFGT, Proc. of SPIE 2004, 5494, 329–339.

撰稿人:李新南
中国科学院南京天文光学技术研究所

南极内陆极端条件下的望远镜技术

Telescope Technology in the Extreme Conditions of Antarctic Inland

1. 南极天文的历史和现状

由于具有特殊的自然条件和重要的战略地位，南极大陆一直是世界各国科研考察的重地。图1显示了南极大陆的水滴形状和几个内陆站点的位置(地图来自澳大利亚南极数据中心)，其中美国于1957年在南极点(South Pole)建立考察站，在冰穹C(Dome C)法国和意大利于1997年建站，冰穹F(Dome F)为日本富士站，冰穹A(Dome A)则由我国在2009年建立了中国第一个南极内陆站——昆仑站。南极广袤的内陆被一个巨大的平均厚度达2000米的冰层所覆盖，在许多科学领域如冰川、大气、天文等，具有极高的科研价值。高原冰盖上呈现出独特的大气特征，具有低温、干燥、少风等特点，在一些特定的位置如内陆冰穹A/C具有极好的自由大气视宁度，同时南极可以在极昼和极夜期间对不同的天体展开持续观测，这些特征为各类天文望远镜和观测设备提供了理想的环境[1]。各国已相继出台和实施南极天文望远镜计划，如美国已在南极点安装了毫米波和太阳望远镜；意大利、西班牙和法国联合研制的口径0.8米的红外望远镜也开始安装；澳大利亚则开展了2.4米口径的南极光学/红外望远镜的预研。我国天文学家于近年开始参加中国南极内陆科考，

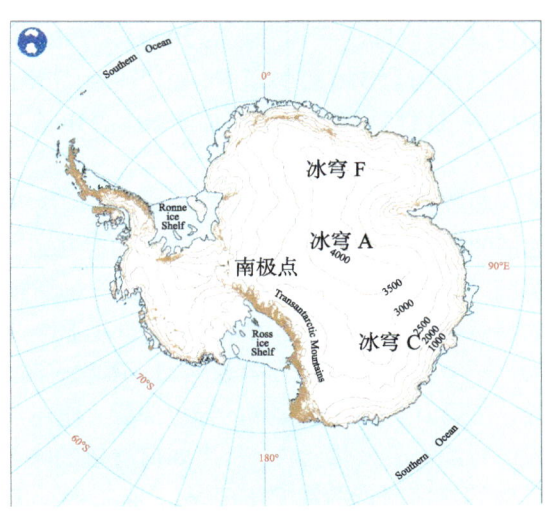

图1 南极部分内陆站点。

在冰穹 A 安装了自动天文观测站和中国之星小望远镜阵(CSTAR)，如图 2 所示，初步结果已说明冰穹 A 地区具有更干燥的射电天文窗口、更低的大气湍流层和其他优异的自然条件，将为天文观测提供一个绝佳的窗口，为研究类地行星搜寻、早期宇宙结构形成和宇宙暗物质、暗能量等当代天文学的重大问题提供一个新机遇[2]。

图 2　中国南极冰穹 A 自动天文观测站。

2. 极端条件下的南极内陆望远镜技术

虽然南极望远镜具有很多的优越性，然而南极内陆自然环境相当恶劣。从技术角度看，和一般中纬度台址的望远镜相比，目前仍然存在诸多的困难；即便是和空间望远镜相比，南极望远镜也有一些自身独特的问题亟待解决。南极的年平均气温为–25℃，冰穹 A 的平均气温为–58.5℃，俄罗斯东方站曾测量到–89.2℃，这也是地球上测得的最低温度。南极内陆的平均海拔约 2000 多米，冰穹 A 更是达到了 4093 米，由于没有植被，大气压约为 550 百帕斯卡，相当于中纬度的 5000 米。低温低压，高寒缺氧，远离人烟，这样的环境无论是对仪器本身还是工作人员都提出了很大的挑战。

(1) 设计与研制。天文望远镜是精密的观测仪器，结构的热变形会直接导致像质的恶化，南极望远镜的研制地点和台址的温度差别可达 100℃左右，远远超出了一般望远镜的容许范围，目前的应对方案主要是选择极低热膨胀系数材料或设计具备热变形补偿效应的特殊结构。尽管南极内陆的空气非常干燥，但由于极低的气温，使得相对湿度非常大，光学镜面/金属表面容易结霜，影响观测或导致望远镜失效。解决方法大致有三种，在镜面上镀可以发热的导电膜层；使用红外辐射灯；或者直接在射电望远镜面板的背面安装发热元件，然而如何有效的除雪化霜，又不会导致敏感的镜面变形，或破坏镜面附近的视宁度(mirror seeing)，仍然是当前的一个难点。对于望远镜的光学、机械结构和自动控制各个部分来说，低温低压的环境必然对材料和元器件选择提出更高的要求,如低气压会导致计算机硬盘失效,也会显著降低柴油发动机的工作效率等,所有的部件都需要经过严格的低温和低压测试才能保证其性能[3]。

(2) 运输与安装。和一般的望远镜不同,南极望远镜需要经过数万千米的长途运输才能到达台址,这其中可能包括陆地、海运、直升飞机吊挂和内陆的雪地车运输,运输工具千差万别,运输条件极其恶劣,尤以内陆的雪地运输为甚。目前的条件,大型设备只能放置在雪橇上由雪地车拖载而行,途经各种不同的雪面地形,振动与冲击影响严重。另一方面,由于南极条件艰苦,无法做长期的现场安装和调试,只能将望远镜集成为几个模块,在现场简单组装。诸多原因使得南极望远镜的抗震运输成为一个研究难题[4]。天文望远镜的安装和调试通常需要较长的时间,而对于南极内陆,根据度夏或越冬的不同,每年的可工作时间仅有1个月或几个月,极昼期间也无法利用普通天体测试望远镜性能。望远镜要求稳定的基础保证其跟踪指向精度,即望远镜的基墩,通常是从基岩上直接浇注,并和外部的建筑隔离。南极内陆全部为冰雪地面,厚度高达几千米,怎样将冰雪地面处理成稳定的基础,使得望远镜的沉降在可以接受的范围,也是当前南极望远镜的一个研究难点。

(3) 运行和通讯。由于南极内陆的很多台址还只是度夏站,即只有南半球的夏天可以工作,即便是越冬站,由于气候恶劣,往往也无法实时现场操作。通常南极望远镜都要求能够远程控制其各部分功能,如指向跟踪、调焦等,这对自动控制系统及其可靠性提出了很高的要求。同时,南极内陆的通讯手段非常有限,如何实现海量天文观测数据的传输与远程控制命令的通讯,技术上也有相当大的难度,需要专门的数据处理技术和卫星通讯技术,只有解决了这一问题,南极内陆望远镜才能正常的观测运行,观测结果也才能及时获得。

以上从三个方面简要介绍了目前南极内陆望远镜研制中的技术难题,在将来的大型望远镜的研制中,镜面结霜、运输安装和数据通讯等问题将更加突出。另一方面,当前南极内陆已成为天文学研究的热点领域,它以远远低于空间设备的造价在某些方面接近或达到了空间观测的条件,是地球上最佳的天文台址。正由于南极望远镜巨大的科研价值和应用前景,随着科学技术的不断进步和科学家的深入探索,这些问题也将会被逐渐解决。

参 考 文 献

[1] 中国南极天文中心. 南极施密特望远镜阵项目建议书, 2008.

[2] Yang H, et al. The PLATO Dome A Site-Testing Observatory Instrumentation and First Results [J]. PASP, 2009, 121:174–184.

[3] Cui X, et al. Antarctic Schmidt Telescopes (AST3) for Dome A, Proc. SPIE, 2008, 7012, 70122D.

[4] Yuan X, et al. Chinese Small Telescope ARray (CSTAR) for Antarctic Dome A, Proc. SPIE, 2008, 7012, 70124G.

撰稿人：宫雪非
中国科学院国家天文台南京天文光学技术研究所

可见光波段共相拼接镜面主动光学

Phasing Segmented Mirror Active Optics in the Visual Waveband

1. 引言

光学天文望远镜要获得好的成像质量,除了精心的光学设计和磨制出高精度的光学镜面,还要在观测中实时维持高精度的镜面面形。传统的光学望远镜一般采用较小的镜子的口径与厚度比来得到足够的刚度,减小重力变形,但是主镜和望远镜都因此很重。1949 年落成的 Hale 望远镜,主镜口径 5.08 米,厚度 1 米,重约 14.5 吨。如果再增大口径,望远镜主镜本身和支撑结构的重力变形,以及热变形使维持高精度的光学镜面面形十分困难。为此,在数十年时间里限制了望远镜口径的进一步增加。20 世纪 70~80 年代开始发展起来的主动光学技术使望远镜的口径突破了 5~6 米,在 20 世纪末 21 世纪初建成了一大批 8~10 米级口径的光学/红外望远镜。其中 Keck 望远镜发展的拼接镜面主动光学技术为研制更大口径,如 30 米或 30 米以上口径的光学/红外望远镜开辟了道路(图 1)。

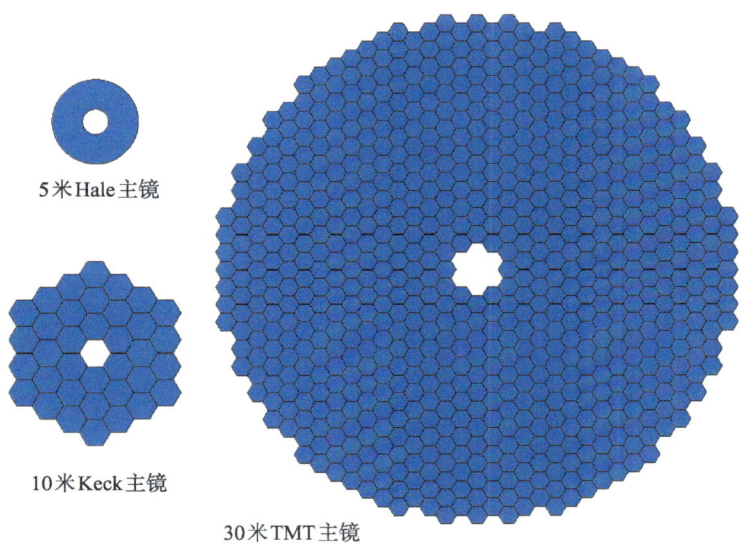

图 1　直径 5 米 Hale–10 米 Keck–30 米 TMT 的主镜变化趋势。

主动光学包括薄变形镜面主动光学和拼接镜面主动光学。前者是通过计算机控制力促动器实时改变镜面的形状,以实时校正由于重力、温度造成的镜面本身的形变对成像质量带来的影响,也可以通过精确控制镜面的形状补偿光学系统的像差。拼接镜面主动光学是通过计算机控制各个拼接镜面的子镜的位移促动器,实时校正子镜的位置(平移和倾斜)误差,以校正因为望远镜结构的重力变形和热变形造成的子镜间位置的相对移动,从而维持子镜实时拼接成一块大镜面的精度要求。

目前世界上已经建成了 6 架拼接镜面的望远镜,其中包括我国自主创新并研制的同时有两块大口径拼接镜面的大天区面积多目标光纤光谱望远镜(英文简称 LAMOST)[1]。但是至今为止,成功用在望远镜上的拼接镜面主动光学仅在红外波段实现共相拼接(即达到这个波段上的全口径衍射极限),在可见光波段仅仅实现共焦拼接。

许多科学家、技术专家都试图从理论与工程技术上解决望远镜上可见光波段共相的难题,但迄今为止,人们还在努力之中。

2. 极大望远镜共相拼接的现状及未解决的科学问题

中国也早在 1994 至 1998 年,南京天文光学技术研究所就在苏定强院士的带领下,建成了室内拼接镜面主动光学实验系统[2],实现并保持(在约 20 分钟的时间内)口径 220 毫米可见光波段(波长 650 纳米)共相,共相精度达到 $\lambda/28$(λ 为波长)。随着天文学对大望远镜观测的更高集光本领和更高分辨率的迫切需求,极大望远镜的研制成了国际上的热门课题。在我国,以苏定强院士和崔向群院士为首的研究小组,提出了中国的 30~100 米口径大型红外/光学望远镜方案(Chinese Future Giant Telescope, CFGT, 图 2(a))[3],并开展了关键技术研究。国际上有 3 个口径在 22~42

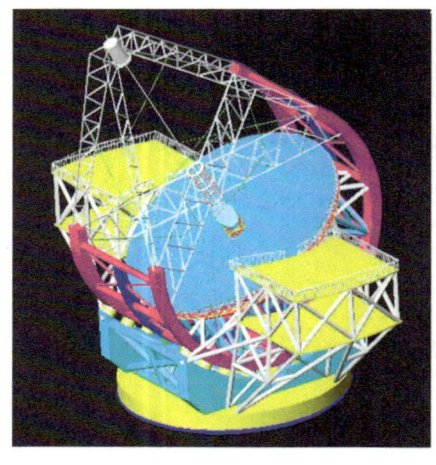 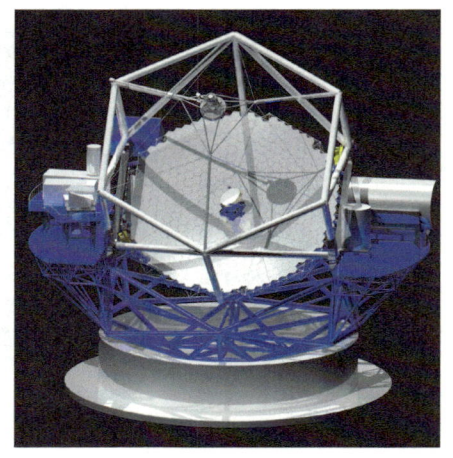

(a) 中国设计的 30 米望远镜 CFGT[3]　　　　(b) 美国的 30 米望远镜 TMT[4]

图 2

米的极大望远镜正在设计或准备中,按照计划都将在未来十年建成,包括美国的30m望远镜(Thirty Meter Telescope,TMT,图2(b))[4]、巨型麦哲伦望远镜(The Giant Magellan Telescope, GMT)[5]和欧洲的极大望远镜(European Extremely Large Telescope,E-ELT)[6]。其中TMT和E-ELT都采用拼接镜面的主镜,将分别由492块和大约1000块1.45米的六角形子镜拼接而成。

从光学设计和拼接镜面主动光学原理上而言,共相拼接镜面在任何波段都是可行的:只要检测精度足够高,并把拼接子镜波面误差均方根值(root mean square,RMS)始终维持到$\lambda/10$以下,即对应相邻子镜的平移误差(piston)的均方根值(RMS)小于$\lambda/20$;然而对于可见光波段,因为波长相对红外更短,在工程上实现则就有很多困难,因为存在包括地球大气湍流、重力变形、热变形、风载、望远镜跟踪等在内的众多干扰因素。Keck望远镜和国际开始研制的极大望远镜都仅仅实现或考虑将在红外/近红外实现共相,配上自适应光学,可达到全口径在红外波段的衍射极限(diffraction-limited)性能,而在可见光波段只能获得部分改善的视宁度极限(seeing-limited)性能,如图3所示。

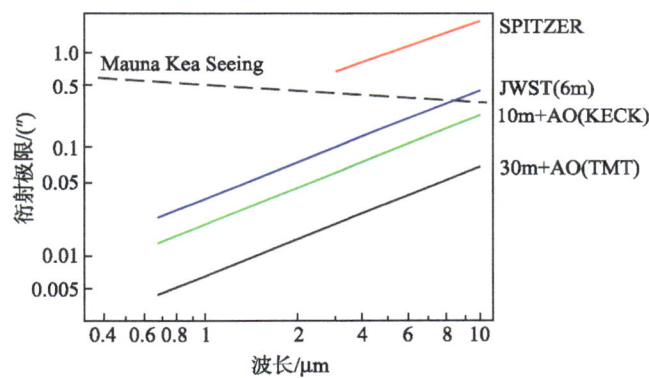

图3　目前不同望远镜配备自适应光学的望远镜衍射极限性能。

与红外波段甚至更长波段的共相拼接镜面主动光学相比,可见光波段共相拼接目前的确有很大的困难,其难点主要体现在如下两个方面:

(1) 地面地球大气湍流影响和当前自适应光学技术的有限改正严重影响了共相检测和校正。由于地球大气湍流影响的存在,即使配备目前最先进的自适应光学,地基大望远镜也难以获得可见光共相的检测和校正精度。因为理论上自适应光学需要与大气湍流Fried常数r_0相当的检测子孔径和变形镜单元,极大望远镜的可见光波段的自适应光学系统就需要能实时驱动的成千上万的变形镜单元和实时检测气流的波前探测器,比如30米口径的TMT望远镜需要约3万以上量级的变形单元,当前技术上不能实现,因此光学/红外极大望远镜目前都仅要求在红外实现拼接共相。比如 GMT(r_0=14.3 厘米，500 纳米波长)，配备自适应光学，轴上波前残差仍然有 196 纳米(自然导星自适应光学 Natural Guide Star AO, NGSAO)、196 纳米(激光层析自适应光学 Laser Tomography AO)、121 纳米(极端对比自适应光学 Extreme Contrast AO)[5]。TMT 最初出光设计要求自适应光学像质轴上波前误差 RMS 为 187 纳米，对于扩展的 10 秒和 30 秒视场可以允许放松到 191 和 281 纳米[7]。E-ELT 在配备 Near-Field Infrared Adaptive Optics System 后合计波前误差为 180 纳米，而 10 米 Keck 在配备 NGSAO 之后全部有效的波前误差也达到 192 纳米[8]。

(2) 目前技术发展现状也决定了望远镜在可见光波段还不易实现共相。可见波段的共相拼接必须配备大批量的能符合其衍射极限精度的子镜支撑机构、位移促动器补偿机构、用于共相维持的边缘位移传感器、波前检测器以及相关的高精度的温度变形补偿、重力变形补偿系统等，这使得整台望远镜的精密机械和精密仪器设计都会要求非常艰巨。比如 Keck 望远镜为了实现在 1.8 微米共相，Piston 的理论公差 RMS 为 90 纳米左右，实际选择为 50 纳米[9]；如果在可见光 500 纳米波长上，理论要求 RMS 公差为 25 纳米，实际要求会更高更难。空间望远镜，尽管不存在地球大气湍流影响问题，但因为需要发射，口径、重量和拼接子镜的批量都较小，只要能有效消除重力变化、昼夜更迭温度变化和温度不平衡等影响因素引入的波前误差，配合足够精度的波前检测器件和子镜调整执行器件,就能实现可见光的共相。然而下一代空间望远镜 6.5 米詹姆士韦伯空间望远镜(James Webber Space Telescope，JWST)望远镜的观测波段为 0.6~28 微米，也仅仅是考虑在近红外 2 微米衍射极限共相[10]。

3. 可能的解决方法

可见光波段共相拼接镜面主动光学的这个难题的解决，目前难度主要在工程技术硬件技术方面：高精度高稳定性的边缘位移传感器技术、高精度的主动光学波前探测及其相关技术、可见光波段高精度的自适应光学及其相关技术等；因此，上述技术的发展刻不容缓。此外如南极内陆高原台址拥有全球最好的视宁度，放在南极的大天文望远镜甚至可以和空间望远镜一样，在红外波段有可能不用校正大气湍流的自适应光学技术就可以得到衍射极限的像，因此也使可见光波段自适应光学容易实现，可见光波段共相拼接镜面主动光学的实现也成为可能。

随着科学技术的不断发展，相信，在从多条途径发展上述技术基础上，会越来越接近实现望远镜的可见光波段共相拼接。

参 考 文 献

[1] Su D-Q, Cui X Q, Wang Y-N, Yao Z Q. Large Sky Area Multiobject Fiber Spectroscopic Telescope (LAMOST) and its key technology, Proceedings of SPIE 1998, 3352.

[2] Su D-Q, Zou W-Y, Zhang Z-C, Qu Y-G, Yang S-Y. Experiment system of segmented-mirror active optics, Proceedings of SPIE, 2000, 4003.

[3] Su D-Q, Wang Y-N, Cui X Q. Configuration for Chinese Future Giant Telescope, Ground-based Telescope, edited by Jacobus M. Oschmann. Proc. of SPIE 2004, 5489, 429–440.

[4] University of California. California Institute of Canadian Universities for Research In Astronomy, TMT Observatory Corporation, et al. TMT Construction Proposal, September 12, 2007.

[5] Carnegie Institute of Washington, et al. Giant Magellan Telescope Conceptual Design Review, Pasadena, California, February 2006, 21–23.

[6] Cunningham, Colin and Evans, Chris, et al. ELT instrumentation for seeing-limited and AO-corrected observations: a comparison, Proceedings of the SPIE, 2008, 6986, 69860K-69860K-8.

[7] Ellerbroek, Brent, et al. Progress towards developing the TMT adaptive optical systems and their components, Adaptive Optics Systems, Edited by Hubin, Norbert; Max, Claire E.; Wizinowich, Peter L., Proceedings of the SPIE, 2008, 7015, 70150R-70150R-11.

[8] Christopher N, Richard D. Wavefront Error Budget Comparison between Keck NGAO and TMT NFIRAOS, KECK ADAPTIVE OPTICS NOTE 629, December 5, 2008.

[9] Chanan, Gary A, et al. Phasing the mirror segments of the W.M. Keck Telescope, Proceedings of SPIE, 2199, 622-637, Advanced Technology Optical Telescopes V, Larry M. Stepp; Ed.

[10] JWST Design, The key elements of the Observatory, http://www.stsci.edu/jwst/overview/design/.

撰稿人：张　勇

中国科学院国家天文台南京天文光学技术研究所

极大望远镜的自适应光学技术

Adaptive Optics for Extremely Large Telescopes

1. 引言

现代天文学的发展需要研制集光能力更强,分辨率更高的极大口径望远镜,然而地面大望远镜的实际分辨本领受限于台址的视宁度条件,由大气相干长度 r_0 决定,美国夏威夷 Mauna Kea 是公认优秀天文台址,在可见光波段也只有约 10%的时间 $r_0 \geqslant 20$cm。自适应光学技术(AO: adaptive optics)则通过实时检测被大气湍流扰动的波前,计算机控制变形镜进行实时校正消除大气视宁度的影响,实现大望远镜接近衍射限的分辨能力[1]。自然引导星自适应光学系统(NGS AO: natural guide star AO)利用被观测目标附近的亮星进行波前检测,由于受亮星和等晕角 θ_0 的限制,天空覆盖很小,通常低于 1%,限制了自适应光学系统的科学应用;激光导星自适应光学系统(LGS AO: laser guide star AO)发射激光通过低空大气的瑞利散射或中间钠层的 D2 线谐振散射在有限远高度产生一颗人造导星,用于大气湍流的波前检测,原理上激光导星可以发射到任何待观测目标的附近,从而极大地提高了自适应光学系统的天空覆盖率和实用性[2]。

从 1982 年美国在夏威夷附近的 Maui 岛上,为 1.6 米望远镜安装了世界上第一台自适应光学系统后,经过二十几年的技术发展,自适应光学系统几乎成了所有中/大望远镜的必备装备,比如最具代表性的应用于欧洲南方天文台 3.6 米望远镜上的 NGS 自适应光学系统 ADONIS(adaptive optics near infrared system)和应用于 3.6 米 CFHT 望远镜上的 NGS 自适应光学系统 PUEO(probing the universe with enhanced optics);应用于 KECK,Gemini-N,VLT,SUBARU 等著名的大望远镜上的 NGS 和 LGS 自适应光学系统等。这些自适应光学系统的成功运行改变了地基天文望远镜对大气条件的过分依赖,在小视场内实现了近红外波段高分辨成像和光谱观测,取得了一批重要的科学成果,截至 2008 年发表的仅基于 LGS-AO 的科学文章已超过 54 篇[2]。但是传统自适应光学系统固有的可校正视场角小和不能实现用于可见光波段校正的难题仍然存在。这两个难题亦是国际上自适应光学领域发展的前沿和热点方向。

2. 大视场自适应光学系统

由于受到等晕角的限制,一个引导星单层共轭的自适应光学系统的可校正视场通常小于 20″，在可见光波段只有几个角秒。另外，在有限高度处的单个激光导星因为不能全部抽样待观测目标的光线路径，产生了焦点非等晕问题(也叫圆锥效应)，从而导致波前检测的误差，降低校正效果，望远镜的口径越大，波长越短，圆锥效应引入的波前误差越明显。发射多颗激光导星利用层析投影法可以重构待观测目标沿传播方向的三维波前[3]，有效减小圆锥效应。目前利用多颗引导星，大幅提高 AO 系统的可用视场的几种方法如下：

(1) 多层共轭自适应光学系统 MCAO[4, 5](multi-conjugate AO)，用两到三个变形镜分别与特定台址测量出的两到三个主要湍流层共轭，可以将视场扩大到 1′~2′，从而用于银河系和河外星系等重要科学项目的高分辨观测。VLT 上的 MCAO 试验系统 MAD 已经取得了 2′视场内 20%~40%的斯特尔比，大大提高了人们研制 MCAO 的信心。南双子望远镜 Gemini-S 的 MCAO 预计将于 2009 年底进行初光观测。

(2) 多目标自适应光学系统 MOAO[6](multi-Object AO)，发射多颗激光导星和多个波前传感器，利用多个变形镜分别对大视场内疏散的独立的目标进行优化校正，可以进一步将 AO 的可用视场扩展到 5′。开环校正是 MOAO 系创新之处，因此变形镜本身和系统的标定校准非常重要。最新公布的 10 米望远镜上 R 波段校正的结果，在 $r_0 = 15$cm, $\theta_0 = 3.5″$ 的情况下轴上斯特尔比 20%，偏轴 25″斯特尔比 15%。KECK-II 和 ELT 都已提出了 MOAO 自适应光学系统。

(3) 近地层自适应光学系统 GLAO[7](ground layer AO)，主要目标不是实现衍射限的像质，而是改善视宁度，大力提高仪器设备的观测效率。等晕角与大气湍流层的高度成反比，而且大部分台址测量的数据显示大气湍流主要集中在近地层附近，GLAO 就是利用一个变形镜与近地湍流层共轭实现 2′~20′的大视场校正。WHT 已经成功开展了 GLAO 的研究，Gemini-N 和 LBT、MMT 都在开展 GLAO 的研制，ELT、TMT 等下一代极大望远镜项目也都计划开展 GLAO 的研制。自适应副镜的研制是目前发展 GLAO 的关键技术。

以上自适应光学系统尚且处在发展和试验阶段，几个关键问题还需要解决：
● 高性能低成本激光器的研制和高质量激光导星的发射；
● 层析投影三维波前重构算法的完善和验证，利用多颗引导星的波前检测数据重构不同高度上的目标波前；
● 动态调焦系统及新型 CCD 的研制，比如距离选通 CCD 和极坐标 CCD 等，用于改善大望远镜激光像斑拉长的问题；
● 台址视宁度和大气湍流强度的高度分布轮廓 c_n^2 的实时测量。

3. 可见光自适应光学系统[1, 8]

与红外波段相比,可见光波段的自适应光学系统需要更高的校正频率和更多的校正单元,但是实现可见光波段的校正可以大大提升大望远镜和极大望远镜的观测能力和与空间望远镜的竞争力,可以将大望远镜在可见光波段点源探测的灵敏度提高若干倍,因此也是自适应光学系统的一个重要发展方向。除了上述自适应光学系统要解决的关键问题外,可见光 AO 系统还需要解决如下几个关键问题:

● 具有成千上万个促动器单元的大动程变形镜的研制,PALM-3000 自适应光学系统将使用 3368 个促动器的变形镜对 5.1 米的 Hale 望远镜进行可见光波段的校正[9],ELT 需要变形镜的促动器的个数将超过 10^5;

● 新型高灵敏度波前传感器的研制,包括高帧速、低噪声、高量子效率的 CCD 的应用,低像差高透过率光学系统的设计等;

● 激光发射上传光路自身的自适应光学校正,降低发射系统的抖动和大气扰动的影响,提高激光束的面形质量,从而提高波前检测的精度,同时可降低对激光功率的要求;

● 锐化用于倾斜校正的自然导星,降低可用的参考星亮度,提高大望远镜光学波段自适应系统的天区覆盖。

参 考 文 献

[1] Pierre Léna. Adaptive optics:a breakthrough in astronomy. Exp Astron. 2009, 26: 35–48.

[2] Michael C.Liu. LGS AO Science impact: present and future perspectives. SPIE. 2008, 7015: 701508-1-701508-12.

[3] Roberto Ragazzoni, Enrico Marchetti, et al. Modal tomography for adaptive optics. Astron. Astrophys. 1999, 342: L53–L56.

[4] Thomas Berkefeld, Andreas Glindemann, et al. Multi-conjugate adaptive optics with two deformable mirrors-requirements and performance. Experimental Astronomy. 2001, 11: 1–21.

[5] Laag Edward A, Ammons S Mark, et al. Multiconjugate adaptive optics results from the laboratory for adaptive optics MCAO/MOAO testbed. Journal of the Optical Society of America A. 2008, 25(8): 2114–2020.

[6] Ammons S M, Johnson L, et al. Laboratory demonstrations of multi-object adaptive optics in the visible on a 10 meter telescope. SPIE. 2008, 7015: 70150C-1-7015C–10.

[7] Tokovinin A. Seeing improvement with ground-layer adaptive optics. PASP. 2004, 116: 941–951.

[8] Christian Veillet, Olivier Lai, et al. VASAO:Visible all sky adaptive optics. SPIE. 2006, 6272: 627221-1-627221-9.

[9] Bouchez A, Dekany R, et al. The Palm-3000 high-order adaptive optics system for palomar observatory. SPIE. 2008, 7015: 70150Z-1-70150Z-6.

撰稿人:袁祥岩

中国科学院国家天文台南京天文光学技术研究所

基于光干涉技术的高精度高分辨率成像

High Precision, High Resolution Imaging Based on Optical/Infrared Interferometry

1. 引言

长基线恒星光干涉仪[1](又叫迈克尔逊型光干涉仪)(图 1)是将来自两个分离的望远镜的光通过光干涉合成起来，其角分辨率与 λ/B 成正比，这里 λ 表示波长，B 表示两个分离的望远镜之间的距离，即基线长度。这个角分辨率要比最大的单口径望远镜的角分辨率大许多倍，因为望远镜的分辨率与 λ/D 成正比，而 D 远小于 B，这里 D 为望远镜的口径。由于长基线恒星光干涉仪所具有的高角分辨率特性，它为天文观测打开了一个全新的观测方法。今天，长基线恒星光干涉技术已经成为天文观测的主流技术(http://olbin.jpl.nasa.gov)。

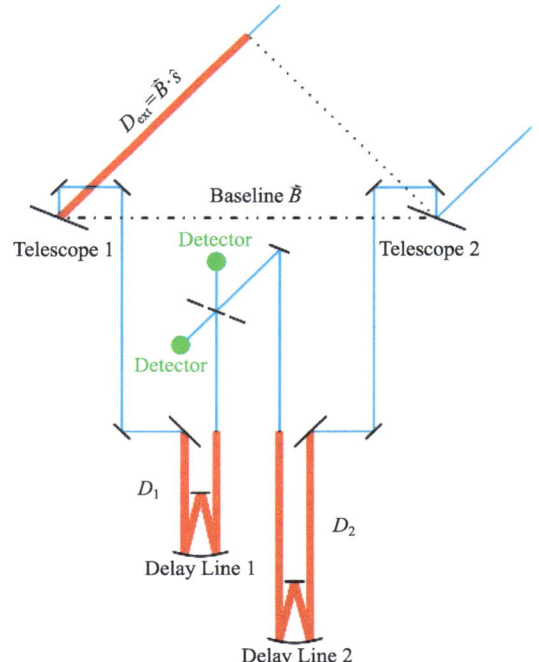

图 1　长基线恒星光干涉仪示意图[1]。
图中到达两个望远镜的光束的外部延迟为 $D_{\text{ext}} = \vec{B} \cdot \hat{s}$，
当内部延迟 $D_{\text{int}} = D_1 - D_2$ 与外部延迟相等时，产生零级干涉条纹。

2. 光干涉成像

利用长基线恒星光干涉技术实现天文目标的成像，在射电天文已经是非常平常的事了，比如 VLA(very large array)，但是在光学波段，天文目标的干涉成像才刚刚开始。

天文目标的干涉成像(图 2)与传统望远镜的成像是不同的。由成对的望远镜干涉所获得的干涉条纹的振幅和相位是目标亮度的傅里叶变化，其空间频率是由干涉仪的基线在天空的投影决定的。原则上，使用多个成对的望远镜和地球的转动对不同的基线进行采样，对采样结果进行傅里叶逆变换能够重构出目标的亮度。但是地基成像，射电波段与光学波段不同的是，快速的、毫秒级的大气扰动破坏了被观测条纹的相位；射电干涉测量五十年的实践经验告诉我们，相位信息对于图像重构是非常重要的，干涉条纹的相位信息记录了目标的空间结构。

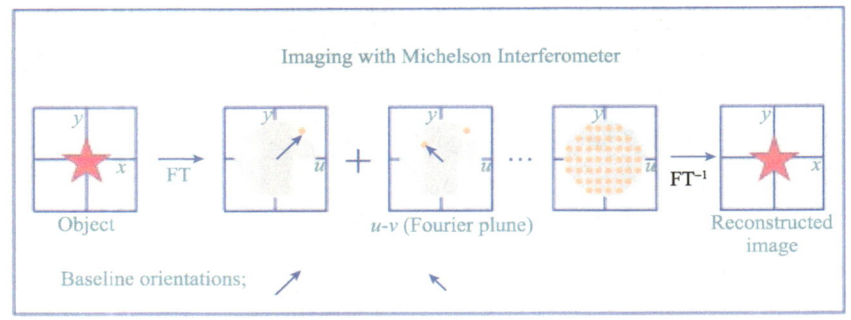

图 2 光干涉成像示意图(图来自文献 Soon-Jo Chun, Design, Implementation and Control of a Sparse Aperture Imaging Satellite)。

干涉仪测量目标的空间傅里叶变换。在每一个基线方向上测量一个 u-v 点，采用许多不同的基线方位填满 u-v 平面，利用图像重构技术进行逆变换重构图像。

应用于射电天文、将三个望远镜联合起来的闭合相位技术[2](如图 3 所示)已经成

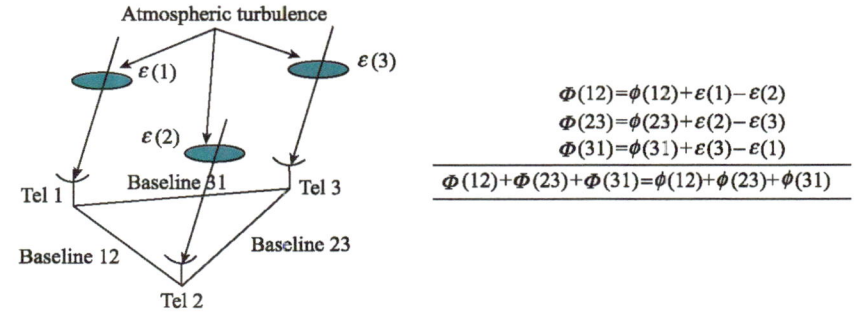

图 3 闭合相位原理示意图[2]。

观测到的可见度相位 $\Phi(ij)$ 等于未受到大气扰动的可见度相位 $\phi(ij)$ 与大气扰动对第 i 和第 j 望远镜引起的相位 $\varepsilon(i)$ 和 $\varepsilon(j)$ 的和。将三个观测到的相位相加就会消除大气扰动引起的相位。

功用于光干涉成像。自 1996 年 COAST(Cambridge Optical Aperture Synthesis Telescope) 第一个利用闭合相位技术实现了光干涉成像外，至今已有六个不同的干涉仪成功的利用相位闭合技术实现了观测。就成像能力而言，最终的 VLTI(Very Large Telescope Interferometer)将是由 6 个望远镜组成、基线达到 200 米的干涉阵，其空间分辨率与 ALMA(Atacama Large Millimeter Array)相当，在 2.2 微米比 JWST(James Webb Space Telescope)高 50 倍。目前，此项技术被用于天文领域包括搜索临近恒星的伴星、恒星脉动的直接测量、临近的演化的恒星的表面成像以及热星中释放出来的氢圆盘的结构研究等[3]。

3. 光干涉成像的发展趋势

目前的光干涉成像已经取得的观测成果显示了光干涉成像比全口径望远镜成像不仅在角分辨率，而且在精确成像(空间分辨率)方面具有更大的优势；但是目前干涉阵有限的望远镜个数使得缺乏足够的相位/振幅信息，成像目标相对简单或者成像需要依靠物理模型的建立；毫无疑问，如何不依靠模型，实现对更微弱、更复杂光源的成像，将是光干涉成像面临的最大挑战，为此必须提高干涉仪的灵敏度和分辨率[4]，而现有的干涉仪已经开始着手解决这个问题了。

射电干涉成像告诉我们，要得到好的成像，干涉阵必须包括大量的望远镜，当前的长基线光干涉阵不超过 6 个望远镜，这是远远不够的；如果要利用好的 u-v 覆盖实现瞬时成像，意味着更多的望远镜、更多的基线和更多的闭合相位。为了得到满意的 u-v 覆盖，干涉阵的结构设计也是至关重要的。

随着大口径望远镜以及自适应光学技术的应用(例如，现已应用于 VLTI、KI (keck interferometer)上)，将有可能大大提高观测的灵敏度。限制灵敏度的另一个因素是大气扰动使得条纹移动，限制了观测时间，现有的干涉仪普遍使用了条纹跟踪技术；为了提高灵敏度，提高观测的动态范围，提高极限星等，又发展了参考相位成像技术，用于对微弱星体的观测。VLTI 上的 PRIMA(Phase-Referenced Imaging and Micro-Arcsecond)仪器上就使用了这个技术，它将条纹跟踪的理论极限星等提高了 5 个等级，但是要使用相位参考成像，必须在干涉仪的前面附加"双星结构(dual star feed)"，用于将亮的参考星和微弱的目标星分离[5]。

干涉仪的角分辨率是由最大基线和最短波长决定的。为了实现精确成像，干涉阵应该包含一系列长度的基线，最长的基线应该使得目标能够被分辨。干涉测量的是可见度——一个量纲为一的、介于 0 与 1 之间的数值。随着基线的增长可见度降低，干涉条纹在短基线上容易获得，要在长基线上获得干涉条纹相对比较困难。当前提出了两种技术用于长基线的测量：① "波长步步为营(wavelength bootstrapping)" 法——在红色波段探测条纹有可能获得蓝色波段的条纹数据；② "基线步步为营 (baseline bootstrapping)"法，观测是同时在短基线 A-B、B-C、C-D 等上进行条纹跟踪，确定短基线上的相位变化，这些相位以各种方式合成获得长基线上的相位变化。

而"基线步步为营"法与 Y 型干涉阵相结合很可能是下一代干涉阵的首选形式,每个望远镜可沿着轨道运动到不同的位置,形成不同的基线长度以及干涉阵结构。

为了满足天文观测的需要,科学家们已经提出了建造基线长度为千米级的干涉阵。光束在几百米和几千米的传输所引起的损失不可忽视。在真空中的传输只适用于几百米,而对于千米级的距离,衍射将使得真空传输不仅困难而且高成本。利用单模、保偏光纤进行传输在 OHANA(Optical Hawaiian Array for Nanoradian Astronomy)工程的几百米光程传输中已经得到了证明,它大大减少了光传输中的损失。但是对于千米级的基线,光纤的传输性能有待进一步提高。有效的光束的注入和萃取技术、色散控制和校正技术以及相位稳定技术是光纤传输的有力支撑[6]。光纤不仅用于光传输,对于未来的光程补偿也是必需的。NPOI、CHARA、MROI(Magdalena Ridge Observatory Interferometer)以及 OHANA 当前都在进行这方面的实验研究。

目前,将同轴光束合成器和多轴光束合成器[7]联合起来的多用途的光束合成系统的雏形正在形成。多光束合成需要同时合成多个望远镜,需要用到大量的光学元件。即使是合成三个望远镜的光束合成器(例如,VLTI 上的 MBER (Astronomical Multiple BEam Recombiner))就包含了大量的、高精度排列的光学元件;若用于 20 个光束的合成,它的复杂性是不切实际的。将光波导、光束分光、光束耦合集成在一个芯片上的集成光学可能是唯一可行的光束合成技术[4]。这种光束合成器正在以不同的合成方式被实验研究[8]。

光干涉具有较高的角分辨率,但是测量提供的并非是目标的直接成像,因此图像重构技术对于光干涉成像也是非常重要。用于光干涉成像的图像重构法来自于射电天文,它使用可见度平方的测量和闭合相位技术。将其用于光干涉成像,引起部分相位信息的丢失和图像信噪比的降低,不适用于微弱目标的低信噪比和高光谱分辨率。因此需要开发适用于光干涉成像的图像重构软件,恢复尽可能多的相位信息。近十年,几个用于红外干涉成像的图像重构法得到了发展:BSMEM (BiSpectrum Maximum Entropy Method)、MACIM (Markov Chain Imager)、MIRA (Multi-aperture Image Reconstruction Algorithm)、BBM (Building Block Mapping)等[9,10]。

过去的几十年表明,具有高分辨率和高精度的光干涉技术对于天文观测具有独特的作用。光干涉的口径尺寸、基线长度、口径个数以及光谱分辨率都在不断增加;同时通过增大口径和使用自适应光学技术来提高灵敏度,通过基线的步步为营法、条纹跟踪技术来改善长基线上的观测,数据约简和分析软件能力的提高使得能够从条纹数据中提取更多的信息,这些使得我们能够在下一代光干涉仪上实现对更微弱的、更复杂目标的成像。

参 考 文 献

[1] Andreas Quirrenbach. The development of astronomical interferometry. Exp Astron 2009, 26:49–63.
[2] Chris Haniff. Ground-based optical interferometry: A practical primer. New Astronomy Reviews, 2007 (51): 583–596.
[3] Zhao M, Gies D, Monnier J D, et al. First Resolved Images of the Eclipsing and Interacting Binary β Lyrae. The Astrophysical Journal, 2008(684): L95–L98.
[4] Quirrenbach A. Technology for Future Interferometric Facilities: Conclusions and Perspectives. Bulletin de la Société Royale des Sciences de Liège, 2005(74): 516–523.
[5] Francoise Delplancke. The PRIMA facility phase-referenced imaging and micro-arcsecond astrometry. New Astronomy Reviews, 2008(52): 199–207.
[6] Mozurkewich D, Creech-Eakman M C, Akeson R, et al. Ground-based Optical/Infrared Interferometry: High Resolution, High Precision Imaging. A technical development white paper submitted to the OIR Panel of the Astro2010 Review Committee, 2009.
[7] Markus Schöller. Optical interferometry-A brief introduction. Mem. S.A.It. Suppl. 2003(2): 194–199.
[8] Pierre Kern, Etienne Le Coärer, Pierre Benech. Full integrated beam combiner instrument based on SWIFTS concept. SPIE, 2008(7013): 701315.
[9] Fabien Baron, John S Young. Image reconstruction at Cambridge University. SPIE, 2008(7013): 70133X.
[10] Karl-Heinz Hofmann, Matthias Heininger, Walter Jaffe, et al. Aperture-synthesis imaging with the mid-infrared instrument MATISSE. SPIE, 2008(7013): 70133Y.

撰稿人：吴 桢

中国科学院国家天文台南京天文光学技术研究所

太阳系外类地行星直接成像技术

Toward the Direct Imaging of Earth-like Exoplanets

1. 引言

遥望夜幕下浩瀚星空，我们不禁会提出这样一个问题："人类在宇宙中是否是孤立的？"自 1995 年探测到第一颗围绕飞马座 51 旋转的行星以来[1]，至今已通过视向速度法等间接手段探测到 400 多颗太阳系外行星。这表明系外行星系统很可能普遍存在于整个宇宙之中。然而，由于视向速度法的观测局限性，目前，该方法只青睐于那些质量较大、轨道较短的行星，致使今天尚未有类地行星发现。此外，间接探测技术无法直接探测来自行星的光子，因而不能确定其上是否有生命存在。近些年来，对太阳系外行星进行直接成像已经引起了极大关注。该技术有着重要的天体物理学意义，包括：① 搜寻类地行星系统，对类地行星进行光谱分析以确认其可居住环境等特征，解答诸如该类行星上是否存在生命的问题；② 直接成像技术将加深人类对系外行星系统本质的理解，这对完善现有行星系统演化模型至关重要。

然而，对系外行星进行直接成像极具挑战性。对类地行星而言，其主星在可见光波段辐射光强是该行星的 10^9 倍，来自行星的微弱光因被淹没在恒星的强衍射光背景下而无法被探测到。Lyot 于 1939 年发明了第一台日冕仪，采用一块不透明焦面板和一个 Lyot 光瞳用于遮挡来自太阳的强光。该仪器随后被 Watson 等人改进，用于探测恒星周围的暗弱天体，称为星冕仪。然而 Malbet 指出，采用该系统即使在理想情况下，为了有效压制来自恒星的衍射光，角距离不得小于 $6\lambda/D$ (λ/D 对应光学系统的衍射极限)[2]。传统遮挡式星冕仪系统的理论成像对比度不高，且不能够获得较高的角分辨率，不适用于直接探测与恒星距离较近的系外行星。随后，涌现出了大量基于光瞳场强振幅调制的高对比度成像星冕仪系统[3]，该系统理论上可在 $1\sim4\lambda/D$ 角距离处获得极高的成像对比度。新兴的星冕仪系统一改传统遮挡方式，通过调制光波在系统光瞳平面处的场强，使得焦平面处的点扩散函数图像(PSF)强度重新分布，最终在目标探测区域内获得极高的成像对比度。尽管各种技术理论上可获得高达 10^{-10} 的成像对比度，然而截至今日，即使是在实验室中尚未有星冕仪实际成像对比度达到 10^{-10}。目前，国际同类研究小组最好的实验成像对比度均停留在 $10^{-6}\sim10^{-7}$ 之间，主要是受到核心器件加工精度及光学系统波像差等制约因素的影响。为了克服这些影响，需要引入诸如散斑噪声消除技术，图像相减等相关技术来获取额外的成像对比度增益。以期将成像对比度最终提高到 10^{-10}，从而为实现太阳系外类地行星的直接成像提供技术保障。

2. 一种用于系外类地行星直接成像的高对比度星冕仪

目前普遍认为，在可见光波段对类地行星进行直接成像，采用一台 4 米级望远镜，要求星冕仪在 $4\lambda/D$ 处(行星与恒星距离 0.1″)获得高达 10^{-10} 的成像对比度。美国 NASA 的类地行星探测星冕仪计划将基于一台 6 米级空间离轴望远镜系统，利用高对比度星冕仪对类地行星在可见光波段进行直接成像。由于空间观测不存在大气扰动，望远镜可避免由大气扰动引入的波前差，进而可获得较好的成像质量，这对实现类地行星直接成像至关重要。

最近，由南京天文光学技术研究所提出了一种用于类地行星直接成像的星冕仪[4]。该仪器基于透过率渐变光瞳调制技术，其透过率变化是由单片或双片带状透过率调制滤光片垂直叠加来实现。该透过率调制滤光片由有限带构成，其中每带透过率数值相同，这种独特的设计大大降低了该类透过率调制滤光片的加工难度。此外，在加工滤光片过程中可以精确测量和控制其每带透过率，从而能够保证该滤光片每带透过率的精度。正是由于上述诸多优点，该类星冕仪能够更好的用于系外类地行星的直接成像。

从理论上讲，该星冕仪系统可以在 $3\lambda/D$ 距离附近成像对比度达到 10^{-6} (应用于地面望远镜)和 10^{-10} (用于空间观测)。至今，由南京天文光学技术研究所同国内外多家公司合作研制完成了若干片滤光片。图 1 给出了其中一片滤光片的外观图，该滤光片有 15 带透过率调制带。系统相应的点扩散函数图像如图 2 所示，由此可见，来自恒星的衍射光大部分能量集中于图像的中心及十字区域，其他区域内的衍射光被大大压制，这些区域将作为系外行星直接成像区。目前，采用该滤光片，星冕仪在 $4\lambda/D$ 距离附近获得了高达 10^{-7} 的成像对比度，该结果与国际同类研究小组最好的实验水平相当。为了将系统成像对比度提高至 10^{-10}，需引入其他相关技术，如：采用可变形镜引入额外相位以提高成像暗区对比度及基于数据相减法的图像处理等[5,6]，这将为星冕仪提供 10^{-2}~10^{-3} 的额外成像对比度增益。

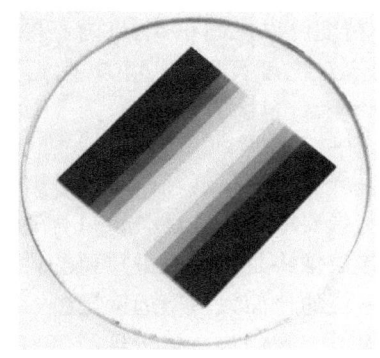

图 1 透过率调制滤光片外观示意图：理论上可在 $3\lambda/D$ 附近成像对比度达到 10^{-6}。

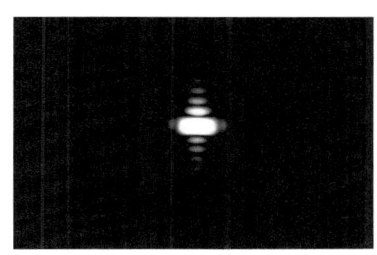

图 2 实验测得的系统点扩散函数图像。

3. 一种用于系外类木行星直接成像的高对比度星冕仪

虽然对类地行星进行直接成像需要星冕仪提供高达 10^{-10} 成像对比度,然而理论研究[7]表明,实现年龄在 1 亿年左右的类木行星的(近红外波段)直接成像,成像对比度仅需达到 $10^{-6} \sim 10^{-4}$。该理论模型进一步被近期实测所确认,由 Marois 所在研究小组直接拍摄到的围绕恒星 HR8799 的 3 颗系外行星[8]。观测结果表明,三颗行星自身存在较强的辐射,有效温度在 870~1090K 之间,在 $3 \sim 5 \mu m$ 波段处于自身最大辐射状态。因此,在红外波段观测,基于现有的地面望远镜设备,采用成像对比度达到 10^{-6} 的星冕仪将有望直接拍摄到该类行星。如前文所述,该星冕仪系统已经在角距离 $4\lambda/D$ 处获得高达 10^{-7} 的成像对比度。那么,使用大型地面望远镜设备,该系统将能够用于完成系外类木行星的直接成像。

然而,现有的地面大口径望远镜均未采用离轴设计,副镜及其支撑结构将会遮挡进入系统中心区域的光。由副镜及支撑结构带来的遮挡引入的额外衍射,将大大增加星冕仪系统的研制难度。

应用于地面观测的高对比度成像星冕仪系统另外一大难点是大气扰动引入的波前畸变,需要进行实时校正。因此科学家们最初认为基于地面望远镜进行系外行星直接成像是不合适的,至今尚未有任何一台高对比度星冕仪用于地面望远镜对系外行星进行成像。

今天,自适应光学系统已经成为大型地面望远镜观测的关键设备。如位于美国夏威夷的 8 米级 Gemini 和 Subaru 望远镜均配有自适应光学系统对大气扰动引入的波前畸变进行实时校正。特级别自适应光学系统也正在研制中,该系统将能够提供更高精度的波前畸变校正,并有望在近几年投入使用。为此,南京天文光学技术研究所已经成功设计出了一套专门用于地面望远镜系统的星冕仪,该星冕仪适用于现有的有副镜及支撑结构造成的遮挡的望远镜。根据点扩散函数的理论模拟,该星冕仪能够达到 $10^{-5.5}$ 的成像对比度。基于该所先前研制有限带带状透过率调制滤光片积累的经验和技术基础,该滤光片的每带透过率精度可以控制在 5%以内。再加上正在研发中的图像相减技术,预计该星冕仪成像对比度可以在 $4\lambda/D$ 附近达到 $10^{-7} \sim 10^{-6}$,进而有望利用地面大型望远镜实现对类木行星的直接成像。

4. 结论

随着数百颗太阳系外行星被陆续间接探测到,想要取得根本性突破只有通过系外行星直接成像技术来实现。对系外行星进行直接成像将是本世纪最重要的科学进展之一。基于现有技术,采用配备自适应光学系统的地面大型望远镜设备,实现类木行星的直接成像是有可能的。在接下来的几年中,我们将有望看到使用高对比度成像星冕仪系统所获得的科研成果。对类地行星的直接成像将更具挑战性,且只能通过空间望远镜观测来实现。近几年,高对比度成像星冕仪技术在实验室中已经取得了巨大进展。我们可以预见,在未来的若干年中,星冕仪系统的性能将会进一步提高并最终满足对类地行星直接成像的要求,届时科学家们将对"宇宙中是否有另外一个蓝色地球"这一基本问题作出回答。

参 考 文 献

[1] Mayor M, Queloz D A. Jupiter-mass companion to a solar-type star [J]. Nature, 1995, 378: 355–359.

[2] Malbet F, Yu J W, Shao M. High-dynamic range imaging using a deformable mirror for space coronagraphy [J]. Publications of the Astronomical Society of the Pacific, 1995, 107: 386–398.

[3] Guyon O, Pluzhnik E A, Kuchner M J, et al. Theoretical limits on extrasolar terrestrial planet detection with coronagraphs [J]. The Astrophysical Journal Supplement Series, 2006, 167: 81–89.

[4] Ren D Q, Zhu Y T. A coronagraph based on stepped-transmission filters [J]. Publications of the Astronomical Society of the Pacific, 2007, 119: 1063–1068.

[5] Trauger J T, Traub W A. A laboratory demonstration of the capability to image an Earth-like extrasolar planet [J.] Nature, 2007, 7137: 771–773.

[6] Ren D Q, Wang H M. Spectral subtraction: a new approach to remove Low and high-order speckle noise [J]. The Astrophysical Journal, 2006, 640: 530–537.

[7] Marley M S, Fortney J J, Hubickyj O, et al. On the luminosity of young Jupiters [J]. The Astrophysical Journal, 2007, 655: 541–549.

[8] Marois C, Macintosh B, Barman T, et al. HR 8799 direct imaging of multiple planets orbiting the Star [J]. Science, 2008, 322: 1348–1352.

撰稿人:任德清

中国科学院国家天文台南京天文光学技术研究所

超高精度天体视向速度的测定

Ultra-high Accuracy Radial Velocity Measurements

1. 概述

天文学的发展有几千年的历史，分光术的出现给它以飞跃的发展，从而形成了近代天文学的主要学科——天体物理学。光谱仪器和天文望远镜是天文研究中的强大武器，而光谱分析是研究天体的最重要的方法。光谱分析是利用原子和分子的发射与吸收光谱进行物质的化学组成及含量分析的物理方法，各种原子或分子都具有自己的特定光谱，人们利用光谱仪器可以测量天体的化学成分、大小、重量、运动方向、速度以及温度等。根据物理学的多普勒原理，天体相对观测者的相对运动会改变观测者接收到的辐射波长。辐射波长的变化$\Delta\lambda$，与天体相对于观测者视向运动的速度 V 有关，而且 $V=C\Delta\lambda/\lambda_0$。其中 C 为光速，$\Delta\lambda=\lambda-\lambda_0$，$\lambda$ 为位移后实测所得的谱线波长，而 λ_0 为天体视向速度等于零时同一谱线的波长。天体远离观测者时谱线红移；接近观测者时紫移。由此可知，测量谱线的位移量可以求出视向速度。具体测量方法有：① 在大望远镜的卡塞格林焦点或折轴焦点处，配置分辨能力足够高而稳定的有缝摄谱仪，用它拍摄天体的光谱和比较光谱，在实验室中精确测量和计算出若干条选定谱线的$\Delta\lambda$，再归算出平均的 V。这种方法精度一般仅几千米/秒，而且效率很低。② 物端棱镜 1953 年，法国天文学家费伦巴赫采用对某一波长色散为零的直视物端棱镜，解决了多年来未能解决的关键问题——定标问题。他使物端棱镜绕光轴旋转 180°，在同一张底片上拍摄同一天区正反两列光谱来加大色散和减小测量误差。其测量精度一般约几千米/秒。③ 偏振方法 1972 年，谢尔柯夫斯基在星光光路中装入一个偏振度随波长而变的偏振器件，把多普勒频移的测量转变为偏振角的测量。用这种方法可观测暗弱天体，精度达 10m/s。[1]

2. 目前，视向速度精度可达 1 米/秒

20 世纪 80 年代，随着光栅刻划技术的进步和大面积面阵 CCD 探测器技术的发展，在大望远镜的折轴焦点配置高分辨率阶梯光栅光谱仪，由于折轴光谱仪固定不动（同现在的光纤光谱仪），仪器稳定性非常好，极大地提高了视向速度测量精度，目前，世界上高分辨率阶梯光栅光谱仪的视向速度精度可达约 1m/s。阶梯光栅（Echelle）实质上是一种粗光栅（30~300 刻线/mm），具有较大的闪耀角，典型的是 63°26′、69°和 76°，可以用于很高的干涉级次，通常 10~100 级，因此可获得极高分辨率。利用阶梯光栅为主色散元件，辅以横向色散元件进行级次分离，用面阵

CCD可同时记录下很宽光谱范围的高分辨率($R=10^5\sim10^6$)光谱,这样的光谱仪可以用于研究天体的化学元素丰度和天体的磁场及大气运动等现象,近来被广泛用于太阳系外行星探测。太阳系外行星(简称系外行星;英语:extrasolar planet 或 exoplanet)泛指在太阳系以外的行星。自 1990 年代首次证实系外行星存在,截至 2009 年 9 月 6 日,人类已发现了 374 个系外行星[2]。

由于直接观测比较困难,除了直接观测法外,天文学家发明了各种间接观测方法:恒星光度法、天体引力透镜法、视向速度法、自行测定法等。其中效率最高、最常用的方法是视向速度法[3]。目前绝大多数的系外行星系统是通过该方法发现的,使用该方法发现的太阳系外行星候选体占总数的 90%以上。视向速度法的关键设备是高分辨率阶梯光栅光谱仪,现代的光谱仪可以观测到少于 1 米每秒的速率变化。如图 1 所示,欧洲南方天文台设置在智利 La Silla Observatory 的 3.6 米望远镜的高精度视向速度行星搜索器(HARPS, High Accuracy Radial Velocity Planet Searcher),该系统可观测到恒星视向速度小于每秒一米的变化(约 1m/s)[4]。

图 1 高精度视向速度行星搜索器[4]。

3. "激光频率梳"定标新技术,有望将视向速度测量精度提高到约 1 厘米/秒

目前,天文学家利用视向速度的方法已在太阳系外发现了数十颗体积与木星类似的巨型行星。然而,要想找到尺寸较小一些的行星(类地行星)就必须更为精确地测量恒星运行轨道的变化情况,视向速度测量精度需提高到约 1 厘米/秒!

所谓的"光梳"拥有一系列频率均匀分布的频谱,这些频谱仿佛一把梳子上的齿或一根尺子上的刻度,可以它用来测定未知频谱的具体频率。激光频率梳定标系统解决了传统的 Th/Ar 灯及碘盒吸收波长定标技术都存在的谱线分布不均、谱线强度不同、长期稳定性不好等缺点。2007 年,英国剑桥大学联合德国马普量子光学研究所及欧洲南方天文观测站的科学家首先提出采用稳定的飞秒激光光学频率梳为

高分辨率的天文摄谱仪进行波长定标,他们设想利用成熟的飞秒激光频率梳技术及 F-P 腔滤波技术提供绝对稳定的光学频率等间隔纵模分布,这种梳状分布的谱线具有空间上分布均匀,强度上基本一致,并且可以长期保持稳定不变的巨大优越性,是高精度摄谱仪理想的波长定标源。接着 2008 年 9 月,马普量子研究所与南方天文台在 Science 上报道了他们利用飞秒光学频率梳波长定标技术[6],在德国真空塔(VTT)望远镜上实现了对太阳光谱的测量研究,证明光学频率梳作为波长定标源不仅可保持长期稳定不变,而且可以有效去除望远镜抖动等因素引入的系统误差,对于未来精确测量宇宙膨胀速度非常重要[5]。在真空塔望远镜上取得成功后,天文学家正在开始在智利 LaSilla 天文望远镜的 HARPS 行星搜索器上尝试这项技术了[6]。天文学家最终要达到的目的是通过它来研究宇宙膨胀的速度,这将让科学家们有机会对爱因斯坦的相对论进行验证,同时对宇宙中一些其他的神秘现象,比如暗能量的研究也会取得进展。以上工作在天文及激光物理学界引起强烈的反响,作为 2005 年诺贝尔物理奖重要内容之一的光学频率梳技术不仅在计量领域树立了里程碑式的意义,而且即将在天文研究方面开辟崭新的天地。

图 2　激光频率梳波长定标系统[5]。

参 考 文 献

[1] 黄佑然, 等. 实测天体物理学. 北京: 科学出版社, 1987.
[2] Http://exoplanet.eu/catalog.php.
[3] Mayor M, Queloz D. A jupiter-mass companion to a solar-type star. Nature 1995, 378, 355.
[4] Mayor M, et al. Setting new standards with HARPS. The Messenger 2003, 114, 20.
[5] Steinmetz T, et al. Laser frequency combs for astronomical obervations. Science, 2008, 5.
[6] Pasquini L, et al. CODEX: measuring the acceleration of the universe and beyond. in Proceedings of the 232nd Symposium of the International Astronomical Union, Cambridge University Press, 2006.

撰稿人:朱永田
中国科学院国家天文台南京天文光学技术研究所

能分辨光子能量的图像探测器

Spectral Sky Survey without Spectrographs

众所周知，光学(紫外，可见及红外)的天文观测设备基本上由望远镜、辐射分析器和探测器构成。随着人类对天体演化研究的深入，需要观测更为遥远(如上百亿光年外的初期宇宙)和暗弱(如太阳系外行星等)的天体。为此，一方面，要不惜巨大投资和克服技术困难建造口径巨大(直径成十上百米)的望远镜以拦截更多来自那些天体的光子，另一方面，必须想尽办法提高从望远镜收集来的宝贵光子的使用效率，减少它们在观测设备中的损失。

光谱分析是天文学的一个重要研究手段，是将天文学与物理学连接起来，对天体进行定量分析研究的主要桥梁。天文巡天是利用特定的观测手段对整个天区或部分天区中的天体进行普查式观测和记录的观测形式，这是天文学家对浩瀚宇宙认知甚少的情况下，一种试图在时间和空间上进行"俯视"的探索方法。几百年来，经历了一轮又一轮的目视、照相和光电巡天(采用光电探测器作为信号接收器的巡天观测)，到今天，大规模光谱巡天，也就是对天体的光谱信息进行巡天观测，已势在必行。

要进行光谱巡天，需在望远镜与探测器之间插入光谱仪，使天体的光色散成光谱。现有的光谱仪无论是有缝、无缝(指入光狭缝)还是光纤光谱仪，均需增加一定数量的光学元件，不可避免地使望远镜收集来的光子在光谱仪中被折射、反射及散射等光学过程大量损失，大大降低了观测系统效率。为了获得足够的信噪比，只得加长积分时间，从而降低了巡天效率。再者，这种基于光谱仪的光谱巡天，丢失了天文学家极为关注的天体的二维图像信息。尤其是光纤光谱仪，由于其疏散采样的禀性，从本质上就不具备提取面源天体图像细节的可行性。

如果图像探测器具备能量分辨能力，就不需插入光谱仪，直接由探测器来完成分光任务。这样既可以避免光谱仪带来的光损，提高天文观测设备的效率，还可以同时获得天体的实际图像。此外，如果用于空间巡天设备，省略光谱仪就意味着降低飞行器的重量，这对空间任务来说极为重要。因此，具备能量分辨能力的图像探测器一直为人们梦寐以求，也是现代图像探测器研究的一个巨大难题，挑战着当代天文图像探测器的理论与技术。

天文光学(紫外、可见及红外)图像探测器从人眼、照相乳胶、光电阴极一路走来，发展到如今的 CCD(charge coupled device)、CMOS 器件(complementary metal oxide semiconductor)，在诸多性能上已经有了很大的提高，尤以接近 100%的探测效率最为显著。效率的提高在光子收集能力上等效于望远镜口径的增大，从而使口径较小的望远镜能做很多原来大口径望远镜上才能做的工作。这种增大相对于照相乳胶而言已经达到了近百倍。然而，即使是眼下最好的天文图像探测器，尽管它已有 99%的量子效率、单光子计数能力及单片集成了上亿个像元，但从天文观测的需求来说其性能还远非完美：还有读出噪声(指探测器在读出图像过程中产生的附加噪声)和暗流(指器件像元内部的热电荷发射,将使图像噪声增大)等杂讯影响着图像的信噪比(信号与噪声的比值)和动态范围(指一幅图像中可分辨的最亮与最暗目标的亮度倍率)，不能直接感知入射光线的偏振状态，也不能报告每个光子的精确到达时刻，更不能测出每个到达光子的能量(波长)数值。而最后一点正是天文学家最为渴求的，以致美国国家研究理事会在其颇有影响的《新千年天文学和天体物理学》报告中把它列于下一代亟待发展的天文技术的首位[1]。

由于巨大的需求驱动力，一直有人在这方面进行努力，如 20 世纪 80 年代中期瑞士苏黎世联邦理工学院(Die Eidgenössische Technische Hochschule Zürich)的 Christoph Keller 等曾尝试用光谱烧孔器件(spectral hole-burning device，SHBD)直接在高空间分辨率的"胶片"上记录具有高光谱分辨率的图像[2]。但无奈由于当时技术的限制，这种尝试并没能发展到实际应用。直到超导技术快速发展的时代，才有如地平线上初露出的曙光，出现了两种可使像元具有能量(波长)分辨率的新一代图像探测器雏形，超导隧道结阵列 STJ(superconducting tunnel junction array)[3]和超导跳变敏感器阵列 TES(superconducting transition sensor)[4]。到今天，这两种器件已开始走出实验室，在天文望远镜上进行了试验性天文观测。

使用超导隧道结来获得能量分辨率的思路沿用了半导体图像探测器用"能隙"来测量入射光子的想法，只是材料的"能隙"小得多。材料拦截能量不同的光子后，产生与光子能量大小相关的响应，从而度量每个入射光子的能量(波长)。具体过程是光子能量打破超导材料里的库珀电子对(Cooper pairs)产生类粒子(quasi-particles)，其数量(电流)与库伯对的束缚能和入射光子的能量大小成正比，应用隧道效应进一步增强这些类粒子产生的电流，使之达到外接电路可测量的程度。

不同的超导材料的束缚能不同，至少可比半导体材料的"能隙"小三个量级(见表 1)，理论上可分辨小于千分之一电子伏特的能量。实际的 STJ 器件也还有暗电流和读出噪声等问题，影响探测图像的信噪比和动态范围，一般通过外加磁场、降低工作温度及适配偏置电压等手段可减轻这些影响。

超导跳变敏感器(TES)的发明者用了另一种思路。处于临界温度的超导材料只要温度一点微弱变化就会引起电阻率陡峭变化，此特性可用来度量入射光子的能量。将探测器的像元设计成一只极为灵敏的温度计或微卡路里表(microcalorimeter)，在入射光子到来前，探测器处于稍低于临界温度下的超导态，光子入射超导体后，其能量扰动导致超导体温度升高,使其超导状态立即向普通态跳变,电阻大幅度升高,测量这个电阻变化即可十分灵敏地获得入射光子的能量(图 1):

表 1 几种超导材料的临界温度和"能隙"

超导材料	临界温度(°K)	"能隙"(MeV)
铌(Nb)	9.20	1.550
钒(V)	5.30	0.800
钽(Ta)	4.48	0.664
铝(Al)	1.14	0.172
钼(Mo)	0.92	0.139
镉(Cd)	0.56	0.083
钛(Ti)	0.39	0.059
铪(Hf)	0.13	0.020

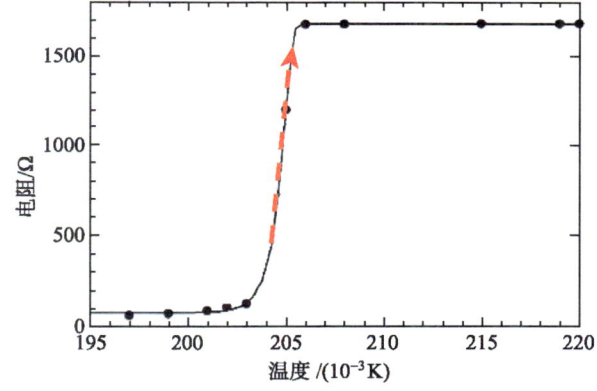

图 1 超导物态向普通物态随温度变化的电阻跳变(此图引自王传晋书稿《天文微光探测器》,206 页)。

如果 T 为 TES 的温度,R 为它的电阻,定义 α 为

$$\alpha = \frac{T}{R}\frac{dR}{dT}$$

TES 的能量分辨率约为

$$\Delta E \cong \sqrt{4KT^2C/\alpha}$$

这里 K 是玻尔兹曼常数,C 是 TES 的热容量。可见,要想得到高的能量分辨率(或光谱分辨率),需要尽可能低的器件工作温度和尽可能大的 α 值。这种随温度的跳变仅在临界温度附近一个极小的范围内发生,这意味着器件的有限动态范围。

无论是 STJ 还是 TES,从原理来讲都可以实现对入射光子的能量分辨,解决使图像探测器具备光谱分辨率的难题。但它们目前都遇到了技术上的巨大困难,使

之难以像CCD那样快速发展和普及。首先，它们必须在超导温度下工作，这甚至需要冷到离绝对零度仅数百分之几度；其次，这些材料组合成阵列十分困难，很难形成足够像元数的器件以满足覆盖视场和空间分辨率的要求。当然，随着技术的进步，这些困难都会被逐渐克服。但目前可用的STJ阵列仅为10×12，TES阵列只有8×8，它们的光谱分辨率都还未能达到100。

因此，从天文学研究的迫切需求来看，这个难题还远未得到满意地解决。在探测器科学与技术方面，还有着巨大的探索、创新的空间。也许我们应该问问自己，是否可以彻底改变解决这个难题的思路，从传统的光电、光热效应的框架里跳出来，扩大视野，寻找是否存在全新的能量转换机制、实用的工作介质(材料)和读出、测量方式可以圆满解决这个难题。

参 考 文 献

[1] Commission on Physical Sciences, Mathematics, and Applications Board on Physics and Astronomy, Astronomy and Astrophysics in the New Millennium: Panel Reports (2001), Washington, D. C., The National Academies Press, 2001, 15, 331, 369&370.

[2] Keller C U, Gschwind R, Renn A, Rosselet A, Wild U P. The spectral hole-burning device: a 3-dimensional photon detector, Astron. Astrophys. Suppl. 1995, 109: 383–387.

[3] Martin D D E, Verhoeve P, Oosterbroek T, Hijmering R, Peacock A, Schulz R. Accurate time-resolved optical photospectroscopy with superconducting tunnel junction arrays, Proceedings of the SPIE, 2006, Volume 6269: 62690O.

[4] Burney J, et al. Transition-edge sensor arrays for UV-optical-IR astrophysics, Nuclear Instruments and Methods in Physics Research Section A: Accelerators, Spectrometers, Detectors and Associated Equipment, 2006, 559(2): 525–527.

撰稿人：宋 谦
国家天文台天文探测器实验室

极大光学/红外望远镜高分辨光谱技术

High Resolution Spectrosgraph for Extremely Large Telescope

1. 引言

1666年Isaac Newton发现太阳白光能够被棱镜分解成连续的不同颜色的光,并用"光谱"来描述这个现象,牛顿对光的分析是光谱科学的开端。1800年William Herschel发现了近红外光谱,1801年J. W. Ritter发现了紫外射线,其后光谱技术得到了广泛应用。科学家们开始使用光谱技术研究太阳,恒星,星云的光谱、化学组成和运行速度,研究气体的吸收谱和发射谱。我们获取的光谱信息可反映出光与物质的相互作用,通过这些相互作用我们就可以鉴别元素或者获取相关的物理、化学特性,定性的、定量的或动力学演化的知识。迄今为止,光谱观测依然是天文观测最主要的和最有效的观测方法,其中高分辨率光谱观测在众多科学目标中有着不可替代的作用。高分辨光谱技术通常要求光谱分辨率从四、五万至几十万,在天文观测中被广泛应用于研究恒星与星际介质化学元素丰度、动力学,宇宙年龄及太阳系外行星搜寻等。特别对探索地外文明寻找类地行星,是当前最主要的方法,其原理是利用天文望远镜的终端仪器-高分辨率光谱仪对目标恒星的视向速度进行高精度测量。

1609年伽利略使用望远镜的口径只有42mm,今天世界上已经有多台8~10米级的大望远镜运行,其中最大的望远镜是位于夏威夷的两台KECK望远镜,每台望远镜主镜直径10米。中国也建成了大口径大视场兼备的LAMOST望远镜。

世界上目前有多项极大光学/红外望远镜计划,主要有:42米欧洲极大望远镜(E-ELT),美国30米望远镜(TMT)和24.5米的巨型麦哲伦望远镜(GMT)。极大望远镜都将配备高分辨率光谱仪,天文高分辨率光谱观测要求观测仪器是高分辨率和高通量的结合,但通常由于受到台址限制,光谱观测的极限性能随望远镜口径的二次方增加,仪器的规模随着望远镜口径的三次方增加,为极大望远镜配备高分辨率光谱仪异常困难。

2. 高分辨率光谱仪与极大望远镜匹配的困难[1]

极大光学/红外望远镜的建造为天文学家从事高分辨率光谱研究提供了新的机遇,同时也给大望远镜高分辨率光谱仪设计者提出了新的挑战。光谱仪和望远镜之间的基本关系可以用以下公式描述:

$$R \times \phi = \frac{2\sin\theta_b \times \cos\theta}{\cos\alpha} \times \frac{d_1}{D} \qquad (1)$$

光栅工作在 Littrow 入射状态时，$\theta = 0$，公式(1)简化为：

$$R \times \phi = 2 \tan \theta_b \times \frac{d_1}{D} \tag{2}$$

公式(1)同时又可表达为：

$$R \times \phi = 2 \sin \theta_b \cos \theta \times \frac{L}{D} \tag{3}$$

光栅工作在 Littrow 入射状态时，$\theta = 0$，公式(3)简化为：

$$R \times \phi = 2 \sin \theta_b \times \frac{L}{D} \tag{4}$$

在公式(1)~(4)中，$R=\lambda/\delta\lambda$为光谱分辨率，ϕ为狭缝对天空张角，d_1为准直光束口径，D为望远镜通光口径，L为光栅刻划面长度，θ_b为光栅闪耀角，α为光栅入射角，θ为偏离 Littrow 状态角($\theta = \alpha - \theta_b$)。由公式(1)~(4)可知：光谱仪的分辨率与望远镜的口径成反比，随着望远镜口径的不断加大，其高分辨率光谱仪的设计越来越难，这就出现了高分辨率光谱仪与大望远镜匹配的难题,其困难主要体现在以下两方面：① 分辨率与光效率的矛盾。要获得 40000~120000 的高分辨率，通常情况下光谱仪的狭缝只能开宽 1″~0.3″，大部分星光被拒之缝外。② 8~10m 级望远镜的高分辨率光谱仪需要刻划面约 1m 的大尺寸阶梯光栅，而现在的光栅刻划技术所能提供的光栅规格(约 408mm)远达不到 8~10m 望远镜的要求，因此，当今世界 8~10m 级天文望远镜的高分辨率光谱仪和 20 世纪六七十年代 2~4m 级望远镜传统的阶梯光栅光谱仪或 coudé 光谱仪相比，无论在性能方面还是结构方面都有所不同，许多新技术用于 8~10m 级天文望远镜的高分辨率光谱仪，比如：有限元分析、先进的制造技术和计量方法、高性能大闪耀角的衍射光栅、光栅拼接新技术、新的光学玻璃、多层膜和高效率光学镀膜技术、CCD 拼接技术等，这些新技术使得 8~10m 级天文望远镜的高分辨率光谱仪有许多创新之处,也为极大望远镜的高分辨率光谱仪的研制提供了技术基础。

3. 高分辨率光谱仪与极大望远镜匹配的方法

(1) 采用光栅拼接技术可以建造更大规模的仪器,由公式(3)可知光栅拼接突破了光栅制造技术瓶颈的约束，允许更大的 L，以便和极大望远镜匹配，缺点是仪器的规模和成本增加得非常快[2]。

(2) 选择优秀的台址，可减少狭缝的光损失。南极内陆可能存在地球上视宁度最好的地区,但是极地的低温对极大望远镜本身的可靠性和耐低温性能提出新的要求。最好的台址也难直接满足极大望远镜高分辨率光谱仪的要求。

(3) 采用像切分器,将天体目标在焦面上的像分割成小块然后重新组合输入到高分辨率光谱仪。公式(1)中的张角 θ 被分割成几份，从而大大缩减了仪器的规模。

应用于天文高分辨率光谱仪的像切分器类型主要有 Bowen 型(1938)、Bowen-Wairaven 型(1972)、Richardson 型(1984),波导型(1992)和光纤光瞳像切分器(1998)等[3]。

(4) 采用光瞳切分方法。这种方法将望远镜的光瞳分成若干份,然后进行焦点组合,它直接减少了上述公式中的 D[4]。

(5) 自适应光学方法。该方法原理上使高分辨率光谱仪摆脱了视宁度限制,但是目前的自适应光学局限于红外波段,对于光学及紫外波段尚不能用。

(6) 光瞳切分+自适应光学方法。将 (4)和(5) 的方法组合起来使用,因为光瞳切分,使得有可能在光学波段应用自适应光学。

4. 已建和在建的大望远镜高分辨率光谱仪[2]

表 1 列出了世界上 8~10 米级大望远镜配备的高分辨率光谱仪基本参数。其中HIRES 是 10 米望远镜 KECK 的终端。为了降低研制难度,HIRES 采用多次曝光的方法覆盖 0.3~1.1μm 的波长范围,一次曝光可以获得带宽 0.12~0.25μm 的信息。利用 3 块光栅拼接实现 305mm 的光束直径,相机反射镜口径为 1.07m。

表 1 大望远镜(8~10 米级)的高分辨率光谱仪

光谱仪	HIRES	UVES	HRS	HROS	HDS	PEPSI
$R\theta$(arcsec)	39000	40000	30000	28500	36000	40000
最高分辨率	67000	115000*	120000	75000	160000	300000
波长范围μm	0.3~1.1	0.3~1.1	0.4~1.1	0.3~1.0	0.3~1.0	0.4~1.1
光束直径 mm	305	200	200	160	272	200
中阶梯光栅	1×3 拼接	1×2 拼接	1×2 拼接	immersed	1×2 拼接	1×2 拼接
探测器	CCD	CCD 拼接	CCD 拼接	CCD 拼接	CCD 拼接	CCD 拼接
极限星等	19.7	19.4	19.4		18.6	20.4
望远镜	Keck	VLT	HET	Gemini	Subaru	LBT
口径 (m)	10	8.2	9.2	8.1	8.2	2×8.4
面积 (m²)	76	51.2	77.6	50.4	51.3	109.7

*为采用像切分器后的分辨率。

HIRES 在平面上的投影面积达到 25 平方米,如果为 42 米望远镜建造一个类似光谱仪,其在平面上的投影面积将是 450 平方米。而若为 42 米望远镜建造类似 4 米望远镜 AAT 的 UHRF 极高分辨率光谱仪,光谱仪在平面上的投影面积将是 2400 平方米。

极大望远镜为进行更高分辨率的观测提供了可能,为更细致深入的天文观测提供了契机,但同时也给高分辨率光谱技术的实现带来了更大的挑战。未来的极大望远镜会发展哪种技术,是复杂的瞳切分+自适应光学方法吗?我们是否还有另外的选择?

参 考 文 献

[1] 朱永田. 8~10m 级光学/红外望远镜的高分辨率光谱仪. 天文学进展, 2001, 19(3).
[2] Pilachowski C, Dekker H, Hinkle K, Tull R, Vogt S, Walker D D, Diego F, Angel R. High-resolution spectrographs for large telescopes. Pub. Astron. Soc. Pac. 1995, 107: 983–989.
[3] Bowen I S. The image slicer, a device for reducing loss of light at slit of stellar spectrograph. Astrophys. 1938, 88:113–124.
[4] Beckers J M, Andersen T E, Mette Owner-Petersen. Very high-resolution spectroscopy for extremely large telescopes using pupil slicing and adaptive optics. OPTICS EXPRESS, 2007, 15(5): 1983–1994.

撰稿人:胡中文

中国科学院 南京天文光学技术研究所

太阳磁元的探测

Detection of the Solar Magnetic Element

1. 问题的由来

20世纪初,由于Hale及其合作者的杰出贡献,太阳成为第一颗被测量出磁场的恒星[1]。在随后的百年当中,太阳磁场的观测和研究得到了突飞猛进的发展。然而,即使如此,有关太阳磁场的一些基本问题却仍无答案。太阳磁场的基本结构——磁元就是这些秘密之一。

历史上,人们曾经用磁元这个概念称谓过现在看起来一些不同的太阳特征结构,这主要是由于不同时期观测水平和理论认识限制,使得人们以为他们已经探测到了太阳的基本结构。不过,到20世纪80年代,建立在现有知识体系基础上的太阳磁场基本结构理论完善了[2]:由于太阳大气标高(the pressure scale height)和光子平均自由程(the photo mean free path)的限制,磁元的基本尺度应该为75~100千米甚至更小。这个尺度相当于地基或近地卫星光学望远镜0.1角秒的空间分辨率,在下面的分析中我们将会看到,这已超出了现有望远镜的探测能力!

尽管如此,太阳物理学家从来没有停止过探索磁元秘密的脚步,这不仅仅是出于人类探索自然奥秘的原始驱动力,也是由于科学和社会的巨大需求:太阳是我们唯一能进行高分辨率和高灵敏度观测的天体样本,因此太阳磁场的研究对恒星磁场及其活动的研究具有决定性的意义;磁精细结构反映的是磁场与对流之间的非线性相互作用,而地球上根本无法提供这样一个研究非线性动力学作用的实验场所,因此磁元的研究涉及物理学的基本问题;太阳活动导致的日地空间环境变化对现代化的国防、航空航天、通信等高科技领域有越来越重要的影响,而太阳活动的本质就是磁相互作用,因此要有效的监测和预报空间天气也必须首先了解太阳磁场的基本性质。

2. 磁元探测历史

20世纪60年代后期,随着太阳磁场测量技术的不断发展以及太阳物理观测和理论的不断深入,对太阳磁场基本结构的探测和研究开始取得重大进展。那一时期,虽然磁场观测空间分辨率方面还远远不能满足需求,但随着光谱诊断技术的不断完善,对于磁元内禀性质之一的磁场强度的认识却越来越深入,其中一个最重要的成果就是形成了所谓太阳磁场的"强场"观点:太阳表面90%以上的磁通量都是以亚角秒尺度、千高斯以上强度、孤立结构的形式存在的。随后,基于这类观点的太阳磁流管(fluxtube)模型得到很大发展，并反过来对这一观点给予了很大支持[3]。

不过，"强场"观点虽然得到许多学者的认同并得到理论模型的支持，但在稍后时期完善起来的另一类以实时成像为特点的太阳磁场测量设备[4]，以其高时间分辨率带来的高效率观测，对太阳表面磁场形式多样性的观测积累越来越丰富，在此基础上有学者开始质疑太阳单一化的基本结构形式是否合理。遗憾的是，这一类成像设备虽然效率高，但给出的物理参数远不如光谱诊断方法给出的多，因此一直无法建立起完善的理论体系来解释观测现象。

因此，在 20 世纪八九十年代，关于磁元内禀"强"与否的争论一直是太阳物理领域一道亮丽的风景线[5, 6]。在 1998 年吉林人民出版社出版的《21 世纪 100 个科学难题》中，我们曾经以"磁元的争辩——世纪末的难题之一"为题对此进行过评述[7]。实际上，所有的争论和不确定性都是基于这样一种无奈的现实：人们还无法直接观测磁元。

进入 21 世纪，太阳磁场观测技术和手段再一次取得突破性进展，其中，以配备了自适应光学、实时像选择、图像复原等最先进技术的瑞典 1 米太阳望远镜和搭载了 50 厘米口径光学望远镜的日美欧"日出"卫星(Hinode)为其杰出代表。在此背景下，人们一度以为磁元最后的面纱将会被揭开。然而，最初的震撼过去之后，人们不得不再次面对没有答案的无奈现实！

3. 磁元探测的挑战

磁元的直接观测需要解决的两大技术难题是 0.1 角秒的空间分辨率和在此分辨率下的磁场测量灵敏度[8]。

目前，最成熟的太阳磁场测量是通过太阳光学观测完成的，由于地球大气的影响，地基太阳望远镜很难突破 1 角秒的空间分辨率，这远远低于磁元的 0.1 角秒空间尺度。空间观测可以避免这个限制，是理想的高分辨率观测途径。遗憾的是，目前最先进的空间望远镜就是"日出"卫星的 50 厘米太阳光学望远镜 SOT，其观测极限分辨率 0.2 角秒，磁场观测分辨率接近 0.3 角秒，并不足以完成对此磁元的直接观测。目前 SOT 已经在轨观测近 3 年，除了在多样性的磁场表现形式以外证实了更弱的米粒磁场的存在外[9]，并未能对磁元的奥秘提供更多的答案。

在空间分辨率方面，瑞典 1 米太阳望远镜已能获得 0.1 角秒的光学分辨率和 0.18 角秒的磁场分辨率[10]，但该望远镜仍然无法完成磁元探测的使命，因为它远远达不到另一项指标，即高的磁场灵敏度。磁场测量实际上是对太阳信号微弱变化信息的提取，虽然太阳光很强，但包含磁场信息的变化量是很小的，例如，SOT 最新证实的米粒磁场，其变化量仅在背景强度的万分之几量级。要想获得高的磁场灵敏度，必须牺牲时间分辨率作长时间曝光或多幅观测叠加。但瑞典望远镜在追求高分辨率观测的同时是无法满足这些要求的。到目前为止，文献中报道的该望远镜的灵敏度，甚至远远低于已经成功运行了 20 多年的国家天文台怀柔太阳观测站的太阳磁场望远镜，更遑论进行磁元探测了。

在一定意义上，太阳磁场测量中的空间分辨率和磁场灵敏度是一对矛盾体，要想探测磁元，必须在探测技术和手段上有进一步的突破。

4. 希望

尽管面临巨大的挑战，但人们并不会放弃对磁元奥秘探索。目前来说，有三个项目可能会对此做出突破性的贡献：美国和欧洲各自计划的 4 米口径地基太阳望远镜 ATST 和 EST，另一个则是我国的空间太阳望远镜 SST。

ATST 计划以 4 米口径的光学和近红外望远镜配备更高级的自适应光学系统实现对磁场基本结构的观测。由于在近红外波段可以获得比可见光区更好的空间分辨率，而其 4 米大口径可以保证足够的灵敏度，因此 ATST 可以满足磁元探测的要求。EST 在小尺度磁场探索方面和 ATST 差不多。SST 主载荷是一个 1 米口径的光学望远镜，其核心科学目标就是进行磁元探测，可行性已经过充分的论证。不过，目前 ATST 和 SST 都还处于争取立项阶段，而且要真正实现磁元探测的突破，还需要克服大量的工程难题。

5. 故事还在继续

虽然实测天文学家还未能实现理论预言的 0.1 角秒基本磁场结构的直接探测，理论天文学家们却已经迫不及待地进入了一个更微观的世界，例如目前的 MHD 模拟已经展示了数千米格点下(比 0.1 角秒空间尺度小一个量级)的太阳磁场演化图样[11]！因此，这正如人类对自然世界的探索永无止境一样，"磁元探测"的故事还远远没结束。

参 考 文 献

[1] Hale G E. On the Probable Existence of a Magnetic Field in Sun-Spots. Ap. J., 1908, 28, 315.
[2] Spruit H C, Zwaan C. The size dependence of contrasts and numbers of small magnetic flux tubes in an active region. Solar Physics. 1981, 70, 207–228.
[3] Parker E N. The dynamics of fibril magnetic fields: I. Effect of flux tubes on convection. ApJ, 1982, 256, 292–301.
[4] Beckers J. Principles of operation of solar magnetographs. Sol Phys., 1968, 5, 15-28.
[5] Zirin H. The interaction of weak and strong magnetic field on the Sun. Proceedings of the 141th IAU Colloquium, 1993, 215–221.
[6] Stenflo J. Strong and Weak Magnetic Fields: Nature of the Small-Scale Flux Elements. Proceedings of the 141th IAU Colloquium, 1993, 205–214.
[7] 邓元勇，艾国祥. 磁元的争辩——世纪末的难题之一. 21 世纪 100 个科学难题. 长春：吉林人民出版社.

[8] Deng Y, Wang J, Ai G. The detection of "magnetic element"—Why we need a one-meter Space Solar Telescope. AdSpR.. 2009, 43: 365–368.

[9] Lites B, Kubo M, Socas-Navarro H, et al. The Horizontal magnetic flux of the quiet-Sun intranetwork as observed with the Hinode Spetro_polarimter. ApJ, 2008, 672, 1237.

[10] Berger T, Rouppe van der Voort L, Löfdahl3 M, et al. Solar magnetic elements at 0.1' resolution: General appearance and magnetic structure, A&A, 2004, 428, 613.

[11] Schüssler M. Magneto-convection and large solar telescopes. proceedings of "1st EAST & ATST workshop on science with large solar telescope", in press, Oct. 14–16, 2009, Freiburg, Germany.

撰稿人：邓元勇　艾国祥

中国科学院国家天文台

太阳高分辨率观测

High Resolution Solar Observation

1. 太阳高分辨率观测科学难题的来龙去脉及重要性

太阳活动经常产生强烈的电磁辐射、高能粒子和抛射大量的磁化等离子体,这些物质在八分钟至数十小时的时间尺度上影响地球磁层、电离层和高层大气。剧烈太阳活动发生期间,由太阳发生的增强的X射线和紫外线以光速传到地球,被地球上层大气吸收,使得电离层受到突然扰动,其中主要现象是低电离层电子密度吸收增加,并导致地球向阳面短波通讯中断。这种骚扰会给通讯、导航、定位带来影响。太阳质子事件中的高能粒子会对空间运行的航天器、航天员产生辐射损伤,使空间飞行器的指令系统发生软错误。太阳活动爆发时喷射出的等离子体云压缩前面的太阳风等离子体形成激波,与地球磁层作用引起地磁暴和电离层暴。地磁暴不仅影响卫星的姿态控制,而且会对地面技术设备产生影响。地球高层大气的密度和化学成分也会受到太阳活动的强烈影响,从而导致飞行器轨道高度发生变化。太阳爆发活动源于太阳磁场中的能量释放。探讨太阳磁场的基本结构和磁场的基本组成形式磁流管结构,对理解太阳的爆发机制具有重大的意义。

由于地球大气的影响,人们在地面上通常只能观测到光学和有限的射电波段,它们在宽广的太阳辐射波谱中只占很小的一部分。由于缺少高时空分辨率的综合观测资料,我们对太阳磁爆发活动的基本形式知之甚少。空间太阳观测,使人们摆脱了地球大气的束缚,可以在几乎全波段范围内观测太阳的辐射。即使是在可见光波段,由于突破地球大气的干扰,望远镜的空间分辨率可以空前地提高。空间长时间连续不间断的观测为研究太阳的活动提供了根本的保证。

2. 空间太阳望远镜拟解决的科学难题

据统计,自20世纪50年代末第一颗人造卫星上天,至今短短四十多年间,世界主要空间大国共发射几十颗太阳观测卫星,开创了太阳物理研究的新时代。时至今日,作为空间技术大国,我国尚没有发射过一颗太阳专用卫星,在太阳空间天文台的运行和管理方面还是处于空白。

目前国际上空间太阳物理研究和太阳活动的监测有两个主要的发展趋势:一是对大尺度活动和长周期结构及演化进行观测和研究;二是对小尺度的精细结构进行高时间和高空间分辨率的观测和研究。进行高分辨率的太阳观测已经成为当代空间环境监测，认识太阳和宇宙活动基本结构形式的重大前沿课题。空间太阳望远镜拟在太阳磁场的基本结构形式——磁元的观测和研究上取得重要进展。

3. 我国科学家提出和实施的空间太阳望远镜

我国太阳物理学家艾国祥院士等早在 1992 年就提出空间太阳望远镜[1, 2]计划的概念。

空间太阳望远镜[3, 4]主要解决科学问题是：在太阳基本磁元尺度(即太阳表面75~100Km)观测向量磁场，并在广泛的辐射波段和连续的时间演化上，对太阳瞬变和稳态磁流体力学过程进行协同观测；诊断磁场和等离子体的相互作用，认识太阳活动的成因，从而实现太阳物理研究的重大突破，并为太空天气预报提供重要的物理依据和新的方法。

经过国家有关部门的支持，在我国"十五"期间"空间太阳望远镜"被列入我国航天预研计划，开展了一系列的预研究和关键技术攻关，取得了重要进展，并获得有关部门的验收和充分肯定。经过空间太阳望远镜等项目的实施及其预研究，在我国已经初步形成了一支从事空间太阳物理观测研究的技术队伍。其中主要研究力量在中国科学院以及高等院校。同时，中国科学院和中国空间研究院等单位的科学家、工程技术人员之间建立了良好的合作关系。这将成为空间太阳望远镜深入研制的重要保障。空间望远镜具有良好的国际合作背景，该项目受到国际科学家的极大重视。在它被提出和研制初期，就和国外的科学家建立良好的合作关系。近年来，和国外的科学家在空间日冕仪等方面的合作有了重要进展。

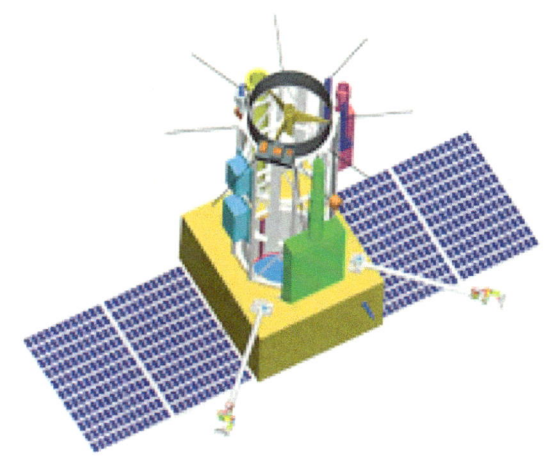

图 1 空间太阳望远镜(中国科学院国家天文台空间实验室提供)。

空间太阳望远镜卫星[5, 6]的主要参数：太阳同步圆轨道；轨道高度： 735 千米；

倾角：98.3°；周期：99.3 分钟；姿态控制：精度 ±6″，稳定性 ±3″/秒；重量：小于 2 吨；寿命：3 年；发射火箭：LM-4B 等。

我国科学家自主提出的空间太阳望远镜的主要载荷包括：1 米的主光学望远镜、极紫外成像望远镜、宽带频谱仪、Hα和白光望远镜、太阳和行星际射电频谱仪等，以及新近建议的光学日冕仪(SOC) 和硬 X 射线成像望远镜(HXIT)等候选设备。

参 考 文 献

[1] Ai G X, in Zirin H, Ai G, Wang H (Eds.), The magnetic and velocity fields of solar active regions, IAU Colloquium 1993, 141, 149.
[2] Ai G X, Zhang H Q, Zhang B R. in Zhang H (Ed.), Solar magnetic and velocity fields, 1993, 1.
[3] Ai G X. Adv. Space Res., 1996, 17, 343.
[4] Ai G X, Jin S Z, Wang S, Ye B X, Yang S M. Adv. Space Res., 2002, 29, 2051.
[5] 空间太阳望远镜的具体参数由中国科学院国家天文台空间实验室提供.
[6] 空间太阳望远镜的大量资料由杨世模、王森、金声震、叶彬浔、邓元勇、甘为群、颜毅华、陈波等提供.

撰稿人：张洪起
中国科学院国家天文台

暗物质粒子探测方法

Dark Matter Particle Detection Methods

在过去的十几年间，人类对于整个宇宙的认识有了飞跃式的发展，取得了辉煌的成就。基于近年天文观测的结果，一个超出大爆炸宇宙学标准模型的，以少量重子物质和大量暗物质，并以暗能量为主和具有暴涨为特点的宇宙学模型逐渐被建立起来。我们的宇宙中，已知的基本粒子只占整个宇宙的4%左右，而23%左右是不发光的暗物质，73%左右是类似真空能的暗能量。寻找暗物质粒子，研究暗能量的本质，结合微观世界和宇观世界，结合粒子物理和宇宙学的研究已成为21世纪物理学和天文学的一个重要趋势[1]。

暗物质的存在已经通过星系的引力效应得到证实。但暗物质究竟是什么仍然是个谜，甚至对于暗物质粒子的质量是多少这样看似最简单的问题，我们仍在几十个数量级上无法确定。暗物质被认为是笼罩21世纪初现代物理学的最大乌云，它将预示着物理学的又一次革命。目前人类所发现的所有粒子都符合基本粒子的标准物理模型，只有暗物质粒子不能用标准模型准确地描述。因此，暗物质的寻找和研究对于人类认识物质的基本结构和基本相互作用可能起到非常关键的作用[2]。

为了了解暗物质的本质，目前的探测方法大致可以总结为如下三种：

第一种方法是在加速器上将暗物质粒子"创造"出来，并研究其物理特性。由于暗物质粒子即使被"创造"出来，也不会被探测器发现，只能通过其他可以看见的粒子来推测出是否有这样的粒子产生。虽然暗物质粒子不能被直接观察到，但它一定会带走"能量"（"创造"暗物质粒子需要能量），因此从丢失的"能量"和分布可以推测暗物质的某些性质。**该方法的关键是加速器的能量上限**。因为"创造"暗物质粒子需要能量，如果加速器的能量必须达到"创造"暗物质粒子所需要的能量，才能发现暗物质粒子。欧洲核子中心（CERN）的大型强子对撞机（LHC）是目前世界上最大的加速器，可能会发现质量在300GeV以下的暗物质粒子[3]。

第二种方法是直接探测法。该方法是直接探测暗物质粒子和原子核碰撞所产生的信号。暗物质直接探测实验是目前寻找暗物质粒子最重要的探测方式。目前的实验精度下，我们只可能探测到弱作用重粒子（WIMP）的信号，而更弱的信号，如轴子、超对称引力子是无法用这种方法探测的。**该方法的关键主要有两个：探测器本底和探测器体积**。由于发生碰撞的概率很小，产生的信号也很"微弱"。所以需要很"庞大"的探测器，才能发现暗物质产生的信号。另外暗物质产生的信号与实验室本底信号很容易混淆，所以为了降低本底，通常需要把探测器放置在很深的地下，降低宇宙线或其他普通物质产生的本底信号[4]。

图 1　欧洲核子中心大强子对撞机加速器。

第三种办法称为间接探测法。间接法是通过观测暗物质粒子衰变或相互作用后产生的稳定粒子如伽马射线、电子、正电子、反质子、中微子等"看得见"的粒子来发现暗物质粒子产生的"信号"。根据目前的理论模型，暗物质粒子衰变或相互作用后可能会产生稳定的高能粒子，如果我们能精确测量这些粒子的能谱和空间分布，可以将暗物质粒子产生的信号与宇宙线本底区分开来。由于暗物质的湮灭率正比于暗物质密度的平方，因此暗物质湮灭主要发生在星系、星系团中心或者星体内部等暗物质密度非常高的地方。暗物质的间接探测涉及许多复杂的成分，如需要知道暗物质的分布情况、暗物质间的湮灭截面的大小以及来自非暗物质湮灭过程的背景的大小和性质，因此间接探测涉及粒子物理、天文、宇宙学等多方面的知识。与直接法一样，间接法的关键主要有 2 个：探测器有效面积，本底水平。由于暗物质发生湮灭或者衰变的概率很小，产生的信号也很"微弱"，需要很"庞大"的探测器。另外暗物质产生的"粒子"与宇宙线粒子一样，所以在大量的宇宙线本底中探测到暗物质粒子产生的信号，需要高精度的探测器技术。

参 考 文 献

[1] Freedman W L, Turner M S. Rev. Mod. Phys. 2003, 75: 1433–1447.
[2] David N. Schramm, Brian Fields and David Thomas. Nuclear Physics A, 2002, 544: 267–579.
[3] http://cms.web.cern.ch/cms/Physics/Secrets/CMS.html.
[4] Mihara S, et al. Cryogenics, 2004, 44: 223–228.

撰稿人：常　进
中国科学院紫金山天文台

10000个科学难题·天文学卷

天球参考系

Celestial Reference System

1. 天球参考系的定义和实现

宇宙中所有天体都在运动,因此研究许多动力学现象,如银河系中恒星的运动、星团内部动力学、地球自转及其轨道运动等,都需要在一个天球参考系中进行描述。天球参考系是包含参考系的定义、建立和维持方法、模型以及采用常数等的整体。理想的参考系是惯性的(即无整体旋转),然而绝对的惯性参考系是不存在的,在实际工作中,只能采用准惯性参考系。一组参数(如恒星或河外射电源的坐标)实现协议参考系的集合称为协议参考架(简称参考架)。天球参考系的建立和实现要解决以下5个问题:(1) 参考系是准惯性的,无整体旋转。光学参考架FK5存在残余旋转,约0.7mas/yr。从1998年1月1日起国际天文学联合会(IAU)采用了河外射电源定义的天球参考系,替代了已使用几十年的光学参考系,即用运动参考架ICRF-1代替了动力学方法确定原点的光学参考架FK5;(2) 构成天球参考架(天球参考系的实现)的星表应具有适当的密度。以ICRF-1为例,星表的密度较低,它仅包括608个源,其中212颗射电源为定义源,294颗射电源为候选源,102颗射电源为其他源。经过12年的使用,2010年1月1日采用ICRF-2替代ICRF-1。虽然射电源的数量增加至3 414颗(其中定义源、非定义源和VCS(VLBA(Very Long Baseline Array) Calibrator Surveys)源的数量分别为295、922和2197颗),但是其密度仅为0.083 deg^{-2},在实用上仍然采用了依巴谷星表(包括12万颗星等至12.4 mag的恒星);(3) 射电源或恒星位置,以及参考架指向的精度要求高。尽管ICRF-1的射电源位置和参考架指向的精度(分别为约250和20μas)比FK5基本星的位置精度(20 mas)提高了约80倍,但是仍属于亚毫角秒天球参考架。ICRF-2的射电源位置和参考架指向的精度(分别为约40和10μas)已有提高,大致在几十微角秒水平;(4) 与天体观测资料归算中采用的模型有关。1991年IAU第21届大会A4决议采用广义相对论框架下定义的4维时空坐标系统:太阳系质心天球参考系(Barycentric Celestial Reference System, BCRS)、地球质心天球参考系(Geocentric Celestial Reference System, GCRS)、质心坐标时(Barycentric Coordinate Time, TCB)和地心坐标时(Geocentric Coordinate Time, TCG),并用广义相对论的后牛顿线性近似给予描述。BCRS相对于一组遥远的河外天体(如类星体)是没有整体旋转的。然而,太阳系行星运动的Einstein-Infeld-Hoffman方程式并不能从方程式的度规张量推导出,说明了这个度规张量不是爱因斯坦重力理论的后牛顿度规张量。为了满足天体测量、天体力学和计量要求的精度，2000 年 IAU 第 24 届大会 B1.3~B1.5 决议对 1991 年 IAU 决议作了推广，采用了一阶后牛顿近似。度规张量用标量势(取至 C^{-4} 项)和矢量势(取至 C^{-3} 项)表示；(5) 与采用的天文常数系统有关。自 1900 年以来，IAU 曾采用纽康、1964 和 1976 天文常数系统。由于天文常数涉及面广，所以不轻易改变。随着天文常数测定值的提高，IAU 发表了 1994 年和 2000 年天文常数最佳估算值(current best estimates，CBEs)。2000 年和 2006 年 IAU 第 24 和 26 届大会 B1.6 和 B1 决议分别采用了 MHB2000 章动模型和 P03 岁差模型，这表明黄经总岁差已由 1976 常数系统中的 5029.0966″/cent (对应于历元 2000 年)，改变为 5028.796195″/cent；章动常数也由 9.2025″(2000)，改变为 9.2052331″。尽管 1976 年常数系统没有改变，但是个别常数已由新的测定值代替。2009 年 IAU 第 27 届大会 B2 决议采用了 IAU 2009 天文常数系统，并取代了 1976 常数系统，其中天文单位还将在 2012 年 IAU 大会上再讨论。今后，随着观测精度的提高，天文常数新的测定值还将出现，所以 CBEs 的形式也将保存[1~3]。

2. 各种天球参考系及其相互之间的关系

在描述太阳系天体的运动方程式(不包括旋转和加速度项)时，定义了某些不变的点和方向，它们是由天体的力学运动理论定义的，这样构成的参考系称为力学参考系(也称历书参考系)。由一组遥远天体的运动性质(假设为随机的)定义的参考系称为运动学天球参考系，它包括了分别以恒星或河外射电源为基准点的恒星参考系(也称光学参考系)或河外参考系(也称射电参考系)。采用当前公认的最好的观测数据来描述所用模型的天球参考系常称为"协议"天球参考系。以往的天球参考系由包含一组恒星位置和自行的光学星表来实现。由于观测精度的提高以及恒星自行存在误差，每隔 20 年左右 IAU 就采用新的星表作为国际天球参考架(International Celestial Reference Frame，ICRF)，如 1962 年 IAU 采用 FK4 替代 FK3，1984 年以后采用 FK5。1997 年第 23 届 IAU 大会决议：从 1998 年 1 月 1 日起采用以河外射电源为基准的国际天球参考系(ICRS)，它的原点在太阳系的质心，坐标轴对于一组几乎没有自行的河外射电源是固定的。国际地球自转服务(International Earth Rotation and Reference systems Service，IERS)根据对河外射电源的全球甚长基线干涉测量(VLBI)观测的分析，综合得到了 ICRF-1，它是 ICRS 在射电波段的实现。由于建立参考架时所采用的模型和天文常数系统不同，即使都是光学参考架，其系统也是不一样的。例如 FK 系列的星表，FK4 和 FK5 分别采用了纽康和 1976 年常数系统，FK4 的分点改正为 $E(T) = 0^{s}035(\pm 0^{s}003) + 0^{s}085(\pm 0.010)(T - 19.50)$，这些对自行系统都有影响。为了把以往的观测归算至统一系统，必须知道这些星表之间的关系，如图 1 表示 FK5 与 ICRF-1 之间的关系。FK5 极点、历元平极和 ICRS 极点，以及与其相应的赤经原点之间的关系,详细说明可见参考文献[4]。随着采用不同极点和原点,其关系也随着改变,如2000年IAU第24届大会B1.7和B1.8决议采用无球中介极(Celestial Intermediate Pole)和天球历书原点(Celestial Ephemeris Origin)(2006年IAU第26届大会B2决议中已改名为天球中介原点(Celestial Intermediate Origin)),它们之间的相互关系也随之变化。再如,通过联线干涉仪对射电星的观测、照相和空间望远镜对河外射电源的光学对应体的观测等,得到光学与射电参考架之间的旋转参数在1991.25时为零,指向的精度为±0.6 mas,速率的精度为±0.25mas/yr。由于依巴谷星的自行误差,使联系精度不断下降。现在继续用联线干涉仪和VLBI测定射电星和射电源的射电位置,并与它们的光学位置作比较,以得到射电与光学参考架之间的联系。

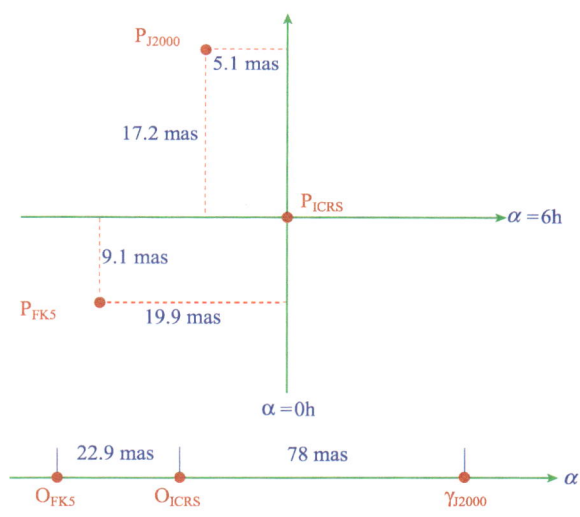

图1 J2000时FK5天极和赤经原点在ICRS中的位置(Feissel & Mignard, 1998)。
(图中mas—毫角秒;ICRS—国际天球参考系)

3. 今后的天球参考系

针对上述的5个问题,下面逐个给出今后关于天球参考系的工作:

(1) 1998年1月1日起IAU采用了河外射电参考系,IERS用全球VLBI观测编制的ICRF-1星表给予了实现,其精度为亚毫角秒。2010年1月1日采用ICRF-2,精度为约几十微角秒[5]。第二个天体测量卫星Gaia将于2012年8月发射,它将观测10^5个类星体。对于$V=10$、15、20 mag的天体,Gaia的观测精度分别为4μas、11μas和160μas。Gaia星表将于2020年发表,即将给出微角秒参考架Gaia-ICRF。另外,尽管SIM PlanetQuest科学目标为寻找外星行星;暗物质在银河系和星系形成中的作用;恒星物理和星系核的特大质量黑洞的研究,但是也将观测3000颗类星体，由其构成参考架。因此 IAU 是否会再次采用微角秒量级的 Gaia 和 SIM PlanetQuest 的光学参考架，还有待于这些星表问世后再讨论。

(2) 2009 年 IAU 第 27 届大会 B3 决议：2010 年 1 月 1 日 IAU 采用 3 414 颗射电源组成的 ICRF-2 作为 ICRS 的实现，其中包括了全球 VLBI 测地和天体测量网的常规观测和 VCS 计划，也是射电和天体测量学家在 ICRF-1 使用的 12 年期间不断努力的结果。今后射电源的数目还将不断增加。由于实际使用的是依巴谷星表，自行误差使得至 2010 年依巴谷星的位置精度从 1991.25 年的 1 mas 左右降低至 22mas，因此 ICRF-2 与依巴谷星表之间的联系仍然在进行。

(3) 参考架的精度提高和指向的维持。其中包括 2 个部分工作：(a) 除了加入源的结构指数改正值外，开展对 ICRF 源的高频观测，以减小源结构对天体测量精度的影响；改进对流层的模型和短期波动等，这些都属于减小源位置的偶然误差；(b) 合理的选择定义源，以维持参考架的稳定性[6]。

(4) 根据 1991 年 IAU 第 21 届大会 A4 和 2000 年第 24 届大会 B1.3 决议，VLBI、SLR、LLR、脉冲星计时、守时和时间传递、GPS 的高精度观测资料都必须在相对论框架的 BCRS 和 GCRS 中进行归算。为了建立微角秒精度的天球参考架，在观测资料处理中都必须考虑长期光行差[7]，以及引力波和哈勃膨胀的各向异性对射电源和遥远天体自行的影响[8~9]。2003 年 S. Klioner 给出了在参数化后牛顿(parameterized post-Newtonian, PPN)框架下处理空间天体测量卫星 Gaia 等观测资料的微角秒精度的归算模型，今后如果有些天文卫星能观测与太阳角距很小的天体，则其观测资料处理和卫星运动定轨需要计入一阶后牛顿近似的高阶项，即后–后牛顿近似。对于双星和双脉冲星，以及 Lisa(Laser Interferometer Space Antenna)和 Astro(Astrodynamical Space Test of Relativity using Optical Devices)计划中局部参考系(如 GCRS)的后–后牛顿定义、后–后牛顿引力场的多极结构、N 体的后–后牛顿运动方程式等课题也有待解决[10]。另外，在 2000 年 IAU 第 24 届大会 B1.3 决议中 BCRS 的指向采用 ICRF 的指向，当然也可以采用 t_0 时刻的黄道 ε_0 所对应的 BCRS(ε_0)平面(2006 年 IAU 第 26 届大会 B1 决议已给定黄道的定义)或银道面。例如，依巴谷卫星的观测资料是在黄道坐标系内处理的，Gaia 卫星的结构与依巴谷卫星相似，只是更加精细。今后 Gaia 资料处理所采用的参考系还有待考虑。

(5) 今后的常数系统。2009 年 IAU 第 27 届大会 B2 决议采用了 IAU 2009 天文常数系统，其中天文单位还将在 2012 年再讨论。众所周知，随着太阳系的探测，行星及其卫星，以及一些小行星的质量将更加精确，天文常数的新的测定值也将不断涌现，这是天体测量和测地学家们长期的任务。

参 考 文 献

[1] 李东明, 金文敬, 夏一飞, 等. 天体测量学方法—历史、现状和未来. 北京: 中国科学技术

出版社, 2006: 40–50.

[2] Kovalevsky J, Muller I I. Introduction. In: Kovalevsky J, Muller I I, Kolaczek B eds. Reference Frame in Astrometry and Geophysics, Dordrecht: Kluwer Acad. Publ., 1989: 1–12.

[3] Walter H G, Sovers O J. Astrometry of Fundamental Catalogue. Heideberg: Springer-Verlag, 2000: 10–16.

[4] Feissel M, Mignard F. The adoption of ICRS on January 1998: Meaning and consequence. Astronomy & Astrophysics, 1998, 331(3): L33–L36.

[5] Ma C. The second realization of the ICRF with VLBI. In: Jin W J, Platais I, Perryman M A C eds. Proceedings of the IAU Symposium No.248, Cambridge: Cambridge University Press, 2008: 337–343.

[6] Li J L, Jin W J. Arc length difference method in the selection of primary sources of combined extragalactic radio source catalogues. Astronomy & Astrophysics, 1995, 303(1): 276–280.

[7] Kopeikin S M. & Makarov V V. Astrometric effects of secular aberration. Astronomical Journal, 2006, 131(3): 1471–1478.

[8] Gwinn C R, Eubanks T M, Pyne T, et al. Quasar proper motions and low-frequency gravitational wave. Astrophysical Journal, 1997, 485(1): 87–91.

[9] Titov O. Systematic effects in the radio source proper motion. In: Bourda G., Charlot P., and Collioud A. eds., Proceedings of the 19th European VLBI for Geodesy and Astrometry Working Meeting. Bordeaux: Laboratoire d'Astrophysique de Bordeaux, 2009: 14–18.

[10] Klioner S A. Relativity in fundamental astronomy: Solved and unsolved problems. In: Capitaine N ed. The Journées 2007 "Systèmes de référence spatio-temporels: The celestial reference frame for the future", Paris: Paris Observatory, 2008: 127–132.

撰稿人：金文敬
中国科学院上海天文台

天体测量星表的编制

The Compilation of Astrometric Star Catalogues

1. 引言

星表是以表册形式记载大量天体的各种参数的数据库。天体测量星表和天体物理星表是由两种不同类型的参数构成的。前者给出了天体测量参数(如位置、自行、视差)，后者记载天体的各种天体物理参数(光度、金属丰度)。虽然视向速度是天体的运动参数之一，但是天体测量方法测定视向速度的精度低，现在仍然采用天体的光谱观测确定，所以也属于天体物理星表。当天体测量精度达到微角秒量级时(如Gaia 天体测量卫星的观测结果)，视向速度可以从自行和视差的变化，以及移动星团角距大小的变化推导出，它被称为天体测量视向速度，以便区别用天体物理方法测定的视向速度。天体测量星表常常同时给出天体的星等、光谱型等数据，满足天体证认工作的需要。对于研究天体的演化和形成的天体物理课题，如 SDSS(Sloan Digital Sky Survey)、QuEST(Quaser Equatorial Survey Team)巡天，也同时给出了天体测量参数。现在星表和数据库都向着同时给出天体测量参数和天体物理参数发展，这类星表称为联合星表。

光学天体测量星表是星表中最多和最早发表的。这些星表中有世界上最古老的天体测量星表：我国天文学家石申于公元前 4 世纪编著的 121 颗恒星的位置，后世称为石氏星经；以及公元前 150 年希腊天文学家编制 1000 颗恒星的喜帕恰斯(Hipparchus)星表。天体测量星表不仅给出了天体的位置、自行、视差，而且给人们提供了科学研究所必需的参考架，如 ICRF-1(1998)、依巴谷星表(1997)。目前光学天体测量星表按用途大致可分为三类：(1) 作为一级或二级参考架用的星表。前者是依巴谷星表，包括了 12 万颗星的精确的天体测量参数。后者如重新归算的照相天图星表(Astrographic Catalogue, AC, 1998)和依巴谷卫星上恒星测绘仪的观测资料编制的 Tycho-2 星表(2000)，以及 UCAC3 星表(2009)。UCAC3 星表即美国海军天文台的 CCD 天体照相星表(U.S. Naval Observatory CCD(Charge-Coupled Device)Astrograph Catalog)；(2) 巡天观测用的工作星表。如 USNO B1.0(2003)、GSC2.3(2008)。GSC2.3 包括了暗至 B_J = 22.5、R_F = 20.5、I_N = 19.5 mag 的 945 592 683 个天体的位置和测光资料。其位置精度：0.2″~0.28″，星等误差约 0.13~0.22 mag；(3) 专题研究及其他的各类地面天体测量星表。前者如上述的 SDSS 星表，后者如德国天文计算研究所的 FK 系列基本星表、美国编制的 GC 星表(1937)和 N30 星表

(1952)，以及众多的子午、照相星表等；这些星表在编制综合星表，如 PPM(Positions and Proper Motions，1994)星表、ACRS(Astrographic Catalogue References Stars，1991)星表和数据库 ARIGFH(Astronomisches Rechen Institut Geschichte des Fixsternhimmels)、NOMAD(Naval Observatory Merged Astrometric Dataset)都是有用的资料[1~4]。

2. 星表编制的现状

星表按研究方法来分有天体测量星表、测光星表和光谱表。在法国斯特拉斯堡数据库中收集了 310 个天体测量星表、279 个测光星表、254 个光谱星表。星表按波段分有射电、红外、光学、X 等星表。如射电的 ICRF-1、NVSS(NRAO/VLA Sky Survey Catalog，1998)、FIRST(Faint Images of the Radio Sky at Twenty-cm，2003)、WENSS(Westerbork Northern Sky Survey, 1997)等；红外星表有 IRAS 点源星表(Point Source Catalogue，PSC，1987)、2MASS(2000) 和 DENIS(2000)；X 射线星表有 WGACAT(即 ROSAT 点源星表，1994)。星表按观测目标的类型分有恒星星表、变星星表、双星星表、非恒星天体星表等[5]。

当前天体测量学家的最重要任务有以下 5 个：(1) 准备第二个天体测量卫星 Gaia 将于 2012 年 8 月发射，预期在 2020 年将发表微角秒精度的 Gaia 星表；(2) 依巴谷星表向暗星方向的扩充，如 2009 年发表的 UCAC3 星表，以及 URAT(USNO Robotic Astrometric Telescope)的观测计划[6]；(3) 改进已经发表的星表，如 GSC2.3(Guide Star Catalog)通过消除系统差(星等差，色差，与赤经和赤纬有关的误差)和偶然误差后，出版 GSC2.4[7]；(4) 在 ICRF-1 使用 12 年后，2009 年国际天文联合会(IAU)第 27 届大会 B3 决议，2010 年 1 月 1 日采用 IRCF-2(2009)实现 ICRS。与 ICRF-1 比较，ICRF-2 增加了射电源的数量，提高源的位置以及坐标轴指向的精度[8]；(5)局部天区高精度、高密度星表的编制，如 DAS(Deep Astrometric Standard)。

光谱星表的发表主要随着专题而来，如 SDSS 巡天包括北银极的 1/4 天区和南银极附近 300 deg^2 天区的 5 色高分辨率的光学图像，对覆盖约 10 000 deg^2 的天空，数量 > 10^8 的恒星和相同数量星系给出天体测量和测光资料，并包括 10^6 星系和 10^5 类星体的光谱。已发表的 DR7(2009) 给出 11 663 deg^2 天区内的天体的天测、测光和光谱资料。其他还有晚型巨星、褐矮星光谱巡天等。CORAVEL(COR-relation Radial VELocities)光电互相关分光仪(安装在智利 La Silla 欧南天文台的 Danish 1.54m 望远镜和法国上普罗旺斯天文台 Swiss 1m 望远镜上)的 20 年观测资料和 CORAVEL 的提高型 ELODIE(安装在上普罗旺斯 1.93m 和 La Silla 1.2m Euler Swiss 望远镜上)的高精度资料给出了天体的视向速度。需要特别指出的是 RAVE(Radial Velocity Experiment)工作组在 2003~2010 年间用英澳天文台 1.2m 的施密特望远镜和北半球的相应望远镜(如国家天文台的 LAMOST(Large Sky Area Multi-Object Fiber Spectroscopic Telescope)、日本 Kiso 和 Tautenburg 的施密特望远镜)进行全天区测定视向速度的计划。这个恒星运动学的数据库将比现在提出的其他巡天计划大3个数量级，至 2010 年将给出 10^6 颗恒星的视向速度，精度好于 5km/s。RAVE DR2(2008)已正式发表，它包括了 2003 年 4 月 11 日至 2005 年 3 月 31 日的观测。实际上至 2007 年 6 月 26 日用该望远镜上 6dF 多光纤分光仪已得到 196 131 颗恒星的 220 070 条光谱。

由于 CCD 的应用，天体的测光已经与天体测量和光谱观测不可分开，所以在现在的这些计划中都给出了测光资料。为了完整地了解某个天体的形成和演化过程，现在的观测都在多波段进行，如 1997 年 IAU 第 179 次讨论会专门讨论多波段巡天的新结果。

3. 今后的发展[9]

在以往的 2500 年之中，各个波段和各种天体的星表的编制在不断地进行着，从未间断过。由于弱的微引力透镜效应(微引力透镜效应噪声)引起了天体的位置变化，即使微角秒的天体测量星表每隔 20 年也要重新编制。星表编制的关键和难点为：(1) 观测资料与新技术的发展(如 CCD 和漂移扫描技术的应用)有着密切的关系。随着空间天体测量的发展，星表包括天体的数量和位置精度上都有一个飞跃。如图 1 所示，位置精度已从公元前 150 年的 1000"提高至 1 mas，现在人们正为着位置精度达到μas 而努力。光谱星表也有类似的情况，随着大视场多目标光纤分光仪和高质量 CCD 照相机的应用，将有利于高精度、快速地编制各类光谱星表，如 LOCS(LAMOST Open Cluster Survey project)将花 5 年左右时间观测大约 400 个疏散星团；(2) 要求编制星表的天体越来越暗，如 DAS 计划中的极限星等为 25 mag，因此星表中包括天体的数量也随之增加。从观测至星表发表一般要在 10 年左右，如依巴谷星表(极限星等为 12.4 mag)从 1989 开始观测，至 1997 年才发表该星表。UCAC3 星表(极限星等为 16 mag)从 1998 年 2 月开始观测，至 2009 年发表；(3) 随着观测精度的提高，观测资料的处理已从牛顿框架改为一阶后牛顿框架。如果精度要求高于微角秒，则是否要考虑更高阶项，即采用后–后牛顿框架，还有待考虑[10]。

在 Gaia 星表未发表前，依巴谷星表仍然是 ICRF 在光学波段的实现。因为依巴谷星表星密度小(每平方度 3 颗星)，实际采用的参考星表为 Tycho-2。它包括亮于 12.0 mag 的 2 539 913 颗星(平均密度在银道面上为 150 deg^{-2}，在银极为 25 deg^{-2})的位置和自行，精度分别为 7 mas($V<$ 9 mag，相应历元为 J1991.25)和 2.5 mas/yr。亮于 9 mag 星的测光精度为 0.013 mag。对于小视场的观测可以用 UCAC3 作为参考星表，或者采用今后陆续发表的 URAT 星表。今后 IAU 是否会采用 Gaia 和 SIM PlanetQuest 给出的光学参考架替代现在采用的河外射电参考架，还有待讨论。

现在正在进行地面的光学巡天计划有：SkyMapper、URAT、Pan-STARSS、LSST 等，极限星等都达到 20 mag 左右。这些计划科学目标侧重天体物理方面的研究，如太阳附近几百 pc 内的小质量和亚恒星族；银河系力学结构、大尺度冕流；银河系的形成和演化；太阳系天体的轨道的改进等。今后，更多集中于在各个波段和对各种天体的联合星表的编制，既包括了天体测量参数，又有天体物理参数；如对银心星团的射电和近红外波段的观测。

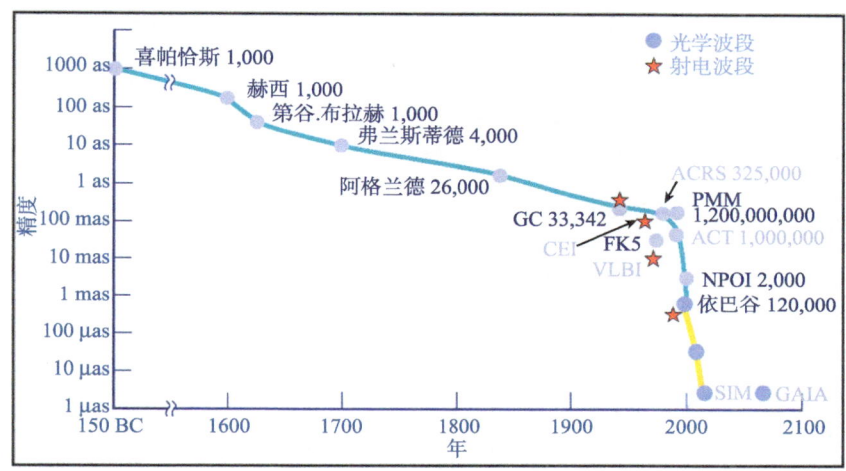

图 1 2000 年以来主要光学和射电星表的位置精度。

参 考 文 献

[1] 李东明, 金文敬, 夏一飞, 等. 天体测量学方法——历史、现状和未来, 北京: 中国科学技术出版社, 2006: 285–330.

[2] 金文敬. 天体测量星表与巡天观测的进展. 天文学进展, 2009, 27(3): 247–269.

[3] López C E. Astrometric Survey. In: Murdin P ed. Encyclopedia of Astronomy and Astrophysics, London: Institute of Physics publishing, 2001: 95–100.

[4] Warren Jr.W H. Star Catalogs and Survey. In: Maran S P ed. The astronomy and Astrophysics Encyclopedia, Cambridge: Cambridge University Press, 1992: 655–661.

[5] Veron-Cetty M P, Veron P. A catalogue of quasars and active nuclei: 12 th edition. Astronomy & Astrophysics, 2006, 455(2): 773–777.

[6] Zacharias N. The URAT Project. In：Seidelmann P K, Monet A K B eds. Astronomical Soc. of the Pacific Conf. Series, 2005, Vol. 338: 98–105.

[7] Lasker B M, Lattanzi M G, McLean B J, et al. The second-generation guide star catalog: Description and properties. Astronomical Journal, 2008, 136(2): 735–766.

[8] IERS/IVS Working Group. IERS Technical Note No.35: The Second Realization of the International Celestial Reference Frame by Very Long Baseline Interferometry. Frankfurt am Main: Verlag des Bundesamts für Kartographie und Geodäsie, 2009: Chap 13, 82–83.

[9] Brown A G A. Getting ready for the micro-arcsecond era. In: Jin W J, Platais I & Perryman M A C eds. Proceedings of the IAU Symposium No.248, Cambridge: Cambridge University Press,

2008: 567–576.

[10] Klioner S. A practical relativistic model for microarcsecond astrometry in space. Astronomical Journal, 2003, 125(3): 1580–1597.

撰稿人：金文敬
中国科学院上海天文台

引力理论的天体测量检验

Astrometric Test of Gravity Theories

爱因斯坦提出广义相对论的时候，理论的实验基础并不坚实。广义相对论完美地解释了水星近日点每世纪 43 角秒的"异常"进动，但当时还测不准的太阳的扁率也有可能导致进动。爱因斯坦预言太阳引力引起的光线偏折是牛顿理论的 2 倍，星光经过太阳表面时偏折角的数值为 1.75 角秒。1919 年日全食时对这一效应的观测验证曾轰动全球，然而那时的方位观测的精度不高，特别是日冕物质也会造成光线弯曲，那次观测的误差可能高达 30%以上。广义相对论的另一项经典预言是光从天体发出后，为挣脱天体引力的束缚要不断损失能量，地球上的观测者会看到谱线红移。引力红移需要与多普勒红移以及光在介质中传播产生的红移现象相区分，直到 1959 年才由 Pound 等的实验予以初步证实。

在这种情况下，出现了很多与广义相对论竞争的引力理论，需要用实验来检验这些理论。为了在太阳系弱引力场的情况方便地检验这些理论，1968~1972 年期间 Nordtvedt 和 Will 建立了含有 10 个参数的 1 阶后牛顿(1PN)近似度规。对不同的理论，这些参数取不同的值。实验的目的就成了测定这些参数的数值。这一体系称为参数化的后牛顿(PPN)体系。最重要的 2 个 PPN 参数是爱丁顿参数 β 和 γ。测定这 2 个参数的值成了近年来太阳系引力实验的重要目标。对广义相对论，它们的值都是 1，然而反过来并不成立，还有一些理论的 β 和 γ 也是 1。

得益于时频技术的飞速发展，20 世纪 60 年代开始了相对论实验验证的新时代。1955 年英国国家物理实验室制成的第一台铯原子钟，日频率稳定度为 1×10^{-9}。现在最好的铯喷泉原子钟的日频率稳定度接近 10^{-16}。有了高精度的时钟，加之战后雷达技术的进步，60 年代初开展了向金星等行星发射射电信号并用雷达接收回波，记录下时间间隔用以计算测站到行星的距离。Shapiro 指出，根据广义相对论，电波在引力场中传播的坐标速度小于真空中的光速，从而造成回波的时间延迟，称为引力时延或 Shapiro 时延，被誉为广义相对论的第四个经典检验。雷达测距和多普勒测速现已成为深空探测飞船的主要测控手段。雷达测距的精度现在已好于 1 米，而多普勒测速的精度在每秒 0.5 毫米左右。可见光比射电波的波长短得多，激光测距也就有高得多的精度。激光测卫(SLR)和激光测月(LLR)的绝对精度已从 1 厘米提高到毫米量级。这些高精度的测距资料被用来在太阳系的范围内检验引力理论。

方位观测的精度在这期间也得到了大幅度的提高。这是从两条途径去实现的。一条途径是空间天体测量，摆脱地面大气的干扰。欧洲空间局的依巴谷卫星的定位精度好于 1 毫角秒。下一代天体测量卫星 Gaia 的观测精度将提高到 10 微角秒。另一途径是发展干涉测量。地面甚长基线干涉测量(VLBI)的定位精度已好于 1 毫角秒。干涉测量的分辨率与 λ/b 成正比，其中 λ 和 b 分别为波长和基线长度。美国计划中的光干涉天体测量卫星 SIM 的定位精度可达 1 微角秒。日本的空间 VLBI 系列 VSOP 由于增大了基线的长度，定位精度可提高到数十微角秒。

在时频技术支撑下的这些高精度天体测量技术与航天技术相配合，启动了一个验证引力理论的新时代。PPN 参数 β 要用天体的轨道运动来测定。行星和飞船的雷达测距和月球的激光测距以及经典的方位资料一起精确地确定了太阳系天体的历表，验证了行星的轨道近日点进动，得到 $\beta-1$ 的值小于 10^{-3}。

PPN 参数 γ 的测定依赖于电磁信号的传播，测定的精度更高。目前最准确的测定有 2 个实验。2003 年 Bertotti 和 Tortora 用卡西尼飞船发来的信号在经过太阳附近时产生的引力时延所造成的频率变化，测定 $\gamma-1$ 的值为 $(2.1\pm2.3)\times10^{-5}$。这曾被认为是精度最高的一次测定，但 Kopeikin 等认为在资料处理时未考虑太阳的移动，实际精度没有这么高。2009 年 Fomalont 和 Kopeikin 发表了他们的 VLBI 资料处理的结果，观测了太阳对 4 个射电源辐射的引力偏折，得到 $\gamma = 0.9998 \pm 0.0003$。这两次测量是迄今为止对 γ 最精确的测定。在大多数高精度天体测量资料处理的模型中，只保留 PPN 参数 β 和 γ，因而其他 PPN 参数的测定结果较少，但也没有发现违背广义相对论的情况。

另一项引起广泛关注的相对论效应是所谓 Lense-Thirring(LT)效应。广义相对论指出，天体的自转会拖曳周围的空间，对围绕该天体运动的卫星的轨道运动和卫星上陀螺的指向产生影响。2004 年 Ciufolini 和 Pavlis 公布了对 2 颗 Lageous 卫星 11 年激光测距资料的处理结果。他们发现了 LT 效应导致的卫星轨道面在赤道面上的进动，精度是 10%。他们提出发射第三颗激光测距卫星 LARES 以进一步提高检测 LT 效应的精度。也是在 2004 年，美国发射了斯坦福大学科学家研制的 GP-B 卫星，卫星上载有除引力外不受任何力作用的球形陀螺，陀螺置于超低温的环境下以防止热辐射。快速转动的陀螺开始指向飞马座 IM 星，然后测量陀螺指向相对恒星的漂移。地球自转造成的这种 LT 漂移的数值只有每年 0.041 角秒，是非常微小的量。

强引力场中的相对论验证目前主要来自脉冲双星。从地面观测者记录的脉冲到达的时间间隔可以确定双星的相互绕转轨道，并且从轨道周期的变化来验证爱因斯坦预言的双星的引力波辐射。Taylor 等的这一工作荣获诺贝尔奖。下一步有必要建立更大口径的射电望远镜来探测银河系中心黑洞附近天体的运动，为强引力场中引力理论的检验获取更多的资料。引力波的直接探测则成为物理学和天文学现代最重要的基础研究课题之一。引力波探测器极其精确地测量 2 个物体之间距离的周期性变化。到达地球附近的引力波极其微弱，因此引力波探测对技术的要求非常高。目前地面的引力波探测器有美国的 LIGO，意大利和法国的 VIRGO，德国的 GEO600

和日本的 TAMA300。空间的引力波探测器则有欧洲空间局和美国宇航局共同研制中的 LISA。迄今为止还没有直接探测到引力波。

到现在为止,广义相对论通过了所有的天文实验验证。这些实验主要是在太阳系的弱引力场中进行的。几乎可以断言,任何一个引力理论,在太阳系内和弱场低速近似下应当趋于广义相对论以保证能通过已有的实验。这并不等于说引力理论的实验验证已经结束。相反,这一课题只是处于初步取得成功的阶段。从爱因斯坦开始,理论物理学家一直致力于将引力和宇宙的其他 3 种力统一起来,建立所谓的最终理论。天文学家则为暗能量和暗物质疑难而十分迷惑。几乎没有科学家认为广义相对论是"最后的"引力理论而无需修正。今后引力理论的实验验证不仅要在现有的各种引力理论中挑出哪一些理论可以继续生存,还将寻找在什么情况下广义相对论等引力理论不再成立。为此也要努力设计实验来检验引力理论的基础原理,例如,等效原理。

人类的实验仪器在地球上或其附近,那里太阳引力的相对论效应为 10^{-8},即使在太阳表面也只有 10^{-6},然而某些相对论效应可能随时间积累而变得显著。测量如此微小的效应相当困难,主要依靠日益发展的高精度天体测量技术,同时必须与时频技术和航天技术相协作。引力实验是一项基础研究课题,也是一项高科技的工程项目。引力实验的提出和执行通常是一个时间跨度大,需要多个领域的科学家和工程师通力协作来克服各种技术和理论上的困难,也是费用高昂的项目。首先要有创新的好想法,提出计划和方案,争取得到支持进行项目的预研究和预实验,不断论证方案的可行性。在方案得到实施并取得资料后,要进行艰苦的资料处理工作以取得理想的成果。这些项目的实施,不但会取得基本物理和天文学的重要成就,也会推动高科技的发展。同时,在规划每一个高精度天体测量项目和深空探测计划时,都应当探索如何将这些项目和计划所取得的高精度测量资料用于引力理论的实验验证。

参 考 文 献

[1] Will C M. The Confrontation between General Relativity and Experiment. [J]. Living Review Relativity, 2006, 9: 39.
[2] Will C M. Theory and experiment in gravitational physics [M]. Cambridge: Cambridge University Press, 1993.
[3] Shapiro I I. Fourth test of general relativity [J]. Physical Review Letters, 1964, 13(26): 789–791.
[4] Bertotti B, Iess L, Tortora P. A test of general relativity using radio links with the Cassini spacecraft [J]. 2003, Nature, 425: 374.
[5] Ciufolini I, Pavlis E C. A confirmation of the general relativistic prediction of the Lense-Thirring effect [J]. 2004, Nature, 431: 958–960.

[6] Fomalont E B, Kopeikin S M. The Measurement of the Light Deflection from Jupiter: Experimental Results [J]. 2003, Astrophysical Journal, 598 (1): 704–711.

[7] Fomalont E, Kopeikin S, Lanyi G, Benson J. Progress in measurements of the gravitational bending of radio waves using the VLBA [J]. 2009, Astreophys. J., 699:1395–1402.

撰稿人：黄天衣
南京大学天文系

高精度天体测量资料处理的相对论模型

Relativistic Model of Data Processing in High-precision Astrometry

20 世纪 60 年代开始,在快速发展的时频技术的支撑下,出现了一批高精度天体测量技术,包括雷达测距、多普勒测速、卫星和月球激光测距、甚长基线干涉测量、全球定位系统和空间天体测量卫星等。这些观测手段与日新月异的太阳系深空探测相结合,取得了大量高精度的天体测量资料。测角精度达到毫角秒级,测距精度可达厘米级(激光测距)或米级(雷达测距),异地时间同步的精度好于 1 纳秒。天体测量技术的进一步发展将使精度相应提高到微角秒,毫米和皮秒量级。处理这些高精度资料不可能在牛顿力学的框架内进行,必须采用相对论模型。

高精度天体测量是在太阳系内进行的,首先需要确定的是太阳系的时空度规。太阳、行星和卫星组成的是复杂的多体问题。经典天体测量与天体力学至少需要 2 类参考系:全局的太阳系质心参考系(BCRS)和局部的地心参考系(GCRS)。在讨论行星的运动时,要用前者。后者则用于讨论人造卫星的运动。此外,观测对象恒星和射电源的位置是在国际天球参考系(ICRS)中表示的,它是 BCRS 的无穷延伸。观测站则大多数在地面上,它们的站坐标在国际地球参考系(ITRS)中表示,它与 GCRS 的关系由地球自转、岁差章动和极移等联系。这表明需要有多个参考系来处理资料。在相对论框架内,这一点显得更为必要。不同的参考系有不同的时间和空间,必须给出它们之间的相互联系。广义相对论中没有优越的坐标系,弯曲的时空中不存在简单的直角坐标或球坐标,为了对不同类型和不同时间地点的资料进行处理和比较,必须明确选定坐标规范。表示天体形状的多极矩一定要在天体的局部参考系中才是几乎不随时间改变的常数,但在全局的 BCRS 中也要考虑这些多极矩产生的引力。此外,爱因斯坦在提出广义相对论时就强调,广义相对论在测量上的概念与经典的概念有颠覆性的差别。例如,在我们生活的地球上不同地点的同时性依赖于坐标系的选择,2 个天体之间距离的定义也依赖于坐标系的选择。以上列举的困难并不完整,但能够说明高精度天体测量资料的处理需要多参考系的多体问题相对论模型,需要权威机构选定具体的坐标系从而确定各个参考系中的度规,需要对传统的天体测量概念做出相对论的定义和诠释,需要对各种类型的天体测量资料和项目给出具体的资料处理模型。这是复杂、困难又有实用价值的研究课题。

Brumberg 和 Kopeikin(BK)于 1989 年第一次成功地建立了多体问题完整的多参

考系理论。它是广义相对论框架下的 1 阶后牛顿(1PN)近似,用匹配的方法建立了局部系和全局系的坐标和度规之间的转换关系以及天体的运动方程。1991 年 Damour,Soffel 和 Xu(DSX)采用了可测量的 Blanchet-Damour(BD)定义的多极矩,摈弃了 BK 对天体内部为理想流体的限制,更完美地在理论上解决了这一问题。在 BK 和 DSX 的理论中,无论在全局系还是局部系中,引力由 1 个标量势和 1 个矢量势决定,它们是场点与各个天体的位置、速度、质量、多极矩和自旋的函数。

从 1976 年起,为了给高精度天体测量资料处理制定规范,国际天文学联合会(IAU)组织有关专家组成一些工作小组,准备决议草案。IAU 历届大会以广义相对论为理论框架通过了一系列的决议。首先定义了 BCRS 和 GCRS 中的各个天文时间,它们的单位及其相互关系。有了 BK 和 DSX 的理论工作后,1991 年的第 21 届大会,在以 Brumberg 为首的工作小组的推动下,通过了 BCRS 和 GCRS 中度规形式的初步决议。1997 年后又成立了以 Soffel 为组长的工作小组,2000 年第 24 届大会通过了关于 BCRS 和 GCRS 中的度规、坐标和坐标系转换的详尽决议。2006 年第 26 届大会定义了相对论框架下黄道的概念并对天文时间做了进一步的阐明。

IAU 的这些决议似乎已经完成了建立高精度天体测量资料处理的相对论模型,情况却并非如此。这些决议仅仅是相对论的 1PN 近似,而某些超高精度的观测资料需要考虑部分的 2PN 效应。更重要的是这些决议完全建立在广义相对论的基础之上,并没有考虑还存在一些与广义相对论相竞争的相对论性引力理论。在处理高精度天体测量资料的时候,科学家希望利用观测资料对这些理论予以鉴别。Nordtvedt 和 Will 将各种引力理论的 1PN 近似综合成 1 个含有 10 个待定参数的度规,称为参数化后牛顿(PPN)体系,其中最重要的是 2 个爱丁顿参数 β 和 γ。大多数资料处理工作都采用 PPN 度规而非 IAU2000 决议。然而 PPN 体系仅在 BCRS 中建立,它不是多参考系的理论。高精度天体测量资料处理的相对论模型并未完成。

IAU 的决议和 PPN 体系给出的都是基础性的公式,对测距、测角、干涉测量和时间同步等不同类型的观测资料需要有具体的归算模型。国际地球自转服务(IERS)每过几年就在最新研究的基础上出版 IERS 规范,包括公式、参数的最新数值和有关文献。各个机构也针对自己的科研项目和工程任务,编制软件和发布报告。例如,美国宇航局(NASA)针对深空探测的资料处理就有习用的程序和方案。该局的喷气推进实验室(JPL)编制的行星和月球历表也有特定的资料处理模型,很多地方是在 PPN 体系中制定的。在应用和比较各种结果时,必须注意资料处理模型的差异。

今后,要发展参数化的 1PN 多参考系理论,目前只有 Klioner 和 Soffel,Kopeikin 和 Vlasov 的工作,尚未完整地建立这一体系。此外,还要建立完整的相对论性的天体自转理论和引力理论的 2PN 近似。在理论工作的基础上,逐渐规范高精度天体测量资料的相对论模型。对于具体的研究和工程项目,仍然需要通过研究工作去建立针对特定项目的资料处理模型。

参 考 文 献

[1] Will C. M.Theory and experiment in gravitational physics [M].Cambridge: Cambridge University Press, 1993.
[2] Brumberg V A, Kopejkin S M. Relativistic reference systems and motion of test bodies in the vicinity of the Earth. Nuovo Cimento B, 1989, 103: 63–98.
[3] Damour T, Soffel M, Xu C. General-relativistic celestial mechanics. I. Method and definition of reference systems [J]. Phys. Rev. D, 1991, 43: 3273–3307.
[4] Soffel M, et al. The IAU 2000 Resolutions for Astrometry, Celestial Mechanics, and Metrology in the Relativistic Framework: Explanatory Supplement [J]. Astron. J., 2003, 126: 2687–2706.
[5] McCarthy D D, Petit G. (eds.) IERS Conventions (2003). IERS Technical Note, 2004, 32.
[6] Moyer T D. Formulation for Observed and Computed Values of Deep Space Network Data Types for Navigation [M]. JPL Publication, 2000.
[7] Kopeikin S, Vlasov I. Parameterized post-Newtonian theory of reference, multipole expansions and equations of motion in the N body problem [J]. Physics Reports, 2004, 400: 209–318.

撰稿人：黄天衣
南京大学天文学系

双星系统的运动学描述

Kinematic Description of Binary Stars

早在人们还不能估计恒星距离的 1767 年，约翰·米歇尔就注意到在邻近方向上恒星成对出现的实际几率远高于恒星在空间随机分布假设下的应有几率，并由此从统计学角度断言：必然存在大量真正相互毗邻的成对恒星[1]。1802 年，威廉·赫歇尔首次使用了术语"双恒星系统"(binary sidereal system)[2]，并在随后的研究中发现了恒星之间的相互绕转运动，这就为米歇尔的断言提供了有力证据。一般认为赫歇尔的发现是牛顿力学适用于太阳系外天体的最早证据，但是，直到 1827 年才由 F. Savary 通过拟合研究得到了第一个有实际双恒星系统背景(大熊座ξ)的牛顿二体轨道解[3]。为了方便起见，人们现在常把双恒星系统简称为双星系统或双星，其成员则通称为子星。

在恒星定位研究所涉及的时间尺度范围内，通常可以把双星质心的运动近似为匀速直线运动，而双星子星的运动则可以分解为随系统质心的匀速直线运动和围绕系统质心的轨道运动。时至今日，牛顿二体模型仍是描述双星子星运动的常用模型，而通过拟合观测数据得到或改进双星子星的运动学参数和质量参数是目前研究双星运动学描述问题的主要内容。这种轨道拟合工作主要有两方面的意义。首先，因为有近 2/3 的恒星是双星系统的子星[4]，所以精确描述其子星的运动对建立和维护有广泛应用价值的高精度高密度星表参考架具有重要意义；此外，作为确定双星系统三维位置和速度的一种有效手段，轨道拟合对银河系结构研究也具有重要意义。其次，建立恒星质量与恒星其他基本参数之间的实测对应关系是限制恒星结构和演化理论的基本途径[5]，而双星轨道拟合是获取恒星质量的唯一可靠手段[4]，因此这种拟合工作具有重要的恒星物理意义；同时，它还具有恒星系统动力学研究方面的重要意义，这是因为有关系统的成员星质量几乎是这种研究所必需的唯一一种参数，而建立常用来估计恒星质量的经验质光关系需要具有可靠质量的恒星样本，包括具有不同质量、年龄和金属丰度的恒星。

尽管双星轨道拟合工作一直受到人们的广泛重视，但是该工作极大地依赖于高精度观测资料的积累，所以其早期的发展比较缓慢。近年来，随着观测技术的发展和各种巡天观测项目的完成，高精度观测资料有了大量积累，这使得双星轨道拟合工作有了长足的进展。得益于计算机和网络技术的发展，有关研究成果一般都能从发布在互联网上的动态双星星表中检索到[6]。在取得这些成果的同时，研究中也已经遇到了一些不得不考虑各种摄动因素的情况。因此，建立适用的包含不同摄动因素的子星运动模型也是研究双星运动学描述问题的重要工作。以下就二体轨道拟合和有摄模型建立两个方面分别介绍其中的主要难点问题及其背景或由来。

为了讨论二体轨道拟合工作的难点问题,我们需要首先了解一些基本的背景知识。如果牛顿二体拟合模型足够精确,那么是否能够给出可靠的拟合结果将取决于观测数据的精确性和充分性,以及拟合方法的可靠性。数据的精确性是相对于观测量大小而言的,通常用信噪比来刻画,以方位测量为例,信噪比可以量化为角位置误差与二体轨道角半长径之比;观测数据的充分性反映的是数据对轨道限制的程度,通常用数据的轨道覆盖率来量化;拟合方法的可靠性指的是其是否能够回避虚假的解。缺乏具有足够精度的观测资料仍将长期制约轨道拟合工作的进展,其主要原因是大量双星轨道运动的可观测效应很小[7]。进一步发展天文观测技术是改善这种局面的根本途径,但介绍其中涉及的难点问题已经超出本条目的范围。有鉴于此,下面将主要围绕"以与观测相当的精度预报双星子星位置"这个双星运动学研究的基本目标展开讨论,特别地,我们所讨论的双星系统都具有信噪比明显大于 1 的定位观测资料。

第一个值得讨论的是上述资料轨道覆盖率不足带来的困难,依巴谷双星和多星星表[8]中就有许多这方面的例子。近年来,国际上普遍关心的类似星表将来自于空间天体测量卫星 Gaia 的观测。试算表明,Gaia 数据只能用来得到周期不明显大于该卫星观测时间(约 5 年)的双星轨道[9],因此如何联合其他资料给出具有更长周期双星的可靠轨道解是目前需要研究的一个难点问题。研究表明,联合高精度视向速度资料以及地面长期并且具有一定精度的位置资料是对部分系统解决这个难题的一个可行方法。

如同一般的拟合问题一样,二体轨道拟合可以转化为一个在模型参数空间寻求目标函数全局极小点的问题,这里的目标函数是指可以恰当反映观测数据与模型计算整体差别的函数。二体轨道拟合的观测量通常都非线性地依赖于多个模型参数,此类拟合被称为多维非线性拟合。一些通用的非线性拟合方法,如网格、退火和遗传算法等都曾用于双星的轨道拟合工作。多维非线性拟合一般比较费时,因此,在需要拟合大量双星轨道时,一个值得研究的问题是:如何根据具体拟合数据和轨道的特点来提高拟合方法的效率?在观测数据不够精确充分时还可能遇到目标函数的全局极小点不对应于真实轨道解的情况,因此,拟合方法的可靠性问题是一个有待解决的难点问题。在多种数据联合拟合时,与该问题密切关联的是不同数据的权重设定以及目标函数的选取问题。拟合数据以外的其他信息可以用来在一定程度上判断目标函数全局极小解的可靠性,有时也可以用来在局部极小解中遴选出可靠解。

为了介绍有摄模型建立方面的难点问题,我们还是需要首先了解一些必要的背景知识。理论上有许多摄动因素会影响双星系统的二体轨道运动,但目前采用有摄模型拟合双星子星运动的工作尚不多见。这主要是因为恒星距离我们非常遥远,从而绝大多数的摄动因素并不会对恒星的方位产生明显影响。但可以预见的是,随着观测精度的不断提高,建立双星运动学模型必将需要考虑越来越多的摄动因素。下面我们就列举几种重要的摄动因素:对子星近心点距很小同时轨道偏心率又很大的双星系统,潮汐摄动有可能对子星位置预报产生明显影响;如果上述系统的子星是致密的大质量天体,如中子星或黑洞,那么就会出现强引力场环境和子星高速运动的情况,此时相对论效应就变得非常显著了;再考虑一种双星质心围绕邻近的第三颗恒星转动的情况,拟合这种系统的运动通常采用双二体模型(所谓双二体指的是双星的两颗子星、双星质心与上述第三颗恒星分别构成的两个"二体模型"),现在已有证据表明在目前的观测精度下有时必须考虑三体效应。

根据不同类型双星系统的运动学特征,建立既有效又紧凑的子星运动模型是必要的,同时也是十分困难的。要理解这一点需要注意到以下两方面的情况。一方面,如果引入了上面提到的任何一种因素,即潮汐摄动、相对论效应或三体效应,那么双星系统的运动都将变得十分复杂,特别地,子星运动模型不再有简单的分析表达式;另一方面,未来的高精度高密度星表参考架将包含大量可以精确描述其运动的双星系统,因此,我们不能期望如描述太阳系大天体运动那样采用数值历表的形式描述双星子星的运动。有针对性地建立上述实用模型的基础是充分了解各类系统的运动学特征及其动力学成因,为此有必要进一步深入开展天体测量与天体力学等相关学科之间的交叉性研究。

参 考 文 献

[1] Michell J. An Inquiry into the Probable Parallax, and Magnitude of the Fixed Stars, from the Quantity of Light Which They Afford Us, and the Particular Circumstances of Their Situation. Philosophical Transactions, 1767, 57: 234–264.

[2] Herschel W. Catalogue of 500 New Nebulae, Nebulous Stars, Planetary Nebulae, and Clusters of Stars; With Remarks on the Construction of the Heavens. Philosophical Transactions, 1802, 92: 477–528.

[3] Savary F. A la Note sur le Mouvement des Étoiles doubles. Additions à la Connaissance des Tems pour l'An 1830, 1827: 163–171.

[4] Binney J, Merrifield M. Galactic Astronomy. New Jersey: Princeton University Press, 1998: Chap 3, 76–144.

[5] Popper M. Determination of Masses of Eclipsing Binary Stars. Annual Review of Astronomy and Astrophysics, 1967, 5: 85–104.

[6] 任树林, 傅燕宁. 双星轨道拟合的研究进展. 天文学进展, 2006, 21(3): 210–222.

[7] Schaefer G, Armstrong T, Bender C, et al. New Frontiers in Binary Stars: Science at High Angular Resolution. Astro2010: The Astronomy and Astrophysics Decadal Survey, Science White Papers, 2009, 259: 1–8.

[8] Perryman C, Lindegren L, et al. The HIPPARCOS Catalogue. Astronomy & Astrophysics, 1997, 323: L49–L52.

[9] Lattanzi G, Casertano S, Jancart S, et al. Detection and Characterization of Extra-Solar Planets with Gaia. In: Perryman M A C, Turon C, O'Flaherty K S eds. Proceedings of Symposium "The Three-Dimensional Universe with Gaia", The Netherlands: ESA Publications Division, 2004: 251–258.

撰稿人：傅燕宁

中国科学院紫金山天文台

天体距离的几何测定

Geometric Distance Determination of Celestial Objects

哥白尼日心体系的要害是"日心地动说",即地球在绕太阳运动。尽管伽利略发现了不同日期金星大小和位相的变化,给日心说以有力的佐证,但这毕竟没有直接证明"地球是在动的",至少日心说不能算是对实测结果的唯一解释。例如,第谷于 1588 年提出了一种介于托勒密地心体系和哥白尼日心体系之间的宇宙体系:地球位于宇宙中心且静止不动,其他行星绕太阳转动,而太阳则带着所有这些行星一起绕地球转。在第谷体系中,尽管地球静止不动,但金星和地球之间的距离会有很大的变化,同样能用来对伽利略的实测结果做出合理的解释。

如果日心说是正确的,那么由于地球绕太阳转动,不同时间从地球上观测同一颗恒星,恒星在天球上的位置应该发生变化,这就是恒星的周年视差位移。只要能测得恒星的视差,就能明确无疑地证明地球在绕太阳转动,从而彻底否定地心说。

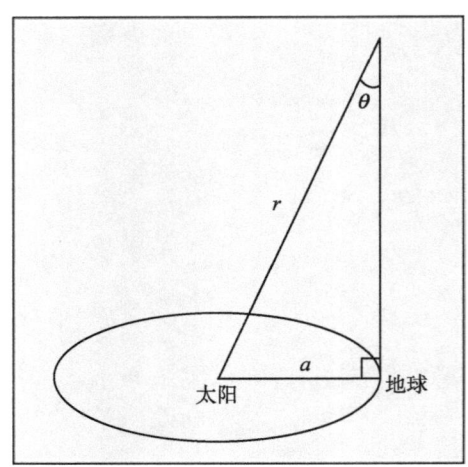

图 1   恒星周年视差 θ 定义为恒星对地球公转轨道半长径 a 的最大张角,距离 $r = 1/\theta$。

事实上哥白尼在提出他的学说之时已经意识到这一点,为此他进行了首次恒星视差的实测工作。他在太阳和恒星两者黄经相同以及相差 180° 的两个夜晚,测定了恒星的黄纬 β_1 和 β_2,结果却发现 $\beta_1 = \beta_2$,即没有观测到恒星有视差位移,或者说恒星的视差为零。那么这是否意味着地球没有动呢？哥白尼对此做出了正确的解释：恒星的时差与距离成反比，由于恒星的距离实在太远，它们的视差位移非常小，而当时望远镜还没有发明，肉眼观测的误差太大，不可能测出恒星视差。考虑到他所用观测器具的精度只有 $3'\sim 5'$，哥白尼推断恒星的距离至少为日地距离的 1000 倍以上。在日心说问世后的近 300 年内，许多人试图通过实测发现恒星的视差，但都没有取得成功，以至包括著名天文学家第谷在内的一些人对哥白尼学说的正确性产生了怀疑。

随着望远镜问世和观测精度的提高，1837 年俄国天文学家斯特鲁维终于测得织女星的视差为 $0.125''$，相应的距离是 26.0 光年。差不多同时德国天文学家贝塞尔测得恒星天鹅 61 的视差为 $0.31''$，相应的距离是 10.5 光年。嗣后，被测出视差的恒星越来越多，日心说最终得以确证，人们不再怀疑地球在绕太阳运动。现在知道，最近一颗恒星到地球的距离是 4.22 光年，约为日地距离的 16 万倍，充分说明哥白尼的早期判断是完全正确的。

图 2　依巴谷卫星。

今天，视差测定仍然是确定天体距离最基本的方法，在天文学中始终有着极为重要的地位。一方面，距离对于研究天体和天体系统的物理特性至为重要，另一方面由视差测定得出的恒星的几何距离，是天文学中众多其他测距方法的基础。为此，天文学家一直在为测得更多、更远、更暗、更精确的恒星的视差(距离)而不懈地努力。20 世纪初，美国女天文学家史莱辛格开创了用照相方法测定恒星三角视差的新纪元，得到了大批恒星的几何距离。1989 年，欧洲空间局(ESA)发射了依巴谷(Hipparcos)天体测量专用卫星[1]，在短短 3 年的时间内，测得了 10 万颗恒星的视差，精度好于 $0.001''$。ESA 还计划在 2011 年发射新一代的天体测量卫星"盖亚(GAIA)"，精度可达 $0.00001''$[1]，相当于 1000 千米外一根头发丝的直径；即使对

30000光年远的目标天体，距离测定的相对精度也可达到10%。一旦"盖亚"计划得以成功实施，对于银河系内的绝大部分天体来说，只要能观测得到，就能测出它们的几何距离。

确定天体的距离可以有两种不同的途径，即绝对测定和相对测定。例如，利用周年视差位移测定恒星的距离，便是一种最基本的绝对测定方法，而依据造父变星周光关系所推算得的距离属于天体距离的相对测定。但是，对天体来说视差测定方法的适用范围相当有限，目前的观测能力不过只有1000光年左右。最近的河外旋涡星系——M31，其距离已远达250万光年，如果未来的"盖亚"卫星上天并取得成功，对此仍然鞭长莫及。那么有没有办法测得河外星系的几何距离呢？

图3　盖亚卫星。

测定天体几何距离的基本原理是，利用已知长度的基线(地球公转轨道直径，长度为2个天文单位)，通过三角测量方法来测得远方天体的距离。因此，除了观测仪器的精度外，几何距离测定范围还受到基线长度的限制。例如，在仪器观测精度不变的前提下，如能使基线增长100倍，那么测距能力的范围相应地可以增大100倍。

多年前已有人设想，只要发射一台能确定天体位置的空间探测器，使它脱离太阳系而奔向远方，那么就可以大大加长用于测定天体几何距离之基线的长度，从而扩大几何距离的测定范围。

1977年9月美国发射的"旅行者1号"经过30多年的长途跋涉，目前距离地球已接近100天文单位。要是事前已在这样一台人造飞行器上配置了类似"盖亚"所具备精度的观测设备，那么它与地球附近的"盖亚"卫星所构成的基线长度，便能使天体几何距离的测定范围达到300万光年左右(仙女星系的距离约为250万光年[2])，而100天文单位远处发出的无线电讯号传输到地球也仅需半天左右时间。对于目前人类的技术水平来说，只要经过努力，做到这一点是还是有可能的。

参 考 文 献

[1] Jin W, Plaitais I, Perryman M A C. A giant step: from milli- to micro-arcsecond astrometry, IAU Symposium, Cambridge University Press, 2007, 248.

[2] Binney J, Merrifield M. in Galactic Astronomy, Princeton University Press, Princeton, New Jersey, 1998, 436.

撰稿人：赵君亮

中国科学院上海天文台

银河系内的距离尺度

The Distance Scale in the Milky Way

1. 引言

疏散星团是宇宙距离尺度校准的基石之一。毕星团和昴星团,作为两个离我们最近而又最容易观测的疏散星团,在这方面具有特别重要的意义。在整个20世纪中,对这两个星团距离的测定一直没有停止过,结果的准确度不断得到改进[1,2]。

疏散星团距离测定工作,按照所采用的方法,可以分为两大类。一类采用纯粹几何的方法,包括三角视差方法和自行会聚点方法。另一类需要依靠太阳附近场星的距离测定结果或者关于恒星结构和演化的理论模型,主要是主序拟合法。

需要指出的是,在地面进行的恒星三角视差测定,得到的只是相对视差,必须改正参考星的平均视差,才能得到绝对视差。参考星的平均视差,通常根据它们的视星等和银纬由自行统计研究得到,其中涉及银河系中恒星的光度函数、恒星和消光物质的分布、太阳和恒星的运动。因此,地面测定的三角视差,与一定的统计模型有关。

Hipparcos卫星在太空用三角方法直接测定恒星的绝对视差,它对近距星团内恒星的观测结果,第一次提供了一种可能性,即不借助任何有关这些恒星的化学成分或恒星结构的假定,并且与银河系结构和运动的统计模型无关,准确确定这些星团的距离。

对于毕星团,van Altena等在1997年综合了到那时为止所获得的104颗毕星团成员星地面三角视差测定值,给出加权平均值为21.71 ± 0.59 mas(对应于距离模数3.32 ± 0.06 mag,距离46.1 pc)。Perryman等[3]在1997年把Hipparcos测得的毕星团天区恒星视差和自行与地面观测得到的视向速度结合,得出这个星团内恒星的三维位置和运动,然后考虑星团中心附近半径10 pc(大致等于这个星团的潮汐半径)内的成员星,得到其质量中心与太阳系的距离为46.34 ± 0.27pc(对应于距离模数3.33 ± 0.01 mag)。这一结果与van Altena等在1997年给出的结果惊人地相符合。因此,可以认为,毕星团的距离问题已经很好地解决。

昴星团的距离比毕星团远了约3倍。在Hipparcos的测定结果发表以前,就三角视差而言,只有Gatewood等在1990年发表的结果具有一定的实际意义。他们根据5颗成员星的视差得出这个星团的平均视差为6.6 ± 0.8 mas(对应于距离模数5.9 ± 0.26 mag,距离150 ± 18 pc)。大多数人运用主序拟合法确定昴星团的距离,得到的视差数值在 7.4~7.8mas，通常采用的昴星团距离在 125~135pc，对应的距离模数在 5.6mag 左右。

然而，Hipparcos 早期归算得到的昴星团距离，却惊人地比上述地面测定结果近了大约 10%。在 1997 年，van Leeuwen 和 Hansen Ruiz 以及 Mermilliod 等分别给出了他们独立处理得到的结果，两者都为 8.6 mas。与这一视差值对应的距离是 116 pc，距离模数是 5.33 mag。这意味着昴星团恒星的绝对星等比原来的估计要暗大约 0.3 mag。如果这样的结果是真实的，那么现有的恒星结构和演化理论就很可能需要作重大的修改，否则，就意味着 Hipparcos 的视差具有可能大到 1 mas 的系统误差。

这个问题必须搞清楚。如果是恒星结构和演化理论有错误，那么受影响的不只是用主序拟合法确定的疏散星团距离，用同样方法得出的球状星团距离也就同样有错误，而且用等龄线拟合估计的星团年龄也有错误，并涉及星系的距离、宇宙的大小和宇宙的年龄。如果是 Hipparcos 的测量结果受到某种未知的系统误差影响，那么也得把这种系统误差的来源找出来，以免影响将来更准确的 Gaia 天体测量卫星的测定结果。

2. Hipparcos 数据的早期归算结果

Hipparcos[4]的望远镜同时观测两个视场，这两个视场相差一个固定角度(大致等于 58°)，称为基本角。望远镜绕轴自转，自转轴与基本角所在的平面垂直。这一平面在天空中截出的大圆称为瞬时大圆。由所考虑时段内所有的瞬时大圆取一个中间值，称为参考大圆。瞬时大圆相对于参考大圆的位置，称为姿态。其中，基本角平分线离瞬时大圆在参考大圆上升交点的角度，称为沿扫描方向姿态。

恒星在视场内扫过调制栅格，仪器记录的是恒星像在调制栅格上通过的时间。在姿态和恒星的天球坐标已知的情况下，可以把这一时间变换为相对于参考大圆的横坐标。然而，恒星的天球坐标是被观测量，事先并不准确知道，因此 Hipparcos 测量的恒星横坐标含有一定的误差。

在照相天体测量归算中，星象的量度坐标首先拟合底片常数模型，统一到某个标准系统，然后再拟合恒星常数模型，得出需要的天体测量参数。与此相仿，在 Hipparcos 天体测量数据归算中，两个视场中恒星的一维横坐标残差首先拟合卫星沿扫描方向的姿态，准确校准到参考大圆系统，然后再拟合为位置、自行和视差的函数，解出对这些参数的改正。

在距离昴星团中心 5.5° 以内的天区中，有 264 颗恒星包含在 Hipparcos 星表中。van Leeuwen 和 Hansen Ruiz[5] 在 1997 年的一次会议上发表的报告中，根据这些恒星的自行、视差和测光特性，确定其中 60 颗星是昴星团的成员星。在这 60 颗成员星中，有 6 颗可能是双星，剔除这几颗星之后，还剩下 54 颗单星成员星。

在 Hipparcos 观测中，像昴星团这样集中在一个小天区内的恒星，许多都在同一大圆上测量，其横坐标的误差可能会有相关性，并反映到每颗恒星的自行和视差测量结果中。因此，van Leeuwen 和 Hansen Ruiz 不是直接用 54 颗成员星的视差取平均来得到昴星团的距离，而是把这些恒星的横坐标数据放在一起归算，改正它们的相关性，直接得出星团的自行和视差。

van Leeuwen 和 Hansen Ruiz 的结论是，他们用 Hipparcos 数据得到的昴星团视差与以前(主要是测光)的测定值明显不符，它使得这个星团的距离近了约 15%。他们排除了氦丰度的不确定是造成这一差异的原因，指出，为了解释观测到的 0.3 mag 的差值，氦丰度必须高达 0.35 至 0.40，这似乎高得有些不太可能。

Mermilliod 等[6]在同一会议上发表的报告中，也注意到 Hipparcos 的运行方式带来了在一个给定的参考大圆上横坐标之间的相关性，指出在几度天区内这种相关性的影响可能是显著的。因此，他们同样直接使用 Hipparcos 的横坐标数据，建立给定星团所有观测结果之间的完整协方差矩阵，一起用最小二乘法程序处理。他们得到了与 van Leeuwen 和 Hansen Ruiz 相同的结果。

Mermilliod 等还用相同的方法处理了后发星团、IC2602、IC 2391、鬼星团、英仙 γ 星团和 Blanco 1 这 6 个近距星团的 Hipparcos 数据，得出它们的视差。他们发现，在赫罗图中，一方面，鬼星团、后发星团、英仙 γ 星团和 Blanco 1 一起确定了一条主序，而另一方面，昴星团与 IC2602、IC2391 一起确定了另一条主序，后者比前者暗大约 0.5 mag。

为此，van Leeuwen 在 1999 年发表了对昴星团等 10 个近距疏散星团用 Hipparcos 数据作的新的研究结果[7]。这 10 个星团，与 Mermilliod 等研究的 7 个星团相比，增加了毕星团、NGC 2451 和 NGC 6475。在新的研究中，他改正了原来的归算方法中的一些小的错误，给出昴星团的新的 Hipparcos 视差为 8.45 ± 0.25 mas(对应于距离模数 5.37 ± 0.07 mag，距离 118.3 pc)。

van Leeuwen 把 10 个星团的 Hipparcos 测光数据改正红化后利用它们的 Hipparcos 视差合成一幅赫罗图，并把它与年龄介于 40~600 Myr 的太阳丰度恒星等龄线作比较(图 1)。van Leeuwen 指出，这 10 个最近的星团的复合赫罗图，展现出了类似于由理论等龄线预期的特征，而且更为显著。对于昴星团中 $B-V$ 大于 0.5 的恒星出现在年老星团主序的下方(相差约 0.5 mag)，van Leeuwen 认为也许与昴星团中的年轻 G 型恒星色球活动有关，因此没有理由怀疑 Hipparcos 的昴星团视差的正确性。

3. Hipparcos 后对昴星团距离新的测定

van Leeuwen 在 1999 年发表的工作似乎已经使昴星团距离问题得到了解决，可是实际上并非如此。事实上，在 van Leeuwen 和 Hansen Ruiz 以及 Mermilliod 等

1997年的论文发表之后，立即就引起了许多天体物理学家的注意。他们使用昴星团的各种地面测光数据通过种种主序拟合法试图解决与Hipparcos的昴星团距离矛盾，却全都求得了与以前的主序拟合结果相符合的距离模数。

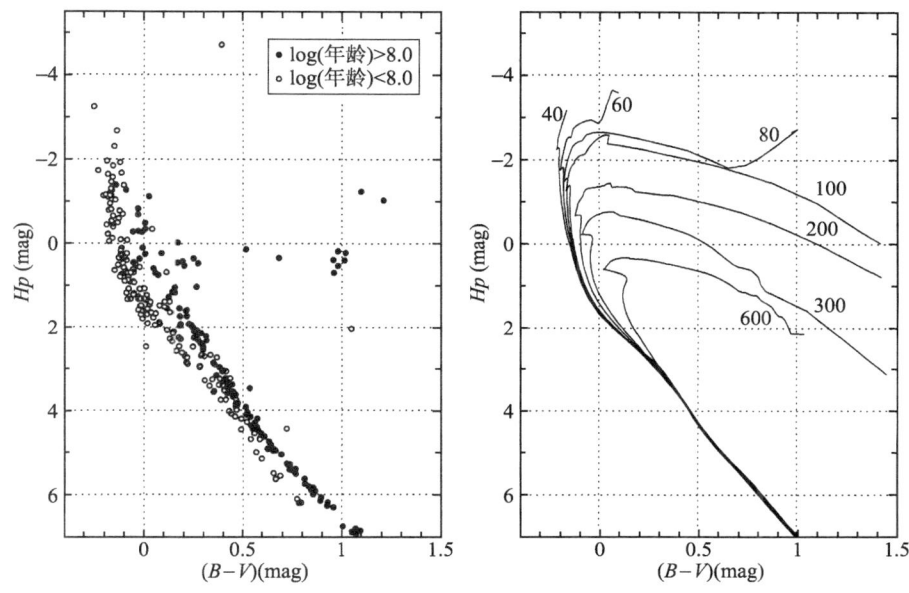

图 1 (左)10个距离模数误差小于0.2的星团的复合赫罗图，按年龄分组；(右)年龄介于40~600 Myr的太阳丰度恒星等龄线[7]。

例如，Percival在2003年提出了一种纯粹经验的主序拟合法，他们依靠的是太阳附近场星的Hipparcos距离测量结果，避免了地面测定的视差可能具有的系统误差。可是，他们得到的昴星团距离模数，却与以前地面观测取得的结果相一致，从而表明了由Hipparcos得到昴星团距离的确比应该有的数值近了约10%。此外，他们的工作还表明，昴星团主序下段(晚于K型的矮星)的(B−V)颜色反常地蓝，这种现象在主序上段并不存在。

Stauffer等在2003年发表了一篇论文专门讨论昴星团中的K型矮星为什么那么蓝。他们指出，这种现象在年轻疏散星团中普遍存在，这些星团中质量比太阳小的矮星存在耀发活动，会使它们在B波段反常亮将近10%(约0.2mag)，而在V波段和K波段则没有这种现象。

Narayanan和Gould在1999年发表了他们采用视向速度梯度方法获得的结果。这种方法与会聚点方法在原理上都是基于星团空间运动的透视效应，但它依据的是星团成员星的视向速度数据。他们用这种方法得到昴星团的距离模数为5.58±0.18 mag，也与主序拟合法的结果一致。

近年，在地面对昴星团恒星所做的三角视差测定，也取得了进一步的成果。2000 年，Gatewood 等发表了他们新的测定结果。他们对于 8 颗昴星团成员星给出平均视差数值为 7.64 ± 0.43 mas(对应于距离模数 5.59 ± 0.12 mag，距离 130.9 pc)。

具有更大冲击力的是 2004 年 1 月在 Nature 杂志上发表的 Pan 等的工作。Pan 等用光学和红外长基线干涉测量方法测得昴星团中一颗双星成员星昴宿七的轨道参数，导出昴星团距离的一个可靠的下限，即不可能近于 127 pc，而最可能的范围是在 133~137 pc。然后，在 2004 年 3 月和 8 月，Munari 等和 Southworth 等分别独立地发表了用昴星团中一颗食双星成员星 HD 23642 测定的昴星团距离。前者的结果为 132 ± 2 pc，后者的结果为 139 ± 4 pc，均与传统的昴星团距离相符合。

Pan 等以及 Munari 等和 Southworth 等的工作都没有做视向速度测定，为此需要利用恒星的质光关系，因此仍与恒星的理论模型有关。2004 年 8 月，Zwahlen 等发表了昴宿七的视向速度和新的干涉测量结果。他们把这些结果与 Pan 等的观测结果合在一起，不依靠任何恒星理论模型，定出昴宿七的距离为 132 ± 4 pc。这一结果证实了通过主序拟合和地面三角视差测定得到的昴星团距离，而与 Hipparcos 测定的结果矛盾。

4. 对 Hipparcos 数据的重新处理

Pinsonneault 等在 1998 年最早提出了 Hipparcos 的昴星团视差受到某种在很小的角度尺度(半径约为 2°)上相关的系统误差影响。Narayanan 和 Gould 在 1999 年发表的工作中进一步讨论了在 Hipparcos 测量结果中像昴星团这样占据很小天区的富星团内恒星与恒星之间误差可能存在相关性的问题。Makarov 在 2002 年发表的一篇论文中，举了 Hipparcos 测定的疏散星团 NGC 6231 中共 6 颗成员星的视差全部是负值这个极端例子。据此，他认为 Hipparcos 的数据处理和归算方法可能的确存在问题。

Makarov 在这篇论文中讨论了姿态误差的起源。他指出，当 Hipparcos 两个视场中有一个中心在像昴星团这样的星团的时候，那个视场中有多达几十颗成员星几乎同时被观测，而在另一个指向相距 58°方向的视场中通常只有两、三颗恒星。沿扫描方向姿态角是由观测得到的在此时刻通过两个视场的所有恒星横坐标残差来解算的，但大量的星团成员星也许会使权重远远超过另一个视场内的恒星。这些成员星全都具有基本相同的视差和自行。就姿态测定而言，这等价于只有一颗恒星，而这颗恒星在计算中却具有很大的权重。

面对新的地面观测和研究结果所进一步揭示的昴星团距离确实存在的问题，以及一些研究者所指出的在原先的 Hipparcos 数据归算中存在的一些较为严重的缺陷，van Leeuwen 改变了看法。他认为，为了得到正确的结果，应该要从 Hipparcos 的原始观测数据开始重新归算。

van Leeuwen 在 2004 年的一次会议报告[8]中介绍了当时由他正在进行的这项工作。计算机硬件的改进已经使得进行这项工作远比十余年前容易，在大约 12 年前要花 6 个月多时间做的事情，现在用一台台式计算机花大约一周时间就可以完成了，而且还增加了为核查结果而对归算数据作有效的人机对话操作的可能性。新的归算结果已在 2007 年正式发表[9]。

新的归算与老的归算相比，一大改变是取消了参考大圆，直接相对于瞬时大圆来进行归算。在老的归算中，对于卫星在轨道上运行的每一圈(周期 10.6 h)，都要确定一个参考大圆，给出的横坐标是在那个时段内所有观测结果的平均值。在新的归算中，给出的横坐标是一颗恒星在视场中单独一次通过的结果，并相对于瞬时扫描方向来测量。

在新的归算中，诸如卫星由于遭受太空中的微小粒子撞击以及由于温度变化造成的离散非刚性事件等卫星动力学的特殊事件已被完全纳入到姿态模型之中。大圆归算处理过程已被一种全局性的迭代解取代，其结果，重建的沿扫描方向姿态整体噪声水平减小到了原来的大约五分之一，而横坐标误差相关性减小了至少一个数量级。新的归算给出了对 Hipparcos 天体测量数据的准确度以及总体可靠性的显著改进，这些改进对于疏散星团天体测量参数的确定全都应该是有益的。

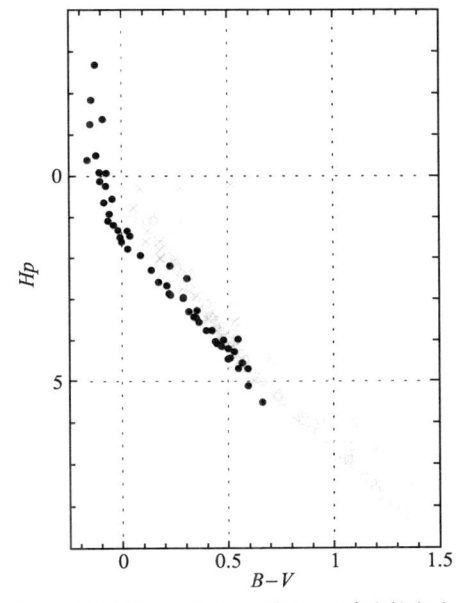

图 2　昴星团(黑圆点)、毕星团(灰圆圈)和后发星团(灰叉号)的赫罗图[10]。

van Leeuwen[10]用新的 Hipparcos 天体测量星表中的数据导出了 20 个疏散星团的平均视差和自行估值。这些新的视差的准确度是由原来的 Hipparcos 星表导出的视差的准确度的 2~2.5 倍。但是，与以等龄线为基础的主序拟合得到的距离模数之间显著的矛盾依然存在，尤其是对于这些星团中的一组，其中包括昴星团、NGC 2516 和 Blanco 1。van Leeuwen 认为，现在造成这种矛盾的原因，应该从天体物理理论方面去寻找。

5. 前景

欧洲计划在 2011 年底发射的第二代天体测量卫星 Gaia，打算测得到 $V = 20$ 星等左右为止的约 10 亿颗天体的位置、自行和视差，准确度好于 0.2 mas，而其中

2500万颗到 $V=15$ 星等左右为止的天体，准确度好于 $10\mu as$。后一准确度将使得直接的三角视差得出的距离在 10 千秒差距处仍准确到 10%。在这种情况下，不但可以得到更为准确、可靠的昴星团等星团的距离，而且整个银河系的距离尺度问题都将最终得到解决。

然而，毫无疑问，Gaia 要达到微角秒量级的准确度，这将是比 Hipparcos 远为严峻得多的挑战。像 Hipparcos 一样，这种挑战不仅是在这颗卫星本身方面，而且同样重要的一个方面是观测数据获得以后的归算处理。尽管 Hipparcos 数据的归算处理已经提供了非常宝贵的正反两方面的经验，但鉴于 Gaia 的更加高的准确度要求，一定会有一些新的系统差源需要更为谨慎地加以处理。

参 考 文 献

[1] 王家骥. HIPPARCOS 后的银河系距离尺度. 天文学进展, 1999, 17: 159–167.
[2] 王家骥, 陈力. HIPPARCOS 后的昴星团距离. 天文学进展, 2005, 23: 293–303.
[3] Perryman M A C, Brown A G A, Lebreton Y, et al. The Hyades: distance, structure, dynamics, and age. Astron.&Astrophys., 1998, 331: 81–120.
[4] Kovalevsky J. Modern Astrometry. Berlin: Springer, 1995: Chapter 8.
[5] van Leeuwen F, Hansen Ruiz C S. The parallax of the Pleiades cluster. In: Battrick B ed. Proceedings of the ESA Symposium Hipparcos Venice'97. Noordwijk: ESA Publication Division, 1997: 689–692.
[6] Mermilliod J-M, Turon C, Robichon N, et al. The distance of the Pleiades and nearby clusters. In: Battrick B ed. Proceedings of the ESA Symposium Hipparcos Venice'97. Noordwijk: ESA Publication Division, 1997: 643–650.
[7] van Leeuwen F. Open cluster distances from Hipparcos parallaxes. In: Egret D, Heck A eds. Harmonizing cosmic distance scales in a post-Hipparcos era. San Francisco: Astronomical Society of the Pacific, 1999: 52–71.
[8] van Leeuwen F. The Pleiades question, the definition of the zero-age main sequence, and implications. In: Kurtz D W ed. Transits of Venus: new views of the solar system and Galaxy. Cambridge: Cambridge University Press, 2005: 347–360.
[9] van Leeuwen F. Hipparcos, the new reduction of the raw data. Dordrecht: Springer, 2007.
[10] van Leeuwen F. Parallaxes and proper motions for 20 open clusters as based on the new Hipparcos catalogue. Astron.&Astrophys., 2009, 497: 209–242.

撰稿人：王家骥
中国科学院上海天文台

太阳银心距的绝对测定

Absolute Determination of the Solar Galactocentric Distance

太阳到银河系中心的距离(太阳银心距 $R_\odot$)是有关银河系结构的基本参数之一,它的测定结果对天体物理研究有着多方面的重要影响。例如,在测定银河系内天体的距离时,凡涉及观测视向速度和银河系自转模型,距离测定结果便与太阳银心距的取值成正比,而银河系引力质量和光度质量的大多数估值同样与 $R_\odot$ 的大小成比例。对银河系内的某些天体(如位于银河系中心附近的巨分子云)来说,它们的质量和光度的估值必与 $R_\odot$ 的取值有关。又如,用以描述银河系较差自转的 Oort 常数的确定与 $R_\odot$ 的大小密切相关。在大尺度上,由于河外星系距离尺度的确立过程涉及对银河系天体某些参量的定标,因而事实上哈勃常数 H_0 与 $R_\odot$ 也是相关联的。

那么,银河系中心又如何来定义呢?理论上说,银河系中心应该是指银河系的动力学中心。但是,为了实测工作的需要,这样的动力学中心应该借助某个具体的示踪天体来体现。通过对多种波段观测资料的分析,人们发现非热致密射电源 Sgr A*和复合红外源 IRS16 与银河系动力学中心之间的距离不会超过 1 pc。因此,在涉及有关太阳银心距的问题时,$R_\odot$ 通常就是指太阳到射电源 Sgr A*(或红外源 IRS16)间的距离。

1785 年赫歇尔建立了天文学史上的第一个银河系模型,在他的模型中太阳位于银河系中心,即 $R_\odot = 0$,但这仅是赫歇尔的先验设定,并不是太阳银心距的实测值。1918 年,Shapley 研究了 69 个球状星团的空间分布特征,得出太阳离开银河系中心的距离约为 $R_\odot = 13$ kpc[1],可算是太阳银心距的最早测定值,Shapley 的这项工作具有里程碑式的意义。

按 Reid 的分类方案[2],目前确定太阳银心距有 3 条不同的途径:绝对测定、相对测定和间接推算,其中绝对测定方法的应用是最近 20 多年的事。

早期 $R_\odot$ 绝对测定的基本思想就是经典统计视差法,即设法测得目标天体群的自行和视向速度,通过两者间的比较就可得出天体群的平均距离。统计视差法用于恒星群的光学观测之适用范围一般不超过 500 pc。要把这一方法用于远距离天体必须满足 3 个条件:被测天体应足够明亮,以能在很远处也可以观测到;视向速度的测定能取得合理的精度;必须找到一种办法来测出天体的微小自行,且有足够的精度。

这些要求可通过对水脉泽源的射电观测得以实现:天体脉泽发射产生一束很窄的强射电辐射,在很远处也能观测到;可通过观测脉泽源窄线辐射的多普勒位移来精确测定源的视向速度；VLBI 技术能以很高的精度测定脉泽源的位置和自行，而观测精度与脉泽源的具体结构有关。

上述方法用于测定太阳银心距的工作始于 20 世纪 80 年代初，目标天体是银心附近的水脉泽源，不过最早的测定结果并不理想，精度也很低。直到 20 世纪 90 年代初，随着脉泽源的正确选择和观测精度的提高，$R_\odot$ 的测定结果大为改善，如 1992 年的一项工作得出 $R_\odot = 8.1 \pm 1.1$ kpc [3]。

近年来，一些人根据经典的双星轨道运动解算方法来测定太阳的银心距，并取得了很好的结果。这一方法的基本原理是，如有一颗恒星绕着位于银河系中心的超大质量黑洞作轨道运动(类似于双星系统中伴星绕主星的运动)，那么一方面由谱线的多普勒位移可以测定恒星的视向速度(线速度)，另一方面从不同历元恒星位置的变化可以测得它的自行(角速度)，两者均需用于恒星的轨道运动解算，解算过程中同时可以得出该恒星到太阳的距离，即 $R_\odot$。

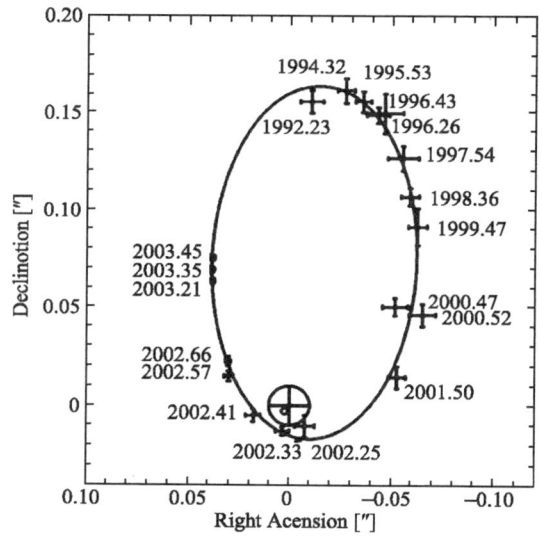

图 1 恒星 S2 的运动轨道，每个测点给出观测历元和相应的误差框。
左下方的小圆圈表示轨道焦点的位置和测定误差，而带有十字叉的大圆
(尺度为 10 mas)说明焦点位置与致密射电源的距离不超过几个 mas。

21 世纪初人们发现大质量恒星 S2 绕着 Sgr A* 沿偏心率很大的椭圆轨道(近心距 130AU，远心距 1 900AU)运动，轨道周期约为 15 年。不久即根据上述原理首次对 $R_\odot$ 做了绝对测定，得出 $R_\odot = 7.94 \pm 0.42$ kpc [4]，所用观测资料的时间段长达 11 年多，涉及恒星 S2 轨道运动弧段已超过整圈轨道长度的四分之三。

绝对测定法可以避免相对测定法中诸如由目标天体光度定标和星际消光带来

的系统误差，但也有自身的系统误差源。如统计视差原理的应用要求目标天体群的切向速度和视向速度服从等弥散度的三维正态分布，而要是实际情况并非如此，如这群天体的运动存在某种偏优方向，或者存在某个方向上的整体性运动，则必然会给 $R_\odot$ 的测定值带来系统误差。因此，为了尽可能准确地测定太阳银心距，不同类别的测定途径都不应偏废，即使对同类方法，还应该考虑利用不同的目标天体。

国际天文学联合会(IAU)于1964年和1985年所推荐的太阳银心距分别为 $R_\odot = 10$ kpc 和 $R_\odot = 8.5 \pm 1.1$ kpc，Reid 于1993年给出的 $R_\odot = 8.0 \pm 0.5$ kpc，最近我们得到的结果是 $R_\odot = 7.82 \pm 0.16$ kpc [5]。看来，太阳银心距的测定值总体上表现为有减小的趋势，精度则渐而提高。随着新观测资料的取得，人们仍将会通过不同途径对太阳银心距做新的测定。不过，未来 $R_\odot$ 的测定值很可能不会出现太大的改变。

参 考 文 献

[1] Shapley H. Astrophysical Journal, 1918, 48: 154.
[2] Reid M J. Annual Review of Astronomy and Astrophysics, 1993, 31: 345.
[3] Gwinn C R, Moran J M, Raid M J. Astrophysical Journal, 1992, 393: 149.
[4] Eisenhauer E, Schödel R, Genzel R, et al. Astrophysical Journal, 2003, 597: L121.
[5] 赵君亮. 天文学进展, 2009, 27: 229.

撰稿人：赵君亮
中国科学院上海天文台

移动星团视差的精确测定

Accurate Measurement of the Moving-cluster Parallax

疏散星团在天文学上是研究恒星形成、结构和演化理论的理想实验室。就每一个疏散星团而言，通常认为它们的成员星是在不超过几百万年的时间内，由同一个分子云形成的。因此，如果不考虑内部速度弥散度(其典型值为 1Km/s)，则同一星团内的成员具有共同的空间运动，在天球上表现为自行运动方向互相平行。某些疏散星团离开地球比较近，由于透视的原因，其成员星的自行矢量会交于天球上的一点，称为会聚点(或辐射点)。移动星团是指能够测出会聚点位置的、较近的疏散星团。利用移动星团的运动特征可以确定星团的视差，这就是星团视差。星团视差属于一类平均视差，是恒星视差绝对测定的一条重要途径，也是天文学上与三角视差定标无关的视差测定方法。随着恒星自行资料的累积，特别是自行精度的提高，星团视差可以达到很高的精度，甚至好于三角视差的精度。在精确测定太阳附近恒星的距离方面，星团视差与三角视差起着相互补充和印证的作用。另一方面，星团视差能够测量的距离范围(约在 800pc 以内)比三角视差所能达到的范围大得多，而有几类恒星，其在太阳附近的为数很少，比如 O、B 型星、超巨星及某些特殊光谱型的恒星等，要定出它们的光度就必须借助于星团视差的测定。在所有移动星团中，毕星团是除大熊星团外距离太阳最近的一个，它的星数较多而密集，其成员星的自行观测精度也最高。因此，精确测定毕星团的距离在星团视差工作中占有特别重要的地位。毕星团的距离实际上已成为宇宙距离尺度校准的一个基本出发点。此外，精确测定毕星团的距离还涉及恒星演化的研究及有关自行和自行分析等天体测量工作的重大课题。

移动星团(其中首推毕星团)视差的精确测定，对于宇宙距离尺度、许多天体物理关系(如绝对星等-光谱型关系，质光关系等，以及诸如分光视向速度定标一类问题)的研究具有十分重要的意义。正因为如此，从 20 世纪初至今，人们在累积有关观测资料并提高其精度的同时，对确定星团视差的合理方法备加关注，并一直处于不断改进之中。

20 世纪 70 年代前，确定星团视差普遍采用会聚点方法。如设 V 为团的整体运动矢量，μ 为自行，λ 为团到会聚点的角距离，则星团视差 $\hat{\pi}$ 可按下式计算：

$$\hat{\pi} = \frac{K\mu}{|V|\sin\lambda} \tag{1}$$

式中 $K = 4.74047$ 为 1 天文单位的千米数与 1 儒略年所含的时秒数之比。如团的赤道坐标为(α, δ)，会聚点坐标为 (A, D)，则λ的计算公式为：

$$\cos \lambda = \sin \delta \sin D + \cos \delta \cos D \cos(\alpha - A) \tag{2}$$

其中会聚点赤道坐标(A, D)可按以下步骤计算：(1) 利用星团成员星的自行和视向速度(V_r)，确定团的平均空间运动速度 V 在日心坐标系中的三维直角坐标分量(X, Y, Z)；(2) 由(X, Y, Z)计算(A, D)：

$$\left. \begin{array}{l} \tan A = \dfrac{Y}{X} \\ \tan D = \dfrac{Z}{\left(X^2 + Y^2\right)^{-\frac{1}{2}}} \end{array} \right\} \tag{3}$$

就本质上来说，经典会聚点方法采用的是两步解：首先利用自行/视向速度资料确定星团运动学参数$(|V|, A, D)$，然后再利用自行/视向速度资料及运动学参数$(|V|, A, D)$确定星团视差$\hat{\pi}$。显然，由于这两步相互有关，且两次应用自行/视向速度资料，理论上是不严格的。对此，人们已多次加以评论，并提出了若干种改进方法。

为避免经典会聚点方法存在的理论上不严格，应该同时求解包括星团视差、运动学参数及相应弥散度在内的全部未知参数。Murray 和 Harvey 导出了一组严格公式，并用来同时确定毕星团的运动学参数和视差，后者包括星团视差和团内每颗成员星的视差。Murray 和 Harvey 把这一方法用于毕星团，但其结果似乎并不很理想。

Davins 等在 1997 年提出一种新的最大似然解算方法，以同时确定星团的运动学参数、团内速度弥散度及各个成员星的视差，利用的观测资料仅限于团星位置和自行。de Bruijne 把这一方法具体用在天蝎 OB2 星协上。

赵君亮等则提出了一种根据最大似然原理，利用星团成员星全部自行和视向速度观测资料，同时确定移动星团平均视差、运动学参数及相应弥散度的严格方法。已成功地用于毕星团和昴星团，并取得了很好的结果。

鉴于移动星团视差精确测定对天体物理若干问题研究的重要性，在一个世纪的时间内，在不断累积有关观测资料并提高其精度的同时，人们对星团视差测定方法不断加以改进，从经典会聚点方法的两步解，到最大似然估计的合理引入和精化，而这一过程同计算工具的改进无疑是分不开的。

就移动星团视差研究方法目前状态来看，仍然存在众多疑难问题值得进一步加以讨论或改进：

(1) 在 Davins 等采用的方法中，所利用的观测资料除了恒星的位置外，只用到自行，这客观上是因为依巴谷卫星上天后提供了大批恒星的高精度自行。然而视向速度资料的合理应用是很重要的。尤其对一些较远的移动星团。de Bruijne 等已经考虑到这一点，但他们的方法并没有充分利用好视向速度观测资料。更合理的做法也许应该在似然函数中包含视向速度，与自行一起以解算待定参数。这样做公式会变得更复杂，但从理论上看是没有困难的。

(2) 利用最大似然估计同时解出全部团星的视差(距离)虽然在理论上是严格的，但实际求得的视差值就单个恒星来讲其可靠性(精度)基本上取决于相应恒星的自行/视向速度测定精度。因此，单个恒星视差值主要具有统计意义。有关作者对这类视差可靠性的检验也只是指出统计上与三角视差相一致，或两者之差符合高斯分布等。所以，由最大似然法取得的单个恒星视差值的应用需要特别谨慎。

(3) 不少作者已对方法的有效性通过随机构筑模型星团来加以检验，但是，这些星团模型各方面的性质与星团实际情况的统计符合程度对检验本身的结论无疑是有影响的。比如，Cooke 和 Eichhorn 考虑了模型星团中恒星应在位置和速度空间上随机分布(正态分布)，de Bruijne 更进一步考虑了恒星的目视星等，以及初始质量函数呈幂律分布，并规定了质量上限等。模型星团中这类因素的考虑应该随实际团的情况而定。如果团的年龄较大，可能还要考虑恒星的质量分层效应。星团模型构筑得越合理，方法有效性检验的结果就越有说服力。

(4) 尽管从理论上改进方法是重要的，但随着方法的日臻完善，观测资料的数量积累和质量提高便成为主要问题，必须给以充分的重视。否则，观测资料可能成为制约最后结果的首要因素，而在这种情况下，理论解算方法再改进也就没有多大意义了。

不同的星团有着不同的情况，比如距离不同、空间范围大小不同、年龄上的差异、成员星星数的多寡、可用观测资料的数量以至质量的不同，甚至研究工作的目的不同等。同一种方法是否对所有这些不同情况的星团都是最佳的方法，也许是特别值得关注的问题。

参 考 文 献

[1] de Bruijne J H, Hoogerwerf R, de Zeeuw P T. Astro. Astrophys., 2001, 367: 111.
[2] Murray C A, Harvey G M. Roy. Obs. Bull., 1976, 182: 15.
[3] Davins D. ESA, sp-402, 1997, 433.
[4] Cooke W J, Eichhorn H K. M. N. R. A. S., 1997, 288: 319.
[5] Zhao J L, Chen L. Astro. Astrophys., 1994, 287: 68.
[6] 陈力, 赵君亮. 天文学报, 1997, 38: 113.
[7] 赵君亮, 陈力. 天文学进展, 2001, 19: 492.

撰稿人：陈 力

中国科学院上海天文台

星团成员星的判别

Discrimination of Members in a Star Cluster

1. 引言

任何对星团的研究，最初的一步，都是要可靠地判别其成员星。通常，这样的判别是从统计的角度以概率给出的。估计成员概率可以有几种不同的方法，它们的使用取决于被处理的是位置、自行、视向速度还是多色测光，或者是这些量的某种组合。在有些情况下，通常是某些球状星团，仅仅根据恒星在天空中的投影位置分布，就能很好地把星团的成员星与场星区分开来。但这样得到的成员星样本，仍难免有可能混入个别恰好投影在星团方向的前景星或背景星，尤其是在低银纬区的密集星场中，这种方法可能完全失效。因此，更常用的，是用恒星的自行分布来做成员星判别。但是，在不少情况下，星团的自行与场星的自行相差很小，单靠自行也很难把成员星和场星有效地区分开。在这种情况下，加入视向速度作为判别变量，有可能会提高判别的效率，但问题在于，要测定星团中逐颗恒星的视向速度，不仅仅是工作量很大，而且对于某些密集星团，尤其是球状星团的核心区域，几乎是不可能的。为此，多色测光数据也常常被用来作为星团成员星判别的重要依据。可是，测光数据在星团成员星判别中的运用，尚还没有很好的方法定量化。

2. 参数法

当有运动学数据可以利用时，普遍接受的观点是，由自行或视向速度分析获得的成员概率更为可靠。Vasilevskis 等在 1958 年提出了一个在星团邻近区域内运动学数据分布的模型[1]，而 Sanders 在 1971 年依据这种模型提出了一种很容易程序化的算法，用于估算模型的参数和成员概率[2]。这种方法后来虽然又有一些人作了某些改进，但基本原理没有变化。

Vasilevskis 模型以下列天文学假设为基础：
(1) 仅仅存在两群恒星：场星和星团成员星。
(2) 这两群恒星都按双变量正态函数分布。
(3) 团星的分布函数是圆形的，而场星的分布函数则是椭圆形的。

可是，由于下列原因，这两个母体可以偏离模型分布非常远：
(1) Vasilevskis 模型只是真实分布的一种初步的逼近。在不少情况下，场星分布偏离双变量正态分布很大。

(2) 星团成员星分布的正圆性可能会因自行含有系统误差而出现问题。
(3) 场星自行分布与星等和颜色强相关。
(4) 星团成员星自行测量值的弥散度有可能是视星等或位置的函数。

一些人已经提出了这些问题的某些解决办法(例如, 见赵君亮等 1982 年的论文[3]), 但都只是部分地解决了这些问题。

仅考虑自行分布的 Vasilevskis-Sanders 方法, 当两个母体分布之间的统计距离过小时, 有可能使两群恒星之间的判别变得不可能。这出现在以下几种情况下:
(1) 两个分布的形心彼此非常接近。
(2) 信噪比很低, 即自行数据的误差较大或自行数值很小。
(3) 场星与星团成员星之比很大。

为了扩大两个母体之间的统计距离, 增加测量数据空间的维数变得必不可少。为此, 一些人在参数模型中引进了位置变量(例如, 见束成刚等 1997 年的论文[4])。在这些模型中, 通常对场星位置采用均匀分布或梯度分布, 而团星位置则采用 King 模型的幂律分布[5]或正态分布。这种模型对于那些具有明显次结构的疏散星团, 是失真的。

3. 非参数法

Cabrera-Caño 和 Alfaro 在 1990 年[6]提出了一种非参数法。这种方法有两个主要特点:
(1) 用非参数方法处理分析中涉及的概率密度函数。
(2) 把位置数据引入作为补充信息来源。

上述第一个特点所考虑的, 就是想要克服原来当 Vasilevskis 模型不能适用时所存在的缺点。位置数据的引入, 则可以加大两个母体之间的统计距离。

这种非参数法所需的天文学假设仅仅是:
(1) 只存在两类恒星, 即星团成员星和场星。
(2) 在测量数据空间中, 星团成员星比场星分布得更密集。

这种方法的大体上的流程是, 首先, 把测量数据分为两组, 其中一组应该比另一组含有更多的星团成员星。这样的两组恒星现作为一个预分类样本, 用于进行核函数判别处理, 然后把结果应用于数据, 得出更新后的恒星分类。把新的分类与前一次分类比较。如果两者完全相同, 那么处理就结束, 其分类就取为最后结果。否则, 使用更新后的分类作为分类样本, 再做判别处理, 如此迭代运行, 直至达到收敛。

参数法与非参数法的比较表明, 当数据非常好时, 用不同方法得到的结果非常相似, 而且使用参数法可能较不费事。但当参数法的应用发生困难时, 用非参数方法估计概率密度函数可能更方便和有效, 而且可以消除参数法的许多限制, 提供更完整和准确的星团结构的信息。

作为有代表性的例子, 图 1 给出了两个不同疏散星团在自行空间中所得到的概率密度函数(仅给出了坐标 μ_x 方向的结果)[7]。对于 M67 的情况, 参数和非参数的概率密度函数彼此类似, 因为团星和场星概率密度函数的差别大得足以把这两个群体充分地分离开。而对于 NGC 1513, 参数与非参数的概率密度函数之间的差别非常明显, 其中非参数法的结果更符合这个星团的实际情况。

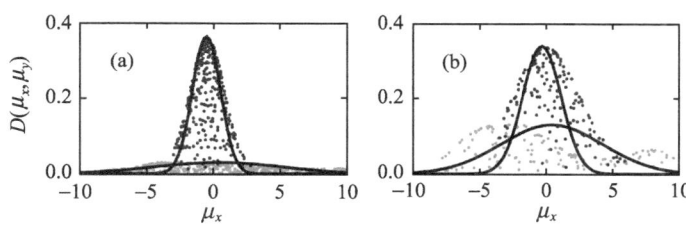

图 1　在(a)M 67 和(b)NGC 1513 区域中恒星在自行空间(以 mas yr^{-1} 计)内的概率密度函数。浓黑色圆点和浅灰色圆点是非参数法得出的团星和场星, 而黑粗实线是参数法的结果[7]。

4. 展望

恒星的多色测光数据从观测的角度来说比较容易获得, 而且容易达到较高的准确度。但在很多情况下, 背景中巨星与前景中矮星可能具有同样的色指数而与星团成员星混淆在一起, 不宜把它们单独作为判别星团成员星的依据。不过, 若把多色测光数据与位置和自行数据联合起来, 无疑可以更准确地对星团成员星进行判别。非参数法为这样做提供了可能, 但真正这样做的工作仍很罕见。很可能, 这里面尚有一些具体的处理技巧方面的困难有待解决。

现在正在或即将开展的用多目标光纤光谱仪对疏散星团区域中恒星的视向速度巡天工作, 将使得这些恒星的视向速度也能成为判别成员星的重要依据。尤其是, 如果能把视向速度与位置和自行数据联合起来, 无疑能有效地提高判别的准确度。

欧洲计划在 2011 年底发射的第二代天体测量卫星 Gaia, 预计将能测量 2500 万颗到 $V = 15$ 星等左右为止的恒星准确度好于 10 μas 的三角视差。这其中将包括许多星团区域内的恒星。这样的视差准确度, 意味着在 1 千秒差距处距离的误差小于 10 秒差距。这样的距离准确度已经小于一般的星团的半径。在这种情况下, 将可以直接把恒星的三维空间位置作为成员星判别的依据, 从而得出并非统计意义上的, 而是完全确定的结果。

参 考 文 献

[1] Vasilevskis S, Klemola A, Preston G. Relative proper motions of stars in the region of the open cluster NGC 6633. Astron.J., 1958, 63: 387–395.

[2] Sanders W L. An improved method for computing membership probabilities in open clusters. Astron.&Astrophys., 1971, 14: 226–232.

[3] Zhao J, Tian K, Xu Z, Yin M. Discussion on the maximum likelihood method for determination of membership in open clusters. Chinese Astron.&Astrophys., 1982, 6: 293–298.

[4] Shu C, Zhao J, Tian K. Studies of the open cluster M 11. I. Proper motion measurement and membership determination. Chinese Astron.&Astrophys., 1997, 21: 50–58.

[5] King I. The structure of star clusters. I. an empirical density law. Astron.J., 1962, 67: 471–485.

[6] Cabrera-Caño J, Alfaro E J. A non-parametric approach to the membership problem in open clusters. Astron.&Astrophys., 1990, 235: 94–102.

[7] Sánchez N, Alfaro E J. The spatial distribution of stars in open clusters. Astron.J., 2009, 696: 2086–2093.

撰稿人：王家骥
中国科学院上海天文台

恒星运动学参数的统计测定

Statistical Determination of the Stellar Kinematic Parameters

银河系内恒星群的运动学状态通常可用若干参数来描述,这些参数便称为运动学参数。广义上说,银盘恒星的运动学参数应包括以下内容:

(1) 恒星群整体上相对太阳的平均运动,或代之以平均太阳运动,即长期视差;两者大小相等、方向相反。平均太阳运动有 3 个直角坐标分量 (u_0, v_0, w_0),在球坐标系中是太阳的运动速率 V_0,和太阳运动向点的球面坐标 (A_0, D_0)。

(2) 恒星群中各别恒星的运动相对其平均运动的弥散度。在三维速度空间中恒星的分布表现为一个椭球,称为速度椭球,而该速度椭球的大小、形状和空间取向可以用 6 个参数来表述,这就是椭球速度分布参数,其中 3 个是主轴的长度,它们决定了椭球的大小和形状,另 3 个则表征椭球的空间取向。

(3) 恒星群必然参与绕银河系中心的转动,在 Oort 理论中这种运动可以用银河系较差自转参数 ω 和 ω' 来描述,其中 ω 为转动角速度,而 ω' 是角速度随恒星银心距的变化率;这 2 个参数也可用 Oort 常数 (A, B) 代之。

(4) 银河系可能存在的大尺度径向运动,恒星群参与这一运动的状态用 2 个量 ε 和 ε' 表述,其中 ε 为径向运动速度,而 ε' 是 ε 随恒星银心距的变化率;这 2 个量也可代之以与 Oort 常数相类似的大尺度径向运动参数 (C, D)。

(5) 星群的平均绝对星等 $\bar{M}$,以及各别恒星的绝对星等 M_i 对平均值 $\bar{M}$ 的标准偏差 σ_M。

就具体问题来说,上述诸参数并不是可以利用任何星群的观测资料一并求解,有时也无此必要。比如,在分析某一光谱型星群的运动状况时,鉴于星群内恒星绝对星等的变化较大,不宜用平均绝对星等 $\bar{M}$ 及其弥散度 σ_M 来表征各别恒星的 M_i 分布情况。相反,对于天琴 RR 型变星这一类星群, $\bar{M}$ 和 σ_M 正是所要确定的主要内容,而这两个量尽管表观上与星群运动学状态无关,但解算过程与其他参数的确定密切相关,故也可归属于运动学参数之列。此外,在一些问题中需要确定相关恒星群的平均距离,即平均视差,亦称统计视差。

最迟自 20 世纪 30 年代以来,人们便利用恒星的观测自行 (μ_α, μ_δ) 和视向速度 V_r,分两步来确定恒星群的长期视差和统计视差[1],即先求得平均太阳运动 (u_0, v_0, w_0) 或 (V_0, A_0, D_0),再计算统计视差。然后,方可进而确定星群的椭球速度分布参数。

这种分三步走的经典方法从理论上说是不严格的,平均太阳运动和速度椭球的确定不是严格可分离的,而长期视差和统计视差也不能看作为相互独立的参数。统计视差的确定必然同星群其他运动学参数的解算联系在一起。所以,应该用一种严格的方法来合理地解决这一问题,具体地说就是要利用原始观测资料同时确定问题所涉及的全部运动学参数。

1958 年,Rigel 按最大似然原理推导了一组方程[2],以同时解算包括统计视差在内的运动学参数。该方法后来为 Jung 所应用[3]。但是,Rigel 导出的方程并不严格,因为在作为似然函数基本组成部分的观测量的后验概率表达式中,所出现的不是原始观测量自行,而是导出量切向速度,切向速度不可能表现为对称形式的正态分布。

1971 年,Clube & Jone 对上述问题做了改进[4],在他们的数学模型中全部用了原始观测量,待求未知参数共有 8 个,即太阳运动分量(3 个)、速度椭球主轴(3 个),以及与 $\bar{M}$ 和 σ_M 有关的 2 个参数。鉴于在数学模型中没有包括表征速度椭球空间取向的 3 个参数,Clube & Jone 提出的方法仅适用于银心直角坐标系,这是因为速度椭球主轴的方向基本上与银道坐标系的坐标轴相一致(参见图 1),在银心直角坐标系中协方差矩阵的非主对角线元素均为 0。

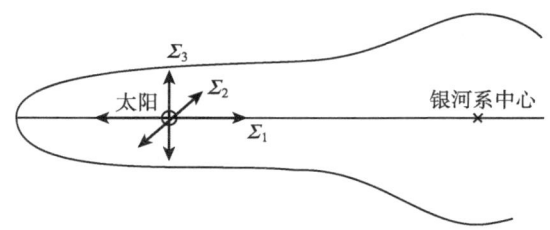

图 1　速度椭球主轴 Σ_1、Σ_2、Σ_3 在银河系中的取向。

1983 年,Murray 推得了另一组按最大似然原理估算运动学参数的公式[5],其中设定恒星剩余空间运动速度(即观测速度−星群平均运动速度)服从三维正态分布,而不是 Clube& Jone 方法中的 3 个一维分布,因而自然引入表征速度椭球大小、形状和空间取向的协方差矩阵,待定参数的个数增加到 11 个,有关方程的形式也要复杂得多。显然,由于在数学模型中引入了完整的协方差矩阵,Murray 方法可以适用于任意坐标系。

上述方法均未涉及与银河系大尺度运动有关的参数(A, B, C, D)。另外,Oort 常数只反映了银河系较差自转的一阶效应,理论上更严格的做法是以 Oort 函数 $A(R)$ 和 $B(R)$ 取代参数(A, B),其中 R 为恒星的银心距。不过,数学模型的复杂化尽管具有理论上的合理性,同时却可能会给实际解算带来困难。另一方面,就解决实际问题来说，如果不能取得足够多、且能满足问题所需要的高精度观测资料，数学模型的进一步复杂化未必会带来明显的好处。

可见，银河系中恒星运动学参数的合理确定是一个值得深入研究的问题。

参 考 文 献

[1] Smart W M. Stellar Dynamics, Cambridge University Press, 1938Binney J.
[2] Rigel J L. Bulletin Astronomique, 1958, 72: 171.
[3] Jung J. Astronomy and Astrophysics, 1970, 4: 53.
[4] Clube S V M, Jones D H P. Monthly Notice of the Royal Astronomical Society, 1971, 151: 237.
[5] Murrey C A. Vectorial Astrometry, Adam Hilger Ltd, Bristol, U. K. 1983.

撰稿人：赵君亮
中国科学院上海天文台

地球岁差-章动理论研究中的有关问题

The Problems in the Study of the Precession-nutation Model of the Earth

地球的章动和岁差是地极在惯性天球参考架中的周期运动,是非球形的地球在日月行星的引潮力作用下的一种受迫运动,是地球自转参数中的一部分。从惯性空间看,周期约 2.6 万年的沿黄道的西退运动称为岁差,而周期从 2 天到 18.6 年之间的周期运动称为章动。因为地球不是完全刚性而具有弹性甚至非弹性(如黏滞性或弹滞性),再加上地球内部各圈层之间的各种相互作用,地球内部对引潮力的响应变得非常复杂。

现有的天文技术对岁差章动的观测主要依赖于甚长基线干涉(VLBI),20 世纪 90 年代以前激光测月(LLR)对岁差和 18.6 年主章动项的确定发挥着主要作用,现在仍在发挥作用。而 GPS 对测定短周期(如小于 9 天)章动项也可以发挥一定作用。目前对章动的观测求解精度大致为 40(对 18.6 年项)和 10 微角秒(其他项),对钱德勒摆动(CW)、自由核章动(FCN)和自由内核章动(FICN)周期的测定精度分别可达 0.1、0.1 和 5 天左右,而求解的时间分辨率在加强联测期间可达 1 小时。

利用一个给定的地球内部物理模型(REM)提供的有关参数如密度、弹性系数等,在一组适当的边界条件下,对包含自引力和自转、椭率后的无限小弹性形变动力学方程、本构方程、泊松方程进行积分计算,得到非刚体地球内部对外力的响应即地球转换函数(ETF);同时,利用天体力学方法对刚体地球的欧拉动力学/运动学方程计算,得到刚体地球的章动序列(REN);将它们与 ETF 卷积便可得到非刚体地球的章动序列(NREN)[1]。

尽管仍有一些细致的研究,如广义相对论效应、2 阶轨道直接/间接效应,等,现有的各 REN 模型精度高、相互之间符合得较好(在 10 微角秒量级甚至更好),问题主要集中于计算 ETF 过程中。

现有的各章动模型之间的主要差别在于逆向周年项(0.X 毫角秒量级)和 18.6 年主章动项(毫角秒量级)。前者主要与 FCN 有关,因为二者频率很靠近而产生的共振放大效应;后者除也与 FCN 有关外,还与另一个问题有关,即岁差常数及相关的地球动力学扁率 H。

1. FCN 的周期及其时变性

FCN 是流体外核(FOC)与地幔的自转轴不重合而引起的一个自由本征模,它主要反映了在核幔边界(CMB)附近的物理状况和性质。现代观测技术(特别是 VLBI)以其高精度的测量给出其周期约为 431 天,而从流体静平衡态(HSE)的 PREM 地球模型得到的其理论周期约为 460 恒星日,与观测值存在近 30 天的差别,这也是目前章动研究存在的主要问题之一。从 20 世纪 80 年代以来,普遍将之归结为 CMB 的扁率 e_{CMB} 理论值太小,但这只是一种解释或者说只是现象的表面。但为什么将 e_{CMB} 增加约 5%后就可以了? 如何解释为什么可以增加 e_{CMB}? 这就牵涉到 CMB 附近流体的非 HSE,包括在 CMB 上偏离旋转对称椭球的地形起伏及其力矩、流体黏滞性及其力矩等边界层现象。

文献[2]认为这近 30 天的差别可以用 CMB 可能发生的电磁场耦合来解释。但此后有较多的独立计算(如文献[3])表明按他们采用的电磁参数值,电磁耦合似乎不足以解释。CMB 附近的黏滞耦合可能是另一种机制,但似乎也难以填补这 30 天的差别。或许 CMB 附近的地形耦合或者地幔质量的非椭球分布对此的贡献等都是可能的机制。总之,该问题依然存在。

另外,经过二十多年的 VLBI 观测,发现 FCN 的周期和振幅也似乎存在变化,如果确认,那么变化的机制是什么?

2. 全球动力学扁率(H)

H 是研究地球自转的一个重要物理量。其定义为 $H = [C-(A+B)/2]/C$,这里 A、B、C 是关于地球的三个主轴的转动惯量。日月岁差、主章动项和倾斜模等都与其密切相关。由高精度的天文岁差观测导得的 H 值约为 1/305.5,但在一阶扁率精度下,基于上述的 HSE 假设下由一维的 PREM 地球模型计算得到的 H 值约为 1/308.8。围绕两者间这 1.1%的差别,自 20 世纪 80 年代初以来,众多学者展开了大量的研究,但都没有直接而令人信服的结论。文献[4]提出并发展了广义地球内部形状理论,并利用深至约 70km 的全球地壳结构模型 CRUST2.0,如此而得的 H 值可以解释上述 1.1%差别中的约 2/3。仍有待深入研究。

3. FICN 以及 ICW 的观测验证

另外,尽管从理论上可以证明 FICN 和内核钱德勒摆动(ICW)的存在性并计算得到它们的本征周期,它们也反映了内核即内外核边界的有关物理信息,但因为它们本身信号很弱,如何从观测上给予肯定性的、精确的周期和幅度目前还有待努力。

4. 地球模型过于理想

另一方面,所有的章动理论研究都基于一个给定的 REM,而目前所有的 REM 都要先假定地球内部处于 HSE,但实际的地球很难处于 HSE,而是存在偏离。如何在非 HSE 下讨论章动问题是一个有待深入研究的课题。同时,目前采用的 REM 基本上是一维的模型,而实际的地球显然不是如此的理想。地幔特别是上地幔和地壳层物质分布的横向不均匀性的影响至今还未见全面深入的研究;包括大气、海洋在内的(浅)地表流体的影响也是显然不能忽略的因素,已有的研究(如文献[1])仍受到大气、海洋模型方面的限制。

5. 与章动有关的数学物理方法本身的问题

就与章动有关的数学物理方法本身而言，也有以下问题待讨论：(1) 复频问题，由于地幔介质的非弹性和核内流体的黏滞性，必将产生延迟和耗散，反映在章动和本征模上就可以用在复数域中的频率来表示；(2) 在对本征函数或位移场的球/环形分解和面球谐展开表示中，都需要截断到一定的阶和级，如通常用三项表示式 $\tau_1^1 + \sigma_2^2 + \tau_3^1$ 来近似，其中 τ_1^1 是主要项，反映了整体刚性转动，但对核内流体而言，由于不同于其他固体区，其位移场更为复杂，三项表示式可能不够，而若在流体区增加表示项，就会成倍地增加变量和方程个数从而增加问题的难度和复杂性，因此到目前为止还没有文章讨论它对章动和本征模(特别是FCN)频率的影响到底如何。

6. 现有的章动模型与新岁差模型之间的匹配问题

新的 MHB2000 章动模型[5]仍沿袭 IAU1976 岁差模型。2006 年起，IAU 改用无旋转原点(NRO)和天球中间极(CIP)概念及其相应的 P03 岁差模型[6]，因此也存在现有的章动模型与新岁差模型之间的匹配问题。

参 考 文 献

[1] Huang C L, Jin W J, Liao X H. A new nutation model of a non-rigid Earth with ocean and atmosphere, Geophys J Int, 2001, 146: 126–133.

[2] Buffett B A, Mathews P M, Herring T A. Modeling of nutation and precession: Effects of electromagnetic coupling, J Geophys Res, 2002, 107(B4), DOI:10.1029/2000JB000056.

[3] Huang C L, Dehant V, Liao X H, Van Hoolst T. On the coupling between magnetic field and nutation in a numerical integration approach, 11th SEDI Symp., July 26–31 2008, Kunming, China.

[4] 刘宇. 地球内部重力势理论及全球动力学扁率研究(博士论文), 2008, 上海天文台.

[5] Mathews P M, Herring T A, Buffett B A. Modeling of nutation and precession: New nutation series for nonrigid Earth and insights into the Earth's interior. J Geophys Res, 2002, 107(B4), DOI: 10.1029/2001JB000390.

[6] Capitaine N, Chapront J, Lambert S, et al. Expressions for the celestial intermediate pole and celestial ephemeris origin consistent with the IAU 2000A precession-nutation model, Astron Astrophys, 2003, 400: 1145–1154, doi: 10.1051/0004-6361:20030077.

撰稿人：黄乘利
中国科学院上海天文台

地球参考框架原点和无整体旋转

Origin and No Net Rotation of the International Terrestrial Reference Frame

地球及其周围环境的各种运动和变化的监测与研究,需在一个固连于地球并同地球一起转动的地球参考系(TRS)来描述。地球参考框架(TRF)作为地球参考系的实现,是由一组固连于地球(地壳)上的参考点所构成的物理框架。它通过一定的数据处理方法和采用一组有关的模型和常数求得参考点的坐标值和速度场,来实现和维持所定义的地球参考系。有了地球参考架才能真正从实践上将地球上任意点的位置及其变化加以定量的描述。这些参考点由于地球物理上的原因(构造运动或潮汐等),其位置随时间微小变化,这种变化的复杂性使地球参考系的建立和维持带来了困难。

国际地球参考系(ITRS)即协议地球参考系(CTRS),是由国际地球自转服务(IERS)负责定义,并通过国际地球参考架(ITRF)来具体实现和维持。CTRS 的定义包含下列四个条件:

(1) 原点定义在整个地球(包括海洋和大气)的质量中心;
(2) 尺度定义为引力相对论意义下一局部地球框架内的尺度;
(3) 定向由国际时间局(BIH)给出的在历元 1984.0 的地球自转参数确定;
(4) 定向随时间的演变遵循相对于地壳无整体旋转的约束条件。

这些定义在理论上是完美的,但要真正实现未必容易。目前的 ITRF 实际上在原点的定义和其定向随时间演变的约束上,并没有严格遵循 CTRS 的定义。过去由于观测精度的限制,ITRF 的定义和实现的不一致,并未对厘米级地球参考框架带来多大的影响,故未引起人们的关注。随着 GPS、VLBI、SLR 等技术的监测精度的提高,地壳运动和周围环境变化的监测正向毫米级发展,毫米级地球参考框架的构建势在必行。ITRF 定义和实现的不一致,将对毫米级地球参考框架的构建产生重要的影响。弄清和解决这种不一致已成为当前地学界的重要研究课题。

1. 关于 ITRS 和 ITRF 中原点的定义

ITRS 的原点定义在整个地球(包括海洋和大气)的质量中心 CM,它也是地球卫星绕其旋转的动力学中心。SLR、GPS 和 DORIS 等卫星测量技术的数据处理方法通常是一种动力测地方法, SLR 等解的原点显然是 CM。ITRS 是由一组分布于固体地球表面(地壳)的参考点(观测台站)的历元坐标和速度定义的 ITRF 来具体实现的。由这些观测台站组成地球参考框架的形状中心(FC)与 CM 当然不一定重合。地心的运动(定义为 FC 相对于 CM 的运动)使协议地球参考系物理框架的地壳(与质量无关)相对于 CM 是运动的,两者之间显然是不相容的。由于这个不相容,ITRF 原点的定义一直是含糊的。在 IERS Convention 2003 中提到[1],ITRF 应考虑为 CF 的地球参考框架。而 ITRF 作为 ITRS 的具体实现,理应将其原点定义为地球的质心,为了实现这一点,在构建 ITRF 时总是将 ITRF 的解靠到 SLR 解上。如 ITRF2005 的构建中,其原点定义为,在历元 2000.0 ITRF2005 与国际 SLR 服务(ILRS)的 SLR 解的平移参数及其速率为零[2,3]。由此保证 ITRF2005 的原点在历元 2000.0 与 CM(由 ILRS 解得)重合,且其原点的线性速度与 ILRS 保持一致。由于 SLR 解的原点是 CM,ITRF2005 的原点似乎也就是 CM,实际上却并非如此。下面我们来分析 ITRF2005 原点的性质[2,4]。

ILRS 的 SLR 解来自全球各 SLR 分析中心的综合解,显然是 CM 框架。其基准站的位置可表为:

$$X^{CM}(t) = X^{CM}(t_0) + V^{CM}(t - t_0) + \sum_R \Delta X_R^{CM}(t) \tag{1}$$

式中 $X^{CM}(t_0)$ 为在历元 $t_0 = 2000.0$ 的坐标,V^{CM} 为线性速度,$\sum_R \Delta X_R^{CM}(t)$ 为基准站位置的各种非线性运动。对 ITRF,根据 IERS Convention 2003 应是 CF 框架,其基准站的位置为:

$$X^{CF}(t) = X^{CF}(t_0) + V^{CF}(t - t_0) + \sum_R \Delta X_R^{CF}(t) \tag{2}$$

上式 $X^{CF}(t_0)$ 等均在 CF 框架中定义。且有 $X^{CM}(t) = X^{CF}(t) + X^G(t)$,$X^G(t)$ 为地心的运动,可表为:

$$X^G(t) = X^G(t_0) + V^G(t - t_0) + \sum_R \Delta X_R^G \tag{3}$$

式中 $X^G(t_0)$ 为在历元 t_0 时刻 CF 相对于 CM 的坐标,V^G 为地心运动的线性速度项(即长期项),$\sum_R \Delta X_R^G(t)$ 为地心的季节性等高频变化。从上面的几个关系式可得,

$$\begin{aligned} X^{CM}(t_0) &= X^{CF}(t_0) + X^G(t_0) \\ V^{CM} &= V^{CF} + V^G \\ \sum_R \Delta X_R^{CM}(t) &= \sum_R \Delta X_R^{CF}(t) + \sum_R \Delta X_R^G(t) \end{aligned} \tag{4}$$

ITRF2005 的原点定义意味着 ITRF2005 解,经过相对于 ILRS 解的一个 14 参数的 Helmert 转换后,应有:$X^{\text{ITRF2005}}(t_0) = X^{CM}(t_0)$,$V^{\text{ITRF2005}} = V^{CM}$。这表明 ITRF2005 的原点在历元 2000.0 为 CM,而且包含了地心运动线性项,但并不包含地心运动的非线性运动。因此,ITRF2005 的原点既不是 CM,也不是 CF。如要求 ITRF2005

的原点严格定义在 CM 上,则需要在 ITRF2005 加上 $\sum_R \Delta X_R^G(t)$ 这一项。因此,$\sum_R \Delta X_R^G(t)$ 就成为解决 ITRF 原点定义和实现不一致的关键问题。

地心的运动(geocenter motion)的地球物理机制是:当整个地球(包括固体和流体)不受外力作用下,CM 的位置将在空间保持固定。由于地球流体质量的位移,导致流体地球质量中心运动,为使整个地球质量中心的位置保持固定,根据线性动量守恒的原理,必然通过固体地球质量中心 CE 相对于 CM 的反向运动来补偿。显然固定在固体地球表面的测站将受这个反向运动的支配,由这些测站组成的地球参考框架相对于 CM 也将产生相应的平移。固体地球是个弹性体,作为对流体质量负荷的响应,固体地球表面将产生形变,其一阶形变导致 CF 相对于 CE 的运动。这就是地心运动(CF 相对于 CM)的基本原理。从地球物理机制看,地心出现长期运动是不大可能的;但从十年到几十年的时间尺度,由冰期后地壳回弹、冰雪融化、海平面的变化和地幔对流等引起的长周期变化,将呈长期变化的趋势,其综合影响估计不超过 0.5mm/a。地心运动的短周期变化包括:(1) 固体潮、海潮和极潮引起的周日和半日周期变化,振幅约为 2mm 量级,已精确模型化;(2) 大气、陆地水和海洋非潮汐等质量负载引起的季节性变化,主要周期是年和半年,估计周年振幅约为 2~4mm 量级,半年振幅约为 1mm 量级。

目前地心运动监测主要由下面三种方法:(1) 网移动的方法(network shift approach),也称为几何方法。它通过 7 参数的 Helmert 坐标转换,直接得到 CF 相对于 CM 坐标框架间的三个平移参数的时间序列,即地心运动的时间序列。(2) 动力学方法。它是通过估计地球引力场一阶球谐系数的方法来确定地心的运动。(3) 一阶形变的方法(degree-1 deformation)。它等价于质量负载引起的固体地球的形变产生的地心运动。

对各种监测结果的比较表明,SLR 解与地球物理模型预报结果比较在周年运动的振幅和相位符合好;而 GPS,DORIS 解由于观测误差的复杂性,符合程度较差。总的说来,离精确模制尚有较大差距。

目前地心的运动已能被空间技术监测,并能与地球物理模型的预报结果进行定量的比较。越来越多的科学家开始研究季节性和短尺度地球动力学形变时,对这些时间尺度的 ITRF 的稳定性就成为必须考虑的问题。而且这些研究都需要进行空间大地测量解与地球物理模制解的比较,ITRF 的原点与其他有关参考架的原点之间的关系就必须被考虑。而目前 ITRF 原点的双重特征容易产生的混淆,使地心运动的精确监测和模制越来越受到地学界的关注。

2. 如何实现 CTRS 的定向随时间的演变遵循相对于地壳无整体旋转的约束条件

这个约束条件起因于地球参考系的理论概念,即理想的地球参考系应是这样一种固连于地球的地固系统：相对于它地球只存在形变，无整体的旋转，而它相对于惯性参考系只包括地球的整体旋转运动，即地球的定向运动(岁差、章动和自转)。也就是采用所谓 Tisserand 条件来定义一个理想的地球参考系，其主要特征是：相对于它，整个地球的角动量为零[7]。由于目前建立的地球参考架，是用固定在地壳上的参考点(测站)来描述的参考架，实现这个约束条件，数学上可表为：

$$L = \int_c r \times v \, dm = 0 \tag{5}$$

式中 L 是整个地壳角动量和，dm 是地壳面元，v 和 r 是该地壳面元在地固系中的速度和位置矢量，c 代表整个地壳积分。

全球地壳由 14 个主要板块组成，地壳运动主要来自板块构造运动，这时整个地壳角动量 L，可用对 14 个主要板块构造运动角动量求和来代替。根据板块构造理论，每个板块沿地球表面作一致性的欧拉运动。利用最近数百万年的地质资料建立了全球板块运动的地质模型，如 NUVEL1、NUVEL1A。这时 L 简化为：

$$L = \sum_{i=1}^{14} Q_i \Omega_i \tag{6}$$

式中 Ω 是测站所在板块的欧拉矢量，Q_i 是第 i 个板块的转动惯量矩阵，它仅取决于 i 板块在地壳上的几何构形，是个常数矩阵[8]。为了实现"无整体旋转"的约定，应满足：

$$L = \sum_{i=1}^{14} Q_i \cdot \Omega_i = 0 \tag{7}$$

将(7)式应用于全球板块运动模型 NUVEL1A 等，就可建立了无整体旋转(No Net Rotation)的板块运动模型 NNR-NUVEL1A[8]。早先的 ITRF 序列，测站的速度取自 NNR NUVEL1A 模型，由此保证 ITRF(ITRS)的定向随时间的演变遵循相对于地壳无整体旋转的约束条件。随着空间观测技术的发展，ITRF96 以后的 ITRF 序列，其速度场完全基于空间技术的实测结果，与地质板块模型无关，这样就面临如何利用实测速度场实现无整体旋转条件的问题。空间技术实测速度场反映了近二十多年间地壳的现今运动特征，不难发现利用实测速度场建立的现今全球板块运动模型，与 NNR-NUVEL1A 有明显的差别；也不难证明这些 ITRF 序列相对于地壳均存在整体旋转，并不遵循 CTRS 的定义得要求[9, 10]。对这一问题，即使在 ITRF 工作组内部也未有一致的意见。在 ITRF2005 的定向定义中，仅笼统提在历元 2000.0 与 ITRF2000 的旋转参数及其速率为零，以此保持 EOP 序列的连续性。再也不提相对于地壳或相对于 NNR-NUVEL1A 无整体旋转的约束条件。ITRF 中关于定向速度基准的问题仍然没有得到解决。

本文作者建议关于 ITRF 定向速度基准的问题可通过下面两个途径[2]。

(1) 严格遵循 "CTRS 的定向随时间的演变遵循相对于地壳无整体旋转的约束

条件"的 IERS 规范。这就要对由空间技术确定的 ITRF 速度场作一个整体的调整。调整的步骤如下：

① 由 ITRF 实测的速度场建立现今的全球板块运动模型。利用 ITRF 实测速度场确定各大板块的欧拉矢量 Ω_i。为了获得现今的全球板块运动模型得可靠结果，每个主要板块上至少要选取到三个测站，这些测站应满足：A 连续观测至少 3 年以上。B 远离板块边界和形变地带。C 速度精度(最新 ITRF 综合解的结果)高于 1mm/y。

② 利用(7)式计算全球板块运动角动量之和 L，一般情况下 $L \neq 0$，为实现相对于地壳无整体旋转的约束条件，令

$$\Omega_c = \frac{3}{8\pi} \cdot I \cdot L \tag{8}$$

$$\Omega'_i = \Omega_i - \Omega_c \tag{9}$$

式中 I 是单位矩阵，Ω'_i 就是完全基于 ITRF 速度场建立的无整体旋转的现今全球板块运动模型。

③ 相应的速度场作如下的调整：

$$v' = v - \Omega_c \times r \tag{10}$$

这时由 TRF(r, v)定义 ITRF 将严格遵循 "CTRS 的定向随时间的演变遵循相对于地壳无整体旋转的约束条件"。值得注意的是，这时的地球定向参数(EOP)系列也要作由 Ω_c 产生的相应的调整。

(2) 在 IERS 的新规范中去除"CTRS 的定向随时间的演变遵循相对于地壳无整体旋转的约束条件"这一条定向速度基准。当前 ITRF 的建立和维持完全基于空间技术的实测结果 TRF(r, v)，而给出的 EOPs 序列也对应于 TRF(r, v)框架。对 ITRF 的用户来说，应用 TRF(r, v)和 EOP 完全是一个自洽系统，应该没有任何问题；他们也并不关心 TRF(r, v)的定向随时间的演变是否遵循相对于地壳无整体旋转的问题。既然对当前实测的 TRF(r, v)发现相对于地壳存在整体旋转，在以后的 IERS 规范中去除"相对于地壳无整体旋转"的约定。事实上，除了早先的 ITRF，由于其速度场完全基于 NNR-NUVEL1A，满足"相对于地壳无整体旋转"的约定外，以后的 ITRF 均未真正满足这一约定。它们对地球科学的实测和研究工作也没有带来任何问题。

参 考 文 献

[1] Dennis D, McCarthy D D.IERS Conventions(2003). IERS Technical Note 32, 2004.
[2] 朱文耀，熊福文，宋淑丽. ITRF2005 简介和评析. 天文学进展, 2008, 26(1): 1–13.
[3] Dong D, Yunk T, Heflin M. Origin of the international terrestrial reference frame. J Geophys

Res, 2003, 108(B4): 2200-2209, doi:10.1029/2002JB002035.

[4] Wu X, Heflin M, Ivins E, et al. Seasonal and interannual global surface mass variations from multisatellite geodetic data. J Geophys Res, 2006, 111: B09401.

[5] Blewitt G. Self-consistency in reference frame, geocenter definition and surface loading of the solid Earth. J Geophys Res Solid Earth, 2003, 108(B2): 2103.

[6] Kang Z, Tapley B, Chen J, et al. Geocenter variations derived from GPS tracking of the GRACE satellites. J Geod, 2009, doi:10.1007/s00190-009-0307-4.

[7] Kovalevsky J, Mueller I I, Kolaczek B. Reference Frame in Astronomy and Geophysics. Ohio: Kluwer Academic Publishers, 1989, 1–12.

[8] Argus D F, Gordon R G. No-Net-Rotation model of current plate velocities incorporating plate motion model NUVEL 1. Geophys Res Lett, 1991, 18:2039–2042.

[9] Zhang Q, Zhu W Y, Xiong Y Q. Global plate motion models incorporating the velocity field of ITRF 96. Geophys Res Lett, 1999, 26(18): 2813–2916.

[10] Zhu W Y, Fu Y, Li Y, et al. NNR constraint in ITRF2000 and the new global plate motion model NNR-ITRF2000 VEL. Science in China(Series D), 2003, 46(Sopp): 1–12.

撰稿人：朱文耀

中国科学院上海天文台

大行星位置成像测量中的系统误差

Systematic Error in Measuring Positions of Major Planets from their Images

1. 引言

太阳系大行星位置的测量有着悠久的历史,伴随这种观测的是大行星卫星的测量。这种观测的动机一开始仅仅是改进行星及其卫星的历表。至 1973 年,以美国海军天文台为主要机构的观测计划开始支持 NASA(美国航空航天局)的行星际空间探测。此时,NASA 空间导航的需要是这种观测计划的最大驱动力。不容忽视的是轨道理论的研究也伴随着行星物理的研究。例如,在木星卫星系统中 Io 与木星本体的潮汐力的相互作用就是引人注目的,最新的文献见[1]。

在大行星及其卫星的观测与轨道理论改进的历史上,Struve[2]引进的卫星相对轨道理论改进的技术显得非常成功,它回避了大行星位置测量中很大的系统误差。然而,Struve 也理解到这种方法具有严重的缺陷,并且强烈建议行星/卫星的测量与卫星之间的测量同时进行。

在太阳系的行星中,人们观测研究得最多的是火星、木星和土星,它们的位置测量主要依赖于经典的观测技术(如照相方法)。相对而言,水星、金星的位置可以利用现代技术(如雷达技术)进行高精度测量。

在进行高精度测量大行星的位置中,主要的系统误差是所谓的"相位效应(phase effect)"。对于木星,这种效应又被称为"相位夸张(phase exaggeration)"或"Phillips effect"。这种效应是因为远离木星冲日观测时,木星亮暗边缘间光的强度差异造成的。此时,亮边缘(brighter lamb)和暗边缘(terminator) 的共同作用使得木星中心偏向亮边缘。其偏移量可以达到几何相位位移(geometric phase displacement)的几倍!

正如 Struve 所建议的那样,行星/卫星间的观测应当与卫星/卫星间的观测同时进行。因此,如何高精度测量木星的位置使之不受相位效应的影响变成一个具有重要意义的课题。

2. 大行星位置测量及存在的问题

大行星位置的精确测量往往与其卫星的位置测量联系在一起。为了高精度测量行星及其卫星的位置,我们必须面临多方面的困难。首先是行星或卫星"中心"位置的测量。我们需要清楚定义测量的是光度中心、几何中心或是其他按某种准则给出的中心。其次，通常要做晕的处理。历史上，有使用硬件的办法和软件的办法。例如，美国海军天文台的 Pascu 就主要使用金属掩膜的方法减少行星本体的光度影响。而巴西学者却率先使用软件的方法[10]进行晕的处理。这些方法是成功有效的，尤其对于靠近行星本体的暗卫星。在资料的归算中，精确的天体测量定标也是高精度测量中的难点。好在目前国际上高密度、高精度的星表变得越来越容易获取(例如，UCAC2 或即将发表的 UCAC3)。因此，最困难的问题是直接测量行星本体时的相位改正。

历史上，为了提高子午环光电方法观测大行星的位置精度，Lindegrin[3]曾详细研究了相位改正的问题。他根据不同的光散射模型，导出了相位改正公式。此外，他还根据行星表面条纹(或光斑)分布给出了条纹对位置测量的影响。Lindegrin 的工作是成功有效的。他不仅能解释从前子午环观测大行星资料中主要的系统误差。而且，他所导出的规律性还可以推广应用于天然卫星相位效应的改正。

应当看到，Lindegrin 的工作是建立在对行星表面进行光度测量的基础上。实际中，为了尽可能回避行星表面光度不均匀性的影响，观测者们更多的是利用行星的边缘进行某种模型的拟合(如椭圆)从而导出行星的中心位置。例如，Peng 等[4]和 Mallama 等[5]就是利用木星边缘的检测并进行椭圆拟合而得到其中心的位置，进而求得卫星相对于该中心的位置。类似地，French 等[6]利用土星光环的边缘进行椭圆拟合得到其中心的位置，进而精确测量卫星的位置。

据 Pascu 的研究[7]，火星本体与卫星之间的位置测量中没有发现明显的相位问题，这来源于火星本身稀薄的大气。由土星光环的检测而导出的土星中心位置被视为完全避免相位效应的影响。事实上，我们最新的观测资料[8]也再一次证实了这一点。最大的问题来自木星及其卫星的位置测量。据 Pascu 的研究[7]，在非零相位观测时，即便检测木星边缘并相对于边缘测量卫星的位置，也会明显出现放大的相位效应。其影响比经典的几何相位位移要大几倍！具体地说，这种效应的影响会高达 0.5 角秒甚至更大。为什么会出现如此大的相位效应呢？可能的解释是木星表面存在大气的缘故。为了导出木星相位效应的影响，Arlot[9]曾采用两种方法。方法之一，他引入了几何相位的一个经验因子到求解卫星轨道的条件方程中，此时，其结果与由卫星之间求解导出的结果是可比的。方法之二，他用微密度测微技术和相位模型算法重新测量照相底片，导出了木星的形状中心。这样一来，他的结果比之前的结果更好。然而，其工作量巨大，微密度测微技术也不能继续使用。

对于目前广泛使用 CCD 成像观测的情况，如何根据获取的图像进行木星本体的高精度位置测量是需要解决的太阳系天体测量中的重要问题。

参 考 文 献

[1] Lainey V, et al. Strong tidal dissipation in Io and Jupiter from astrometric observations. Nature,

2009, 459, 957L.

[2] Struve H. Suggestions Concerning Future Observations of the Satellites of Uranus. Publications of the Astronomical Society of the Pacific, 1903, 15, 183.

[3] Lindegrin L. Meridian observations of planets with a photoelectric multislit micrometer. Astron. Astrophys, 1977, 57, 55–72.

[4] Peng Q Y, et al. Image-processing techniques in precisely measuring positions of Jupiter and its Galilean satellites. Astron. Astrophys, 2003, 401, 773–779.

[5] Mallama A, et al. Jovian satellite positions from Hubble Space Telescope images. Icarus, 2004, 167, 320–328.

[6] French R G, et al. Astrometry of Saturn's Satellites from the Hubble Space Telescope WFPC2. Publications of the Astronomical Society of the Pacific, 2006, 118, 246–259.

[7] Pascu D. An appraisal of the USNO program for photographic astrometry of bright planetary satellites. in Morrison L.V. and Gilmore, G. F. (Eds), Galactic and Solar System Optical Astrometry, 1994, 304–311.

[8] Peng Q Y, et al. CCD positions of Saturn and its major satellites from 2002–2006. Astron. J., 2008, 136, 2214–2221.

[9] Arlot J -E. An investigation of the improvement of photographic plate position measurements for the Galilean satellites of Jupiter using photometric image processing. Astron. Astrophys, 1980, 86, 55–63.

[10] Veiga C H, Vieira Martins R. Astrometric position determination of digitized images of natural satellites. Astron. Astrophys Supp., 1995, 111, 387–392.

撰稿人：彭青玉
暨南大学信息科学技术学院

X 射线脉冲星导航

X-ray Pulsar Navigation

1. 脉冲星的发现

1967 年英国射电天文学家安东·尼休伊什和他的研究生贝尔在进行行星际闪烁的观测研究时偶然发现了脉冲星,找到了物理学家 30 年前预言的中子星,脉冲星的发现对于天文学和物理学领域都具有重要的意义。脉冲星是中子星,一边绕着自转轴高速自转,同时在其辐射区域向外辐射能量,如图 1 所示。根据长期的大量观测研究发现,其长时间的周期稳定性可以和原子钟相媲美。由于脉冲星周期的高度稳定性,在 1974 年 Downs 提出用射电脉冲星进行星际导航的设想。

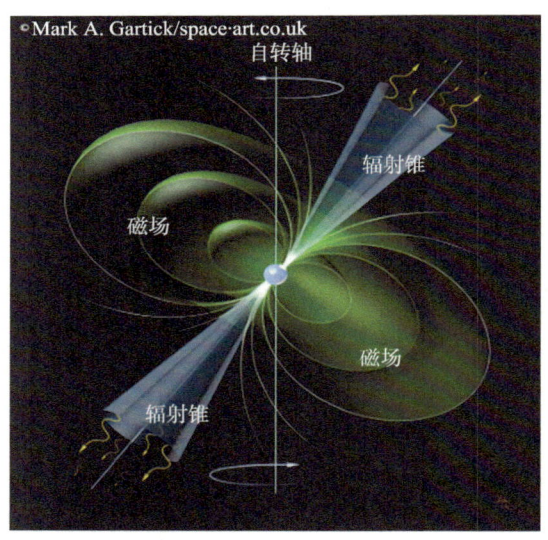

图 1　脉冲星。

航天器在太空飞行时,需要实时确定自身的空间位置,也就是确保不偏离预定的轨道,到达目的地。对于深空飞行,由于距离地球遥远,自主导航就成为重要的导航手段,作为天文自主导航的脉冲星导航使用遥远的自然天体——脉冲星,不会受到干扰和破坏,具有高度的稳定性和安全性,因此,对人类进行宇宙探索具有重要的意义。

2. 脉冲星导航的基本原理

脉冲星导航的基本原理是利用航天器天线接收到的脉冲到达时间和模型到达时间差来确定航天器的空间位置。一般来说，一颗脉冲星可以确定航天器相对于坐标原点(太阳系质心)沿着脉冲星方向的位置偏移距离，即到达时间差和光速的乘积，如图 2 所示。因此，理论上说，如果能够同时接收到三颗脉冲星的脉冲信号，并且确定和模型到达时间差，就可以确定航天器的空间坐标。如果考虑钟差，可以把钟差看作一个自由变量，那么同时接收四颗脉冲星的信号，就可以确定航天器的空间位置和钟差。

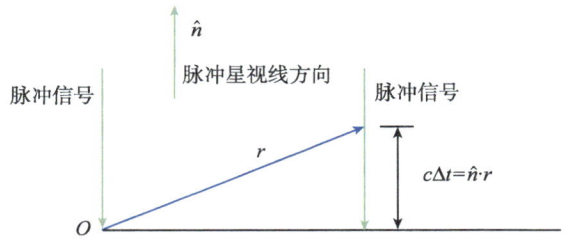

图 2　航天器沿着脉冲信号方向的位置偏移距离。

由于航天器所能携带的天线或探测器尺寸有严格限制，而射电观测需要较大口径的天线，X 射线探测器很小，因此一般 X 射线脉冲星适合用来做深空导航。

3. 脉冲星导航的几个重要问题

第一，脉冲星及信号识别问题。太空中的辐射源很多，航天器接收到脉冲信号后，首先要能准确识别信号是否是脉冲星发出来的，以及是哪一颗脉冲星发出来的，然后再确定其到达时间。只有充分掌握了每一颗导航用脉冲星的脉冲轮廓的特征才能去识别它，因此对脉冲轮廓以及模式变换的规律的研究就至关重要。

第二，寻找适合导航的脉冲星。一般来说，导航用的脉冲星要求脉冲周期比较稳定，周期稳定的脉冲星大多为毫秒脉冲星，对于导航来说，脉冲周期也不能太长。毫秒脉冲星大多是年老的脉冲星，周期比较稳定，周期发生跃变的可能性较小，比较适合作为导航用脉冲星的候选者。因此搜寻周期稳定的同时具有射电辐射的 X 射线毫秒脉冲星就变得非常重要。

由于导航计算时许多参数是实际测量得到，存在误差，如果脉冲星空间分布不均匀，两两之间的夹角太小，就会导致计算结果产生较大的偏差。因此，对于脉冲星导航算法来说，为了确保方程计算的稳定性，需要导航用脉冲星的分布较为均匀，因此需要进一步搜寻更多的脉冲星以满足导航需求。图 3 显示了导航脉冲星和航天器之间的空间几何关系，分别显示了导航脉冲星理想的空间分布和不理想的空间分布。

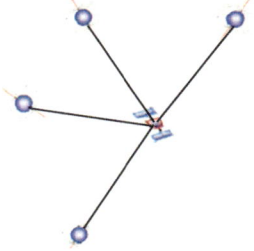
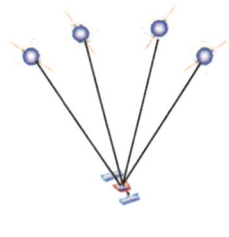

图 3　导航脉冲星和航天器之间的空间几何关系。

第三，导航用脉冲星要求有较高的周期稳定性，理想情况希望脉冲周期永远不变，但是由于脉冲星不断向外辐射能量，发生能量损失，其中一部分能量是由转动能转化来的，因而导致转动动能降低，转速变慢，周期变长，因此我们需要掌握周期变长规律，以提高导航定位精度。同时脉冲星还存在周期跃变和连续的不规则变化现象，会对导航产生重要影响，其物理机制目前尚未完全搞清楚，因此，需要进一步对脉冲到达时间的规律进行理论和观测上的研究。

第四，周期模糊度问题。脉冲星导航不同于卫星导航，我们能接收到的每一个脉冲没有特定的标识。因此，当航天器接收到脉冲信号并且确定到达时间后，我们只能判断出脉冲到达航天器的时间和模型到达时间的差为若干个整数周期加上一个小数周期。周期的小数部分可以准确计算，但是由于每一个脉冲没有特定的标识，整数周期一般不能直接识别，因此就存在周期的模糊度问题。能否解决这个问题是实现脉冲星导航的关键所在。理论上说我们可以确定整数周期的范围，也就是可以确定所有可能的组合，即搜索空间，然后在所有可能的组合中判断出航天器的实际位置。我们需要进一步研究判定的标准和具体实现的算法，确保不产生误判。对于搜索空间，如果规模太大也会导致计算量庞大，需要较长的计算时间，因此需要尽可能减少搜索空间的规模，减少运算量，同时确保准确定位，不产生误判。

参 考 文 献

[1] Suneel Ismail Sheikh. The use of varlable celestlal X-ray sources for spacecraft navigation, PhD Thesis, 2005.

[2] Dennis W. Woodfork, The use of X-ray pulsars for aiding gps satellite orbit, 2005.

[3] 吴鑫基, 温学诗. 现代天文学 15 讲, 北京: 北京大学出版社, 2005.

[4] Andrew Lyne, Francis Graham-Smith. Pulsar Astronomy. Cambridge University Press, 2006.

[5] Dongsheng L A, Na Wang. Autonomous Navigation Based On X-Ray Pulsar Timing, SPIE, 2007, 6795, 67952x-1–67952x-6.

撰稿人：王　娜　高明飞
国家天文台乌鲁木齐天文站

脉冲星的自转不稳定性

The Pulsar Rotational Instability

20 世纪 60 年代发现的脉冲星被普遍认为可能是致密的中子星,长期的计时观测表明,脉冲星的自转是逐渐减慢的,最小的周期变化率达到 10^{-20}。脉冲星的自转很稳定,特别是毫秒脉冲星,比如 PSR J0437-4715,它的长期稳定性超过了最好的原子钟。但是在发现脉冲星后不久就观测到脉冲星自转有不稳定性,主要有两类随机变化:时间噪声和周期突变。时间噪声的特征是连续的、准周期的、缓慢的变化。周期跃变是脉冲星的自转周期突然变短,即脉冲星自转频率突然增大,这种事件主要发生在年轻的脉冲星中。那么是什么原因导致了脉冲星的自转不稳定呢,这涉及以下几个问题:

1. 什么物理过程导致了周期噪声的产生?

脉冲星的时间噪声,可能是外部因素引起的,也可能来源于中子星内部。外部因素是多种多样的,包括星系并合产生的引力波对脉冲星信号的调制,球状星团的加速引力,轨道运动的扰动,伴星的星风的影响,脉冲星的进动,星际介质的密度扰动,太阳系行星历表的误差,地球无线电干扰,钟的误差等。排除这些外部影响后,时间噪声可能来自于自转的"随机变化"过程(图 1)。其物理机制可能是由于脉冲星内部超流晶格的振荡,或者是固体核与壳层之间的相对运动的振荡形式,也有人提出脉冲星的热演化与脉冲星的转动不稳定性有联系。

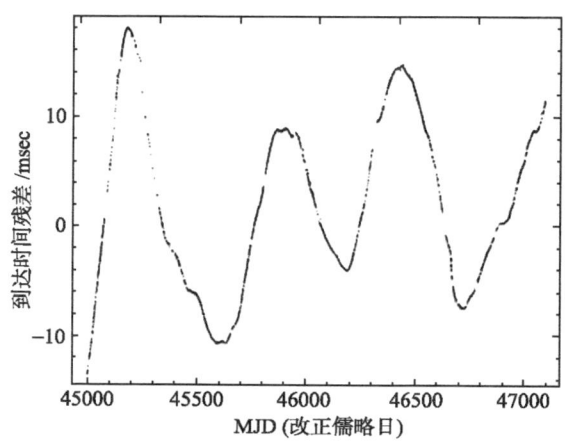

图 1 Crab 脉冲星的到达时间的残差。

2. 周期跃变有多种表现形式，跃变的触发机制是什么？

周期跃变大小分布在很宽的范围内，达 5 个数量级($10^{-10} \sim 10^{-5}$)。跃变发生的时间间隔也不一样，频繁跃变的脉冲星可达到平均一年发生一次的频率(例如，脉冲星 PSRB1737-30，见图 2)，而一些大的跃变，可能要上百年才能发生一次。统计显示，特别年轻(特征年龄一千年左右)的脉冲星和年老的脉冲星发生的跃变幅度比较小，年龄在 1 万年左右的脉冲星发生的跃变比较大。统计分析表明大跃变一般有弛豫过程(Vela 脉冲星就是典型的例子)，小跃变一般不明显，但也有例外。还有几颗脉冲星发生奇特地慢跃变，其自转在几十天到几百天的范围里缓慢地变快。

在销连模型的基础上提出的涡流爬行理论可以较好地解释弛豫过程，即脱销的涡流有一部分又重新销连而形成弛豫过程。但它不能解释 Crab 类脉冲星的跃变后自转减慢率的再增加，这可能是销连的超流数量在持续增加造成的，也可能是外部的磁场的重新分布或强度的变化所引起的外部力矩的增加导致自转减慢率的增大。后来进一步提出壳层碎裂理论，然而这个理论不能解释年龄较老的脉冲星(比如 PSR B1758-23)发生的台阶式的跃变。

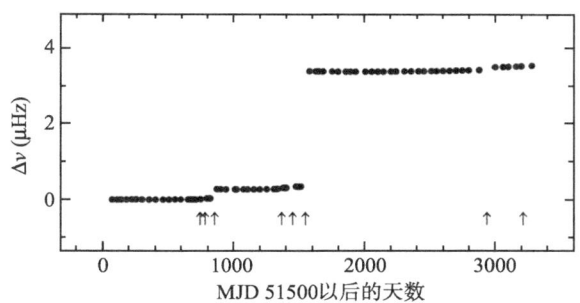

图 2 PSR B1737-30 脉冲星 10 年中发生的八次跃变事件。
(图中横轴为改正儒略日 51500 以后的天数，纵轴为自转频率变化量)

3. 脉冲星是中子星还是夸克星？

在脉冲星发现后不久，人们普遍认为脉冲星就是中子星，但是在这个观念确立后不久，关于夸克星的研究也展开了。先提出中子星中存在夸克的思想，后来提出夸克星(由夸克物质组成的星体)的概念，在 20 世纪 80 年代中期以后，夸克星的"升级版"——奇异星(由奇异夸克物质组成的星体)的模型发展起来，认为奇异星可以在超新星爆发时形成，并能表现为脉冲星。从而向被普遍接收的脉冲星的就是中子星的观念发出挑战。目前研究者们在观测上鉴别夸克星的努力主要集中在亚毫秒脉冲星的搜寻，X 射线能谱，射电波段单个脉冲的特殊行为和脉冲到达时间的测量等几个方面。

对于研究历史相对较长的中子星，我们也还不是十分清楚它的内部结构。如图3所示，一般认为中子星内主要是两部分：晶体般的固体壳层，大约1千米厚，内部是液态的中子超流。中子星的组成主要是简并中子，在这种简并状态下，温度不起作用，唯一重要的关系是密度和压力的关系，也就是状态方程。地面实验室对这种极端致密极端压强下的粒子相互作用的测量是不充分的，关于多体的相互作用的理论上也不完善，因此对于中子星的状态方程的理论计算是有很大误差的。

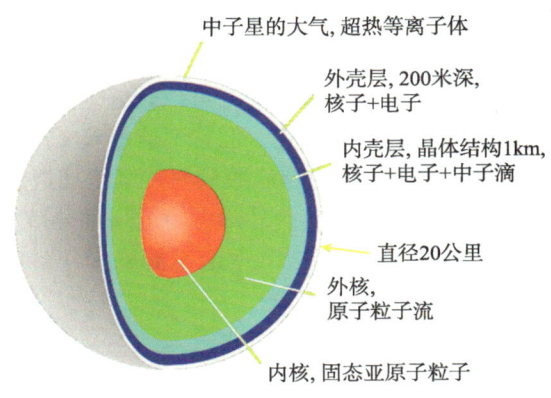

图 3　中子星的结构示意图。

观测到的脉冲星自转不稳定性具有多种表现形式，影响脉冲星自转的物理过程不完全清楚。这些现象正好是脉冲星的探针，有助于我们不断的探索和研究脉冲星的组成、内部结构和物理过程。

参 考 文 献

[1] Kramer M, Lyne A G, O'Brien J T, Jordan C A, Lorimer D R. A Periodically Active Pulsar Giving Insight into Magnetospheric Physics. Science, 2006, 312, 549.

[2] Boynton P E, Groth E J, Hutchinson D P, Nanos G P Jr, Partridge R B, Wilkinson D T. Optical Timing of the Crab Pulsar. Astrophysical Journal, 1972, 175, 217.

[3] Baym G, Pethick C J, Sutherland P. The Ground State of Matter at High Densities: Equation of State and Stellar Models. Astrophysical Journal, 1971, 170, 299.

[4] Lyne A G, Pritchard R S, Graham-Smith F, Camilo F. Very low braking index for the Vela pulsar. Nature, 1996, 381, 497.

[5] Wang N, Manchester R N, Pace R, Bailes M, Kaspi V M, Stapper B W, Lyne A G. Glitches in southern pulsars. Monthly Notices of the Royal Astronomical Society, 2000, 317, 843.

撰稿人：王　娜　袁建平
国家天文台乌鲁木齐天文站

脉冲星时的建立和应用

Establishment and Application of Pulsar Time Scale

脉冲星是自然界中一种自转非常稳定的中子星[1,2]。一些毫秒脉冲星的频率长期稳定度好于 10^{-15}/yr，其中 PSR J0437-4715 一年的计时观测其频率的稳定度就优于原子钟。1991 年 Taylor 提出毫秒脉冲星是自然界最稳定的钟[3]，其长期稳定度可以与原子钟相媲美，是挂在天上的天然标准钟。脉冲星是自然天体，所定义的脉冲星钟具有寿命长、可靠性高、不受攻击等优点。脉冲星的短期稳定度不如原子钟，但是其长期稳定度要优于原子钟。这意味着毫秒脉冲星将来可能作为时间基准来定义时间尺度，使人类重新回归到利用天体作为测量时间的尺度。

然而脉冲星时的实现还需要解决或克服以下几个关键问题：

1. 脉冲星的自转稳定性和测量精度

脉冲星的磁偶极辐射损失的是自转能，所以脉冲星的周期是长期减慢的。这种变化可以通过对脉冲星进行长期的到达时间(TOA)监测精确得到，然而脉冲星的自转存在两种不可预测的随机变化，即到达时间噪声和周期跃变。前者是连续不断的、随机的、小幅度的变化，并具有准周期、红噪声的特点，后者是一种突然的、幅度很大的自转周期加快现象(glitch)。总的来说，年轻脉冲星自转随机变化较大，而毫秒脉冲星相对稳定，需要选择周期噪声很低的毫秒脉冲星做脉冲星钟。

影响脉冲星 TOA 测量精度的因素除了脉冲星本身的自转稳定性，还会受到行星历表精度、星际介质传播效应、相对论效应等已知和未知因素的影响。例如地球的运动、太阳系惯性质量中心的确定、地球轨道上引力势的变化、多普勒效应、太阳系相对论效应引起的时空弯曲等。对于处在双星系统中的毫秒脉冲星，还包括其轨道运动造成的时间延迟和相对论时间改正等。当上述相关改正项有误差或存在未知改正量，且幅度低于测量灵敏度时，它们就会被噪声淹没。因此脉冲星钟精度的提高，有赖于对脉冲星自转变化物理机制的认识和测量精度的提高。

2. 脉冲星时和原子时的相互影响

由于单脉冲星定义的脉冲星时间 PT(pulsar time)稳定度还不够好，除了原子时本身的噪声外，可认为其他噪声源对不同的脉冲星是独立的。因此需要通过多颗脉冲星组成计时阵[4]，并由每个脉冲星时 PT_i 加权平均建立综合脉冲星时 PT_{ens}，以此来消除独立噪声源的影响。

原子钟的特点是其短期的稳定度非常好，最大不足是随着时间的推移其稳定度会明显的降低，发生频率漂移。由所得的 TOA 残差进行参数拟合，不可避免地会将原子时的误差吸收到拟合的参数中。因此原子时(TA)与脉冲星时的残差(TA-PT)不能完全真实地反映原子时和脉冲星时之间的差。随着 TOA 测量时间的增加，脉冲星的噪声会很快下降，稳定度则相应提高了(如图 1 所示)。原子时的影响与脉冲星方向无关，它对计时阵中每个脉冲星的影响都是相同的；所以通过毫秒脉冲星计时观测分析得到的脉冲星时，可以检验、评估原子时的长期稳定度。

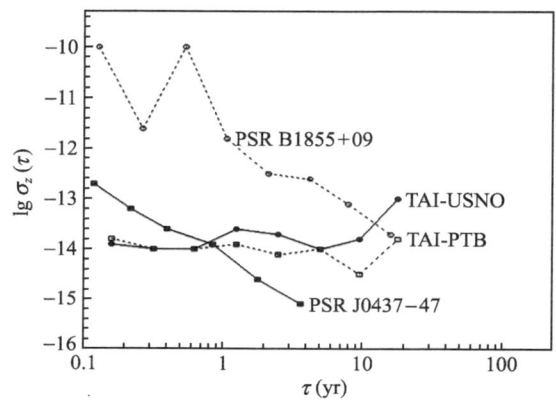

图 1 毫秒脉冲星与原子时频率稳定度的比较。

3. 高稳定度毫秒脉冲星样本的搜寻与选择

脉冲星中的周期稳定度最高的是毫秒脉冲星，目前已经发现约 175 颗毫秒脉冲星，而适合进行时间标准研究的高稳定度毫秒脉冲星数量 20 颗左右，还需要更多的毫秒脉冲星巡天观测来增加候选样本。目前通过脉冲星巡天已经发现了大多数较强的毫秒脉冲星，大规模的巡天需要更高的灵敏度和针对高银纬等特殊天区进行。

综合脉冲星时的建立需要的毫秒脉冲星候选样本之间的稳定度差不能大于半个量级，否则会影响稳定性较高的脉冲星钟，反而降低了综合脉冲星钟的整体稳定性。目前高稳定度的脉冲星样本还比较少，稳定度比较接近的脉冲星样本就更少了。所以，有待搜寻发现更多自转稳定的毫秒脉冲星来增加和丰富样本的选择。毫秒脉冲星数量将不断增加，不仅可以筛选出稳定度较理想的脉冲星，而且能够使计时阵中的多颗毫秒脉冲星的空间分布更趋于合理。

近年来，国际上目前已有 10 个左右的脉冲星计时阵投入了工作。主要集中于美国、英国、澳大利亚等国家。每个计时阵观测的脉冲星数量从几颗到 20 余颗。目前美国海军天文台(USNO)和国际计量局(BIPM)正在联合协调世界上的脉冲星计时观测，目标是建立脉冲星时间标准，并应用于时间服务。这将为综合脉冲星时间标准的建立开辟新的前景。

参 考 文 献

[1] Backer D C, Kulkarni S R, Heiles C, Davis M M, Goss W M. A Millisecond Pulsar. Nature, 1982, 300: 615–618.
[2] Talyor J H. Millisecond pulsar: Nature most table clock, Pro IEEE,1991[July], [J] 79 (7), 1054–1062.
[3] Voges W, et al. The ROSAT all-sky survey bright source catalogue. Astronomy and Astrophysics, Vol. 349, September 1999, 389–405.
[4] Manchester R N. The parkes pulsar timing Array Project. AIPC, 2008, 983: 584–592.

撰稿人: 陈 鼎 王 娜 赵成仕

国家天文台乌鲁木齐天文站

中国科学院国家授时中心

10000 个科学难题·天文学卷

中国古代天文学上的"地中"概念

The Concept of Center of Land in Ancient Chinese Astronomy

在中国古代,"地中"是一个非常重要的概念。中央之国,占据了政治文化的中心,四方就要来宾服。国之都城,自然要建于国之中央。所以古代建国都时,首先要辨正方位,所选的地方应该就是"地中"。可是,"地中"是怎么确定的呢?这就成了中国古代天文学所要解决的问题。

大地本来是任何一点都是中央,但是一个地方要被认定是中央,那就需要某种特殊的理论和方法。中国古代确定"地中"的方法就是圭表测影。圭表测影是一种极其古老的方法,最近在陶寺文化遗址发现一根带有刻度的漆杆,很可能就是用来测影的,是圭表中的圭尺,时代在陶寺文化中期(公元前2100~公元前2000)[1]。陶寺遗址在今临汾一带,是尧、舜之都所在。圭尺的发现说明圭影测量很早就对建立国家政权意义重大,本质上就是要确立"地中"。殷商卜辞中多有"立中"一词,有学者认为这就是圭表测景。"中"就是一根垂直地面的杆子,用以定方位和定季节[2]。

传说周公曾经测景(古代"景"、"影"通),以求确立"地中"。《周礼·地官·大司徒》载:"以土圭之法测土深,正日景,以求地中。""日至之景,尺有五寸,谓之地中。"这个"地中"是天地之所合,四时之所交,风雨之所会,阴阳之所和,乃是建立王国的根本。《周礼》中给出的数据为夏至影长1尺5寸,冬至影长1丈3尺。据此可以推算观测年代在西周初年,观测地点在"阳城",即今河南登封告成镇[3]。《史记》记载"禹避舜之子于阳城",《古本竹书纪年》称"禹居阳城",《世本》则称"禹都阳城",这些都为选阳城为"地中"提供了历史依据。

但是在《周髀》中记载了另一种影长数据,即8尺之表,夏至影长1尺6寸,冬至影长1丈3尺5寸。测得这个数据的测量点显然要在阳城之北。赵永恒推测观测年代为公元前511年左右,观测地点的地理纬度为35.27度,很可能是当时邾国的都城[3]。黎耕、孙小淳提出这个数据的来源非常古老,很可能与尧帝时代在尧都的观测有关[4]。

《周髀》和《周礼》中的影长数据代表了两个不同的宇宙论。《周髀》中的二十四节气影长,是按线性内插求得的,是为了构建盖天说"七衡六间"的模型而构造出来的。西汉太初改历之时,浑天说出现,二十四节气影长已经是实际测量出来的数据,与太阳在黄道上的运动相一致,因而不是线性变化的。这一转变发生两汉之际,反映了从盖天说到浑天说的转变。盖天说的"地中"概念与浑天说的"地中"概念是不同的。盖天说以为"北极之下,为天地之中"。地域的差异由表影的长度决定，即所谓影长"千里差一寸"。但是，盖天说的基本假设天地为两相平行的平面和"千里差一寸"都不符合实际情况，基于它们建立起来的模型不可避免地是漏洞百出，为掩盖矛盾不得不构造数据[5]。浑天说把"地中"变成一个地方性的概念，所谓"地中"，就是天文学从事观测的地点。太初改历时，落下闳"于地中转浑天"，这个"地中"显然就是他进行天文观测的地方。利用浑仪进行天文测量，必须要确定北极高度，因而观测地点必须确定。落下闳的"地中"究竟在什么地方不得而知。但这个地点不是随便选的，而是要有政治上的权威性和历史上的依据。在"浑盖之争"中，浑天家似乎引用《周礼》的数据作为立论根据，"地中"不再是盖天说的"北极之下"，而是《周礼》所说的"土圭之长，尺有五寸，以夏至之日，立八尺之表，其景适与土圭等，谓之地中。"这个地点，应该就是洛邑、阳城一带。这是古代帝王的都邑所在，东汉时又迁都于此。张衡是浑天说的阐述者，他在《东京赋》中这样描写洛阳："昔先王之经邑也，掩观九隩，靡地不营。土圭测景，不缩不盈。总风雨之所交，然后以建王城。"影长不长不短，也就是《周礼》中的一尺五寸，又是先王之所居，所以就是可以定为"地中"。

在影长问题上，汉代的浑天家虽然用实测否定了《周髀》的影长数据，但并没有明确否定盖天说"千里差一寸"的说法。南朝宋文帝时，何承天派人赴交州测量日中影长，与他在阳城测量的影长比较，发现"二百五十里而差一寸"。到了唐代，李淳风更进一步认识到影长的变化与南北距离不是线性的关系。南宫说、一行等人组织了南至林邑国(今越南中部)，北至铁勒(今俄罗斯贝加尔湖附近)的子午线测量。到了元代，郭守敬进行子午线测量，南北距离范围比唐代测量的更大。所有这些，都否定了"千里差一寸"的说法，但大家又都把阳城作为测量的中心，也就是所谓"地中"。南宫说在登封立"周公测景台"，郭守敬更是建登封观星台，立5丈高表以测影。阳城作为"地中"，起到了类似于地球经度测量中本初子午线的作用。

总之，中国古代的"地中"概念，与圭表测影以及天文宇宙论密不可分。同时历史上的"地中"究竟在什么地方，有什么变化，还是一个需要进一步研究的问题。

参 考 文 献

[1] 何驽. 山西襄汾陶寺城址中期王级大墓 IIM22 出土漆杆"圭尺"功能试探. 自然科学史研究, 2009, 28(3): 261–276.
[2] 萧良琼. 卜辞中的"立中"与商代的圭表测景. 科技史文集, 1983, 10: 27–44.
[3] 赵永恒. "周髀算经"与阳城. 中国科技史杂志, 2009, 30(1): 102–109.
[4] 黎耕, 孙小淳. 汉唐之际的表影测量与浑盖转变. 中国科技史杂志, 2009, 30(1): 120–131.
[5] 薄树人. 再谈《周髀算经》中的盖天说. 自然科学史研究, 1989, 8(4).

撰稿人：孙小淳

中国科学院自然科学史研究所

二十八宿的起源问题

The Origin of the Twenty Eight Lunar Lodges

二十八宿是沿黄道和赤道带分布的 28 个比较明显的星官，构成一个标志天体位置的参照体系。中国古代用二十八宿和北极构成所谓的"天极"体系，本质上等同于现代天文学上的赤道坐标体系。中国古代观测和推算天象位置都是采用二十八宿为参照系。

但是，不仅中国古代有二十八宿，古巴比伦、印度和阿拉伯也有二十八宿。印度的二十宿叫 Nakshatra，是"月站"的意思。印度古代经典中，有合并室、壁为一宿的，也有去掉织女而成二十七宿的。阿拉伯二十八宿叫 Manzil，与中国相同的有十三宿，象胃宿在阿拉伯叫做 al-butain，是羊胃的意思。阿拉伯和印度二十宿相同的则更多。这些都说明一点，不同的二十八宿体系，它们虽然在星官的选择上略有不同，但相似性还是主要的，同出一源似乎没有什么问题。但是二十八宿作为一种星官体系，起源于哪一个文明，起源于什么时代，是近一百多年来学者争论不休的问题，也是世界天文学史上的重大难题。

1. 中国的二十八宿起源于何时？

中国古代二十八宿的名称从西向东依次是：角、亢、氐、房、心、尾、箕；斗、牛、女、虚、危、室、壁；奎、娄、胃、昴、毕、觜、参；井、鬼、柳、星、张、翼、轸。史书中记载的名称有时稍有不同，所指星官历史上也有所变化，但上述二十八宿星名成为流传下来的传统。目前发现记有全部二十八宿名称的文物是 1973 年在湖北随县擂鼓墩一号墓出土的一件漆箱，在它的盖上围绕北斗的"斗"字，有一圈二十八宿的名称。在两端还绘有苍龙和白虎，说明当时已经有了把二十八宿划分为"四象"的概念。这个墓的年代约在公元前 430 年，说明二十八宿的起源肯定比这更早[1]。

二十八宿这个体系究竟起源于什么时代？ 这是中国天文学史研究中聚讼纷纭的问题之一。19 世纪法国学者毕奥(J. B. Biot)以为二十八宿起源于中国，约在公元前 2400 年，并且认为起初只有二十四宿，后来在公元前 1100 年左右，周公加四宿而成二十八宿[2]。其后有荷兰学者施古德(G. Schlegel)著《星辰考源》一书，认为中国的二十八宿起于东方七宿之首角宿，而其中心为大火，由此推心宿晨升为春分，角宿晨升为初春，因而断定中国二十八宿的年代为距今 16000 年[3]。这一说法的推论依据是恒星偕日出观测，与中国的昏旦中星观测传统不符，因而很难令人信服。20世纪20年代，日本学者新城新藏提出在西周初年就已经形成了二十八宿体系，理由是，西周初年已知从新月的出现逆推朔日，同时在《尚书》、《夏小正》、《诗经》等书中，也已经出现了二十宿的一些星名[4]。但是，二十八宿个别星名的出现和二十八宿体系的形成毕竟是两回事，所以这个结论并未为人们接受。中国学者竺可桢、夏鼐对二十八宿都做过深入而全面的研究。竺可桢从"立春月望在角宿"、北极星的位置和二十八宿的关系、古北斗九星说、天赤道位置、牵牛织女星的前后关系、"月离于毕俾滂沱兮"等证据，提出中国的二十八宿体系开始于公元前二、三千年。但同时他也强调，二十八宿形成的时代问题，远远没有完全解决[5]。夏鼐则认为二十八宿体系在中国创立的年代，就文献而言，最早在战国中期(公元前四世纪)，但可以根据天文现象推算到公元前八到六世纪[6]。中国最古老的星表《石氏星经星表》中有二十八宿距星的距度和去极度，而且二十八宿是作为恒星位置的参照系使用。现存星表的观测年代约在公元前100年[7]，但不排除在战国时代已经二十八宿坐标的测量。总之，中国二十八宿的时代问题，仍然是一未决问题。

2. 二十八宿最早起源于何地？

二十八宿起源的时代问题与地点问题密不可分。二十八宿看来是同出一源，但起源的地点在哪里呢？ 德国历史学家伊德勒首先说明中国二十八宿是为了追踪月亮在恒星间的运动，以显著星象为目标而设立的二十八个参照点。前述毕奥也是极力主张中国起源说，认为印度二十八宿是从中国传过去的。施古德也是主张中国起源说，以为中国星官与西方古埃及、希腊传统完全不一样，是独创的体系。20世纪初，法国学者德莎绪在《中国天文学》一书中也主此说[8]。日人新城新藏更是说"二十八宿是在中国周初时代或更早时代所设定，而在春秋中期以后，从中国传出，经由中亚细亚传入印度，更传入波斯、阿拉伯等地方。" 他提出的理由是：(1)中国二十八宿可追溯到周初；(2)印度二十八宿相当于中国二十八宿初始状态；(3)二十八宿发源地当以北斗为观测的标准星象；(4)二十八宿发源地当有牛郎织女的传说；(5)二十八宿传入印度之前，有停顿在北纬四十三度附件地方的形迹[4]。其中第3点理由为著名英国学者李约瑟所赞同，用以说明中国古代天文学的"天极"特征[9]。

二十八宿非中国起源说也有多家提出，值得重视。19世纪德国学者韦伯在他所著《中印两国历学的比较》一文中，提倡二十八宿印度起源说。英国传教士堪约翰著《中国古代天文学》一文，推测中国的天干、地支在秦汉文献中的别名是从印度来的，从而推测二十八宿起源于印度。后又有一些西方学者提出二十八宿起源于巴比伦说，日本学者能田忠亮也主此说[10]。竺可桢在分析诸家观点的基础上，对二十八宿非起源于中国的主要理由进行了反驳。他认为不能因为秦汉时中国曾引用印度之岁星周而断定二十八宿亦起源于印度。这就好比不能因为近代数学家用阿拉伯数字而推论宋、元时代李冶、朱世杰的天元术是来自阿拉伯。但是，竺可桢并没有对二十八宿起源于何地下结论，只是说"其源于中国亦意中事也。"[5]

总之，二十八宿的起源地点和时代问题现在仍然没有定论。近来的民族天文学考察发现在中国西南的少数民族、东南亚的缅甸都有二十八宿，这为探究二十八宿的起源地点问题提供了新的线索，据此可以探索中国和印度的二十八宿的渊源关系。

参 考 文 献

[1] 中国天文学史整理研究小组.中国天文学史. 1 版.北京:科学出版社, 1981: 44–46.
[2] Biot J B. Etudes sur l'Astronomie Indienne er sur l'Astronomie Chinoise. Paris: Levy, 1862.
[3] Schlegel G. Uranographie Chionise. Leyden, 1875.
[4] 新城新藏，著，沈睿，译. 东洋天文学史研究. 上海: 中华学艺社. 1933:257–286.
[5] 竺可桢. 二十八宿起源之时代与地点. 思想与时代, 1934, 34.
[6] 夏鼐. 从宣化辽墓的星图论二十八宿和黄道十二宫. 考古学报, 1976, 2.
[7] Sun Xiaochun, Kistemaker J. The Chinese Sky During the Han. Leiden: Brill, 1997: 53–59.
[8] De Saussure L. Le Origines de l'astronomie Chinoise. T'oung Pao, 1909, 10: 177.
[9] Needham J. Science and Civilization in China. Vol. III. Cambridge: Cambridge University Press. 1959: 229–241.
[10] 陈遵妫. 中国天文学史. 第二册. 1 版. 北京:科学出版社, 1982:305–326.

撰稿人：孙小淳
中国科学院自然科学史研究所

二十四节气的起源

The Origin of the Twenty-four Fortnightly Periods

从天文学角度讲，二十四节气是从冬至点起将黄道 24 等分，太阳每走过一分就是一个节气。二十四节气的名称是：立春、雨水、惊蛰、春分、清明、谷雨；立夏、小满、芒种、夏至、小暑、大暑；立秋、处暑、白露、秋分、寒露、霜降；立冬、小雪、大雪、冬至、小寒、大寒。二十四节气在中国古代历法和农事活动中占有极为重要的地位。

完整的二十四节气的名称最早出现在战国末年的文献《逸周书·周月解》中，其中春季 6 个节气与现在的顺序有所不同，为立春、惊蛰、雨水、春分、谷雨、清明，其他相同。汉初的《淮南子·天文训》中二十四节气与现在的名称和顺序已完全一样。因此可以说，二十四节气在战国到汉初完成了系统化。但这并非二十四节气起源的时间，二十四节气的起源现在仍然没有确切的答案。

根据古文献的记载，中国古代最早是将一年分为四季。《尚书·尧典》记载帝尧(距今约 4100 年前)曾命执掌天文的官员观测昼夜长短和黄昏时的中星来定季节：命羲仲观测白昼中等、鸟星(α hya)南中以定仲春，命羲叔观测白昼最长、火星(α Sco)南中以定仲夏，命和仲观测夜晚中等、虚星(β Aqr)南中以定仲秋，命和叔观测白昼最短、昴星(Pleiades)南中以定仲冬。

2003 年在山西襄汾陶寺遗址发现了一个距今 4100 年前的古观象台遗址(图1)。该遗址发现时只剩地下的基址，有一列向东凸出为弧形的夯土柱和缝隙，共有 12

图 1　陶寺观象台遗址。

条缝隙，自东南到东北依次命名为东1号缝到东12号缝。发现了古代的观测点夯土遗迹。计算和模拟观测表明，在4100年前站在观测点观测，冬至日半出于山脊线上时恰好位于东2号缝的中线上，夏至日半出地平时太阳恰好与东12号缝南边缘相切。春秋分大致对应于东7号缝。东2号缝到东12号缝将一年的时间分为20个时段。但是因为这些缝隙基本上是均匀分布的，而日出方位在一年中的变化不是均匀的，所以这样划分出的20个时间段并不均匀。陶寺遗址被认为是帝尧的都城所在，看来《尧典》记载的帝尧时的天文观测确有其事，可以肯定当时有了明确的冬夏至的观念，春秋分的观念应该也已产生。

从天文观测方法上讲，二至是明显的可以观测到的天文现象，通过观测日出方位以及正午日影的长短都能确定；二分可以通过在平原地区观测日出于正东入于正西得到，也可以通过平分冬至和夏至之间的日数得到。中国古代的文献对此都有记载。如《周髀算经》记载了观测日出时日影和日入时日影以确定东西的方法，长期观测日出入之影自然能得到春秋分时日出于正东入于正西。《淮南子·天文训》则记载有自冬至起开始计数日数确定季节的方法。接下来的问题是有了二分二至的概念之后，二十四节气是如何产生的？从现有的线索看，应该有两个来源，一个是八节，一个是十二个月。

八节之名称完全出现尽管是在战国末期成书的《吕氏春秋》中，但八节的起源一定很早。《左传·昭公十七年》(前525)载郯子在叙述其祖先少皞建立的职官体系时说到："玄鸟氏司分者也，伯赵氏司至者也，青鸟氏司启者也，丹鸟氏司闭者也"，说的就是二分、二至、和立春、立夏、立秋、立冬等"八节"。少皞属于传说时代，应在距今5000~4000年之间，现在一般认为山东大汶口文化属于少皞部族。在大汶口文化中出土了由太阳、云气和山峰组成的刻画图案，当为早期文字，其形象与当地春分时太出于遗址东面的山头正相当，这个图画文字无疑和观测太阳有关；大汶口文化又出土了多件鸟图案，暗示这里确实是鸟图腾的部族，因此郯子所言应该并非虚构。1987年安徽含山凌家滩出土一块长方形玉版，夹在一个玉龟的背甲和腹甲之间，年代距今约4500年。这块玉版上刻有两个同心圆，中间划分出八个方位。当时的人们应该已经将空间划分成四正四维八个方位，而在中国早期的宇宙观中，方位与季节是对应的，八方对应八节、八风，八风各有其名，各自在其对应之节到来之时从相应的方向应时而至。因此可以说新石器时代晚期的某些部族中应该已经有了八节的概念。

中国古代采用阴阳合历、将一年划分为十二个月也非常早，现有的线索能追溯到的最早的历法就是阴阳合历。《尚书·尧典》中有"朞三百有六旬有六日，以闰月定四时成岁"，该篇虽未提及十二个月，但以闰月调整月份和季节的关系，显然是阴阳合历。《逸周书·周月解》说："凡四时成岁，有春夏秋冬，各有孟、仲、季，以名十有二月。中气以著时应。……闰无中气……"明确地将一年首先分为四时，四时再分为十二个月，十二个月各有中气和节气，一年二十四节气，没有中气的月份作为闰月。

因此，最早确定节气是根据日出方位，关于这一点古文献没有直接记载，只是陶寺观象台的出土向我们展示了这种方法的遗迹。接下来有了正午日影和昏旦中星的观测。北斗斗柄的指向一直起着独立的作用，但我们的先民从什么时候开始观测斗柄指向以确定时节现在也是一个未解之谜。《史记·天官书》说："斗为帝车，运于中央，临制四乡。分阴阳，建四时，均五行，移节度，定诸纪，皆系于斗。"到战国时代根据太阳在赤道或黄道上的位置来确定季节成为天文学的一项进步。太阳在恒星中的位置是看不见的，只是在建立起来了完整的二十八宿系统并且测定了各宿的距度之后，才能通过推算得到太阳的位置。这时二十四节气的定义与太阳的行度联系起来了，《淮南子·天文训》说："日行一度，十五日为一节，以生二十四时之变"，这是认为太阳在恒星背景中的运行产生了二十四节气。

实际上在秦汉之际的阴阳家们所建立的月令体系中，"月"已经是太阳历的节气月，每个月有固定的天文现象和物候，各月中太阳所在的宿次、昏旦中星、斗柄指向、物候、节气成为不可分割的整体。

二十四节气的划分客观上是农业生产的需要。阴阳合历中月份与季节之差最大可达到将近1个月，按照这样的月份来安排农业生产精度显然不够。中国古代历法的主要目的是"敬授人时"，二十四节气完全按照太阳在恒星背景中走过的位置来划分一年的时段，在指导农业生产中起了重要作用。二十四节气的名称也反映了这一作用。二十四节气的名称有的是从天文而来，有的是依物候、气候变化而来，如冬至、夏至、春分、秋分、立春、立夏、立秋、立冬是从天文角度命名的，小暑、大暑、小寒、大寒等则是依气候的寒暑命名的，而雨水、谷雨、小雪、大雪等则是依该季节降水情况命名的。民间与农时有关的谚语都是根据二十四节气制定的。《逸周书·时训解》甚至又将各节气细分为三候，每候5天，并记载了每候的物候现象。

但是早期的人们并不知道太阳运行不均匀，因此是按照均匀的方案划分二十四节气的。直到北齐时张子信通过长期观测，发现了太阳和五星运行都是不规则的，历法中才逐渐采用了定气。

参 考 文 献

[1] 中国社会科学院考古研究所山西队，山西省考古研究所，临汾市文物局：山西襄汾县陶寺城址祭祀区大型建筑基址2003年发掘简报，考古2004年第7期，9-24页.
[2] 武家璧，陈美东，刘次沅. 陶寺观象台遗址的天文功能与年代. 中国科学G集 2008, 38(9): 1265-1272.
[3] 陈美东. 中国科学技术史·天文学卷，北京：科学出版社，2003, 82-86.
[4] 陈美东. 月令、阴阳家与天文历法. 中国文化, 1995, 12.

撰稿人：徐凤先
中国科学院自然科学史研究所

经 度 之 谜

The Puzzle of Longitude

借用《经度》一书扉页上的话就可以表明经度测定在大航海时代的意义,"每一个生活18世纪的人都被经度问题所困扰,……它是在那个时代最让人恼火的科学难题。"[1]地球经纬度的概念早在公元前300年已经产生,大约生活于公元2世纪的天文学家托勒密绘制除了世界上第一本带有经纬度线的世界地图。大航海时代来临之前,世界各地之间来往有限,加上还有更可靠的陆路交通,海上交通并不占主流。但是航海时代来临之后,世界各地远洋航行船只日益增多,寻找一种更精确、更可行的测量经度的方法为船只导航就变得日益紧迫。

时间就是经度,经度就是时间。海上经度的测量就是如何把出发港口时间带到远离陆地的船只上,不仅不能间断而且要有相当高的精确度。这样导航员在自己的正午时刻——观察太阳升到子午线的最高处便可判断是船上的正午时刻,观察记录出发点港口时间的钟表时刻,两地时间差可以很容易地转化成两地地理经度差。要把陆地上的时间像带一瓶淡水那样带到船只上,道理极其简单。只是在精密计时器诞生之前,欧洲普遍使用的是摆钟。要想用这种既需要润滑又需要绝对稳定的安装基础的钟在恶劣的海上天气条件下和颠簸的船只上长期精确计时几乎是不可能。于是航海家们和天文学家们转而借助于天钟。只要天气条件许可,它那特殊的指针——先是太阳、月亮,后来又加入了木星的卫星,世界各地都能观察到。于是观察天象就成了令航海者们烦恼不已而又不得不依赖的导航方法。

1514年,德国天文学家维尔纳发明了(Johannes Werner, 1468~1522)利用月亮的运动确定位置的方法。这种方法首先要求航海者熟悉月亮轨道附近的星空;其次需要逐日逐月预测某个港口,比如伦敦观察到月亮经过各个星宿的时刻,绘制成月亮历表。如果是白天则需要绘制一个载有月亮与太阳相对位置的表;最后导航员把自己在船上观测到该天象的时刻与月亮历表载有的时刻相对照,便可以得到观测地点和预测地点的经度差。这是一个很超前的设想:16世纪初,海员们还没有足够精确的仪器测量月亮和恒星、月亮和太阳之间的距离,更何况是在摇摆不定的船上;在牛顿万有引力定律诞生前,还没有人能够足够精确地预测月亮运动。但是这一方法的筚路蓝缕之功不可没,其后的诸多天文学家提出的解决经度问题的方案基本上遵循着这一思路。

1610年,当伽利略(Galileo Galilei, 1564~1642)首次用望远镜观测到四颗木星卫星后,他很快就联想到也许这是一个很好的解决经度的办法。伽利略的方法和维尔纳的在原理上基本相似，只是观测的天体不同。经过对四颗木星卫星轨道周期的细心观测，伽利略发现预测它们出现和消失在木星阴影中的时刻，要比预测月亮运动容易和准确的多，并且发生这种天象的频率也比较高。伽利略对他的方法抱有很大希望，他还为此设计了一个装有望远镜的特殊头盔，以帮助海员们更容易地观测木星卫星。可是观察木星卫星不太容易，首先白天观测不到木星卫星；即使在夜晚，木星只在一段时间才出现，并且需要天气晴朗。摇摆不定的观测条件是这个方法难以逾越障碍。这一测定经度的方法在陆地上得到了很好的应用，在地图绘制领域取得了巨大成功。

其后，法国和英国各自发展着以上两种不同的测量经度的方法。法国建造了巴黎天文台，聘请卡西尼(Jacques Cassini，1677~1756)为天文台的台长，并在第谷天文堡遗址上对木星卫星进行了联合观测，进一步确定了两地的地理经度。由此而产生的一项重要副产品就是测出了光速。英国在格林尼治建造了皇家天文台，聘请弗拉姆斯蒂德(John Flamsteed，1646~1719)为首任"天文观察员"，对全天恒星进行了长达四十年的观测。此时，牛顿的万有引力定律已经问世，因此对月亮运动的精确预测也成为可能。所有这些迹象都表明，维尔纳的"月距法"将最有希望成为解决海上经度问题的方法。

与天文学家费时而又费力地寻找经度的同时，贫民工匠出身的约翰·哈里(John Harrison，1693~1776)也在凭借他对钟表制造所具有的天赋和经验，努力从制造一种精密计时仪器来解决海上经度的问题。他利用精心挑选的木材的特性，使得钟表齿轮间可以完全不用润滑油，由此就避免了润滑油在温度升高或者下降而产生变稀、变稠，从而导致钟表走的或快或慢，甚至完全停止的缺点。并且哈里森尽量在制造钟表时尽量避免使用金属材料，其原因就是金属在潮湿的环境下容易生锈。以上方面的改进，就克服了海上恶劣的气候条件对钟表走时快慢的影响。在船上使用摆钟已是不可能，必须要寻找新的技术突破来代替摆钟的摆锤。为了取代摆锤和摆杆，哈里森花了四年的时间设计出了一套跷跷板式的弹簧装置，它是自足式的，可以在任何条件下保持平衡，因此也就能经受最猛烈的海浪。凭借多项的技术突破，哈里森制造出了世界第一台海钟——"哈里森1号"，并且在去往里斯本的航程中通过了精度检验。随后哈里森还制造出了一系列的海钟，一直到"哈氏5号"，确定经度的精度也在逐步改进和提高。哈里森死后，他的后继者使得制造精密计时器的制造成本大大降低。到19世纪中叶，廉价而又精密的计时器终于让繁琐、笨拙的"月距法"退出了经度测定的竞赛。1904年美国海军首次在波士顿用无线电报发送时间信号，航行的船只接收这些时间信号就可以校准计时器，这让"月距法"彻底失去了意义。

曾经和制造永动机一样不可能解决的经度问题已经成为了历史。现在可供航海者导航的选择很多，包括雷达和卫星导航系统(简称GPS)。随着现代科技技术的不断提高,确定目标位置的精度可以达到米量级。航海计时仪和六分仪,这些曾经守护着航海者生命线的仪器也退出了历史舞台,成为一种替补方法。

参 考 文 献

[1] 戴娃·索贝尔. 经度——寻找地球刻度的人. 海口:海南出版社. 2000.
[2] Sobel, Dava, Longitude: The True Story of a Lone Genius Who Solved the Greatest Scientific Problem of His Time, Walker and Company, New York, 1995.
[3] Forbes Eric G. The origins of the Greenwich observatory, Vistas in Astronomy, 20(1), 39–50.
[4] Edward Rosen, Three Copernican Treatises: The Commentariolus of Copernicus, The Letter against Werner, The Narratio Prima of Rheticus, Columbia University Press, 1939.

撰稿人:宁晓玉
中国科学院自然科学史研究所

《尚书·尧典》"四仲中星"的困难

The Problems of the Meridian Stars for Four Seasons in Chapter Yao of Shangshu

《尚书·尧典》的四仲中星是指：

日中星鸟，以殷仲春，

日永星火，以正仲夏，

宵中星虚，以殷仲秋，

日短星昴，以正仲冬。[1]

"四仲中星"观测年代之所以成为科学和历史难题，吸引从古到今，甚至到将来的代代学者的注意，多是因为研究者对它们寄予厚望，希望由此得出中国古人从事"观象授时"的可能的时间，更希望由此确证中国上古时期的三皇尧帝是否存在，如果存在，他可能的存在年代是什么时候。

用岁差原理推断古代恒星记录的观测年代理论上讲一点都不困难。由于岁差的影响，春分点向西退行，使得恒星的黄纬不变，黄经发生改变，赤经和赤纬都发生了改变。假如能够确切证认出这四颗恒星，那么查任何一部现代的恒星星表，就可获得它们现在的赤经、赤纬。假如再能确证古人是在某时、某地对这四颗星进行中天观测，以校正二分二至日，那么求得这四颗恒星观测时刻的赤经和赤纬也不是难事。恒星中天时，地方恒星时就是这颗恒星的赤经，其赤纬也和观测地的地理纬度、该恒星的天顶距存在着最简单的关系。岁差对赤道坐标的影响可以大致表达为：

$$\alpha = \alpha_0 + (46''.09 + 20''.04 \sin\alpha \tan\delta)T$$
$$\delta = \delta_0 + 20''.04 \cos\alpha\, T$$

其中 α 为赤经，δ 为赤纬，T 的单位为年。这一组近似公式适用于几个世纪以内，非拱极星的低精度化算。[2] 天文学史方面的计算尽管精度要求不高，但若年代久远或涉及拱极星，则应使用精度较高的直角坐标转换方法。对于可能是尧帝时期的"四仲中星"在计算时更应该使用后者。

此方法在理论上简单、完美，但要运用它去求得"四仲中星"的观测年代却困难至极。所有的困难都来自于史料记录的不完整和不确定。首先是四颗观测恒星"星鸟"、"星火"、"星虚"和"星昴"的不确定。"星虚"和"星昴"比较容易，基本上可以断定指虚宿和昴宿，但是两宿包括的恒星不止一颗，具体是那颗恒星就难以判断。比较困难的是"星鸟"和"星火"，在中国古代的星官体系中，不存在"星鸟"和"星火"的恒星名称。如果"星鸟"中的"鸟"是指南方朱鸟，那么它就包括井、鬼、柳、星、张、翼、轸七宿，涉及的恒星就更多了。"星火"中的"火"也只能凭借其他资料来推断。恒星证认的困难在研究"四仲中星"观测年代的学者中间产生了很大的分歧。

第二个是观测时间的不确定。虽然根据多方考证，学界能普遍认同"仲春"、"仲夏"、"仲秋"和"仲冬"是指一年四季中的二分和二至日，尧帝命羲仲、羲叔、和仲、和叔观测四颗恒星是为了校准此四节的日期，那么他们的观测是在黄昏，还是在凌晨或是在子夜进行的呢？具体是在什么时刻观测的呢？这一观测时刻需要精确确定，如果定的不准，譬如误差1小时，那么恒星赤经的误差就会达15°，导致最后推算出年代的误差就会达到千年以上。这样大的误差范围会使计算得出的任何结果都没有意义。但是在此关键点上，研究者没有更好的办法确证"四仲中星"的观测时刻，只能根据中国古代观测天象的习惯和经验认定："四仲中星"的观测是在二分二至日的黄昏时刻观测恒星南中天。那么"黄昏"是什么时刻呢？从西汉以前的文献来看，"黄昏"是指一段时间，长短大约在1.5~2.0小时，根本不能用来计算"四仲中星"的观测时刻。东汉以后，"昏"变成瞬间时刻，但各史书对此规定又各不相同，如：东汉蔡邕《月令章句》是以日入地平后三刻为昏；《晋书·天文志》是以日入地平后二刻半为昏。换算成现代时制两者相差7.2分钟，导致得出的年代相距百年之多。还需要指出的是，即便是能得出具体的昏时刻，但是由于星的亮度不同，也会导致它们在黄昏时出现的时刻不相同：星的亮度越亮，出现的时刻越早；反之则越晚。因此要确定观测时刻，星等亮度也是一个必须考虑的因素。

第三个是观测地点的不确定。《尚书·尧典》的明确记载是尧帝命四人去嵎夷旸谷、南交明都、西土昧谷和朔方幽都等四个地方进行观测。这就意味着四个观测者所处的地理纬度有差别，而地理纬度的差别直接影响的是各地日没和昏时刻不一致：观测地点的纬度越高，日没时刻就越迟，昏影持续的时间就越长，黄昏时刻开始得也就越晚。考证出这四个古地名的所指的地方也很困难。《史记索隐》认为："南交则是交阯不疑也"，交阯在今越南北方。考虑到古代的交通条件，选择如此遥远的观测地点来"敬授民时"似乎有点不可能。因此有的学者干脆认为"四仲中星"观测就是在尧都平阳一个地方进行的，在此他们甚至舍弃了唯一可以依赖的文献证据以迁就他们的计算。

以上的几个不确定在短时期很难解决，研究者们只有等待更多的史料出土或者考古发现。如果没有，确定"四仲中星"的观测年代将继续作为一个难题而存在下去。

参 考 文 献

[1] [清]孙星衍. 尚书今古文注疏. 北京：中华书局出版. 1986.

[2] 刘次沅. 从天再旦到武王伐纣 —— 西周天文年代问题. 北京: 世界图书出版公司. 19 页.
[3] 刘朝阳. 从天文历法推测尧典之编成年代. 燕京学报. 1930(7).
[4] 竺可桢. 论以岁差定尚书尧典四仲中星之年代. 科学. 1926, 11(12).
[5] 赵庄愚. 从星位差论证几部古典著作的星象年代及成书年代. 科技史文集(第十辑). 上海: 上海科学技术出版社. 1983.
[6] 潘鼐. 中国恒星观测史. 上海:学林出版社. 1986.
[7] 王铁. 论《尚书·尧典》四中星的年代. 华东师范大学学报(社科版),1988(5).

撰稿人：宁晓玉
中国科学院自然科学史研究所

"荧惑守心"问题

On the Celestial Phenomenon "Mars Staying at Xin"

中国古代天文学强调天人感应，与占星术关系密切。而中国占星术特别关注奇异天象的发生，认为奇异天象是对君王的警示。"荧惑守心"中的荧惑即火星，古代占星家以为此星主战乱，与兵、丧、饥、馑、疫等灾害相关联。心是古代二十八宿之一，共三星，即天蝎座α、σ、τ三星，其中α星为中央大星，代表天王，又称"大火"，是古代观象授时的重要观测对象。《史记·天官书》说"心为明堂"，那是天子祉福祭神布政的重要场所。"荧惑守心"天象，是指火星在心宿发生由顺行转为逆行或由逆行转为顺行，且停留在心宿一段时间的现象。依照古代的占星术解释，那自然是对天子大不吉利的天象，所谓"王者恶之"。中国古代文献中记录了23次"荧惑守心"的天象，并且每次都有重大的事件与之相应，大多为皇帝崩驾。但是台湾学者黄一农研究指出，23次中17次"荧惑守心"天象实际上并没有发生，而自西汉以来实际发生的近40次荧惑守心天象，却大多未见文献记载。这就对古代"荧惑守心"记录的真实性提出了质疑。黄一农认为，"荧惑守心"不过是占星家为把政治与天象附会而伪造的天象记录[1]。

黄一农的研究结论，涉及中国古代天象记录的可靠性问题。记录与实际天象不符的情况是肯定存在的，但出现不符的原因却可能是多种多样的。首先在汉以前，纪年发生错误的可能性就极大。如第一条，"宋景公三十七年"的记录，《吕氏春秋》等只说是"宋景公时"，只是《史记》才给出"三十七年"。这已经是后来人的追记，错误难免，但不能说是故意的伪造。其次，把天象与事件对应起来，就构成占星术上的"事应"。事应都是编史者受到天人感应思想的指导，把"荧惑守心"与皇帝崩驾这样的大凶事件对应起来。很可能编史者把事件前后的荧惑守心天象记录编在一起，从而造成伪造天象的假象。这还不能等同于皇家天文家故意伪造不曾发生的天象，以左右当时的政治形势。考虑到天文家当时的地位，以及出错后面临的严厉的惩罚，故意造假的所担的风险是很大的。刘次沅对这些"荧惑守心"记录进行了更详细的考证，认为尽管荧惑守心记录的错误率高于其他类型的天象记录，但许多错误的记录，可以找出流传错误的线索，说凭空伪造天象而附会政治，还缺少证据[2]。

此外，荧惑守心的错误率较高并不意味着古代天象记录不可靠，甚至多有伪造的情况。我们对魏晋南北朝的五星天象记录进行了初步分析，发现五星天象记录的准确度非常高，绝大多数是当时观测的实录。到了唐宋时期，天文学家还利用以前的五星天象记录来验证历法，可见古代天文学家也是认为以前五星天象记录是可靠的[3]。

最近还有人提出看法,认为历史上有几次不曾发生的"荧惑守心",有可能是心宿二的伴星的周期性爆发,周期约为 500 年[4]。这一看法的证据虽然尚嫌不足,而且有难以解释的难点,如古代天文学家不至于糊涂到连火星也分不清楚,伴星与主星的距离实际上是肉眼分辨不出来的,但确实为解决"荧惑守心"的问题启发了新的思路。对于这种奇离的古代天象,要考虑多种可能的解释。

参 考 文 献

[1] 黄一农. 星占、事应与伪造天象——以"荧惑守心"为例. 自然科学史研究, 1991, 10(2): 120–132.
[2] 刘次沅, 吴立旻. 古代"荧惑守心"记录再探. 自然科学史研究, 2008, 27(4): 507–520.
[3] 孙小淳. 宋代改历中的"验历"与中国古代的五星占. 自然科学史研究, 2006, 25(4): 311–321.
[4] 武家璧. "荧惑守心"问题之我见. 中国科技史杂志, 2009, 30 (1): 83–88.

撰稿人:孙小淳
中国科学院自然科学史研究所

中国古代天象记录的现代应用

Modern Applications of Ancient Chinese Records of Astronomical Phenomena

中国古代天文学由于强调天人关系的方面，特别重视各种天文现象的观测，保存世界上持续时间最长、完整的、系统的天象记录，包括日月食、五星会合、客星、彗星、流星、流星雨、太阳黑子、极光等等。可以说，只要是天上发生的现象，都没有逃过中国古代天文学家的观测。天文学本质上是观测的和具有历史性的科学，有很多天文问题只有通过长时段的观测才有可能被发现并被解决，古人的观测记录正好弥补了现代天文观测历史还比较短的不足，为现代天文学的研究提供了极其宝贵的观测数据。中国古代天象记录是一个宝藏，其现代天文学的应用价值引起了当代天文学家的兴趣。天文学家已经在利用中国古代天象记录方面取得很多重要的成果，但这一宝藏的开采还远远没有完成，并且随着现代天文学的发展，这些天象记录还可能获得更新的应用价值。本文从下面几个方面论述中国古代天象记录的现代应用问题。

新星与超新星记录

恒星演化到一定阶段会发生爆发，短时间内亮度增加数百万倍，绝对星等减少10个星等以上，然后亮度慢慢减弱，在几年之后恢复到原来的亮度，这就是所谓的新星。还有爆发更剧烈的恒星，在几天之内亮度急增，星等的变幅可达20左右，然后在几十天内恢复到原来的亮度，这就是所谓的超新星。新星或超新星所表现出来的天象就是某一天区，本来看不见恒星，但突然之间好像出现了一颗恒星，过一段时间又看不见了。中国古代把这种天象形象地叫做"客星"。正是这些"客星"记录，成为研究新星或超新星爆发的宝贵数据。

1921年瑞典天文学家伦德马克首次把中国宋代1054年的客星记录列入历史记录的疑似新星表中，并注明与NGC1952蟹状星云有关[1]。1928年哈勃认为"蟹状星云可能是近到能够观测它的星云状物质的新星。因为它膨胀得很快，按照这样的膨胀速度，只需大约900年就可以达到现在这样的大少。因为在古代的天象记录中，在蟹状星云附近只有一次新星出现的记载，这次记载发现于中国的编年史中，这一年就是1054年。"[2]后来，美国利克天文台的梅耶尔和荷兰天文学家奥尔特、汉学家戴闻达合作，于1942年发表论文，认为1054年"天关"客星是超新星爆发，并根据记录分析了其光变曲线。这项石破天惊的发现引起了天文学家对中国古代新星或超新星记录的极大关注。席泽宗于1954年和1955年先后在《天文学报上》发表了《从中国历史文献的记录来讨论超新星的爆发与射电源的关系》和《古新星新表》[3]两篇论文,引起了国际天文学界的极大关注。1965年席泽宗又与薄树人合作,在《科学通信》上发表了《增订古新星新表》,补充了中、朝、日古代文献中的新星记录,并对这些记录对应的可能射电源进行了初步的证认[4]。这项工作为利用中国古代新星记录进行新星和超新星研究提供了极有价值的资料,天文学界对这项工作有数千次引用,并且有很多重要的发现。除了1054年的超新星爆发外,天文学家还根据中国记录证认了公元185、396、437、827、1006、1181、1203、1572和1604年的超新星。中国记录包括了对这些超新星的光变过程的描述,因而科学价值极高。除了与射电源对应的研究之外,还有天文学对中国的超新星观测记录进行X射线源和Y射线源证认研究。还有学者根据中国的记录估计超新星爆发的频率,为宇宙学研究提供参数。随着现代天体物理学恒星演化研究、星系研究和宇宙学研究的新进展,随着对各种类型的超新星爆发机制研究的深入,中国古代的新星和超新星记录还可能有更多的现代应用价值。

日、月、五星天象记录

日、月、五星天象包括日食、月食、月掩犯恒星、五星会合、五星掩犯恒星等天象。这些天象记录也具有现代应用价值。

中国古代有很多日食记录。最早的日食记录当是《书经》记载的日食,发生在夏朝的仲康时期。《春秋》中记有37次日食,其后中国历史文献中记有1000次左右日食。古代日食记录有助于地球运动的研究。地球自转不是绝对均匀的,而是轻微的长期变化,这个变化造成计时单位"日"的长度不是恒定的,因而以"日"为单位的世界时UT实际上是不均匀的,世界时与均匀时的差ΔT就表达了地球自转的不均匀性。而古代日食的观测位置和时间记录正好可以用来确定地球自转长期变化的因子。20世纪80年代,刘金沂就报告过一篇关于《春秋》日食与地球自转的报告。英国的斯蒂文森等利用中国殷代记录的四次日食,探求地球自转的变化。他还利用日食记录提出太阳直径可能有一个周期为80年的微变化[5]。此外,日食记录还有助于历史年代学的研究,这里不赘。

月掩星记录的时间一般只有日期而没有时刻,而地球自转变化积累直千年也只有2个多小时,因此月掩星记录对于地球自转的研究就嫌粗疏。但是,刘次沅提出一种"时间窗"方法,即通过"实际可见时间段"对月掩犯的计时精度加以改进,这样月掩犯的记录也可用于自球自转变化的研究。吴守贤、刘次沅等应用"时间窗"方法分析了五代以前的月掩犯,其中有700多条有用的记录[6]。

彗星、流星雨

中国历史上有数百次彗星记录。长沙马王堆出土的西汉初年的帛书彗星图,形象地描绘了各种彗星的彗头、彗尾结构,说明中国古代对彗星的观测特别精细。彗星轨道根数的确定是彗星研究的基础工作，国际天文学联合会不断发布《彗星轨道目录》，已知的在望远镜发明之前的周期彗星有95项，来源于中国的达60多项。哈雷彗星的轨道研究是彗星研究的热点，自该彗星按哈雷所预测的如期于1758年回归以来的200多年中，人们不断对其证认和轨道进行研究。我国丰富而完整的哈雷彗星记录为对它的研究提供了充足的依据。从秦始皇七年(公元前240年)至清宣统二年(1910)，哈雷彗星出现过24次。中国古代天象记录是世界上唯一载有全部24次哈雷彗星回归的记录。西方学者从19世纪开始就注意中国的彗星记录。例如，1850年辛德(J. A. Hind)引用中国公元前87年和公元前12年的两次彗星记录算出哈雷彗星的轨道。1910年哈雷彗星回归时，西方天文学家再次关注中国古代记录，有人使用中国记录推算哈雷彗星的近日点和周期，他们认为春秋鲁文公十四年所见彗星是世界上最早的哈雷彗星观测记录。此后中国天文学有张钰哲、爱尔兰华裔学者江涛、日本学者长谷川一郎等也利用中国记录研究哈雷彗星的轨道根数[5]。由于哈雷彗星的运行周期是变化的，又受到行星的摄动使轨道根数不断变化，这样每次回归的周期和近日距不完全一样。正因为如此，中国古代的记录对于研究这些问题仍然非常有用。

流星雨与彗星密切相关。1833年美国东部出现一场震动世界的大流星雨，流星如大雪纷飞。这就是著名的狮子座流星雨。1861年科克伍德(Kirkwood)提出狮子座流星雨的物质是来自一颗彗星的碎片。1866年，邓普彗星再次出现，狮子座再发生大流星雨，证明科克伍德的猜想是正确的。这由此引起了天文学家对流星雨记录的重视。西方天文学家牛顿(H. A. Newton)研究902~1833期间的13次狮子座流星雨记录，发觉大约有一半可以从中国古代天象记录中找到。日本学者长谷川一郎对中、朝、日古代的流星雨记录有深入的研究，指出有些观测符合现代观测，有些则不符合。证明流星雨的证认及其相关的彗星研究仍有大量问题有待于解决。中国学者庄天山1966年在《天文学报》上发表《中国古代流星雨记录》，列出从古至今的147条流星记录，提供了5个新的辐射点的流星群，对狮子座、天琴座、英仙座、仙女座等流星群提供了详细的历史资料[7]。庄天山还对狮子座流星雨记录进行了分析，认为该流星群出现日期在17世纪后有跳动的现象，指出这不尽是邓普彗星升交点黄径因摄动而变动的关系，还有流星物质云自身的动力学问题。总之，中国流星雨记录对于流星、彗星的研究仍然意义重大，也是随着太阳系研究的进展而不断会出现新的研究问题。

太阳黑子和极光

中国最早的明确的太阳黑子记录是在汉成帝和平二年(公元前27年)。在中国古代文献中现发现260多项太阳黑子记录。太阳活动有各种各样的周期，天文学家提出有11年太阳活动周、22年太阳黑子磁周、60年、80年、18~200年、250年、400年甚至更长的周期。古代黑子记录对于研究太阳活动的周期非常重要。20世纪

50~70 年代，英国的绍夫(Justin D. Schove)利用中国古代的太阳黑子记录，构造出太阳活动 11 年周期参数，并证实太阳活动 80 年周期的存在。1982 年，丁有济等分析 171 条中国古代黑子记录，获得 11 年、61 年和 257 年三个太阳活动平均周期。1894 年，英国天文学家蒙德(Edward Maunter)提出，1645~1715 年太阳黑子记录很少，太阳活动在这一时期是活动极小期。太阳活动有没有所谓的"蒙德极小期"是太阳物理中有争论的问题。徐振韬和蒋窈窕利用地方志中的太阳黑子记录，探讨了 17 世纪的太阳活动，说明"蒙德极小期"并不存在[8]。此外，关于太阳活动，有各种极大期、极小期的猜测，而且与地球上的气候长期变化密切相关，古代记录对于太阳活动的研究，意义重大。

极光和黑子有密切关系。绍夫从古代极光记录研究极光和太阳黑子的关系。庄威凤主编《中国天象记录总集》收集了极光记录 300 多条[9]。戴念祖和陈美东对中、朝、日历史上的极光记录进行了深入的研究，认为极光与太阳活动密切相关[10]。

总之，中国古代丰富的天象记录对于现代天文学研究有极大的应用价值。在这种应用研究中，一方面存在对古代记录的证认、辨伪等问题，另一方面也需要对现代天文学的发展有足够的了解。历史考证与现代天文结合，才能提出新的应用问题。中国古代天象记录中还有很多现在看来不好理解的记录，但随着天文学的发展，有些记录的意义就显示出来了。所以，古代天象记录的现代应用问题是一个永无止境的常新问题。

参 考 文 献

[1] Lundmark K. Suspected New Stars Recorded in Old Chronicles and among Recent Meridian Observations. Publications of the Astronomical Society of the Pacific, 1921, 33: 225–238.
[2] 席泽宗. 古代新星和超新星记录与现代天文学. 庄威凤主编.中国古代天象记录的研究与应用.1 版, 北京：科学技术出版社，2009:67–68.
[3] 席泽宗. 古新星新表. 天文学报, 1955, 3(2):159–175.
[4] 席泽宗,薄树人. 中、朝、日三国古代的新星记录及其在射电天文学中的意义. 科学通报, 1965 (5): 387–401.
[5] 何丙郁, 综述. 庄威凤, 主编.中国古代天象记录的研究与应用.1 版, 北京：科学技术出版社, 2009:14.
[6] 刘次沅. 中国古代日月食及月五星位置记录的研究和应用. 庄威凤主编.中国古代天象记录的研究与应用.1 版, 北京：科学技术出版社, 2009:134–135.
[7] 庄天山. 中国古代流星雨记录. 天文学报, 1966, 14(1).
[8] 徐振韬,蒋窈窕. 中国古代太阳黑子研究与现代应用. 1 版, 南京:南京大学出版社, 1990.
[9] 庄威凤, 王立兴, 主编. 中国古代天象记录总集. 1 版, 南京：江苏科学技术出版社, 1988.
[10] 戴念祖, 陈美东. 中朝越日协史上太阳黑子年表. 自然科学史研究. 1882, 1(3).

撰稿人：孙小淳

中国科学院自然科学史研究所

中国古代有没有十月历？

Have Ancient Chinese Ever Used Ten-Month Calendar?

20 世纪 80 年代，陈久金、卢央、刘尧汉等在云南凉山彝族发现十月太阳历：每岁十个阳历月，每个阳历月为三十六天，合计三百六十天，另有五至六天为过年日，不计在月内，以十二生肖纪日[1]。彝族十月太阳历的发现，引起了中国古代有没有十月历的探讨。太阳与人类的生活密切相关，世界古文明都对太阳进行崇拜，大多有以太阳运动为参照的太阳历。中国古代有没有十月历这样的太阳历呢？

彝族十月太阳历，传说其源头为上古的伏羲氏族部落时代，说明与中国古文明的源头密切相关[2]。中国传统的历法是阴阳合历，但在初期，有很多关于观测昏旦中星以定太阳位置从而定季节的纪录，而且还有二十四节气，这都是太阳历的因素。但二十四节气也反映了太阴历的特征，即 1 年为 12 个太阴月，每月大约有 2 个节气，所以有二十四节气。有没有过某种纯粹的与朔望月毫无关系的太阳历呢？

十月历从古文献中可找到旁证。首先是《夏小正》。《夏小正》中描写的星象物候具有十月历的特征。例如，正月斗柄悬在下，六月斗柄正在上，其间隔应是半年五个月，说明一年是十个月。从记录的物候来看，《夏小正》之六月相当于农历的七月，也就应十月历。其次是《诗经·豳风七月》的证据："七月流火"的天象更符合 1 年 10 个月的历法；《七月》中所举许多物候，如"春日载阳，有鸣仓庚"、"五月鸣蜩"、"八月剥枣"、"九月授衣"等等，与《夏小正》反映的季节是一致的。再次就是《管子·幼官篇》。其中记录的是三十个节气的分法，与一般的二十四节气分法不一样。一个节气为十天，三十个节气为三百六十日，最后的五或六天为过年日，不计在内，这就是一种十月历。

陈久金还以为古代的天干十日，即甲、乙、丙、丁、戊、己、庚、辛、壬、癸最初也是十月历的月名[3]。此外阴阳五行也是十月历的别名[4]。这些看法还有待于进一步的论证。

然而，上面列举各种旁证，皆不足于说明其中的月份就是十月历的月份。物候有地区差异，月份上的差异可能正是地区差异的表现。星象也有观测时间不同而造成对应月份的差异。《夏小正》星象还有十月历无法解释的矛盾。就是上面被认为是十月历天象的"正月斗柄悬在下"、"六月斗柄正在上"，换一个角度看，正好是十月历的反证。若依十月计，正月到六月时经半年，可是，正月初昏和六月初昏的时刻差约 1 小时 45 分之多，于是六月初昏斗柄的指向应从正在上偏西约 30 度，而不是正在上。而以十二月计，从正月到六月时经 5 个月。若观测时刻相同，正六月斗柄指向比正在上差 30 度。但是，正是由于初昏时刻晚了约 1 小时 45 分，斗柄又向西转了约 30 度，即"正在上"。[5]因此，中国古代有没有十月历现在仍然没有定论，有待于天文考古进一步研究。

参 考 文 献

[1] 陈久金，卢央，刘尧汉. 彝族天文学史. 1 版，昆明：云南人民出版社，1984.
[2] 刘尧汉，卢央. 文明中国的彝族十月历. 1 版，昆明:云南人民出版社，1986.
[3] 陈久金. 天干十日考. 自然科学史研究，1988, 7(2).
[4] 陈久金. 阴阳五行八卦起源新说. 自然科学史研究，1986, 5(2).
[5] 陈美东. 中国科学技术史.天文学卷.1 版. 北京：科学出版社. 2003.

撰稿人：孙小淳
中国科学院自然科学史研究所

编 后 记

《10000个科学难题》系列丛书是教育部、科学技术部、中国科学院和国家自然科学基金委员会四部门联合发起的"10000个科学难题"征集活动的重要成果，是我国相关学科领域知名科学家集体智慧的结晶。征集的难题包括各学科尚未解决的基础理论问题，特别是学科优先发展问题、前沿问题和国际研究热点问题，也包括在学术上未获得广泛共识，存在一定争议的问题。这次征集的天文学、地球科学和生物学领域的难题，正如专家们所总结的"一些征集到的难题在相当程度上代表了我国相关学科的一些主要领域的前沿水平"。当然，由于种种原因很难做到在所有研究方向都如此，这是需要今后改进和大家见谅的。

"10000个科学难题"征集活动是由四部门联合组织在国家层面开展的一个公益性项目，这是一项涉及我国教育界、科技界众多专家学者，为我国教育和科学技术发展、创新型国家建设，特别是科技文化建设添砖加瓦，功在当代、利在千秋、规模宏大、意义深远的工作。数理化试点阶段圆满成功，获得了专家的一致好评，社会的广泛认同。天文学、地球科学和生物学领域的难题征集正是在数理化试点阶段的基础上进行的，充分参考和借鉴了试点阶段的宝贵经验，也希望能进一步扩大"10000个科学难题"征集活动的影响，为后续征集活动打好基础。

征集活动开展以来，我们得到了教育部、科学技术部、中国科学院、国家自然科学基金委员会有关领导的大力支持，教育部原副部长赵沁平亲自倡导了这一活动，教育部科学技术司、科学技术部条件财务司、中国科学院院士工作局、国家自然科学基金委员会计划局、教育部科学技术委员会秘书处、北京大学、中国科学院生命科学与生物技术局和动物研究所为本次征集活动的顺利开展提供了有力的组织和条件保障。由于此活动工程浩大，线长面广，人员众多，篇幅所限，书中只出现了一部分领导、专家和同志们的名单，还有许多提出了难题但这次未被收录的专家没有提及，还有很多同志默默无闻地做了大量艰苦细致的工作。如教育部科学技术委员会秘书处汪兵、凌国维、牛一丁、陈丁华、彭倚天、彭树立，北京大学周辉、李晓强、张乐乐、向华文、王秀华，中国科学院刘杰、朱江、陈浩、唐爽、成峥、郭红杰、李晓兵，中国科学院空间科学与应用研究中心任丽文，兰州大学董广辉，北京邮电大学杨放春、刘杰、李冬梅以及科学出版社朱海燕、王静、钱俊、罗吉、夏梁、赵峰、关焱、文杨、韦沁、袁琦同志等，总之，系列丛书的顺利出版是参加这项工作的所有同志共同努力的成果。在此，我们一并深表感谢！

"10000个科学难题"丛书天、地、生编委会
2010年12月